软件工程师开发大系

Java 开发实例大全

（基础卷）

软件开发技术联盟　编著

清华大学出版社

北　京

内 容 简 介

《Java 开发实例大全（基础卷）》筛选、汇集了 Java 开发从基础知识到高级应用各个层面约 600 个实例，每个实例按实例说明、关键技术、设计过程、详尽注释、秘笈心法的顺序进行了分析解读。全书分 5 篇共 24 章，内容有：开发环境的应用、Java 基础应用、数组与集合的应用、字符串处理技术、面向对象技术应用、枚举与泛型的应用、反射与异常处理、多线程技术、编程常用类、Commons 组件、窗体设计、窗体特效、基本控件应用、复合数据类型控件应用、其他高级控件应用、控件特效与自定义控件、文件与文件夹操作、文件的读取/写入/整理和控制、操作办公文档、文件压缩、数据库操作、SQL 应用、数据查询、数据库高级应用。配书光盘附带了实例的源程序和部分讲解视频。

《Java 开发实例大全（基础卷）》既适合 Java 程序员参考和查阅，也适合 Java 初学者，如高校学生、软件开发培训学员及相关求职人员学习、练习、速查使用。

图书在版编目（CIP）数据

Java 开发实例大全. 基础卷/软件开发技术联盟编著. —北京：清华大学出版社，2016（2020.12重印）
（软件工程师开发大系）
ISBN 978-7-302-38478-6

Ⅰ. ①J… Ⅱ. ①软… Ⅲ. ①JAVA 语言–程序设计 Ⅳ. ①TP312

中国版本图书馆 CIP 数据核字（2014）第 260918 号

责任编辑：赵洛育
封面设计：李志伟
版式设计：魏　远
责任校对：王　云
责任印制：宋　林

出版发行：清华大学出版社
　　　　　网　　址：http://www.tup.com.cn，http://www.wqbook.com
　　　　　地　　址：北京清华大学学研大厦 A 座　　　　邮　　编：100084
　　　　　社 总 机：010-62770175　　　　　　　　　　邮　　购：010-62786544
　　　　　投稿与读者服务：010-62776969，c-service@tup.tsinghua.edu.cn
　　　　　质量反馈：010-62772015，zhiliang@tup.tsinghua.edu.cn

印 装 者：三河市铭诚印务有限公司
经　　销：全国新华书店
开　　本：203mm×260mm　印　　张：52.25　字　　数：1719 千字
　　　　　（附光盘 1 张）
版　　次：2016 年 1 月第 1 版　印　　次：2020 年 12 月第 5 次印刷
定　　价：148.00元

产品编号：052253-02

前 言

Preface

特别说明：

《Java 开发实例大全》分为基础卷（即本书）和提高卷两册。本书的前身是《Java 开发实战 1200 例（第 I 卷）》。

编写目的

1．方便程序员查阅

程序开发是一项艰辛的工作，挑灯夜战、加班加点是常有的事。在开发过程中，一个技术问题可能会占用几天甚至更长时间。如果有一本开发实例大全可供翻阅，从中找到相似的实例作参考，也许几分钟就可以解决问题。本书编写的主要目的就是方便程序员查阅、提高开发效率。

2．通过分析大量源代码，达到快速学习之目的

本书提供了约 600 个开发实例及源代码，附有相应的注释、实例说明、关键技术、设计过程和秘笈心法，对实例中的源代码进行了比较透彻的解析。相信这种办法对激发学习兴趣、提高学习效率极有帮助。

3．通过阅读大量源代码，达到提高熟练度之目的

俗话说"熟能生巧"，读者只有通过阅读、分析大量源代码，并亲自动手去做，才能够深刻理解、运用自如，进而提高编程熟练度，适应工作之需要。

4．实例源程序可以"拿来"就用，提高了效率

本书的很多实例，可以根据实际应用需求稍加改动，拿来就用，不必再去从头编写，从而节约时间，提高工作效率。

本书内容

本书分为 5 篇 24 章，共约 600 个实例。内容有：开发环境的应用、Java 基础应用、数组与集合的应用、字符串处理技术、面向对象技术应用、枚举与泛型的应用、反射与异常处理、多线程技术、编程常用类、Commons 组件、窗体设计、窗体特效、基本控件应用、复合数据类型控件应用、其他高级控件应用、控件特效与自定义控件、文件与文件夹操作、文件的读取/写入/整理和控制、文件压缩、操作办公文档、数据库操作、SQL 应用、数据查询、数据库高级应用。书中所选实例均来源于一线开发人员的项目开发实践，囊括了开发中经常遇到和需要解决的热点、难点问题，使读者可以快速地解决开发中的难题，提高编程效率。本书知识结构如下图所示。

本书在讲解实例时采用统一的编排样式，多数实例由"实例说明""关键技术""设计过程""秘笈心法" 4 部分构成。其中，"实例说明"部分采用图文结合的方式介绍实例的功能和运行效果；"关键技术"部分介绍了实例使用的重点、难点技术；"设计过程"部分讲解了实例的详细开发过程；"秘笈心法"部分给出了与实例相关的技巧和经验总结。

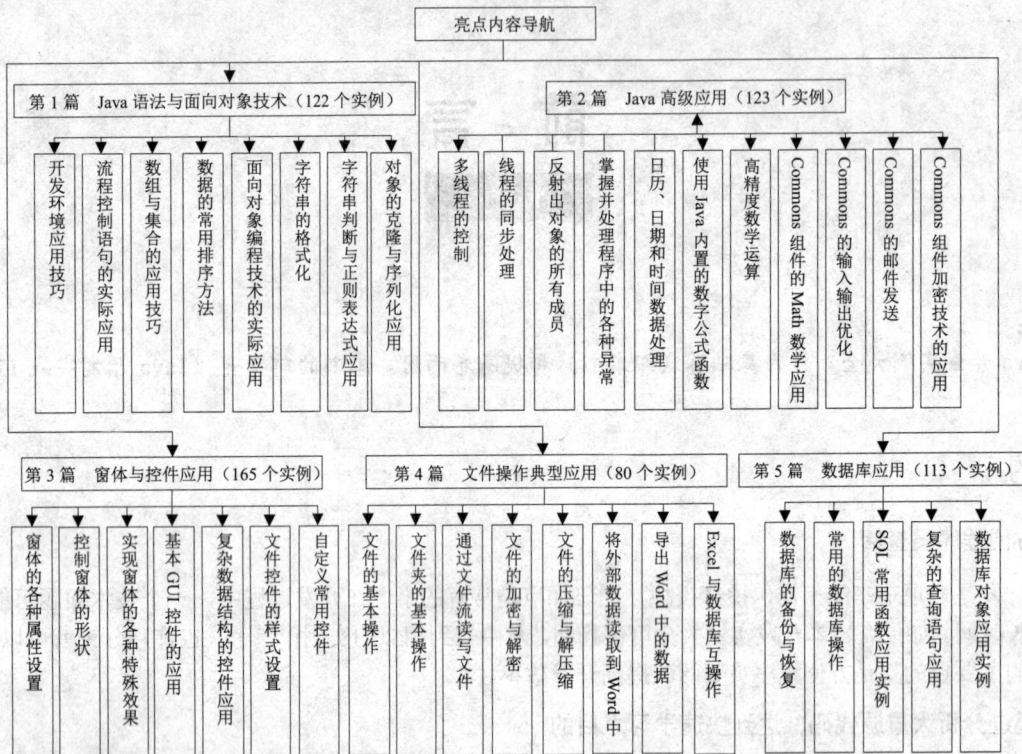

亮点内容导航

第1篇　Java 语法与面向对象技术（122 个实例）

- 开发环境应用技巧
- 流程控制语句的实际应用
- 数组与集合的应用技巧
- 数据的常用排序方法
- 面向对象编程技术的实际应用
- 字符串的格式化
- 字符串判断与正则表达式应用
- 对象的克隆与序列化应用

第2篇　Java 高级应用（123 个实例）

- 多线程的控制
- 线程的同步处理
- 反射出对象的所有成员
- 掌握并处理程序中的各种异常
- 日历、日期和时间数据处理
- 使用 Java 内置的数字公式函数
- 高精度数学运算
- Commons 组件的 Math 数学应用
- Commons 的输入输出优化
- Commons 的邮件发送
- Commons 组件加密技术的应用

第3篇　窗体与控件应用（165 个实例）

- 窗体的各种属性设置
- 控制窗体的形状
- 实现窗体的各种特殊效果
- 基本 GUI 控件的应用
- 复杂数据结构的控件应用
- 文件控件的样式设置
- 自定义常用控件

第4篇　文件操作典型应用（80 个实例）

- 文件的基本操作
- 文件夹的基本操作
- 通过文件流读写文件
- 文件的加密与解密
- 文件的压缩与解压缩
- 将外部数据读取到 Word 中
- 导出 Word 中的数据
- Excel 与数据库互操作

第5篇　数据库应用（113 个实例）

- 数据库的备份与恢复
- 常用的数据库操作
- SQL 常用函数应用实例
- 复杂的查询语句应用
- 数据库对象应用实例

本书特点

1．实例极为丰富

本书精选了约 600 个实例，另外一册《Java 开发实例大全（提高卷）》也精选了提高部分约 600 个实例，这样，两册图书总计约 1200 个实例，可以说是目前市场上实例最多、知识点最全面、内容最丰富的软件开发类图书，涵盖了编程中各个方面的应用。

2．程序解释详尽

本书提供的实例及源代码，附有相应的注释、实例说明、关键技术、设计过程和秘笈心法。分析解释详尽，便于快速学习。

3．实践实战性强

本书的实例及源代码很多来自现实开发中，光盘中绝大多数实例给出了完整的源代码，读者可以直接调用、研读、练习。

关于光盘

1．实例学习注意事项

读者在按照本书学习、练习的过程中，可以从光盘中复制源代码，修改时注意去掉源码文件的只读属性。有些实例需要使用相应的数据库或第三方资源，在使用前需要进行相应配置，具体步骤请参考书中或者光盘中的配置说明。

2．实例源代码及视频位置

本书光盘提供了实例的源代码，位置在光盘中的"MR\实例序号"文件夹下。部分实例提供的视频讲解，也可根据以上方式查找。由于有些实例源代码较长，限于篇幅，图书中只给出了关键代码，完整代码放置在光盘中。

3．视频使用说明

本书提供了部分实例的视频讲解，在目录中标题前边有视频图标的实例，即表示在光盘中有视频讲解。视频采用 EXE 文件格式，无须使用播放器，双击就可以直接播放。

读者对象

Java 程序员，Java 初学者，如高校大学生、求职人员、培训机构学员等。

本书服务

如果您使用本书的过程中遇到问题，可以通过如下方式与我们联系。
☑　　服务 QQ：4006751066
☑　　服务网站：http://www.mingribook.com

本书作者

本书由软件开发技术联盟组织编写，参与编写的程序员有赛奎春、王小科、王国辉、王占龙、高春艳、张鑫、杨丽、辛洪郁、周佳星、申小琦、张宝华、葛忠月、王雪、李贺、吕艳妃、王喜平、张领、杨贵发、李根福、刘志铭、宋禹蒙、刘丽艳、刘莉莉、王雨竹、刘红艳、隋光宇、郭鑫、崔佳音、张金辉、王敬洁、宋晶、刘佳、陈英、张磊、张世辉、高茹、陈威、张彦国、高飞、李严。在此一并致谢！

编　者

目 录

Contents

第 1 篇　Java 语法与面向对象技术

第 2 篇　Java 高级应用

第 3 篇　窗体与控件应用

第 4 篇 文件操作典型应用

第 5 篇　数据库应用

第 1 篇

Java 语法与面向对象技术

第 *1* 章

开发环境的应用

▶▶ Java 环境

▶▶ 开发工具

▶▶ 界面设计器

1.1 Java 环境

实例 001	下载 JDK 开发工具包	初级
		趣味指数：★★☆

■ 实例说明

开发 Java 程序必须有 Java 开发环境，即 JDK 开发工具包，这个工具包包含了编译、运行、调试等关键的命令，哪怕运行 Eclipse、NetBeans 等开发工具，也要有 JDK 或 JRE 的支持，所以开发 Java 程序之前的第一步准备工作就是获取 JDK 开发工具包。该工具包需要到官方网站去下载，本实例将介绍其关键的下载步骤。首先打开浏览器并浏览 JDK 的下载页面，如图 1.1 所示。

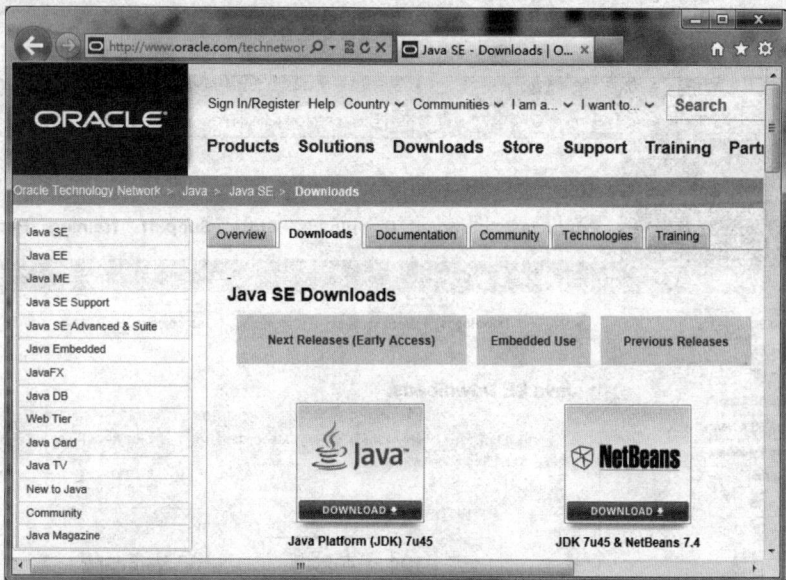

图 1.1　JDK 下载页面

■ 关键技术

现在的 Java 属于 Oracle 公司，而且在下载页面中也会有 Oracle 公司的标志，这里要做的就是找到 Java SE 的下载网址。而在 Oracle 官方网站的主页上可以看到一个 Downloads 菜单，通过这个菜单可以找到相应的下载页面。

■ 设计过程

由于推出 JDK 的 Sun 公司已经被 Oracle 公司收购了，所以 JDK 可以到 Oracle 官方网站（http://www.oracle.com/index.html）中下载。下面以目前最新版本的 JDK 7 Update 45 为例介绍下载 JDK 的方法，具体步骤如下。

（1）打开 IE 浏览器，在地址栏中输入 URL 地址"http://www.oracle.com/index.html"，并按 Enter 键，进入 Oracle 官方网站的主页。在该页面中，将鼠标移动到 Downloads 选项卡上，将显示如图 1.2 所示的内容。

（2）在 Downloads 选项卡的 Popular Downloads 选项区域中，单击 Java for Developers 超链接，进入如图 1.3 所示的 Java SE 下载页面。

📖说明：在 JDK 中，已经包含了 JRE。JDK 用于开发 Java 程序，JRE 用于运行 Java 程序。

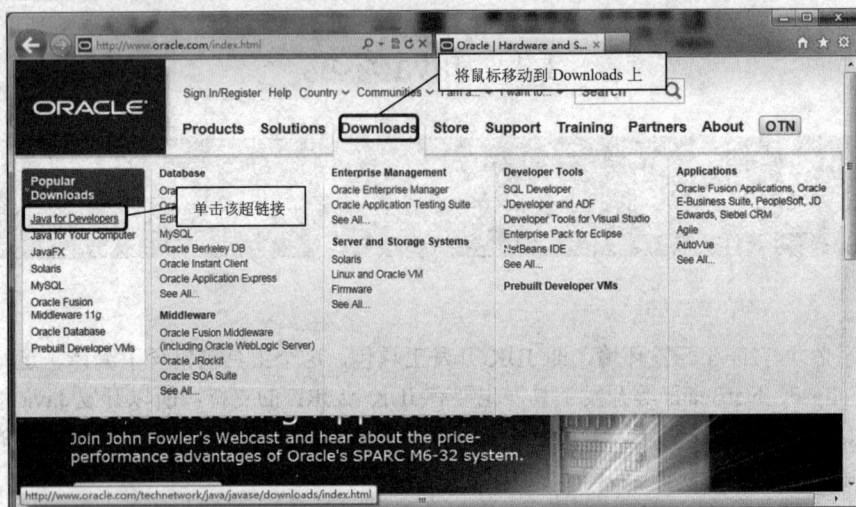

图 1.2　Oracle 官方主页

图 1.3　Java SE 下载页面

（3）在图 1.3 所示的页面中，单击 Java Platform（JDK）7u45 上方的 DOWNLOAD 按钮，进入如图 1.4 所示的下载列表页面。选中 Accept License Agreement 单选按钮同意协议后，将显示如图 1.5 所示的页面，这时可以单击当前系统对应的 JDK 下载超链接，下载适合当前系统的 JDK。例如，要安装在 32 位的 Windows 操作系统中，可以下载 jdk-7u45-windows-i586.exe 文件。

■ 秘笈心法

心法领悟 001：应对可能变化的下载页面。

在下载 Java SE 的 JDK 安装文件时，随着时间的推移和网页不断地改进，下载页面可能会发生一些变化，但是无论网页的布局如何改变，只要记住在网页中找到 Java SE 的资源网页，然后在其中找到 Downloads 超链接，通过这个链接即可找到 JDK 的下载页面，然后在页面中进行简单设置，再选择要下载哪个平台的 JDK 安装文件，并执行下载任务即可。

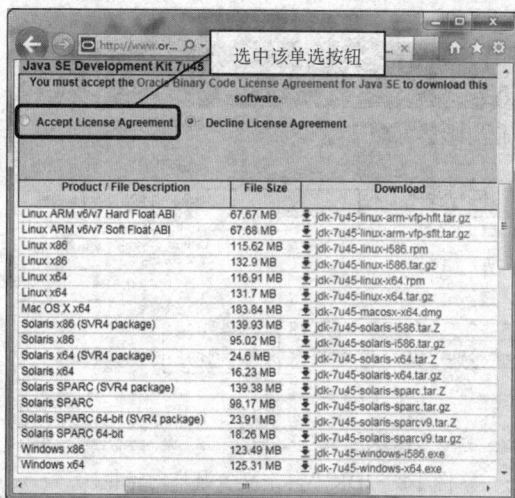

图 1.4　JDK 资源选择页面

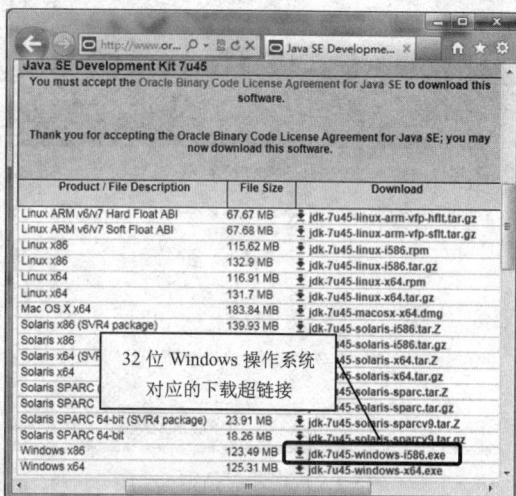

图 1.5　接受许可协议后的页面

实例 002	把 JDK 工具包安装到指定磁盘	初级
	光盘位置：光盘\MR\002	趣味指数：★★

■ 实例说明

安装 JDK 开发工具包意味着编写 Java 程序的开始。在一台计算机中安装 JDK，可以为计算机增加编译、运行和调试 Java 程序的能力。本实例将介绍如何安装 JDK 开发工具包到指定的磁盘位置，这比简单的默认安装要稍微复杂一些，但是这样能够详细地了解安装的步骤。JDK 安装向导启动界面如图 1.6 所示。

■ 关键技术

在安装 JDK 开发工具包时应注意，系统中已经安装的某些杀毒软件或者系统防范工具对安装的提示信息，因为 JDK 开发工具包会在系统中添加一些方便以后升级的启动项，当杀毒软件提示是否允许这项操作时，请让它通过，或者干脆暂时关闭杀毒软件，以确保 JDK 能够完整地安装，并随时保持可升级状态。

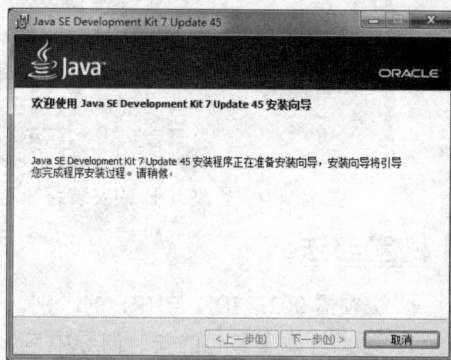

图 1.6　JDK 安装向导启动界面

■ 设计过程

在网站下载的 JDK 安装向导根据版本的不同，安装文件的名称也有所改变。这里以 jdk-7u45-windows-i586.exe 安装文件为例介绍安装过程，首先运行这个安装文件。

（1）双击 JDK 的安装文件，弹出如图 1.7 所示的欢迎对话框。

（2）单击"下一步"按钮，弹出"自定义安装"对话框。在该对话框中，可以选择安装的功能组件，这里选择默认设置，如图 1.8 所示。

（3）单击"更改"按钮，弹出更改文件夹的对话框，在该对话框中将 JDK 的安装路径更改为 C:\Java\jdk1.7.0_45\，如图 1.9 所示。单击"确定"按钮，返回到"自定义安装"对话框中。

（4）单击"下一步"按钮，开始安装 JDK。在安装过程中会弹出 JRE 的"目标文件夹"对话框，这里更改 JRE 的安装路径为 C:\Java\jre7\，然后单击"下一步"按钮，安装向导会继续完成安装进程。

说明：JRE 全称为 Java Runtime Environment，它是 Java 运行环境，主要负责 Java 程序的运行，而 JDK 包含了 Java 程序开发所需要的编译、调试等工具，另外还包含了 JDK 的源代码。

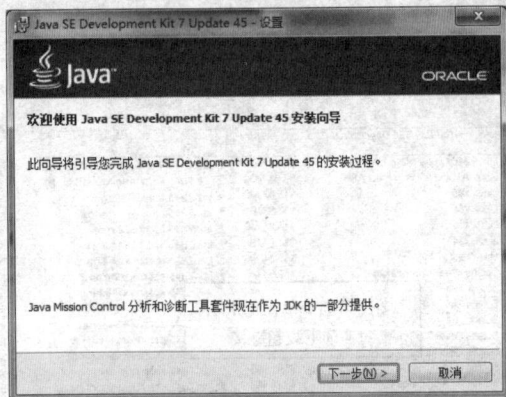

图 1.7　欢迎对话框

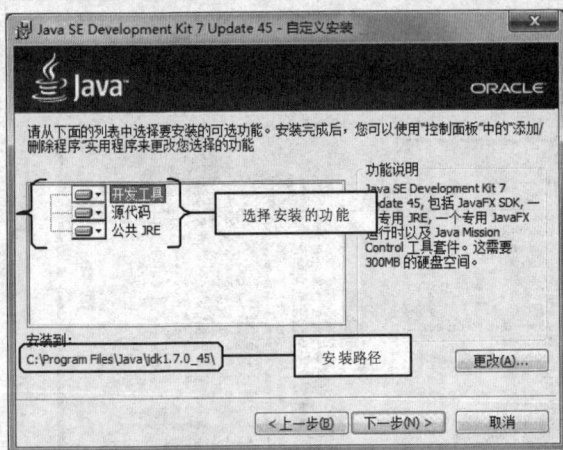

图 1.8　JDK "自定义安装" 对话框

（5）安装完成后，弹出如图 1.10 所示对话框，单击 "后续步骤" 按钮，将联网访问教程、API 文档和开发人员指南等内容，如果不想查看，可以单击 "关闭" 按钮，完成 JDK 的安装。

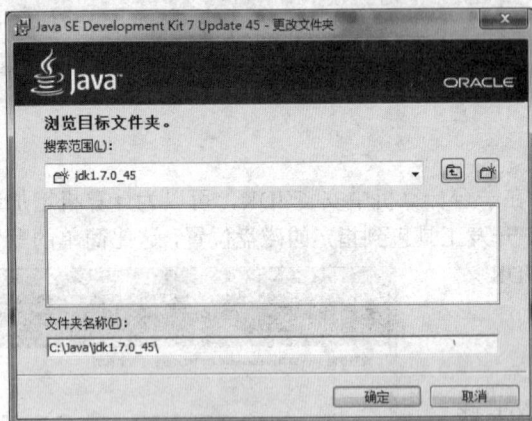

图 1.9　更改 JDK 的安装路径对话框

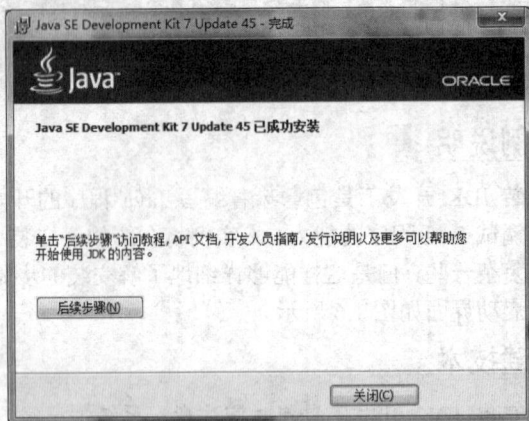

图 1.10　安装完成对话框

■ 秘笈心法

心法领悟 002：JDK 与 JRE 的区别。

在 JDK 开发工具包的安装向导中包含了 JRE，而 JRE 到底是什么？它和 JDK 有什么区别？

这个问题可以从名字上进行区分，JDK 的意义是 "Java 开发工具"，而 JRE 的意义是 "Java 运行时环境"，也就是说，JDK 负责开发程序，因为它拥有代码编译、调试和运行的所有命令。JRE 则是负责运行 Java 程序的，当然是经过编译后的 Java 程序。JRE 只能运行 Java 程序的命令与一些类库等其他资源，所以它的体积要比 JDK 小很多。而 JDK 中集成 JRE 是为了在系统中提供 Java 运行环境，虽然 JDK 也有运行 Java 的命令，但是它不像 JRE 那样与操作系统集成，并可以直接使用命令，JDK 需要经过环境变量的设置才能像 JRE 那样。

实例 003	设置 JDK 的环境变量	初级
	光盘位置：光盘\MR\003	趣味指数：★★☆

■ 实例说明

JDK 安装的同时为系统添加了 JRE，使系统拥有运行 Java 程序的能力。但是 JDK 中的命令与编译 Java 程序有关的命令并没有被关联到系统环境中，所以需要手动在系统中添加环境变量，让 JDK 的编译与调试命令可以在系统的任何位置被调用。本实例将以 Windows 7 为例介绍如何添加这些环境变量。

■ 关键技术

JDK 安装之后需要进行相应的配置，这些配置将在其他软件运行与服务的过程中被用到，所以本实例以设置环境变量为要点，其中包括如下变量：

- □　创建 JAVA_HOME 环境变量。
- □　创建 CLASSPATH 环境变量。
- □　修改 Path 环境变量。

■ 设计过程

（1）在"开始"菜单的"计算机"图标上单击鼠标右键，在弹出的快捷菜单中选择"属性"命令，弹出"属性"对话框。单击左侧的"高级系统设置"超链接，弹出如图 1.11 所示的"系统属性"对话框。

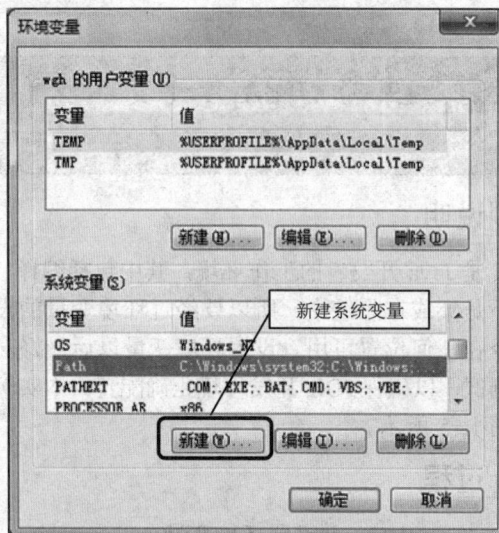

（2）选择"高级"选项卡，然后单击"环境变量"按钮，弹出"环境变量"对话框，如图 1.12 所示，单击"系统变量"选项区域中的"新建"按钮，创建新的系统变量。

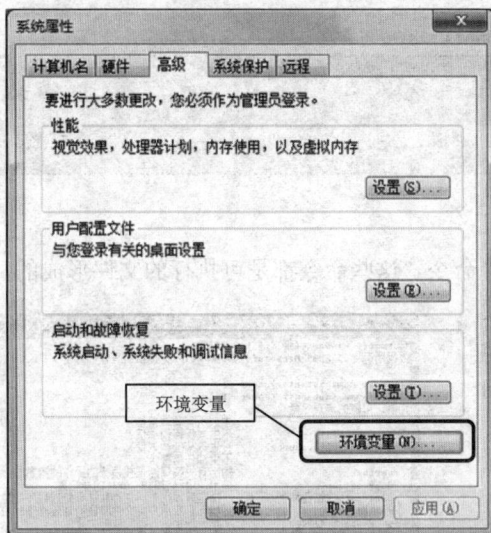

图 1.11　"系统属性"对话框　　　　　图 1.12　"环境变量"对话框

注意：新建环境变量时，一定要确认是在"系统变量"列表框中新建，这样新建的环境变量在整个系统中都会起作用。

（3）之后弹出"新建系统变量"对话框，在其中分别输入变量名"JAVA_HOME"和变量值（即 JDK 的安装路径），其中变量值是笔者的 JDK 安装路径，读者需要根据自己的计算机环境进行修改，如图 1.13 所示。单击"确定"按钮，关闭"新建系统变量"对话框。

（4）在系统变量中查看 CLASSPATH 变量，如果不存在，则新建变量 CLASSPATH，变量的值为：
.;%JAVA_HOME%\lib\dt.jar;%JAVA_HOME%\lib\tools.jar

注意：JAVA_HOME 变量的变量值一定要确保其路径的正确性，所以建议从 JDK 实际安装路径去复制并粘贴到"变量值"文本框中，以确保其变量值与 JDK 的对应。CLASSPATH 变量中的%JAVA_HOME%是对 JAVA_HOME 变量值的引用形式。

（5）在图 1.12 所示的"环境变量"对话框中双击 Path 变量对其进行修改，在原变量值最前端添加".;%JAVA_HOME%\bin;"变量值（注意最后的";"不要丢掉，它用于分割不同的变量值），如图 1.14 所示。单击"确定"

按钮完成环境变量的设置。

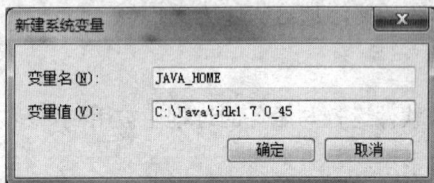

图 1.13 "新建系统变量"对话框

图 1.14 设置 Path 环境变量值

注意： 不能删除系统变量 Path 中的原有变量值，并且 "%JAVA_HOME%\bin" 与原有变量值之间用英文半角的 ";" 号分隔，否则会产生错误。

■ 秘笈心法

心法领悟 003：JAVA_HOME 变量的重要性。

该变量用于记录 JDK 的安装位置，其他变量也可以通过 "%JAVA_HOME%" 的形式对该变量值进行引用。所以如果重新安装 JDK 并改变了安装位置，哪怕是对 JDK 安装文件夹进行改名、移动，都要同时修改这个变量值。

实例 004	验证 Java 开发环境	初级
		趣味指数：★★☆

■ 实例说明

JDK 是 Java 开发者的工作环境，其中包括编译、调试等命令。这些命令都是可执行的文件形成的，而这些文件并不是集成在系统中，所以要经过环境变量的设置，使这些命令在任何位置可用。设置环境变量以后最好对这些命令进行测试，以确保 JDK 开发环境正确配置。本实例测试的效果如图 1.15 所示。

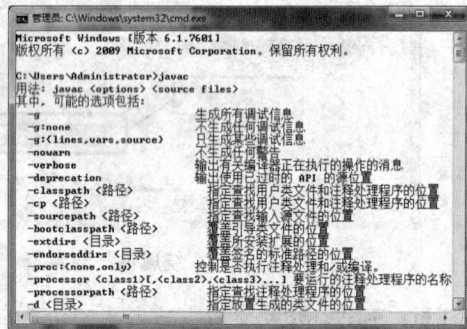

■ 设计过程

（1）安装 JDK，并设置环境变量。

（2）单击 Windows 操作系统的"开始"菜单，选择"运行"命令，或者按 Windows+R 快捷键调出"运行"对话框。

（3）在"运行"对话框中输入"cmd"命令，然后单击"确定"按钮。

图 1.15 程序测试效果

（4）在命令提示符后输入"javac"命令，再按下 Enter 键，执行 Java 的编译命令，这个命令是 JRE 运行环境所没有的，所以如果环境变量设置不正确，则这个命令无法执行。如果运行效果出现编译命令的帮助信息，说明 JDK 开发环境已经正确搭建。

■ 秘笈心法

心法领悟 004：区分 JRE 与 JDK 的命令。

在验证 Java 开发环境，也就是验证 JDK 环境变量是否正确设置在系统中时，一定要分清 JRE 与 JDK 的命令，因为 JRE 默认是嵌入到系统中的。例如，java.exe 命令文件会复制到 Windows 系统的 System32 文件夹，这将使该命令可以在任意位置运行，所以用这个命令来验证 JDK 是否正确设置开发环境是不准确的，应该使用 JDK 独有的 javac.exe 编译命令来测试环境变量。

实例 005	下载并安装 JRE 执行环境	初级
		趣味指数：★☆

■ 实例说明

　　Java 有两个环境，一个是在客户机上运行 Java 程序的 JRE 运行环境，另一个是开发者进行编译调试的 JDK 开发环境。本实例将介绍如何在客户机上安装 Java 的运行时环境 JRE，让客户能够直接使用 Java 开发的应用程序。如图 1.16 所示为在 JRE 环境下直接双击 JAR 文件运行一个 Java 程序的效果。

■ 设计过程

　　（1）打开 IE 浏览器，在地址栏中输入 URL 地址 "http://www.oracle.com/index.html"，并按下 Enter 键，进入 Oracle 官方网站的主页。在该页面中，将鼠标移动到 Downloads 选项卡上，并且在 Popular Downloads 选项区域中，单击 Java for Developers 超链接，进入 Java SE 下载页面。

　　（2）Java SE 的下载页面中包含很多下载链接，找到如图 1.17 所示的位置，单击 JRE 下的 DOWNLOAD 按钮下载 JRE 安装文件。其他步骤与实例 001 的步骤相同。

图 1.16　JRE 环境运行的 Java 程序　　　　图 1.17　JRE 下载页面

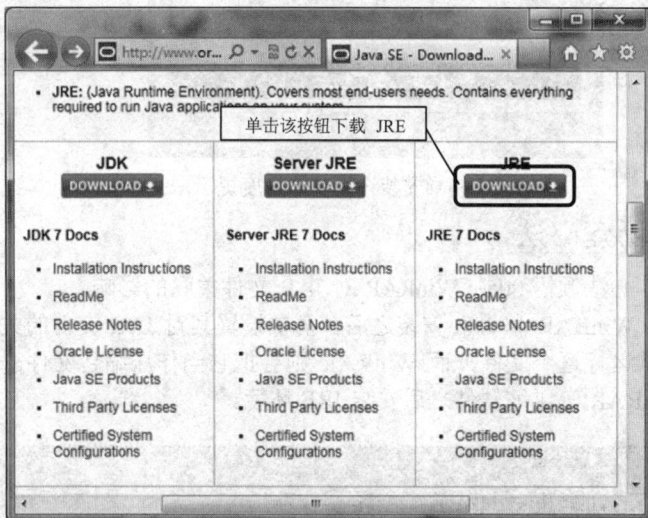

　　（3）运行下载的 JRE 安装文件，将出现安装向导界面，在该向导的欢迎界面中可以查看安装许可协议和改变安装文件夹的路径。这里选中 "更改目标文件夹" 复选框来详细介绍指定文件夹进行安装的步骤，然后单击 "安装" 按钮，如图 1.18 所示。

　　📖 说明：如果取消选中 "更改目标文件夹" 复选框，则默认安装路径是系统磁盘指定的程序文件夹，这可能会占用一些系统磁盘空间，如果系统磁盘空间足够大可以忽略安装位置。

　　（4）在设置安装目标文件夹的向导界面中，可以单击 "更改" 按钮选择指定的磁盘文件夹作为安装路径（这里将其安装到 C:\Java\jre7），也可以采用默认的路径，然后单击 "下一步" 按钮，如图 1.19 所示。

　　（5）安装向导会有安装进度提示，如图 1.20 所示。安装结束时，向导会显示结束界面，提示安装完成，效果如图 1.21 所示。

　　📖 说明：完成 JRE 的安装以后，就可以通过双击 JAR 文件来运行可执行的 JavaGUI 应用程序，操作方法就像操作本地的 EXE 文件一样。

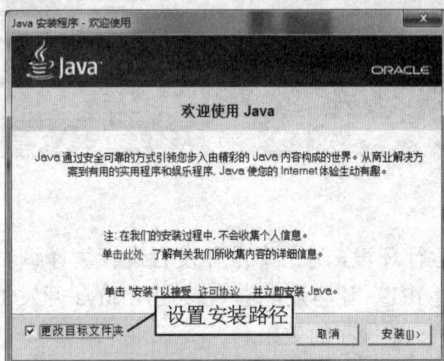

图 1.18　JRE 安装向导的欢迎界面

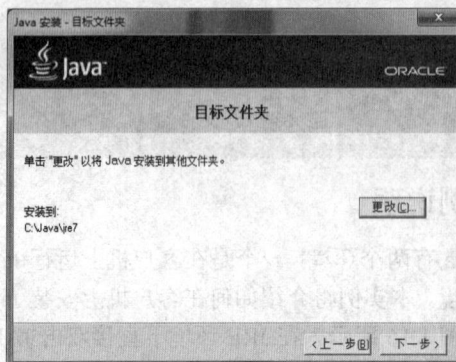

图 1.19　设置安装目标文件夹的向导界面

图 1.20　向导安装过程中的进度提示

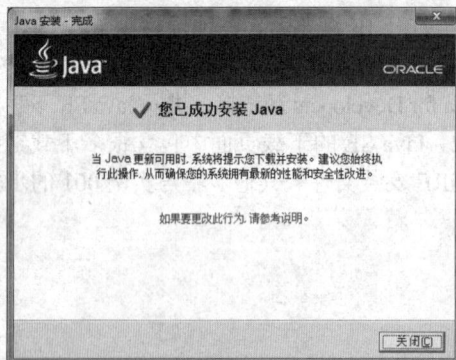

图 1.21　向导提示程序安装完成

■ 秘笈心法

心法领悟 005：WinRAR 对 JAR 文件关联的影响。

WinRAR 和 JRE 安装之后都需要设置其对 JAR 文件的关联，不同的是通过关联使用 JRE 操作 JAR 文件会尝试运行这个文件，而 WinRAR 则会把它当作压缩包文件。所以要使计算机能够正确运行 JAR 文件，必须在 WinRAR 等压缩软件之后安装 JRE 环境。

实例 006	编程输出星号组成的等腰三角形	初级
	光盘位置：光盘\MR\006	趣味指数：★★☆

■ 实例说明

本实例将作为接触 Java 开发的第一个程序，用 JDK 工具包和记事本来完成。通过本实例可以体会 Java 最基本的开发方式，它可以不借助任何 IDE 集成开发工具，虽然效率不高，但也能够说明 Java 程序可以在任何环境中开发。作为第一个接触 Java 的程序，本实例将在控制台中输出一个等腰三角形。运行效果如图 1.22 所示。

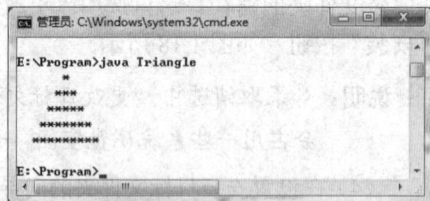

图 1.22　程序运行效果

■ 关键技术

本实例实现在控制台输出由星号字符组成的等腰三角形，其实现原理是通过输出语句在控制台输出每行对应数量的空格与"*"字符。本实例主要用到的输出语句是 System.out.println()方法，下面对其进行详细讲解。

System.out.println()方法在控制台输出一串字符串，并自动添加换行符号。语法如下：

```
System.out.println("       ***");
```

设计过程

（1）打开记事本或其他文本编辑工具，在其中编写 Java 程序代码并保存到指定位置，这里保存到 E 盘的 Program 文件夹下，文件名为 Triangle.java。程序代码如下：

```java
public class Triangle {
    public static void main(String[] args) {
        System.out.println("      *");
        System.out.println("     ***");
        System.out.println("    *****");
        System.out.println("   *******");
        System.out.println("  *********");
    }
}
```

注意：类名的首字母要大写，这是 Java 编码规范中的建议。另外，Java 区分大小写，所以无论是类名、方法名，还是变量名称都要注意统一大小写格式。

（2）对编写的 Java 文件进行编译，按 Windows+R 组合键，调出系统的"运行"对话框，如图 1.23 所示。在"打开"下拉列表框中输入"cmd"命令，然后单击"确定"按钮。

（3）在命令提示符后输入命令转入源码文件所在的文件夹。输入"e:"并按下 Enter 键，转到 E 盘位置，输入"cd Program"命令并按下 Enter 键转到该文件夹路径，然后输入编译命令"javac Triangle.java"进行编译，如图 1.24 所示。

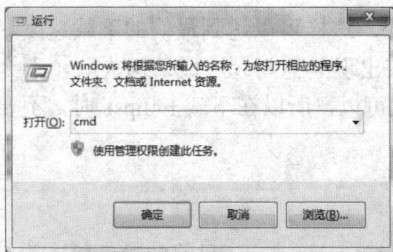

图 1.23 "运行"对话框

图 1.24 编译 Triangle.java

（4）运行编译后的 Java 程序，在控制台命令提示符后输入"java Triangle"命令并按下 Enter 键，这样会执行这个 Java 程序，运行结果会输出一个等腰三角形，如图 1.25 所示。

注意：运行 Java 程序时不需要使用文件扩展名，如 java Triangle.class 是错误的命令。

秘笈心法

心法领悟 006：Java 源文件名的大小写。

在编译 Java 源文件时，文件的名称与类名是必须相同的，如果类的名称与文件名称的字母大小写不同，会导致编译错误。例如，把源文件名称改成小写，导致文件名与类名不同，然后再执行编译命令会导致如图 1.26 所示的错误。

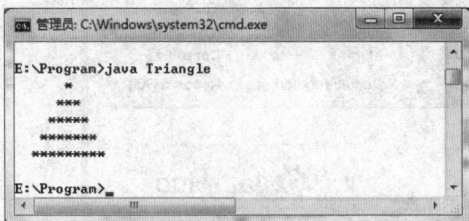

图 1.25 程序运行结果

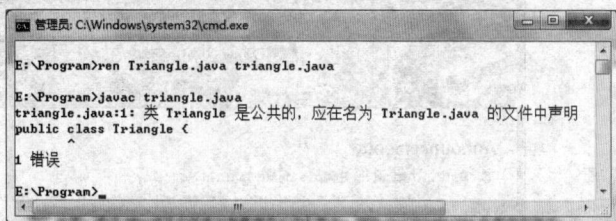

图 1.26 文件名与类名不同产生的错误

1.2 开 发 工 具

实例 007	下载最新的 Eclipse	初级
		趣味指数: ★★☆

■ 实例说明

Java 程序的源代码可以使用任何拥有编辑功能的工具来编写，然后通过 JDK 的命令进行编译与运行，但是在相对较大的程序或者大型项目开发中，使用记事本编写源代码是不可能的，因为那样会不可避免地产生很多语法错误，而且不利于整体项目文件的编译与调试。

Eclipse 是 Java 最流行的开发工具之一，它是由 IBM 斥资 44 万美元开发的一款 Java 集成开发工具。它拥有强大的编码辅助功能，可以在输入部分关键字或不输入任何内容的情况下，通过代码辅助功能直接提示将要输入的编码语法。它是一款拥有强大的项目管理、代码重构、快速错误修正、代码模板、团队开发等多种加快项目开发进度并减少错误几率的开发工具。最令人兴奋的是，IBM 将其捐赠给了开源社区，使它成为一款免费的开发工具，开源社区可以为其不断开发插件来扩展其功能。现在的 Eclipse 已经非常成熟并拥有更强大的功能了。作为 Java 开发人员有必要并且必须掌握 Eclipse 开发工具。本实例将介绍如何从 Eclipse 的网站下载 Eclipse。

■ 关键技术

在下载页面的镜像站点中选择最近的镜像服务器下载 Eclipse，这样可以达到最快的下载速度。当然，下载页面会自动推荐镜像服务器的下载链接，如果该链接无法访问或出现其他问题造成访问失败，那么应该立刻手动选择其他的下载镜像链接，哪怕是从国外的镜像服务器下载也可以，所以在下载 Eclipse 时，不要因推荐的下载镜像链接的访问失败而放弃下载。

■ 设计过程

可以从官方网站下载最新版本的 Eclipse，具体网址为 http://www.eclipse.org，目前的最新版本为 Eclipse 4.3.1。下面将以 Eclipse 4.3.1 为例，介绍下载 Eclipse 的具体步骤。

（1）在 IE 地址栏中输入 http://www.eclipse.org，进入 Eclipse 官方网站，如图 1.27 所示。

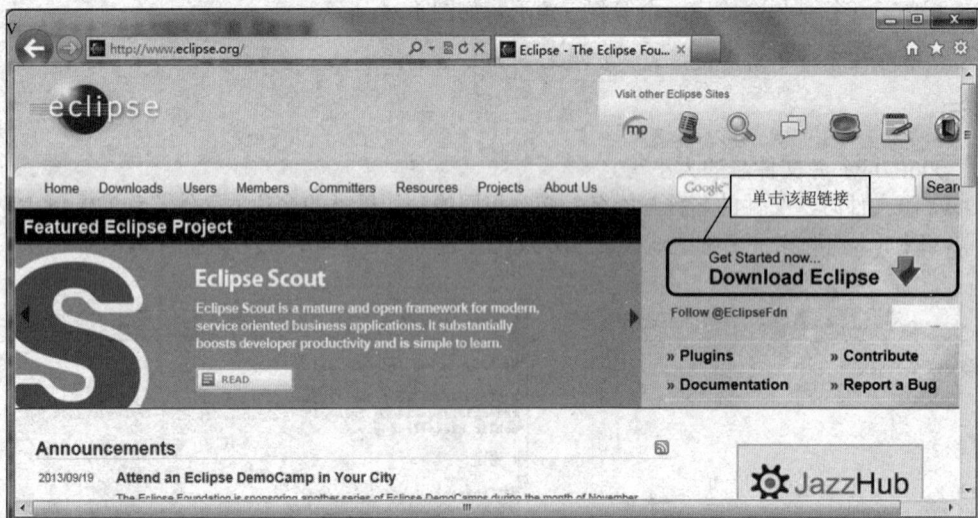

图 1.27　Eclipse 官方网站首页

（2）单击 Download Eclipse 超链接，进入 Eclipse 的下载列表页面，如图 1.28 所示。在该页面中，包括很多 Eclipse IDE 开发工具，并且它们用于不同的开发语言，例如 C/C++、PHP 等。

图 1.28　Eclipse 下载列表页面

（3）在图 1.28 中找到 Eclipse Standard 4.3.1，单击其右侧的 Windows 32 Bit 超链接下载 32 位 Windows 操作系统所使用的 Eclipse；单击 Windows 64 Bit 超链接下载 64 位 Windows 操作系统所使用的 Eclipse。这里单击 Windows 32 Bit 超链接进入 Eclipse IDE 的下载页面，如图 1.29 所示，下载 Windows 系统应用的 Eclipse 版本。在该页面中，系统会自动选择最适合的下载服务器。如果推荐的下载地址无法下载，可以选择其他的下载链接。这里单击推荐的下载超链接。

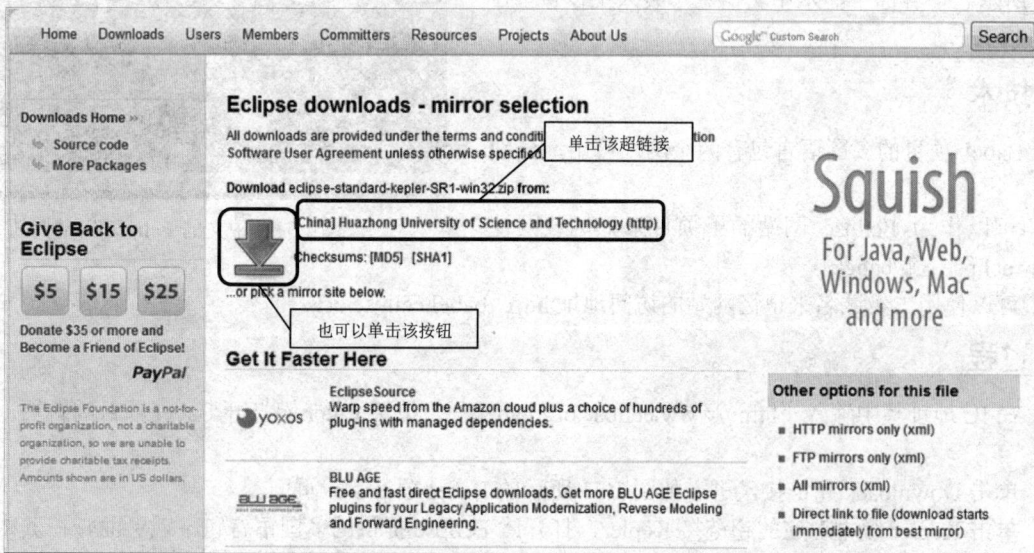

图 1.29　Eclipse IDE 的下载页面

（4）单击[China] Huazhong University of Science and Technology（http）超链接，打开文件下载对话框，在该对话框中单击"保存"按钮，即可将 Eclipse 的安装文件下载到本地计算机中。

（5）下载后的文件名称为 eclipse-standard-kepler-SR1-win32.zip。Eclipse 下载完成后，将解压后的文件放置在自己喜欢的路径下，即可完成 Eclipse 的安装。

■ 秘笈心法

心法领悟 007：Eclipse 功能板块的选择。

在 Eclipse 的下载页面中包含很多的 Eclipse 功能版本，有为 Java EE 开发提供功能的版本、为普通 Java 程序开发提供的版本、为 C/C++开发提供的版本以及支持 PHP 开发等各种版本，如图 1.30 所示。要根据自己的开发需求去确认需要的 Eclipse。虽然它们的核心都是 Eclipse 框架，但是不同功能版本集成的开发模块是不一样的，支持 Java EE 开发的功能版本提供有更多的 Java 开发模块，包括 Web 开发模块，对其他插件有良好的兼容性，所以建议下载该版本的 Eclipse。

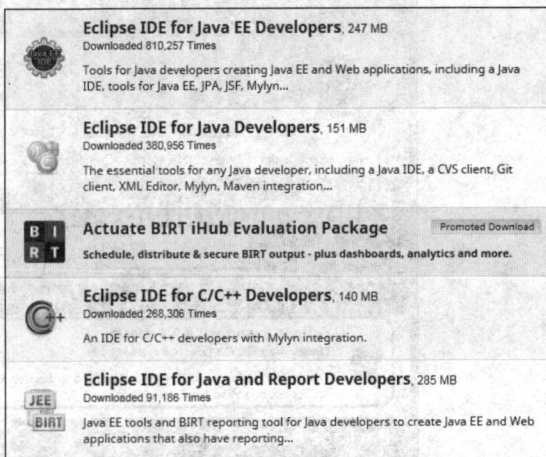

图 1.30　Eclipse 各种功能版本

实例 008	为最新的 Eclipse 安装中文语言包	初级
		趣味指数：★★★★☆

■ 实例说明

Eclipse 默认的程序界面是英文的，为便于学习与工作，最好采用母语即简体中文，这样可以更快地掌握和熟悉 Eclipse。本实例将介绍如何下载 Eclipse 4.3 的中文语言包，并将该中文包安装到 Eclipse 中。中文的 Eclipse 启动界面如图 1.31 所示。在界面中显示中文信息"装入工作台"，而不是英文。

■ 关键技术

下载 Babel 项目的多国语言包有两个网址可用，分别如下：

（1）可以作为 Eclipse 网站的子项目来记忆该网址 http://www.eclipse.org/babel。

图 1.31　中文的 Eclipse 启动界面

（2）可以使用二级域名来记忆网站的访问地址 http://babel.eclipse.org。

■ 设计过程

（1）在 IE 地址栏中输入"http://www.eclipse.org/babel/"，按下 Enter 键打开 Babel 项目的首页，如图 1.32 所示。

（2）单击 Downloads 超链接，进入如图 1.33 所示的 Babel 项目下载页面。

（3）单击 Kepler 版本对应的超链接 Kepler，打开此 Eclipse 提供的多国语言包下载页面。在其中找到简体中文对应的语言包，如图 1.34 所示。

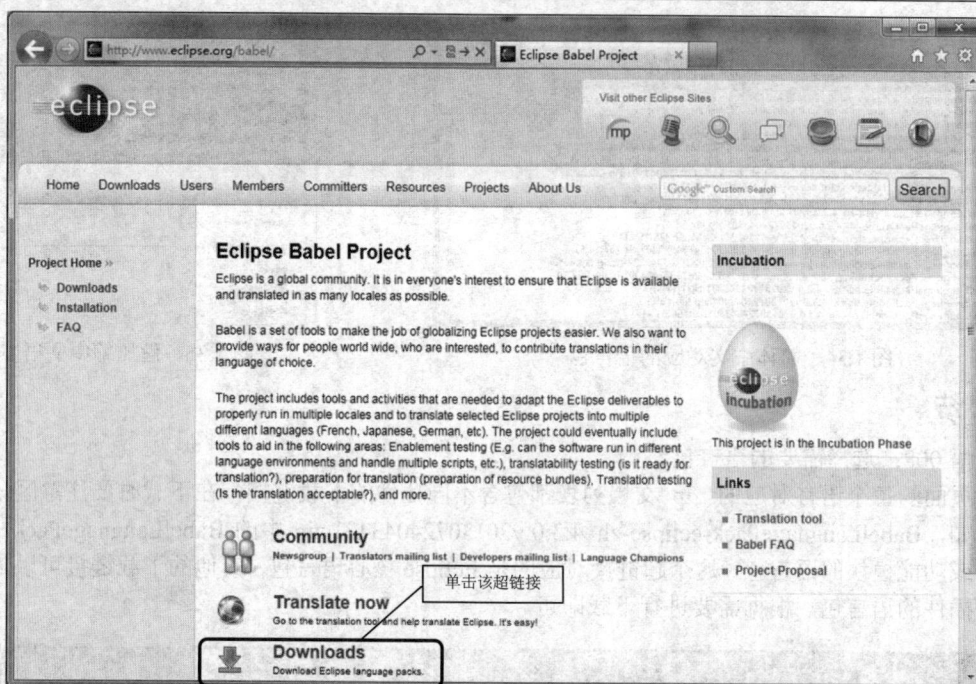

图 1.32　Babel 项目的首页

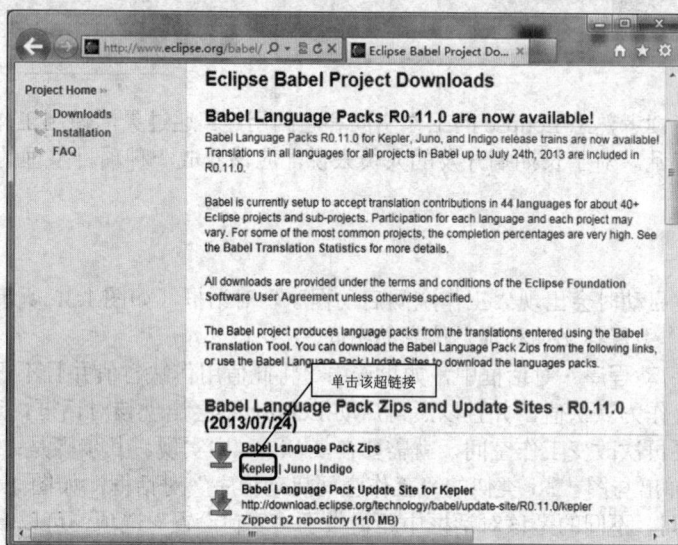

图 1.33　Babel 项目下载页面

（4）下载 Language:Chinese(Simplified)选项中对应的所有语言包。

（5）下载之后，得到 Eclipse 中文语言包的多个 zip 文件，选择所有的 zip 文件。然后右击选中的 zip 文件，在弹出的快捷菜单中选择"解压到当前文件夹"命令即可统一解压缩，如图 1.35 所示。

（6）解压缩后得到一个名为 eclipse 的目录，选择其中的两个文件夹 features 与 plugins，并复制到 Eclipse 安装目录中。

◀» 注意：由于 Eclipse 的安装目录中已经存在 features 与 plugins 两个目录，所以在复制时系统会提示是否覆盖原文件，选择覆盖。

至此，Eclipse 的中文语言包安装完毕。

图 1.34　简体中文对应的语言包

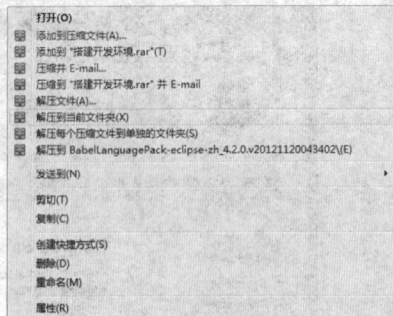

图 1.35　解压缩中文语言包

■ 秘笈心法

心法领悟 008：选择需要的语言包。

语言包页面的每个语言对应的 zip 文档列表都包含不同插件的下载链接，在下载时要注意区分每个语言包的不同。例如，BabelLanguagePack-eclipse-zh_4.3.0.v20130724043401.zip 中的 BabelLanguagePack 与 zh 之间就是对应插件或功能模块的语言包，这个超链接对应的是 Eclipse 核心语言包，其他的下载链接可以依照这个方法判断是哪个插件的语言包，根据需要进行下载即可。

实例 009	活用 Eclipse 的工作空间	中级
	光盘位置：光盘\MR\009	趣味指数：★★★

■ 实例说明

本实例的目的在于使读者熟悉 Eclipse 的工作空间和它的用途。通过灵活使用工作空间来整理各类项目，这样即使项目再多也不会凌乱。对于长期搞开发的人员来说，应该养成一种项目整理的习惯，培养对项目维护与管理的专业性。

■ 设计过程

（1）在 Eclipse 首次启动时会出现"工作空间启动程序"对话框（如图 1.36 所示），要求用户指定一个磁盘文件夹作为 Eclipse 工作中保存文件和项目信息的空间。

（2）在"工作空间启动程序"对话框中，如果选中"将此值用作缺省值并且不再询问"复选框，则可以使用选择的工作空间文件夹作为默认值，并且以后再启动 Eclipse 不会出现该对话框，这样可以方便 Eclipse 的启动。这样设置后，如果要再次改变工作空间，就需要在 Eclipse 中实现。其步骤是：选择"文件"/"切换工作空间"/"其他"命令，弹出与图 1.36 类似的"工作空间启动程序"对话框，如图 1.37 所示。在该对话框中可以改变 Eclipse 的工作空间。不同的是该对话框中还提供了"复制设置"选项，可以复制当前工作空间的"工作台布局"和"工作集"到新指定的工作空间中。

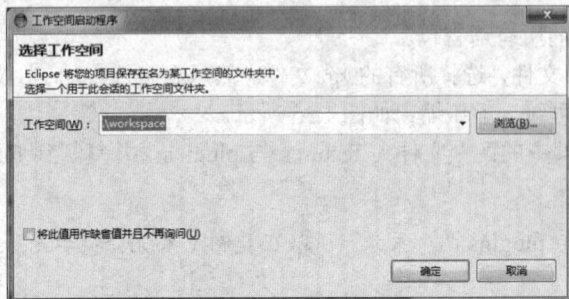

图 1.36　"工作空间启动程序"对话框

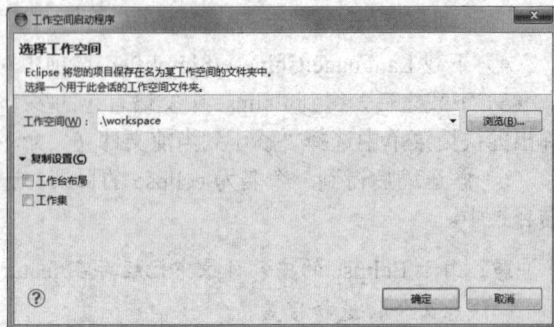

图 1.37　切换工作空间的对话框

（3）工作空间是不同的磁盘文件夹，可以利用不同的工作空间来存放不同类型的 Java 程序，方便以后的分类管理。例如，使用多个工作空间分别管理 Java SE 桌面应用程序项目、Java Web 网站程序项目、Java ME 手机应用程序项目等。当然也可以按程序应用方向和自己的方式去安排工作空间。

■ 秘笈心法

心法领悟 009：使用相对路径设置工作空间。

在指定工作空间时，可以用"./"代替当前文件夹。例如，"./workspace"是在 Eclipse 所在文件夹下建立的 workspace 文件夹，并把该文件夹作为 Eclipse 的工作空间，这样就使工作空间与 Eclipse 在同一个文件夹中，如果复制 Eclipse 到其他计算机或其他磁盘文件夹，就可以连同工作空间一起复制了。

实例010	在 Eclipse 项目中编程输出字符表情	初级
	光盘位置：光盘\MR\010	趣味指数：★★☆

■ 实例说明

Java 可以使用记事本等编辑器编写 Java 程序代码，然后经过 javac 命令编译为 class 文件，最后通过 Java 命令来运行这个程序。这说明了 Java 开发的灵活性，但是对于大型项目来说，编程无疑是痛苦的，所以各种编程语言出现了 IDE 集成开发工具。例如，Java 的 Eclipse，在开发工具中编写代码可以直接运行，开发工具会自动完成编译和运行的所有步骤。本实例介绍在 Eclipse 中如何开发一个简单的 Java 程序，通过这个程序使读者了解 Eclipse 如何编写 Java 程序。

■ 设计过程

（1）启动 Eclipse，在"包资源管理器"视图中单击鼠标右键，在弹出的快捷菜单中选择"新建"/"项目"命令（如果这时菜单中有"Java 项目"命令，可以直接选择该命令创建 Java 项目）。然后在弹出的"新建项目"对话框中选择"Java 项目"选项，再单击"下一步"按钮，如图 1.38 所示。

（2）在弹出的"新建 Java 项目"对话框的"项目名"文本框中输入要创建的项目名称，用户可以自己定义，名称使用中文和英文皆可，然后单击"完成"按钮，如图 1.39 所示。

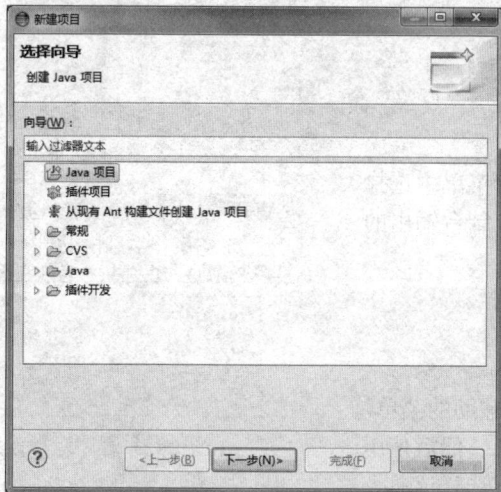

图 1.38　"新建项目"对话框　　　　　图 1.39　"新建 Java 项目"对话框

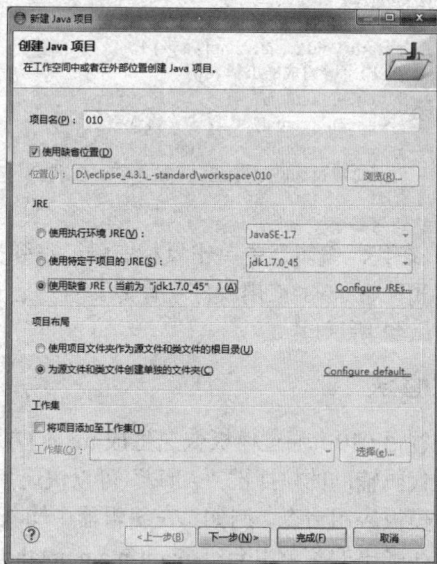

（3）在"包资源管理器"视图中展开新建的项目节点，右击 src 节点，在弹出的快捷菜单中选择"新建"/"类"命令，如图 1.40 所示。

（4）在弹出的"新建 Java 类"对话框中需要设置类所在的 Java 包、类的名称、是否自动生成主方法代码等信息，如图 1.41 所示。其中 Java 包可以忽略，但是为了避免多个类文件存在于项目的根位置，建议使用不同的包来保存不同类型的 Java 类。在"名称"文本框中输入类的名称，然后选中 public static void main(String[] args) 复选框，这样向导会自动为该类添加 main() 主方法的程序代码。最后单击"完成"按钮。

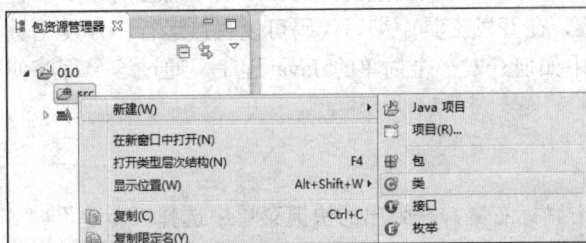

图 1.40　选择"新建"/"类"命令

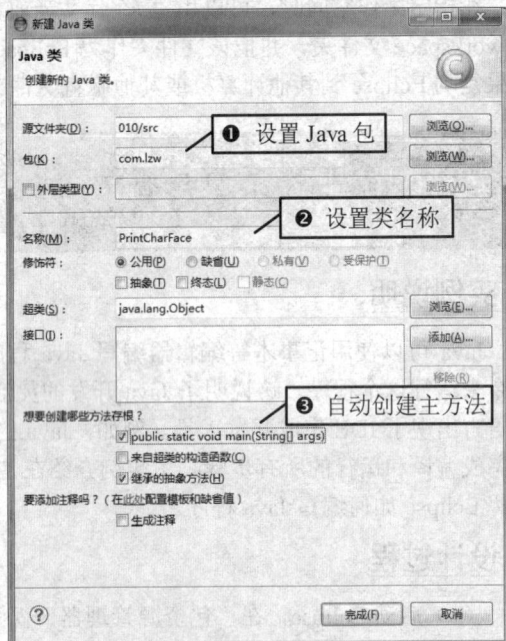

图 1.41　"新建 Java 类"对话框

（5）向导自动为该类添加了模板生成的程序代码。程序开发人员只需要补全代码，实现自己的业务逻辑即可。本实例将在自动生成的主方法代码中编写输出字符表情的代码。程序代码如下：

```java
package com.lzw;
public class PrintCharFace {
    public static void main(String[] args) {
        //输出字符组成的小猪表情
        System.out.println("          ⌒⌒⌒          ");
        System.out.println("       {/ o   o /}");
        System.out.println("       ( (oo) )");
        System.out.println("        ⌒⌒⌒          ");
    }
}
```

（6）在代码编辑器中单击鼠标右键，在弹出的快捷菜单中选择"运行方式"/"Java 应用程序"命令。程序运行后在控制台输出的效果如图 1.42 所示。

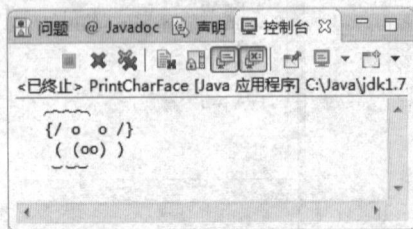

图 1.42　程序运行效果

■ 秘笈心法

心法领悟 010：通过模板快速生成 main() 方法的代码。

使用代码辅助的快捷键"Alt+/"可以快速弹出代码辅助的菜单，其中包含模板应用命令。例如，在编辑器中输入"main"，然后使用快捷键，在弹出的菜单中会有 main-main method 命令，选择该命令将会套用模板来完成 main() 方法的代码，充分利用代码模板功能快速提高了编码速度。

实例 011	为 Eclipse 添加新的 JDK 环境	中级
		趣味指数：★★☆

■ 实例说明

Eclipse 需要 Java 运行环境的支持，才能够启动运行。并且 Eclipse 启动后，会把当前的 Java 执行环境（JDK 或 JRE）安装到 Eclipse 中，作为默认的开发环境。本实例将介绍如何改变 Eclipse 的默认 JRE 环境，并且添加多个 Java 环境。

■ 设计过程

（1）启动 Eclipse，选择"窗口"/"首选项"命令，在弹出的"首选项"对话框中展开 Java/"已安装的 JRE"子节点，再单击右侧的"添加"按钮，如图 1.43 所示。

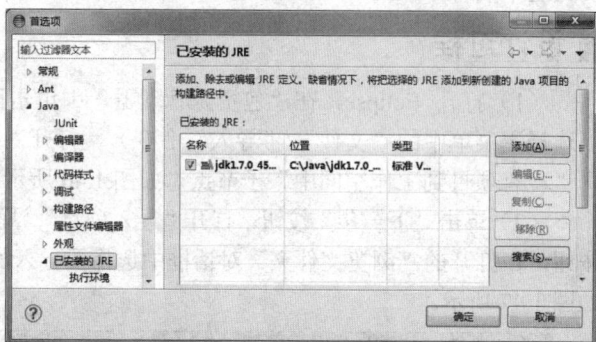

图 1.43 "首选项"对话框

（2）在弹出的"JRE 类型"界面中有"标准 1.1.x VM"、"标准 VM"和"执行环境描述" 3 个选项，这里选择默认的"标准 VM"选项，再单击"下一步"按钮，如图 1.44 所示。

（3）在弹出的"JRE 定义"界面中包含 JRE 主目录信息、JRE 名称、默认 VM 参数和 JRE 系统库列表信息，如图 1.45 所示。单击"JRE 主目录"文本框右侧的"目录"按钮，选择 JDK 或 JRE 的安装路径，然后其他数据会自动添加，根据需要对"JRE 名称"文本框中的名字进行修改，如添加自定义提示。最后单击"完成"按钮。

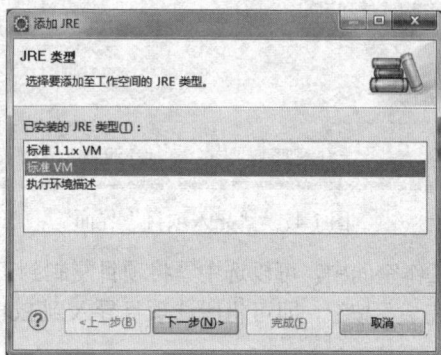

图 1.44 "JRE 类型"界面

图 1.45 "JRE 定义"界面

■ 秘笈心法

心法领悟 011：设置 JRE 环境的内存参数。

在为 Eclipse 添加 JRE 的同时，可以发现添加的和已有的 JRE 环境，可以设置和修改虚拟机参数，在这里添加"-xmx200M"参数为虚拟机增加内存，这样可避免大型的应用程序因为内存不足而无法运行。

实例 012	将已有项目导入到 Eclipse	高级
		趣味指数：★★★★☆

■ 实例说明

在项目开发时，有时可能要对已经开发好的或者已经完成部分功能的项目进行二次开发或修改，这时就需要将这个项目导入到 Eclipse 中进行操作。本实例将介绍如何将已有项目导入到 Eclipse 中。

■ 设计过程

（1）打开 Eclipse，在"包资源管理器"中单击鼠标右键，在弹出的快捷菜单中选择"导入"命令（也可以选择主菜单中的"文件"/"导入"命令），打开"导入"对话框。在该对话框中，展开"常规"节点，并选中"现有项目到工作空间中"子节点，如图 1.46 所示。

（2）单击"下一步"按钮，打开"导入项目"界面，在该界面中单击"选择根目录"列表框右侧的"浏览"按钮，在打开的"浏览文件夹"对话框中选择要导入的项目，并单击"确定"按钮返回到"导入项目"界面中，如图 1.47 所示。

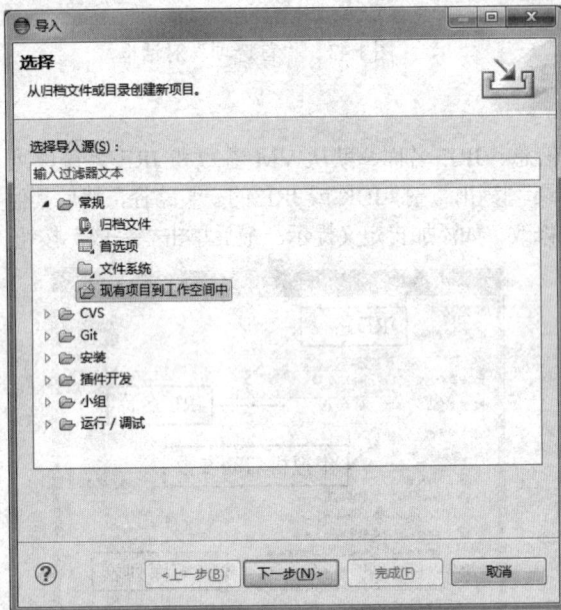

图 1.46　"导入"对话框

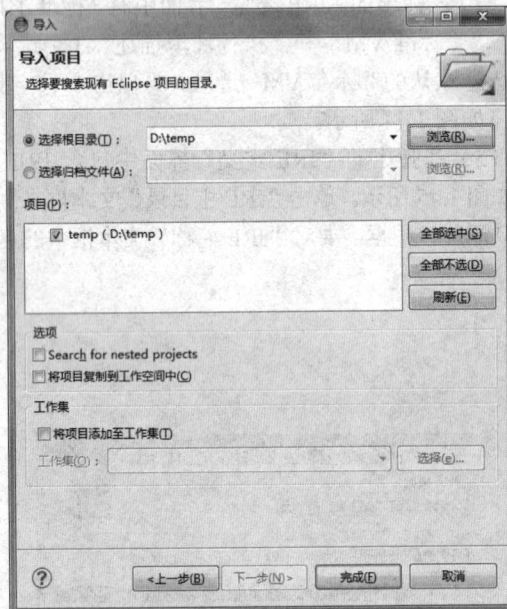

图 1.47　"导入项目"界面

（3）如果想要创建一个当前项目的副本，并复制到自己的工作空间中，可以选中"将项目复制到工作空间中"复选框，如果不选中该复选框将直接操作当前项目。单击"完成"按钮，即可将所选项目导入到 Eclipse 中。

■ 秘笈心法

心法领悟 012：导入多个项目到 Eclipse 中。

在 Eclipse 中，不仅可以实现导入一个项目，还可以一次导入多个项目。操作方法也比较简单，只需要在单击"浏览"按钮选择项目时，选择包含多个项目的父文件夹就可以将全部项目添加到项目列表中，然后再选中项目名称前的复选框来指定要导入的多个项目。

实例 013	为项目添加类库	中级
		趣味指数：★★★★☆

■ 实例说明

一个大型完整的 Java 项目，需要几个或者多个 JAR 类库的支持，如 JDBC 数据库连接的类库、Hibernate 类库、Struts 类库、Spring 类库等，这些类库必须添加到当前项目的构建路径中才能够使用。很多初学者对于构建路径的意义和管理不是很熟悉，这导致初学者无法学习和掌握项目开发。本实例将介绍在 Eclipse 中如何为项目添加类库。

📖 说明：构建路径就是把各个 JAR 类库设置到 CLASSPATH 类路径中，是一个环境变量。这样，在编译源文件时才能够找到引用的其他 JAR 文件中的 API。

■ 设计过程

（1）最简单的方式，是在 Eclipse 的项目中创建一个文件夹，如 lib，然后把该项目引用到的所有 JAR 文件复制到该文件夹中，再选择文件夹中所有的 JAR 文件，在文件上单击鼠标右键，再在弹出的快捷菜单中选择"构建路径"/"添加至构建路径"命令。在已经添加到构建路径中的 JAR 文件上单击鼠标右键，再在弹出的快捷菜单中选择"构建路径"/"从构建路径中出去"命令，可以移除相应的 JAR 文件。这种简单的方法适合于单个 Java 项目。

（2）对于重复使用的共用类库，可以在 Eclipse 中创建专门的类库，然后在其他项目中添加该类库，不用为每个项目创建文件夹和复制 JAR 文件。选择"窗体"/"首选项"命令，在弹出的"首选项"对话框中展开 Java/"构建路径"/"用户库"子节点，再单击右侧的"新建"按钮，如图 1.48 所示。

（3）在弹出的"新建用户库"对话框中输入自定义的用户库名称，再单击"确定"按钮，如图 1.49 所示。

（4）在"首选项"对话框中选择刚创建的用户库，单击右侧的"添加 JAR"按钮，为新创建的类库添加一些 JAR 文件，这样就完成了类库的创建。展开类库节点，其所有子节点都是 JAR 文件，可以单选或多选进行删除。

图 1.48 "首选项"对话框

（5）在指定的 Java 项目上单击鼠标右键，在弹出的快捷菜单中选择"构建路径"/"添加库"命令，再在弹出的对话框中选择"用户库"选项，单击"下一步"按钮，再选中刚创建的用户库，单击"完成"按钮可以实现为项目添加类库。

图 1.49 "新建用户库"对话框

■ 秘笈心法

心法领悟 013：使用用户库共享所有的 JAR 文件。

通过创建不同的用户库，来分类管理不同的 JAR 文件，然后为指定的项目添加对应的类库。这样可以在多个项目中共享指定分类的 JAR 文件，避免每个项目单独保存类库文件，大幅度提高类库的可重用性，也为类库版本的替换和维护提供了方便。

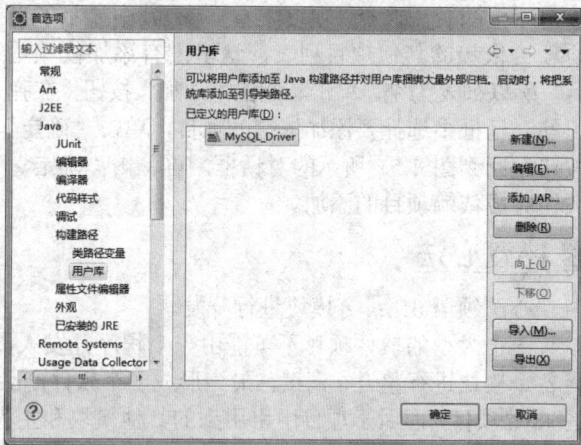

实例 014	使当前项目依赖另一个项目	中级
		趣味指数：★★☆

■ 实例说明

在 Eclipse 中可以创建多个项目实现不同的软件开发，也可以使用多个项目来开发单独的大型软件，每个项目负责单独的模块部门，这样可以使软件的模块分类更清晰，可以单独地维护每个模块部分。但是项目管理源代码是互相隔绝的，两个项目之间如果不经过特殊设置，是无法互相使用源码的。本实例将介绍如何让当前项目依赖另一个项目，这将导致当前项目可以使用目标项目的所有源代码、类库和资源文件。

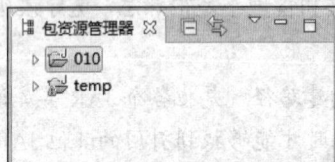

图 1.50　包资源管理器中的两个 Java 项目

■ 设计过程

（1）如图 1.50 所示准备了"010"和 temp 两个 Java 项目。在项目"010"上单击鼠标右键，再在弹出的快捷菜单中选择"构建路径"/"配置构建路径"命令。

（2）弹出"010 的属性"对话框，在其中默认选择了"Java 构建路径"节点，如图 1.51 所示。在该对话框的右侧选择"项目"选项卡，其中显示了当前项目依赖的其他项目列表，这里没有添加依赖项目，所以列表为空。单击右侧的"添加"按钮，在弹出的对话框中选择要添加依赖的项目，单击"确定"按钮返回到图 1.51 所示的对话框，再单击"确定"按钮完成依赖项目的添加。

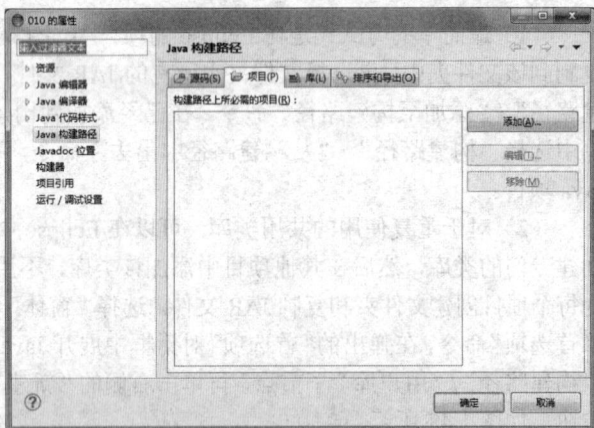

图 1.51　"010 的属性"对话框

■ 秘笈心法

心法领悟 014：分模块进行开发。

一个大型的软件项目不可能由一个程序开发人员来完成，需要由不同的开发人员来编写不同的模块，最后将各个模块进行整合、调试，最终形成一个软件产品。对于开发不同模块的开发人员在 Eclipse 中都会创建独立的 Java 项目，而对于项目中引用到的其他模块和主程序部分都可以看作是不同 Java 项目之间的引用，可以设置相应的项目依赖关系来实现。这样，把软件分模块进行开发与维护增加了程序开发的灵活性。

1.3　界面设计器

实例 015	安装界面设计器	中级
		趣味指数：★★★☆

■ 实例说明

Java SE 包含 Java 的核心技术，其中也包含了开发 Java 桌面应用程序的 Swing 技术，使用 Swing 开发桌面应用程序非常灵活，但是由于 API 众多，其中包括 GUI 设计的 API，导致开发难度增大。另外，Swing 为实现开发跨平台的应用程序，使用各种类型的布局管理器来管理界面控件的大小与布局，程序开发人员不得不边写代码边运行程序，以验证界面控件布局的正确性。本实例将介绍在 Eclipse 中如何安装 WindowBuilder（以前称为 SWT-Designer）界面设计器，它是 Eclipse 的一个插件。

■ 设计过程

（1）首先下载 WindowBuilder。在浏览器的地址栏中输入网址 http://www.eclipse.org/windowbuilder/download.php，按下 Enter 键进入 WindowBuilder 插件的下载列表页面，在该页面中列出了针对不同版本的 Eclipse 而开发的 WindowBuilder 插件的下载超链接，如图 1.52 所示。

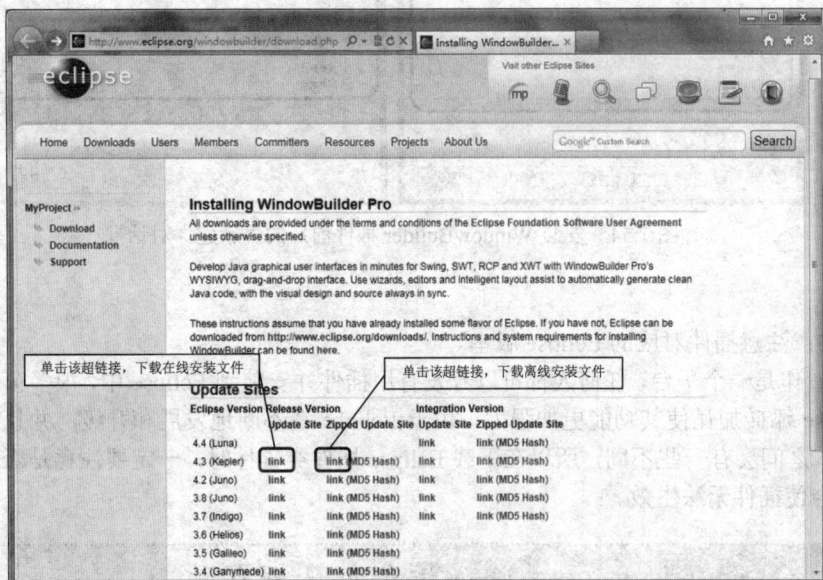

图 1.52　Babel 项目下载页面

（2）单击适用于 Eclipse 4.3 的离线安装文件的超链接，下载插件压缩包文件。

（3）下载后的插件压缩包文件名称为 WB_v1.6.1_UpdateSite_for_Eclipse4.3.zip，将该压缩包中的两个文件夹解压缩并覆盖 Eclipse 文件夹中的同名文件夹，如图 1.53 所示。

图 1.53　覆盖 Eclipse 的子文件夹

（4）再次启动 Eclipse，选择主菜单中的"文件"/"新建"/"其他"命令，打开"新建"对话框。在该对话框中将出现一个 WindowBuilder 节点，如图 1.54 所示，则说明 WindowBuilder 插件安装成功。

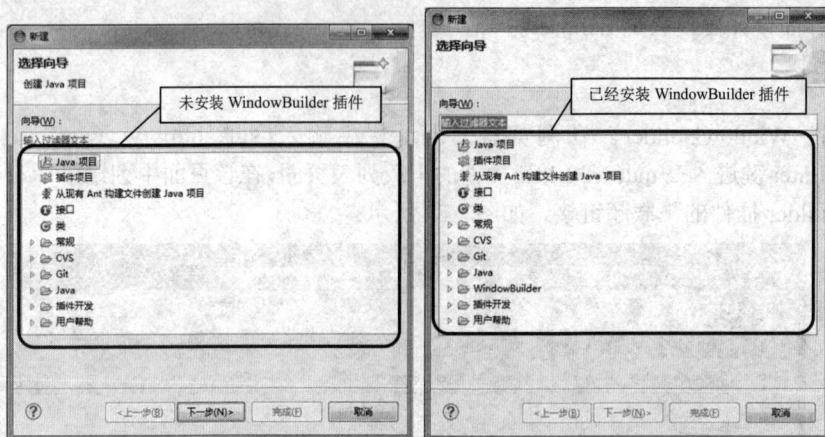

图 1.54　安装 WindowBuilder 插件前后的"新建"对话框

■ 秘笈心法

心法领悟 015：注意插件对应的 Eclipse 版本。

Eclipse 可以看作是一个平台，任何人都可以开发有用插件并安装到 Eclipse 中，很多第三方软件商开发出自己的产品为 Eclipse 添砖加瓦使其功能更加强大。由于 Eclipse 在不断地发展和升级，并且随着版本的变化越来越强大，不同版本之间会有一些不同，所以在下载 Eclipse 插件类软件时，一定要注意是否区分 Eclipse 的版本，错误的搭配可能会使插件无法生效。

实例 016	设计 Windows 系统的运行对话框界面	中级
	光盘位置：光盘\MR\016	趣味指数：★★★★

■ 实例说明

这里介绍的界面设计器可以辅助 Java 桌面应用程序的开发，能够大幅度提升窗体界面的开发速度，从而把程序开发人员的大部分精力转移到业务实现上。但是对于初学者和初次使用该界面设计器的人员，需要尽快熟悉其使用方法，本实例将介绍在界面设计器的基础上开发一个仿照 Windows 系统的运行对话框的界面。程序运行效果如图 1.55 所示。

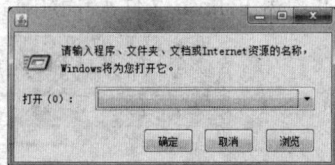

图 1.55　程序运行效果

■ 设计过程

（1）新建 Java 项目，名称为 RunDialog。

（2）在项目的 src 文件夹上单击鼠标右键，在弹出的快捷菜单中选择"新建"/"其他"命令。

（3）在弹出的"新建"向导对话框中展开 Designer 节点，再选择 Swing/JFrame 子节点，然后单击"确定"按钮。

（4）在弹出的 New Swing JFrame 对话框中，向导已经自动填写了源文件夹位置和超类名称。我们需要做的是，在"名称"文本框中输入新建类的名称，如 RunDialogDemo，再单击"完成"按钮，如图 1.56 所示。

（5）向导会自动创建 RunDialogDemo 类，并完成代码的初步编写。我们需要使用设计器进行组件添加和布局，通过单击图 1.57 中的 Design 标签可以切换到设计器界面。

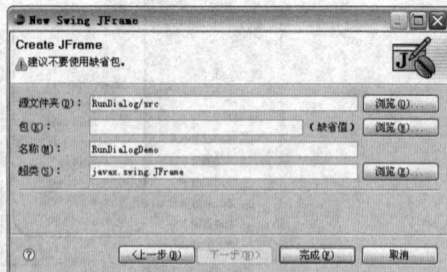

图 1.56　New Swing JFrame 对话框

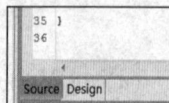

图 1.57　Design 标签

（6）在设计器界面的窗体中单击鼠标右键，在弹出的快捷菜单中选择 Set layout/ Absolute（null）Layout 命令，如图 1.58 所示，这样即可设置窗体容器使用绝对定位方式布局组件。在没有学会布局管理器之前，使用绝对定位的布局方式相对要简单一些，拖曳组件就可以设置位置。

（7）在设计器 Palette 组件面板的 Swing Controls 选项卡中选择 JLabel 组件，然后在设计器窗体上的指定位置单击鼠标左键，如图 1.59 所示。

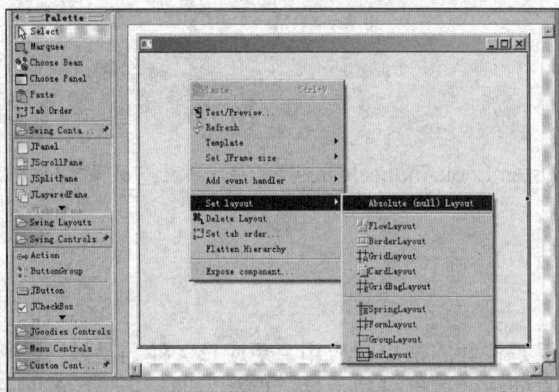

图 1.58　设置绝对定位的布局方式

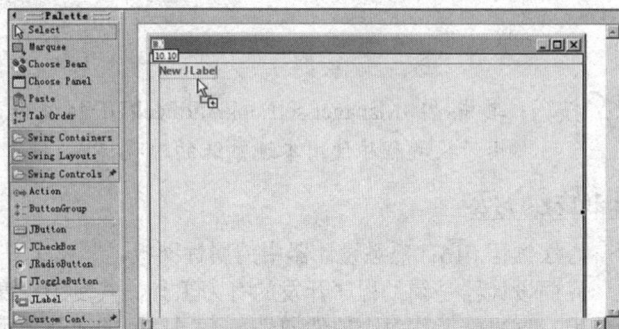

图 1.59　创建组件

（8）选择添加到窗体中的 JLabel 组件，然后在 Properties 选项卡中找到 icon 属性，单击右侧的 ██ 按钮选择组件图标，如图 1.60 所示。

（9）在弹出的 Select image 对话框中找到需要的图片文件（这是事先复制到 src 文件夹的图片），单击"确定"按钮，如图 1.61 所示。

（10）现在的 JLabel 组件包含了图片，但是还有多余的文本信息，如图 1.62 所示。修改该组件的 text 属性，将属性值删除，如图 1.63 所示。

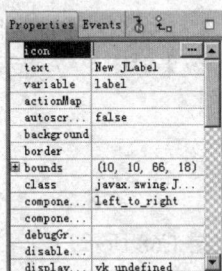

图 1.60　Properties 选项卡

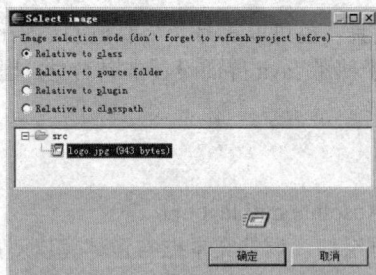

图 1.61　Select image 对话框

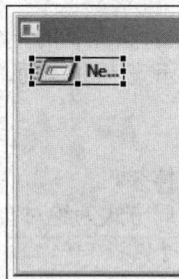

图 1.62　组件外观

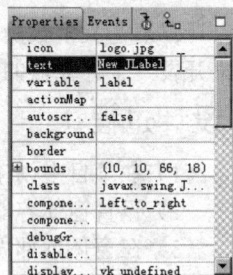

图 1.63　text 属性

（11）再添加一个 JTextArea 组件显示文本，并设置 opaque 属性为 false，lineWrap 属性为 true，然后设置 text 文本属性。设置后的效果如图 1.64 所示。

（12）添加 JLabel 组件，设置文本为"打开（O）："。

（13）添加 JComboBox 组件，调整大小，效果如图 1.65 所示。

（14）添加 3 个按钮，分别设置 text 属性为"确定"、"取消"和"浏览"。添加组件并调整大小后，整个界面的设计效果如图 1.66 所示。

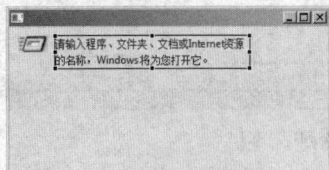

图 1.64　设置组件

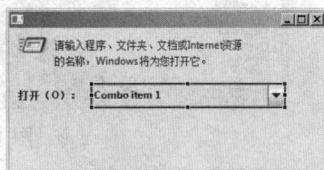

图 1.65　添加组件

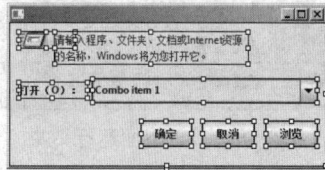

图 1.66　添加按钮

（15）切换到 Source 源码选项卡。修改主方法的程序代码如下：

```
public static void main(String args[]) {
    EventQueue.invokeLater(new Runnable() {
        public void run() {
            try {
                UIManager.setLookAndFeel(UIManager.getSystemLookAndFeelClassName());
                RunDialogDemo frame = new RunDialogDemo();
                frame.setVisible(true);
            } catch (Exception e) {
                e.printStackTrace();
            }
        }
    });
}
```

✍ **技巧**：其中"UIManager.setLookAndFeel(UIManager.getSystemLookAndFeelClassName());"语句是新增加的，
用于设置程序使用本地系统的外观样式。

■ 秘笈心法

心法领悟 016：熟悉设计器中的属性面板。

界面设计器是辅助程序开发的有力工具，其复杂程度不仅是控件的拖曳与应用，更应该关注的是属性面板
的使用，这里能操作每个控件属性，不同类型的属性还可以有便捷的属性设置方法。例如，图片类型的数据会
打开界面设计器的图片选择器，边框属性会打开设计器的边框设置向导等。熟练掌握属性面板的使用，是丰富
界面设计的主要内容之一。

实例 017	设计计算器程序界面 光盘位置：光盘\MR\017	中级 趣味指数：★★★☆

■ 实例说明

计算器是大多数操作系统都会配备的一个小工具，也可以算是一个经典的小软件了。本实例将使用 Java 语
言来开发一个计算器的界面，虽然只是界面，但对于熟悉 Java 界面设计非常合适。程序运行效果如图 1.67 所示。

■ 设计过程

（1）在项目中创建主窗体类。

（2）设置窗体容器的布局方式为绝对布局（Absolute null layout）。

（3）在窗体顶部添加一个 JTextField 文本框组件，调整文本框与窗体宽度对应，如图 1.68 所示。

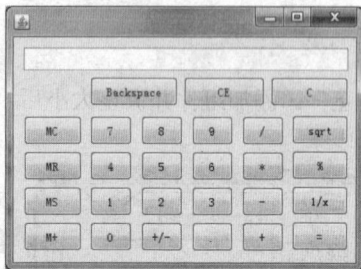

图 1.67　仿计算器界面运行效果

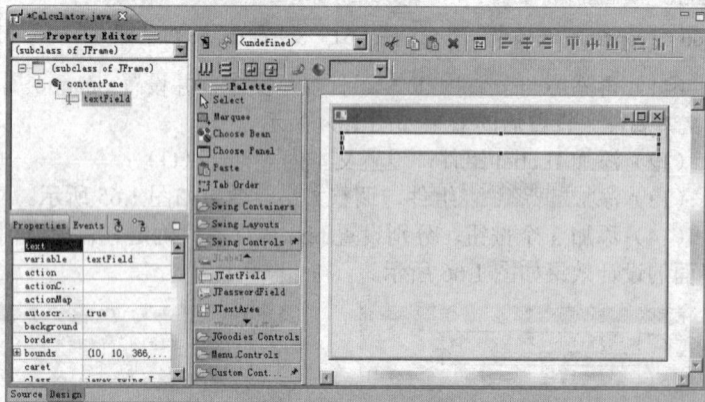

图 1.68　添加文本框

（4）在窗体设计界面的右侧，添加"sqrt"、"%"、"1/x"和"="这 4 个按钮，如图 1.69 所示。单击

"="按钮，设置 foreground 前景色的属性为 RED，设置其他按钮的该属性为 BLUE。

（5）通过 Marquee 选项可以实现鼠标划动选择多个按钮或其他组件，然后通过复制粘贴可以直接添加相同的一组按钮到设计器中，如图 1.70 所示。

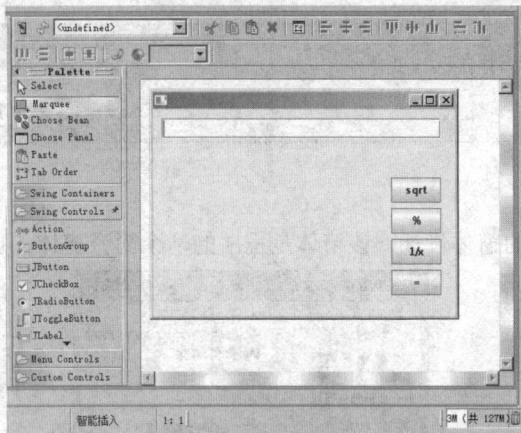

图 1.69　添加按钮

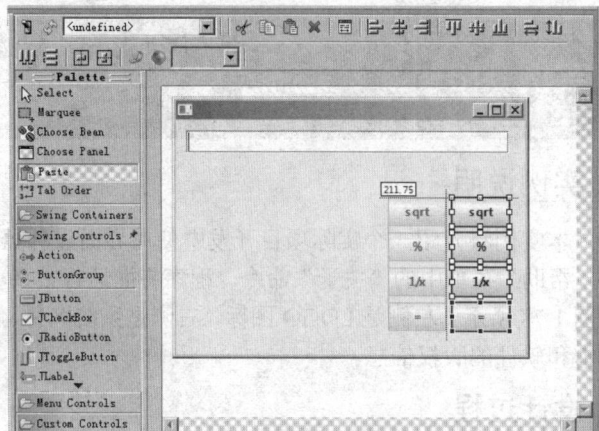

图 1.70　通过复制粘贴添加按钮

（6）对复制的组件进行调整和设置，把它们定义成运算符号的按钮，如图 1.71 所示。

（7）继续添加其他按钮，如果个别按钮因文字太长而显示不全，可以尝试调整该按钮的 Margin 属性，把左右边界调整一下，如图 1.72 所示。

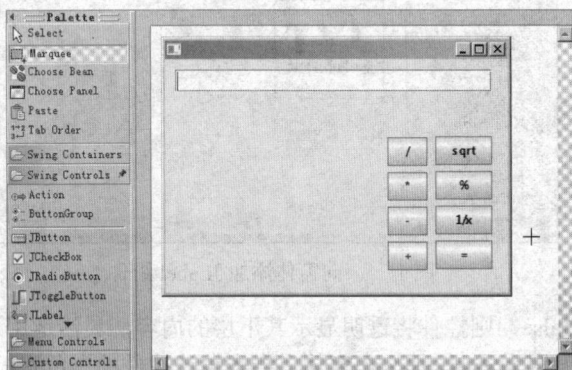

图 1.71　定义按钮

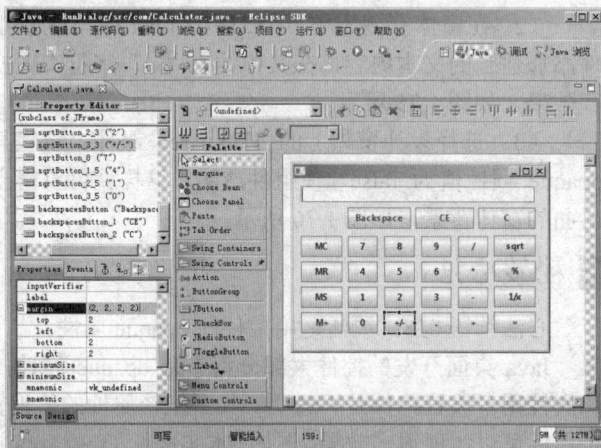

图 1.72　添加其他按钮

（8）切换到 Source 源码选项卡。修改主方法的程序代码如下：

```
public static void main(String args[]) {
    EventQueue.invokeLater(new Runnable() {
        public void run() {
            try {
                UIManager.setLookAndFeel(UIManager.getSystemLookAndFeelClassName());
                Calculator frame = new Calculator();
                frame.setVisible(true);
            } catch (Exception e) {
                e.printStackTrace();
            }
        }
    });
}
```

■ 秘笈心法

心法领悟 017：充分利用界面设计器的便利性。

　　界面设计器的核心作用就是能够简化编写界面设计代码的工作，提高程序开发的效率。所以必须完全掌握界面设计器的用法才能发挥其真正的作用。例如，本实例中使用工具面板中的 Marquee 工具选择界面的多个控件，通过复制粘贴，直接为界面添加了大量同类的控件，这将为界面设计工作节省大量的开发时间。

实例018	设计关于进销存管理系统的界面 光盘位置：光盘\MR\018	中级 趣味指数：★★★

■ 实例说明

　　本实例将介绍一个实际项目开发中使用界面设计器完成的窗体设计，该窗体是程序的一个简介窗体，也就是"帮助"菜单中的"关于"命令。程序界面运行效果如图 1.73 所示。左侧是 LOGO 图标，右侧是系统名称、版本和软件的版权信息。

图 1.73　实例运行结果

■ 设计过程

　　（1）在项目中创建一个窗体，设置窗体的标题为"关于进销存管理系统"。再设置窗体的布局管理器为 null。在窗体左侧添加一个 JLabel 标签组件，并设置一个图片，如图 1.74 所示。

　　（2）在窗体右侧添加一个 JTextArea 组件，为该组件添加适当的文本内容，在其中插入"\n"字符实现换行效果，如图 1.75 所示。

　　（3）选择设计窗体上的 JTextArea 组件，设置其 opaque 属性值为 false，使组件透明，这样就可以露出后面的窗体背景，如图 1.76 所示。

■ 秘笈心法

　　心法领悟 018：灵活运用控件的 opaque 属性。

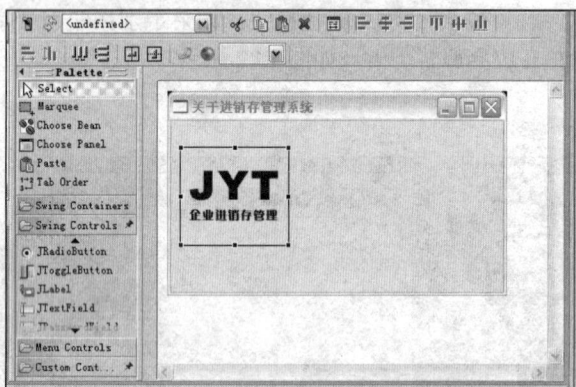

图 1.74　向窗体添加 JLabel 组件

　　Java 桌面开发的控件大部分都支持 opaque 属性，该属性用于设置控件是否透明。如果把该属性的值设置为 false，则控件将透明显示其下层的内容，灵活运用这个属性可以实现很多效果。例如，本实例把 JTextArea 控件设置为透明，那么在窗体上会去掉该控件的白色底板，而显示窗体的背景色，这会让用户感觉该控件是嵌入在窗体中的。

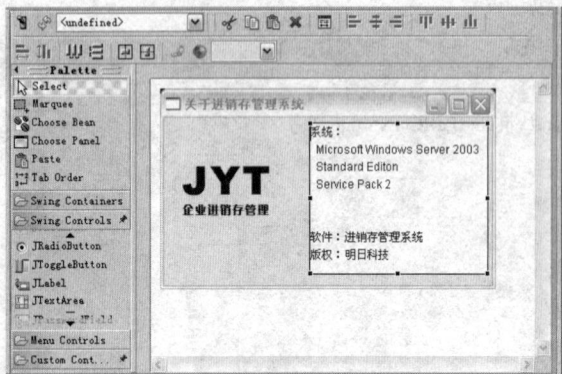

图 1.75　向窗体添加 JTextArea 组件

图 1.76　设置 JTextArea 组件的 opaque 属性

第 2 章

Java 基础应用

▶▶ 基本语法

▶▶ 运算符

▶▶ 条件语句

▶▶ 循环控制

2.1 基本语法

实例 019	输出错误信息与调试信息 光盘位置：光盘\MR\019	中级 趣味指数：★★★

■ 实例说明

程序开发中对于业务代码的部分功能需要配合调试信息，以确定代码执行流程和数据的正确性，当程序出现严重问题时还要输出警告信息，这样可以在调试中完成程序的开发。本实例将介绍如何输出调试信息与错误提示信息。实例运行效果如图 2.1 所示。

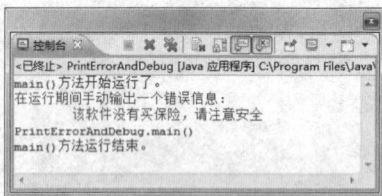

图 2.1　实例运行效果

■ 关键技术

本实例使用 System 类中的 out 和 err 两个成员变量来完成调试信息与错误信息的输出，它们都是 System 的类变量，也就是说是使用 static 关键字修饰的。out 是标准调试信息的输出流，err 是标准错误信息输出流。实例中调用了两个输出流通用的 println()方法输出一行数据。该方法的声明如下：

```
public void println(String x)
```

参数说明

x：被输出到控制台的字符串。

■ 设计过程

创建 PrintErrorAndDebug 类，并完成该类的 main()主方法，在该方法中分别输出调试信息与错误信息。程序关键代码如下：

```java
public class PrintErrorAndDebug {
    public static void main(String[] args) {
        System.out.println("main()方法开始运行了。");
        //输出错误信息
        System.err.println("在运行期间手动输出一个错误信息：");
        System.err.println("\t 该软件没有买保险，请注意安全");
        System.out.println("PrintErrorAndDebug.main()");
        System.out.println("main()方法运行结束。");
    }
}
```

■ 秘笈心法

心法领悟 019：灵活利用 out 与 err 成员变量。

System 类的 out 与 err 是两个类成员变量，不用创建 System 类的实例对象就可以直接使用。虽然都是标准输出流，但是应该灵活运用它们完成不同的信息输出，out 主要是输出调试信息的输出流，在 Eclipse 控制台中以黑色字体标识；而 err 是错误信息的标准输出流，用于输出紧急错误信息，所以在 Eclipse 控制台中以红色字体显示。

实例 020	从控制台接收输入字符 光盘位置：光盘\MR\020	中级 趣味指数：★★★★☆

■ 实例说明

System 类除了 out 和 err 两个输出流之外，还有 in 输入流的实例对象作为类成员，它可以接收用户的输入。本实例通过该输入流实现从控制台接收用户输入文本，并提示该文本的长度信息。实例运行效果如图 2.2 所示。

图 2.2　实例运行效果

■ 关键技术

本实例的关键技术就是用到了 System 类的输入流也就是类变量 in，它可以接收用户的输入信息，并且是标准的输入流实例对象。另外，Scanner 类是 Java 的扫描器类，它可以从输入流中读取指定类型的数据或字符串。本实例使用 Scanner 类封装了输入流对象，并使用 nextLine()方法从输入流中获取用户输入的整行文本字符串，该方法的声明如下：

```
public String nextLine()
```

该方法从扫描器封装的输入流中获取一行文本字符串作为方法的返回值。

■ 设计过程

创建 InputCode 类，在该类的主方法中创建 Scanner 扫描器封装 System 类的 in 输入流，然后提示用户输入身份证号码，并输出用户身份证号码的位数。关键代码如下：

```java
public class InputCode {
    public static void main(String[] args) {
        Scanner scanner = new Scanner(System.in);          //创建输入流扫描器
        System.out.println("请输入你的身份证号：");           //提示用户输入
        String line = scanner.nextLine();                   //获取用户输入的一行文本
        //打印对输入文本的描述
        System.out.println("原来你身份证号是" + line.length() + "位数字的啊");
    }
}
```

■ 秘笈心法

心法领悟 020：灵活使用扫描器。

InputStream 输入流以字节为单位来获取数据，而且需要复杂的判断并创建字节数组作为缓冲，最主要的是字节转换为字符时容易出现中文乱码的情况，所以对于字符数据的读取，应该使用扫描器进行封装，然后获取字符串类型的数据。

实例 021	重定向输出流实现程序日志 光盘位置：光盘\MR\021	高级 趣味指数：★★★★☆

■ 实例说明

System 类中的 out 成员变量是 Java 的标准输出流，程序常用它来输出调试信息，out 成员变量被定义为 final 类型，无法直接重新复制，但是可以通过 setOut()方法设置新的输出流。本实例利用该方法实现输出流的重定向，把它指向一个文件输出流，从而实现日志功能。程序运行后绘制控制台提示运行结束信息，如图 2.3 所示。但是在运行过程中的步骤都保存到了日志文件中，如图 2.4 所示。

图 2.3　控制台运行结果

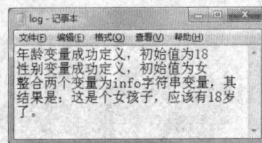

图 2.4　日志文件内容

■ 关键技术

本实例应用的关键技术是调用了 System 类的 setOut()方法改变了输出流，System 类的 out、err 和 in 成员变量是 final 类型的，不能直接赋值，要通过相应的方法来改变流。下面分别介绍改变这 3 个成员变量的方法。

❏　setout()方法

该方法用于重新分配 System 类的标准输出流。该方法的声明如下：

```
public static void setOut(PrintStream out)
```

参数说明

out：新的 PrintStream 输出流对象。

❏　setErr()方法

该方法用于重新分配 System 类的标准错误输出流。该方法的声明如下：

```
public static void setErr(PrintStream err)
```

参数说明

err：新的 PrintStream 输出流对象。

❏　setIn()方法

该方法用于重新设置 System 类的 in 成员变量，即标准输入流。该方法的声明如下：

```
public static void setIn(InputStream in)
```

参数说明

in：表示新的标准输出流。

■ 设计过程

创建 RedirectOutputStream 类，编写该类的 main()主方法，在该方法中保存 System 类的 out 成员变量为临时变量，然后创建一个新的文件输出流，并把这个输出流设置为 System 类新的输出流。在程序的关键位置输出调试信息，这些调试信息将通过新的输出流保存到日志文件中。最后恢复原有输出流并输出程序运行结束信息。

关键代码如下：

```java
import java.io.FileNotFoundException;
import java.io.PrintStream;
public class RedirectOutputStream {
    public static void main(String[] args) {
        try {
            PrintStream out = System.out;                                  //保存原输出流
            PrintStream ps=new PrintStream("./log.txt");                   //创建文件输出流
            System.setOut(ps);                                             //设置使用新的输出流
            int age=18;                                                    //定义整型变量
            System.out.println("年龄变量成功定义，初始值为18");
            String sex="女";                                              //定义字符串变量
            System.out.println("性别变量成功定义，初始值为女");
            //整合两个变量
            String info="这是个"+sex+"孩子，应该有"+age+"岁了。";
            System.out.println("整合两个变量为info字符串变量，其结果是："+info);
            System.setOut(out);                                            //恢复原有输出流
            System.out.println("程序运行完毕，请查看日志文件。");
        } catch (FileNotFoundException e) {
            e.printStackTrace();
        }
    }
}
```

■ 秘笈心法

心法领悟 021：重定向标准错误输出流。

参考本实例的做法，可以把 err 标准错误输出流也重定向到其他位置。例如，可以定义在与标准输出流相同的文件输出流中，但是在输出错误信息时，添加"警告："字样，可以为日志添加信息级别。

实例 022	自动类型转换与强制类型转换 光盘位置：光盘\MR\022	初级 趣味指数：★☆

■ 实例说明

Java 基本数据类型之间存在自动类型转换与强制类型转换两种转换方法。本实例将演示这两种类型转换的用法，实例运行效果如图 2.5 所示。注意 long 类型向 short 类型转换时发生的数据丢失。

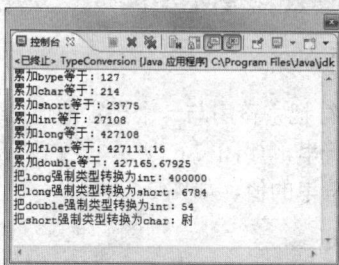

图 2.5　实例运行效果

■ 设计过程

创建 TypeConversion 类，在该类的主方法中创建各种基本类型的变量，在输出语句中分别输出所有变量累加值。注意每次累加值的数据类型，所有整数运算都被自动转换为 int 类型再进行运算，所有浮点数值都被自动转换为 double 类型进行运算。最后把高类型数据向低类型数据进行牵制类型转换，并注意运算结果是否丢失数据。关键代码如下：

```java
public class TypeConversion {
    public static void main(String[] args) {
        byte b = 127;
        char c = 'W';
        short s = 23561;
        int i = 3333;
        long l = 400000L;
        float f = 3.14159F;
        double d = 54.523;
        //低类型向高类型自动转换
        System.out.println("累加 bype 等于: " + b);
        System.out.println("累加 char 等于: " + (b + c));
        System.out.println("累加 short 等于: " + (b + c + s));
        System.out.println("累加 int 等于: " + (b + c + s + i));
        System.out.println("累加 long 等于: " + (b + c + s + i + l));
        System.out.println("累加 float 等于: " + (b + c + s + i + l + f));
        System.out.println("累加 double 等于: " + (b + c + s + i + l + f + d));
        //高类型到低类型的强制转换
        System.out.println("把 long 强制类型转换为 int: " + (int) l);
        //高类型到低类型转换会丢失数据
        System.out.println("把 int 强制类型转换为 short: " + (short) l);
        //实数到整数转换将舍弃小数部分
        System.out.println("把 double 强制类型转换为 int: " + (int) d);
        //整数到字符类型的转换将获取对应编码的字符
        System.out.println("把 short 强制类型转换为 char: " + (char) s);
    }
}
```

■ 秘笈心法

心法领悟 022：注意加法运算与字符串的连接。

在输出语句中，经常对输出的数字添加一个描述前缀。例如，"他的年龄是 45"，但是如果"45"是一个数学加法的公式，那么会出现错误的运算。首先第一个数字与字符串会通过"+"符号实现字符串连接，而其后的所有数字加法运算都会被看作字符串的连接操作。解决办法是把所有数字加法用括号括起来。

2.2 运 算 符

实例 023	加密可以这样简单（位运算） 光盘位置：光盘\MR\023	高级 趣味指数：★★★☆

■ 实例说明

本实例通过位运算的"^"异或运算符把字符串与一个指定的值进行异或运算，从而改变字符串中每个字符的值，这样就可以得到一个加密后的字符串，如图 2.6 所示。当把加密后的字符串作为程序输入内容后，异或运算会把加密后的字符串还原为原有字符串的值，如图 2.7 所示。

图 2.6 加密效果

图 2.7 解密效果

■ 设计过程

创建 Example 类，在该类的主方法中创建 System 类的标准输入流的扫描器对象，提示用户输入一个英文的字符串或者要解密的字符串，然后通过扫描器获取用户输入的字符串，经过加密或解密后，把字符串通过错误流输出到控制台。关键代码如下：

```java
import java.util.Scanner;
public class Example {
    public static void main(String[] args) {
        Scanner scan = new Scanner(System.in);
        System.out.println("请输入一个英文字符串或解密字符串");
        String password = scan.nextLine();                    //获取用户输入
        char[] array = password.toCharArray();                //获取字符数组
        for (int i = 0; i < array.length; i++) {              //遍历字符数组
            array[i] = (char) (array[i] ^ 20000);             //对每个数组元素进行异或运算
        }
        System.out.println("加密或解密结果如下：");
        System.err.println(new String(array));                //输出密钥
    }
}
```

📖 说明：程序最后使用标准错误输出流不是用于输出错误信息，而是利用了其在 Eclipse 控制台以红色显示的特性来突出显示。

■ 秘笈心法

心法领悟 023：灵活使用位运算。

灵活运用位运算可以实现很多高级、高效的算法。例如，一个数字的位移运算，每左移 n 位就等于这个数乘以 2 的 n 次方，每右移 n 位就等于这个数除以 2 的 n 次方，而且这个算法非常快。

实例 024	用三元运算符判断奇数和偶数 光盘位置：光盘\MR\024	初级 趣味指数：★★☆

■ 实例说明

三元运算符是 if…else 条件语句的简写格式，它可以完成简单的条件判断。本实例利用这个三元运算符实现了奇偶数的判断，程序要求用户输入一个整数，然后判断是奇数还是偶数并输出到控制台中。实例运行效果如图 2.8 所示。

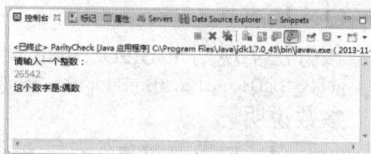

图 2.8 实例运行效果

■ 关键技术

本实例的关键内容就是以三元运算符实现简单的条件判断。语法格式如下：

条件运算? 运算结果 1; 运算结果 2;

如果条件运算结果为 true，返回值就是运算结果 1，否则返回结果 2。

另外，本实例使用扫描器的 nextLong()方法直接获取整型数据，避免了类型转换等业务代码。该方法的声明格式如下：

public long nextLong()

该方法返回一个 long 类型的数值，这个数是从扫描器封装的输入流中获取的。

■ 设计过程

创建 ParityCheck 类，在该类的主方法中创建标准输入流的扫描器对象，提示用户输入一个整数，并通过扫描器的方法接收一个整数，通过三元运算符判断该数字与 2 的余数，如果余数为 0 说明其是偶数，否则是奇数。关键代码如下：

```java
import java.util.Scanner;
public class ParityCheck {
    public static void main(String[] args) {
        Scanner scan = new Scanner(System.in);              //创建输入流扫描器
        System.out.println("请输入一个整数: ");
        long number = scan.nextLong();                       //获取用户输入的整数
        String check = (number % 2 == 0) ? "这个数字是:偶数" : "这个数字是：奇数";
        System.out.println(check);
    }
}
```

■ 秘笈心法

心法领悟 024：灵活使用"%"运算符求余数。

"%"运算符的用途非常广泛，它能够实现数据分页，最简单的方法是可以通过计算奇偶数的方法把数组交叉分成两个数组。它还可以限制数字的范围，如(N%5==0)可以限制数字 N 在 0~4 的范围内。

实例 025	更精确地使用浮点数 光盘位置：光盘\MR\025	高级 趣味指数：★★★☆

■ 实例说明

浮点运算的典型实例是货币运算，在商品金额计算中，经常会涉及小数运算，如某个商品的价格是 1.10 元，而顾客现有金额是 2 元整。在计算机中所有数字都是使用二进制进行存储的，而二进制无法精确地表示所有的小数，所以使用基本数据类型进行小数运算会有一些误差。本实例将通过 BigDecimal 类实现精确的小数运算。实例运行效果如图 2.9 所示。

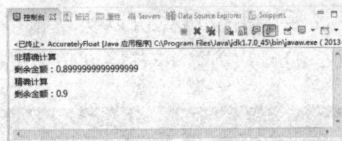

图 2.9　实例运行效果

■ 关键技术

本实例在完成浮点数精确计算的过程中使用了 BigDecimal 类，它用于大数字的精确计算。本实例调用了该类的 subtract()方法实现减法运算。下面介绍该类的运算方法。

❑ 加法

该方法实现两个 BigDecimal 类实例对象的加法运算，并将运算结果作为方法的返回值。该方法的声明如下：

```
public BigDecimal add(BigDecimal augend)
```

参数说明

augend：与当前对象执行加法的操作数。

❑ 减法

该方法实现两个 BigDecimal 类实例对象的减法运算，并将运算结果作为方法的返回值。该方法的声明如下：

```
public BigDecimal subtract(BigDecimal subtrahend)
```

参数说明

subtrahend：被当前对象执行减法的操作数。

❑ 乘法

该方法实现两个 BigDecimal 类实例对象的乘法运算，并将运算结果作为方法的返回值。该方法的声明如下：

```
public BigDecimal multiply(BigDecimal multiplicand)
```

参数说明

multiplicand：乘法运算中的乘数。

❑ 除法

该方法实现两个 BigDecimal 类实例对象的除法运算，并将运算结果作为方法的返回值。该方法的声明如下：

```
public BigDecimal divide(BigDecimal divisor)
```

参数说明

divisor：除法运算中的除数。

■ 设计过程

创建 AccuratelyFloat 类，在该类的主方法中创建 double 类型的浮点数变量并输出它们相减的运算结果，然后以 BigDecimal 类的实例再一次完成同样的运算，对比运行结果哪个更精确。关键代码如下：

```java
import java.math.BigDecimal;
public class AccuratelyFloat {
    public static void main(String[] args) {
        double money = 2;                                    //现有金额
        double price = 1.1;                                  //商品价格
        double result=money - price;
        System.out.println("非精确计算");
        System.out.println("剩余金额："+result);             //输出运算结果
        //精确浮点数的解决方法
        BigDecimal money1 = new BigDecimal("2");             //现有金额
        BigDecimal price1 = new BigDecimal("1.1");           //商品单价
        BigDecimal result1=money1.subtract(price1);
        System.out.println("精确计算");
        System.out.println("剩余金额："+result1);            //输出精确结果
    }
}
```

✍ 技巧：这里创建 BigDecimal 类的实例时，在构造方法中一定要使用数字字符串作为参数。如果直接使用浮点数或该类型的变量作为参数，那么构造方法接收的是经过二进制存储的浮点数，这样就会是不精确的浮点数。

■ 秘笈心法

心法领悟 025：小心程序中的货币运算。

对于商业程序的开发，一定要注意其中的货币运算，因为计算机无法通过二进制精确地表示所有小数，所以计算机中的小数运算会有一定的误差。虽然误差非常小，但是货币运算可能会操作多个有误差的运算结果，长期的数据累计会造成更大的误差，特别是银行使用的系统不允许任何微小的误差，所以读者应熟练掌握 BigDecimal 类的用法。

| 实例 026 | 不用乘法运算符实现 2×16
 光盘位置：光盘\MR\026 | 中级
 趣味指数：★★☆ |

■ 实例说明

程序开发中常用的乘法运算是通过"*"运算符或者 BigDecimal 类的 multiply()方法实现的。本实例将介绍在这两种方法之外如何实现乘法，而且实现的运算效率非常高。实例运行效果如图 2.10 所示。

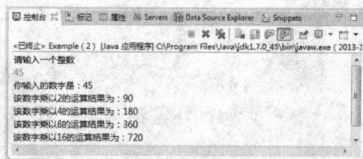

图 2.10　实例运行效果

■ 设计过程

创建 Example 类，在该类的主方法中接收用户输入的一个整数，然后对该整数执行位运算中的左移操作，并输出运算结果。关键代码如下：

```java
import java.util.Scanner;
public class Example {
    public static void main(String[] args) {
        Scanner scan=new Scanner(System.in);          //创建扫描器
        System.out.println("请输入一个整数");
        long number = scan.nextLong();                //获取输入的整数
        System.out.println("你输入的数字是: "+number);
        System.out.println("该数字乘以 2 的运算结果为: "+(number<<1));
        System.out.println("该数字乘以 4 的运算结果为: "+(number<<2));
        System.out.println("该数字乘以 8 的运算结果为: "+(number<<3));
        System.out.println("该数字乘以 16 的运算结果为: "+(number<<4));
    }
}
```

■ 秘笈心法

心法领悟 026：奇妙的位移运算。

通过实例可以看出，一个整数每次执行位移运算中的左移运算 n 次，相当于这个整数乘以 2 的 n 次方。相反，如果执行右移 n 次运算，则相当于这个整数除以 2 的 n 次方。

| 实例 027 | 实现两个变量的互换（不借助第 3 个变量）
 光盘位置：光盘\MR\027 | 高级
 趣味指数：★★★★ |

■ 实例说明

变量的互换常见于数组排序算法中，当判断两个数组元素需要交互时，将创建一个临时变量来共同完成互换，临时变量的创建增加了系统资源的消耗，如果需要交换的是两个整数类型的变量，那么可以使用更高效的方法。本实例演示了如何省略临时变量（第 3 个变量）实现两个整数类型变量的高效互换。程序运行效果如图 2.11 所示。

设计过程

创建 VariableExchange 类，在该类的主方法中创建扫描器对象，接收用户输入的两个变量值，然后通过位运算中的异或运算符"^"实现两个变量的互换。关键代码如下：

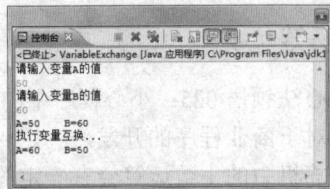

图 2.11　实例运行效果

```java
import java.util.Scanner;
public class VariableExchange {
    public static void main(String[] args) {
        Scanner scan = new Scanner(System.in);              //创建扫描器
        System.out.println("请输入变量 A 的值");
        long A = scan.nextLong();                           //接收第一个变量值
        System.out.println("请输入变量 B 的值");
        long B = scan.nextLong();                           //接收第二个变量值
        System.out.println("A=" + A + "\tB=" + B);
        System.out.println("执行变量互换...");
        A = A ^ B;                                          //执行变量互换
        B = B ^ A;
        A = A ^ B;
        System.out.println("A=" + A + "\tB=" + B);
    }
}
```

秘笈心法

心法领悟 027：别忘记赋值。

异或"^"和其他位运算符并不会改变变量本身的值，即"A^B;"没有任何意义，必须将运算结果赋值给一个变量。一些开发人员经常犯此类错误。

2.3　条 件 语 句

实例 028	判断某一年是否为闰年	中级
	光盘位置：光盘\MR\028	趣味指数：★★

实例说明

为了弥补因人为历法规定造成的年度天数与地球实际公转周期的时间差，设立了 366 天的闰年，闰年的 2 月份有 29 天。本实例通过程序计算用户输入的年份是否为闰年，实例运行效果如图 2.12 所示。

关键技术

本实例计算闰年的关键技术是公式。满足这两个条件的整数可以称为闰年，第一，能被 4 整除但不能被 100 整除；第二，能被 400 整除。

该公式用 Java 语法实现的格式如下：

图 2.12　实例运行效果

```
year % 4 == 0 && year % 100 != 0 || year % 400 == 0
```

设计过程

创建 LeapYear 类，在该类的主方法中接收用户输入的一个整数年份，然后通过闰年计算公式，判断这个年份是否为闰年，并在控制台输出判断结果。关键代码如下：

```
import java.util.Scanner;
public class LeapYear {
    public static void main(String[] args) {
        Scanner scan = new Scanner(System.in);
        System.out.println("请输入一个年份: ");
        long year = scan.nextLong();                                    //接收用户输入
        if (year % 4 == 0 && year % 100 != 0 || year % 400 == 0) {      //是闰年
            System.out.print(year + "是闰年！ ");
        } else {                                                         //不是闰年
            System.out.print(year + "不是闰年！ ");
        }
    }
}
```

■ 秘笈心法

心法领悟 028：简单的 if…else 语句。

三元运算符 "？：" 是 if…else 语句的一个简洁写法，开发人员可以根据需求来决定使用哪一种。if…else 常用于赋值判断，而 "？：" 常用于业务流程。

实例 029	验证登录信息的合法性 光盘位置：光盘\MR\029	中级 趣味指数：★★

■ 实例说明

多数系统登录模块都会接收用户通过键盘输入的登录信息，这些登录信息将会被登录模块验证，如果使用的是指定的用户名与密码，则允许用户登录；否则将用户拒之门外。本实例通过 if…else 语句进行多条件判断实现登录信息验证。程序运行效果如图 2.13 所示。

图 2.13　输入合法登录信息的效果

■ 设计过程

创建 CheckLogin 类，在该类的主方法中接收用户输入的登录用户名与登录密码，然后通过 if 条件语句分别判断用户名与密码，并输出登录验证结果。关键代码如下：

```
import java.util.Scanner;
public class CheckLogin {
    public static void main(String[] args) {
        Scanner scan = new Scanner(System.in);                          //创建扫描器
        System.out.println("请输入登录用户名: ");
        String username = scan.nextLine();                              //接收用户输入登录名
        System.out.println("请输入登录密码: ");
        String password = scan.nextLine();                              //接收用户输入登录密码
        if (!username.equals("mr")) {                                    //判断用户名合法性
            System.out.println("用户名非法。 ");
        } else if (!password.equals("mrsoft")) {                         //判断密码合法性
            System.out.println("登录密码错误。 ");
        } else {                                                         //通过以上两个条件判断则默认通过登录验证
            System.out.println("恭喜您，登录信息通过验证。 ");
        }
    }
}
```

■ 秘笈心法

心法领悟 029：判断字符串是否相同。

字符串属于对象而非基本数据类型，不能使用 "==" 来判断两个字符串是否相当，所以需要通过 equals() 方法来判断两个字符串内容是否相同，正如本实例对用户名和密码的判断那样。如果使用 "=="，判断的将是两个字符串对象的内存地址，而非字符串内容。

| 实例 030 | 为新员工分配部门
光盘位置：光盘\MR\030 | 中级
趣味指数：★★★ |

■ 实例说明

本实例根据用户输入的信息确定员工应该分配到哪个部门。实例中需要根据用户输入进行多条件判断，所以采用了 Switch 语句。实例运行效果如图 2.14 所示。

■ 关键技术

本实例的关键技术在于 Switch 多分支语句的使用，该语句只支持对常量的判断，而常量又只能是 Java 的基本数据类型，虽然在以

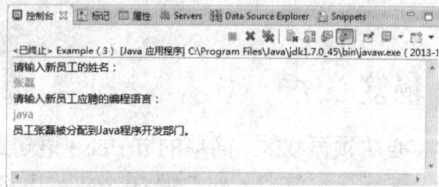

图 2.14　实例运行效果

后的 JDK 版本中可以对 String 类的字符串对象进行判断，但是就目前项目的需求来说也有很多需要对字符串进行多条件判断的。本实例采取的做法是对字符串的哈希码进行判断，也就是把 String 类的 hashCode()方法返回值作为 Switch 语法的表达式，case 关键字之后跟随的是各种字符串常量的哈希码整数值。

■ 设计过程

创建 Example 类，在该类的主方法中创建标准输入流的扫描器，通过扫描器获取人事部门输入的姓名与应聘编程语言，然后根据每种语言对应的哈希码来判断分配部门。关键代码如下：

```java
import java.util.Scanner;
public class Example {
    public static void main(String[] args) {
        Scanner scan = new Scanner(System.in);
        System.out.println("请输入新员工的姓名：");
        String name = scan.nextLine();                          //接收员工名称
        System.out.println("请输入新员工应聘的编程语言：");
        String language = scan.nextLine();                      //接收员工应聘的编程语言
        //根据编程语言确定员工分配的部门
        Switch (language.hashCode()) {
            case 3254818:                                       //Java 的哈希码
            case 2301506:                                       //Java 的哈希码
            case 2269730:                                       //Java 的哈希码
                System.out.println("员工"+name+"被分配到 Java 程序开发部门。");
                break;
            case 3104:                                          //C#的哈希码
            case 2112:                                          //C#的哈希码
                System.out.println("员工"+name+"被分配到 C#项目维护组。");
                break;
            case -709190099:                                    //ASP.NET 的哈希码
            case 955463181:                                     //ASP.NET 的哈希码
            case 9745901:                                       //ASP.NET 的哈希码
                System.out.println("员工"+name+"被分配到 ASP.NET 程序测试部门。");
                break;
            default:
                System.out.println("本公司不需要" + language + "语言的程序开发人员。");
        }
    }
}
```

■ 秘笈心法

心法领悟 030：灵活使用 Switch 语法。

在 Switch 语法中，每个 case 关键字可以作为一个条件分支，但是对于多个条件采取相同业务处理的情况，

可以把多个 case 分支关联在一起，省略它们之间的 break 语句，而在最后一个相同的 case 分支中实现业务处理并执行 break 语句，就像本实例中应用的一样。

实例 031	使用 Switch 语句根据消费金额计算折扣 光盘位置：光盘\MR\031	中级 趣味指数：★★☆

实例说明

编写程序，应用 Switch 语句计算累计消费金额达到一定数额时，享受不同的折扣价格。实例运行效果如图 2.15 所示。

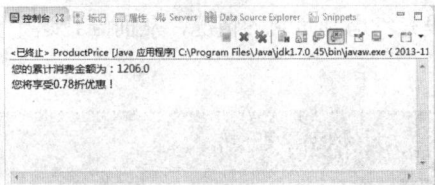

图 2.15　实例运行效果

设计过程

创建 ProductPrice 类，在该类的主方法中实现本实例的业务代码，该方法首先假设一个用户消费总额的变量 money，并初始化一个折扣变量 rebate，然后经过运算来获得用户等级，对不同的等级给予不同的折扣优惠。程序关键代码如下：

```java
public class ProductPrice {
    public static void main(String[] args) {
        float money = 1206;                         //金额
        float rebate = 0f;                          //折扣
        if (money > 200) {
            int grade = (int) money / 200;          //等级
            switch (grade) {                        //根据等级计算折扣比例
            case 1:
                rebate = 0.95f;
                break;
            case 2:
                rebate = 0.90f;
                break;
            case 3:
                rebate = 0.85f;
                break;
            case 4:
                rebate = 0.83f;
                break;
            case 5:
                rebate = 0.80f;
                break;
            case 6:
                rebate = 0.78f;
                break;
            case 7:
                rebate = 0.75f;
                break;
            case 8:
                rebate = 0.73f;
                break;
            case 9:
                rebate = 0.70f;
                break;
            case 10:
```

```
                    rebate = 0.65f;
                    break;
                default:
                    rebate = 0.60f;
            }
        }
        System.out.println("您的累计消费金额为：" + money);                        //输出消费金额
        System.out.println("您将享受" + rebate + "折优惠！");                     //输出折扣比例
    }
}
```

■ 秘笈心法

心法领悟 031：不要忽略负数。

在程序开发中经常使用的都是正数，负数因为使用的少，常常被忽略。例如，"N%2==1"本来是用来计算数字 N 是否为奇数的，但是开发者没有考虑到负数的情况，从而导致这个算法的失败，因为任何负数应用这个算法都会等于-1。

| 实例 032 | 判断用户输入月份的季节
光盘位置：光盘\MR\032 | 中级
趣味指数：★★★ |

■ 实例说明

本实例根据用户输入的月份来判断季节，这是一个最典型的实践 Switch 语法的例子，通过这个例子，可以完全掌握 Switch 语法的用法与技巧。程序运行效果如图 2.16 所示。

图 2.16　程序运行效果

■ 设计过程

创建 JudgeMonth 类，在该类的主方法中创建扫描器接收用户输入的月份数字，然后判断该月份属于哪个季节并输出到控制台，对于非法月份也要给出提示。程序关键代码如下：

```java
import java.util.Scanner;
public class JudgeMonth {
    public static void main(String[] args) {
        Scanner scan = new Scanner(System.in);                              //创建扫描器
        //提示用户输入月份
        System.out.println("请输入一个月份，我能告诉你它属于哪个季节。");
        int month = scan.nextInt();                                        //接收用户输入
        switch (month) {                                                   //判断月份属于哪个季节
            case 12:
            case 1:
            case 2:
                System.out.print("您输入的月份属于冬季。");
                break;
            case 3:
            case 4:
            case 5:
                System.out.print("您输入的月份属于春季");
                break;
            case 6:
            case 7:
            case 8:
                System.out.print("您输入的月份属于夏季");
                break;
            case 9:
            case 10:
            case 11:
                System.out.print("您输入的月份属于秋季");
                break;
            default:
```

```
            System.out.print("你那儿有" + month + "月份吗？ ");
        }
    }
}
```

秘笈心法

心法领悟 032：融合 Switch 的多个条件。

Switch 语句的每个 case 关键字都用于判断一个常量并做出相应的业务处理，熟练掌握 Switch 语句之后可以组合多个 case 关键字来完成多条件的处理，即多个常量结果执行相同的业务处理，就像本实例中一样。

2.4　循环控制

实例 033	使用 while 与自增运算符循环遍历数组	高级
	光盘位置：光盘\MR\033	趣味指数：★★

实例说明

本实例利用自增运算符结合 while 循环获取每个数组元素的值，然后把它们输出到控制台中。其中自增运算符控制索引变量的递增。实例运行效果如图 2.17 所示。

设计过程

创建 ErgodicArray 类，在该类的主方法中创建一个鸟类数组，然后创建一个索引变量，这个变量用于指定数组下标，随着该索引的递增，while 循环会逐步获取每个数组的元素并输出到控制台中。关键代码如下：

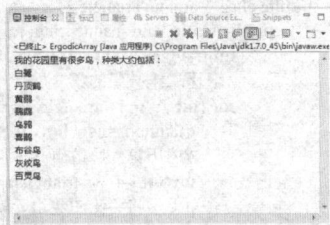

图 2.17　实例运行效果

```java
public class ErgodicArray {
    public static void main(String[] args) {
        //创建鸟类数组
        String[] aves = new String[] { "白鹭", "丹顶鹤", "黄鹂", "鹦鹉", "乌鸦", "喜鹊",
                "布谷鸟", "灰纹鸟", "百灵鸟" };
        int index = 0;                                          //创建索引变量
        System.out.println("我的花园里有很多鸟，种类大约包括： ");
        while (index < aves.length) {                           //遍历数组
            System.out.println(aves[index++]);                 //自增索引值
        }
    }
}
```

秘笈心法

心法领悟 033：前置与后置的自增运算。

自增自减运算符分前置与后置两种，其中前置运算如"++index"会先将 index 的值递增，然后再使用递增后的值，而后置运算如"index++"会首先使用该变量的值，然后再把变量值递增。

实例 034	使用 for 循环输出杨辉三角	高级
	光盘位置：光盘\MR\034	趣味指数：★★★

实例说明

杨辉三角形由数字排列，可以把它看作一个数字表，其基本特性是两侧数值均为 1，其他位置的数值是其正上方的数值与左上角数值之和。本实例通过数组来实现杨辉三角形，其运行效果如图 2.18 所示。

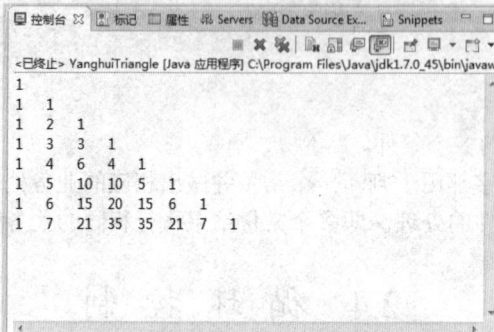

图 2.18　杨辉三角形

■ 设计过程

创建 YanghuiTriangle 类，在该类的主方法中创建一个二维数组，并指定二维数组的第一维长度，这个数组用于存放杨辉三角形的数值表，通过双层 for 循环来实现第二维数组的长度，然后计算整个数组中每个元素的值。程序关键代码如下：

```java
public class YanghuiTriangle {
    public static void main(String[] args) {
        int triangle[][]=new int[8][];                          //创建二维数组
        //遍历二维数组的第一层
        for (int i = 0; i < triangle.length; i++) {
            triangle[i]=new int[i+1];                           //初始化第二层数组的大小
            //遍历第二层数组
            for(int j=0;j<=triangle[i].length-1;j++){
                //将两侧的数组元素赋值为1
                if(i==0||j==0||j==triangle[i].length-1){
                    triangle[i][j]=1;
                }else{                                          //其他数值通过公式计算
                    triangle[i][j]=triangle[i-1][j]+triangle[i-1][j-1];
                }
                //输出数组元素
                System.out.print(triangle[i][j]+"\t");
            }
            System.out.println();
        }
    }
}
```

■ 秘笈心法

心法领悟 034：Java 二维数组可以不等长。

Java 语言中的二维数组其实是一维数组的每个元素都是另一个一维数组，所以第二维数组的长度可以任意，就像本实例中一样。这比其他语言的数组更灵活，而且多维数组也是如此。

实例035	使用嵌套循环在控制台上输出九九乘法表	高级
	光盘位置：光盘\MR\035	趣味指数：★★★

■ 实例说明

Java 基本语法中的 for 循环非常灵活并且可以嵌套使用，其中双层 for 循环是程序开发中使用最频繁的，常用于操作表格数据，对于行数与列数相同的表格操作代码比较简单，但是类似九九乘法表就不好控制了，因为它的列数要与行数对应，可以说这个表格是个三角形。本实例通过双层循环输出这个九九乘法表，效果如图 2.19 所示。在面试与等级考试中也常出现这类题目。

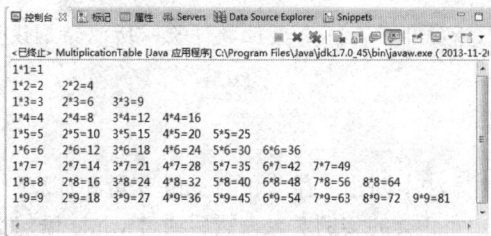

图 2.19　九九乘法表

设计过程

创建 MultiplicationTable 类，在该类的主方法中创建双层 for 循环，第一层 for 循环也称为外层循环，用于控制表格的行；第二层循环也称为内层循环，用于控制表格的列。这里第二层循环的控制变量非常重要，它的条件判断是列数要等于行数的最大值，然后输出内层与外层循环控制变量的乘积，这样就实现了九九乘法表。程序关键代码如下：

```java
public class MultiplicationTable {
    public static void main(String[] args) {
        for(int i=1;i<=9;i++){               //循环控制变量从 1 遍历到 9
            for(int j=1;j<=i;j++){           //第二层循环控制变量与第一层最大索引相等
                //输出计算结果但不换行
                System.out.print(j+"*"+i+"="+i*j+"\t");
            }
            System.out.println();           //在外层循环中换行
        }
    }
}
```

秘笈心法

心法领悟 035：灵活使用嵌套循环。

循环语句可以完成复杂的运算，也可用于控制程序的递归流程，而多层循环可以实现更加复杂的业务逻辑，是学习编程必须掌握的一种应用。在处理有规则的大量数据时，应该考虑使用多层循环来优化程序代码，但是建议添加详细的代码注释，便于以后的维护与修改工作。

实例 036	用 while 循环计算 1+1/2!+1/3!···1/20!	高级
	光盘位置：光盘\MR\036	趣味指数：★★★★☆

实例说明

本实例在计算阶乘的算法之上应用 while 循环语句计算 1+1/2!+1/3!···1/20!的和。如果使用基本数据类型 double 是无法精确显示运算结果的，所以本实例使用了 BigDecimal 类的实例来完成这个运算，实例运行效果如图 2.20 所示。

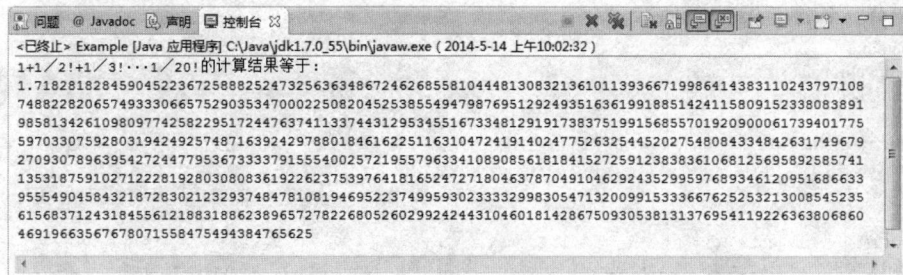

图 2.20　实例运行效果

📖**说明：** 由于本实例的运行结果精度非常高，小数位数过长，所以特别设置了控制台折行，读者的运行结果可能是单行的数字。

■ 设计过程

创建 Example 类，在该类的主方法中创建保存总和的 sum 变量和计算阶乘的 factorial 变量，为保证计算结果的精度，这两个变量都是 BigDecimal 类的实例对象，然后通过 while 语句实现 20 次循环，并完成计算。程序关键代码如下：

```java
import java.math.BigDecimal;
public class Example {
    public static void main(String args[]) {
        BigDecimal sum = new BigDecimal(0.0);                              //和
        BigDecimal factorial = new BigDecimal(1.0);                        //阶乘项的计算结果
        int i = 1;                                                         //循环增量
        while (i <= 20) {
            sum = sum.add(factorial);                                      //累加各项阶乘的和
            ++i;                                                           //i 加 1
            factorial = factorial.multiply(new BigDecimal(1.0 / i));       //计算阶乘项
        }
        System.out.println("1+1 / 2!+1 / 3!¡¤¡¤¡¤1 / 20!的计算结果等于：\n" + sum);  //输出计算结果
    }
}
```

■ 秘笈心法

心法领悟 036：使用 BigDecimal 类完成大数字与高精度运算。

对于高精度要求或者运算数较大的计算，应该使用 BigDecimal 类实现，否则 Java 基本类型的数据无法保证浮点数的精度，也无法对超出其表示范围的数字进行运算。

实例 037	for 循环输出空心的菱形	高级
	光盘位置：光盘\MR\037	趣味指数：★★☆

■ 实例说明

本实例在输出菱形的基础上加大了难度，输出空心的菱形图案。在等级考试与公司面试时也出现过类似题目，实例目的在于熟练掌握 for 循环的嵌套使用。实例运行效果如图 2.21 所示。

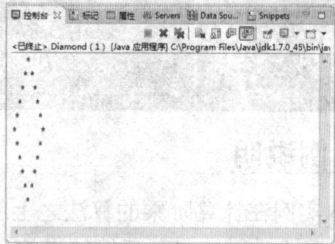

图 2.21　实例运行效果

■ 设计过程

创建 Diamond 类，在该类的主方法中调用 printHollowRhombus() 方法完成 10 行的空心菱形输出，其中 printHollowRhombus() 方法是实例中自定义的，该方法使用两个双层 for 循环分别输出菱形的上半部分与下半部分。程序关键代码如下：

```java
public class Diamond {
    public static void main(String[] args) {
        printHollowRhombus(10);
    }
    public static void printHollowRhombus(int size) {
        if (size % 2 == 0) {
            size++;                                          //计算菱形大小
        }
        for (int i = 0; i < size / 2 + 1; i++) {
            for (int j = size / 2 + 1; j > i + 1; j--) {
                System.out.print(" ");                       //输出左上角位置的空白
            }
```

```
        for (int j = 0; j < 2 * i + 1; j++) {
            if (j == 0 || j == 2 * i) {
                System.out.print("*");                          //输出菱形上半部边缘
            } else {
                System.out.print(" ");                          //输出菱形上半部空心
            }
        }
        System.out.println("");
    }
    for (int i = size / 2 + 1; i < size; i++) {
        for (int j = 0; j < i - size / 2; j++) {
            System.out.print(" ");                              //输出菱形左下角空白
        }
        for (int j = 0; j < 2 * size - 1 - 2 * i; j++) {
            if (j == 0 || j == 2 * (size - i - 1)) {
                System.out.print("*");                          //输出菱形下半部边缘
            } else {
                System.out.print(" ");                          //输出菱形下半部空心
            }
        }
        System.out.println("");
    }
  }
}
```

■ 秘笈心法

心法领悟 037：没有表达式的 for 循环。

for 循环中有 3 个表达式，这 3 个表达式都是可选的，也就是说 for 循环可以没有表达式，如 for(;;)这样的 for 循环将是一个无限循环，在使用 for 循环时应注意避免无限循环。

实例 038	foreach 循环优于 for 循环 光盘位置：光盘\MR\038	中级 趣味指数：★★☆

■ 实例说明

JDK 1.5 为 Java 添加了新的 for 循环 foreach。它是原有 for 循环遍历数据的一种简写格式，使用的关键字依然是 for，但是参数格式不同。本实例使用 foreach 循环分别遍历集合对象与数组，并把元素值输出到控制台，实例运行效果如图 2.22 所示。

图 2.22 实例运行效果

■ 关键技术

foreach 循环是 for 循环的一种简写格式，只用于遍历数据集合或数组，语法格式如下：

```
for ( Type e : collections ) {
    //对变量 e 的使用
}
```

参数说明

❶ e：其类型 Type 是集合或数组中元素值的类型，该参数是集合或数组 collections 中的一个元素。

❷ collections：要遍历的集合或数组，也可以是迭代器。

📖 说明：在循环体中使用参数 e，该参数是 foreach 从集合或数组以及迭代器中取得的元素值，元素值是从头到尾进行遍历的。

■ 设计过程

创建 UseForeach 类，在该类的主方法中创建 List 集合对象，并为该对象添加内容，然后使用 foreach 循环遍历该集合输出所有内容，再从 List 集合中提取一个字符串数组，然后使用 foreach 循环遍历该数组，并将所有数组元素输出到控制台。程序关键代码如下：

```java
import java.util.ArrayList;
import java.util.List;
public class UseForeach {
    public static void main(String[] args) {
        List<String> list=new ArrayList<String>();              //创建 List 集合
        list.add("abc");                                        //初始化 List 集合
        list.add("def");
        list.add("hij");
        list.add("klm");
        list.add("nop");
        list.add("qrs");
        System.out.print("foreach 遍历集合：\n\t");
        for (String string : list) {                            //遍历 List 集合
            System.out.print(string);                           //输出集合的元素值
        }
        System.out.println();
        String[] strs=new String[list.size()];
        list.toArray(strs);                                     //创建数组
        System.out.print("foreach 遍历数组：\n\t");
        for (String string : strs) {                            //遍历数组
            System.out.print(string);                           //输出数组元素值
        }
    }
}
```

■ 秘笈心法

心法领悟 038：使用 foreach 遍历数据。

在 JDK 1.5 之前使用 for 循环对集合、数值和迭代器进行遍历，需要创建索引变量、条件表达式，这样会造成代码混乱，并增加出错的几率，并且每次循环中索引变量或迭代器都会出现 3 次，有两次出错的机会，而且会有一些性能损失，其性能稍微落后于 foreach 循环。所以对于数据集合的遍历，建议使用 foreach 循环来完成。

实例 039	终止循环体 光盘位置：光盘\MR\039	中级 趣味指数：★★☆

■ 实例说明

循环用于复杂的业务处理可以提高程序的性能和代码的可读性，但是循环中也有特殊情况，例如，由于某些原因需要立刻中断循环去执行下面的业务逻辑。本实例利用 break 语句实现了中断循环，实例运行效果如图 2.23 所示。

■ 设计过程

在 Eclipse 中创建一个 Java 项目，在项目中创建 BreakCyc 类，在该类的主方法中创建一个字符串数组，在使用 foreach 遍历时判

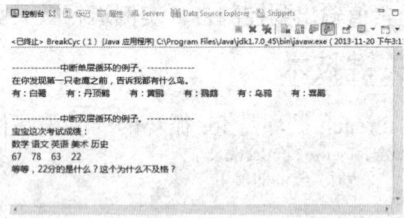

图 2.23　实例运行效果

断如果发现数组中包含字符串"老鹰"则立刻中断循环。再创建一个整数类型的二维数组，使用双层 foreach 循环遍历，当发现第一个小于 60 的数组元素时，则立刻中断整个双层循环而不是内层循环。程序关键代码如下：

```java
public class BreakCyc {
    public static void main(String[] args) {
        System.out.println("\n------------中断单层循环的例子。------------");
        //创建数组
        String[] array = new String[] { "白鹭", "丹顶鹤", "黄鹂", "鹦鹉", "乌鸦", "喜鹊",
                "老鹰", "布谷鸟", "老鹰", "灰纹鸟", "老鹰", "百灵鸟" };
        System.out.println("在你发现第一只老鹰之前，告诉我都有什么鸟。");
```

```
        for (String string : array) {                                          //foreach 遍历数组
            if (string.equals("老鹰"))                                          //如果遇到老鹰
                break;                                                          //中断循环
            System.out.print("有：" + string+"          ");                     //否则输出数组元素
        }
        System.out.println("\n\n------------中断双层循环的例子。------------");
        //创建成绩数组
        int[][] myScores = new int[][] { { 67, 78, 63, 22, 66 },
                { 55, 68, 78, 95, 44 }, { 95, 97, 92, 93, 81 } };
        System.out.println("宝宝这次考试成绩：\n 数学\t 语文\t 英语\t 美术\t 历史");
        No1: for (int[] is : myScores) {                                        //遍历成绩表格
            for (int i : is) {
                System.out.print(i + "\t");                                     //输出成绩
                if (i < 60) {                                                   //如果中途遇到不及格的，立刻中断所有输出
                    System.out.println("\n 等等，" + i + "分的是什么？这个为什么不及格？");
                    break No1;
                }
            }
            System.out.println();
        }
    }
}
```

■ 秘笈心法

　　心法领悟 039：用 break 避免死循环。

　　充分利用循环可以提高程序的开发与执行效率，但是如果不注重循环中的算法将很容易导致程序死循环，那将是程序的死穴。所以在循环体中要对可能出现的特殊情况使用 break 语句中断循环。

实例 040	循环体的过滤器 光盘位置：光盘\MR\040	中级 趣味指数：★★★★☆

■ 实例说明

　　循环体中可以通过 break 语句中断整个循环，这样就增加了循环的控制能力，但是对于特殊情况还是不够，例如某些条件下需要放弃部分循环处理，而不是整个循环体。Java 提供了 continue 语句来实现这一功能，continue 可以放弃本次循环体的剩余代码，不执行它们而开始下一轮的循环。本实例利用 continue 语句实现循环体过滤器，可以过滤"老鹰"字符串，并做出相应的处理，但是放弃 continue 语句之后的所有代码。实例运行效果如图 2.24 所示。

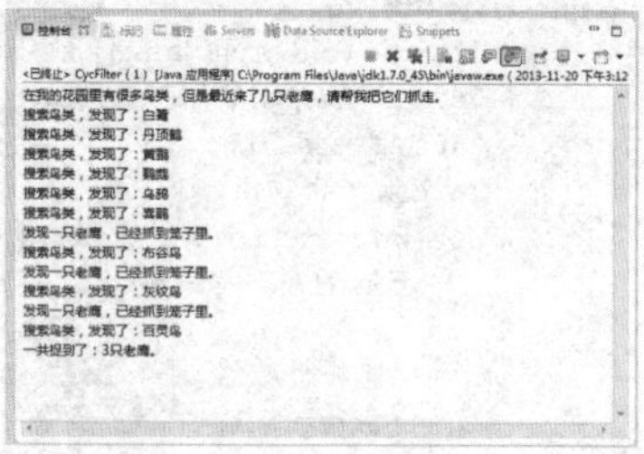

图 2.24　实例运行效果

■ 设计过程

　　在 Eclipse 项目中创建 CycFilter 类，在该类的主方法中创建鸟类名称的字符串数组，其中包含多个"老鹰"字符串，然后通过 foreach 循环遍历该数组，在循环过程中如果遍历的数组元素是"老鹰"字符串，则输出发现老鹰的信息并过滤循环体之后的所有代码。关键代码如下：

```
public class CycFilter {
    public static void main(String[] args) {
        //创建数组
        String[] array = new String[] { "白鹭", "丹顶鹤", "黄鹂", "鹦鹉", "乌鸦", "喜鹊",
                "老鹰", "布谷鸟", "老鹰", "灰纹鸟", "老鹰", "百灵鸟" };
        System.out.println("在我的花园里有很多鸟类，但是最近来了几只老鹰，请帮我把它们抓走。");
        int eagleCount = 0;
        for (String string : array) {                                          //foreach 遍历数组
            if (string.equals("老鹰")) {                                        //如果遇到老鹰
                System.out.println("发现一只老鹰，已经抓到笼子里。");
```

```
            eagleCount++;
            continue;                                              //中断循环
        }
        System.out.println("搜索鸟类，发现了：" + string);              //否则输出数组元素
    }
    System.out.println("一共捉到了：" + eagleCount + "只老鹰。");
    }
}
```

■ 秘笈心法

心法领悟 040：让循环多一些控制。

break 语句和 continue 语句都是对循环体的控制语句，它们不仅应用于 for 循环，在任何循环体中都可以使用这些语句，灵活使用可以让循环实现更加复杂的运算和业务处理。

实例 041	循环的极限 光盘位置：光盘\MR\041	中级 趣味指数：★★★☆

■ 实例说明

循环是常用的开发模式，它可以简化业务处理，提高代码编写与程序运行效率，但是循环中的控制算法要掌握好，否则容易造成死循环导致程序崩溃。本实例将向读者介绍一个 Java 语言中很难发现的导致程序死循环的实例，实例将测试使用 int 整数类型作为循环索引变量，也是循环控制变量，用它来控制循环的次数，但是当这个程序的条件是索引小于等于变量类型的最大值时会发生什么呢？

■ 设计过程

创建 CycUtmost 类，在该类的主方法中创建 int 整数类型的变量 end，使其等于整数类型的最大值，然后从该值减去 50 开始作为循环的起始点，条件是循环控制变量小于等于 end 变量，在循环体中累加循环计数器，最后循环结束时显示这个计数器。关键代码如下：

```
public class CycUtmost {
    public static void main(String[] args) {
        int end=Integer.MAX_VALUE;                              //定义循环终止数
        int start=end-50;                                        //定义循环起始数
        int count=0;                                             //定义循环计数器
        for (int i = start; i <= end; i++) {                    //执行循环
            count++;                                             //循环计数
        }
        //输出循环计数器
        System.out.println("本次循环次数为："+count);
    }
}
```

✍ 技巧：读者可能会认为这个程序会循环至少 50 次，然后把计数器的值输出，但实际上这个程序的运行结果会导致死循环，因为控制条件是索引小于等于整数类型的最大值，当整数类型达到其最大值再累加 1 时会回到整数类型的最小值，所以它永远不可能大于 end 变量，这样就导致了程序的死循环，因此在程序开发时要注意控制变量的取值范围。

■ 秘笈心法

心法领悟 041：了解变量的取值范围。

Java 基本数据类型都有其取值范围，熟悉二进制原理的读者应该能够理解，当超出取值范围时，数值会被截取。例如，本实例中的循环控制变量超出整数类型的最大取值范围时，就会绕回整数类型的最小值。所以在进行条件判断涉及取值边界时，要考虑这个因素。

第 **3** 章

数组与集合的应用

▸▸ 数组演练

▸▸ 数组操作

▸▸ 数组排序与查询

▸▸ 常用集合的使用

3.1 数 组 演 练

实例 042	获取一维数组最小值 光盘位置：光盘\MR\042	高级 趣味指数：★★★★☆

■ 实例说明

一维数组常用于保存线性数据，如数据库中的单行数据就可以使用一维数组保存。本实例接收用户在文本框中输入的单行数据，其中数据都是整数数字，以不同数量的空格分割数字，如图 3.1 所示。这个单行数据将被程序分解成一维数组，并从数组中提取最小值显示在界面中。

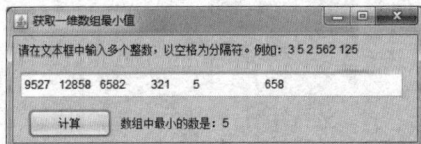

图 3.1 实例运行效果

📖 **说明**：程序经过特殊判断，数字之间的空格可以使用多个。

■ 设计过程

（1）在项目中新建窗体类 ArrayMinValue。在窗体中添加一个文本框和"计算"按钮以及标签控件。

（2）编写"计算"按钮的事件处理方法，在该方法中获取用户的输入，并通过 trim()方法去除左右空格字符。对字符串内容进行检测，排除非法输入，并把字符串转换为整型数组，然后在遍历数组的同时提取最小值并显示到窗体标签控件中。关键代码如下：

```java
protected void do_button_actionPerformed(ActionEvent e) {
    String arrayStr = textField.getText().trim();
    for (int i = 0; i < arrayStr.length(); i++) {                    //过滤非法输入
        char charAt = arrayStr.charAt(i);
        if (!Character.isDigit(charAt) && charAt != ' ') {
            JOptionPane.showMessageDialog(null, "输入包含非数字内容");
            textField.setText("");
            return;
        }
    }
    String[] numStrs = arrayStr.split(" {1,}");                      //分割字符串
    int[] numArray = new int[numStrs.length];                       //创建整数数组
    //转换输入为整数数组
    for (int i = 0; i < numArray.length; i++) {
        numArray[i] = Integer.valueOf(numStrs[i]);
    }
    int min = numArray[0];                                          //创建最小数变量
    for (int j = 0; j < numArray.length; j++) {
        if (min > numArray[j]) {                                    //提取最小整数
            min = numArray[j];
        }
    }
    label.setText("数组中最小的数是：" + min);
}
```

■ 秘笈心法

心法领悟 042：精简的 for 语句。

for 语句用于程序的循环流程控制。该语句有 3 个表达式用于循环变量的控制，其完整语法格式如下：

```java
for(int i=0; i<100; i++){
    …
}
```

for 语句中的 3 个表达式不是完全必备的，可以根据情况部分省略，甚至完全省略，如下面代码就以最简单的格式实现了无限循环。

```
for (;;) {
    …
}
```

实例 043	将二维数组中的行列互换	高级
	光盘位置：光盘\MR\043	趣味指数：★★★

■ 实例说明

数组是程序开发中最常用的，其中二维数组使用最频繁，它可以存储表格数据，根据数组下标索引可以加入各种运算，图片的关键运算方法也是以二维数组为基础进行矩阵运算的。作为数组知识的巩固，本实例实现数组模拟表格行与列数据的交换，这在程序开发中常用于表格数据整理。实例运行效果如图 3.2 所示。

图 3.2　实例运行效果

■ 设计过程

（1）在项目中新建 ArrayRowColumnSwap 类。在该类的主方法中定义一个二维数组，输出该数组的内容，这次输出是为了与交换数据后的数组进行对比。新创建一个同样大小的二维数组，利用双层 for 循环遍历数组时，把新数组与原数组的行列索引交换进行元素赋值，然后再输出新数组内容。关键代码如下：

```java
public static void main(String[] args) {
    //创建二维数组
    int arr[][] = new int[][] { { 1, 2, 3 }, { 4, 5, 6 }, { 7, 8, 9 } };
    System.out.println("行列互调前：");
    //输出二维数组
    printArray(arr);
    int arr2[][] = new int[arr.length][arr.length];
    for (int i = 0; i < arr.length; i++) {                      //调整数组行列数据
        for (int j = 0; j < arr[i].length; j++) {
            arr2[i][j] = arr[j][i];
        }
    }
    System.out.println("行列互调后：");
    //输出二维数组
    printArray(arr);
}
```

📖 **说明**：本实例为演示数组行列互换，定义了连续数字作为数组元素，这样更方便对比交换后的结果。

（2）编写输出数组内容的 printArray() 方法。输出数组内容的业务在程序中出现两次，根据代码重用的原则，如果相同的业务代码在程序中出现两次以上，就应该把它们提取成一个独立的方法。在这个方法中简单地通过双层 for 循环遍历数组元素，关键代码如下：

```java
private static void printArray(int[][] arr) {
    for (int i = 0; i < arr.length; i++) {                      //遍历数组
        for (int j = 0; j < arr.length; j++) {
            System.out.print(arr[i][j] + " ");                  //输出数组元素
        }
        System.out.println();
    }
}
```

■ 秘笈心法

心法领悟 043：数组不能声明长度。

在 Java 语言中定义数组变量时，不能声明其长度，只能在 new 关键字创建数组时指定。例如，"int[9] array =……"是错误的写法，应该是"int[] array = new int[9]"。

实例 044 利用数组随机抽取幸运观众

光盘位置：光盘\MR\044

中级

趣味指数：★★★★☆

■ 实例说明

在电视节目中经常看到随机抽取幸运观众。如果观众抽取的
范围较少，可以通过数组实现，而且效率很高。下面介绍实现的
方法：首先将所有观众姓名生成数组，然后获得数组元素的总数
量，再在数组元素中随机抽取元素的下标，根据抽取的下标获得
幸运观众。实例运行效果如图 3.3 所示。

■ 关键技术

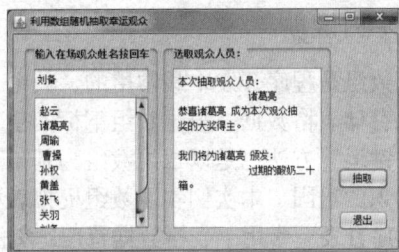

图 3.3　实例运行效果

本实例中的重点是把字符串中的人员名单分割为数组，以及
随机生成数组下标索引，这分别需要用到 String 类的 split()方法和
Math 类的 random()方法。下面对这两个方法进行简单介绍。

❑　字符串分割为数组

String 类的 split()方法可以根据指定的正则表达式对字符串进行分割，并返回分割后的字符串数组。例如，
"a，b，c"如果以"，"作为分隔符，返回值就是包含"a"、"b"和"c" 3 个字符串的数组。该方法的声明
如下：

```
public String[] split(String regex)
```

参数说明

regex：分割字符串的定界正则表达式。

❑　生成随机数

抽奖当然是随机抽取的，这就需要用到随机数，Java 在 Math 类中提供了静态方法 random()可以生成 0～1
之间的 double 类型随机数值。该方法的声明如下：

```
public static double random()
```

由于该方法生成的是 0～1 之间的小数，而数组下标是整数而且又要根据数组长度来生成随机数，所以要把
生成的随机数与数组长度相乘，就像本实例中的算法一样。关键代码如下：

```
int index = (int) (Math.random() * personnelArray.length);          //生成随机数组索引
```

该行代码把随机数与数组长度的乘积转换为整型作为随机数组下标索引。

■ 设计过程

（1）在项目中创建窗体类。在窗体中添加两个文本域、一个文本框和两个按钮，其中两个按钮分别用于抽
取幸运观众和退出程序。

（2）为文本框添加按键事件监听器，并编写事件处理方法，当用户在文本框中输入观众姓名并按下 Enter
键时，事件处理方法将观众姓名添加到文本域中并以回车换行作为分割符，然后选择文本框中的所有文本准备
接收用户的下一次输入。关键代码如下：

```
protected void do_textField_keyPressed(KeyEvent e) {
    if (e.getKeyChar() != '\n')                                      //不是回车字符不做处理
        return;
    String name = nameField.getText();
    if (name.isEmpty())                                             //如果文本框没有字符串不做处理
        return;
    personnelArea.append(name + "\n");                              //把输入人名与回车符添加到人员列表
    nameField.selectAll();                                          //选择文本框所有字符
}
```

（3）编写"抽取"按钮的事件处理方法，在该方法中把文本域保存的所有观众名称分割成字符串数组，然

后通过随机数生成数组下标，当然这个下标是不固定的，再在另一个文本域控件中输出抽取幸运观众的颁奖信息。关键代码如下：

```java
protected void do_button_actionPerformed(ActionEvent e) {
    String perstring = personnelArea.getText();                            //获取人员列表文本
    String[] personnelArray = perstring.split("\n{1,}");                   //获取人员数组
    int index = (int) (Math.random() * personnelArray.length);             //生成随机数组索引
    //定义包含格式参数的中奖信息
    String formatArg = "本次抽取观众人员：\n\t%1$s\n 恭喜%1$s 成为本次观众抽奖的大奖得主。"
            + "\n\n 我们将为%1$s 颁发：\n\t 过期的酸奶二十箱。";
    //为中奖信息添加人员参数
    String info = String.format(formatArg, personnelArray[index]);
    resultArea.setText(info);                                              //在文本域中显示中奖信息
}
```

■ 秘笈心法

心法领悟 044：数组的静态初始化。

在创建与初始化数组时，通常是先定义指定类型的数组变量，然后用 new 关键字创建数组，再分别对数组元素进行赋值。例如：

```java
int[] array = new int[3];
array[0]=1;
array[1]=2;
array[2]=3;
```

Java 支持静态数组初始化，在定义数组的同时为数组分配空间并赋值。例如：

```java
int[] array = { 1, 2, 3, 4 };
```

实例 045	用数组设置 JTable 表格的列名与列宽 光盘位置：光盘\MR\045	高级 趣味指数：★★★★☆

■ 实例说明

数组在程序开发中被广泛应用，使用数组可以使程序代码更加规范，更易于维护。例如，字符串数组可以定义表格控件的列名称，而整数类型数组可以用来定义列对应的宽度。本实例就通过这两个数组实现了对表格控件中表头列的设置，实例运行效果如图 3.4 所示。

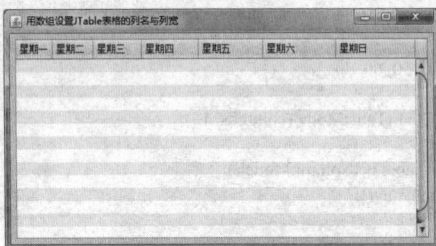

图 3.4　实例运行效果

■ 关键技术

本实例的关键技术在于设置表格的数据模型和访问列模型。其中表格的数据模型可以采用 DefaultTableModel 类创建数据模型对象，创建过程中可以把字符串数组作为参数来创建表格列的名称。下面介绍这些关键技术的语法。

❑ 创建表格数据模型

DefaultTableModel 类的构造方法有很多，其中一个可以把字符串数组作为参数来生成列名称，同时接收 int 类型的参数来设置表格添加多少行空白数据。该构造方法的声明如下：

```java
public DefaultTableModel(Object[] columnNames, int rowCount)
```

参数说明

❶ columnNames：存放列名的数组。

❷ rowCount：指定创建多少行空白数据。

❑ 设置表格数据模型

JTable 类是表格控件，它提供了 setModel()方法来设置表格的数据模型。设置数据模型以后，表格控件可以从数据模型中提取表头的所有列名称和所有行数据，这个数据模型将负责表格所有数据的维护。设置表格模型的方法声明如下：

```
public void setModel(TableModel dataModel)
```

参数说明

dataModel：此表的新数据模型。

❑ 获取表格列模型

表格中所有列对象都存放在列模型中，它们用于定义表格每个列的名称及宽度等信息。表格的列模型可以通过 getColumnModel()方法获取。该方法的声明如下：

```
public TableColumnModel getColumnModel()
```

❑ 设置列宽度

列对象存放在列模型中，并且列的宽度需要通过列对象的 setPreferredWidth()方法来设置。该方法的声明如下：

```
public void setPreferredWidth(int preferredWidth)
```

参数说明

preferredWidth：列对象的首选宽度参数。

■ 设计过程

（1）在项目中创建窗体类 ArrayCreateTable。在窗体中添加一个滚动面板。

（2）编写 getTable()方法创建表格，在该方法中声明字符串数组 columns 作为表格的列名，再声明 int 类型的数组定义每个表格列的宽度。然后创建表格的数据模型并遍历所有表格列对象，根据 int 类型数组的索引设置表格列的宽度。关键代码如下：

```java
private JTable getTable() {
    if (table == null) {
        table = new JTable();                                          //创建表格
        //定义列名数组
        String[] columns = { "星期一", "星期二", "星期三", "星期四", "星期五", "星期六", "星期日" };
        //定义列宽数组
        int[] columnWidth = { 10, 20, 30, 40, 50, 60, 70 };
        //创建表格数据模型
        DefaultTableModel model = new DefaultTableModel(columns, 15);
        table.setModel(model);                                         //设置表格数据模型
        TableColumnModel columnModel = table.getColumnModel();         //获取列模型
        int count = columnModel.getColumnCount();                      //获取列数量
        for (int i = 0; i < count; i++) {//  遍历列
            TableColumn column = columnModel.getColumn(i);             //获取列对象
            column.setPreferredWidth(columnWidth[i]);                  //以数组元素设置列的宽度
        }
    }
    return table;
}
```

■ 秘笈心法

心法领悟 045：给表格列名留个位置。

如果直接将表格控件添加到滚动面板以外的容器中，首先应该通过 JTable 类的 getTableHeader()方法获取表格的 JTableHeader 表头类的对象，然后再将该对象添加到容器的相应位置，否则表格将没有表头，无法显示任何列名称。

3.2　数　组　操　作

实例 046	数组的下标界限 光盘位置：光盘\MR\046	中级 趣味指数： ★★★☆

■ 实例说明

数组可以保存同一类型的大量数据，由于它在内存中创建控件，存取速度快，所以常用于取代数据量少的数据库操作，这样可以提高程序运行的速度。但是数组也有一定的范围限制，因为数组长度是不可变的，在创建数组时就指定了数组的下标范围，如果使用了下标范围之外的索引值，Java 会抛出 ArrayIndexOutOfBoundsException 数组下标越界异常，所以开发程序时一定要留意数组下标的引用。本实例接收用户输入来指定数组下标，从而提取数组元素值，如果用户输入下标过大则程序会显示异常信息。实例运行效果如图 3.5 所示。

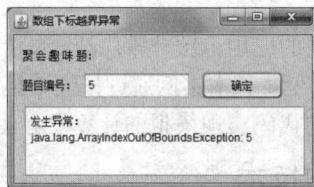

图 3.5　输入大于数组长度下标的运行效果

■ 关键技术

本实例的关键点在于从文本框接收整数输入，这要考虑用户输入格式问题，如果用户输入小数或者非数字的字符，程序要多做一些验证操作，这样比较费时，而且容易出错，不易于维护。所以本实例采用了 JFormattedTextField 文本框控件，该文本框在创建控件的构造方法中可以指定格式器类型，然后其就只接收该类型的数据。

下面介绍 JFormattedTextField 文本框控件在本实例中的应用。

❑　创建格式文本框

本实例使用 JFormattedTextField 文本框控件的构造方法并传递 NumberFormat 抽象的实现类，使用 NumberFormat.getIntegerInstance()方法获取整数格式对象，该对象传递给 JFormattedTextField 文本框控件的构造方法就可以创建只接收整数的文本框控件。关键代码如下：

```
codeField = new JFormattedTextField(NumberFormat.getIntegerInstance());
```

❑　获取整数数值

JFormattedTextField 文本框控件集成了 JTextField 文本框的 getText()方法获取输入的文本字符串，同时还提供了 getValue()方法获取指定格式类型的数值，其语法声明如下：

```
public Object getValue()
```

■ 设计过程

（1）在项目中创建窗体类 ArrayBound。在窗体中添加一个文本框、一个文本域和一个按钮控件。

（2）编写"确定"按钮的事件处理方法，在该方法中获取用户在文本框中输入的下标索引数字，然后通过这个下标索引从 infos 数组中提取对应的数组元素并显示在文本域控件中，如果发生数组下标越界异常，则在文本域控件中显示提示信息。关键代码如下：

```
private String[] infos = { "50 元奖金", "唱一首歌", "学狗叫", "为大家讲一个笑话", "3 万元奖金" };
protected void do_button_actionPerformed(ActionEvent e) {
    //获取用户输入的整数
    int index = ((Number) codeField.getValue()).intValue();
    try {
        infoArea.setText(infos[index]);                        //获取指定下标的数组元素显示在文本域控件中
    } catch (Exception e2) {
        infoArea.setText("发生异常：\n" + e2.toString());        //异常信息显示在文本域控件中
    }
}
```

■ 秘笈心法

心法领悟 046：格式文本框控件的输入。

在 JFormattedTextField 文本框控件运行期间可以输入非数字或者任意字符，它是在控件失去焦点时进行数据验证用的，如果格式不被指定的类型格式器支持，将销毁本次输入，这样用户就必须重新输入标准格式的数据。

实例 047	按钮控件数组实现计算器界面 光盘位置：光盘\MR\047	高级 趣味指数：★★★★☆

■ 实例说明

数组的应用范围非常广泛，灵活运用可以提高程序的开发效率，减少重复代码。例如，本实例通过按钮数组来管理界面中的所有按钮控件，从而使用最少的代码实现模拟的计算器界面。实例运行效果如图 3.6 所示。

■ 关键技术

本实例的关键点在于 GridLayout 布局管理器的应用，通过它可以自动完成控件的布局与大小控制；否则，还要单独创建控制每个控件位置与大小的代码，其代码复杂度可想而知。通过 GridLayout 布局管理器，只需要指定布局的行列数量即可。下面介绍 GUI 如何使用 GridLayout 布局管理器。

图 3.6　实例运行效果

❑ 创建指定行列数量的布局管理器

可以在 GridLayout 类的构造方法中传递两个 int 类型的参数，分别指定布局的行数与列数，其方法声明如下：

```
public GridLayout(int rows, int cols)
```

参数说明

❶ rows：布局的行数。

❷ cols：布局的列数。

❑ 设置容器的布局管理器

创建容器布局管理器后，可以把它添加到某个容器的 layout 属性中，这需要调用容器的设置布局管理器的方法来实现，其语法声明如下：

```
public void setLayout(LayoutManager mgr)
```

参数说明

mgr：布局管理器对象。

■ 设计过程

在项目中创建 ButtonArrayExample 窗体类。在窗体中添加一个文本框控件用于模拟计算器的液晶屏，然后在构造方法中设置窗体标题、布局管理器，并创建 JButton 控件的二维数组，其中每个数组元素都初始化为一个按钮控件，同时再声明一个按钮名称的字符串数组，这两个数组共同初始化界面中的所有按钮控件。关键代码如下：

```
public ButtonArrayExample() {
    super();                                                    //继承父类的构造方法
    BorderLayout borderLayout = (BorderLayout) getContentPane().getLayout();
    borderLayout.setHgap(20);
    borderLayout.setVgap(10);
    setTitle("按钮数组实现计算器界面");                            //设置窗体的标题
    setBounds(100, 100, 290, 282);                              //设置窗体的显示位置及大小
    setDefaultCloseOperation(JFrame.EXIT_ON_CLOSE);            //设置窗体关闭按钮的动作为退出
    textField = new JTextField();
    textField.setHorizontalAlignment(SwingConstants.TRAILING);
    textField.setPreferredSize(new Dimension(12, 50));
    getContentPane().add(textField, BorderLayout.NORTH);
```

```
        textField.setColumns(10);
        final GridLayout gridLayout = new GridLayout(4, 0);                    //创建网格布局管理器对象
        gridLayout.setHgap(5);                                                 //设置组件的水平间距
        gridLayout.setVgap(5);                                                 //设置组件的垂直间距
        JPanel panel = new JPanel();                                           //获得容器对象
        panel.setLayout(gridLayout);                                           //设置容器采用网格布局管理器
        getContentPane().add(panel, BorderLayout.CENTER);
        String[][] names = { { "1", "2", "3", "＋" }, { "4", "5", "6", "－" }, { "7", "8", "9", "×" }, { ".", "0", "=", "÷" } };
        JButton[][] buttons = new JButton[4][4];
        for (int row = 0; row < names.length; row++) {
            for (int col = 0; col < names.length; col++) {
                buttons[row][col] = new JButton(names[row][col]);              //创建按钮对象
                panel.add(buttons[row][col]);                                  //将按钮添加到面板中
            }
        }
    }
```

■ 秘笈心法

心法领悟 047：用数组管理重复类型的数据。

像本实例的界面设计一样，程序开发中有很多重复类型的数据，在界面设计器中可以清晰地看出重复性的按钮控件。

实例 048	复选框控件数组	中级
	光盘位置：光盘\MR\048	趣味指数：★★★★⯪

■ 实例说明

复选框控件在进行 GUI 程序界面设计时经常使用。例如，选择用户爱好的程序界面中要添加很多选项，这些选项如果通过 GUI 界面设计器来录入非常费时，而且生成的代码臃肿，不方便维护。本实例通过复选框控件数组实现了用户爱好信息的选择界面，如图 3.7 所示。而且界面中的复选框数量可以根据指定复选框名称的字符串数组的长度来自动调节。

■ 关键技术

本实例中的关键技术请参见实例 047。

图 3.7　实例运行效果

■ 设计过程

（1）在项目中新建 CheckBoxArray 窗体类。设置窗体的标题，并在界面上方添加一个标签显示"你的爱好有哪些："。

（2）编写 getPanel()方法创建面板，并在面板中通过控件数组来创建爱好复选框。其中所有复选框的文本都由字符串数组定义，复选框的数量根据字符串数组长度确定。关键代码如下：

```
private JPanel getPanel() {
    if (panel == null) {
        panel = new JPanel();                                                 //创建面板对象
        panel.setLayout(new GridLayout(0, 4));                                //设置网格布局管理器
        //创建控件文本数组
        String[] labels = { "足球", "篮球", "魔术", "乒乓球", "看电影", "魔兽世界", "CS 战队","羽毛球", "游泳", "旅游", "爬山", "唱歌", "写博客",
                "动物世界", "拍照", "弹吉他","读报纸", "飙车", "逛街", "逛商场", "麻将", "看书", "上网看资料", "新闻", "军事","八卦",
                "养生", "饮茶" };
        JCheckBox[] boxs = new JCheckBox[labels.length];                       //创建控件数组
        for (int i = 0; i < boxs.length; i++) {                               //遍历控件数组
            boxs[i] = new JCheckBox(labels[i]);                               //初始化数组中的复选框组件
            panel.add(boxs[i]);                                               //把数组元素（即每个复选框）添加到面板中
```

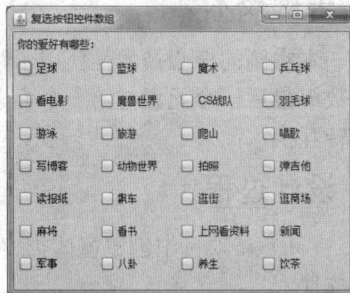

```
        }
    return panel;
}
```

■ 秘笈心法

心法领悟 048：使代码更通用。

在编写一个方法时，要考虑到方法的通用性，尽量对方法进行抽象使其适合更多的模块调用。例如，本实例中的 getPanel()方法完全可以把控件标签文本数组作为方法的参数，这样其他模块就可以为该方法传参类创建爱好选择面板。

实例 049	用数组反转字符串	高级
	光盘位置：光盘\MR\049	趣味指数：★★★★☆

■ 实例说明

本实例使用数组反转算法实现字符串的反转。和 StringBuilder 类的 reverse()方法相比，本实例要复杂一些，因为算法是自己完成的，但是相比之下本实例更灵活一些，实例在字符串反转过程中，显示了反转步骤，开发人员还可以在反转过程中加入更多的业务处理，如控制并显示进度条等，这是 StringBuilder 类的 reverse()方法无法实现的。实例运行效果如图 3.8 所示。

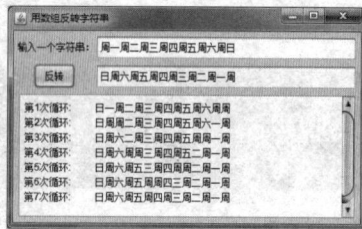

图 3.8　字符串反转过程与结果

■ 关键技术

本实例的核心技术是使用了数组反转算法。反转算法的基本思想比较简单，也很好理解，其实现思路是，把数组最后一个元素与第一个元素互换，倒数第二个元素与第二个元素互换，依此类推，直到把所有数组元素反转互换。

■ 设计过程

（1）在项目中创建窗体类 ArrayReverseString。在窗体中添加两个文本框、一个文本域和一个"反转"按钮控件。

（2）编写"反转"按钮的事件处理方法，在该方法中把用户输入的字符串转换为字符数组，然后使用数组反转算法，反转数组元素的索引，再把反转后的字符数组组合成字符串显示在文本框控件中。关键代码如下：

```java
protected void do_button_actionPerformed(ActionEvent e) {
    String inputStr = inputField.getText();                    //获取用户输入的字符串
    char[] strArray = inputStr.toCharArray();                  //提取字符数组
    infoArea.setText("");                                      //清空文本域控件文本
    for (int i = 0; i < strArray.length/2; i++) {              //数组反转算法
        char temp=strArray[i];                                 //交换数组元素
        strArray[i]=strArray[strArray.length-i-1];
        strArray[strArray.length-i-1]=temp;
        infoArea.append("第"+(i+1)+"次循环:\t");                //显示循环反转过程
        for (char c : strArray) {                              //显示每次反转数组的结果
            infoArea.append(c+"");
        }
        infoArea.append("\n");                                 //文本域换行
    }
    String outputStr=new String(strArray);                     //把字符数组转换为字符串
    outputField.setText(outputStr);                            //显示反转后的字符串
}
```

▌秘笈心法

心法领悟 049：多掌握程序算法。

现在的高级语言中已经为开发者预定义了很多算法的实现，但这并不代表开发人员就不需要掌握算法（包括语言中实现的和未实现的）。封装好的代码并不一定就适合现有的程序，也无法提供特殊的处理过程，所以开发者必须掌握常用的算法，并根据具体应用决定使用哪个算法使程序实现最高的运行效率。

3.3　数组排序与查询

实例 050	使用选择排序法 光盘位置：光盘\MR\050	中级 趣味指数：★★★

▌实例说明

选择排序（Selection Sort）是一种简单直观的排序算法。本实例演示如何使用选择排序法对一维数组进行排序，运行本实例，首先单击"生成随机数"按钮，生成一个随机数组，并显示在上方的文本域控件中；然后单击"选择排序法"按钮，使用选择排序法对生成的一维数组进行排序，并将排序后的一维数组显示在下方的文本域控件中。实例运行效果如图 3.9 所示。

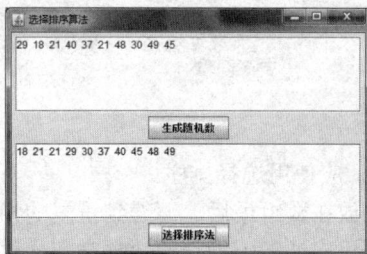

图 3.9　使用选择排序法对一维数组进行排序

▌关键技术

本实例主要用到了选择排序算法，这里简单介绍它的工作原理。

选择排序的基本思想是，每一趟从待排序的数据元素中选出最小（或最大）的一个元素，顺序放在已排好序的数列最后，直到全部待排序的数据元素排完。下面是一个数组排序过程的例子。

初始数组资源　【63　　4　　24　　1　　3　　15】

第 1 趟排序后【15　　4　　24　　1　　3 】63
第 2 趟排序后【15　　4　　3　　1】24　63
第 3 趟排序后【1　　4　　3】15　24　63
第 4 趟排序后【1　　3】4　15　24　63
第 5 趟排序后【1】　3　4　15　24　63

▌设计过程

（1）在项目中创建窗体类 SelectSort。在窗体中添加两个文本域控件和"生成随机数""选择排序法"两个按钮控件。

（2）编写"生成随机数"按钮的事件处理方法，在该方法中创建 Random 随机数对象，初始化数组元素值时，通过该对象为每个数组元素生成随机数。关键代码如下：

```java
private int[] array = new int[10];
protected void do_button_actionPerformed(ActionEvent e) {
    Random random = new Random();                      //创建随机数对象
    textArea1.setText("");                             //清空文本域
    for (int i = 0; i < array.length; i++) {           //初始化数组元素
        array[i] = random.nextInt(50);                 //生成 50 以内的随机数
        textArea1.append(array[i]+"   ");              //把数组元素显示到文本域控件中
    }
}
```

（3）编写"选择排序法"按钮的事件处理方法，在该方法中使用排序算法对生成的随机数组进行排序，然后把排序后的数组元素显示到文本域控件中。关键代码如下：

```java
protected void do_button_1_actionPerformed(ActionEvent e) {
    textArea2.setText("");                             //清空文本域
    int index;
    for (int i = 1; i < array.length; i++) {
        index = 0;
        for (int j = 1; j <= array.length - i; j++) {
            if (array[j] > array[index]) {
                index = j;                             //查找最大值
            }
        }
        //交换在 array.length-i 和 index（最大值）位置上的两个数
        int temp = array[array.length - i];
        array[array.length - i] = array[index];
        array[index] = temp;
    }
    for (int i = 0; i < array.length; i++) {
        textArea2.append(array[i]+"   ");              //把排序后的数组元素显示到文本域控件中
    }
}
```

■ 秘笈心法

心法领悟 050：如果数组有重复值，应使用选择排序。

选择排序法从数组中挑选最大值并放在数组最后，而遇到重复的相等值不会做任何处理，所以如果程序允许数组有重复值的情况，建议使用选择排序法，因为它的数据交换次数较少，速度也会略微提升，但这取决于数组中重复值的数量。

实例 051	使用冒泡排序法 光盘位置：光盘\MR\051	中级 趣味指数：★★★★

■ 实例说明

本实例演示如何使用冒泡排序法对一维数组进行排序。运行本实例，首先单击"生成随机数"按钮，生成一个随机数组，并显示在上方的文本域控件中；然后单击"冒泡排序法"按钮，使用冒泡排序法对生成的一维数组进行排序，并将排序过程中一维数组的变化显示在下方的文本域控件中。实例运行效果如图 3.10 所示。

■ 关键技术

本实例实现时主要用到了冒泡排序算法，冒泡排序的基本思想是对比相邻的元素值，如果满足条件就交换元素值，把较小的元素移动到数组前面，把大的元素移到数组后面（也就是交换两个元素的位置），这样数组元素就像气泡一样从底部上升到顶部。

图 3.10　使用冒泡排序法对一维数组进行排序

冒泡算法在双层循环中实现，其中外层循环控制排序轮数，要排序数组长度-1 次。而内层循环主要是用于对比临近元素的大小，以确定是否交换位置，对比和交换次数随排序轮数而减少。例如，一个拥有 6 个元素的数组，在排序过程中每次循环的排序过程和结果如图 3.11 所示。

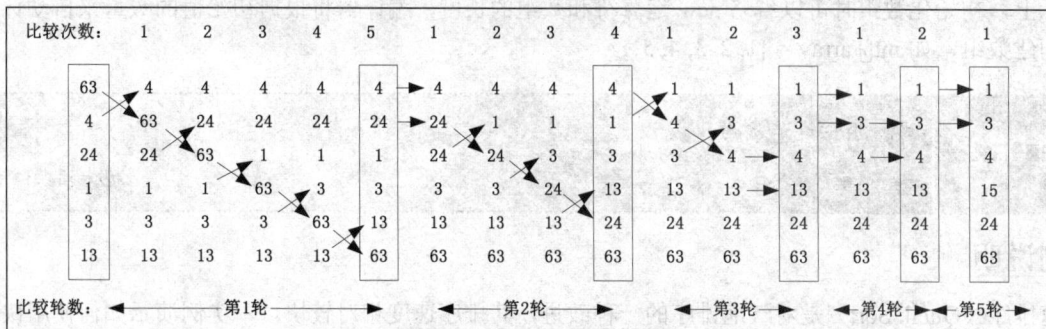

图 3.11 在排序过程中每次循环的排序过程和结果

第 1 轮外层循环时把最大的元素值 63 移动到了最后面（相应的比 63 小的元素向前移动，类似气泡上升），第 2 轮外层循环不再对比最后一个元素值 63，因为它已经确认为最大（不需要上升），应该放在最后，需要对比和移动的是其他剩余元素，这次将元素 24 移动到了 63 的前一个位置。其他循环将依此类推，继续完成排序任务。

■ 设计过程

（1）在项目中创建窗体类 BubbleSort。在窗体中添加两个文本域控件和"生成随机数""冒泡排序法"两个按钮。

（2）编写"生成随机数"按钮的事件处理方法，在该方法中创建 Random 随机数对象，初始化数组元素值时，通过该对象为每个数组元素生成随机数。关键代码如下：

```java
private int[] array = new int[10];
protected void do_button_actionPerformed(ActionEvent e) {
    Random random = new Random();                          //创建随机数对象
    textArea1.setText("");                                 //清空文本域
    for (int i = 0; i < array.length; i++) {               //初始化数组元素
        array[i] = random.nextInt(50);                     //生成 50 以内的随机数
        textArea1.append(array[i]+"   ");                  //把数组元素显示到文本域控件中
    }
}
```

（3）编写"冒泡排序法"按钮的事件处理方法，在该方法中使用排序算法对生成的随机数组进行排序，然后把排序后的数组元素显示到文本域控件中。关键代码如下：

```java
protected void do_button_1_actionPerformed(ActionEvent e) {
    textArea2.setText("");                                 //清空文本域
    for (int i = 1; i < array.length; i++) {
        //比较相邻两个元素，较大的数往后冒泡
        for (int j = 0; j < array.length - i; j++) {
            if (array[j] > array[j + 1]) {
                int temp = array[j];                       //把第 1 个元素值保存到临时变量中
                array[j] = array[j + 1];                   //把第 2 个元素值保存到第 1 个元素单元中
                array[j + 1] = temp;                       //把临时变量也就是第 1 个元素原值保存到第 2 个元素中
            }
            textArea2.append(array[j] + "   ");            //把排序后的数组元素显示到文本域中
        }
        textArea2.append(" 【");
        for (int j = array.length - i; j < array.length; j++) {
            textArea2.append(array[j] + "   ");            //把排序后的数组元素显示到文本域控件中
        }
        textArea2.append("】\n");
    }
}
```

■ 秘笈心法

心法领悟 051：编译器可以自动计算数组长度。

实际上，初始化数组时可以省略 new 运算符和数组的长度，编译器将根据初始值的数量来自动计算数组长度，并创建数组，如 int[] array = {1, 2, 3, 4, 5};。

实例 052	使用快速排序法	中级
	光盘位置：光盘\MR\052	趣味指数：★★★★

■ 实例说明

快速排序（Qucik Sort）是对气泡排序的一种改进，其排序速度相对较快。本实例演示如何使用快速排序法对一维数组进行排序，运行本实例，首先单击"生成随机数"按钮，生成一个随机数组，并显示在上方的文本框中；然后单击"快速排序法"按钮，使用快速排序法对生成的一维数组进行排序，并将排序后的一维数组显示在下方的文本框中。实例运行效果如图 3.12 所示。

■ 关键技术

本实例实现时主要用到了快速排序算法，下面对其实现原理进行详细讲解。

快速排序算法是对冒泡排序算法的一种改进，它的基本思想是，通过一趟排序将要排序的数据分割成独立的两部分，其中一部分的所有数据比另外一部分的所有数据都要小，然后再按此方法对这两部分数据分别进行快速排序，整个排序过程可以递归进行，以此使整个数据变成有序序列。

假设要排序的数组是 A[1]…A[N]，首先任意选取一个数据（通常选用第一个数据）作为关键数据，然后将所有比它小的数都放到它前面，所有比它大的数都放到它后面，这个过程称为一趟快速排序，递归调用此过程，即可实现数组的快速排序。

使用快速排序法排序的过程如图 3.13 所示。

图 3.12　使用快速排序法对一维数组进行排序

图 3.13　快速排序法排序过程

■ 设计过程

（1）在项目中创建窗体类 QuickSort。在窗体中添加一个文本框、一个文本域控件和"生成随机数""快速排序法"两个按钮。

（2）编写"快速排序法"按钮的事件处理方法，在该方法中利用快速排序算法对生成的随机数组进行排序，并将排序过程输出到文本域控件中。关键代码如下：

```
protected void do_button_1_actionPerformed(ActionEvent e) {
    textArea2.setText("");                              //清空文本域
    quickSort(array, 0, array.length - 1);              //调用快速排序算法
}
```

（3）编写快速排序方法 quickSort()，这个方法将被按钮的事件处理方法调用，该方法在实现快速排序的同时，把排序过程显示到文本域控件中。关键代码如下：

```
private void quickSort(int sortarray[], int lowIndex, int highIndex) {
    int lo = lowIndex;                                          //记录最小索引
    int hi = highIndex;                                         //记录最大索引
    int mid;                                                    //记录分界点元素
    if (highIndex > lowIndex) {
        mid = sortarray[(lowIndex + highIndex) / 2];           //确定中间分界点元素值
        while (lo <= hi) {
            while ((lo < highIndex) && (sortarray[lo] < mid))
                ++lo;                                           //确定不大于分界元素值的最小索引
            while ((hi > lowIndex) && (sortarray[hi] > mid))
                --hi;                                           //确定大于分界元素值的最大索引
            if (lo <= hi) {                                     //如果最小与最大索引没有重叠
                swap(sortarray, lo, hi);                        //交换两个索引的元素
                ++lo;                                           //递增最小索引
                --hi;                                           //递减最大索引
            }
        }
        if (lowIndex < hi)                                      //递归排序没有未分解元素
            quickSort(sortarray, lowIndex, hi);
        if (lo < highIndex)                                     //递归排序没有未分解元素
            quickSort(sortarray, lo, highIndex);
    }
}
```

（4）由于快速排序方法中频繁地交换数组元素，而且在程序代码中出现的位置较多，所以应该把数组元素交换单独提炼为一个 swap() 方法，以实现代码重用，并且可以在该方法中掌握排序过程并显示到文本域控件中。该方法的程序关键代码如下：

```
private void swap(int swapArray[], int i, int j) {
    int temp = swapArray[i];                                   //交换数组元素
    swapArray[i] = swapArray[j];
    swapArray[j] = temp;
    for (int k = 0; k < array.length; k++) {                   //把数组元素显示到文本域控件中
        textArea2.append(array[k] + "   ");
    }
    textArea2.append("\n");                                    //追加换行符
}
```

■ 秘笈心法

心法领悟 052：如何评价排序算法的好坏。

评价排序算法好坏的标准主要有两条，分别为：

（1）指定时间和所需的辅助控件。

（2）算法本身的复杂程度。

实例 053	使用直接插入法 光盘位置：光盘\MR\053	中级 趣味指数：★★★☆

■ 实例说明

本实例演示如何使用直接插入排序法对一维数组进行排序。运行本实例，首先单击"随机生成数组"按钮，生成一个随机数组，并显示在左边的文本框中；然后单击"插入排序法"按钮，使用直接插入排序法对生成的一维数组进行排序，并将排序后的一维数组显示在右边的文本框中。实例运行效果如图 3.14 所示。

■ 关键技术

本实例实现时主要用到了直接插入排序算法，下面对其实现原理进行详细讲解。

插入排序是将一个记录插入到有序数列中，使得到的新数列仍然有序。插入排序算法的思想是，将 n 个有序数存放在数组 a 中，要插入的数为 x，首先确定 x 插在数组中的位置 p，数组中 p 之后的元素都向后移一个位置，空出 a(p)，将 x 放入 a(p)。这样即可实现插入后数列仍然有序。

使用直接插入排序法排序的过程如图 3.15 所示。

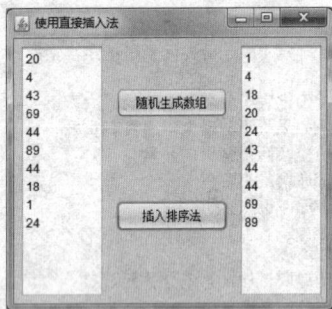

图 3.14　使用直接插入法对一维数组进行排序

图 3.15　直接插入排序法排序的过程

■ 设计过程

（1）在项目中新建窗体类 InsertSort。在窗体中添加两个文本域控件和"随机生成数组""插入排序法"两个按钮。

（2）编写"随机生成数组"按钮的事件处理方法，在该方法中利用 Random 类的实例对象的 nextInt() 方法生成随机数，并为数组设置初始值。关键代码如下：

```java
protected void do_button_actionPerformed(ActionEvent e) {
    Random random = new Random();                    //创建随机数对象
    textArea1.setText("");
    for (int i = 0; i < array.length; i++) {         //初始化数组元素
        array[i] = random.nextInt(90);               //生成 50 以内的随机数
        textArea1.append(array[i] + "\n");           //把数组元素显示到文本域控件中
    }
}
```

（3）编写"插入排序法"按钮的事件处理方法，在该方法中使用插入排序算法对数组进行排序，并把排序后的数组显示到界面中。关键代码如下：

```java
protected void do_button_1_actionPerformed(ActionEvent e) {
    int tmp;                                         //定义临时变量
    int j;
    for (int i = 1; i < array.length; i++) {
        tmp = array[i];                              //保存临时变量
        for (j = i - 1; j >= 0 && array[j] > tmp; j--) {  //数组元素交换
            array[j + 1] = array[j];
        }
        array[j + 1] = tmp;                          //在排序位置插入数据
    }
    textArea2.setText("");
    for (int i = 0; i < array.length; i++) {         //初始化数组元素
        textArea2.append(array[i] + "\n");           //把数组元素显示到文本域控件中
    }
}
```

■ 秘笈心法

心法领悟 053：什么是排序算法的空间复杂度？

排序算法的空间复杂度是指排序算法运行所需要的额外消耗存储空间，一般使用 O() 来表示，如直接插入排序法的空间复杂度为 O(1)。

实例 054	使用 sort()方法对数组进行排序 光盘位置：光盘\MR\054	中级 趣味指数：★★★★☆

■ 实例说明

　　实际开发项目时，经常需要对程序中用到的数组进行排序，而且在各种编程语言中，也提供了很多种对数组进行排序的算法，如冒泡排序法、直接插入法和选择排序法等，但在使用排序算法时，开发人员必须手动编写一堆代码，而且有的实现起来比较麻烦。Java 中的 Arrays 类提供了一个 sort()方法，使用这个方法，开发人员可以很方便地对各种数组进行排序，大大降低了数组排序的难度，本实例将使用该方法对数组进行快速排序。实例运行效果如图 3.16 所示。

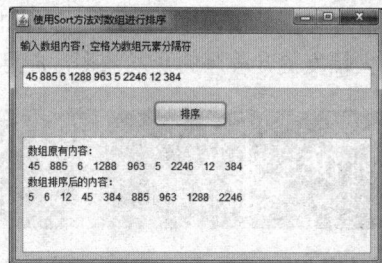

图 3.16　使用 sort()方法对数组进行快速排序

■ 关键技术

　　本实例在对数组进行快速排序时，主要用到了 Arrays 类的 sort()方法，下面对其进行详细讲解。

　　Arrays 类位于 java.util 包中，它是数组的一个工具类，包含很多方法，其中 sort()方法就是 Arrays 类提供的对数组进行排序的方法，它有很多重载格式，可以接收任何数据类型的数组并执行不同类型的排序。本实例使用 sort()方法的 int 参数类型的重载实现，其方法声明如下：

```
public static void sort(int[] array)
```

　　参数说明

　　array：要排序的 int 类型的一维数组。

■ 设计过程

　　（1）在项目中创建窗体类 SortArray。在窗体中添加一个文本框、一个文本域和一个"排序"按钮。

　　（2）为"排序"按钮编写事件处理方法，在该方法中要接收用户输入的字符串，并以字符串中的空格字符分割字符串为数组，再把字符串数组转换为整数数组，然后调用 Arrays 类的 sort()方法对其进行排序，最后显示到窗体中。关键代码如下：

```
protected void do_button_actionPerformed(ActionEvent e) {
    String text = arrayField.getText();                          //获取用户输入
    String[] arrayStr = text.split(" {1,}");                     //拆分输入为数组
    int[] array = new int[arrayStr.length];                      //创建整数类型数组
    sortArea.setText("数组原有内容：\n");
    for (String string : arrayStr) {                             //输出原有数组内容
        sortArea.append(string + "    ");
    }
    for (int i = 0; i < array.length; i++) {                     //初始化整型数组
        array[i] = Integer.parseInt(arrayStr[i]);
    }
    sortArea.append("\n");
    Arrays.sort(array);                                          //使用 sort()方法对整型数组进行排序
    sortArea.append("数组排序后的内容：\n");
    for (int value : array) {                                    //输出排序后的数组内容
        sortArea.append(value + "    ");
    }
}
```

　　（3）编写文本框的按键事件处理方法，通过该方法的编写来限制文本框可输入的字符，当用户按下非数字与空格字符时，取消本次输入的有效性。关键代码如下：

```
protected void do_arrayField_keyPressed(KeyEvent e) {
    char key = e.getKeyChar();                                   //获取用户按键字符
```

```
    String mask = "0123456789 " + (char) 8;                    //定义规范化字符模板
    if (mask.indexOf(key) == -1) {                              //判断按键字符是否属于规范化字符范围
        e.consume();                                            //取消非规范化字符的输入有效性
    }
}
```

■ 秘笈心法

心法领悟 054：有效利用 Arrays 类。

Arrays 类提供了创建、操作、搜索和排序数组的方法。在程序开发中有效利用 Arrays 类的各种方法完成数组操作将大幅度提升程序的开发效率，并且 Arrays 类的方法是经过测试的，可以避免程序开发中错误代码的出现。

实例 055	反转数组中元素的顺序	中级
	光盘位置：光盘\MR\055	趣味指数：★★★★☆

■ 实例说明

顾名思义，反转数组就是以相反的顺序把原有数组的内容重新排序。反转排序算法在程序开发中也经常用到。本实例在 GUI 窗体中演示数组反转的实现，首先在界面的文本框中输入数组元素，每个元素使用空格分隔。然后单击"反转排序法"按钮，程序将对数组进行反转运算，并把运算过程中对数组的改变显示在窗体中。实例运行效果如图 3.17 所示。

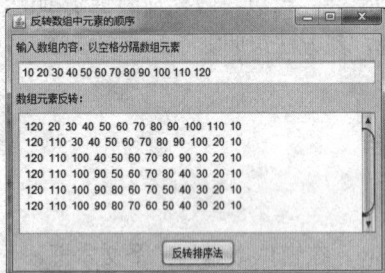

图 3.17　反转数组中元素的顺序

■ 关键技术

本实例的核心技术是使用了数组反转算法。反转算法的基本思想比较简单，也很好理解，其实现思路就是，把数组最后一个元素与第一个元素替换，倒数第二个元素与第二个元素替换，依此类推，直到把所有数组元素反转替换。

反转排序是对数组两边的元素进行替换，所以只需要循环数组长度的半数。例如，数组长度为 7，那么 for 循环只需要循环 7/2 也就是 3 次，具体例子如下：

初始数组资源　【10　　20　　30　　40　　50　　60】

第 1 趟排序后	60	【20	30	40	50】	10
第 2 趟排序后	60	50	【30	40】	20	10
第 3 趟排序后	60	50	40	30	20	10

■ 设计过程

（1）在项目中新建窗体类 ReverseSort。在窗体中添加一个文本框、一个文本域控件和"反转排序法"按钮。

（2）编写"反转排序法"按钮的事件处理方法，在该方法中获取用户输入的字符串，然后以空格为分隔符，把字符串拆分成字符串数组，再通过反转算法对数组排序的同时，把反转过程中数组的变化输出到文本域控件中。关键代码如下：

```
protected void do_button_1_actionPerformed(ActionEvent e) {
    String inText = textField.getText();                          //获取用户输入
    String[] array = inText.split(" {1,}");                       //把字符串分割为数组
    int len = array.length;                                       //获取数组长度
    textArea.setText("");                                         //清空文本域控件内容
    for (int i = 0; i < len / 2; i++) {                           //反转数组元素
        String temp = array[i];
        array[i] = array[len - 1 - i];
        array[len - 1 - i] = temp;
        for (String string : array) {                             //在文本域控件显示数组排序过程
            textArea.append(string + "   ");
        }
        textArea.append("\n");
    }
}
```

■ 秘笈心法

心法领悟 055："反转"不等于"倒序排序"。

反转并不等于倒序排序，反转只是将数组元素的顺序进行颠倒，并不对其执行排序操作；而倒序排序则是对数组中的元素进行从大到小的排序。

3.4　常用集合的使用

实例 056	用动态数组保存学生姓名 光盘位置：光盘\MR\056	中级 趣味指数：★★★★

■ 实例说明

Java 中提供了各种数据集合类，这些类主要用于保存复杂结构的数据，其中 ArrayList 集合可以看作动态数组。它突破普通数组固定长度的限制，可以随时向数组中添加和移除元素，这将使数组更加灵活，如果要获取普通数组，还可以通过该类的 toArray()方法获得。本实例通过这个 ArrayList 集合类实现向程序动态添加与删除学生姓名的功能，其中所有数据都是保存在 ArrayList 集合的实例对象中。实例运行效果如图 3.18 所示。

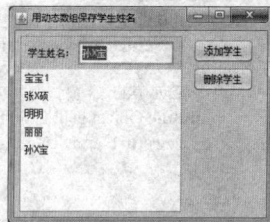

图 3.18　实例运行效果

■ 关键技术

本实例使用了 ArrayList 集合类的相关操作方法。下面分别介绍程序中对 ArrayList 类 API 的引用。

❑　添加元素

add()方法可以为数组集合添加元素，其中元素类型任意。该方法的声明如下：

```
public boolean add(E element)
```

参数说明

❶ element：要添加到集合中任意类型的元素值或对象。

❷ 返回值：是否成功添加数据。

❑　移除元素

remove()方法可以移除集合中的指定元素，其中只包含 Object 类型参数的 remove()方法的重载格式可以从集合中移除的首次出现的指定值的元素。该方法的声明如下：

```
public boolean remove(Object object)
```

参数说明

❶ object：要从集合中移除的对象。

❷ 返回值：是否成功移除数据。

■ 设计过程

（1）在项目中新建窗体类 DynamicArray。在窗体中添加文本框控件、列表控件、"添加学生"和"删除学生"两个按钮。

（2）编写"添加学生"按钮的事件处理方法，在该方法中获取用户在文本框的输入字符串，然后将这个字符串添加到 ArrayList 集合中，再调用 replaceModel()方法把集合中的数据显示到窗体的列表控件中。关键代码如下：

```java
protected void do_button_actionPerformed(ActionEvent e) {
    textField.requestFocusInWindow();
    textField.selectAll();                           //选择文本框文本准备下次输入
    String text = textField.getText();               //获取用户输入姓名
    if (text.isEmpty())                              //过滤为输入姓名的情况
        return;
    arraylist.add(text);                             //把姓名添加到数组集合中
    replaceModel();                                  //把数组集合中的内容显示到界面列表控件中
}
```

（3）编写"删除学生"按钮的事件处理方法，在该方法中获取列表控件的当前选择项，然后从 ArrayList 集合中移除这个选择项的值，最后调用 replaceModel()方法把集合中的数据显示到窗体的列表控件中。关键代码如下：

```java
protected void do_button_1_actionPerformed(ActionEvent e) {
    Object value = list.getSelectedValue();          //获取列表控件的选择项
    arraylist.remove(value);                         //从数组集合中移除用户的选择项
    replaceModel();                                  //把数组集合中的内容显示到界面列表控件中
}
```

（4）编写 replaceModel()方法，在该方法中重新设置列表控件的模型，然后读取 ArrayList 集合的元素并显示到列表控件中。关键代码如下：

```java
private void replaceModel() {
    //为列表控件设置数据模型，显示数组集合中的数据
    list.setModel(new AbstractListModel() {
        @Override
        public int getSize() {                       //获取数组大小
            return arraylist.size();
        }
        @Override
        public Object getElementAt(int index) {      //获取指定索引元素
            return arraylist.get(index);
        }
    });
}
```

■ 秘笈心法

心法领悟 056：用 ArrayList 集合处理动态数据。

ArrayList 集合可以看作是一个动态的数组，它比普通数组更加灵活，更适合保存未知数量的数据。例如，从数据库中读取指定条件的数据，并且在以后可能会不断地添加新数据，这种情况如果使用普通数组不但会受到长度限制，而且还会受到类型限制，如果采用 ArrayList 集合，这些问题就会迎刃而解。

实例 057	用 List 集合传递学生信息	中级
	光盘位置：光盘\MR\057	趣味指数：★★★★☆

■ 实例说明

集合在程序开发中经常用到，例如，在业务方法中将学生信息、商品信息等存储到集合中，然后作为方法的返回值返回给调用者，以此传递大量的有序数据。本实例将使用 List 集合在方法之间传递学生信息。实例运

行效果如图 3.19 所示。

■ 关键技术

本实例涉及的关键技术请参见实例 056。

■ 设计过程

（1）在项目中新建窗体类 ClassInfo。在窗体中添加滚动面板，这个面板将放置表格控件。

图 3.19　向班级集合中添加学生信息

（2）编写 getTable()方法。在该方法中创建表格对象并设置表格的数据模型，然后调用 getStudents()方法获取保存学生信息的集合对象，在遍历该集合对象的同时把每个元素添加至表格模型的行，并显示到表格控件中。关键代码如下：

```
private JTable getTable() {
    if (table == null) {
        table = new JTable();                                         //创建表格控件
        table.setRowHeight(23);                                       //设置行高度
        String[] columns={"姓名","性别","出生日期"};                    //创建列名数组
        //创建表格模型
        DefaultTableModel model=new DefaultTableModel(columns,0);
        table.setModel(model);                                        //设置表格模型
        List<String> students = getStudents();                        //调用方法传递 List 集合对象
        for (String info : students) {                                //遍历学生集合对象
            String[] args = info.split(",");                          //把学生信息拆分为数组
            model.addRow(args);                                       //把学生信息添加到表格的行
        }
    }
    return table;
}
```

（3）编写 getStudents()方法，该方法将向调用者传递 List 集合对象，并为集合对象添加多个元素，每个元素值都是一个学生信息，其中包括姓名、性别、出生日期。关键代码如下：

```
private List<String> getStudents(){
    //创建 List 集合对象
    List<String> list=new ArrayList<String>();
    list.add("李哥,男,1981-1-1");                                     //添加数据到集合对象
    list.add("小陈,女,1981-1-1");
    list.add("小刘,男,1981-1-1");
    list.add("小张,男,1981-1-1");
    list.add("小董,男,1981-1-1");
    list.add("小吕,男,1981-1-1");
    return list;
}
```

■ 秘笈心法

心法领悟 057：更高级的 List<T>泛型集合。

List<T>泛型集合表示可通过索引访问的对象的强类型列表，它提供用于对列表进行搜索、排序和操作的方法。相对于 ArrayList 类来说，List<T>泛型集合在大多数情况下执行得更好并且是类型安全的。

实例 058	用 TreeSet 生成不重复自动排序的随机数组	高级
光盘位置：光盘\MR\058		趣味指数：★★★★☆

■ 实例说明

随机数组就是在指定长度的数组中用随机数字为每个元素赋值，常用于需要不确定数值的环境，如拼图游戏需要随机数组来打乱图片排序。可是同时也存在问题，就是随机数的重复问题，这个问题常常被忽略。本实

例将利用 TreeSet 集合实现不重复的数列，并自动完成元素的排序然后生成数组。实例运行效果如图 3.20 所示。

```
□ 控制台 ⊠ 🔲 标记 🔲 属性 🔌 Servers 🔌 Data Source Explorer 🔲 Snippets
<已终止> RandomSortArray [Java 应用程序] C:\Program Files\Java\jdk1.7.0_45\bin\javaw.exe（2013-11-20 下午
生成的不重复随机数组内容如下：
5 8 32 35 38 44 71 76 87 92
```

图 3.20　生成的随机不重复数组

■ 关键技术

本实例使用了 TreeSet 集合对象的 API 实现元素的添加以及数组的提取。下面分别介绍实例中应用到的关键方法。

❑　添加元素

TreeSet 类的 add()方法可以为集合添加元素，TreeSet 集合属于 Set 集合的子类，Set 集合不允许有重复的元素存在，所以重复数据是不允许添加到 Set 集合中的，而 add()方法的返回值可以确定添加操作是否成功完成。该方法的声明如下：

```
public boolean add(E e)
```

参数说明

❶ e：要添加到集合中的任意类型的数据。

❷ 返回值：如果 Set 集合没有重复值并成功添加数据则返回 true，否则返回 false。

❑　提取集合中的数组

Java 的集合对象可以调用 toArray()方法把集合中的所有数据提取到一个新的数组中，本实例就调用了该方法，其声明如下：

```
public <T> T[] toArray(T[] array)
```

参数说明

❶ array：保存集合数据的数组。

❷ 返回值：如果参数 array 指定的数组长度小于 Set 集合元素的数量，则返回新的可以容纳 Set 集合所有元素的数组；否则返回参数指定的数组对象。

🔊 注意：如果方法指定的数组参数可以容纳下 Set 集合中的所有元素，那么方法的返回值就是这个数组参数，它们用 "==" 判断结果为 true，因为同一个数组对象的内存地址相等。如果数组参数的长度大于 Set 集合，那么剩余数组元素都赋值为 null，这时要注意可能发生的空指针异常。

■ 设计过程

（1）在项目中新建类 RandomSortArray。

（2）在类的主方法中创建 TreeSet 集合对象，再创建 Random 随机数对象，然后通过计数器控制循环生成随机数并添加到集合对象中，最后通过集合对象提取数组并显示在控制台中。关键代码如下：

```
public static void main(String[] args) {
    TreeSet<Integer> set = new TreeSet<Integer>();          //创建 TreeSet 集合对象
    Random ran = new Random();                              //创建随机数对象
    int count = 0;                                          //定义随机数计数器
    while (count < 10) {                                    //循环生成随机数
        boolean succeed = set.add(ran.nextInt(100));        //为集合添加数字
        if (succeed)                                        //累加成功添加到集合中数字的数量
            count++;
    }
    int size = set.size();                                 //获取集合大小
    Integer[] array = new Integer[size];                   //创建同等大小的数组
```

```
    set.toArray(array);                                                    //获取集合中的数组
    System.out.println("生成的不重复随机数组内容如下：");
    for (int value : array) {                                              //遍历输出数组内容
        System.out.print(value + "    ");
    }
}
```

■ 秘笈心法

心法领悟 058：如何有效地提取 Set 集合的数组。

本实例首先调用了 size()方法确定 Set 集合的大小，然后创建同等大小的数组，再通过 toArray()方法把集合的所有元素提取到该数组中。更简便的方法是创建一个最小的数组作为方法的参数，这时 toArray()方法会返回与参数数组类型相同的能容纳 Set 集合所有元素的新数组。

| 实例 059 | Map 映射集合实现省市级联选择框
光盘位置：光盘\MR\059 | 高级
趣味指数：★★★★☆ |

■ 实例说明

Map 集合可以保存键值映射关系，这非常适合本实例所需要的数据结构，所有省份信息可以保存为 Map 集合的键，而每个键可以保存对应的城市信息。本实例就利用 Map 集合实现了省市级联选择框，当选择省份信息时，将改变城市下拉列表框对应的内容。实例运行效果如图 3.21 所示。

■ 关键技术

本实例的关键技术是 Map 集合的运用，Map 集合可以保存键值对数据，这样可以根据指定的键名称来获取值数据。下面介绍 Map 集合的关键方法。

❑　添加映射键值对

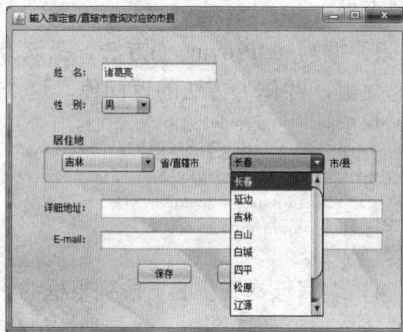

图 3.21　实例运行效果

本实例通过 Map 集合保存省市信息，其中省份作为映射的键，而城市数组作为键对应的值，Map 映射提供了 put()方法为集合添加数据。该方法的声明如下：

```
V put(K key, V value)
```

参数说明

❶ key：与指定值关联的键。

❷ value：与指定键关联的值。

❸ 返回值：以前与 key 关联的值，如果没有针对 key 的映射关系，则返回 null。

❑　获取键对应的值

Map 集合的 get()方法返回指定键所映射的值，如果此映射不包含该键的映射关系，则返回 null 值。该方法的声明如下：

```
V get(Object key)
```

参数说明

❶ key：要返回其关联值的键。

❷ 返回值：指定键所映射的值；如果此映射不包含该键的映射关系，则返回 null。

❑　获取键的 Set 集合

Map 集合可以获取所有键的 Set 集合，这个集合中包含 Map 中的所有键，本实例通过 keySet()方法获取所有键信息为下拉列表框添加内容。该方法的声明如下：

```
Set<K>   keySet()
```

■ 设计过程

（1）在项目中新建窗体类 CityMap。在该类中创建并初始化 Map 集合对象，在该集合对象中保存各省市的关联信息。关键代码如下：

```java
public class CityMap {
    public static Map<String,String[]> model=new LinkedHashMap();
    static{
        model.put("北京", new String[]{"北京"});
        model.put("上海", new String[]{"上海"});
        model.put("天津", new String[]{"天津"});
        model.put("重庆", new String[]{"重庆"});
        model.put("黑龙江", new String[]{"哈尔滨","齐齐哈尔","牡丹江","大庆","伊春","双鸭山","鹤岗","鸡西","佳木斯","七台河","黑河","绥
            化","大兴安岭"});
        model.put("吉林", new String[]{"长春","延边","吉林","白山","白城","四平","松原","辽源","大安","通化"});
        model.put("辽宁", new String[]{"沈阳","大连","葫芦岛","旅顺","本溪","抚顺","铁岭","辽阳","营口","阜新","朝阳","锦州","丹东","鞍山"});
        //省略类似代码
    }
}
```

（2）创建 MainFrame 主窗体类，在该类中添加 3 个文本框，分别用于输入姓名、详细地址和 E-mail 信息，再添加选择性别的下拉列表框、"保存"和"重置"按钮，最后添加两个核心控件，即选择省份与选择城市的下拉列表框。

（3）编写 getProvince()方法，在该方法中获取 Map 集合的键映射，即省份信息的 Set 集合，然后将该集合转换为数组，并作为方法的返回值，这个方法将在省份下拉列表框的初始化代码时调用。关键代码如下：

```java
public Object[] getProvince() {
    Map<String, String[]> map = CityMap.model;          //获取省份信息保存到 Map 中
    Set<String> set = map.keySet();                     //获取 Map 集合中的键，并以 Set 集合返回
    Object[] province = set.toArray();                  //转换为数组
    return province;                                    //返回获取的省份信息
}
```

（4）编写选择省份的下拉列表框的事件处理方法，该方法在省份下拉列表框改变选项时被调用，方法首先获取下拉列表框的选项值，然后把该值作为键并到 Map 集合中查找对应该键的值，返回结果是对应省份的所有城市名称组成的数组。最后用这个数组创建一个数据模型添加到城市下拉列表框控件中，以更新内容。关键代码如下：

```java
private void itemChange() {
    String selectProvince = (String) comboBox.getSelectedItem();
    cityComboBox.removeAllItems();                      //清空市/县列表
    String[] arrCity = getCity(selectProvince);         //获取市/县
    cityComboBox.setModel(new DefaultComboBoxModel(arrCity));  //重新添加市/县列表的值
}
```

（5）编写 getCity()方法，该方法主要负责获取对应省份的城市数组，它将在省份下拉列表框控件的事件处理方法中被调用。关键代码如下：

```java
public String[] getCity(String selectProvince) {
    Map<String, String[]> map = CityMap.model;          //获取省份信息保存到 Map 中
    String[] arrCity = map.get(selectProvince);         //获取指定键的值
    return arrCity;                                     //返回获取的市/县
}
```

■ 秘笈心法

心法领悟 059：掌握各种 Map 集合。

Map 集合的具体实现有很多，应该根据需要来选择，其中 HashMap 是最常用的映射集合，它只允许一条记录的键为 null，但是却不限制集合中值为 null 的数量；HashTable 实现一个映射，它不允许任何键值为空；TreeMap 集合将对集合中的键值排序，默认排序方式为升序。

第 **4** 章

字符串处理技术

▶▶ 格式化字符串

▶▶ 辨别字符串

▶▶ 操作字符串

4.1 格式化字符串

实例060	把数字格式化为货币字符串 光盘位置：光盘\MR\060	高级
		趣味指数：★★★★☆

■ 实例说明

数字可以标识货币、百分比、积分、电话号码等，就货币而言，在不同的国家会以不同的格式来定义。本实例将接收用户输入的数字，然后在控制台中输出其货币格式，其中使用了不同国家的货币格式。实例运行效果如图 4.1 所示。

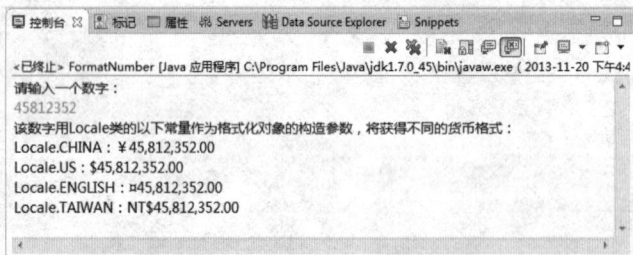

图 4.1 实例运行效果

📖 说明：各种货币符号可能会因系统缺少字体而无法正确显示。

■ 关键技术

数字格式化是本实例的关键点，实例中应用 NumberFormat 类实现了数字格式化，这个类是一个抽象类，但是可以通过其静态方法获取内部实现类的实例对象，本实例获取了货币格式的格式化对象。使用的方法声明如下：

❑ 获取货币格式对象

`public static NumberFormat getCurrencyInstance(Locale inLocale)`

该方法用于获取 NumberFormat 类的货币格式对象。

参数说明

inLocale：指定语言环境。

❑ 执行格式化

`public final String format(double number)`

该方法是格式化对象中的方法，用于执行针对数字的格式化操作。就本实例使用的货币格式化对象来说，这个方法执行的是把数字格式化为货币字符串。

参数说明

number：要被格式化的数字。

■ 设计过程

创建 FormatNumber 类，在该类的主方法中创建标准输入流的扫描器对象。关键代码如下：

```java
import java.text.NumberFormat;
import java.util.Locale;
import java.util.Scanner;
public class FormatNumber {
    public static void main(String[] args) {
        Scanner scan = new Scanner(System.in);        //创建标准输入流扫描器
        System.out.println("请输入一个数字：");
        double number = scan.nextDouble();            //获取用户输入的数字
```

```
        System.out.println("该数字用 Locale 类的以下常量作为格式化对象的构造参数, 将获得不同的货币格式: ");
        //创建格式化对象
        NumberFormat format = NumberFormat.getCurrencyInstance(Locale.CHINA);
        //输出格式化货币格式
        System.out.println("Locale.CHINA: " + format.format(number));
        format = NumberFormat.getCurrencyInstance(Locale.US);
        System.out.println("Locale.US: " + format.format(number));
        format = NumberFormat.getCurrencyInstance(Locale.ENGLISH);
        System.out.println("Locale.ENGLISH: " + format.format(number));
        format = NumberFormat.getCurrencyInstance(Locale.TAIWAN);
        System.out.println("Locale.TAIWAN: " + format.format(number));
    }
}
```

■ 秘笈心法

心法领悟 060：掌握语言环境。

格式化对象可以指定语言环境，在 Java 中使用 Local 类的对象来表示，在该类中包含了各种语言环境。通过它可以获取国际化的字符串信息，如货币、日期时间等。

实例 061	格式化当前日期 光盘位置：光盘\MR\061	高级 趣味指数：★★★★☆

■ 实例说明

日期字符串的格式因语言环境而不同，国际化的程序必须考虑程序在不同语言环境中的应用。所以提供一个格式化类就非常必要了。Java 的 java.text 包中提供了 DateFormat 类，通过该类实现了几个不同语言环境的日期格式输出。实例运行效果如图 4.2 所示。

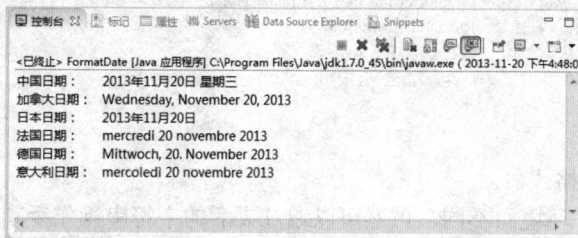

图 4.2　实例运行效果

■ 关键技术

实例中对日期进行格式化的关键技术在于 DateFormat 类，它位于 java.text 包中，是一个抽象类，不能被实例化，但是它提供了一些静态方法来获取内部实现类的实例对象。下面介绍本实例如何获取 DateFormat 类的对象和如何进行格式化。

❑　获取日期格式器

```
public static final DateFormat getDateInstance(int style,Locale aLocale)
```

该方法用于获取指定样式和语言环境的日期格式器对象。

参数说明

❶ style：指定格式器对象对日期使用的格式化样式，可选值有 SHORT（使用数字）、LONG（比较长的描述）和 FULL（完整格式）。

❷ aLocale：格式器使用的语言环境对象。

❑　日期格式化

```
public final String format(Date date)
```

该方法将一个日期对象格式化为指定格式的字符串。

参数说明

date：日期类的实例对象。

■ 设计过程

在项目中创建 FormatDate 类，在该类的主方法中创建一个 Date 类的日期对象，然后再分别创建各语言环境的日期格式器对象，并输出这些格式器对象对该日期进行格式化后的字符串信息。程序关键代码如下：

```java
import java.text.DateFormat;
import java.util.Date;
import java.util.Locale;
public class FormatDate {
    public static void main(String[] args) {
        Date date = new Date();
        DateFormat formater = DateFormat.getDateInstance(DateFormat.FULL, Locale.CHINA);
        //中国日期
        String string = formater.format(date);
        System.out.println("中国日期：\t"+string);
        //加拿大日期
        formater = DateFormat.getDateInstance(DateFormat.FULL, Locale.CANADA);
        System.out.println("加拿大日期：\t"+formater.format(date));
        //日本日期
        formater = DateFormat.getDateInstance(DateFormat.FULL, Locale.JAPAN);
        System.out.println("日本日期：\t"+formater.format(date));
        //法国日期
        formater = DateFormat.getDateInstance(DateFormat.FULL, Locale.FRANCE);
        System.out.println("法国日期：\t"+formater.format(date));
        //德国日期
        formater = DateFormat.getDateInstance(DateFormat.FULL, Locale.GERMAN);
        System.out.println("德国日期：\t"+formater.format(date));
        //意大利日期
        formater = DateFormat.getDateInstance(DateFormat.FULL, Locale.ITALIAN);
        System.out.println("意大利日期：\t"+formater.format(date));
    }
}
```

■ 秘笈心法

心法领悟 061：使用日期格式器。

日期字符串的格式因语言环境而不同，虽然可以通过灵活的字符串操作手动实现指定环境的日期格式，但是建议采用 Java 提供的日期格式器来完成，因为这样可以提高程序的开发效率，而且采用已有组件可以避免调试与错误的发生。

| 实例 062 | 货币金额大写格式
光盘位置：光盘\MR\062 | 高级
趣味指数：★★★ |

■ 实例说明

在处理财务账款时，一般需要使用大写金额。如进行转账时，需要将转账金额写成大写金额。也就是说，如果要转账 567894321.00 元，则需要写成"伍亿陆仟柒佰捌拾玖万肆仟叁佰贰拾壹元整"。对于这种情况，如果手动填写不仅麻烦，而且容易出错，所以常常需要通过程序控制自动进行转换。例如，中国工商银行的汇款页面的第三步填写款项信息时，就实现了人民币金额大小写转换功能，如图 4.3 所示。本实例实现了小写金额到大写金额的转换，实例运行效果如图 4.4 所示。

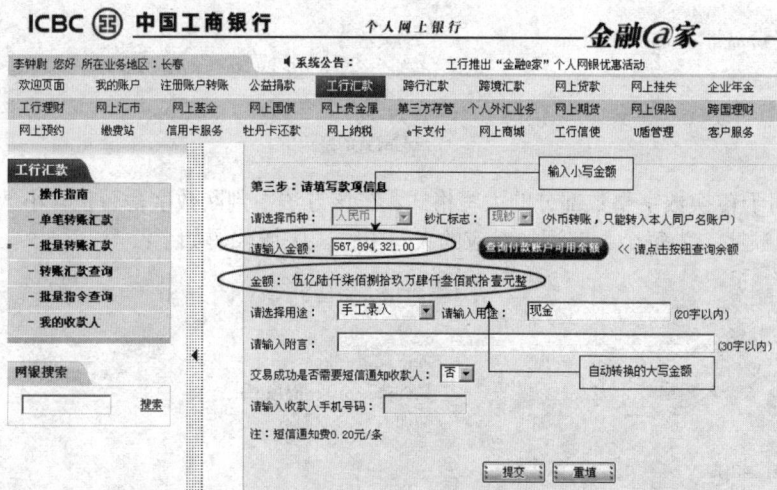

图 4.3　中国工商银行在网页中对金额大写格式转换的应用

图 4.4　实例运行效果

关键技术

实现本实例关键在于以下几点：

❑　将数字格式化，如果存在小数部分，将其转换为 3 位小数到单位厘。

❑　分别将整数部分与小数部分转换为大写方式，并插入其单位（亿、万、仟……）。

❑　组合转换后的整数部分与小数部分。

设计过程

（1）在项目中创建 ConvertMoney 类，在该类的主方法中接收用户输入的金额，然后通过 convert()方法把金额转换成大写金额的字符串格式，并输出到控制台。关键代码如下：

```
public static void main(String[] args) {
    Scanner scan = new Scanner(System.in);                              //创建扫描器
    System.out.println("请输入一个金额");
    //获取金额转换后的字符串
    String convert = convert(scan.nextDouble());
    System.out.println(convert);                                        //输出转换结果
}
```

（2）编写金额转换方法 convert()，该方法在主方法中被调用，用于金额大写格式的转换。在该方法中创建 DecimalFormat 类的实例对象，通过这个格式器对象把金额数字格式化，值保留 3 位小数。然后分别调用 getInteger() 方法与 getDecimal()方法转换整数与小数部分，并返回转换后的结果。程序关键代码如下：

```
public static String convert(double d) {
    //实例化 DecimalFormat 对象
    DecimalFormat df = new DecimalFormat("#0.###");
    //格式化 double 数字
    String strNum = df.format(d);
    //判断是否包含小数点
    if (strNum.indexOf(".") != -1) {
        String num = strNum.substring(0, strNum.indexOf("."));
        //整数部分大于 12 不能转换
        if (num.length() > 12) {
            System.out.println("数字太大，不能完成转换！");
            return "";
        }
    }
    String point = "";                                                  //小数点
    if (strNum.indexOf(".") != -1) {
        point = "元";
    } else {
        point = "元整";
```

```
        String result = getInteger(strNum) + point + getDecimal(strNum);          //转换结果
        if (result.startsWith("元")) {                                            //判断字符串是否以"元"结尾
            result = result.substring(1, result.length());                        //截取字符串
        }
        return result;                                                            //返回新的字符串
    }
```

（3）编写 getInteger()方法，该方法用于转换数字整数部分的大写格式，在该方法中判断数字是否包含小数点，然后把数字转换为字符串并反转字符顺序，为每个数字添加对应的大写单位。关键代码如下：

```
public static String getInteger(String num) {
    if (num.indexOf(".") != -1) {                                                 //判断是否包含小数点
        num = num.substring(0, num.indexOf("."));
    }
    num = new StringBuffer(num).reverse().toString();                             //反转字符串
    StringBuffer temp = new StringBuffer();                                       //创建一个 StringBuffer 对象
    for (int i = 0; i < num.length(); i++) {                                      //加入单位
        temp.append(STR_UNIT[i]);
        temp.append(STR_NUMBER[num.charAt(i) - 48]);
    }
    num = temp.reverse().toString();                                             //反转字符串
    num = numReplace(num, "零拾", "零");                                         //替换字符串的字符
    num = numReplace(num, "零佰", "零");                                         //替换字符串的字符
    num = numReplace(num, "零仟", "零");                                         //替换字符串的字符
    num = numReplace(num, "零万", "万");                                         //替换字符串的字符
    num = numReplace(num, "零亿", "亿");                                         //替换字符串的字符
    num = numReplace(num, "零零", "零");                                         //替换字符串的字符
    num = numReplace(num, "亿万", "亿");                                         //替换字符串的字符
    //如果字符串以零结尾将其除去
    if (num.lastIndexOf("零") == num.length() - 1) {
        num = num.substring(0, num.length() - 1);
    }
    return num;
}
```

■ 秘笈心法

心法领悟 062：使用 DecimalFormat 类格式化浮点数。

DecimalFormat 类可以指定格式化模板来格式化浮点数，如保留几位小数。通过调用该类的 format()方法可以使用指定模板来格式化任意浮点数字。

实例 063	String 类格式化当前日期 光盘位置：光盘\MR\063	高级 趣味指数：★★★

■ 实例说明

在输出日期信息时，经常需要输出不同格式的日期，本实例中介绍了 String 字符串类中的日期格式化方法，实例使用不同的方式输出 String 类的日期格式参数值，组合这些值可以实现特殊格式的日期字符串。实例运行效果如图 4.5 所示。

■ 关键技术

使用 String 类的 format()方法不但可以完成日期的格式化，也可以实现时间的格式化。时间格式化转换符要比日期转换符更多、更精确，它可以将时间格式化为时、分、秒、毫秒。时间格式化转换符如表 4.1 所示。

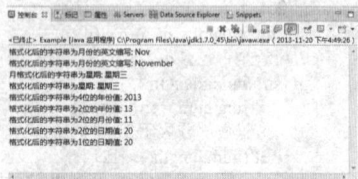

图 4.5 实例运行效果

表 4.1　时间格式化转换符

转 换 符	说 明	示 例
%tH	2 位数字的 24 时制的小时（00~23）	14
%tI	2 位数字的 12 时制的小时（01~12）	05
%tk	2 位数字的 24 时制的小时（0~23）	5
%tl	2 位数字的 12 时制的小时（1~12）	10
%tM	2 位数字的分钟（00~59）	05
%tS	2 位数字的秒数（00~60）	12
%tL	3 位数字的毫秒数（000~999）	920
%tN	9 位数字的微秒数（000000000~999999999）	062000000
%tp	指定语言环境下上午或下午标记	下午（中文）、pm（英文）
%tz	相对于 GMT RFC 82 格式的数字时区偏移量	+0800
%tZ	时区缩写形式的字符串	CST
%ts	1970-01-01 00:00:00 至现在经过的秒数	1206426646
%tQ	1970-01-01 00:00:00 至现在经过的毫秒数	1206426737453

■ 设计过程

在项目中创建 Example 类，在该类的主方法中创建一个 Date 日期类的实例对象 today。关键代码如下：

```java
import java.util.Date;
import java.util.Locale;
public class Example {
    public static void main(String[] args) {
        Date today = new Date();
        //格式化后的字符串为月份的英文缩写
        String a = String.format(Locale.US, "%tb", today);
        System.out.println("格式化后的字符串为月份的英文缩写: " + a);
        //格式化后的字符串为月份的英文全写
        String b = String.format(Locale.US, "%tB", today);
        System.out.println("格式化后的字符串为月份的英文全写: " + b);
        //格式化后的字符串为星期（如星期一）
        String c = String.format("%ta", today);
        System.out.println("月格式化后的字符串为星期: " + c);
        //格式化后的字符串为星期（如星期一）
        String d = String.format("%tA", today);
        System.out.println("格式化后的字符串为星期: " + d);
        //格式化后的字符串为 4 位的年份值
        String e = String.format("%tY", today);
        System.out.println("格式化后的字符串为 4 位的年份值: " + e);
        //格式化后的字符串为 2 位的年份值
        String f = String.format("%ty", today);
        System.out.println("格式化后的字符串为 2 位的年份值: " + f);
        //格式化后的字符串为 2 位的月份值
        String g = String.format("%tm", today);
        System.out.println("格式化后的字符串为 2 位的月份值: " + g);
        //格式化后的字符串为 2 位的日期值
        String h = String.format("%td", today);
        System.out.println("格式化后的字符串为 2 位的日期值: " + h);
        //格式化后的字符串为 1 位的日期值
        String i = String.format("%te", today);
        System.out.println("格式化后的字符串为 1 位的日期值: " + i);
    }
}
```

■ 秘笈心法

心法领悟 063：字符串是不可变的对象。

在深入使用字符串之前，有一个概念一定要理解，字符串是不可变的对象。理解了这个概念，对后面熟练使用字符串有很大的帮助。字符串的不可变性，意味着每当对字符串进行操作时，都将产生一个新的字符串对象，如果频繁地操作字符串对象，会在托管堆中产生大量的无用字符串，增加了垃圾收集器的压力，从而造成系统资源的浪费。

实例 064	字符串大小写转换	初级
	光盘位置：光盘\MR\064	趣味指数：★★★

■ 实例说明

在程序设计过程中，经常会遇到一种情况，在验证用户登录时，如果用户名不区分大小写，那么在代码中应当使用一种方法排除字母大小写的因素，然后再对比数据库中的用户名与用户输入的用户名是否相等。可以先将数据库中的用户名全部转为大写，再将用户输入的用户名转为大写，最后对比是否相等。本实例中所介绍的技术可以方便地将字符串中的字母全部转换为大写或小写。实例运行效果如图 4.6 所示。

图 4.6　字符串大小写转换效果

■ 关键技术

本实例实现时主要用到了字符串对象的 toUpper()方法和 toLower()方法，下面对其进行详细讲解。

使用字符串对象的 toUpper()方法可以将字符串中的字母全部转换为大写，格式如图 4.7 所示。

图 4.7　调用字符串对象的 toUpper()方法将字母全部转为大写

从图 4.7 中可以看到，字符串对象调用 toUpper()方法后，会返回一个将原字符串转换为大写的新字符串，并将新字符串的引用交给 strBook 变量。

使用字符串对象的 toLower()方法可以将字符串中的字母全部转换为小写，格式如图 4.8 所示。

图 4.8　调用字符串对象的 toLower()方法将字母全部转为小写

从图 4.8 中可以看到，字符串对象调用 toLower()方法后，会返回一个将原字符串转换为小写的新字符串，并将新字符串的引用交给 strBook 变量。

✎ 技巧：字符串在创建后就成为不可变的对象，当调用字符串对象的方法操作字符串时，会产生新的字符串对象，而不是更改原来的字符串对象。

■ 设计过程

（1）创建窗体，在窗体中放置两个文本框，一个用于输入字符串，另一个用于显示结果，再添加两个单选按钮和一个"转换"按钮控件。

（2）编写"转换"按钮的事件处理方法。在该方法中获取用户输入的字符串，根据用户的选择进行大小写格式转换，并把结果输出到文本框中。关键代码如下：

```
protected void do_button_actionPerformed(ActionEvent arg0) {
    //获取大小写单选按钮的选择
    String command = buttonGroup.getSelection().getActionCommand();
    boolean upper = command.equals("大写");              //判断选中的是否是"大写"单选按钮
    String text = inputTextField.getText();              //获取输入字符串
    if (upper) {                                          //大写转换
        outputTextField.setText(text.toUpperCase());
    } else {                                             //小写转换
        outputTextField.setText(text.toLowerCase());
    }
}
```

■ 秘笈心法

心法领悟 064：把单选控件放入 ButtonGroup 组。

单选控件需要分组规划。例如，本实例中的两个单选按钮，如果不添加到 ButtonGroup 中，就无法显现单选操作，也就是说两个单选按钮可以同时处于选择状态。

实例 065	字符与 Unicode 码的转换	初级
	光盘位置：光盘\MR\065	趣味指数：★★★★

■ 实例说明

Unicode 是一种字符编码，它可以显示各国语言的各种文字、标点、制表符等所有字符，也是现今最通用的字节编码系统。在程序设计中，可以方便地将字符转换为 Unicode 码，也可以将Unicode 码转换为字符。实例运行效果如图 4.9 所示。

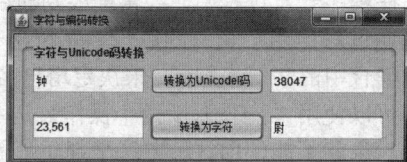

图 4.9　字符与 Unicode 码的转换

■ 关键技术

本实例使用了字符串对象的 toCharArray()方法获取字符数组，数组中的每个元素都是字符串的一部分。该方法的声明如下：

```
public char[] toCharArray()
```

该方法可以把字符串中的每个字符拆分，方法的返回值就是字符串中每个字符组成的字符数组。

✍ 技巧：字符串就是由多个字符组成的，灵活地运用字符数组可以实现复杂的字符串操作，通过数组下标的各种算法可以使字符串更加灵活。

■ 设计过程

（1）在 Eclipse 中新建一个项目，在项目中新建窗体类 CharacterASCII，然后在该窗体中添加 4 个文本框和两个按钮，其中文本框用于接收用户输入的字符和编码并输出转换结果，两个按钮分别用于控制字符到Unicode 编码的转换和 Unicode 编码到字符的转换。

（2）编写"转换为 Unicode 码"按钮的事件处理方法。在该方法中获取用户输入的字符串，然后从该字符串中提取字符数组，在遍历该数组的同时，把每个字符的编码输出到文本框中。关键代码如下：

```
protected void do_codeButton_actionPerformed(ActionEvent e) {
    String text = charInputField.getText();              //获取用户输入的字符串
```

```
char[] charArray = text.toCharArray();                          //获取字符串的字符数组
StringBuilder builder = new StringBuilder();                    //创建字符串构建器
for (char c : charArray) {                                      //遍历字符数组
    builder.append((int) c + " ");                             //连接各字符的编码
}
codeOutputField.setText(builder.toString());                   //结果输出到文本框
}
```

（3）编写"转换为字符"按钮的事件处理方法。在该方法中获取用户输入的 Unicode 编码，然后通过强制类型转换，获取该编码对应的字符并输出到文本框中。关键代码如下：

```
protected void do_charButton_actionPerformed(ActionEvent e) {
    Number value = (Number) codeInputField.getValue();         //获取用户输入的 Unicode 编码
    long code = value.longValue();                             //获取输入数字的 long 类型值
    charOutputField.setText(((char) code)+"");                 //输出编码到文本框
}
```

■ 秘笈心法

心法领悟 065：将字母显式转换为数值会得到字符的 Unicode 编码值。

现在已经知道 char 是值类型，可以将字母强制类型转换为整数数值，从而方便地得到字母的 Unicode 编码。同样地，可以将整数数值强制类型转换为 char，从而得到对应编码的字符。

4.2 辨别字符串

实例 066	判断用户名是否正确 光盘位置：光盘\MR\066	中级 趣味指数：★★★

■ 实例说明

在程序开发过程中，经常需要判断用户输入的用户名是否正确，可以通过对比用户输入的用户名字符串是否与数据库中或者已经存在的集合中的字符串相同，来决定用户名是否正确。Java 的基本数据类型可以使用 "=="判断两个操作数是否相等，但是对于 Java 类创建的对象就不能使用这种方法来判断是否相等了。字符串是基本数据类型之外的，也就是说字符串在 Java 中是对象。本实例将通过字符串相等判断来实现用户名验证。实例运行效果如图 4.10 所示。

图 4.10　正确输入用户名的效果

■ 关键技术

本实例调用了 String 类的 equals()方法来判断两个字符串内容是否相同，该方法是从 Object 类中继承的。在 Java 语言中，默认所有类都是 Object 类的子类，也就是说只要是对象，都会重写或直接使用 Object 类的 equals()方法，String 类就重写了这个方法实现判断字符串内容是否相同。该方法的声明如下：

```
public boolean equals(Object anObject)
```

参数说明

anObject：与当前字符串进行比较的对象。

■ 设计过程

（1）在项目中创建窗体类，在窗体中添加一个接收用户输入信息的文本框、"提交"和"关闭"两个按钮。

（2）编写"提交"按钮的事件处理方法。在该方法中接收用户输入的用户名，然后判断输入，如果不是管理员用户名，并且输入的用户名是已经注册的，则显示正确提示，否则显示错误提示。关键代码如下：

```
protected void do_button_actionPerformed(ActionEvent e) {
    String name = usernameField.getText();                     //获取用户输入
```

```
    if (name.equals("admin")) {                                                                //判断是否是管理员账号
        JOptionPane.showMessageDialog(null, "对不起，这个用户名是管理员的，不是你的");
    } else if (name.equals("mingri")) {                                                        //判断是否注册用户
        JOptionPane.showMessageDialog(null, "该用户名对应的密码已经发送到注册时的邮箱，请查收");
    } else {                                                                                   //给错误用户名的提示对话框
        JOptionPane.showMessageDialog(null, "你输入的用户名不存在，留意 Caps Lock 键是否按下。");
    }
}
```

■ 秘笈心法

心法领悟 066：Java 的字符串池。

在 Java 虚拟机中有一个保存字符串的池，它会记录所有字符串。例如：

```
String str1="abc";
String str2="abc";
String str3=new String("abc");
System.out.println(str1==str2);
System.out.println(str1==str3);
```

这段代码中 str1==str2 的判断将返回 true，为什么这个等式会成立呢？Java 中的基本数据类型使用 "==" 可以判断操作数是否相等，对于对象使用这个符号判断的是两个对象的内存地址是否相同。而 Java 虚拟机为了提高字符串应用效率，提供了字符串池来保存字符串常量，str1 创建字符串常量 "abc"，这时会先检测字符串池中是否包含该字符串，如果不包含，则创建字符串常量保存到字符串池中，然后再返回。str2 也赋值为字符串 "abc"，这是由于字符串池中已经存在该字符串，所以不再创建，直接返回该字符串。也就是说，这两个变量引用同一个字符串，那么它们的内存地址也是相同的，所以 str1==str2 成立。但是使用 new 关键字创建的字符串会新开辟内存空间，所以 str1==str3 不成立。

实例 067	用户名排序	中级
	光盘位置：光盘\MR\067	趣味指数：★★★☆

■ 实例说明

　　用户名称就是登录系统、网站等使用的名称，也称登录名称。一般情况下用户名都要求使用英文、数字与符号组成，如 li_zhongwei。这些用户名一般是根据用户注册的先后来排序的，这样不利于管理员的查找，本实例实现对用户名字符串进行排序。实例运行效果如图 4.11 所示。

■ 关键技术

　　无论是在数据库还是数据集合中，用户名都是以字符串保存的，所以本实例使用了字符串的 compareToIgnoreCase() 方法实现字符串的对比。下面介绍本实例使用的关键方法。

图 4.11　升序排列的结果

　　❑　compareTo() 方法

compareTo() 方法将按字典顺序比较两个字符串，比较基于字符串中各个字符的 Unicode 值。如果按字典顺序，此 String 对象位于参数字符串之前，则比较结果为一个负整数。如果按字典顺序，此 String 对象位于参数字符串之后，则比较结果为一个正整数。如果这两个字符串相等，则结果为 0。compareTo() 方法只在方法 equals(Object) 返回 true 时才返回 0。该方法的声明如下：

```
public int compareTo(String anotherString)
```

参数说明

anotherString：要比较的 String 字符串对象。

　　❑　compareToIgnoreCase() 方法

和 compareTo() 方法执行的功能相同，compareToIgnoreCase() 方法也用于对比两个字符串，但是不再严格区

分字母的大小写。该方法的声明如下：

```
public int compareToIgnoreCase(String str)
```

参数说明

str：要比较的 String 字符串对象。

■ 设计过程

（1）在项目中创建窗体类 UserSort，在窗体界面中添加一个 JList 列表控件和"升序""降序""关闭"3个按钮。

（2）编写处理"升序"和"降序"按钮事件的方法。该方法将创建线程对象在新的线程中完成排序，并动态更新界面排序过程。关键代码如下：

```java
protected void do_button_actionPerformed(final ActionEvent e) {
    new Thread() {
        int[] indexs = new int[2];
        public void run() {
            for (int i = names.length; --i >=0;) {                              //遍历数组
                indexs[0]=i;
                for (int j = 0; j < i; j++) {                                   //遍历并排序所有未排序元素
                    boolean compare = names[j].compareToIgnoreCase(names[j+1]) > 0;
                    if (compare && e.getSource() == ascButton || !compare
                            && e.getSource() == descButton) {                  //条件判断
                        String temp = names[j];                                //数组元素交换
                        names[j] = names[j+1];
                        names[j+1] = temp;
                        sourceList.repaint();
                    }
                    try {
                        sleep(100);
                    } catch (InterruptedException e1) {
                    }
                    indexs[1]=j;
                    sourceList.setSelectedIndices(indexs);
                }
            }
        }
    }.start();
    sourceList.repaint();                                                      //更新列表控件
}
```

■ 秘笈心法

心法领悟 067：理解冒泡排序。

本实例使用了冒泡排序算法。冒泡排序是最常用的数组排序算法之一，它排序数组元素的过程是小数往前放，大数往后放，类似水中气泡往上升的动作，所以称作冒泡排序。冒泡排序的基本思路可参考实例 051，这里不再赘述。

实例 068	判断网页请求与 FTP 请求 光盘位置：光盘\MR\068	高级 趣味指数：★★★☆

■ 实例说明

在访问 Internet 网络时，经常涉及很多访问协议，其中最明显、最常用的就是访问网页的 HTTP 协议、访问 ftp 服务器的 FTP 协议等。本实例实现对用户的输入进行判断，根据用户输入的不同请求字符串，判断请求类型。如图 4.12 所示，在"输入请求网址"文本框中输入请求字符串，并单击"验证"按钮，程序将提示用户输入的请求类型。

图 4.12　实例运行效果

■ 关键技术

本实例通过调用 String 类的 startsWith()方法判断字符串的前缀，根据前缀辨别请求的类型。该方法的声明如下：

```
public boolean startsWith(String prefix)
```

该方法将判断字符串是否以指定的前缀开始。

参数说明

prefix：字符串前缀。

■ 设计过程

（1）在项目中创建窗体类，在窗体中添加一个文本框和"验证""关闭"两个按钮。

（2）编写"验证"按钮的事件处理方法。在该方法中获取用户输入的请求字符串，然后通过 String 类的方法判断该字符串以 http 开始还是以 ftp 开始，并以对话框提示请求类型。关键代码如下：

```java
protected void do_button_actionPerformed(ActionEvent e) {
    String request = requestField.getText();                                        //获取用户输入
    if (request.startsWith("http")) {                                               //判断输入是否以 http 开头
        JOptionPane.showMessageDialog(null, "您输入的是网页地址，希望浏览某个网站。");
    } else if (request.startsWith("ftp")) {                                         //判断输入是否以 ftp 开头
        JOptionPane.showMessageDialog(null, "您输入的是 FTP 地址，希望访问 FTP 服务器。");
    } else {                                                                        //其他字符串开头认为信息不完整
        JOptionPane.showMessageDialog(null, "您输入的请求信息不完整。");
    }
}
```

■ 秘笈心法

心法领悟 068：注意字符串格式。

Java 中一句相连的字符串不能分开在两行中写。例如：

```java
System.out.println("I like
Java")
```

这种写法是错误的，无法通过编译。如果一个字符串太长，为了便于阅读，可以将这个字符串分为两行书写。此时就可以使用 "+" 将两个字符串连起来，之后在加号处换行。因此上面的语句可以修改为：

```java
System.out.println("I like"+
                "Java");
```

实例 069	判断文件类型 光盘位置：光盘\MR\069	中级 趣味指数：★★★

■ 实例说明

在计算机中使用多种类型的文件来保存不同的数据，操作员和系统程序都是根据不同的类型查找相应的数据。区分不同文件类型的依据就是文件的扩展名称。本实例利用字符串的判断方法来检测文件结尾的字符串后缀，并提示用户不同文件类型的说明信息。实例运行效果如图 4.13 所示。

图 4.13 实例运行效果

■ 关键技术

本实例使用 String 字符串类的 endsWith()方法来判断字符串结尾的后缀。对于文件来说，结尾的后缀是文件扩展名，通过这个扩展名就可以判断文件类型，所以 endsWith()方法最适合。该方法的声明如下：

`public boolean endsWith(String suffix)`

该方法判断字符串是否以指定的后缀结尾。

参数说明

suffix：后缀字符串。

■ 设计过程

（1）在项目中创建窗体类 CheckFileType。在该窗体中添加一个文本框和一个"浏览"按钮。另外，在"浏览"按钮和文本框下方还要添加一个 JTextArea 文本域控件，该控件用于显示用户选择文件类型的描述信息。

（2）编写"浏览"按钮的事件处理方法。在该方法中创建说明文件的扫描器，这个说明文件是与程序存放在一起的 extName.inf 文件，笔者在该文件中添加了部分文件类型的描述信息。接着创建文件选择器，用户可以通过该选择器选择文件，然后判断文件扩展名称并从说明文件中提取对应的说明信息显示到文本域控件中。关键代码如下：

```
protected void do_button_actionPerformed(ActionEvent e) {
    Scanner scan = new Scanner(getClass()                              //获取说明文件的扫描器
            .getResourceAsStream("extName.inf"));
    JFileChooser chooser = new JFileChooser();                        //创建文件选择器
    boolean searched = false;
    int option = chooser.showOpenDialog(this);                        //打开文件选择对话框
    if (option == JFileChooser.APPROVE_OPTION) {                      //如果正确选择文件
        File file = chooser.getSelectedFile();                        //获取用户选择文件
        textField.setText(file.getName());                            //把文件名添加到文本框
        String name = file.getName();                                 //获取文件名
        while (scan.hasNextLine()) {                                  //遍历说明文件
            String line = scan.nextLine();                            //获取一行说明信息
            String[] extInfo = line.split("\t");                      //把单行说明信息拆分成数组
        //数组第一个元素是文件扩展名，与用户选择文件名对比
            if (name.endsWith(extInfo[0])) {
            //第二个数组元素是文件类型的说明信息，添加到文本域控件中
                textArea.setText(extInfo[1]);
                searched = true;
            }
        }
        scan.close();                                                 //关闭扫描器
    }
    if (!searched) {                                                  //如果没找到相关文件类型的说明，则提示用户
        textArea.setText("你选择的文件类型没有相应记录，你可以在 extName.info 文件中添加该类型的描述。");
    }
}
```

■ 秘笈心法

心法领悟 069：用 split()方法拆分字符串。

split()方法接收一个正则表达式字符串作为参数，通过这个表达式指定用分隔符分割字符串为指定长度的字符串数组，但是如果被分割的字符串没有统一的分隔符，可以使用"|"定义多个分隔符。例如，"，|-|!"分别以"，"、"-"和"！"作为分隔符。

实例 070	判断字符串是否为数字	中级
	光盘位置：光盘\MR\070	趣味指数：★★★☆

■ 实例说明

软件运行过程中，经常需要用户输入数值、货币值等信息，然后进行处理。由于用户输入只能是字符串类型，如果输入了非法的信息，例如，在货币值中输入了字母"a"以及其他非数字字符，那么在运行时会抛出异常，可以通过捕获异常来判断输入信息是否合法。但是，这样并不是好的处理方法，本实例将介绍一种方便快捷的方法处理此问题。实例运行效果如图 4.14 所示。

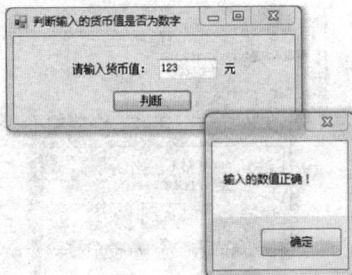

图 4.14　判断输入的货币值是否为数字

■ 关键技术

本实例使用了 Apache 提供的 lang 包中的 NumberUtils 类实现数字判断，该类的全路径为 org.apache.commons.lang.math.NumberUtils，这个类中的 isNumber() 方法可以接收字符串参数，然后对字符串进行解析，如果字符串不能转换为数字格式，则返回 false。该方法的声明如下：

`public static boolean isNumber(String str)`

参数说明

str：字符串，方法将对该字符串进行判断，如果是由数字组成则返回 true；如果无法转换为数字，则返回 false。

■ 设计过程

（1）在项目中创建窗体类 CheckNumber。在窗体中添加一个文本框和一个"判断"按钮。

（2）编写"判断"按钮的事件处理方法。在该方法中获取用户在文本框中输入的数字，然后利用 NumberUtils 类的 isNumber() 方法判断字符串是不是有效的数字，再在对话框中输出正确和错误的提示信息。关键代码如下：

```java
protected void do_button_actionPerformed(ActionEvent e) {
    String text = textField.getText();                              //获取用户输入的金额字符串
    boolean isnum = NumberUtils.isNumber(text);                     //判断是不是数字
    if(isnum){                                                      //输出正确提示信息
        JOptionPane.showMessageDialog(null, "输入正确，是数字格式");
    }else{                                                          //输出错误提示信息
        JOptionPane.showMessageDialog(null, "输入错误，请确认格式再输入");
    }
}
```

■ 秘笈心法

心法领悟 070：不要使用异常来做逻辑判断。

本实例还可以通过 Double 类的 parseDouble() 方法把字符串转换为 double 类型，如果抛出异常，说明字符串不是合法数字格式。但是建议不要使用这种方式做判断，那会降低程序的性能，因为它无法与简单逻辑判断相比，后者在速度上完全超越前者。

实例 071	验证 IP 地址的有效性	高级
	光盘位置：光盘\MR\071	趣味指数：★★★☆

■ 实例说明

IP 地址是网络上每台计算机的标识，在浏览器中输入的网址也是要经过 DNS 服务器转换为 IP 地址才能找到服务器。在很多网络程序中要求设置服务器 IP 地址或者输入对方连接 IP 地址，IP 地址的错误输入将使程序无法运行。本实例实现对 IP 地址的验证功能，把该功能加载到网络程序中，可以避免用户输入错误的 IP 地址，实例运行效果如图 4.15 所示。

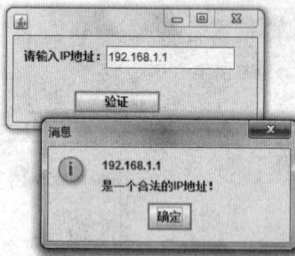

图 4.15　实例运行效果

■ 关键技术

本实例的关键点在于 IP 地址格式与数字范围的验证，用户在输入 IP 地址时，程序可以获取的只有字符串类型，所以本实例利用字符串的灵活性与正则表达式搭配进行 IP 格式与范围的验证。下面介绍本实例使用的方法：

```
public boolean matches(String regex)
```

matches()方法是 String 字符串类的方法，用于判断字符串与指定的正则表达式是否匹配。

参数说明

regex：用来匹配此字符串的正则表达式。

■ 设计过程

（1）在项目中创建窗体类 CheckIPAddress。在该窗体中添加一个输入 IP 地址的文本框和一个"验证"按钮。

（2）编写"验证"按钮的事件处理方法，该方法将获取用户输入，然后调用 matches()方法对输入进行判断，再在对话框中输出结果。关键代码如下：

```
protected void do_button_actionPerformed(ActionEvent e) {
    String text = ipField.getText();                               //获取用户输入
    String info = matches(text);                                   //对输入文本进行 IP 验证
    JOptionPane.showMessageDialog(null, info);                     //在对话框中输出验证结果
}
```

（3）编写验证 IP 地址的 matches()方法，该方法利用正则表达式对输入字符串进行验证，并返回验证结果。关键代码如下：

```
public String matches(String text) {
    if(text != null && !text.isEmpty()){
        //定义正则表达式
        String regex = "^(1\\d{2}|2[0-4]\\d|25[0-5]|[1-9]\\d|[1-9])\\." + "(1\\d{2}|2[0-4]\\d|25[0-5]|[1-9]\\d|\\d)\\." + "(1\\d{2}|2[0-4]\\d|25[0-5]|[1-9]\\d|\\d)\\." + "(1\\d{2}|2[0-4]\\d|25[0-5]|[1-9]\\d|\\d)$";
        //判断 IP 地址是否与正则表达式匹配
        if(text.matches(regex)){
            //返回判断信息
            return text + "\n 是一个合法的 IP 地址！";
        }else{
            //返回判断信息
            return text + "\n 不是一个合法的 IP 地址！";
```

```
            }
        }
        //返回判断信息
        return "请输入要验证的 IP 地址！";
```

秘笈心法

心法领悟 071：正则表达式的转义符。

在正则表达式中，"."代表任意一个字符，因此在正则表达式中如果想使用普通意义的点字符"."，必须使用转义字符"\"。

实例 072	鉴别非法电话号码	高级
	光盘位置：光盘\MR\072	趣味指数：★★★★☆

实例说明

程序开发中经常需要用户输入用户信息或联系方式，其中有一些数组的格式是固定的，程序处理逻辑也是按照这个格式来实现的，但是由于用户输入的是字符串，其灵活性较大，容易输入格式错误的数据。例如，用户联系信息的电话号码就是固定格式的数据。本实例将演示如何利用正则表达式确定输入电话号码格式是否匹配，实例运行效果如图 4.16 所示。在程序中加入该模块可以禁止用户输入错误的电话号码。

图 4.16　输入正确电话格式的运行效果

关键技术

本实例使用正则表达式对电话号码进行了格式匹配验证。正则表达式通常被用于判断语句中，用来检查某一字符串是否满足某一格式。它是含有一些特殊意义字符的字符串，这些特殊字符称为正则表达式的元字符。例如，"\\d"表示字母 0～9 中任何一个。"\\d"就是元字符。正则表达式中的元字符及其意义如表 4.2 所示。

表 4.2　正则表达式中的元字符及其意义

元 字 符	正则表达式中的写法	意　义
.	"."	代表任意一个字符
\d	"\\d"	代表 0~9 的任何一个数字
\D	"\\D"	代表任何一个非数字字符
\s	"\\s"	代表空白字符，如 '\t'、'\n'
\S	"\\S"	代表非空白字符
\w	"\\w"	代表可用作标识符的字符，但不包括"$"符
\W	"\\W"	代表不可用于标识符的字符
\p{Lower}	\\p{Lower}	代表小写字母{a～z}
\p{Upper}	\\p{Upper}	代表大写字母{A～Z}
\p{ASCII}	\\p{ASCII}	ASCII 字符
\p{Alpha}	\\p{Alpha}	字母字符

续表

元 字 符	正则表达式中的写法	意 义
\p{Digit}	\\p{Digit}	十进制数字，即[0~9]
\p{Alnum}	\\p{Alnum}	数字或字母字符
\p{Punct}	\\p{Punct}	标点符号：!"#$%&'()*+,-./:;<=>?@[\]^_`{|}~
\p{Graph}	\\p{Graph}	可见字符：[\p{Alnum}\p{Punct}]
\p{Print}	\\p{Print}	可打印字符：[\p{Graph}\x20]
\p{Blank}	\\p{Blank}	空格或制表符：[\t]
\p{Cntrl}	\\p{Cntrl}	控制字符：[\x00-\x1F\x7F]

■ 设计过程

（1）在项目中新建窗体类 CheckPhoneNum。在该窗体中添加 3 个文本框，分别用于输入姓名、年龄与电话号码，然后再添加一个"验证"按钮。

（2）编写"验证"按钮的事件处理方法，该方法获取用户在文本框中输入的电话号码字符串，然后调用 check()方法进行验证，并使用对话框输出验证结果。关键代码如下：

```java
protected void do_button_actionPerformed(ActionEvent e) {
    String text = phoneNumField.getText();                    //获取用户输入
    String info = check(text);                                //对输入文本进行 IP 验证
    JOptionPane.showMessageDialog(null, info);                //用对话框输出验证结果
}
```

（3）编写 check()方法，该方法用于验证指定的字符串与正确的电话号码格式是否匹配。首先判断字符串是否为空，然后再通过正则表达式对字符串进行验证，并将验证结果作为方法的返回值。关键代码如下：

```java
public String check(String text){
    if(text == null || text.isEmpty()){
        return "请输入电话号码！";
    }
    //定义正则表达式
    String regex = "^\\d{3}-?\\d{8}|\\d{4}-?\\d{8}$";
    //判断输入数据是否为电话号码
    if(text.matches(regex)){
        return text + "\n 是一个合法的电话号码！";
    }else{
        return text + "\n 不是一个合法的电话号码！";
    }
}
```

■ 秘笈心法

心法领悟 072：不能使用未初始化的对象。

一个 Java 对象（字符串也是 Java 对象）必须先初始化才能使用，否则编译器会报告"使用的变量未初始化"错误。

4.3 操作字符串

实例 073	根据标点符号对字符串进行分行	中级
	光盘位置：光盘\MR\073	趣味指数：★★★★☆

■ 实例说明

在了解本实例前，首先需要理解一个概念——字符串是不可改变的对象，也就是说，字符串在创建以后，就不会被改变，当使用字符串对象的 replace()、split()等方法操作字符串时，实际上是产生了一个新的字符串对

象，原有的字符串如果没有被引用，将会被垃圾收集器回收。如果频繁地使用字符串中的方法对字符串进行操作，会产生大量的没有被引用的字符串对象，这会增加垃圾收集的压力，造成系统资源的浪费。如果需要大量的操作字符串，怎样操作才合理呢？可以使用 StringBuilder 类有效地解决上面出现的问题，使用 StringBuilder 类操作字符串不会产生新的字符串对象，这样处理才更加方便、有效。本实例的操作流程是，首先创建 StringBuilder 对象，使用 StringBuilder 对象对字符串进行分行操作。实例运行效果如图 4.17 所示。

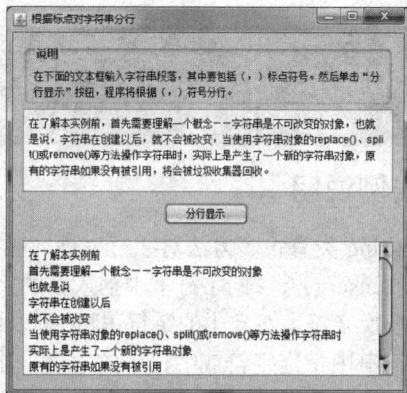

图 4.17　根据标点符号对字符串进行分行

■ 关键技术

本实例重点介绍怎样使用 StringBuilder 便捷、高效地操作字符串，下面介绍本实例对 StringBuilder 构建器的应用。

❑　追加字符串

构建器的 append()方法可以向其尾部追加新的字符串。该方法的声明如下：

```
public StringBuilder append(String str)
```

参数说明

str：要向构建器尾部追加的字符串。

✍ 技巧：适当地使用 StringBuilder 操作字符串，会使程序运行更加高效。

❑　生成字符串

构建器是 StringBuilder 类的对象，要像 String 类一样引用其内容，需要通过 toString()方法转换为字符串对象。该方法的声明如下：

```
public String toString()
```

toString()方法把构建器中的所有内容串联成一个不可变的字符串对象，然后供其他业务代码使用。

■ 设计过程

（1）在项目中新建窗体类 StringLinewrap。在窗体中添加两个文本域控件，它们分别用于接收用户输入的字符串字段和显示分行后的字符串，再添加一个"分行显示"按钮，该按钮用于执行本实例的业务逻辑。

（2）编写"分行显示"按钮的事件处理方法，该方法首先接收用户输入的字符串，再调用 split()方法将字符串以中英文逗号分隔为字符串数组，然后再创建字符串构建器，在遍历字符串数组的同时，把每个数组元素的字符串值追加到字符串构建器中，最后从字符串构建器中获取字符串添加到文本域中。程序关键代码如下：

```
protected void do_button_actionPerformed(ActionEvent e) {
    String sourceString = sourceTextArea.getText();                    //获取用户输入字段
    String[] lines = sourceString.split(",|,");                        //根据中英文逗号分隔字符串为数组
    StringBuilder sbuilder = new StringBuilder();                      //创建字符串构建器
    for (String line : lines) {                                        //遍历分隔后的字符串数组
        //把每个数组元素的字符串与回车符相连并添加到字符串构建器中
        sbuilder.append(line + "\n");
    }
    //把字符串添加到换行显示字符串的文本域中
    destinationTextArea.setText(sbuilder.toString());
}
```

■ 秘笈心法

心法领悟 073：不要误解 Object 类的 toString()方法。

虽然所有类都会继承 Object 类的 toString()方法，但不是每个类对 toString()方法的实现都相同，根据每个类的具体业务不同，会重写 toString()方法生成字符串的方式。

实例 074	将字符串的每个字符进行倒序输出 光盘位置：光盘\MR\074	中级 趣味指数：★★★

■ 实例说明

String 类有很多方法对字符串进行操作，可以使用字符串对象的 insert()方法向字符串中插入新的字符串，使用 replace()方法替换字符串对象中的字符串，也可以使用 indexOf 方法查找字符串中指定字符或字符串的索引，本实例将会使用一种方法对字符串进行倒序输出。实例运行效果如图 4.18 所示。

图 4.18　将字符串的每个字符进行倒序输出

■ 关键技术

本实例重点介绍怎样使用 StringBuilder 类的 reverse()方法反转字符串，其声明如下：

```
public StringBuilder reverse()
```

该方法可以把字符串构建器中的所有内容反转，即 "abc" 变成 "cba"。

还有一种方法是通过字符串的 toCharArray()方法获取字符串的字符数组，然后使用数组反转算法把数组反转，再用反转后的数组创建新的字符串。如果不是有特殊要求（如反转过程中加入过滤等算法），不建议使用第二种方法。

■ 设计过程

（1）在项目中创建窗体类 ReverseString。在窗体中添加两个文本域控件，一个用于输入字符串段落，另一个用于显示反转后的字符串段落，然后再添加一个 "反转" 按钮。

（2）编写 "反转" 按钮的事件处理方法。在该方法中获取用户输入的字符串，然后创建字符串构建器包含这个用户输入，通过构建器的 reverse()方法把字符串反转并输出到另一个文本域控件中。关键代码如下：

```
protected void do_button_actionPerformed(ActionEvent e) {
    String text = sourceArea.getText();                //获取用户输入
    StringBuilder sbuilder=new StringBuilder(text);     //创建构建器包含用户输入
    StringBuilder reverse = sbuilder.reverse();         //调用反转方法获取反转后的构建器
    String reverseText = reverse.toString();            //从构建器获取反转的字符串
    destinationArea.setText(reverseText);               //把反转后的结果添加到文本域中
}
```

■ 秘笈心法

心法领悟 074：字符串是一组不可变的字符数组。

实例中一直在强调字符串是不可变的对象，而字符串本身则是一个字符数组，可以使用字符串对象的 Length 属性获取字符数组的长度，而且字符串对象也可以使用索引的方式访问其中每一个字符。

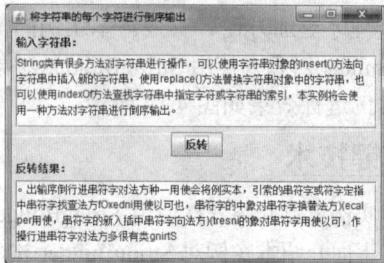

实例 075	获取字符串中汉字的个数 光盘位置：光盘\MR\075	中级 趣味指数：★★★★

■ 实例说明

字符串中可以包括数字、字母、汉字或者其他字符。使用 Character 类的 isDigit()方法可以判断字符串中的某个字符是否为数字，使用 Character 类的 isLetter()方法可以判断字符串中的某个字符是否为字母。本实例将介绍一种方法用来判断字符串中的某个字符是否为汉字，通过此方法可以计算字符串中汉字的数量。实例运行效果如图 4.19 所示。

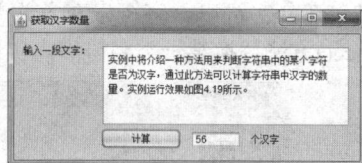

■ 关键技术

本实例的关键点在于正则表达式的使用，Java 中提供了 Pattern 用于正则表达式的编译表示形式，该类提供的静态方法 matches()可以执行正则表达式的匹配。该方法的声明如下：

```
public static boolean matches(String regex,
                              CharSequence input)
```

该方法编译给定正则表达式并尝试将给定输入与其匹配。如果要匹配的字符序列与正则表达式匹配则返回 true，否则返回 false。

参数说明

❶ regex：要编译的表达式。

❷ input：要匹配的字符序列。

图 4.19　获取字符串中汉字的个数

■ 设计过程

（1）在项目中创建窗体类 ChineseAmount。在窗体中添加接收用户输入的文本域控件、显示汉字数量的文本框控件和计算汉字数量的"计算"按钮。

（2）编写"计算"按钮的事件处理方法。在该方法中获取用户输入的字符串，然后遍历字符串中的每一个字符，使用正则表达式判断字符是否属于汉字，然后根据判断结果对汉字进行计数，最后把计数结果显示到界面文本框中。关键代码如下：

```
protected void do_button_actionPerformed(ActionEvent e) {
    String text = chineseArea.getText();                                    //获取用户输入
    int amount = 0;                                                          //创建汉字数量计数器
    for (int i = 0; i < text.length(); i++) {                               //遍历字符串中的每一个字符
        //使用正则表达式判断字符是否属于汉字编码
        boolean matches = Pattern.matches("^[\u4E00-\u9FA5]{0,}$", text
                .charAt(i)
                + "");
        if (matches) {                                                      //如果是汉字
            amount++;                                                       //累加计数器
        }
    }
    numField.setText(amount + "");                                          //在文本框中显示汉字数量
}
```

✍ **技巧**：字符串对象的索引是只读的，但只可以读取字符串对象中的字符，不可以根据索引更改字符串中的字符。

■ 秘笈心法

心法领悟 075：方便地使用正则表达式判断字符是否为汉字。

使用正则表达式可以非常方便地操作字符串，可以验证用户输入的信息，如可以判断用户输入的手机号码格式是否正确，验证用户输入的身份证号码格式是否正确。在本实例中就使用了正则表达式来判断字符串中的字符是否为汉字，如果是汉字则计数器加 1，最后得到字符串中所有汉字的数量。

实例 076	批量替换某一类字符串 光盘位置：光盘\MR\076	中级 趣味指数：★★☆

■ 实例说明

在字符串操作中，可以使用字符串对象的 split()方法拆分字符串，还可以使用字符串对象的 substring()方法截取一部分字符串。字符串对象为开发者提供了很多方便、实用的方法，本实例将会介绍使用字符串对象的 replace() 方法替换某一类字符串。实例运行效果如图 4.20 和图 4.21 所示。

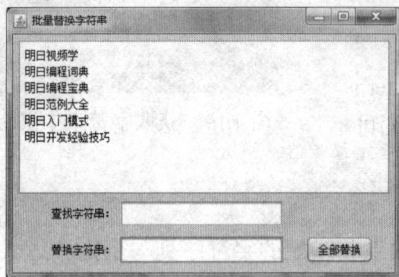

图 4.20　替换字符串前 　　　　　　　　　　　　　　图 4.21　替换字符串后

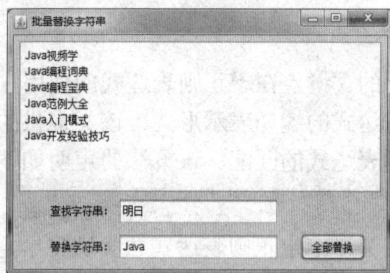

■ 关键技术

本实例重点介绍字符串对象的 replace() 方法的使用，下面对其进行详细讲解。

使用字符串对象的 replace() 方法可以方便地替换字符串中指定的内容。由于字符串是不可变的，因此 replace() 方法会返回一个新的字符串对象。replace() 方法的使用如图 4.22 所示。

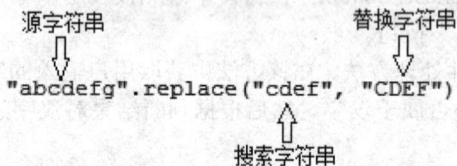

图 4.22　replace() 方法的使用

从图 4.22 中可以看到，字符串对象调用了 replace() 方法，此方法将会返回一个被替换内容的新字符串。新字符串的值为 "abCDEFg"。

注意： 由于字符串是不可变的，字符串对象调用了 replace() 方法后返回的是一个新的字符串而不是原来的字符串。

■ 设计过程

（1）在项目中创建窗体类 StringReplace。在窗体上创建一个文本域控件、两个文本框控件和一个"全部替换"按钮。

（2）编写"全部替换"按钮的事件处理方法。在该方法中获取用户输入的搜索字符串、替换字符串和文本域中的文本字符串，然后执行替换操作，最后将替换结果显示在文本域控件中。关键代码如下：

```java
protected void do_button_actionPerformed(ActionEvent e) {
    String searchStr = searchTextField.getText();              //获取搜索字符串
    String replaceStr = replaceTextField.getText();            //获取替换字符串
    String text = txtArea.getText();                           //获取段落文本
    String newText = text.replace(searchStr, replaceStr);      //执行替换
    txtArea.setText(newText);                                  //替换结果显示在文本域控件中
}
```

■ 秘笈心法

心法领悟 076：replace() 方法可以批量替换字符串。

用字符串对象的 replace() 方法可以方便地替换字符串中指定的内容。但有一点要注意，replace() 方法并不是只替换一个匹配的字符串，而是一次性替换所有匹配的字符串，并且由于字符串是不可变的，replace() 方法会返回一个新的字符串对象。

实例 077	把异常与错误信息显示到窗体中	高级
	光盘位置：光盘\MR\077	趣味指数：★★★

■ 实例说明

　　Java 语言中的 System 类有 out 与 err 两个输出流成员变量，out 常用于输出调试信息，而 err 将在发生异常或严重的程序错误时输出异常信息。本实例将实现直接获取程序发生的异常信息并显示到窗体中，这不是通过直接把 err 输出流重定向到文件中，再读取文件内容到窗体实现的，而是更高效的方法。程序运行效果如图 4.23 所示。

图 4.23　实例运行效果

■ 关键技术

　　本实例实现了从数据流中直接获取字符串的功能，这要依赖于 ByteArrayOutputStream 类的字节数组输出流。该类实现了一个输出流，其中的数据被写入一个 byte 数组。缓冲区会随着数据的不断写入而自动增长。可使用 toByteArray()方法和 toString()方法获取数据，下面介绍它们的语法。

　　❏　toByteArray()方法

　　该方法将创建一个新分配的 byte 数组。其大小是此输出流的当前大小，并且缓冲区的有效内容已复制到该数组中。该方法的声明如下：

```
public byte[] toByteArray()
```

　　❏　toString()方法

　　该方法使用平台默认的字符集，通过解码字节将缓冲区内容转换为字符串。该方法的声明如下：

```
public String toString()
```

　　📢 **注意**：该类的 toString()方法生成的新 String 类字符串对象的长度是字符集的函数，因此可能不等于数据流缓冲区的大小。

■ 设计过程

　　（1）在项目中创建窗体类 FrameShowException。在窗体中添加文本框、按钮与文本域控件。

　　（2）编写"转换为 Integer 类型"按钮的事件处理方法。在该方法中首先创建 ByteArrayOutputStream 字节数组输出流对象，然后把 System 类的 err 输出流重定向到这个字节数组输出流，再进行字符串到整数的转换，并捕获异常，最后从这个字节数组输出流中获取的字符串就是 err 输出的异常信息。程序关键代码如下：

```
protected void do_btninteger_actionPerformed(ActionEvent e) {
    //创建字节数组输出流
    ByteArrayOutputStream stream = new ByteArrayOutputStream();
    System.setErr(new PrintStream(stream));                          //重定向 err 输出流
    String numStr = textField.getText();                            //获取用户输入
    try {
        Integer value = Integer.valueOf(numStr);                     //字符串转整数
    } catch (NumberFormatException e1) {
        e1.printStackTrace();                                        //输出错误异常信息
    }
    String info = stream.toString();                                 //获取字节输出流的字符串
    if(info.isEmpty()){                                              //显示正常转换的提示信息
        textArea.setText("字符串到 Integer 的转换没有发生异常。");
    }else{                                                           //显示出现异常的提示信息与异常
        textArea.setText("出错啦！转换过程中出现了如下异常错误：\n"+info);
    }
}
```

■ 秘笈心法

心法领悟 077：以最明显的方式显示程序错误。

Java 有异常处理机制，但是这些异常信息只有在程序开发人员进行测试时才能在控制台中查看，如果程序在用户那里出现异常，程序开发人员不知道异常信息是很难进行判断的，所以 GUI 程序应该以最明显的方式显示程序的异常和错误信息，这样用户可以根据提示信息和开发人员进行交流，确认处理步骤。

实例 078	从字符串中分离文件路径、文件名及扩展名	中级
	光盘位置：光盘\MR\078	趣味指数：★★★★☆

■ 实例说明

对文件进行操作时，首先要得到文件路径信息，然后创建文件对象，通过 I/O 流将数据读取到内存中并进行处理。在操作文件过程中可能还需要提取文件的一些信息，如文件的路径、文件名及文件扩展名。通过本实例介绍的方法，可以方便地得到上述信息。实例运行效果如图 4.24 所示。

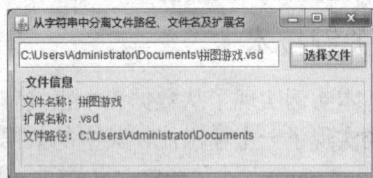

图 4.24　从字符串中分离文件路径、
文件名及扩展名

■ 关键技术

本实例重点介绍怎样使用字符串对象的 substring()方法截取字符串，以及使用 lastIndexOf()方法查找字符或字符串在指定字符串中最后出现的索引，下面分别进行介绍。

❑ 截取子字符串

String 类的 substring()方法可以从字符串中截取一部分子字符串，其语法声明如下：

```
public String substring(int beginIndex)
```

或

```
public String substring(int beginIndex, int endIndex)
```

参数说明

❶ beginIndex：子字符串的起始索引。

❷ endIndex：子字符串的终止索引。

❑ 查找子字符串索引

String 类的 indexOf()方法可以获取子字符串在原有字符串中第一次出现的索引，其语法声明如下：

```
int indexOf(String str)
```

或

```
int indexOf(String str, int fromIndex)
```

参数说明

❶ str：要查找的子字符串。

❷ fromIndex：开始搜索的索引位置。

❑ 从尾部查找子字符串索引

String 类的 lastIndexOf()方法返回指定子字符串在此字符串中最后一次出现处的索引，从指定的索引开始反向搜索，其语法声明如下：

```
lastInt indexOf(String str)
```

或

```
lastInt indexOf(String str, int fromIndex)
```

参数说明

❶ str：要查找的子字符串。

❷ fromIndex：开始搜索的索引位置。

设计过程

（1）在项目中新建窗体类 SplitPath。在窗体中添加一个文本框、一个文本域和一个"选择文件"按钮，

（2）编写"选择文件"按钮的事件处理方法。在该方法中创建文件选择器，然后获取用户在该选择器中选择的文件的绝对路径，最后使用 substring()方法截取各子字符串。程序关键代码如下：

```java
protected void do_button_actionPerformed(ActionEvent e) {
    JFileChooser chooser = new JFileChooser();                          //创建文件选择器
    int option = chooser.showOpenDialog(this);                          //显示文件打开对话框
    if (option == JFileChooser.APPROVE_OPTION) {
        File file = chooser.getSelectedFile();                          //获取用户选择的文件
        String path = file.getAbsolutePath();                           //获取文件绝对路径
        textField.setText(path);                                        //新路径信息到文本框
        int splitIndex = path.lastIndexOf("\\");                        //文件分隔符索引
        int typeIndex = path.lastIndexOf(".");                          //文件类型分隔符索引
        if (typeIndex <0)
            typeIndex = path.length();
        String filePath = path.substring(0, splitIndex);                //截取路径
        String fileName = path.substring(splitIndex + 1, typeIndex);    //截取文件名
        String extName = path.substring(typeIndex);                     //截取扩展名
        textArea.setText("");                                           //清空文本域
        textArea.append("文件名称：" + fileName + "\n");                //添加文件名信息到文本域
        textArea.append("扩展名称：" + extName + "\n");                 //添加扩展名信息到文本域
        textArea.append("文件路径：" + filePath + "\n");                //添加文件路径信息到文本域
    }
}
```

秘笈心法

心法领悟 078：indexOf()方法与 lastIndexOf()方法有什么不同？

使用 indexOf()方法与 lastIndexOf()方法都可以用来查找字符或字符串在指定字符串对象中的索引，如果未找到匹配的字符或字符串则会返回-1。indexOf()与 lastIndexOf()方法的不同之处在于，indexOf()方法从字符串对象的前端向后端查找第一个匹配项的索引，而 lastIndexOf()方法从字符串对象的后端向前端查找第一个匹配项的索引。

实例 079	判断手机号的合法性 光盘位置：光盘\MR\079	高级 趣味指数：★★★★☆

实例说明

程序开发中经常需要用户输入某些标准格式的数据，如 E-mail、身份证、手机号码等。由于这些数据有固定的标准格式，所以程序开发时经常习惯性地不做判断或进行简单判断便处理数据，但是对于有针对性的程序，需要对标准格式中的数据进行详细解析，确认无误才进行处理。本实例以手机号码为例，使用正则表达式进行匹配判断。实例运行效果如图 4.25 所示。

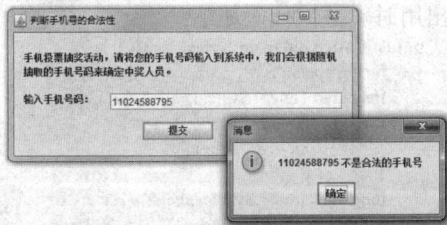

图 4.25 非法手机号码的验证结果

关键技术

实现本实例的关键技术与实例 071 相同，请参见其说明。

设计过程

（1）在项目中创建窗体类 CheckPhoneNum。在窗体中添加一个接收用户输入的文本框和一个"提交"按钮。

（2）编写"提交"按钮的事件处理方法。在该方法中获取用户输入的手机号码，然后定义正则表达式，如

果用户输入的手机号码能够与这个正则表达式匹配则手机号码格式正确，否则认为是错误的手机号码。关键代码如下：

```java
protected void do_button_actionPerformed(ActionEvent e) {
    String text = textField.getText();                          //获取用户输入号码
    String regex = "^13\\d{9}|15\\d{9}|18\\d{9}$";              //定义正则表达式
    if (text.matches(regex)) {                                   //测试匹配结果
        showMessageDialog(null, text + " 是合法的手机号");       //提示合法手机号码
    } else {
        showMessageDialog(null, text + " 不是合法的手机号");     //提示非法手机号码
    }
}
```

■ 秘笈心法

心法领悟 079：使用正则表达式验证关键数据。

由于正则表达式的存在，验证与匹配各种规律的字符串数据更加方便、快捷。所以尽量使用正则表达式控制与限制用户操作初期输入正确的数据，这样可以提高程序数据的价值，使程序更容易控制数据。

实例 080	用字符串构建器追加字符 光盘位置：光盘\MR\080	中级 趣味指数：★★☆

■ 实例说明

字符串是程序开发中使用最频繁的数据，在 Java 中字符串是 String 类的对象，是不可变数据，当执行字符串连接操作时将生成新的字符串，而不是修改原有字符串，所以大量字符串操作非常耗时。本实例分别演示使用 String 类和 StringBuilder 类进行 3 万个字符串追加的操作，并输出其运行时间，结果如图 4.26 所示。从本实例的运行结果中可以看出，普通的字符串连接操作将耗时 1700 多毫秒，而使用 StringBuilder 字符串构建器却在 0.3 毫秒的时间内完成了 3 万个字符的追加操作。所以对于大量字符串操作，应该使用 StringBuilder 字符串构建器来完成。

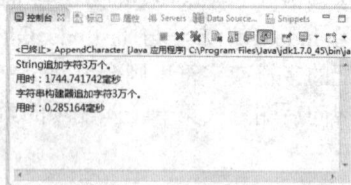

图 4.26　实例运行效果

■ 设计过程

在项目中新建 AppendCharacter 类。在该类的主方法中创建字符串对象 appendStr，并通过循环为该字符串连接 5 万个字符，计算并输出其用时。再创建 StringBuilder 字符串构建器，同样为其追加 5 万个字符，计算并输出用时。关键代码如下：

```java
public static void main(String[] args) {
    String appendStr="";                                        //创建字符串变量
    long startTime = System.nanoTime();                         //开始计时
    for(int i=20000;i<50000;i++){                               //遍历 30000 个字符
        appendStr+=(char)i;                                     //字符串与每个字符执行连接操作
    }
    long endTime = System.nanoTime();                           //结束计时
    System.out.println("String 追加字符 3 万个。");
    //输出用时
    System.out.println("用时："+(endTime-startTime)/1000000d+"毫秒");
    /////////////////////////////////////////////////////
    StringBuilder strBuilder=new StringBuilder();               //创建字符串构建器
    startTime = System.nanoTime();                              //开始计时
    for(int i=20000;i<50000;i++){                               //遍历 30000 个字符
        strBuilder.append((char)i);                             //把每个字符追加到构建器
    }
    endTime = System.nanoTime();                                //结束计时
```

```
    System.out.println("字符串构建器追加字符 3 万个。");
    //输出用时
    System.out.print("用时："+(endTime-startTime)/1000000d+"毫秒");
}
```

秘笈心法

心法领悟 080：注意线程安全。

StringBuilder 对于线程来说是不安全的，它适用于单任务的字符串操作，如果把它应用于多线程中将会涉及异步访问的安全性。Java 早期版本提供的 StringBuffer 类可以作为多线程应用的考虑，它是线程安全的，但是正因为考虑到线程安全问题，它会比 StringBuilder 稍微慢一些，但是差距很小。

实例 081	去掉字符串中的所有空格	中级
	光盘位置：光盘\MR\081	趣味指数：★★★★☆

实例说明

在字符串操作中，可以使用字符串对象的 trim()方法去除字符串对象前端和后端的所有空格，但是，如果空格在字符串的中间位置出现，使用 trim()方法是没有效果的，那么怎样才可以有效地去除空格呢？本实例将通过字符串操作来实现这个功能。实例运行效果如图 4.27 所示。

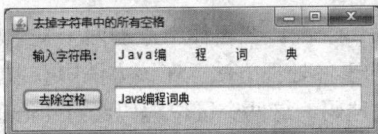

图 4.27　去掉字符串中的所有空格

关键技术

本实例应用到的关键技术与实例 073 中介绍的相同，请参见其说明。

设计过程

（1）在项目中创建窗体类 DeleteBlank。在窗体中添加两个文本框和一个"去除空格"按钮。

（2）编写"去除空格"按钮的事件处理方法。在该方法中获取用户输入的带有空格的字符串，然后创建一个字符串构建器用于提取非空格的字符，再遍历字符串的每个字符，过滤所有空格，并把非空格字符追加到字符串构建器中，最后把构建器中的字符串显示到文本框中。程序关键代码如下：

```
protected void do_button_actionPerformed(ActionEvent e) {
    String text = textField.getText();                    //获取用户输入文本
    StringBuilder strBuilder=new StringBuilder();         //创建字符串构建器
    for(int i=0;i<text.length();i++){                     //遍历字符串
        char charAt = text.charAt(i);                     //获取每个字符
        if(charAt==' ')                                   //过滤空格字符
            continue;
        strBuilder.append(charAt);                        //追加非空格字符到字符构建器
    }
    resultField.setText(strBuilder.toString());           //将构建器中的字符串在文本框中显示
}
```

秘笈心法

心法领悟 081：对 Java 包的误解。

有些读者认为只要把 Java 类放到某个文件夹（目录）下，这个文件夹就是类的包名，这是一种误解。有文件夹结构不等于有了包名，必须在类的首行代码中通过 package 语句指定包的名称而不是靠文件结构类指定。

实例082	汉字与区位码的转换	中级
	光盘位置：光盘\MR\082	趣味指数：★★★★

实例说明

区位码是一个 4 位的十进制数，每个区位码都对应着一个唯一的汉字，区位码的前两位叫做区码，后两位叫做位码。考生在填写高考信息表时会用到汉字区位码，在报考志愿表中也需要填写汉字区位码，在程序设计中可以方便地将汉字转换为区位码。实例运行效果如图 4.28 所示。

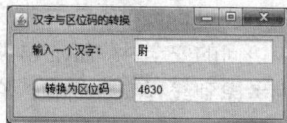

图 4.28　汉字与区位码的转换

关键技术

本实例重点介绍怎样从汉字字符中得到区位码，下面对其进行详细讲解。

得到汉字区位码的过程十分简单，首先通过字符串的 getBytes()方法获取字符串的二进制字节数组，然后将数组中的每个二进制值分别减 160 后转换为字符串，连接两个字符串就组成了汉字区位码。获取字符串二进制数组的方法声明如下：

```
public byte[] getBytes()
```

设计过程

（1）在项目中创建窗体类 ChineseToCode。在窗体中添加两个文本框和一个"转换为区位码"按钮。

（2）编写"转换为区位码"按钮的事件处理方法。在该方法中获取用户输入的汉字，提取这个汉字对应的两个字节的编码，然后经过运算获取区位码，这两个区位编码经过 formatNumber()方法的补 0 之后连接成区位编码字符串，然后显示在文本框中。关键代码如下：

```
protected void do_button_actionPerformed(ActionEvent e) {
    String text = textField.getText();                              //获取用户输入
    if (text.length() > 2) {                                        //禁止输入多个汉字
        JOptionPane.showMessageDialog(null, "不要输入过多汉字");
        return;
    }
    byte[] codeBit = text.getBytes();                               //获取汉字的字节数组
    if (codeBit.length < 2) {                                       //禁止非汉字的区码获取
        JOptionPane.showMessageDialog(null, "您输入的好像不是汉字");
        return;
    }
    codeBit[0] -= 160;                                              //提取字节对应的区码
    codeBit[1] -= 160;
    //组合最终区码编号
    String code = formatNumber(codeBit[0]) + formatNumber(codeBit[1]);
    resultField.setText(code);                                      //在文本框中显示汉字的区码
}
```

（3）编写 formatNumber()方法，该方法必须为数字参数补 0，并把结果字符串返回给方法的调用者。关键代码如下：

```
private String formatNumber(int num) {
    String format = String.format("%02d", num);                    //数字的补 0 格式
    return format;                                                 //返回格式化后的字符串
}
```

秘笈心法

心法领悟 082：注意数字编码中的补 0。

有的程序对某些运算中的数据格式有严格的要求，其中数字补 0 就是最常用的。例如，本实例中区位码如果没有加入补 0 运算，那么汉字"应"所对应的区码 51 与位码 6 所组成的 516 就会成为一个非法区位码，其正确格式应是 5106。这类问题非常关键而且容易忽略，在程序开发时应该多注意。

第 **5** 章

面向对象技术应用

▶▶ Java 中类的定义

▶▶ 修饰符的使用

▶▶ 包装类的使用

▶▶ 面向对象的特征

▶▶ Object 类的应用

▶▶ 克隆与序列化

▶▶ 接口和内部类

5.1　Java 中类的定义

实例 083	自定义图书类	初级
	光盘位置：光盘\MR\083	趣味指数：★★

■ 实例说明

　　面向对象程序设计（简称 OOP）是当今主流的程序设计方式。Java 是完全的面向对象语言，因此需要先学习有关 OOP 的知识才能编写 Java 程序。面向对象编程的基础是类，它是用来创建对象的模板。Java 的 API 中已经包含了很多实现一定功能的类。本实例将通过自定义一个图书类来演示如何使用 Java 语言编程。实例运行效果如图 5.1 所示。

图 5.1　实例运行效果

■ 关键技术

　　在 Java 中，使用 class 关键字来定义类。在类中，通常包括域和方法两部分。域表示对象的状态，方法表示对象的行为。通过使用 new 关键字可以创建一个类的对象。通常情况下，不同的对象属性是有差别的。可以使用构造方法在创建对象时就设置属性，也可以使用方法在创建对象后修改对象的属性。创建一个最简单的类的代码如下：

```
public class MingriSoft {}
```

　　📖 说明：public 是一个访问权限限定符，它表示被修饰的类或方法对于其他类而言是无条件可见的。

■ 设计过程

　　（1）编写类 Book，在该类中定义了 3 个域，即 title 表示书名、author 表示作者、price 表示价格。此外，还有 3 个 get 方法分别用来获得书名、作者和价格。关键代码如下：

```
public class Book {
    private String title;                                       //定义书名
    private String author;                                      //定义作者
    private double price;                                       //定义价格
    public Book(String title, String author, double price) {    //利用构造方法初始化域
        this.title = title;
        this.author = author;
        this.price = price;
    }
    public String getTitle() {                                  //获得书名
        return title;
    }
    public String getAuthor() {                                 //获得作者
        return author;
    }
    public double getPrice() {                                  //获得价格
        return price;
    }
}
```

　　📖 说明：private 是一个访问权限限定符，它表示被修饰的域或方法仅对该类内部可见。

　　（2）编写 BookTest 类，该类用来测试 Book 类。在该类的 main()方法中，创建了一个 Book 对象并输出其属性。关键代码如下：

```
public class BookTest {
    public static void main(String[] args) {
        Book book = new Book("《Java 从入门到精通（第2版）》", "明日科技", 59.8);    //创建对象
```

```
System.out.println("书名：" + book.getTitle());                       //输出书名
System.out.println("作者：" + book.getAuthor());                      //输出作者
System.out.println("价格：" + book.getPrice() + "元");                 //输出价格
    }
}
```

💡 提示：创建对象之后，可以使用 "." 来调用该对象的公共域和方法。

■ 秘笈心法

心法领悟 083：类的简单设计原则。

在分析问题时，通常将遇到的名词设计成类，将名词的状态设计成域，将操作该名词的动作设计成方法。例如，图书可以设计成一个类，书名、作者、价格等可以设计成该类的域，购买、运输可以设计成该类的方法。

⚛ 实例 084	温度单位转换工具 光盘位置：光盘\MR\084	初级 趣味指数：★★★

■ 实例说明

目前，世界上有两种常用的温度单位，即华氏度和摄氏度。在我国普遍使用摄氏度，而在英美使用华氏度。对于处于沸腾状态的水，在这两种温度单位下分别表示成 100℃ 和 212℉。本实例可以将用户输入的摄氏度转换成对应的华氏度。实例运行效果如图 5.2 所示。

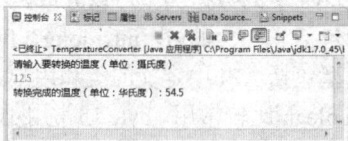

图 5.2　实例运行效果

■ 关键技术

通常情况下，定义类是为了用它完成某种功能，这些功能是通过方法实现的。一个方法通常由修饰符、返回值、方法名称、方法参数和方法体 5 部分组成。创建一个最简单的方法的代码如下：

```
public void doSomething(){};
```

修饰符包括访问权限限定符、static 和 final 等；返回值可以是基本类型，也可以是引用类型，还可以返回 void；方法名称与定义变量时的规则相同；方法参数是方法要处理的数据，可以为空；方法体是该方法需要完成的功能。

💡 提示：变量命名规则：必须是一个以字母开头的并由字母或数字构成的序列，但可以包括中文。

■ 设计过程

编写类 TemperatureConverter，在该类中定义了两个方法：toFahrenheit()方法用于将输入的摄氏温度转换成华氏温度，main()方法用来进行测试。关键代码如下：

```
public class TemperatureConverter {
    public double toFahrenheit(double centigrade) {
        double fahrenheit = 1.8 * centigrade + 32;                   //计算华氏温度
        return fahrenheit;                                           //返回华氏温度
    }
    public static void main(String[] args) {
        System.out.println("请输入要转换的温度（单位：摄氏度）");
        Scanner in = new Scanner(System.in);                         //创建 Scanner 对象来获得控制台输入
        double centigrade = in.nextDouble();                         //获得用户输入的摄氏温度
        TemperatureConverter tc = new TemperatureConverter();        //创建类的对象
        double fahrenheit = tc.toFahrenheit(centigrade);             //转换温度为华氏度
        System.out.println("转换完成的温度（单位：华氏度）：" + fahrenheit);  //输出转换结果
    }
}
```

■ 秘笈心法

心法领悟 084：普通方法的使用。

对于没有 static 关键字修饰的方法，可以看成是普通方法。如果要在 main()方法中使用普通方法，则需要先创建类的对象，再使用该对象调用普通方法。在其他普通方法中则可以直接使用。这种区别的产生原因是类加载 static 方法的顺序和普通方法的顺序不同。

实例 085	域的默认初始化值 光盘位置：光盘\MR\085	初级 趣味指数：★★★

■ 实例说明

通常情况下，变量要在初始化之后才能使用。对于域而言，如果没有在构造方法中为其初始化，则虚拟机会自动为其赋默认初始值。为了让读者了解虚拟机的默认初始值是否符合自己的需求，本实例将输出这些初始值。实例运行效果如图 5.3 所示。

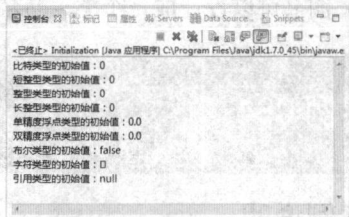

图 5.3　实例运行效果

■ 关键技术

Java 中的数据类型可以分成两类，即基本类型和引用类型。基本类型包括 byte、short、int、long、float、double、boolean 和 char。引用类型包括 API 中定义的类和用户自定义的类。任何变量在使用前都需要先声明类型。在基本类型中，int、double 和 boolean 比较常用。byte 通常用于流操作，如读入数据、写出数据等。char 通常用于与字符编码相关的程序中。

◀》 **注意**：对于引用类型的变量而言，在使用之前一定要为其初始化，否则会出现空指针异常。

■ 设计过程

编写类 Initialization，该类共定义了 8 个基本类型域和一个引用类型域。在该类的 main()方法中，对所有域进行了输出。由于并没有对其赋值，因此输出的结果是系统默认的初始值。关键代码如下：

```java
public class Initialization {
    private byte b;                              //声明比特类型变量 b
    private short s;                             //声明短整型类型变量 s
    private int i;                               //声明整型类型变量 i
    private long l;                              //声明长整型类型变量 l
    private float f;                             //声明单精度浮点类型变量 f
    private double d;                            //声明双精度浮点类型变量 d
    private boolean bl;                          //声明布尔类型变量 bl
    private char c;                              //声明字符类型变量 c
    private String string;                       //声明引用类型变量 string
    public static void main(String[] args) {
        Initialization init = new Initialization();
        System.out.println("比特类型的初始值：" + init.b);          //输出比特类型变量初始值
        System.out.println("短整型类型的初始值：" + init.s);        //输出短整型类型变量初始值
        System.out.println("整型类型的初始值：" + init.i);          //输出整型类型变量初始值
        System.out.println("长整型类型的初始值：" + init.l);        //输出长整型类型变量初始值
        System.out.println("单精度浮点类型的初始值：" + init.f);     //输出单精度浮点类型变量初始值
        System.out.println("双精度浮点类型的初始值：" + init.d);     //输出双精度浮点类型变量初始值
        System.out.println("布尔类型的初始值：" + init.bl);         //输出布尔类型变量初始值
        System.out.println("字符类型的初始值：" + init.c);          //输出字符类型变量初始值
        System.out.println("引用类型的初始值：" + init.string);     //输出引用类型变量初始值
    }
}
```

💡 **提示**：推荐在定义域时立即对其进行初始化，这样可以增加代码的可读性。

■ 秘笈心法

心法领悟 085：域和局部变量的区别。

除了域之外，还可以在方法和块中定义变量，这些变量称为局部变量。需要注意的是，对于局部变量，虚拟机并不会为其赋默认值，这意味着在使用这些变量前必须为其初始化。这是域和局部变量的重要区别。块是使用"{"和"}"包围的结构，可以用来实现初始化等功能。

实例 086	编写同名的方法	初级
	光盘位置：光盘\MR\086	趣味指数：★★★

■ 实例说明

对于 C 语言而言，是不能定义同名方法的。如果有 8 种数据类型需要在控制台上输出，则需要定义 8 种不同的方法。显然这种方式对于程序员和用户都不理想。对于用户而言，更关心该方法执行的功能，而不是该方法的名称。如果能够屏蔽方法参数类型的差异而使用统一的方法名称就会比较方便。本实例将演示重载在 Java 中的应用，实例运行效果如图 5.4 所示。

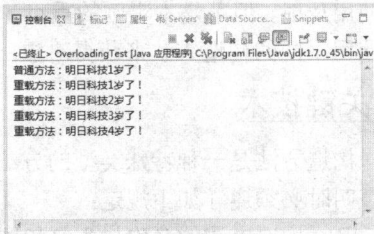

■ 关键技术

图 5.4　实例运行效果

在 Java 中，可以通过重载（overloading）来减少方法名称的个数。当对象在调用方法时，可以根据方法参数的不同来确定执行哪个方法。方法参数的不同包括参数类型不同、参数个数不同和参数顺序不同。需要注意的是，不能通过方法的返回值来区分方法，即不能有两个方法签名相同但返回值不同的方法。

📖 说明：要完整地描述一个方法，需要说明方法名称和方法参数，它们统称为方法签名。

■ 设计过程

编写类 OverloadingTest，在该类中定义了 3 个方法：一个 info()方法是没有参数的，另一个 info()方法需要使用一个整型参数，main()方法用来进行测试。代码如下：

```java
public class OverloadingTest {
    public void info() {                                      //定义没有参数的 info()方法
        System.out.println("普通方法：明日科技 1 岁了！");
    }
    public void info(int age) {                               //定义包含整型参数的 info()方法
        System.out.println("重载方法：明日科技" + age + "岁了！");
    }
    public static void main(String[] args) {
        OverloadingTest ot = new OverloadingTest();          //创建 OverloadingTest 类对象
        ot.info();                                            //测试无参数 info()方法
        for (int i = 1; i < 5; i++) {                        //测试有参数 info()方法
            ot.info(i);
        }
    }
}
```

💡 提示：读者还可以根据自己的需要定义多个重载方法，如以 String 类型作为参数的 info()方法等。

■ 秘笈心法

心法领悟 086：方法重载的应用。

除了可以对普通方法使用重载外，还可以对构造方法使用重载。实际上这正是重载的起源。因为构造方法的特殊性，一个类不可能定义两个不同名称的构造方法，所以如果希望构造方法能够使用不同的参数，则必须要支持重载。此外，重载不仅可以发生在一个类中，也可以发生在存在继承关系的多个类中，即子类可以重载超类定义的方法。Java 中还支持对方法进行重写（Overriding），它可以为同一个方法提供不同的实现，请读者务必注意两者的区别，不要混淆。

<table>
<tr><td>⚛ 实例 087</td><td>构造方法的应用
光盘位置：光盘\MR\087</td><td>初级
趣味指数：★★★</td></tr>
</table>

■ 实例说明

　　Java 程序的各种功能是通过对象调用相关方法来完成的，因此必须先获得对象。使用构造方法获得对象是一种常用的方式。另一种方式是使用反射，但不是本实例的重点。构造方法也支持重载，本实例将演示使用不同的构造方法来获得对象。实例运行效果如图 5.5 所示。

■ 关键技术

　　构造方法是一种特殊类型的方法，可以用来实现域的初始化操作。在声明时必须遵守如下规定：

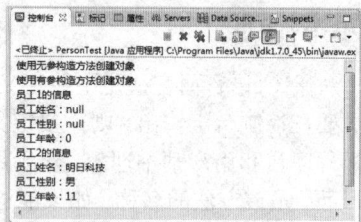

图 5.5　实例运行效果

　　❑　构造方法的名称与类名相同。
　　❑　构造方法没有返回值，而不是返回 void。
　　❑　构造方法总是与 new 操作符一起使用，即不能用对象调用构造方法。
　　此外，在构造方法中，还可以使用 this 来调用其他构造方法，使用 super 调用超类构造方法。

📖 说明：构造方法的重载与普通方法的重载相同。

■ 设计过程

　　（1）编写类 Person，该类定义了 3 个域（name 代表姓名、gender 代表性别、age 代表年龄）和两个构造方法（无参数的使用默认值初始化域，有参数的使用给定值初始化域）。3 个 get 方法分别用来获得姓名、性别和年龄。关键代码如下：

```java
public class Person {
    private String name;                                        //定义姓名
    private String gender;                                      //定义性别
    private int age;                                            //定义年龄
    public Person() {                                           //定义没有参数的构造方法
        System.out.println("使用无参构造方法创建对象");
    }
    public Person(String name, String gender, int age) {       //利用构造方法初始化域
        this.name = name;
        this.gender = gender;
        this.age = age;
        System.out.println("使用有参构造方法创建对象");
    }
    public String getName() {                                   //获得姓名
        return name;
    }
    public String getGender() {                                 //获得性别
        return gender;
    }
    public int getAge() {                                       //获得年龄
        return age;
    }
}
```

📖 说明：private 是一个访问权限限定符，它表示被修饰的域或方法仅对该类内部可见。

　　（2）编写类 PersonTest，该类用来测试 Person 类。在该类的 main()方法中，创建了两个 Person 对象并输出其属性。关键代码如下：

```
public class PersonTest {
    public static void main(String[] args) {
        Person person1 = new Person();                          //创建对象
        Person person2 = new Person("明日科技", "男", 11);      //创建对象
        System.out.println("员工 1 的信息");
        System.out.println("员工姓名: " + person1.getName());   //输出姓名
        System.out.println("员工性别: " + person1.getGender()); //输出性别
        System.out.println("员工年龄: " + person1.getAge());    //输出年龄
        System.out.println("员工 2 的信息");
        System.out.println("员工姓名: " + person2.getName());   //输出姓名
        System.out.println("员工性别: " + person2.getGender()); //输出性别
        System.out.println("员工年龄: " + person2.getAge());    //输出年龄
    }
}
```

📖 **说明**：由于员工 1 的信息使用的是默认初始化值，因此引用类型为 null 值，整型为 0。

■ 秘笈心法

心法领悟 087：构造方法的访问修饰符。

构造方法有 3 种常用的访问修饰符，即 public、private 和默认修饰符。public 意味着其他类可以使用该类的构造方法，从而使用该类的对象；private 意味着只能在这个类的内部创建该类的对象，其他类不能创建该类的对象，这通常应用在单例模式中。

5.2　修饰符的使用

实例 088	单例模式的应用 光盘位置：光盘\MR\088	初级 趣味指数：★★★

■ 实例说明

在中国历史上有个很特殊的职业，通常其从业者有且仅有一人，那就是皇帝。作为大臣，是需要经常上朝参拜皇帝的。当叩首完毕后，发现还是上次那个人，心中暗喜：自己的饭碗还没丢。本实例使用单例模式来保证皇帝的唯一性，实例运行效果如图 5.6 所示。

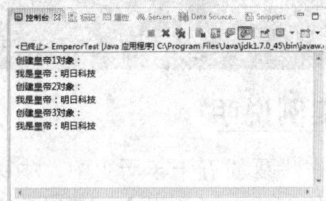

图 5.6　实例运行效果

■ 关键技术

既然要保证类有且仅有一个实例，就需要其他的类不能实例化该类。因此，需要将构造方法设置成私有的，即使用 private 关键字修饰。同时，在类中提供一个静态方法，该方法的返回值是该类的一个实例。这样就只能使用该方法来获得类的实例，从而保证了唯一性。

💡 **提示**：必须使用静态方法来提供类的实例，否则是不能实例化该类的。

■ 设计过程

（1）编写类 Emperor，该类的构造方法是私有的。它提供了一个 getInstance()方法来获得该类的实例，一个 getName()方法输出皇帝的名字。代码如下：

```
public class Emperor {
    private static Emperor emperor = null;    //声明一个 Emperor 类的引用
    private Emperor() {                        //将构造方法私有
    }
    public static Emperor getInstance() {     //实例化引用
        if (emperor == null) {
```

```
            emperor = new Emperor();
        }
        return emperor;
    }
    public void getName() {                                        //使用普通方法输出皇帝的名字
        System.out.println("我是皇帝：明日科技");
    }
}
```

📢 **注意**：对于多线程程序，有时并不能保证实例的唯一性，此时需要使用同步。

（2）编写类 EmperorTest，该类用来测试 Emperor 类。在该类的 main()方法中，创建了 3 个 Emperor 对象并输出了其名字。代码如下：

```
public class EmperorTest {
    public static void main(String[] args) {
        System.out.println("创建皇帝 1 对象：");
        Emperor emperor1 = Emperor.getInstance();                  //创建皇帝对象
        emperor1.getName();                                        //输出皇帝的名字
        System.out.println("创建皇帝 2 对象：");
        Emperor emperor2 = Emperor.getInstance();                  //创建皇帝对象
        emperor2.getName();                                        //输出皇帝的名字
        System.out.println("创建皇帝 3 对象：");
        Emperor emperor3 = Emperor.getInstance();                  //创建皇帝对象
        emperor3.getName();                                        //输出皇帝的名字
    }
}
```

■ 秘笈心法

心法领悟 088：单例模式的应用。

使用单例模式的一个好处就是可以限制对象的数量，从而节约资源。例如，数据库的连接池就需要使用单例模式创建。另外，对于打印机而言，操作系统在管理时也使用了单例模式，这样就可以防止有多个打印任务时打印内容的混乱。

实例 089	祖先的止痒药方 光盘位置：光盘\MR\089	初级 趣味指数：★★★★

■ 实例说明

在华夏的五千年历史中，中医无疑是其重要的组成部分。通过不同的草药之间的组合，可以治疗大部分的疾病。然而，对于一些独特的药方，通常是在家族内部传递的，即子承父业。本实例将使用 protected 关键字来模拟药方的传递。实例运行效果如图 5.7 所示。

图 5.7　实例运行效果

■ 关键技术

Java 中一共有 4 种访问权限限定符，即 public、protected、默认和 private。访问权限限定符可以用来修饰类、域和方法。protected 关键字用于在继承时控制可见性。访问权限限定符的可见范围如表 5.1 所示。

表 5.1　访问权限限定符的可见范围

范　　围	public	protected	默　　认	private
同类	可见	可见	可见	可见
子类同包	可见	可见	可见	
子类非同包	可见	可见		
非同包	可见			

📖 说明：如果没有其他 3 个修饰符，则采用默认修饰符修饰。

设计过程

（1）编写类 Ancestor，在该类中定义一个私有域 prescription 和一个受保护的方法 getPrescription()，其中方法用来获得祖先的药方。代码如下：

```java
public class Ancestor {
    private String prescription = "挠挠";                    //定义药方
    protected String getPrescription() {                    //获得药方
        return prescription;
    }
}
```

（2）编写类 Child，该类继承了 Ancestor 类。在该类的 main()方法中，创建该类的对象并输出祖先的药方。代码如下：

```java
public class Child extends Ancestor {
    public static void main(String[] args) {
        Child child = new Child();                          //创建子孙对象
        System.out.println("获得祖先的止痒药方：");
        System.out.println(child.getPrescription());        //输出药方
    }
}
```

🔊 注意：由于超类的 prediscription 域是私有的，因此不能被继承，即不能使用 child.prediscription。

秘笈心法

心法领悟 089：访问权限限定符应用。

为了实现面向对象的封装特性，通常将类的域设置成私有的（使用 private 修饰），而将方法设置成公有的（使用 public 修饰）。对于希望在子类中使用的域，可以将其设置成受保护的（使用 protected 修饰）。需要注意的是，即使没有继承关系，对于同包中的其他类，protected 域也是可见的。

实例 090	统计图书的销售量 光盘位置：光盘\MR\090	初级 趣味指数：★★★

实例说明

在商品（类的实例）的销售过程中，需要对销量进行统计。此时有两种方式，即可以在创建对象时统计个数或者在创建对象后统计个数。前者是通过在类的构造方法中增加计数器实现的，后者是在创建该类对象的类中增加计数器实现的。本实例将演示前者的实现方式。实例运行效果如图 5.8 所示。

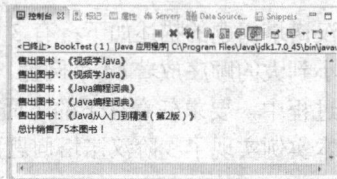

图 5.8　实例运行效果

关键技术

对于普通域而言，它是针对对象的，即每个对象可以有自己的一份普通域备份，它可以随意进行修改而不会对其他对象产生影响。对于 static 修饰的域而言，它是针对类的，即该类的全部对象共享一个域，此时任何对象对其的修改都会影响到其他对象的这个域。

🔊 注意：static 还可以修饰方法和块，但不要用 static 修饰类，这没有任何意义。

设计过程

（1）编写类 Book，在该类中定义一个静态整型域来保存类被实例化的次数。在构造方法中输出售出图书的名字并对计数器加 1。getCounter()方法可以获得计数器的结果。代码如下：

```
public class Book {
    private static int counter = 0;                          //定义一个计数器
    public Book(String title) {
        System.out.println("售出图书：" + title);             //输出书名
        counter++;                                           //计数器加 1
    }
    public static int getCounter() {                         //获得计数器的结果
        return counter;
    }
}
```

📖 **说明：** counter++是 counter = counter +1 的简略写法，也可以写成++counter。

（2）编写类 BookTest，在该类的 main()方法中定义一个书名数组，并创建 5 个 Book 类型的对象，最后输出创建对象的个数。代码如下：

```
public class BookTest {
    public static void main(String[] args) {
        String[] titles = { "《Java 从入门到精通（第 2 版）》", "《Java 编程词典》", "《视频学 Java》" };  //创建书名数组
        for (int i = 0; i < 5; i++) {
            new Book(titles[new Random().nextInt(3)]);       //利用书名数组创建 Book 对象
        }
        System.out.println("总计销售了" + Book.getCounter() + "本图书！");  //输出创建对象的个数
    }
}
```

📖 **说明：** new Random().nextInt(3)代码用于获得 0～2 的整数。

■ 秘笈心法

心法领悟 090：static 域的使用。

当需要记录类的状态时，可以使用 static 域。如果将类中的 static 域声明为 public 的，则既可以使用"类名.域"的方式来访问该 static 域，又可以使用"对象.域"的方式访问。通常推荐前者，因为能更好地表示 static 关键字的含义。在修饰域或方法时，public 和 static 的顺序无关紧要，对其他的访问权限限定符同理。

实例 091	汉诺塔问题求解 光盘位置：光盘\MR\091	初级 趣味指数：★★★★

■ 实例说明

汉诺塔问题的描述如下：有 3 根柱子 A、B 和 C，在 A 上从下往上按照从小到大的顺序放着 64 个圆盘，以 B 为中介，把盘子全部移动到 C 上。移动过程中，要求任意盘子的下面要么没有盘子，要么只能有比它大的盘子。本实例实现了 3 阶汉诺塔问题的求解，实例运行效果如图 5.9 所示。

图 5.9　实例运行效果

■ 关键技术

为了将第 N 个盘子从 A 移动到 C，需要先将第 N 个盘子上面的 N-1 个盘子移动到 B 上，这样才能将第 N 个盘子移动到 C 上。同理，为了将第 N-1 个盘子从 B 移动到 C 上，需要将 N-2 个盘子移动到 A 上，这样才能将第 N-1 个盘子移动到 C 上。通过递归就可以实现汉诺塔问题的求解，其最少移动次数为 2^n-1。

■ 设计过程

编写类 HanoiTower，在该类中包含两个方法，moveDish()方法使用递归实现问题的求解，main()方法用来进行测试。代码如下：

```
public class HanoiTower {
    public static void moveDish(int level, char from, char inter, char to) {
```

```
        if (level == 1) {                                        //如果只有 1 个盘子就退出迭代
            System.out.println("从 " + from + " 移动盘子 1 号到 " + to);
        } else {                                                 //如果有大于 1 个盘子就继续迭代
            moveDish(level - 1, from, to, inter);
            System.out.println("从 " + from + " 移动盘子 " + level + " 号到 " + to);
            moveDish(level - 1, inter, from, to);
        }
    }
    public static void main(String[] args) {
        int nDisks = 3;                                          //设置汉诺塔为 3 阶
        moveDish(nDisks, 'A', 'B', 'C');                         //实现移动算法
    }
}
```

■ 秘笈心法

心法领悟 091：static 方法的使用。

当类所实现的功能与具体的对象无关时，可以使用 static 方法。如果将类中的 static 方法声明为 public 的，则既可以使用"类名.方法名"的方式来访问该 static 方法，又可以使用"对象.方法名"的方式访问。通常推荐前者，因为它能更好地表示 static 关键字的含义。

实例 092	不能重写的方法 光盘位置：光盘\MR\092	初级 趣味指数：★★

■ 实例说明

在编写 Java 程序时，出于设计等方面的原因，需要子类不能够重写父类中定义的方法。为了实现这个需求，可以为父类的方法加"锁"，即使用 final 关键字。本实例将演示该关键字在定义方法时的应用。实例运行效果如图 5.10 所示。

```
E:\>javac SubClass.java
SubClass.java:3: SubClass 中的 test() 无法覆盖 SuperClass 中的 test()；被覆盖的
方法为 final
    public final void test() {
                      ^
1 错误
```

图 5.10　实例运行效果

📖 说明：SuperClass 和 SubClass 存在继承关系，图 5.10 所示是使用控制台编译 SubClass 类产生的错误。

■ 关键技术

final 可以用来修饰类、域和方法。修饰类表示该类不可被继承，即不能创建该类的子类。修饰域表示该域在初始化之后就不能被修改，通常与 static 组合使用创建常量。修饰方法表示该方法不能被重写。总之，只要记住 final 表示的是不可变的意思即可。

📖 说明：在 IDE 中，如果用户想重写 final 方法，则会显示错误信息进行提示。

■ 设计过程

（1）编写类 SuperClass，在该类中定义一个由 public final 修饰的 test()方法。代码如下：

```
public class SuperClass {
    public final void test() {
        System.out.println("我是超类中的方法！");
    }
}
```

（2）编写类 SubClass，该类继承了 SuperClass，并定义一个由 public final 修饰的 test()方法。代码如下：

```
public class SubClass extends SuperClass {
    public final void test() {
```

```
        System.out.println("我是子类中的方法！");
    }
}
```

秘笈心法

心法领悟 092：final 方法的应用。

以前使用 final 方法有两个原因：第一是因为设计，第二是因为效率。在早期的 Java 版本中，final 关键字能让方法在编译时被特殊处理，从而提高运行效率。而对于新的 Java 版本而言，不要因为效率原因而使用 final，应该让虚拟机处理效率问题。

5.3　包装类的使用

实例 093	将字符串转换成整数 光盘位置：光盘\MR\093	初级 趣味指数：★★★

实例说明

在 Swing 程序中，用户输入的信息通常是使用 getText()方法获得的。该方法的返回值是 String 类型。如果用户输入的是一串数字，而程序又需要使用这些数字进行运算，则可以将字符串转换成整型或浮点型。本实例利用用户输入的整数来计算其平方数。实例运行效果如图 5.11 所示。

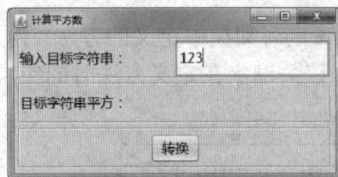 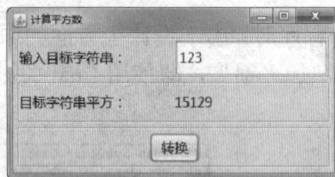

（a）转换前　　　　　　　　　　　　　　　　（b）转换后

图 5.11　实例运行效果

关键技术

Integer 类是基本类型中 int 类型的包装类，它可以将基本类型转换成引用类型。在 Java 5.0 版中增加了自动装箱和拆箱机制后，该类的这种用法已经不常用。该类还提供了将字符串转换成 int 类型的静态方法，该方法的声明如下：

```
public static int parseInt(String s) throws NumberFormatException
```

参数说明

s：要转换的字符串，如果不能成功转换则会抛出 NumberFormatException。

📖 说明：该方法是使用 10 为基数来解析字符串的，因此结果和字符串的内容相同。

设计过程

（1）编写类 IntegerConversion，该类继承了 JFrame。在框架中包含一个文本域来获得用户的输入，一个"转换"按钮，用于转换用户的输入为整数并计算其平方、显示结果和提示信息的标签。

（2）编写方法 do_button_actionPerformed()，用来监听单击"转换"按钮事件。在该方法中，将用户的输入转换成整数并计算其平方数，然后将结果显示在标签中。核心代码如下：

```
protected void do_button_actionPerformed(ActionEvent e) {
    String input = textField.getText();                //获得用户的输入文本
    int number = Integer.parseInt(input);              //将文本转换成整数
```

```
        label3.setText(number * number + "");                        //计算平方数并显示结果
    }
```

📢 **注意**：此处并未对用户的输入进行校验，如果用户输入的数不能转换成整数则会出现异常。

■ 秘笈心法

心法领悟 093：使用其他基数转换字符串。

除了本实例使用的 parseInt()方法外，API 中还提供了其重载方法。该方法可以根据指定的基数来转换字符串，其声明如下：

```
public static int parseInt(String s,int radix)throws NumberFormatException
```

参数说明

❶s：要转换的字符串，如果不能成功转换则会抛出 NumberFormatException。

❷radix：解析 s 时使用的基数。

实例 094	整数进制转换器 光盘位置：光盘\MR\094	初级 趣味指数：★★★

■ 实例说明

由于计算机的特殊结构，其内部使用二进制数据。为了节约空间，又定义了八进制和十六进制格式来表示二进制数据。一个八进制数可以表示 3 位二进制数，一个十六进制数可以表示 4 位二进制数。而对于普通人而言，使用十进制更易阅读。本实例将实现一个简单的进制转换器。实例运行效果如图 5.12 所示。

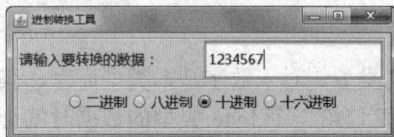
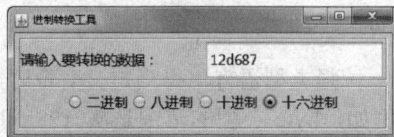

（a）十进制　　　　　　　　　　　　　　　　　　　（b）十六进制

图 5.12　实例运行效果

📢 **注意**：需要先在文本域中输入数字才能进行转换，本实例并未校验空输入的情况。

■ 关键技术

Integer 类设计的初衷是为了在基本类型 int 和引用类型之间建立一座桥梁，然而类库的设计者发现，可以将很多有用的方法也放在该类中。本实例使用其定义的进制转换方法来实现进制转换，使用到的方法如表 5.2 所示。

表 5.2　Integer 类常用的方法

方 法 名	作 用
toBinaryString(int i)	返回指定数字 i 的二进制表示形式
toOctalString(int i)	返回指定数字 i 的八进制表示形式
toHexString(int i)	返回指定数字 i 的十六进制表示形式

📢 **注意**：以上方法的返回值都是无符号形式的结果，例如，-1 的十六进制表示是 ffffffff。

■ 设计过程

（1）编写类 RadixConversion，该类继承了 JFrame。在框架中包含了一个文本域，用来获得用户的输入和显示转换的结果，一个按钮组，用来实现在不同进制之间的转换功能。

（2）编写方法 do_textField_focusLost()，用来监听文本域失去焦点事件。在该方法中，使用一个名为 number

的域保存用户输入的字符串，核心代码如下：

```
protected void do_textField_focusLost(FocusEvent e) {
    number = textField.getText();                                    //获得用户的输出
}
```

💡 **提示**：读者可以使用 String 类的 isEmpty()方法来判断用户输入是否为空。

（3）编写方法 do_octalRadioButton_actionPerformed()，用来监听选中"八进制"单选按钮事件。在该方法中，将用户输入的字符串转换成八进制格式并在文本域中显示，核心代码如下：

```
protected void do_octalRadioButton_actionPerformed(ActionEvent e) {
    textField.setText(Integer.toOctalString(Integer.parseInt(number)));    //显示转换的结果
}
```

📖 **说明**：对于二进制和十六进制的转换其代码类似，在此不再进行讲解，请读者参考 API 文档。

■ 秘笈心法

心法领悟 094：转换器的增强。

本实例虽然实现了进制转换功能，但是有个缺点：不能进行连续转换。因为 Integer.parseInt(number)代码使用 10 为基数来解析字符串，如果用户先将字符串转换成包含字母的十六进制格式，再转换为其他进制就会出现数字格式异常。解决方法是保存当前数字的基数，请读者自行完成。

实例 095	查看数字的取值范围 光盘位置：光盘\MR\095	初级 趣味指数：★★★

■ 实例说明

Java 是一种强类型语言，每当定义变量时，都需要先指明其类型。对于数字基本类型而言，其取值范围是有限制的。例如，byte 类型的范围是从-128～127，如果将 128 赋值给一个 byte 类型的数据时就会报错。本实例将用来显示各种数字基本类型的最大值和最小值。实例运行效果如图 5.13 所示。

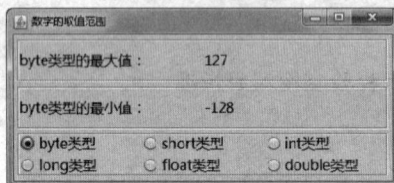

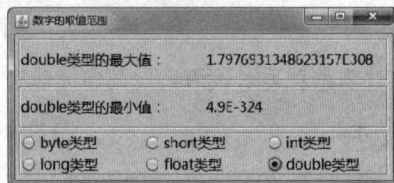

（a）byte 类型　　　　　　　　　　　　　　　（b）double 类型

图 5.13　实例运行效果

■ 关键技术

为了方便基本类型和引用类型之间的转换，Java 为每种基本类型都提供了对应的包装类。现说明如下：byte 的包装类是 Byte，short 的包装类是 Short，int 的包装类是 Integer，long 的包装类是 Long，float 的包装类是 Float，double 的包装类是 Double，boolean 的包装类是 Boolean，char 的包装类是 Character。在各个包装类中，定义了一些常用的域和方法。对于数字基本类型的包装类而言，其 MAX_VALUE 域表示该类型所能取得的最大值、MIN_VALUE 域表示该类型所能取得的最小值。以 Byte 为例，下面的代码可以获得 byte 类型的最大值：

```
Byte.MAX_VALUE
```

对于其他类型而言，代码也是类似的。

■ 设计过程

（1）编写类 NumberLimitation，该类继承了 JFrame。在框架中包含了 4 个标签和一个按钮组，其中两个标签被用来显示最大值和最小值，按钮组用来供用户选择要显示的基本类型。

（2）编写方法 do_byteRadioButton_actionPerformed()，用来监听选中"byte 类型"单选按钮事件。在该方法中，更新了 4 个标签的文本信息，核心代码如下：

```
protected void do_byteRadioButton_actionPerformed(ActionEvent e) {
    maxLabel.setText("byte 类型的最大值：");                //更新最大值标签
    minLabel.setText("byte 类型的最小值：");                //更新最小值标签
    maxResult.setText(Byte.MAX_VALUE + "");               //显示最大值
    minResult.setText(Byte.MIN_VALUE + "");               //显示最小值
}
```

📖 **说明**：其他单选按钮的代码类似，在此不再讲解。

■ 秘笈心法

心法领悟 095：基本类型的应用。

在 8 种基本类型中，最常用的是 boolean、int 和 double 类型。byte 类型用于输入流和输出流的操作。Short 和 float 类型通常用于需要节约空间的情况。如果不是与字符编码有关的操作，最好不要使用 char 类型。使用 long 和 float 类型时，需要在数字后面增加 L（l）和 F（f）标识。

实例 096	ASCII 编码查看器	初级
	光盘位置：光盘\MR\096	趣味指数：★★★★

■ 实例说明

ASCII 是 American Standard Code Information Interchange 的缩写，是基于拉丁字母的一套电脑编码系统，主要用于显示英语字符，是目前世界上最通用的单字节编码。基本的 ASCII 编码包括了 128 个字符。本实例将编写一个 ASCII 编码查看器，可以将字符转换成数字，也可以反向转换。实例运行效果如图 5.14 所示。

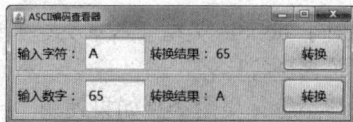

图 5.14　实例运行效果

📖 **说明**：如果输入了多个字符，则在转换时只取第一个字符转换成数字。本实例未对数字范围进行校验。

■ 关键技术

Character 类是 char 类型的包装类，该类除了能将 char 类型转换成引用类型外，还包括了大量处理字符编码的方法。本实例使用 codePointAt()方法获得字符的代码点，该方法的声明如下：

```
public static int codePointAt(char[] a,int index)
```

参数说明

❶ a：char 数组。

❷ index：要转换的 char 数组中的 char 值（Unicode 代码单元）的索引。

使用 toChars()方法将指定的代码点转换成 UTF-16 编码的 char 数组，该方法的声明如下：

```
public static char[] toChars(int codePoint)
```

参数说明

codePoint：一个 Unicode 代码点。

■ 设计过程

（1）编写类 ASCIIViewer，该类继承了 JFrame。在框架中主要包含两个文本域和两个"转换"按钮，文本域用来获得用户的输入，"转换"按钮用来完成转换功能，并显示在标签上。

（2）编写方法 do_toNumberButton_actionPerformed()，用来监听单击第一个"转换"按钮事件。在该方法中，将用户输入的字符转换成数字，核心代码如下：

```java
protected void do_toNumberButton_actionPerformed(ActionEvent e) {
    String ascii = asciiTextField.getText();              //获得用户输入的字符串
    int i = Character.codePointAt(ascii, 0);               //求字符串中第 1 个字符的代码点
    label3.setText("" + i);                                //更新标签
}
```

（3）编写方法 do_toASCIIButton_actionPerformed()，用来监听单击第 2 个"转换"按钮事件。在该方法中，将用户输入的数字转换成字符，核心代码如下：

```java
protected void do_toASCIIButton_actionPerformed(ActionEvent e) {
    String number = numberTextField.getText();            //获得用户输入的字符串
    char[] a = Character.toChars(Integer.parseInt(number)); //求数字所对应的字符数组
    label6.setText(new String(a));                         //更新标签
}
```

■ 秘笈心法

心法领悟 096：Character 类的应用。

Character 类的方法和数据是通过 UnicodeData 文件中的信息定义的，该文件是 Unicode Consortium 维护的 Unicode Character Database 的一部分。此文件指定了各种属性，其中包括每个已定义 Unicode 代码点或字符范围的名称和常规类别。此文件及其描述可从 Unicode Consortium 获得。

实例 097	Double 类型的比较 光盘位置：光盘\MR\097	初级 趣味指数：★★★

■ 实例说明

对于 double 类型（基本类型）的数据，可以直接使用普通的运算符来进行比较，如"=="。然而，对于 Double 类型（引用类型）却不行。引用类型如果使用"=="来进行比较则判断内存地址是否相同，答案通常是否定的。本实例演示如何使用 Double 类中定义的方法进行对象间的比较，实例运行效果如图 5.15 所示。

图 5.15　实例运行效果

■ 关键技术

Double 类是基本类型 double 的包装类，该类提供了比较两个 Double 类型对象的 compareTo()方法，该方法的声明如下：

```java
public int compareTo(Double anotherDouble)
```

参数说明

anotherDouble：要比较的 Double 值。

如果比较的两个数相等则返回 0；如果调用该方法的数大则返回 1，否则返回-1。可以简单地记忆为按顺序求两个数的差。

💡 提示：如果仅需要判断是否相等，可以使用 equals()方法，该方法已经被重写了。

■ 设计过程

编写类 DoubleTest，在该类的 main()方法中定义两个 Double 类型的数据，并使用 compareTo()方法对其进行比较。代码如下：

```java
public class DoubleTest {
    public static void main(String[] args) {
        Double number1 = 12.3;                             //定义 Double 类型的数据
        Double number2 = 12.3;                             //定义 Double 类型的数据
        System.out.println("number1：" + number1);         //输出定义的数据
        System.out.println("number2：" + number2);         //输出定义的数据
```

```
        switch (number1.compareTo(number2)) {                          //判断两个 Double 类型数据之间的关系
            case -1:
                System.out.println("number1 < number2");                //输出比较的结果
                break;
            case 0:
                System.out.println("number1 == number2");               //输出比较的结果
                break;
            case 1:
                System.out.println("number1 > number2");                //输出比较的结果
                break;
        }
    }
}
```

注意：不要忘记在每个 case 子句的末尾增加 break 来跳出比较。

■ 秘笈心法

心法领悟 097：包装类对象的比较。

所有包装类的对象都不能使用 "==" 进行比较，每个包装类都定义了 compareTo() 方法，可以使用该方法比较相同类型的对象，根据返回值的不同来确定比较的结果，负数代表小于，零代表等于，正数代表大于。另外，包装类重写了从 Object 类继承的 equals() 方法，因此可以使用该方法比较两个引用类型是否相等。

5.4　面向对象的特征

实例 098	经理与员工的差异 光盘位置：光盘\MR\098	初级 趣味指数：★★★

■ 实例说明

对于在同一家公司工作的经理和员工而言，两者是有很多共同点的。例如，每个月都要发工资，但是经理在完成目标任务后，还会获得奖金。此时，利用员工类来编写经理类就会少写很多代码，利用继承技术可以让经理类使用员工类中定义的域和方法。本实例将演示继承的用法，实例运行效果如图 5.16 所示。

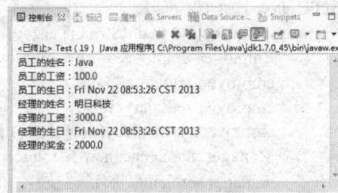

图 5.16　实例运行效果

■ 关键技术

在面向对象程序设计中，继承是其基本特性之一。在 Java 中，如果想表明类 A 继承了类 B，可以使用下面的语法定义类 A：

```
public class A extends B {}
```

类 A 称为子类、派生类或孩子类，类 B 称为超类、基类或父类。尽管类 B 是一个超类，但是并不意味着类 B 比类 A 有更多的功能。相反，类 A 比类 B 拥有的功能更加丰富。

提示：在继承树中，从下往上越来越抽象，从上往下越来越具体。

■ 设计过程

（1）编写类 Employee，在该类中定义 3 个域：name 表示员工的姓名，salary 表示员工的工资，birthday 表示员工的生日，并分别为它们定义 get 和 set 方法。代码如下：

```
public class Employee {
    private String name;                                    //员工的姓名
    private double salary;                                  //员工的工资
```

```java
    private Date birthday;                                              //员工的生日
    public String getName() {                                          //获得员工的姓名
        return name;
    }
    public void setName(String name) {                                 //设置员工的姓名
        this.name = name;
    }
    public double getSalary() {                                        //获得员工的工资
        return salary;
    }
    public void setSalary(double salary) {                             //设置员工的工资
        this.salary = salary;
    }
    public Date getBirthday() {                                        //获得员工的生日
        return birthday;
    }
    public void setBirthday(Date birthday) {                           //设置员工的生日
        this.birthday = birthday;
    }
}
```

📢 **注意**：对于引用类型，在提供 get 方法时，需要对其进行克隆。

（2）编写类 Manager，该类继承自 Employee。在该类中，定义一个 bonus 域，表示经理的奖金，并为其设置 get 和 set 方法。代码如下：

```java
public class Manager extends Employee {
    private double bonus;                                              //经理的奖金
    public double getBonus() {                                         //获得经理的奖金
        return bonus;
    }
    public void setBonus(double bonus) {                               //设置经理的奖金
        this.bonus = bonus;
    }
}
```

（3）编写 Test 类用来进行测试，在该类中分别创建 Employee 和 Manager 对象，并为其赋值，然后输出其属性。代码如下：

```java
public class Test {
    public static void main(String[] args) {
        Employee employee = new Employee();                            //创建 Employee 对象并为其赋值
        employee.setName("Java");
        employee.setSalary(100);
        employee.setBirthday(new Date());
        Manager manager = new Manager();                               //创建 Manager 对象并为其赋值
        manager.setName("明日科技");
        manager.setSalary(3000);
        manager.setBirthday(new Date());
        manager.setBonus(2000);
        //输出经理和员工的属性值
        System.out.println("员工的姓名：" + employee.getName());
        System.out.println("员工的工资：" + employee.getSalary());
        System.out.println("员工的生日：" + employee.getBirthday());
        System.out.println("经理的姓名：" + manager.getName());
        System.out.println("经理的工资：" + manager.getSalary());
        System.out.println("经理的生日：" + manager.getBirthday());
        System.out.println("经理的奖金：" + manager.getBonus());
    }
}
```

💡 **提示**：在 Manager 类中，并未定义姓名等域，然而却可以使用，这就是继承的好处。

■ 秘笈心法

心法领悟 098：继承的使用原则。

虽然使用继承能少写很多代码，但是不要滥用继承。在使用继承前，需要考虑一下两者之间是否真的是"is-a"

的关系，这是继承的重要特征。本实例中，经理显然是员工，所以可以用继承。另外，子类也可以成为其他类的父类，这样就构成了一棵继承树。

实例 099	重写父类中的方法 光盘位置：光盘\MR\099	初级 趣味指数：★★★★☆

■ 实例说明

　　在继承了一个类之后，就可以使用父类中定义的方法。然而，父类中的方法并不能完全适用于子类，此时如果不想新定义方法，则可以重写父类中的方法。本实例将演示如何重写父类中的方法，实例运行效果如图 5.17 所示。

图 5.17　实例运行效果

■ 关键技术

　　方法的重写（Overriding）只能发生在存在继承关系的类中。重写方法需要注意以下几点：

❑　重写方法与原来方法的签名要相同，即方法名称和参数（包括顺序）要相同。
❑　重写方法的可见性不能小于原来的方法。
❑　重写方法抛出异常的范围不能大于原来方法抛出异常的范围。

◀) 注意：重写方法可以与原来方法的返回值不同，但两个返回值之间要存在继承关系。

■ 设计过程

　　（1）编写类 Employee，在该类中定义了 getInfo()方法。代码如下：

```java
public class Employee {
    public String getInfo() {                          //定义测试用的方法
        return "父类：我是明日科技的员工！";
    }
}
```

　　（2）编写类 Manager，该类继承了 Employee 并重写了 getInfo()方法。代码如下：

```java
public class Manager extends Employee {
    @Override
    public String getInfo() {                          //重写测试用的方法
        return "子类：我是明日科技的经理！";
    }
}
```

　　（3）编写类 Test 用来进行测试，该类中创建了 Employee 对象和 Manager 对象，并分别输出 getInfo()方法的返回值。代码如下：

```java
public class Test {
    public static void main(String[] args) {
        Employee employee = new Employee();            //创建 Employee 对象
        System.out.println(employee.getInfo());        //输出 Employee 对象的 getInfo()方法返回值
        Manager manager = new Manager();               //创建 Manager 对象
        System.out.println(manager.getInfo());         //输出 Manager 对象的 getInfo()方法返回值
    }
}
```

■ 秘笈心法

　　心法领悟 099：@Override 注解的使用。
　　在 Java SE 5.0 版中新增了注解功能，@Override 是最常用的注解之一。该注解只能应用在方法上，可以测试该方法是否重写了父类中的方法，如果没有则会在编译时报错。使用该注解可以很好地避免重写时发生的各种问题，因此推荐读者使用。

实例 100	计算几何图形的面积	初级
	光盘位置：光盘\MR\100	趣味指数：★★★

■ 实例说明

对于每个几何图形而言，都有一些共同的属性，如名字、面积等，而其计算面积的方法却各不相同。为了简化开发，可以定义一个超类来实现输出名字的方法，并使用抽象方法计算面积。本实例将演示抽象类与抽象方法的使用。实例运行效果如图 5.18 所示。

图 5.18　实例运行效果

■ 关键技术

在设计类的过程中，通常会将一些类所具有的公共域和方法移到超类中，这样就不需重复定义。然而这些类的超类却经常没有实际的意义，因此通常将它设置成抽象的，这样可以避免创建该类的对象。声明一个最简单的抽象类代码如下：

```
public abstract class Shape{}
```

◆)) **注意**：抽象类是不能直接实例化的，如果要获得该类的实例，可以使用静态方法创建其实现类对象。

■ 设计过程

（1）编写类 Shape，该类是一个抽象类。在该类中定义两个方法：getName()方法使用反射机制获得类名称，getArea()方法是一个抽象方法，并未实现。代码如下：

```java
public abstract class Shape {
    public String getName() {                              //获得图形的名称
        return this.getClass().getSimpleName();
    }
    public abstract double getArea();                      //获得图形的面积
```

（2）编写类 Circle，该类继承自 Shape 并实现其抽象方法 getArea()。在该类的构造方法中，获得圆形的半径，以此在 getArea()中计算面积。代码如下：

```java
public class Circle extends Shape {
    private double radius;
    public Circle(double radius) {                         //获得圆形的半径
        this.radius = radius;
    }
    @Override
    public double getArea() {                              //计算圆形的面积
        return Math.PI * Math.pow(radius, 2);
    }
}
```

（3）编写类 Rectangle，该类继承自 Shape 并实现其抽象方法 getArea()。在该类的构造方法中，获得矩形的长和宽，以此在 getArea()中计算面积。代码如下：

```java
public class Rectangle extends Shape {
    private double length;
    private double width;
    public Rectangle(double length, double width) {        //获得矩形的长和宽
        this.length = length;
        this.width = width;
    }
    @Override
    public double getArea() {                              //计算矩形的面积
        return length * width;
    }
}
```

（4）编写类 Test 用来进行测试，在该类中创建 Circle 对象和 Rectangle 对象，并分别输出图形的名称和面积。代码如下：

```java
public class Test {
    public static void main(String[] args) {
        Circle circle = new Circle(1);                          //创建圆形对象并将半径设置成 1
        System.out.println("图形的名称是: " + circle.getName());
        System.out.println("图形的面积是: " + circle.getArea());
        Rectangle rectangle = new Rectangle(1, 1);              //创建矩形对象并将长和宽设置成 1
        System.out.println("图形的名称是: " + rectangle.getName());
        System.out.println("图形的面积是: " + rectangle.getArea());
    }
}
```

秘笈心法

心法领悟 100：抽象类的使用。

在抽象类中，可以定义抽象方法（使用 abstract 修饰的方法），也可以定义普通方法。包含抽象方法的类必须是抽象类，而抽象类不必包含抽象方法。对于抽象方法而言，仅定义一个声明即可，抽象方法是没有方法体的。

实例 101	提高产品质量的方法 光盘位置：光盘\MR\101	初级 趣味指数：★★★★☆

实例说明

对于消费者而言，总是希望自己购买的商品不会出现这样那样的质量问题。这就要求厂家在生产产品时要特别注意质量。在生产产品之前，需要保证产品的各种属性在合理的取值范围内。本实例通过为 Box 各个属性在设置时增加校验来保证不会生产出错误的产品。实例运行效果如图 5.19 所示。

图 5.19　实例运行效果

关键技术

在面向对象程序设计中，封装是其基本特性之一。通过使用封装可以让用户不必关心自己需要的功能是如何实现的，只需关心如何使用已经实现的功能即可。对于 Java 类而言，通常将其属性设置成私有的，且使用 get 方法获得属性，使用 set 方法设置属性。通过对 set 方法增加校验就可以控制类的属性是合法的。

💡 提示：对于使用构造方法进行初始化的类，也可以在构造方法中增加校验代码。

设计过程

（1）编写类 Box，在该类中定义 3 个域：length 代表箱子的长度，width 代表箱子的宽度，height 代表箱子的高度，并分别为这 3 个域定义 get 和 set 方法。代码如下：

```java
public class Box {
    private double length;                  //箱子的长度
    private double width;                   //箱子的宽度
    private double height;                  //箱子的高度
    public double getLength() {            //获得箱子的长度
        return length;
    }
    public void setLength(double length) {  //设置箱子的长度
        if (length <= 0) {                  //如果箱子的长度小于 0 则将其设置成 1
            this.length = 1;
        } else {
            this.length = length;
        }
    }
```

```java
    public double getWidth() {                                          //获得箱子的宽度
        return width;
    }
    public void setWidth(double width) {                                //设置箱子的宽度
        if (width <= 0) {                                               //如果箱子的宽度小于 0 则将其设置成 1
            this.width = 1;
        } else {
            this.width = width;
        }
    }
    public double getHeight() {                                         //获得箱子的高度
        return height;
    }
    public void setHeight(double height) {                             //设置箱子的高度
        if (height <= 0) {                                             //如果箱子的高度小于 0 则将其设置成 1
            this.height = 1;
        } else {
            this.height = height;
        }
    }
}
```

（2）编写类 Test 用来进行测试，在该类中创建 Box 对象，首先将 Box 对象的属性都设置成-1，然后输出 Box 对象的属性。代码如下：

```java
public class Test {
    public static void main(String[] args) {
        Box box = new Box();                                           //创建 Box 对象
        System.out.println("将箱子的长度设置成-1");
        box.setLength(-1);                                             //将长度设置成-1
        System.out.println("将箱子的宽度设置成-1");
        box.setWidth(-1);                                             //将宽度设置成-1
        System.out.println("将箱子的高度设置成-1");
        box.setHeight(-1);                                            //将高度设置成-1
        System.out.println("箱子的长度是： " + box.getLength());       //显示 Box 对象的长度
        System.out.println("箱子的宽度是： " + box.getWidth());        //显示 Box 对象的宽度
        System.out.println("箱子的高度是： " + box.getHeight());       //显示 Box 对象的高度
    }
}
```

■ 秘笈心法

心法领悟 101：有关 get、set 方法的注意事项。

通常情况下，域会被设成私有的，然后为该域提供对应的 get 和 set 方法，但这并不是绝对的。如果不希望修改域的值则不必提供 set 方法。对于引用类型而言，在提供 get 方法时需要对其进行克隆。get 方法的命名规则是 get+域，其中域的首字母大写，set 方法的要求与其相同。

实例 102	简单的汽车销售商场 光盘位置：光盘\MR\102	初级 趣味指数：★★★☆

■ 实例说明

当顾客在商场购物时，卖家需要根据顾客的需求提取商品。对于汽车销售商场也是如此。用户需要先指定购买的车型，然后商家去提取该车型的汽车。本实例将实现一个简单的汽车销售商场，用来演示多态的用法。实例运行效果如图 5.20 所示。

图 5.20　实例运行效果

■ 关键技术

在面向对象程序设计中，多态是其基本特性之一。使用多态的好处就是可以屏蔽对象之间的差异，从而增强软件的扩展性和重用性。Java 中的多态主要是通过重写父类（或接口）中的方法来实现的。如对于香蕉、桔子等水果而言，人们通常关心其能吃的特性。如果分别说香蕉能吃、桔子能吃，则当再增加新的水果种类如菠萝时，还要写菠萝能吃，这是非常麻烦的。使用多态可以写成水果能吃，当需要用到具体的水果时，系统会自动帮忙替换，从而简化开发。

■ 设计过程

（1）编写类 Car，该类是一个抽象类，其中定义了一个抽象方法 getInfo()。代码如下：

```java
public abstract class Car {
    public abstract String getInfo();                    //用来描述汽车的信息
}
```

（2）编写类 BMW，该类继承自 Car 并实现了其 getInfo()方法。代码如下：

```java
public class BMW extends Car {
    @Override
    public String getInfo() {                            //用来描述汽车的信息
        return "BMW";
    }
}
```

（3）编写类 Benz，该类继承自 Car 并实现了其 getInfo()方法。代码如下：

```java
public class Benz extends Car {
    @Override
    public String getInfo() {                            //用来描述汽车的信息
        return "Benz";
    }
}
```

（4）编写类 CarFactory，该类定义了一个静态方法 getCar()，它可以根据用户指定的车型创建对象。代码如下：

```java
public class CarFactory {
    public static Car getCar(String name) {
        if (name.equalsIgnoreCase("BMW")) {              //如果需要 BMW 则创建 BMW 对象
            return new BMW();
        } else if (name.equalsIgnoreCase("Benz")) {      //如果需要 Benz 则创建 Benz 对象
            return new Benz();
        } else {                                         //暂时不能支持其他车型
            return null;
        }
    }
}
```

（5）编写类 Customer 用来进行测试，在 main()方法中，根据用户的需要提取不同的汽车。代码如下：

```java
public class Customer {
    public static void main(String[] args) {
        System.out.println("顾客要购买 BMW:");
        Car bmw = CarFactory.getCar("BMW");              //用户要购买 BMW
        System.out.println("提取汽车：" + bmw.getInfo());   //提取 BMW
        System.out.println("顾客要购买 Benz:");
        Car benz = CarFactory.getCar("Benz");            //用户要购买 Benz
        System.out.println("提取汽车：" + benz.getInfo());  //提取 Benz
    }
}
```

■ 秘笈心法

心法领悟 102：简单工厂模式的应用。

本实例实现了设计模式中的简单工厂模式。该模式将创建对象的过程放在了一个静态方法中来实现。在实际编程中，如果需要大量地创建对象，使用该模式是比较理想的。当商场支持新的车型时，只需要修改 CarFactory

类进行增加即可，对其他类基本不需要修改。

5.5 Object 类的应用

| 实例 103 | 两只完全相同的宠物
光盘位置：光盘\MR\103 | 高级
趣味指数：★★★★☆ |

■ 实例说明

由于生命的复杂性，寻找两只完全相同的宠物是不可能的，但在 Java 语言中却简单很多。可以通过比较感兴趣的属性来判断两个对象是否相同。本实例将创建 3 只宠物猫，通过比较它们的名字、年龄、重量和颜色属性来看它们是否相同。实例运行效果如图 5.21 所示。

■ 关键技术

Java 中任何一个类都是 Object 类的直接或间接子类。如果类没有超类，则它默认继承自 Object 类。在 Object 类中，实现了很多有用的方法。equals()方法的默认操作是检测两个对象是否具有相同的引用。这虽然很合理，但是并没有实用价值。通常需要重写该方法来比较类的域是否相等。如果参与比较的所有域都相等则对象也相等，否则不等。该方法的声明如下：

```
public boolean equals(Object obj)
```

图 5.21　实例运行效果

💡 提示：对于基本类型可以直接使用 "=="进行判断，对于引用类型则需要重写 equals()方法。

■ 设计过程

（1）编写类 Cat，在该类中定义 4 个域：name 表示名字，age 表示年龄，weight 表示重量，color 表示颜色。重写 equals()方法来比较对象的属性是否相同，重写 toString()方法来方便输出对象。代码如下：

```java
public class Cat {
    private String name;                                  //表示猫咪的名字
    private int age;                                      //表示猫咪的年龄
    private double weight;                                //表示猫咪的重量
    private Color color;                                  //表示猫咪的颜色
    public Cat(String name, int age, double weight, Color color) {   //初始化猫咪的属性
        this.name = name;
        this.age = age;
        this.weight = weight;
        this.color = color;
    }
    @Override
    public boolean equals(Object obj) {                   //利用属性来判断猫咪是否相同
        if (this == obj) {                                //如果两个猫咪是同一个对象则相同
            return true;
        }
        if (obj == null) {                                //如果两个猫咪有一个为 null 则不同
            return false;
        }
        if (getClass() != obj.getClass()) {              //如果两个猫咪的类型不同则不同
            return false;
        }
        Cat cat = (Cat) obj;
        return name.equals(cat.name) && (age == cat.age) && (weight == cat.weight) && (color.equals(cat.color));   //比较猫咪的属性
```

```
        }
        @Override
        public String toString() {                                          //重写 toString()方法
            StringBuilder sb = new StringBuilder();
            sb.append("名字: " + name + "\n");
            sb.append("年龄: " + age + "\n");
            sb.append("重量: " + weight + "\n");
            sb.append("颜色: " + color + "\n");
            return sb.toString();
        }
    }
```

📢 **注意**：本实例为了简单，没有重写 hashCode()方法，在实际编程中，读者一定不要忘记重写该方法。

（2）编写 Test 类进行测试，在该类的 main()方法中创建 3 只猫咪，并为其初始化，然后输出猫咪对象和比较的结果。代码如下：

```
public class Test {
    public static void main(String[] args) {
        Cat cat1 = new Cat("Java", 12, 21, Color.BLACK);                     //创建猫咪 1 号
        Cat cat2 = new Cat("C++", 12, 21, Color.WHITE);                      //创建猫咪 2 号
        Cat cat3 = new Cat("Java", 12, 21, Color.BLACK);                     //创建猫咪 3 号
        System.out.println("猫咪 1 号: " + cat1);                             //输出猫咪 1 号
        System.out.println("猫咪 2 号: " + cat2);                             //输出猫咪 2 号
        System.out.println("猫咪 3 号: " + cat3);                             //输出猫咪 3 号
        System.out.println("猫咪 1 号是否与猫咪 2 号相同: " + cat1.equals(cat2));  //比较是否相同
        System.out.println("猫咪 1 号是否与猫咪 3 号相同: " + cat1.equals(cat3));  //比较是否相同
    }
}
```

■ 秘笈心法

心法领悟 103：重写 equals()方法的注意事项。

Java 语言规范要求 equals()方法具有自反性、对称性、传递性和一致性等特性。关于这些要求的具体说明请参考 Object 类的 API 文档。Java SE 的类库中，已经对很多类的 equals()方法进行了重写，如 String 类，可以直接调用 equals()方法比较字符串的内容是否相同。需要注意的是，重写 equals()方法后也要重写 hashCode()方法。

实例 104	简化 equals()方法的重写 光盘位置：光盘\MR\104	高级 趣味指数：★★★★☆

■ 实例说明

在定义类时，域可以是基本类型，也可以是引用类型。当重写 equals()方法比较类的域时，一会儿要用 "==" 比较基本类型，一会儿要用 equals()方法比较引用类型，这样的代码看着有些混乱。为此推荐使用 Commons 的 Lang 组件来重写该方法。本实例将演示其用法，实例运行效果如图 5.22 所示。

💡 **提示**：请读者自行下载需要的 jar 包，关于 Commons 组件的更详细介绍请参考第 10 章。

■ 关键技术

EqualsBuilder 类是重写 equals()方法的工具类。该类为其他类打造优雅的 equals()方法而提供了多种方法。它遵循了《Effective Java》中定义的规则。EqualsBuilder 类常用的方法如表 5.3 所示。

图 5.22　实例运行效果

表 5.3　EqualsBuilder 类常用的方法

方 法 名	作 用
append(Object lhs, Object rhs)	如果 lhs 和 rhs 对象相等则返回 true，否则返回 false
append(int lhs, int rhs)	如果 lhs 和 rhs 对象相等则返回 true，否则返回 false
append(double lhs, double rhs)	如果 lhs 和 rhs 对象相等则返回 true，否则返回 false
isEquals()	如果检查的域全相等则返回 true，否则返回 false

💡 提示：append()方法还有很多重载的版本，详细介绍请读者参考 Commons Lang 组件的 API 文档。

■ 设计过程

（1）编写类 Cat，在该类中定义 4 个域：name 表示名字，age 表示年龄，weight 表示重量，color 表示颜色。重写 equals()方法比较对象的属性是否相同，重写 toString()方法方便输出对象。代码如下：

```java
public class Cat {
    private String name;                                      //表示猫咪的名字
    private int age;                                          //表示猫咪的年龄
    private double weight;                                    //表示猫咪的重量
    private Color color;                                      //表示猫咪的颜色
    public Cat(String name, int age, double weight, Color color) {   //初始化猫咪的属性
        this.name = name;
        this.age = age;
        this.weight = weight;
        this.color = color;
    }
    @Override
    public boolean equals(Object obj) {                       //利用属性判断猫咪是否相同
        if (this == obj) {                                    //如果两个猫咪是同一个对象则相同
            return true;
        }
        if (obj == null) {                                    //如果两个猫咪有一个为 null 则不同
            return false;
        }
        if (getClass() != obj.getClass()) {                  //如果两个猫咪的类型不同则不同
            return false;
        }
        Cat cat = (Cat) obj;
        return new EqualsBuilder().append(name, cat.name).append(age, cat.age)
        .append(weight, cat.weight).append(color, cat.color).isEquals();   //比较猫咪的属性
    }
    @Override
    public String toString() {                               //重写 toString()方法
        StringBuilder sb = new StringBuilder();
        sb.append("名字：" + name + "\n");
        sb.append("年龄：" + age + "\n");
        sb.append("重量：" + weight + "\n");
        sb.append("颜色：" + color + "\n");
        return sb.toString();
    }
}
```

🔊 注意：本实例为了简单，没有重写 hashCode()方法，在实际编程中，一定不要忘记重写该方法。

（2）编写 Test 类进行测试，在该类的 main()方法中创建 3 只猫咪，并为其初始化，然后输出猫咪对象和比较的结果。代码如下：

```java
public class Test {
    public static void main(String[] args) {
        Cat cat1 = new Cat("Java", 12, 21, Color.BLACK);     //创建猫咪 1 号
        Cat cat2 = new Cat("C++", 12, 21, Color.WHITE);      //创建猫咪 2 号
        Cat cat3 = new Cat("Java", 12, 21, Color.BLACK);     //创建猫咪 3 号
        System.out.println("猫咪 1 号：" + cat1);             //输出猫咪 1 号
        System.out.println("猫咪 2 号：" + cat2);             //输出猫咪 2 号
        System.out.println("猫咪 3 号：" + cat3);             //输出猫咪 3 号
```

```
        System.out.println("猫咪 1 号是否与猫咪 2 号相同："+ cat1.equals(cat2));        //比较是否相同
        System.out.println("猫咪 1 号是否与猫咪 3 号相同："+ cat1.equals(cat3));        //比较是否相同
    }
}
```

秘笈心法

心法领悟 104：EqualsBuilder 类的使用。

除了可以将各个域单独比较外，该类还提供了使用反射来比较两个对象是否相等的方法。这样可以简化开发，其用法如下：

```
public boolean equals(Object obj) {
    return EqualsBuilder.reflectionEquals(this, obj);
}
```

需要注意的是，由于域通常是私有的，reflectionEquals()方法用反射修改了域的访问权限修饰符。如果有安全管理则会失败，而且这种做法比直接比较各个属性的速度慢。

实例 105	重新计算对象的哈希码 光盘位置：光盘\MR\105	高级 趣味指数：★★★★☆

实例说明

Java 中创建的对象是保存在堆中的，为了提高查找的速度使用了散列查找。散列查找的基本思想是定义一个键来映射对象所在的内存地址。当需要查找对象时，直接查找键即可。这样就不用遍历整个堆来查找对象了。本实例将查看不同对象的散列值，实例运行效果如图 5.23 所示。

图 5.23　实例运行效果

关键技术

Java 中任何一个类都是 Object 类的直接或间接子类。如果类没有超类，则它默认继承自 Object 类。在 Object 类中，实现了很多有用的方法。hashCode()方法的作用是计算对象的哈希码。支持此方法是为了提高哈希表（如 java.util.Hashtable 提供的哈希表）的性能。该方法的声明如下：

```
public int hashCode()
```

Object 类在实现该方法时，返回值是对象的存储地址，这与 equals()方法的实现相关。因此，当重写 equals()方法后，一定要重写 hashCode()方法。

设计过程

（1）编写类 Cat，在该类中定义 4 个域：name 表示名字，age 表示年龄，weight 表示重量，color 表示颜色。重写 equals()方法比较对象的属性是否相同，重写 hashCode()方法计算对象的哈希码。代码如下：

```
public class Cat {
    private String name;                                          //表示猫咪的名字
    private int age;                                              //表示猫咪的年龄
    private double weight;                                        //表示猫咪的重量
    private Color color;                                          //表示猫咪的颜色
    public Cat(String name, int age, double weight, Color color) { //初始化猫咪的属性
        this.name = name;
        this.age = age;
        this.weight = weight;
        this.color = color;
    }
    @Override
    public boolean equals(Object obj) {                           //利用属性判断猫咪是否相同
        if (this == obj) {                                        //如果两个猫咪是同一个对象则相同
            return true;
```

```
        }
        if (obj == null) {                                                    //如果两个猫咪有一个为 null 则不同
            return false;
        }
        if (getClass() != obj.getClass()) {                                   //如果两个猫咪的类型不同则不同
            return false;
        }
        Cat cat = (Cat) obj;
        return name.equals(cat.name) && (age == cat.age) && (weight == cat.weight) && (color.equals(cat.color));   //比较猫咪的属性
    }
    @Override
    public int hashCode() {                                                   //重写 hashCode()方法
        return 7 * name.hashCode() + 11 * new Integer(age).hashCode() + 13 * new Double(weight).hashCode() + 17 * color.hashCode();
    }
}
```

（2）编写 Test 类进行测试，在该类的 main()方法中创建 3 只猫咪，并为其初始化，然后输出猫咪的哈希码和比较的结果。代码如下：

```
public class Test {
    public static void main(String[] args) {
        Cat cat1 = new Cat("Java", 12, 21, Color.BLACK);                      //创建猫咪 1 号
        Cat cat2 = new Cat("C++", 12, 21, Color.WHITE);                       //创建猫咪 2 号
        Cat cat3 = new Cat("Java", 12, 21, Color.BLACK);                      //创建猫咪 3 号
        System.out.println("猫咪 1 号的哈希码： " + cat1.hashCode());           //输出猫咪 1 号的哈希码
        System.out.println("猫咪 2 号的哈希码： " + cat2.hashCode());           //输出猫咪 2 号的哈希码
        System.out.println("猫咪 3 号的哈希码： " + cat3.hashCode());           //输出猫咪 3 号的哈希码
        System.out.println("猫咪 1 号是否与猫咪 2 号相同： " + cat1.equals(cat2));  //比较是否相同
        System.out.println("猫咪 1 号是否与猫咪 3 号相同： " + cat1.equals(cat3));  //比较是否相同
    }
}
```

■ 秘笈心法

心法领悟 105：重写 hashCode()方法的技巧。

重写 equals()方法时，使用到的域也要在 hashCode()方法中使用。计算新的哈希码有很多不同的算法，感兴趣的读者可以参考相关的资料。一种比较简单的方法是将各个不同域的哈希码乘上不同的质数然后求和，以此作为新的哈希码。

实例 106	简化 hashCode()方法的重写	高级
	光盘位置：光盘\MR\106	趣味指数：★★★★☆

■ 实例说明

在定义类时，域可以是基本类型，也可以是引用类型。当重写 hashCode()方法时，需要使用包装类来计算基本类型域的哈希码，这有些不方便。为此推荐使用 Commons 的 Lang 组件来重写该方法。本实例将演示其用法，实例运行效果如图 5.24 所示。

💡 提示：请读者自行下载需要的 jar 包，关于 Commons 组件的详细介绍请参考第 10 章。

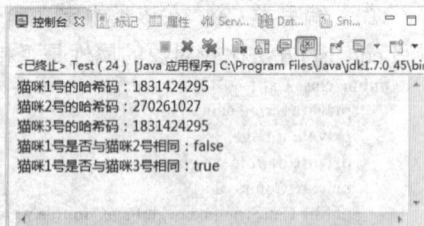

图 5.24　实例运行效果

■ 关键技术

HashCodeBuilder 类是重写 hashCode()方法的工具类。该类为其他类打造优雅的 hashCode()方法而提供了多种方法。它遵循了《Effective Java》中定义的规则。编写好的 hashCode()方法实际上是非常困难的，该类的目标是简化这个过程。HashCodeBuilder 类常用的方法如表 5.4 所示。

表 5.4　HashCodeBuilder 类的常用方法

方 法 名	作 用
append(Object object)	增加 object 对象的哈希码
append(int value)	增加 value 的哈希码
append(double value)	增加 value 的哈希码
toHashCode()	计算整体的哈希码

提示：append()方法还有很多重载的版本，详细介绍请读者参考 Commons Lang 组件的 API 文档。

设计过程

（1）编写类 Cat，在该类中定义 4 个域：name 表示名字，age 表示年龄，weight 表示重量，color 表示颜色。重写 equals()方法比较对象的属性是否相同，重写 hashCode()方法计算哈希码。代码如下：

```java
public class Cat {
    private String name;                                    //表示猫咪的名字
    private int age;                                        //表示猫咪的年龄
    private double weight;                                  //表示猫咪的重量
    private Color color;                                    //表示猫咪的颜色
    public Cat(String name, int age, double weight, Color color) {   //初始化猫咪的属性
        this.name = name;
        this.age = age;
        this.weight = weight;
        this.color = color;
    }
    @Override
    public boolean equals(Object obj) {                     //利用属性来判断猫咪是否相同
        if (this == obj) {                                  //如果两个猫咪是同一个对象则相同
            return true;
        }
        if (obj == null) {                                  //如果两个猫咪有一个为 null 则不同
            return false;
        }
        if (getClass() != obj.getClass()) {                //如果两个猫咪的类型不同则不同
            return false;
        }
        Cat cat = (Cat) obj;
        return new EqualsBuilder().append(name, cat.name).append(age, cat.age)
        .append(weight, cat.weight).append(color, cat.color).isEquals();   //比较猫咪的属性
    }
    @Override
    public int hashCode() {                                 //利用 equals()方法中使用的属性重写 hashCode()方法
        return new HashCodeBuilder().append(name).append(age).append(weight)
        .append(color).toHashCode();
    }
}
```

（2）编写 Test 类进行测试，在该类的 main()方法中创建 3 只猫咪，并为其初始化，然后输出猫咪对象和比较的结果。代码如下：

```java
public class Test {
    public static void main(String[] args) {
        Cat cat1 = new Cat("Java", 12, 21, Color.BLACK);    //创建猫咪 1 号
        Cat cat2 = new Cat("C++", 12, 21, Color.WHITE);     //创建猫咪 2 号
        Cat cat3 = new Cat("Java", 12, 21, Color.BLACK);    //创建猫咪 3 号
        System.out.println("猫咪 1 号：" + cat1);            //输出猫咪 1 号
        System.out.println("猫咪 2 号：" + cat2);            //输出猫咪 2 号
        System.out.println("猫咪 3 号：" + cat3);            //输出猫咪 3 号
        System.out.println("猫咪 1 号是否与猫咪 2 号相同：" + cat1.equals(cat2));  //比较是否相同
        System.out.println("猫咪 1 号是否与猫咪 3 号相同：" + cat1.equals(cat3));  //比较是否相同
    }
}
```

■ 秘笈心法

心法领悟 106：HashCodeBuilder 类的使用。

除了可以将各个域单独计算外，该类还提供了使用反射来计算哈希码的方法。这样可以简化开发，其用法如下：

```
public int hashCode() {
    return HashCodeBuilder.reflectionHashCode(this);
}
```

需要注意的是，由于域通常是私有的，reflectionHashCode()方法用反射修改了域的访问权限修饰符。如果有安全管理则会失败，而且这种做法比直接计算各个属性的速度慢。

实例 107	使用字符串输出对象	高级
	光盘位置：光盘\MR\107	趣味指数：★★★☆

■ 实例说明

在实际编程中，可能需要使用字符串来表示对象，如在控制台输出对象。此时，虚拟机会自动调用 toString()方法。然而该方法的默认返回值并没有多大用处，通常需要重写该方法。本实例将演示如何重写该方法，实例运行效果如图 5.25 所示。

■ 关键技术

Java 中任何一个类都是 Object 类的直接或间接子类。如果类没有超类，则它默认继承自 Object 类。在 Object 类中，实现了很多有用的方法。toString()方法返回一个对象的字符串表示。该方法的声明如下：

```
public String toString()
```

图 5.25   实例运行效果

Object 类在实现该方法时，将返回值设置为 getClass().getName() + '@' + Integer.toHexString(hashCode())。这个值基本没用，因此推荐所有子类重写该方法以增加有用的信息。

■ 设计过程

（1）编写类 Cat，在该类中定义 4 个域：name 表示名字，age 表示年龄，weight 表示重量，color 表示颜色。重写 toString()方法输出对象的信息。代码如下：

```java
public class Cat {
    private String name;                                        //表示猫咪的名字
    private int age;                                            //表示猫咪的年龄
    private double weight;                                      //表示猫咪的重量
    private Color color;                                        //表示猫咪的颜色
    public Cat(String name, int age, double weight, Color color) {   //初始化猫咪的属性
        this.name = name;
        this.age = age;
        this.weight = weight;
        this.color = color;
    }
    @Override
    public String toString() {                                  //重写 toString()方法
        StringBuilder sb = new StringBuilder();
        sb.append("名字：" + name + "\n");
        sb.append("年龄：" + age + "\n");
        sb.append("重量：" + weight + "\n");
        sb.append("颜色：" + color + "\n");
        return sb.toString();
    }
}
```

（2）编写 Test 类进行测试，在该类的 main()方法中创建 3 只猫咪，并为其初始化，然后输出猫咪对象。代码如下：

```java
public class Test {
    public static void main(String[] args) {
        Cat cat1 = new Cat("Java", 12, 21, Color.BLACK);          //创建猫咪 1 号
        Cat cat2 = new Cat("C++", 12, 21, Color.WHITE);           //创建猫咪 2 号
        Cat cat3 = new Cat("Java", 12, 21, Color.BLACK);          //创建猫咪 3 号
        System.out.println("猫咪 1 号：" + cat1);                   //输出猫咪 1 号
        System.out.println("猫咪 2 号：" + cat2);                   //输出猫咪 2 号
        System.out.println("猫咪 3 号：" + cat3);                   //输出猫咪 3 号
    }
}
```

■ 秘笈心法

心法领悟 107：重写 toString()方法的技巧。

重写 toString()方法时，为了给用户提供更多的信息，通常会包括类中域的介绍、方法的介绍等。本实例中的类比较简单，没有包含方法，因此简单地返回了各个属性的含义。为了让 toString()方法有更好的通用性，可以使用反射来获得域和方法的信息。此外，Java API 中很多类已重写了该方法，如实例中使用的 Color 类。

实例 108	简化 toString()方法的重写 光盘位置：光盘\MR\108	高级 趣味指数：★★★★☆

■ 实例说明

当重写 toString()方法时，如果要根据不同的需求编写不同的样式，则会非常麻烦。为此推荐使用 Commons 的 Lang 组件来重写该方法。它提供了几种常用的样式供用户选择。本实例将演示其用法，实例运行效果如图 5.26 所示。

💡 提示：请读者自行下载需要的 jar 包，关于 Commons 组件的更详细介绍请参考第 10 章。

■ 关键技术

ToStringBuilder 类是重写 tostring()方法的工具类。该类可以使用指定的格式方便地显示各种域的信息。ToStringBuilder 类常用的方法如表 5.5 所示。

图 5.26　实例运行效果

表 5.5　ToStringBuilder 类常用的方法

方　法　名	作　　用	方　法　名	作　　用
append(Object obj)	在返回值字符串中增加对象 obj	append(double value)	在返回值字符串中增加浮点数 value
append(int value)	在返回值字符串中增加整数 value	toString()	返回最后的字符串

💡 提示：append()方法还有很多重载的版本，详细介绍请参考 Commons Lang 组件的 API 文档。

ToStringBuilder 类可以通过构造方法指定最后的字符串样式，本实例将样式指定为多行显示，使用的样式代码如下：

```
ToStringStyle.MULTI_LINE_STYLE
```

■ 设计过程

（1）编写类 Cat，在该类中定义了 4 个域：name 表示名字，age 表示年龄，weight 表示重量，color 表示颜

色。重写 toString()方法输出对象的信息。代码如下：

```java
public class Cat {
    private String name;                                             //表示猫咪的名字
    private int age;                                                 //表示猫咪的年龄
    private double weight;                                           //表示猫咪的重量
    private Color color;                                             //表示猫咪的颜色
    public Cat(String name, int age, double weight, Color color) {   //初始化猫咪的属性
        this.name = name;
        this.age = age;
        this.weight = weight;
        this.color = color;
    }
    @Override
    public String toString() {                                       //重写 toString()方法
        return new ToStringBuilder(this, ToStringStyle.MULTI_LINE_STYLE).append(name)
        .append(age).append(weight).append(color).toString();
    }
}
```

（2）编写 Test 类进行测试，在该类的 main()方法中创建 3 只猫咪，并为其初始化，然后输出猫咪对象。代码如下：

```java
public class Test {
    public static void main(String[] args) {
        Cat cat1 = new Cat("Java", 12, 21, Color.BLACK);       //创建猫咪 1 号
        Cat cat2 = new Cat("C++", 12, 21, Color.WHITE);        //创建猫咪 2 号
        Cat cat3 = new Cat("Java", 12, 21, Color.BLACK);       //创建猫咪 3 号
        System.out.println("猫咪 1 号: " + cat1);               //输出猫咪 1 号
        System.out.println("猫咪 2 号: " + cat2);               //输出猫咪 2 号
        System.out.println("猫咪 3 号: " + cat3);               //输出猫咪 3 号
    }
}
```

■ 秘笈心法

心法领悟 108：ToStringBuilder 类的使用。

除了单个增加域外，该类还提供了使用反射来自动增加域，这样可以简化开发，其用法如下：

```java
public String toString() {
    return ToStringBuilder.reflectionToString(this);
}
```

需要注意的是，由于域通常是私有的，reflectionToString()方法用反射修改了域的访问权限修饰符。如果有安全管理则会失败，而且这种做法比直接增加各个属性的速度慢。

5.6　克隆与序列化

实例 109	Java 对象的假克隆 光盘位置：光盘\MR\109	初级 趣味指数：★★★★

■ 实例说明

在实际编程中，会遇到需要使用克隆技术的情况。例如，要获得一个非常复杂的对象，与其使用 new 创建该对象再对各个域赋值，不如直接克隆现有对象。由于该技术应用的场合并不多见，新手对此会有些误解。本实例将演示一种常见的错误克隆方法，实例运行效果如图 5.27 所示。

■ 关键技术

Java 中，对于基本类型可以使用 "=" 来进行克隆，此时两个变量除

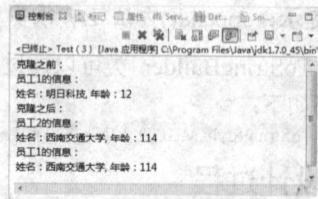

图 5.27　实例运行效果

了相等是没有任何关系的。而对于引用类型却不能简单地使用 "=" 进行克隆。这与 Java 的内存空间使用有关。Java 将内存空间分成两块，即栈和堆。在栈中保存基本类型和引用变量，在堆中保存对象。对于引用变量而言，使用 "=" 将修改引用，而不是复制堆中的对象。此时两个引用变量将指向同一个对象。因此，如果一个变量对其进行修改则会改变另一个变量。

> 提示：通常情况下，很少使用 "=" 操作对象，也很少使用 "==" 比较两个对象。

设计过程

（1）编写类 Employee，在该类中定义了两个域：name 表示员工姓名，age 表示员工年龄，并且为这两个属性增加了 get 和 set 方法。重写 toString()方法来方便输出对象。代码如下：

```
public class Employee {
    private String name;                                       //表示员工的名字
    private int age;                                           //表示员工的年龄
    //省略 name 和 age 域的 get 和 set 方法
    @Override
    public String toString() {                                 //重写 toString()方法
        return "姓名：" + name + ", 年龄：" + age;
    }
}
```

（2）编写类 Test 进行测试，在该类中，首先创建 employee1 对象并修改了其属性，再利用 "=" 将其赋值给 employee2，最后分别输出两个对象。代码如下：

```
public class Test {
    public static void main(String[] args) {
        System.out.println("克隆之前：");
        Employee employee1 = new Employee();                   //创建 Employee 对象 employee1
        employee1.setName("明日科技");                          //为 employee1 设置姓名
        employee1.setAge(12);                                  //为 employee1 设置年龄
        System.out.println("员工 1 的信息：");
        System.out.println(employee1);                         //输出 employee1 的信息
        System.out.println("克隆之后：");
        Employee employee2 = employee1;                        //将 employee1 赋值给 employee2
        employee2.setName("西南交通大学");                      //为 employee2 设置姓名
        employee2.setAge(114);                                 //为 employee2 设置年龄
        System.out.println("员工 2 的信息：");
        System.out.println(employee2);                         //输出 employee2 的信息
        System.out.println("员工 1 的信息：");
        System.out.println(employee1);                         //输出 employee1 的信息
    }
}
```

> 注意：从图 5.27 中可以看到，当修改 employee2 的域时，employee1 的域也被修改了，因此是假克隆。

秘笈心法

心法领悟 109：熟悉 Java 内存空间的分配。

Java 将内存空间分成了两类，即栈和堆。栈中保存基本类型和引用变量，堆中保存对象。对于栈中的变量在使用完后会立即被回收，这样就可以继续创建其他的变量。而对于堆中的对象，是由虚拟机进行管理的，因此即使该对象已经不再使用，该内存空间只会在一个不确定的时间被回收。

实例110	Java 对象的浅克隆	高级
	光盘位置：光盘\MR\110	趣味指数：★★★★☆

实例说明

在实际编程中，会遇到需要使用克隆技术的情况。例如，要获得一个非常复杂的对象，与其使用 new 创建该对象再对各个域赋值，不如直接克隆现有对象。由于该技术应用的场合并不多见，新手对此会有些误解。本实例将演示 Java 浅克隆的实现方式，实例运行效果如图 5.28 所示。

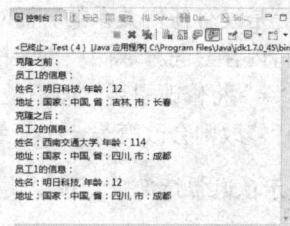

图 5.28　实例运行效果

■ 关键技术

Java 中任何一个类都是 Object 类的直接或间接子类。如果类没有超类，则它默认继承自 Object 类。在 Object 类中，实现了很多有用的方法。当克隆对象时，需要使用 clone()方法，该方法的声明如下：

```
protected Object clone() throws CloneNotSupportedException
```

需要注意的是，该方法是一个受保护的方法，通常需要重写该方法并将访问权限限定符改成 public。该方法将类中各个域进行复制，如果对于引用类型的域，这种操作就会有问题，因此称作浅克隆。提供克隆功能的类需要实现 Cloneable 接口，否则使用 clone()方法时会抛出 CloneNotSupportedException。

■ 设计过程

（1）编写类 Address，该类定义了 3 个域：state 表示国家，province 表示省，city 表示市。在构造方法中初始化这 3 个域，并提供 get 和 set 方法用于获得和修改这 3 个域。重写 toString()方法方便输出该类的对象。代码如下：

```java
public class Address {
    private String state;                                        //表示员工所在的国家
    private String province;                                     //表示员工所在的省
    private String city;                                         //表示员工所在的市
    public Address(String state, String province, String city) { //利用构造方法初始化各个域
        this.state = state;
        this.province = province;
        this.city = city;
    }
    //省略 get 和 set 方法
    @Override
    public String toString() {                                   //重写 toString()方法
        StringBuilder sb = new StringBuilder();
        sb.append("国家： " + state + ", ");
        sb.append("省： " + province + ", ");
        sb.append("市： " + city);
        return sb.toString();
    }
}
```

（2）编写类 Employee，该类定义了 3 个域：name 表示姓名，age 表示年龄，address 表示地址。在构造方法中初始化这 3 个域，并提供了 get 和 set 方法用于获得和修改这 3 个域。重写 toString()方法方便输出该类的对象。重写 clone()方法提供克隆的功能。代码如下：

```java
public class Employee implements Cloneable {
    private String name;                                         //表示员工的姓名
    private int age;                                             //表示员工的年龄
    private Address address;                                     //表示员工的地址
    public Employee(String name, int age, Address address) {     //利用构造方法初始化各个域
        this.name = name;
        this.age = age;
        this.address = address;
    }
    //省略 get 和 set 方法
    @Override
    public String toString() {                                   //重写 toString()方法
        StringBuilder sb = new StringBuilder();
        sb.append("姓名： " + name + ", ");
        sb.append("年龄： " + age + "\n");
        sb.append("地址： " + address);
        return sb.toString();
    }
}
```

```
@Override
public Employee clone() {                                              //实现浅克隆
    Employee employee = null;
    try {
        employee = (Employee) super.clone();
    } catch (CloneNotSupportedException e) {
        e.printStackTrace();
    }
    return employee;
}
```

💧 **提示**：在 Java 5.0 版中，支持重写方法时返回协变类型，因此可以返回 Employee 对象。

（3）编写类 Test 进行测试，在该类中，首先创建 address 对象并对其初始化，然后创建 employee1 对象并对其初始化。再使用 employee1 的克隆方法创建 employee2 对象。接着修改 employee2 的 address 属性，最后将两个 employee 对象输出。代码如下：

```
public class Test {
    public static void main(String[] args) {
        System.out.println("克隆之前：");
        Address address = new Address("中国", "吉林", "长春");      //创建 address 对象
        Employee employee1 = new Employee("明日科技", 12, address);   //创建 employee1 对象
        System.out.println("员工 1 的信息：");
        System.out.println(employee1);                              //输出 employee1 对象
        System.out.println("克隆之后：");
        Employee employee2 = employee1.clone();                     //使用克隆创建 employee2 对象
        employee2.getAddress().setState("中国");                    //修改 state 域的属性
        employee2.getAddress().setProvince("四川");                 //修改 province 域的属性
        employee2.getAddress().setCity("成都");                     //修改 city 域的属性
        employee2.setName("西南交通大学");                          //修改 name 域的属性
        employee2.setAge(114);                                      //修改 age 域的属性
        System.out.println("员工 2 的信息：");
        System.out.println(employee2);                              //输出 employee2 对象
        System.out.println("员工 1 的信息：");
        System.out.println(employee1);                              //输出 employee1 对象
    }
}
```

■ 秘笈心法

心法领悟 110：浅克隆的应用。

对于类中的每个域，如果只包含基本类型和不可变的引用类型，如 String，或者对象在其生命周期内不会发生变化，则可以使用浅克隆来复制对象。通常情况下不会这么简单，因此需要使用下面介绍的深克隆技术。

实例 111	Java 对象的深克隆 光盘位置：光盘\MR\111	高级 趣味指数：★★★★

■ 实例说明

在实际编程中，会遇到需要使用克隆技术的情况。例如，要获得一个非常复杂的对象，与其使用 new 创建该对象再对各个域赋值，不如直接克隆现有对象。由于该技术应用的场合并不多见，新手对此会有些误解。本实例将演示 Java 深克隆的实现方式，实例运行效果如图 5.29 所示。

■ 关键技术

当需要克隆对象时，需要使用 clone()方法，该方法的声明如下：

```
protected Object clone() throws CloneNotSupportedException
```

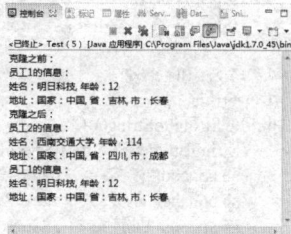

图 5.29　实例运行效果

在默认情况下，该方法实现了浅克隆功能。为了支持可变的引用类型，需要再重写该方法时，将引用类型也进行克隆。这需要引用类型也重写 clone()方法。提供克隆功能的类需要实现 Cloneable 接口，否则使用 clone()方法时会抛出 CloneNotSupportedException。

■ 设计过程

（1）编写类 Address，该类定义 3 个域：state 表示国家，province 表示省，city 表示市。在构造方法中初始化这 3 个域，并提供 get 和 set 方法用于获得和修改这 3 个域。重写 toString()方法方便输出该类的对象，重写 clone()方法提供克隆的功能。代码如下：

```java
public class Address implements Cloneable{
    private String state;                                          //表示员工所在的国家
    private String province;                                       //表示员工所在的省
    private String city;                                           //表示员工所在的市
    public Address(String state, String province, String city) {   //利用构造方法初始化各个域
        this.state = state;
        this.province = province;
        this.city = city;
    }
    //省略 get 和 set 方法
    @Override
    public String toString() {                                     //重写 toString()方法
        StringBuilder sb = new StringBuilder();
        sb.append("国家：" + state + ", ");
        sb.append("省：" + province + ", ");
        sb.append("市：" + city);
        return sb.toString();
    }
    @Override
    protected Address clone() {                                     //实现浅克隆
        Address address = null;
        try {
            address = (Address) super.clone();
        } catch (CloneNotSupportedException e) {
            e.printStackTrace();
        }
        return address;
    }
}
```

注意：Address 类的域不是基本类型就是不可变类型，所以可以直接使用浅克隆。

（2）编写类 Employee，该类定义 3 个域：name 表示姓名，age 表示年龄，address 表示地址。在构造方法中初始化这 3 个域，并提供 get 和 set 方法用于获得和修改这 3 个域。重写 toString()方法方便输出该类的对象，重写 clone()方法提供克隆的功能。代码如下：

```java
public class Employee implements Cloneable {
    private String name;                                           //表示员工的姓名
    private int age;                                               //表示员工的年龄
    private Address address;                                       //表示员工的地址
    public Employee(String name, int age, Address address) {       //利用构造方法初始化各个域
        this.name = name;
        this.age = age;
        this.address = address;
    }
    //省略 get 和 set 方法
    @Override
    public String toString() {                                     //重写 toString()方法
        StringBuilder sb = new StringBuilder();
        sb.append("姓名：" + name + ", ");
        sb.append("年龄：" + age + "\n");
        sb.append("地址：" + address);
        return sb.toString();
    }
    @Override
```

```java
public Employee clone() {                                    //实现浅克隆
    Employee employee = null;
    try {
        employee = (Employee) super.clone();
        employee.address = address.clone();
    } catch (CloneNotSupportedException e) {
        e.printStackTrace();
    }
    return employee;
}
```

💡 提示：在 Java 5.0 版中，支持重写方法时返回协变类型，因此可以返回 Employee 对象。

（3）编写类 Test 进行测试，在该类中，首先创建了 address 对象并对其初始化，然后创建 employee1 对象并对其初始化。再使用 employee1 的克隆方法创建 employee2 对象。接着修改了 employee2 的 address 属性，最后将两个 employee 对象输出。代码如下：

```java
public class Test {
    public static void main(String[] args) {
        System.out.println("克隆之前： ");
        Address address = new Address("中国", "吉林", "长春");      //创建 address 对象
        Employee employee1 = new Employee("明日科技", 12, address);  //创建 employee1 对象
        System.out.println("员工 1 的信息： ");
        System.out.println(employee1);                          //输出 employee1 对象
        System.out.println("克隆之后： ");
        Employee employee2 = employee1.clone();                 //使用克隆创建 employee2 对象
        employee2.getAddress().setState("中国");                 //修改 address 域的属性
        employee2.getAddress().setProvince("四川");              //修改 address 域的属性
        employee2.getAddress().setCity("成都");                  //修改 address 域的属性
        employee2.setName("西南交通大学");                        //修改 name 域的属性
        employee2.setAge(114);                                  //修改 age 域的属性
        System.out.println("员工 2 的信息： ");
        System.out.println(employee2);                          //输出 employee2 对象
        System.out.println("员工 1 的信息： ");
        System.out.println(employee1);                          //输出 employee1 对象
    }
}
```

▋秘笈心法

心法领悟 111：深克隆的应用。

通常情况下，克隆对象时都需要使用深克隆。但需要注意的是，如果引用类型中还有可变的引用类型域，则该域也需要进行克隆。例如，本实例中 Address 类如果增加了一个 Date 域表示开始在此居住的时间，则该域也需要被克隆。

实例 112	序列化与对象克隆 光盘位置：光盘\MR\112	高级 趣味指数：★★★★✫

▋实例说明

对于深克隆而言，如果类有很多引用类型的域，那么重写 clone() 方法依次复制各个域是非常麻烦的。如果引用类型的域也是由引用类型组成的，则应该考虑使用序列化的方式实现深克隆。本实例将演示其用法，实例运行效果如图 5.30 所示。

▋关键技术

序列化可以将任意对象写入到流中。根据流的类型不同，可以将

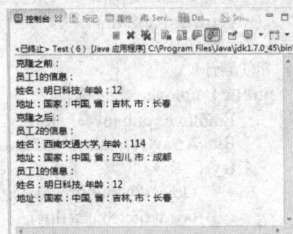

图 5.30　实例运行效果

139

对象写入到文件中，也可以将对象写入到字节数组中。克隆对象时一般不需要先进行保存，因此将使用字节数组。在写入完成后，再将其读出就可以实现克隆。使用序列化可以不用考虑引用类型的域，编写 clone()方法相对简单，但是要求引用类型也实现 Serializable 接口。

注意：如果使用了 API 中的类并且该类并没有实现 Serializable 接口，则该域需要使用 transient 修饰。

■设计过程

（1）编写类 Address，该类定义 3 个域：state 表示国家，province 表示省，city 表示市。在构造方法中初始化这 3 个域，并提供 get 和 set 方法用于获得和修改这 3 个域。重写 toString()方法方便输出该类的对象。代码如下：

```java
public class Address implements Serializable {
    private static final long serialVersionUID = 4983187287403615604L;
    private String state;                                      //表示员工所在的国家
    private String province;                                   //表示员工所在的省
    private String city;                                       //表示员工所在的市
    public Address(String state, String province, String city) {   //利用构造方法初始化各个域
        this.state = state;
        this.province = province;
        this.city = city;
    }
    //省略 get 和 set 方法
    @Override
    public String toString() {                                 //使用地址属性表示地址对象
        StringBuilder sb = new StringBuilder();
        sb.append("国家： " + state + ", ");
        sb.append("省： " + province + ", ");
        sb.append("市： " + city);
        return sb.toString();
    }
}
```

（2）编写类 Employee，该类定义 3 个域：name 表示姓名，age 表示年龄，address 表示地址。在构造方法中初始化这 3 个域，并提供 get 和 set 方法用于获得和修改这 3 个域。重写 toString()方法方便输出该类的对象，重写 clone()方法使用序列化实现深克隆。代码如下：

```java
public class Employee implements Cloneable, Serializable {
    private static final long serialVersionUID = 3049633059823371192L;
    private String name;                                       //表示员工的姓名
    private int age;                                           //表示员工的年龄
    private Address address;                                   //表示员工的地址
    public Employee(String name, int age, Address address) {   //利用构造方法初始化各个域
        this.name = name;
        this.age = age;
        this.address = address;
    }
    //省略 get 和 set 方法
    @Override
    public String toString() {                                 //重写 toString()方法
        StringBuilder sb = new StringBuilder();
        sb.append("姓名： " + name + ", ");
        sb.append("年龄： " + age + "\n");
        sb.append("地址： " + address);
        return sb.toString();
    }
    @Override
    public Employee clone() {                                  //使用序列化实现深克隆
        Employee employee = null;
        ByteArrayOutputStream baos = new ByteArrayOutputStream();
        try {
            ObjectOutputStream oos = new ObjectOutputStream(baos);
            oos.writeObject(this);                             //将对象写入到字节数组中
            oos.close();                                       //关闭输出流
```

```
        } catch (IOException e) {
            e.printStackTrace();
        }
        ByteArrayInputStream bais = new ByteArrayInputStream(baos.toByteArray());
        try {
            ObjectInputStream ois = new ObjectInputStream(bais);          //从字节数组中读取对象
            employee = (Employee) ois.readObject();
            ois.close();                                                  //关闭输入流
        } catch (IOException e) {
            e.printStackTrace();
        } catch (ClassNotFoundException e) {
            e.printStackTrace();
        }
        return employee;
    }
}
```

（3）编写类 Test 进行测试，在该类中，首先创建了 address 对象并对其初始化，然后创建 employee1 对象并对其初始化。再使用 employee1 的克隆方法创建 employee2 对象。接着修改 employee2 的 address 属性，最后将两个 employee 对象输出。代码如下：

```
public class Test {
    public static void main(String[] args) {
        System.out.println("克隆之前：");
        Address address = new Address("中国", "吉林", "长春");         //创建 address 对象
        Employee employee1 = new Employee("明日科技", 12, address);    //创建 employee1 对象
        System.out.println("员工 1 的信息：");
        System.out.println(employee1);                                //输出 employee1 对象
        System.out.println("克隆之后：");
        Employee employee2 = employee1.clone();                       //使用克隆创建 employee2 对象
        employee2.getAddress().setState("中国");                       //修改 address 域的属性
        employee2.getAddress().setProvince("四川");                    //修改 address 域的属性
        employee2.getAddress().setCity("成都");                        //修改 address 域的属性
        employee2.setName("西南交通大学");                             //修改 name 域的属性
        employee2.setAge(114);                                        //修改 age 域的属性
        System.out.println("员工 2 的信息：");
        System.out.println(employee2);                                //输出 employee2 对象
        System.out.println("员工 1 的信息：");
        System.out.println(employee1);                                //输出 employee1 对象
    }
}
```

■ 秘笈心法

心法领悟 112：使用序列化实现克隆的注意事项。

首先，对于任何一个序列化的对象，都要求其实现 Serializable 接口。其次，如果该类的域中有引用类型，则要求该引用类型也实现 Serializable 接口，依此类推。最后，序列化方式实现克隆会比直接克隆各个引用类型域慢，这一点在效率优先时要考虑。

| 实例 113 | 深克隆效率的比较
光盘位置：光盘\MR\113 | 高级
趣味指数：★★★★☆ |

■ 实例说明

有两种方式可以实现对象的深克隆，即序列化和依次克隆各个可变的引用类型域。虽然序列化相对比较简单，但是其效率很低。本实例将通过计算两种方式克隆 10 万个对象所花费的时间来比较效率的差异。实例运行效果如图 5.31 所示。

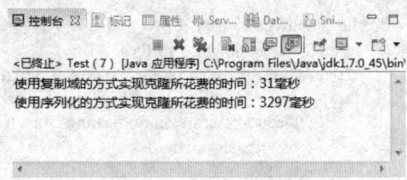

图 5.31　实例运行效果

■ 关键技术

本实例涉及的关键技术请参见实例 112。

■ 设计过程

（1）编写类 Worker，该类中定义两个域：name 表示员工的姓名，age 表示员工的年龄。在构造方法中初始化这两个域，并提供 get 和 set 方法用于获得和修改这两个域。重写 toString()方法方便输出该类的对象，重写 clone()方法使用父类中的 clone()方法实现深克隆。代码如下：

```java
public class Worker implements Cloneable {
    private String name;                                    //表示员工的姓名
    private int age;                                        //表示员工的年龄
    public Worker(String name, int age) {                   //利用构造方法初始化各个域
        this.name = name;
        this.age = age;
    }
    //省略 get 和 set 方法
    @Override
    public String toString() {                              //重写 toString()方法
        StringBuilder sb = new StringBuilder();
        sb.append("姓名: " + name + ", ");
        sb.append("年龄: " + age + "\n");
        return sb.toString();
    }
    @Override
    protected Worker clone() {                              //使用父类的 clone()方法实现深克隆
        Worker worker = null;
        try {
            worker = (Worker) super.clone();
        } catch (CloneNotSupportedException e) {
            e.printStackTrace();
        }
        return worker;
    }
}
```

（2）编写类 Employee，该类中定义了两个域：name 表示员工的姓名，age 表示员工的年龄。在构造方法中初始化这两个域，并提供了 get 和 set 方法用于获得和修改这两个域。重写 toString()方法方便输出该类的对象，重写 clone()方法使用序列化实现深克隆。代码如下：

```java
public class Employee implements Cloneable, Serializable {
    private static final long serialVersionUID = 3049633059823371192L;
    private String name;                                    //表示员工的姓名
    private int age;                                        //表示员工的年龄
    public Employee(String name, int age) {                 //利用构造方法初始化各个域
        this.name = name;
        this.age = age;
    }
    //省略 get 和 set 方法
    @Override
    public String toString() {                              //重写 toString()方法
        StringBuilder sb = new StringBuilder();
        sb.append("姓名: " + name + ", ");
        sb.append("年龄: " + age + "\n");
        return sb.toString();
    }
    @Override
    public Employee clone() {                              //使用序列化实现深克隆
        Employee employee = null;
        ByteArrayOutputStream baos = new ByteArrayOutputStream();
        try {
            ObjectOutputStream oos = new ObjectOutputStream(baos);
            oos.writeObject(this);                          //将对象写入到字节数组中
            oos.close();                                    //关闭输入流
        } catch (IOException e) {
```

```
            e.printStackTrace();
        }
        ByteArrayInputStream bais = new ByteArrayInputStream(baos.toByteArray());
        try {
            ObjectInputStream ois = new ObjectInputStream(bais);              //从字节数组中读取对象
            employee = (Employee) ois.readObject();
            ois.close();                                                      //关闭输入流
        } catch (IOException e) {
            e.printStackTrace();
        } catch (ClassNotFoundException e) {
            e.printStackTrace();
        }
        return employee;
    }
}
```

（3）编写 Test 类进行测试，在该类中利用列表保存员工对象，并输出创建 1 万个对象所花费的时间。代码如下：

```
public class Test {
    public static void main(String[] args) {
        List<Worker> workerList = new ArrayList<Worker>();                    //用列表保存 Worker 对象
        List<Employee> employeeList = new ArrayList<Employee>();             //用列表保存 Employee 对象
        Worker worker = new Worker("明日科技", 12);                           //初始化 worker 对象
        Employee employee = new Employee("明日科技", 12);                     //初始化 employee 对象
        long currentTime = System.currentTimeMillis();                       //保存系统当前时间
        for (int i = 0; i < 100000; i++) {                                   //保存 1 万个 worker 对象的复制品到列表
            workerList.add(worker.clone());
        }
        System.out.print("使用复制域的方式实现克隆所花费的时间：");
        System.out.println(System.currentTimeMillis() - currentTime + "毫秒");
        currentTime = System.currentTimeMillis();                            //保存系统当前时间
        for (int i = 0; i < 100000; i++) {                                   //保存 1 万个 employee 对象的复制品到列表
            employeeList.add(employee.clone());
        }
        System.out.print("使用序列化的方式实现克隆所花费的时间：");
        System.out.println(System.currentTimeMillis() - currentTime + "毫秒");
    }
}
```

■ 秘笈心法

心法领悟 113：选择适当的克隆方式。

如果类的各个域是基本类型或不可变类型，则可以使用浅克隆，否则需要使用深克隆。如果类的域比较复杂，可以使用序列化的方式实现，否则应该使用复制域的方式实现深克隆。

实例 114	transient 关键字的应用 光盘位置：光盘\MR\114	高级 趣味指数：★★★★☆

■ 实例说明

在保存对象时，会将对象的状态也一并保存，然而有些状态却是不应该被保存的，如表示密码的域。此时可以使用 transient 关键字来修饰不想保存的域。本实例将序列化一个 Login 对象，该对象有个表示密码的域 password，以此来演示 transient 的用法。实例运行效果如图 5.32 所示。

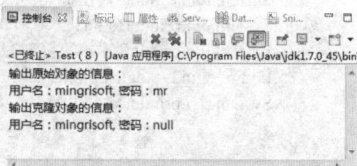

图 5.32　实例运行效果

■ 关键技术

transient 关键字用来防止序列化域。如果一个引用类型被 transient 修饰，则其反序列化的结果是 null。如果

一个基本类型被 transient 修饰，则其反序列化的结果是 0。如果域的引用类型是不可序列化的类，则也应该使用 transient 修饰，它在序列化时会被直接跳过。

■ 设计过程

（1）编写类 Login，在该类中定义两个域：username 表示用户名，password 表示密码，并且为其提供了 get 方法。重写 toString()方法方便输出该类的对象，重写 clone()方法使用序列化实现深克隆。代码如下：

```java
public class Login implements Serializable {
    private static final long serialVersionUID = 181569760561269743L;
    private String username;                                              //用户的用户名
    private transient String password;                                    //用户的密码
    public Login(String username, String password) {                      //利用构造方法初始化各个域
        this.username = username;
        this.password = password;
    }
    //省略 get 方法
    @Override
    public String toString() {                                            //重写 toString()方法
        StringBuilder sb = new StringBuilder();
        sb.append("用户名：" + username + ", ");
        sb.append("密码：" + password);
        return sb.toString();
    }
    @Override
    public Login clone() {                                                 //使用序列化实现深克隆
        Login login = null;
        ByteArrayOutputStream baos = new ByteArrayOutputStream();
        try {
            ObjectOutputStream oos = new ObjectOutputStream(baos);
            oos.writeObject(this);                                        //将对象写入到字节数组中
            oos.close();                                                   //关闭输入流
        } catch (IOException e) {
            e.printStackTrace();
        }
        ByteArrayInputStream bais = new ByteArrayInputStream(baos.toByteArray());
        try {
            ObjectInputStream ois = new ObjectInputStream(bais);
            login = (Login) ois.readObject();                             //从字节数组中读取对象
            ois.close();                                                   //关闭输入流
        } catch (IOException e) {
            e.printStackTrace();
        } catch (ClassNotFoundException e) {
            e.printStackTrace();
        }
        return login;
    }
}
```

（2）编写 Test 类进行测试，在该类中首先创建一个 Login 对象，使用构造方法初始化两个域，然后克隆该对象并将其输出，以此比较 transient 的作用。代码如下：

```java
public class Test {
    public static void main(String[] args) {
        Login login1 = new Login("mingrisoft", "mr");                     //初始化 login1 对象
        System.out.println("输出原始对象的信息：");
        System.out.println(login1);                                       //输出 login1 对象
        System.out.println("输出克隆对象的信息：");
        Login login2 = login1.clone();                                    //克隆 login1 对象
        System.out.println(login2);                                       //输出 login2 对象
    }
}
```

■ 秘笈心法

心法领悟 114：transient 使用注意事项。

transient 只能用来修饰域，不能用来修饰方法、块等。当使用类库中的可变类作为引用类型域时，如果引用类型不能被序列化，即没有实现 Serializable 接口，而又需要序列化该类时，则应用 transient 修饰该域，否则在反序列化时会引起错误。

5.7　接口和内部类

实例 115	使用 sort()方法排序 光盘位置：光盘\MR\115	高级 趣味指数：★★★

■ 实例说明

在对对象数组排序时，有很多不同的方法。最简单的是使用 Arrays 类的 sort()方法。直接将需要排序的数组作为参数传递给该方法即可。但是，使用这种方式排序的对象，类必须实现了 Comparable 接口。在该接口中定义了如何比较两个对象，这是排序的基础。本实例将通过实现该接口来讲解接口的用法。实例运行效果如图 5.33 所示。

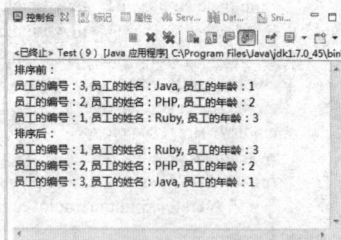

图 5.33　实例运行效果

■ 关键技术

接口主要用来描述类所具有的功能，它并不关心类如何实现这个功能。一个类可以实现任意多个接口，这点弥补了单继承的缺陷。在需要接口的地方，可以使用实现了该接口的对象。Comparable 接口的定义如下：

```
pubic interface Comparable<T> {
    int compareTo(T other);
}
```

如果一个类要实现这个接口，可以使用如下语句声明：

```
public class Employee implements Comparable<Employee>{}
```

在 Employee 中必须要实现接口中定义的 compareTo()方法。

💡 提示：如果不想实现在接口中定义的方法，则可以将类声明为抽象类，将接口中定义的方法声明为抽象方法。

■ 设计过程

（1）编写类 Employee，该类定义 3 个域：id 表示员工的编号，name 表示员工的姓名，age 表示员工的年龄。在构造方法中初始化这 3 个域。在实现接口中定义 compareTo()方法时将对象按编号升序排列。代码如下：

```
public class Employee implements Comparable<Employee> {
    private int id;                                         //员工的编号
    private String name;                                   //员工的姓名
    private int age;                                       //员工的年龄
    public Employee(int id, String name, int age) {        //利用构造方法初始化各个域
        this.id = id;
        this.name = name;
        this.age = age;
    }
    @Override
    public int compareTo(Employee o) {                     //利用编号实现对象间的比较
        if (id > o.id) {
            return 1;
        } else if (id < o.id) {
            return -1;
        }
        return 0;
    }
}
```

```
    @Override
    public String toString() {                                    //重写 toString()方法
        StringBuilder sb = new StringBuilder();
        sb.append("员工的编号： " + id + ", ");
        sb.append("员工的姓名： " + name + ", ");
        sb.append("员工的年龄： " + age);
        return sb.toString();
    }
}
```

💡 提示：重写接口中的方法时，要将访问权限限定符设为 public，因为接口中的方法默认就是 public 的。

（2）编写类 Test 进行测试，在该类中定义一个 Employee 数组来保存 3 个 Employee 对象。通过遍历输出数组中的元素来体现排序的效果，代码如下：

```
public class Test {
    public static void main(String[] args) {
        Employee employee1 = new Employee(3, "Java", 1);          //初始化 employee1 对象
        Employee employee2 = new Employee(2, "PHP", 2);           //初始化 employee2 对象
        Employee employee3 = new Employee(1, "Ruby", 3);          //初始化 employee3 对象
        Employee[] employees = new Employee[3];                   //使用创建的对象初始化数组
        employees[0] = employee1;
        employees[1] = employee2;
        employees[2] = employee3;
        System.out.println("排序前： ");
        for (Employee employee : employees) {                     //输出数组中的全部对象
            System.out.println(employee);
        }
        System.out.println("排序后： ");
        Arrays.sort(employees);                                   //进行排序
        for (Employee employee : employees) {                     //输出数组中的全部对象
            System.out.println(employee);
        }
    }
}
```

■ 秘笈心法

心法领悟 115：接口的使用。

在使用接口时需要注意的是，不能直接创建接口类型的对象，但是可以创建接口类型的引用。接口之间可以存在继承关系，使用 extends 关键字来表示该关系。当类使用了多个接口时，各个接口之间要使用"，"进行分隔。此外，接口在设计模式中被大量应用，读者可参考相关的教程。

实例116	简化 compareTo()方法的重写 光盘位置：光盘\MR\116	高级 趣味指数：★★★★☆

■ 实例说明

在实现 Comparable 接口时，需要重写 compareTo()方法。该方法根据不同对象的同一属性的比较返回不同的值。如果有很多属性参与比较，则会非常麻烦。为此推荐使用 Commons 的 Lang 组件来重写该方法。本实例将演示其用法，实例运行效果如图 5.34 所示。

💡 提示：请读者自行下载需要的 jar 包，关于 Commons 组件的更详细介绍请参考第 10 章。

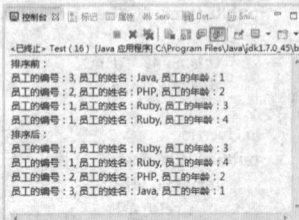

图 5.34　实例运行效果

■ 关键技术

CompareToBuilder 类是重写 comparTo()方法的工具类，使用该方法可以方便地比较各个域。CompareToBuilder

类常用的方法如表 5.6 所示。

表 5.6　CompareToBuilder 类常用的方法

方　法　名	作　　用
append(int lhs, int rhs)	向构造器中增加 lhs 和 rhs 的比较结果
append(Object lhs, Object rhs)	向构造器中增加 lhs 和 rhs 的比较结果
toComparison()	获得比较的结果

💡 提示：append()方法还有很多重载的版本，详细介绍请参考 Commons Lang 组件的 API 文档。

设计过程

（1）编写类 Employee，在该类中定义 3 个域：id 表示编号，name 表示名字，age 表示年龄。重写 toString()方法输出对象的信息。代码如下：

```java
public class Employee implements Comparable<Employee> {
    private int id;                                          //员工的编号
    private String name;                                    //员工的姓名
    private int age;                                        //员工的年龄
    public Employee(int id, String name, int age) {         //利用构造方法初始化各个域
        this.id = id;
        this.name = name;
        this.age = age;
    }
    @Override
    public int compareTo(Employee o) {                      //依次利用 id、name、age 域进行比较
        return new CompareToBuilder().append(id, o.id).append(name, o.name).append(age, o.age).toComparison();
    }
    @Override
    public String toString() {                              //重写 toString()方法
        StringBuilder sb = new StringBuilder();
        sb.append("员工的编号： " + id + ", ");
        sb.append("员工的姓名： " + name + ", ");
        sb.append("员工的年龄： " + age);
        return sb.toString();
    }
}
```

📖 说明：从图 5.34 的运行结果中可以发现，当 id 和 name 相同时，会按 age 比较的结果排序。

（2）编写类 Test 进行测试，在该类中定义一个 Employee 数组来保存 3 个 Employee 对象，通过遍历输出数组中的元素来体现排序的效果。代码如下：

```java
public class Test {
    public static void main(String[] args) {
        Employee employee1 = new Employee(3, "Java", 1);    //初始化 employee1 对象
        Employee employee2 = new Employee(2, "PHP", 2);     //初始化 employee2 对象
        Employee employee3 = new Employee(1, "Ruby", 3);    //初始化 employee3 对象
        Employee[] employees = new Employee[3];             //使用创建的对象初始化数组
        employees[0] = employee1;
        employees[1] = employee2;
        employees[2] = employee3;
        System.out.println("排序前： ");
        for (Employee employee : employees) {               //输出数组中的全部对象
            System.out.println(employee);
        }
        System.out.println("排序后： ");
        Arrays.sort(employees);                             //进行排序
        for (Employee employee : employees) {               //输出数组中的全部对象
            System.out.println(employee);
        }
    }
}
```

■ 秘笈心法

心法领悟 116：CompareToBuilder 类的使用。

除了单个增加域外，该类还提供了使用反射来自动增加域，这样可以简化开发，其用法如下：

```
public int compareTo(Object o) {
    return CompareToBuilder.reflectionCompare(this, o);
}
```

需要注意的是，由于域通常是私有的，reflectionCompare()方法用反射修改了域的访问权限修饰符。如果有安全管理则会失败，而且这种做法比直接增加各个属性的速度慢。

实例 117	策略模式的简单应用 光盘位置：光盘\MR\117	高级 趣味指数：★★★★☆

■ 实例说明

在使用图像处理软件处理图片后，需要选择一种格式进行保存，然而各种格式在底层实现的算法并不相同，这刚好适合策略模式。本实例将演示如何使用策略模式与简单工厂模式组合进行开发，实例运行效果如图 5.35 所示。

图 5.35　实例运行效果

■ 关键技术

在自定义接口时，可以在接口中增加常量，如 JDBC 数据库信息；也可以增加方法，这是接口最常见的用法。此外，还有一种特殊类型的接口，其内部是空的，这种接口起到一个标示作用。常见的如 Cloneable 和 Serializable。使用接口可以将若干类统一成一种类型，这样就可以使用多态了。

💡 提示：接口与类的关系类似角色和演员。一个演员可以演多个角色，一个角色也可以由多个演员来演。

对于策略模式而言，需要定义一个接口或者抽象类来表示各种策略的抽象，这样就可以使用多态来让虚拟机选择不同的实现类。然后让每一种具体的策略实现这个接口或继承抽象类，并为其中定义的方法提供具体的实现。由于在选择适当的策略上有些不方便，需要不断地判断需要的类型，因此用简单工厂方法来实现判断过程。

■ 设计过程

（1）编写接口 ImageSaver，在该接口中定义 save()方法。代码如下：

```
public interface ImageSaver {
    void save();                                                //定义 save()方法
}
```

（2）编写类 GIFSaver，该类实现了 ImageSaver 接口，在实现 save()方法时将图片保存成 GIF 格式。代码如下：

```
public class GIFSaver implements ImageSaver {
    @Override
    public void save() {                                        //实现 save()方法
        System.out.println("将图片保存成 GIF 格式");
    }
}
```

📖 **说明**：对于存储为其他格式的图片方法的实现是类似的，在此就不再讲解。

（3）编写类 TypeChooser，该类根据用户提供的图片类型来选择合适的图片存储方式。代码如下：

```java
public class TypeChooser {
    public static ImageSaver getSaver(String type) {
        if (type.equalsIgnoreCase("GIF")) {                    //使用 if…else 语句判断图片的类型
            return new GIFSaver();
        } else if (type.equalsIgnoreCase("JPEG")) {
            return new JPEGSaver();
        } else if (type.equalsIgnoreCase("PNG")) {
            return new PNGSaver();
        } else {
            return null;
        }
    }
}
```

💡 **提示**：此处使用了简单工厂模式，根据描述图片类型的字符串创建相应的图片保存类对象。

（4）编写类 User，该类模拟用户的操作，为类型选择器提供图片的类型。代码如下：

```java
public class User {
    public static void main(String[] args) {
        System.out.print("用户选择了 GIF 格式：");
        ImageSaver saver = TypeChooser.getSaver("GIF");        //获得保存图片为 GIF 类型的对象
        saver.save();
        System.out.print("用户选择了 JPEG 格式：");
        saver = TypeChooser.getSaver("JPEG");                  //获得保存图片为 JPEG 类型的对象
        saver.save();
        System.out.print("用户选择了 PNG 格式：");
        saver = TypeChooser.getSaver("PNG");                   //获得保存图片为 PNG 类型的对象
        saver.save();
    }
}
```

■ 秘笈心法

心法领悟 117：策略模式的简单应用。

策略模式主要用于有很多不同的方式来解决同一个问题的情景。例如保存文件，可以保存成 txt，也可以保存成 xml，这就需要提供两种策略来实现具体的保存方法。压缩文件、商场的促销策略等都是类似的。可以说策略模式在日常生活中的应用非常广泛。

实例 118	适配器模式的简单应用 光盘位置：光盘\MR\118	高级 趣味指数：★★★★☆

■ 实例说明

对于刚从工厂生产出来的商品，有些功能并不能完全满足用户的需要。因此，用户通常会对其进行一定的改装工作。本实例为普通的汽车增加了 GPS 定位功能，借此演示适配器模式的用法。实例运行效果如图 5.36 所示。

■ 关键技术

适配器模式可以在符合 OCP 原则（开闭原则）的基础上，为类增加新的功能。该模式涉及的主要角色介绍如下。

- ❏ 目标角色：就是期待得到的接口，如本实例的 GPS 接口。
- ❏ 源角色：需要被增加功能的类或接口，如本实例的 Car 类。
- ❏ 适配器角色：新创建的类，在源角色的基础上实现了目标角色，如本实例的 GPSCar 类。

各个类的继承（实现）关系如图 5.37 所示。

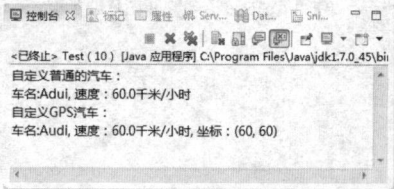

图 5.36　实例运行效果

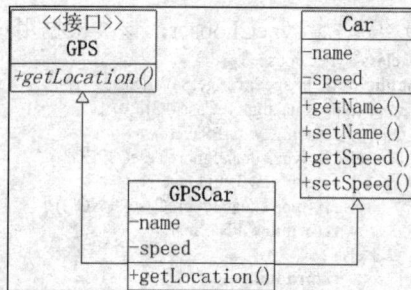

图 5.37　适配器模式 UML 图

设计过程

（1）编写类 Car，在该类中定义两个域：name 表示汽车的名字，speed 表示汽车的速度，并且为其提供 get 和 set 方法。通过重写 toString()方法来方便输出 Car 对象。代码如下：

```java
public class Car {
    private String name;                                    //表示名称
    private double speed;                                   //表示速度
    //省略 get 和 set 方法
    @Override
    public String toString() {                              //重写 toString()方法
        StringBuilder sb = new StringBuilder();
        sb.append("车名:" + name + ", ");
        sb.append("速度： " + speed + "千米/小时");
        return sb.toString();
    }
}
```

（2）编写接口 GPS，在该接口中定义 getLocation()方法，用来确定汽车的位置。代码如下：

```java
public interface GPS {
    Point getLocation();                                    //提供定位功能
}
```

（3）编写 GPSCar，该类继承 Car 并实现 GPS 接口。在该类中实现了 getLocation()方法和确定汽车位置的功能。重写 toString()方法方便输出 GPSCar 对象。代码如下：

```java
public class GPSCar extends Car implements GPS {
    @Override
    public Point getLocation() {                            //利用汽车的速度来确定汽车的位置
        Point point = new Point();
        point.setLocation(super.getSpeed(), super.getSpeed());
        return point;
    }
    @Override
    public String toString() {                              //重写 toString()方法
        StringBuilder sb = new StringBuilder();
        sb.append(super.toString());
        sb.append(", 坐标: (" + getLocation().x + ", " + getLocation().y + ")");
        return sb.toString();
    }
}
```

💡 提示：可以使用 super 关键字调用父类中定义的方法。

（4）编写类 Test 进行测试，该类分别创建 Car 对象和 GPSCar 对象，并对其初始化，然后输出这两个对象。代码如下：

```java
public class Test {
    public static void main(String[] args) {
        System.out.println("自定义普通的汽车： ");
        Car car = new Car();                                //创建普通的汽车对象并初始化
        car.setName("Adui");
        car.setSpeed(60);
```

```
        System.out.println(car);
        System.out.println("自定义 GPS 汽车： ");
        GPSCar gpsCar = new GPSCar();                              //创建带 GPS 功能的汽车对象并初始化
        gpsCar.setName("Audi");
        gpsCar.setSpeed(60);
        System.out.println(gpsCar);
    }
}
```

秘笈心法

心法领悟 118：适配器模式的应用。

在实际开发中，往往不是从零做起的。通常会需要使用已经实现部分功能的代码并按照需要为其增加新的功能。适配器模式可以很好地解决这个问题，它既可以避免修改原来的代码，又可以提供新的功能。

实例 119	普通内部类的简单应用 光盘位置：光盘\MR\119	高级 趣味指数：★★

实例说明

在使用图形界面程序时，用户总是希望界面是丰富多彩的，这就要求程序员根据不同的情况为界面设置不同的颜色。本实例定义了 3 个按钮，用户通过单击不同的按钮，可以为面板设置不同的颜色。实例运行效果如图 5.38 所示。

（a）初始化　　　　　　　　　　　（b）单击"绿色"按钮

图 5.38　实例运行效果

📖 说明：Swing 程序启动后会自动让"红色"按钮获得焦点，这不是人为选择的。

关键技术

在类中，除了可以定义域、方法、块外，还可以定义类，这种类称为内部类。声明一个最简单的内部类语法如下：

```
public class Outter {
    class Inner {}
}
```

内部类可以使用在外部类中定义的域和方法，即使它们都是私有的。编译器在编译内部类时，将内部类命名为 Outter$Inner 的形式，虚拟机并不知道有内部类。

💡 提示：只有内部类可以被设置成私有的，其他类只有公有和包可见两种形式。

设计过程

（1）编写类 ButtonTest，该类继承 JFrame。在框架中包含了 3 个按钮，分别用来为面板设置不同的颜色。

（2）编写类 ColorAction，该类继承自 ActionListener 接口。在该类的构造方法中，需要为其指定一种颜色，在 actionPerformed()方法中将面板设置成指定的颜色。代码如下：

```
private class ColorAction implements ActionListener {
    private Color background;
```

```
    public ColorAction(Color background) {
        this.background = background;
    }
    @Override
    public void actionPerformed(ActionEvent e) {
        panel.setBackground(background);

    }

}
```

💡 提示：panel 是在外部类 ButtonTest 中定义的域，但是在内部类中却可以直接使用。

■ 秘笈心法

心法领悟 119：成员内部类的使用。

内部类的语法非常复杂，因此本实例将从最简单的成员内部类讲解。读者可以将其看成特殊的"方法"，而类中定义的方法是访问类中定义的域和其他方法的。内部类应用最多的场景是在编写 GUI 程序时，将大量的事件监听处理都放在了内部类中进行。

实例 120	局部内部类的简单应用 光盘位置：光盘\MR\120	高级 趣味指数：★★

■ 实例说明

日常生活中，闹钟的应用非常广泛，使用它可以更好地帮助人们安排时间。本实例将实现一个非常简单的闹钟，控制台会不断输出当前的时间，并且每隔一秒钟会发出提示音。用户可以单击"确定"按钮退出程序。实例运行效果如图 5.39 所示。

图 5.39　实例运行效果

■ 关键技术

Java 中可以将类定义在方法的内部，称为局部内部类。这种类不能使用 public、private 修饰，它的作用域被限定在声明这个类的方法中。局部内部类和其他内部类相比还有一个优点，可以访问方法参数。一个最简单的局部内部类代码如下：

```
public void book () {
    public class MingriSoft{}
}
```

🔊 注意：被局部内部类使用的方法参数必须是 final 的。

■ 设计过程

（1）编写类 AlarmClock，在该类中定义两个域：delay 表示延迟的时间，flag 表示是否需要发出提示声音。在 start()方法中，使用 Timer 类来安排动作发出事件。代码如下：

```
public class AlarmClock {
    private int delay;                                          //表示延迟时间
```

```
    private boolean flag;                                                  //表示是否要发出声音
    public AlarmClock(int delay, boolean flag) {                           //使用构造方法初始化各个域
        this.delay = delay;
        this.flag = flag;
    }
    public void start() {
        class Printer implements ActionListener {                          //定义内部类实现动作监听接口
            @Override
            public void actionPerformed(ActionEvent e) {
                SimpleDateFormat format = new SimpleDateFormat("k:m:s");    //定义时间的格式
                String result = format.format(new Date());                 //获取当前的时间
                System.out.println("当前的时间是: " + result);              //显示当前的时间
                if (flag) {                                                 //根据 flag 来决定是否要发出声音
                    Toolkit.getDefaultToolkit().beep();
                }
            }
        }
        new Timer(delay, new Printer()).start();                           //创建 Timer 对象并启动
    }
}
```

📢 **注意**：如果 Printer 类使用了在 start()方法内定义的其他变量，则该变量也必须是 final 的。

（2）编写类 Test 进行测试，在该类的 main()方法中，创建 AlarmClock 对象，并调用其 start()方法。使用对话框提示用户是否要退出程序。代码如下：

```
public class Test {
    public static void main(String[] args) {
        AlarmClock clock = new AlarmClock(1000, true);                     //创建 AlarmClock 对象
        clock.start();//启动 start()方法
        JOptionPane.showMessageDialog(null, "是否退出? ");
        System.exit(0);                                                    //退出程序
    }
}
```

■ 秘笈心法

心法领悟 120：局部内部类的使用。

由于局部内部类对外并不可见，因此不如使用匿名内部类来替代。只有当需要定义或重写类的构造方法，或者需要多个该类的对象时，才建议使用局部内部类。

实例 121	匿名内部类的简单应用 光盘位置：光盘\MR\121	高级 趣味指数：★★

■ 实例说明

在查看数码相片时，通常会使用一款图片查看软件，该软件应该能够遍历文件夹下的所有图片并进行显示。本实例编写了一个非常简单的图片查看软件，它可以支持 6 张图片。通过单击不同的按钮即可查看不同的图片。实例运行效果如图 5.40 所示。

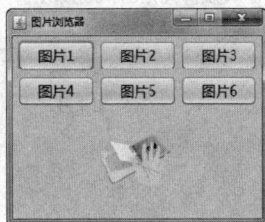
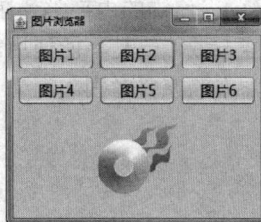

（a）单击"图片 1"　　　　　　　（b）单击"图片 2"

图 5.40　实例运行效果

■ 关键技术

当只需要创建类的一个对象时，可以使用匿名内部类。ActionListener 是 Swing 中动作事件的监听器，如果创建该接口的匿名内部类。代码如下：

```
ActionListener listener = new ActionListener() {
    public void actionPerformed(ActionEvent e) {}
};
```

◀)) 注意：不要忘记写最后的 ";" ，这是语句结束的标识，和内部类无关。

■ 设计过程

编写类 ImageViewer，该类继承了 JFrame。在框架中包含了 6 个按钮和一个标签，单击不同的按钮可以在标签上显示不同的图片。构造方法的核心代码如下：

```
public ImageViewer() {
    //省略与 button1 无关的代码
    JButton button1 = new JButton("\u56FE\u72471");                    //创建按钮
    button1.setFont(new Font("微软雅黑", Font.PLAIN, 16));              //修改按钮上文本的字体
    button1.addActionListener(new ActionListener() {                   //为按钮增加监听器
        @Override
        public void actionPerformed(ActionEvent e) {
            label.setIcon(new ImageIcon("src/images/1.png"));          //在标签中显示图片
        }
    });
    //省略与 button1 无关的代码
}
```

■ 秘笈心法

心法领悟 121：匿名内部类的使用。

由于构造方法必须与类名相同，而匿名内部类没有类名，因此不能为其定义构造方法。如果程序的代码非常简单，则使用匿名内部类会使结构比较清晰。反之则不推荐使用匿名内部类。

实例 122	静态内部类的简单应用	高级
	光盘位置：光盘\MR\122	趣味指数：★★★★☆

■ 实例说明

当对元素进行排序时，需要明确如何比较各个元素的大小。使用既定的比较方式，即可求出一个数组中的最大和最小值，通常是通过两步来求出这两个值。本实例使用静态内部类实现使用一次遍历求最大和最小值。实例运行效果如图 5.41 所示。

■ 关键技术

静态内部类是使用 static 修饰的内部类，在静态内部类中，可以使用外部类定义的静态域，但是不能使用非静态域。这是静态内部类与非静态内部类的重要区别。定义一个最简单的静态内部类的代码如下：

```
public void book () {
    public static class MingriSoft{}
}
```

图 5.41　实例运行效果

◀)) 注意：不要将 MingriSoft 类声明成 private 的，否则不能使用其中定义的方法。

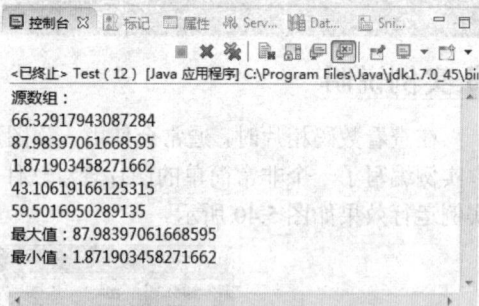

▋设计过程

（1）编写类 MaxMin，在该类中定义一个静态内部类 Result 和一个静态方法 getResult()。在静态类中定义两个浮点型域：max 表示最大值，min 表示最小值。使用构造方法为其初始化，并提供 get 方法来获得这两个值。getResult()方法的返回值为 Result 类型，这样就可以既保存最大值又保存最小值。代码如下：

```java
public class MaxMin {
    public static class Result {
        private double max;                                  //表示最大值
        private double min;                                  //表示最小值
        public Result(double max, double min) {             //使用构造方法进行初始化
            this.max = max;
            this.min = min;
        }
        public double getMax() {                             //获得最大值
            return max;
        }
        public double getMin() {                             //获得最小值
            return min;
        }
    }
    public static Result getResult(double[] array) {
        double max = Double.MIN_VALUE;
        double min = Double.MAX_VALUE;
        for (double i : array) {                             //遍历数组获得最大值和最小值
            if (i > max) {
                max = i;
            }
            if (i < min) {
                min = i;
            }
        }
        return new Result(max, min);                         //返回 Result 对象
    }
}
```

（2）编写类 Test 进行测试，在该类的 main()方法中，使用随机数初始化一个容量为 5 的数组，并求得该数组的最大值和最小值。代码如下：

```java
public class Test {
    public static void main(String[] args) {
        double[] array = new double[5];
        for (int i = 0; i < array.length; i++) {                      //初始化数组
            array[i] = 100*Math.random();
        }
        System.out.println("源数组：");
        for (int i = 0; i < array.length; i++) {                      //显示数组中的各个元素
            System.out.println(array[i]);
        }
        System.out.println("最大值：" + MaxMin.getResult(array).getMax());   //显示最大值
        System.out.println("最小值：" + MaxMin.getResult(array).getMin());   //显示最小值
    }
}
```

▋秘笈心法

心法领悟 122：静态内部类的使用。

在内部类不需要访问外部类对象时，可以将其设置成静态内部类。可以像静态域和方法那样使用类名来引用静态内部类。本实例演示了静态内部类的典型用法，在实际开发中，静态内部类并不常用。

第**2**篇

Java 高级应用

第 **6** 章

枚举与泛型的应用

▸▸ 枚举使用简介
▸▸ 泛型使用简介

6.1　枚举使用简介

实例 123	查看枚举类型的定义 光盘位置：光盘\MR\123	高级 趣味指数：★★★

■ 实例说明

Java SE 5.0 版中新增了一个重要类型——枚举。它可以用来表示一组取值范围固定的变量。使用 enum 关键字可以定义枚举类型。在深入学习枚举类型以前，使用反射查看一下其定义是很有益处的。本实例将查看枚举类型的修饰符、超类和自定义方法，实例运行效果如图 6.1 所示。

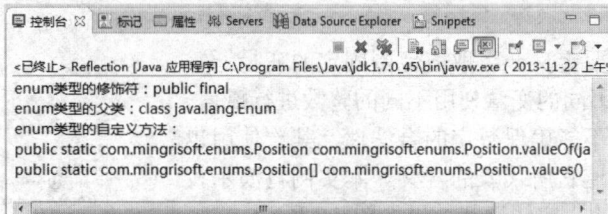

图 6.1　实例运行效果

■ 关键技术

利用 Java 的反射机制，可以在运行时分析类。在使用反射之前需要获得 Class 类的对象，该类是反射的入口。反射机制非常强大，如果读者对此感兴趣，可以参考第 7 章中的反射实例。Class 类的常用方法如表 6.1 所示。

表 6.1　Class 类的常用方法

方　法　名	作　　用
getModifiers()	返回一个整数值表示该类的修饰符
getSuperclass()	返回该类的超类
getDeclaredMethods()	返回该类声明的方法

■ 设计过程

（1）定义一个简单的枚举类型 Position，它有两个元素 HERE 和 THERE，用来表示方位。代码如下：

```
public enum Position {                                           //定义含有两个元素的简单枚举类型
    HERE, THERE;
}
```

💡 提示：对于枚举类型的元素，其命名方式与常量相同，即全部使用大写字母。

（2）编写 Reflection 类，在该类的 main() 方法中输出了枚举类型的修饰符、超类和自定义方法。代码如下：

```
public class Reflection {
    public static void main(String[] args) {
        Class<Position> enumClass = Position.class;              //获得表示枚举类型的 Class 对象
        String modifiers = Modifier.toString(enumClass.getModifiers());  //获得枚举类型修饰符
        System.out.println("enum 类型的修饰符: " + modifiers);
        System.out.println("enum 类型的父类: " + enumClass.getSuperclass());
        System.out.println("enum 类型的自定义方法: ");
        Method[] methods = enumClass.getDeclaredMethods();      //获得枚举类型的自定义方法
        for (Method method : methods) {
            System.out.println(method);                          //输出方法的完整名称
        }
    }
}
```

📖 说明：编译器专门为枚举类型增加了两个工具方法，即 valueOf()和 values()方法。

■ 秘笈心法

心法领悟 123："隐藏"方法的分析。

Java 中并不是所有方法都在 API 中有说明，如由编译器增加的方法。如果使用 IDE 的提示功能，则可能遇到 API 中没有的方法。此时正是反射机制大显身手的时候，读者可以参考本实例自己编写一个工具类来分析"隐藏"方法。

| 实例 124 | 枚举类型的基本特性
光盘位置：光盘\MR\124 | 初级
趣味指数：★★ |

■ 实例说明

在枚举类型出现以前，要定义一组取值范围固定的变量通常的做法是定义一个接口，将不同的变量使用不同的整数进行赋值。这样做的缺点很明显，首先不能确保数字的合法性，其次使用也很不方便，不能根据数字知道它所代表的含义。本实例将演示枚举类型是如何解决这些问题的。实例运行效果如图 6.2 所示。

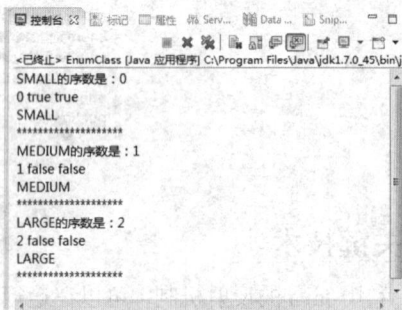

图 6.2　实例运行效果

■ 关键技术

Enum 类是所有枚举类型的父类，它是一个没有抽象方法的抽象类。该类定义了枚举类型的常用方法，如枚举元素间的比较、获得枚举元素定义的次序、枚举元素定义的名称等。Enum 类的常用方法如表 6.2 所示。

表 6.2　Enum 类的常用方法

方 法 名	作　　　用
compareTo(E o)	比较枚举元素的顺序
equals(Object other)	判断枚举元素是否相同
name()	获得枚举元素在定义时的名称
ordinal()	获得枚举元素在定义时的顺序，从 0 开始计数

✍ 技巧：可以使用"=="来比较两个枚举元素，不需要重写 equals()和 hashCode()方法，它们已经自动生成了。

■ 设计过程

（1）定义一个简单的枚举类型 Size，它有 3 个元素，分别用来表示大小。代码如下：

```java
public enum Size {                                  //定义含有 3 个元素的简单枚举类型
    SMALL, MEDIUM, LARGE
}
```

💡 提示：对于枚举类型的元素，其命名方式与常量相同，即全部使用大写字母。

（2）编写 EnumClass 类，在该类的 main()方法中输出枚举元素的序数、和 SMALL 元素比较的 3 种方式得到的结果、枚举元素的名称等。代码如下：

```java
public class EnumClass {
    public static void main(String[] args) {
        for (Size size : Size.values()) {
            System.out.println(size + "的序数是：" + size.ordinal());          //查看枚举元素的顺序
            System.out.print(size.compareTo(Size.SMALL) + " ");               //将枚举元素与 Size.SMALL 比较
            System.out.print(size.equals(Size.SMALL) + " ");                  //将枚举元素与 Size.SMALL 比较
```

```
            System.out.println(size == Size.SMALL);        //将枚举元素与 Size.SMALL 比较
            System.out.println(size.name());               //获得枚举元素的名称
            System.out.println("********************");     //优雅的分隔线
        }
    }
}
```

✍ **技巧**：可以使用加强版 for 循环输出 values()方法返回的数组。

■ 秘笈心法

心法领悟 124：枚举类型的优势。

通过本实例可以发现，枚举类型在使用时是非常方便的。如果取名恰当，则其每个元素都很好理解。而且其取值的范围在定义枚举类型时就固定了，这样就避免了没有枚举类型前的很多问题。Java 中的枚举类型还可以定义方法、重写方法、实现接口等，比起其他语言优势非常明显。

实例 125	增加枚举元素的信息	初级
	光盘位置：光盘\MR\125	趣味指数：★★

■ 实例说明

除了不能继承外，枚举类型可以看作是普通类。这意味着用户可以在枚举类型中增加方法，甚至是 main()方法。由于 toString()方法只是简单地返回定义枚举变量时指定的名称，所以提供的信息非常有限。可以为枚举类型提供一个构造方法来增加额外的信息，并提供相应的方法来获得这些信息。本实例将演示如何实现这些内容。实例运行效果如图 6.3 所示。

图 6.3　实例运行效果

■ 关键技术

在枚举类型中定义的方法和在类中定义的方法是一样的，对于普通方法由修饰符、返回值、方法名称和方法参数组成，对于构造方法由修饰符、方法名称和方法参数组成。需要特别注意的是，构造方法能使用 public 和 protected 修饰符。枚举类型的构造方法只能用来创建枚举元素，而不能用来创建枚举类型的实例。

📖 **说明**：可以为枚举类型定义多个构造方法，编译器会为没有构造方法的枚举类型提供一个空构造方法。

■ 设计过程

定义一个简单的枚举类型 Size，它有 3 个元素，分别用来表示匹萨饼的大小。代码如下：

```
public enum Size {
    SMALL("我是小号匹萨"), MEDIUM("我是中号匹萨"), LARGE("我是大号匹萨");
    private String description;                              //定义一个字符串保存描述信息
    private Size(String description) {                       //定义一个私有的构造方法使枚举元素具有指定描述信息的能力
        this.description = description;
    }
    public String getDescription() {                        //获得枚举元素指定的描述信息
        return description;
    }
    public static void main(String[] args) {
        for (Size size : Size.values()) {
            System.out.println(size + ":" + size.getDescription());  //输出所有枚举元素的信息
        }
    }
}
```

🔊 **注意**：必须先定义枚举类型然后才能定义方法，而且两者之间要使用分号分隔。

■ 秘笈心法

心法领悟 125：枚举类型中的方法。

在 C 语言中，枚举类型只能简单地定义一组变量。而在 Java 中，枚举类型还可以增加方法，这无疑增强了枚举类型的能力。本实例仅实现了一个非常简单的方法，读者可以在本实例的基础上完成一些复杂的功能。另外，Java 中的枚举类型还支持方法的重写。本实例的功能也可以通过重写 toString()方法来实现，读者可以尝试自己完成。

实例 126	选择合适的枚举元素 光盘位置：光盘\MR\126	初级 趣味指数：★★

■ 实例说明

在使用枚举类型时，会遇到根据不同的枚举元素完成不同操作的情况。这涉及如何选择枚举元素。在本实例中，将使用枚举类型保存 JDBC 参数，并自定义方法以根据不同的枚举元素获得相应的参数值。实例运行效果如图 6.4 所示。

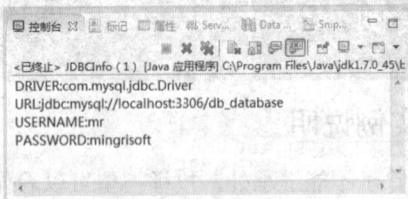

```
<已终止> JDBCInfo（1）[Java 应用程序] C:\Program Files\Java\jdk1.7.0_45\b
DRIVER:com.mysql.jdbc.Driver
URL:jdbc:mysql://localhost:3306/db_database
USERNAME:mr
PASSWORD:mingrisoft
```

图 6.4　实例运行效果

■ 关键技术

枚举类型的一种方便用法是它可以用在 switch 语句中。通常情况下，switch 语句只能用于整数值，如 byte、short 和 int。由于枚举元素在定义时编译器会自动为其生成整数序号，这些序号可以通过 ordinal()方法查看，所以也可在 switch 语句中使用枚举。

✍ 技巧：在 case 子句中，可以直接使用枚举元素而不需要使用枚举类型来引用该元素。

■ 设计过程

定义一个简单的枚举类型 JDBCInfo，其中定义了 4 个枚举元素：DRIVER 代表 JDBC 的驱动，URL 代表 JDBC 的 URL，USERNAME 代表数据库的用户名，PASSWORD 代表数据库的密码。利用 getJDBCInfo()可以获得枚举元素所对应的实际值。代码如下：

```java
public enum JDBCInfo {
    DRIVER, URL, USERNAME, PASSWORD;                    //定义 4 个枚举元素
    public String getJDBCInfo(JDBCInfo info) {          //定义方法来根据不同的枚举元素返回不同的字符串
        switch (info) {
            case DRIVER:                                //如果枚举元素是 DRIVER 则返回数据库驱动
                return "com.mysql.jdbc.Driver";
            case URL:                                   //如果枚举元素是 URL 则返回数据库 URL
                return "jdbc:mysql://localhost:3306/db_database";
            case USERNAME:                              //如果枚举元素是 USERNAME 则返回数据库用户名
                return "mr";
            case PASSWORD:                              //如果枚举元素是 PASSWORD 则返回数据库密码
                return "mingrisoft";
            default:
                return null;
        }
    }
    public static void main(String[] args) {
        for (JDBCInfo info : JDBCInfo.values()) {       //遍历输出枚举元素的名称和对应的字符串
            System.out.println(info + ":" + info.getJDBCInfo(info));
        }
    }
}
```

✍ 技巧：可以使用静态导入来避免使用枚举类型引用枚举元素。

秘笈心法

心法领悟 126：枚举类型与 switch 语句。

如果在 case 子句中调用 return，则编译器要求 switch 语句必须有 default 子句。此时 case 子句可以不包括所有的枚举元素。如果在 case 子句中不调用 return，则编译器不要求 switch 语句必须有 default 子句，而且也不检查 case 子句是否包括了所有枚举元素，这就需要程序员在编写代码时注意这一点。

实例 127	高效的枚举元素集合 光盘位置：光盘\MR\127	高级 趣味指数：★★★

实例说明

Set 是 Java 集合类的重要组成部分，它用来存储不能重复的对象。枚举类型也要求其枚举元素各不相同。看起来枚举类型和集合是很相似的。然而枚举类型中的元素不能随意地增加、删除，作为集合而言，枚举类型非常不实用。EnumSet 是专门为 enum 实现的集合类，本实例将演示其用法。实例运行效果如图 6.5 所示。

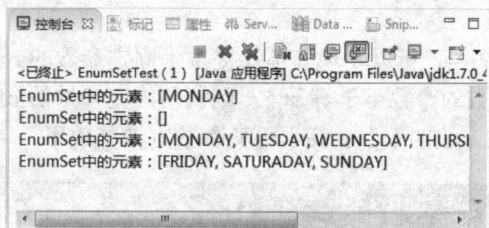

图 6.5　实例运行效果

关键技术

当创建 EnumSet 对象时，需要显式或隐式指明其中元素的枚举类型。该对象中的元素仅能取自同一种枚举类型。EnumSet 在内部用比特向量表示。这种结构特别紧凑和高效。该类的时间、空间性能十分优越，可以高质量替代传统的"位标志"。EnumSet 类的常用方法如表 6.3 所示。

表 6.3　EnumSet 类的常用方法

方 法 名	作 用
allOf(Class<E> elementType)	创建一个 EnumSet，它包含了 elementType 中的所有枚举元素
complementOf(EnumSet<E> s)	创建一个 EnumSet，其中的元素是 s 的补集
noneOf(Class<E> elementType)	创建一个 EnumSet，其中元素的类型是 elementType，但是没有元素
range(E from, E to)	创建一个 EnumSet，其中的元素在 from 和 to 之间，包括端点
add(E e)	向 EnumSet 对象中增加元素 e
remove(Object o)	从 EnumSet 对象中删除元素 o
addAll(Collection<? extends E> c)	向 EnumSet 对象中增加集合元素 c
removeAll(Collection<?> c)	从 EnumSet 对象中删除集合元素 c

◄» 注意：不能在 EnumSet 中增加 null 元素，否则会出现空指针异常。

设计过程

（1）定义一个简单的枚举类型 Weeks，它有 7 个元素，分别代表一周的 7 天。代码如下：

```
public enum Weeks {                                              //定义含有 7 个元素的简单枚举类型
    MONDAY, TUESDAY, WEDNESDAY, THURSDAY, FRIDAY, SATURADAY, SUNDAY
}
```

💡 提示：对于枚举类型的元素，其命名方式与常量相同，即全部使用大写字母。

（2）定义 EnumSetTest 类，在其 main()方法中对 EnumSet 进行一些基本操作，如增加元素、删除元素等。代码如下：

```java
public class EnumSetTest {
    public static void main(String[] args) {
        EnumSet<Weeks> week = EnumSet.noneOf(Weeks.class);         //创建一个 Weeks 类型的 EnumSet
        week.add(MONDAY);                                          //向 EnumSet 中增加元素 MONDAY
        System.out.println("EnumSet 中的元素：" + week);
        week.remove(MONDAY);                                       //删除 Enumset 中的元素 MONDAY
        System.out.println("EnumSet 中的元素：" + week);
        week.addAll(EnumSet.complementOf(week));                   //向 EnumSet 中增加 week 中元素的补集
        System.out.println("EnumSet 中的元素：" + week);
        week.removeAll(EnumSet.range(MONDAY, THURSDAY));           //删除 week 中的 MONDAY 到 THURSDAY 元素
        System.out.println("EnumSet 中的元素：" + week);
    }
}
```

✍ 技巧：可以使用静态导入来避免使用枚举类型引用枚举元素。

■ 秘笈心法

心法领悟 127：of()方法的解读。

通过查询 EnumSet 类的 API 文档，可以发现其不仅提供了固定参数的 of()方法，还提供了可变参数的 of()方法。如果在使用 of()方法时，参数的个数小于等于 5，则调用固定参数的 of()方法；否则调用可变参数的 of()方法。这么做的原因在于固定参数方法的效率要高于可变参数方法的效率。

实例 128	高效的枚举元素映射 光盘位置：光盘\MR\128	高级 趣味指数：★★★★☆

■ 实例说明

Map 是 Java 集合类的重要组成部分，其用途是利用键值对来保存对象。当需要使用值时，可以根据键获得。这要求 Map 的键必须唯一，而枚举类型的元素都是唯一的，因此可以用来做 Map 的键。EnumMap 类就是 Java 专门为枚举类型提供的 Map 实现类。本实例将演示其用法，实例运行效果如图 6.6 所示。

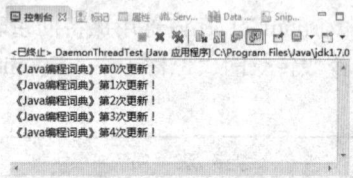

图 6.6 实例运行效果

■ 关键技术

当创建 EnumMap 对象时，需要显式或隐式指明其中元素的枚举类型。该对象中元素的键仅能取自同一种枚举类型。EnumMap 在内部用数组表示，这种结构特别紧凑和高效。EnumMap 类的常用方法如表 6.4 所示。

表 6.4　EnumMap 类的常用方法

方 法 名	作　用
clear()	删除该 map 中的所有映射关系
containsKey(Object key)	如果包含值为 key 的键则返回 true，否则返回 false
containsValue(Object value)	如果包含值为 value 的值则返回 true，否则返回 false
put(K key, V value)	在 EnumMap 中存入键为 key、值为 value 的键值对
get(Object key)	获得键 key 所对应的值
size()	查看 EnumMap 中键值对的个数
remove(Object key)	从 EnumMap 中删除键为 key 的键值对

📢 **注意**：不能在 EnumMap 中增加 null 元素，否则会出现空指针异常。

■ 设计过程

（1）定义一个简单的枚举类型 Weeks，它有 7 个元素，分别代表一周的 7 天。代码如下：

```
public enum Weeks {                                                    //定义含有 7 个元素的简单枚举类型
    MONDAY, TUESDAY, WEDNESDAY, THURSDAY, FRIDAY, SATURADAY, SUNDAY
}
```

💡 **提示**：对于枚举类型的元素，其命名方式与常量相同，即全部使用大写字母。

（2）定义 EnumMapTest 类，在其 main()方法中对 EnumMap 进行了一些基本操作，如增加键值对、删除键值对等。代码如下：

```
public class EnumMapTest {
    public static void main(String[] args) {
        EnumMap<Weeks, String> weeks = new EnumMap<Weeks, String>(Weeks.class);
        weeks.put(MONDAY, "星期一");                                  //增加键 MONDAY，值"星期一"
        weeks.put(SUNDAY, "星期日");                                  //增加键 SUNDAY，值"星期日"
        System.out.println("EnumMap 中的键值对个数：" + weeks.size());   //查看键值对个数
        System.out.println("EnumMap 中的键值对：" + weeks);            //查看键值对内容
        System.out.println("EnumMap 中是否包含键 SATURADAY：" + weeks.containsKey(SATURADAY));
        System.out.println("EnumMap 中是否包含值星期日：" + weeks.containsValue("星期日"));
        weeks.remove(MONDAY);                                        //删除键为 MONDAY 的键值对
        System.out.println("EnumMap 中的键值对：" + weeks);
        System.out.println("EnumMap 中键 MONDAY 对应的值：" + weeks.get(MONDAY));
    }
}
```

✍ **技巧**：可以使用静态导入来避免使用枚举类型引用枚举元素。

■ 秘笈心法

心法领悟 128：EnumMap 类的应用。

命令模式是 23 种常见模式之一，它是一种行为模式，可以使用 EnumMap 类来实现。首先将各种不同的命令保存在一个枚举类型中，再将这个枚举类型作为 EnumMap 的键。然后使用接口统一命令所对应的操作，将其实现作为值存入到 EnumMap 中，这样就实现了命令模式。

实例 129	遍历枚举接口的元素	高级
	光盘位置：光盘\MR\129	趣味指数：★★

■ 实例说明

早在 Java SE 1.0 版，就存在集合类。集合类可以用来管理一组相关的对象。当需要查看、使用集合中的所有对象时可以使用枚举接口对其进行遍历。枚举接口中定义了两个方法，它通常和向量一起使用。本实例将演示其用法，实例运行效果如图 6.7 所示。

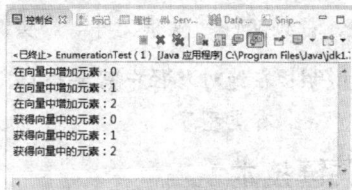

图 6.7　实例运行效果

■ 关键技术

实现了 Enumeration 接口的对象可以生成一系列元素，每次生成一个。通过连续调用 nextElement()方法，可以连续获得枚举接口中的元素。但是如果枚举接口中已经没有元素，调用该方法会抛出异常。因此应该先用 hasMoreElements()方法判断枚举中是否还有可用元素。该接口定义了两个方法，其声明如下：

```
boolean hasMoreElements()
```

测试枚举接口中是否还含有可用元素，因为其返回值是 boolean，所以适合放在 while 循环中。

```
E nextElement()
```

如果枚举接口中还有可用元素，则返回下一个元素，否则会出现 NoSuchElementException。

📝 **技巧**：Collections 类的静态方法 enumeration()可以用来将任意集合转换成枚举接口类型。

▊ 设计过程

编写 EnumerationTest 类，在该类的 main()方法中，首先在向量中增加 3 个元素，然后利用枚举接口将其取出。代码如下：

```java
public class EnumerationTest {
    public static void main(String[] args) {
        Vector<Integer> vector = new Vector<Integer>();                //定义一个向量保存测试用的数据
        for (int i = 0; i < 3; i++) {
            vector.add(i);                                             //在向量中存入数据
            System.out.println("在向量中增加元素: " + i);
        }
        Enumeration<Integer> e = vector.elements();                   //将向量转换成枚举接口类型
        while (e.hasMoreElements()) {                                 //输出枚举接口中的全部元素
            System.out.println("获得向量中的元素: " + e.nextElement());
        }
    }
}
```

📖 **说明**：在 Java SE 5.0 版中，新增了一个重要特性——泛型。该特性可以用来控制集合中元素的类型。

▊ 秘笈心法

心法领悟 129：枚举接口的升级。

随着 Java 的不断发展，新增加了一个 Iterator 接口，该接口不仅包括了枚举接口的功能，还增加了一个 remove() 方法。另外，该接口对方法的名字进行了优化：hasNext()用来测试是否还有可用元素，next()用来获得元素。在新类中，推荐使用 Iterator()接口来实现遍历功能。

实例 130	简单的文件合并工具 光盘位置：光盘\MR\130	高级 趣味指数：★★★★☆

▊ 实例说明

在处理遗留代码或者需要使用旧集合类的特性时，如同步，可以使用枚举接口对其元素进行遍历。此外，枚举接口还可以作为方法的参数。SequenceInputStream 类可以用来接收元素类型为输入流的枚举接口类型。本实例将使用它制作一个文件合并工具，可以使用该工具合并文本文件、音频文件、视频文件等。实例运行效果如图 6.8 所示。

📖 **说明**：在绝对路径中需要指明文件的扩展名，否则生成的文件就没有类型了。

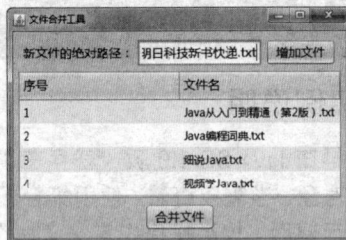

图 6.8　实例运行效果

▊ 关键技术

SequenceInputStream 类表示其他类型的输入流的逻辑组合。在创建这个类的对象时需要指定一组有序的输入流集合。该类将从第一个输入流的开始读到第一个输入流的结束，然后再读入第二个输入流。依此类推，直到读完整个输入流集合。该类有两个构造方法，为了能够合并多个文件，使用 Enumeration 类型作为方法的参数，该方法的声明如下：

```java
SequenceInputStream(Enumeration<? extends InputStream> e)
```

参数说明

e：包含若干个输入流的枚举接口类型的对象。

✍ **技巧**：使用泛型可以避免为枚举接口传入不同的类型。

设计过程

（1）继承 JFrame 实现名为 FileConcatenation 的窗体。该窗体的主要控件如表 6.5 所示。

表 6.5　窗体主要控件

控 件 类 型	控 件 命 名	控 件 用 途
JButton	chooseButton	用来选择要合并的文件
	concatButton	将合并后的新文件写入用户指定的路径
JLabel	label	提示用户输入新文件的绝对路径
JTextField	pathTextField	获得用户输入的文件路径

（2）编写方法 do_chooseButton_actionPerformed()，用来监听用户单击"增加文件"按钮事件。该方法实现让用户选择要合并的文件的功能。核心代码如下：

```java
protected void do_chooseButton_actionPerformed(ActionEvent e) {
    JFileChooser fileChooser = new JFileChooser();                          //创建文件选择器
    fileChooser.setFileSelectionMode(JFileChooser.FILES_ONLY);
    int result = fileChooser.showOpenDialog(this);                          //显示文件选择对话框
    if (result == JFileChooser.APPROVE_OPTION) {
        File file = fileChooser.getSelectedFile();                         //获取选择文件
        try {
            files.add(new FileInputStream(file));                         //添加文件到集合中
        } catch (FileNotFoundException e1) {
            e1.printStackTrace();
        }
        //获取表格模型
        DefaultTableModel model = (DefaultTableModel) table.getModel();
        model.addRow(new Object[] { ++id, file.getName() });               //添加文件信息到模型
    }
}
```

（3）编写方法 do_concatButton_actionPerformed()，用来监听用户单击"合并文件"按钮事件。该方法实现合并用户选择的文件，并将其写入到用户指定的绝对路径的功能。核心代码如下：

```java
protected void do_concatButton_actionPerformed(ActionEvent e) {
    String fileName = pathTextField.getText();                                      //获得用户输入的新文件的绝对路径
    //省略校验相关代码
    SequenceInputStream sis = new SequenceInputStream(Collections.enumeration(files));
    BufferedInputStream bis = new BufferedInputStream(sis);                          //利用缓冲输入流提高效率
    FileOutputStream out = null;
    try {
        out = new FileOutputStream(fileName);                                       //根据用户指定的绝对路径创建文件输出流
        int length;
        while ((length = bis.read()) != -1) {
            out.write(length);                                                     //将输入流写入到文件中
        }
    } catch (IOException e1) {
        e1.printStackTrace();
    } finally {
        if (out != null) {
            try {
                out.close();                                                       //如果文件输出流不为空，则关闭输出流
            } catch (IOException e1) {
                e1.printStackTrace();
            }
        }
    }//如果没有发生异常，则提示用户文件合并成功
    JOptionPane.showMessageDialog(this, "文件合并成功！", "", JOptionPane.WARNING_MESSAGE);
}
```

秘笈心法

心法领悟 130：文件合并程序的增强。

本实例合并文件的顺序是由用户选择文件的顺序决定的。读者可以在本实例的基础上修改表格控件、增加排序功能，并根据排序的结果来创建 SequenceInputStream 类的对象。如果要合并多个文件，则可以让文件选择器支持选择文件夹，利用文件的扩展名不同将需要合并的文件筛选出来进行合并。读者也可以为不同类型的文件专门编写一个合并工具。

6.2 泛型使用简介

实例 131	自定义非泛型栈结构	高级
	光盘位置：光盘\MR\131	趣味指数：★★

■ 实例说明

在 Java SE 5.0 版推出之前，编写存储对象的数据结构非常不方便。如果要针对每种类型的对象写一个数据结构，则当需要将其应用到其他对象上时，还要重写这个数据结构。如果使用了 Object 类型，编写的数据结构虽然通用性很好，但是不能保证存入对象的安全性。本实例将编写一个 Object 类型的堆栈结构，并对其进行测试。实例运行效果如图 6.9 所示。

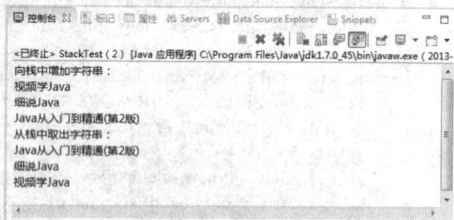

图 6.9 实例运行效果

■ 关键技术

栈是一种非常常见的数据结构，它可以用来实现元素的先进后出操作。读者可以联想生活中洗碗的过程，先洗完的碗放在了最下面，后洗完的碗放在了最上面。在程序设计中，栈有很多重要的应用，如将字符串反转、实现四则运算等。本实例定义了一个最简单的栈结构，实现了其入栈、出栈和判空操作。

📖 说明：关于栈的更详细介绍请参考专门的数据结构教材。

■ 设计过程

（1）编写 Stack 类，该类中定义 3 个方法，分别是用来入栈的 push()方法、用来出栈的 pop()方法和用来判断栈是否为空的 empty()方法。代码如下：

```java
public class Stack {
    private Object[] container = new Object[10];          //使用 Object 类型的数组保存入栈的元素
    private int index = 0;                                //使用整数作为指针来表示数组的使用情况
    public void push(Object o) {                          //实现了向栈中增加元素的功能
        if (index != container.length) {                 //如果数组中还有可用空间，则增加元素
            container[index++] = o;                       //在增加完一个元素后将指针后移一位
        }
    }
    public Object pop() {                                 //实现了从栈中删除元素的功能
        if (index != -1) {                               //如果数组中还有可用元素，则删除一个元素
            return container[--index];                    //在删除完一个元素后将指针前移一位
        }
        return null;                                      //如果数组中没有元素，则返回 null
    }
    public boolean empty() {                              //判断数组中是否有可用元素
        if (index == 0) {                                //如果没有则返回 true
            return true;
        } else {
            return false;                                 //如果有则返回 false
        }
    }
}
```

📖 **说明**：Java 提供了一个 Stack 类，该类因为继承了 Vector 类而不是一个纯粹的栈。

（2）编写测试类 StackTest，在该类的 main() 方法中向栈中增加 3 个字符串，再从栈中删除 3 个字符串并进行输出。代码如下：

```java
public class StackTest {
    public static void main(String[] args) {
        Stack stack = new Stack();
        System.out.println("向栈中增加字符串：");
        System.out.println("视频学 Java");
        System.out.println("细说 Java");
        System.out.println("Java 从入门到精通（第 2 版）");
        stack.push("视频学 Java");                          //向栈中增加字符串
        stack.push("细说 Java");                            //向栈中增加字符串
        stack.push("Java 从入门到精通（第 2 版）");          //向栈中增加字符串
        System.out.println("从栈中取出字符串：");
        while (!stack.empty()) {
            System.out.println((String) stack.pop());       //删除栈中的全部元素并进行输出
        }
    }
}
```

■ 秘笈心法

心法领悟 131：不用泛型的问题。

本实例中并没有使用泛型，这引起了两个问题：第一，为了获取适当的值，必须进行强制类型转换。因为在保存数据时使用了 Object 类型的数组，丢失了对象的实际类型。第二，没有进行错误检查。这意味着可以向该栈中存入任何类型的对象，如 InputStream 等。当转换成 String 时会在系统运行时报错。

⚛ 实例 132	使用泛型实现栈结构	高级
	光盘位置：光盘\MR\132	趣味指数：★★★

■ 实例说明

泛型是 Java SE 5.0 版的重要特性，使用泛型编程可以使代码获得最大的重用。在使用泛型时要指明泛型的具体类型，这样就避免了类型转换。本实例将使用泛型来实现一个栈结构，并对其进行测试。实例运行效果如图 6.10 所示。

图 6.10　实例运行效果

■ 关键技术

泛型类就是含有一个或多个类型参数的类。定义泛型类很简单，只需要在类的名称后面加上"<"和">"，并在其中指明类型参数，如本例中的 T。也可以在其中指明多个参数，如 K, V，多个参数之间使用逗号分隔。在定义完类后，就可以在类中的域和方法中使用泛型参数。

📢 **注意**：泛型类型的参数只能使用类类型，而不能使用基本类型。

■ 设计过程

（1）编写泛型类 Stack，该类中定义了 3 个方法，分别是用来入栈的 push() 方法、用来出栈的 pop() 方法和用来判断栈是否为空的 empty() 方法。在底层上，本类使用 LinkedList 作为容器，它是 Java 集合类的一员，可以用来简化开发。代码如下：

```java
public class Stack<T> {                                        //定义参数类型为 T 的类
    private LinkedList<T> container = new LinkedList<T>();      //使用 T 类型的链表保存入栈的元素
```

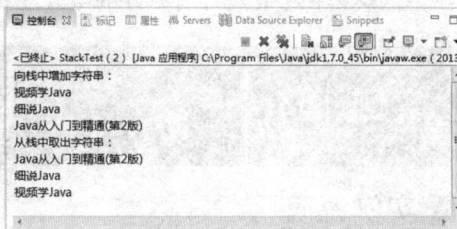

```java
    public void push(T t) {                                    //实现了向栈中增加元素的功能
        container.addFirst(t);
    }
    public T pop() {                                           //实现了从栈中删除元素的功能
        return container.removeFirst();
    }
    public boolean empty() {                                   //判断链表中是否有可用元素
        return container.isEmpty();
    }
}
```

✍ **技巧**：泛型参数的命名一般使用单个的大写字母，如对于任意类型可以使用字母 T 等。

（2）编写测试类 StackTest，在该类的 main()方法中向栈中增加了 3 个字符串，再从栈中删除 3 个字符串并进行输出。代码如下：

```java
public class StackTest {
    public static void main(String[] args) {
        Stack<String> stack = new Stack<String>();              //在创建栈对象时就指明该栈中只能保存字符串
        System.out.println("向栈中增加字符串: ");
        System.out.println("视频学 Java");
        System.out.println("细说 Java");
        System.out.println("Java 从入门到精通（第 2 版）");
        stack.push("视频学 Java");                              //向栈中增加字符串
        stack.push("细说 Java");                                //向栈中增加字符串
        stack.push("Java 从入门到精通（第 2 版）");              //向栈中增加字符串
        System.out.println("从栈中取出字符串: ");
        while (!stack.empty()) {
            System.out.println((String) stack.pop());           //删除栈中的全部元素并进行输出
        }
    }
}
```

■ 秘笈心法

心法领悟 132：泛型的优势。

除了在使用栈中的元素时不需要进行强制类型转换外，还可以让程序在编译过程中进行类型检查。例如，在本实例中，首先限制了栈只能保存 String 类型的元素。如果向栈中保存了其他类型的元素，则编译时会报错。泛型的魅力在于让程序有更好的可读性和安全性。

实例 133	自定义泛型化数组类 光盘位置：光盘\MR\133	高级 趣味指数：★★★

■ 实例说明

Java 虚拟机中并没有泛型类型的对象，所有有关泛型的信息都被擦除了。这虽然可以避免 C++语言的模板代码膨胀问题，但是也引起了其他问题。例如，不能直接创建泛型数组。为了弥补这个不足，本实例将利用反射机制创建一个泛型化数组。实例运行效果如图 6.11 所示。

图 6.11　实例运行效果

■ 关键技术

Java 中的泛型不支持实例化类型变量，如 "T[] array = new T[10];" 在 Java 语言中是非法的。但是在自定义数据结构时，如果需要使用泛型数组该怎么办呢？答案是反射机制。Array 类中的 newInstance()方法可以根据指定的类型和长度创建一个数组，该方法的声明如下：

```java
newInstance(Class<?> componentType, int length)
```

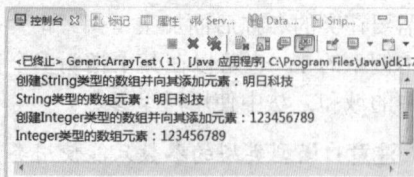

参数说明

❶ componentType：数组元素的类型。

❷ length：数组的长度。

设计过程

（1）自定义泛型类 GenericArray，该类实现了泛型数组的功能。它定义了两个方法：put()方法用于在指定位置插入元素，get()方法用于获得指定位置的元素。代码如下：

```java
public class GenericArray<T> {
    private T[] array;                                    //声明一个类型为 T 的数组 array
    private int size;                                     //声明一个整型变量保存数组的长度
    @SuppressWarnings("unchecked")
    public GenericArray(Class<T> type, int size) {
        this.size = size;
        array = (T[]) Array.newInstance(type, size);      //利用反射根据指定的类型和长度创建泛型数组
    }
    public void put(int index, T item) {                  //向数组中增加元素的方法
        if (size > index) {
            array[index] = item;
        }
    }
    public T get(int index) {                             //获得数组中元素的方法
        if (size > index) {
            return array[index];
        } else {
            return null;
        }
    }
}
```

📖 说明：本实例只实现了数组的最基本功能，读者可以在本实例的基础上进行加强。

（2）编写 GenericArrayTest 类，在该类的 main()方法中定义两个数组用来进行测试。代码如下：

```java
public class GenericArrayTest {
    public static void main(String[] args) {
        System.out.println("创建 String 类型的数组并向其添加元素：明日科技");
        GenericArray<String> stringArray = new GenericArray<String>(String.class, 10);
        stringArray.put(0, "明日科技");
        System.out.println("String 类型的数组元素：" + stringArray.get(0));
        System.out.println("创建 Integer 类型的数组并向其添加元素：123456789");
        GenericArray<Integer> integerArray = new GenericArray<Integer>(Integer.class, 10);
        integerArray.put(0, 123456789);
        System.out.println("Integer 类型的数组元素：" + integerArray.get(0));
    }
}
```

秘笈心法

心法领悟 133：Java 泛型的局限。

Java 泛型使用起来有很多的局限性，如不能使用基本类型作为其类型参数、不能抛出或捕获泛型类型的实例、不能直接使用泛型数组、不能实例化类型变量等。希望读者在使用泛型时多加注意。对于其中的某些不足，可以使用 Java 的反射机制进行弥补。虽然反射的效率不高，但是也只能忍受了。

实例 134	泛型方法与数据查询 光盘位置：光盘\MR\134	高级 趣味指数：★★★☆

实例说明

在使用 JDBC 查询数据库中的数据时，返回的结果是 ResultSet 对象，使用十分不方便。Commons DbUtils

组件提供了将 ResultSet 转化为 Bean 列表的方法，但是该方法在使用时需要根据不同的 Bean 对象创建不同的查询方法。本实例将在该方法的基础上使用泛型进行包装，使其通用性更强。实例运行效果如图 6.12 所示。

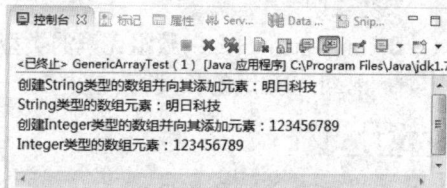

■ 关键技术

在 Java 中，不仅可以声明泛型类，也可以在普通类中声明泛型方法。声明泛型方法需要注意如下几点：

图 6.12　实例运行效果

- ❑ 使用<T>格式来表示泛型类型参数，参数的个数可以不止一个。
- ❑ 类型参数列表要放在访问权限修饰符、static 和 final 之后。
- ❑ 类型参数列表要放在返回值类型、方法名称、方法参数之前。

■ 设计过程

（1）编写 GenericQuery 类，该类实现两个方法，即 getConnection()和 query()方法。getConnection()方法用于获得数据库的连接，query()方法用于根据用户指定的 SQL 语句进行查询，并将查询的结果转换成 Bean 列表。代码如下：

```java
public class GenericQuery {                                              //定义 JDBC 参数
    private static String URL = "jdbc:mysql://localhost:3306/db_database";
    private static String DRIVER = "com.mysql.jdbc.Driver";
    private static String USERNAME = "mr";
    private static String PASSWORD = "mingrisoft";
    private static Connection conn;
    public static Connection getConnection() {
        DbUtils.loadDriver(DRIVER);                                      //加载数据库驱动
        try {
            conn = DriverManager.getConnection(URL, USERNAME, PASSWORD); //获得数据库连接
        } catch (SQLException e) {
            e.printStackTrace();
        }
        return conn;
    }
    public static <T> List<T> query(String sql, Class<T> type) {
        QueryRunner qr = new QueryRunner();
        List<T> list = null;                                            //定义泛型参数类型的列表
        try {                                                           //将 ResultSet 转换成类型为 T 的参数类型的列表
            list = qr.query(getConnection(), sql, new BeanListHandler<T>(type));
        } catch (SQLException e) {
            e.printStackTrace();
        } finally {
            DbUtils.closeQuietly(conn);                                 //释放连接
        }
        return list;
    }
}
```

📖 说明：本实例使用了 Commons DbUtils 组件，关于其详细说明请读者参考本书第 10 章。

（2）编写 Books 类代表数据库中的 books 表，它有两个域，即 id 和 name，分别对应于 books 表的 id 和 name。代码如下：

```java
public class Books {
    private int id;                                                     //代表图书的编号
    private String name;                                                //代表图书的名称
    //省略了 get 和 set 方法
    @Override
    public String toString() {                                          //重写 toString()方法方便输出 Books 类的对象
        return id + ": " + name;
    }
}
```

（3）编写 GenericQueryTest 类对 GenericQuery 类进行测试，在该类的 main()方法中进行简单的查询，结果被转换成 Bean 列表，然后遍历该列表进行输出。代码如下：

```java
public class GenericQueryTest {
    public static void main(String[] args) {
        String sql = "select * from books;";                    //简单的查询语句
        List<Books> list = GenericQuery.query(sql, Books.class); //获得 Bean 列表
        System.out.println("明日科技新书：");
        for (Books books : list) {                              //输出 Bean 列表中的全部对象
            System.out.println(books);
        }
    }
}
```

■ 秘笈心法

心法领悟 134：静态泛型方法。

在使用泛型类时，需要注意不能将泛型参数类型用于静态域和静态方法中。而对于泛型方法则可以是静态的。这是泛型类与泛型方法的重要区别。产生这种区别的原因在于擦除。由于在泛型方法中已经指明了参数的具体类型，如本例中的 type，所以即使发生了擦除类型也不会丢失，而泛型类就不同了。

实例 135	泛型化方法与最小值 光盘位置：光盘\MR\135	高级 趣味指数：★★★

■ 实例说明

在日常生活中，比较大小往往是数量上的，如 2 大于 1、4 小于 5 等。在 Java 中，这个概念被增强了。任何实现了 Comparable 接口的类的实例，都可以比较大小。本实例将实现一个泛型版本的比较大小方法。实例运行效果如图 6.13 所示。

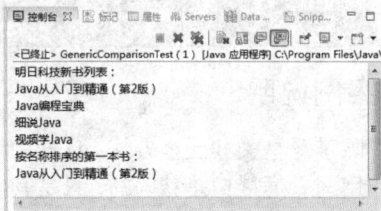

图 6.13　实例运行效果

■ 关键技术

对于普通的泛型类型参数<T>代表任何一个类的对象，而在比较时需要限制比较的对象实现 Comparable 接口。此时可以考虑使用下面的语法将 T 限制为 Comparable 接口的实现类。

```
<T extends Comparable>
```

现在泛型类型参数被限制为 Comparable 的实现类，如果将 JButton 传递给方法会出现编译错误。

◀》 **注意**：当泛型参数类型被限制为接口的子类型时，也使用 extends 关键字。

■ 设计过程

（1）编写 GenericComparison 类，该类定义一个泛型方法 getMin()，用于获得给定数组 array 中的最小元素。代码如下：

```java
public class GenericComparison {
    public static <T extends Comparable<T>> T getMin(T[] array) {
        if (array == null || array.length == 0) {              //如果数组 array 是空的则返回 null
            return null;
        }
        T min = array[0];//假设最小的元素是 array[0]
        for (int i = 1; i < array.length; i++) {
            if (min.compareTo(array[i]) > 0) {                 //遍历整个数组，如果某个元素比 min 小则将其赋值给 min
                min = array[i];
            }
        }
    }
}
```

```
        return min;                                       //返回最小的元素
    }
}
```

（2）编写 GenericComparisonTest 类，在该类的 main()方法中，定义一个字符串数组用来测试。通过 getMin()方法获得字符串中排序最小的字符串并将其输出。代码如下：

```java
public class GenericComparisonTest {
    public static void main(String[] args) {
        String[] books = { "Java 从入门到精通（第 2 版）", "Java 编程宝典", "细说 Java", "视频学 Java" };
        System.out.println("明日科技新书列表：");
        for (String book : books) {                        //输出字符串数组中的全部元素
            System.out.println(book);
        }
        String min = GenericComparison.getMin(books);      //获得字符串数组中的最小元素
        System.out.println("按名称排序的第一本书：");
        System.out.println(min);
    }
}
```

■ 秘笈心法

心法领悟 135：泛型类型参数的限定。

限定有两种情况：第一是小于某个"范围"，第二是大于某个"范围"。本实例使用的是第一种。"范围"既可以是一个类，也可以是一个接口，还可以是类和接口的组合。对于组合的情况，需要将类放在第一位，并使用&进行分隔。

实例 136	泛型化接口与最大值 光盘位置：光盘\MR\136	高级 趣味指数：★★★

■ 实例说明

除了泛型类和泛型方法，Java 中还可以定义泛型接口。泛型接口的作用与普通接口是相同的，只是其实用性更强。对于很多具体类型通用的方法，可以将其提取到一个泛型接口中，再编写一个泛型类实现这个接口即可。本实例定义了一个最简单的接口。实例运行效果如图 6.14 所示。

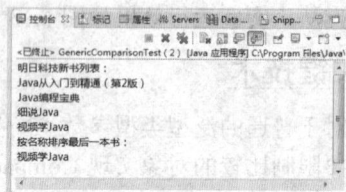

图 6.14　实例运行效果

■ 关键技术

在定义泛型接口时，语法与定义泛型类类似，即在接口名称后面加上<T>，T 是泛型类型参数，可以不止一个。在实现这个接口时需要注意，实现类的泛型类型参数要求与接口的泛型类型参数相匹配。例如本实例中，接口的声明如下：

```java
public interface Maximum<T extends Comparable<T>>
```

其实现类的声明如下：

```java
public class GenericComparison<T extends Comparable<T>> implements Maximum<T>
```

注意：Maximum 接口和 GenericComparison 类的泛型类型参数是相同的。

■ 设计过程

（1）编写 Maximum 接口，其泛型参数类型是 Comparable 接口的子集。代码如下：

```java
public interface Maximum<T extends Comparable<T>> {
    T getMax(T[] array);
}
```

（2）编写 GenericComparison 类，该类定义了一个泛型方法 getMax()，用于获得给定数组 array 中的最大元素。代码如下：

```java
public class GenericComparison<T extends Comparable<T>> implements Maximum<T> {
    @Override
    public T getMax(T[] array) {
        if (array == null || array.length == 0) {          //如果数组 array 是空的则返回 null
            return null;
        }
        T max = array[0];                                   //假设最大的元素是 array[0]
        for (int i = 1; i < array.length; i++) {
            if (max.compareTo(array[i]) < 0) {              //遍历整个数组，如果某个元素比 max 大，则将其赋值给 max
                max = array[i];
            }
        }
        return max;                                         //返回最大的元素
    }
}
```

（3）编写 GenericComparisonTest 类，在该类的 main()方法中，定义一个字符串数组用来测试。通过 getMax()
方法获得字符串中排序最大的字符串并将其输出。代码如下：

```java
public class GenericComparisonTest {
    public static void main(String[] args) {
        String[] books = { "Java 从入门到精通（第 2 版）", "Java 编程宝典", "细说 Java", "视频学 Java" };
        System.out.println("明日科技新书列表：");
        for (String book : books) {                         //输出字符串数组中的全部元素
            System.out.println(book);
        }
        GenericComparison<String> gc = new GenericComparison<String>();
        String max = gc.getMax(books);                      //获得字符串数组中的最大元素
        System.out.println("按名称排序最后一本书：");
        System.out.println(max);
    }
}
```

■ 秘笈心法

心法领悟 136：泛型接口的应用。

一个大型网站的后台往往使用多个数据表，可以将一些公共的操作如数据的保存、删除、修改和查询放在
一个泛型 DAO 接口中进行定义。再针对使用的持久层技术，如 Hibernate，编写该 DAO 的实现类。以后对于每
一种需要持久化的对象，继承这个 DAO 实现类，增加特有方法即可。

实例 137	使用通配符增强泛型 光盘位置：光盘\MR\137	高级 趣味指数：★★★

■ 实例说明

利用泛型类型参数<T>，可以将类、方法或接口的类型限制为
T 类型。但是这种方式显然不够灵活。例如，<T extends Number>
可以将类型限制为 Number 的一种子类型，一旦指定了该类型，就
不能再修改了，而如果使用通配符就会让代码更加灵活。本实例演
示如何在泛型方法中使用通配符，实例运行效果如图 6.15 所示。

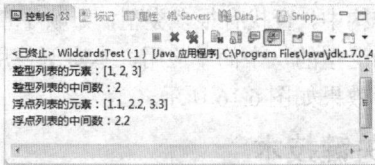

图 6.15　实例运行效果

■ 关键技术

泛型中使用"?"作为通配符。通配符的使用与普通的类型参数类似，如通配符也可以利用 extends 关键字
来设置取值上限。<? extends Number>表示 Byte、Double、Float、Integer 等都适合这个类型参数。此外，通配符
还可以设置取值下限，语法如下：

```java
<? super Number>
```

其含义是类型参数是 Number 类的父类，如 Object。

📖 **说明**：通配符还可以有多个"界限"。例如，实现多个接口，多个接口之间使用&分隔。

■ 设计过程

编写 WildcardsTest 类，该类包含两个方法：getMiddle()方法获得给定列表的中间值，该方法的参数中要求列表参数的类型是任何 Number 类型的子集；main()方法用来进行测试。代码如下：

```java
public class WildcardsTest {
    public static Object getMiddle(List<? extends Number> list) {
        return list.get(list.size() / 2);                       //返回列表的中间值
    }
    public static void main(String[] args) {
        List<Integer> ints = new ArrayList<Integer>();          //创建一个整型参数的列表进行测试
        ints.add(1);                                            //在列表中增加元素
        ints.add(2);
        ints.add(3);
        System.out.print("整型列表的元素：");
        System.out.println(Arrays.toString(ints.toArray()));    //输出列表中的全部元素
        System.out.println("整型列表的中间数：" + getMiddle(ints));
        List<Double> doubles = new ArrayList<Double>();         //创建一个浮点参数的列表进行测试
        doubles.add(1.1);                                       //在列表中增加元素
        doubles.add(2.2);
        doubles.add(3.3);
        System.out.print("浮点列表的元素：");
        System.out.println(Arrays.toString(doubles.toArray())); //输出列表中的全部元素
        System.out.println("浮点列表的中间数：" + getMiddle(doubles));
    }
}
```

■ 秘笈心法

心法领悟 137：通配符在泛型中的应用。

Java 中的数组支持协变类型，即如果方法参数是数组 T，而 S 是 T 的子类，则方法也可以使用参数 S。对于泛型类则没有这个特性。为了弥补这个不足，Java 推出了通配符类型参数。在本实例中，只需要声明参数类型为 List<? extends Number>的一个方法，就可以使用 List<Integer>、List<Double>、List<Long>等类型参数。

实例 138	泛型化的折半查找法 光盘位置：光盘\MR\138	高级 趣味指数：★★★★☆

■ 实例说明

查找就是在一组给定的数据集合中找出满足条件的数据。在数据结构中，查找有很多类型，如顺序查找、折半查找、散列查找等。作为泛型的一个简单应用，本实例使用泛型实现折半查找法。实例运行效果如图 6.16 所示。

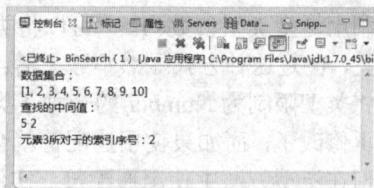

图 6.16 实例运行效果

■ 关键技术

折半查找要求数据集合中的元素必须可比较，并且各元素按升序或降序排列。折半查找的基本思想如下。

取集合的中间元素作为比较对象，则：

（1）如果给定的值与比较对象相等，则查找成功，返回中间元素的序号。

（2）如果给定的值大于比较对象，则在中间元素的右半段进行查找。

（3）如果给定的值小于比较对象，则在中间元素的左半段进行查找。

重复上述过程，直至查找成功。折半算法的平均时间复杂度是 $\log_2 n$。

说明：Java SE API 中已经实现了优化了的折半查找算法，实际编程中推荐大家使用。

■ 设计过程

编写 BinSearch 类，它有两个方法：search()方法用来在给定的数组 array 中，查找 key 的索引位置；main() 方法用来进行测试。代码如下：

```java
public class BinSearch {
    public static <T extends Comparable<? super T>>  int search(T[] array, T key) {
        int low = 0;                                        //利用整型变量 low 保存数组的最小索引
        int mid = 0;                                        //利用整型变量 mid 保存数组的中间索引
        int high = array.length;                            //利用整型变量 high 保存数组的最大索引
        System.out.println("查找的中间值: ");
        while (low <= high) {
            mid = (low + high) / 2;                         //获得中间索引
            System.out.print(mid+" ");
            if (key.compareTo(array[mid]) > 0) {            //如果 key 大于中间元素，则比较右边
                low = mid + 1;
            } else if (key.compareTo(array[mid]) < 0) {     //如果 key 小于中间元素，则比较左边
                high = mid - 1;
            } else {
                System.out.println();
                return mid;                                 //获得对应元素的索引
            }
        }
        return -1;                                          //如果没有找到则返回-1
    }
    public static void main(String[] args) {
        Integer[] ints = {1,2,3,4,5,6,7,8,9,0};             //测试数组
        System.out.println("数据集合: ");
        System.out.println(Arrays.toString(ints));
        System.out.println("元素 3 所对应的索引序号: "+search(ints, 3));
    }
}
```

■ 秘笈心法

心法领悟 138：泛型在数据结构中的应用。

在学习数据结构的过程中，为了理解方便和简化编程，通常都使用整数作为分析的对象。利用 Java 的泛型机制，只需要将 int 替换成泛型类型 T 就可以实现更加通用的算法，这样就不需要再对不同的数据类型编写不同的算法实现。

第 **7** 章

反射与异常处理

▶▶ **反射的基础**

▶▶ **反射的进阶**

▶▶ **常见的未检查型异常**

▶▶ **常见的已检查型异常**

▶▶ **处理异常**

7.1　反射的基础

实例 139	实例化 Class 类的 5 种方式 光盘位置：光盘\MR\139	高级 趣味指数：★★★

■ 实例说明

　　Java 的数据类型可以分为两类，即引用类型和原始类型。对于每种类型的对象，Java 虚拟机会实例化不可变的 java.lang. Class 对象。它提供了在运行时检查对象属性的方法，这些属性包括它的成员和类型信息。更重要的是 Class 对象是所有反射 API 的入口。本实例演示如何获得 Class 对象。实例运行效果如图 7.1 所示。

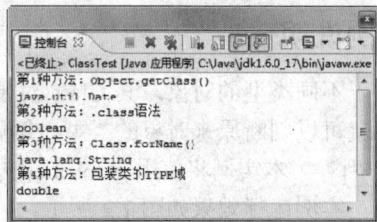

　　✍ 技巧：Class 类是泛型类，可以使用 @SuppressWarnings ("unchecked")忽略泛型或者使用 Class<?>类型。

图 7.1　实例运行效果

■ 关键技术

　　通常有 5 种方式可以获得 Class 对象，详细说明如下。

- ❏ Object.getClass()：如果一个类的对象可用，则最简单的获得 Class 的方法是使用 Object.getClass()。当然，这种方式只对引用类型有用。
- ❏ .class 语法：如果类型可用但没有对象，则可以在类型后加上 ".class" 来获得 Class 对象。这也是使原始类型获得 Class 对象的最简单的方式。
- ❏ Class.forName()：如果知道类的全名，则可以使用静态方法 Class.forName()来获得 Class 对象。它不能用在原始类型上，但是可以用在原始类型数组上。

　　🔊 注意：Class.forName()会抛出 ClassNotFoundException 异常。

- ❏ 包装类的 TYPE 域：每个原始类型和 void 都有包装类。利用其 TYPE 域就可以获得 Class 对象。
- ❏ 以 Class 为返回值的方法：请参考反射 API。

■ 设计过程

　　编写类 ClassTest，在该类的 main()方法中，演示了各种获得 Class 对象的方法。代码如下：

```java
public class ClassTest {
    @SuppressWarnings("unchecked")
    public static void main(String[] args) throws ClassNotFoundException {
        System.out.println("第 1 种方法：Object.getClass()");
        Class c1 = new Date().getClass();                    //使用 Object.getClass()方式获得 Class 对象
        System.out.println(c1.getName());                    //输出对象名称
        System.out.println("第 2 种方法：.class 语法");
        Class c2 = boolean.class;                            //使用.class 语法获得 Class 对象
        System.out.println(c2.getName());                    //输出对象名称
        System.out.println("第 3 种方法：Class.forName()");
        Class c3 = Class.forName("java.lang.String");        //使用 Class.forName()获得 Class 对象
        System.out.println(c3.getName());                    //输出对象名称
        System.out.println("第 4 种方法：包装类的 TYPE 域");
        Class c4 = Double.TYPE;                              //使用包装类获得 Class 对象
        System.out.println(c4.getName());                    //输出对象名称
    }
}
```

■ 秘笈心法

心法领悟 139：掌握获得 Class 对象的方法。

除了 java.lang.reflect.ReflectPermission 和 java.lang.reflect 包外，所有类都没有公共的构造方法。为了获得这些类的对象，必须使用 Class 类中适当的方法。对于不同的数据类型，Class 对象的获得方式是不同的，读者要注意掌握。

实例 140	获得 Class 对象表示实体的名称 光盘位置：光盘\MR\140	高级 趣味指数：★★★★☆

■ 实例说明

对于不同类型的对象，其 Class 对象的名称是不同的，从这个名称就可以判断原来对象的类型。例如，所有数组的 Class 对象都有"["。本实例将使用 getName()方法来查看各种类型对象的名称。实例运行效果如图 7.2 所示。

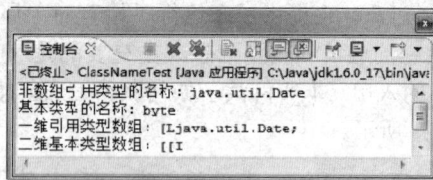

图 7.2 实例运行效果

■ 关键技术

如果此类对象表示的是非数组类型的引用类型，则返回该类的二进制名称。

如果此类对象表示一个基本类型或 void，则返回的名字是一个与该基本类型或 void 所对应的 Java 语言关键字相同的字符串。

如果此类对象表示一个数组类，名字的内部形式为：表示该数组嵌套深度的一个或多个"["字符加元素类型名。元素类型名的编码如表 7.1 所示。

表 7.1 元素类型名的编码

元 素 类 型	编 码	元 素 类 型	编 码
boolean	Z	float	F
byte	B	int	I
char	C	long	J
class 或 interface	Lclassname	short	S
double	D		

■ 设计过程

编写类 ClassNameTest，在 main()方法中输出各种不同类型对象的名称。代码如下：

```
public class ClassNameTest {
    public static void main(String[] args) {
        String dateName = new Date().getClass().getName();              //获得引用类型名称
        System.out.println("非数组引用类型的名称：" + dateName);          //输出引用类型名称
        String byteName = byte.class.getName();                        //获得原始类型名称
        System.out.println("基本类型的名称：" + byteName);               //输出原始类型名称
        String oneDimensionArray = new Date[4].getClass().getName();   //获得一维引用类型数组
        System.out.println("一维引用类型数组：" + oneDimensionArray);    //输出一维引用类型数组名称
        String twoDimensionArray = new int[4][4].getClass().getName(); //获得二维原始类型数组
        System.out.println("二维基本类型数组：" + twoDimensionArray);    //输出二维原始类型数组名称
    }
}
```

■ 秘笈心法

心法领悟 140：理解数组类型对象的名称。

由于历史原因，数组类型对象的名称有些奇怪。"["表示数组的维度，有几维就有几个"["。至于数组的类型，可参考表 7.1。如果读者不喜欢这种形式，可以用 getCanonicalName()方法输出数组的名称，其返回结果与常用的数组声明相同。

实例 141	查看类的声明 光盘位置：光盘\MR\141	高级 趣味指数：★★★★☆

■ 实例说明

通常类的声明包括常见修饰符（public、protected、private、abstract、static、final、strictfp 等）、类的名称、类的泛型参数、类的继承类（实现的接口）、类的注解等信息。本实例演示如何用反射获得这些信息。实例运行效果如图 7.3 所示。

■ 关键技术

Class 类的实例表示正在运行的 Java 应用程序中的类和接口。枚举是一种类，注释是一种接口。每个数组属于被映射为 Class 对象的一个类，所有具有相同元素类型和维数的数组都共享该 Class 对象。基本的 Java 类型（boolean、byte、char、short、

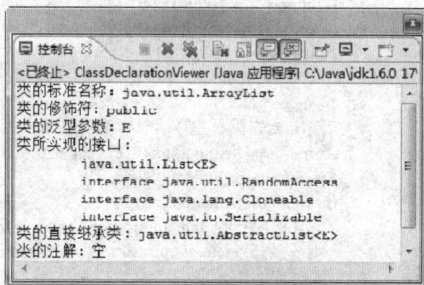

图 7.3　实例运行效果

int、long、float 和 double）和关键字 void 也表示为 Class 对象，它没有公共构造方法。Class 对象是在加载类时由 Java 虚拟机以及通过调用类加载器中的 defineClass 方法自动构造的。Class 类的常用方法如表 7.2 所示。

表 7.2　Class 类的常用方法

方 法 名	作 用
forName(String className)	根据给定的名称获得 Class 对象
getAnnotations()	返回此 Class 对象上存在的注释
getCanonicalName()	返回 Java Language Specification 中所定义的底层类的规范化名称
getGenericInterfaces()	返回泛型形式的对象类所实现的接口
getGenericSuperclass()	返回泛型形式的对象类所直接继承的超类
getModifiers()	返回此类或接口以整数编码的 Java 语言修饰符
getTypeParameters()	按声明顺序返回 TypeVariable 对象的一个数组

◀)) 注意：Java 语言预定义的注解只有@Deprecated 可以在运行时获得。

■ 设计过程

编写类 ClassDeclarationViewer，在 main()方法中输出与类声明相关的各个项。代码如下：

```
public class ClassDeclarationViewer {
    public static void main(String[] args) throws ClassNotFoundException {
        Class<?> clazz = Class.forName("java.util.ArrayList");            //获得 ArrayList 类对象
        System.out.println("类的标准名称：" + clazz.getCanonicalName());
        System.out.println("类的修饰符：" + Modifier.toString(clazz.getModifiers()));
        //输出类的泛型参数
        TypeVariable<?>[] typeVariables = clazz.getTypeParameters();
        System.out.print("类的泛型参数：");
        if (typeVariables.length != 0) {
            for (TypeVariable<?> typeVariable : typeVariables) {
                System.out.println(typeVariable + "\t");
            }
        } else {
            System.out.println("空");
```

```
    }
    //输出类所实现的所有接口
    Type[] interfaces = clazz.getGenericInterfaces();
    System.out.println("类所实现的接口：");
    if (interfaces.length != 0) {
        for (Type type : interfaces) {
            System.out.println("\t" + type);
        }
    } else {
        System.out.println("\t" + "空");
    }
    //输出类的直接继承类，如果是继承自 Object 则返回空
    Type superClass = clazz.getGenericSuperclass();
    System.out.print("类的直接继承类：");
    if (superClass != null) {
        System.out.println(superClass);
    } else {
        System.out.println("空");
    }
    //输出类的所有注释信息，有些注释信息是不能用反射获得的
    Annotation[] annotations = clazz.getAnnotations();
    System.out.print("类的注解：");
    if (annotations.length != 0) {
        for (Annotation annotation : annotations) {
            System.out.println("\t" + annotation);
        }
    } else {
        System.out.println("空");
    }
  }
}
```

■ 秘笈心法

心法领悟 141：查看类的定义。

通常只能通过 API 来查看类的定义，反射提供了另一种方式来获得类的信息，读者也可以在程序中使用这些信息。另外，使用 getInterfaces()方法也可以获得对象类的所有接口，但是不包含泛型信息，对于 getSuperclass()方法也不能获得有泛型信息的父类。

实例 142	查看类的成员 光盘位置：光盘\MR\142	高级 趣味指数：★★★

■ 实例说明

在一个类的内部，一般包括域、构造方法、普通方法和内部类等成员。使用发射机制可以在无法查看源代码的情况下查看类的成员。本实例将使用反射机制查看 ArrayList 类中定义的域、构造方法和普通方法。实例运行效果如图 7.4 所示。

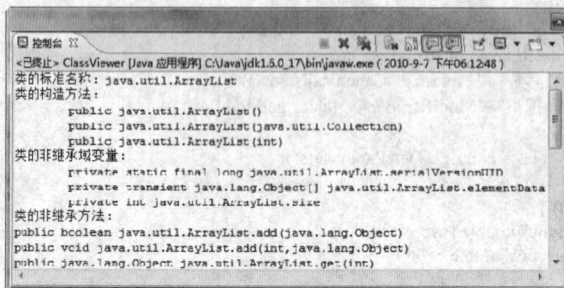

图 7.4　实例运行效果

■ 关键技术

Class 类的实例表示正在运行的 Java 应用程序中的类和接口。枚举是一种类，注释是一种接口。每个数组属于被映射为 Class 对象的一个类，所有具有相同元素类型和维数的数组都共享该 Class 对象。基本的 Java 类型（boolean、byte、char、short、int、long、float 和 double）和关键字 void 也表示为 Class 对象，它没有公共构造方法。Class 对象是在加载类时由 Java 虚拟机以及通过调用类加载器中的 defineClass()方法自动构造的。Class 类的常用方法如表 7.3 所示。

表 7.3 Class 类的常用方法

方 法 名	作 用
getConstructors()	返回由该类对象的所有构造方法组成的数组
getDeclaredFields()	返回由该类对象的所有非继承域组成的数组
getDeclaredMethods()	返回由该类对象的所有非继承方法组成的数组

■ 设计过程

编写类 ClassViewer，在 main()方法中输出类中定义的构造方法、域和普通方法。代码如下：

```java
public class ClassViewer {
    @SuppressWarnings("unchecked")
    public static void main(String[] args) throws ClassNotFoundException {
        Class<?> clazz = Class.forName("java.util.ArrayList");
        System.out.println("类的标准名称： " + clazz.getCanonicalName());
        Constructor[] constructors = clazz.getConstructors();          //获得该类对象的所有构造方法
        System.out.println("类的构造方法： ");
        if (constructors.length != 0) {
            for (Constructor constructor : constructors) {
                System.out.println("\t" + constructor);                //输出构造方法
            }
        } else {
            System.out.println("\t 空");
        }
        Field[] fields = clazz.getDeclaredFields();                    //获得该类对象的所有非继承域
        System.out.println("类的非继承域变量： ");
        if (fields.length != 0) {
            for (Field field : fields) {
                System.out.println("\t" + field);                     //输出非继承域
            }
        } else {
            System.out.println("\t 空");
        }
        Method[] methods = clazz.getDeclaredMethods();                 //获得该类对象的所有非继承方法
        System.out.println("类的非继承方法： ");
        if (methods.length != 0) {
            for (Method method : methods) {
                System.out.println(method);                           //输出非继承方法
            }
        } else {
            System.out.println("\t 空");
        }
    }
}
```

■ 秘笈心法

心法领悟 142：查看类的成员。

通常只能通过 API 来查看类的定义，如果没有 API 又想了解类的内部结构，就需要使用反射方法。使用 getFields()方法可以获得包括继承在内的域，使用 getMethods()方法可以获得包括继承在内的方法。需要注意的是，对于私有的域或方法，如果有安全管理器，则可能会出现异常。

实例 143　按继承层次对类排序

光盘位置：光盘\MR\143

高级

趣味指数：★★★★☆

■ 实例说明

Java 提供了 instanceof 运算符来比较两个类（或接口）之间是否存在继承关系。但是如果对多个类按照继承关系排序，使用这种方式会非常麻烦。本实例利用反射对存在继承关系的类进行排序。实例运行效果如图 7.5 所示。

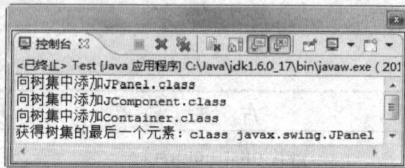

图 7.5　实例运行效果

■ 关键技术

TreeSet<E>是基于 TreeMap 的 NavigableSet 实现的。它使用元素的自然顺序对元素进行排序，或者根据创建 set 时提供的 Comparator 进行排序，具体取决于使用的构造方法。本实例使用 Class 类中的 isAssignableFrom()方法来判断当前 Class 对象所表示的类与给定的 Class 对象所表示的类之间的关系，如果相同或者是其父类则返回 true，否则返回 false。该方法的声明如下：

```
public boolean isAssignableFrom(Class<?> cls)
```

参数说明

cls：要检查的 Class 对象。

■ 设计过程

（1）编写类 ClassComparator，该类实现了 Comparator 接口。在 compare()方法中，根据 isAssignableFrom()方法的返回值来判断两个类之间的关系。代码如下：

```java
public class ClassComparator implements Comparator<Class<?>> {
    @Override
    //通过实现 Comparator 接口来实现比较功能
    public int compare(Class<?> clazz1, Class<?> clazz2) {
        if (clazz1.equals(clazz2)) {                                    //如果两个类对象相同则返回 0
            return 0;
        }
        if (clazz1.isAssignableFrom(clazz2)) {
            return -1;                                                  //如果 clazz1 所表示的类是 clazz2 所表示的类的父类则返回-1
        }
        if (clazz2.isAssignableFrom(clazz1)) {
            return 1;                                                   //如果 clazz1 所表示的类是 clazz2 所表示的类的子类则返回 1
        }
        throw new IllegalArgumentException("两个类之间没有关系");       //其他情况抛出异常
    }
}
```

（2）编写类 Test 进行测试，向 main()方法的 TreeSet 中放入 3 个 Swing 控件，并输出继承树中最底层的控件。代码如下：

```java
public class Test {
    public static void main(String[] args) {
        TreeSet<Class<?>> treeSet = new TreeSet<Class<?>>(new ClassComparator());
        System.out.println("向树集中添加 JPanel.class");
        treeSet.add(JPanel.class);                                     //向树集中添加 JPanel.class
        System.out.println("向树集中添加 JComponent.class");
        treeSet.add(JComponent.class);                                 //向树集中添加 JComponent.class
        System.out.println("向树集中添加 Container.class");
        treeSet.add(Container.class);                                  //向树集中添加 Container.class
        System.out.print("获得树集的最后一个元素：");
        System.out.println(treeSet.last());                            //获得树集的最后一个元素
    }
}
```

✍ **技巧**：由于 class 是 Java 的关键字，在使用反射时通常用 clazz 作为 Class 类的对象。

■ 秘笈心法

心法领悟 143：排序相关接口小结。

Java 中与排序相关的接口有 Comparable 和 Comparator。这两个接口通过对象间比较的结果—— 一个有符号的整数来比较对象的大小。实现任何一个接口都可以让对象具有排序的能力。此时可以用 TreeSet 或 Arrays.sort() 进行排序。关于实现这两个接口需要重写的方法请参考 API 文档。

实例 144	查看内部类信息 光盘位置：光盘\MR\144	高级 趣味指数：★★★

■ 实例说明

Java 中支持在类的内部定义类，这种类称为内部类。内部类有些像 Java 中的方法，可以使用访问权限限定符修饰，可以使用 static 修饰等。本实例将利用 Java 的反射机制来查看内部类的信息，实例运行效果如图 7.6 所示。

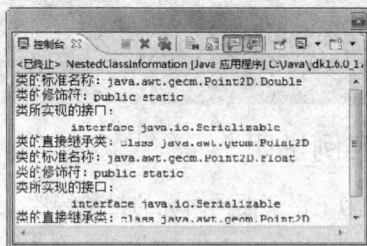

图 7.6　实例运行效果

■ 关键技术

Class 类的 getDeclaredClasses() 方法返回 Class 对象的一个数组，这些对象反映声明为该 Class 对象所表示的类的成员的所有类和接口，包括该类所声明的公共、保护、默认（包）访问及私有类和接口，但不包括继承的类和接口。如果该类不将任何类或接口声明为成员，或者该 Class 对象表示基本类型、数组类或 void，则该方法返回一个长度为 0 的数组。该方法的声明如下：

```
public Class<?>[] getDeclaredClasses() throws SecurityException
```

📢 **注意**：对于私有的域或方法，如果有安全管理器，则可能会出现异常。

■ 设计过程

编写类 NestedClassInformation，在该类的 main() 方法中输出内部类的信息。代码如下：

```java
public class NestedClassInformation {
    public static void main(String[] args) throws ClassNotFoundException {
        Class<?> cls = Class.forName("java.awt.geom.Point2D");
        Class<?>[] classes = cls.getDeclaredClasses();           //获得代表内部类的 Class 对象组成的数组
        for (Class<?> clazz : classes) {                          //遍历 Class 对象数组
            System.out.println("类的标准名称: " + clazz.getCanonicalName());
            System.out.println("类的修饰符: " + Modifier.toString(clazz.getModifiers()));
            Type[] interfaces = clazz.getGenericInterfaces();     //获得所有泛型接口
            System.out.println("类所实现的接口: ");
            if (interfaces.length != 0) {                         //如果泛型接口个数不是 0 则输出
                for (Type type : interfaces) {
                    System.out.println("\t" + type);
                }
            } else {
                System.out.println("\t" + "空");
            }
            Type superClass = clazz.getGenericSuperclass();       //获得直接父类
            System.out.print("类的直接继承类: ");
            if (superClass != null) {                             //如果直接父类不是 Object 就输出
                System.out.println(superClass);
            } else {
```

```
                System.out.println("空");
            }
        }
    }
}
```

秘笈心法

心法领悟 144：反射与内部类。

利用 Class 类的 getDeclaredClasses()方法可以获得一个数组，其中的每个成员代表一个内部类的类对象。这样就可以像普通类那样获得内部类的信息，使用起来非常方便。本实例以 java.awt.geom.Point2D 为例进行演示，读者可以根据需求修改，对于想要输出的信息，也可以适当地添加和修改。

7.2   反射的进阶

实例 145	动态设置类的私有域 光盘位置：光盘\MR\145	高级 趣味指数：★★★★

实例说明

为了保证面向对象的封装特性，通常会将域设置成私有的，然后提供对应的 get 和 set 方法。对于非内部类而言，只能使用 get 和 set 方法来操作该域。然而利用反射机制，就可以在运行时修改类的私有域。本实例通过简单的 Student 类来演示反射的这种用法，实例运行效果如图 7.7 所示。

图 7.7   实例运行效果

关键技术

Field 类提供有关类或接口的单个字段的信息，以及对它的动态访问权限。反射的字段可能是一个类（静态）字段或实例字段。Field 类的常用方法如表 7.4 所示。

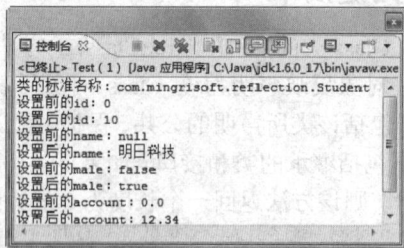

表 7.4   Field 类的常用方法

方　法　名	作　　　用
set(Object obj, Object value)	将指定对象变量上此 Field 对象表示的字段设置为指定的新值
setBoolean(Object obj, boolean z)	将字段的值设置为指定对象上的一个 boolean 值
setDouble(Object obj, double d)	将字段的值设置为指定对象上的一个 double 值
setInt(Object obj, int i)	将字段的值设置为指定对象上的一个 int 值
setAccessible(boolean flag)	将此对象的 accessible 标志设置为指定的布尔值

注意：对于私有域，一定要使用 setAccessible()方法将其可见性设置为 true 才能设置新值。

设计过程

（1）编写类 Student，在该类中定义了 4 个域：id 表示学生的序号，name 表示学生的姓名，male 表示学生是否为男性，account 表示学生的账户余额。代码如下：

```
public class Student {
    private int id;                                        //表示学生的序号
    private String name;                                  //表示学生的姓名
    private boolean male;                                 //表示学生的性别
    private double account;                               //表示学生的账户余额
```

```
        //省略这几个域的 get 和 set 方法
}
```

（2）编写类 Test 进行测试，在 main()方法中分别为不同的域设置不同的值，并输出初始值和新值作为对比。
代码如下：

```java
public class Test {
    public static void main(String[] args) {
        Student student = new Student();
        Class<?> clazz = student.getClass();                          //获得代表 student 对象的 Class 对象
        System.out.println("类的标准名称：" + clazz.getCanonicalName());
        try {
            Field id = clazz.getDeclaredField("id");
            System.out.println("设置前的 id：" + student.getId());
            id.setAccessible(true);
            id.setInt(student, 10);                                    //设置 id 值为 10
            System.out.println("设置后的 id：" + student.getId());

            Field name = clazz.getDeclaredField("name");
            System.out.println("设置前的 name：" + student.getName());
            name.setAccessible(true);
            name.set(student, "明日科技");                             //设置 name 值为 "明日科技"
            System.out.println("设置后的 name：" + student.getName());

            Field male = clazz.getDeclaredField("male");
            System.out.println("设置前的 male：" + student.isMale());
            male.setAccessible(true);
            male.setBoolean(student, true);                           //设置 male 值为 true
            System.out.println("设置后的 male：" + student.isMale());

            Field account = clazz.getDeclaredField("account");
            System.out.println("设置前的 account：" + student.getAccount());
            account.setAccessible(true);
            account.setDouble(student, 12.34);                        //设置 account 值为 12.34
            System.out.println("设置后的 account：" + student.getAccount());
        } catch (SecurityException e) {
            e.printStackTrace();
        } catch (NoSuchFieldException e) {
            e.printStackTrace();
        } catch (IllegalArgumentException e) {
            e.printStackTrace();
        } catch (IllegalAccessException e) {
            e.printStackTrace();
        }
    }
}
```

■ 秘笈心法

心法领悟 145：Field 类与域。

对于其他类型的域，如 byte、float 等，Field 类也提供了相应的 set 方法。此外，也可以设置 public、protected 域，但是很少会遇到这种情况，尤其是 public 域。请明确你使用这个功能的原因，通常不会使用反射来设置、修改类的隐藏域，因为这样破坏了面向对象编程的基本原则——封装。

实例 146	动态调用类中的方法 光盘位置：光盘\MR\146	高级 趣味指数：★★★★

■ 实例说明

Java 中，调用类的方法有两种方式：对于静态方法可以直接使用类名调用，对于非静态方法必须使用类的对象调用。反射机制提供了比较另类的调用方式，即可以根据需要指定要调用的方法，而不必在编程时确定。调用的方法不仅限于 public 的，还可以是 private 的。本实例将演示如何使用反射机制调用方法。实例运行效果如图 7.8 所示。

■ 关键技术

Method 类提供类或接口上单独某个方法（以及如何访问该方法）的信息，所反映的方法可能是类方法或实例方法（包括抽象方法）。它允许在匹配要调用的实参与底层方法的形参时进行扩展转换，但如果要进行收缩转换，则会抛出 IllegalArgumentException。使用 invoke()方法可以实现动态调用方法，该方法的声明如下：

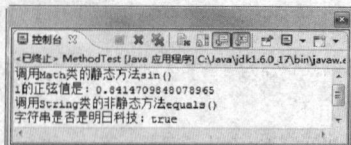

图 7.8　实例运行效果

```
public Object invoke(Object obj,Object... args) throws IllegalAccessException, IllegalArgumentException, InvocationTargetException
```

参数说明

❶ obj：从中调用底层方法的对象。

❷ args：用于方法调用的参数。

📢 **注意**：对于私有方法，一定要使用 setAccessible()方法将其可见性设置为 true 才能调用。

■ 设计过程

编写类 MethodTest，在该类的 main()方法中分别调用 Math 类的静态方法 sin()和 String 类的非静态方法 equals()。代码如下：

```java
public class MethodTest {
    public static void main(String[] args) {
        try {
            System.out.println("调用 Math 类的静态方法 sin()");
            Method sin = Math.class.getDeclaredMethod("sin", Double.TYPE);
            Double sin1 = (Double) sin.invoke(null, new Integer(1));
            System.out.println("1 的正弦值是：" + sin1);
            System.out.println("调用 String 类的非静态方法 equals()");
            Method equals = String.class.getDeclaredMethod("equals", Object.class);
            Boolean mrsoft = (Boolean) equals.invoke(new String("明日科技"), "明日科技");
            System.out.println("字符串是否是明日科技：" + mrsoft);
        } catch (Exception e) {
            e.printStackTrace();
        }
    }
}
```

💡 **提示**：由于这几行代码会抛出大量异常，因此采用捕获 Exception 代替。通常不推荐这种写法。

■ 秘笈心法

心法领悟 146：invoke()方法的详细说明。

对带有指定参数的指定对象调用由此 Method 对象表示的底层方法。个别参数被自动解包，以便与基本形参相匹配，基本参数和引用参数都随需服从方法的调用转换。如果底层方法是静态的，那么可以忽略指定的 obj 参数，该参数可以为 null。如果底层方法所需的形参为 0，则所提供的 args 数组长度可以为 0 或 null。如果底层方法是实例方法，则使用动态方法查找来调用它。如果底层方法是静态的，并且尚未初始化声明此方法的类，则会将其初始化。如果方法正常完成，则将该方法返回的值返回给调用者；如果该值为基本类型，则首先适当地将其包装在对象中。但是，如果该值的类型为一组基本类型，则数组元素不被包装在对象中；换句话说，将返回基本类型的数组。如果底层方法返回类型为 void，则该调用返回 null。

实例 147	动态实例化类 光盘位置：光盘\MR\147	高级 趣味指数：★★★

■ 实例说明

Java 中，通常是使用构造方法来创建对象的。构造方法可以分为有参数和无参数两种。如果类中没有定义构造方法，编译器会自动添加一个无参数的构造方法。使用构造方法创建对象虽然很常用，但是并不灵活。本实例将演示如何使用反射创建对象。实例运行效果如图 7.9 所示。

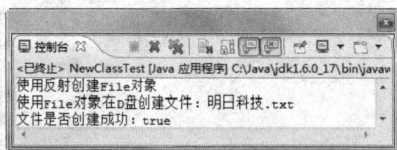

图 7.9 实例运行效果

关键技术

Constructor 类提供类的单个构造方法的信息以及对它的访问权限。它允许在将实参与带有底层构造方法的形参的 newInstance()方法匹配时进行扩展转换，但是如果发生收缩转换，则抛出 IllegalArgumentException。newInstance()方法可以使用指定的参数来创建对象，该方法的声明如下：

```
public T newInstance(Object... initargs)throws InstantiationException, IllegalAccessException,
IllegalArgumentException, InvocationTargetException
```

参数说明

initargs：将作为变量传递给构造方法调用的对象数组。

◀))) **注意**：对于私有构造方法，一定要使用 setAccessible()方法将其可见性设置为 true 才能调用。

设计过程

编写类 NewClassTest，在该类的 main()方法中创建 File 对象，并使用该对象在 D 盘创建一个文本文件。代码如下：

```java
public class NewClassTest {
    public static void main(String[] args) {
        try {                                                        //获得 File 类的 Constructor 对象
            Constructor<File> constructor =
                                    File.class.getDeclaredConstructor(String.class);
            System.out.println("使用反射创建 File 对象");
            File file = constructor.newInstance("d://明日科技.txt");
            System.out.println("使用 File 对象在 D 盘创建文件：明日科技.txt");
            file.createNewFile();                                    //创建新的文件
            System.out.println("文件是否创建成功： " + file.exists());
        } catch (Exception e) {
            e.printStackTrace();
        }
    }
}
```

💡 **提示**：由于这几行代码会抛出大量异常，因此采用捕获 Exception 代替。通常不推荐这种写法。

秘笈心法

心法领悟 147：反射与创建对象。

Java 中有两种不用 new 而获得对象的方式，即 Class.newInstance()和 Constructor.newInstance()。其区别是，Class.newInstance()只能调用无参数构造方法，而 Constructor.newInstance()能调用有参数构造方法。Class.newInstance()需要被调用的构造方法可见，Constructor.newInstance()在特定情况下运行调用不可见的构造方法。

实例 148	创建长度可变的数组	高级
	光盘位置：光盘\MR\148	趣味指数：★★★★☆

实例说明

Java 中对于数组的支持并不强大。程序员必须时刻注意数组中元素的个数，否则会出现数组下标越界异常。因此才在 API 中定义了 ArrayList 帮助开发，但这意味着需要学习新的方法。本实例将使用反射机制实现一个工具方法，每当调用该方法时数组的长度就会增加 5。实例运行效果如图 7.10 所示。

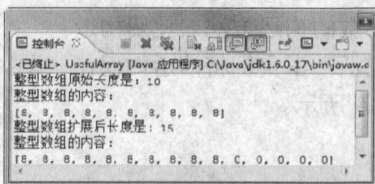

图 7.10　实例运行效果

■ 关键技术

　　Array 类提供了动态创建和访问 Java 数组的方法。Array 允许在执行 get 或 set 操作期间进行扩展转换，但如果发生收缩转换，则抛出 IllegalArgumentException。为了创建新的数组对象，需要使用 newInstance()方法，它可以根据指定的元素类型和长度创建新的数组。该方法的声明如下：

```
public static Object newInstance(Class<?> componentType,int length)throws NegativeArraySizeException
```

　　参数说明

　　❶ componentType：表示新数组的组件类型的 Class 对象。

　　❷ length：新数组的长度。

　　为了获得给定数组的长度，需要使用 getLength()方法，该方法的声明如下：

```
public static int getLength(Object array)throws IllegalArgumentException
```

　　参数说明

　　array：一个数组。

　　💡 提示：Java 中的数组无论几维，都是 Object 类型的。

■ 设计过程

　　编写类 UsefulArray，在该类中定义了两个方法：increaseArray()方法用于将给定的 array 数组长度加 5，main()方法用来进行测试。代码如下：

```java
public class UsefulArray {
    public static Object increaseArray(Object array) {
        Class<?> clazz = array.getClass();                                    //获得代表数组的 Class 对象
        if (clazz.isArray()) {                                                //如果输入的是一个数组
            Class<?> componentType = clazz.getComponentType();                //获得数组元素的类型
            int length = Array.getLength(array);                              //获得输入的数组长度
            Object newArray = Array.newInstance(componentType, length + 5);    //新建数组
            System.arraycopy(array, 0, newArray, 0, length);                  //复制原来数组中的所有数据
            return newArray;                                                  //返回新建数组
        }
        return null;                                                          //如果输入的不是数组就返回空
    }
    public static void main(String[] args) {
        int[] intArray = new int[10];
        System.out.println("整型数组原始长度是：" + intArray.length);
        Arrays.fill(intArray, 8);                                            //将数组中的元素全部赋值为 8
        System.out.println("整型数组的内容：");
        System.out.println(Arrays.toString(intArray));
        int[] newIntArray = (int[]) increaseArray(intArray);                 //增加数组的长度
        System.out.println("整型数组扩展后长度是：" + newIntArray.length);
        System.out.println("整型数组的内容：");
        System.out.println(Arrays.toString(newIntArray));
    }
}
```

　　💡 提示：读者可以在本实例的基础上实现删除数组中的数据等方法。

■ 秘笈心法

　　心法领悟 148：Array 类的使用。

Array 类提供了获得和修改数组指定位置元素的方法，具体说明可以参考其 API 文档。使用 Array 类自定义数组的工具方法有些麻烦，推荐使用 Commons Lang 组件。关于该组件的具体用法请读者参考本书的第 10 章。

实例 149	利用反射重写 toString()方法 光盘位置：光盘\MR\149	高级 趣味指数：★★★

实例说明

为了方便输出对象，Object 类提供了 toString()方法，但是该方法的默认值是由类名和哈希码组成的，实用性并不强。通常需要重写该方法以提供更多的信息。本实例使用反射输出类的包、类的名字、类的公共构造方法、类的公共域和类的公共方法。在重写不同类的 toString()方法时调用该方法就可以避免多次重写 toString()方法。实例运行效果如图 7.11 所示。

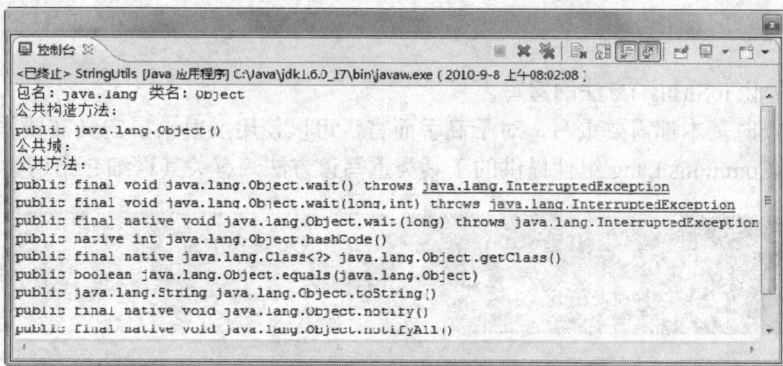

图 7.11　实例运行效果

关键技术

本实例应用到的关键技术请参见实例 142。

设计过程

编写类 StringUtils，在该类中定义两个方法：toString()方法用于输出类的公共方法、域等信息，main()方法用来进行测试。代码如下：

```java
public class StringUtils {
    @SuppressWarnings("unchecked")
    public String toString(Object object) {
        Class clazz = object.getClass();                                  //获得代表该类的 Class 对象
        StringBuilder sb = new StringBuilder();                           //利用 StringBuilder 来保存字符串
        Package packageName = clazz.getPackage();                         //获得类所在的包
        sb.append("包名: " + packageName.getName() + "\t");               //输出类所在的包
        String className = clazz.getSimpleName();                         //获得类的简单名称
        sb.append("类名: " + className + "\n");                           //输出类的简单名称
        sb.append("公共构造方法: \n");
        //获得所有代表构造方法的 Constructor 数组
        Constructor[] constructors = clazz.getDeclaredConstructors();
        for (Constructor constructor : constructors) {
            String modifier = Modifier.toString(constructor.getModifiers());   //获得修饰符
            if (modifier.contains("public")) {                            //查看修饰符是否含有 public
                sb.append(constructor.toGenericString() + "\n");
            }
        }
        sb.append("公共域: \n");
        Field[] fields = clazz.getDeclaredFields();                       //获得代表所有域的 Field 数组
        for (Field field : fields) {
```

```
            String modifier = Modifier.toString(field.getModifiers());
            if (modifier.contains("public")) {                              //查看修饰符是否含有 public
                sb.append(field.toGenericString() + "\n");
            }
        }
        sb.append("公共方法：\n");
        Method[] methods = clazz.getDeclaredMethods();                      //获得代表所有方法的 Method[]数组
        for (Method method : methods) {
            String modifier = Modifier.toString(method.getModifiers());
            if (modifier.contains("public")) {                              //查看修饰符是否含有 public
                sb.append(method.toGenericString() + "\n");
            }
        }
        return sb.toString();
    }
    public static void main(String[] args) {
        System.out.println(new StringUtils().toString(new Object()));
    }
}
```

■ 秘笈心法

心法领悟 149：简化 toString()方法的重写。

toString()在编写类时基本都需要重写，对于高手而言，可以使用反射来自定义需要的输出结果。对于日常开发，推荐大家使用 Commons Lang 组件提供的工具类重写该方法。有关其详细介绍请参考实例 108。

实例 150	反射与动态代理 光盘位置：光盘\MR\150	高级 趣味指数：★★★

■ 实例说明

代理是 Java SE 1.3 版新增的特性。使用代理可以在程序运行时创建一个实现指定接口的新类。通常只有在编译时无法确定需要使用哪个接口时才需要使用代理，这对于应用程序员很少见。对于系统程序员而言，代理可以为工具类提供更加灵活的特性。本实例模拟一个简单的房屋销售场景，实例的运行效果如图 7.12 所示。

图 7.12　实例运行效果

■ 关键技术

InvocationHandler 接口是代理实例的调用处理程序实现的接口。每个代理实例都具有一个关联的调用处理程序。对代理实例调用方法时，将对方法调用进行编码并将其指派到它的调用处理程序的 invoke()方法。该方法的声明如下：

```
Object invoke(Object proxy,Method method,Object[] args)throws Throwable
```

参数说明

❶ proxy：在其上调用方法的代理实例。

❷ method：对应于在代理实例上调用的接口方法的 Method 实例。

❸ args：包含传入代理实例上方法调用的参数值的对象数组。

Proxy 接口提供用于创建动态代理类和实例的静态方法，它还是由这些方法创建的所有动态代理类的超类。本实例使用该接口中定义的 newProxyInstance()方法获得一个指定接口的代理类实例，该接口可以将方法调用指派到指定的调用处理程序。该方法的声明如下：

```
public static Object newProxyInstance(ClassLoader loader,Class<?>[] interfaces,InvocationHandler h)throws IllegalArgumentException
```

参数说明

❶ loader：定义代理类的类加载器。

❷ interfaces：代理类要实现的接口列表。

❸ h：指派方法调用的调用处理程序。

💡 提示：关于这两个接口的更详细介绍请参考 API 文档。

设计过程

（1）编写接口 Seller，在该接口中定义一个简单的 sell()方法。代码如下：

```java
public interface Seller {
    void sell();                                        //简单的测试方法
}
```

（2）编写类 HouseSeller，该类实现了 Seller 接口。在重写 sell()方法时输出一条语句，代码如下：

```java
public class HouseSeller implements Seller {
    public void sell() {
        System.out.println("销售人员在卖房子");        //实现接口的方法，用输出来区别该类
    }
}
```

（3）编写类 Agency，该类实现了 InvocationHandler。在重写 invoke()方法时输出一条语句，代码如下：

```java
public class Agency implements InvocationHandler {
    public Object invoke(Object proxy, Method method, Object[] args) throws Throwable {
        System.out.println("代理人员在卖房子");        //用来处理代理类
        return null;
    }
}
```

（4）编写类 Test 进行测试，在 main()方法中创建 Seller 接口的实现类。代码如下：

```java
public class Test {
    public static void main(String[] args) {
        Seller seller = new HouseSeller();
        System.out.println("不使用代理方式：");
        seller.sell();                                    //普通方式调用 sell()方法
        System.out.println("使用代理方式：");
        ClassLoader loader = Seller.class.getClassLoader();    //获得 Seller 类的类加载器
        seller = (Seller) Proxy.newProxyInstance(loader, new Class[] { Seller.class }, new Agency());
        seller.sell();                                    //代理方式调用 sell()方法
    }
}
```

秘笈心法

心法领悟 150：动态代理类介绍。

动态代理类（以下简称为代理类）是一个实现在创建类并运行时指定接口列表的类，该类具有下面描述的行为。代理接口是代理类所实现的一个接口，代理实例是代理类的一个实例。每个代理实例都有一个关联的调用处理程序对象，它可以实现接口 InvocationHandler。通过其中一个代理接口的代理实例上的方法，调用将被指派到实例的调用处理程序的 Invoke 方法，并传递代理实例、识别调用方法的 java.lang.reflect.Method 对象以及包含参数的 Object 类型的数组。调用处理程序以适当的方式处理编码的方法调用，并且它返回的结果将作为代理实例上方法调用的结果返回。

7.3　常见的未检查型异常

实例 151	算数异常 光盘位置：光盘\MR\151	初级 趣味指数：★★

实例说明

在理想状态下，用户输入和程序的代码是没有任何问题的。然而在现实世界中，情况却正好相反。为了处

理各种各样可能引起程序崩溃的因素，Java 提供了一种名为异常处理的错误捕获机制。本实例演示出现算数异常（ArithmeticException）的情况，实例运行效果如图 7.13 所示。

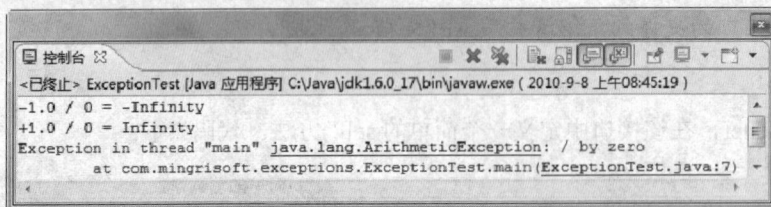

图 7.13　实例运行效果

📢 **注意**：浮点数除 0 并不会引发算数异常，这与数学中的不同。

■ 关键技术

　　Throwable 类是 Java 语言中所有错误或异常的超类。只有当对象是此类（或其子类之一）的实例时，才能通过 Java 虚拟机或者 Java throw 语句抛出。类似地，只有此类或其子类之一才可以是 catch 子句中的参数类型。该类有两个直接子类，即 Error 和 Exception。Error 用于指示合理的应用程序不应该试图捕获的严重问题。Exception 用于指出合理的应用程序想要捕获的条件。Exception 又可以分成两类，即 RuntimeException（程序自身的错误导致的异常）和其他异常。ArithmeticException 是算数异常，它通常发生在运算错误时，如整数除 0。

💡 **提示**：Error 是不需要程序员关心的，RuntimeException 是需要细心避免的，其他异常是需要捕获的。

■ 设计过程

　　编写类 ExceptionTest，在该类的 main()方法中输出可能发生异常的运行结果。代码如下：

```
public class ExceptionTest {
    public static void main(String[] args) {
        System.out.println("-1.0 / 0 = " + (-1.0 / 0));        //演示负浮点数除 0
        System.out.println("+1.0 / 0 = " + (+1.0 / 0));        //演示正浮点数除 0
        System.out.println("-1 / 0 = " + (-1 / 0));            //演示负整数除 0
        System.out.println("+1 / 0 = " + (-1 / 0));            //演示正整数除 0
    }
}
```

💡 **提示**：由于发生了异常，程序终止，所以最后一条语句并没有被输出。

■ 秘笈心法

　　心法领悟 151：避免 ArithmeticException。
　　ArithmeticException 出现的最常见的原因就是发生了整数除 0 运算。这需要读者在进行除法运算时要特别小心。通过编译器在运行程序时给出的错误信息，这类异常是非常容易调试的。

实例 152	**数组存值异常** 光盘位置：光盘\MR\152	初级 趣味指数：★★

■ 实例说明

　　在理想状态下，用户输入和程序的代码是没有任何问题的。然而在现实世界中，情况却正好相反。为了处理各种各样可能引起程序崩溃的因素，Java 提供了一种名为异常处理的错误捕获机制。本实例演示了出现数组存值异常（ArrayStoreException）的情况，实例运行效果如图 7.14 所示。

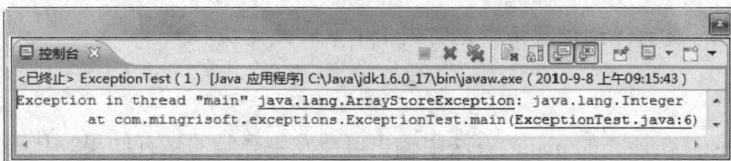

图 7.14 实例运行效果

■ 关键技术

ArrayStoreException 是试图将错误类型的对象存储到一个对象数组时抛出的异常。

📖 说明：关于 Throwable 类的详细讲解，请参见实例 151 中的关键技术。

■ 设计过程

编写类 ExceptionTest，在该类的 main()方法中输出可能发生异常的运行结果。代码如下：

```java
public class ExceptionTest {
    public static void main(String[] args) {
        Object array[] = new String[3];              //声明一个长度为 3 的 Object 类型的数组
        array[0] = new Integer(1);                    //将数组的第一个元素赋值为整数对象 1
        System.out.println(array[0]);                 //输出数组的第一个元素
    }
}
```

■ 秘笈心法

心法领悟 152：避免 ArrayStoreException。

通常情况下 IDE 会报告这类异常，但是如果数组的引用类型是 Object 就不会。所以一定要最小化数组的类型，能声明确定类型的就不要用 Object 类型。程序员只要在为数组元素赋值时注意元素的类型，就可以很容易地避免这个异常。

实例 153	数组下标越界异常 光盘位置：光盘\MR\153	初级 趣味指数：★★

■ 实例说明

在理想状态下，用户输入和程序的代码是没有任何问题的。然而在现实世界中，情况却正好相反。为了处理各种各样可能引起程序崩溃的因素，Java 提供了一种名为异常处理的错误捕获机制。本实例演示了出现数组下标越界异常（ArrayIndexOutOfBoundsException）的情况，实例运行效果如图 7.15 所示。

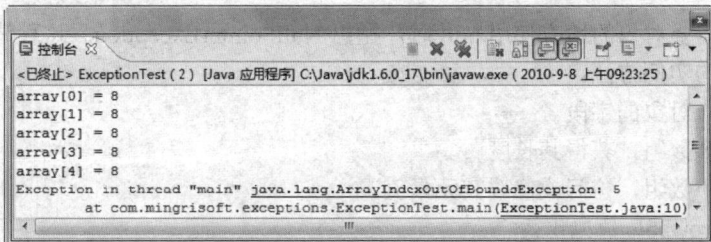

图 7.15 实例运行效果

■ 关键技术

ArrayIndexOutOfBoundsException 是用非法索引访问数组时抛出的异常。如果索引为负或大于等于数组大小，则该索引为非法索引。

📖 **说明：** 关于 Throwable 类的详细讲解请参见实例 151 中的关键技术。

■ 设计过程

编写类 ExceptionTest，在该类的 main() 方法中输出可能发生异常的运行结果。代码如下：

```
public class ExceptionTest {
    public static void main(String[] args) {
        int[] array = new int[5];                              //声明一个长度为 5 的整型数组
        Arrays.fill(array, 8);                                  //将新声明数组的所有元素赋值为 8
        for (int i = 0; i < 6; i++) {                          //遍历输出所有数组元素
            System.out.println("array[" + i + "] = " + array[i]);
        }
    }
}
```

■ 秘笈心法

心法领悟 153：避免 ArrayIndexOutOfBoundsException。

如果要遍历数组中的全部元素，则推荐使用加强版的 for 循环，它可以避免数组的下标运算。如果要使用数组的下标，则需要记住数组的下标是从 0 开始计算的。如果需要使用数组的长度，则推荐使用 length 属性。另外，使用 ArrayList 类也可以避免这些问题。

实例 154	空指针异常	初级
	光盘位置：光盘\MR\154	趣味指数：★★

■ 实例说明

在理想状态下，用户输入和程序的代码是没有任何问题的。然而在现实中，情况却正好相反。为了处理各种各样可能引起程序崩溃的因素，Java 提供了一种名为异常处理的错误捕获机制。本实例演示出现空指针异常（NullPointerException）的情况，实例运行效果如图 7.16 所示。

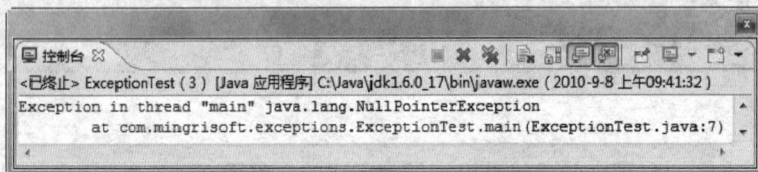

图 7.16 实例运行效果

■ 关键技术

当应用程序试图在需要对象的地方使用 null 时，抛出 NullPointerException。这种情况包括：

❑ 调用 null 对象的实例方法。
❑ 访问或修改 null 对象的字段。
❑ 将 null 作为一个数组，获得其长度。
❑ 将 null 作为一个数组，访问或修改其元素值。
❑ 将 null 作为 Throwable 值抛出。

■ 设计过程

编写类 ExceptionTest，在该类的 main() 方法中输出可能发生异常的运行结果。代码如下：

```
public class ExceptionTest {
    @SuppressWarnings("null")
    public static void main(String[] args) {
```

```
        String string = null;                                      //将字符串设置为 null
        System.out.println(string.toLowerCase());                  //将字符串转换成小写
    }
}
```

■ 秘笈心法

心法领悟 154：避免 NullPointerException。

推荐在创建引用类型变量之后立即对其赋值，这样可以避免以后出现空指针异常。如果不能立即执行赋值操作，则在使用引用变量时，需要使用条件判断语句，先判断是否为空，再使用相关的方法。

7.4 常见的已检查型异常

实例 155	类未发现异常 光盘位置：光盘\MR\155	初级 趣味指数：★★

■ 实例说明

在理想状态下，用户输入和程序的代码是没有任何问题的。然而在现实中，情况却正好相反。为了处理各种各样可能引起程序崩溃的因素，Java 提供了一种名为异常处理的错误捕获机制。本实例演示出现类未发现异常（ClassNotFoundException）的情况，实例运行效果如图 7.17 所示。

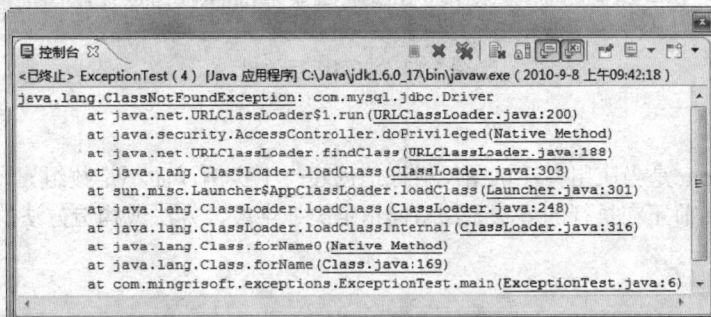

图 7.17 实例运行效果

■ 关键技术

当应用程序试图使用以下方法通过字符串名加载类时，抛出 ClassNotFoundException。例如：

❑ Class 类中的 forName()方法。
❑ ClassLoader 类中的 findSystemClass()方法。
❑ ClassLoader 类中的 loadClass()方法。

■ 设计过程

编写类 ExceptionTest，在该类的 main()方法中输出可能发生异常的运行结果。代码如下：

```
public class ExceptionTest {
    public static void main(String[] args) {
        try {
            Class.forName("com.mysql.jdbc.Driver");              //加载 MySQL 驱动程序
        } catch (ClassNotFoundException e) {                     //捕获异常
            e.printStackTrace();                                 //打印堆栈信息
        }
    }
}
```

■ 秘笈心法

心法领悟 155：避免 ClassNotFoundException。

如果使用 IDE，则会对用户直接使用的不存在的类进行提示。如果使用 Class 类来加载类，则可以根据输出的异常信息来判断有没有引入相关的 jar 包。这类问题通常也是很容易解决的。

实例 156	非法访问异常 光盘位置：光盘\MR\156	初级 趣味指数：★★

■ 实例说明

在理想状态下，用户输入和程序的代码是没有任何问题的。然而在现实中，情况却正好相反。为了处理各种各样可能引起程序崩溃的因素，Java 提供了一种名为异常处理的错误捕获机制。本实例演示出现非法访问异常（IllegalAccessException）的情况，实例运行效果如图 7.18 所示。

图 7.18　实例运行效果

■ 关键技术

IllegalAccessException 是当应用程序试图反射性地创建一个实例（而不是数组）、设置或获取一个字段，或者调用一个方法，但当前正在执行的方法无法访问指定类、字段、方法或构造方法的定义时抛出的异常。

■ 设计过程

编写类 ExceptionTest，在该类的 main()方法中输出可能发生异常的运行结果。代码如下：

```java
public class ExceptionTest {
    public static void main(String[] args) {
        Class<?> clazz = String.class;                        //获得代表 String 类的类对象
        Field[] fields = clazz.getDeclaredFields();           //获得 String 类的所有域
        for (Field field : fields) {                          //遍历所有域
            if (field.getName().equals("hash")) {             //如果域的名字是 hash
                try {
                    System.out.println(field.getInt("hash")); //输出 hash 的值
                } catch (IllegalArgumentException e) {
                    e.printStackTrace();
                } catch (IllegalAccessException e) {
                    e.printStackTrace();
                }
            }
        }
    }
}
```

■ 秘笈心法

心法领悟 156：避免 IllegalAccessException。

出现该异常最常见的情况是在有安全管理器的情况下使用反射设置私有域的值。如果要修改该值，则必须使用 setAccessible()修改其可见性。对于应用程序员而言，通常不能使用反射来访问私有域。

实例 157	**文件未发现异常** 光盘位置：光盘\MR\157	**初级** 趣味指数：★★

■ 实例说明

在理想状态下，用户输入和程序的代码是没有任何问题的。然而在现实中，情况却正好相反。为了处理各种各样可能引起程序崩溃的因素，Java 提供了一种名为异常处理的错误捕获机制。本实例演示出现文件未发现异常（FileNotFoundException）的情况，实例运行效果如图 7.19 所示。

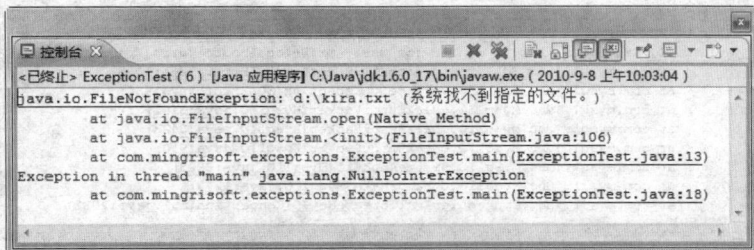

图 7.19　实例运行效果

■ 关键技术

FileNotFoundException 在试图打开指定路径名表示的文件失败时抛出。在不存在具有指定路径名的文件时，该异常将由 FileInputStream、FileOutputStream 和 RandomAccessFile 构造方法抛出。如果该文件存在，但是由于某些原因不可访问，如试图打开一个只读文件进行写入，则此时这些构造方法仍然会抛出该异常。

■ 设计过程

编写类 ExceptionTest，在该类的 main()方法中输出可能发生异常的运行结果。代码如下：

```java
public class ExceptionTest {
    public static void main(String[] args) {
        FileInputStream fis = null;                         //创建一个文件输入流对象
        try {
            File file = new File("d:\\kira.txt");           //创建一个文件对象
            fis = new FileInputStream(file);                //初始化文件输入流对象
        } catch (FileNotFoundException e) {                 //捕获异常
            e.printStackTrace();
        } finally {
            try {
                fis.close();                                //释放资源
            } catch (IOException e) {
                e.printStackTrace();
            }
        }
    }
}
```

■ 秘笈心法

心法领悟 157：避免 FileNotFoundException。

如果不能确定文件是否存在，则可以使用 File 类的 exists()方法进行判断。如果返回值为真，则可以进行流操作；否则需要提示用户文件不存在。也可以使用文件选择器让用户选择需要操作的文件（非只读文件），这样可以避免该异常。

实例 158	数据库操作异常	初级
	光盘位置：光盘\MR\158	趣味指数：★★

■ 实例说明

在理想状态下，用户输入和程序的代码是没有任何问题的。然而在现实中，情况却正好相反。为了处理各种各样可能引起程序崩溃的因素，Java 提供了一种名为异常处理的错误捕获机制。本实例演示出现数据库操作异常（SQLException）的情况，实例运行效果如图 7.20 所示。

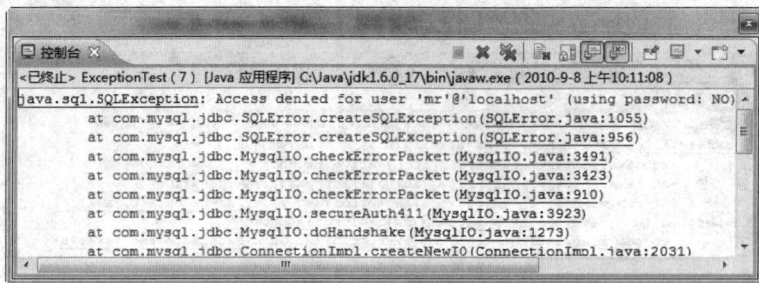

图 7.20　实例运行效果

■ 关键技术

SQLException 提供关于数据库访问错误或其他错误信息的异常。它可提供以下消息：

- ❑ 描述错误的字符串。
- ❑ "SQLstate"字符串，该字符串遵守 XOPEN SQLstate 约定或 SQL:2003 约定。
- ❑ 特定于每个供应商的整数错误代码。
- ❑ 到下一个 Exception 的链接。
- ❑ 因果关系，如果存在任何导致此 SQLException 的原因。

■ 设计过程

编写类 ExceptionTest，在该类的 main()方法中输出可能发生异常的运行结果。代码如下：

```java
public class ExceptionTest {
    public static void main(String[] args) {
        String URL = "jdbc:mysql://localhost:3306/db_database";        //MySQL 数据库的 URL
        String DRIVER = "com.mysql.jdbc.Driver";                       //MySQL 数据库的驱动
        String USERNAME = "mr";                                        //数据库的用户名
        Connection connection = null;
        try {
            Class.forName(DRIVER);                                     //加载驱动
            connection = DriverManager.getConnection(URL, USERNAME, ""); //建立连接
        } catch (SQLException e) {                                     //捕获 SQLException
            e.printStackTrace();
        } catch (ClassNotFoundException e) {                           //捕获 ClassNotFoundException
            e.printStackTrace();
        } finally {
            try {
                connection.close();                                    //释放资源
            } catch (SQLException e) {
                e.printStackTrace();
            }
        }
    }
}
```

■ 秘笈心法

心法领悟 158：避免 SQLException。

在使用 JDBC 连接数据库时，会出现大量的 SQLException。为了让代码更加简洁，推荐使用 Commons DbUtils 组件进行 JDBC 操作，关于该组件的详细用法请参考第 10 章。如果读者有能力，则可以学习一下 Hibernate、Spring 等开源框架，它们对 JDBC 提供了更加高级的支持。

7.5　处 理 异 常

实例 159	方法中抛出异常 光盘位置：光盘\MR\159	高级 趣味指数：★★★

■ 实例说明

在项目开发中，通常是自顶向下进行的。在完成项目的整体设计后，需要对每个接口和类进行编写。如果一个类使用了其他类还没有实现的方法，则可以在实现其他类方法时让其抛出 UnsupportedOperationException，以便在以后进行修改完成。实例运行效果如图 7.21 所示。

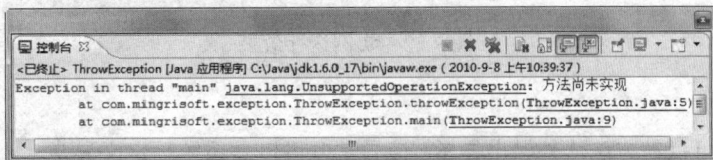

图 7.21　实例运行效果

■ 关键技术

使用 throw 关键字可以在方法体中抛出异常。该异常既可以是系统预定义异常，又可以是用户自定义异常。其格式如下：

```
throw 异常对象;
```

throw 关键字可以抛出一个异常对象，并且仅可以应用在方法体中。

💡 提示：请读者不要和 throws 关键字混淆。

■ 设计过程

编写类 ThrowException，该类定义两个方法：throwException()方法用于抛出异常，main()方法用于进行测试。代码如下：

```java
public class ThrowException {
    public static void throwException() {
        throw new UnsupportedOperationException("方法尚未实现");          //抛出异常
    }
    public static void main(String[] args) {
        ThrowException.throwException();                                //调用抛出异常的方法
    }
}
```

■ 秘笈心法

心法领悟 159：为预定义异常增加提示信息。

对于系统预定义的异常，一般至少有两个构造方法，即空参数构造方法和字符串参数构造方法。使用字符串参数构造方法可以让用户为该构造方法增加提示信息。例如，在本实例中使用 UnsupportedOperationException

类的字符串参数构造方法，在控制台上显示"方法尚未实现"。

实例 160	方法上抛出异常 光盘位置：光盘\MR\160	高级 趣味指数：★★★

■ 实例说明

在方法的执行过程中，如果可能遇到引发问题的因素，则应该在定义方法时加以说明。例如，需要读取文件的方法可能遇到文件不存在的情况，此时需要在方法声明时抛出文件不存在异常。本实例将演示如何抛出异常，实例运行效果如图 7.22 所示。

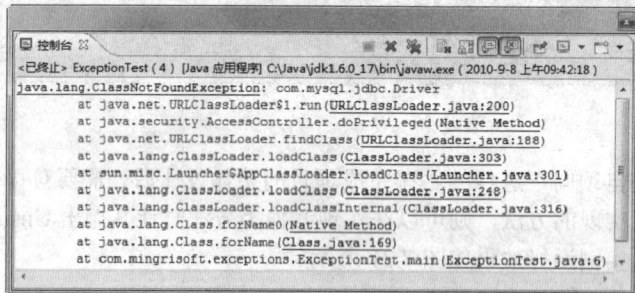

图 7.22　实例运行效果

■ 关键技术

使用 throws 关键字可以在方法体外抛出异常。该异常既可以是系统预定义异常，又可以是用户自定义异常。以 FileImageInputStream 类的构造方法为例进行讲解，其声明如下：

```
public FileInputStream(String name)throws FileNotFoundException
```

该方法在定义时就抛出了 FileNotFoundException，因此如果其他的类使用了该方法，则必须捕获或继续抛出该异常。throws 关键字可以声明抛出多个异常，并且仅可以应用在方法体外。

💡 **提示**：请读者不要和 throw 关键字混淆。

■ 设计过程

编写类 ThrowsException，该类定义两个方法：throwsException()方法用于抛出异常，main()方法用于进行测试。代码如下：

```java
public class ThrowsException {
    public static void throwsException() throws ClassNotFoundException {    //抛出异常
        Class.forName("com.mysql.jdbc.Driver");
    }
    public static void main(String[] args) {
        try {                                                               //捕获异常
            ThrowsException.throwsException();                              //调用抛出异常的方法
        } catch (ClassNotFoundException e) {
            e.printStackTrace();
        }
    }
}
```

■ 秘笈心法

心法领悟 160：throws 关键字的使用。

对于暂时不想或不好处理的异常，可以使用 throws 关键字在方法声明上将其抛出。当重写继承的方法时，抛出的异常不能比超类的范围大，或者不抛出异常。一个方法可以抛出多个异常，也可以只抛出它们的父类，如 Exception。但是为了调试时获得更多的信息，推荐抛出多个异常的写法。

实例 161	自定义异常类 光盘位置：光盘\MR\161	高级 趣味指数：★★★

■ 实例说明

在 Java SE API 中，已经定义了几十种异常类，它们基本包括了常用的异常类型。然而，实际开发中有可能遇到没有满足需要的情况。此时就可以自定义异常类。本实例将演示如何自定义一个除 0 异常类，实例运行效果如图 7.23 所示。

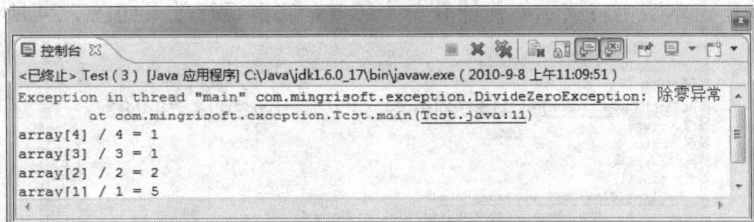

图 7.23　实例运行效果

■ 关键技术

编写一个自定义异常类非常简单，只需要继承 Exception 或 Exception 的子类。一个最简单的自定义异常类代码如下：

```
public class MRSoft extends Exception{}
```

在自定义类时，推荐提供两个构造方法，即一个无参数构造方法和一个字符串参数构造方法。它们可以为调试提供更加详细的信息。

■ 设计过程

（1）编写类 DivideZeroException，该类继承自 ArithmeticException 并提供了两个构造方法。代码如下：

```
public class DivideZeroException extends ArithmeticException {        //自定义异常类
    private static final long serialVersionUID = 1563874058117161205L;
    public DivideZeroException() {
    }                                                                //实现默认构造方法
    public DivideZeroException(String msg) {
        super(msg);
    }                                                                //实现有输出信息的构造方法
}
```

（2）编写类 Test 进行测试，在 main()方法中抛出自定义的异常。代码如下：

```
public class Test {
    public static void main(String[] args) {
        int[] array = new int[5];                                    //定义长度为 5 的数组
        Arrays.fill(array, 5);                                       //将数组中的元素赋值为 5
        for (int i = 4; i > -1; i--) {                               //遍历整个数组
            if (i == 0) {                                            //如果除零
                throw new DivideZeroException("除零异常");            //如果除零就抛出有异常信息的构造方法
            }                                                        //如果不是除零就输出结果
            System.out.println("array[" + i + "] / " + i + " = " + array[i] / i);
        }
    }
}
```

■ 秘笈心法

心法领悟 161：指定提示信息的显示。

在自定义异常时，如果需要让该异常输出提示信息，则可以在相应的构造方法中调用超类的构造方法。最后由 Throwable 类的 toString()方法输出这些信息。例如，本实例中输出的"除零异常"。

实例 162	捕获单个异常	高级
	光盘位置：光盘\MR\162	趣味指数：★★★★☆

■ 实例说明

当遇到异常时，除了可以将异常抛出，还可以将其捕获。抛出虽然简单，但是有时却不得不使用捕获来处理异常。如果程序遇到异常而没有捕获，则程序会直接退出。这在大多数情况下是不能被接受的，至少需要保存程序当前状态才能退出。本实例将演示如何捕获单个异常，实例运行效果如图 7.24 所示。

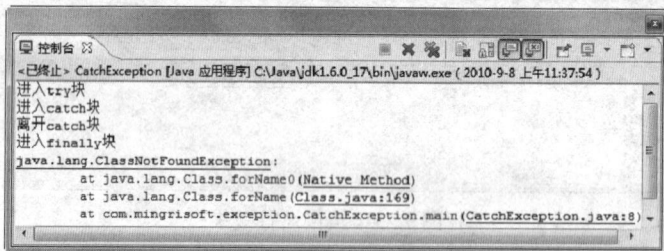

图 7.24　实例运行效果

■ 关键技术

Java 中捕获异常是通过 try、catch 和 finally 这 3 个块来完成的。其中 try 块是必需的，catch 和 finally 块可以选择一个或两个。try 块用来放置可能出现问题的语句，catch 块用来放置异常发生后执行的代码，finally 块用来放置无论是否发生异常都需要执行的代码。

💡 提示：捕获异常是一个高开销的操作，因此 try 块中的语句应该尽量少。

■ 设计过程

编写类 CatchException，在该类的 main()方法中演示 try、catch 和 finally 块的用法。代码如下：

```java
public class CatchException {
    public static void main(String[] args) {
        try {                                                    //定义 try 块
            System.out.println("进入 try 块");
            @SuppressWarnings("unused")
            Class<?> clazz = Class.forName("");                  //得到一个空的 Class 对象
            System.out.println("离开 try 块");
        } catch (ClassNotFoundException e) {                     //定义 catch 块
            System.out.println("进入 catch 块");
            e.printStackTrace();
            System.out.println("离开 catch 块");
        } finally {                                              //定义 finally 块
            System.out.println("进入 finally 块");
        }
    }
}
```

■ 秘笈心法

心法领悟 162：捕获单个异常的使用。

如果 try 块不出现问题，程序不会执行 catch 块的代码。如果 try 块出现问题，程序会执行 catch 块的代码。如果 catch 块也有问题，程序会离开 catch 块。不管怎样，finally 块都会被执行。通常将释放资源之类的代码放在该块执行。使用 Eclipse 等 IDE 也可以自动生成 try/catch/finally 代码。

实例 163	捕获多个异常 光盘位置：光盘\MR\163	高级 趣味指数：★★★

■ 实例说明

　　当遇到异常时，除了可以将异常抛出，还可以将其捕获。抛出虽然简单，但是有时却不得不使用捕获来处理异常。如果程序遇到异常而没有捕获，则程序会直接退出。这在大多数情况下是不能被接受的，至少需要保存程序当前状态才能退出。本实例将演示如何捕获多个异常，实例运行效果如图 7.25 所示。

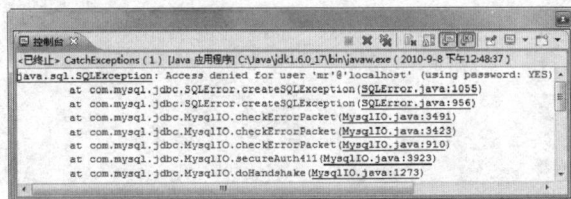

图 7.25　实例运行效果

■ 关键技术

　　Java 中捕获异常是通过 try、catch 和 finally 这 3 个块来完成的。其中 try 块是必需的，catch 和 finally 块可以选择一个或两个。try 块用来放置可能出现问题的语句，如果在 try 块中可能出现多个异常，则最好提供多个 catch 块来进行捕获。这样可以针对不同的异常提供不同的处理方案。如果 try 块中程序的异常和第 1 个 catch 块捕获的异常不匹配，JVM 将比较第 2 个 catch 块，依此类推，直到出现匹配的为止。如果没有找到匹配的，异常对象将抛给调用该方法的方法。

■ 设计过程

　　编写类 CatchExceptions，在该类的 main()方法中演示 try、catch 和 finally 块的用法。代码如下：

```java
public class CatchExceptions {
    private static String URL = "jdbc:mysql://localhost:3306/db_database18";
    private static String DRIVER = "com.mysql.jdbc.Driver";
    private static String USERNAME = "mr";
    private static String PASSWORD = "mingri";
    private static Connection conn;
    public static Connection getConnection() {
        try {
            Class.forName(DRIVER);                                        //加载驱动程序
            conn = DriverManager.getConnection(URL, USERNAME, PASSWORD); //建立连接
            return conn;
        } catch (ClassNotFoundException e) {                             //捕获类未发现异常
            e.printStackTrace();
        } catch (SQLException e) {                                       //捕获 SQL 异常
            e.printStackTrace();
        }
        return null;
    }
    public static void main(String[] args) {
        CatchExceptions.getConnection();
    }
}
```

　　📖 说明：代码中首先捕获了 ClassNotFoundException，然后是 SQLException。

■ 秘笈心法

　　心法领悟 163：捕获多个异常的使用。

　　对于可能抛出多个异常的代码块，可以不对每个异常都提供一个 catch 块进行处理。此时需要提供这些异常的父类，如 Exception，使用 catch 块处理。当有多个 catch 块时，它们排列的顺序非常重要。一定要让异常的范围按从小到大排列。在相同继承层次的可以不考虑排列顺序。

第 8 章

多线程技术

▶▶ 线程的基础

▶▶ 线程的同步

▶▶ 线程的进阶

8.1　线程的基础

实例 164	新建无返回值的线程 光盘位置：光盘\MR\164	高级
		趣味指数：★★

■ 实例说明

在现代操作系统中，大都支持多任务，如边听歌边浏览网页，这通常是由两个不同的进程完成的。然而，对于一个进程而言，也可以通过运行多个线程来实现同时完成多个任务的效果。这和电脑的硬件无关，即使只有一个 CPU，也可以利用时间片技术实现多线程。Java 是一门内置多线程支持的语言，在 5.0 版中更是增加了大量的类和接口来简化多线程开发。本实例将演示最简单的多线程程序，实例运行效果如图 8.1 所示。

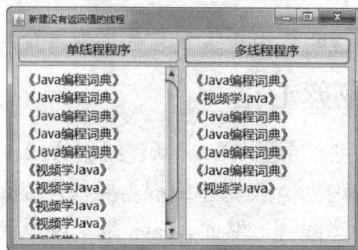

图 8.1　实例运行效果

> 📖 **说明**：多线程程序的运行与底层操作系统密切相关，如果读者的运行结果与图片不同是很正常的。

■ 关键技术

Java 中有两种实现多线程的方式：第一种是继承 Thread 类，第二种是实现 Runnable 接口。两者都需要重写 run()方法，该方法的声明如下：

```
public void run()
```

通常将需要在一个新线程中运行的代码放置到 run()方法的方法体中，这是创建没有返回值的线程的方法。由于 Java 支持单继承，因此如果类已继承了其他类，则只能选择实现 Runnable 接口。

> 🔊 **注意**：在启动新线程时，需要使用 Thread 类的 start()方法，而不要直接调用 run()方法。

■ 设计过程

（1）编写类 ThreadTest，该类继承了 JFrame。在框架中包含了两个按钮和两个文本域。单击"单线程程序"按钮会在其下方的文本域中输出 10 个字符串。单击"多线程程序"按钮会在其下方的文本域中输入个数不定的字符串。

（2）编写方法 do_button1_actionPerformed()，用来监听单击"单线程程序"按钮事件。在该方法中，使用单线程向文本域中增加 10 条语句。核心代码如下：

```
protected void do_button1_actionPerformed(ActionEvent e) {
    StringBuilder sb = new StringBuilder();                     //使用 StringBuilder 类保存字符串
    for (int i = 0; i < 5; i++) {                               //增加 5 个字符串
        sb.append(" 《Java 编程词典》\n");
    }
    for (int i = 0; i < 5; i++) {                               //增加 5 个字符串
        sb.append(" 《视频学 Java》\n");
    }
    textArea1.setText(sb.toString());                           //在文本域中显示字符串
}
```

（3）编写方法 do_button2_actionPerformed()，用来监听单击"多线程程序"按钮事件。在该方法中，使用新建的线程向文本域中增加 10 条语句。核心代码如下：

```
protected void do_button2_actionPerformed(ActionEvent e) {
    final StringBuilder sb = new StringBuilder();
    for (int i = 0; i < 5; i++) {
        new Thread() {
```

```
            public void run() {
                sb.append(" 《Java 编程词典》\n");
            };
        }.start();
    }
    for (int i = 0; i < 5; i++) {
        new Thread() {
            public void run() {
                sb.append(" 《视频学 Java》\n");
            };
        }.start();
    }
    textArea2.setText(sb.toString());
}
```

📖 **说明**：由于多线程程序没有使用同步，因此字符串一般不是 10 个。

■ 秘笈心法

心法领悟 164：新建线程方式的选择。

因为一般新建线程需要使用 Thread 类的 start()方法才能启动，所以当代码非常简单时，推荐使用继承 Thread 类新建线程。然而，Java 是单继承的，而且 Java SE 5.0 版增加的很多特性都要使用 Runnable 接口，因此更常用的方式是实现 Runnable 接口，然后用 Thread 类的构造方法新建线程。

| 实例 165 | 查看线程的运行状态
 光盘位置：光盘\MR\165 | 高级
 趣味指数：★★ |

■ 实例说明

线程共有 6 种状态，即新建、运行（可运行）、阻塞、等待、计时等待和终止。当使用 new 操作符创建新线程时，线程处于"新建"状态。当调用 start()方法时，线程处于运行（可运行）状态。当线程需要获得对象的内置锁，而该锁正被其他线程拥有时，线程处于阻塞状态。当线程等待其他线程通知调度表可以运行时，该线程处于等待状态。对于一些含有时间参数的方法，如 Thread 类的 sleep()方法，可以使线程处于计时等待状态。当 run()方法运行完毕或出现异常时，线程处于终止状态。实例运行效果如图 8.2 所示。

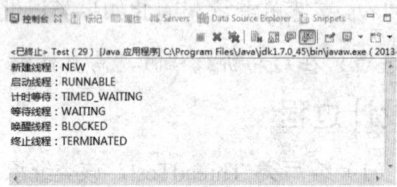

图 8.2　实例运行效果

📖 **说明**：多线程程序的运行与底层操作系统密切相关，如果读者的运行结果与图片不同是很正常的。

■ 关键技术

使用 Thread 类的 getState()方法可以获得线程的状态，该方法的返回值是 Thread.State，它是线程状态的枚举。Thread.State 的枚举常量说明如表 8.1 所示。

表 8.1　Thread.State 的枚举常量说明

枚 举 常 量	含　义	枚 举 常 量	含　义
NEW	新建状态	TIMED_WAITING	休眠状态
RUNNABLE	运行（可运行）状态	WAITING	等待状态
BLOCKED	阻塞状态	TERMINATED	终止状态

💡 **提示**：读者在编写多线程程序时，要时刻注意线程的状态。不同状态下，线程能够执行的任务是不同的。

设计过程

（1）编写类 ThreadState，该类实现了 Runnable 接口。在该类中定义 3 个方法：waitForASecond()方法用于将当前线程暂时等待 0.5 秒，waitForYears()方法用于将当前线程永久等待，notifyNow()方法用于通知等待状态的线程运行。run()方法中，运行了 waitForASecond()方法和 waitForYears()方法。代码如下：

```java
public class ThreadState implements Runnable {
    public synchronized void waitForASecond() throws InterruptedException {
        wait(500);                                          //使当前线程等待 0.5 秒或其他线程调用 notify()或 notifyAll()方法
    }
    public synchronized void waitForYears() throws InterruptedException {
        wait();                                             //使当前线程永久等待，直到其他线程调用 notify()或 notifyAll()方法
    }
    public synchronized void notifyNow() throws InterruptedException {
        notify();                                           //唤醒由调用 wait()方法进入等待状态的线程
    }
    public void run() {
        try {
            waitForASecond();                               //在新线程中运行 waitForASecond()方法
            waitForYears();                                 //在新线程中运行 waitForYears()方法
        } catch (InterruptedException e) {
            e.printStackTrace();
        }
    }
}
```

（2）编写类 Test 进行测试，在 main()方法中输出线程的各种不同状态。代码如下：

```java
public class Test {
    public static void main(String[] args) throws InterruptedException {
        ThreadState state = new ThreadState();              //创建 State 对象
        Thread thread = new Thread(state);                  //利用 State 对象创建 Thread 对象
        System.out.println("新建线程： " + thread.getState());   //输出线程状态
        thread.start();                                     //调用 thread 对象的 start()方法，启动新线程
        System.out.println("启动线程： " + thread.getState());   //输出线程状态
        Thread.sleep(100);                                  //当前线程休眠 0.1 秒，使新线程运行 waitForASecond()方法
        System.out.println("计时等待： " + thread.getState());   //输出线程状态
        Thread.sleep(1000);                                 //当前线程休眠 1 秒，使新线程运行 waitForYears()方法
        System.out.println("等待线程： " + thread.getState());   //输出线程状态
        state.notifyNow();                                  //调用 state 的 notifyNow()方法
        System.out.println("唤醒线程： " + thread.getState());   //输出线程状态
        Thread.sleep(1000);                                 //当前线程休眠 1 秒，使新线程结束
        System.out.println("终止线程： " + thread.getState());   //输出线程状态
    }
}
```

秘笈心法

心法领悟 165：改变线程状态的方法。

除了本实例中演示的 wait()、notify()和 sleep()方法外，还有其他的可以改变线程状态的方法。例如，interrupt()方法用于中断线程，yield()方法用于暂停当前线程并执行其他线程等。这些方法可以在 Thread 类的 API 中找到。需要注意的是，stop()、suspend()等方法虽然使用很简单，但是已经不推荐使用，在新编写的代码中要避免。

实例 166	查看 JVM 中的线程名 光盘位置：光盘\MR\166	高级 趣味指数：★★★

实例说明

在 Java 虚拟机（JVM）中，除了用户创建的线程，还有服务于用户线程的其他线程。它们根据用途被分配到不同的组中进行管理。本实例演示如何查看 JVM 中线程的名称及其所在组的名称。实例运行效果如图 8.3 所示。

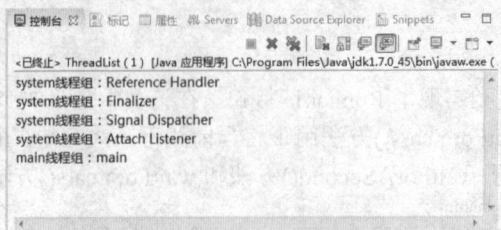

图 8.3　实例运行效果

💡 **提示**：读者可以在本实例的基础上增加想查看的信息，如线程的状态、线程的优先级、是否为守护线程等。

■ 关键技术

线程组（ThreadGroup）表示一个线程的集合。此外，线程组也可以包含其他线程组。线程组构成一棵树，在树中，除了初始线程组外，每个线程组都有一个父线程组。允许线程访问有关自己的线程组的信息，但是不允许它访问有关其线程组的父线程组或其他任何线程组的信息。ThreadGroup 类的常用方法如表 8.2 所示。

表 8.2　ThreadGroup 类的常用方法

方　法　名	作　　用
activeCount()	返回此线程组中活动线程的估计数
activeGroupCount()	返回此线程组中活动线程组的估计数
enumerate(Thread[] list, boolean recurse)	把此线程组中的所有活动线程复制到指定数组中
enumerate(ThreadGroup[] list, boolean recurse)	把对此线程组中的所有活动子组的引用复制到指定数组中
getName()	返回此线程组的名称
getParent()	返回此线程组的父线程组

💡 **提示**：读者在编写多线程程序时，要时刻注意线程的状态。不同状态下，线程能够执行的任务是不同的。

■ 设计过程

编写类 ThreadList，在该类中包含了 4 个方法：getRootThreadGroups()方法用于获得根线程组，getThreads()方法用于获得指定线程组中所有线程的名称，getThreadGroups()方法用于获得线程组中所有子线程组，main()方法用于测试。代码如下：

```java
public class ThreadList {
    private static ThreadGroup getRootThreadGroups() {            //获得根线程组
        ThreadGroup rootGroup = Thread.currentThread().getThreadGroup();   //获得当前线程组
        while (true) {
            if (rootGroup.getParent() != null) {                 //如果 getParent()返回值非空，则不是根线程组
                rootGroup = rootGroup.getParent();               //获得父线程组
            } else {
                break;                                           //如果到达根线程组，则退出循环
            }
        }
        return rootGroup;                                        //返回根线程组
    }
    public static List<String> getThreads(ThreadGroup group) {   //获得给定线程组中所有线程名
        List<String> threadList = new ArrayList<String>();       //创建保存线程名的列表
        Thread[] threads = new Thread[group.activeCount()];      //根据活动线程数创建线程数组
        int count = group.enumerate(threads, false);             //复制线程到线程数组
        for (int i = 0; i < count; i++) {                        //遍历线程数组将线程名及其所在组保存到列表中
            threadList.add(group.getName() + "线程组：" + threads[i].getName());
        }
        return threadList;                                       //返回列表
    }
    public static List<String> getThreadGroups(ThreadGroup group) {  //获得线程组中子线程组
        List<String> threadList = getThreads(group);             //获得给定线程组中线程名
        ThreadGroup[] groups = new ThreadGroup[group.activeGroupCount()];  //创建线程组数组
```

```
        int count = group.enumerate(groups, false);                    //复制子线程组到线程组数组
        for (int i = 0; i < count; i++) {                              //遍历所有子线程组
            threadList.addAll(getThreads(groups[i]));                  //利用 getThreads()方法获得线程名列表
        }
        return threadList;                                             //返回所有线程名
    }
    public static void main(String[] args) {
        for (String string : getThreadGroups(getRootThreadGroups())) {
            System.out.println(string);                               //遍历输出列表中的字符串
        }
    }
}
```

✍ **技巧**：如果线程组的 getParent()方法的返回值是 null，那么当前的线程组就是根线程组。

■ 秘笈心法

心法领悟 166：enumerate()方法的使用。

除了本实例中使用的两个 enumerate()方法外，该方法还有两种重载的形式，其声明和作用如下：

public int enumerate(Thread[] list)

把此线程组及其子组中的所有活动线程复制到指定数组中。

public int enumerate(ThreadGroup[] list)

把对此线程组中的所有活动子组的引用复制到指定数组中。

| 实例 167 | 查看和修改线程名称
光盘位置：光盘\MR\167 | 高级
趣味指数：★★ |

■ 实例说明

Java 中所有线程都有一个默认的名称。对于用户自定义的线程，默认的名称格式是"Thread-数字"。当然，用户可以在创建新线程时指定线程的名称，也可以修改已有线程的名称。本实例将编写一个简单的 GUI 程序，实现定义和修改线程名称的功能。实例运行效果如图 8.4 所示。

（a）初始状态

（b）新建线程后

图 8.4　实例运行效果

📢 **注意**：因为 ThreadGroup 类只能获得处于运行状态的线程，所以本实例使用死循环的方式新建线程。

■ 关键技术

线程（Thread）是程序中的执行线程。Java 虚拟机允许应用程序并发地运行多个执行线程。在该类中定义了大量与线程操作相关的方法，本实例使用的方法如表 8.3 所示。

表 8.3　Thread 类的常用方法

方　法　名	作　　用	方　法　名	作　　用
getName()	返回当前线程的名字	getId()	返回当前线程的标识符
setName()	设置当前线程的名字	getThreadGroup	获得当前线程所在的线程组

■ 设计过程

（1）编写类 ThreadNameTest，该类继承 JFrame。在框架中包含了一个表格，用来显示当前线程组中运行的线程；两个文本域用来获得用户输入的新线程名称和想修改成的名称；"新建线程"按钮用来实现使用指定或默认的名称创建线程的功能；"修改名称"按钮用来实现使用指定名称修改用户选择的线程名称的功能。

（2）编写类 Forever，该类实现 Runnable 接口，在 run() 方法中使用了死循环。代码如下：

```java
private class Forever implements Runnable {
    @Override
    public void run() {
        while (true) {                                          //死循环
        }
    }
}
```

📖 **说明**：创建死循环线程会占用大量的系统资源，因此建议读者不要在本程序中创建多个新线程。

（3）编写方法 do_this_windowActivated()，用来监听窗体激活事件。在该方法中，使用当前线程所在线程组中的线程 ID 和名称作为表格的数据。核心代码如下：

```java
protected void do_this_windowActivated(WindowEvent e) {
    ThreadGroup group = Thread.currentThread().getThreadGroup();   //获得当前线程所在线程组
    Thread[] threads = new Thread[group.activeCount()];            //使用数组保存活动状态的线程
    group.enumerate(threads);                                      //获得所有线程
    DefaultTableModel model = (DefaultTableModel) table.getModel(); //获得表格模型
    model.setRowCount(0);                                          //清空表格模型中的数据
    model.setColumnIdentifiers(new Object[] { "线程 ID", "线程名称" }); //定义表头
    for (Thread thread : threads) {                               //增加行数据
        model.addRow(new Object[] { thread.getId(), thread.getName() });
    }
    table.setModel(model);                                        //更新表格模型
}
```

（4）编写方法 do_button1_actionPerformed()，用来监听单击"新建线程"按钮事件。在该方法中，根据用户是否输入新线程的名称创建新线程，并更新表格中的数据。核心代码如下：

```java
protected void do_button1_actionPerformed(ActionEvent e) {
    Object[] newThread = null;
    String name = textField1.getText();                          //获得用户输入的名称
    if (name.isEmpty()) {                                        //如果用户没有输入，则使用默认名称创建新线程
        Thread thread = new Thread(new Forever());
        thread.start();
        newThread = new Object[] { thread.getId(), thread.getName() };
    } else {                                                     //如果用户有输入，则使用指定名称创建新线程
        Thread thread = new Thread(new Forever(), name);
        thread.start();
        newThread = new Object[] { thread.getId(), name };
    }
    ((DefaultTableModel) table.getModel()).addRow(newThread);    //更新表格中的数据
}
```

（5）编写方法 do_button2_actionPerformed()，用来单击"修改名称"按钮事件。在该方法中，获得用户输入的名称和用户选择的行，根据用户输入的名称修改线程名称。核心代码如下：

```java
protected void do_button2_actionPerformed(ActionEvent e) {
    int selectedRow = table.getSelectedRow();                    //获得用户选择的行
    String newName = textField2.getText();                       //获得用户输入的名称
    if ((selectedRow == -1) || newName.isEmpty()) {              //如果没有选择或输入为空，则直接退出该方法
        return;
    }
    DefaultTableModel model = (DefaultTableModel) table.getModel(); //获得表格模型
    model.setValueAt(newName, selectedRow, 1);                   //更改表格中的数据
    repaint();                                                   //重新绘制各个控件
}
```

■ 秘笈心法

心法领悟 167：养成良好的命名习惯。

俗话说"人如其名"，在编程过程中，要做到"名如其人"。每个变量的名字一定要反映出该变量的作用，以方便以后调试。由于 Java 默认的线程名称不能很好地反映出该线程的作用，建议读者在需要时使用 setName() 方法修改原来的名字。

实例 168	查看和修改线程优先级 光盘位置：光盘\MR\168	高级 趣味指数：★★★

■ 实例说明

Java 中每个线程都有优先级属性。默认情况下，新建线程的优先级与创建该线程的线程优先级相同。每当线程调度器选择要运行的线程时，通常选择优先级较高的线程。本实例演示如何查看和修改线程的优先级。实例运行效果如图 8.5 所示。

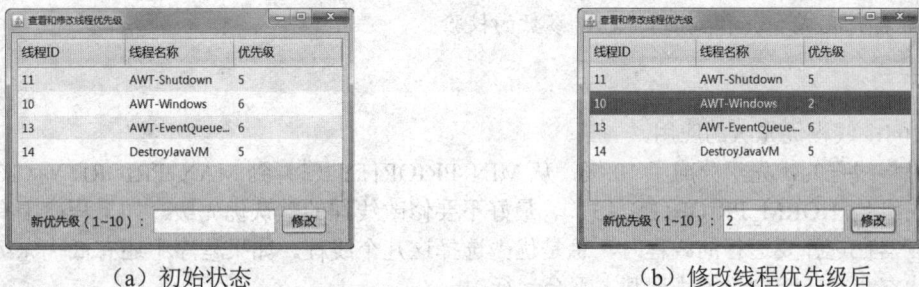

（a）初始状态　　　　　　　　　　　　　　　　（b）修改线程优先级后

图 8.5　实例运行效果

◀)) **注意**：线程优先级是高度依赖于操作系统的，而且 Sun 对于不同的操作系统提供的虚拟机并不完全相同。

■ 关键技术

线程（Thread）是程序中的执行线程。Java 虚拟机允许应用程序并发地运行多个执行线程。在该类中定义了大量与线程操作相关的方法，本实例使用的方法如表 8.4 所示。

表 8.4　Thread 类与线程优先级相关的属性和方法

方法（属性）名	作　用
MAX_PRIORITY	线程可以具有的最高优先级
MIN_PRIORITY	线程可以具有的最低优先级
NORM_PRIORITY	分配给线程的默认优先级
getPriority()	获得线程的优先级
setPriority(int newPriority)	修改线程的优先级

■ 设计过程

（1）编写类 ThreadPriorityTest，该类继承 JFrame。在框架中包含了一个表格，用来显示当前线程组中运行的线程；一个文本域用来获得用户输入的新线程优先级；"修改"按钮实现了修改优先级的功能，并更新了表格。

（2）编写方法 do_this_windowActivated()，用来监听窗体激活事件。在该方法中，使用当前线程所在线程组中的线程 ID、名称和优先级作为表格的数据。核心代码如下：

```
protected void do_this_windowActivated(WindowEvent e) {
    ThreadGroup group = Thread.currentThread().getThreadGroup();        //获得当前线程所在线程组
```

```
        Thread[] threads = new Thread[group.activeCount()];          //使用数组保存活动状态的线程
        group.enumerate(threads);                                    //获得所有线程
        DefaultTableModel model = (DefaultTableModel) table.getModel();  //获得表格模型
        model.setRowCount(0);                                        //清空表格模型中的数据
        model.setColumnIdentifiers(new Object[] { "线程 ID", "线程名称", "优先级" });  //定义表头
        for (Thread thread : threads) {                              //增加行数据
            model.addRow(new Object[] { thread.getId(), thread.getName(),
                                        thread.getPriority() });
        }
        table.setModel(model);                                       //更新表格模型
    }
```

（3）编写方法 do_button_actionPerformed()，用来监听单击"修改"按钮事件。在该方法中，获得用户输入的优先级和用户选择的行，根据用户输入的优先级修改线程优先级。核心代码如下：

```
protected void do_button_actionPerformed(ActionEvent e) {
    String text = textField.getText();                           //获得用户输入的优先级
    Integer priority = Integer.parseInt(text);                   //将优先级转换成 Integer 对象
    int selectedRow = table.getSelectedRow();                    //获得用户选择的行
    DefaultTableModel model = (DefaultTableModel) table.getModel();  //获得默认表格模型
    model.setValueAt(priority, selectedRow, 2);                  //更改表格中的数据
    repaint();                                                   //重新绘制各个控件
}
```

💡 提示：请读者自行完成 text 和 selectedRow 参数的校验。

■ 秘笈心法

心法领悟 168：线程优先级的应用。

Java 虚拟机将线程的优先级分成了 10 级，从 MIN_PRIORITY（1）到 MAX_PRIORITY（10）。对于 main 线程，它的优先级是 NORM_PRIORITY（5）。最好不要修改线程的默认优先级。如果程序中有几个高优先级的线程，则调度器在选择要运行的线程时，总是优先选择这几个线程。如果程序中还有低优先级的线程，就会出现"饥饿"状态，即低优先级的线程基本不会运行。

实例 169	使用守护线程 光盘位置：光盘\MR\169	高级
		趣味指数：★★

■ 实例说明

Java 中的线程可以分为两类，即用户线程和守护线程。用户线程是为了完成任务，类似"作战的战士"；守护线程是为其他线程服务的，类似"后勤保障"。本程序共创建了两个线程，一个是用户线程，用来输出一些语句；一个是守护线程，用来计算程序的运行时间。实例运行效果如图 8.6 所示。

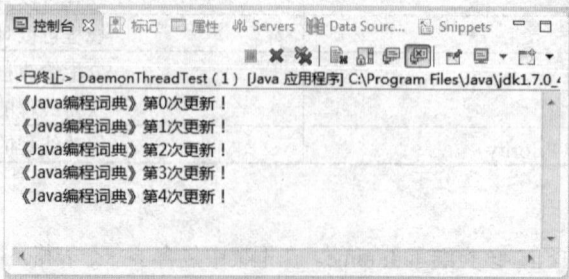

图 8.6　实例运行效果

■ 关键技术

线程（thread）是程序中的执行线程。Java 虚拟机允许应用程序并发地运行多个执行线程。在该类中定义了

大量与线程操作相关的方法，本实例使用的方法如表 8.5 所示。

表 8.5　Thread 类与守护线程相关的方法

方　法　名	作　　用
isDaemon()	测试一个线程是否为守护线程
setDaemon(boolean on)	将一个线程标记为守护线程或用户线程

■ 设计过程

（1）编写类 Worker，该类实现 Runnable 接口。在 run()方法中，向控制台输出 5 条语句。代码如下：

```java
public class Worker implements Runnable {
    public void run() {
        for (int i = 0; i < 5; i++) {
            System.out.println("《Java 编程词典》第" + i + "次更新！");      //用户线程用来输出一些语句
        }
    }
}
```

（2）编写类 Timer，该类实现 Runnable 接口。在 run()方法中，定义一个死循环，在死循环中输出系统运行的时间。代码如下：

```java
public class Timer implements Runnable {
    public void run() {
        long currentTime = System.currentTimeMillis();                //获得系统当前时间
        long processTime = 0;                                         //设置系统运行时间为 0
        while (true) {                                                //如果系统运行时间发生变化就输出
            if ((System.currentTimeMillis() - currentTime) > processTime) {
                processTime = System.currentTimeMillis() - currentTime;
                System.out.println("程序运行时间：" + processTime);
            }
        }
    }
}
```

（3）编写类 DaemonThreadTest 用来进行测试，该类创建并运行了用户线程和守护线程。代码如下：

```java
public class DaemonThreadTest {
    public static void main(String[] args) {
        Thread userThread = new Thread(new Worker());                 //创建用户线程
        Thread daemonThread = new Thread(new Timer());                //创建守护线程
        daemonThread.setDaemon(true);                                 //设置守护线程
        userThread.start();                                           //启动用户线程
        daemonThread.start();                                         //启动守护线程
    }
}
```

◀» 注意：一定要在线程运行以前也就是运行 Thread 类的 start()方法前设置一个线程为守护线程。

■ 秘笈心法

心法领悟 169：守护线程的应用。

守护线程的唯一用途是为其他线程提供服务。守护线程会随时中断，因此不要在守护线程上使用需要释放资源的资源，如输入/输出流、数据库连接等。所有的守护线程都是后台线程。如果虚拟机中只剩下守护线程，虚拟机就会退出。

实例 170	休眠当前线程 光盘位置：光盘\MR\170	高级 趣味指数：★★★

■ 实例说明

在龟兔赛跑的寓言故事中，原本领先的兔子因为骄傲自满在中途休息而痛失了冠军。其寓意是告诉我们为人要谦虚，不要骄傲。本实例将使用线程休眠技术来模拟龟兔赛跑的过程，实例运行效果如图 8.7 所示。

图 8.7　实例运行效果

📖 说明：本实例的重点在于演示 sleep()方法的使用，乌龟和兔子在比赛过程中可能不是同时出发的。

■ 关键技术

线程（Thread）是程序中的执行线程。Java 虚拟机允许应用程序并发地运行多个执行线程。在该类中定义了大量与线程操作相关的方法。sleep()方法是 Thread 类的一个静态方法，它有两种形式，具体方法如表 8.6 所示。

表 8.6　Thread 类的 sleep()方法

方 法 名	作 用
sleep(long millis)	让线程休眠指定的毫秒数
sleep(long millis, int nanos)	让线程休眠指定的毫秒数加纳秒数

■ 设计过程

（1）编写类 RaceFrame，该类继承了 JFrame。在框架中包含两个文本域用来输出乌龟和兔子的比赛记录，一个"比赛开始"按钮用来开始比赛。

（2）编写内部类 Rabbit，该类实现了 Runnable 接口。在 run()方法中，让兔子休眠 1 秒钟。核心代码如下：

```
private class Rabbit implements Runnable {
    @Override
    public void run() {
        for (int i = 1; i < 11; i++) {                          //循环 10 次模拟赛跑的过程
            String text = rabbitTextArea.getText();             //获得文本域中的信息
            try {
                Thread.sleep(1);                                //线程休眠 0.001 秒，模拟兔子在跑步
            } catch (InterruptedException e) {
                e.printStackTrace();
            }
            rabbitTextArea.setText(text + "兔子跑了" + i + "0 米\n");    //显示兔子的跑步距离
            if (i == 9) {
                rabbitTextArea.setText(text + "兔子在睡觉\n");    //当跑了 90 米时开始睡觉
                try {
                    Thread.sleep(10000);                        //线程休眠 10 秒，模拟兔子在睡觉
                } catch (InterruptedException e) {
                    e.printStackTrace();
                }
            }
            if (i == 10) {
                try {
                    Thread.sleep(1);                            //线程休眠 0.001 秒，模拟兔子在跑步
                } catch (InterruptedException e) {
                    e.printStackTrace();
                }
                rabbitTextArea.setText(text + "兔子到达终点\n");    //显示兔子到达了终点
            }
        }
    }
}
```

📖 说明：由于乌龟和兔子在比赛中的行为类似，因此不再讲解乌龟的代码。

秘笈心法

心法领悟 170：sleep()方法的应用。

在多线程编程中，有时需要让某个线程优先运行。除了可以设置这个线程的优先级最高外，更加理想的方法是休眠其他线程，即在该线程上调用 Thread.sleep()语句，休眠的时间可以自行选择。如果有线程中断了正在休眠的线程，则抛出 InterruptedException。

实例 171	终止指定线程 光盘位置：光盘\MR\171	高级 趣味指数: ★★★

实例说明

线程因为以下两种原因终止：run()方法结束和未捕获的异常终止了 run()方法。Thread 类提供了一个 stop()方法来强迫线程停止执行，然而由于其固有的不安全性，建议不要使用。本实例利用 boolean 值来终止正在运行的线程。实例运行效果如图 8.8 所示。

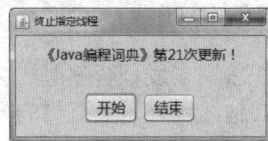

图 8.8　实例运行效果

关键技术

本实例涉及的关键技术请参见实例 170。

设计过程

（1）编写类 StopThreadTest，该类继承了 JFrame。在框架中包含了一个标签用来显示线程正在运行，"开始"按钮用来运行新的线程并在标签上更新，"结束"按钮用来结束正在更新标签的线程。

（2）编写类 CounterThread，该类实现了 Runnable 接口。在 run()方法中，使用死循环，每隔 0.1 秒更新一次标签上的文本信息。核心代码如下：

```
private class CounterThread implements Runnable {
    private int count = 0;
    private boolean stopped = true;
    public void setStopped(boolean stopped) {
        this.stopped = stopped;
    }
    public void run() {
        while (stopped) {                                            //用布尔值控制线程运行
            try {
                Thread.sleep(100);                                  //线程休眠 0.1 秒
            } catch (InterruptedException e) {
                e.printStackTrace();
            }
            lbljava.setText("《Java 编程词典》第" + (count++) + "次更新！");   //更新标签内容
        }
    }
}
```

（3）编写方法 do_button1_actionPerformed()，用来监听单击"开始"按钮事件。在该方法中，运行了新的线程，核心代码如下：

```
protected void do_button1_actionPerformed(ActionEvent e) {
    counter = new CounterThread();                                  //创建 Runnable 对象
    new Thread(counter).start();                                    //运行新线程
}
```

（4）编写方法 do_button2_actionPerformed()，用来监听单击"结束"按钮事件。在该方法中，结束了更新标签的线程，核心代码如下：

```
protected void do_button2_actionPerformed(ActionEvent e) {
    if (counter == null) {                                          //检查 CounterThread 是否被实例化
        JOptionPane.showMessageDialog(this, "先运行线程", "", JOptionPane.WARNING_MESSAGE);
```

217

```
        return;
    }
    counter.setStopped(false);                                    //将布尔值设成 false
}
```

秘笈心法

心法领悟 171：巧用布尔值。

由于 Java 中的线程在运行完 run()方法后就进入了终止状态，因此可以将需要在新线程中运行的代码放到使用布尔值控制运行的语句中，它可以让 run()方法提前结束，同理，也可以实现线程的暂停等功能，请读者自行研究。

实例 172	线程的插队运行 光盘位置：光盘\MR\172	高级 趣味指数：★★★

实例说明

在编写多线程程序时，会遇到让一个线程优先于其他线程运行的情况。此时除了可以设置该线程的优先级高于其他线程外，更直接的方式是使用 Thread 类的 join()方法，本实例将演示该方法的实际效果。实例运行效果如图 8.9 所示。

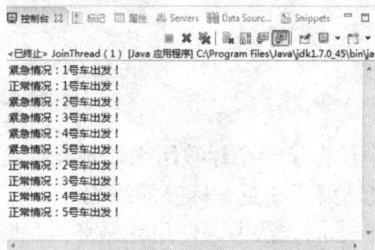

（a）使用 join()方法前　　　　　　（b）使用 join()方法后

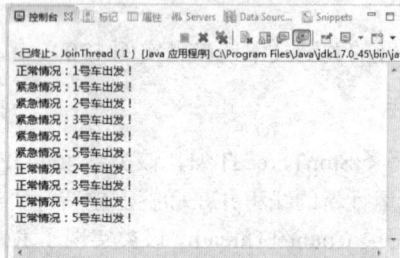

图 8.9　实例运行效果

关键技术

线程（Thread）是程序中的执行线程。Java 虚拟机允许应用程序并发地运行多个执行线程。在该类中定义了大量与线程操作相关的方法。join()方法是 Thread 类的一个静态方法，它有 3 种形式，具体方法如表 8.7 所示。

表 8.7　Thread 类的 join()方法

方 法 名	作　　用
join()	等待调用该方法的线程终止
join(long millis)	等待调用该方法的线程终止的时间最长为 millis 毫秒
join(long millis, int nanos)	等待调用该方法的线程终止的时间最长为 millis 毫秒加 nanos 纳秒

注意：如果有线程中断了运行 join()方法的线程，则抛出 InterruptedException。

设计过程

（1）编写类 EmergencyThread，该类实现了 Runnable 接口。在 run()方法中，每隔 0.1 秒输出一条语句。代码如下：

```
public class EmergencyThread implements Runnable {
    @Override
    public void run() {
        for (int i = 1; i < 6; i++) {
            try {
                Thread.sleep(100);                    //当前线程休眠 0.1 秒实现动态更新
```

```
        } catch (InterruptedException e) {
            e.printStackTrace();
        }
        System.out.println("紧急情况：" + i + "号车出发！");          //紧急情况下车辆出发
        }
    }
}
```

（2）编写类 JoinThread 用来进行测试，在该类中使用 EmergencyThread 创建并运行新的线程。使用 join()
方法让新线程优先于当前线程运行。代码如下：

```
public class JoinThread {
    public static void main(String[] args) {
        Thread thread = new Thread(new EmergencyThread());          //创建新线程
        thread.start();                                             //运行新线程
        for (int i = 1; i < 6; i++) {
            try {
                Thread.sleep(100);                                  //当前线程休眠 0.1 秒实现动态更新
            } catch (InterruptedException e) {
                e.printStackTrace();
            }
            System.out.println("正常情况：" + i + "号车出发！");      //正常情况下车辆出发
            try {
                thread.join();                                      //使用 join()方法让新创建的线程优先完成
            } catch (InterruptedException e) {
                e.printStackTrace();
            }
        }
    }
}
```

💡 提示：读者可以注释掉 thread.join()语句对比程序的运行效果。

■ 秘笈心法

心法领悟 172：join()方法的应用。

使用 join()方法可以让调用该方法的线程优先于其他线程完成，实现类似"插队"的效果。当"插队"的线
程运行完毕后，其他线程会继续运行，不会因为"插队"而发生改变。

8.2　线程的同步

实例 173	非同步的数据读写 光盘位置：光盘\MR\173	高级 趣味指数：★★★

■ 实例说明

使用多线程编程的一个重要原因在于方便数据的共享。然而如果两
个线程同时修改同一个公共数据，则会引发同步问题。本实例将模拟一
个简单的银行系统，使用两个不同的线程向同一个账户存钱。账户的原
始金额是 100 元，两个线程分别存入 10 元，如果没有问题，则账户的
余额应该是 290 元。实例运行效果如图 8.10 所示。

🔊 注意：对于简单的多线程程序，发生错误的概率很低。

图 8.10　实例运行效果

■ 关键技术

本实例应用到的关键技术请参见实例 164。

■ 设计过程

（1）继承 JFrame 类编写名为 UnsynchronizedBankFrame 的窗体，该窗体的主要控件如表 8.8 所示。

表 8.8　窗体主要控件

控 件 类 型	控 件 命 名	控 件 用 途
JButton	startButton	启动两个线程开始转账
JTextArea	thread1TextArea	显示一号线程的输出结果
	thread2TextArea	显示二号线程的输出结果

（2）编写类 Bank，在该类中定义一个整型域 account 来表示账户、一个存钱方法 deposit()和一个显示账户余额的方法 getAccount()。代码如下：

```
public class Bank {
    private int account = 100;                              //假设账户的初始金额是 100 元
    public void deposit(int money) {                        //向账户存钱的方法
        account += money;
    }
    public int getAccount() {                               //获得账户金额的方法
        return account;
    }
}
```

（3）编写类 Transfer，该类实现了 Runnable 接口。在 run()方法中，每次向账户存入 10 元钱并在文本域中显示。代码如下：

```
public class Transfer implements Runnable {
    private Bank bank;
    private JTextArea textArea;
    public Transfer(Bank bank, JTextArea textArea) {        //利用构造方法初始化变量
        this.bank = bank;
        this.textArea = textArea;
    }
    public void run() {
        for (int i = 0; i < 10; i++) {                      //循环 10 次向账户存钱
            bank.deposit(10);                               //向账户存入 10 元钱
            String text = textArea.getText();               //获得文本域内容
            textArea.setText(text + "账户的余额是: " + bank.getAccount() + "\n");
        }
    }
}
```

💡 提示：请读者仔细思考发生问题的原因，这样才可以在以后的编程中避免同样问题的产生。

■ 秘笈心法

心法领悟 173：使用同步的原因。

一个进程中的所有线程会共享该进程的资源。如果两个或多个线程同时修改同一个资源，如本实例中的账户余额，则可能会发生冲突。即一个线程还未将修改后的结果保存到原来的变量中，另一个线程又对其进行了修改。由此会产生数据的不一致，为了避免这种状况必须使用同步。

实例 174	使用方法实现线程同步	高级
	光盘位置：光盘\MR\174	趣味指数：★★★

■ 实例说明

Java 提供了很多方式和工具类来帮助程序员简化多线程的开发，同步方法是最简单和常用的一种方法。本实例将模拟一个简单的银行系统，使用两个不同的线程向同一个账户存钱。账户的原始金额是 100 元，两个线

程分别存入 100 元，并将存钱的方法修改成同步的方法。实例运行效果如图 8.11 所示。

图 8.11　实例运行效果

关键技术

所谓同步方法，即有 synchronized 关键字修饰的方法。之所以十几个字母就能解决困难的同步问题，与 Java 的内置锁密切相关。从 1.0 版开始，每个 Java 对象都有一个内置锁。如果方法用 synchronized 关键字声明，内置锁会保护整个方法。即在调用该方法前，需要获得内置锁，否则就处于阻塞状态。最简单的同步方法代码如下：

```
public synchronized void save(){}
```

说明：synchronized 关键字也可以修饰静态方法，此时如果调用该静态方法，将会锁住整个类。

设计过程

（1）继承 JFrame 类编写名为 SynchronizedBankFrame 的窗体。该窗体的主要控件如表 8.9 所示。

表 8.9　窗体主要控件

控 件 类 型	控 件 命 名	控 件 用 途
JButton	startButton	启动两个线程开始转账
JTextArea	thread1TextArea	显示 1 号线程的输出结果
	thread2TextArea	显示 2 号线程的输出结果

（2）编写内部类 Bank，在该类中定义一个整型域 account 来表示账户、一个存钱方法 deposit() 和一个显示账户余额的方法 getAccount()。代码如下：

```
private class Bank {
    private int account = 100;                          //每个账户的初始金额是 100 元
    public synchronized void deposit(int money) {       //向账户中存入 money 元
        account += money;
    }
    public int getAccount() {                           //查询账户余额
        return account;
    }
}
```

说明：请读者思考为什么要同步 deposit() 方法，即 "account += money;" 语句到底是怎么执行的？

（3）编写内部类 Transfer，实现 Runnable 接口，因此可以在新线程中运行，它实现了向账户存钱的功能。代码如下：

```
private class Transfer implements Runnable {
    private Bank bank;
    private JTextArea textArea;
    public Transfer(Bank bank, JTextArea textArea) {        //初始化变量
        this.bank = bank;
        this.textArea = textArea;
    }
    public void run() {
        for (int i = 0; i < 10; i++) {                      //向账户中存入 10 次钱
            bank.deposit(10);                               //向账户中存入 10 元钱
            String text = textArea.getText();               //获得文本域中的文本
            //在文本域中显示账户中的余额
            textArea.setText(text + "账户的余额是：" + bank.getAccount() + "\n");
        }
    }
}
```

秘笈心法

心法领悟 174："account += money;" 的理解。

"account += money;" 共分成 3 步执行：读取 account 的值、account 的值，和 money 的值求和，再存入 account 的值。在单线程程序中并没有什么问题，而在多线程程序中，如果两个线程同时读取 account，再先后存入 account，就会少计算一次 money 的值。

实例 175	使用代码块实现线程同步 光盘位置：光盘\MR\175	高级 趣味指数：★★★

实例说明

Java 提供了很多方式和工具类来帮助程序员简化多线程的开发。同步方法是最简单和常用的一种方法。本实例将模拟一个简单的银行系统，使用两个不同的线程向同一个账户存钱。账户的原始金额是 100 元，两个线程分别存入 100 元，并演示如何使用代码块实现同步。实例运行效果如图 8.12 所示。

图 8.12　实例运行效果

关键技术

synchronized 关键字除了可以用来修饰方法，还可以用来修饰语句块。被该关键字修饰的语句块会自动被加上内置锁，从而可以实现同步。最简单的同步块代码如下：

```
synchronized (object) {}
```

设计过程

（1）继承 JFrame 类编写名为 SynchronizedBankFrame 的窗体。该窗体的主要控件如表 8.10 所示。

表 8.10　窗体主要控件

控 件 类 型	控 件 命 名	控 件 用 途
JButton	startButton	启动两个线程开始转账
JTextArea	thread1TextArea	显示一号线程的输出结果
	thread2TextArea	显示二号线程的输出结果

（2）编写内部类 Bank，在该类中定义一个整型域 account 来表示账户、一个存钱方法 deposit() 和一个显示账户余额的方法 getAccount()。代码如下：

```java
private class Bank {
    private int account = 100;
    public void deposit(int money) {
        synchronized (this) {                        //获得 Bank 类的内置锁
            account += money;
        }
    }
    public int getAccount() {                        //获得账户的余额
        return account;
    }
}
```

📖 说明：请读者思考为什么要在 deposit() 方法中使用同步块，即 "account += money;" 语句到底是怎么执行的？

（3）编写内部类 Transfer，实现 Runnable 接口，因此可以在新线程中运行，它实现了向账户存钱的功能。代码如下：

```java
private class Transfer implements Runnable {
    private Bank bank;
    private JTextArea textArea;
    public Transfer(Bank bank, JTextArea textArea) {          //初始化变量
        this.bank = bank;
        this.textArea = textArea;
```

```
    }
    public void run() {
        for (int i = 0; i < 10; i++) {                                      //向账户中存入 10 次钱
            bank.deposit(10);                                               //向账户中存入 10 元钱
            String text = textArea.getText();                               //获得文本域中的文本
            //在文本域中显示账户中的余额
            textArea.setText(text + "账户的余额是：" + bank.getAccount() + "\n");
        }
    }
}
```

■ 秘笈心法

心法领悟 175：synchronized 代码块的使用。

同步是一种高开销的操作，因此应该尽量减少同步的内容。通常没有必要同步整个方法，使用 synchronized 代码块同步关键代码即可。

| 实例 176 | 使用特殊域变量实现线程同步 光盘位置：光盘\MR\176 | 高级 趣味指数：★★★ |

■ 实例说明

Java 提供了很多方式和工具类来帮助程序员简化多线程的开发。同步方法是最简单和常用的一种方法。本实例将模拟一个简单的银行系统，使用两个不同的线程向同一个账户存钱。账户的原始金额是 100 元，两个线程分别存入 100 元，并演示如何使用 volatile 关键字实现同步。实例运行效果如图 8.13 所示。

图 8.13 实例运行效果

■ 关键技术

volatile 关键字为域变量的访问提供了一种免锁机制。使用 volatile 修饰域相当于告诉虚拟机该域可能会被其他线程更新。因此每次使用该域就要重新计算，而不是使用寄存器中的值。volatile 不会提供任何原子操作，它也不能用来修饰 final 类型的变量。

■ 设计过程

（1）继承 JFrame 类编写名为 SynchronizedBankFrame 的窗体。该窗体的主要控件如表 8.11 所示。

表 8.11 窗体主要控件

控 件 类 型	控 件 命 名	控 件 用 途
JButton	startButton	启动两个线程开始转账
JTextArea	thread1TextArea	显示一号线程的输出结果
	thread2TextArea	显示二号线程的输出结果

（2）编写内部类 Bank，在该类中定义一个整型域 account 来表示账户、一个存钱方法 deposit() 和一个显示账户余额的方法 getAccount()。代码如下：

```
private class Bank {
    private volatile int account = 100;                                     //将域变量用 volatile 修饰
    public void deposit(int money) {                                        //向账户中存钱
        account += money;
    }
    public int getAccount() {                                               //获得账户余额
        return account;
    }
}
```

📖 **说明：** 请读者思考为什么要使用 volatile 关键字修饰 account？

（3）编写内部类 Transfer，实现 Runnable 接口，因此可以在新线程中运行，它实现了向账户存钱的功能。
代码如下：

```java
private class Transfer implements Runnable {
    private Bank bank;
    private JTextArea textArea;
    public Transfer(Bank bank, JTextArea textArea) {                    //初始化变量
        this.bank = bank;
        this.textArea = textArea;
    }
    public void run() {
        for (int i = 0; i < 10; i++) {                                 //向账户中存入 10 次钱
            bank.deposit(10);                                          //向账户中存入 10 元钱
            String text = textArea.getText();                         //获得文本域中的文本
            //在文本域中显示账户中的余额
            textArea.setText(text + "账户的余额是：" + bank.getAccount() + "\n");
        }
    }
}
```

■ 秘笈心法

心法领悟 176：安全的域并发访问。

多线程中的非同步问题主要出现在对域的读写上，如果让域自身避免这个问题，则就不需要修改操作该域的方法。有 3 种域自身就可以避免非同步的问题，即 final 域、有锁保护的域和 volatile 域。

实例 177	使用重入锁实现线程同步 光盘位置：光盘\MR\177	高级 趣味指数：★★★

■ 实例说明

Java 提供了很多方式和工具类来帮助程序员简化多线程的开发。同步方法是最简单和常用的一种方法。本实例将模拟一个简单的银行系统，使用两个不同的线程向同一个账户存钱。账户的原始金额是 100 元，两个线程分别存入 100 元，并演示如何使用重入锁实现同步。实例运行效果如图 8.14 所示。

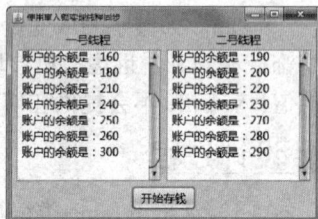

图 8.14　实例运行效果

■ 关键技术

在 Java SE 5.0 版中新增了一个 java.util.concurrent 包支持同步。ReentrantLock 类是可重入、互斥、实现了 Lock 接口的锁，它与使用 synchronized 方法和块具有相同的基本行为和语义，但是扩展了其能力。ReentrantLock 类的常用方法如表 8.12 所示。

表 8.12　ReentrantLock 类的常用方法

方　法　名	作　　用
ReentrantLock()	创建一个 ReentrantLock 实例
lock()	获得锁
unlock()	释放锁

💡 **提示：** ReentrantLock()方法还有一个可以创建公平锁的构造方法，但由于能大幅度降低程序运行效率，并不推荐使用。

■ 设计过程

（1）继承 JFrame 类编写名为 SynchronizedBankFrame 的窗体。该窗体的主要控件如表 8.13 所示。

表 8.13　窗体主要控件

控 件 类 型	控 件 命 名	控 件 用 途
JButton	startButton	启动两个线程开始转账
JTextArea	thread1TextArea	显示 1 号线程的输出结果
	thread2TextArea	显示 2 号线程的输出结果

（2）编写内部类 Bank，在该类中定义一个整型域 account 来表示账户、一个存钱方法 deposit()和一个显示账户余额的方法 getAccount()。代码如下：

```java
private class Bank {
    private int account = 100;                          //账户的初始金额是 100 元
    private Lock lock = new ReentrantLock();            //创建重入锁对象
    public void deposit(int money) {
        lock.lock();                                    //打开锁
        try {
            account += money;
        } finally {
            lock.unlock();                              //关闭锁
        }
    }
    public int getAccount() {                           //查看余额
        return account;
    }
}
```

📖 说明：请读者思考为什么要对"account += money;"语句加锁？

（3）编写内部类 Transfer，实现 Runnable 接口，因此可以在新线程中运行，它实现了向账户存钱的功能。代码如下：

```java
private class Transfer implements Runnable {
    private Bank bank;
    private JTextArea textArea;
    public Transfer(Bank bank, JTextArea textArea) {    //初始化变量
        this.bank = bank;
        this.textArea = textArea;
    }
    public void run() {
        for (int i = 0; i < 10; i++) {                  //向账户中存入 10 次钱
            bank.deposit(10);                           //向账户中存入 10 元钱
            String text = textArea.getText();           //获得文本域中的文本
            //在文本域中显示账户中的余额
            textArea.setText(text + "账户的余额是：" + bank.getAccount() + "\n");
        }
    }
}
```

■ 秘笈心法

心法领悟 177：Lock 对象和 synchronized 关键字的选择。

最好两个都别用，使用一种 java.util.concurrent 包提供的机制，能够帮助用户处理所有与锁相关的代码。如果 synchronized 关键字能满足用户的需求，就用它，因为能简化代码。如果需要更高级的功能，就使用 Lock 对象。在使用 ReentrantLock()类时，要注意及时释放锁，否则程序会出现死锁状态，通常将其放在 finally 代码块中进行释放。

实例 178	使用线程局部变量实现线程同步	高级
	光盘位置：光盘\MR\178	趣味指数：★★★

■ 实例说明

Java 提供了很多方式和工具类来帮助程序员简化多线程的开发。同步方法是最简单和常用的一种方法。本

实例演示的是两个线程同时修改一个变量，可以发现每个线程完成修改后其副本的值是相互独立的。如果使用有返回值的线程，就可以统一处理线程的运行结果。实例运行效果如图 8.15 所示。

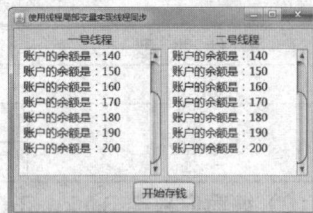

关键技术

如果使用 ThreadLocal 管理变量，则每个使用该变量的线程都会获得该变量的副本。副本之间相互独立，这样每个线程都可以随意修改自己的变量副本，而不会对其他线程产生影响。ThreadLocal 类的常用方法如表 8.14 所示。

图 8.15　实例运行效果

表 8.14　ThreadLocal 类的常用方法

方 法 名	作 用
ThreadLocal()	创建一个线程本地变量
get()	返回此线程局部变量的当前线程副本中的值
initialValue()	返回此线程局部变量的当前线程的"初始值"
set(T value)	将此线程局部变量的当前线程副本中的值设置为 value

设计过程

（1）继承 JFrame 类编写名为 SynchronizedBankFrame 的窗体。该窗体的主要控件如表 8.15 所示。

表 8.15　窗体主要控件

控 件 类 型	控 件 命 名	控 件 用 途
JButton	startButton	启动两个线程开始转账
JTextArea	thread1TextArea	显示一号线程的输出结果
	thread2TextArea	显示二号线程的输出结果

（2）编写内部类 Bank，在该类中定义一个整型域 account 来表示账户、一个存钱方法 deposit() 和一个显示账户余额的方法 getAccount()。代码如下：

```java
public class Bank {
    //使用 ThreadLocal 类来管理共享变量 account
    private static ThreadLocal<Integer> account = new ThreadLocal<Integer>() {
        @Override
        protected Integer initialValue() {
            return 100;                          //重写 initialValue()方法，将 account 的初始值设为 100
        }
    };
    public void deposit(int money) {
        account.set(account.get() + money);      //利用 account 的 get()、set()方法实现存钱
    }
    public int getAccount() {                    //获得账户余额
        return account.get();
    }
}
```

📖 **说明：** 请读者思考为什么要使用线程局部变量操作 account？

（3）编写内部类 Transfer，实现 Runnable 接口，因此可以在新线程中运行，它实现了向账户存钱的功能。代码如下：

```java
private class Transfer implements Runnable {
    private Bank bank;
    private JTextArea textArea;
    public Transfer(Bank bank, JTextArea textArea) {     //初始化变量
        this.bank = bank;
        this.textArea = textArea;
    }
```

```
public void run() {
    for (int i = 0; i < 10; i++) {                                    //向账户中存入 10 次钱
        bank.deposit(10);                                             //向账户中存入 10 元钱
        String text = textArea.getText();                            //获得文本域中的文本
        //在文本域中显示账户中的余额
        textArea.setText(text + "账户的余额是：" + bank.getAccount() + "\n");
    }
}
```

秘笈心法

心法领悟 178：ThreadLocal 与同步机制。

ThreadLocal 和同步机制都是为了解决多线程中相同变量的访问冲突问题。前者采用以"空间换时间"的方式，后者采用以"时间换空间"的方式。请读者根据自己项目的实际需求进行选择。

实例 179	简单的线程通信 光盘位置：光盘\MR\179	高级 趣味指数：★★★

实例说明

使用多线程编程的一个重要原因就是线程间通信的代价比较小。本实例将模拟一个在线购物系统，当单击"开始交易"按钮时，卖家会向买家发送 5 种明日科技公司出版的 Java 图书，以此来演示如何实现两个线程间的通信。实例运行效果如图 8.16 所示。

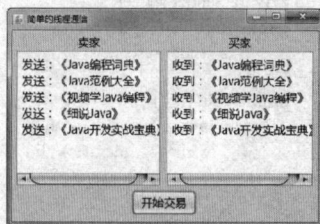

关键技术

线程（Thread）是程序中的执行线程。Java 虚拟机允许应用程序并发地运行多个执行线程。在该类中定义了大量与线程操作相关的方法。yield()方法是 Thread 类的静态方法，用来暂停当前正在执行的线程对象，并执行其他线程。该方法的声明如下：

图 8.16 实例运行效果

```
public static void yield()
```

设计过程

（1）继承 JFrame 类编写名为 TransactionFrame 的窗体。该窗体的主要控件如表 8.16 所示。

表 8.16 窗体主要控件

控 件 类 型	控 件 命 名	控 件 用 途
JButton	button	实现线程通信的功能
JTextArea	senderTextArea	显示卖家线程的输出结果
	receiverTextArea	显示买家线程的输出结果

（2）编写内部类 Sender，该类实现了 Runnable 接口。在 run()方法中，向买家发送 5 本书并检查买家是否接收到。核心代码如下：

```
private class Sender implements Runnable {
    private String[] products = { "《Java 编程词典》", "《Java 范例大全》", "《视频学 Java 编程》", "《细说 Java》", "《Java 开发实战宝典》" };
    //模拟商品列表
    private volatile String product;                                 //保存一个商品名称
    private volatile boolean isValid;                                //保存卖家是否发送商品的状态
    public boolean isIsValid() {                                     //读取状态
        return isValid;
    }
    public void setIsValid(boolean isValid) {                        //设置状态
        this.isValid = isValid;
```

```
    }
    public String getProduct() {                          //获得商品
        return product;
    }
    public void run() {
        for (int i = 0; i < 5; i++) {                     //向买家发送 5 次商品
            while (isValid) {                             //如果已经发送商品，就进入等待状态，等待买家接收
                Thread.yield();
            }
            product = products[i];                        //获得一件商品
            String text = senderTextArea.getText();       //获得卖家文本域信息
            senderTextArea.setText(text + "发送: " + product + "\n");   //更新卖家文本域信息
            try {
                Thread.sleep(100);                        //当前线程休眠 0.1 秒实现发送的效果
            } catch (InterruptedException e) {
                e.printStackTrace();
            }
            isValid = true;                               //将状态设置为已经发送商品
        }
    }
}
```

（3）编写内部类 Receiver，该类实现了 Runnable 接口。在 run()方法中，接收卖家发送的书籍并再次等待卖家发送书籍。核心代码如下：

```
private class Receiver implements Runnable {
    private Sender sender;                                //创建一个对发送者的引用
    public Receiver(Sender sender) {                      //利用构造方法初始化发送者引用
        this.sender = sender;
    }
    public void run() {
        for (int i = 0; i < 5; i++) {                     //接收 5 次商品
            while (!sender.isIsValid()) {                 //如果发送者没有发送商品就进行等待
                Thread.yield();
            }
            String text = receiverTextArea.getText();     //获得卖家文本域信息
            //更新卖家文本域信息
            receiverTextArea.setText(text + "收到: " + sender.getProduct() + "\n");
            try {
                Thread.sleep(1000);                       //线程休眠 1 秒实现动态发送的效果
            } catch (InterruptedException e) {
                e.printStackTrace();
            }
            sender.setIsValid(false);                     //设置卖家发送商品的状态为未发送，这样卖家就可以继续发送商品
        }
    }
}
```

■ 秘笈心法

心法领悟 179：正确理解线程的通信。

线程间通信重点关注通信的内容，要确保其是同步的，而且各个线程对该资源使用后要及时释放，否则会出现死锁现象。实际应用中，商品的信息通常都是存储在数据库中的，此时可以利用本书介绍的数据库相关范例进行操作。

实例 180	简单的线程死锁 光盘位置：光盘\MR\180	高级 趣味指数：★★★

■ 实例说明

在编写多线程程序时，必须注意资源的使用问题。如果两个线程（多个线程情况类似）分别拥有不同的资源，而同时又需要对方释放资源才能继续运行时，就会发生死锁。本实例演示了一种比较简单的实现死锁的方

式，实例运行效果如图 8.17 所示。

💡 **提示**：请读者注意图中的红色按钮，这表示程序并未运行结束，因为发生死锁了。

■ 关键技术

本实例应用到的关键技术请参见实例 175。

图 8.17　实例运行效果

■ 设计过程

编写类 DeadLock，该类实现了 Runnable 接口。在 run()方法中，由于两个线程都需要使用对方的方法因而进入死锁状态。代码如下：

```java
public class DeadLock implements Runnable {
    private boolean flag;                                        //使用 flag 变量作为进入不同块的标志
    private static final Object o1 = new Object();
    private static final Object o2 = new Object();
    public void run() {
        String threadName = Thread.currentThread().getName();   //获得当前线程的名字
        System.out.println(threadName + ": flag = " + flag);    //输出当前线程的 flag 变量值
        if (flag == true) {
            synchronized (o1) {                                 //为 o1 加锁
                try {
                    Thread.sleep(1000);                         //线程休眠 1 秒钟
                } catch (InterruptedException e) {
                    e.printStackTrace();
                }
                System.out.println(threadName + "进入同步块 o1 准备进入 o2");   //显示进入 o1 块
                synchronized (o2) {                             //为 o2 加锁
                    System.out.println(threadName + "已经进入同步块 o2");      //显示进入 o2 块
                }
            }
        }
        if (flag == false) {
            synchronized (o2) {
                try {
                    Thread.sleep(1000);
                } catch (InterruptedException e) {
                    e.printStackTrace();
                }
                System.out.println(threadName + "进入同步块 o2 准备进入 o1");   //显示进入 o2 块
                synchronized (o1) {
                    System.out.println(threadName + "已经进入同步块 o1");      //显示进入 o1 块
                }
            }
        }
    }
    public static void main(String[] args) {
        DeadLock d1 = new DeadLock();                           //创建 DeadLock 对象 d1
        DeadLock d2 = new DeadLock();                           //创建 DeadLock 对象 d2
        d1.flag = true;                                        //将 d1 的 flag 设置为 true
        d2.flag = false;                                       //将 d2 的 flag 设置为 false
        new Thread(d1).start();                                //在新线程中运行 d1 的 run()方法
        new Thread(d2).start();                                //在新线程中运行 d2 的 run()方法
    }
}
```

📖 **说明**：读者可以记住这个范例，以便以后面试时需要。

■ 秘笈心法

心法领悟 180：产生死锁的原因。

当 d1 的 run()方法运行时，首先获得 o1 对象的内置锁。在其休眠的 1 秒钟内，d2 的 run()方法开始运行，它获得了 o2 对象的内置锁并进入休眠状态。而当 d1 的 run()方法需要获得 o2 的内置锁时，该锁已经被占用，因此进入了死锁状态。

实例 181	解决线程的死锁问题 光盘位置：光盘\MR\181	高级 趣味指数：★★★

■ 实例说明

在编写多线程程序时，必须注意资源的使用问题。如果两个线程（多个线程时情况类似）分别拥有不同的资源，而同时又需要对方释放资源才能继续运行时，就会发生死锁。本实例演示一种解决死锁的方式，实例运行效果如图 8.18 所示。

■ 关键技术

本实例应用到的关键技术请参见实例 175。

图 8.18　实例运行效果

■ 设计过程

编写类 DeadLock，该类实现了 Runnable 接口。在 run()方法中，由于去掉了一个同步块而解决了线程的死锁问题。代码如下：

```java
public class DeadLock implements Runnable {
    private boolean flag;                                           //使用 flag 变量作为进入不同块的标志
    private static final Object o1 = new Object();
    private static final Object o2 = new Object();
    public void run() {
        String threadName = Thread.currentThread().getName();       //获得当前线程的名字
        System.out.println(threadName + ": flag = " + flag);        //输出当前线程的 flag 变量值
        if (flag == true) {
            synchronized (o1) {                                     //为 o1 加锁
                try {
                    Thread.sleep(1000);                             //线程休眠 1 秒钟
                } catch (InterruptedException e) {
                    e.printStackTrace();
                }
                System.out.println(threadName + "进入同步块 o1 准备进入 o2");   //显示进入 o1 块
                System.out.println(threadName + "已经进入同步块 o2");          //显示进入 o2 块
            }
        }
        if (flag == false) {
            synchronized (o2) {
                try {
                    Thread.sleep(1000);
                } catch (InterruptedException e) {
                    e.printStackTrace();
                }
                System.out.println(threadName + "进入同步块 o2 准备进入 o1");   //显示进入 o2 块
                synchronized (o1) {
                    System.out.println(threadName + "已经进入同步块 o1");      //显示进入 o1 块
                }
            }
        }
    }
    public static void main(String[] args) {
        DeadLock d1 = new DeadLock();                               //创建 DeadLock 对象 d1
        DeadLock d2 = new DeadLock();                               //创建 DeadLock 对象 d2
        d1.flag = true;                                            //将 d1 的 flag 设置为 true
        d2.flag = false;                                           //将 d2 的 flag 设置为 false
        new Thread(d1).start();                                    //在新线程中运行 d1 的 run()方法
```

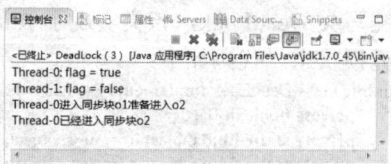

```
        new Thread(d2).start();                                  //在新线程中运行 d2 的 run()方法
    }
}
```

💡 提示：对于 4 个同步块，去掉任何一个就可以解决死锁问题。

■ 秘笈心法

心法领悟 181：解决死锁的方法。

当具备以下 4 个条件时，就会产生死锁：资源互斥（资源只能供一个线程使用）、请求保持（拥有资源的线程在请求新的资源时又不释放占有的资源）、不能剥夺（已经获得的资源在使用完成前不能剥夺）和循环等待（各个线程对资源的需求构成一个循环）。通常破坏循环等待是最有效的方法。

8.3　线程的进阶

实例 182	使用阻塞队列实现线程同步 光盘位置：光盘\MR\182	高级 趣味指数：★★★

■ 实例说明

前面的实例重点介绍了如何在底层实现线程同步。在实际开发中，应当尽量远离底层结构。使用 Java SE 5.0 版新增的 java.util.concurrent 包将有助于简化开发。本实例使用 LinkedBlockingQueue<E>类来解决生产者和消费者问题。生产者向队列中增加商品，消费者从队列中取出产品。实例运行效果如图 8.19 所示。

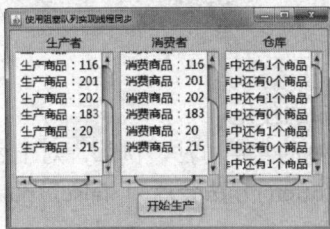

图 8.19　实例运行效果

■ 关键技术

LinkedBlockingQueue<E>是一个基于已链接节点的、范围任意的 blocking queue。此队列按 FIFO（先进先出）排序元素。队列的头部是在队列中时间最长的元素。队列的尾部是在队列中时间最短的元素。新元素插入到队列的尾部，并且队列获取操作会获得位于队列头部的元素。链接队列的吞吐量通常要高于基于数组的队列，但是在大多数并发应用程序中，其可预知的性能要低。LinkedBlockingQueue 类的常用方法如表 8.17 所示。

表 8.17　LinkedBlockingQueue 类的常用方法

方　法　名	作　　用
LinkedBlockingQueue()	创建一个容量为 Integer.MAX_VALUE 的 LinkedBlockingQueue
put(E e)	在队尾添加一个元素，如果队列满则阻塞
size()	返回队列中的元素个数
take()	移除并返回队头元素，如果队列空则阻塞

■ 设计过程

（1）继承 JFrame 类编写名为 ProducerAndConsumerFrame 的窗体。该窗体的主要控件如表 8.18 所示。

表 8.18　窗体主要控件

控 件 类 型	控 件 命 名	控 件 用 途
JButton	startButton	启动新线程运行程序
JTextArea	producerTextArea	显示生产者生成产品的过程
	consumerTextArea	显示消费者消费产品的过程
	storageTextArea	显示仓库中产品数量变化的过程

（2）编写内部类 Producer，该类实现了 Runnable 接口。在 run()方法中，向队列中增加 10 次随机数并显示增加的过程。核心代码如下：

```java
private class Producer implements Runnable {
    @Override
    public void run() {
        for (int i = 0; i < size; i++) {                        //size 是域变量，表示添加商品的次数
            int b = new Random().nextInt(255);                  //生成一个随机数
            String text = producerTextArea.getText();           //获得生产者文本域信息
            producerTextArea.setText(text + "生产商品：" + b + "\n");  //更新文本域信息
            try {
                queue.put(b);                                   //向队列中添加元素
            } catch (InterruptedException e) {
                e.printStackTrace();
            }
            String storage = storageTextArea.getText();         //获得仓库文本域信息
            storageTextArea.setText(storage + "仓库中还有" + queue.size() + "个商品\n");
            try {
                Thread.sleep(100);                              //休眠 0.1 秒实现动态效果
            } catch (InterruptedException ex) {
            }
        }
    }
}
```

■ 秘笈心法

心法领悟 182：BlockingQueue<E>接口的使用。

BlockingQueue<E>接口定义了阻塞队列的常用方法。例如，对于添加元素有 add()、offer()和 put()这 3 种方法。当队列满时，add()方法会抛出异常，offer()方法会返回 false，put()方法会阻塞。读者需要根据自己的需求选择适当的方法。

实例 183	新建有返回值的线程	高级
	光盘位置：光盘\MR\183	趣味指数：★★★

■ 实例说明

在实例 178 中演示了 ThreadLocal 类的用法。本实例将在此基础上，演示如何新建有返回值的线程。首先使用 ThreadLocal 类来管理一号线程和二号线程，它们是分别向账户增加 100 元。在三号线程中利用一号、二号的计算结果算出账户实际的金额。实例运行效果如图 8.20 所示。

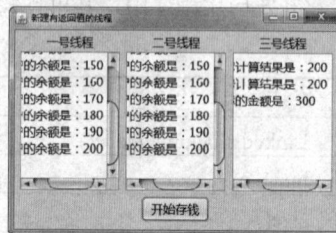

图 8.20　实例运行效果

■ 关键技术

Callable<V>接口类似于 Runnable，两者都是为那些其实例可能被另一个线程执行的类设计的。但是 Runnable 不会返回结果，并且无法抛出经过检查的异常。实现该接口需要重写 call()方法，该方法的声明如下：

```java
V call() throws Exception
```

Future<V>接口表示异步计算的结果。它提供了检查计算是否完成的方法，以等待计算的完成，并获取计算的结果。计算完成后只能使用 get 方法来获取结果，如有必要，计算完成前可以阻塞此方法。取消则由 cancel 方法来执行。还提供了其他方法，以确定任务是正常完成还是被取消了，一旦计算完成，就不能再取消计算。如果为了可取消性而使用 Future 但又不提供可用的结果，则可以声明 Future<?>形式类型，并返回 null 作为底层任务的结果。现该接口需要重写 get()方法，该方法的声明如下：

```
V get() throws InterruptedException,ExecutionException
```

📢 **注意**：请读者在处理有返回值线程的问题时，不要忘记捕获异常。

■ 设计过程

（1）继承 JFrame 类编写名为 SynchronizedBankFrame 的窗体。该窗体的主要控件如表 8.19 所示。

表 8.19　窗体主要控件

控 件 类 型	控 件 命 名	控 件 用 途
JButton	startButton	启动两个线程开始转账
JTextArea	thread1TextArea	显示一号线程的输出结果
	thread2TextArea	显示二号线程的输出结果
	thread3TextArea	显示三号线程的输出结果

（2）编写类 Transfer，该类实现了 Callable 接口。在重写 call()方法时，将返回值设置成账户的余额。代码如下：

```java
public class Transfer implements Callable<Integer> {
    private Bank bank;
    private JTextArea textArea;
    public Transfer(Bank bank, JTextArea textArea) {        //利用构造方法初始化变量
        this.bank = bank;
        this.textArea = textArea;
    }
    public Integer call() {
        for (int i = 0; i < 10; i++) {                      //循环 10 次向账户中存钱
            bank.deposit(10);
            String text = textArea.getText();
            textArea.setText(text + "账户的余额是：" + bank.getAccount() + "\n");
        }
        return bank.getAccount();                           //获得账户的余额
    }
}
```

（3）编写方法 do_button_actionPerformed()，用来监听单击"开始存钱"按钮事件。在该方法中，分别获得了两个 ThreadLocal 变量的结果并计算最后的存钱结果。核心代码如下：

```java
protected void do_button_actionPerformed(ActionEvent arg0) {
    Bank bank = new Bank();
    Transfer transfer1 = new Transfer(bank, thread1TextArea);           //创建 Transfer 对象
    Transfer transfer2 = new Transfer(bank, thread2TextArea);           //创建 Transfer 对象
    FutureTask<Integer> task1 = new FutureTask<Integer>(transfer1);     //创建 FutureTask 对象
    FutureTask<Integer> task2 = new FutureTask<Integer>(transfer2);     //创建 FutureTask 对象
    Thread thread1 = new Thread(task1);                                 //创建一号线程
    Thread thread2 = new Thread(task2);                                 //创建二号线程
    thread1.start();                                                   //运行一号线程
    thread2.start();                                                   //运行二号线程
    try {
        int thread1Result = task1.get();                               //获得一号线程的计算结果
        int thread2Result = task2.get();                               //获得二号线程的计算结果
        thread3TextArea.setText(thread3TextArea.getText() + "一号计算结果是：" + thread1Result + "\n");  //更新三号线程文本域信息
        thread3TextArea.setText(thread3TextArea.getText() + "二号计算结果是：" + thread2Result + "\n");  //更新三号线程文本域信息
        thread3TextArea.setText(thread3TextArea.getText() + "实际的金额是：" + (thread1Result + thread2Result - 100) + "\n");//更新三号线程文本
域信息
    } catch (InterruptedException e) {
        e.printStackTrace();
```

```
    } catch (ExecutionException e) {
        e.printStackTrace();
    }
}
```

■ 秘笈心法

心法领悟 183：Callable<V>接口的使用。

在 Java SE 5.0 版以前，如果让新建线程具有返回值是非常繁琐的，而且容易出错。Callable<V>接口是 Java 5.0 版新增的接口，它是一个泛型接口，如 Callable<Integer>表示返回值是 Integer 的异步计算。它对多线程编程做了有益的补充。

实例 184	使用线程池优化多线程编程 光盘位置：光盘\MR\184	高级 趣味指数：★★★★

■ 实例说明

Java 中的对象是使用 new 操作符创建的，如果创建大量短生命周期的对象，这种方式性能非常低下。为了解决这个问题发明了池技术。对于数据库连接有连接池，对于线程则有线程池。本实例介绍两种方式创建 1000 个短生命周期的线程，第一种是普通方式，第二种是线程池方式。通过时间和内存消耗的对比，就可以很明显地看出线程池的优势。实例运行效果如图 8.21 所示。

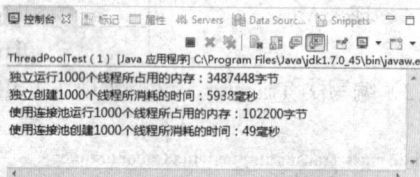

图 8.21　实例运行效果

提示：使用线程池创建对象的时间是 0 毫秒，说明线程池是非常高效的。

■ 关键技术

Executors 类为 java.util.concurrent 包中所定义的 Executor、ExecutorService、ScheduledExecutorService、ThreadFactory 和 Callable 类提供工厂方法和实用方法。该类支持以下各种方法：

- ❑ 创建并返回设置有常用配置字符串的 ExecutorService()方法。
- ❑ 创建并返回设置有常用配置字符串的 ScheduledExecutorService()方法。
- ❑ 创建并返回"包装的"ExecutorService()方法，它通过使特定于实现的方法不可访问来禁用重新配置。
- ❑ 创建并返回 ThreadFactory()方法，它可将新创建的线程设置为已知的状态。
- ❑ 创建并返回非闭包形式的 Callable()方法，这样可将其用于需要 Callable 的执行方法中。

本实例使用其 newFixedThreadPool()方法创建一个可重用固定线程数的线程池，它以共享的无界队列方式来运行这些线程。该方法的声明如下：

```
public static ExecutorService newFixedThreadPool(int nThreads)
```

参数说明

nThreads：池中的线程数。

■ 设计过程

（1）编写类 TempThread，该类实现了 Runnable 接口。在 run()方法中，进行简单的自增运算，代码如下：

```
public class TempThread implements Runnable {              //测试用的 Runnable 接口实现类
    private int id = 0;
    @Override
    public void run() {                                    //run()方法给 id 做自增运算
        id++;
    }
}
```

（2）编写类 ThreadPoolTest 进行测试，在 main()方法中，使用两种方式创建了 1000 个线程，分别输出创建时间和占用的内存。代码如下：

```java
public class ThreadPoolTest {
    public static void main(String[] args) {
        Runtime run = Runtime.getRuntime();                           //创建 Runtime 对象
        run.gc();                                                     //运行垃圾回收器，这样可以减少误差
        long freeMemory = run.freeMemory();                           //获得当前虚拟机的空闲内存
        long currentTime = System.currentTimeMillis();                //获得当前虚拟机的时间
        for (int i = 0; i < 1000; i++) {                              //独立运行 1000 个线程
            new Thread(new TempThread()).start();
        }
        System.out.println("独立运行 1000 个线程所占用的内存: " + (freeMemory - run.freeMemory()) + "字节");      //查看内存的变化
        System.out.println("独立创建 1000 个线程所消耗的时间: " + (System.currentTimeMillis() - currentTime) + "毫秒");   //查看时间的变化
        run.gc();                                                     //运行垃圾回收器
        freeMemory = run.freeMemory();                                //获得当前虚拟机的空闲内存
        currentTime = System.currentTimeMillis();                     //获得当前虚拟机的时间
        ExecutorService executorService = Executors.newFixedThreadPool(2);  //创建线程池
        for (int i = 0; i < 1000; i++) {                              //使用线程池运行 1000 个线程
            executorService.submit(new TempThread());
        }
        System.out.println("使用连接池运行 1000 个线程所占用的内存: " + (freeMemory - run.freeMemory()) + "字节");      //查看内存的变化
        System.out.println("使用连接池创建 1000 个线程所消耗的时间: " + (System.currentTimeMillis() - currentTime) + "毫秒");   //查看时间的变化
    }
}
```

◀))) **注意**：在使用完线程池后，需要调用 ExecutorService 接口中定义的 shutdownNow()方法终止线程池。

■ 秘笈心法

心法领悟 184：线程池的原理。

一个线程池中有多个处于可运行状态的线程，当向线程池中添加 Runnable 或 Callable 接口对象时，就会有一个线程来执行 run()方法或 call()方法。如果方法执行完毕，则该线程并不终止，而是继续在池中处于可运行状态，以运行新的任务。

实例 185	Object 类中线程相关的方法 光盘位置：光盘\MR\185	高级 趣味指数：★★★

■ 实例说明

Object 类是所有 Java 类的祖先类，在该类中定义了 3 个与线程操作相关的方法。因此所有的 Java 类在创建之后就支持多线程。本实例将通过经典的生产者消费者例子来演示这 3 个方法的使用，实例运行效果如图 8.22 所示。

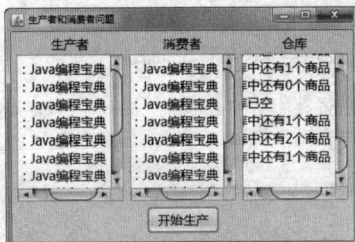

图 8.22 实例运行效果

■ 关键技术

Object 类中的 notify()、notifyAll()和 wait()方法是用来控制线程运行状态的。其中 wait()方法有 3 种重载形式，这些方法的说明如表 8.20 所示。

表 8.20　Object 类线程相关的方法

方　法　名	作　　用
notify()	唤醒在此对象监视器上等待的单个线程
notifyAll()	唤醒在此对象监视器上等待的所有线程
wait()	在其他线程调用此对象的 notify() 方法或 notifyAll() 方法前，导致当前线程等待
wait(long timeout)	在其他线程调用此对象的 notify() 方法或 notifyAll() 方法，或者超过指定的时间量前，导致当前线程等待
wait(long timeout, int nanos)	在其他线程调用此对象的 notify() 方法或 notifyAll() 方法，或者其他某个线程中断当前线程，或者已超过某个实际时间量前，导致当前线程等待

📢 注意：以上方法均在 Object 类中，并且都是 final 的。读者不要把它们和 Thread 类混淆了。

■ 设计过程

（1）继承 JFrame 类，编写名为 ProducerAndConsumerFrame 的窗体。该窗体的主要控件如表 8.21 所示。

表 8.21　窗体主要控件

控 件 类 型	控 件 命 名	控 件 用 途
JButton	startButton	启动两个线程开始转账
JTextArea	thread1TextArea	显示一号线程的输出结果
	thread2TextArea	显示二号线程的输出结果
	thread3TextArea	显示三号线程的输出结果

（2）编写内部类 Producer，该类实现了 Runnable 接口。在 run() 方法中，向仓库中增加 10 次商品，如果仓库已满则进入等待状态。核心代码如下：

```
private class Producer implements Runnable {
    public void run() {
        for (int i = 0; i < MAX; i++) {              //向仓库中添加商品，MAX 是仓库的最大容量
            synchronized (list) {                    //使用同步块来解决同步问题
                String storage = storageTextArea.getText();   //获得文本域内容
                String text = producerTextArea.getText();     //获得文本域内容
                if (list.size() == MAX) {            //如果仓库装满就等待
                    storageTextArea.setText(storage + "仓库已满\n");
                    try {
                        list.wait();                 //开始等待
                    } catch (InterruptedException e) {
                        e.printStackTrace();
                    }
                } else {
                    String product = "Java 编程宝典";
                    list.add(product);               //向仓库中添加商品
                    list.notify();                   //唤醒等待的线程
                    producerTextArea.setText(text + "生产：" + product + "\n");
                    count++;                         //仓库中商品的数量加 1
                    storageTextArea.setText(storage + "仓库中还有" + count + "个商品\n");
                    try {
                        Thread.sleep(100);           //当前线程休眠 0.1 秒
                    } catch (InterruptedException e) {
                        e.printStackTrace();
                    }
                }
            }
        }
    }
}
```

📖 说明：对于内部类 Consumer，其代码与此类似，在此不做讲解。

■ 秘笈心法

心法领悟 185：wait()、notify() 和 notifyAll() 的使用。

这 3 个方法要与 synchronized 关键字一起使用，并且它们都是与对象监视器有关。当前线程必须拥有此对象监视器，否则会出现 IllegalMonitorStateException 异常。

实例 186	哲学家就餐问题 光盘位置：光盘\MR\186	高级 趣味指数：★★★

■ 实例说明

假设有 5 个哲学家，他们围绕圆桌坐成一圈，每人的右手边有一根筷子。哲学家只有两种状态，即思考和吃饭。当需要吃饭时，他需要用两根筷子。此时很有可能他只有一根或没有筷子，因为旁边的哲学家在就餐，那么他就处于等待状态。如果 5 个哲学家都在等待别人的筷子，程序就进入死锁状态。本实例演示如何解决哲学家就餐问题。实例运行效果如图 8.23 所示。

■ 关键技术

本实例应用到的关键技术请参见实例 185。

图 8.23　实例运行效果

■ 设计过程

（1）继承 JFrame 类编写名为 DiningPhilosophersFrame 的窗体。该窗体的主要控件如表 8.22 所示。

表 8.22　窗体主要控件

控件类型	控件命名	控件用途
JButton	startButton	启动新线程运行程序
JTextArea	thinkingTextArea	显示处于思考状态的哲学家
	eatingTextArea	显示处于就餐状态的哲学家
	waitingTextArea	显示处于等待状态的哲学家

（2）本实例实现起来有些复杂，现选择难点 Philosopher 类的 eating() 方法进行讲解。该类根据记录的哲学家的状态来判断他是否需要使用筷子。如果两根筷子都可用则哲学家开始就餐，否则处于等待状态。核心代码如下：

```
public synchronized void eating() {
    if (!state) {                                      //state 是一个布尔值，true 表示哲学家刚才的状态是吃饭，false 表示思考
        if (chopstickArray.get(id).isAvailable()) {    //如果哲学家右手边的筷子可用
            if (chopstickArray.getLast(id).isAvailable()) {  //如果哲学家左手边的筷子可用
                chopstickArray.get(id).setAvailable(false);      //设置右手筷子不可用
                chopstickArray.getLast(id).setAvailable(false);  //设置左手筷子不可用
                String text = eatingTextArea.getText();
                eatingTextArea.setText(text + this + " 在吃饭\n");//显示哲学家在吃饭
                try {
                    Thread.sleep(100);                 //吃饭时间设置为 0.1 秒
                } catch (InterruptedException e) {
                    e.printStackTrace();
                }
            } else {                                   //如果哲学家左手边的筷子不可用，就在相应的文本域中显示等待信息
                String text = waitingTextArea.getText();
                waitingTextArea.setText(text + this + " 在等待 " + chopstickArray.getLast(id) + "\n");
                try {
                    wait(new Random().nextInt(100));   //等待小于 0.1 秒时间后检查筷子是否可用
```

```
                } catch (InterruptedException e) {
                    e.printStackTrace();
                }
        } else {                                          //如果哲学家右手边的筷子不可用，就在相应的文本域中显示等待信息
            String text = waitingTextArea.getText();
            waitingTextArea.setText(text + this + " 在等待 " + chopstickArray.get(id) + "\n");
            try {
                wait(new Random().nextInt(100));          //等待小于 0.1 秒时间后检查筷子是否可用
            } catch (InterruptedException e) {
                e.printStackTrace();
            }
        }
    }
    state = true;                                         //设置 state 的值为 true 表示哲学家的状态是吃饭
}
```

■ 秘笈心法

心法领悟 186：面向对象的妙用。

当遇到比较复杂的问题时，通常利用面向对象的思想将问题分割。例如，本实例可以分割成筷子和哲学家两种对象（两个类）。每个对象只关心自己的状态即可，筷子关心的是是否可用，哲学家关心的是是否在思考。如果采用面向过程的方式，就需要不断地考虑两者交互的情况，问题会非常复杂。

实例 187	使用信号量实现线程同步 光盘位置：光盘\MR\187	高级 趣味指数：★★★

■ 实例说明

信号量是由 Dijkstra 在 1968 年发明的。该概念最初是用于在进程间发信号的一个整数值。一个信号量有且仅有 3 种操作，且它们全部是原子的：初始化、增加和减少。增加可以为一个进程解除阻塞，减少可以让一个进程进入阻塞。Java 为线程提供了信号量支持，本实例将通过向银行存款的例子演示如何使用信号量实现同步。实例运行效果如图 8.24 所示。

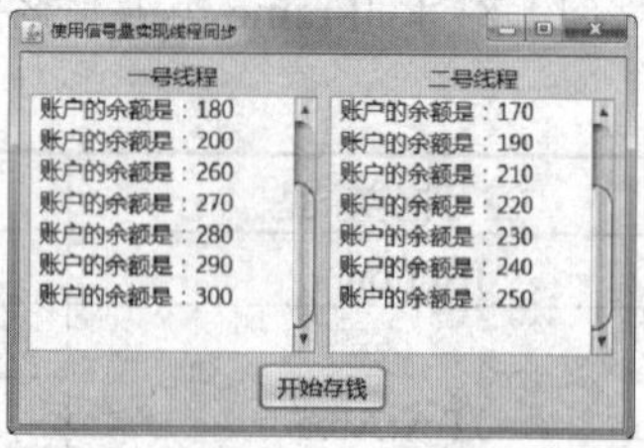

图 8.24　实例运行效果

■ 关键技术

Semaphore 类是一个计数信号量。从概念上讲，信号量维护了一个许可集。如有必要，在许可可用前会阻塞每一个 acquire()方法，然后再获取该许可。每个 release()方法添加一个许可，从而可能释放一个正在阻塞的获取者。但是，不使用实际的许可对象，Semaphore 类只对可用许可的号码进行计数，并采取相应的行动。为了获得 Semaphore 类的对象，需要使用其构造方法，该方法的声明如下：

```
public Semaphore(int permits,boolean fair)
```

参数说明

❶ permits：初始的可用许可数目。该值可能为负数，在这种情况下，必须在授予任何获取前进行释放。

❷ fair：如果该信号量保证在争用时按先进先出的顺序授予许可，则为 true；否则为 false。

为了从信号量获得一个许可，需要使用 acquire()方法，该方法的声明如下：

```
public void acquire() throws InterruptedException
```

为了释放一个许可到信号量，需要使用 release()方法，该方法的声明如下：

```
public void release()
```

■ 设计过程

（1）继承 JFrame 类编写名为 SynchronizedBankFrame 的窗体。该窗体的主要控件如表 8.23 所示。

表 8.23 窗体主要控件

控 件 类 型	控 件 命 名	控 件 用 途
JButton	startButton	启动两个线程开始转账
JTextArea	thread1TextArea	显示一号线程的输出结果
	thread2TextArea	显示二号线程的输出结果

（2）编写内部类 Bank，在该类中定义一个整型域 account 来表示账户、一个存钱方法 deposit()和一个显示账户余额的方法 getAccount()。代码如下：

```java
private class Bank {
    private int account = 100;                              //每个账户的初始金额是 100 元
    public void deposit(int money) {                        //向账户中存入 money 元
        account += money;
    }
    public int getAccount() {                               //查询账户余额
        return account;
    }
}
```

（3）编写内部类 Transfer，实现 Runnable 接口，因此可以在新线程中运行。它实现了向账户存钱的功能，代码如下：

```java
private class Transfer implements Runnable {
    private Bank bank;
    private Semaphore semaphore;
    private JTextArea textArea;
    public Transfer(Bank bank, Semaphore semaphore, JTextArea textArea) {    //初始化变量
        this.bank = bank;
        this.semaphore = semaphore;
        this.textArea = textArea;
    }
    public void run() {
        for (int i = 0; i < 10; i++) {                      //循环 10 次向账户存钱
            try {
                semaphore.acquire();                        //获得一个许可
                bank.deposit(10);                           //向账户存入 10 元钱
                String text = textArea.getText();
                textArea.setText(text + "账户的余额是：" + bank.getAccount() + "\n");
                semaphore.release();                        //释放一个许可
            } catch (InterruptedException e) {
                e.printStackTrace();
            }
        }
    }
}
```

■ 秘笈心法

心法领悟 187：Semaphore 类的使用。

Java 中的 Semaphore 类是一个计数信号量，而且必须由获取它的线程释放。这对信号量的管理会造成混乱，请读者确定自己了解信号量后再使用它。其中许可数为 1 的信号量作为线程同步很有用。

实例 188	使用原子变量实现线程同步 光盘位置：光盘\MR\188	高级 趣味指数：★★★

■ 实例说明

需要使用线程同步的根本原因在于对普通变量的操作不是原子的。所谓原子操作是将读取变量值、修改变量值、保存变量值看成一个整体，要么同时完成，要么不同时完成。在 Java SE 5.0 版新增的 java.util.concurrent.atomic 包提供了创建原子类型变量的工具类，使用该类可以简化线程同步。本实例将使用 AtomicInteger 实现线

程同步。实例运行效果如图 8.25 所示。

■ 关键技术

AtomicInteger 类可以用原子方式更新 int 值。有关原子变量属性的描述，请参阅 java.util.concurrent.atomic 包规范。AtomicInteger 可用在应用程序中（如以原子方式增加的计数器），并且不能用于替换 Integer。但是，该类确实扩展了 Number，允许那些处理基于数字类的工具和实用工具进行统一访问。AtomicInteger 类的常用方法如表 8.24 所示。

图 8.25　实例运行效果

表 8.24　AtomicInteger 类的常用方法

方 法 名	作 用
AtomicInteger(int initialValue)	创建具有给定初始值的新 AtomicInteger
addAndGet(int delta)	以原子方式将给定值与当前值相加
get()	获取当前值

■ 设计过程

（1）继承 JFrame 类编写名为 SynchronizedBankFrame 的窗体。该窗体的主要控件如表 8.25 所示。

表 8.25　窗体主要控件

控 件 类 型	控 件 命 名	控 件 用 途
JButton	startButton	启动两个线程开始转账
JTextArea	thread1TextArea	显示一号线程的输出结果
	thread2TextArea	显示二号线程的输出结果

（2）编写内部类 Bank，在该类中定义一个支持原子操作的整型域 account 表示账户、一个存钱方法 deposit() 和一个显示账户余额的方法 getAccount()。代码如下：

```java
private class Bank {
    private AtomicInteger account = new AtomicInteger(100);      //创建 AtomicInteger 对象
    public void deposit(int money) {
        account.addAndGet(money);                               //实现存钱
    }
    public int getAccount() {
        return account.get();                                   //实现取钱
    }
}
```

（3）编写内部类 Transfer，实现 Runnable 接口，因此可以在新线程中运行。它实现了向账户存钱的功能，代码如下：

```java
private class Transfer implements Runnable {
    private Bank bank;
    private JTextArea textArea;
    public Transfer(Bank bank, JTextArea textArea) {           //初始化变量
        this.bank = bank;
        this.textArea = textArea;
    }
    public void run() {
        for (int i = 0; i < 10; i++) {                         //循环 10 次向账户存钱
            bank.deposit(10);                                  //向账户存入 10 元钱
            String text = textArea.getText();
            textArea.setText(text + "账户的余额是：" + bank.getAccount() + "\n");
        }
    }
}
```

■ 秘笈心法

心法领悟 188：原子操作简介。

下面的操作是原子的：对于引用变量和大多数原始变量（long 和 double 除外）的读写操作，对于所有使用 volatile 修饰的变量（包括 long 和 double）的读写操作。

| 实例 189 | 使用事件分配线程更新 Swing 控件
光盘位置：光盘\MR\189 | 高级
趣味指数：★★★ |

实例说明

Swing 并不是线程安全的，如果在多个线程中更新 Swing 控件，则很可能造成程序崩溃。为了避免这种头疼的问题，可以使用时间分配线程来更新 Swing 控件。本实例将通过生成一个随机数来演示它的用法，实例运行效果如图 8.26 所示。

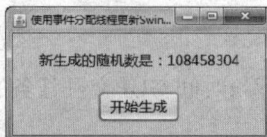

图 8.26　实例运行效果

关键技术

EventQueue 是一个与平台无关的类，它将来自于底层同位体类和受信任的应用程序类的事件列入队列。它封装了异步事件指派机制，该机制从队列中提取事件，然后通过对 EventQueue 调用 dispatchEvent(AWTEvent) 方法来指派这些事件（事件作为参数被指派）。该机制的特殊行为是与实现有关的。为了将 Swing 程序在事件分配线程中运行，需要使用 invokeLater() 方法，该方法的声明如下：

```
public static void invokeLater(Runnable runnable)
```

参数说明

runnable：Runnable 对象，其 run() 方法应该在 EventQueue 上同步执行。

◀») 注意：事件分配线程永远不需要使用可能发生阻塞的操作，如 I/O 操作。

设计过程

（1）编写类 EventQueueFrame，该类继承了 JFrame。在框架中包含一个标签用来显示随机数，一个"开始生成"按钮用来生成随机数。

（2）编写类 RandomRunnable，该类实现了 Runnable 接口。在 run() 方法中，使用事件分配线程来更新标签。核心代码如下：

```
private class RandomRunnable implements Runnable {
    @Override
    public void run() {                                              //实现 Runnable 接口的 run()方法
        EventQueue.invokeLater(new Runnable() {                      //利用 EventQueue 类更新 Swing 控件
            @Override
            public void run() {
                label.setText("新生成的随机数是：" + (new Random().nextInt()));   //更新标签
            }
        });
    }
}
```

秘笈心法

心法领悟 189：invokeAndWait() 方法的使用。

EventQueue 中还定义了一个 invokeAndWait() 方法。事件放入到队列时，invokeLater() 方法立即返回结果，而 run() 方法在新线程中执行。invokeAndWait() 方法要等 run() 方法确实执行才会返回。SwingUtilities 也提供了相同的方法。

实例 190	使用 SwingWorker 类完成耗时操作	高级
	光盘位置：光盘\MR\190	趣味指数：★★★

■ 实例说明

对于 Swing 中的耗时操作，通常要在一个新的线程中运行，以免程序"假死"。在 Java SE 8.0 版中，新增的 SwingWorker 类对这类操作提供了支持。本实例将在后台生成 1000 个随机数，并从中选择出最大的数显示在标签上。实例运行效果如图 8.27 所示。

图 8.27 实例运行效果

■ 关键技术

SwingWorker<T,V>是在专用线程中执行长时间 GUI 交互任务的抽象类。用 Swing 编写多线程应用程序时，要记住如下两个约束条件：

□ 不应该在事件指派线程运行耗时任务，否则应用程序将无响应。
□ 只能在事件指派线程上访问 Swing 控件。

通常需要将耗时的任务放到 SwingWorker 类的 doInBackground()方法中执行，该方法的声明如下：

```
protected abstract T doInBackground()throws Exception
```

■ 设计过程

（1）编写类 SwingWorkerFrame，该类继承了 JFrame。在框架中包含一个标签用来显示随机数，一个"开始生成"按钮用来生成随机数。

（2）编写类 RandomNumber，该类继承了 SwingWorker 类。在重写 doInBackground()方法时，创建一个容量为 1000 的数组，向该数组中存入 1000 个随机数，并从中选择最大的数显示在标签上。核心代码如下：

```java
private class RandomNumber extends SwingWorker<Void, Integer> {
    @Override
    protected Void doInBackground() throws Exception {
        int[] intArray = new int[1000];                                    //创建一个容量为 1000 的数组
        for (int i = 0; i < intArray.length; i++) {
            intArray[i] = new Random().nextInt();                          //为数组中的每个元素赋值一个随机整数
        }
        Arrays.sort(intArray);                                             //对数组排序
        label.setText("生成的最大随机数是：" + intArray[intArray.length - 1]);   //获得最大值
        return null;
    }
}
```

■ 秘笈心法

心法领悟 190：SwingWorker 生命周期与线程。

SwingWorker 的生命周期中包含 3 个线程，分别介绍如下。

□ 当前线程：在该线程上调用 execute()方法。它调度 SwingWorker 以在 worker 线程上执行并立即返回。可以使用 get 方法等待 SwingWorker 完成。

□ Worker 线程：在该线程上调用 doInBackground()方法。所有后台活动都应该在此线程上发生。要通知 PropertyChangeListeners 有关绑定（bound）属性的更改，请使用 firePropertyChange 和 getPropertyChangeSupport()方法。默认情况下，有两个可用的绑定属性，即 state 和 progress。

□ 事件指派线程：所有与 Swing 有关的活动都在该线程上发生。SwingWorker 调用 process 和 done()方法，并通知该线程的所有 PropertyChangeListener。

第 *9* 章

编程常用类

▶▶ Calendar 类的使用

▶▶ SimpleDateFormat 与 TimeZone 类的使用

▶▶ System 类的使用

▶▶ Math 类的使用

▶▶ 其他常用类的使用

9.1　Calendar 类的使用

实例 191	简单的数字时钟	初级
	光盘位置：光盘\MR\191	趣味指数：★★★★☆

■ 实例说明

在日常生活中，时间对每个人来说都非常重要，为了对其度量而发明了时钟。各种不同的时钟除了样式不同外，功能都是类似的。本实例将使用 Java 的 GregorianCalendar 类来编写一个会走的数字时钟。实例运行效果如图 9.1 所示。

图 9.1　实例运行效果

■ 关键技术

GregorianCalendar 类是 Calendar 的一个具体子类，它提供了世界上大多数国家/地区使用的标准日历系统。它是一种混合日历，在单一间断性的支持下同时支持儒略历和格里高利历系统，在默认情况下，它对应格里高利日历创立时的格里高利历日期（某些国家/地区是在 1582 年 10 月 15 日创立，在其他国家/地区要晚一些）。可由调用者通过调用 setGregorianChange() 来更改起始日期。该类定义了很多与时间相关的域，本实例使用了表示小时、分钟和秒钟的域，其详细说明如表 9.1 所示。

表 9.1　GregorianCalendar 类与时间相关的域

域　名	作　用
HOUR_OF_DAY	用来表示 24 小时制的一天中第几个小时
MINUTE	用来表示当前小时的第几分钟
SECOND	用来表示当前分钟的第几秒

💡 提示：Calendar 还有一个 HOUR 域，用来获得 12 小时制的小时。MILLISECOND 域用来显示毫秒。

■ 设计过程

（1）编写 format() 方法，它可以用来将数字格式化成长度为 2 的字符串。代码如下：

```java
private static String format(int number) {
    return number < 10 ? "0" + number : "" + number;    //如果数字小于10，就在其前面加0补齐
}
```

（2）编写 getTime() 方法，用来获得虚拟机的当前时间。代码如下：

```java
private static String getTime() {
    Calendar calendar = new GregorianCalendar();
    int hour = calendar.get(Calendar.HOUR_OF_DAY);           //获得当前小时
    int minute = calendar.get(Calendar.MINUTE);              //获得当前分钟
    int second = calendar.get(Calendar.SECOND);              //获得当前秒
    return format(hour) + ":" + format(minute) + ":" + format(second);    //返回格式化的字符串
}
```

（3）编写类 ClockRunnable，该类实现了 Runnable 接口。在 run() 方法中，每隔 1 秒钟更新一次标签中的文本，由此实现走动的效果。核心代码如下：

```java
private class ClockRunnable implements Runnable {
    @Override
    public void run() {
        while (true) {                          //让时钟一直处于更新状态
            label.setText(getTime());           //更新时钟
            try {
                Thread.sleep(1000);             //休眠1秒钟
```

```
        } catch (InterruptedException e) {
            e.printStackTrace();
        }
    }
}
```

✍ **技巧**：对于耗时的任务，应该新建一个线程来运行，否则程序会假死。

■ 秘笈心法

心法领悟 191：GregorianCalendar 类与时间。

Java 中的 Date 类也提供了获得小时、分钟等的方法，但这些方法都不推荐使用。推荐使用 GregorianCalendar 类的相关域获得需要的时间。GregorianCalendar 类还提供了很多其他的实用域和方法，将在后面的实例中进行讲解。

| 实例 192 | 简单的电子时钟
 光盘位置：光盘\MR\192 | 初级
 趣味指数：★★★☆ |

■ 实例说明

在日常生活中，时间对每个人来说都非常重要。为了对其度量而发明了时钟。各种不同的时钟除了样式不同外，功能都是类似的。本实例将使用 Java 的 GregorianCalendar 类来编写一个会走的电子时钟。实例运行效果如图 9.2 所示。

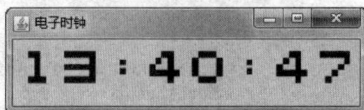
图 9.2　实例运行效果

💡 **提示**：通过更换源代码 images 包中的图片，可以使程序更加美观。

■ 关键技术

本实例应用到的关键技术请参见实例 191。

■ 设计过程

（1）继承 JFrame 编写一个窗体类，名称为 ElectronicClock。

（2）设计 ElectronicClock 窗体类时用到的主要控件及说明如表 9.2 所示。

表 9.2　窗体的主要控件及说明

控 件 类 型	控 件 命 名	控 件 用 途
JLabel	hour1Label	显示小时第 1 位图片
	hour2Label	显示小时第 2 位图片
	colon1Label	显示小时和分钟间的分隔符
	minute1Label	显示分钟第 1 位图片
	minute2Label	显示分钟第 2 位图片
	colon2Label	显示分钟和秒钟间的分隔符
	second1Label	显示秒钟第 1 位图片
	second2Label	显示秒钟第 2 位图片

（3）编写 numbers 数组，获得所有图片资源。代码如下：

```
private ImageIcon[] numbers = { new ImageIcon("src/images/0.png"),
new ImageIcon("src/images/1.png"), new ImageIcon("src/images/2.png"),
new ImageIcon("src/images/3.png"), new ImageIcon("src/images/4.png"),
new ImageIcon("src/images/5.png"), new ImageIcon("src/images/6.png"),
```

```
new ImageIcon("src/images/7.png"), new ImageIcon("src/images/8.png"),
new ImageIcon("src/images/9.png") };                                    //数组中每个元素代表一张图片
```

（4）编写 getTime()方法，获得当前时间并更新图片。代码如下：

```
private void getTime() {
    Calendar calendar = new GregorianCalendar();
    int hour = calendar.get(Calendar.HOUR_OF_DAY);                      //获得当前的小时
    int minute = calendar.get(Calendar.MINUTE);                         //获得当前的分钟
    int second = calendar.get(Calendar.SECOND);                         //获得当前的秒钟
    hour1Label.setIcon(numbers[hour / 10]);                             //利用商获得小时第1位图片
    hour2Label.setIcon(numbers[hour % 10]);                             //利用余数获得小时第2位图片
    minute1Label.setIcon(numbers[minute / 10]);                         //利用商获得分钟第1位图片
    minute2Label.setIcon(numbers[minute % 10]);                         //利用余数获得分钟第2位图片
    second1Label.setIcon(numbers[second / 10]);                         //利用商获得秒钟第1位图片
    second2Label.setIcon(numbers[second % 10]);                         //利用余数获得秒钟第2位图片
}
```

✎ **技巧**：Java 中整数除法的结果还是整数，所以可以通过除 10 获得十位上的数字，通过模 10 获得个位上的数字。

（5）编写类 ClockRunnable，该类实现了 Runnable 接口。在 run()方法中，每隔 1 秒钟更新一次图片，由此实现走动的效果。核心代码如下：

```
private class ClockRunnable implements Runnable {
    @Override
    public void run() {
        while (true) {
            getTime();                                                  //每隔1秒钟更新一次图片
            try {
                Thread.sleep(1000);
            } catch (InterruptedException e) {
                e.printStackTrace();
            }
        }
    }
}
```

■ 秘笈心法

心法领悟 192：获得源代码文件夹下的图片。

Java 中的资源文件根据其位置不同，获得的方式也不同。对于在源代码下的文件（就是项目的 src 文件夹中），可以直接使用相对路径获得，如 src/images/1.png。

实例 193	简单的模拟时钟 光盘位置：光盘\MR\193	初级 趣味指数：★★★★⯪

■ 实例说明

在日常生活中，时间对每个人来说都非常重要。为了对其度量而发明了时钟。各种不同的时钟除了样式不同外，其功能都是类似的。本实例将使用 Java 的 GregorianCalendar 类来编写一个会走的模拟时钟。实例运行效果如图 9.3 所示。

📖 **说明**：表盘上的点是通过计算坐标画上去的，由于浮点运算存在误差，使其不能完全与圆重合。

■ 关键技术

为了在框架上绘制时钟，需要使用 JComponent 类的 paint()方法。它

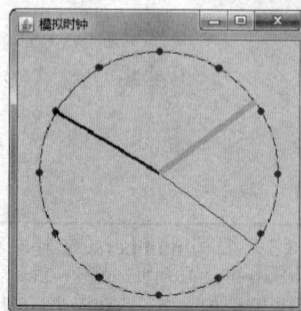

图 9.3　实例运行效果

由 Swing 调用，以绘制控件。应用程序不应直接调用 paint()方法，而是应该使用 repaint()方法来安排重绘控件。该方法实际上将绘制工作委托给 3 个受保护的方法，即 paintComponent()、paintBorder()和 paintChildren()方法。按列出的顺序调用这些方法，以确保子控件出现在控件本身的顶部。一般来说，不应在分配给边框的 insets 区域绘制控件及其子控件。子类可以始终重写此方法。如果想特殊化 UI（外观）委托的 paint()方法的子类则需重写 paintComponent。该方法的声明如下：

```
public void paint(Graphics g)
```

参数说明

g：在其中进行绘制的 Graphics 上下文。

■ 设计过程

（1）重写 JFrame 继承的 paint()方法，使用该方法向框架上绘制刻度、表盘、指针等。核心代码如下：

```
public void paint(Graphics g) {
        super.paint(g);                                                     //调用父类的 paint()方法，这样在画图时能保存外观
        Rectangle rectangle = getBounds();                                  //获得控件的区域
        Insets insets = getInsets();                                        //获得控件的边框
        int radius = 120;                                                   //设置圆的半径 120px
        int x = (rectangle.width - 2 * radius - insets.left - insets.right) / 2 + insets.left;
        int y = (rectangle.height - 2 * radius - insets.top - insets.bottom) / 2 + insets.top;
        Point2D.Double center = new Point2D.Double(x + radius, y + radius);  //获得圆心坐标
        g.drawOval(x, y, 2 * radius, 2 * radius);                            //绘制圆形
        Point2D.Double[] scales = new Point2D.Double[60];                    //用 60 个点保存表盘的刻度
        double angle = Math.PI / 30;                                        //表盘上两个点之间的夹角是 PI/30
        for (int i = 0; i < scales.length; i++) {                           //获得所有刻度的坐标
            scales[i] = new Point2D.Double();                               //初始化点对象
            scales[i].setLocation(x + radius + radius * Math.sin(angle * i), y + radius - radius * Math.cos(angle * i));  //利用三角函数计算点的坐标
        }
        for (int i = 0; i < scales.length; i++) {                           //画所有刻度
            if (i % 5 == 0) {                                               //如果序号是 5，则画成大点，这些点相当于石英钟上的数字
                g.setColor(Color.RED);
                g.fillOval((int) scales[i].x - 4, (int) scales[i].y - 4, 8, 8);
            } else {                                                        //如果序号不是 5，则画成小点，这些点相当于石英钟上的小刻度
                g.setColor(Color.CYAN);
                g.fillOval((int) scales[i].x - 2, (int) scales[i].y - 2, 4, 4);
            }
        }
        Calendar calendar = new GregorianCalendar();                        //创建日期对象
        int hour = calendar.get(Calendar.HOUR);                            //获得当前小时数
        int minute = calendar.get(Calendar.MINUTE);                        //获得当前分钟数
        int second = calendar.get(Calendar.SECOND);                        //获得当前秒数
        Graphics2D g2d = (Graphics2D) g;
        g2d.setColor(Color.red);                                            //将颜色设置成红色
        g2d.draw(new Line2D.Double(center, scales[second]));               //绘制秒针
        BasicStroke bs = new BasicStroke(3f, BasicStroke.CAP_ROUND, BasicStroke.JOIN_MITER);
        g2d.setStroke(bs);
        g2d.setColor(Color.blue);                                          //将颜色设置成蓝色
        g2d.draw(new Line2D.Double(center, scales[minute]));              //绘制分针
        bs = new BasicStroke(6f, BasicStroke.CAP_BUTT, BasicStroke.JOIN_MITER);
        g2d.setStroke(bs);
        g2d.setColor(Color.green);                                         //将颜色设置成绿色
        g2d.draw(new Line2D.Double(center, scales[hour * 5 + minute / 12]));  //绘制时针
}
```

✍ **技巧**：通过修改端点坐标可以调整直线的长度，通过修改画笔宽度可以修改直线的宽度。

（2）编写类 ClockRunnable，该类实现了 Runnable 接口。在 run()方法中，每隔 1 秒钟重新绘制一次图片，由此实现走动的效果。核心代码如下：

```
private class ClockRunnable implements Runnable {
        @Override
        public void run() {
            while (true) {
                repaint();
```

```
        try {
            Thread.sleep(1000);
        } catch (InterruptedException e) {
            e.printStackTrace();
        }
    }
}
```

■ 秘笈心法

心法领悟 193：模拟时钟的增强。

读者可以在本实例的基础上做如下增强：修改时针、分针的长度，在表盘上增加数字、增加背景图片、设置透明效果等。可以将本实例完善成类似 Windows 小工具带的时钟效果。

实例 194	简单的公历万年历 光盘位置：光盘\MR\194	初级 趣味指数：★★★★⯪

■ 实例说明

随着时间的不断流逝，使用小时、分钟、秒钟等单位来计算时间已经不能很好地满足需求，由此发明了年、月、日。在目前广泛使用的公历历法中，将一年划分成 12 个月，不同的月份包含的天数可能不同。本实例将使用 Calendar 实现一个简单的公历万年历。实例运行效果如图 9.4 所示。

图 9.4　实例运行效果

■ 关键技术

GregorianCalendar 类是 Calendar 的一个具体子类，它提供了世界上大多数国家/地区使用的标准日历系统。它是一种混合日历，在单一间断性的支持下同时支持儒略历和格里高利历系统，在默认情况下，它对应格里高利日历创立时的格里高利历日期（某些国家/地区是在 1582 年 10 月 15 日创立，在其他国家/地区要晚一些）。可由调用者通过调用 setGregorianChange()方法来更改起始日期。GregorianCalendar 类定义了很多与时间相关的域，本实例使用了表示天和星期的域，其详细说明如表 9.3 所示。

表 9.3　GregorianCalendar 类与时间相关的域

域　名	作　用
DATE	与 DAY_OF_MONTH 同义，代表当前天在当前月中是第几天
DAY_OF_MONTH	代表当前天在当前月中是第几天
DAY_OF_WEEK	当前天是星期几

■ 设计过程

（1）继承 JFrame 编写一个窗体类，名称为 PermanentCalendar。

（2）设计 PermanentCalendar 窗体类时用到的主要控件及说明如表 9.4 所示。

表 9.4　窗体的主要控件及说明

控 件 类 型	控 件 命 名	控 件 用 途
JButton	lastMonthButton	将月份减 1，并更新表格
	nextMonthButton	将月份加 1，并更新表格
JLabel	currentMonthLabel	显示年与月份
JTable	table	显示当月每天的信息

（3）编写 updateLabel()方法，用来根据月份的增量更新标签上显示的当前时间。核心代码如下：

```
private String updateLabel(int increment) {
    calendar.add(Calendar.MONTH, increment);                         //将当前月份增加 increment 月
    SimpleDateFormat formatter = new SimpleDateFormat("yyyy 年 MM 月"); //设置字符串格式
    return formatter.format(calendar.getTime());                     //获得指定格式的字符串
}
```

（4）编写 updateTable()方法，用来根据当前的月份和天更新表格中的数据。核心代码如下：

```
private void updateTable(Calendar calendar) {
    String[] weeks = new DateFormatSymbols().getShortWeekdays();      //获得表示星期的字符串数组
    String[] realWeeks = new String[7];                              //新建一个数组来保存截取后的字符串
    for (int i = 1; i < weeks.length; i++) {                          //weeks 数组的第一个元素是空字符串，因此从 1 开始循环
        realWeeks[i - 1] = weeks[i].substring(2, 3);                 //获得字符串的最后一个字符
    }
    int today = calendar.get(Calendar.DATE);                          //获得当前日期
    int monthDays = calendar.getActualMaximum(Calendar.DAY_OF_MONTH); //获得当前月的天数
    calendar.set(Calendar.DAY_OF_MONTH, 1);                           //将时间设置为本月第一天
    int weekday = calendar.get(Calendar.DAY_OF_WEEK);                 //获得本月第一天是星期几
    int firstDay = calendar.getFirstDayOfWeek();                      //获得当前地区星期的起始日
    int whiteDay = weekday - firstDay;                                //这个月第一个星期有几天被上个月占用
    Object[][] days = new Object[6][7];                               //新建一个二维数组来保存当前月的各天
    for (int i = 1; i <= monthDays; i++) {                            //遍历当前月的所有天并将其添加到二维数组中
        days[(i - 1 + whiteDay) / 7][(i - 1 + whiteDay) % 7] = i;
    }                                                                 //数组的第一维表示一个月中各个星期，第二维表示一个星期中各个天
    DefaultTableModel model = (DefaultTableModel) table.getModel();   //获得当前表格的模型
    model.setDataVector(days, realWeeks);                             //给表格模型设置表头和表体
    table.setModel(model);                                            //更新表格模型
    table.setRowSelectionInterval(0, (today - 1 + whiteDay) / 7);     //设置选择的行
    table.setColumnSelectionInterval(0, (today - 1 + whiteDay) % 7);  //设置选择的列
}
```

✍ **技巧**：公历是以周为单位划分月的，因此可以以 7 为单位调整具体日期在数组中的位置。

■ 秘笈心法

心法领悟 194：GregorianCalendar 类与日期。

GregorianCalendar 类的设计初衷就是用来表示日历的。在本实例中，真正与创建日历相关的代码才 20 多行。由此可见，GregorianCalendar 类对于日期的支持是非常强大的。遗憾的是它并未支持中国的农历，读者可以继承该类来制作农历万年历。

实例 195	查看生日相关信息 光盘位置：光盘\MR\195	初级 趣味指数：★★★★☆

■ 实例说明

对于每个人来说，生日那天都是非常特别的。本实例可以帮助用户了解自己生日的信息，包括出生那天是星期几、今年的年龄、今年过生日是星期几等。实例运行效果如图 9.5 所示。

📢 **注意**：用户输入的日期可以是超过进位单位的，如 1984-13-11，此时解析后的结果相当于 1985-0-11。

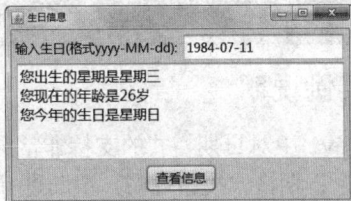

■ 关键技术

本实例应用到的关键技术请参见实例 194。

图 9.5　实例运行效果

■ 设计过程

（1）继承 JFrame 编写一个窗体类，名称为 Birthday。

（2）设计 Birthday 窗体类时用到的主要控件及说明如表 9.5 所示。

表 9.5　窗体的主要控件及说明

控 件 类 型	控 件 命 名	控 件 用 途
JLabel	inputLabel	提示用户输入的日期格式
JTextField	textField	获得用户输入的日期
JTextArea	messageTextArea	输入用户生日的相关信息
JButton	button	计算用户生日的相关信息

（3）编写 do_button_actionPerformed()方法，用来监听单击"查看信息"按钮事件。在该方法中，根据用户输入的生日数据更新文本域。核心代码如下：

```java
protected void do_button_actionPerformed(ActionEvent e) {
    String input = textField.getText();                                      //获得用户输入的日期
    //省略校验代码
    SimpleDateFormat format = new SimpleDateFormat("yyyy-MM-dd");             //设置解析日期的格式
    Calendar birthday = new GregorianCalendar();                             //获得当前日期的日历
    try {
        birthday.setTime(format.parse(input));                               //解析日期，并将结果保存到 birthday 中
    } catch (ParseException e1) {
        //省略提示信息代码
    }
    Calendar today = new GregorianCalendar();                                //获得当前日期的日历
    int age = today.get(Calendar.YEAR) - birthday.get(Calendar.YEAR);        //获得年龄
    String[] weekdays = new DateFormatSymbols().getWeekdays();               //获得一周各天的名字
    StringBuilder message = new StringBuilder();
    message.append("您出生的星期是" + weekdays[birthday.get(Calendar.DAY_OF_WEEK)] + "\n");
    birthday.set(Calendar.YEAR, today.get(Calendar.YEAR));
    message.append("您现在的年龄是" + (birthday.after(today) ? age - 1 : age) + "岁" + "\n");
    message.append("您今年的生日是" + weekdays[birthday.get(Calendar.DAY_OF_WEEK)] + "\n");
    messageTextArea.setText(message.toString());                             //将字符串显示在文本框中
}
```

■ 秘笈心法

心法领悟 195：生日查看程序的增强。

读者可以在本实例的基础上增加显示星座信息的能力。星座一共有 12 种，它们将一年分成了 12 份。利用 switch 语句可以判断生日的月和天是否在某个特定的范围内。

9.2　SimpleDateFormat 与 TimeZone 类的使用

实例 196	日期格式有效性判断	高级
	光盘位置：光盘\MR\196	趣味指数：★★★

■ 实例说明

Java 中对日期格式的支持非常强大，相对地其使用也非常复杂，对于新手来说，很容易出错。本实例将实现一个日期格式校验程序，帮助进行格式有效性判断。实例运行效果如图 9.6 所示。

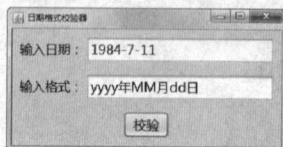

图 9.6　实例运行效果

🔊 **注意**：用户输入的日期可以是超过进位单位的，如 1984-13-11，此时解析后的结果相当于 1985-0-11。

▌关键技术

SimpleDateFormat 类是一个以与语言环境有关的方式来格式化和解析日期的具体类。它允许进行格式化（日期→文本）、解析（文本→日期）和规范化。它使得可以选择任何用户定义的日期-时间格式的模式。但是，仍然建议通过 DateFormat 中的 getTimeInstance、getDateInstance 或 getDateTimeInstance 来创建日期-时间格式器。每一个这样的类方法都能够返回一个以默认格式模式初始化的日期/时间格式器。可以根据需要使用 applyPattern 方法来修改格式模式。本实例首先使用给定的模式和默认语言环境的日期格式符号构造 SimpleDateFormat 对象。构造方法的声明如下：

```
public SimpleDateFormat(String pattern)
```

参数说明

pattern：描述日期和时间格式的模式。

使用 parse()方法来解析用户输入的日期，如果解析成功则说明日期与格式相互匹配，否则不匹配。该方法的声明如下：

```
public Date parse(String text,ParsePosition pos)
```

参数说明

❶ text：应该解析其中一部分的 String。

❷ pos：具有以上所述的索引和错误索引信息的 ParsePosition 对象。

▌设计过程

（1）继承 JFrame 编写一个窗体类，名称为 DateValidator。

（2）设计 DateValidator 窗体类时用到的主要控件及说明如表 9.6 所示。

表 9.6　窗体的主要控件及说明

控 件 类 型	控 件 命 名	控 件 用 途
JLabel	dateLabel	提示用户输入日期
	formatLabel	提示用户输入格式
JTextField	dateTextField	获得用户输入的日期
	formatTextField	获得用户输入的格式
JButton	button	进行格式校验并显示结果

（3）编写 do_button_actionPerformed()方法，用来监听单击"校验"按钮事件。在该方法中，使用用户指定的格式校验用户输入的时间，并对结果给出提示。核心代码如下：

```java
protected void do_button_actionPerformed(ActionEvent e) {
    String date = dateTextField.getText();                          //获得日期
    String format = formatTextField.getText();                      //获得格式
    if (date.length() == 0 || format.length() == 0) {
        JOptionPane.showMessageDialog(this, "日期或格式不能为空", "",
                            JOptionPane.WARNING_MESSAGE);            //如果日期或格式为空则提示用户输入
        return;
    }
    SimpleDateFormat formatter = new SimpleDateFormat(format);       //创建指定格式的 formatter
    try {
        formatter.parse(date);                                      //利用指定的格式解析 date 对象
    } catch (ParseException pe) {
        JOptionPane.showMessageDialog(this, "日期格式不能匹配", "",
                            JOptionPane.WARNING_MESSAGE);            //如果不匹配则提示用户不匹配
        return;
    }
    JOptionPane.showMessageDialog(this, "日期格式相互匹配", "",
                        JOptionPane.WARNING_MESSAGE);                //如果匹配则提示用户能匹配
    return;
}
```

■ 秘笈心法

心法领悟 196：了解常用的时间日期格式字符串。

Java 中常用的时间日期格式字符串如下：yyyy 代表 4 位数的年，如 2010；MM 代表两位数的月份，如 07；dd 代表两位数的天，如 31；k 代表 24 小时制的小时，m 代表分钟，s 代表秒。

实例 197	常见日期格式使用 光盘位置：光盘\MR\197	高级 趣味指数：★★★

■ 实例说明

Java 中对日期格式的支持非常强大，相对地其使用也非常复杂，对于新手来说，很容易出错。本实例将实现一个工具程序，用户可以选择列表中的格式来查看当前的日期，或者使用自己指定的格式。实例运行效果如图 9.7 所示。

图 9.7　实例运行效果

■ 关键技术

本实例应用到的关键技术请参见实例 196。

■ 设计过程

（1）继承 JFrame 编写一个窗体类，名称为 FormatterViewer。

（2）设计 FormatterViewer 窗体类时用到的主要控件及说明如表 9.7 所示。

表 9.7　窗体的主要控件及说明

控 件 类 型	控 件 命 名	控 件 用 途
JLabel	fornatterLabel	提示用户选择或输入格式
	tipLabel	提示用户该行显示格式化的结果
	resultLabel	显示格式化的结果
JComboBox	formatterComboBox	选择日期格式或输入日期格式

（3）编写 do_this_windowActivated()方法，用来监听窗体激活事件。在该方法中，组合框增加了元素，核心代码如下：

```
protected void do_this_windowActivated(WindowEvent e) {
    String[] patternExamples = { "yyyy-MM-dd", "MM-dd-yyyy", "a h:m:s", "z H:m:s" };
    for (String patten : patternExamples) {                    //遍历整个数组
        formatterComboBox.addItem(patten);                     //给组合框增加元素
    }
}
```

（4）编写 do_formatterComboBox_actionPerformed()方法，获得用户选择（输入）的格式，使用其格式化时间并将结果显示在标签中。代码如下：

```
protected void do_formatterComboBox_actionPerformed(ActionEvent e) {
    String currentPattern = (String) formatterComboBox.getSelectedItem();   //获得当前文本
    SimpleDateFormat formatter = new SimpleDateFormat(currentPattern);       //设置格式
    String result = formatter.format(new Date());                           //格式化当前时间
    resultLabel.setText(result);                                            //显示格式化结果
}
```

■ 秘笈心法

心法领悟 197：掌握常用的时间日期格式字符串。

在编程中，经常需要根据需求来显示日期和时间，此时如果掌握了常见的格式字符串，则会提高编程效率。

使用本实例可以检测已经完成的格式化字符串是否符合需求。

实例 198	查看本地时区 光盘位置：光盘\MR\198	初级 趣味指数：★★★★☆

实例说明

不同国家使用的时间是不同的，其确定的依据是国家所在的时区。Java 支持根据不同的区域查询该区域所在的时区。实例运行效果如图 9.8 所示。

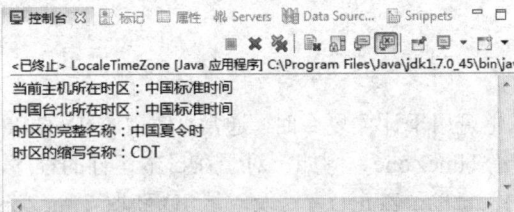

图 9.8 实例运行效果

关键技术

TimeZone 表示时区偏移量，也可以计算夏令时。通常，使用 getDefault 获取 TimeZone，getDefault 基于程序运行所在的时区创建 TimeZone。例如，对于在日本运行的程序，getDefault 基于日本标准时间创建 TimeZone 对象。也可以用 getTimeZone 及时区 ID 获取 TimeZone。例如，美国太平洋地区的时区 ID 是 America/Los_Angeles。TimeZone 类的常用方法如表 9.8 所示。

表 9.8 TimeZone 类的常用方法

方 法 名	作 用
getDefault()	获得当前主机所在的时区
getDisplayName()	获得描述时区的名字
getDisplayName(boolean daylight, int style)	获得描述时区的名字，daylight 用于显示夏令时，style 用于显示方式
getDisplayName(Locale locale)	使用与 locale 对应的地区语言显示当前时区
getTimeZone(String ID)	根据 ID 值获得时区

设计过程

编写 LocaleTimeZone 类，在该类的 main()方法中输出不同时区的名称。代码如下：

```java
public class LocaleTimeZone {
    public static void main(String[] args) {
        TimeZone zone = TimeZone.getDefault();                                    //获得当前时区
        System.out.println("当前主机所在时区：" + zone.getDisplayName());          //获得时区的名字
        zone = TimeZone.getTimeZone("Asia/Taipei");                              //获得中国台北时区
        System.out.println("中国台北所在时区：" + zone.getDisplayName());
        System.out.println("时区的完整名称：" + zone.getDisplayName(true, TimeZone.LONG));
        System.out.println("时区的缩写名称：" + zone.getDisplayName(true, TimeZone.SHORT));
    }
}
```

秘笈心法

心法领悟 198：地区与时区。

在编写与时间相关的软件时，肯定要考虑时间的显示方式。由于不同的地区时间是不同的，所以应该使用 TimeZone 类来获得本地的时区，以方便将日期转换为符合本地习惯的格式。

实例 199	简单的时区转换工具	初级
	光盘位置：光盘\MR\199	趣味指数：★★★★☆

■ 实例说明

不同国家使用的时间是不同的，其确定的依据是国家所在的时区。Java 支持根据不同的时区来显示不同的时间。本实例将编写一个简单的工具用于在不同的时区下显示当前时间。实例运行效果如图 9.9 所示。

图 9.9　实例运行效果

■ 关键技术

TimeZone 表示时区偏移量，也可用于计算夏令时。通常，使用 getDefault()方法获取 TimeZone，getDefault() 方法基于程序运行所在的时区创建 TimeZone。例如，对于在日本运行的程序，getDefault()方法基于日本标准时间创建 TimeZone 对象。也可以用 getTimeZone()方法及时区 ID 获取 TimeZone。例如，美国太平洋地区的时区 ID 是 America/Los_Angeles。TimeZone 类的常用方法如表 9.9 所示。

表 9.9　TimeZone 类的常用方法

方　法　名	作　　　用
getAvailableIDs()	获得所有可用的 ID 值，其返回值是一个字符串数组
getDisplayName()	获得描述时区的名字
getTimeZone(String ID)	根据 ID 获得 ID 所在的时区

■ 设计过程

（1）继承 JFrame 编写一个窗体类，名称为 WorldTimeViewer。

（2）设计 WorldTimeViewer 窗体类时用到的主要控件及说明如表 9.10 所示。

表 9.10　窗体的主要控件及说明

控件类型	控件命名	控件用途
JLabel	TZLabel	提示用户选择时区
	tipLabel	提示用户该行显示当前时区的时间
	resultLabel	显示当前时区的时间
JComboBox	TZComboBox	选择不同的时区

（3）编写 do_ this_windowActivated()方法，用来在窗体加载时给组合框增加元素。代码如下：

```
protected void do_this_windowActivated(WindowEvent e) {
    String[] timezones = TimeZone.getAvailableIDs();              //获得所有可用的时区 ID
    for (String patten : timezones) {
        TZComboBox.addItem(patten);                              //将所有 ID 添加到组合框中
    }
}
```

（4）编写 do_formatterComboBox_actionPerformed()方法，获得用户选择的时区，使用其获得时间并将结果显示在标签中。代码如下：

```
protected void do_formatterComboBox_actionPerformed(ActionEvent e) {
    String currentTimezone = (String) TZComboBox.getSelectedItem();       //获得选择的 ID
    Calendar calendar = Calendar.getInstance();                           //获得日历对象
    calendar.setTimeZone(TimeZone.getTimeZone(currentTimezone));          //设置日历所在时区
    StringBuilder result = new StringBuilder();                           //利用 StringBuilder 来保存结果
    result.append(calendar.getTimeZone().getDisplayName() + " ");         //获得当前时区描述名称
    result.append(calendar.get(Calendar.HOUR_OF_DAY) + ":");             //获得当前时钟的小时
```

```
result.append(calendar.get(Calendar.MINUTE));                      //获得当前时区的分钟
resultLabel.setText(result.toString());                            //更新结果
}
```

■ 秘笈心法

心法领悟 199：掌握 TimeZone 的使用。

在编写国际化或者世界时间之类的软件时，肯定会遇到时区的问题。此时可以使用 TimeZone 类来获得时区，再使用该时区来获得时间等，程序员就不需要考虑各个时区的差异了。

9.3　System 类的使用

实例200	查看常用系统属性 光盘位置：光盘\MR\200	初级 趣味指数：★★★★☆

■ 实例说明

在 Java 编程中，有时需要获得系统的属性，如操作系统的种类、环境变量的设置等。Java lang 包的系统类提供了相关的方法。本实例将实现一个小工具可以查看选择的系统属性。实例运行效果如图 9.10 所示。

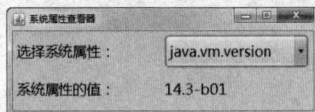

图 9.10　实例运行效果

■ 关键技术

Windows 版的 Java 虚拟机提供了 50 余种属性值来供用户使用，常见的系统属性如表 9.11 所示。

表 9.11　常见的系统属性

方　法　名	作　　用	方　法　名	作　　用
java.version	Java 运行环境版本	os.version	操作系统版本
java.home	Java 安装文件夹	file.separator	文件分隔符
java.vm.version	Java 虚拟机版本	path.separator	路径分隔符
java.vm.name	Java 虚拟机名称	line.separator	换行符
java.class.path	Java 类路径	user.name	用户名
java.library.path	Java 类库路径	user.home	用户主文件夹
os.name	操作系统名称	user.dir	用户当前工作的文件夹
os.arch	操作系统架构		

System 类包含一些有用的类字段和方法。它不能被实例化。在 System 类提供的设施中，有标准输入、标准输出和错误输出流，对外部定义的属性和环境变量的访问，加载文件和库的方法，还有快速复制数组的一部分的实用方法。本实例使用其 getProperty()方法根据表 9.11 所指定的系统属性键来查看其值，该方法的声明如下：

```
public static String getProperty(String key)
```

参数说明

key：系统属性的名称。

■ 设计过程

（1）继承 JFrame 编写一个窗体类，名称为 SystemPropertiesViewer。

（2）设计 SystemPropertiesViewer 窗体类时用到的主要控件及说明如表 9.12 所示。

表 9.12　窗体的主要控件及说明

控 件 类 型	控 件 命 名	控 件 用 途
JLabel	keyLabel	提示用户选择属性键
	tipLabel	提示用户该行显示当前属性的值
	resultLabel	显示当前属性的值
JComboBox	keyComboBox	选择不同的属性键

（3）编写 do_ this_windowActivated()方法，用来在窗体加载时给组合框增加元素。代码如下：

```
protected void do_this_windowActivated(WindowEvent e) {
    String[] properties = { "java.runtime.name","sun.boot.library.path",
                            //省略了部分数组元素
                            ""sun.cpu.isalist" "};

    for (String property : properties) {
        keyComboBox.addItem(property);                          //将所有属性键添加到组合框中
    }
}
```

（4）编写 do_formatterComboBox_actionPerformed()方法，获得用户选择的属性键，使用其获得属性值并将结果显示在标签中。代码如下：

```
protected void do_formatterComboBox_actionPerformed(ActionEvent e) {
    String currentProperty = (String) keyComboBox.getSelectedItem();    //获得属性值
    resultLabel.setText(System.getProperty(currentProperty));           //显示属性值
}
```

■ 秘笈心法

心法领悟 200：系统属性的使用。

程序的运行与系统属性密切相关。如果 classpath 设置有问题，则会找不到文件；对于不同的虚拟机，其实现的方法也有差异，因此建议读者了解常用属性的获得方式。

实例 201	重定向标准输出	初级
	光盘位置：光盘\MR\201	趣味指数：★★★

■ 实例说明

在程序运行过程中，需要记录程序运行的状态，如果出现错误，则需要记录错误的相关信息等。通常可以使用输出流将信息写入到本地文件。System 类提供了一种简单的方式，只需要将输出流重定向到文件即可。实例运行效果如图 9.11 所示。

图 9.11　实例运行效果

✍ 技巧：也可以使用日志工具完成该功能，这样更加专业。常见的日志工具有 Log4j、Commons Logging 等。

■ 关键技术

System 类包含一些有用的类字段和方法，它不能被实例化。在 System 类提供的设施中，有标准输入、标准输出和错误输出流，对外部定义的属性和环境变量的访问，加载文件和库的方法，还有快速复制数组的一部分的实用方法。本实例使用其 setOut()方法将输出重定向，该方法的声明如下：

```
public static void setOut(PrintStream out)
```

参数说明

out：新的标准输出流。

设计过程

编写 OutputRedirect 类，在 main()方法中先将输出重定向到本地的文本文件，再从文件中读取输出的数据。代码如下：

```java
public class OutputRedirect {
    public static void main(String[] args) throws IOException {
        File file = new File("d:\\debug.txt");                          //创建一个文件来保存重定向后输出的文本信息
        PrintStream out = new PrintStream(file);
        PrintStream cloneOut = System.out;                             //使用变量保存控制台输出
        System.setOut(out);                                           //将标准输出重定向到 PrintStream
        System.out.println("明日科技新书快递：");                        //利用标准输出输出语句
        System.out.println("Java 从入门到精通（第 2 版)");              //利用标准输出输出语句
        System.out.println("视频学 Java");                            //利用标准输出输出语句
        System.out.println("细说 Java");                              //利用标准输出输出语句
        out.close();                                                 //关闭 PrintStream
        System.setOut(cloneOut);                                     //将标准输出重定向到控制台
        BufferedReader in = new BufferedReader(new FileReader(file)); //读取文件
        String line;
        while ((line = in.readLine()) != null) {
            System.out.println(line);                                //在控制台上输出文件
        }
        in.close();                                                  //关闭输入流
    }
}
```

秘笈心法

心法领悟 201：重定向的使用。

Java 中不仅能重定向标准输出，还可以重定向标准输入、标准错误等。如果要恢复成控制台输入、输出等，可以先保存原来的输入、输出对象，再重新设置即可。

实例 202	计算程序运行时间 光盘位置：光盘\MR\202	初级 趣味指数：★★★

实例说明

在编写完程序后，通常都会对程序进行性能测试，比较常用的方法就是计算完成某个任务所花费的时间。System 类提供了获得当前时间的方法，但是其单位是毫秒，阅读不方便。本实例将其转换成方便的阅读格式。实例运行效果如图 9.12 所示。

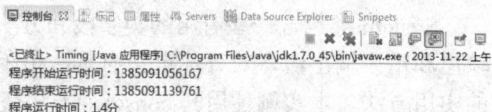

图 9.12 实例运行效果

关键技术

System 类包含一些有用的类字段和方法，它不能被实例化。在 System 类提供的设施中，有标准输入、标准输出和错误输出流，对外部定义的属性和环境变量的访问，加载文件和库的方法，还有快速复制数组的一部分的实用方法。本实例使用其 currentTimeMillis()方法获得系统当前时间，该方法的声明如下：

```java
public static long currentTimeMillis()
```

✍ **技巧**：如果需要得到更精确的时间，可以使用 nanoTime()方法，该方法的时间单位是纳秒。

设计过程

（1）编写 round()方法，该方法用来将浮点数从小数点后第二位进行四舍五入。代码如下：

```java
public static double round(double value) {
    return Math.round(value * 10.0) / 10.0;                          //利用 Math 类的 round()方法进行四舍五入计算
}
```

（2）编写 getElapsedText()方法，它可以将默认的毫秒单位转换成容易阅读的形式。代码如下：

```java
public static String getElapsedText(long elapsedMillis) {
    if (elapsedMillis < 60000) {
        double unit = round(elapsedMillis / 1000.0);              //将时间转换成秒
        return unit + "秒";                                        //在转换完的时间后增加单位
    } else if (elapsedMillis < 60000 * 60) {
        double unit = round(elapsedMillis / 60000.0);             //将时间转换成分
        return unit + "分";                                        //在转换完的时间后增加单位
    } else if (elapsedMillis < 60000 * 60 * 24) {
        double unit = round(elapsedMillis / (60000.0 * 60));      //将时间转换成时
        return unit + "时";                                        //在转换完的时间后增加单位
    } else {
        double unit = round(elapsedMillis / (60000.0 * 60 * 24)); //将时间转换成天
        return unit + "天";                                        //在转换完的时间后增加单位
    }
}
```

■ 秘笈心法

心法领悟 202：currentTimeMillis()方法的使用。

该方法的精度与底层操作系统有关，如很多操作系统使用的时间是以几十毫秒为单位的。如果读者需要非常精确的时间，可以使用 nanoTime()方法。

实例 203	从控制台输入密码	初级
	光盘位置：光盘\MR\203	趣味指数：★★★

■ 实例说明

Scanner 类可以用来获得控制台输入的文本内容，但是由于其输入是可见的，因此不适用于输入密码。Console 类是 Java 6 新增的类，本实例将演示它的用法。实例运行效果如图 9.13 所示。

📢 **注意**：本实例不能在 IDE 中运行，必须在控制台运行，否则会出现空指针异常。

图 9.13 实例运行效果

■ 关键技术

System 类包含一些有用的类字段和方法，它不能被实例化。在 System 类提供的设施中，有标准输入、标准输出和错误输出流，对外部定义的属性和环境变量的访问，加载文件和库的方法，还有快速复制数组的一部分的实用方法。本实例使用其 console()方法获得与当前 Java 虚拟机关联的唯一 Console 对象（如果有），其声明如下：

```java
public static Console console()
```

Console 类包含多个方法，可访问与当前 Java 虚拟机关联的基于字符的控制台设备（如果有）。虚拟机是否具有控制台取决于底层平台，还取决于调用虚拟机的方式。如果虚拟机从一个交互式命令行开始启动，且没有重定向标准输入和输出流，那么其控制台将存在，并且通常连接到键盘并从虚拟机启动的地方显示。如果虚拟机是自动启动的（如由后台作业调度程序启动），那么它通常没有控制台。为了从控制台读取单行文本，需要使用 readLine()方法，该方法的声明如下：

```java
public String readLine(String fmt,Object... args)
```

参数说明

❶ fmt：格式字符串语法中描述的格式字符串。

❷ args：格式字符串中的格式说明符引用的参数。

为了获得用户输入的密码，需要使用 readPassword()方法，该方法的声明如下：

```java
public char[] readPassword(String fmt,Object... args)
```

参数说明

❶ fmt：格式字符串语法中描述的格式字符串。

❷ args：格式字符串中的格式说明符引用的参数。

📢 **注意**：为了安全起见，返回的密码存放在一维字符数组中，而不是字符串中。

设计过程

编写 ConsoleTest 类，在 main()方法中提示用户输入用户名和密码，并将其输出。代码如下：

```java
public class ConsoleTest {
    public static void main(String[] args) {
        Console console = System.console();                      //获得 Console 对象
        String username = console.readLine("请输入用户名：");      //获得用户名
        char[] password = console.readPassword("请输入密码：");    //获得密码
        System.out.println("您的用户名是：" + username);            //输出用户名
        System.out.print("您的密码是：");
        for (char c : password) {
            System.out.print(c);                                  //输出密码
        }
        Arrays.fill(password, 'a');                               //将保存密码的数组元素全部复制为'a'
    }
}
```

✏️ **技巧**：使用完密码之后应对数组赋值，以防止密码泄露。

秘笈心法

心法领悟 203：控制台输入的应用。

在 MySQL、Oracle 等软件中，使用控制台来和用户交互，其优势在于运行速度快，软件编写相对于 GUI 程序简单很多，程序出现问题的几率也大大降低了。

9.4 Math 类的使用

实例 204	角度和弧度的转换 光盘位置：光盘\MR\204	初级 趣味指数：★★★

实例说明

有两种单位可以用来度量角的大小，即角度和弧度。通常在三角运算中使用弧度比较方便，在表示角的大小时，使用角度比较方便。本实例将实现角度和弧度之间的转换。实例运行效果如图 9.14 所示。

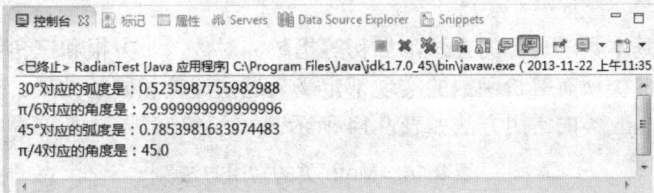

图 9.14 实例运行效果

📖 **说明**：由于虚拟机原因，浮点运算结果并不精确。如果读者希望获得更加精确的结果可以使用 BigDecimal 类。

关键技术

Math 类包含用于执行基本数学运算的方法，如初等指数、对数、平方根和三角函数。与 StrictMath 类的某些数学方法不同，并非 Math 类所有等价函数的实现都定义为返回逐位相同的结果。该类在不需要严格重复的地方可以得到更好的执行，Math 类的常用方法如表 9.13 所示。

表 9.13　Math 类的常用方法

方　法　名	作　用
toDegress(double angrad)	将弧度 angrad 转换成对应的角度
toRadians(double angdeg)	将角度 angdeg 转换成对应的弧度

■ 设计过程

编写类 RadianTest，在该类的 main()方法中输出 30°、45°对应的弧度值，π/6、π/4 对应的角度值。代码如下：

```
public class RadianTest {
    public static void main(String[] args) {
        System.out.println("30°对应的弧度是：" + Math.toRadians(30));
        System.out.println("π/6 对应的角度是：" + Math.toDegrees(Math.PI / 6));
        System.out.println("45°对应的弧度是：" + Math.toRadians(45));
        System.out.println("π/4 对应的角度是：" + Math.toDegrees(Math.PI / 4));
    }
}
```

■ 秘笈心法

心法领悟 204：精确的角度与弧度之间的转换。

在图 9.14 中可以发现，程序的运行结果精度不够。如果读者需要更加精确的结果，可以使用 BigDecimal 类，它是 Java 为了进行高精度运算而专门设计的类。

实例 205	三角函数的使用	初级
	光盘位置：光盘\MR\205	趣味指数：★★★

■ 实例说明

三角函数是数学的重要分支之一，很多问题使用三角函数来解决能容易很多。Math 类提供了常用三角函数的实现，本实例将演示它们的用法。实例运行效果如图 9.15 所示。

📖 说明：由于虚拟机原因，浮点运算结果并不精确。如果读者希望获得更加精确的结果，可以使用 BigDecimal 类。

图 9.15　实例运行效果

■ 关键技术

Math 类包含用于执行基本数学运算的方法，如初等指数、对数、平方根和三角函数。与 StrictMath 类的某些数学方法不同，并非 Math 类所有等价函数的实现都定义为返回逐位相同的结果。该类在不需要严格重复的地方可以得到更好的执行，Math 类的常用方法如表 9.14 所示。

表 9.14　Math 类的常用方法

方　法　名	作　用
sin(double a)	获得浮点数 a 的正弦值
cos(double a)	获得浮点数 a 的余弦值
tan(double a)	获得浮点数 a 的正切值

💡 提示：上面的方法中 a 都是以弧度为单位的，可以使用 Math.PI 来帮助获得角度的弧度。

设计过程

编写 MathUtil 类，在该类的 main()方法中输出 30°的正弦值、余弦值和正切值。代码如下：

```java
public class MathUtil {
    public static void main(String[] args) {
        System.out.println("30°的正弦值: " + Math.sin(Math.PI / 6));    //计算30°的正弦值
        System.out.println("30°的余弦值: " + Math.cos(Math.PI / 6));    //计算30°的余弦值
        System.out.println("30°的正切值: " + Math.tan(Math.PI / 6));    //计算30°的正切值
    }
}
```

秘笈心法

心法领悟 205：其他三角函数的计算。

还有另外 3 种三角函数，即余切、正割和余割，Math 类并没有提供其计算方法，读者可以使用其与正切、正弦和余弦的倒数关系自己进行计算。

| 实例 206 | 反三角函数的使用
光盘位置：光盘\MR\206 | 初级
趣味指数：★★★ |

实例说明

反三角函数是数学的重要分支之一，很多问题使用反三角函数来解决能容易很多。Math 类提供了常用反三角函数的实现，本实例将演示它们的用法。实例运行效果如图 9.16 所示。

说明：由于虚拟机原因，浮点运算结果并不精确。如果读者希望获得更加精确的结果，可以使用 BigDecimal 类。

图 9.16　实例运行效果

关键技术

Math 类包含用于执行基本数学运算的方法，如初等指数、对数、平方根和三角函数。与 StrictMath 类的某些数学方法不同，并非 Math 类所有等价函数的实现都定义为返回逐位相同的结果。该类在不需要严格重复的地方可以得到更好的执行，Math 类的常用方法如表 9.15 所示。

表 9.15　Math 类的常用方法

方 法 名	作 用
asin(double a)	获得浮点数 a 的反正弦值
acos(double a)	获得浮点数 a 的反余弦值
atan(double a)	获得浮点数 a 的反正切值

提示：上面的方法中 a 都是以弧度为单位的，可以使用 Math.PI 来帮助获得角度的弧度。

设计过程

编写 MathUtil 类，在该类的 main()方法中输出 30°的反正弦值、反余弦值和反正切值。代码如下：

```java
public class MathUtil {
    public static void main(String[] args) {
        System.out.println("30°的反正弦值: " + Math.asin(Math.PI / 6));    //计算30°的反正弦值
        System.out.println("30°的反余弦值: " + Math.acos(Math.PI / 6));    //计算30°的反余弦值
        System.out.println("30°的反正切值: " + Math.atan(Math.PI / 6));    //计算30°的反正切值
    }
}
```

■ 秘笈心法

心法领悟 206：其他反三角函数的计算。

还有另外 3 种反三角函数，即反余切、反正割和反余割，Math 类并没有提供其计算方法，读者可以使用反三角函数之间的关系自己进行计算。

实例 207	双曲函数的使用 光盘位置：光盘\MR\207	初级 趣味指数：★★★

■ 实例说明

双曲函数在物理学中有重要应用，如阻尼落体、导电电容等。Math 类提供了常用双曲函数的实现，本实例将演示它们的用法。实例运行效果如图 9.17 所示。

```
问题 @ Javadoc 声明 控制台 ✕
<已终止> MathUtil [Java 应用程序] C:\Java\jdk1.7.0_55\bin\javaw.exe (2014-5-14 上午11:20:06)
30°的双曲正弦值: 5.343237290762231E12
30°的双曲余弦值: 5.343237290762231E12
30°的双曲正切值: 1.0
```

图 9.17　实例运行效果

📖 说明：由于虚拟机原因，浮点运算结果并不精确。如果读者希望获得更加精确的结果，可以使用 BigDecimal 类。

■ 关键技术

Math 类包含用于执行基本数学运算的方法，如初等指数、对数、平方根和三角函数。与 StrictMath 类的某些数学方法不同，并非 Math 类所有等价函数的实现都定义为返回逐位相同的结果。该类在不需要严格重复的地方可以得到更好的执行，Math 类的常用方法如表 9.16 所示。

表 9.16　Math 类的常用方法

方　法　名	作　　用
sinh(double x)	获得浮点数 a 的双曲正弦值
cosh(double x)	获得浮点数 a 的双曲余弦值
tanh(double x)	获得浮点数 a 的双曲正切值

■ 设计过程

编写 MathUtil 类，在该类的 main()方法中输出了 30°的双曲正弦值、双曲余弦值和双曲正切值。代码如下：

```java
public class MathUtil {
    public static void main(String[] args) {
        System.out.println("30 的双曲正弦值: " + Math.sinh(30));     //计算 30 的双曲正弦函数值
        System.out.println("30 的双曲余弦值: " + Math.cosh(30));     //计算 30 的双曲余弦函数值
        System.out.println("30 的双曲正切值: " + Math.tanh(30));     //计算 30 的双曲正切函数值
    }
}
```

■ 秘笈心法

心法领悟 207：双曲函数的计算。

还有另外 3 种双曲函数，即双曲余切、双曲正割和双曲余割，Math 类并没有提供其计算方法，读者可以使用双曲函数之间的关系自己进行计算。

实例 208	指数与对数运算 光盘位置：光盘\MR\208	初级 趣味指数：★★★★☆

■ 实例说明

指数与对数运算是初等函数的重点，它们在数学分析中有重要的应用。Math 类提供了常用指数与对数运算的实现，本实例将演示它们的用法。实例运行效果如图 9.18 所示。

📖 说明：由于虚拟机原因，浮点运算结果并不精确。如果读者希望获得更加精确的结果，可以使用 BigDecimal 类。

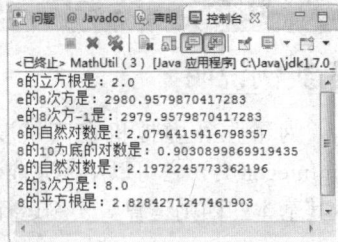

图 9.18 实例运行效果

■ 关键技术

Math 类包含用于执行基本数学运算的方法，如初等指数、对数、平方根和三角函数。与 StrictMath 类的某些数学方法不同，并非 Math 类所有等价函数的实现都定义为返回逐位相同的结果。该类在不需要严格重复的地方可以得到更好的执行，Math 类的常用方法如表 9.17 所示。

表 9.17 Math 类的常用方法

方 法 名	作 用
cbrt(double a)	获得 $\sqrt[3]{a}$ 的值
exp(double a)	获得 e^a 的值
expm1(double x)	获得 $e^x - 1$ 的值
log(double a)	获得以 e 为底，a 的对数值
log10(double a)	获得以 10 为底，a 的对数值
log1p(double x)	获得以 e 为底，x+1 的对数值
pow(double a, double b)	获得 a^b 的值
sqrt(double a)	获得 $\sqrt[2]{a}$ 的值

■ 设计过程

编写 MathUtil 类，在该类的 main()方法中演示指数与对数运算的常用方法。代码如下：

```java
public class MathUtil {
    public static void main(String[] args) {
        System.out.println("8 的立方根是： " + Math.cbrt(8));
        System.out.println("e 的 8 次方是： " + Math.exp(8));
        System.out.println("e 的 8 次方-1 是： " + Math.expm1(8));
        System.out.println("8 的自然对数是： " + Math.log(8));
        System.out.println("8 的以 10 为底的对数是： " + Math.log10(8));
        System.out.println("9 的自然对数是： " + Math.log1p(8));
        System.out.println("2 的 3 次方是： " + Math.pow(2, 3));
        System.out.println("8 的平方根是： " + Math.sqrt(8));
    }
}
```

■ 秘笈心法

心法领悟 208：高精度的指数与对数运算。

如果读者感觉 Math 类提供的工具方法精度不够，可以自己编写方法进行计算。可以使用 BigDecimal 类提高程序精度，使用多项泰勒公式提高算法精度。

9.5　其他常用类的使用

| 实例 209 | 高精度整数运算
光盘位置：光盘\MR\209 | 高级
趣味指数：★★★★☆ |

■ 实例说明

为了弥补虚拟机在高精度计算方面的不足，Java 推出了 BigInteger 类。它可以用来完成任意精度的整数运算，本实例将演示其基本的四则运算。实例运行效果如图 9.19 所示。

💡 提示：使用该类虽然能大幅度提高运算的精度，但是牺牲的却是性能，因此对于普通运算不推荐使用。

图 9.19　实例运行效果

■ 关键技术

BigInteger 类可用于表示不可变的任意精度的整数。所有操作中，都以二进制补码形式表示 BigInteger（如 Java 的基本整数类型）。BigInteger 提供所有 Java 的基本整数操作符的对应物，并提供 java.lang.Math 的所有相关方法。另外，BigInteger 还提供以下运算：模算术、GCD 计算、质数测试、素数生成、位操作以及一些其他操作。BigInteger 类的常用方法如表 9.18 所示。

表 9.18　BigInteger 类的常用方法

方　法　名	作　　用	方　法　名	作　　用
add(BigInteger val)	计算加法	multiply(BigInteger val)	计算乘法
subtract(BigInteger val)	计算减法	divide(BigInteger val)	计算除法

■ 设计过程

编写 MathUtil 类，在 main()方法中创建两个 BigInteger 对象，并演示基本的四则运算。代码如下：

```java
public class MathUtil {
    public static void main(String[] args) {
        BigInteger number1 = new BigInteger("12345");        //声明高精度整数 number1
        BigInteger number2 = new BigInteger("54321");        //声明高精度整数 number2
        BigInteger addition = number1.add(number2);          //计算 number1 加 number2
        BigInteger subtraction = number1.subtract(number2);  //计算 number1 减 number2
        BigInteger multiplication = number1.multiply(number2);//计算 number1 乘 number2
        BigInteger division = number1.divide(number2);       //计算 number1 除 number2
        System.out.println("高精度整数 number1：" + number1);
        System.out.println("高精度整数 number2：" + number2);
        System.out.println("高精度整数加法：" + addition);
        System.out.println("高精度整数减法：" + subtraction);
        System.out.println("高精度整数乘法：" + multiplication);
        System.out.println("高精度整数除法：" + division);
    }
}
```

💡 提示：BigInteger 没有 int、long 等类型的构造方法，所以本实例使用字符串来构造高精度整数。

■ 秘笈心法

心法领悟 209：BigInteger 类的使用。

BigInteger 不仅提供了基本的四则运算，还提供了位运算、比较运算、最大公约数运算、模运算、指数运算等。详细情况请读者参考 Java API 文档。

| 实例 210 | 高精度浮点运算
光盘位置：光盘\MR\210 | 高级
趣味指数：★★★ |

实例说明

为了弥补虚拟机在高精度计算方面的不足，Java 推出了 BigDecimal 类。它可以用来完成任意精度的浮点运算，本实例将演示其基本的四则运算。实例运行效果如图 9.20 所示。

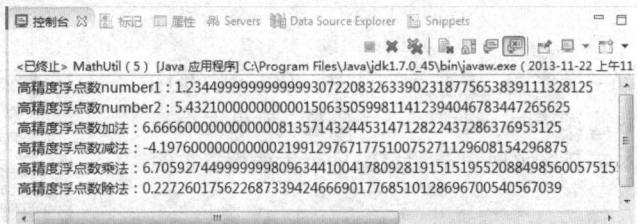

图 9.20　实例运行效果

> 提示：使用该类虽然能大幅度提高运算的精度，但是牺牲的却是性能，因此对于普通运算不推荐使用。

关键技术

BigDecimal 表示不可变的、任意精度的有符号十进制数。BigDecimal 由任意精度的整数非标度值和 32 位的整数标度（scale）组成。如果为 0 或正数，则标度是小数点后的位数；如果为负数，则将该数的非标度值乘以 10 的负 scale 次幂。因此，BigDecimal 表示的数值是 $unscaledValue \times 10^{-scale}$。BigDecimal 类的常用方法如表 9.19 所示。

表 9.19　BigDecimal 类的常用方法

方　法　名	作　　用
add(BigDecimal augend)	计算加法
subtract(BigDecimal subtrahend)	计算减法
multiply(BigDecimal multiplicand)	计算乘法
divide(BigDecimal divisor, int roundingMode)	计算除法，以指定的进位模式返回结果

设计过程

编写 MathUtil 类，在 main()方法中创建两个 BigDecimal 对象，并演示基本的四则运算。代码如下：

```java
public class MathUtil {
    public static void main(String[] args) {
        BigDecimal number1 = new BigDecimal(1.2345);        //声明高精度浮点数 number1
        BigDecimal number2 = new BigDecimal(5.4321);        //声明高精度浮点数 number2
        BigDecimal addition = number1.add(number2);         //计算 number1 加 number2
        BigDecimal subtraction = number1.subtract(number2); //计算 number1 减 number2
        BigDecimal multiplication = number1.multiply(number2); //计算 number1 乘 number2
        //以四舍五入的方式获得高精度除法运算的结果
        BigDecimal division = number1.divide(number2, RoundingMode.HALF_UP);
        System.out.println("高精度浮点数 number1：" + number1);
        System.out.println("高精度浮点数 number2：" + number2);
        System.out.println("高精度浮点数加法：" + addition);
        System.out.println("高精度浮点数减法：" + subtraction);
        System.out.println("高精度浮点数乘法：" + multiplication);
        System.out.println("高精度浮点数除法：" + division);
    }
}
```

秘笈心法

心法领悟 210：BigDecimal 类的使用。

BigDecimal 类不仅提供了基本的四则运算，还提供了位运算、比较运算、最大公约数运算、模运算、指数运算等。详细情况请读者参考 Java API 文档。

实例 211	七星彩号码生成器 光盘位置：光盘\MR\211	初级 趣味指数：★★★★⯪

实例说明

七星彩是中国体彩推出的一种彩票，其基本玩法是，从 0～9 的 10 个数字中随机选择 1 个，一共选择 7 次，组成一个 7 位数。如果完全和中奖号码相同则中一等奖。本实例将实现一个七星彩号码生成器，实例运行效果如图 9.21 所示。

关键技术

Random 类的实例用于生成伪随机数。该类使用 48 位的种子，使用线性同余公式（linearcongruential form）对其进行了修改。它提供了常用的伪随机数生成方法，类型包括 boolean、int、long、double 等。Random 类的常用方法如表 9.20 所示。

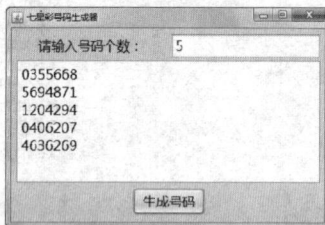

图 9.21　实例运行效果

表 9.20　Random 类的常用方法

方 法 名	作 用
setSeed(long seed)	设置随机数种子值
nextInt(int n)	获得一个小于 n 的随机数

设计过程

（1）继承 JFrame 编写一个窗体类，名称为 SevenStar。

（2）设计 SevenStar 窗体类时用到的主要控件及说明如表 9.21 所示。

表 9.21　窗体的主要控件及说明

控 件 类 型	控 件 命 名	控 件 用 途
JLabel	lable	提示用户输入生成号码的数量
JTextField	textField	获得用户输入的号码数量
JTextArea	textArea	显示生成的号码
JButton	button	生成号码

（3）编写方法 do_button_actionPerformed()，用来监听单击"生成号码"按钮事件。在该方法中，根据用户的需要生成指定数量的随机数。核心代码如下：

```
protected void do_button_actionPerformed(ActionEvent e) {
    int times = Integer.parseInt(textField.getText());           //获得用户输入的需要生成的中奖号码个数
    //省略提示购买数量太多的代码
    StringBuilder sb = new StringBuilder();                       //利用 StringBuilder 类保存彩票中奖号码
    for (int i = 0; i < times; i++) {
        int number = new Random().nextInt((int) Math.pow(10, 7)); //生成随机数
        String luckNumber = "" + number;
        while (luckNumber.length() < 7) {
            luckNumber = "0" + luckNumber;                        //如果随机数长度不够 7 位，则用 0 补齐
        }
        sb.append(luckNumber + "\n");
```

```
    }
    textArea.setText(sb.toString());                                      //显示生成的中奖号码
}
```

秘笈心法

心法领悟 211：提高七星彩中奖概率。

本程序使用随机数的方法获得七星彩号码，这些号码的中奖概率很低。使用数理统计方法可以提高中奖的概率，感兴趣的读者可参考相关书籍。

实例 212	大乐透号码生成器	初级
	光盘位置：光盘\MR\212	趣味指数：★★★★☆

实例说明

大乐透是中国体彩推出的一种彩票，其基本玩法是，从 1～35 中随机选取不重复的 5 个数字，从 1～12 中随机选取不重复的两个数字组成一个 7 位数。如果完全和中奖号码相同则中一等奖。本实例将实现一个大乐透号码生成器，实例运行效果如图 9.22 所示。

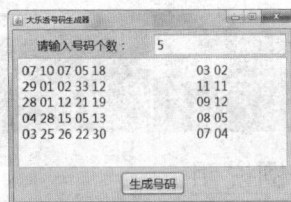

图 9.22　实例运行效果

关键技术

本实例应用到的关键技术请参见实例 211。

设计过程

（1）继承 JFrame 编写一个窗体类，名称为 SuperFun。

（2）设计 SuperFun 窗体类时用到的主要控件及说明如表 9.22 所示。

表 9.22　窗体的主要控件及说明

控 件 类 型	控 件 命 名	控 件 用 途
JLabel	lable	提示用户输入生成号码的数量
JTextField	textField	获得用户输入的号码数量
JTextArea	textArea	显示生成的号码
JButton	button	生成号码

（3）编写 do_button_actionPerformed()方法，用来监听单击"生成号码"按钮事件。在该方法中，根据用户的需要生成指定数量的随机数。核心代码如下：

```
protected void do_button_actionPerformed(ActionEvent e) {
    int times = Integer.parseInt(textField.getText());                    //获得用户输入的需要生成的中奖号码个数
    //省略提示购买数量太多的代码
    StringBuilder sb = new StringBuilder();
    for (int i = 0; i < times; i++) {
        for (int j = 0; j < 5; j++) {                                      //在 1~35 中随机选择 5 个数字
            List<Integer> list = new ArrayList<Integer>();
            for (int k = 1; k < 36; k++) {
                list.add(k);                                               //将 1~35 添加到列表中
            }
            int number = list.get(new Random().nextInt(list.size()));     //随机选择一个数字
            String luckNumber = number < 10 ? "0" + number : "" + number; //格式化数字
            sb.append(luckNumber + " ");                                  //向 sb 中增加数字
            list.remove(new Integer(number));                             //删除选择的数字，这样就避免了重复
        }
        sb.append("\t\t");
        for (int j = 0; j < 2; j++) {                                      //在 1~12 中随机选择两个数字
            List<Integer> list = new ArrayList<Integer>();
```

```
    for (int k = 1; k < 13; k++) {
        list.add(k);                                                    //将 1~12 添加到列表中
    }
    int number = list.get(new Random().nextInt(list.size()));
    String luckNumber = number < 10 ? "0" + number : "" + number;       //格式化数字
    sb.append(luckNumber + " ");                                        //向 sb 中增加数字
    list.remove(new Integer(number));                                  //删除选择的数字，这样就避免了重复
    }
    sb.append("\n");
    textArea.setText(sb.toString());
}
```

■ 秘笈心法

心法领悟 212：提高大乐透中奖概率。

本程序使用随机数的方法获得大乐透号码，这些号码的中奖概率很低。使用数理统计方法可以提高中奖的概率，感兴趣的读者可参考相关书籍。

实例 213	监视 JVM 内存状态 光盘位置：光盘\MR\213	高级 趣味指数：★★★★☆

■ 实例说明

对于已经实现一定功能的程序，在优化时往往需要从两个方面考虑，即执行任务所消耗的时间和程序运行时所使用的内存。本实例将编写一个程序来动态显示虚拟机的内存变化，实例运行效果如图 9.23 所示。

■ 关键技术

每个 Java 应用程序都有一个 Runtime 类实例，使应用程序能够与其运行的环境相连接。可以通过 getRuntime()方法获取当前运行时间。应用程序不能创建自己的 Runtime 类实例。Runtime 类的常用方法如表 9.23 所示。

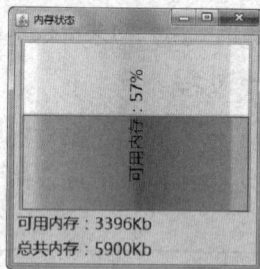

图 9.23　实例运行效果

表 9.23　Runtime 类的常用方法

方　法　名	作　　用
getRuntime()	获得当前应用程序的 Runtime 实例
freeMemory()	返回 Java 虚拟机中的空闲内存量
totalMemory()	返回 Java 虚拟机中的内存总量

注意：freeMemory()和 totalMemory()的返回值是 long 型，表示内存的字节数。

■ 设计过程

（1）继承 JFrame 编写一个窗体类，名称为 MemoryStatus。

（2）设计 MemoryStatus 窗体类时用到的主要控件及说明如表 9.24 所示。

表 9.24　窗体的主要控件及说明

控 件 类 型	控 件 命 名	控 件 用 途
JLabel	freeLabel	显示 JVM 有多少可用内存
	totalLabel	显示 JVM 有多少内存
JProgressBar	progressBar	显示内存的状态

（3）编写内部类 Memory，该类实现了获得虚拟机内存状态并在进度条上显示的功能。代码如下：

```java
private class Memory implements Runnable {
    @Override
    public void run() {
        while (true) {
            System.gc();                                              //强制虚拟机进行垃圾回收以释放内存
            int free = (int) Runtime.getRuntime().freeMemory() / 1024;   //获得可用内存
            int total = (int) Runtime.getRuntime().totalMemory() / 1024; //获得总共内存
            int status = free * 100 / total;                          //获得内存使用率
            freeLabel.setText("可用内存：" + free + "Kb");              //显示可用内存
            totalLabel.setText("总共内存：" + total + "Kb");            //显示总共内存
            progressBar.setValue(status);                             //显示内存的使用率
            progressBar.setString("可用内存：" + status + "%");
            try {
                Thread.sleep(1000);                                   //线程休眠 1 秒钟进行动态更新
            } catch (InterruptedException e) {
                e.printStackTrace();
            }
        }
    }
}
```

■ 秘笈心法

心法领悟 213：Runtime 类的使用。

Runtime 类不仅提供了获得虚拟机内存状态的方法，还可以运行本地程序，如打开 Windows 系统的记事本、计算器等程序。关于这些方法的使用请参考 Java API 文档。

实例 214	启动默认文本工具 光盘位置：光盘\MR\214	初级 趣味指数：★★★

■ 实例说明

在 Java 应用程序运行中，有时需要使用本地安装的软件。本实例将演示如何使用默认的文本编辑工具来修改指定的文档。实例运行效果如图 9.24 所示。

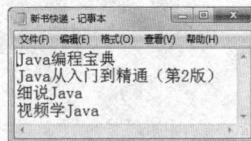

图 9.24　实例运行效果

■ 关键技术

Desktop 允许 Java 应用程序启动已在本机桌面上注册的关联应用程序，以处理 URI 或文件。其支持的操作包括：

❑　启动用户默认浏览器来显示指定的 URI。
❑　启动带有可选 mailto URI 的用户默认邮件客户端。
❑　启动已注册的应用程序，以打开、编辑或打印指定的文件。

Desktop 类的常用方法如表 9.25 所示。

表 9.25　Desktop 类的常用方法

方 法 名	作 用
isDesktopSupported()	测试当前平台是否支持 Desktop 类
getDesktop()	获得 Desktop 类的实例
edit(File file)	运行默认的文本工具打开 file 以便修改

◀》注意：Desktop 类的功能是与操作系统密切相关的，因此在使用之前需要测试是否支持指定操作。

■ 设计过程

编写 FileEdition 类，在 main()方法中启动 notepad 来查看文档的内容。代码如下：

```java
public class FileEdition {
    public static void main(String[] a) {
        if (Desktop.isDesktopSupported()) {            //测试 Desktop 类在当前平台是否可用
            Desktop desktop = Desktop.getDesktop();    //获得 Desktop 类的实例
            try {
                desktop.edit(new File("d:\\新书快递.txt"));    //编辑本地文件
            } catch (IOException e) {
                e.printStackTrace();
            }
        }
    }
}
```

■ 秘笈心法

心法领悟 214：Desktop 类的使用。

Desktop 类不仅提供了编辑本地文件的方法，还提供了如何使用默认浏览器打开指定网址、打印文件、发送 E-mail 等方法。关于这些方法的使用请参考 Java API 文档。

实例 215	简单的截图软件	高级
	光盘位置：光盘\MR\215	趣味指数：★★★★

■ 实例说明

在使用计算机时，有时会需要持久保存屏幕上显示的内容，此时可以使用截图软件将指定的区域制作成图片来保存。比较好用的截图软件有 Snagit、红蜻蜓等。本实例将使用 Java 的 Robot 类编写一个功能非常简单的截图软件。实例运行效果如图 9.25 所示。

图 9.25　实例运行效果

■ 关键技术

Robot 类用于为测试自动化、自运行演示程序和其他需要控制鼠标和键盘的应用程序生成本机系统输入事件。Robot 的主要目的是便于 Java 平台实现自动测试。使用该类生成输入事件与将事件发送到 AWT 事件队列或 AWT 控件的区别在于，事件是在平台的本机输入队列中生成的。例如，Robot.mouseMove 将实际移动鼠标光标，而不是只生成鼠标移动事件。注意，某些平台需要特定权限或扩展来访问低级输入控件。如果当前平台配置不允许使用输入控件，那么试图构造 Robot 对象时将抛出 AWTException。为了截图，需要使用 createScreenCapture() 方法，该方法的声明如下：

```java
public BufferedImage createScreenCapture(Rectangle screenRect)
```

参数说明

screenRect：将在屏幕坐标中捕获的 Rect。

■ 设计过程

（1）编写类 ScreenCapture，该类继承了 JFrame。在框架中包含一个标签用来显示截图效果，一个"开始截图"按钮用来实现截图并在标签中显示。

（2）编写方法 do_button_actionPerformed()，用来监听单击"开始截图"按钮事件。在该方法中，完成截图并在标签上显示截图的效果。核心代码如下：

```java
protected void do_button_actionPerformed(ActionEvent e) {
    try {
        Robot robot = new Robot();                                    //创建 Robot 对象
        Toolkit toolkit = Toolkit.getDefaultToolkit();                //获得 Toolkit 对象
        Rectangle area = new Rectangle(toolkit.getScreenSize());      //设置截取区域为全屏
        //将 BufferedImage 转换成 Image
        BufferedImage bufferedImage = robot.createScreenCapture(area);
        ImageProducer producer = bufferedImage.getSource();
        Image image = toolkit.createImage(producer);
        imageLabel.setIcon(new ImageIcon(image));                     //显示图片
    } catch (AWTException e1) {
        e1.printStackTrace();
    }
}
```

■ 秘笈心法

心法领悟 215：截图程序的增强。

读者可以在本程序的基础上，增加让用户输入要截图的范围，还可以增加图片的保存功能，即使用输出流将图片写入到本地文件。

第10章

Commons 组件

▶▶ Commons Lang 组件简介

▶▶ Commons Math 组件简介

▶▶ Commons IO 组件简介

▶▶ Commons BeanUtils 组件简介

▶▶ 其他 Commons 组件简介

10.1　Commons Lang 组件简介

实例 216	数组元素的增加 光盘位置：光盘\MR\216	初级 趣味指数：★★

■ 实例说明

Java 语言中的数组并不好用：在创建时需要指定数组的长度，并且一旦创建完成则长度不能再发生变化。为了弥补这个不足，Java SE API 中提供了 ArrayList 类。对于数组的超级粉丝，推荐使用 Commons Lang 组件。其中的 ArrayUtils 类对数组操作进行了增强，实现了向数组中增加元素的方法。本实例将演示如何使用这些方法，实例运行效果如图 10.1 所示。

图 10.1　实例运行效果

■ 关键技术

ArrayUtils 类提供了对基本类型（如 int）、包装类型（如 Integer）和其他引用类型数组的支持。该类尝试优雅地处理 null 值。如果数组为 null，并不会抛出异常；如果数组中某个元素为 null，才会抛出异常。ArrayUtils 类增加数组元素的方法如表 10.1 所示。

表 10.1　ArrayUtils 类增加数组元素的方法

方　法　名	作　用
add(int[] array, int element)	复制给定的数组 array，并将 element 元素增加到新数组末尾
add(int[] array, int index, int element)	将 element 元素插入到数组 array 的 index 位置
addAll(int[] array1, int[] array2)	生成一个新的数组，该数组按顺序包含 array1 和 array2 的元素

📖 说明：ArrayUtils 支持很多类型的数组，对于其他类型其方法是相似的，读者可以参考相关的 API 文档。

■ 设计过程

编写 ArrayUtilsTest 类，在该类的 main() 方法中，实现向数组的不同位置增加元素和合并数组的操作。代码如下：

```java
public class ArrayUtilsTest {
    public static void main(String[] args) {
        int[] array0 = new int[5];                              //创建长度为 5 的 int 类型数组
        Arrays.fill(array0, 8);                                 //将数组中的元素全部初始化为 8
        System.out.println("数组中的元素是：");
        System.out.println(Arrays.toString(array0));            //输出数组中的全部元素
        System.out.println("在数组的最后增加元素 10");
        int[] array1 = ArrayUtils.add(array0, 10);              //在数组的最后增加元素 10
        System.out.println("数组中的元素是：");
        System.out.println(Arrays.toString(array1));            //输出新数组中的全部元素
        System.out.println("在数组的开头增加元素 10");
        int[] array2 = ArrayUtils.add(array0, 0, 10);           //在数组的开头增加元素 10
        System.out.println("数组中的元素是：");
        System.out.println(Arrays.toString(array2));            //输出新数组中的全部元素
        System.out.println("将新生成的两个数组合并");
        int[] array3 = ArrayUtils.addAll(array1, array2);       //合并新生成的两个数组
        System.out.println("数组中的元素是：");
        System.out.println(Arrays.toString(array3));            //输出新数组中的全部元素
    }
}
```

🔊 **注意**：数组的下标是从 0 开始到数组的长度减 1。在编程中一定要注意，否则会出现数组下标越界异常。

▌秘笈心法

心法领悟 216：数组元素的增加。

ArrayUtils 类并没有改变 Java 的基本语法，即数组长度增加的原因是使用反射机制创建了一个新的数组。推荐读者查看该类的源代码并深入学习。其实完全可以使用 ArrayList 类来代替数组，该类的使用也是非常方便的。

实例 217	数组元素的删除 光盘位置：光盘\MR\217	初级 趣味指数：★★

▌实例说明

Java 语言中的数组并不好用：在创建时需要指定数组的长度，并且一旦创建完成则长度不能再发生变化。为了弥补这个不足，Java SE API 中提供了 ArrayList 类。对于数组的超级粉丝，推荐使用 Commons Lang 组件。其中的 ArrayUtils 类对数组操作进行了增强，实现了向数组中删除元素的方法。本实例将演示如何使用这些方法，实例运行效果如图 10.2 所示。

图 10.2　实例运行效果

▌关键技术

ArrayUtils 类提供了对基本类型（如 int）、包装类型（如 Integer）和其他引用类型数组的支持。该类尝试优雅地处理 null 值。如果数组为 null，并不会抛出异常；如果一个数组中某个元素为 null，才会抛出异常。ArrayUtils 类删除数组元素的方法如表 10.2 所示。

表 10.2　ArrayUtils 类删除数组元素的方法

方 法 名	作 用
remove(int[] array, int index)	删除数组 array 中索引为 index 的元素
removeElement(int[] array, int element)	删除数组 array 中的第一个 element 元素，如果没有则不发生变化

📖 **说明**：ArrayUtils 支持很多类型的数组，对于其他类型其方法是相似的，读者可以参考相关的 API 文档。

▌设计过程

编写 ArrayUtilsTest 类，在该类的 main()方法中演示如何删除数组中的元素。代码如下：

```java
public class ArrayUtilsTest {
    public static void main(String[] args) {
        int[] array0 = { 1, 2, 3, 2, 1 };                       //在定义数组时实现初始化
        System.out.println("数组中的元素是：");
        System.out.println(Arrays.toString(array0));            //输出数组中的全部元素
        System.out.println("删除最后一个元素");
        int[] array1 = ArrayUtils.remove(array0, 4);            //删除索引为 4 的元素
        System.out.println("数组中的元素是：");
        System.out.println(Arrays.toString(array1));            //输出新数组中的全部元素
        System.out.println("删除元素 2");
        int[] array2 = ArrayUtils.removeElement(array0, 2);     //删除元素 2
        System.out.println("数组中的元素是：");
        System.out.println(Arrays.toString(array2));            //输出新数组中的全部元素
    }
}
```

🔊 **注意**：数组的下标是从 0 开始到数组的长度减 1。在编程中一定要注意，否则会出现数组下标越界异常。

秘笈心法

心法领悟 217：数组元素的删除。

ArrayUtils 类并没有改变 Java 的基本语法，即数组长度缩小的原因是使用反射机制创建了一个新的数组。推荐读者查看该类的源代码并深入学习。其实完全可以使用 ArrayList 类来代替数组，该类的使用也是非常方便的。

实例 218	生成随机字符串	初级
	光盘位置：光盘\MR\218	趣味指数：★★★

实例说明

在用户注册和登录等操作时，为了防止用户使用软件进行恶意操作（如批量注册用户），通常会要求用户输出一些随机的字符串。Commons Lang 组件的 RandomStringUtils 类提供了生成随机字符串的方法。本实例将演示如何使用这些方法，实例运行效果如图 10.3 所示。

📖说明：所有的字符串都是随机生成的，如果读者在运行本实例时结果与图片中不同是正常的。

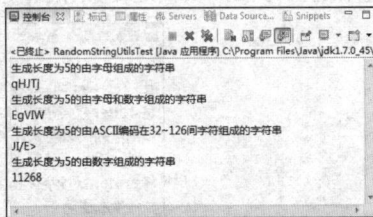

图 10.3　实例运行效果

关键技术

RandomStringUtils 类提供了多种生成随机字符串的方法。本实例使用的方法如表 10.3 所示。

表 10.3　RandomStringUtils 类生成随机字符串的方法

方 法 名	作 用
randomAlphabetic(int count)	生成一个长度为 count 的字符串，字符取自全部大小写字母
randomAlphanumeric(int count)	生成一个长度为 count 的字符串，字符取自全部大小写字母和数字
randomAscii(int count)	生成一个长度为 count 的字符串，字符的 ASCII 编码在 32~126 之间
randomNumeric(int count)	生成一个长度为 count 的字符串，字符取自数字

💡提示：该类还有一个 random() 方法，该方法使用的字符取自全部字符集，会出现乱码的情况，因此不要使用。

设计过程

编写 RandomStringUtilsTest 类，在该类的 main() 方法中输出了 4 类随机字符串。代码如下：

```java
public class RandomStringUtilsTest {
    public static void main(String[] args) {
        System.out.println("生成长度为 5 的由字母组成的字符串");
        String randomString = RandomStringUtils.randomAlphabetic(5);         //获得随机字符串
        System.out.println(randomString);
        System.out.println("生成长度为 5 的由字母和数字组成的字符串");
        randomString = RandomStringUtils.randomAlphanumeric(5);              //获得随机字符串
        System.out.println(randomString);
        System.out.println("生成长度为 5 的由 ASCII 编码在 32~126 间字符组成的字符串");
        randomString = RandomStringUtils.randomAscii(5);                    //获得随机字符串
        System.out.println(randomString);
        System.out.println("生成长度为 5 的由数字组成的字符串");
        randomString = RandomStringUtils.randomNumeric(5);                  //获得随机字符串
        System.out.println(randomString);
    }
}
```

秘笈心法

心法领悟 218：随机字符串的应用。

有些"智能化"的软件能识别文本形式的字符串，因此程序中很少直接使用文本字符串。通常将字符串转换成图片形式，还可以在图片中增加一些不规则的直线，防止恶意软件的识别。

实例 219	序列化与反序列化	高级
	光盘位置：光盘\MR\219	趣味指数：★★★

■ 实例说明

当需要保存对象的状态时，可以考虑使用序列化。Java SE API 中提供了对序列化的支持，但是使用起来十分不方便。Commons Lang 组件的 SerializationUtils 类提供了简化的序列化与反序列化的方法。本实例将演示如何使用这些方法，实例运行效果如图 10.4 所示。

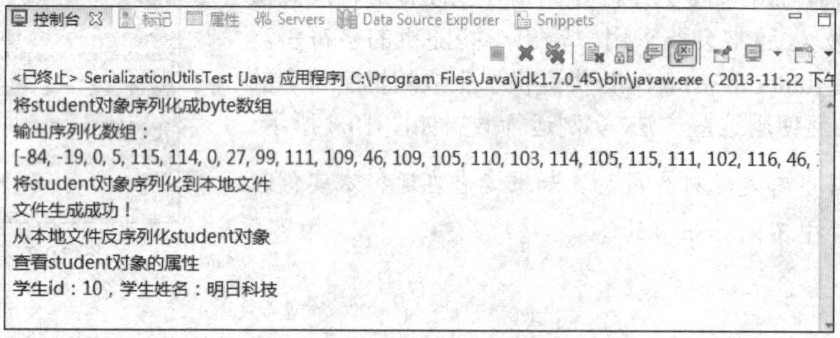

图 10.4　实例运行效果

💡 **提示**：运行序列化的类要实现 I/O 包中的 Serializable 接口。该接口是一个标识接口，它没有定义任何方法。

■ 关键技术

SerializationUtils 类提供了简单的序列化与反序列化的方法。本实例使用的方法如表 10.4 所示。

表 10.4　SerializationUtils 类的常用方法

方　法　名	作　　用
clone(Serializable object)	使用序列化深度克隆对象 object
deserialize(byte[] objectData)	将 byte 数组 objectData 反序列化成一个对象
deserialize(InputStream inputStream)	从 inputStream 中反序列化一个对象
serialize(Serializable obj)	将 obj 对象序列化成一个 byte 数组
serialize(Serializable obj, OutputStream outputStream)	将 obj 对象序列化成 outputStream

✍ **技巧**：利用 FileInputStream 可以将对象的序列化结果写入文件，利用 FileOutputStream 可以从文件中读取。

■ 设计过程

（1）编写 Student 类，在该类中定义两个域：id 表示学生序号，name 表示学生姓名。为这两个域提供 get 和 set 方法，并且重写 toString()方法。代码如下：

```java
public class Student implements Serializable {
    private static final long serialVersionUID = -8396517822004869094L;
    private int id;                                    //表示学生的序号
    private String name;                               //表示学生的姓名
    public int getId() {                               //获得学生的序号
        return id;
    }
    public void setId(int id) {                        //设置学生的序号
        this.id = id;
    }
```

```java
    public String getName() {                                    //获得学生的姓名
        return name;
    }
    public void setName(String name) {                           //设置学生的姓名
        this.name = name;
    }
    @Override
    public String toString() {
        return "学生 id: " + id + ", 学生姓名: " + name;
    }
}
```

（2）编写 SerializationUtilsTest 类，在该类的 main()方法中，首先创建了 student 对象，然后将其序列化，再反序列化，最后输出该对象。代码如下：

```java
public class SerializationUtilsTest {
    public static void main(String[] args) {
        Student student = new Student();                         //创建 student 对象
        student.setId(10);                                      //初始化 id 属性
        student.setName("明日科技");                             //初始化 name 属性
        System.out.println("将 student 对象序列化成 byte 数组");
        byte[] studentByte = SerializationUtils.serialize(student);   //将对象转换成 byte 数组
        System.out.println("输出序列化数组: ");
        System.out.println(Arrays.toString(studentByte));        //输出 byte 数组
        System.out.println("将 student 对象序列化到本地文件");
        FileOutputStream out = null;                            //创建文件输出流对象
        try {
            out = new FileOutputStream(new File("d:\\student.txt").getAbsoluteFile());
        } catch (FileNotFoundException e) {
            e.printStackTrace();
        }
        SerializationUtils.serialize(student, out);             //将对象写入到 student.txt 文件
        System.out.println("文件生成成功! ");
        System.out.println("从本地文件反序列化 student 对象");
        FileInputStream in = null;                              //创建文件输入流对象
        try {
            in = new FileInputStream(new File("d:\\student.txt").getAbsoluteFile());
        } catch (FileNotFoundException e) {
            e.printStackTrace();
        }
        Student newStudent = (Student) SerializationUtils.deserialize(in);  //读入对象
        System.out.println("查看 student 对象的属性");
        System.out.println(newStudent);
    }
}
```

■ 秘笈心法

心法领悟 219：利用序列化实现克隆。

在克隆对象时，如果存在多个引用类型的域，则深度克隆时还要考虑这些域的域。因此利用重写 clone()方法来实现深度克隆十分麻烦。序列化提供了克隆对象的简便途径，只要对应的类是可序列化的即可。而这种方法的缺点是序列化的速度明显慢于 clone()方法，读者需要在复杂性与效率之间做出合适的选择。

实例 220	分数的常见运算 光盘位置：光盘\MR\220	初级 趣味指数：★★★

■ 实例说明

Java API 中并没有对分数运算提供良好的支持，通常是使用 float 和 double 类型处理分数，这样很容易引起误差。Commons Lang 组件的 Fraction 类提供了分数运算的方法。本实例将演示如何使用这些方法，实例运行效果如图 10.5 所示。

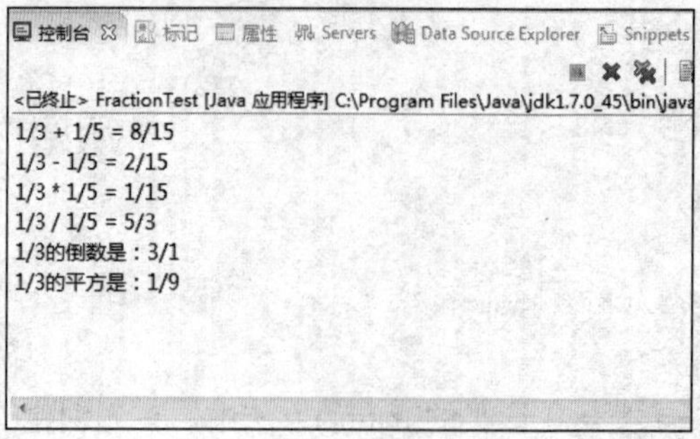

图 10.5　实例运行效果

■ 关键技术

Fraction 类继承了 Number 类，并提供了精确存储分数的功能。Fraction 类的常用方法如表 10.5 所示。

表 10.5　Fraction 类的常用方法

方　法　名	作　　用
getFraction(int numerator, int denominator)	获得一个分数对象，分子是 numerator，分母是 denominator
add(Fraction fraction)	分数的加法运算
subtract(Fraction fraction)	分数的减法运算
multiplyBy(Fraction fraction)	分数的乘法运算
divideBy(Fraction fraction)	分数的除法运算
invert()	获得分数的倒数
pow(int power)	获得分数的 power 次方

提示：Fraction 类还包括一些静态域表示一些常见的分数，如 TWO_THIRDS 表示 2/3。

■ 设计过程

编写 FractionTest 类，在该类的 main()方法中演示关于分数的基本运算。代码如下：

```java
public class FractionTest {
    public static void main(String[] args) {
        Fraction fraction1 = Fraction.getFraction(1, 3);                //创建小数 1/3
        Fraction fraction2 = Fraction.getFraction(1, 5);                //创建小数 1/5
        Fraction addition = fraction1.add(fraction2);                   //计算 1/3 + 1/5
        System.out.println("1/3 + 1/5 = " + addition);
        Fraction subtraction = fraction1.subtract(fraction2);          //计算 1/3 － 1/5
        System.out.println("1/3 - 1/5 = " + subtraction);
        Fraction multiplication = fraction1.multiplyBy(fraction2);     //计算 1/3 * 1/5
        System.out.println("1/3 * 1/5 = " + multiplication);
        Fraction division = fraction1.divideBy(fraction2);             //计算 1/3 / 1/5
        System.out.println("1/3 / 1/5 = " + division);
        Fraction invert = fraction1.invert();                          //计算 1/3 的倒数
        System.out.println("1/3 的倒数是： " + invert);
        Fraction pow = fraction1.pow(2);                               //计算 1/3 的平方
        System.out.println("1/3 的平方是： " + pow);
    }
}
```

■ 秘笈心法

心法领悟 220：小数的精确计算。

Java 中计算小数非常不方便，使用 float 或 double 都会损失精度，使用 Fraction 类能很好地解决这个问题。本实例仅演示了其常用方法，还有一些功能没有演示，读者可以参考其 API 文档。希望以后遇到分数相关的问题，读者能使用该工具类。

实例 221	整数取值范围判断 光盘位置：光盘\MR\221	初级 趣味指数：★★

■ 实例说明

很多数学问题都涉及数值的取值范围，如求定积分等。如果使用普通方法要判断两次，即数的上限和下限。Commons Lang 组件的 IntRange 类提供了更加合理的方法。本实例将演示如何使用这些方法，实例运行效果如图 10.6 所示。

■ 关键技术

IntRange 表示一个包含端点的整数区间。IntRange 类的常用方法如表 10.6 所示。

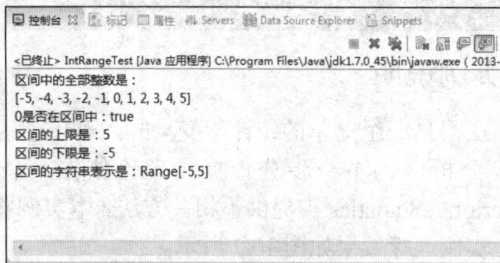

```
<已终止> IntRangeTest [Java 应用程序] C:\Program Files\Java\jdk1.7.0_45\bin\javaw.exe ( 2013-
区间中的全部整数是：
[-5, -4, -3, -2, -1, 0, 1, 2, 3, 4, 5]
0是否在区间中：true
区间的上限是：5
区间的下限是：-5
区间的字符串表示是：Range[-5,5]
```

图 10.6 实例运行效果

表 10.6 IntRange 类的常用方法

方　法　名	作　　用
IntRange(int number1, int number2)	创建一个整数区间，上限是 number2，下限是 number1
containsInteger(int value)	判断整数区间是否包含 value
getMaximumInteger()	获得区间中的最大整数
getMinimumInteger()	获得区间中的最小整数
toArray()	获得表示区间所有整数的一个数组
toString()	以字符串形式表示一个区间

📖 说明：该类所表示的区间是包括端点的，例如，表示-5~5 这个区间应该是[-5,5]，而不是(-5,5)。

■ 设计过程

编写 IntRangeTest 类，在该类的 main()方法中输出区间的上下限等信息。代码如下：

```java
public class IntRangeTest {
    public static void main(String[] args) {
        IntRange range = new IntRange(-5, 5);                    //创建一个-5~5 的区间
        System.out.println("区间中的全部整数是：");
        System.out.println(Arrays.toString(range.toArray()));    //输出区间中的全部整数
        System.out.print("0 是否在区间中：");
        System.out.println(range.containsInteger(0));            //判断 0 是否在区间中
        System.out.print("区间的上限是：");
        System.out.println(range.getMaximumInteger());           //输出区间的上限
        System.out.print("区间的下限是：");
        System.out.println(range.getMinimumInteger());           //输出区间的下限
        System.out.print("区间的字符串表示是：");
        System.out.println(range.toString());                    //输出区间的数学表示形式
    }
}
```

■ 秘笈心法

心法领悟 221：区间的应用。

区间是数学中的基本概念。IntRange 类提供了更有意义的区间表示和使用方式。在编程中可以用来确定点的位置、求解方程组等。

10.2　Commons Math 组件简介

实例 222	描述统计学应用 光盘位置：光盘\MR\222	初级 趣味指数：★★★

■ 实例说明

在得到一组简单的统计学变量时，可以使用描述统计学对其进行初步分析，为下一步分析提供理论依据。Commons Math 组件的 DescriptiveStatistics 类提供了相关方法。本实例将演示如何使用这些方法，实例运行效果如图 10.7 所示。

■ 关键技术

DescriptiveStatistics 类管理单变量的数据集并基于该数据集进行统计计算。windowSize 属性用来设置数据集的大小，默认情况下是不限制数据集大小的。由于该类会保存所有的数据，所以对于数据量比较大的统计运算，推荐使用 SummaryStatistics 类。DescriptiveStatistics 类的常用方法如表 10.7 所示。

图 10.7　实例运行效果

表 10.7　DescriptiveStatistics 类的常用方法

方　法　名	作　　用
addValue(double v)	向数据集中增加元素 v
getElement(int index)	获得索引为 index 的数据值
getGeometricMean()	获得几何平均数
getKurtosis()	获得峰度
getMax()	获得最大值
getMean()	获得算术平均数
getMin()	获得最小值
getN()	获得可用元素个数
getPercentile(double p)	获得 p 分位数
getSkewness()	获得偏度
getStandardDeviation()	获得标准方差
getSum()	获得和值
getSumsq()	获得平方和
getVariance()	获得方差

📖 说明：本实例涉及大量统计学术语，如果读者不了解可以参考相关的资料。

■ 设计过程

编写 DescriptiveStatisticsTest 类，在该类的 main() 方法中输出简单的数理统计信息。代码如下：

```java
public class DescriptiveStatisticsTest {
    public static void main(String[] args) {
        DescriptiveStatistics ds = new DescriptiveStatistics(10);
        for (int i = 0; i < 10; i++) {
            ds.addValue(new Random().nextInt(10));          //向数据集中添加 10 个小于 10 的随机变量
        }
```

```
        System.out.println("数据集中的全部元素：");
        System.out.println(Arrays.toString(ds.getValues()));
        System.out.println("数据集的算术平均数是：" + ds.getMean());
        System.out.println("数据集的几何平均数是：" + ds.getGeometricMean());
        System.out.println("数据集的方差是：" + ds.getVariance());
        System.out.println("数据集的标准方差是：" + ds.getStandardDeviation());
        System.out.println("数据集的和是：" + ds.getSum());
        System.out.println("数据集的平方和是：" + ds.getSumsq());
        System.out.println("数据集的最大值是：" + ds.getMax());
        System.out.println("数据集的最小值是：" + ds.getMin());
        System.out.println("数据集的中位数是：" + ds.getPercentile(50));
        System.out.println("数据集的偏度是：" + ds.getSkewness());
        System.out.println("数据集的峰度是：" + ds.getKurtosis());
    }
}
```

■ 秘笈心法

心法领悟 222：DescriptiveStatistics 类的使用。

描述统计学可以对数据进行初步的处理，其中涉及大量的统计学变量，如果读者自己编程还是有些麻烦的。使用 DescriptiveStatistics 类能直接获得这些统计学变量，并能大幅度简化开发，这样就可以集中精力解决核心问题。

实例 223	绘制简单直方图 光盘位置：光盘\MR\223	初级 趣味指数：★★★

■ 实例说明

描述统计学获得的数据对一般人来说太抽象了。通过绘制直方图可以对数据分布有个直观的了解。Commons Math 组件的 Frequency 类提供了相关方法。本实例将演示如何使用这些方法，实例运行效果如图 10.8 所示。

📖 说明：Frequency 支持多种类型，本实例选择 int 类型进行讲解，对于其他类型的使用与其类似。

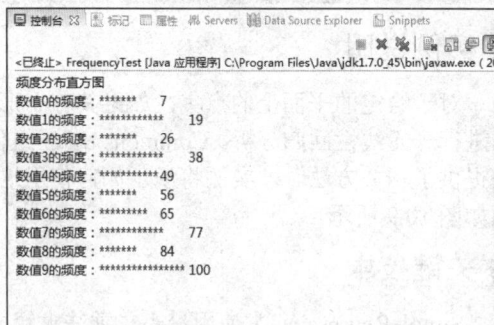

图 10.8　实例运行效果

■ 关键技术

Frequency 类用来管理频度分布，它接受 int、long、char 和 Comparable 类型的值。新增加的值必须和原来的可以比较，否则会出现 IllegalArgumentException。DescriptiveStatistics 类的常用方法如表 10.8 所示。

表 10.8　DescriptiveStatistics 类的常用方法

方 法 名	作 用
addValue(int v)	使 v 的频度值加 1
getCount(int v)	获得 v 的频度值
getCumFreq(int v)	获得 v 的累计频度值
getCumPct(int v)	获得 v 的累计频度值的百分比
getPct(int v)	获得 v 的频度值百分比

📖 说明：本实例涉及大量统计学术语，如果读者不了解可以参考相关的资料。

设计过程

编写 FrequencyTest 类，在该类的 main()方法中制作简单的直方图。代码如下：

```java
public class FrequencyTest {
    public static void main(String[] args) {
        Frequency frequency = new Frequency();
        for (int i = 0; i < 100; i++) {
            frequency.addValue(new Random().nextInt(10));        //增加 100 个小于 10 的随机数
        }
        System.out.println("频度分布直方图");
        for (int i = 0; i < 10; i++) {                           //对于 0～9 每个数值绘制直方图
            System.out.print("数值" + i + "的频度：");
            for (int j = 0; j < frequency.getCount(i); j++) {    //输入不同个数的星号表示不同的频度
                System.out.print("*");
            }
            System.out.println("\t" + frequency.getCumFreq(i));  //输出累计频度
        }
    }
}
```

秘笈心法

心法领悟 223：Frequency 类的使用。

除了绘制简单的直方图外，还可以使用该类绘制更为复杂、更为常用的直方图。结合 GUI 的知识，可以绘制出类似 Excel 中的直方图。

实例 224	一元线性回归计算 光盘位置：光盘\MR\224	初级 趣味指数：★★

实例说明

对于给定的平面上的点集，如果其分布形状类似于直线，则可以进行一元线性回归分析。Commons Math 组件的 SimpleRegression 类提供了相关方法。本实例将演示如何使用这些方法，实例运行效果如图 10.9 所示。

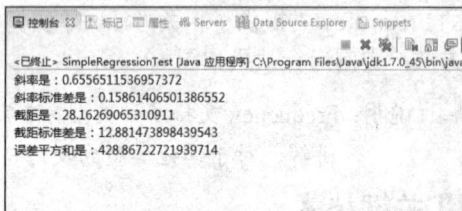

图 10.9　实例运行效果

关键技术

SimpleRegression 类使用最小二乘法求解 y = intercept + slope * x。intercept 和 slope 的标准差可以表示为 ANOVA、r-square 和 Pearson's r 统计量。SimpleRegression 类的常用方法如表 10.9 所示。

表 10.9　SimpleRegression 类的常用方法

方　法　名	作　　用
addData(double[][] data)	以二维数组形式增加要分析的数据
addData(double x, double y)	以坐标形式增加要分析的数据
getIntercept()	获得回归方程的截距
getInterceptStdErr()	获得截距的标准差
getSlope()	获得回归方程的斜率
getSlopeStdErr()	获得斜率的标准差
getSumSquaredErrors()	获得回归方程的误差平方和

📖 说明：本实例涉及大量统计学术语，如果读者不了解可以参考相关的资料。

■ 设计过程

编写 SimpleRegressionTest 类，在该类的 main()方法中实现简单一元线性回归分析。代码如下：

```
public class SimpleRegressionTest {
    public static void main(String[] args) {
        double[][] data = { { 54, 61 }, { 66, 80 }, { 68, 62 }, { 76, 86 }, { 78, 84 }, { 82, 76 }, { 85, 85 }, { 87, 82 }, { 90, 88 }, { 94, 82 }, { 90, 88 },
{ 94, 96 } };
        SimpleRegression regression = new SimpleRegression();
        regression.addData(data);                                          //增加要分析的数据
        System.out.println("斜率是： " + regression.getSlope());
        System.out.println("斜率标准差是： " + regression.getSlopeStdErr());
        System.out.println("截距是： " + regression.getIntercept());
        System.out.println("截距标准差是： " + regression.getInterceptStdErr());
        System.out.println("误差平方和是： " + regression.getSumSquaredErrors());
    }
}
```

■ 秘笈心法

心法领悟 224：SimpleRegression 类的使用。

一元线性回归是统计学中常用的分析方法，目前已经利用最小二乘法计算出最优解。SimpleRegression 类就是实现了该方法来简化程序员编程的。对此感兴趣的读者可以参考统计学或数值分析教材。

实例 225	实数矩阵的运算 光盘位置：光盘\MR\225	初级 趣味指数：★★

■ 实例说明

矩阵是线性代数的基础，其常用运算包括矩阵的加法、减法、乘法、转置等。Commons Math 组件的 RealMatrix 接口定义了这些方法。本实例将演示如何使用这些方法，实例运行效果如图 10.10 所示。

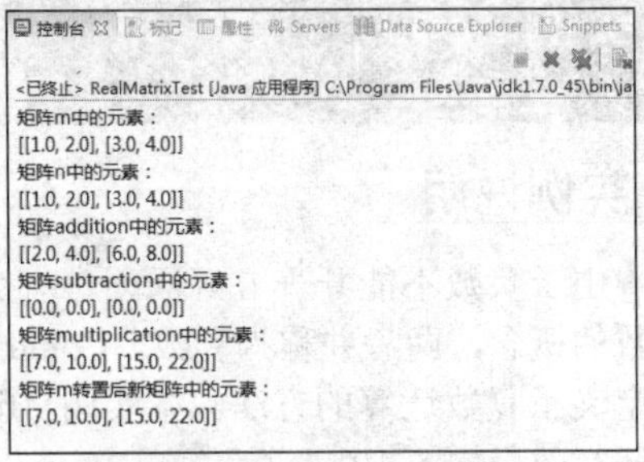

■ 关键技术

RealMatrix 接口定义了矩阵的常用方法。本实例使用的方法如表 10.10 所示。

图 10.10　实例运行效果

表 10.10　RealMatrix 接口类的常用方法

方　法　名	作　用
add(RealMatrix m)	调用该方法的矩阵与矩阵 m 求和
subtract(RealMatrix m)	调用该方法的矩阵与矩阵 m 求差
multiply(RealMatrix m)	调用该方法的矩阵与矩阵 m 求积
transpose()	将调用该方法的矩阵转置
getData()	将矩阵转换成二维 double 数组

说明：本实例涉及大量线性代数术语，如果读者不了解可以参考相关的资料。

■ 设计过程

编写 RealMatrixTest 类，在该类的 main()方法中演示如何进行矩阵的四则运算。代码如下：

```
public class RealMatrixTest {
    public static void main(String[] args) {
```

```
double[][] matrixData1 = { { 1, 2 }, { 3, 4 } };
RealMatrix m = new Array2DRowRealMatrix(matrixData1);          //利用二维数组初始化矩阵
System.out.println("矩阵 m 中的元素：");
System.out.println(Arrays.deepToString(m.getData()));          //利用工具类输出矩阵中的元素
double[][] matrixData2 = { { 1, 2 }, { 3, 4 } };
RealMatrix n = new Array2DRowRealMatrix(matrixData2);          //利用二维数组初始化矩阵
System.out.println("矩阵 n 中的元素：");
System.out.println(Arrays.deepToString(n.getData()));          //利用工具类输出矩阵中的元素
RealMatrix addition = m.add(n);                                //进行矩阵加法运算
System.out.println("矩阵 addition 中的元素：");
System.out.println(Arrays.deepToString(addition.getData()));
RealMatrix subtraction = m.subtract(n);                        //进行矩阵减法运算
System.out.println("矩阵 subtraction 中的元素：");
System.out.println(Arrays.deepToString(subtraction.getData()));
RealMatrix multiplication = m.multiply(n);                     //进行矩阵乘法运算
System.out.println("矩阵 multiplication 中的元素：");
System.out.println(Arrays.deepToString(multiplication.getData()));
RealMatrix transposition = m.multiply(n);                      //进行矩阵转置运算
System.out.println("矩阵 m 转置后新矩阵中的元素：");
System.out.println(Arrays.deepToString(transposition.getData()));
    }
}
```

■ 秘笈心法

心法领悟 225：RealMatrix 类的使用。

由于矩阵运算的特殊性，编程实现是很复杂的，而且也是不必要的。使用 RealMatrix 接口的实现类，就可以实现矩阵的常见运算，大大简化了编程。

实例 226	复数的常见运算 光盘位置：光盘\MR\226	初级 趣味指数：★★

■ 实例说明

由于负数不能开平方等原因，对实数集进行了扩展，引入了虚数的概念，两者并称为复数。Commons Math 组件的 Complex 类定义了复数运算的方法。本实例将演示如何使用这些方法，实例运行效果如图 10.11 所示。

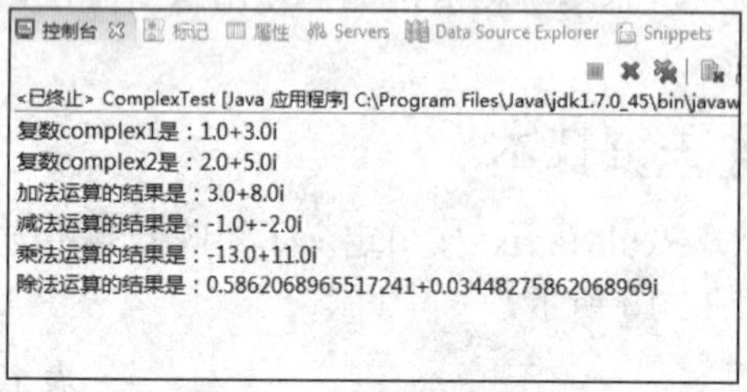

图 10.11 实例运行效果

■ 关键技术

Complex 类定义了复数运算的常用方法。本实例使用的方法如表 10.11 所示。

表 10.11 Complex 类的常用方法

方 法 名	作 用
Complex(double real, double imaginary)	创建一个复数对象，实部是 real，虚部是 imaginary
add(Complex rhs)	调用该方法的复数与复数 rhs 求和
subtract(Complex rhs)	调用该方法的复数与复数 rhs 求差
multiply(Complex rhs)	调用该方法的复数与复数 rhs 求积
divide(Complex rhs)	调用该方法的复数与复数 rhs 求商
getReal()	获得复数的实部
getImaginary()	获得复数的虚部

📖 说明：本实例涉及一些复数术语，如果读者不了解可以参考相关的资料。

设计过程

编写 ComplexTest 类，在该类的 main()方法中演示复数的四则运算。代码如下：

```java
public class ComplexTest {
    public static void main(String[] args) {
        Complex complex1 = new Complex(1.0, 3.0);                              //复数的初始化
        System.out.println("复数 complex1 是：" + getComplex(complex1));
        Complex complex2 = new Complex(2.0, 5.0);                              //复数的初始化
        System.out.println("复数 complex2 是：" + getComplex(complex2));
        Complex addition = complex1.add(complex2);                            //复数的加法运算
        System.out.println("加法运算的结果是：" + getComplex(addition));
        Complex subtraction = complex1.subtract(complex2);                    //复数的减法运算
        System.out.println("减法运算的结果是：" + getComplex(subtraction));
        Complex multiplication = complex1.multiply(complex2);                 //复数的乘法运算
        System.out.println("乘法运算的结果是：" + getComplex(multiplication));
        Complex division = complex1.divide(complex2);                         //复数的除法运算
        System.out.println("除法运算的结果是：" + getComplex(division));
    }
    public static String getComplex(Complex complex) {                        //自定义输出复数的方法
        return complex.getReal() + "+" + complex.getImaginary() + "i";
    }
}
```

秘笈心法

心法领悟 226：Complex 类的使用。

Complex 类不仅提供了基本的四则运算，还有三角运算、反三角运算、指数运算、共轭运算等。只要读者了解相关的数学背景，这些方法是很容易使用的。

实例227	T 分布常用计算 光盘位置：光盘\MR\227	初级 趣味指数：★★

实例说明

正态分布是统计学中重要的分布，但是由于数据的方差不易计算，实际应用中更倾向使用 T 分布。Commons Math 组件的 TDistributionImpl 类定义了 T 分布常用的计算方法。本实例将演示如何使用这些方法，实例运行效果如图 10.12 所示。

图 10.12　实例运行效果

关键技术

TDistributionImpl 类定义了 T 分布运算的常用方法。本实例使用的方法如表 10.12 所示。

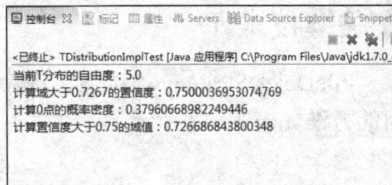

表 10.12　TDistributionImpl 类的常用方法

方　法　名	作　　　用
TDistributionImpl(double degreesOfFreedom)	利用给定的自由度 degreesOfFreedom 初始化 T 分布
cumulativeProbability(double x)	计算当前 T 分布 X<x 的概率
density(double x)	计算点 x 的概率密度
getDegreesOfFreedom()	获得 T 分布的自由度
inverseCumulativeProbability(double p)	计算当前 T 分布概率为 p 时的关键点 x

说明：本实例涉及大量统计学术语，如果读者不了解可以参考相关的资料。

设计过程

编写 TDistributionImplTest 类，在该类的 main()方法中输出几个常见的 T 分布值。代码如下：

```
public class TDistributionImplTest {
    public static void main(String[] args) throws MathException {
        TDistributionImpl t = new TDistributionImpl(5);                    //新建一个自由度为 5 的 T 分布
        System.out.println("当前 T 分布的自由度: " + t.getDegreesOfFreedom());
        double upperTail = t.cumulativeProbability(0.7267);
        System.out.println("计算域大于 0.7267 的置信度: " + upperTail);
        System.out.println("计算 0 点的概率密度: " + t.density(0));
        double domain = t.inverseCumulativeProbability(0.75);
        System.out.println("计算置信度大于 0.75 的域值: " + domain);
    }
}
```

■ 秘笈心法

心法领悟 227：TDistributionImpl 类的使用。

虽然应用中 T 分布非常常用，但是其计算异常复杂，通常需要专业的数学软件来完成。TDistributionImpl 实现了 T 分布的常用计算，使用起来也很方便，简化了代码的编写。

10.3　Commons IO 组件简介

实例 228	简化文件（夹）删除 光盘位置：光盘\MR\228	高级 趣味指数：★★★

■ 实例说明

Java 中的文件和文件夹统一使用 File 类管理，该类提供了 delete() 方法用来删除文件和空文件夹。Commons IO 组件的 FileDeleteStrategy 类定义了删除非空文件夹的方法。本实例将演示如何使用这些方法，实例运行效果如图 10.13 所示。

■ 关键技术

FileDeleteStrategy 类定义了删除文件（夹）的常用方法。本实例使用的方法如表 10.13 所示。

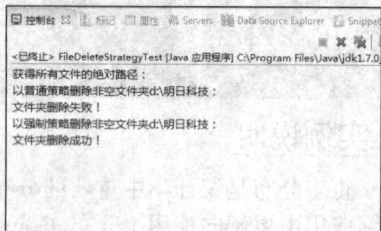

图 10.13　实例运行效果

表 10.13　FileDeleteStrategy 类的常用方法

方 法 名	作 用
delete(File fileToDelete)	删除文件（夹）fileToDelete，会抛出 IOException
deleteQuietly(File fileToDelete)	删除文件（夹）fileToDelete，如果出现异常则返回 false，否则返回 true
toString()	以字符串描述当前删除策略

📖 说明：FileDeleteStrategy 没有提供构造方法用来实例化，它仅提供了两个域 FORCE 与 NORMAL。

■ 设计过程

编写 FileDeleteStrategyTest 类，在该类的 main() 方法中演示删除文件（夹）的常用方式。代码如下：

```
public class FileDeleteStrategyTest {
    public static void main(String[] args) {
        File rootFile = new File("d:\\明日科技\\推荐图书");                  //创建要删除的文件夹对象
        System.out.println("获得所有文件的绝对路径: ");
        File[] list = rootFile.listFiles();
        for (File file : list) {
            System.out.println(file.getAbsolutePath());                   //输出文件夹中所有文件的绝对路径
        }
```

```
        FileDeleteStrategy strategy = FileDeleteStrategy.NORMAL;           //使用普通删除策略
        System.out.println("以普通策略删除非空文件夹 d:\\明日科技：");
        try {
            strategy.delete(new File("d:\\明日科技"));
            System.out.println("文件夹删除成功！");                        //如果删除成功则提示删除成功
        } catch (IOException e) {
            System.out.println("文件夹删除失败！");                        //如果删除失败则提示删除失败
        }
        strategy = FileDeleteStrategy.FORCE;                               //使用强制删除策略
        System.out.println("以强制策略删除非空文件夹 d:\\明日科技：");
        try {
            strategy.delete(new File("d:\\明日科技"));
            System.out.println("文件夹删除成功！");                        //如果删除成功则提示删除成功
        } catch (IOException e) {
            System.out.println("文件夹删除失败！");                        //如果删除失败则提示删除失败
        }
    }
}
```

■ 秘笈心法

心法领悟 228：FileDeleteStrategy 类的使用。

对于非空文件夹，通常删除起来十分不方便，先要删除其中的所有文件，再依次删除空文件夹。如果使用 FileDeleteStrategy 类就非常简单，一个方法调用就可以解决问题。

实例 229	简化文件（夹）复制 光盘位置：光盘\MR\229	高级 趣味指数：★★★

■ 实例说明

Java 中的文件和文件夹统一使用 File 类管理，该类并没有提供文件（夹）复制的相关方法。Commons IO 组件的 FileUtils 类定义了复制文件（夹）的方法。本实例将演示如何使用这些方法，实例运行效果如图 10.14 所示。

图 10.14　实例运行效果

■ 关键技术

FileUtils 类定义了复制文件（夹）的常用方法。本实例使用的方法如表 10.14 所示。

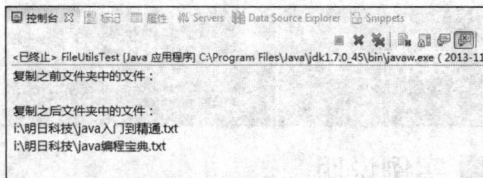

表 10.14　FileUtils 类的常用方法

方 法 名	作　　用
copyDirectory(File srcDir, File destDir)	将 srcDir 中的文件（夹）复制到 destDir 中
copyDirectory(File srcDir, File destDir, FileFilter filter)	作用同上，但可以选择复制的类型，如只复制文件夹
copyDirectoryToDirectory(File srcDir, File destDir)	将 srcDir 文件夹复制到 destDir 中
copyFile(File srcFile, File destFile)	将 srcFile 文件复制到 destFile 文件
copyFileToDirectory(File srcFile, File destDir)	将 srcFile 文件复制到 destDir 文件夹

■ 设计过程

编写 FileUtilsTest 类，在该类的 main()方法中演示复制文件（夹）的常用方式。代码如下：

```
public class FileUtilsTest {
    public static void main(String[] args) throws IOException {
        File srcDir = new File("D:\\明日科技");
        File destDir = new File("E:\\明日科技");
```

```
        List<String> list = new ArrayList<String>();
        System.out.println("复制之前文件夹中的文件：");
        getFilePath(list, destDir);
        for (String string : list) {
            System.out.println(string);                                    //输出复制前文件夹中的所有文件
        }
        System.out.println();
        System.out.println("复制之后文件夹中的文件：");
        FileUtils.copyDirectory(srcDir, destDir);
        getFilePath(list, destDir);
        for (String string : list) {
            System.out.println(string);                                    //输出复制后文件夹中的所有文件
        }
    }
    //获得 rootFile 文件夹中所有文件的绝对路径并将其保存在 list 中
    private static List<String> getFilePath(List<String> list, File rootFile) {
        File[] files = rootFile.listFiles();
        for (File file : files) {
            if (file.isDirectory()) {
                getFilePath(list, file);
            } else {
                list.add(file.getAbsolutePath().replace("\\", File.separator));
            }
        }
        return list;
    }
}
```

■ 秘笈心法

心法领悟 229：FileUtils 类的使用。

复制文件通常的思路是先创建文件，再利用流将数据写入到新创建的文件中。对于文件夹的复制更加复杂。如果使用 FileUtils 类就非常简单，一个方法调用就可以解决问题。

实例 230	简化文件（夹）排序 光盘位置：光盘\MR\230	高级 趣味指数：★★★

■ 实例说明

文件的排序通常涉及以下几个属性的比较：名称、大小、项目类型和修改时间。Commons IO 组件的 comparator 包对每个属性定义了一个类，用来简化文件的排序。本实例将演示如何使用 SizeFileComparator 类对文件按大小排序，实例运行效果如图 10.15 所示。

图 10.15 实例运行效果

■ 关键技术

SizeFileComparator 类定义了一些字段代表不同的排序方式，详细说明如表 10.15 所示。

表 10.15 SizeFileComparator 类的常用字段

字 段 名	作 用
SIZE_COMPARATOR	使文件按从小到大排序，文件夹的大小为 0
SIZE_REVERSE	使文件按从大到小排序，文件夹的大小为 0
SIZE_SUMDIR_COMPARATOR	使文件按从小到大排序，文件夹的大小为其中文件的大小总和
SIZE_SUMDIR_REVERSE	使文件按从大到小排序，文件夹的大小为其中文件的大小总和

设计过程

编写 SizeFileComparatorTest 类，在该类的 main()方法中演示排序文件（夹）的常用方式。代码如下：

```java
public class SizeFileComparatorTest {
    @SuppressWarnings("unchecked")
    public static void main(String[] args) throws IOException {
        File rootFile = new File("D:\\明日科技");                                    //创建一个文件夹对象
        File[] files = rootFile.listFiles();                                        //获得该文件夹中的所有文件（夹）
        System.out.println("文件（夹）的原始排序：");
        for (File file : files) {
            System.out.print(file.getName() + "\t");                                //输出文件夹中文件（夹）的名称
        }
        System.out.println();
        Arrays.sort(files, SizeFileComparator.SIZE_COMPARATOR);                      //对 files 数组进行排序
        System.out.println("文件（夹）的 SIZE_COMPARATOR 排序：");
        for (File file : files) {
            System.out.print(file.getName() + "\t");                                //输出文件夹中文件（夹）的名称
        }
        System.out.println();
        Arrays.sort(files, SizeFileComparator.SIZE_REVERSE);                         //对 files 数组进行排序
        System.out.println("文件（夹）的 SIZE_REVERSE 排序：");
        for (File file : files) {
            System.out.print(file.getName() + "\t");                                //输出文件夹中文件（夹）的名称
        }
        System.out.println();
        Arrays.sort(files, SizeFileComparator.SIZE_SUMDIR_COMPARATOR);
        System.out.println("文件（夹）的 SIZE_SUMDIR_COMPARATOR 排序：");
        for (File file : files) {
            System.out.print(file.getName() + "\t");                                //输出文件夹中文件（夹）的名称
        }
        System.out.println();
        Arrays.sort(files, SizeFileComparator.SIZE_SUMDIR_REVERSE);
        System.out.println("文件（夹）的 SIZE_SUMDIR_REVERSE 排序：");
        for (File file : files) {
            System.out.print(file.getName() + "\t");                                //输出文件夹中文件（夹）的名称
        }
    }
}
```

秘笈心法

心法领悟 230：利用其他属性对文件排序。

comparator 包还提供了很多类来支持根据文件类型、修改时间、名称、路径等的排序功能。读者可以参考相关的 API 文档进行学习。

实例 231	简化文件（夹）过滤 光盘位置：光盘\MR\231	高级 趣味指数：★★★

实例说明

假设文件夹中有大量不同的文件，而读者又仅对某种类型的文件感兴趣，就可以使用文件的过滤功能。Commons IO 组件的 filefilter 包提供了大量与过滤相关的实现类。本实例将演示如何使用 SizeFileFilter 类获得大小超过 1MB 的文件，实例运行效果如图 10.16 所示。

关键技术

SizeFileFilter 类能根据指定的文件大小实现过滤功能，可以过滤掉

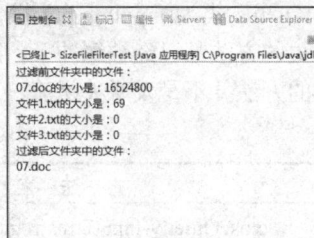

图 10.16　实例运行效果

小于指定数值的文件或者不小于指定数值的文件。SizeFileFilter 类的构造方法如表 10.16 所示。

表 10.16　SizeFileFilter 类的构造方法

构造方法名	作　　用
SizeFileFilter(long size)	创建一个能过滤掉大小不小于 size 的文件过滤器
SizeFileFilter(long size, boolean acceptLarger)	根据 acceptLarger 值来确定要过滤的文件大小，如果 acceptLarger 为 true，则过滤掉小于 size 的文件；如果 acceptLarger 为 false，则过滤掉不小于 size 的文件

■ 设计过程

编写 SizeFileFilterTest 类，在该类的 main()方法中过滤掉文件夹中文件大小小于 1MB 的文件。代码如下：

```java
public class SizeFileFilterTest {
    public static void main(String[] args) {
        File dir = new File("d:\\明日科技");                              //创建一个文件夹对象
        System.out.println("过滤前文件夹中的文件：");
        File[] files = dir.listFiles();                                   //获得该文件夹中所有的文件和子文件夹
        for (File file : files) {                                         //输出文件夹中文件的名字和大小
            System.out.println(file.getName() + "的大小是：" + file.length());
        }
        System.out.println("过滤后文件夹中的文件：");
        String[] fileNames = dir.list(new SizeFileFilter(1024 * 1024));   //过滤掉小于 1MB 的文件
        for (int i = 0; i < fileNames.length; i++) {
            System.out.println(fileNames[i]);
        }
    }
}
```

■ 秘笈心法

心法领悟 231：利用其他属性对文件过滤。

filefilter 包还提供了很多类来支持根据文件可读、可写、隐藏等属性过滤文件，还可以使用通配符等。读者可以参考相关的 API 文档进行学习。

实例 232	简化文件的读写操作 光盘位置：光盘\MR\232	高级 趣味指数：★★★

■ 实例说明

Java IO 操作中会出现大量的 IOException，需要对其捕获或抛出。Commons IO 组件的 IOUtils 对此进行了封装，并提供了大量简化 IO 操作的方法，本实例简单介绍与文件读写相关的方法。实例运行效果如图 10.17 所示。

■ 关键技术

图 10.17　实例运行效果

IOUtils 类为 input/output 操作提供静态工具方法。该类中与读流有关的方法都已经被缓冲了，所以不需要使用 BufferedRead。缓冲的大小是 4KB，经测试这是效率最高的。该类的方法并不是及时关闭流，这意味着需要手动关闭。IOUtils 类的常用方法如表 10.17 所示。

表 10.17　IOUtils 类的常用方法

方　法　名	作　　用
closeQuietly(InputStream input)	无条件关闭 InputStream
closeQuietly(OutputStream output)	无条件关闭 OutputStream

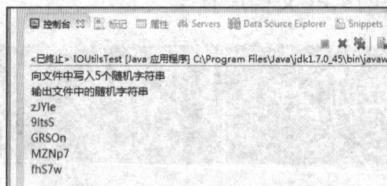

方　法　名	作　用
closeQuietly(Reader input)	无条件关闭 Reader
closeQuietly(Writer output)	无条件关闭 Writer
readLines(InputStream input)	将 InputStream 的内容转换成一个字符串列表
readLines(Reader input)	将 Reader 的内容转换成一个字符串列表
write(String data, OutputStream output)	将字符串写入 OutputStream 中
write(String data, Writer output)	将字符串写入 Writer 中

■ 设计过程

编写 IOUtilsTest 类，在该类的 main()方法中先向文件中写入 5 个字符串，然后输出。代码如下：

```java
public class IOUtilsTest {
    @SuppressWarnings("unchecked")
    public static void main(String[] args) {
        FileOutputStream out = null;
        FileInputStream in = null;
        try {
            out = new FileOutputStream("d:\\明日科技.txt");                    //创建文件输出流对象
            in = new FileInputStream("d:\\明日科技.txt");                      //创建文件输入流对象
            System.out.println("向文件中写入 5 个随机字符串");
            for (int i = 0; i < 5; i++) {                                  //向文件中写入 5 个随机字符串
                IOUtils.write(RandomStringUtils.randomAlphanumeric(5) + "\n", out);
            }
            System.out.println("输出文件中的随机字符串");
            List<String> list = IOUtils.readLines(in);                     //从文件中读取字符串
            for (String string : list) {
                System.out.println(string);
            }
        } catch (FileNotFoundException e) {
            e.printStackTrace();
        } catch (IOException e) {
            e.printStackTrace();
        } finally {
            IOUtils.closeQuietly(out);                                     //释放资源
            IOUtils.closeQuietly(in);                                      //释放资源
        }
    }
}
```

■ 秘笈心法

心法领悟 232：利用 IOUtils 类简化操作。

IOUtils 类除了上面提到的方法外还有其他有用的方法。例如，将 InputStream 转换成字节数组、字符数组，将 Reader 转换成字节数组、字符数组等。读者可以参考相关的 API 文档进行学习。

10.4　Commons BeanUtils 组件简介

实例233	设置 JavaBean 简单属性 光盘位置：光盘\MR\233	高级 趣味指数：★★★★

■ 实例说明

为了实现面向对象的封装特性，Java 程序员经常使用 JavaBean，即将类的所有域设置成私有的，然后对每个域提供 get 和 set 方法来获得和修改域的值。本实例演示在不能事先获得 JavaBean 的对象和要获得（修改）的域时，如何用 BeanUtils 组件实现动态获得和修改 JavaBean 属性的功能。实例运行效果如图 10.18 所示。

◀» **注意：** BeanUtils 组件需要和 Logging、Collections 组件一起使用。读者可以到 Apache 官网上下载应用 jar 包。

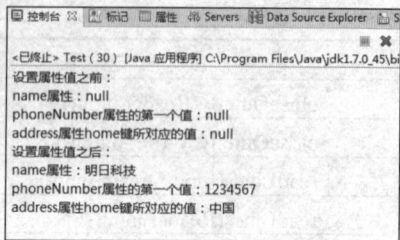

图 10.18　实例运行效果

■ 关键技术

JavaBean 的属性类型可以分成 3 类，即标准 JavaBean 规范支持的 Simple、Indexed 和 BeanUtils 包支持的 Mapped，这些类型的概要说明如下。

- ❑ Simple：用来存储单一值，如 Java 基本类型 int、引用类型 String 等。
- ❑ Indexed：用来存储一组相同类型的数据，使用从 0 开始的整数索引，如 Java 数组、列表。
- ❑ Mapped：用来存储一组键值对，利用 String 类型的键可以获得相应的值，如 Java 映射。

本实例使用 PropertyUtils 类来完成获得和修改 JavaBean 属性的功能，主要应用的方法如表 10.18 所示。

表 10.18　PropertyUtils 类的常用方法

方 法 名	作 用
getSimpleProperty(Object bean, String name)	获得 bean 对象 name 属性的值
setSimpleProperty(Object bean, String name, Object value)	修改 bean 对象 name 属性的值为 value
getIndexedProperty(Object bean, String name, int index)	获得 bean 对象 name 属性的第 index 个值
setIndexedProperty(Object bean, String name, int index, Object value)	修改 bean 对象 name 属性的第 index 个值为 value
getMappedProperty(Object bean, String name, String key)	获得 bean 对象 name 属性的 key 键对应的值
setMappedProperty(Object bean, String name, String key, Object value)	修改 bean 对象 name 属性的 key 键对应的值为 value

■ 设计过程

（1）编写 Employee 类，该类定义 3 个域：name 表示员工姓名，phoneNumber 表示员工手机号码，address 表示员工的地址，并且提供了相应的 get 和 set 方法。代码如下：

```java
public class Employee {
    private String name;                                          //表示员工的姓名
    private String[] phoneNumber = new String[10];               //表示员工的手机号码
    private Map<String, String> address = new HashMap<String, String>();  //表示员工的地址
    public String getName() {                                    //获得员工的姓名
        return name;
    }
    public void setName(String name) {                           //修改员工的姓名
        this.name = name;
    }
    public String[] getPhoneNumber() {                           //获得员工的手机号码
        return phoneNumber;
    }
    public void setPhoneNumber(String[] phoneNumber) {           //修改员工的手机号码
        this.phoneNumber = phoneNumber;
    }
    public Map<String, String> getAddress() {                    //获得员工的地址
        return address;
    }
    public void setAddress(Map<String, String> address) {        //修改员工的地址
        this.address = address;
    }
}
```

◀» **注意：** 对于 Indexed 和 Mapped 类型要先赋值，否则会出现空指针异常。

（2）编写 Test 类进行测试，在 main()方法中先创建 employee 对象，并输出对该对象赋值前后对象的属性值。代码如下：

```java
public class Test {
    public static void main(String[] args) {
        Employee employee = new Employee();                              //获得一个 Employee 对象
        //获得 Employee 对象的属性值，由于事先并未对其赋值，所以应该为空
        String name = employee.getName();
        String phoneNumber = employee.getPhoneNumber()[0];
        String address = employee.getAddress().get("home");
        //输出刚获得的属性值
        System.out.println("设置属性值之前: ");
        System.out.println("name 属性: " + name);
        System.out.println("phoneNumber 属性的第一个值: " + phoneNumber);
        System.out.println("address 属性 home 键所对应的值: " + address);
        try {                                          //使用 PropertyUtils 类的相关方法对 Employee 对象的域赋值
            PropertyUtils.setSimpleProperty(employee, "name", "明日科技");
            PropertyUtils.setIndexedProperty(employee, "phoneNumber", 0, "1234567");
            PropertyUtils.setMappedProperty(employee, "address", "home", "中国");
            //获得 Employee 对象的属性值，由于刚刚对其赋值，所以应该不为空
            name = (String) PropertyUtils.getSimpleProperty(employee, "name");
            phoneNumber = (String) PropertyUtils.getIndexedProperty(employee, "phoneNumber", 0);
            address = (String) PropertyUtils.getMappedProperty(employee, "address", "home");
            //输出刚获得的属性值
            System.out.println("设置属性值之后: ");
            System.out.println("name 属性: " + name);
            System.out.println("phoneNumber 属性的第一个值: " + phoneNumber);
            System.out.println("address 属性 home 键所对应的值: " + address);
        } catch (IllegalAccessException e) {
            e.printStackTrace();
        } catch (InvocationTargetException e) {
            e.printStackTrace();
        } catch (NoSuchMethodException e) {
            e.printStackTrace();
        }
    }
}
```

📢 注意：使用 PropertyUtils 类获得的属性值都是 Object 类型的，如果要赋值不要忘记类型转换。

■ 秘笈心法

心法领悟 233：PropertyUtils 类的简单应用。

Java 语言提供了工具类，可以在运行时检查、确认 JavaBean 的属性和方法，再利用反射可以动态调用方法。然而，这些 API 不易使用，而且程序员也不必要学这些东西。使用 PropertyUtils 类的方法就可以直接实现这个功能，大大简化了开发过程。

实例 234	设置 JavaBean 级联属性 光盘位置: 光盘\MR\234	高级 趣味指数: ★★★★

■ 实例说明

如果 JavaBean 的一个域是引用对象，而需要获得（修改）该引用对象的域时，会调用两次 get（set）方法，代码显得十分麻烦。本实例使用 BeanUtils 组件来简化这个操作。实例运行效果如图 10.19 所示。

■ 关键技术

本实例使用 PropertyUtils 类来完成获得和修改 JavaBean 属性的功

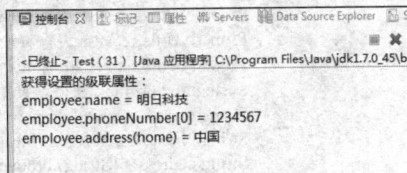

```
<已终止> Test (31) [Java 应用程序] C:\Program Files\Java\jdk1.7.0_45\b
获得设置的级联属性：
employee.name = 明日科技
employee.phoneNumber[0] = 1234567
employee.address(home) = 中国
```

图 10.19　实例运行效果

能，主要应用的方法如表 10.19 所示。

表 10.19 PropertyUtils 类的常用方法

方 法 名	作 用
getNestedProperty(Object bean, String name)	获得 bean 对象的级联属性值
setNestedProperty(Object bean, String name, Object value)	修改 bean 对象的级联属性值为 value

■ 设计过程

（1）编写 Employee 类，该类定义 3 个域：name 表示员工姓名，phoneNumber 表示员工手机号码，address 表示员工的地址，并且提供相应的 get 和 set 方法。代码如下：

```java
public class Employee {
    private String name;                                              //表示员工的姓名
    private String[] phoneNumber = new String[10];                    //表示员工的手机号码
    private Map<String, String> address = new HashMap<String, String>(); //表示员工的地址
    public String getName() {                                         //获得员工的姓名
        return name;
    }
    public void setName(String name) {                                //修改员工的姓名
        this.name = name;
    }
    public String[] getPhoneNumber() {                                //获得员工的手机号码
        return phoneNumber;
    }
    public void setPhoneNumber(String[] phoneNumber) {                //修改员工的手机号码
        this.phoneNumber = phoneNumber;
    }
    public Map<String, String> getAddress() {                         //获得员工的地址
        return address;
    }
    public void setAddress(Map<String, String> address) {             //修改员工的地址
        this.address = address;
    }
}
```

注意：对于 Indexed 和 Mapped 类型要先赋值，否则会出现空指针异常。

（2）编写 Company 类，该类定义了一个域：employee 代表公司的员工，并对该域提供 get 和 set 方法。代码如下：

```java
public class Company {
    private Employee employee = new Employee();      //实例化公司的员工
    public Employee getEmployee() {                  //获得公司的员工
        return employee;
    }
    public void setEmployee(Employee employee) {     //修改公司的员工
        this.employee = employee;
    }
}
```

（3）编写 Test 类进行测试，在该类的 main()方法中为对象的级联属性赋值并输出赋值后的结果。代码如下：

```java
public class Test {
    public static void main(String[] args) {
        Company company = new Company();
        try {                                                                        //设置级联属性并输出
            PropertyUtils.setNestedProperty(company, "employee.name", "明日科技");
            PropertyUtils.setNestedProperty(company, "employee.phoneNumber[0]", "1234567");
            PropertyUtils.setNestedProperty(company, "employee.address(home)", "中国");
            System.out.println("获得设置的级联属性：");
            String name = (String) PropertyUtils.getNestedProperty(company, "employee.name");
            String phoneNumber = (String) PropertyUtils.getNestedProperty(company, "employee.phoneNumber[0]");
            String address = (String) PropertyUtils.getNestedProperty(company, "employee.address(home)");
            System.out.println("employee.name = " + name);
            System.out.println("employee.phoneNumber[0] = " + phoneNumber);
            System.out.println("employee.address(home) = " + address);
```

```
        } catch (IllegalAccessException e) {
            e.printStackTrace();
        } catch (InvocationTargetException e) {
            e.printStackTrace();
        } catch (NoSuchMethodException e) {
            e.printStackTrace();
        }
    }
}
```

■ 秘笈心法

心法领悟 234：PropertyUtils 类的复杂应用。

对于级联属性，通常的做法是利用若干个 get、set 方法来获得和设置一个域的值，BeanUtils 组件的 PropertyUtils 类提供方法来简化这种无聊的代码，使程序的可读性更强，推荐读者使用。

实例 235	动态生成 JavaBean 光盘位置：光盘\MR\235	高级 趣味指数：★★★★

■ 实例说明

如果希望使用 JavaBean 的优势又不方便创建 JavaBean 对象（如对象的属性值会动态发生变化），则可以使用 BeanUtils 相关工具类动态生成 JavaBean。本实例将动态生成一个 employee 对象。实例运行效果如图 10.20 所示。

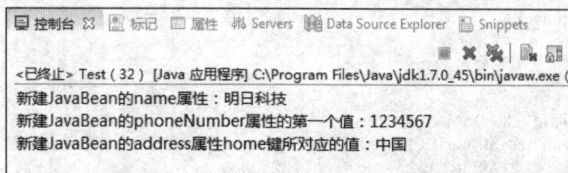

图 10.20　实例运行效果

■ 关键技术

DynaProperty 类是用于描述独立的 DynaBean 属性的。本实例主要使用了它的两个非空构造方法，其说明如下：

`public DynaProperty(String name)`

参数说明

name：初始化的属性名称。

`public DynaProperty(String name,Class type,Class contentType)`

参数说明

❶ name：初始化的属性名称。

❷ type：指定的属性类型。

❸ contentType：Indexed 或 Mapped 类型属性的元素类型。

BasicDynaClass 最小化地实现了 DynaClass 接口，它可以作为编写更加专业的 DynaClass 接口实现类的基础。本实例使用了它的一个非空构造方法，其说明如下：

`public BasicDynaClass(String name,Class dynaBeanClass,DynaProperty[] properties)`

参数说明

❶ name：DynaBean 类的名字。

❷ dynaBeanClass：DynaBean 的实现类，null 代表实现类为 BasicDynaBean。

❸ properties：新 JavaBean 所支持的属性。

DynaBean 接口用来支持属性名字、类型和值可以动态修改的 JavaBean。实现该接口的类在 BeanUtils 组件中可以当 JavaBean 使用。DynaBean 接口的常用方法如表 10.20 所示。

表 10.20　DynaBean 接口的常用方法

方　法　名	作　　用
get(String name)	获得名为 name 的简单属性的值
get(String name, int index)	获得名为 name、序号为 index 的索引属性的值
get(String name, String key)	获得名为 name、键为 key 的映射属性的值
set(String name, Object value)	修改名为 name 的简单属性的值为 value
set(String name, int index, Object value)	修改名为 name、序号为 index 的索引属性的值为 value
set(String name, String key, Object value)	修改名为 name、键为 key 的映射属性的值为 value

■ 设计过程

编写 Test 类，在该类的 main()方法中创建一个动态 Bean，对其属性赋值之后输出。代码如下：

```java
public class Test {
    public static void main(String[] args) {
        DynaProperty[] properties = new DynaProperty[3];              //声明保存 3 个属性值的数组
        //指定属性名称和类型
        properties[0] = new DynaProperty("name", String.class);
        properties[1] = new DynaProperty("phoneNumber", String[].class, String.class);
        properties[2] = new DynaProperty("address", Map.class, String.class);
        BasicDynaClass dynaClass = new BasicDynaClass("employee", null, properties);
        DynaBean employee = null;
        try {
            employee = dynaClass.newInstance();                       //获得 DynaBean 的实例
        } catch (IllegalAccessException e) {
            e.printStackTrace();
        } catch (InstantiationException e) {
            e.printStackTrace();
        }
        //为属性赋值
        employee.set("name", "明日科技");
        employee.set("phoneNumber", new String[10]);                 //索引类型要先初始化
        employee.set("phoneNumber", 0, "1234567");
        employee.set("address", new HashMap<String, String>());      //映射类型要先初始化
        employee.set("address", "home", "中国");
        String name = (String) employee.get("name");
        String phoneNumber = (String) employee.get("phoneNumber", 0);
        String address = (String) employee.get("address", "home");
        //输出属性值
        System.out.println("新建 JavaBean 的 name 属性：" + name);
        System.out.println("新建 JavaBean 的 phoneNumber 属性的第一个值：" + phoneNumber);
        System.out.println("新建 JavaBean 的 address 属性 home 键所对应的值：" + address);
    }
}
```

✍ **技巧**：对于 DynaBean 类型，可以使用其 get 和 set 方法来获得和修改属性值。

■ 秘笈心法

心法领悟 235：动态生成 JavaBean。

当 JavaBean 的属性不确定时，要想使用只能采用动态创建的方法。BeanUtils 组件对此提供了很好的支持。

实例 236	复制 JavaBean 属性 光盘位置：光盘\MR\236	高级 趣味指数：★★★★

■ 实例说明

在使用 Hibernate 等 ORM 框架操作数据库时，其操作和返回的对象都是 JavaBean。如果使用普通的方式复

制 JavaBean 属性，将会调用大量的 get 和 set 方法。本实例使用
BeanUtils 组件来简化这个操作。实例运行效果如图 10.21 所示。

关键技术

　　BeanUtils 利用反射机制提供了操作 bean 的方法，本实例使用
了其 copyProperties()方法来实现 Bean 属性的复制操作，该方法的
声明如下：

图 10.21　实例运行效果

```
public static void copyProperties(Object dest,Object orig)throws IllegalAccessException,InvocationTargetException
```
参数说明

❶ dest：目标对象。

❷ orig：源对象。

📢 注意：这个方法的复制是浅复制，即对于引用对象复制的效果是两者都指向了同一对象。

设计过程

　　（1）编写 Employee 类，该类定义 3 个域：name 表示员工姓名，phoneNumber 表示员工手机号码，address 表
示员工的地址，并且提供相应的 get 和 set 方法。代码如下：

```java
public class Employee {
    private String name;                                              //表示员工的姓名
    private String[] phoneNumber = new String[10];                    //表示员工的手机号码
    private Map<String, String> address = new HashMap<String, String>();  //表示员工的地址
    public String getName() {                                         //获得员工的姓名
        return name;
    }
    public void setName(String name) {                                //修改员工的姓名
        this.name = name;
    }
    public String[] getPhoneNumber() {                                //获得员工的手机号码
        return phoneNumber;
    }
    public void setPhoneNumber(String[] phoneNumber) {                //修改员工的手机号码
        this.phoneNumber = phoneNumber;
    }
    public Map<String, String> getAddress() {                         //获得员工的地址
        return address;
    }
    public void setAddress(Map<String, String> address) {            //修改员工的地址
        this.address = address;
    }
}
```

📢 注意：对于 Indexed 和 Mapped 类型要先赋值，否则会出现空指针异常。

　　（2）编写 Test 类进行测试，在 main()方法中，首先创建两个 Employee 对象，然后对其中一个赋值，对另
外一个复制，再输出两个的域。代码如下：

```java
public class Test {
    public static void main(String[] args) {
        Employee employee1 = new Employee();                          //声明 Employee 变量
        Employee employee2 = new Employee();                          //声明 Employee 变量
        try {
            //为 employee1 赋值
            PropertyUtils.setSimpleProperty(employee1, "name", "明日科技");
            PropertyUtils.setIndexedProperty(employee1, "phoneNumber", 0, "1234567");
            PropertyUtils.setMappedProperty(employee1, "address", "home", "中国");
            BeanUtils.copyProperties(employee2, employee1);           //将 employee1 复制到 employee2
            //获得 employee2 的属性值
            String name = (String) PropertyUtils.getSimpleProperty(employee2, "name");
            String phoneNumber = (String) PropertyUtils.getIndexedProperty(employee2, "phoneNumber", 0);
            String address = (String) PropertyUtils.getMappedProperty(employee2, "address", "home");
```

```
                //输出 employee2 的属性值
                System.out.println("复制属性值之后：");
                System.out.println("name 属性：" + name);
                System.out.println("phoneNumber 属性的第一个值：" + phoneNumber);
                System.out.println("address 属性 home 键所对应的值：" + address);
            } catch (IllegalAccessException e) {
                e.printStackTrace();
            } catch (InvocationTargetException e) {
                e.printStackTrace();
            } catch (NoSuchMethodException e) {
                e.printStackTrace();
            }
        }
    }
```

■ 秘笈心法

心法领悟 236：复制 JavaBean 属性。

通常复制 JavaBean 的属性先要将一个 bean 的属性值用 get 方法取出，再用 set 方法存入到另一个 bean 中。如果只有一两个属性值还可以忍受，但 3 个以上就比较痛苦了。还好有 BeanUtils 组件的帮忙，一个方法就可以解决。

实例 237	动态排序 JavaBean 光盘位置：光盘\MR\237	高级 趣味指数：★★★★

■ 实例说明

Java 中如果对对象排序可以考虑实现 Comparable 接口，但是需要排序的属性一旦指定就不能再修改。BeanUtils 组件提供了对 JavaBean 动态排序的支持，即可以在运行时指定排序的属性。实例运行效果如图 10.22 所示。

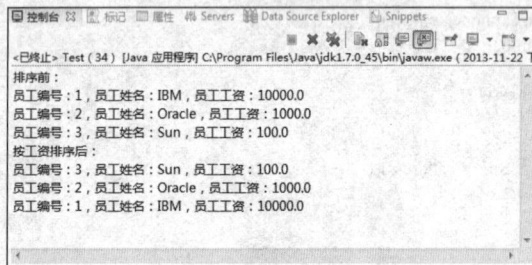

图 10.22　实例运行效果

■ 关键技术

BeanComparator 通过指定的属性来比较两个 bean。它也可以用来比较级联属性、索引属性、映射属性和组合属性等。BeanComparator 默认把指定的 bean 属性传递给 ComparableComparator。如果比较的属性值可能有空值，那么应该传递一个合适的 Comparator 或 ComparatorChain 给构造方法。

✍ 技巧：利用 Collections 组件的 ComparatorUtils 类可以实现含有空值的排序，请读者参考相关的 API。

■ 设计过程

（1）编写 Employee 类，该类定义 3 个域：id 表示员工的序号，name 表示员工的姓名，salary 表示员工的薪水，并且提供相应的 get 和 set 方法。代码如下：

```
public class Employee {
    private int id;                                              //表示员工的序号
```

```
private String name;                                              //表示员工的姓名
private double salary;                                            //表示员工的薪水
//省略 get 和 set 方法
@Override
public String toString() {
    return "员工编号: " + id + ", 员工姓名: " + name + ", 员工工资: " + salary;
}
}
```

（2）编写 Test 类，在该类的 main()方法中创建 3 个 Employee 对象并进行初始化，然后使用 salary 域进行排序。代码如下：

```
public class Test {
    @SuppressWarnings("unchecked")
    public static void main(String[] args) {
        Employee employee1 = new Employee();                     //创建 employee1 对象并初始化
        employee1.setId(1);
        employee1.setName("IBM");
        employee1.setSalary(10000);
        Employee employee2 = new Employee();                     //创建 employee2 对象并初始化
        employee2.setId(2);
        employee2.setName("Oracle");
        employee2.setSalary(1000);
        Employee employee3 = new Employee();                     //创建 employee3 对象并初始化
        employee3.setId(3);
        employee3.setName("Sun");
        employee3.setSalary(100);
        List<Employee> list = new ArrayList<Employee>();         //创建 list 对象并保存全部员工对象
        list.add(employee1);
        list.add(employee2);
        list.add(employee3);
        System.out.println("排序前: ");
        for (Employee employee : list) {
            System.out.println(employee);                        //输出所有对象
        }
        Collections.<Employee> sort(list, new BeanComparator("salary"));  //进行排序
        System.out.println("按工资排序后: ");
        for (Employee employee : list) {
            System.out.println(employee);                        //输出所有对象
        }
    }
}
```

■ 秘笈心法

心法领悟 237：动态排序的原理。

BeanComparator 实现了 Comparator 接口，利用反射根据指定的属性值来排序。使用该类的方法比自己实现该功能要好很多，希望读者认真掌握。

10.5 其他 Commons 组件简介

实例 238	优雅的 JDBC 代码 光盘位置：光盘\MR\238	高级 趣味指数：★★★★

■ 实例说明

在使用 JDBC 的过程中，SQLException 几乎处处可见。这不仅增加了代码量（要处理异常），而且影响代码的阅读（逻辑混乱）。Commons DbUtils 组件提供了一些工具类来优化 JDBC 代码。本实例将演示如何使用它们实现向表格中添加数据，对于删除和修改，只要换成相应的 SQL 语句即可。实例运行效果如图 10.23 所示。

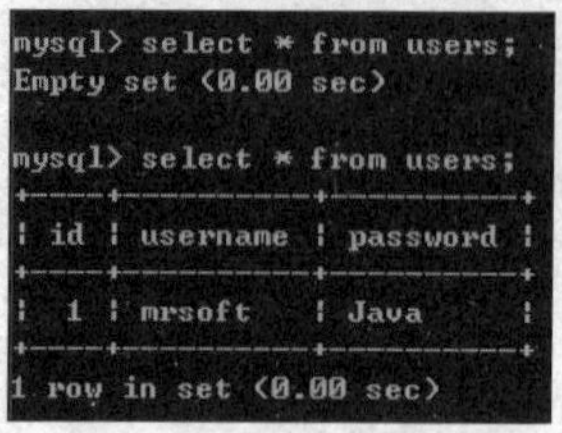

图 10.23 实例运行效果

■ 关键技术

DbUtils 类是一组 JDBC 工具集。DbUtils 类的常用方法如表 10.21 所示。

表 10.21 DbUtils 类的常用方法

方 法 名	作 用
close(Connection conn)	关闭数据库连接，不会隐藏 SQLException
close(ResultSet rs)	关闭结果集，不会隐藏 SQLException
close(Statement stmt)	关闭语句，不会隐藏 SQLException
closeQuietly(Connection conn)	关闭数据库连接，会隐藏 SQLException
closeQuietly(ResultSet rs)	关闭结果集，会隐藏 SQLException
closeQuietly(Statement stmt)	关闭语句，会隐藏 SQLException
loadDriver(String driverClassName)	加载驱动

QueryRunner 类用来执行 SQL 语句并获得适当的返回值。本实例使用的方法如表 10.22 所示。

表 10.22 QueryRunner 类的常用方法

方 法 名	作 用
update(Connection conn, String sql)	执行没有参数的增加、修改、删除操作
update(Connection conn, String sql, Object param)	执行有一个参数的增加、修改、删除操作
update(Connection conn, String sql, Object... params)	执行有多个参数的增加、修改、删除操作
update(String sql)	已经获得连接时执行没有参数的增加、修改、删除操作
update(String sql, Object param)	已经获得连接时执行有一个参数的增加、修改、删除操作
update(String sql, Object... params)	已经获得连接时执行有多个参数的增加、修改、删除操作

💡 提示：DbUtils 只是对 JDBC 进行了简单的封装，它并不是 ORM 框架。

■ 设计过程

（1）创建 users 表，该表包括 3 个字段：id 用来做标识列，username 用来保存用户名，password 用来保存密码。代码如下：

```
create table users (
    id int auto_increment primary key,
    username varchar(20),
    password varchar(20)
)
```

（2）编写 QueryRunnerTest 类，在该类中定义 3 个方法：getConnection()方法用于获得数据库连接，operate()方法用于操作数据库，main()方法用于测试。代码如下：

```
public class QueryRunnerTest {
    //定义 JDBC 相关参数
    private static String URL = "jdbc:mysql://localhost:3306/db_database18";
    private static String DRIVER = "com.mysql.jdbc.Driver";
    private static String USERNAME = "mr";
    private static String PASSWORD = "mingrisoft";
    private static Connection conn;
```

```
    public static Connection getConnection() {                                  //用于获得数据库连接的工具方法
        try {
            DbUtils.loadDriver(DRIVER);                                          //加载驱动
            conn = DriverManager.getConnection(URL, USERNAME, PASSWORD);         //建立连接
        } catch (SQLException e) {
            e.printStackTrace();
        }
        return conn;
    }
    public static int operate(String sql, Object... params) {                   //用于执行有参数的 SQL 语句
        int result = 0;
        QueryRunner runner = new QueryRunner();
        try {
            result = runner.update(getConnection(), sql, params);               //执行 SQL 语句
        } catch (SQLException e) {
            e.printStackTrace();
        } finally {
            DbUtils.closeQuietly(conn);                                         //关闭连接
        }
        return result;
    }
    public static void main(String[] args) {
        String sql = "insert into users(username, password) values (?, ?)";
        Object[] params = { "mrsoft", "Java" };
        operate(sql, params);                                                   //向数据库中插入一条数据
    }
}
```

■ 秘笈心法

心法领悟 238：DbUtils 类的使用。

使用普通 JDBC 代码，加载驱动、关闭连接等操作都是要处理异常的，但是 DbUtils 类对其进行了处理，只需要调用其相关方法就不用处理异常了，这让代码看起来更加简洁。

实例 239	结果集与 Bean 列表 光盘位置：光盘\MR\239	高级 趣味指数：★★★☆

■ 实例说明

使用 JDBC 进行查询得到的结果是一个 ResultSet 对象，该对象使用起来非常不方便。Commons DbUtils 组件的 handlers 包提供了近 10 种方法对其转换。本实例演示如何将结果集转换成 Bean 列表。实例运行效果如图 10.24 所示。

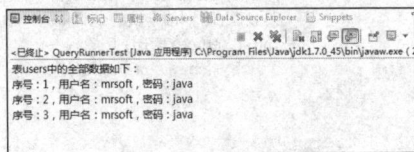

图 10.24　实例运行效果

■ 关键技术

QueryRunner 类用来执行 SQL 语句并获得适当的返回值。本实例使用的方法请参见实例 238 中的表 10.22。

■ 设计过程

（1）创建 users 表，该表包括 3 个字段：id 用来做标识列，username 用来保存用户名，password 用来保存密码。代码如下：

```
create table users (
    id int auto_increment primary key,
    username varchar(20),
    password varchar(20)
)
```

（2）针对 users 表，编写 User 类。在该类中定义 3 个域分别和表中的字段相对应，并且自动提供 get 和 set

方法。代码如下：

```java
public class User {
    private int id;
    private String username;
    private String password;
    //省略 get 和 set 方法
    @Override
    public String toString() {
        return "序号：" + id + "，用户名：" + username + "，密码：" + password;
    }
}
```

（3）编写 QueryRunnerTest 类，在该类中定义 3 个方法：getConnection()方法用于创建数据库连接，query()方法用于查询，main()方法用于进行测试。代码如下：

```java
public class QueryRunnerTest {
    //定义 JDBC 相关参数
    private static String URL = "jdbc:mysql://localhost:3306/db_database18";
    private static String DRIVER = "com.mysql.jdbc.Driver";
    private static String USERNAME = "mr";
    private static String PASSWORD = "mingrisoft";
    private static Connection conn;
    public static Connection getConnection() {                              //用于获得数据库连接的工具方法
        try {
            DbUtils.loadDriver(DRIVER);                                      //加载驱动
            conn = DriverManager.getConnection(URL, USERNAME, PASSWORD);     //建立连接
        } catch (SQLException e) {
            e.printStackTrace();
        }
        return conn;
    }
    public static List<User> query(String sql) {                            //用来将查询结果转换成 bean 列表的工具方法
        QueryRunner qr = new QueryRunner();
        List<User> list = null;
        try {
            list = qr.query(getConnection(), sql, new BeanListHandler<User>(User.class));
        } catch (SQLException e) {
            e.printStackTrace();
        } finally {
            DbUtils.closeQuietly(conn);                                     //关闭连接
        }
        return list;
    }
    public static void main(String[] args) {
        System.out.println("表 users 中的全部数据如下：");
        List<User> list = query("select * from users");                    //查询 users 表中的全部数据
        for (User user : list) {
            System.out.println(user);
        }
    }
}
```

■ 秘笈心法

心法领悟 239：handlers 包的使用。

本实例演示了如何将结果集转换成 Bean 列表，handlers 包还支持很多格式的转换，如转换成 Object 数组、Object 数组列表等。读者可以参考相关的 API 自行学习。

实例 240	编写 MD5 查看器 光盘位置：光盘\MR\240	高级 趣味指数：★★★★

■ 实例说明

MD5 可以为软件生成一个唯一的标识，防止软件在传播过程中遭到恶意修改。Commons Codec 组件的

DigestUtils 类提供了对 MD5、SHA 等算法的支持。本实例将制作一个 MD5 查看器。实例运行效果如图 10.25 所示。

图 10.25　实例运行效果

■ 关键技术

DigestUtils 类提供了很多工具方法来支持数字信息算法。本实例使用 md5Hex() 方法对输入流进行分析，然后计算其 MD5 值，该方法的声明如下：

```
public static String md5Hex(InputStream data)throws IOException
```

参数说明

data：需要进行计算的数据流。

■ 设计过程

（1）继承 JFrame 编写一个窗体类，名称为 MD5Viewer。

（2）设计 MD5Viewer 窗体类时用到的控件及说明如表 10.23 所示。

表 10.23　窗体的控件及说明

控 件 类 型	控 件 命 名	控 件 用 途
JLabel	fileLabel	显示文本域的作用
	messageLabel	显示 MD5 计算结果
JTextField	textField	显示用户选择的文件绝对路径
JButton	fileButton	让用户选择要计算的文件，并计算 MD5
	md5Button	显示 MD5 结果

（3）编写按钮激活事件监听器调用的 do_fileButton_actionPerformed() 方法，该方法是在类中自定义的，主要用途是实现选择文件并计算 MD5。代码如下：

```
protected void do_fileButton_actionPerformed(ActionEvent arg0) {
    JFileChooser fileChooser = new JFileChooser();                          //创建文件选择器
    fileChooser.setFileSelectionMode(JFileChooser.FILES_ONLY);             //让文件选择器只能选择文件
    fileChooser.setMultiSelectionEnabled(false);                           //不能选择多个文件
    int result = fileChooser.showOpenDialog(this);
    if (result == JFileChooser.APPROVE_OPTION) {
        File selectFile = fileChooser.getSelectedFile();                    //获得用户选择的文件
        textField.setText(selectFile.getName ());                          //显示选择文件的名称
        FileInputStream in = null;
        try {
            in = new FileInputStream(selectFile);                          //获得文件输入流
        } catch (FileNotFoundException e) {
            e.printStackTrace();
        }
        try {
            md5 = DigestUtils.md5Hex(in);                                  //计算 MD5 值，并保存在域变量 md5 中
        } catch (IOException e) {
            e.printStackTrace();
        }
    }
}
```

■ 秘笈心法

心法领悟 240：DigestUtils 类的使用。

Java 的 security 包也提供了计算 MD5 的方法，但是没有 DigestUtils 类使用方便。该类还提供了多种其他形

式的 MD5 计算、SHA 计算等，读者可以参考其 API 文档。

实例 241	基于 Base64 编码 光盘位置：光盘\MR\241	高级 趣味指数：★★★★☆

■ 实例说明

Base64 是网络上最常见的用于传输字节码的编码方式之一。采用 Base64 编码不仅能减少传出量，而且还可以起到简单的加密作用。Commons Codec 组件的 Base64 类提供了对 Base64 编码和解码的支持。本实例将制作一个简单的 Base64 编码工具。实例运行效果如图 10.26 所示。

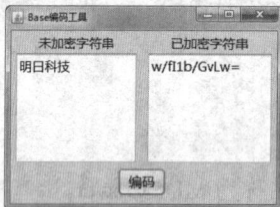

图 10.26　实例运行效果

■ 关键技术

Base64 类提供由 RFC 2045 定义的编码和解码方法。本实例使用 encodeBase64()方法对给定的字符串进行编码，该方法的声明如下：

```
public static byte[] encodeBase64(byte[] binaryData)
```

参数说明

binaryData：需要编码的二进制数据。

📖 说明：关于 Base64 的详细历史、算法、应用等内容，读者可以参考相关文档，由于篇幅限制，不再进行详细说明。

■ 设计过程

（1）继承 JFrame 编写一个窗体类，名称为 Base64EncodingFrame。

（2）设计 Base64EncodingFrame 窗体类时用到的控件及说明如表 10.24 所示。

表 10.24　窗体的控件及说明

控 件 类 型	控 件 命 名	控 件 用 途
JLabel	message1Label	显示文本框的作用是获得要编码的字符串
	message2Label	显示文本框的作用是显示编码后的字符串
JTextArea	message1TextArea	获得用户输入的要编码的字符串
	message2TextArea	显示用 Base64 编码后的字符串
JButton	button	完成编码工作并显示结果

（3）编写按钮激活事件监听器调用的 do_button_actionPerformed()方法，该方法是在类中自定义的，主要用途是使用 Base64 编码用户输入的字符串。代码如下：

```java
protected void do_button_actionPerformed(ActionEvent arg0) {
    String sourceString = message1TextArea.getText();           //获得用户要编码的字符串
    if (sourceString.length() == 0) {                           //如果字符串长度为 0 则提示用户重新输入
        JOptionPane.showConfirmDialog(this, "请输入要编码的字符串", "", JOptionPane.WARNING_MESSAGE);
        return;
    }
    Base64 base64 = new Base64();
```

```
byte[] encodeBytes = base64.encode(sourceString.getBytes());        //进行编码
message2TextArea.setText(new String(encodeBytes));                  //显示编码后的结果
}
```

■ 秘笈心法

心法领悟 241：Base64 编码的应用。

Base64 编码还可以应用于下载资源的路径，如迅雷在下载资源时的路径就使用 Base64 编码。需要了解的是该编码的破解方式非常容易，所以只能用来"防君子"，不能用来"防小人"。

实例 242	基于 Base64 解码	高级
	光盘位置：光盘\MR\242	趣味指数：★★★★☆

■ 实例说明

Base64 是网络上最常见的用于传输字节码的编码方式之一。采用 Base64 编码不仅能减少传出量，而且还可以起到简单的加密作用。Commons Codec 组件的 Base64 类提供了对 Base64 编码和解码的支持。本实例将制作一个简单的 Base64 解码工具。实例运行效果如图 10.27 所示。

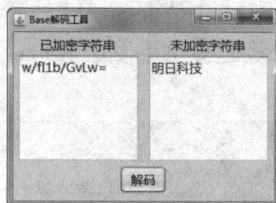

图 10.27　实例运行效果

■ 关键技术

Base64 类提供由 RFC 2045 定义的编码和解码方法。本实例使用 decodeBase64() 方法对给定的字符串进行解码，该方法的声明如下：

```
public static byte[] decodeBase64(String base64String)
```

参数说明

base64String：包含 Base64 的字符串。

📖 说明：关于 Base64 的详细历史、算法、应用等内容，读者可以参考相关文档，由于篇幅限制，这里不再说明。

■ 设计过程

（1）继承 JFrame 编写一个窗体类，名称为 Base64DecodingFrame。

（2）设计 Base64DecodingFrame 窗体类时用到的控件及说明如表 10.25 所示。

表 10.25　窗体的控件及说明

控 件 类 型	控 件 命 名	控 件 用 途
JLabel	message1Label	显示文本框的作用是获得要解码的字符串
	message2Label	显示文本框的作用是显示解码后的字符串
JTextArea	message1TextArea	获得用户输入的要解码的字符串
	message2TextArea	显示用 Base64 解码后的字符串
JButton	button	完成解码工作并显示结果

（3）编写按钮激活事件监听器调用的 do_button_actionPerformed() 方法，该方法是在类中自定义的，主要用途是使用 Base64 解码用户输入的字符串。代码如下：

```
protected void do_button_actionPerformed(ActionEvent arg0) {
    String sourceString = message1TextArea.getText();                    //获得用户要解码的字符串
    //省略校验代码
    Base64 base64 = new Base64();
    byte[] encodeBytes = base64.decode(sourceString);                    //进行解码
    message2TextArea.setText(new String(encodeBytes));                   //显示解码后的结果
}
```

■ 秘笈心法

心法领悟 242：Base64 类的使用。

编程实现 Base64 的算法比较麻烦，使用 Base64 类就非常容易。如果读者对于 Base64 类的底层实现感兴趣，请参考 Base64 类的源代码。

实例 243	发送简单的 E-mail 光盘位置：光盘\MR\243	高级 趣味指数：★★★★☆

■ 实例说明

E-mail 是网络通信的常用方式之一。Java Mail 是 Java 为了支持 E-mail 而开发的工具包，但是使用起来十分复杂。Commons Email 组件的 SimpleEmail 类也提供了发送 E-mail 的方法。本实例将制作一个无附件的 E-mail 发送工具。实例运行效果如图 10.28 所示。

图 10.28　实例运行效果

■ 关键技术

SimpleEmail 类用于发送没有附件的简单 E-mail。本实例使用的方法如表 10.26 所示。

表 10.26　SimpleEmail 类的常用方法

方　法　名	作　　用
setHostName(String aHostName)	使用 aHostName 作为发送邮件的服务器
addTo(String email)	设置收件人邮箱
setFrom(String email)	设置发件人邮箱
setAuthentication(String userName, String password)	发件人邮箱在邮件服务器上的账号和密码
setSubject(String aSubject)	设置邮件的主题
setMsg(String msg)	设置邮件的内容
send()	发送邮件

◀) 注意：除了 email.jar，发送邮件还需要两个额外的 jar 包，分别是 activation.jar 和 mail.jar。

■ 设计过程

（1）继承 JFrame 编写一个窗体类，名称为 EmailSender。

（2）设计 EmailSender 窗体类时用到的控件及说明如表 10.27 所示。

表 10.27 窗体的控件及说明

控 件 类 型	控 件 命 名	控 件 用 途
JLabel	hostLabel	提示用户右侧文本框用途
	toEmailLabel	提示用户右侧文本框用途
	fromEmailLabel	提示用户右侧文本框用途
	usernameLabel	提示用户右侧文本框用途
	passwordLabel	提示用户右侧文本框用途
	titleLabel	提示用户右侧文本框用途
	contentLabel	提示用户右侧文本框用途
JTextField	hostTextField	获得用户输入的服务器地址
	toEmailTextField	获得用户输入的收件人邮箱
	fromEmailTextField	获得用户输入的发件人邮箱
	usernameTextField	获得用户输入的用户名
	passwordTextField	获得用户输入的密码
	titleTextField	获得用户输入的主题
JTextArea	contentTextArea	获得用户输入的内容
JButton	button	完成校验用户输入的信息和发送邮件的功能

（3）编写按钮激活事件监听器调用的 do_button_actionPerformed()方法，该方法是在类中自定义的，主要用途是校验用户输入的信息和发送邮件。主要代码如下：

```
protected void do_button_actionPerformed(ActionEvent arg0) {
    String hostName = hostTextField.getText();                  //获得服务器地址
    String toEmail = toEmailTextField.getText();                //获得收件人邮箱
    String fromEmail = fromEmailTextField.getText();            //获得发件人邮箱
    String username = usernameTextField.getText();              //获得用户名
    String password = passwordTextField.getText();              //获得密码
    String title = titleTextField.getText();                    //获得邮件标题
    String content = contentTextArea.getText();                 //获得邮件内容
    //省略校验代码
    SimpleEmail email = new SimpleEmail();
    email.setHostName(hostName);                                //设置服务器地址
    try {
        email.addTo(toEmail);                                   //设置收件人邮箱
        email.setFrom(fromEmail);                               //设置发件人邮箱
    } catch (EmailException e) {
        e.printStackTrace();
    }
    email.setAuthentication(username, password);                //设置用户名和密码
    email.setSubject(title);                                    //设置邮件主题
    try {
        email.setMsg(content);                                  //设置邮件内容
        email.send();                                           //发送邮件
    } catch (EmailException e) {
        e.printStackTrace();
    }
}
```

■ 秘笈心法

心法领悟 243：发送简单邮件。

SimpleEmail 类继承 Email 类，用于发送简单的文本邮件。该类将发送邮件的功能处理得十分完美，只要填

好必需的参数即可，使用起来比 Java Mail 容易很多。

实例 244	发送带附件的 E-mail 光盘位置：光盘\MR\244	高级 趣味指数：★★★★

■ 实例说明

　　E-mail 是网络通信的常用方式之一。它不仅能传递文本信息，还可以用来发送文件、图片等，这些统称为附件。Commons Email 组件的 MultiPartEmail 类提供了发送附件的功能。本实例将制作一个有附件的 E-mail 发送工具。实例运行效果如图 10.29 所示。

图 10.29　实例运行效果

■ 关键技术

　　MultiPartEmail 类用于发送有附件的简单 E-mail。本实例使用的方法如表 10.28 所示。

表 10.28　MultiPartEmail 类的常用方法

方 法 名	作 用
attach(EmailAttachment attachment)	增加附件
setHostName(String aHostName)	使用 aHostName 作为发送邮件的服务器
addTo(String email)	设置收件人邮箱
setFrom(String email)	设置发件人邮箱
setAuthentication(String userName, String password)	发件人邮箱在邮件服务器上的账号和密码
setSubject(String aSubject)	设置邮件的主题
setMsg(String msg)	设置邮件的内容
send()	发送邮件

　　注意：除了 email.jar，发送邮件还需要两个额外的 jar 包，分别是 activation.jar 和 mail.jar。

　　EmailAttachment 类用于模拟附件。本实例使用的方法如表 10.29 所示。

表 10.29　EmailAttachment 类的常用方法

方 法 名	作 用
setDescription(String desc)	设置附件的描述信息
setDisposition(String aDisposition)	设置附件的类型
setName(String aName)	设置附件的名称
setPath(String aPath)	设置附件路径

■ 设计过程

（1）继承 JFrame 编写一个窗体类，名称为 EmailSender。

（2）设计 EmailSender 窗体类时用到的控件及说明如表 10.30 所示。

表 10.30　窗体的控件及说明

控 件 类 型	控 件 命 名	控 件 用 途
JLabel	hostLabel	提示用户右侧文本框用途
	toEmailLabel	提示用户右侧文本框用途
	fromEmailLabel	提示用户右侧文本框用途
	usernameLabel	提示用户右侧文本框用途
	passwordLabel	提示用户右侧文本框用途
	titleLabel	提示用户右侧文本框用途
	attachLabel	提示用户右侧文本框用途
	contentLabel	提示用户右侧文本框用途
JTextField	hostTextField	获得用户输入的服务器地址
	toEmailTextField	获得用户输入的收件人邮箱
	fromEmailTextField	获得用户输入的发件人邮箱
	usernameTextField	获得用户输入的用户名
	passwordTextField	获得用户输入的密码
	titleTextField	获得用户输入的主题
	attachTextField	显示用户选择的附件的路径
JTextArea	contentTextArea	获得用户输入的内容
JButton	attachButton	选择附件
	button	完成校验用户输入的信息和发送邮件的功能

（3）编写按钮激活事件监听器调用的 do_attachButton_actionPerformed()方法，该方法是在类中自定义的，主要用途是获得用户选择的附件并添加附件的信息。代码如下：

```java
protected void do_attachButton_actionPerformed(ActionEvent arg0) {
    JFileChooser fileChooser = new JFileChooser();                          //创建文件选择器
    fileChooser.setFileSelectionMode(JFileChooser.FILES_ONLY);              //设置文件选择器只能选择文件
    fileChooser.setMultiSelectionEnabled(false);                           //设置文件选择器只能选择单个文件
    int result = fileChooser.showOpenDialog(this);
    if (result == JFileChooser.APPROVE_OPTION) {
        File selectFile = fileChooser.getSelectedFile();                    //获得用户选择的文件
        attachTextField.setText(selectFile.getAbsolutePath());
        attachment = new EmailAttachment();                                 //创建附件对象
        attachment.setDescription("附件");                                  //设置附件描述
        attachment.setDisposition(EmailAttachment.ATTACHMENT);              //设置附件类型
        attachment.setName(selectFile.getName());                          //设置附件名称
        attachment.setPath(selectFile.getAbsolutePath());                  //设置附件绝对路径
    }
}
```

（4）编写按钮激活事件监听器调用的 do_button_actionPerformed()方法，该方法是在类中自定义的，主要用途是校验用户输入的信息和发送邮件。代码如下：

```java
protected void do_button_actionPerformed(ActionEvent arg0) {
    String hostName = hostTextField.getText();                             //获得服务器地址
    String toEmail = toEmailTextField.getText();                           //获得收件人邮箱
    String fromEmail = fromEmailTextField.getText();                       //获得发件人邮箱
    String username = usernameTextField.getText();                         //获得用户名
    String password = passwordTextField.getText();                         //获得密码
    String title = titleTextField.getText();                               //获得邮件主题
    String content = contentTextArea.getText();                            //获得邮件内容
```

```
//省略文件校验代码
MultiPartEmail email = new MultiPartEmail();
if (attachment != null) {
    try {
        email.attach(attachment);                              //如果附件不是空就增加附件
    } catch (EmailException e) {
        e.printStackTrace();
    }
}
email.setHostName(hostName);                                    //设置服务器地址
try {
    email.addTo(toEmail);                                      //设置收件人邮箱
    email.setFrom(fromEmail);                                  //设置发件人邮箱
} catch (EmailException e) {
    e.printStackTrace();
}
email.setAuthentication(username, password);                   //设置发件人信息
email.setSubject(title);                                       //设置邮件主题
try {
    email.setMsg(content);                                    //设置邮件内容
    email.send();                                             //发送邮件
} catch (EmailException e) {
    e.printStackTrace();
}
}
```

■ 秘笈心法

心法领悟 244：发送包含附件的邮件。

邮件的附件可以用来传递更多的信息，使用 MultiPartEmail 类可以大幅度简化发送包含附件的邮件，只需要简单设置 EmailAttachment 对象的信息即可。

实例 245	读取 XML 文件属性 光盘位置：光盘\MR\245	高级 趣味指数：★★★

■ 实例说明

Commons Configuration 组件提供了一个通用接口来使 Java 应用程序从不同来源读取配置信息。本实例演示如何从 XML 文件中读取配置信息。实例运行效果如图 10.30 所示。

■ 关键技术

XMLConfiguration 类用来解析 XML 文档的工具类。本实例使用的方法如表 10.31 所示。

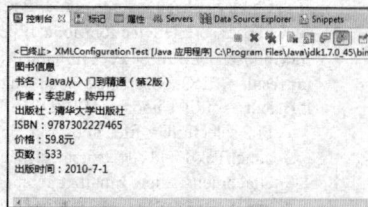

图 10.30　实例运行效果

表 10.31　XMLConfiguration 类的常用方法

方　法　名	作　　　用
XMLConfiguration(URL url)	利用指定的资源文件创建一个 XMLConfiguration 对象
getString(String key)	获得与 key 相关的 String 值
getDouble(String key)	获得与 key 相关的 double 值
getInt(String key)	获得与 key 相关的 int 值

■ 设计过程

（1）编写一个简单的 XML 文件 Book，用来进行测试。代码如下：

```xml
<?xml version="1.0" encoding="UTF-8"?>
<明日科技>
<Java 图书>
        <书名>Java 从入门到精通（第 2 版）</书名>
        <作者>李钟尉，陈丹丹</作者>
        <出版社>清华大学出版社</出版社>
        <ISBN>9787302227465</ISBN>
        <价格>59.8</价格>
        <页数>533</页数>
        <出版时间>2010-7-1</出版时间>
</Java 图书>
</明日科技>
```

（2）编写 XMLConfigurationTest 类，在该类的 main()方法中输出 XML 文件的节点信息。代码如下：

```java
public class XMLConfigurationTest {
    public static void main(String[] args) throws ConfigurationException {
        URL resource = new XMLConfigurationTest().getClass().getResource("Book.xml");
        XMLConfiguration config = new XMLConfiguration(resource);
        String bookName = config.getString("Java 图书.书名");               //获得书名
        String author = config.getString("Java 图书.作者");                 //获得作者
        String press = config.getString("Java 图书.出版社");                //获得出版社
        String ISBN = config.getString("Java 图书.ISBN");                   //获得 ISBN
        double price = config.getDouble("Java 图书.价格");                  //获得价格
        int pages = config.getInt("Java 图书.页数");                        //获得页数
        String time = config.getString("Java 图书.出版时间");               //获得出版时间
        System.out.println("图书信息");
        System.out.println("书名：" + bookName);
        System.out.println("作者：" + author);
        System.out.println("出版社：" + press);
        System.out.println("ISBN：" + ISBN);
        System.out.println("价格：" + price + "元");
        System.out.println("页数：" + pages);
        System.out.println("出版时间：" + time);
    }
}
```

📖 说明：级联属性使用 "." 分隔，如 "Java 图书.出版社"。根元素可以忽略不写。

■ 秘笈心法

心法领悟 245：读取其他属性文件。

Commons Configuration 组件不仅支持 XML，还支持属性文件、Windows INI 文件、属性列表文件、JNDI 文件、JDBC 数据源、系统属性、Applet 参数和 Servlet 参数等，还可以将不同来源的属性进行组合，请读者参考本实例认真学习相关的文档。

第 3 篇

窗体与控件应用

第 *11* 章

窗体设计

- ►► 设置窗体位置
- ►► 设置窗体大小
- ►► 设置窗体的标题栏
- ►► 设置窗体的背景
- ►► 窗体形状及应用
- ►► 对话框
- ►► MDI 窗体的使用

11.1 设置窗体位置

实例 246	控制窗体加载时的位置 光盘位置：光盘\MR\246	初级 趣味指数：★★☆

■ 实例说明

第一次运行 Windows 窗体应用程序时，窗体一般都有一个默认的显示位置，如在桌面上居中显示、在桌面上的任意位置显示等。本实例将通过 Java 代码控制窗体加载时在桌面上居中显示，实例运行效果如图 11.1 所示。

图 11.1　控制窗体加载时的位置

■ 关键技术

本实例在控制窗体加载时的位置时主要用到了窗体的 setLocationRelativeTo()方法，下面对其进行详细讲解。

setLocationRelativeTo()方法用于设置窗口相对于指定控件的位置。如果控件当前未显示，或者参数 c 为 null，则此窗口将置于屏幕的中央。该方法的语法格式如下：

```
public void setLocationRelativeTo(Component c)
```

参数说明

c：确定窗口位置涉及的控件。

■ 设计过程

（1）在项目中创建窗体类 LoadPosition。设置窗体的标题文本，为窗体添加 WindowListener 事件监听器。

（2）编写窗体打开的事件处理方法，在该方法中调用 setLocationRelativeTo()方法设置窗体相对位置。

```
protected void do_this_windowOpened(WindowEvent e) {
    setLocationRelativeTo(null);                                //设置窗体居中
}
```

■ 秘笈心法

心法领悟 246：获取屏幕中心坐标。

除了使用本实例的语法实现窗体在屏幕居中以外，还可以通过获取屏幕中心坐标再进行计算得到期望的坐标值，如中心偏下一些的位置。下面是获取屏幕中心坐标的代码：

```
GraphicsEnvironment environment = GraphicsEnvironment
        .getLocalGraphicsEnvironment();                        //获取图形环境对象
Point centerPoint = environment.getCenterPoint();             //获取屏幕中心位置
```

实例 247	设置窗体在屏幕中的位置 光盘位置：光盘\MR\247	初级 趣味指数：★★☆

■ 实例说明

窗体可以在设置与控件的相对位置时使用空参数使窗体居中显示，但是根据需求，窗体位置的设置应该更加灵活地显示在屏幕上的任意位置。本实例将接收用户指定的屏幕坐标，来控制窗体显示的位置，实现窗体位置自定义。实例运行效果如图 11.2 所示。

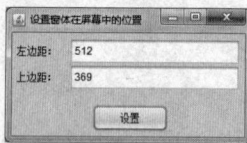

图 11.2 设置窗体在屏幕中的位置

关键技术

本实例设置窗体在屏幕中的位置时，主要通过 JFrame 类的 setLocation() 方法实现，该方法的声明格式如下：

```
public void setLocation(int x, int y)
```

该方法将窗体设置到新位置。通过 x 和 y 参数来指定新位置的左上角。

参数说明

❶ x：新位置左上角的 X 坐标。

❷ y：新位置左上角的 Y 坐标。

设计过程

（1）在项目中新建窗体类 SetLocation。在窗体中添加两个文本框和一个"设置"按钮。

（2）编写"设置"按钮的事件处理方法，在该方法中获取用户在文本框中输入的数值，并根据该数值设置窗体在屏幕中的位置。关键代码如下：

```
protected void do_button_actionPerformed(ActionEvent e) {
    Object value = leftField.getValue();               //获取左边距坐标文本
    Object value2 = topField.getValue();               //获取上边距坐标文本
    if (value == null || value2 == null)
        return;
    int left = ((Number) value).intValue();            //提取左边距坐标值
    int top = ((Number) value2).intValue();            //提取上边距坐标值
    setLocation(left, top);                            //用左边距和上边距坐标值设置窗体位置
}
```

秘笈心法

心法领悟 247：什么是窗体？

在桌面应用程序中，窗体是向用户显示信息的可视界面，它是桌面应用程序的基本单元。窗体具有自己的特征，开发人员可以通过编程进行设置。在 Java 中窗体也是对象，窗体类定义了生成窗体的模板，每创建一个窗体对象，就产生一个窗体。

| 实例 248 | 从上次关闭位置启动窗体
光盘位置：光盘\MR\248 | 高级
趣味指数：★★★★☆ |

实例说明

实际开发中，有很多软件都有一个通用的功能：从上次关闭位置启动窗体，那么可不可以用 Java 语言实现这样的功能？答案是肯定的。本实例将使用 Java 语言的 Preferences 首选项类实现从上次关闭位置启动窗体的功能，实例运行效果如图 11.3 所示。

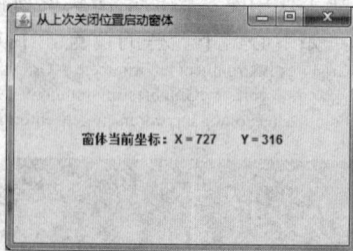

图 11.3 从上次关闭位置启动窗体

关键技术

本实例在实现时主要是 Preferences 首选项类的应用，该类的实例对象可以保存程序的各种参数与设置。下面分别介绍该类对象的相关操作。

（1）获取用户的根首选项节点

```
public static Preferences userRoot()
```

（2）向首选项保存整型数值

`public abstract void putInt(String key, int value)`

参数说明

❶ key：要与字符串形式的 value 相关联的键。

❷ value：要与 key 相关联的字符串形式的值。

（3）获取首选项中的整数数值

`public abstract int getInt(String key, int def)`

参数说明

❶ key：要作为 int 返回其关联值的键。

❷ def：此首选项节点不具有与 key 相关联的值或者无法将该关联值解释为 int 或者内部存储不可访问时要返回的默认值。

设计过程

（1）在项目中创建窗体类 StartFormByLClosePosition。在窗体中添加一个标签控件用于显示当前窗体坐标。

（2）编写窗体移动的事件处理方法，在该方法中控制标签控件显示当前窗体的位置，只要窗体移动就会立刻更新标签控件的信息。关键代码如下：

```
protected void do_this_componentMoved(ComponentEvent e) {
    Point location = getLocation();                                     //获取窗体坐标
    int x = location.x;
    int y = location.y;
    //把窗体当前坐标显示在标签控件中
    label.setText("窗体当前坐标：X = " + x + "          Y = " + y);
}
```

（3）编写窗体关闭的事件处理方法，在窗体进行关闭的过程中，这个方法会读取当前窗体的坐标信息并保存到首选项对象中。程序关键代码如下：

```
protected void do_this_windowClosing(WindowEvent e) {
    Preferences root = Preferences.userRoot();                          //获取用户首选项
    Point location = getLocation();                                     //获取窗体位置
    root.putInt("locationX", location.x);                               //保存窗体 X 坐标
    root.putInt("locationY", location.y);                               //保存窗体 Y 坐标
}
```

（4）编写窗体打开的事件处理方法，该方法在窗体打开时被调用，方法中首先获取首选项对象中的坐标信息，然后利用该坐标重新为窗体定位。关键代码如下：

```
protected void do_this_windowOpened(WindowEvent e) {
    Preferences root = Preferences.userRoot();                          //获取用户首选项
    int x = root.getInt("locationX", 100);                              //提取窗体 X 坐标
    int y = root.getInt("locationY", 100);                              //提取窗体 Y 坐标
    setLocation(x, y);                                                  //恢复窗体坐标
}
```

秘笈心法

心法领悟 248：Preferences 首选项类对数据的保存。

Preferences 首选项类的对象用于保存长久数据，它在不同操作系统中采用不同的保存方式，如果在 Windows 系统中以注册表形式保存，在其他系统中将以文件方式保存关键数据。

实例 249	始终在桌面最顶层显示的窗体 光盘位置：光盘\MR\249	初级 趣味指数：★★★★

实例说明

Windows 桌面上允许多个窗体同时显示，但是只有一个窗体能够得到焦点，当一个窗体得到焦点后在其上面的窗体会被得到焦点的窗体遮挡，得到焦点的窗体会显示在最上层，这样被覆盖的窗体就不能完全地显示给

用户，也有某些窗体中具有实时性和比较重要的信息需要随时置顶的特殊情况。本实例将实现此功能，运行本实例后，主窗体会始终显示在桌面的最上面。实例运行效果如图 11.4 所示。

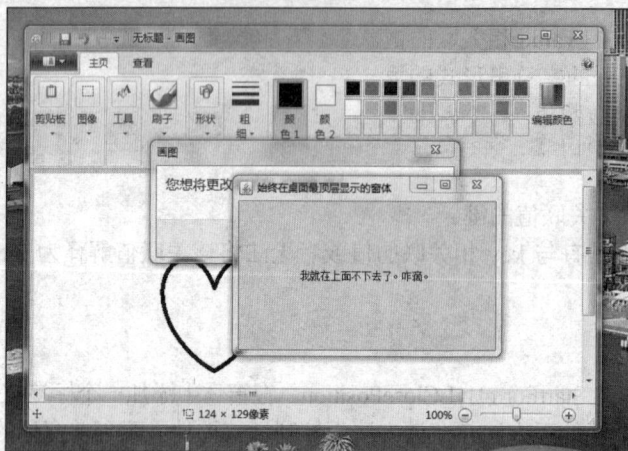

图 11.4　始终在桌面最顶层显示的窗体

📖 **说明**：在图 11.4 中，画图程序与其弹出的保存窗口都位于本程序窗口之下，而且画图程序拥有系统与鼠标焦点。

■ 关键技术

在其他开发语言中实现窗体始终在最顶层比较复杂，但在 Java 中实现非常简单，只要调用窗体的 setAlwaysOnTop()方法即可。下面对该方法进行介绍。

setAlwaysOnTop()方法可以设置窗体是否置顶显示，即是否使窗体始终显示在其他窗体之上。该方法的语法格式如下：

```
public final void setAlwaysOnTop(boolean alwaysOnTop)
                    throws SecurityException
```

参数说明

alwaysOnTop：如果该属性为 true，则窗体保持置顶显示。

■ 设计过程

（1）在项目中新建窗口类 AlwaysActiveWindows。在窗体上添加标签控件。

（2）编写窗体界面设计代码，设置窗体标题及添加内容面板与标签控件。最主要的代码在于 setAlwaysOnTop() 方法设置窗体置顶。关键代码如下：

```
public AlwaysActiveWindows() {
    setTitle("始终在桌面最顶层显示的窗体");                          //设置窗体标题
    setAlwaysOnTop(true);                                        //设置窗体显示在最顶端。本实例的核心代码
    setDefaultCloseOperation(JFrame.EXIT_ON_CLOSE);
    setBounds(100, 100, 319, 206);                               //设置窗体位置
    contentPane = new JPanel();                                  //创建内容面板
    contentPane.setLayout(new BorderLayout(0, 0));
    setContentPane(contentPane);                                 //设置内容面板
    JLabel label = new JLabel("我就在上面不下去了，咋滴。");
    label.setHorizontalAlignment(SwingConstants.CENTER);
    contentPane.add(label, BorderLayout.CENTER);                 //添加标签控件
}
```

■ 秘笈心法

心法领悟 249：注意窗体默认关闭方式。

JFrame 是 JavaSwing 的窗体类，该窗体可以通过 setDefaultCloseOperation()方法设置窗体的默认关闭方式，

其可选值有 EXIT_ON_CLOSE、DO_NOTHING_ON_CLOSE、HIDE_ON_CLOSE 和 DISPOSE_ON_CLOSE。它们的功能分别对应于退出并关闭窗体、不关闭窗体、隐藏窗体和销毁并关闭窗体。多数情况下窗体都采用第一种常量 EXIT_ON_CLOSE 作为默认关闭方式。

11.2 调整窗体大小

实例 250	设置窗体大小 光盘位置：光盘\MR\250	初级 趣味指数：★★★★☆

■ 实例说明

用户打开软件后，首先看到的就是软件窗体的大小，那么如何设置窗体的大小就成了摆在开发者面前的一个首要问题。本实例将告诉读者，如何使用 Java 语言实现设置窗体大小的功能，实例运行效果如图 11.5 所示。

■ 关键技术

本实例在实现设置窗体大小的功能时，主要用到了窗体的 setSize()方法。下面对该方法进行介绍。

设置窗体大小的方法有两种重载格式。

（1）Dimension 参数

第一个重载方法以 Dimension 类的实例对象作为参数，其语法格式如下：

```
public void setSize(Dimension size)
```

参数说明

size：封装单个控件中宽度与高度的对象。

（2）int 参数

第二种重载方式以 int 类型的常量作为参数，其语法格式如下：

```
public void setSize(int width, int height)
```

参数说明

❶ width：窗体的宽度（以像素为单位）。

❷ height：窗体的高度（以像素为单位）。

（3）创建 Dimension 对象

Dimension 对象用于封装单个控件的宽度与高度，创建其对象的语法格式如下：

```
public Dimension(int width, int height)
```

参数说明

❶ width：控件的宽度（以像素为单位）。

❷ height：控件的高度（以像素为单位）。

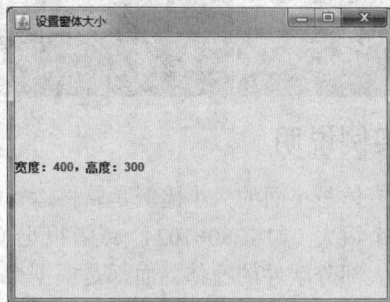

图 11.5 设置窗体大小

■ 设计过程

（1）在项目中创建窗体类 ControlFormSize。在窗体中添加一个标签控件。

（2）编写程序代码，设置窗体的标题、默认关闭方式与窗体大小，然后在标签控件中显示对窗体设置的大小。程序关键代码如下：

```
public ControlFormSize() {
    setTitle("设置窗体大小");                              //设置窗体标题
    setDefaultCloseOperation(JFrame.EXIT_ON_CLOSE);      //默认关闭方式
```

```
    setSize(400, 300);                              //设置窗体大小
    contentPane = new JPanel();                      //创建内容面板
    contentPane.setLayout(new BorderLayout(0, 0));
    setContentPane(contentPane);                     //设置内容面板
    JLabel label = new JLabel("宽度：400，高度：300");   //创建标签控件
    contentPane.add(label, BorderLayout.CENTER);     //添加标签控件到窗体
}
```

■ 秘笈心法

心法领悟 250：对多个或者关联的参数进行封装。

封装是 Java 面向对象的特性之一，通过封装可以把数据关联统一。通常如果方法的参数过多，应该把它们进行封装。另外，如果方法中多个参数具有关联意义，如本实例的窗体宽度与高度，就可以封装为一个单独的类，把该类的对象作为参数进行传递。

实例 251	根据桌面大小调整窗体大小 光盘位置：光盘\MR\251	初级 趣味指数：★★★★

■ 实例说明

窗体与桌面的大小比例是软件运行时用户经常会注意到的一个问题。例如，在 1024×768 的桌面上，如果放置一个很大（如 1280×1024）或者很小（如 10×10）的正方形窗体，会显得非常不协调，正是基于以上这种情况，所以大部分软件的窗体界面都是根据桌面的大小进行自动调整的，本实例就实现这样的功能。实例运行效果如图 11.6 所示。

图 11.6　根据桌面大小调整窗体大小

■ 关键技术

本实例实现的重点是如何获取桌面的大小，而获取桌面大小时，主要用到窗体的工具包 Toolkit 类，下面对本实例中用到的关键技术进行详细介绍。

❑　获取窗体工具包。

每个窗体类都提供了 getToolkit()方法来获取窗体的工具包对象。在窗体内部已经封装了这个工具包，随时可以获取。该方法的声明如下：

```
public Toolkit getToolkit()
```

❑　获取桌面屏幕大小。

窗体的工具包提供了 getScreenSize()方法来获取当前屏幕的大小，该方法的声明如下：

```
public abstract Dimension getScreenSize()    throws HeadlessException
```

设计过程

（1）在项目中创建窗体类 SetFormSizeByDeskSize。

（2）编写窗体的打开事件处理方法，该方法在窗体打开时被执行，在方法中，首先获取窗体工具包对象，然后通过工具包对象的 getScreenSize() 方法获取屏幕的大小，最后把窗体设置为屏幕大小的 80%。关键代码如下：

```java
protected void do_this_windowOpened(WindowEvent e) {
    Toolkit toolkit = getToolkit();                              //获得窗体工具包
    Dimension screenSize = toolkit.getScreenSize();             //获取屏幕大小
    int width=(int) (screenSize.width*0.8);                     //计算窗体新宽度
    int height=(int) (screenSize.height*0.8);                   //计算窗体新高度
    setSize(width,height);                                       //设置窗体大小
}
```

秘笈心法

心法领悟 251：有效使用窗体的事件监听器。

窗体事件监听器是对窗体一系列活动的事件处理。其中包括窗体打开、关闭、激活、最小化等动作的事件处理方法，这些事件一般用来实现默认资源、数据的初始化与销毁等功能。

实例 252	自定义最大化、最小化和关闭按钮 光盘位置：光盘\MR\252	高级 趣味指数：★★★★★

实例说明

在制作应用程序时，为了使用户界面更加美观，一般是自己设计窗体的外观，以及窗体的最大化、最小化和关闭按钮。本实例实现设计窗体的外观及最大化、最小化和关闭按钮，再通过鼠标来实现窗体移动的效果。实例运行效果如图 11.7 所示。

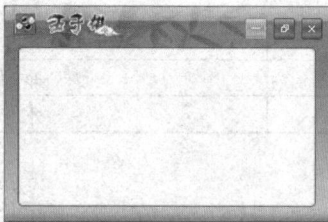

图 11.7　自定义最大化、最小化和关闭按钮

关键技术

本实例使用的关键技术较多，其中包括取消窗体修饰、按钮外观设置、改变窗体状态等。下面将介绍本实例应用到的这些关键技术。

（1）取消窗体修饰

JFrame 窗体默认采用本地系统的窗体修饰，这样会使窗体有标题栏以及标题栏上的所有按钮。但是有些情况需要开发人员根据需求自己定义窗体外观，这时就要禁止 JFrame 继承本地系统的窗体外观修饰，可以通过 setUndecorated() 方法实现这个要求。该方法的声明如下：

```java
public void setUndecorated(boolean undecorated)
```

参数说明

undecorated：用于指定是否禁止采用本地系统对窗体的修饰，默认值为 false，如果该参数为 true，窗体将没有任何标题栏内容及窗体边框，它看上去像一块灰色的布料贴在屏幕上。

（2）设置按钮外观

按钮的外观一般需要设置其图标属性，包括按钮按下与抬起的图标、鼠标经过的图标等。但设置图标无法

达到预期效果，因为按钮原有外观与边框会显得不自然，所以要对按钮进行特殊设置。下面介绍有关按钮的关键技术。

❑　设置鼠标经过图标

除了 setIcon()方法可以为鼠标设置普通状态图标之外，还可以设置按钮的其他状态图标，如设置鼠标经过按钮时显示的图标。这需要调用按钮的 setRolloverIcon()方法，其方法声明如下：

```
public void setRolloverIcon(Icon rolloverIcon)
```

参数说明

rolloverIcon：鼠标经过按钮时显示的图标对象。

❑　取消鼠标外观

要定义鼠标新的外观就必须取消原有外观的绘制，下面介绍关键方法。

```
button.setFocusPainted(false);              //取消焦点绘制
button.setBorderPainted(false);             //取消边框绘制
button.setContentAreaFilled(false);         //取消内容绘制
```

这 3 个方法分别取消按钮的焦点绘制、边框绘制及内容绘制，这样按钮就没有外观和任何效果了，就像窗体取消修饰效果一样。

（3）改变窗体状态

实例中自定义的最大化、最小化按钮都需要控制窗体的状态，这需要通过 JFrame 类的 setExtendedState()方法来实现，其方法声明如下：

```
public void setExtendedState(int state)
```

参数说明

state：该参数是位于 JFrame 类中的窗体状态常量，其可选值如表 11.1 所示。

表 11.1　窗体状态常量说明

枚　举　值	描　　述
ICONIFIED	最小化的窗口
NORMAL	默认大小的窗口
MAXIMIZED_HORIZ	水平方向最大化窗口
MAXIMIZED_VERT	垂直方向最大化窗口
MAXIMIZED_BOTH	水平与垂直方向都最大化的窗口

■ 设计过程

（1）在项目中新建窗体类 ControlFormStatus。为窗体添加背景图片，在窗体右上角放置 3 个按钮，分别是最小化、最大化和关闭按钮。然后设置窗体的 Undecorated 属性为 true 来阻止窗体采用本机系统的修饰，这样窗体就没有标题栏和边框了。

（2）编写最小化按钮的事件处理方法，在该方法中改变窗体的状态值为 ICONIFIED 最小化常量。关键代码如下：

```
protected void do_button_itemStateChanged(ActionEvent e) {
    setExtendedState(JFrame.ICONIFIED);              //窗体最小化
}
```

（3）编写关闭按钮的事件处理方法，在该方法中调用销毁窗体的方法，如果窗体是当前仅剩的唯一窗体，那么程序就会自动退出；如果存在执行业务处理的线程，那么会等待线程结束而关闭虚拟机。关键代码如下：

```
protected void do_button_2_actionPerformed(ActionEvent e) {
    dispose();              //销毁窗体
}
```

（4）编写最大化按钮的事件处理方法，该按钮是 JToggleButton 按钮类的实例对象，所以它有选择与取消选择两种状态，在按钮处于选择状态时，应设置窗体最大化；而当按钮被取消选择时，恢复窗体原有大小。关键代码如下：

```
protected void do_button_1_itemStateChanged(ItemEvent e) {
    if (e.getStateChange() == ItemEvent.SELECTED) {
```

```
        setExtendedState(JFrame.MAXIMIZED_BOTH);              //最大化窗体
    } else {
        setExtendedState(JFrame.NORMAL);                      //恢复普通窗体状态
    }
}
```

（5）编写自定义窗体标题栏面板的鼠标事件处理方法，当用户拖动自定义窗体标题栏时，应该实现窗体移动的效果。关键代码如下：

```
protected void do_topPanel_mousePressed(MouseEvent e) {
    pressedPoint = e.getPoint();                              //记录鼠标坐标
}
protected void do_topPanel_mouseDragged(MouseEvent e) {
    Point point = e.getPoint();                               //获取当前坐标
    Point locationPoint = getLocation();                      //获取窗体坐标
    int x = locationPoint.x + point.x - pressedPoint.x;       //计算移动后的新坐标
    int y = locationPoint.y + point.y - pressedPoint.y;
    setLocation(x, y);                                        //改变窗体位置
}
```

秘笈心法

心法领悟 252：暂时隐藏窗体。

JFrame 窗体对象可以最大化、最小化甚至关闭窗体，除此之外，Java 的窗体还可以隐藏，通过 setVisible() 方法传递 true 或 false 参数，就可以控制窗体显示或者隐藏。

实例 253	禁止改变窗体的大小 光盘位置：光盘\MR\253	初级 趣味指数: ★★★★☆

实例说明

本实例主要实现禁止改变窗体大小的功能，运行本实例，默认可以通过鼠标拖曳的方式改变窗体大小，但是当用户单击"禁止改变窗体大小"按钮后，窗体将会以一种对话框的方式进行显示，这时就不可以再用鼠标拖曳的方式改变窗体的大小。实例运行结果如图 11.8 所示。

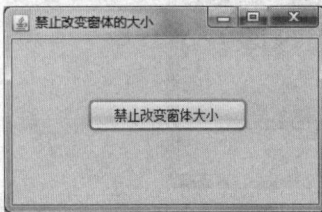

图 11.8　禁止改变窗体的大小

关键技术

本实例在实现禁止改变窗体的大小功能时，主要是通过将窗体的 resizable 属性设置为 false 实现的。下面介绍设置该属性的方法。

```
public void setResizable(boolean resizable)
```

参数说明

resizable：如果此窗体是可调整大小的，则为 true；否则为 false。

设计过程

（1）在项目中新建窗体类 LimitChangeFormSize。在该窗体中添加一个按钮控件，用来执行禁止改变窗体大小功能。

（2）编写"禁止改变窗体大小"按钮的事件处理方法，在该方法中设置窗体的 resizable 属性为 false。关键代码如下：

```
protected void do_button_actionPerformed(ActionEvent e) {
    setResizable(false);                                            //禁止改变窗体大小
}
```

■ 秘笈心法

心法领悟 253：将窗体以对话框形式显示。

本实例是继承 JFrame 实现的窗体设计，如果继承 JDialog 类就可以实现对话框，对话框的样式没有最大化与最小化按钮。

11.3　设置窗体的标题栏

实例 254	指定窗体标题栏图标	初级
	光盘位置：光盘\MR\254	趣味指数：★★★★☆

■ 实例说明

窗体的标题栏图标也称为窗体的图标，当窗体显示时在左上角标题栏位置会显示这个图标与窗体标题信息，这用于区分不同窗体或标注窗体用途。本实例通过 Java 语言实现窗体图标的设置，其效果如图 11.9 所示，单击任意一个按钮，就会将窗体图标更换为按钮的图标。另外，本实例在 Windows 7 系统中开发，程序运行后，除窗体之外，在任务栏也会显示窗体的图标，效果如图 11.10 所示。

图 11.9　设置窗体标题栏图标　　　　图 11.10　Windows 7 任务栏图标

■ 关键技术

本实例主要通过设置 JFrame 窗体类的 iconImage 属性来实现窗体图标的设定。下面将介绍如何改变该属性的值。

setIconImage()方法是 JFrame 类提供的，用于设置窗体的标题栏中的图标图片，该方法的声明格式如下：

```
public void setIconImage(Image image)
```

参数说明

image：要设置为窗体标题栏图标的图片对象。

■ 设计过程

（1）在项目中新建窗体类 FrameIcon。在窗体中设置背景，并添加 4 个更改窗体图标的按钮。

（2）编写所有按钮的事件处理方法，在用户单击不同按钮时，该方法可以判断事件源并获取相对图标文件的 URL 路径，然后通过该路径创建图片对象设置给窗体的 iconImage 属性。关键代码如下：

```java
protected void do_button_actionPerformed(ActionEvent e) {
    String resource = "";                                    //定义图标文件名称变量
    if (e.getSource() == button1)                            //确定用户单击的按钮
        resource = "icon1.png";                              //确定按钮对应的图标文件
    if (e.getSource() == button2)
        resource = "icon2.png";
    if (e.getSource() == button3)
        resource = "icon3.png";
    if (e.getSource() == button4)
        resource = "icon4.png";
    URL url = getClass().getResource(resource);              //获取图标文件路径
    setIconImage(Toolkit.getDefaultToolkit().getImage(url)); //设置窗体的图标
}
```

■ 秘笈心法

心法领悟 254：Java 不支持 BMP 图片。

在程序开发中，经常要使用各类图片修饰程序界面，如窗体背景、标题栏图标、按钮图标等。这些在 Java 语言中都可以轻松实现，但是 Java 支持的图片格式包括 jpg、png、gif 等，不包括 bmp 文件，程序开发中要注意这一点。

实例 255	拖动没有标题栏的窗体 光盘位置：光盘\MR\255	初级 趣味指数：★★★★☆

■ 实例说明

在开发程序的过程中，图形化的窗体（即自定义窗体，一般没有标题栏）固然很吸引用户的眼球，但往往因为这种窗体无法拖动而使用户放弃设计这种窗体的可能性，本实例实现拖动没有标题栏的窗体。运行程序，用户可以随意拖动窗体，其结果如图 11.11 所示。

图 11.11 拖动没有标题栏的窗体程序界面

■ 关键技术

本实例的关键技术完全在于鼠标事件的处理方法，通过控件的鼠标拖曳事件来实现窗体的移动，要注意拖曳时鼠标坐标是不停变换的，所以要在鼠标按键按下的事件中记录鼠标坐标，然后在拖曳事件中计算窗体位置与拖曳的控件位置的差距，然后改变窗体位置，这就需要对鼠标事件监听器有一定的了解，事件监听器中的方法可以处理各种事件。下面介绍本实例使用的事件监听器中关键事件处理方法。

（1）MouseListener 事件监听器

该事件监听器用于监听鼠标按键按下与抬起、鼠标单击、鼠标进入与离开控件区域的事件监听，并在事件监听器接口中定义相应的事件处理方法，把具体事件委托给指定方法去实现事件处理。而本实例中主要应用了该事件监听器中的 mousePressed() 方法实现鼠标按键按下时的事件处理。该方法的声明如下：

```
public void mousePressed(MouseEvent event) {
    //事件处理代码
}
```

参数说明

event：鼠标事件对象，该对象可以获取事件源与鼠标当前坐标。

（2）MouseMotionListener 事件监听器

该监听器可以监听鼠标的移动与拖曳动作，其中本实例实现的是拖曳动作的时间静态方法，该方法的声明如下：

```
public void mouseDragged(MouseEvent e) {
    //拖曳事件处理
}
```

参数说明

event：鼠标事件对象，该对象可以获取事件源与鼠标当前坐标。

■ 设计过程

（1）在项目中新建窗体类 DropCustomFrame。在窗体中添加一个"关闭"按钮。

（2）编写"关闭"按钮的事件处理方法，由于没有窗体标题栏，无法通过 GUI 关闭窗体，所以提供该按钮，并在按钮的事件处理方法中实现程序退出功能。关键代码如下：

```
protected void do_button_actionPerformed(ActionEvent e) {
    dispose();                                                    //销毁窗体
}
```

（3）编写内容面板的鼠标按下事件处理方法。在该方法中要记录鼠标按下按键时的鼠标坐标位置。关键代码如下：

```
protected void do_backgroundPanel_mousePressed(MouseEvent e) {
    pressedPoint = e.getPoint();                                 //记录鼠标坐标
}
```

（4）编写鼠标拖曳事件处理方法，在该方法中计算鼠标位置与窗体位置的差距，然后再计算窗体应该移动多少像素，并更改窗体位置。关键代码如下：

```
protected void do_backgroundPanel_mouseDragged(MouseEvent e) {
    Point point = e.getPoint();                                  //获取当前坐标
    Point locationPoint = getLocation();                         //获取窗体坐标
    int x = locationPoint.x + point.x - pressedPoint.x;          //计算移动后的新坐标
    int y = locationPoint.y + point.y - pressedPoint.y;
    setLocation(x, y);                                           //改变窗体位置
}
```

■ 秘笈心法

心法领悟 255：如何禁止改变窗体大小。

窗体默认情况下可以调整大小，但是有些窗体中的控件位置是固定的，即使把窗体放大，也只是多出一些空白区域，没有任何意义，反而破坏了界面的美观。要禁止用户调整窗体大小可以调用窗体的 setResizable() 方法并为方法窗体设置参数 false，这样窗体就不再支持调整大小功能。

实例 256	取消窗体标题栏与边框	初级
	光盘位置：光盘\MR\256	趣味指数：★★★★

■ 实例说明

普通窗体都有标题栏与边框，标题栏可以显示窗体图标、标题和窗体控制按钮。但是随着客户的需求不同，会有各式各样的窗体需要自定义，例如，本实例就是根据客户需求，把关于信息的窗体标题栏与窗体边框都去掉了。实例运行效果如图 11.12 所示。

图 11.12　没有窗体标题栏与边框的窗体

■ 关键技术

本实例使用的关键技术请参见实例 252。

■ 设计过程

（1）在项目中新建窗体类 CancelFrameTitleBorder。

（2）在窗体中添加关于信息与"关闭"按钮，并对窗体所有组件进行布局，最关键的是取消本地系统对窗体的修饰效果。关键代码如下：

```java
public CancelFrameTitleBorder() {
    //设置背景色
    getContentPane().setBackground(new Color(240, 255, 255));
    setUndecorated(true);                                          //取消窗体修饰效果
    setTitle("关于进销存管理系统");                                 //设置标题栏
    getContentPane().setLayout(null);
    setBounds(100, 100, 354, 206);
    setLocationRelativeTo(null);                                   //窗体居中
    setDefaultCloseOperation(JFrame.EXIT_ON_CLOSE);
    final JLabel label = new JLabel();                             //用标签显示 LOGO
    label.setIcon(new ImageIcon(getClass().getResource("logo.png")));
    label.setBounds(10, 27, 112, 98);
    getContentPane().add(label);
    textArea = new JTextArea();                                    //用文本域显示系统信息
    textArea.setOpaque(false);                                     //控件透明
    textArea.setText("系统: \n   Microsoft Windows Server 2003\n" +
            "   Standard Editon\n   Service Pack 2\n\n\n" +
            "软件：进销存管理系统\n 版权：明日科技");
    textArea.setBounds(154, 6, 187, 154);
    getContentPane().add(textArea);                                //添加控件到窗体
    JButton button = new JButton("\u5173\u95ED");                  //创建"关闭"按钮
    button.addActionListener(new ActionListener() {                //添加按钮的事件监听器
        public void actionPerformed(ActionEvent e) {
            do_button_actionPerformed(e);                          //调用按钮事件处理方法
        }
    });
    button.setBounds(230, 172, 90, 30);
    getContentPane().add(button);                                  //添加按钮到窗体
}
```

（3）编写"关闭"按钮的事件处理方法，该方法在窗体没有标题栏和控制按钮的情况下，实现程序退出功能。关键代码如下：

```java
protected void do_button_actionPerformed(ActionEvent e) {
    dispose();                                                     //销毁窗体
}
```

■ 秘笈心法

心法领悟 256：如何让控件透明？

Java 通过 Swing 框架技术来实现桌面程序的开发，其中包含了大量的控件，但是这些控件都是 JComponent 的子类，它们都继承该类的共同特性，其中就包括控件是否透明的属性。可以调用控件的 setOpaque()方法并传递参数 false 来实现控件的透明，这样对按钮控件不明显，但是对文本域、文本框等控件如果设置成透明将没有白色的控件底色。另外，JLabel 控件默认是背景透明的。

实例 257	设置闪烁的标题栏	初级
	光盘位置：光盘\MR\257	趣味指数：★★★★

■ 实例说明

在大型项目中常出现多个窗口同时处理并显示业务数据的情况，每个窗口和窗口中的数据分类与重要性都不相同，有的窗口用于显示实时信息，必须时刻保持醒目位置，但是有的信息重要性非常高，必须第一时间让用户注意到。本实例就实现窗体标题栏的闪烁效果，这将以动态且明显的方式突出某窗体信息的重要性。实例闪烁过程如图 11.13 所示。

图 11.13　闪烁中的窗体标题栏

■ 关键技术

本实例的关键技术在于 Timer 控件的使用，窗体标题闪烁效果就是依靠该控件不断地产生 ActionEvent 事件，并在事件处理中实现的。下面介绍该控件的使用。

❑　创建 Timer 对象

本实例所使用的是 Java.swing 包中的 Timer 对象，而非 Java.util 包的。创建这个控件的构造方法如下：

```
public Timer(int delay, ActionListener listener)
```

参数说明

❶ delay：触发事件的时间间隔，单位为毫秒。

❷ listener：初始事件监听器，用于获取控件的 action 事件。

❑　启动 Timer 对象

Timer 控件的 start()方法将启动 Timer，使它开始向其侦听器发送动作事件。该方法的声明如下：

```
public void start()
```

■ 设计过程

（1）在项目中新建窗体类 FlashTitleBar。在窗体中添加标签控件并显示重要信息。

（2）编写窗体打开的事件处理方法，在该方法中创建 Timer 控件，并在控件内部实现窗体闪烁效果，而且该效果一直循环，每秒闪烁一次。关键代码如下：

```java
protected void do_this_windowOpened(WindowEvent e) {
    Timer timer = new Timer(500, new ActionListener() {        //创建 Timer 控件
        String title = getTitle();                             //获取窗体标题
        @Override
        public void actionPerformed(ActionEvent e) {           //实现窗体闪烁
            if (getTitle().isEmpty()) {                        //如果标题为空
                setTitle(title);                               //恢复窗体标题
            } else {
                setTitle("");                                  //如果窗体标题不为空，则清空窗体标题
            }
        }
    });
    timer.start();                                             //启动 Timer 控件
}
```

■ 秘笈心法

心法领悟 257：启动和关闭 Timer 计时器的两种方法。

启动 Timer 计时器时，可以调用其 start()方法。这个方法将按 Timer 指定时间间隔对事件监听器发送动作时间。另外，调用 Timer 的 restart()方法同样可以启动 Timer，但是该方法将取消所有挂起的事件触发并使它按初始延迟触发事件。

11.4 设置窗体的背景

实例 258	设置窗体背景颜色为淡蓝色 光盘位置：光盘\MR\258	初级 趣味指数：★★★★

■ 实例说明

开发程序时，Windows 窗体的背景色默认为灰色，为了能够使窗体看起来更加美观，可以通过编码为 Windows 窗体设置更好看的颜色。本实例将 Windows 窗体的背景颜色设置成了淡蓝色，实例运行效果如图 11.14 所示。

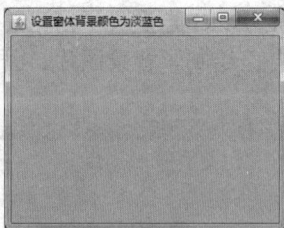

图 11.14 设置窗体背景颜色为淡蓝色

■ 关键技术

本实例在设置窗体的背景颜色时，主要用到了窗体的 background 属性，下面对其进行详细讲解。

setBackground()方法用于设置控件的背景色。背景色仅在组件是不透明时才使用，并且只能由 JComponent 或 ComponentUI 实现的子类使用。JComponent 的直接子类必须重写 paintComponent 以遵守此属性。setBackground() 方法的声明如下：

```
public void setBackground(Color bg)
```

参数说明

bg：所需的背景 Color 对象。

■ 设计过程

（1）在项目中新建窗体类 SetFormBackColor。

（2）编码设置窗体中内容面板的背景色。

```
public SetFormBackColor() {
    setTitle("设置窗体背景颜色为淡蓝色");                            //设置窗体标题栏
    setDefaultCloseOperation(JFrame.EXIT_ON_CLOSE);
    setBounds(100, 100, 308, 238);                              //设置窗体位置
    contentPane = new JPanel();                                 //创建内容面板
    //设置内容面板的背景色
    contentPane.setBackground(new Color(102, 204, 255));
    setContentPane(contentPane);                                //设置窗体内容面板
}
```

■ 秘笈心法

心法领悟 258：通过"属性"窗口更快地设置窗体背景色。

在设置窗体的背景色时，可以直接在"属性"窗口中进行设置，其步骤为：选中窗体或内容面板，然后在"属性"窗口中找到 background 属性，单击右侧的⊞按钮即可在颜色选择对话框中设置指定的背景颜色。

实例 259	实现带背景图片的窗体 光盘位置：光盘\MR\259	高级 趣味指数：★★★★

■ 实例说明

开发桌面窗体应用程序时，界面的美观是程序的一个重要组成部分，一般的应用程序界面背景都是非常漂亮或者代表实际意义的图片，那么如何为窗体设置背景图片呢？本实例将通过 Java 代码重写 JPanel 面板来实现窗体背景图片的设置，实例运行效果如图 11.15 所示。

图 11.15　设置窗体背景为指定图片

■ 关键技术

本实例在设置窗体的背景图片时，继承 JPanel 自定义了自己的面板组件，并重写了面板绘制方法，还为自己绘制了背景图片。面板绘制方法的声明格式如下：

```
protected void paintComponent(Graphics graphics)
```

参数说明

graphics：控件中的绘图对象。

■ 设计过程

（1）在项目中新建窗体类 SetFormBackImage。在窗体中添加自定义的 BackgroundPanel 面板。

（2）在窗体类的构造方法中设置窗体标题，并为添加的 BackgroundPanel 自定义面板设置背景图片。关键代码如下：

```java
public SetFormBackImage() {
    setTitle("实现带背景图片的窗体");                          //设置窗体标题
    setDefaultCloseOperation(JFrame.EXIT_ON_CLOSE);
    setBounds(100, 100, 450, 300);                          //设置窗体位置
    contentPane = new JPanel();                             //创建内容面板
    setContentPane(contentPane);                            //设置窗体内容面板
    contentPane.setLayout(new BorderLayout(0, 0));
    BackgroundPanel backgroundPanel = new BackgroundPanel();  //创建背景面板
    backgroundPanel.setImage(getToolkit().getImage(
        getClass().getResource("Penguins.jpg")));           //设置面板背景图片
    contentPane.add(backgroundPanel);                       //把背景面板添加到窗体内容面板
}
```

📖 说明：上面代码中的 Penguins.jpg 图片需要放置在 SetFormBackImage 类的同级文件夹中，在编译 Java 代码时将自动发布一份到 bin 文件夹中，这个文件夹在 Eclipse 中是隐藏的，读者只要把文件放置到指定位置即可。

（3）继承 JPanel 类编写自己的面板。自定义面板类名定义为 BackgroundPanel，重写 JPanel 类的 paintComponent()方法，在该方法中实现绘制面板背景图片的代码。关键代码如下：

```java
protected void paintComponent(Graphics g) {                 //重写绘制组件外观
    if (image != null) {
        g.drawImage(image, 0, 0, this);                     //绘制图片与组件大小相同
    }
    super.paintComponent(g);                                //执行超类方法
}
```

秘笈心法

心法领悟 259：通过"属性"窗口更快地设置窗体背景图片。

在设置窗体的背景图片时，可以直接在"属性"窗口中进行设置，其步骤为：选中窗体中添加的自定义背景面板，然后在"属性"视图中找到 image 属性，单击右侧的 ⋯ 按钮即可在图片选择对话框中设置指定的背景图片。

实例 260	使背景图片自动适应窗体的大小 光盘位置：光盘\MR\260	中级 趣味指数：★★★★

实例说明

开发人员在开发桌面应用程序时，有时为一个窗体设置了背景图片，但是由于图片的大小与窗体的大小并不一定相同，所以就可能导致图片显示不全，那么如何来避免这种情况的发生呢？本实例将通过自定义面板控件来实现背景图片自动适应窗体大小的功能，实例运行效果如图 11.16 所示。

图 11.16 背景图片自动适应窗体的大小

关键技术

本实例在实现使背景图片自动适应窗体的大小功能时，继承 JPanel 自定义面板控件并重写了 paintComponent()方法绘制背景图片，但是使用的是绘图对象的 drawImage()方法的一种重载格式，它支持图片大小的指定。该方法的声明如下：

```
public abstract boolean drawImage(Image img, int x, int y, int width, int height, ImageObserver observer)
```

方法中的参数说明如表 11.2 所示。

表 11.2　方法中的参数说明

参 数 名	说　　明	参 数 名	说　　明
x	绘制图片起始位置的 X 坐标	height	指定绘制图片的高度
y	绘制图片起始位置的 Y 坐标	observer	转换更多图像时要通知的对象
width	指定绘制图片的宽度		

设计过程

（1）在项目中创建窗体类 AutoImageSizeByForm。在窗体中添加自定义的面板 BackgroundPanel 控件，并为其设置背景图片。关键代码如下：

```
public AutoImageSizeByForm() {
    setTitle("使背景图片自动适应窗体的大小");                      //设置窗体标题
    setDefaultCloseOperation(JFrame.EXIT_ON_CLOSE);
    setBounds(100, 100, 450, 300);                              //设置窗体位置
    contentPane = new JPanel();                                 //创建内容面板
    contentPane.setLayout(new BorderLayout(0, 0));
    setContentPane(contentPane);
    //创建自定义背景面板
    BackgroundPanel backgroundPanel = new BackgroundPanel();
```

```
backgroundPanel.setImage(getToolkit().getImage(                              //设置背景面板的图片
        getClass().getResource("Penguins.jpg")));
contentPane.add(backgroundPanel, BorderLayout.CENTER);                       //添加背景面板到内容面板
}
```

（2）继承 JPanel 编写自己的面板类 BackgroundPanel，重写 paintComponent()方法在该方法中获取面板的宽度与高度，然后将图片以相同的大小绘制在控件上。关键代码如下：

```
protected void paintComponent(Graphics g) {                                 //重写绘制组件外观
    if (image != null) {
        int width = getWidth();                                             //获取组件大小
        int height = getHeight();
        g.drawImage(image, 0, 0, width, height, this);                      //绘制图片与组件大小相同
    }
    super.paintComponent(g);                                                //执行超类方法
}
```

■ 秘笈心法

心法领悟 260：保持原控件的功能。

程序中自定义面板控件时，重写了控件的绘图方法，这可以让程序开发人员自由地定义控件的外观，但是不要忘记保留父类功能，否则将丢失应有的功能。本实例调用 super 关键字的 paintComponent()方法并把当前绘图对象作为参数完成父类的功能调用。

实例 261	背景为渐变色的主界面 光盘位置：光盘\MR\261	中级 趣味指数：★★★★

■ 实例说明

窗体背景颜色可以通过属性进行设置，但是通过属性设置的窗体背景颜色都是单一的颜色。在以往程序安装界面中，背景色都是上下渐变的蓝色背景，看上去不伤眼睛，而且没有强烈的疲劳感，一时成为安装界面的流行背景。本实例将实现这个背景颜色渐变窗体的效果，使窗体更加美观。实例运行效果如图 11.17 所示。

图 11.17　背景为渐变色的主界面

■ 关键技术

本实例在实现背景色渐变时涉及两个关键技术，这两个关键技术分别是绘制矩形与设置填充方式，下面分别对这两个关键技术进行介绍。

（1）设置渐变填充模式

❑　创建渐变填充模式对象

设置填充模式首先要创建填充模式对象，本实例要实现渐变效果，所以创建的是 GradientPaint 类的实例对象，创建该对象的构造方法的参数包括填充起点的坐标与颜色、填充终点的坐标与颜色，其方法声明如下：

```
public GradientPaint(float x1, float y1, Color color1, float x2, float y2, Color color2)
```

方法中的参数说明如表 11.3 所示。

表 11.3　方法中的参数说明

参　数　名	说　　明	参　数　名	说　　明
x1	起始位置的 X 坐标	x2	终止位置的 X 坐标
y1	起始位置的 Y 坐标	y2	终止位置的 Y 坐标
color1	起始渐变点的颜色	color2	终止渐变点的颜色

❏ 设置绘图对象填充模式

创建渐变填充模式对象以后需要设置 Graphics2D 绘图上下文对象的填充属性，然后由此绘图对象绘制的所有图形，都使用这个新的填充模式。设置绘图上下文填充模式的方法的声明如下：

```
public abstract void setPaint(Paint paint)
```

参数说明

paint：填充模式对象。

（2）绘制矩形图形

设置绘图上下文对象使用渐变填充模式以后，还要以自定义控件相同的大小来绘制控件界面，绘制内容是一个矩形图形，这样可以均匀地遮盖整个控件界面。绘制矩形图形的方法声明如下：

```
public abstract void fillRect(int x, int y, int width, int height)
```

方法中的参数说明如表 11.4 所示。

表 11.4 方法中的参数说明

参 数 名	说 明
x	绘制矩形起始位置的 X 坐标
y	绘制矩形起始位置的 Y 坐标
width	指定绘制矩形的宽度
height	指定绘制矩形的高度

■ 设计过程

（1）在项目中新建窗体类 ImageInFormCenter。设置窗体类的标题，在窗体中添加自定义的渐变背景面板。关键代码如下：

```
public ShadeBackgroundImage() {
    setTitle("背景为渐变色的主界面");                              //设置窗体标题
    setDefaultCloseOperation(JFrame.EXIT_ON_CLOSE);
    setBounds(100, 100, 450, 300);
    contentPane = new JPanel();                                   //创建内容面板
    contentPane.setLayout(new BorderLayout(0, 0));
    setContentPane(contentPane);
    ShadePanel shadePanel = new ShadePanel();                     //创建渐变背景面板
    contentPane.add(shadePanel, BorderLayout.CENTER);            //添加面板到窗体内容面板
}
```

（2）继承 JPanel 类编写自己的渐变面板控件，重写 paintComponent()方法，在该方法中创建 GradientPaint 填充类的实例对象，然后把它设置为当前绘图对象的填充模式，再使用新的填充模式绘制一个与控件相同大小的矩形。关键代码如下：

```
protected void paintComponent(Graphics g1) {                     //重写绘制组件外观
    Graphics2D g = (Graphics2D) g1;
    super.paintComponent(g);                                      //执行超类方法
    int width = getWidth();                                       //获取组件大小
    int height = getHeight();
    //创建填充模式对象
    GradientPaint paint = new GradientPaint(0, 0, Color.CYAN, 0, height,
            Color.MAGENTA);
    g.setPaint(paint);                                            //设置绘图对象的填充模式
    g.fillRect(0, 0, width, height);                             //绘制矩形填充控件界面
}
```

■ 秘笈心法

心法领悟 261：区分绘图上下文的 draw 与 fill。

绘图上下文有很多的图形绘制方法，其中主要分为两类，一类是以线段绘制的图形，另一类是以面积填充的图形，前者使用 draw 作为方法的前缀，后者以 fill 作为方法的前缀。例如，drawRect()方法用于绘制空心的矩形，而 fillRect()方法则可以绘制实心的经过填充的矩形。在程序开发时要注意不能混淆这两类方法。

| 实例 262 | 随机更换窗体背景
光盘位置：光盘\MR\262 | 初级
趣味指数：★★★★ |

■ 实例说明

在一些管理软件中实现随机更换主界面背景可以增加软件的人性化程度，使用户心情愉悦。本实例实现随机更换主界面的功能，每次窗体恢复显示时主界面背景图片都会随机更换。程序运行效果如图 11.18 所示。

图 11.18　随机更换主界面背景

■ 关键技术

Java util 包中的 Random 类提供了常用的伪随机数生成方法，类型包括 boolean、int、long、double 等。下面介绍本实例如何使用该类的对象生成整型随机数字。

❑ 创建随机数对象

Random 的对象可以生成各种类型的随机数字，但在此之前必须先创建它，本实例使用了默认构造方法直接传递的实例对象，这非常简单无须介绍。所以这里介绍一个接收参数的构造方法，其方法声明如下：

```
public Random(long seed)
```

参数说明

seed：创建随机数对象的种子。

❑ 生成指定范围的随机整数

Random 的对象可以调用多个方法生成不同数据类型的随机数，本实例需要随机指定数组下标索引来获取数组中的某个背景图片对象，而数组下标只能是整数，并且不能超出数组范围。所以下面介绍如何生成指定范围的随机整数，其方法声明如下：

```
public int nextInt(int num)
```

参数说明

num：要返回的随机数的范围，必须为正数。

■ 设计过程

（1）在项目中新建窗体类 RandomBackgroundImage。在窗体中添加自定义的支持背景的面板控件。

（2）编写初始化背景图片数组的 initPhotoArray()方法，在该方法中创建图片数组，然后通过 for 循环初始化数组中的元素，每个元素赋值为一个图片对象。关键代码如下：

```
private void initPhotoArray() {
    images = new Image[6];                                    //初始化背景图片数组
```

```
String photoPath = "";
for (int i = 0; i < images.length; i++) {                                    //遍历数组并初始化所有元素
    photoPath = "/com/img/photo" + (i + 1) + ".jpg";                         //生成文件名
    images[i] = getToolkit()
            .getImage(getClass().getResource(photoPath));                    //初始化数组元素
}
}
```

（3）编写窗体激活事件的处理方法，当窗体刚刚被显示，或者从最小化恢复到显示状态时，都会触发这个窗体激活事件。在事件处理方法中，首先生成随机数，然后用这个随机数作为图片数组的下标索引获取一个图片设置给支持背景的面板控件。最后重新绘制窗体界面。关键代码如下：

```
protected void do_this_windowActivated(WindowEvent arg0) {
    Random random = new Random();                                           //创建随机数对象
    int num = random.nextInt(6);                                            //生成随机数
    panel.setImage(images[num]);                                            //设置面板背景图片
    repaint();                                                              //重绘窗体界面
}
```

■ 秘笈心法

心法领悟 262：获取资源路径。

Java 开发的桌面程序需要很多本机资源，如美化界面的图片、相应动作的音频等。这些资源在程序开发时涉及资源路径的确定问题，如果使用绝对路径当然没问题，但是会把资源固定在一个磁盘，影响到软件的发布与传播。所以使用相对路径才是首选，Java 中的任何类都有 Class 实例，通过这个实例的 getResource()方法便可以获取指定资源的 URL 对象，从而准确地定义资源文件位置。

11.5 窗体形状及应用

实例 263	椭圆形窗体界面 光盘位置：光盘\MR\263	中级 趣味指数：★★★★

■ 实例说明

个性的窗体形状可以增加程序的趣味性，使程序更具吸引力。见惯了方方正正的矩形窗体，椭圆形的窗体更会使用户眼前一亮。本实例设计一个椭圆形的窗体，运行程序，窗体为椭圆形，如图 11.19 所示。单击窗体，即可退出程序。

图 11.19 椭圆形窗体

■ 关键技术

本实例的关键技术在于椭圆类 Ellipse2D 的应用与设置窗体形状的 API。下面分别对其进行介绍。

❑ 创建椭圆对象

Java 的椭圆对象由 Ellipse2D 类定义，该类是一个抽象类不能实例化，但是在其内部包含了两个静态内部实现类，分别为 Double 与 Float，它们接收 double 与 float 类型的参数定义椭圆大小，本实例使用的是 Float 实现类。下面是该类构造方法的声明：

```
public Ellipse2D.Float(float x, float y, float w, float h)
```

方法中的参数说明如表 11.5 所示。

表 11.5　方法中的参数说明

设　置　值	描　　述
x	椭圆对应矩形左上角的 X 坐标
y	椭圆对应矩形左上角的 Y 坐标
w	椭圆对应矩形的宽度
h	椭圆对应矩形的高度

❑　设置窗体形状

在 JDK 1.6 中提供了设置窗体形状的 API，通过这个 API 可以设置窗体为指定图形。所用的方法声明如下：

```
public static void setWindowShape(Window window, Shape shape)
```

参数说明

❶ window：窗体对象。

❷ shape：图形接口的实现。

设计过程

（1）在项目中创建窗体类 EllipseFrame，去掉窗体修饰。关键代码如下：

```
public EllipseFrame() {
    setUndecorated(true);                                              //去掉窗体修饰
    //省略其他代码
}
```

（2）编写窗体打开时的事件处理方法，在该方法中创建椭圆对象，并把这个椭圆设置为窗体的形状。关键代码如下：

```
protected void do_this_windowOpened(WindowEvent e) {
    //创建椭圆对象
    Ellipse2D.Float ellipse = new Ellipse2D.Float(0f, 10f, 400f, 130f);
    AWTUtilities.setWindowShape(this, ellipse);                        //设置窗体椭圆形状
}
```

（3）编写窗体的鼠标单击事件处理方法，在该方法中销毁窗体对象，由于这是程序唯一的一个窗体与线程，所以销毁窗体后，程序会自动退出。关键代码如下：

```
protected void do_this_mouseClicked(MouseEvent e) {
    dispose();                                                         //销毁窗体
}
```

秘笈心法

心法领悟 263：解除 API 限制。

有些 API 在 Eclipse 开发工具中是被限制的，如本实例中设置窗体形状的 API 在 Eclipse 中就无法编译，并报错。这需要设置 Eclipse 编译器信息来解除这个限制，具体步骤为：选择"窗口"/"首选项"命令，在弹出的"首选项"对话框中，展开 Java/"编译器"/"错误/警告"节点。然后在对话框右侧展开"建议不要使用和限制使用的 API"节点，将其所有下拉列表框中的"错误"修改为"警告"或者"忽略"。

实例 264	钻石形窗体 光盘位置：光盘\MR\264	中级 趣味指数：★★★★

实例说明

设置个性形状的窗体可以增加程序的趣味性，如定义奇特形状的登录窗体，可以让用户在进入系统之前对程序有好奇并急于了解的情绪。本实例实现自定义钻石图形的窗体，运行程序后显示窗体界面，程序运行效果如图 11.20 所示。

图 11.20 钻石形窗体

关键技术

Java 创建钻石图形需要依靠 Polygon 类创建多边形来实现，所以 Polygon 类是本实例的关键技术。多边形可以实现任意图形，只要有合理的顶点位置即可。下面来看一下如何通过 Polygon 类创建多边形实现钻石图形。

Polygon 类有一个接收坐标点参数的构造方法，通过这个构造方法可以直接创建想要的图形。它的方法声明如下：

```
public Polygon(int[] xpoints, int[] ypoints, int npoints)
```

参数说明

❶ xpoints：顶点 X 坐标的数组。

❷ ypoints：顶点 Y 坐标的数组。

❸ npoints：多边形中顶点的数量。

设计过程

（1）在项目中新建窗体类 DiamondFrame，去掉窗体修饰。关键代码如下：

```
public DiamondFrame() {
    setUndecorated(true);                                        //去掉窗体修饰
    //省略其他代码
}
```

（2）编写窗体打开时的事件处理方法，在该方法中创建多边形组成的钻石图形对象，并把这个图形设置为窗体的形状。关键代码如下：

```
protected void do_this_windowOpened(WindowEvent e) {
    int[] xPoints={0,50,350,400,200,0};                          //定义各顶点的 X 坐标
    int[] yPoints={200,100,100,200,400,200};                     //定义各顶点的 Y 坐标
    Polygon polygon=new Polygon(xPoints,yPoints,6);             //创建多边形
    AWTUtilities.setWindowShape(this, polygon);                  //设置窗体形状
}
```

秘笈心法

心法领悟 264：自定义窗体形状必须取消窗体修饰。

本实例介绍的方法可以改变或自定义窗体的形状，但是有个前提，那就是必须取消本地系统对窗体的修饰，否则自定义窗体无法生效。

实例 265	创建透明窗体 光盘位置：光盘\MR\265	中级 趣味指数：★★★★

实例说明

有些实时信息、事物提醒和各类助手程序要保持窗体置顶状态，即始终显示在所有窗体之上。这样可以保持信息的实时显示、提高助手类程序操作的方便性等。但是程序保持置顶就会遮盖窗体下方的其他窗口或者桌

面上的图标，被遮盖的位置也许只包含部分信息。例如，Eclipse 的代码编辑窗口，如果为程序提供窗体透明功能，窗体就不会成为屏幕上补丁似的障碍物，反而会更受欢迎。本实例通过 Java 技术实现窗体透明效果，并可以控制透明度。实例运行结果如图 11.21 所示，透过窗体可以看见底部的 Eclipse 代码编辑器中的代码。

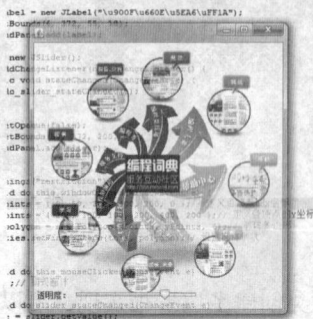

图 11.21　透明窗体

■ 关键技术

实例中使用到了 AWTUtilities 类的 setWindowOpacity()方法，它是实例中的关键技术，用于设置窗体的透明度。该方法的声明如下：

```
public static void setWindowOpacity (Window window, float alpha)
```

参数说明

❶ window：窗体对象。

❷ alpha：窗体透明度，取值范围是在 0～1 之间的小数。

■ 设计过程

（1）在项目中创建窗体类 TransparencyFrame。设置窗体置顶，在窗体中添加一个滑块控件。

（2）编写滑块控件的事件处理方法，在改变滑块值时这个方法获取滑块当前值，并把它转换为百分比来改变窗体的透明度。关键代码如下：

```
protected void do_slider_stateChanged(ChangeEvent e) {
    int value = slider.getValue();                          //获取滑块当前值
    AWTUtilities.setWindowOpacity(this, value/100f);        //使用滑块值改变窗体透明度
}
```

■ 秘笈心法

心法领悟 265：避免无法控制的完全透明窗体。

本实例实现了窗体的透明效果，并且可以通过滑块调节透明度，但是却忽略了一点，如果用户把窗体调整为完全透明并放开鼠标，那么窗体界面就再也看不见了，如果没有其他设置功能是无法恢复窗体显示的。这将使程序陷入一个尴尬的局面，所以程序开发时要留意并避免这种情况的发生。

11.6　对　话　框

实例 266	模态对话框与非模态对话框	初级
	光盘位置：光盘\MR\266	趣味指数：★★★★

■ 实例说明

在程序设计中对话框的显示可以分为两种，即模态显示和非模态显示。每种显示方式对应于不同的程序应

用场景。下面就通过一个程序来看一下什么是模态显示，什么是非模态显示。程序运行效果如图 11.22 所示，单击界面上的"模态显示对话框"与"非模态显示对话框"两个按钮可以查看不同的效果，注意它们对父窗体的限制。

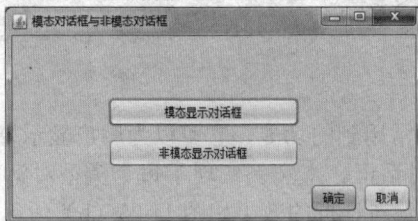

图 11.22　程序运行效果

■ 关键技术

本实例中使用了 JDialog 对话框类的 setModal()方法，它是实例中的关键技术，用于设置对话框的显示形态，如果以模态显示对话框，那么在对话框关闭之前，其父窗体是无法使用与获取焦点的，父窗体的所有事件都被对话框拦截，而非模态显示的对话框则完全相反。setModal()方法的声明如下：

```
public void setModal(boolean modal)
```

参数说明

modal：是否以模态显示对话框。

■ 设计过程

（1）在项目中创建窗体类 ModalDialog。在窗体中添加"模态显示对话框"与"非模态显示对话框"两个按钮。

（2）编写"模态显示对话框"按钮的事件处理方法。该方法将创建当前窗体的对话框，并设置对话框以模态显示。关键代码如下：

```
protected void do_button_actionPerformed(ActionEvent e) {
    JDialog dialog = new JDialog(this);          //创建当前窗体的对话框
    dialog.setModal(true);                       //设置对话框为模态
    dialog.setSize(300, 200);                    //设置对话框大小
    dialog.setLocationByPlatform(true);          //由系统平台布置窗体位置
    dialog.setTitle("模态对话框");               //对话框标题
    dialog.setVisible(true);                     //显示对话框
}
```

（3）编写"非模态显示对话框"按钮的事件处理方法。该方法同样创建一个当前窗体的对话框，但是要设置对话框以非模态显示。关键代码如下：

```
protected void do_button_1_actionPerformed(ActionEvent e) {
    JDialog dialog = new JDialog(this);          //创建当前窗体的对话框
    dialog.setModal(false);                      //设置对话框为模态
    dialog.setSize(300, 200);                    //设置对话框大小
    dialog.setLocationByPlatform(true);          //由系统平台布置窗体位置
    dialog.setTitle("非模态对话框");             //对话框标题
    dialog.setVisible(true);                     //显示对话框
}
```

■ 秘笈心法

心法领悟 266：合理利用代码重用。

本实例中的"模态显示对话框"与"非模态显示对话框"两个按钮的事件处理方法都创建了对话框，而且大部分设置对话框的代码是重复的，如设置对话框位置、大小等。这类代码如果不注意避免，日后就会造成冗余代码，甚至浪费系统资源。合理的安排方式应该是把对话框作为类的成员变量，在构造方法中把它初始化，然后在各个按钮的事件处理方法中进行调用。

实例 267	信息提示对话框 光盘位置：光盘\MR\267	初级 趣味指数：★★★★

■ 实例说明

信息提示对话框是程序开发中经常用到的功能，它可以为用户显示警告、错误、提示等信息内容。可以根据不同的信息级别选择不同类型的对话框。本实例实现了每个类型对话框的信息提示效果，程序运行效果如图 11.23（a）所示，显示一个信息提示对话框的效果如图 11.23（b）所示。

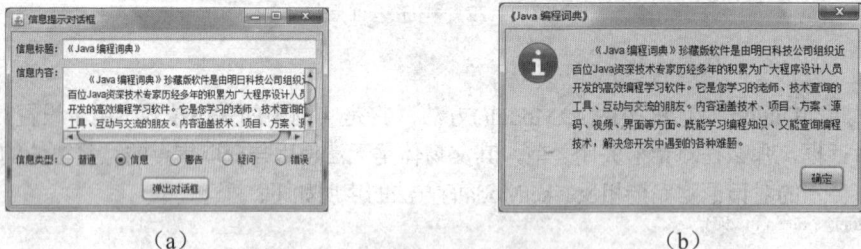

（a）   （b）

图 11.23　程序运行界面与信息对话框

■ 关键技术

Java 语言中提供了 JDialog 类来实现对话框效果，程序开发人员可以继承该类编写自定义的对话框。但是这相对来说比较复杂，所以 Java 提供了一个工具类 JOptionPane 负责常见对话框的创建与使用。本实例调用了 JOptionPane 类的静态方法 showMessageDialog()来显示信息提示对话框，该方法有多种重载格式，下面介绍本实例使用的重载方法的方法声明：

```
public static void showMessageDialog(Component parentComponent,Object message,String title,int messageType)
                       throws HeadlessException
```

方法中的参数说明如表 11.6 所示。

表 11.6　方法中的参数说明

参　　数	说　　明
parentComponent	对话框的父窗体
message	对话框显示的信息字符串
title	对话框的标题字符串
messageType	对话框类型，这个类型值确定对话框的信息图标样式

■ 设计过程

（1）在项目中创建窗体类 MessageDialog。在窗体中添加接收对话框标题和内容文本的文本框及文本域控件，添加选择信息类别的 5 个单选按钮和一个"弹出对话框"按钮。

（2）编写"弹出对话框"按钮的事件处理方法，在该方法中接收用户输入的对话框标题与内容文本，根据用户选择的对话框类型来显示对话框。关键代码如下：

```
protected void do_button_actionPerformed(ActionEvent e) {
    String title = titleField.getText();                        //获取标题文本
    String message = messageArea.getText();                     //获取内容文本
    String command = bg.getSelection().getActionCommand();      //获取选中的单选按钮
    int messageType = JOptionPane.INFORMATION_MESSAGE;          //创建信息类型
    if (command.equals("普通"))                                  //根据用户选择确定对话框类型
        messageType = JOptionPane.PLAIN_MESSAGE;
    if (command.equals("疑问"))
```

```
        messageType = JOptionPane.QUESTION_MESSAGE;
    if (command.equals("警告"))
        messageType = JOptionPane.WARNING_MESSAGE;
    if (command.equals("错误"))
        messageType = JOptionPane.ERROR_MESSAGE;
    //显示对话框
    JOptionPane.showMessageDialog(this, message, title, messageType);
}
```

■ 秘笈心法

心法领悟 267：不要直接使用常量值。

在某些类的 API 中，参数被限定为当前类或者某个类的可选常量，就像本实例的信息对话框类型对应的几个常量一样，这些常量值在具体类中被定义。虽然可以使用输出语句显示这些常量的值，但是不要因为记不住或者不愿意记那些常量的名字而直接在代码中使用常量值，这将会使程序完全不可读，日后难以维护和调试。

实例 268	设置信息提示对话框的图标	初级
	光盘位置：光盘\MR\268	趣味指数：★★★★

■ 实例说明

信息提示对话框可以作为向用户说明程序当前情况与问题的工具。虽然 JOptionPane 类已经提供了多种类型的信息提示，但是这些类型仅限于普通消息、警告、错误、疑问等。在实际项目应用中，涉及的信息提示类型会很多，而且需要有针对性。本实例实现自定义对话框提示图标，以满足不同程序的不同类型的信息提示需求。程序主界面如图 11.24（a）所示。当单击"提款"按钮时将弹出带有自定义图标的信息提示对话框，如图 11.24（b）所示。

（a）　　　　　　　　　　　　　　　　（b）

图 11.24　主程序界面与自定义图标的信息提示对话框

■ 关键技术

本实例也用到了 JOptionPane 类的 showMessageDialog()方法，但使用的是该方法的最终重载格式，也就是参数最多的并且支持自定义对话框图标的方法。下面介绍本实例使用的重载方法的方法声明：

```
public static void showMessageDialog(Component parentComponent,Object message,String title,int messageType,Icon icon)
                                throws HeadlessException
```

方法中的参数说明如表 11.7 示。

表 11.7　方法中的参数说明

参　　数	说　　明
parentComponent	对话框的父窗体
message	对话框显示的信息字符串
title	对话框的标题字符串
messageType	对话框类型，这个类型值确定对话框的信息图标样式
icon	对话框的图标对象

■ 设计过程

（1）在项目中创建窗体类 MessageDialogIcon。在窗体中添加文本框和"提款"按钮。

（2）编写"提款"按钮的事件处理方法，在该方法中获取用户输入，并将输入作为信息提示内容的一部分。然后获取图片资源文件的路径，并用该路径创建图标对象，最后显示对话框。关键代码如下：

```java
protected void do_button_actionPerformed(ActionEvent arg0) {
    String text = textField.getText();                          //获取文本框输入
    URL resource = getClass().getResource("money.png");         //获取资源文件路径
    ImageIcon icon = new ImageIcon(resource);                   //创建图标对象
    //显示带有自定义图标的信息提示对话框
    JOptionPane.showMessageDialog(this, "你在我这存"" + text + ""这些钱了吗", "取钱啊？",
            JOptionPane.QUESTION_MESSAGE, icon);
}
```

■ 秘笈心法

心法领悟 268：静态方法在 Eclipse 中斜体显示。

一个静态方法属于类方法，而不是类成员方法，因为它可以直接通过类名调用，而不必创建类的对象。为区分这种特殊的方法，Eclipse 的代码编辑器使用斜体对其进行显示，这样便于读者发现在哪里调用了静态方法。

实例 269	文件选择对话框指定数据库备份文件 光盘位置：光盘\MR\269	中级 趣味指数：★★★★

■ 实例说明

文件对话框是桌面应用程序最常用的。很多数据非常重要，在内存中是无法长久保存的，程序退出或者异常关闭，都会导致内存数据丢失。最有效的长久保存数据的办法是把数据保存到磁盘文件或者数据库中。但是最终任何形式的数据都将以磁盘文件的形式保存。本实例实现文件选择对话框为程序设置备份文件的功能。实例运行效果如图 11.25 所示。单击"浏览"按钮弹出的文件选择对话框如图 11.26 所示。

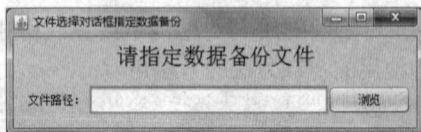

图 11.25　实例运行效果

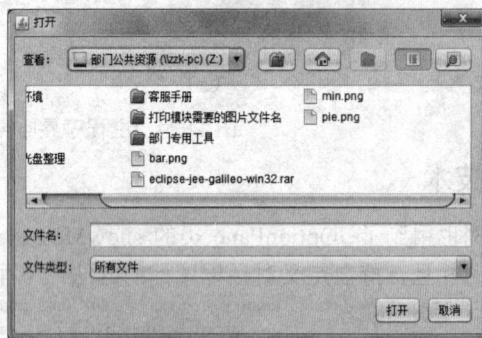

图 11.26　文件选择对话框

■ 关键技术

本实例用到了 Swing 的 JFileChooser 类，该类可以创建文件打开与保存的对话框，本实例使用的是文件打开对话框。显示文件打开对话框的方法声明如下：

```java
public int showOpenDialog(Component parent)
                throws HeadlessException
```

参数说明

❶ parent：父窗体对象。

❷ 返回值：用户在文件打开对话框中进行的操作对应的 int 型常量。

设计过程

（1）在项目中创建窗体类 FileSelectDialog。在窗体中添加文本框与"浏览"按钮。

（2）编写"浏览"按钮的事件处理方法，在该方法中创建文件选择器，然后调用其方法显示文件打开对话框，并获取用户选择的文件，再把文件路径与名称显示到文本框中。关键代码如下：

```java
protected void do_button_actionPerformed(ActionEvent e) {
    JFileChooser chooser = new JFileChooser();                      //创建文件选择器
    int option = chooser.showOpenDialog(this);                      //显示文件打开对话框
    if (option == JFileChooser.APPROVE_OPTION) {                    //判断用户是否选定文件
        File file = chooser.getSelectedFile();                      //获取用户选择文件
        textField.setText(file.getAbsolutePath());                  //把选择的文件路径显示在文本框中
    }
}
```

秘笈心法

心法领悟 269：注意验证用户选择文件是否为 NULL。

文件选择器可以通过方法获取用户在文件选择对话框中选择的文件，并以 File 类的实例对象作为返回值。但是如果用户在文件选择对话框中单击"取消"按钮，那么就无法获取用户选择的文件，因为用户根本没有进行选择。这时获取用户选择文件的方法会返回 null 值，如果不加验证直接使用则会导致程序异常或崩溃。

实例270	指定打开对话框的文件类型 光盘位置：光盘\MR\270	中级 趣味指数：★★★★

实例说明

Java 中文件选择器的默认格式就可以显示文件的打开、保存以及各种自定义的文件选择对话框，而且对话框默认显示多种类型的文件，如果浏览某个文件夹中的必要类型的文件过多，用户就不得不从中一一挑选，找到自己需要的文件类型，再确定文件名称，这会给用户带来不便。本实例将介绍如何给文件选择器添加一个过滤器，使文件选择对话框只显示需要的文件类型。实例运行结果如图 11.27 所示。当单击"打开图片文件"按钮时，将弹出只能选择 jpg、png、gif 3 种格式的图片文件对话框，如图 11.28 所示。

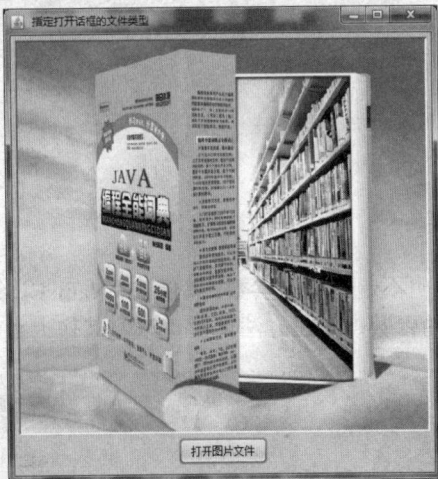

图 11.27　程序主窗体　　　　　　　图 11.28　文件选择对话框

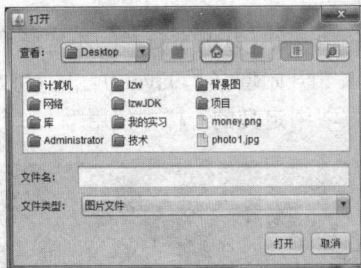

关键技术

本实例为文件选择器设置了一个文件类型过滤器，这个过滤器是 FileFilter 抽象类的一个子类

FileNameExtensionFilter。下面介绍实例中如何创建这个过滤器以及如何为文件选择器设置这个过滤器。

❑ 创建文件类型过滤器

FileNameExtensionFilter 类的构造方法中可以指定文件类型描述与支持的图片扩展名称，其中扩展名称可以是多个。下面是该类的构造方法声明：

```
public FileNameExtensionFilter(String description,String... extensions)
```

参数说明

❶ description：文件类型的描述信息，它将显示在文件选择对话框的"文件类型"下拉列表框中。

❷ extensions：文件支持的扩展名称，可以是多个字符串参数，它们使用逗号分隔。

❑ 设置文件选择器的过滤器

JFileChooser 文件选择器可以设置文件过滤器，这个过滤器可以是 FileFilter 抽象类的各种实现类。本实例使用了一个文件类型过滤器，这是 Java 提供的实现类。下面介绍文件选择器如何设置这个过滤器。

设置文件选择器的过滤器要通过 JFileChooser 类的 setFileFilter()方法实现，该方法的声明如下：

```
public void setFileFilter(FileFilter filter)
```

参数说明

filter：FileFilter 抽象类的各种实现类的对象。

■ 设计过程

（1）在项目中创建窗体类 CustomSelectFileType。在窗体中添加背景面板与"打开图片文件"按钮。

（2）编写"打开图片文件"按钮的事件处理方法，在该方法中创建文件选择器，创建 FileNameExtensionFilter 过滤器的实例对象，这个过滤器只接收 jpg、gif 和 png 类型的图片，然后调用文件选择器的方法显示文件打开对话框，并获取用户选择的文件，最后把图片文件内容显示在界面中。关键代码如下：

```
protected void do_button_actionPerformed(ActionEvent e) {
    JFileChooser chooser = new JFileChooser();                                //创建文件选择器
    FileNameExtensionFilter filter = new FileNameExtensionFilter("图片文件",
            "jpg", "gif", "png", "jpeg");                                     //创建文件类型过滤器
    chooser.setFileFilter(filter);                                           //设置选择器的过滤器
    int option = chooser.showOpenDialog(this);                              //显示打开对话框
    if(option==JFileChooser.APPROVE_OPTION){
        File file = chooser.getSelectedFile();                              //获取用户选择文件
        try {
            //加载图片文件
            ImageIcon image=new ImageIcon(file.toURI().toURL());
            backgroundPanel.setImage(image.getImage());                     //显示图片文件
        } catch (MalformedURLException e1) {
            e1.printStackTrace();
        }
    }
}
```

■ 秘笈心法

心法领悟 270：JDK 5 新增的不定长参数。

从 JDK 5 开始增强了 Java 方法的参数定义，使 Java 可以声明不定长度的参数。就像 FileNameExtensionFilter 类的构造方法中定义的一样，使用"…"符号来声明不定长度的参数，而在方法体中可以将其作为数组来对待。

实例 271	文件的保存对话框 光盘位置：光盘\MR\271	初级 趣味指数：★★★★

■ 实例说明

文件选择对话框包括文件的打开与保存和自定义几种类别。其中文件保存对话框常用于各类编辑器模块中，

如系统自带的记事本程序的文件保存对话框、画图程序的文件保存对话框以及 Photoshop 程序的文件保存对话框等。本实例将通过 Java 代码实现文件保存对话框的显示，读者可以把它应用到自己的项目中。实例运行效果如图 11.29 所示。在其中输入编辑文本，然后选择"文件"/"保存"命令，弹出"保存"对话框，如图 11.30 所示。

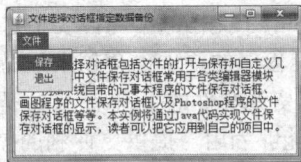

图 11.29　实例运行效果

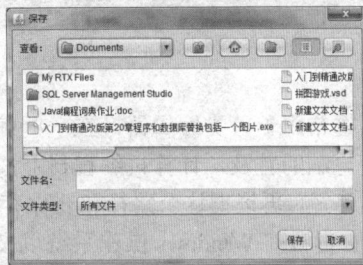

图 11.30　文件保存对话框

■ 关键技术

本实例同样使用 JFileChooser 类的方法打开文件对话框，但本实例打开的是文件保存对话框而不是文件打开对话框，请注意对话框中的标题与按钮的名称。实例中用到的显示文件保存对话框的方法声明如下：

```
public int showSaveDialog(Component parent)
                throws HeadlessException
```

参数说明

❶ parent：父窗体对象。

❷ 返回值：用户在文件打开对话框中进行的操作对应的 int 型常量。

■ 设计过程

（1）在项目中创建窗体类 FileSaveDialog。在窗体中添加文本域与菜单栏，然后在菜单栏中添加"保存"与"退出"菜单项。

（2）编写"保存"菜单项的事件处理方法，在该方法中创建文件选择器，然后调用其方法显示文件打开对话框，并获取用户选择的文件，然后把文本域中的文本保存到用户选择的文件中。关键代码如下：

```java
protected void do_menuItem_actionPerformed(ActionEvent e) {
    String text = textArea.getText();                              //获取用户输入
    if (text.isEmpty()) {                                          //过滤空文本的保存操作
        JOptionPane.showMessageDialog(this, "没有需要保存的文本");
        return;
    }
    JFileChooser chooser = new JFileChooser();                     //创建文件选择器
    int option = chooser.showSaveDialog(this);                     //打开文件保存对话框
    if (option == JFileChooser.APPROVE_OPTION) {                   //处理文件保存操作
        File file = chooser.getSelectedFile();                     //获取用户选择的文件
        try {
            FileOutputStream fout = new FileOutputStream(file);    //创建该文件的输出流
            fout.write(text.getBytes());                           //把文本保存到文件
        } catch (IOException e1) {
            e1.printStackTrace();
        }
    }
}
```

■ 秘笈心法

心法领悟 271：指定文件选择对话框的父窗体。

只要是对话框，都应该尽量指定一个父窗体，文件选择对话框也是一样，当对话框打开时，将屏蔽或拦截父窗体所有的事件操作，在用户完成对话框中的业务操作之前，不允许操作主窗体。如果在显示文件选择对话框时，将父窗体指定为 NULL 值，那么对话框会选择默认主窗体。

实例 272	为保存对话框设置默认文件名	初级
	光盘位置：光盘\MR\272	趣味指数：★★★★

■ 实例说明

文件保存对话框常用于各类编辑器，在一些编辑软件中常进行电子文档的编写，要把这些文档保存下来就要使用文件。随着电脑的普及，计算机编程日益成熟，人们对应用程序的要求也会越来越高，不可能要求用户自己去查询文件夹路径，再根据这个路径和要保存的文件名定义出资源文件的字符串。这在早期的 DOS 操作系统时代是有可能的，但目前 Windows 操作系统以及 GUI 应用程序能够为用户提供更便利的操作。文件保存对话框可以让用户在窗体中浏览文件夹的同时确认保存文件的路径，而本实例将在程序中动态指定保存的文件名称，这样就可以省略用户输入文件名的步骤。运行实例，选择"文件"/"新建"命令，弹出输入新建文档名称的对话框，如图 11.31 所示，输入文档名称后单击"确定"按钮。对文档内容进行编辑后，单击"保存"按钮，弹出如图 11.32 所示的"保存"对话框，在该对话框中已经指定了文件名称，用户可以修改或直接使用这个名称。

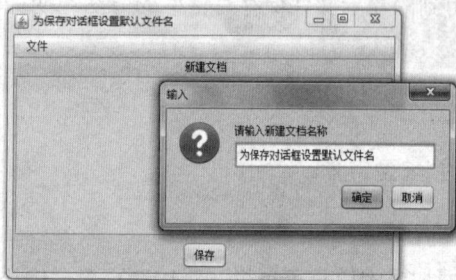

图 11.31　程序运行效果　　　　　　　　图 11.32　"保存"对话框

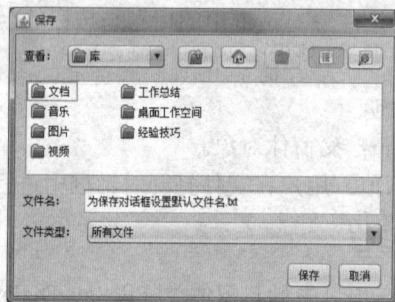

■ 关键技术

本实例使用 JFileChooser 类的方法打开文件保存对话框，但是本实例在"保存"对话框中已经指定了文件名称。这是通过设置文件选择器的 selectedFile 属性实现的，设置该属性的方法声明如下：

```
public void setSelectedFile(File file)
```

参数说明

file：指定选中文件。

■ 设计过程

（1）在项目中创建窗体类 CurstomNameSave。在窗体中添加菜单栏、文本域控件与"保存"按钮。

（2）编写"新建"菜单项的事件处理方法，在该方法中接收用户输入的新文档名称，然后显示在标签控件中，并激活文本域为可用状态。关键代码如下：

```
protected void do_menuItem_actionPerformed(ActionEvent e) {
    //接收用户输入
    String string = JOptionPane.showInputDialog("请输入新建文档名称");
    if (string==null)
        return;
    label.setText(string);                          //用标签控件显示用户输入的稳定名称
    textArea.setEnabled(true);                      //激活文本域控件
}
```

（3）编写"保存"按钮的事件处理方法，在该方法中创建文件选择器，然后把用户输入的文档名称创建成文件对象，并设置为文件选择器的 selectedFile 属性，最后显示文件保存对话框。关键代码如下：

```
protected void do_button_actionPerformed(ActionEvent e) {
    String text = label.getText();                  //获取标签控件保存的文档名称
```

```
JFileChooser chooser = new JFileChooser();                          //创建文件选择器
File file = new File(text + ".txt");                                //用文档名称创建文件对象
chooser.setSelectedFile(file);                                      //设置文件选择器的选择文件
chooser.showSaveDialog(this);                                       //显示保存对话框
File selectedFile = chooser.getSelectedFile();
JOptionPane.showMessageDialog(this, "文件保存路径：\n"+selectedFile);
}
```

■ 秘笈心法

心法领悟 272：从选择器获取最终文件对象。

虽然本实例在打开文件保存对话框之前就创建了文件对象，并设置为文件选择器的属性，但还是要从文件选择器中通过 getSelectedFile()方法重新获取用户选择文件，因为即使用户采用默认文件名直接执行保存，文件选择器也会重新设置文件的路径。

实例 273	支持图片预览的文件选择对话框 光盘位置：光盘\MR\273	中级 趣味指数：★★★★

■ 实例说明

有些实时信息、事物提醒和各类助手程序要保持窗体置顶状态，即始终显示在所有窗体之上。这样可以保持信息的实时显示、提高助手类程序操作的方便性等。但是程序保持置顶就会遮盖窗体下方的其他窗口或者桌面上的图标，被遮盖的位置也许只包含部分信息。例如，Eclipse 的代码编辑窗口，如果为程序提供窗体透明功能，窗体就不会成为屏幕上的补丁似的障碍物，反而会更受欢迎。本实例通过 Java 技术实现窗体透明效果，并可以控制透明度。实例运行效果如图 11.33 所示，透过窗体可以看见底部的 Eclipse 代码编辑器中的代码。

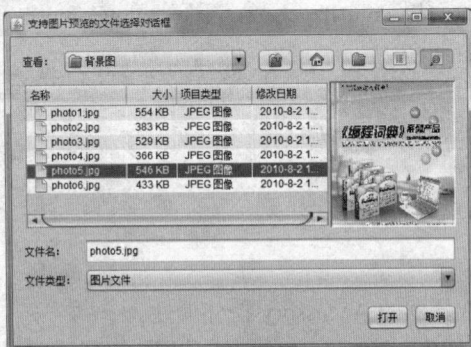

图 11.33　支持图片预览的文件选择对话框

■ 关键技术

实例中的关键技术在于设置文件选择器的 Accessory 控件属性，该属性可以把一个控件作为文件选择器的辅助控件，本实例利用这个辅助控件显示当前被选中图片文件的预览。设置 Accessory 控件属性的方法声明如下：

```
public void setAccessory(JComponent newAccessory)
```

参数说明

newAccessory：作为文件选择器的辅助控件。

■ 设计过程

（1）在项目中创建窗体类 PicPreviewFileSelectDialog。把文件选择器作为窗体的控件进行添加，并设置过滤器与图片预览控件。关键代码如下：

```
JFileChooser fileChooser = new JFileChooser();                      //创建文件选择器
contentPane.add(fileChooser, BorderLayout.CENTER);                  //添加到窗体
```

```
paint = new PaintPanel();                                                    //创建图片预览面板
paint.setBorder(new BevelBorder(BevelBorder.LOWERED, null, null, null,
        null));                                                              //设置面板的边框
paint.setPreferredSize(new Dimension(150, 300));                             //设置预览面板的大小
fileChooser.setAccessory(paint);                                            //把面板设置为文件选择器控件
//添加选择器的属性事件监听器
fileChooser.addPropertyChangeListener(new PropertyChangeListener() {
    public void propertyChange(PropertyChangeEvent arg0) {
        do_this_propertyChange(arg0);
    }
});
//设置文件选择器的过滤器
fileChooser.setFileFilter(new FileNameExtensionFilter("图片文件", "jpg",
        "png", "gif"));
```

（2）编写文件选择器的属性改变事件处理方法，当改变选定文件时，这个方法会把图片文件加载到程序中，并设置图片预览面板的属性进行显示。关键代码如下：

```
protected void do_this_propertyChange(PropertyChangeEvent e) {
    //处理改变选定文件的属性事件处理
    if (JFileChooser.SELECTED_FILE_CHANGED_PROPERTY == e.getPropertyName()) {
        File picfile = (File) e.getNewValue();                              //获取选定的文件
        if (picfile!=null&&picfile.isFile()) {
            try {
                //从文件加载图片
                Image image = getToolkit().getImage(picfile.toURI().toURL());
                paint.setImage(image);                                      //设置预览面板的图片
                paint.repaint();                                            //刷新预览面板的界面
            } catch (MalformedURLException e1) {
                e1.printStackTrace();
            }
        }
    }
}
```

（3）继承 JPanel 编写图片预览面板 PaintPanel 类，重写 paintComponent()方法，在该方法中把图片对象绘制到面板上。关键代码如下：

```
protected void paintComponent(Graphics g) {                                  //重写绘制组件外观
    if (image != null) {
        g.drawImage(image, 0, 0, getWidth(), getHeight(), this);            //绘制图片与组件大小相同
    }
    super.paintComponent(g);                                                 //执行超类方法
}
```

■ 秘笈心法

心法领悟 273：灵活运用文件选择器的 Accessory 控件属性。

Accessory 控件属性可以设置为任何 JComponent 子类的控件，这就确定了 Accessory 控件属性的高度扩展性，可以把文本域控件作为 Accessory 控件属性来显示文本文件的预览，甚至可以根据选定文件的类型来确定预览文件内容的属性，或者开发预览以外的功能控件。

实例 274	颜色选择对话框	初级
	光盘位置：光盘\MR\274	趣味指数：★★★★

■ 实例说明

颜色也是系统资源之一，它和文件同样重要。在设置颜色值时，不像文件路径那样可以通过字符串来表示，颜色值大多使用对话框进行选择。总的来说，颜色选择对话框就是让用户通过视觉来确定颜色值，而不是通过文本来确定。本实例实现了颜色选择框的应用，程序运行效果如图 11.34 所示。当单击任意一个"选择"按钮时都会弹出颜色选择对话框，如图 11.35 所示。

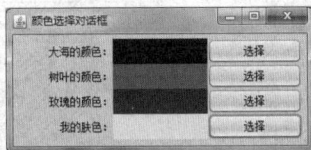

图 11.34 程序运行效果

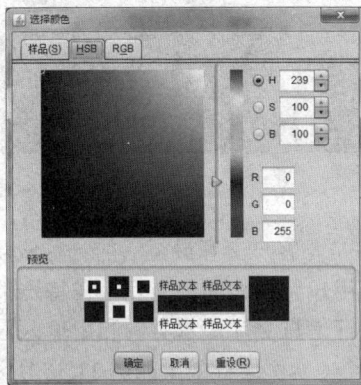

图 11.35 颜色选择对话框

关键技术

本实例中用到了 JColorChooser 类的 showDialog()方法，它是实例中的关键技术，用于显示颜色选择对话框，并返回用户选择的颜色值对象。该方法的声明如下：

```
public static Color showDialog(Component component,String title,Color initialColor)
                    throws HeadlessException
```

参数说明

❶ component：对话框的父级（上级）控件或窗体。

❷ title：对话框的标题。

❸ initialColor：对话框初始颜色对象。

设计过程

（1）在项目中创建窗体类 ColorChooser。在窗体中创建多个标签控件与多个"选择"按钮控件。

（2）编写"选择"按钮的事件处理方法，在方法体中调用 setColor()方法为窗体上的标签指定背景颜色值。关键代码如下：

```
protected void do_button1_actionPerformed(ActionEvent e) {
    setColor(label1);                                            //指定标签的颜色设置
}
```

📖说明：由于多个"选择"按钮的事件处理方法相同，所以本实例以其中一个"选择"按钮的事件处理方法为例进行介绍。

（3）编写 setColor()方法，在方法体中，首先获取标签控件原来的颜色，然后用这个颜色作为默认值打开颜色选择对话框，最后把用户在对话框中选择的颜色值设置为标签控件的背景色。关键代码如下：

```
private void setColor(JLabel label) {
    Color color = label.getBackground();                        //获取原来的颜色对象
    //显示颜色选择对话框
    Color newColor = JColorChooser.showDialog(this, "选择颜色", color);
    label.setBackground(newColor);                              //把获取的颜色设置为标签的背景色
}
```

秘笈心法

心法领悟 274：不要使用 Color 类常量对象去限制可选颜色。

Java 在 Color 类中定义了很多颜色常量，这些常量都是 Color 类的对象，每个对象代表一个常用的颜色值，但是可以使用常量名称标识的颜色有限，那些无法用语言和名称表达的颜色值必须使用更灵活的方式来指定。所以在程序开发中，应该优先使用颜色选择对话框为用户提供最大的颜色选择空间。

实例 275	信息输入对话框 光盘位置：光盘\MR\275	初级 趣味指数：★★★★

■ 实例说明

GUI 应用程序是与客户交互最灵活的一种应用程序，普通程序窗体中的控件能够与用户完成大部分交互，在特殊情况下还可以弹出各类对话框与用户进行信息交互，本实例利用输入对话框，接收用户输入添加联系人的姓名。实例运行效果如图 11.36 所示。利用对话框将极大地扩展程序的交互能力。

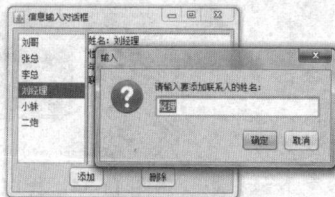

图 11.36　"输入"对话框

■ 关键技术

本实例中使用了 JOptionPane 类的静态方法实现"输入"对话框的创建与显示，该方法的声明如下：

```
public static String showInputDialog(Object message,Object initialSelectionValue)
```

参数说明

❶ message：在对话框中的提示信息。

❷ initialSelectionValue：对话框的初始值。

■ 设计过程

（1）在项目中创建窗体类 InfoInputDialog。在窗体中添加列表控件、文本域控件和"添加""删除"两个按钮。

（2）编写"添加"按钮的事件处理方法。该方法将创建信息输入对话框，用于接收用户输入的姓名，并且对话框设置了默认值为"经理"。关键代码如下：

```
protected void do_button_actionPerformed(ActionEvent e) {
    //显示输入对话框
    String name = JOptionPane.showInputDialog("请输入要添加联系人的姓名：", "经理");
    DefaultListModel model = (DefaultListModel) list.getModel();        //获取 JList 控件模型
    model.addElement(name);                                              //向模型中添加新输入内容
}
```

（3）编写"删除"按钮的事件处理方法。该方法会根据列表控件的选择来删除对应的选项。关键代码如下：

```
protected void do_button_1_actionPerformed(ActionEvent e) {
    int index = list.getSelectedIndex();                                //获取列表控件的选择项索引
    DefaultListModel model = (DefaultListModel) list.getModel();        //获取列表的数据模型
    model.removeElementAt(index);                                       //从模型中删除该索引指定的选项
}
```

■ 秘笈心法

心法领悟 275：注意用户输入内容的转型。

用户在"输入"对话框中输入的任何内容都是字符串对象。如果需要用户输入年龄、期望工资等整数或其他类型数据时，必须把字符串转换为对应的类型，而且前提是输入的字符串没有非法字符。在程序设计中一定要注意字符串并非是可参与运算的数值。

实例 276	定制信息对话框 光盘位置：光盘\MR\276	中级 趣味指数：★★★★

■ 实例说明

在程序设计中经常需要使用对话框显示提示信息。Java 内置了信息、错误、警告、询问和普通类型的对话框，这些对话框可以满足大部分程序开发需求，但是对于特殊场景下的程序应用，需要在对话框中显示特定的信息以及特定的按钮，这就需要定制信息对话框的外观。本实例将介绍 JOptionPane 类的另一个更加灵活的定制对话框的使用。实例运行效果如图 11.37 所示。

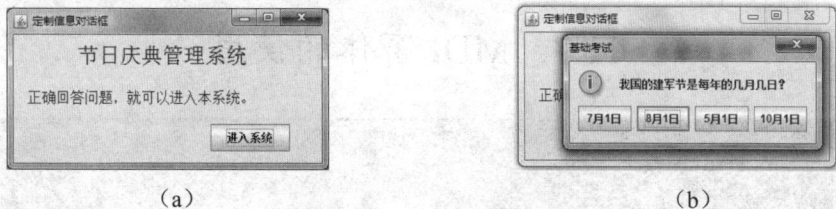

（a）　　　　　　　　　　　　　　　　（b）

图 11.37　实例运行效果

▌关键技术

本实例的关键技术在于对 JOptionPane 类的静态方法 showOptionDialog()的应用，这个方法通过参数就可以定义对话框的信息、标题、图标、操作项和初始值等对话框属性。该方法的声明如下：

```
public static int showOptionDialog(Component parentComponent,Object message,String title,int optionType,int messageType,Icon icon,Object[] options,
Object initialValue)
                    throws HeadlessException
```

方法中的参数说明如表 11.8 所示。

表 11.8　方法中的参数说明

参　　数	说　　明
parentComponent	对话框的父窗体
message	对话框中显示的信息文本
title	对话框的标题
optionType	对话框中的信息类型，它决定了对话框中的图标，如果 icon 参数不设置 null 值
messageType	信息类型，这将确定对话框的图标
icon	对话框的图标
options	对话框中操作按钮的名称，该数组决定了对话框中按钮的数量
initialValue	对话框的初始值，与初始值同名的按钮将处于焦点状态

▌设计过程

（1）在项目中创建窗体类 CustomDialog。在窗体中使用标签控件显示问题文本，并添加一个"进入系统"按钮。

（2）编写"进入系统"按钮的事件处理方法，该方法将完善自定义对话框所需的所有参数，并通过 JOptionPane 类的静态方法显示自定义信息的对话框。关键代码如下：

```
protected void do_button_actionPerformed(ActionEvent arg0) {
    //对话框操作项的名称
    String[] options = new String[] { "7 月 1 日", "8 月 1 日", "5 月 1 日", "10 月 1 日" };
    String message = "我国的建军节是每年的几月几日？";                           //对话框中的信息
    int num = JOptionPane.showOptionDialog(this, message, "基础考试",
            JOptionPane.YES_NO_OPTION, JOptionPane.INFORMATION_MESSAGE,
            null, options, "8 月 1 日");                                      //显示自定义对话框
    if (options[num].equals("8 月 1 日")) {
        JOptionPane.showMessageDialog(this, "恭喜您回答正确。");                //回答正确的提示
    } else {
        JOptionPane.showMessageDialog(this, "回答错误，再见。");               //回答错误的提示
    }
}
```

▌秘笈心法

心法领悟 276：获取自定义对话框的选项索引。

本实例利用 JOptionPane 类的静态方法实现自定义对话框，对话框界面可以有多个操作项，也就是按钮，这些按钮是根据字符串数组参数遍历生成的。在单击任意一个按钮之后，该按钮对应的字符串数组参数的下标索引将作为对话框的返回值，用这个返回值在字符串数组中提取数组元素，就知道用户单击的是哪个操作按钮了。

11.7　MDI 窗体的使用

实例 277	创建内部子窗体 光盘位置：光盘\MR\277	中级 趣味指数：★★★★

■ 实例说明

MDI（Multiple-Document Interface）窗体即多文档窗体，它主要用于同时显示多个文档，每个文档显示在各自的窗口中。MDI 窗体的应用非常广泛。例如，如果某公司的库存管理系统需要实现自动化，则需要使用窗体来输入客户和货品的数据、发出订单以及跟踪订单等，而且这些窗体必须链接或者从属于一个窗体界面，并且必须能够同时处理多个文件，这时就需要建立 MDI 窗体来满足这些需求。本实例将带领读者一起来学习如何将一个窗体设置为父窗体，实例运行效果如图 11.38 所示。

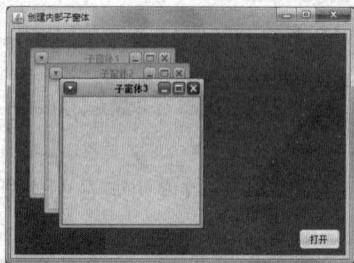

图 11.38　设置窗体为父窗体

■ 关键技术

本实例主要用到了 JDesktopPane 桌面面板，之所以称为桌面面板，是因为它可以像系统桌面一样，包含很多内部的子窗体，本实例创建了多个 JInternalFrame 内部子窗体的实例，并将其添加到桌面面板中。下面分别介绍如何创建内部子窗体以及如何添加内部窗体到桌面面板中。

❑　创建内部子窗体

内部子窗体只能应用于桌面面板中，它是 JInternalFrame 类的实例对象，创建该窗体时可以初始化窗体的标题名称、是否显示窗体控制按钮等。创建内部窗体完整的构造方法声明如下：

```
public JInternalFrame(String title,boolean resizable,boolean closable,boolean maximizable,boolean iconifiable)
```

方法中的参数说明如表 11.9 所示。

表 11.9　方法中的参数说明

参　　数	说　　明
title	内部窗体的标题名
resizable	是否允许调整内部窗体的大小
closable	是否显示内部窗体的关闭控制按钮
maximizable	是否显示内部窗体的最大化控制按钮
iconifiable	是否显示内部窗体的最小化控制按钮

❑　添加内部窗体到桌面面板

内部窗体和外部窗体一样都要设置窗体位置与大小并通过 visible 属性控制窗体显示。但是在此之前需要把内部窗体添加到桌面面板中，否则无处显示。向桌面面板中添加内部窗体的方法声明如下：

```
public Component add(Component comp)
```

参数说明

comp：要添加到容器中的控件，对于桌面面板来说，就是内部窗体的实例对象，当然也可以添加其他控件。

■ 设计过程

（1）在项目中创建窗体类 SetMDIForm。在窗体中添加一个桌面面板，然后在桌面面板中添加一个"打开"

按钮。

（2）编写"打开"按钮的事件处理方法，在该方法中创建内部窗体的实例对象，并添加到桌面面板中，同时还要设置内部窗体的位置与大小。关键代码如下：

```
protected void do_button_actionPerformed(ActionEvent e) {
    frameCount++;                                              //窗体计数器累加
    //创建内部子窗体
    JInternalFrame jif = new JInternalFrame("子窗体" + frameCount, true, true,
            true, true);
    jif.setBounds(frameCount * 20, frameCount * 20, 200, 200);  //设置窗体位置与大小
    desktopPane.add(jif);                                       //添加子窗体到桌面面板
    jif.setVisible(true);                                       //显示子窗体
    desktopPane.setComponentZOrder(button, 0);                  //把按钮置顶
}
```

秘笈心法

心法领悟 277：多层的内部面板。

在内部面板中可以显示多个子窗体，且这些子窗体可以层叠在一起，那么桌面面板中的布局格式就应该支持层叠属性的设置。例如，本实例中的"打开"按钮就通过桌面面板的 setComponentZOrder()方法设置了按钮的垂直层叠顺序，顺序最小的将显示在最顶端。

实例 278	使子窗体最大化显示 光盘位置：光盘\MR\278	中级 趣味指数：★★★★

实例说明

在 MDI 窗体应用程序中打开子窗体时，一般都是以默认大小打开的，但在实际应用中，经常需要使子窗体在第一次打开时就以最大化方式打开，那么如何来实现这样的功能呢？本实例使用 Java 语言实现了这样的功能，实例运行效果如图 11.39 所示。

关键技术

本实例调用了内部子窗体的 setMaximum()方法来改变窗体状态，这个方法只是尝试性地使窗体状态改变，在失败时会抛出异常，所以在调用该方法时，需要进行异常捕获，当出现不可执行的情况时做相应的处理。该方法的声明如下：

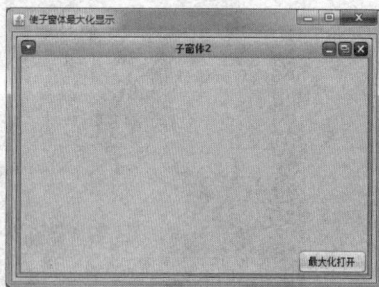

图 11.39 使子窗体最大化显示

```
public void setMaximum(boolean b)
                throws PropertyVetoException
```

参数说明

b：当参数值为 true 时，控制窗体最大化，否则恢复状态。

设计过程

（1）在项目中创建一个窗体类 MaxChildForm。在窗体中添加桌面面板和一个"最大化打开"按钮。

（2）编写"最大化打开"按钮的事件处理方法，在该方法中创建内部窗体，并设置其状态为最大化。关键代码如下：

```
protected void do_button_actionPerformed(ActionEvent e) {
    //创建内部子窗体
    JInternalFrame jif = new JInternalFrame("子窗体", true, true, true, true);
    jif.setSize(200, 200);                      //设置窗体大小
    desktopPane.add(jif);                       //添加子窗体到桌面面板
    jif.setVisible(true);                       //显示子窗体
```

```
    try {
        jif.setMaximum(true);                                      //设置内部子窗体最大化状态
    } catch (PropertyVetoException e1) {
        e1.printStackTrace();
    }
    desktopPane.setComponentZOrder(button, 0);                     //把按钮置顶
}
```

■ 秘笈心法

心法领悟 278：区别窗体最大化状态与窗体最大边界。

窗体状态有最大化、最小化与关闭，当窗体最大化时，效果类似于手动调整窗体面积到最大值的效果。但它们是有区别的，手动调整窗体的大小，无论如何调整都不会改变窗体控制按钮的状态，并且像普通状态的窗体一样可以拖动，但是最大化状态的窗体是无法拖动的，而且最大化窗体控制按钮的状态图标会给出提示。

实例279	对子窗体进行平铺排列 光盘位置：光盘\MR\279	高级 趣味指数：★★★★

■ 实例说明

在一个多文档窗体应用程序中添加完多个子窗体之后，如果一个 MDI 窗体中有多个子窗体同时打开，界面会显得非常混乱，而且不容易浏览，这时可以通过使用 Java 中的相应方法对多个子窗体进行排列，以便使其看起来更加有序。运行本实例，单击"加载子窗体"按钮，在 MDI 父窗体中打开新的子窗体，效果如图 11.40 所示；单击"窗体平铺"按钮，所有打开的子窗体都会在父窗体中平铺显示，效果如图 11.41 所示。

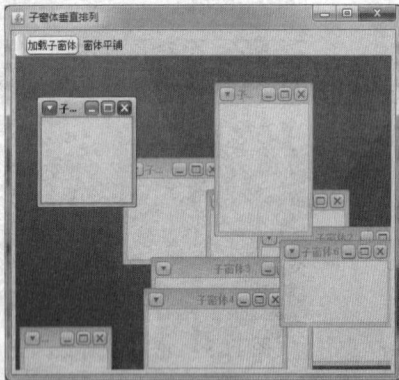

图 11.40　加载子窗体

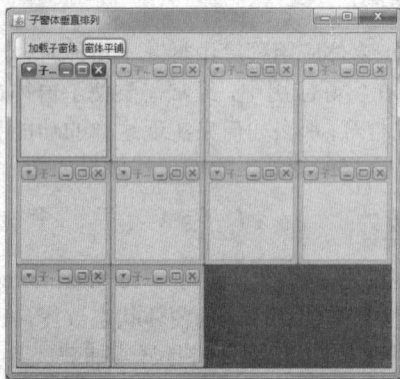

图 11.41　对子窗体进行平铺排列

■ 关键技术

本实例主要是通过容器的 GridLayout 布局管理器实现对子窗体的布局管理，由于子窗体对于桌面面板来说就是一个控件，所以布局管理器可以对其进行布局控制。

❑　设置布局管理器

设置桌面面板的布局管理器方法声明如下：

```
public void setLayout(LayoutManager mgr)
```

参数说明

mgr：指定的布局管理器。

❑　创建网格布局管理器

在实现窗体的平铺过程中，本实例利用了 GridLayout 布局管理器的特性，自动把桌面面板中的所有控件平铺排列。创建网格布局管理器的方法声明如下：

public GridLayout(int rows, int cols)

参数说明

❶ rows：网格的行数。

❷ cols：网格的列数。

设计过程

（1）在项目中创建窗体类 MDITileSort。在窗体中添加桌面面板和工具栏，并在工具栏中添加"加载子窗体"和"窗体平铺"两个按钮。

（2）编写"加载子窗体"按钮的事件处理方法，在该方法中创建子窗体，并设置随机大小与位置，然后添加到桌面面板中。关键代码如下：

```
protected void do_button_actionPerformed(ActionEvent e) {
    JInternalFrame jif = new JInternalFrame("子窗体" + fCount++, true, true,
            true, true);                                              //创建内部窗体
    jif.setSize(random.nextInt(100) + 100, random.nextInt(100) + 100);
    jif.setLocation(random.nextInt(getWidth() - 100), random
            .nextInt(getHeight() - 100));                             //随机定位内部窗体
    desktopPane.add(jif);                                             //添加内部窗体到桌面面板
    jif.setVisible(true);                                             //显示内部窗体
}
```

（3）编写"窗体平铺"按钮的事件处理方法，在该方法中为桌面面板设置网格布局管理器，然后重新布局，最后再取消布局管理器。关键代码如下：

```
protected void do_button_1_actionPerformed(ActionEvent e) {
    //设置桌面面板使用网格布局管理器
    desktopPane.setLayout(new GridLayout((int) Math.sqrt(fCount), 0));
    desktopPane.doLayout();                                           //布局桌面面板中的所有控件
    desktopPane.setLayout(null);                                      //取消桌面面板的布局管理器
}
```

秘笈心法

心法领悟 279：保持新添加窗体的焦点。

在 MDI 窗体中，要注意添加子窗体到桌面面板和设置窗体显示代码的顺序，如果先设置显示窗体，再把窗体添加到桌面面板中，那么子窗体视为选中状态，而新添加的窗体应该有输入焦点，便于用户进行操作，这需要改变代码顺序，先添加子窗体到桌面面板，然后再显示窗体。

实例 280	禁用 MDI 窗体控制栏中的"最大化"按钮	中级
	光盘位置：光盘\MR\280	趣味指数：★★☆

实例说明

在程序设计时，有时不希望窗体最大化，这样就要设置窗体控制栏中的"最大化"按钮不能使用。本实例实现禁用 MDI 窗体控制栏中的"最大化"按钮，程序运行效果如图 11.42 所示。

关键技术

本实例主要是通过桌面面板与内部窗体的一些方法来设置当前内部窗体的最大化按钮的可用状态，下面分别介绍实例中的关键方法。

❑ 获取当前选择的内部窗体

当前处于选择状态的内部窗体可以通过桌面面板的方法来

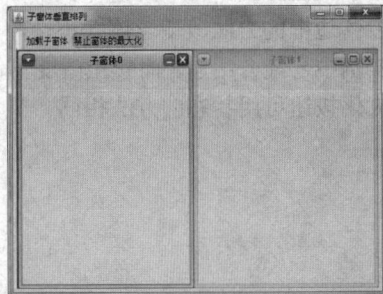

图 11.42　禁用 MDI 窗体控制栏中的
"最大化"按钮

355

获取，该方法的声明如下：

```
public JInternalFrame getSelectedFrame()
```

❑ 禁用或激活窗体最大化按钮

内部窗体的最大化、最小化和关闭按钮都可以通过相应的方法禁用或激活，下面介绍本实例禁用最大化按钮的方法，该方法的声明如下：

```
public void setMaximizable(boolean b)
```

参数说明

b：窗体最大化按钮的状态参数，如果该值为 true，则窗体最大化按钮被激活。否则最大化按钮被禁用。

■ 设计过程

（1）在项目中创建窗体类 MDICtrlMaxButton。在窗体中添加桌面面板和工具栏，并在工具栏中添加"加载子窗体"和"禁止窗体的最大化"两个按钮。

（2）编写"加载子窗体"按钮的事件处理方法，在该方法中创建子窗体，并设置随机大小与位置，然后添加到桌面面板中。关键代码如下：

```
protected void do_button_actionPerformed(ActionEvent e) {
    final JInternalFrame jif = new JInternalFrame("子窗体" + fCount++, true,
            true, true, true);                                          //创建内部窗体
    jif.setSize(random.nextInt(100) + 100, random.nextInt(100) + 100);
    jif.setLocation(random.nextInt(getWidth() - 100), random
            .nextInt(getHeight() - 100));                               //随机定位内部窗体
    desktopPane.add(jif);                                               //添加内部窗体到桌面面板
    jif.setVisible(true);                                               //显示内部窗体
    //为内部窗体添加事件监听器
    jif.addInternalFrameListener(new InternalFrameAdapter() {
        @Override
        public void internalFrameActivated(InternalFrameEvent e) {
            ctrlButton.setSelected(jif.isMaximizable());               //改变"禁止窗体的最大化"按钮状态
        }
    });
}
```

（3）编写"禁止窗体的最大化"按钮的事件处理方法，在该方法中获取桌面面板当前选择的窗体，并设置其窗体最大化按钮的可用状态。关键代码如下：

```
protected void do_ctrlButton_itemStateChanged(ItemEvent e) {
    JInternalFrame jif = desktopPane.getSelectedFrame();               //获取选择的内部窗体
    if (jif != null) {
        jif.setMaximizable(!ctrlButton.isSelected());                  //激活或禁用内部窗体最大化按钮
    }
}
```

■ 秘笈心法

心法领悟 280：创建大小固定的普通窗体。

由于某些原因，程序的窗体大小要求不可以改变，而且需要保留窗体的标题栏。这就要求不可以通过采用拖曳窗体边框的方法改变窗体大小，而且需要禁用窗体控制按钮中的最大化按钮。内部窗体最大化按钮的禁用在本实例中已经介绍过，而禁止改变窗体大小需要调用内部窗体的 setResizeable()方法来控制，其使用方法与设置最大化按钮可用状态的方法相同。

第12章

窗体特效

▶▶ 让窗体更有活力

▶▶ 窗体与控件外观

12.1 让窗体更有活力

实例 281	右下角弹出信息窗体	高级
	光盘位置：光盘\MR\281	趣味指数：★★★☆

■ 实例说明

在浏览网页时，有些网站会在网页右下角添加弹出信息，提示网站的各种即时信息。这种对用户的提醒方式，在桌面应用程序中也是常用的，如各种杀毒软件会以此方式显示拦截信息与查毒信息。本实例模拟 Java 编程词典软件在屏幕右下角显示产品升级信息的弹出信息窗体。实例运行结果如图 12.1 所示。

■ 关键技术

本实例的关键技术在于获取屏幕分辨率的大小，只有知道了屏幕分辨率，才能确定信息窗体显示的位置和移动的范围。下面介绍获取屏幕分辨率的方法。

图 12.1 在屏幕右下角弹出的窗体

❑ 获取窗体工具包

窗体工具包是每个窗体都包含的一个对象，其中提供了多种操作的 API。获取窗体工具包的方法声明如下：

```
public Toolkit getToolkit()
```

❑ 获取屏幕分辨率

窗体工具包的 getScreenSize()方法用于获取当前系统屏幕的分辨率，该方法的声明如下：

```
public abstract Dimension getScreenSize()
                        throws HeadlessException
```

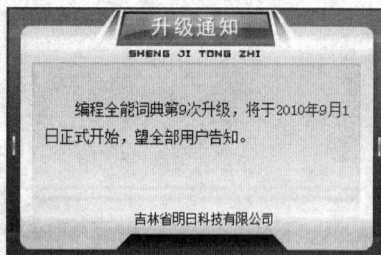

■ 设计过程

（1）在项目中创建窗体类 InfoWindow，设置窗体的大小和位置等属性。然后为窗体添加一个支持背景图片的面板控件，再为面板设置一个图片，这样就构成了弹出信息窗体的外观。关键代码如下：

```java
public InfoWindow() {
    addMouseListener(new MouseAdapter() {              //添加鼠标事件监听器
        @Override
        public void mousePressed(MouseEvent e) {
            do_this_mousePressed(e);                   //调用鼠标事件处理方法
        }
    });
    setBounds(100, 100, 359, 228);                     //设置窗体大小
    BGPanel panel = new BGPanel();                     //创建背景面板
    //设置背景图片
    panel.setImage(Toolkit.getDefaultToolkit().getImage(
            InfoWindow.class.getResource("/com/lzw/panel/back.jpg")));
    getContentPane().add(panel, BorderLayout.CENTER);
}
protected void do_this_mousePressed(MouseEvent e) {    //鼠标事件处理方法
    dispose();                                         //鼠标单击，则销毁这个窗体
}
```

（2）在项目中创建主窗体类 InfoDemoFrame，初始化窗体的标题、大小和位置，然后在窗体中添加一个按钮控件。关键代码如下：

```java
public InfoDemoFrame() {
    setTitle("右下角弹出信息窗体");                       //设置窗体标题
    setDefaultCloseOperation(JFrame.EXIT_ON_CLOSE);
```

```
        setBounds(100, 100, 337, 190);                                    //窗体大小
        contentPane = new JPanel();                                       //创建内容面板
        contentPane.setBorder(new EmptyBorder(5, 5, 5, 5));
        setContentPane(contentPane);
        contentPane.setLayout(null);                                      //取消布局管理器
        JButton button = new JButton("获取即时信息");                      //创建按钮
        button.addActionListener(new ActionListener() {
            public void actionPerformed(ActionEvent e) {
                do_button_actionPerformed(e);                             //调用按钮事件处理方法
            }
        });
        button.setBounds(97, 59, 122, 30);
        contentPane.add(button);
}
```

（3）编写按钮控件的事件处理方法，在该方法中创建 Timer 控件，实现动态调整信息窗体位置的渐变控制。
关键代码如下：

```
protected void do_button_actionPerformed(ActionEvent e) {
    //创建 Timer 控件
    timer = new Timer(1, new ActionListener() {
        @Override
        public void actionPerformed(ActionEvent e) {
            location.y -= 1;                                              //提升信息窗体垂直坐标
            //在信息窗体显示而且没有达到上升位置之前持续移动窗体
            if (window.isShowing()
                    && location.y > screenSize.height - windowSize.height)
                window.setLocation(location);
            else {                                                        //窗体未显示或超出移动范围时停止
                Timer source = (Timer) e.getSource();
                source.stop();
            }
        }
    });
    screenSize = getToolkit().getScreenSize();                           //获取屏幕大小
    window.setVisible(true);                                             //显示信息窗体
    window.setAlwaysOnTop(true);                                         //把信息窗体置顶
    windowSize = window.getSize();                                       //获取信息窗体大小
    location = new Point();                                              //创建位置对象
    location.x = screenSize.width - windowSize.width;                    //初始化窗体位置
    location.y = screenSize.height;
    timer.start();                                                       //启动 Timer 控件
}
```

■ 秘笈心法

心法领悟 281：利用事件源停止 Timer。

Timer 控件可用于连续地执行某个事件监听与处理，但是在其实现代码中，因停止 Timer 控件的需要而把 Timer 控件的引用变量设置为 final 修饰或提升为类变量，需要涉及分割变量定义与初始化等步骤，比较繁琐，同时也不符合面向对象的设计风格。Timer 控件的 ActionListener 事件监听器实际上是处理由 Timer 控件触发的事件，所以在其实现中获取的事件源其实就是 Timer 控件，所以在事件处理方法中，把事件源转换为 Timer 控件然后再调用停止方法即可。

实例 282	淡入淡出的窗体 光盘位置：光盘\MR\282	高级
		趣味指数：★★★☆

■ 实例说明

在浏览图片时由于图片过多，当前图片与下一张图片之间瞬间切换显示很容易造成视觉疲劳。很多智能的图片浏览软件添加了图片之间淡入淡出的切换效果，有效地缓解和防止了视觉疲劳。而本实例利用这个特性为

窗体实现了同样的效果，实例运行过程如图 12.2 所示。

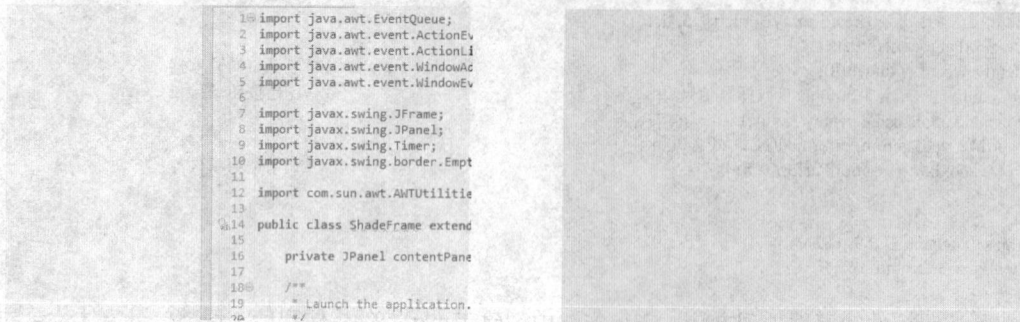

```
10 import java.awt.EventQueue;
 2 import java.awt.event.ActionEv
 3 import java.awt.event.ActionLi
 4 import java.awt.event.WindowAc
 5 import java.awt.event.WindowEv
 6
 7 import javax.swing.JFrame;
 8 import javax.swing.JPanel;
 9 import javax.swing.Timer;
10 import javax.swing.border.Empt
11
12 import com.sun.awt.AWTUtilitie
13
14 public class ShadeFrame extend
15
16     private JPanel contentPane
17
18     /**
19      * Launch the application.
```

图 12.2　淡入淡出过程中的窗体（左）与完全激活的窗体（右）

■ 关键技术

本实例的关键技术在于设置窗体的透明度，然后通过不断改变这个值实现淡入淡出的效果。设置窗体透明度的方法声明如下：

```
public static void setWindowOpacity (Window window, float alpha)
```

参数说明

❶ window：窗体对象。

❷ alpha：窗体透明度，取值范围是在 0～1 之间的小数。

■ 设计过程

（1）在项目中创建窗体类 ShadeFrame。设置窗体的标题、大小和位置等属性。

（2）编写窗体激活事件处理方法，在这个方法中初始化窗体为完全透明状态，然后利用 Timer 控件主键改变窗体透明效果，使窗体转变为完全不透明。关键代码如下：

```
protected void do_this_windowActivated(WindowEvent e) {
    AWTUtilities.setWindowOpacity(this, 0f);                        //初始化窗体为完全透明
    ActionListener listener = new ActionListener() {
        float alpha = 0;                                             //创建透明度控制变量
        @Override
        public void actionPerformed(ActionEvent e) {
            if (alpha < 0.9) {                                      //如果不透明度没有达到100%
                //不断累加透明度控制变量
                AWTUtilities
                        .setWindowOpacity(ShadeFrame.this, alpha += 0.1);
            } else {
                //如果控制变量累加到完全不透明
                AWTUtilities.setWindowOpacity(ShadeFrame.this, 1);
                Timer source = (Timer) e.getSource();
                source.stop();                                      //停止 Timer 控件
            }
        }
    };
    new Timer(50, listener).start();                               //启动 Timer 控件
}
```

■ 秘笈心法

心法领悟 282：接触 Eclipse 对 Java API 的限制。

有些 API 在 Eclipse 开发工具中是被限制的。例如，本实例中设置窗体透明度的 API 在 Eclipse 中就无法编译并报错。这就需要设置 Eclipse 编译器信息来解除这个限制，具体步骤为：选择"窗口"/"首选项"命令，在弹出的"首选项"对话框中展开 Java/"编译器"/"错误/警告"节点。然后在对话框右侧展开"建议不要使用和限制使用的 API"节点，将其所有下拉列表框中的"错误"修改为"警告"或者"忽略"。

<table><tr><td>实例 283</td><td>窗体顶层的进度条
光盘位置：光盘\MR\283</td><td>高级
趣味指数：★★★★☆</td></tr></table>

实例说明

　　登录窗体是所有管理软件首先展现给用户的界面，用户只有输入合法的身份信息才被允许进入管理系统的主界面。由于管理系统大多与数据库相连，而且启动时可能要加载很多数据，导致登录界面消失后，很长时间才出现主窗体界面。为缓解这种现象，本实例在登录面板上显示进度条提示用户正在登录，避免用户以为程序运行出现问题。实例运行效果如图 12.3 所示。

图 12.3　实例运行效果

关键技术

　　本实例的关键技术在于 GlassPane 面板的应用，该面板是每个 JFrame 窗体都包含的一个隐藏的窗体，它位于所有控件之上。默认情况下该面板是隐藏的，也就是 Visible 为 false。可以通过设置 GlassPane 属性来设置窗体的玻璃面板。该方法的声明如下：

```
public void setGlassPane(Component glassPane)
```

参数说明

glassPane：窗体的 GlassPane 面板。

设计过程

　　（1）在项目中创建面板类 ProgressPanel。初始化面板并为其添加一个滚动条，重写 paint() 方法，在方法中绘制半透明的面板。关键代码如下：

```
public void paint(Graphics g) {                                      //转换为 2D 绘图上下文
    Graphics2D g2 = (Graphics2D) g.create();
    g2.setComposite(AlphaComposite.SrcOver.derive(0.5f));            //设置透明合成规则
    g2.setPaint(Color.GREEN);                                        //使用绿色前景色
    g2.fillRect(0, 0, getWidth(), getHeight());                      //绘制半透明矩形
    g2.dispose();
    super.paint(g);                                                  //执行父类绘图方法
}
```

　　（2）编写主窗体类 LoginFrame，在窗体中添加自定义的 ProgressPanel 面板，并设置该面板为主窗体的 GlassPane 玻璃面板。关键代码如下：

```
//创建登录进度面板
panel = new ProgressPanel();
//把登录进度面板设置为窗体顶层
setGlassPane(panel);
```

　　（3）在窗体类中添加登录信息需要的各种控件，然后为"登录"按钮添加事件监听处理方法，在该方法中显示 GlassPane 登录面板。关键代码如下：

```
private final class LoginActionListener implements ActionListener {
    public void actionPerformed(ActionEvent e) {
        //显示窗体的登录进度面板
        getGlassPane().setVisible(true);
    }
}
```

秘笈心法

　　心法领悟 283：GlassPane 面板。

　　GlassPane 面板位于窗体最上层，类似窗体上附着的一层玻璃，因此把它称之为玻璃面板。这个面板可以设

置为任意 Swing 控件，大多数情况下将其设置为 JPanel 面板，并在面板中添加许多的控件。

实例284	设置窗体的鼠标光标	高级
	光盘位置：光盘\MR\284	趣味指数：★★★★☆

■ 实例说明

　　鼠标是计算机操作中的主要设备之一，它在计算机屏幕中以光标图形显示其位置和工作状态，如以箭头代表鼠标指针，当程序执行某项费时操作时，鼠标以忙碌的沙漏来通知用户暂时不可操作。但有些特殊程序需要更加复杂的鼠标光标外观，本实例演示采用设计的图片来实现鼠标光标的外观图形，实例运行效果如图 12.4 所示。

图 12.4　实例运行效果

■ 关键技术

　　本实例的关键技术在于图片资源的获取与鼠标光标对象的创建。但这些都需要利用窗体工具包来实现，所以关键技术还包括获取窗体的工具包对象。下面分别进行介绍。

　　❑　获取窗体工具包

获取窗体工具包的方法声明如下：

```
public Toolkit getToolkit()
```

　　❑　获取图片资源

获取图片资源的方法声明如下：

```
public abstract Image getImage(URL url)
```

参数说明

url：图片资源的路径。

　　❑　创建鼠标光标对象

创建鼠标光标对象的代码如下：

```
public Cursor createCustomCursor(Image cursor, Point hotSpot, String name)
                         throws IndexOutOfBoundsException,
                                HeadlessException
```

参数说明

❶ cursor：激活光标时要显示的图像。

❷ hotSpot：指定图像上的鼠标热点坐标。

❸ name：光标的本地化描述，用于 Java Accessibility。

■ 设计过程

　　在项目中创建窗体类 MouseCursorFrame，设置窗体的标题、大小和位置等属性。在构造方法中获取窗体工具包对象，然后通过该对象获取图片资源，并以此创建鼠标光标对象，最后设置该窗体。关键代码如下：

```
public MouseCursorFrame() {
    setTitle("设置窗体的鼠标光标");                                        //设置窗体标题
    setDefaultCloseOperation(JFrame.EXIT_ON_CLOSE);
    setBounds(100, 100, 318, 205);                                      //设置窗体位置
    contentPane = new JPanel();                                         //创建内容面板
    Toolkit toolkit = getToolkit();                                     //获取窗体工具包
    //创建鼠标光标图片对象
    Image image = toolkit.getImage(getClass().getResource("1.png"));
    //通过图片创建光标对象
    Cursor cursor = toolkit.createCustomCursor(image, new Point(0, 0), "lzw");
    contentPane.setCursor(cursor);                                      //设置内容面板的鼠标光标
    contentPane.setBorder(new EmptyBorder(5, 5, 5, 5));                 //边框
    contentPane.setLayout(new BorderLayout(0, 0));                      //布局
```

```
        setContentPane(contentPane);
    }
```

秘笈心法

心法领悟 284：修改其他控件的鼠标光标。

鼠标的光标是 Swing 大多数控件的属性，可以自定义鼠标光标设置给任意支持该属性的控件，让它们有机会控制鼠标在控件中的表现方式。

实例 285	窗体抖动	高级
	光盘位置：光盘\MR\285	趣味指数：★★★☆

实例说明

现在流行的网络通信工具就是 QQ，大部分网民都使用 QQ 进行网络聊天，该软件在聊天窗体中加入了一个窗体抖动的功能，以此来提醒聊天对方的注意。本实例模拟 QQ 的窗体抖动效果，在 Java 语言的窗体中加入抖动效果，如图 12.5 所示，单击"窗体抖动"按钮，将使窗体发生抖动。

关键技术

本实例的关键技术在于窗体位置的控制。主要通过 JFrame 类的 setLocation()方法实现，下面介绍该方法的声明格式：

图 12.5　实例运行效果

```
public void setLocation(int x, int y)
```

该方法将窗体设置到新位置。通过 x 和 y 参数来指定新位置的左上角坐标。

参数说明

❶ x：新位置左上角的 X 坐标。

❷ y：新位置左上角的 Y 坐标。

设计过程

（1）在项目中创建窗体类 ZoomFrameContent。设置窗体的标题、大小和位置等属性。

（2）在窗体中添加"窗体抖动"按钮，编写该按钮的事件处理方法，在方法体中获取当前窗体的位置，并通过双层 for 循环控制窗体的抖动效果。关键代码如下：

```
protected void do_button_actionPerformed(ActionEvent e) {
    int num = 15;                                               //抖动次数
    Point point = getLocation();                               //窗体位置
    for (int i = 20; i > 0; i--) {                             //抖动大小
        for (int j = num; j > 0; j--) {
            point.y += i;
            setLocation(point);                                //窗体向下移动
            point.x += i;
            setLocation(point);                                //窗体向右移动
            point.y -= i;
            setLocation(point);                                //窗体向上移动
            point.x -= i;
            setLocation(point);                                //窗体向左移动
        }
    }
}
```

秘笈心法

心法领悟 285：窗体运动算法。

本实例通过简单的算法实现窗体的抖动效果，读者可以将其他算法加入到该实例中实现窗体的其他动作，这就要求完全掌握 Swing 中控件的各种属性。如果结合多线程或 Timer 控件可以实现窗体的各种动画，移动窗体位置只是其中的一种。

实例286	窗体标题显示计时器 光盘位置：光盘\MR\286	高级 趣味指数：★★★★☆

实例说明

窗体是操作系统中的程序单元，每个应用程序的每个功能都需要包含在窗体中，用户通过窗体区分不同的程序，所以窗体是记录工作时间最好的平台。本实例利用窗体的标题栏来显示窗体已经运行的时间，以秒为单位。实例运行效果如图 12.6 所示。

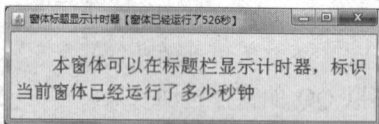

图 12.6　实例运行效果

关键技术

本实例的关键技术在于 Timer 控件的应用。该控件能够在指定的时间间隔内重复执行 Action。控件的 ActionListener 监听器将不断地捕获和处理该时间。创建一个 Timer 控件的构造方法声明如下：

```
public Timer(int delay, ActionListener listener)
```

参数说明

❶ delay：初始延迟和动作事件间延迟的毫秒数。

❷ listener：初始侦听器，可以为 null。

设计过程

（1）在项目中创建窗体类 CaculagraphFrame，设置窗体的标题、大小和位置等属性。

（2）编写窗体打开事件的处理方法，在方法中调用 System 类的 currentTimeMillis() 方法获取当前时间的 long 值，然后创建 Timer 控件每间隔 1 秒钟就获取新的当前时间的 long 值与原有值进行运算，把计算后的描述显示在窗体标题中。关键代码如下：

```
protected void do_this_windowOpened(WindowEvent e) {        //窗体打开事件处理方法
    sourTime = System.currentTimeMillis();                  //记录窗体打开的初始时间
    //创建 Timer 控件
    Timer timer = new Timer(1000, new ActionListener() {
        String title = getTitle();                          //提取原始标题文本
        @Override
        public void actionPerformed(ActionEvent e) {
            //技术消耗时间
            long smTime = System.currentTimeMillis() - sourTime;
            //显示计时信息到标题栏
            setTitle(title + "【窗体已经运行了" + (smTime / 1000) + "秒】");
        }
    });
    timer.start();                                          //启动 Timer 控件
}
```

秘笈心法

心法领悟286：窗体标题栏的重要性。

窗体的标题栏不应该只起到显示程序名称的作用，作为窗体标题栏，是标识窗体作用的重要控件，在显示程序名称的同时，也可以附加功能模块名称以及向导对话框每个步骤的名称等信息。

实例 287	动态展开窗体 光盘位置：光盘\MR\287	高级 趣味指数：★★★★☆

■ 实例说明

一款软件在费尽心思设计好符合人性化操作的 GUI 界面后，开发人员会对自己设计的程序感到信心十足。在实现业务的过程中往往会另外添加一些修饰效果，让程序更加吸引人。本实例就在登录界面中实现了窗体动态展开的效果，即窗体刚出现时是一个竖条形状，然后逐渐拉伸为正常大小。实例运行效果如图 12.7 所示。

图 12.7　窗体正在展开（左）与展开后界面（右）

■ 关键技术

本实例的关键技术在于线程的休眠，如果实例没有设置线程休眠的时间，线程就会不停地工作，由于计算机速度非常快，用户可能根本看不到窗体展开的动作，所以用休眠时间来延长线程改变窗体大小的时间来解决这个问题。线程休眠方法的声明如下：

```
public static void sleep(long millis)
                  throws InterruptedException
```

参数说明

millis：线程休眠的时间，单位为毫秒。

■ 设计过程

（1）在项目中创建窗体类 ExpandFrame，设置窗体的标题、大小和位置等属性。

（2）编写窗体打开事件的处理方法，在该方法中创建匿名的线程对象来控制窗体的拉伸效果，线程不断改变窗体的位置与大小形成展开的动作效果。关键代码如下：

```java
protected void do_this_windowOpened(WindowEvent e) {
    final int height = getHeight();                        //记录窗体高度
    new Thread() {                                          //创建新线程
        public void run() {
            Rectangle rec = getBounds();
            for (int i = 0; i < frameWidth; i += 10) {      //循环拉伸窗体
                setBounds(rec.x - i / 2, rec.y, i, height); //不断设置窗体大小与位置
                try {
                    Thread.sleep(10);                       //线程休眠 10 毫秒
                } catch (InterruptedException e1) {
                    e1.printStackTrace();
                }
            }
        }
    }.start();                                              //启动线程
}
```

■ 秘笈心法

心法领悟 287：给线程一个停止的理由。

在使用线程技术时要特别注意线程的停止，必须在线程的循环中确定循环的次数或终止条件，如循环 N 次

后线程结束，或者某外部条件满足的情况下终止线程。总之，千万不要让它无休止地运行下去。

实例 288	仿 QQ 隐藏窗体	高级
	光盘位置：光盘\MR\288	趣味指数：★★★☆

■ 实例说明

大家非常熟悉网络的聊天软件 QQ，它有很多功能值得开发人员模仿并学习，如窗体抖动效果、窗体在屏幕边界隐藏等。本实例模拟 QQ 窗体隐藏的效果，如图 12.8 所示，当把窗体拖曳到屏幕顶端时，窗体会自动隐藏。

■ 关键技术

本实例的关键技术请参见实例 285。

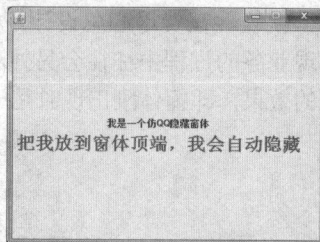

图 12.8　实例运行效果

■ 设计过程

（1）在项目中创建窗体类 QQFrame，设置窗体的标题、大小和位置等属性。

（2）编写窗体移动事件的处理方法，在方法体中判断窗体移动的位置，如果位于屏幕顶端 10 个像素以内，则隐藏该窗体。关键代码如下：

```java
protected void do_this_componentMoved(ComponentEvent e) {    //窗体移动事件处理方法
    if (over)                                                 //如果鼠标在窗体中，就不做窗体隐藏操作
        return;
    Point point = getLocation();                             //获取窗体位置
    if (point.y < 10) {                                      //如果窗体靠近屏幕顶端
        collection = true;                                   //确定隐藏窗体标识
        Dimension size = getSize();                          //获取窗体大小
        setLocation(point.x, -size.height + 5);             //隐藏窗体
    } else {
        collection = false;                                  //如果窗体没有靠近屏幕顶端则取消隐藏标识
    }
}
```

（3）编写窗体的鼠标进入时的事件处理方法，在该方法中判断窗体是否被隐藏在屏幕上方，然后把窗体设置到贴近屏幕顶端的位置。关键代码如下：

```java
protected void do_this_mouseEntered(MouseEvent e) {         //鼠标进入窗体的事件处理方法
    Point point = getLocation();                            //获取窗体位置
    if (point.y > 0)                                        //如果窗体没有被隐藏不做任何操作
        return;
    setLocation(point.x, 8);                               //设置窗体显示
    over = true;                                           //标识鼠标在窗体内部
    try {
        Thread.sleep(1000);                               //给窗体 1 秒钟时间让鼠标就位
    } catch (InterruptedException e1) {
        e1.printStackTrace();
    }
}
```

（4）编写窗体的鼠标离开时的事件处理方法，在方法体中执行鼠标拖曳事件相同的处理方法。关键代码如下：

```java
protected void do_this_mouseExited(MouseEvent e) {         //鼠标离开窗体的事件处理方法
    if (over) {                                            //如果鼠标标识在窗体内部
        over = false;                                      //取消鼠标位置的标识
        do_this_componentMoved(null);                     //隐藏窗体
    }
}
```

■ 秘笈心法

心法领悟 288：要灵活运用 GUI 的事件处理。

事件监听器是 GUI 活力的根基，它使窗体上的控件可以执行相应的操作，其原理是控件将产生各种操作事件，然后由事件监听器捕获控件产生的事件并进行相应的业务处理，所以开发 GUI 应用程序必须了解事件并熟练掌握。

实例 289	窗体百叶窗登场特效 光盘位置：光盘\MR\289	高级 趣味指数：★★★★☆

■ 实例说明

百叶窗特效常用于图片浏览软件中的过渡效果，其目的是缓解视觉疲劳，避免闪屏对眼睛的刺激。本实例在窗体首次打开时也采用了这个效果来显示窗体界面。如图 12.9 所示，窗体打开后，界面是被蓝色矩形遮盖的，随后蓝色矩形以百叶窗的效果逐渐消失，最后会显示出原有的窗体界面。

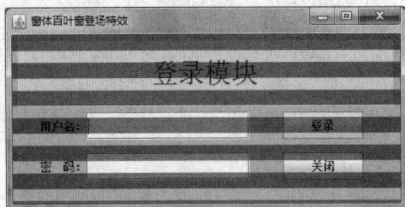

图 12.9　百叶窗窗体

■ 关键技术

本实例的关键技术请参见实例 283。

■ 设计过程

（1）在项目中创建自定义面板类 JalousiePanel。在构造方法中初始化面板为透明状态，并初始化窗体的玻璃面板，同时创建 Timer 控件控制玻璃面板的显示与百叶窗效果中的参数变更。再为自定义面板添加控件事件监听器，当面板显示和调整大小事件发生时，启动 Timer 控件执行百叶窗特效。关键代码如下：

```
public JalousiePanel() {
    setOpaque(false);                                          //面板透明
    final Component oldPanel = getGlassPane();                 //保存原有玻璃面板
    final boolean visible = oldPanel.isVisible();
    setGlassPane(JalousiePanel.this);                          //把当前面板设置为窗体玻璃面板
    getGlassPane().setVisible(true);                           //显示玻璃面板
    //初始化 Timer 控件
    timer = new Timer(30, new ActionListener() {
        @Override
        public void actionPerformed(ActionEvent e) {
            setGlassPane(JalousiePanel.this);                  //设置当前面板为窗体玻璃面板
            getGlassPane().setVisible(true);                   //显示玻璃面板
            if (hei-- > 0) {                                   //递减百叶条渐变高度
                repaint();                                     //重绘界面
            } else {                                           //如果百叶条高度渐变小于 0
                timer.stop();                                  //停止 Timer 控件
                setGlassPane(oldPanel);                        //恢复原有玻璃面板
                hei = step;                                    //初始化百叶条高度
                getGlassPane().setVisible(visible);            //恢复玻璃面板显示状态
            }
        }
    });
    //添加控件的事件监听器
    addComponentListener(new ComponentAdapter() {
        @Override
        public void componentShown(ComponentEvent e) {
            fillJalousie();                                    //控件显示时调用的方法
        }
        private void fillJalousie() {
```

```
                Dimension size = getSize();                              //获取窗体控件大小
                recNum = (size.height - 1) / step + 1;                    //计算百叶条数量
                timer.start();                                           //启动 Timer 控件
            }
            @Override
            public void componentResized(ComponentEvent e) {
                fillJalousie();                                          //控件调整大小时调用的方法
            }
        });
}
```

（2）重写自定义面板的 paintComponent()方法，在该方法中绘制百叶窗中的每个条形画面，其中百叶条要
实现半透明效果，所以设置绘图合成规则为半透明。关键代码如下：

```
protected void paintComponent(Graphics g1) {
    Graphics2D g = (Graphics2D) g1;                                     //获取 2D 绘图对象
    g.setColor(Color.BLUE);                                            //设置绘图前景色
    //设置绘图透明度
    g.setComposite(AlphaComposite.SrcOver.derive(0.5f));
    for (int i = 0; i < recNum; i++) {
        //绘制所有百叶条
        g.fillRect(0, i * step, getWidth(), hei);
    }
    super.paintComponent(g);
}
```

■ 秘笈心法

心法领悟 289：分页算法。

本实例在确认百叶窗条目数量时，引用了网页分页的算法，即"页数=（总条目数量-1）/每页条目数量+1"。
有了这个参数，就可以精确定位百叶窗条形的绘图位置。

实例 290	关闭窗体打开网址	高级
	光盘位置：光盘\MR\290	趣味指数：★★★★☆

■ 实例说明

桌面应用程序可以脱离网络，不需要像 Web 程序那样依赖浏览器，但是桌面应用程序在公司与网站宣传方
面不及 Web 程序，所以大多桌面应用程序常调用本地浏览器来显示网站的部分页面，以此加强用户对软件与公
司网站的了解。本实例在用户关闭窗体时将调用本地浏览器打开本公司的网站。实例运行结果如图 12.10 所示。

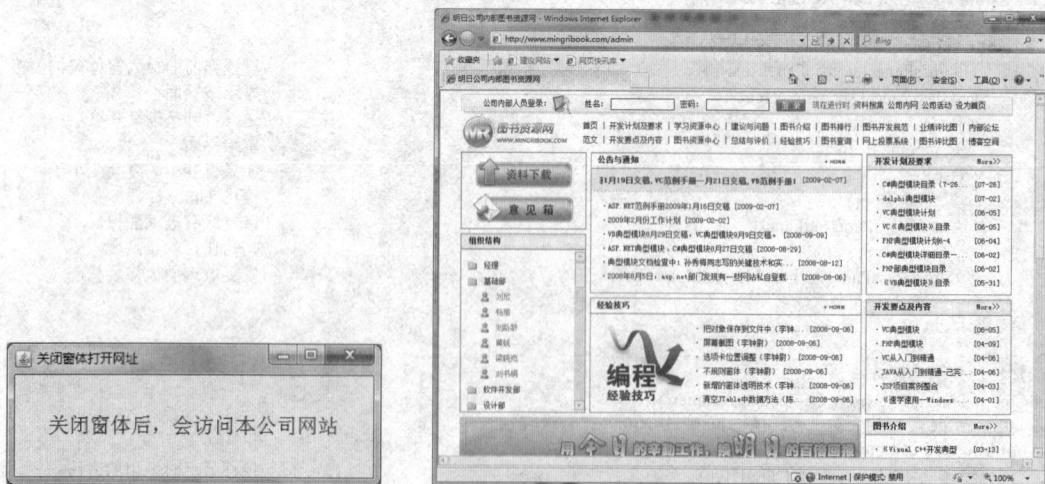

图 12.10　程序运行界面（左）和窗体关闭时打开的网页（右）

■ 关键技术

本实例的关键技术在于调用本地浏览器访问指定的网址。Java 6 在 Swing 新增的特性中包括一个 Desktop 控件，它可以执行本地应用程序的调用，其中包括调用本地浏览器访问指定的网址。下面介绍如何使用该类实现本实例的功能。

❑　获取 Desktop 实例

```
public static Desktop getDesktop()
```

❑　浏览指定资源

```
public void browse(URI uri)
            throws IOException
```

参数说明

uri：要浏览的资源路径。

■ 设计过程

（1）在项目中创建窗体类 AddressFrame，设置窗体的标题、大小和位置等属性。

（2）编写窗体关闭事件的处理方法，在该方法中获取 Desktop 实例，然后通过它的 browse()方法访问指定的网址。关键代码如下：

```
protected void do_this_windowClosing(WindowEvent e) {                    //窗体关闭事件处理方法
    Desktop desktop=Desktop.getDesktop();                                //获取桌面程序管理器
    try {
        desktop.browse(new URI("http://www.mrbccd.com"));                //浏览指定网址
    } catch (IOException e1) {
        e1.printStackTrace();
    } catch (URISyntaxException e1) {
        e1.printStackTrace();
    }
}
```

■ 秘笈心法

心法领悟 290：Desktop 对本地应用的关联。

Desktop 不但可以浏览本地资源，还可以执行文件打开、编辑、打印等操作，而且这些操作都是根据文件的类型与本地系统应用程序的关联进行调用的。

12.2　窗体与控件外观

实例 291	Nimbus 外观	中级
	光盘位置：光盘\MR\291	趣味指数：★★★☆

■ 实例说明

Java 程序支持多种外观，如果未经特殊设置，Java 程序会使用默认的程序外观，但是其控件界面不是太美观，为此 Java 6 以后添加了 Nimbus 外观，这在 Java 中统称为 LookAndFeel。本实例就使用了 Nimbus 定义程序的外观样式，实例运行效果如图 12.11 所示。

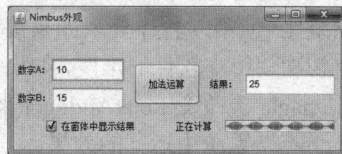

图 12.11　实例运行效果

■ 关键技术

本实例的关键技术在于 UIManager 外观管理器的应用，通过该管理器的 setLookAndFeel()方法设置指定的外观样式（即 LookAndFeel 实例），就可以改变 Java 桌面程序当前的外观界面。该方法的声明如下：

```
public static void setLookAndFeel(String className)
                        throws ClassNotFoundException,
                               InstantiationException,
                               IllegalAccessException,
                               UnsupportedLookAndFeelException
```

参数说明

className：指定实现外观的类名称的字符串。

设计过程

（1）在项目中创建窗体类 NimbusLookAndFeelFrame，设置窗体的标题、大小和位置等属性，并完成窗体控件的添加。

（2）在主方法中设置程序的外观样式为 Nimbus 外观，然后再创建本实例的窗体。关键代码如下：

```
public static void main(String[] args) {
    try {
        //设置窗体的外观样式
        UIManager.setLookAndFeel("com.sun.java.swing.plaf.nimbus.NimbusLookAndFeel");
    } catch (Throwable e) {
        e.printStackTrace();
    }
    EventQueue.invokeLater(new Runnable() {
        public void run() {
            try {
                //创建窗体对象
                NimbusLookAndFeelFrame frame = new NimbusLookAndFeelFrame();
                frame.setVisible(true);                                         //显示窗体
            } catch (Exception e) {
                e.printStackTrace();
            }
        }
    });
}
```

秘笈心法

心法领悟 291：提前设置程序外观。

UIManager 类可用于设置程序的外观，但必须在创建窗体之前进行设置，因为外观的改变只影响它之后的窗体外观，所以本实例在主方法的第一段代码中优先设置了程序外观。

实例 292	本地系统外观	中级
光盘位置：光盘\MR\292		趣味指数：★★★★

实例说明

Java 程序通过设置 LookAndFeel 可以改变应用程序的外观，高级的开发人员甚至可以开发自己的 LookAndFeel 并应用于 Java 程序中，但是其实现难度较大。另外，由于用户对于自身计算机中的操作系统比较熟悉，程序外观如果接近系统本身默认的外观可以降低用户初次使用本软件的难度，如果是用户熟悉的界面同样可以通过 UIManager 类改变 LookAndFeel 来实现。如图 12.12 所示实现的是 Windows 7 系统中运行的效果。

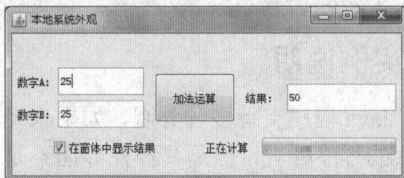

图 12.12　实例运行效果

关键技术

本实例的关键技术请参见实例 291。另外，本实例还有一个关键技术就是获取本地外观的全称，有了这个全称才能指定目标外观，这需要通过 UIManager 类的相关方法来获取，其方法声明如下：

public static String getSystemLookAndFeelClassName()

设计过程

（1）在项目中创建窗体类 SystemLookAndFeelFrame，设置窗体的标题、大小和位置等属性，并完成窗体控件的添加。

（2）在主方法中设置程序的外观样式为本地系统的外观样式，然后再创建本实例的窗体。关键代码如下：

```java
public static void main(String[] args) {
    try {
        //获取本地系统外观名称
        String name = UIManager.getSystemLookAndFeelClassName();
        //设置窗体的外观样式
        UIManager.setLookAndFeel(name);
    } catch (Throwable e) {
        e.printStackTrace();
    }
    EventQueue.invokeLater(new Runnable() {
        public void run() {
            try {
                //创建窗体对象
                SystemLookAndFeelFrame frame = new SystemLookAndFeelFrame();
                frame.setVisible(true);                                       //显示窗体
            } catch (Exception e) {
                e.printStackTrace();
            }
        }
    });
}
```

秘笈心法

心法领悟 292：为什么启动速度变慢？

使用本地系统外观的程序界面可以提高用户对界面的亲切感，但是也有弊端，当 Java 程序采用本地系统外观时会严重影响启动速度，所以最好配备启动界面，如闪屏之类，让用户有等待程序启动的时间准备。

| 实例 293 | 分割的窗体界面 光盘位置：光盘\MR\293 | 高级 趣味指数：★★★☆ |

实例说明

窗体布局是控件摆放的一种艺术，合理的布局才能使程序受到用户的欢迎，但并不是所有程序开发人员都能够在有限的界面空间中完成不同分类的控件布局，有时控件和功能过多容易造成用户操作上的困难。本实例利用分割面板分割窗体界面，实例运行效果如图 12.13 所示，当用户使用哪一部分的功能时就可以把其界面部分调整放大。这样既利用了有限的界面空间，又实现了功能与控件的分类。本实例实现的是两个背景面板控件的分割。

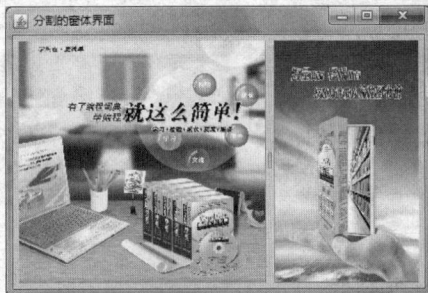

图 12.13　实例运行效果

■ 关键技术

本实例使用的关键技术是 JSplitPane 分割面板的相关应用。下面介绍创建该面板与调整分割界限的方法。

❏ 设置面板分割比例

public void setResizeWeight(double value)

参数说明

value：面板分割的比例，在面板初始化以及调整大小时，将按照这个比例调整面板的布局。

❏ 连续绘制面板

public void setContinuousLayout(boolean newContinuousLayout)

参数说明

newContinuousLayout：如果分隔条改变位置时组件连续重绘，则为 true，否则只绘制拖动分隔条时的虚线。

❏ 设置分割面板左侧控件

public void setLeftComponent(Component comp)

参数说明

comp：在该位置显示的 Component。

❏ 设置分隔条右侧控件

public void setRightComponent(Component comp)

参数说明

comp：在该位置显示的 Component。

■ 设计过程

（1）在项目中创建窗体类 SplitFrame，设置窗体的标题、大小和位置等属性。

（2）在构造方法中创建分割面板并添加到窗体中，然后由分割面板控制界面上的两个背景面板，其中背景面板还可以添加更多的控件。关键代码如下：

```
public SplitFrame() {
    setTitle("分割的窗体界面");
    setDefaultCloseOperation(JFrame.EXIT_ON_CLOSE);
    setBounds(100, 100, 450, 300);
    contentPane = new JPanel();
    contentPane.setBorder(new EmptyBorder(5, 5, 5, 5));
    contentPane.setLayout(new BorderLayout(0, 0));
    setContentPane(contentPane);
    JSplitPane splitPane = new JSplitPane();                       //创建分割面板
    splitPane.setResizeWeight(0.5);                                //设置面板控件分配的百分比
    splitPane.setContinuousLayout(true);                          //连续布局分割面板
    contentPane.add(splitPane, BorderLayout.CENTER);
    //创建背景面板
    BGPanel panel = new BGPanel();
    panel.setIconFill(BGPanel.BOTH_FILL);                        //背景双向填充
    //设置背景图片
    panel.setImage(getToolkit().getImage(
            getClass().getResource("photo1.jpg")));              //设置背景图片
    splitPane.setLeftComponent(panel);
    //创建背景面板
    BGPanel panel_1 = new BGPanel();
    panel_1.setIconFill(BGPanel.BOTH_FILL);                      //背景双向填充
    panel_1.setImage(getToolkit().getImage(
            getClass().getResource("photo2.jpg")));              //设置背景图片
    splitPane.setRightComponent(panel_1);
}
```

■ 秘笈心法

心法领悟 293：尽量让分割面板控制容器。

分割面板的用途是提高窗体的可用空间与控件分配。虽然分割面板的两个控制方法是针对 Component 类型参数的，说明可以控制按钮、表格、面板等所有 Swing 控件，但是考虑到布局空间问题，使用最多的方式是控制面板或其他容器控件，这样比控制两个按钮要实用得多。

实例 294	圆周运动的窗体 光盘位置：光盘\MR\294	高级 趣味指数：★★★★☆

■ 实例说明

相对于网页程序而言桌面应用程序更加灵活，很多桌面应用程序可以结合系统添加很多特效，如软件运行时各种显示窗体的特效。本实例实现窗体的圆周运动，为了让读者从图片中看出运动效果，本实例通过窗体数组显示运动轨迹，如图 12.14 所示。读者可以设计各种对话框以圆周运动进入用户视角。

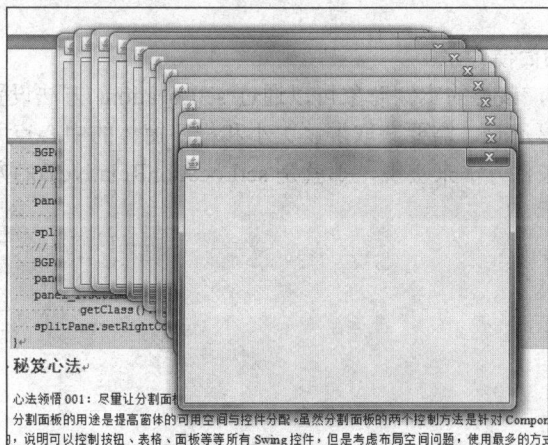

图 12.14　实例运行效果

■ 关键技术

本实例的关键技术请参见实例 286。

■ 设计过程

（1）在项目中创建窗体类 PIFrame。设置窗体的标题、大小和位置等属性。

（2）在类的主方法中创建并初始化窗体数组，然后创建 Timer 控件控制数组中的每个窗体进行圆周运动，而且窗体运动是按创建顺序来保持一定距离的。关键代码如下：

```java
public static void main(String[] args) {
    EventQueue.invokeLater(new Runnable() {
        public void run() {
            try {
                for (int i = 0; i < frames.length; i++) {              //初始化窗体数组
                    frames[i] = new PIFrame();                         //初始化窗体数组元素
                    frames[i].setVisible(true);                        //显示窗体
                    points[i] = frames[i].getLocation();               //初始化窗体位置数组
                }
                Timer timer = new Timer(50, new ActionListener() {
                    int r = 100;                                       //移动半径
                    int angle = 0;                                     //角度遍历
                    double optionNum = Math.PI / 180;                  //创建弧度角度转换单位

                    @Override
                    public void actionPerformed(ActionEvent e) {
                        for (int i = 0; i < frames.length; i++) {
                            int x = (int) (r * Math.cos((angle + i * 10)
```

```
                                % 360 * optionNum));                //定义窗体 X 坐标
            int y = (int) (r * Math
                .sin((angle + i * 10 % 360) * optionNum));           //定义窗体 Y 坐标
            angle = (angle + 1) % 360;                               //累加运动的角度
            frames[i].setLocation(points[i].x + x,
                points[i].y + y);                                    //移动窗体
                    }
                }
            });
            timer.start();                                          //启动 Timer 控件
        } catch (Exception e) {
            e.printStackTrace();
        }
            }
        }
    });
}
```

■ 秘笈心法

心法领悟 294：窗体居中的简便方法。

JFrame 是 Swing 的窗体类，该类的实例对象可以通过 setLocation()方法设置窗体显示在屏幕的任意位置。但是在使用该方法让窗体居中显示时，需要获取屏幕大小和程序窗体的中心点并经过运算后才能找到适合的位置。其实这完全可以通过一个控件方法来实现，那就是 setLocationRelativeTo()方法，为方法传递 Null 值参数，就可以使窗体在屏幕上居中显示。

第 *13* 章

基本控件应用

- ▶▶ 顶层容器的应用
- ▶▶ 布局管理器应用
- ▶▶ 输入控件的应用
- ▶▶ 选择控件的应用
- ▶▶ 菜单控件的应用
- ▶▶ 其他技术的应用

13.1 顶层容器的应用

实例 295	框架容器的背景图片 光盘位置：光盘\MR\295	高级 趣味指数：★★★★

■ 实例说明

普通框架容器是没有背景图片的。为了让应用程序更加美观，可以为其添加背景图片。添加背景图片的方法很多，本实例采用为层级窗格指定背景图片的方式，其优点是还可以在背景图片上增加其他控件。实例运行效果如图 13.1 所示。

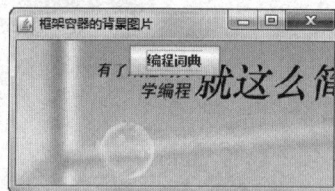

图 13.1　实例运行效果

■ 关键技术

Swing 中共有 3 个顶层容器，分别是 JApplet、JFrame 和 JDialog。其他的 Swing 控件都直接或间接包含在这几个顶层容器中。对于应用程序而言，通常使用 JFrame 作为其顶层容器。JFrame 被分成了不同的层次以便实现不同的功能。Swing 的常用方法如表 13.1 所示。

表 13.1　Swing 的常用方法

方 法 名	作 用
add(Component comp,int index)	在 index 位置增加控件 comp
getContentPane()	获得框架容器的内容窗格对象
getLayeredPane()	获得框架容器的层级窗格对象
setBounds(int x,int y,int width,int height)	设置控件的宽为 width，高为 height，左上角坐标是(x,y)
setDefaultCloseOperation(int operation)	设置框架在关闭时的动作
setLayout(LayoutManager mgr)	设置容器的布局管理器为 mgr
setLocationRelativeTo(Component c)	设置窗体与控件 c 的相对位置，如果 c 为空则居中显示
setOpaque(boolean isOpaque)	设置控件是否透明，true 为不透明
setTitle(String title)	设置框架的标题为 title
setVisible(boolean b)	设置窗体是否可见

◀》注意：默认的框架是不可见的，大小为 0×0，因此需要设置才能使用。

■ 设计过程

编写 BackgroundImage 类，它继承了 JFrame 类。利用给层级窗格增加标签的方法给框架设置背景图片。在内容窗格上增加一个按钮来测试是否可以在背景图片上增加其他控件。代码如下：

```java
public class BackgroundImage extends JFrame {
    private static final long serialVersionUID = -7734031908388740823L;    //定义序列化标识
    public BackgroundImage() {
        ImageIcon background = new ImageIcon("src/image/mingri.jpg");        //创建图标
        JLabel label = new JLabel(background);                              //利用给定的图片创建标签
        //将标签的大小设置成图标的大小
        label.setBounds(0, 0, background.getIconWidth(), background.getIconHeight());
        JPanel panel = (JPanel) getContentPane();                          //将内容窗格转型成面板
        panel.setOpaque(false);                                            //将面板设置成透明的
        panel.setLayout(new FlowLayout());                                 //将内容窗格的布局设置为流式布局
        panel.add(new JButton("编程词典"));                                 //创建一个按钮对象作为测试
        getLayeredPane().add(label, new Integer(Integer.MIN_VALUE));        //给层级窗格增加标签
```

```
            setBounds(0, 0, background.getIconWidth(), background.getIconHeight());
            setDefaultCloseOperation(JFrame.EXIT_ON_CLOSE);                    //设置单击关闭图标时框架为关闭
            setLocationRelativeTo(null);                                       //将框架居中显示
            setTitle("框架容器的背景图片");                                      //设置框架的标题为"框架容器的背景图片"
        }
    public static void main(String[] args) {
        SwingUtilities.invokeLater(new Runnable() {
            public void run() {
                BackgroundImage image = new BackgroundImage();                 //在事件调度线程时运行程序
                image.setVisible(true);                                        //设置框架为可见
            }
        });
    }
}
```

✍ **技巧**：为了避免 Swing 程序出现线程方面的问题，推荐在事件调度线程中启动。

■ 秘笈心法

心法领悟 295：根窗格的使用。

每个顶层容器都有依赖于名为根窗格的隐式中间容器。根窗格管理内容窗格、菜单条、层级窗格和玻璃窗格。层级窗格包括内容窗格和菜单条，而玻璃窗格是位于窗体最顶端的透明面板，又称为玻璃面板。玻璃窗格可以拦截顶层容器发生的输入事件，也可以用来放置多个位于窗体顶层的控件。

实例 296	更多选项的框架容器 光盘位置：光盘\MR\296	高级 趣味指数：★★★★

■ 实例说明

在用户注册网站时，除了用户名、密码必须填写外，还可以增加一些其他信息让用户选填。通常为了节约空间可以将选填项隐藏，如果用户想填写时再显示。本实例在一个框架中实现了这个效果。实例运行效果如图 13.2 所示。

（a）单击按钮前　　　　　（b）单击按钮后

图 13.2　实例运行效果

■ 关键技术

按钮是图形用户界面中最常见也是最简单的控件之一。在使用按钮时可以为其增加图片、设置快捷键等。为了让按钮对用户操作产生响应，通常对其增加动作监听。ActionListener 是一个监听器接口，它定义了一个名为 actionPerformed() 的方法，用来实现对用户单击按钮的响应。该方法的声明如下：

```
void actionPerformed(ActionEvent e)
```

参数说明

e：动作事件对象。

✍ **技巧**：对于基本的 Swing 控件，如单选按钮、组合框等，都可以监听其动作事件并做出响应。

■ 设计过程

（1）编写 MoreChoices 类，该类继承了 JFrame。在框架中增加一个按钮"显示成功秘籍"。

（2）本实例一共实现了两个动作监听器对象，即 more 和 less，由于其代码相似，取 more 进行讲解。该监听器实现了在内容窗格上增加面板控件 hiddenPanel、修改按钮的文本信息、删除按钮上 more 的监听器并增加按钮上 less 的监听器的功能。代码如下：

```
ActionListener more = new ActionListener() {
    @Override
    public void actionPerformed(ActionEvent e) {
        getContentPane().add(hiddenPanel);          //在内容窗格上增加面板控件 hiddenPanel
        pack();                                      //重新绘制窗体以使其刚好包含全部控件
        button.setText("隐藏成功秘籍");              //修改按钮的文本信息
        button.removeActionListener(more);           //删除按钮上 more 的监听器
        button.addActionListener(less);              //增加按钮上 less 的监听器
    }
};
```

✎ 技巧：在事件监听器中使用匿名内部类可以让代码更加简洁。

■ 秘笈心法

心法领悟 296：隐藏控件的应用。

为了简单起见，本实例仅隐藏了一个标签。读者可以在本实例的基础上进行增强，如隐藏复选框、单选按钮、文本域等控件。而且只要修改边框布局的定位，就能调整隐藏控件显示的位置，如在上方显示、左方显示等。读者可以根据自己的需求进行调整。

实例 297	拦截事件的玻璃窗格 光盘位置：光盘\MR\297	高级 趣味指数：★★★★

■ 实例说明

在软件进行比较耗时的操作时，可以使用玻璃窗格将软件界面暂时锁定，即拦截所有用户的输入事件。本实例模拟一个下载工具，当用户选择一个文件进行下载时，将暂时锁定界面并提示"正在下载"。此时用户无法再选择其他的文件或者单击按钮。实例运行效果如图 13.3 所示。

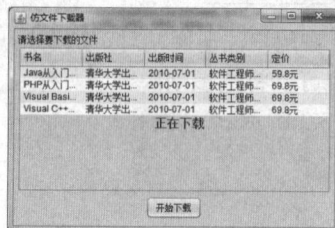

图 13.3　实例运行效果

■ 关键技术

如果想锁定窗体，则可以使用玻璃窗格。通常需要根据需求自定义玻璃窗格的对象，然后再将其设置为框架的玻璃窗格。这可以使用 setGlassPane()方法实现，该方法的声明如下：

```
public void setGlassPane(Component glassPane)
```

参数说明

glassPane：用户自定义的玻璃窗格。

◀》 注意：玻璃窗格在默认情况下是不可见的，需要使用 setVisible(true)语句将其设置为可见。

■ 设计过程

（1）编写 GlassPane 类，它继承了 JComponent 类。在其构造方法中，首先屏蔽鼠标事件、键盘事件等。在 paintComponent()方法中简单地在控件上绘制一个红色字符串。代码如下：

```
public class GlassPane extends JComponent {
    private static final long serialVersionUID = 9060636159598343142L;
    public GlassPane() {
        addMouseListener(new MouseAdapter() {           //屏蔽鼠标事件
        });
        addMouseMotionListener(new MouseMotionAdapter() {  //屏蔽鼠标拖曳事件
        });
        addKeyListener(new KeyAdapter() {               //屏蔽键盘事件
```

```
    });
        setFont(new Font("Default", Font.BOLD, 16));                    //设置控件的字体
    }
    @Override
    protected void paintComponent(Graphics g) {
        g.setColor(Color.RED);                                          //将画笔换成红色
        g.drawString("正在下载", 190, 130);                              //在坐标(190, 130)处绘制字符串 "正在下载"
    }
}
```

（2）编写 DownloadSoft 类，该类继承了 JFrame。在框架中，主要包括一个表格和一个 "开始下载" 按钮。表格用来模拟可以下载的资源。编写 do_button_actionPerformed()方法监听单击按钮的事件，该方法用来显示玻璃窗格。代码如下：

```
protected void do_button_actionPerformed(ActionEvent e) {
    getGlassPane().setVisible(true);                                    //显示玻璃窗格
}
```

◀》注意：玻璃窗格只能屏蔽用户的输入操作，但框架是可变的。

秘笈心法

心法领悟 297：玻璃窗格的应用。

玻璃窗格是框架的顶层窗格，它通常用来拦截用户的输入事件和绘图。本实例通过自定义一个 JComponent 控件，来实现玻璃窗格的功能。本实例仅是在玻璃窗格上绘制了一个红色的字符串，读者可以在本实例的基础上增加一些动态效果，如绘制一个进度条来显示下载的进度等。

实例 298	简单的每日提示信息	初级
	光盘位置：光盘\MR\298	趣味指数：★★★

实例说明

对于一些功能比较复杂的软件，可以在软件启动时弹出一个对话框显示一些提示信息，如软件的快捷键、软件的使用技巧、软件公司的简介等。本实例使用 JDialog 实现了一个每日提示对话框。实例运行效果如图 13.4 所示。

关键技术

本实例涉及的关键技术请参见实例 267。

图 13.4　实例运行效果

设计过程

编写 TipOfDay 类，该类继承了 JDialog，实现显示提示信息的功能。对话框包含一个标签、一个文本域、一个复选框和两个按钮。核心代码如下：

```
public TipOfDay() {
    setTitle("\u4ECA\u65E5\u63D0\u793A");                             //设置对话框的标题
    setBounds(100, 100, 450, 300);                                    //设置对话框的大小和位置
    getContentPane().setLayout(new BorderLayout());                  //设置对话框的布局为边框布局
    contentPanel.setBorder(new EmptyBorder(5, 5, 5, 5));             //设置边框为空边框，宽度为 5
    getContentPane().add(contentPanel, BorderLayout.CENTER);         //在中央增加面板 contentPanel
    contentPanel.setLayout(new BorderLayout(0, 0));                  //设置中央面板中的空白大小为 0
    {
        JPanel panel = new JPanel();                                  //创建新的 panel 面板
        contentPanel.add(panel, BorderLayout.NORTH);                 //在 contentPanel 中增加 panel
        {
            JLabel label = new JLabel("\u4ECA\u65E5\u63D0\u793A");   //创建标签
            panel.add(label);                                         //在 panel 中增加标签
```

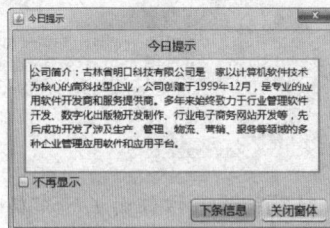

```
        }
    {
        JPanel panel = new JPanel();                                    //创建新的 panel 面板
        contentPanel.add(panel, BorderLayout.SOUTH);                    //在南方增加一个选择框
        panel.setLayout(new BorderLayout(0, 0));
        {
            JCheckBox checkBox = new JCheckBox("\u4E0D\u518D\u663E\u793A");
            panel.add(checkBox);
        }
    }
    {
        JPanel panel = new JPanel();                                    //创建新的 panel 面板
        contentPanel.add(panel, BorderLayout.WEST);                     //在西方增加一个空面板占位
    }
    {
        JPanel panel = new JPanel();                                    //创建新的 panel 面板
        contentPanel.add(panel, BorderLayout.EAST);                     //在东方增加一个空面板占位
    }
    {
        JScrollPane scrollPane = new JScrollPane();
        contentPanel.add(scrollPane, BorderLayout.CENTER);
        {
            JTextArea textArea = new JTextArea();                       //利用文本域来显示主要的信息
            //省略文本信息代码
            scrollPane.setViewportView(textArea);
        }
    }
    {
        JPanel buttonPane = new JPanel();                               //创建新的 panel 面板
        buttonPane.setLayout(new FlowLayout(FlowLayout.RIGHT));
        getContentPane().add(buttonPane, BorderLayout.SOUTH);           //增加按钮面板 buttonPane
        {
            JButton okButton = new JButton("\u4E0B\u6761\u4FE1\u606F");
            okButton.setActionCommand("OK");
            buttonPane.add(okButton);                                   //增加"下条信息"按钮
            getRootPane().setDefaultButton(okButton);
        }
        {
            JButton cancelButton = new JButton("\u5173\u95ED\u7A97\u4F53");
            cancelButton.setActionCommand("Cancel");
            buttonPane.add(cancelButton);                               //增加"关闭窗体"按钮
        }
    }
}
```

✍ **技巧**：设置按钮面板的布局时指定了 FlowLayout.RIGHT 参数，可以让对话框中的按钮从右向左排列。

■ 秘笈心法

心法领悟 298：每日提示的应用。

本实例只是简单地制作了一下提示框的界面，读者可以在本实例的基础上进行增强，实现复选框和按钮的功能。实现"下条信息"按钮时，可以考虑从文件中读取文本信息来显示。实现"关闭窗体"按钮时不要将主窗体也关闭，仅将其设置成不可见的即可。

实例 299	震动效果的提示信息	初级
	光盘位置：光盘\MR\299	趣味指数：★★★★

■ 实例说明

在软件的使用过程中，如果能增加一些动态效果是很有益的。例如，在 QQ 的 2010 版中就有震动窗体的效

果。Java 的 Swing 也能做成这种效果吗？答案是肯定的。本实例将实现一个震动效果的对话框。实例运行效果如图 13.5 所示。

关键技术

Timer 类可用于在指定时间间隔触发一个或多个事件。本实例使用的方法如表 13.2 所示。

图 13.5 实例运行效果

表 13.2 Timer 类的常用方法

方 法 名	作 用
Timer(int delay, ActionListener listener)	Timer 的构造方法，用于每隔 delay 毫秒触发事件 listener
start()	启动 Timer，使它开始向其侦听器发送动作事件
stop()	停止 Timer，使它停止向其侦听器发送动作事件

注意：Java API 中共有 3 个 Timer 类，其功能和用法各不相同，请读者注意区别。

设计过程

编写 ShakeDialog 类，该类定义了 4 个方法：构造方法用来获得对话框对象；startShake()方法用来实现震动效果，震动时间是 1 秒钟；stopShake()方法用来关闭震动效果并将对话框恢复到原来的位置；main()方法用来进行测试。代码如下：

```java
public class ShakeDialog {
    private JDialog dialog;
    private Point start;                                         //保存对话框的初始位置
    private Timer shakeTimer;
    public ShakeDialog(JDialog dialog) {                         //在构造方法中获得对话框对象
        this.dialog = dialog;
    }
    public void startShake() {                                   //开始震动方法
        final long startTime = System.currentTimeMillis();       //获得程序运行的起始时间
        start = dialog.getLocation();                            //获得对话框的初始位置
        shakeTimer = new Timer(10, new ActionListener() {        //每隔 10 毫秒启动改变对话框坐标事件
            @Override
            public void actionPerformed(ActionEvent e) {
                long elapsed = System.currentTimeMillis() - startTime;  //获得程序运行的时间
                Random random = new Random(elapsed);             //以运行时间为种子创建随机数对象
                int change = random.nextInt(50);                 //获得一个小于 50 的随机数整数
                dialog.setLocation(start.x + change, start.y + change);  //随机改变坐标
                if (elapsed >= 1000) {                           //如果程序运行时间大于 1 秒钟则停止
                    stopShake();
                }
            }
        });
        shakeTimer.start();                                      //启动 Timer
    }
    public void stopShake() {                                    //停止震动方法
        shakeTimer.stop();                                       //停止 Timer
        dialog.setLocation(start);                               //恢复对话框的坐标
        dialog.repaint();                                        //重新绘制对话框
    }
    public static void main(String[] args) {                     //测试方法
        JOptionPane pane = new JOptionPane("Java 编程词典真好用！", JOptionPane.WARNING_MESSAGE);
        JDialog d = pane.createDialog(null, "震动效果的对话框");   //获得对话框对象
        ShakeDialog sd = new ShakeDialog(d);
        d.pack();                                                //按对话框内的控件来绘制对话框
        d.setModal(false);                                       //关闭模式
        d.setVisible(true);                                      //设为可见
        sd.startShake();                                         //开始震动
    }
}
```

📖 说明：可以将该类作为工具类使用，只需要传递要振动的对话框即可。

■ 秘笈心法

心法领悟 299：震动效果的实现原理。

在电脑屏幕上显示震动效果其实很简单，只需要不断改变窗体的位置即可。本实例采用随机数的方式来改变窗体的坐标。读者可以在本实例的基础上进行修改，实现让窗体在圆周上震动的效果，这样更加美观。另外，本实例自定义的 ShakeDialog 类可以对任何对话框实现震动效果，读者可以将其用于其他地方。

13.2 布局管理器应用

实例 300	边框布局的简单应用 光盘位置：光盘\MR\300	初级 趣味指数：★★★

■ 实例说明

在包含两个及两个以上控件的容器中，肯定要涉及如何布局的问题。Java 中使用布局管理器来管理容器中控件的位置和大小。每个容器都有自己的默认布局，读者可以根据需要进行修改。本实例演示如何使用边框布局。实例运行效果如图 13.6 所示。

■ 关键技术

边框布局是每个框架的默认布局。它允许为每个控件选择不同的放置位置。共有 5 种可选方位，即北方、南方、西方、东方和中间。可以通过设置不同的参数来选择不同的位置。各参数的作用如表 13.3 所示。

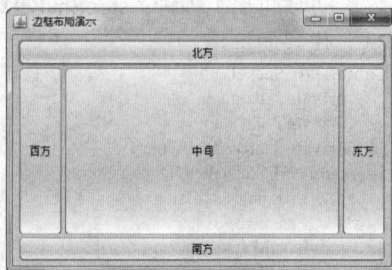

图 13.6 实例运行效果

表 13.3 BorderLayout 类的常用参数

参 数 名	说 明
NORTH	将控件放置在北方
SOUTH	将控件放置在南方
WEST	将控件放置在西方
EAST	将控件放置在东方
CENTER	将控件放置在中间

💡 提示：BorderLayout 常量定义为字符串，BorderLayout.NORTH 其实与字符串 NORTH 是相同的。

■ 设计过程

编写 BorderLayoutTest 类，该类继承 JFrame 类，在其构造方法中增加 5 个按钮，并且分别放置在不同的位置。核心代码如下：

```
public BorderLayoutTest() {
    setTitle("\u8FB9\u6846\u5E03\u5C40\u6F14\u793A");          //设置框架标题
    setDefaultCloseOperation(JFrame.EXIT_ON_CLOSE);            //设置框架关闭属性
    setBounds(100, 100, 450, 300);                            //设置框架的位置和大小
    contentPane = new JPanel();
    contentPane.setBorder(new EmptyBorder(5, 5, 5, 5));
    contentPane.setLayout(new BorderLayout(0, 0));            //设置布局管理器是边框布局，且各方向间距是 0
```

```
setContentPane(contentPane);
JButton northButton = new JButton("\u5317\u65B9");                    //创建新的按钮
contentPane.add(northButton, BorderLayout.NORTH);                     //将按钮增加在北方
JButton westButton = new JButton("\u897F\u65B9");                     //创建新的按钮
contentPane.add(westButton, BorderLayout.WEST);                       //将按钮增加在西方
JButton southButton = new JButton("\u5357\u65B9");                    //创建新的按钮
contentPane.add(southButton, BorderLayout.SOUTH);                     //将按钮增加在南方
JButton eastButton = new JButton("\u4E1C\u65B9");                    //创建新的按钮
contentPane.add(eastButton, BorderLayout.EAST);                       //将按钮增加在东方
JButton centerButton = new JButton("\u4E2D\u95F4");                  //创建新的按钮
contentPane.add(centerButton, BorderLayout.CENTER);                   //将按钮增加在中间
}
```

秘笈心法

心法领悟 300：边框布局的应用。

Java 定义了多种布局管理器，边框布局是最常用的之一。在实际应用中可以在不同的方位放置面板，这样可以使用更多的控件。边框布局的典型应用是类似麻将之类的 4 人游戏，可以将大家出的牌放置在中间显示，东西南北分别放置不同的玩家。

| 实例 301 | 流式布局的简单应用
光盘位置：光盘\MR\301 | 初级
趣味指数：★★★ |

实例说明

在包含两个及两个以上控件的容器中，涉及如何布局的问题。Java 中使用布局管理器来管理容器中控件的位置和大小。每个容器都有自己的默认布局，读者可以根据需要进行修改。本实例演示如何使用流式布局。实例运行效果如图 13.7 所示。

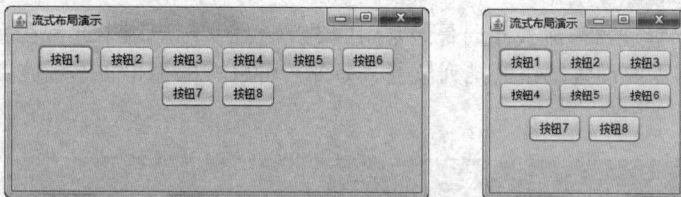

图 13.7　实例运行效果

关键技术

流式布局是面板的默认布局管理器。从截图中可以发现，如果容器的宽度减少，按钮会自动换行。另外，按钮总是默认位于面板的中央，可以通过设置不同的参数来选择不同的位置。各参数的作用如表 13.4 所示。

表 13.4　FlowLayout 类的常用参数

参 数 名	说 明
CENTER	此值指示每行控件都应该是居中的
LEADING	此值指示每行控件都应该与容器方向的开始边对齐
LEFT	此值指示每行控件都应该是左对齐的
RIGHT	此值指示每行控件都应该是右对齐的
TRAILING	此值指示每行控件都应该与容器方向的结束边对齐

注意：FlowLayout 常量定义为整数，因此推荐使用 FlowLayout 类来引用相关参数。

■ 设计过程

编写 FlowLayoutTest 类，该类继承 JFrame 类，在其构造方法中增加 8 个按钮，并且都放置在一个面板中。核心代码如下：

```java
public FlowLayoutTest() {
    setTitle("\u6D41\u5F0F\u5E03\u5C40\u6F14\u793A");          //设置框架标题
    setDefaultCloseOperation(JFrame.EXIT_ON_CLOSE);            //设置框架关闭属性
    setBounds(100, 100, 450, 200);                             //设置框架的位置和大小
    contentPane = new JPanel();
    contentPane.setBorder(new EmptyBorder(5, 5, 5, 5));
    setContentPane(contentPane);
    contentPane.setLayout(new FlowLayout(FlowLayout.CENTER, 5, 5));  //设置布局为边框布局
    JButton button1 = new JButton("\u6309\u94AE1");           //创建新的按钮
    contentPane.add(button1);                                  //将按钮增加在面板中
    JButton button2 = new JButton("\u6309\u94AE2");           //创建新的按钮
    contentPane.add(button2);                                  //将按钮增加在面板中
    JButton button3 = new JButton("\u6309\u94AE3");           //创建新的按钮
    contentPane.add(button3);                                  //将按钮增加在面板中
    JButton button4 = new JButton("\u6309\u94AE4");           //创建新的按钮
    contentPane.add(button4);                                  //将按钮增加在面板中
    JButton button5 = new JButton("\u6309\u94AE5");           //创建新的按钮
    contentPane.add(button5);                                  //将按钮增加在面板中
    JButton button6 = new JButton("\u6309\u94AE6");           //创建新的按钮
    contentPane.add(button6);                                  //将按钮增加在面板中
    JButton button7 = new JButton("\u6309\u94AE7");           //创建新的按钮
    contentPane.add(button7);                                  //将按钮增加在面板中
    JButton button8 = new JButton("\u6309\u94AE8");           //创建新的按钮
    contentPane.add(button8);                                  //将按钮增加在面板中
}
```

■ 秘笈心法

心法领悟 301：流式布局的应用。

Java 定义了多种布局管理器，流式布局是最常用的之一。在实际应用中通常在面板中使用流式布局来管理一组按钮，并且可以根据需要设置按钮的排列位置。另外，可以将标签和文本域放置在一个流式布局的面板中统一管理。

实例 302	网格布局的简单应用 光盘位置：光盘\MR\302	初级 趣味指数：★★★

■ 实例说明

在包含两个及两个以上控件的容器中，涉及如何布局的问题。Java 中使用布局管理器来管理容器中控件的位置和大小。每个容器都有自己的默认布局，读者可以根据需要进行修改。本实例演示如何使用网格布局。实例运行效果如图 13.8 所示。

■ 关键技术

网格布局类似一个表格，其每个单元格的大小是相同的。图 13.8 显示的计算器程序就使用了网格布局来管理其按钮。当框架缩放时，按钮也会发生缩放，但各个按钮还是大小相同的。通常在创建 GridLayout 对象时指明行数和列数，构造方法 GridLayout(int rows, int cols, int hgap, int vgap)的各参数说明如表 13.5 所示。

图 13.8　实例运行效果

表 13.5　网格布局构造方法参数

参　数	说　明
rows	新网格布局对象的行数
cols	新网格布局对象的列数
hgap	各格子之间的水平距离
vgap	各格子之间的垂直距离

设计过程

编写 Calculator 类，该类继承了 JFrame 类。本实例实现了一个简单的计算器。核心代码如下：

```
public Calculator() {
    setTitle("\u8BA1\u7B97\u5668");                              //设置框架标题
    setDefaultCloseOperation(JFrame.EXIT_ON_CLOSE);              //设置框架关闭属性
    setLocationByPlatform(true);                                 //设置框架的位置由操作系统决定
    contentPane = new JPanel();
    contentPane.setBorder(new EmptyBorder(5, 5, 5, 5));
    contentPane.setLayout(new BorderLayout(0, 0));               //设置框架采用边框布局
    setContentPane(contentPane);
    JPanel displayPanel = new JPanel();
    contentPane.add(displayPanel, BorderLayout.NORTH);           //将保存文本域的面板添加到框架顶部
    //省略文本域相关代码
    JPanel buttonPanel = new JPanel();
    contentPane.add(buttonPanel, BorderLayout.CENTER);           //将保存按钮的面板添加到框架中央
    buttonPanel.setLayout(new GridLayout(4, 4, 5, 5));           //设置保存按钮的面板为网格布局
    //省略按钮相关代码
    pack();                                                      //重新绘制框架使其容纳所有控件
}
```

📖 说明：向网格布局的容器中添加控件时，顺序是从第 1 行第 1 列开始，依次填满。然后开始填第 2 行第 1 列。

秘笈心法

心法领悟 302：网格布局的应用。

在实际编程中，很少遇到计算器这种非常适合网格布局的情况。有时会需要将按钮放置成一横行或者一竖行，组成一个小网格。此时将包含按钮的容器设置成网格布局就可以使各个按钮的大小相同，且可以随着容器的放大或者缩小而变化。

实例303	制作圆形布局管理器 光盘位置：光盘\MR\303	高级 趣味指数：★★★★

实例说明

尽管 Java 的 API 中实现了十余种布局管理器，有时却不能完全满足不同用户的需求。此时可以考虑自己实现一个布局管理器。圆形是日常生活中最常见的几何形状之一，本实例演示如何实现圆形布局管理器。实例运行效果如图 13.9 所示。

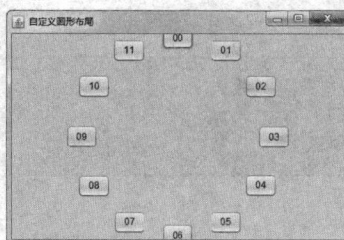

图 13.9　实例运行效果

■ 关键技术

LayoutManager 接口是为如何布局控件的容器定制的。Swing 的绘制架构假定 JComponent 的子控件不发生重叠。如果 JComponent 的布局管理器允许子控件重叠，则它必须重写 isOptimizedDrawingEnabled()方法。LayoutManager 接口定义的方法及其说明如表 13.6 所示。

表 13.6　LayoutManager 接口中的方法及其说明

方 法 名	作　　用
addLayoutComponent(String name, Component comp)	如果布局管理器使用 per-component 字符串，则将控件 comp 添加到布局，并将它与 name 指定的字符串关联
layoutContainer(Container parent)	布置 parent 控件
minimumLayoutSize(Container parent)	给定指定容器所包含的控件，计算该容器的最小大小维数
preferredLayoutSize(Container parent)	给定指定容器所包含的控件，计算该容器的首选大小维数
removeLayoutComponent(Component comp)	从布局中移除控件 comp

✍ 技巧：对于简单的自定义布局管理器，可以只实现 layoutContainer()方法。

■ 设计过程

编写 CircleLayout 类，该类继承了 LayoutManager 类，其中重点实现了 layoutContainer()方法，该方法用来实现如何放置容器中控件的功能。代码如下：

```
public void layoutContainer(Container parent) {
    double centerX = parent.getBounds().getCenterX();              //获得容器中心的 X 坐标
    double centerY = parent.getBounds().getCenterY();              //获得容器中心的 Y 坐标
    Insets insets = parent.getInsets();                            //获得容器默认边框对象
    double horizon = centerX - insets.left;                       //获得水平可用长度的一半
    double vertical = centerY - insets.top;                       //获得垂直可用长度的一半
    double radius = horizon > vertical ? vertical : horizon;      //取小的为圆形半径
    int count = parent.getComponentCount();                        //获得容器中控件的个数
    for (int i = 0; i < count; i++) {                              //依次设置所有可见控件的位置和大小
        Component component = parent.getComponent(i);
        if (component.isVisible()) {
            Dimension size = component.getPreferredSize();         //大小使用其最佳大小
            double angle = 2 * Math.PI * i / count;                //获得角度的大小
            double x = centerX + radius * Math.sin(angle);         //获得圆周点的 X 坐标
            double y = centerY - radius * Math.cos(angle);         //获得圆周点的 Y 坐标
            component.setBounds((int) x - size.width / 2, (int) y - size.height / 2, size.width, size.height);   //重新设置控件的位置和大小
        }
    }
}
```

■ 秘笈心法

心法领悟 303：自定义布局管理器的原理。

布局管理器主要有两方面的作用：第一组织控件的布局，第二设置控件的大小。这和 setBounds()方法的作用非常相似。如果想自定义布局管理器，首先要在草稿纸上绘制出最终的效果，然后用数学计算的方式确定各个控件的位置，再编程实现即可。

实例 304	制作阶梯布局管理器 光盘位置：光盘\MR\304	高级 趣味指数：★★★★

■ 实例说明

尽管 Java 的 API 中实现了十余种布局管理器，有时却不能完全满足不同用户的需求。此时可以考虑自己实

现一个布局管理器。阶梯是日常生活中最常见的几何形状之一，本实例演示如何实现阶梯布局管理器。实例运行效果如图 13.10 所示。

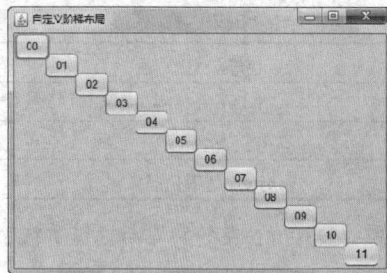

图 13.10　实例运行效果

■ 关键技术

本实例涉及的关键技术请参见实例 303。

■ 设计过程

编写 CircleLayout 类，该类继承了 LayoutManager 类，其中重点实现了 layoutContainer()方法，该方法用来实现如何放置容器中的控件的功能。代码如下：

```java
public void layoutContainer(Container parent) {
    Insets insets = parent.getInsets();                                    //获得容器默认边框对象
    int maxWidth = parent.getWidth() - (insets.left + insets.right);        //获得最大可用宽度
    int maxHeight = parent.getHeight() - (insets.top + insets.bottom);      //获得最大可用高度
    int count = parent.getComponentCount();                                //获得容器中控件的个数
    for (int i = 0; i < count; i++) {                                      //依次设置所有可见控件的位置和大小
        Component component = parent.getComponent(i);
        if (component.isVisible()) {
            Dimension size = component.getPreferredSize();                  //大小使用其最佳大小
            int x = maxWidth / count * i;                                   //将宽度分成 count 份根据 i 值调整 X 坐标
            int y = maxHeight / count * i;                                  //将高度分成 count 份根据 i 值调整 Y 坐标
            component.setBounds(x, y, size.width, size.height);             //重新设置控件的位置和大小
        }
    }
}
```

■ 秘笈心法

心法领悟 304：布局管理器小结。

Java 的 API 中已经实现了很多布局管理器，读者可以参考 LayoutManager 和 LayoutManager2 接口的实现类。在设计布局时，首先应该考虑使用系统提供的管理器，这样不但节约时间，还不容易出现错误，其次才是自定义布局管理器。此外，还可以使用 null 布局再自定义各个控件的位置。

13.3　输入控件的应用

实例 305	可以打开网页的标签	高级
	光盘位置：光盘\MR\305	趣味指数：★★★★

■ 实例说明

标签是 Swing 中最常用的控件之一。使用标签可以显示字符串或（和）图片。Swing 默认的标签是不能对用户的操作进行响应的。本实例继承 JLabel 自定义了一个可以响应用户操作的标签。当用户单击网址时可以用本机默认的浏览器打开该网址。实例运行效果如图 13.11 所示。

图 13.11　实例运行效果

■ 关键技术

Desktop 类允许 Java 应用程序启动本地系统默认的软件来打开文件和 URI、打印文件、发送邮件等。本实例使用的方法如表 13.7 所示。

表 13.7　Desktop 类的常用方法

方　法　名	作　　用
isDesktopSupported()	测试当前平台是否支持 Desktop 类
getDesktop()	获得 Desktop 类的实例
browse(URI uri)	使用系统默认的浏览器打开指定的 uri

◀》 **注意**：Desktop 类的实现与操作系统密切相关，因此在使用前需要测试当前的操作系统是否支持指定的操作。

■ 设计过程

编写 JHyperlinkLabel 类，该类继承了 JLabel 类。本实例实现了一个可以打开指定网页的标签。代码如下：

```java
public class JHyperlinkLabel extends JLabel {
    private static final long serialVersionUID = -863116705726089148L;
    private String label;
    public JHyperlinkLabel(String label) {                              //在初始化时指明要显示的字符串
        super(label);
        this.label = label;
        setForeground(Color.BLUE.darker());                             //将字符串的颜色设置成深蓝色
        setCursor(new Cursor(Cursor.HAND_CURSOR));                      //将字符串上的鼠标设置成手形
        addMouseListener(new HyperlinkLabelMouseAdapter());             //增加单击的监听事件
    }
    @Override
    protected void paintComponent(Graphics g) {
        super.paintComponent(g);
        g.setColor(getForeground());                                    //将画笔的颜色设置成字符串的颜色
        Insets insets = getInsets();                                    //获得标签的边框
        int left = insets.left;
        if (getIcon() != null) {                                        //如果有图片则重新计算左下角 X 坐标
            left += getIcon().getIconWidth() + getIconTextGap();
        }
        g.drawLine(left, getHeight() - 1 - insets.bottom, (int) getWidth() - insets.right, getHeight() - 1 - insets.bottom);//绘制下划线
    }
    private class HyperlinkLabelMouseAdapter extends MouseAdapter {
        @Override
        public void mouseClicked(MouseEvent e) {
            try {
                URI uri = new URI(label);                               //根据创建标签时使用的字符串来创建 URI 对象
                Desktop desktop = null;
                if (Desktop.isDesktopSupported()) {                     //如果 Desktop 可用则获得其对象
                    desktop = Desktop.getDesktop();
                }
                if (desktop != null) {
                    desktop.browse(uri);                                //用浏览器打开 uri
                }
            } catch (IOException ioe) {
                ioe.printStackTrace();
            } catch (URISyntaxException use) {
                use.printStackTrace();
            }
        }
    }
}
```

♛ **提示**：可以在其他地方像使用 JLabel 一样使用 JHyperlinkLabel。

■ 秘笈心法

心法领悟 305：标签使用小结。

在使用标签时，可以指定图片和文本信息，还可以调整两者的相对位置。此外，还可以在标签中使用 HTML 语句使标签显示多彩的信息。这些都非常简单，读者可以参考相关的 API 文档进行学习。如果需要使用更高级的功能，如给标签的文本增加立体效果等，可以继承 JLabel 类来实现。

实例 306	密码域控件的简单应用 光盘位置：光盘\MR\306	初级 趣味指数：★★

■ 实例说明

在用户注册网站的会员时，通常需要输入用户名、密码、邮箱等。密码需要输入两次以防止用户第一次输入错误。如果两次的密码相同则可以在数据库中创建用户，否则需要进行修改。本实例演示密码域控件的应用。实例运行效果如图 13.12 所示。

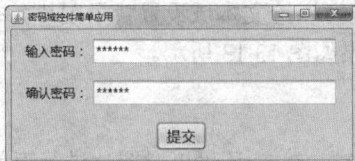

图 13.12　实例运行效果

■ 关键技术

密码域继承于文本域，但是修改了其显示方式。所有用户的输入并不能直接看到，而是用一些回显符号替代。典型的回显符号是"*"，用户可以根据需求自行设置。在使用密码域时，最关心的还是如何获得密码域中的文本信息，使用 getPassword()方法可以实现。该方法的声明如下：

```
public char[] getPassword()
```

为了安全起见，在使用之后应该重置字符数组中的内容。

◀》 注意：不要使用继承自 JTextField 中的 getText()方法来获得密码信息，该方法存在安全隐患。

■ 设计过程

（1）编写类 JPasswordFieldTest，该类继承了 JFrame。在框架中，包括了两个文本域和一个"提交"按钮。

（2）编写方法 do_submitButton_actionPerformed()，该方法实现了对按钮单击事件的监听功能。如果用户输入的密码长度小于 6 则发出警告；如果用户两次输入的密码不一致，则发出警告；如果用户两次输入的密码一致则提示密码相同。核心代码如下：

```
protected void do_submitButton_actionPerformed(ActionEvent e) {
    char[] password1 = passwordField1.getPassword();                    //获得第 1 个密码域中的内容
    char[] password2 = passwordField2.getPassword();                    //获得第 2 个密码域中的内容
    if (password1.length < 6) {                                         //如果密码的长度小于 6 则发出警告信息
        JOptionPane.showMessageDialog(this, "密码长度小于 6 位", "",
JOptionPane.WARNING_MESSAGE);
    } else if (!Arrays.equals(password1, password2)) {                  //如果密码的长度不同则发出警告信息
        JOptionPane.showMessageDialog(this, "两次密码不同", "",
JOptionPane.WARNING_MESSAGE);
    } else {
        JOptionPane.showMessageDialog(this, "两次密码相同", "",
JOptionPane.INFORMATION_MESSAGE);
    }
}
```

✍ 技巧：在使用完密码内容之后，可以使用 Arrays 的 fill(char[] a, char val)方法，再用字符 val 填充整个字符数组 a。

■ 秘笈心法

心法领悟 306：密码域的应用。

在任何需要用户登录的界面中都需要使用密码域来获得用户的密码。读者可以使用 setEchoChar()方法来设

置新的回显字符。出于安全性考虑，也可以自定义一个类似 UNIX 的密码域，这样就不用担心输入时被别人知道密码的长度。

实例 307	给文本域设置背景图片	高级
	光盘位置：光盘\MR\307	趣味指数：★★★

■ 实例说明

在软件的美化过程中，比较常用的方式之一是使用背景图片。在 Swing 中，除了可以给框架增加背景图片外，还可以给文本域设置背景图片。本实例将演示如何实现该操作。实例运行效果如图 13.13 所示。

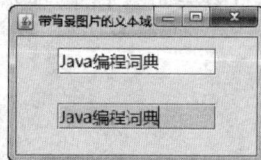

图 13.13　实例运行效果

■ 关键技术

ImageIO 类提供了很多读写图片的静态方法，还可以对图片进行简单的编码和解码。本实例使用该类中的 read()方法从本地读取图片，该方法的声明如下：

```
public static BufferedImage read(File input)throws IOException
```

参数说明

input：被读入的文件。

✍ 技巧：还可以使用 ImageInputStream、URL 等作为 read()方法的参数。

TexturePaint 类提供一种用被指定为 BufferedImage 的纹理填充 Shape 的方式。因为 BufferedImage 数据由 TexturePaint 对象复制，所以 BufferedImage 对象的大小应该小一些。其构造方法声明如下：

```
public TexturePaint(BufferedImage txtr,Rectangle2D anchor)
```

参数说明

❶ txtr：具有用于绘制纹理的 BufferedImage 对象。

❷ anchor：用户空间中用于定位和复制纹理的 Rectangle2D。

■ 设计过程

（1）编写 BackgroundJTextFieldTest 类，该类继承了 JFrame，在框架中包括两个文本域。

（2）编写 BackgroundJTextField 类，该类继承了 JTextField。在该类的构造方法中利用传递的 File 参数获得一个缓冲图像，以此来作为文本框的背景图片。在 paintComponent()方法中，将此背景图片绘制到文本域中。代码如下：

```java
public class BackgroundJTextField extends JTextField {
    private static final long serialVersionUID = 5810044732894008630L;
    private TexturePaint paint;
    public BackgroundJTextField(File file) {
        super();
        try {
            BufferedImage image = ImageIO.read(file);                              //获得缓冲图片
            Rectangle rectangle = new Rectangle(0, 0, image.getWidth(), image.getHeight());
            paint = new TexturePaint(image, rectangle);                           //创建 TexturePaint 对象
            setOpaque(false);                                                     //将文本域设置成透明的
        } catch (IOException e) {
            e.printStackTrace();
        }
    }
    @Override
    protected void paintComponent(Graphics g) {
        Graphics2D g2 = (Graphics2D) g;                                          //将 g 转型为 Graphics2D
        g2.setPaint(paint);                                                      //设置新的颜色模式
```

```
        g.fillRect(0, 0, getWidth(), getHeight());              //让图片充满整个区域
        super.paintComponent(g);                                //调用父类的同名方法
    }
}
```

💡 **提示：** 可以在其他地方像使用 JTextField 一样使用 BackgroundJTextField。

■ 秘笈心法

心法领悟 307：ImageIO 类的应用。

除了可以从本地读取图片，ImageIO 还可用于读取网络上的图片、写入图片等，其支持的图片格式有 GIF、JPEG、PNG、BMP 和 WBMP。根据图片类型的不同，ImageIO 会自动选择合适的解码器和编码器。关于其详细的使用说明请读者参考 API 文档。

实例 308	给文本区设置背景图片	高级
	光盘位置：光盘\MR\308	趣味指数：★★★

■ 实例说明

在软件的美化过程中，比较常用的方式之一是使用背景图片。在 Swing 中，除了可以给框架增加背景图片外，还可以给文本区设置背景图片。本实例将演示如何实现该操作。实例运行效果如图 13.14 所示。

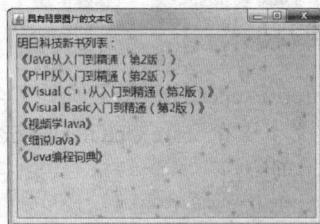

图 13.14　实例运行效果

■ 关键技术

ImageIcon 类是 Icon 接口的实现，它根据 Image 绘制 Icon。在其构造方法中，提供了根据字符串路径创建图标的方式，该方法的声明如下：

```
public ImageIcon(String filename)
```

参数说明

filename：指定文件名或路径的字符串。

在获得图标之后，需要获得构成该图标的图片，使用 getImage()方法即可。该方法的声明如下：

```
public Image getImage()
```

■ 设计过程

（1）编写 BackgroundJTextAreaTest 类，该类继承了 JFrame，在框架中包括一个自定义文本区。

（2）编写 BackgroundJTextArea 类，该类继承了 JTextArea。在其构造方法中利用给定的路径获得图片，并将文本区设置成透明的。在 paint()方法中，将图片绘制到文本区中。代码如下：

```java
public class BackgroundJTextArea extends JTextArea {
    private static final long serialVersionUID = -4157782271632761973L;
    private Image image;
    public BackgroundJTextArea(String path) {
        ImageIcon imageIcon = new ImageIcon(path);            //获得图片图标
        image = imageIcon.getImage();                         //获得图片
        setOpaque(false);                                     //将文本区设置成透明的
    }
    @Override
    public void paint(Graphics g) {
        g.drawImage(image, 0, 0, this);                       //绘制图片
        super.paint(g);
    }
}
```

💡 **提示：** 可以在其他地方像使用 JTextArea 一样使用 BackgroundJTextArea。

■ 秘笈心法

心法领悟 308：背景图片小结。

目前为止，本章共讲述了 3 个给不同控件设置背景图片的方式。其中图片资源的获得和使用方式各不相同，设置背景图片的原理也不同。希望读者在学习这些实例时不要仅重视应用，还要重视原理，这样才能触类旁通，获得更好的学习效果。

实例 309	简单的字符统计工具 光盘位置：光盘\MR\309	高级 趣味指数：★★★

■ 实例说明

在使用文本编辑软件，如 Word 2007 时，会在软件界面中提示总共字符数等信息，方便用户掌握文档编写的进度。本实例将模拟 Word 的功能并进行增强，可以实时显示光标所在的位置和用户选择的文本所包含的字符数量。实例运行效果如图 13.15 所示。

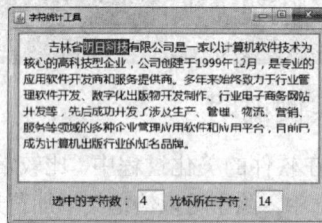

■ 关键技术

CaretListener 接口用于侦听文本控件插入符的位置更改的侦听器。该接口定义了一个 caretUpdate()方法，该方法在插入符的位置被更新时调用，其声明如下：

图 13.15　实例运行效果

```
void caretUpdate(CaretEvent e)
```

参数说明

e：插入符事件。

CaretEvent 用于通知感兴趣的参与者事件源中的文本插入符已发生更改。该类定义了两个抽象方法，其声明和说明如下：

```
public abstract int getDot()
```

获得插入符的位置。

```
public abstract int getMark()
```

获得逻辑选择的另一端的位置。如果没有进行选择，则此位置将与 dot 相同。

■ 设计过程

（1）编写 CharCount 类，该类继承了 JFrame。在框架中包括一个文本区和两个文本域。

（2）编写方法 do_textArea_caretUpdate()，用来显示光标的变化信息，该方法是由 IDE 自动生成的。核心代码如下：

```
protected void do_textArea_caretUpdate(CaretEvent e) {
    int dot = e.getDot();                              //获得光标所在的位置
    int mark = e.getMark();                            //获得使用鼠标选择时光标的起点位置
    textField1.setText(Math.abs(dot - mark) + "");     //计算用户选择的文本长度并在文本域中显示
    textField2.setText(dot + "");                      //显示光标所在的位置
}
```

◀)) 注意：由于选择方向的不同，需要计算 getDot()和 getMark()方法差的绝对值来显示正数。

■ 秘笈心法

心法领悟 309：光标位置的应用。

在论坛留言时，通常会有长度的限制。读者可以在本实例的基础上进行修改，当用户光标的长度超过某个特定数值时弹出一个对话框对用户进行提示，也可以增加一个标签来显示还有多少字符可以输入等。

13.4 选择控件的应用

实例 310	能预览图片的复选框 光盘位置：光盘\MR\310	高级 趣味指数：★★★★☆

实例说明

使用文本域、文本区等控件与用户交互时，很难解决的一个问题是如何保证用户输入的合法性。对于一些有确定范围的信息，可以使用复选框让用户选择。复选框只有两种状态，即选中和未选中，这样就可以省略校验的代码。本实例根据用户的选择来显示不同的图片。实例运行效果如图 13.16 所示。

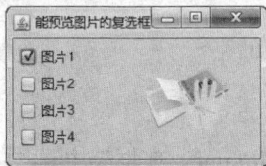

图 13.16 实例运行效果

关键技术

JCheckBox 类是复选框的实现，复选框是一个可以被选中和取消选中的项，它将其状态显示给用户。按照惯例，可以选中组中任意数量的复选框。复选框常用方法如表 13.8 所示。

表 13.8 复选框的常用方法

方 法 名	作 用
JCheckBox(String text)	创建一个带文本的、最初未被选中的复选框
addActionListener(ActionListener l)	将一个 ActionListener 添加到复选框中
isSelected()	判断复选框是否被选中
setMnemonic(int mnemonic)	设置当前模型上的键盘助记符
setSelected(boolean b)	设置复选框被选中

💡 提示：JCheckBox 是 AbstractButton 的间接子类，因此继承了很多 AbstractButton 中定义的有用的方法。

设计过程

（1）编写 JCheckBoxTest 类，该类继承了 JFrame。在框架中包括 4 个复选框和一个用来显示图片的标签。

（2）编写 do_checkBox1_actionPerformed()方法，该方法是 IDE 自动生成的，用于实现对选择复选框事件的监听。该方法实现了设置标签图片的功能。核心代码如下：

```
protected void do_checkBox1_actionPerformed(ActionEvent e) {
    if(checkBox1.isSelected()) {                              //如果复选框被选中
        ImageIcon icon = new ImageIcon("src/images/1.png");  //创建图片图标
        label.setIcon(icon);                                 //设置图标
    }
}
```

✎ 技巧：通过给复选框增加快捷键和助记符，可以让用户使用更加方便，请读者参考 API 自行完成。

秘笈心法

心法领悟 310：复选框的应用。

根据惯例，复选框用于给用户提供多个选择，如用户的爱好可以是看书、旅游、体育等。另外，在投票时也可以使用复选框。读者还可以使用边界将一组相关的复选框括起来，方便用户选择。

实例 311	简单的投票计数软件 光盘位置：光盘\MR\311	高级 趣味指数：★★★☆

■ 实例说明

日常生活中，经常听到少数服从多数这句话。那么怎么知道哪个是少数，哪个是多数呢？通常是通过投票完成的。本实例实现一个简单的投票计算软件。实例运行效果如图 13.17 所示。

■ 关键技术

本实例应用到的关键技术请参见实例 310。

图 13.17　实例运行效果

■ 设计过程

（1）编写 VoteSystem 类，该类继承了 JFrame。在框架中，共包括 4 个复选框、4 个进度条、4 个标签和两个按钮。"提交"按钮用于重新计算投票的结果，"刷新"按钮用于重置复选框。

（2）编写 do_submitButton_actionPerformed()方法，该方法首先获得历史投票数，然后根据用户在复选框的选择结果重新计算投票结果并在进度条和标签中显示。核心代码如下：

```
protected void do_submitButton_actionPerformed(ActionEvent e) {
    String text1 = label1.getText();                                      //获得标签中的文本
    int number1 = Integer.parseInt(text1.substring(0, text1.length() - 1));   //获得票数
    String text2 = label2.getText();                                      //获得标签中的文本
    int number2 = Integer.parseInt(text2.substring(0, text2.length() - 1));   //获得票数
    String text3 = label3.getText();                                      //获得标签中的文本
    int number3 = Integer.parseInt(text3.substring(0, text3.length() - 1));   //获得票数
    String text4 = label4.getText();                                      //获得标签中的文本
    int number4 = Integer.parseInt(text4.substring(0, text4.length() - 1));   //获得票数
    if (checkBox1.isSelected()) {                                         //如果复选框被选中
        number1++;                                                        //票数加 1
        label1.setText(number1 + "票");                                   //更新标签
    }
    if (checkBox2.isSelected()) {                                         //如果复选框被选中
        number2++;                                                        //票数加 1
        label2.setText(number2 + "票");                                   //更新标签
    }
    if (checkBox3.isSelected()) {                                         //如果复选框被选中
        number3++;                                                        //票数加 1
        label3.setText(number3 + "票");                                   //更新标签
    }
    if (checkBox4.isSelected()) {                                         //如果复选框被选中
        number4++;                                                        //票数加 1
        label4.setText(number4 + "票");                                   //更新标签
    }
    double total = number1 + number2 + number3 + number4;                 //计算总共的票数
    progressBar1.setString(number1 * 100 / total + "%");                  //在进度条上显示所占比例的文本信息
    progressBar1.setValue(number1);                                       //在进度条上显示票数
    progressBar2.setString(number2 * 100 / total + "%");                  //在进度条上显示所占比例的文本信息
    progressBar2.setValue(number2);                                       //在进度条上显示票数
    progressBar3.setString(number3 * 100 / total + "%");                  //在进度条上显示所占比例的文本信息
    progressBar3.setValue(number3);                                       //在进度条上显示票数
    progressBar4.setString(number4 * 100 / total + "%");                  //在进度条上显示所占比例的文本信息
    progressBar4.setValue(number4);                                       //在进度条上显示票数
}
```

秘笈心法

心法领悟 311：投票软件的增强。

本实例仅实现了最基本的投票功能，至少还可以做如下增强：显示排名第一的投票对象和其票数、显示总共的投票人数、显示每人可以投的票数、保存投票的结果等。另外，可以采用绘制长方形的方式来替代进度条。请读者在本实例的基础上进行修改，加以完善。

实例 312	单选按钮的简单应用 光盘位置：光盘\MR\312	初级 趣味指数：★★★★

实例说明

在使用复选框时，用户可以选择任意多个选项，但有时却只希望用户选择选项组中的一个。最典型的例子就是性别，通常希望用户在男女之间选择一个，当用户选择一项之后，前次选择会自动取消。在 Swing 中，通常使用单选按钮来实现该功能。本实例利用单选按钮来浏览图片。实例运行效果如图 13.18 所示。

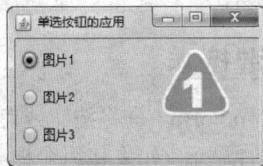

图 13.18　实例运行效果

关键技术

JRadioButton 用于实现一个单选按钮，该单选按钮可被选中或取消选中，并可为用户显示其状态。与 ButtonGroup 对象配合使用可创建一组按钮，一次只能选择其中的一个按钮（创建一个 ButtonGroup 对象并用其 add()方法将 JRadioButton 对象包含在此组中）。单选按钮的常用方法如表 13.9 所示。

表 13.9　单选按钮的常用方法

方　法　名	作　　用
JRadioButton(String text)	创建一个具有指定文本的状态为未选中的单选按钮
addActionListener(ActionListener l)	将一个 ActionListener 添加到单选按钮中
isSelected()	判断单选按钮是否被选中
setMnemonic(int mnemonic)	设置当前模型上的键盘助记符
setSelected(boolean b)	设置单选按钮被选中

提示：RaidoButton 是 AbstractButton 的间接子类，因此继承了很多 AbstractButton 中定义的有用的方法。

设计过程

（1）编写 JRadioButtonTest 类，该类继承了 JFrame。在框架中包括 3 个单选按钮和 1 个用来显示图片的标签。

（2）编写 do_radioButton1_actionPerformed()方法，该方法是 IDE 自动生成的，用于实现对选中单选按钮事件的监听。该方法实现了设置标签图片的功能。核心代码如下：

```
protected void do_radioButton1_actionPerformed(ActionEvent e) {
    if (radioButton1.isSelected()) {                        //如果单选按钮被选中
        ImageIcon icon = new ImageIcon("src/images/1.png");  //创建图片图表
        label.setIcon(icon);                                 //设置图标
    }
}
```

技巧：通过给单选按钮增加快捷键和助记符可以让用户使用更加方便，请读者参考 API 自行完成。

秘笈心法

心法领悟 312：单选按钮的应用。

根据惯例，单选按钮用于给用户提供唯一选择，如用户的性别、外语的水平等。读者还可以使用边界将一组相关的单选按钮括起来，方便用户选择。

实例 313	能显示图片的组合框 光盘位置: 光盘\MR\313	初级 趣味指数: ★★★★☆

■ 实例说明

在屏幕空间有限的情况下，使用单选按钮并不合适，因为需要列出所有的选项。此时可以考虑使用组合框。组合框类包括两部分，即一个文本域和一个下拉列表。对于普通的组合框使用非常简单，将用户的选项组成一个数组或向量传递给组合框的构造方法即可。本实例用来实现在组合框中显示图片，这样可以使界面更加美观。实例运行效果如图 13.19 所示。

图 13.19 实例运行效果

■ 关键技术

JComboBox 是将按钮或可编辑字段与下拉列表组合的控件。用户可以从下拉列表中选择值，下拉列表在用户请求时显示。如果使组合框处于可编辑状态，则组合框将包括用户可在其中输入值的可编辑字段。JComboBox 的常用方法如表 13.10 所示。

表 13.10　JComboBox 控件的常用方法

方 法 名	作 用
JComboBox(Object[] items)	创建包含指定数组中的元素的 JComboBox
addActionListener(ActionListener l)	添加 ActionListener
addItem(Object anObject)	为组合框添加项
getItemCount()	返回组合框中的项数
getRenderer()	返回用于显示 JComboBox 字段中所选项的渲染器
getSelectedIndex()	返回列表中与给定项匹配的第一个选项
getSelectedItem()	返回当前所选项
isEditable()	如果 JComboBox 可编辑，则返回 true
removeAllItems()	从列表项中移除所有项
removeItem(Object anObject)	从列表项中移除项
removeItemAt(int anIndex)	移除 anIndex 处的项
setEditable(boolean aFlag)	确定 JComboBox 字段是否可编辑
setMaximumRowCount(int count)	设置 JComboBox 显示的最大行数
setRenderer(ListCellRenderer aRenderer)	设置渲染器，该渲染器用于绘制列表项和选择的项
setSelectedIndex(int anIndex)	选择索引 anIndex 处的项
setSelectedItem(Object anObject)	将组合框显示区域中的所选项设置为参数中的对象

本实例还使用了 ListCellRenderer 接口，它标识可用作"橡皮图章"以绘制 JList 中单元格的控件。该接口定义了一个 getListCellRendererComponent()方法，该方法返回一个配置好的控件来显示特定值。该方法的声明如下：

`getListCellRendererComponent(JList list, Object value, int index, boolean isSelected, boolean cellHasFocus)`

该方法的返回值是 Component，各个参数的说明如表 13.11 所示。

表 13.11 getListCellRenererComponent()方法的参数说明

参 数 名	说 明
list	正在绘制的 JList
value	由 list.getModel().getElementAt(index)返回的值
index	单元格索引
isSelected	如果选择了指定的单元格，则为 true
cellHasFocus	如果指定的单元格拥有焦点，则为 true

■ 设计过程

（1）编写 ComboBoxRenderer 类，该类继承 JLabel 并且实现了 ListCellRenderer。该类用于生成组合框中的各个选项。代码如下：

```java
public class ComboBoxRenderer extends JLabel implements ListCellRenderer {
    private static final long serialVersionUID = -318939036460656104L;
    private Map<String, ImageIcon> content;                              //保存图片和其说明
    public ComboBoxRenderer(Map<String, ImageIcon> content) {
        this.content = content;
        setOpaque(true);                                                 //设置标签为不透明
        setHorizontalAlignment(CENTER);                                  //水平方向居中对齐
        setVerticalAlignment(CENTER);                                    //垂直方向居中对齐
    }
    @Override
    public Component getListCellRendererComponent(JList list, Object value, int index, boolean isSelected, boolean cellHasFocus) {
        String key = (String)value;                                      //将组合框的一个值转换成字符串
        if (isSelected) {                                                //根据是否处于选择状态而更改外观
            setBackground(list.getSelectionBackground());
            setForeground(list.getSelectionForeground());
        } else {
            setBackground(list.getBackground());
            setForeground(list.getForeground());
        }
        setText(key);                                                    //设置标签的文本
        setIcon(content.get(key));                                       //设置标签的图标
        setFont(list.getFont());                                         //设置标签的字体
        return this;
    }
}
```

技巧：通过继承 JLabel，可以很方便地显示文本和图标，读者可以根据自己的需求选择合适的类继承。

（2）编写 JComboBoxTest 类，该类继承了 JFrame，在框架中显示一个组合框，在其构造方法中增加构造组合框的方法。核心代码如下：

```java
public JComboBoxTest() {
    setTitle("\u663E\u793A\u56FE\u7247\u7684\u7EC4\u5408\u6846");       //设置框架的标题
    setDefaultCloseOperation(JFrame.EXIT_ON_CLOSE);                     //设置框架在关闭时退出
    setBounds(100, 100, 200, 150);                                      //设置显示位置和大小
    contentPane = new JPanel();                                         //创建面板对象
    contentPane.setBorder(new EmptyBorder(5, 5, 5, 5));                 //设置面板边距
    contentPane.setLayout(new BorderLayout(0, 0));                      //设置面板布局
    setContentPane(contentPane);
    Map<String, ImageIcon> content = new LinkedHashMap<String, ImageIcon>();
    content.put("图片 1", new ImageIcon("src/images/1.png"));           //增加由图标说明和图标组成的映射
    content.put("图片 2", new ImageIcon("src/images/2.png"));           //增加由图标说明和图标组成的映射
    content.put("图片 3", new ImageIcon("src/images/3.png"));           //增加由图标说明和图标组成的映射
    JComboBox comboBox = new JComboBox(content.keySet().toArray());     //利用键值构造组合框
    ComboBoxRenderer renderer = new ComboBoxRenderer(content);          //创建渲染器
    comboBox.setRenderer(renderer);                                     //设置渲染器
    comboBox.setMaximumRowCount(3);                                     //设置组合框最多显示 3 行可选项
    comboBox.setFont(new Font("微软雅黑", Font.PLAIN, 16));             //设置组合框字体
    contentPane.add(comboBox, BorderLayout.CENTER);                     //将组合框布局在框架中央
}
```

■ 秘笈心法

心法领悟 313：组合框的应用。

除了提供简单的选项，还可以自定义选项列表，如本实例就是让每个选项都包含一张不同的图片。另外，还可以对用户的选择动作进行监听。这些都很简单，希望读者参考相关的 API 自学完成。

实例 314	使用滑块来选择日期 光盘位置：光盘\MR\314	初级 趣味指数：★★★

■ 实例说明

当可以选择的选项很多时，使用单选按钮并不理想，因为需要创建大量的按钮。此时可以考虑使用滑块。滑块可以让用户在一组离散值中进行选择。本实例将使用滑块来选择日期，实例运行效果如图 13.20 所示。

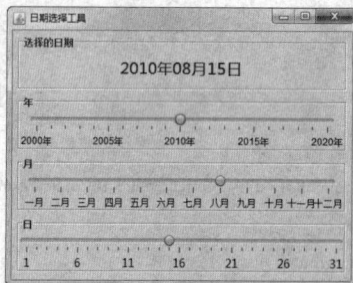

图 13.20　实例运行效果

■ 关键技术

JSlider 是一个让用户以图形方式在有界区间内通过移动滑块来选择值的控件。当用户滑动滑块时，其值会在最大值与最小值之间变化。还可以给滑块增加标尺、标尺标签等进行修饰，其常用的方法如表 13.12 所示。

表 13.12　滑块的常用方法

方 法 名	作 用
JSlider(int min, int max, int value)	用指定的最小值、最大值和初始值创建一个水平滑块
addChangeListener(ChangeListener l)	将一个 ChangeListener 添加到滑块
getValue()	从 BoundedRangeModel 返回滑块的当前值
setFont(Font font)	设置控件的字体
setInverted(boolean b)	指定为 true，则反转滑块显示的值范围
setMajorTickSpacing(int n)	此方法设置主刻度标记的间隔
setMaximum(int maximum)	将滑块的最大值设置为 maximum
setMinimum(int minimum)	将滑块的最小值设置为 minimum
setMinorTickSpacing(int n)	此方法设置次刻度标记的间隔
setPaintLabels(boolean b)	确定是否在滑块上绘制标签
setPaintTicks(boolean b)	确定是否在滑块上绘制刻度标记
setPaintTrack(boolean b)	确定是否在滑块上绘制滑道
setSnapToTicks(boolean b)	指定为 true，则滑块解析为最靠近用户放置滑块处的刻度标记的值
setValue(int n)	将滑块的当前值设置为 n

◀)) 注意：如果希望显示标尺标签，则必须调用 setPaintLabels() 方法将其设置成 true。

设计过程

（1）编写 do_this_windowActivated()方法，该方法用于监听窗体活动事件。在该方法中，对滑块进行基本设置，如最大值、最小值、起始值等，将时间设置成当前时间。核心代码如下：

```
protected void do_this_windowActivated(WindowEvent e) {
    yearSlider.setMaximum(2020);                                    //将 yearSlider 滑块的最大值设置成 2020
    yearSlider.setMinimum(2000);                                    //将 yearSlider 滑块的最小值设置成 2000
    yearSlider.setMajorTickSpacing(5);                              //将 yearSlider 滑块的主刻度设置成 5
    yearSlider.setMinorTickSpacing(1);                             //将 yearSlider 滑块的次刻度设置成 1
    yearSlider.setValue(calendar.get(Calendar.YEAR));              //将 yearSlider 滑块的值设置成当前年
    Dictionary<Integer, Component> yearLabel = new Hashtable<Integer, Component>();
    yearLabel.put(2000, new JLabel("2000 年"));                    //为 2000 增加标签 "2000 年"
    yearLabel.put(2005, new JLabel("2005 年"));                    //为 2005 增加标签 "2005 年"
    yearLabel.put(2010, new JLabel("2010 年"));                    //为 2010 增加标签 "2010 年"
    yearLabel.put(2015, new JLabel("2015 年"));                    //为 2015 增加标签 "2015 年"
    yearLabel.put(2020, new JLabel("2020 年"));                    //为 2020 增加标签 "2020 年"
    yearSlider.setLabelTable(yearLabel);                           //为 yearSlider 增加标签
    yearSlider.addChangeListener(cl);                             //为 yearSlider 增加监听
    monthSlider.setMaximum(12);                                    //将 monthSlider 滑块的最大值设置成 12
    monthSlider.setMinimum(1);                                     //将 monthSlider 滑块的最小值设置成 1
    monthSlider.setMajorTickSpacing(1);                           //将 monthSlider 滑块的主刻度设置成 1
    monthSlider.setValue(calendar.get(Calendar.MONTH) + 1);       //将 monthSlider 滑块的值设置成当月
    String[] months = (new DateFormatSymbols()).getShortMonths(); //获得本地月份字符串数组
    Dictionary<Integer, Component> monthLabel = new Hashtable<Integer, Component>(12);
    for (int i = 0; i < 12; i++) {
        monthLabel.put(i + 1, new JLabel(months[i]));             //为 1~12 增加标签
    }
    monthSlider.setLabelTable(monthLabel);                        //为 daySlider 增加标签
    monthSlider.addChangeListener(cl);                           //为 monthSlider 增加监听
    daySlider.setMaximum(calendar.getMaximum(Calendar.DAY_OF_MONTH)); //最大值设置成当月天数
    daySlider.setMinimum(1);                                      //将 daySlider 滑块的最小值设置成 1
    daySlider.setMajorTickSpacing(5);                            //将 daySlider 滑块的主刻度设置成 5
    daySlider.setMinorTickSpacing(1);                           //将 daySlider 滑块的副刻度设置成 1
    daySlider.setValue(calendar.get(Calendar.DATE));           //将 daySlider 滑块的值设置成当前天
    daySlider.addChangeListener(cl);                           //为 daySlider 增加监听
    dateLabel.setText(dateFormat.format(new Date()));          //用标签显示当前时间
}
```

注意： 在设置标尺标签时要注意不能将 JLabel 写成 Label，否则在程序运行后不会显示标签。

（2）编写内部类 DateListener，该类继承了 ChangeListener，用来监听滑块的变化事件。根据用户选择的不同日期来更新标签的内容。代码如下：

```
private class DateListener implements ChangeListener {
    @Override
    public void stateChanged(ChangeEvent e) {
        calendar.set(yearSlider.getValue(), monthSlider.getValue() - 1, 1);
        int maxDays = calendar.getActualMaximum(Calendar.DAY_OF_MONTH);   //获得月最大天数
        if (daySlider.getMaximum() != maxDays) {
            daySlider.setValue(Math.min(daySlider.getValue(), maxDays));  //设置滑块的值
            daySlider.setMaximum(maxDays);                               //将滑块的最大值修改成当前月的最大天数
            daySlider.repaint();                                        //重新绘制日期滑块
        }
        calendar.set(yearSlider.getValue(), monthSlider.getValue() - 1,
daySlider.getValue());                                                  //将日期设置成用户当前选择的日期
        dateLabel.setText(dateFormat.format(calendar.getTime()));      //更新标签的内容
    }
}
```

秘笈心法

心法领悟 314：滑块的应用。

如果希望用户在 5 个以上的值中进行唯一选择，使用滑块会比较简单。除了可以使用数字来作为标尺标签，

还可以使用字符和图片。读者还可以使用其他的方式，如修改框架的外观来美化滑块。

13.5　菜单控件的应用

实例 315	模仿记事本的菜单栏 光盘位置：光盘\MR\315	初级 趣味指数：★★★

■ 实例说明

在 Windows 操作系统中，自带了一款简单的文本编辑工具——记事本。记事本主要由菜单栏和文本区两部分组成。菜单栏实现了各种常用的功能，文本区用于让用户输入文本。本实例将实现一个类似记事本的菜单栏。实例运行效果如图 13.21 所示。

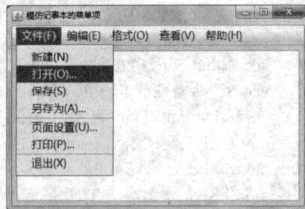

图 13.21　实例运行效果

■ 关键技术

在 Swing 中使用菜单的第一步是创建一个菜单栏保存各个菜单，并将菜单栏添加到框架上。代码如下：

```
JMenuBar menuBar = new JMenuBar();
setJMenuBar(menuBar);
```

第二步开始创建各个菜单及其菜单项，并将菜单项添加到菜单中。为了分类，可以使用分隔符将功能相近的菜单项分隔后添加到菜单中。代码如下：

```
JMenu fileMenu = new JMenu("\u6587\u4EF6(F)");
menuBar.add(fileMenu);
JMenuItem newMenuItem = new JMenuItem("\u65B0\u5EFA(N)");
fileMenu.add(newMenuItem);
```

💡 提示：菜单栏可以添加到框架的任意位置，按照惯例，通常将菜单栏添加到容器的顶部。

■ 设计过程

编写 Notepad 类，该类继承自 JFrame，在其构造方法中，增加一个菜单栏，在菜单栏中增加 Windows 记事本中的各个菜单项。核心代码如下：

```
public Notepad() {
    //省略设置框架属性的代码
    JMenuBar menuBar = new JMenuBar();                                          //创建菜单栏
    setJMenuBar(menuBar);                                                       //在框架中增加菜单栏
    JMenu fileMenu = new JMenu("\u6587\u4EF6(F)");                              //创建名为"文件"的菜单
    fileMenu.setFont(new Font("微软雅黑", Font.PLAIN, 16));                      //设置菜单的字体
    menuBar.add(fileMenu);                                                      //将菜单添加到菜单栏中
    JMenuItem newMenuItem = new JMenuItem("\u65B0\u5EFA(N)");                   //创建新的菜单项
    newMenuItem.setFont(new Font("微软雅黑", Font.PLAIN, 16));                   //设置菜单的字体
    fileMenu.add(newMenuItem);                                                  //将菜单项添加到菜单中
    JMenuItem openMenuItem = new JMenuItem("\u6253\u5F00(O)...");               //创建新的菜单项
    openMenuItem.setFont(new Font("微软雅黑", Font.PLAIN, 16));                  //设置菜单的字体
    fileMenu.add(openMenuItem);                                                 //将菜单项添加到菜单中
    JMenuItem saveMenuItem = new JMenuItem("\u4FDD\u5B58(S)");                  //创建新的菜单项
    saveMenuItem.setFont(new Font("微软雅黑", Font.PLAIN, 16));                  //设置菜单的字体
    fileMenu.add(saveMenuItem);                                                 //将菜单项添加到菜单中
    JMenuItem saveAsMenuItem = new JMenuItem("\u53E6\u5B58\u4E3A(A)...");       //创建新的菜单项
    saveAsMenuItem.setFont(new Font("微软雅黑", Font.PLAIN, 16));                //设置菜单的字体
    fileMenu.add(saveAsMenuItem);                                               //将菜单项添加到菜单中
    JSeparator separator1 = new JSeparator();                                   //创建分隔符
    fileMenu.add(separator1);                                                   //将分隔符添加到菜单中
    JMenuItem pageSetMenuItem = new JMenuItem("\u9875\u9762\u8BBE\u7F6E(U)...");
```

```
pageSetMenuItem.setFont(new Font("微软雅黑", Font.PLAIN, 16));        //设置菜单的字体
fileMenu.add(pageSetMenuItem);                                      //将分隔符添加到菜单中
JMenuItem printMenuItem = new JMenuItem("\u6253\u5370(P)...");       //创建新的菜单项
printMenuItem.setFont(new Font("微软雅黑", Font.PLAIN, 16));         //设置菜单的字体
fileMenu.add(printMenuItem);                                        //将菜单项添加到菜单中
JSeparator separator2 = new JSeparator();                           //创建分隔符
fileMenu.add(separator2);                                           //将分隔符添加到菜单中
JMenuItem exitMenuItem = new JMenuItem("\u9000\u51FA(X)");           //创建新的菜单项
exitMenuItem.setFont(new Font("微软雅黑", Font.PLAIN, 16));          //设置菜单的字体
fileMenu.add(exitMenuItem);                                         //将菜单项添加到菜单中
//省略其他菜单和文本区代码
}
```

💡 提示：setFont()方法是在 JComponent 类中定义的，因此可以在其子类中使用。

秘笈心法

心法领悟 315：启动和禁用菜单项。

有时候，有些功能在特定的场合才能使用。例如，如果文本域中没有文本，就没有保存的必要。此时可以禁用保存菜单，当用户输入文本时再启动。使用菜单项的 setEnabled()方法就可以实现这个功能。此外，还可以增加一些助记符和快捷键，方便用户的使用。

实例 316	自定义纵向的菜单栏 光盘位置：光盘\MR\316	高级 趣味指数：★★★★

实例说明

在使用软件时，其菜单栏通常是位于软件窗体顶部的。如果因为界面设计等方面的原因，需要将菜单栏放置在窗体左侧，则可以自定义一个纵向的菜单栏。本实例将实现这个功能。实例运行效果如图 13.22 所示。

关键技术

Java 中菜单栏的主体是菜单，用 JMenu 对象表示。通过重写其 setPopupMenuVisible()方法，可以设置菜单项弹出的位置，该方法的声明如下：

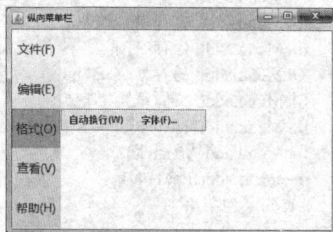

图 13.22　实例运行效果

```
public void setPopupMenuVisible(boolean b)
```

参数说明

b：一个 boolean 值，true 表示菜单可见，false 表示隐藏。

为了让重写后的菜单更加好看，重写其 getMinimumSize()方法，该方法用来设置控件的最小值，其声明如下：

```
public Dimension getMinimumSize()
```

设计过程

（1）编写 HorizontalMenu 类，该类继承了 JMenu。在该类的构造方法中，设置弹出菜单的布局是水平布局。重写其 getMinimumSize()方法使其最小值正好显示整个控件。重写其 setPopupMenuVisible()方法，设置弹出菜单的显示位置。代码如下：

```
public class HorizontalMenu extends JMenu {
    private static final long serialVersionUID = 1943739671316999698L;
    public HorizontalMenu(String label) {
        super(label);                                              //调用父类的构造方法
        JPopupMenu popupMenu = getPopupMenu();                     //获得菜单对象的弹出菜单
        popupMenu.setLayout(new BoxLayout(popupMenu, BoxLayout.LINE_AXIS));  //修改布局管理器
```

```
        }
        @Override
        public Dimension getMinimumSize() {                              //将控件的最小范围设置成显示控件的最佳范围
            return getPreferredSize();
        }
        @Override
        public void setPopupMenuVisible(boolean b) {
            if (b != isPopupMenuVisible()) {
                if ((b == true) && isShowing()) {                        //如果菜单处于显示状态
                    if (getParent() instanceof JPopupMenu) {
                        getPopupMenu().show(this, 0, getHeight());        //修改弹出菜单的显示位置
                    } else {
                        getPopupMenu().show(this, getWidth(), 0);         //修改弹出菜单的显示位置
                    }
                } else {
                    getPopupMenu().setVisible(false);                    //设置弹出菜单不可见
                }
            }
        }
    }
}
```

（2）编写 HorizontalMenuTest 类，该类继承自 JFrame，在其构造方法中，增加菜单栏、菜单等，并且修改内容窗格的布局。核心代码如下：

```
public HorizontalMenuTest() {
    setDefaultCloseOperation(JFrame.EXIT_ON_CLOSE);                      //设置框架在退出时的状态
    setBounds(100, 100, 450, 300);                                      //设置框架的大小和显示的位置
    Container contentPane = getContentPane();                           //获得内容窗格
    contentPane.setBackground(Color.WHITE);                             //将内容窗格的背景颜色设置成白色
    JMenuBar menuBar = new JMenuBar();                                  //建立菜单栏
    menuBar.setLayout(new BoxLayout(menuBar, BoxLayout.PAGE_AXIS));     //修改菜单栏布局
    contentPane.add(menuBar, BorderLayout.WEST);                        //在内容窗格上增加菜单栏
    JMenu fileMenu = new HorizontalMenu("文件(F)");                      //增加菜单项
    fileMenu.add("新建(N)");                                            //增加菜单项
    fileMenu.add("打开(O)...");                                         //增加菜单项
    fileMenu.add("保存(S)");                                            //增加菜单项
    fileMenu.add("另存为(A)...");                                       //增加菜单项
    fileMenu.add("页面设置(U)...");                                     //增加菜单项
    fileMenu.add("打印(P)...");                                         //增加菜单项
    fileMenu.add("退出(X)");                                            //增加菜单项
    menuBar.add(fileMenu);                                              //将菜单增加到菜单栏中
    //省略其他菜单
}
```

■ 秘笈心法

心法领悟 316：监听用户选择菜单事件。

当用户选择菜单时，将触发动作事件。可以通过调用 addActionListener()方法监听该事件。在事件监听器中，可以完成该菜单项需要实现的功能，如打开新文件、保存文件、退出程序等。通常只监听菜单项而不会监听菜单。

实例 317	复选框与单选按钮菜单	初级
	光盘位置：光盘\MR\317	趣味指数：★★★

■ 实例说明

复选框和单选按钮为用户的输入提供了便利，其实它们也可以用在菜单中。复选框菜单项和单选按钮菜单项分别对应于复选框和单选按钮，其使用方式也类似。本实例将演示它们的用法。实例运行效果如图 13.23 所示。

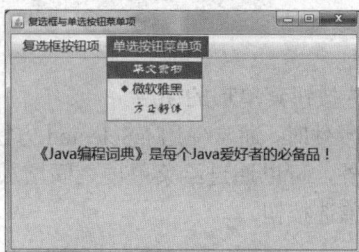

图 13.23　实例运行效果

■ 关键技术

JCheckBoxMenuItem 代表可以被选定或取消选定的菜单项。如果被选定，菜单项的旁边通常会出现一个复选标记。如果未被选定或被取消选定，菜单项的旁边就没有复选标记。像常规菜单项一样，复选框菜单项可以有与之关联的文本或图标，或者两者兼而有之。本实例使用以字符串为参数的构造方法创建复选框菜单项，该方法的声明如下：

JCheckBoxMenuItem(String text)

参数说明

text：CheckBoxMenuItem 的文本。

JRadioButtonMenuItem 是一个单选按钮菜单项的实现。JRadioButtonMenuItem 属于一组菜单项中的一个菜单项，该组中只能选择一个项。被选择的项显示其选择状态。选择此项的同时，其他任何以前被选择的项都切换到未选择状态。要控制一组单选按钮菜单项的选择状态，可使用 ButtonGroup 对象。本实例使用以字符串为参数的构造方法创建单选按钮菜单项，该方法的声明如下：

JRadioButtonMenuItem(String text)

参数说明

text：RadioButtonMenuItem 的文本。

■ 设计过程

（1）编写类 FontChooser，该类继承了 JFrame。在框架的菜单栏中有两个菜单，分别用来演示复选框菜单项和单选按钮菜单项。在面板中显示带字符串的标签。

（2）使用匿名类创建 listener 对象，用来监听复选框菜单项被选择的事件用于实现是否让字体变粗和斜体的功能。核心代码如下：

```java
private ActionListener listener = new ActionListener() {
    @Override
    public void actionPerformed(ActionEvent e) {
        int mode = 0;                                      //利用整数保存字体的状态
        if (bold.isSelected()) {
            mode += Font.BOLD;                             //如果加粗复选框按钮项被选择，则让 mode 值发生变化
        }
        if (italic.isSelected()) {
            mode += Font.ITALIC;                           //如果斜体复选框按钮项被选择，则让 mode 值发生变化
        }
        Font font = label.getFont();                       //获得标签正在使用的字体
        label.setFont(new Font(font.getName(), mode, font.getSize()));  //更新标签的字体
    }
};
```

（3）对于不同的单选按钮菜单项，其实现的功能类似，在此选择显示为"华文隶书"的单选按钮进行讲解。编写方法 do_radioButtonMenuItem1_actionPerformed()，用于监听单选按钮菜单项被选择的事件。核心代码如下：

```java
protected void do_radioButtonMenuItem1_actionPerformed(ActionEvent e) {
    Font font = label.getFont();                           //获得标签正在使用的字体
    label.setFont(new Font("华文隶书", font.getStyle(), font.getSize()));  //更新标签的字体
}
```

■ 秘笈心法

心法领悟 317：复选框菜单项和单选按钮菜单项的使用。

在监听复选框和单选按钮菜单项的事件时，通常使用 isSelected 方法来测试菜单项的当前状态。这就需要使用域变量来保存这个菜单项的引用。此外，可以通过给菜单项之间增加分隔符让相似的菜单项组成一组。这类似于在面板中绘制边框来组合复选框或单选按钮。

实例 318	包含图片的弹出菜单 光盘位置：光盘\MR\318	初级 趣味指数：★★★

■ 实例说明

除了固定的菜单栏，还有一种比较特殊的菜单，即弹出菜单。在 Windows 操作系统的桌面上，单击鼠标右键就会出现一个弹出式菜单。该菜单可以用来排列桌面图片、创建文件或文件夹等。本实例将演示如何在 Swing 框架中创建包含图片的弹出式菜单。实例的运行效果如图 13.24 所示。

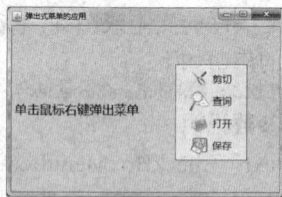

图 13.24　实例运行效果

■ 关键技术

JpopupMenu 用于实现弹出菜单，弹出菜单是一个可弹出并显示一系列选项的小窗口。JPopupMenu 用于用户在菜单栏上选择菜单项时显示的菜单，还用于当用户选择菜单项并激活它时显示的"右拉式（pull-right）"菜单。最后，JPopupMenu 还可以在想让菜单显示的任何其他位置使用。例如，当用户在指定区域中右击时。创建弹出式菜单的语法如下：

```
JPopupMenu popup = new JPopupMenu();
```

在创建完弹出式菜单后，需要调用其所在控件的 setComponentPopupMenu()方法使用该菜单。该方法的声明如下：

```
public void setComponentPopupMenu(JPopupMenu popup)
```

参数说明

popup：分配给此控件的弹出菜单，可以为 null。

■ 设计过程

（1）编写 PopupMenuTest 类，该类继承自 JFrame。在框架中只增加一个标签，用于显示用户在弹出式菜单上选择的操作。代码如下：

```java
public PopupMenuTest() {
    //省略设置框架属性的代码
    JPopupMenu popupMenu = new JPopupMenu();                              //创建弹出式菜单
    contentPane.setComponentPopupMenu(popupMenu);                        //为面板增加弹出式菜单
    JMenuItem cut = new JMenuItem("\u526A\u5207");                       //创建新菜单项
    cut.setIcon(new ImageIcon(PopupMenuTest.class.getResource("/images/cut.png")));
    cut.setFont(new Font("微软雅黑", Font.PLAIN, 16));                      //设置菜单项字体
    cut.addActionListener(listener);                                     //增加监听
    popupMenu.add(cut);                                                 //增加菜单项
    //省略其他菜单项和标签的代码
}
```

（2）使用匿名类创建 listener 对象，用来监听弹出式菜单的菜单项被选择的事件，用于实现改变标签文本的功能。核心代码如下：

```java
private ActionListener listener = new ActionListener() {
    @Override
    public void actionPerformed(ActionEvent e) {
        label.setText(e.getActionCommand());                            //设置标签的文本为用户选择的操作
    }
};
```

■ 秘笈心法

心法领悟 318：弹出式菜单的使用。

通常在软件的运行中，对于同一种功能会有很多种实现方式，以此来满足不同人的需求。常见的实现方式包括菜单栏、弹出式菜单和快捷键。对于软件的用户来说，这是很友好的。用户可以根据自己对软件的熟悉程度方便地使用软件的各项功能。

实例 319	工具栏的实现与应用 光盘位置：光盘\MR\319	初级 趣味指数：★★★

■ 实例说明

除了标准菜单和弹出式菜单，还有一种让用户使用鼠标选择操作的方法。对于一些功能非常复杂的软件，可以将一些常用的操作放置在一个工具栏中方便用户使用。本实例将演示如何使用工具栏。实例运行效果如图 13.25 所示。

（a）　　　　　　　　　　　　　　（b）

图 13.25　实例运行效果

■ 关键技术

JToolBar 提供了一种快速访问程序常用功能的方法。工具栏的特殊之处在于可以随意地移动，工具栏的常用方法如表 13.13 所示。

表 13.13　工具栏的常用方法

方 法 名	作 用
add(Component comp)	在工具栏中增加控件
addSeparator()	将默认大小的分隔符添加到工具栏的末尾
setToolTipText(String text)	注册要在工具提示中显示的文本

◀》注意：只有采用边框布局和支持 NORTH、EAST、SOUTH 和 WEST 方向常量的布局管理器才可以使用工具条。

■ 设计过程

编写 ToolBarTest 类，该类继承自 JFrame，在其构造方法中，创建工具栏并增加 4 个按钮。构造方法的核心代码如下：

```java
public ToolBarTest() {
    //省略设置框架属性的代码
    JToolBar toolBar = new JToolBar();                                              //创建工具栏
    contentPane.add(toolBar, BorderLayout.NORTH);                                   //设置工具栏的布局
    JButton cutButton = new JButton("");                                            //新建一个按钮
    cutButton.setToolTipText("\u526A\u5207");                                       //为按钮增加提示信息
    cutButton.setIcon(new ImageIcon(ToolBarTest.class.getResource("/images/cut.png")));
    toolBar.add(cutButton);                                                         //将按钮增加到工具栏上
    //省略其他按钮和标签的代码
}
```

■ 秘笈心法

心法领悟 319：工具栏的使用。

由于工具栏只是由一系列图标组成，有时并不能很明确地表明其功能。为了弥补这个不足，可以使用工具提示。当光标在某个按钮停留片刻，工具提示就会被激活并显示提示信息，当鼠标移开时工具提示会消失。可以使用 setToolTip() 方法实现这个功能。

13.6　其他技术的应用

实例 320	自定义软件安装向导 光盘位置：光盘\MR\320	高级 趣味指数：★★★★

■ 实例说明

Windows 操作系统的用户一定有过安装软件的经历。通常要双击软件开始运行安装向导。在安装向导中，需要对软件的安装位置、安装的功能等信息进行配置。在 Swing 中，可以通过对话框来实现这个功能，但是自己实现还是有些麻烦，本实例使用 JWizardComponent 插件来实现这个功能。实例运行效果如图 13.26 所示。

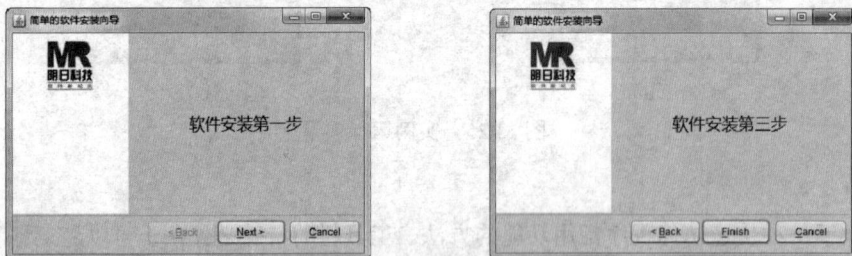

图 13.26　实例运行效果（向导框起始界面如左图，结束界面如右图）

■ 关键技术

JWizardComponent 是一个开源的插件，它可以用来实现一些常见样式的安装向导。本实例使用其实现了一个简单的带有 Logo 的安装向导。首先创建 SimpleLogoJWizardFrame 的对象作为主窗体，其构造方法声明如下：

```
public SimpleLogoJWizardFrame(javax.swing.ImageIcon logo)
```

参数说明

logo：各个安装步骤中窗体左侧显示的图标。

其次，需要为各个不同的步骤根据需要创建向导面板，本实例使用 SimpleLabelWizardPanel 类创建简单的标签面板，其构造方法声明如下：

```
public SimpleLabelWizardPanel(JWizardComponents wizardComponents, javax.swing.JLabel label)
```

参数说明

❶ wizardComponents：该标签面板所在的主窗体。

❷ label：向导面板中显示的标签。

最后，需要把创建好的向导面板按照显示的顺序添加到主窗体中，使用 addWizardPanel() 方法实现。该方法的声明如下：

```
public void addWizardPanel(JWizardPanel panel)
```

参数说明

panel：需要增加的向导面板。

■ 设计过程

编写 WizardTest 类，在该类的 main()方法中，首先修改向导程序的外观，然后创建一个带图标的向导框架，在框架中增加 3 个标签面板。代码如下：

```
public class WizardTest {
    public static void main(String[] args) {
        try {                                                                    //修改默认的外观
            IManager.setLookAndFeel("com.sun.java.swing.plaf.nimbus.NimbusLookAndFeel");
            SimpleLogoJWizardFrame frame = new SimpleLogoJWizardFrame(new
ImageIcon("src/image/logo.jpg"));                                                //利用指定的图标创建向导框架
            frame.setDefaultCloseOperation(JFrame.EXIT_ON_CLOSE);                //设置框架在退出时关闭
            frame.setTitle("简单的软件安装向导");                                   //设置框架的标题
            DefaultJWizardComponents components = frame.getWizardComponents();   //获得向导框
            JLabel label1 = new JLabel("软件安装第一步");                          //创建标签
            label1.setFont(new Font("微软雅黑", Font.PLAIN, 20));                  //修改标签的默认字体
            JLabel label2 = new JLabel("软件安装第二步");                          //创建标签
            label2.setFont(new Font("微软雅黑", Font.PLAIN, 20));                  //修改标签的默认字体
            JLabel label3 = new JLabel("软件安装第三步");                          //创建标签
            label3.setFont(new Font("微软雅黑", Font.PLAIN, 20));                  //修改标签的默认字体
            SimpleLabelWizardPanel panel1 = new SimpleLabelWizardPanel(components, label1);
            components.addWizardPanel(panel1);                                   //增加标签向导面板
            SimpleLabelWizardPanel panel2 = new SimpleLabelWizardPanel(components, label2);
            components.addWizardPanel(panel2);                                   //增加标签向导面板
            SimpleLabelWizardPanel panel3 = new SimpleLabelWizardPanel(components, label3);
            components.addWizardPanel(panel3);                                   //增加标签向导面板
            frame.setSize(450, 300);                                             //设置向导框的大小
            frame.setVisible(true);                                              //设置向导框可见
            Utilities.centerComponentOnScreen(frame);                            //设置向导框居中显示
        } catch (Exception e) {
            e.printStackTrace();
        }
    }
}
```

💡 提示：SimpleLogoJWizardFrame 类继承自 JFrame，因此需要对其默认属性进行修改，如框架的大小等。

■ 秘笈心法

心法领悟 320：JWizardComponent 的应用。

本实例只是演示了 JWizardComponent 最简单的应用，读者还可以用其实现其他功能。例如，自定义一个有文件选择器的向导面板，用来让用户选择程序的安装位置；自定义一个有复选框的向导面板，用来让用户选择需要安装的功能等。

实例 321	查看系统支持的外观	高级
	光盘位置：光盘\MR\321	趣味指数：★★★★

■ 实例说明

在 Swing 中，每个窗体都可以更改外观。由于 Java 的"一次编写，处处运行"的口号，导致 Swing 要设计一种可以在任何系统上都支持的外观，这就是 Swing 的默认外观 Metal。另外，针对不同的 JDK 发行版本，其支持的外观也不同，本实例将查看系统支持的所有外观。实例运行效果如图 13.27 所示。

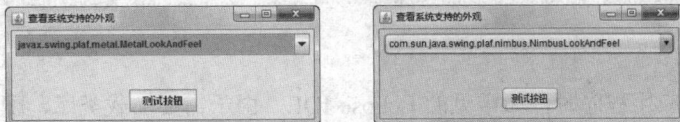

图 13.27　实例运行效果（左侧 Metal 外观，右侧 Nimbus 外观）

📖 **说明**：对于其他外观，请读者运行实例自行查看。

■ 关键技术

UIManager 管理当前外观、可用外观集合、外观更改时被通知的 PropertyChangeListeners、外观默认值以及获取各种默认值的便捷方法。本实例使用的方法如表 13.14 所示。

表 13.14　UIManager 的常用方法

方 法 名	作 用
getInstalledLookAndFeels()	返回表示当前可用的 LookAndFeel 实现的 LookAndFeelInfo 数组
setLookAndFeel(String className)	使用当前线程的上下文类加载器加载给定类名称所指定的 LookAndFeel

■ 设计过程

（1）编写类 LookAndFeelTest，该类继承自 JFrame。在该类的构造方法中，为组合框增加了监听和选项，选项就是当前系统支持的外观类名称。构造方法的核心代码如下：

```
public LookAndFeelTest() {
    //省略框架相关代码
    UIManager.LookAndFeelInfo looks[] = UIManager.getInstalledLookAndFeels();     //获得外观组
    for (UIManager.LookAndFeelInfo lookAndFeelInfo : looks) {
        comboBox.addItem(lookAndFeelInfo.getClassName());                          //为组合框增加选项
    }
    //省略面板和按钮相关代码
}
```

（2）编写 do_comboBox_actionPerformed()方法，实现对用户选择组合框选项的事件监听，该方法在一个新的线程中运行更改外观的事件。核心代码如下：

```
protected void do_comboBox_actionPerformed(ActionEvent e) {
    final String lookAndFeel = (String) comboBox.getSelectedItem();               //获得用户的选项
    SwingUtilities.invokeLater(new Runnable() {
        @Override
        public void run() {
            try {
                UIManager.setLookAndFeel(lookAndFeel);                            //设置用户选择的外观
            } catch (Exception e) {
                e.printStackTrace();
            }
            SwingUtilities.updateComponentTreeUI(contentPane);                    //更新面板中的所有控件外观
        }
    });
}
```

■ 秘笈心法

心法领悟 321：Swing 外观的使用。

由于不同的操作系统所支持的外观是不同的，而 Java 程序又可以在不同的平台上运行，因此如果要修改 Swing 的外观，请不要修改成某个系统专用的外观，通常使用 Swing 默认的 Metal 外观即可。另外，读者还可以自定义外观。

实例 322	制作软件的闪屏界面	高级
	光盘位置：光盘\MR\322	趣味指数：★★★★

■ 实例说明

在运行一些比较大的应用程序时，如常见的 Eclipse IDE，由于需要加载类库、配置文件等，会耗费一定的时间，此时如果显示一个闪屏来提示用户软件已经运行是比较友好的。另外，还可以在闪屏中增加一些版权信息等。本实例将使用 Java SE 6 中的新特性实现闪屏。实例运行效果如图 13.28 所示。

图 13.28 实例运行效果

■ 关键技术

在 Java 虚拟机（JVM）启动之前，可以在应用程序启动时创建闪现屏幕。闪现屏幕显示为一个包含图像的未装饰窗口。可以使用 GIF、JPEG 和 PNG 文件作为图像，支持动画（用于 GIF）和透明度（用于 GIF、PNG 文件）。窗口位于屏幕的中心（在多监视器系统中的位置没有指定——它与平台和实现有关），一旦 Swing/AWT 显示第一个窗口，此窗口就会自动关闭（也可以使用 Java API 手动关闭窗口）。显示本机闪现屏幕有以下两种方式。

如果是用命令行或快捷方式运行应用程序，则使用"-splash:"Java 应用程序启动器选项来显示闪现屏幕。例如：

```
java -splash:filename.gif Test
```

如果应用程序被打包在 jar 文件中，可以使用清单文件中的"SplashScreen-Image"选项来显示闪现屏幕。将图像放在 jar 归档文件中并用选项指定路径，路径不应以斜杠开头。例如，在 manifest.mf 文件中：

```
Manifest-Version: 1.0
Main-Class:Test
SplashScreen-Image:filename.gif
```

命令行接口的优先级高于清单设置。SplashScreen 的常用方法如表 13.15 所示。

表 13.15 SplashScreen 的常用方法

方 法 名	作 用
close()	隐藏闪现屏幕、关闭窗口并释放所有相关资源
createGraphics()	创建闪现屏幕叠加图像的图形上下文（Graphics2D 形式）
getBounds()	以 Rectangle 形式返回闪现屏幕窗口的边界
getImageURL()	返回当前闪现屏幕图像
getSize()	以 Dimension 形式返回闪现屏幕窗口的大小
getSplashScreen()	返回用于 Java 启动闪现屏幕控制的 SplashScreen 对象
update()	用当前叠加图像的上下文来更新闪现屏幕窗口

💡 提示：闪屏是单例对象，当需要使用闪屏对象时，需要使用 getSplashScreen()方法获得闪屏的对象。

■ 设计过程

编写类 SplashScreenTest，该类包含了 initial()和 main()两个方法。initial()方法用于创建框架来显示闪屏图片和进度条，main()方法用来运行该程序。代码如下：

```
public class SplashScreenTest {
    private static void inital() {
        SplashScreen splashScreen = SplashScreen.getSplashScreen();    //获得闪屏对象
        Toolkit toolkit = Toolkit.getDefaultToolkit();                 //获得工具箱对象
        final Image image = toolkit.getImage(splashScreen.getImageURL());  //获得闪屏图片
        final JFrame splashFrame = new JFrame();                       //创建框架显示图片和进度条
```

```
        splashFrame.setUndecorated(true);                                          //去掉框架的装饰
        final JPanel splashPanel = new JPanel() {
            private static final long serialVersionUID = -1289515968041228683L;
            @Override
            protected void paintComponent(Graphics g) {
                g.drawImage(image, 0, 0, null);                                      //在面板中绘制图片
            }
        };
        final JProgressBar progressBar = new JProgressBar();                         //创建进度条
        progressBar.setStringPainted(true);                                          //设置可以在进度条上显示文本信息
        splashPanel.setLayout(new BorderLayout());                                   //修改面板的布局
        splashPanel.add(progressBar, BorderLayout.SOUTH);                            //为面板增加进度条
        splashFrame.add(splashPanel);                                                //为框架增加面板
        splashFrame.setSize(splashScreen.getSize().width, splashScreen.getSize().height + 20);
                                      //设置框架的大小，纵向多出的 20 像素用来显示进度条，否则图片会有一部分被挡住
        Dimension splashSize = new Dimension();                                      //用来保存闪屏图片的大小
        splashSize.width = splashScreen.getSize().width;
        splashSize.height = splashScreen.getSize().height + 20;
        Dimension screenSize = toolkit.getScreenSize();                              //获得屏幕的大小
        splashFrame.setLocation((screenSize.width-splashSize.width)/2, (screenSize.height - splashSize.height) / 2);//将闪屏框架设置成居中显示
        splashFrame.setVisible(true);                                                //设置闪屏框架可见
        new Thread(new Runnable() {
            @Override
            public void run() {                                                      //在新线程中修改进度条的文本信息和进度
                for (int i = 0; i < 100; i++) {
                    progressBar.setString("已经加载：" + i + "%");                     //修改进度条上显示的文本信息
                    progressBar.setValue(i);                                          //修改进度条的进度
                    splashPanel.repaint();                                            //重新绘制面板
                    try {
                        Thread.sleep(100);                                            //线程休眠 0.1 秒实现动态加载效果
                    } catch (InterruptedException e) {
                        e.printStackTrace();
                    }
                }
                splashFrame.setVisible(false);                                        //设置闪屏框架不可见
            }
        }).start();                                                                   //运行新线程
    }
    public static void main(String[] args) {
        SwingUtilities.invokeLater(new Runnable() {
            @Override
            public void run() {
                inital();
            }
        });
    }
}
```

■ 秘笈心法

心法领悟 322：闪屏的应用。

通常 Java 程序都是装在 jar 包中发布的，因此很少需要在控制台输入命令来运行程序。可以参考关键技术来修改 jar 文件的信息。需要注意的是，闪屏支持的图片格式是有限的。对于旧版本，可以自定义一个框架，在上面绘制或显示指定图片来充当闪屏程序。

实例 323	自定义系统托盘图标 光盘位置：光盘\MR\323	高级 趣味指数：★★★★

■ 实例说明

许多桌面操作系统都有一个区域用来放置后台运行的程序图标。例如，Windows 系统是在右下角，Fedora

操作系统是在左上角。可以通过在系统托盘图标上增加弹出式菜单来对程序进行一些快捷操作。本实例将演示系统托盘在 Swing 中的应用。实例运行效果如图 13.29 所示。

图 13.29　实例运行效果

■ 关键技术

SystemTray 类表示桌面的系统托盘。在 MicrosoftWindows 上，它被称为"任务栏状态区域（Taskbar StatusArea）"；在 Gnome 上，它被称为"通知区域（Notification Area）"；在 KDE 上，它被称为"系统托盘（System Tray）"。系统托盘由运行在桌面上的所有应用程序共享。由于系统托盘与操作系统密切相关，应该先使用 isSupported()方法判断当前系统是否支持系统托盘。该方法的声明如下：

```
public static boolean isSupported()
```

如果系统支持，则应该创建托盘图标对象，并使用 add()方法将其增加到系统托盘上，该方法的声明如下：

```
public void add(TrayIcon trayIcon) throws AWTException
```

TrayIcon 对象表示可以添加到系统托盘的托盘图标。TrayIcon 可以包含工具提示（文本）、图像、弹出菜单和一组与之关联的侦听器。本实例使用的该类构造方法的声明如下：

```
public TrayIcon(Image image,String tooltip,PopupMenu popup)
```

参数说明

❶ image：系统托盘的图标。

❷ tooltip：将用作工具提示文本的字符串；如果值为 null，则不显示工具提示。

❸ popup：将用于托盘图标的弹出菜单的菜单；如果值为 null，则不显示弹出菜单。

🔊 **注意**：在使用系统托盘之前，一定要使用 isSupported()方法先判断系统是否支持。

■ 设计过程

编写 SystemTrayTest 类，该类继承了 JFrame。在其构造方法中创建弹出式菜单、托盘图标和系统托盘等，并对托盘图标的事件进行监听实现。构造方法的核心代码如下：

```java
public SystemTrayTest() {
    //省略设置框架属性和包含控件的相关代码
    if (SystemTray.isSupported()) {                              //如果系统支持系统托盘
        SystemTray tray = SystemTray.getSystemTray();            //获得系统托盘
        Image image = Toolkit.getDefaultToolkit().getImage("src/image/icon.png");  //图标
        PopupMenu popupMenu = new PopupMenu();                   //创建弹出式菜单
        MenuItem openItem = new MenuItem("打开");                //创建菜单项
        openItem.addActionListener(new ActionListener() {        //为菜单项增加监听
            @Override
            public void actionPerformed(ActionEvent e) {
                setVisible(true);                                //实现菜单项的功能
            }
        });
        MenuItem exitItem = new MenuItem("关闭");                //创建菜单项
        exitItem.addActionListener(new ActionListener() {        //为菜单项增加监听
            @Override
            public void actionPerformed(ActionEvent e) {
                System.exit(0);                                  //实现菜单项的功能
            }
        });
        popupMenu.add(openItem);                                 //在弹出菜单中增加菜单项
        popupMenu.add(exitItem);
        TrayIcon trayIcon = new TrayIcon(image, "明日科技", popupMenu);  //创建托盘图标
        trayIcon.addMouseListener(new MouseAdapter() {
            @Override
```

```
            public void mouseClicked(MouseEvent e) {
                if (e.getClickCount() == 2) {                            //监听在托盘图标上双击鼠标的事件
                    setVisible(true);                                     //显示框架
                }
            }
        });
        try {
            tray.add(trayIcon);                                          //在系统托盘上增加托盘图标
        } catch (AWTException e) {
            e.printStackTrace();
        }
    } else {
        JOptionPane.showMessageDialog(this, "您的系统不支持系统托盘", "", JOptionPane.WARNING_MESSAGE);//如果系统不支持系统托盘则
提示并退出
        return;
    }
}
```

📢 **注意**：创建的弹出菜单类型是 PopupMenu，其中添加的菜单项是 MenuItem。

■ 秘笈心法

心法领悟 323：系统图片的应用。

对于一般的 Swing 程序，通常在主窗体关闭时退出，此时需要调用 setDefaultCloseOperation()方法修改框架的关闭属性为 EXIT_ON_CLOSE。如果需要使用系统托盘，则不要修改该属性，框架的默认属性是 HIDE_ON_CLOSE。

实例 324	使用撤销与重做功能	高级
	光盘位置：光盘\MR\324	趣味指数：★★★

■ 实例说明

撤销与重做是文本编辑器常用的功能之一。对于用户误删除的文本或图片，可以使用撤销功能将其恢复；对于用户误恢复的文本或图片，可以使用重做将其删除。本实例将演示如何在 Swing 中实现这两个功能。实例运行效果如图 13.30 所示。

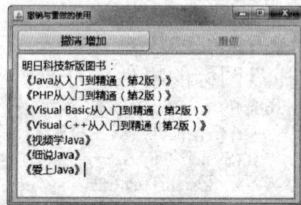

图 13.30 实例运行效果

■ 关键技术

UndoManager 管理 UndoableEdit 列表，提供撤销或恢复适当编辑的方法。有两个方法可以将编辑添加到 UndoManager。直接使用 addEdit()方法添加编辑，或将 UndoManager 添加到支持 UndoableEditListener 的 bean。本实例使用到的方法如表 13.16 所示。

表 13.16　UndoManager 的常用方法

方　法　名	作　用
addEdit(UndoableEdit anEdit)	如果可能，将一个 UndoableEdit 添加到此 UndoManager
canRedo()	如果可以恢复编辑，则返回 true
canUndo()	如果可以撤销编辑，则返回 true
getRedoPresentationName()	返回此编辑可恢复形式的描述
getUndoPresentationName()	返回此编辑可撤销形式的描述
redo()	恢复适当的编辑
undo()	撤销适当的编辑

■ 设计过程

（1）编写 UndoRedoTest 类，该类继承自 JFrame。在框架中增加一个文本区和"撤销""重做"两个按钮。

（2）在构造方法中，获得文本区的 Document 对象，并为其添加可重做编辑监听。核心代码如下：

```
public UndoRedoTest() {
    //省略其他代码
    textArea.getDocument().addUndoableEditListener(new UndoableEditListener() {
        @Override
        public void undoableEditHappened(UndoableEditEvent e) {
            manager.addEdit(e.getEdit());                    //为重做管理器增加 UndoableEdit 对象
            updateButtons();                                 //调用更新按钮状态的方法
        }
    });
}
```

（3）编写方法 do_undoButton_actionPerformed()，用来监听用户单击"撤销"按钮事件，该方法撤销了文本区中的文本信息，并更新了按钮的状态。

```
protected void do_undoButton_actionPerformed(ActionEvent e) {
    manager.undo();                                          //执行撤销操作
    updateButtons();                                        //更新按钮状态
}
```

（4）编写方法 do_redoButton_actionPerformed()，用来监听用户单击"重做"按钮事件，该方法重做了文本区中的文本信息，并更新了按钮的状态。

```
protected void do_redoButton_actionPerformed(ActionEvent e) {
    manager.redo();                                          //执行重做操作
    updateButtons();                                        //更新按钮状态
}
```

（5）编写方法 updateButtons()，用来更改按钮的文本信息和状态。代码如下：

```
private void updateButtons() {
    undoButton.setText(manager.getUndoPresentationName());   //修改"撤销"按钮的信息
    redoButton.setText(manager.getRedoPresentationName());   //修改"重做"按钮的信息
    undoButton.setEnabled(manager.canUndo());                //修改"撤销"按钮的状态
    redoButton.setEnabled(manager.canRedo());                //修改"重做"按钮的状态
}
```

■ 秘笈心法

心法领悟 324：UndoManager 的原理。

UndoManager 维护编辑的有序列表以及该列表中下一个编辑的索引。下一个编辑的索引为当前编辑列表的大小，如果已经调用了 undo，则该索引对应于已撤销的最后一个有效编辑的索引。当调用 undo 时，所有的编辑（从下一个编辑的索引到最后一个有效编辑）都将以相反的顺序被撤销。

第 14 章

复合数据类型控件应用

- ▶▶ 列表的简单应用
- ▶▶ 列表的高级应用
- ▶▶ 表格的简单应用
- ▶▶ 表格的高级应用
- ▶▶ 树控件简单应用
- ▶▶ 树控件高级应用

14.1　列表的简单应用

实例 325	修改列表项显示方式 光盘位置：光盘\MR\325	初级 趣味指数：★★★

■ 实例说明

　　当可供用户选择的选项比较多时，使用单选按钮或复选框会占用较多的空间。此时可以考虑使用列表。列表可以将若干选项组织起来，根据显示的列表项个数可以调节其占用的空间。本实例将演示列表布局的用法。实例运行效果如图 14.1 所示。

（a）水平排列　　　　　　　　（b）垂直排列

图 14.1　实例运行效果

■ 关键技术

　　JList 类是显示对象列表并且允许用户选择一个或多个项的控件。在为列表增加列表项时，可以使用对象数组或列表模型。列表包含了很多方法，本实例使用的方法如表 14.1 所示。

表 14.1　列表的常用方法

方 法 名	作　　用
setLayoutOrientation(int layoutOrientation)	定义布置列表单元的方式
setListData(Object[] listData)	根据一个对象数组构造只读 ListModel，然后对此模型调用 setModel
setVisibleRowCount(int visibleRowCount)	根据不同的布局方式，设置可见的行或列数

　💡 提示：使用对象数组作为列表中的列表项，意味着列表不仅可以用来显示字符串，也可以显示其他类型的对象。

　　列表有 3 种常见的布局方式，使用 3 个不同的域变量表示，其说明如表 14.2 所示。

表 14.2　列表的布局方式

常　量　名	作　　用
HORIZONTAL_WRAP	指示"报纸样式"布局，单元按先水平方向后垂直方向排列
VERTICAL	指示单个列中单元的垂直布局；默认布局
VERTICAL_WRAP	指示"报纸样式"布局，单元按先垂直方向后水平方向排列

　📖 说明：本实例的列表项使用数字区分，读者应该很容易理解这 3 种布局方式的含义。

■ 设计过程

　　（1）编写类 JListTest，该类继承自 JFrame。在框架中包括了一个列表和一个按钮组。按钮组包含了 3 个按钮，用来表示列表的 3 种布局方式。

　　（2）编写方法 do_this_windowActivated()，用来监听窗体激活事件，在该方法中，设置列表的数据。核心代码如下：

```
protected void do_this_windowActivated(WindowEvent e) {
    String[] listData = new String[12];                            //创建一个含有 12 个元素的数组
    for(int i=0;i<listData.length;i++) {
        listData[i] = "明日科技"+(i+1);                             //为数组中的各个元素赋值
    }
    list.setListData(listData);                                    //为列表增加列表项
}
```

（3）编写方法 do_radioButton1_actionPerformed()，用来监听单选按钮 radioButton1 被选中事件，该方法用来修改列表的布局方式并更新界面。核心代码如下：

```
protected void do_radioButton1_actionPerformed(ActionEvent e) {
    list.setLayoutOrientation(JList.HORIZONTAL_WRAP);              //修改列表的布局方式
    scrollPane.revalidate();                                       //更新界面
}
```

📖 **说明：** 由于其他单选按钮的功能类似，在此就不一一进行讲解了，读者可以参考源代码进行学习。

秘笈心法

心法领悟 325：列表布局的应用。

Swing 中对于列表共提供了 3 种布局方式，其中 VERTICAL 是默认的布局方式。它可以将列表项用一列显示，这是最节省横向空间的方式。对于纵向空间，可以通过修改 setVisibleRowCount()方法的参数来调整可见的行数。至于另外两种布局方式可以根据需要进行修改。

实例 326	修改列表项选择模式 光盘位置：光盘\MR\326	初级 趣味指数：★★★

实例说明

默认情况下，列表项的选择个数和方式是没有限制的。用户既可以连续选择（使用 Shift 键），又可以间隔选择（使用 Ctrl 键）。通过修改列表的选择模式，可以实现单选按钮或复选框的功能。本实例将演示列表的各种选择模式。实例运行效果如图 14.2 所示。

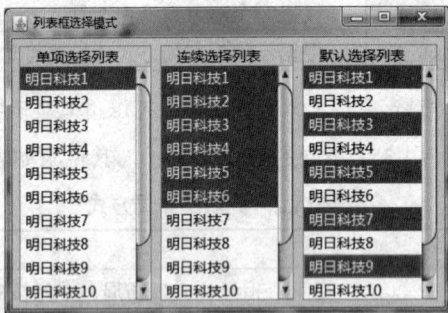

图 14.2　实例运行效果

关键技术

setSelectionMode()方法可以设置列表的选择模式，方法是在选择模型上直接设置选择模式的覆盖方法。该方法的声明如下：

```
public void setSelectionMode(int selectionMode)
```

参数说明

selectionMode：列表支持的选择模式。

ListSelectionModel 接口定义了列表支持的选择模式，其详细说明如表 14.3 所示。

表 14.3　列表选择模式常量

常　量　名	作　用
MULTIPLE_INTERVAL_SELECTION	一次选择一个或多个连续的索引范围
SINGLE_INTERVAL_SELECTION	一次选择一个连续的索引范围
SINGLE_SELECTION	一次选择一个列表索引

提示：列表项的默认选择模式是 MULTIPLE_INTERVAL_SELECTION。

设计过程

（1）编写类 JListSelectModelTest，该类继承了 JFrame，在框架中包含 3 个列表，分别用来演示不同的选择模式。构造方法的核心代码如下：

```
public JListSelectModelTest() {
    //省略框架相关属性的设置代码
    JScrollPane scrollPane1 = new JScrollPane();                        //创建一个滚动面板来保存列表
    panel.add(scrollPane1);                                             //将滚动面板增加到面板中
    list1 = new JList();                                                //创建一个列表对象
    list1.setFont(new Font("微软雅黑", Font.PLAIN, 14));                //设置列表的字体
    list1.setSelectionMode(ListSelectionModel.SINGLE_SELECTION);       //设置列表选择模式
    scrollPane1.setViewportView(list1);                                //将列表增加到滚动面板中
    label1 = new JLabel("\u5355\u9879\u9009\u62E9\u5217\u8868");       //创建一个指定内容的标签
    label1.setFont(new Font("微软雅黑", Font.PLAIN, 14));               //设置标签的字体
    label1.setHorizontalAlignment(SwingConstants.CENTER);              //设置标签文本的显示位置
    scrollPane1.setColumnHeaderView(label1);                           //将标签增加到滚动面板中
    //省略其他滚动面板相关代码
}
```

技巧：通常情况下，需要将列表放置在滚动面板中进行显示。

（2）编写方法 do_this_windowActivated()，用来监听窗体激活事件，在该方法中设置 3 个列表的数据。核心代码如下：

```
protected void do_this_windowActivated(WindowEvent e) {
    String[] listData = new String[12];                                //创建一个含有 12 个元素的数组
    for(int i=0;i<listData.length;i++) {
        listData[i] = "明日科技"+(i+1);                                //为数组中的各个元素赋值
    }
    list1.setListData(listData);                                       //为列表 1 增加列表项
    list2.setListData(listData);                                       //为列表 2 增加列表项
    list3.setListData(listData);                                       //为列表 3 增加列表项
}
```

秘笈心法

心法领悟 326：列表选择模式的应用。

Swing 中对于列表共提供了 3 种选择模式。如果要实现单选按钮的功能，则可以将选择模式设置成 SINGLE_SELECTION；如果要实现复选框的功能，则不需要修改选择模式。为了添加多个不连续的列表项，可以按住 Ctrl 键，然后在要选择的列表项上单击。

实例 327	列表项的全选与不选	初级
	光盘位置：光盘\MR\327	趣味指数：★★★

实例说明

对于支持多选的列表，如果用户需要选择全部的列表项，则可以首先选择第一个列表项，然后按住 Shift 键，并在最后一个列表项上单击即可。显然这种方式有些麻烦，因此本实例将使用按钮来实现列表项的全选和不选

功能。实例运行效果如图 14.3 所示。

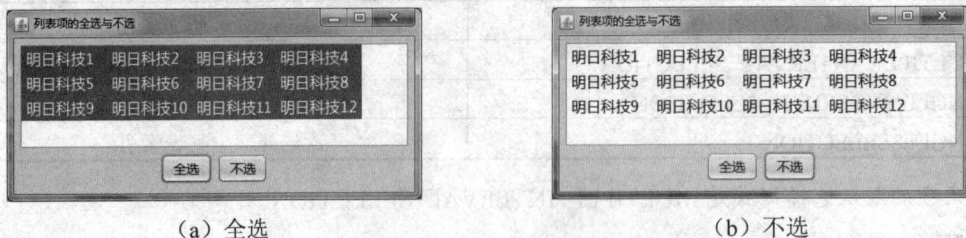

（a）全选　　　　　　　　　　　　　　　（b）不选

图 14.3　实例运行效果

■ 关键技术

为了实现全选功能，需要知道列表中共有多少列表项。由于列表并不负责数据的存储，因此需要先获得列表模型，并使用其 getSize() 方法获得列表项的格式。代码如下：

```
list.getModel().getSize()
```

setSelectionInterval() 方法可以用来设置列表的选择区域，该方法的声明如下：

```
public void setSelectionInterval(int anchor,int lead)
```

参数说明

❶ anchor：要选择的第一个索引。

❷ lead：要选择的最后一个索引。

◀» 注意：列表的索引是从 0 开始的，因此如果全选则最后一个索引是列表长度减 1。

clearSelection() 方法用于取消列表中的选择，该方法的声明如下：

```
public void clearSelection()
```

■ 设计过程

（1）编写类 JListSelectionModelTest，该类继承了 JFrame，在框架中包含一个列表和"全选""不选" 两个按钮。

（2）编写方法 do_selectAllButton_actionperformed()，用来监听用户单击"全选"按钮事件。在该方法中，实现对列表项全选的功能。核心代码如下：

```
protected void do_selectAllButton_actionPerformed(ActionEvent e) {
    int end = list.getModel().getSize() - 1;        //获得最后一个列表项的索引
    if (end >= 0) {                                  //如果索引不小于 0，则列表项个数至少为 1
        list.setSelectionInterval(0, end);           //选择全部的列表项
    }
}
```

（3）编写方法 do_selectNoneButton_actionperformed()，用来监听用户单击"不选"按钮事件。在该方法中，取消了对列表项的选择。核心代码如下：

```
protected void do_selectNoneButton_actionPerformed(ActionEvent e) {
    list.clearSelection();                           //取消选择
}
```

📖 说明：为了节约空间，省略了添加列表项的代码，读者可以参考源代码来学习。

■ 秘笈心法

心法领悟 327：列表控件与 MVC 设计模式。

Swing 中的列表控件使用了 MVC 设计模式，该模式将列表分成了 model、view 和 controller 3 层。其中 JList 只负责显示数据，即 view 层。ListModel 接口实现了负责管理数据。本实例使用了其 getSize() 方法来获得列表项的个数。

| 实例 328 | 列表元素与提示信息
光盘位置：光盘\MR\328 | 初级
趣味指数：★★★ |

■ 实例说明

有时出于节约空间等原因，列表项并不能很好地表明其含义，此时如果为列表项增加提示信息会很有用。本实例将自定义一个能显示提示信息的列表。实例运行效果如图 14.4 所示。

📢 **注意**：即使不选择列表项，只要鼠标在列表项上停留也会显示提示信息。

图 14.4　实例运行效果

■ 关键技术

通常情况下，各列表项的提示信息是不同的。因此，可以使用一个二维数组或映射来保存列表项及提示信息，然后通过重写 getToolTipText()方法为不同的列表项选择不同的提示信息。该方法的声明如下：

```
public String getToolTipText(MouseEvent event)
```

参数说明

event：用于获取工具提示文本的 MouseEvent。

■ 设计过程

（1）编写 ToolTipList 类，该类继承自 JList。该类定义一个以二维数组为参数的构造方法并重写了 getToolTipText()方法。在重写的方法中，为不同的列表项指定了不同的提示信息。代码如下：

```java
public class ToolTipList extends JList {
    private static final long serialVersionUID = -5334116242803068391L;      //随机的序列化标识
    private Object[][] data;                                                  //定义一个二维数组保存传递的参数
    public ToolTipList(Object[][] data) {
        this.data = data;
        Object[] listData = new Object[data.length];                         //定义一个一维数组保存列表项
        for (int i = 0; i < listData.length; i++) {
            listData[i] = data[i][0];                                        //获得列表项
        }
        setListData(listData);                                               //设置列表项
    }
    @Override
    public String getToolTipText(MouseEvent event) {
        int index = locationToIndex(event.getPoint());                       //获得鼠标所在位置的列表项的索引
        if (index > -1) {
            return "<html><font face=微软雅黑 size=16 color=red>" + data[index][1] + "</font></html>";        //返回提示信息
        } else {
            return super.getToolTipText(event);
        }
    }
}
```

🖊 **技巧**：可以使用 HTML 标签来修改显示的提示信息的字体、大小、颜色等。

（2）编写方法 do_this_windowActivated()，用来监听窗体激活事件，在该方法中，初始化一个自定义列表对象并将其添加到滚动面板中。核心代码如下：

```java
protected void do_this_windowActivated(WindowEvent e) {
    String[][] data = new String[4][2];                                      //定义一个 4 行 2 列的二维数组
    data[0][0] = "《Java 从入门到精通（第 2 版）》";                              //初始化数据
    data[0][1] = "清华大学出版社";                                             //初始化数据
    data[1][0] = "《PHP 从入门到精通（第 2 版）》";                               //初始化数据
    data[1][1] = "清华大学出版社";                                             //初始化数据
    data[2][0] = "《Visual Basic 从入门到精通（第 2 版）》";                       //初始化数据
    data[2][1] = "清华大学出版社";                                             //初始化数据
    data[3][0] = "《Visual C++从入门到精通（第 2 版）》";                          //初始化数据
```

```
        data[3][1] = "清华大学出版社";                                    //初始化数据
        JList list = new ToolTipList(data);                              //创建自定义列表
        list.setFont(new Font("微软雅黑", Font.PLAIN, 16));              //设置列表项的字体
        scrollPane.setViewportView(list);                               //将列表添加到滚动面板中
    }
```

✍ **技巧**：可以在定义二维数组时直接将其初始化，本实例是为了让读者阅读方便才这样写的，并不实用。

秘笈心法

心法领悟 328：getToolTipText()方法的说明。

在列表中，重写了从 JComponent 继承的 getToolTipText()方法，它首先检查监听到鼠标事件的列表项的渲染器，如果其指定了提示信息则返回该信息。该方法允许在列表项的渲染器中使用 setToolTipText()方法为其指定提示信息。

实例 329	监听列表项单击事件 光盘位置：光盘\MR\329	初级 趣味指数：★★★

实例说明

对于基本的 Swing 控件，当用户使用时通常会触发动作事件。列表采用了另一种不同的事件机制：当用户单击列表项时，会触发列表选择事件。可以对该事件进行监听以对用户的选择进行响应。本实例演示如何实现此类监听。实例运行效果如图 14.5 所示。

📖 **说明**：当用户单击列表中不同的图书时，会自动更新标签中的信息。

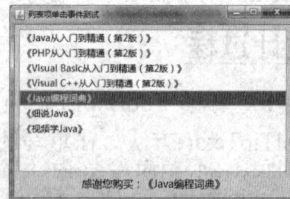

图 14.5　实例运行效果

关键技术

对于列表选择事件，通常的处理流程是，首先使用 addListSelectionListener()方法为列表增加一个列表选择事件监听器，该方法的声明如下：

```
public void addListSelectionListener(ListSelectionListener listener)
```

参数说明

listener：要添加的 ListSelectionListener。

其次，实现监听器中的 valueChanged()方法来处理用户选择列表项事件的结果。该方法的声明如下：

```
void valueChanged(ListSelectionEvent e)
```

参数说明

e：表现更改特征的事件。

设计过程

（1）编写方法 do_this_windowActivated()，用来监听窗体激活事件，在该方法中初始化列表的数据。核心代码如下：

```
protected void do_this_windowActivated(WindowEvent e) {
    String[] listData = new String[7];
    listData[0] = " 《Java 从入门到精通（第 2 版）》";              //初始化数据
    listData[1] = " 《PHP 从入门到精通（第 2 版）》";               //初始化数据
    listData[2] = " 《Visual Basic 从入门到精通（第 2 版）》";      //初始化数据
    listData[3] = " 《Visual C++从入门到精通（第 2 版）》";         //初始化数据
    listData[4] = " 《Java 编程词典》";                            //初始化数据
    listData[5] = " 《细说 Java》";                               //初始化数据
    listData[6] = " 《视频学 Java》";                             //初始化数据
    list.setListData(listData);                                  //设置列表中的数据
}
```

✍ 技巧：可以在定义一维数组时直接将其初始化，本实例是为了让读者阅读方便才这样写的，并不实用。

（2）编写方法 do_list_valueChanged()，用来监听列表项选择事件。在该方法中，根据用户选择的列表项来更新标签的信息。核心代码如下：

```
protected void do_list_valueChanged(ListSelectionEvent e) {
    label.setText("感谢您购买：" + list.getSelectedValue());                                      //更新标签的信息
}
```

■ 秘笈心法

心法领悟 329：列表选择事件的应用。

根据本实例的需求，将列表的选择模型设置为单选。此时可以使用列表的 getSelectedValue()方法获得用户选择的列表项的值。如果列表支持多选，则需要使用 getSelectedValues()方法获得用户选择的列表项的值，该方法的返回值是一个一维数组。

实例 330	监听列表项双击事件	初级
	光盘位置：光盘\MR\330	趣味指数：★★★

■ 实例说明

默认情况下，列表控件不支持双击列表项来触发事件，而有些软件将用户双击列表项作为选择列表项并触发相关事件的快捷方式。为了让列表支持该操作，需要为列表增加鼠标监听器。本实例将实现一个响应用户双击列表项的事件。实例运行效果如图 14.6 所示。

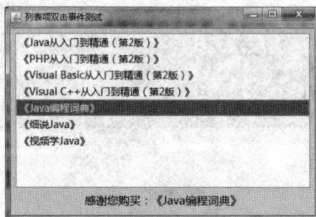

图 14.6　实例运行效果

📖 说明：当用户双击列表中不同的图书时，会自动更新标签中的信息。

■ 关键技术

MouseListener 是用于接收控件上"感兴趣"的鼠标事件（按下、释放、单击、进入或离开）的侦听器接口。本实例中仅对鼠标单击事件感兴趣，因此重写了 MouseAdapter 中的 mouseClicked()方法，该方法的声明如下：

```
void mouseClicked(MouseEvent e)
```

◀》 注意：MouseAdapter 是接收鼠标事件的抽象适配器类，它并未提供方法的具体实现。

■ 设计过程

（1）编写方法 do_this_windowActivated()，用来监听窗体激活事件，在该方法中初始化列表的数据。核心代码如下：

```
protected void do_this_windowActivated(WindowEvent e) {
    String[] listData = new String[7];
    listData[0] = "《Java 从入门到精通（第 2 版）》";                                             //初始化数据
    listData[1] = "《PHP 从入门到精通（第 2 版）》";                                              //初始化数据
    listData[2] = "《Visual Basic 从入门到精通（第 2 版）》";                                      //初始化数据
    listData[3] = "《Visual C++从入门到精通（第 2 版）》";                                         //初始化数据
    listData[4] = "《Java 编程词典》";                                                          //初始化数据
    listData[5] = "《细说 Java》";                                                             //初始化数据
```

```
        listData[6] = "《视频学 Java》";                                          //初始化数据
        list.setListData(listData);                                            //设置列表中的数据
    }
```

✍ **技巧**：可以在定义一维数组时直接将其初始化，本实例是为了让读者阅读方便才这样写的，并不实用。

（2）编写方法 do_list_mouseClicked()，用来监听双击列表项事件。在该方法中，根据用户选择的列表项来更新标签的信息。核心代码如下：

```
protected void do_list_mouseClicked(MouseEvent e) {
    if(e.getClickCount()==2) {                                                 //如果列表项上发生双击事件
        JList source = (JList)e.getSource();                                   //获得鼠标单击的列表
        label.setText("感谢您购买：" + source.getSelectedValue());            //更新标签的信息
    }
}
```

📖 **说明**：列表项也可以响应 3 击事件，只需处理 "e.getClickCount()==3" 即可。

■ 秘笈心法

心法领悟 330：鼠标事件简介。

Java 中定义了两个接口来处理鼠标事件，MouseListener 接口用于处理按下、释放、单击、进入或离开事件；MouseMotionListener 接口用于处理拖曳事件。由于实现接口必须实现接口中的全部方法，但通常我们仅对某一事件感兴趣，因此可使用其各自的适配器类来简化编程。

14.2   列表的高级应用

实例 331	实现自动排序的列表 光盘位置：光盘\MR\331	高级 趣味指数：★★★

■ 实例说明

为了使用户方便地选择列表项，通常会将列表项按某种顺序进行排序，如升序或降序。此时有两种实现方式，第一种是将排好顺序的数据添加到列表中；第二种是自定义能够排序的列表模型，每当向列表中增加元素时自动计算其位置。显然第二种更加灵活。本实例将自定义一个能排序的列表模型。实例运行效果如图 14.7 所示。

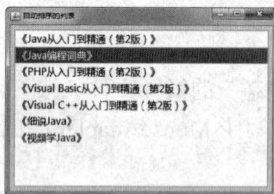

图 14.7   实例运行效果

📖 **说明**：读者可以参考元素的存入和截图来对比排序的效果。

■ 关键技术

列表的元素都是存储在列表模型中的，因此，需要使用 ListModel 接口的实现类。Java API 中对该接口提供了若干不同的实现，通常可以使用 DefaultListModel 类，该类使用 Vector 来存储元素，并不能很好地满足需求，所以本实例继承了其父类 AbstractListModel。它提供了 ListModel 接口定义的大部分方法实现，只需要实现获得列表长度的方法和获得指定索引处元素的方法。这两个方法的声明如下：

```
int getSize()
Object getElementAt(int index)
```

在元素的存储上，使用 TreeSet 会自动为存入其中的元素进行排序，能节省大量代码。

📢 **注意：** TreeSet 不能用来保存相同的元素，这一特性是从 Set 继承而来的。

设计过程

（1）编写类 SortedListModel，该类继承自 AbstractListModel。在该类中使用 TreeSet 来保存数据，因此不用实现排序细节。除了重写抽象方法，该类还增加了一个 add()方法，用来向 TreeSet 中增加数据。代码如下：

```
public class SortedListModel extends AbstractListModel {
    private static final long serialVersionUID = -8908769624938773296L;
    private TreeSet<Object> model = new TreeSet<Object>();
    @Override
    public Object getElementAt(int index) {                    //获得模型中指定索引的值
        return model.toArray()[index];
    }
    @Override
    public int getSize() {                                     //获得模型中元素的个数
        return model.size();
    }
    public void add(Object element) {                          //向 TreeSet 中增加元素
        if (model.add(element)) {
            fireContentsChanged(this, 0, getSize());
        }
    }
}
```

📢 **注意：** TreeSet 要求其中的元素实现 Comparable 接口，并以此作为排序依据。

（2）编写类 SortedListModelTest，该类继承自 JFrame。在该类的构造方法中增加了一个列表，并设置其列表模型为支持排序的列表模型。构造方法的核心代码如下：

```
public SortedListModelTest() {
    //省略框架属性设置和列表创建代码
    SortedListModel model = new SortedListModel();             //创建可以排序的列表模型
    model.add("《Java 从入门到精通（第 2 版）》");                //为列表模型增加元素
    model.add("《PHP 从入门到精通（第 2 版）》");                 //为列表模型增加元素
    model.add("《Visual Basic 从入门到精通（第 2 版）》");        //为列表模型增加元素
    model.add("《Visual C++从入门到精通（第 2 版）》");           //为列表模型增加元素
    model.add("《Java 编程词典》");                             //为列表模型增加元素
    model.add("《细说 Java》");                                //为列表模型增加元素
    model.add("《视频学 Java》");                              //为列表模型增加元素
    list.setModel(model);                                      //设置列表模型
```

✍ **技巧：** 也可以先创建列表模型，然后使用这个列表模型创建列表。

秘笈心法

心法领悟 331：SortedListModel 类的增强。

本实例仅对其增加了一个增加元素的方法 add()，读者可以在本实例的基础上进行修改，进一步增强 SortedListModel 类。例如，可以增加如下方法：增加一组元素、删除一个元素、删除全部元素、获得指定索引的元素、获得第一个元素、获得最后一个元素等。

实例 332	列表项的增加与删除 光盘位置：光盘\MR\332	高级 趣味指数：★★★

实例说明

通常情况下，列表中的数据是由程序员指定的，用户只需要在列表中选择符合自己需求的数据即可，但有时却显得不够灵活。本实例实现了让用户自己增加和删除列表项的功能，用户可以根据自己的需要添加列表项，也可以删除自己不喜欢的列表项。实例运行效果如图 14.8 所示。

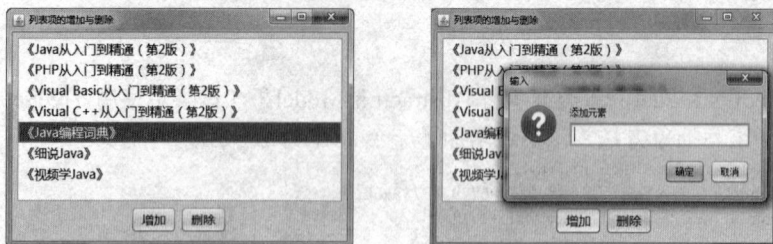

图 14.8　实例运行效果

■ 关键技术

在使用列表时，需要注意的是列表本身并没有数据的增加、删除等操作，这些功能是在列表模型中实现的。通常，涉及列表模型的操作时，需要先创建列表模型的对象。ListModel 是所有列表模型实现的接口，但是其只定义了 4 个必需的方法，因此并不常用。通常使用 DefaultListModel，它增加了很多在 ListModel 中未定义的方法。本实例使用的方法如表 14.4 所示。

表 14.4　DefaultListModel 的常用方法

方　法　名	作　　用
addElement(Object obj)	将指定控件添加到此类表的末尾
removeElement(Object obj)	从此列表中移除参数的第一个（索引最小的）匹配项

注意： 在未指定列表模型前，不要强制转换 getModel() 方法的结果为 DefaultListModel，否则会报异常。

■ 设计过程

（1）编写类 DynamicList，该类继承了 JFrame。在框架中包含了一个列表和"增加""删除"两个按钮。

（2）编写方法 do_addButton_actionPerformed()，用来监听单击"增加"按钮事件，在该方法中，实现向列表中增加列表项的功能。核心代码如下：

```
protected void do_addButton_actionPerformed(ActionEvent e) {
    String text = JOptionPane.showInputDialog("添加元素");        //利用对话框获得用户输入的新列表项
    if ((text != null) && (!text.trim().isEmpty())) {              //判断列表项是否为空
        model.addElement(text.trim());                            //增加新列表项
    } else {
        return;
    }
}
```

（3）编写方法 do_deleteButton_actionPerformed()，用来监听单击"删除"按钮事件，在该方法中实现删除用户选择的列表项功能。核心代码如下：

```
protected void do_deleteButton_actionPerformed(ActionEvent e) {
    model.removeElement(list.getSelectedValue());                 //删除用户选择的列表项
}
```

■ 秘笈心法

心法领悟 332：使用列表模型的优势。

对于初学者而言，或许觉得将列表中的数据使用列表模型处理比较麻烦，在此简单介绍一下分层设计的好处。列表模型对于列表中的数据是在需要使用时重新计算来获得的，并且自动在列表中进行更新，这对于大数据量的处理非常有益。例如，假设需要在列表中存入按某种算法生成的 1 亿组数据，使用列表模型肯定比使用数组好得多。

实例 333	查找特定的列表元素	高级
	光盘位置：光盘\MR\333	趣味指数：★★★

■ 实例说明

对于列表项很少的列表，可以让用户逐个查找自己需要的列表项。如果数据量非常大，则这种方式会非常不好。此时，最好为用户提供查找功能。本实例实现了根据用户指定的关键字在列表中进行查找的功能，实例运行效果如图 14.9 所示。

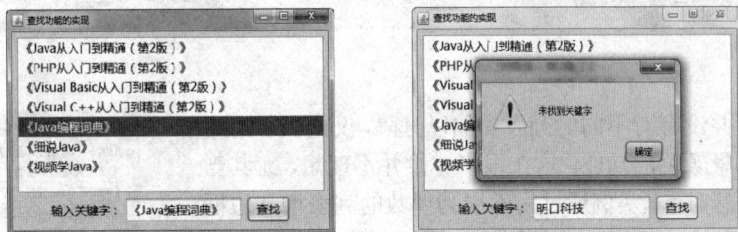

图 14.9　实例运行效果

■ 关键技术

在使用列表时，需要注意的是列表本身并没有数据的增加、删除等操作，这些功能是在列表模型中实现的。通常，涉及列表模型的操作时，需要先创建列表模型的对象。ListModel 是所有列表模型实现的接口，但是其只定义了 4 个必需的方法，因此并不常用。通常使用 DefaultListModel，它增加了很多在 ListModel 中未定义的方法。本实例使用的方法如表 14.5 所示。

表 14.5　DefaultListModel 的常用方法

方　法　名	作　　　用
contains(Object elem)	测试指定对象是否为此类表中的控件
indexOf(Object elem)	搜索 elem 的第一次出现

◀》注意：在未指定列表模型前，不要强制转换 getModel()方法的结果为 DefaultListModel，否则会报异常。

■ 设计过程

（1）编写类 SearchList，该类继承了 JFrame。在框架中包含一个列表、一个文本框和一个"查找"按钮。

（2）编写方法 do_button_actionPerformed()，用来监听单击"查找"按钮事件，在该方法中，实现根据用户输入的关键字进行查找的功能。核心代码如下：

```
protected void do_button_actionPerformed(ActionEvent e) {
    String key = textField.getText();                              //获得用户输入的关键字
    if ((key == null) || (key.trim().isEmpty())) {                 //判断关键字是否为空
        JOptionPane.showMessageDialog(this, "请输入关键字", "",
JOptionPane.WARNING_MESSAGE);                                      //如果为空则提示用户输入关键字
        return;
    }
    if (model.contains(key)) {                                     //判断列表模型中是否包含用户输入的关键字
        int index = model.indexOf(key);                           //如果包含则获得该关键字的索引
        list.setSelectedIndex(index);                             //设置该列表项处于选择状态
    } else {
        list.clearSelection();                                    //清除列表项的选择状态
        JOptionPane.showMessageDialog(this, "未找到关键字", "",
JOptionPane.WARNING_MESSAGE);                                      //提示用户没有找到其输入的关键字
        return;
    }
}
```

秘笈心法

心法领悟 333：DefaultListModel 简介。

除了可以添加和删除列表中的元素，还可以使用 DefaultListModel 实现其他功能。例如，使用 add(int index, Object element)方法在指定位置插入元素，使用 remove(int index)方法删除列表中指定索引的元素，使用 clear()方法删除列表中的全部元素等。使用简单的组合，就可以实现修改列表项的功能，读者可阅读一下该类的 API 文档。

实例 334	包含边框的列表元素 光盘位置：光盘\MR\334	高级 趣味指数：★★★★

实例说明

列表在默认情况下并没有对不同的列表项加以分隔，仅提供了对用户选择的列表项修改背景颜色的功能。这在很多时候并不理想，尤其当列表中的列表项占用多行时。本实例通过为索引为偶数的列表增加边框来实现分隔列表项的功能。实例运行效果如图 14.10 所示。

📖 说明：如果读者不喜欢这种边框或增加边框的方式，可以设置为自己喜爱的样式。

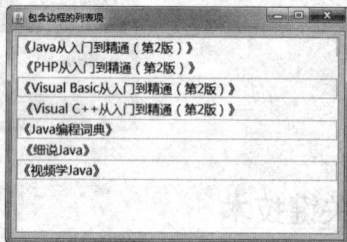

图 14.10　实例运行效果

关键技术

ListCellRenderer 接口用来控制列表项的显示方式，在该接口中仅定义了一个 getListCellRendererComponent()方法，该方法的声明如下：

```
Component getListCellRendererComponent(JList list, Object value, int index, boolean isSelected, boolean cellHasFocus)
```

方法中各参数的说明如表 14.6 所示。

表 14.6　getListCellRendererComponent()方法中的参数说明

参　　数	说　　明
list	正在渲染的列表
value	由 list.getModel().getElementAt(index)返回的值
index	列表项索引
isSelected	如果选择了指定的列表项，则为 true
cellHasFocus	如果指定的列表项拥有焦点，则为 true

💡 提示：利用该方法提供的参数，可以为不同的列表项实现不同的渲染方式。

在编写完该接口的实现类后，需要将其设置到列表中。使用 setCellRenderer()方法可以实现这个功能。该方法的声明如下：

```
public void setCellRenderer(ListCellRenderer cellRenderer)
```

参数说明

cellRenderer：渲染列表单元的 ListCellRenderer。

设计过程

（1）编写类 BorderListCellRenderer，该类实现了 ListCellRenderer 接口，在该接口定义的方法中，实现为索引为偶数的列表项增加边框的功能。代码如下：

```
public class BorderListCellRenderer implements ListCellRenderer {
    @Override
    public Component getListCellRendererComponent(JList list, Object value, int index, boolean isSelected, boolean cellHasFocus) {
        DefaultListCellRenderer defaultRenderer = new DefaultListCellRenderer();
```

```
        JLabel renderer = (JLabel) defaultRenderer.getListCellRendererComponent(list, value, index, isSelected, cellHasFocus);
        //获得 getListCellRendererComponent 的默认实现
        if (index % 2 == 0) {                                                    //如果索引为偶数则增加边框
            renderer.setBorder(new EtchedBorder(EtchedBorder.LOWERED, null, null));
        }
        return renderer;
    }
}
```

✍ **技巧**：根据 getListCellRendererComponent()方法的返回值，可以让类继承 JLabel 控件来简化开发。

（2）编写方法 do_this_windowActivated()，用来监听窗体激活事件，在该方法中，为列表增加数据并且设置新的渲染类。核心代码如下：

```
protected void do_this_windowActivated(WindowEvent e) {
    String[] listData = new String[7];
    listData[0] = "《Java 从入门到精通（第 2 版）》";                              //初始化数据
    listData[1] = "《PHP 从入门到精通（第 2 版）》";                               //初始化数据
    listData[2] = "《Visual Basic 从入门到精通（第 2 版）》";                       //初始化数据
    listData[3] = "《Visual C++从入门到精通（第 2 版）》";                          //初始化数据
    listData[4] = "《Java 编程词典》";                                            //初始化数据
    listData[5] = "《细说 Java》";                                               //初始化数据
    listData[6] = "《视频学 Java》";                                             //初始化数据
    list.setListData(listData);                                                //设置列表中的数据
    ListCellRenderer renderer = new BorderListCellRenderer();
    list.setCellRenderer(renderer);                                            //设置列表中的渲染工具
}
```

■ 秘笈心法

心法领悟 334：ListCellRenderer 的应用简介。

本实例实现了对列表项绘制边框的功能，在具体实现时使用 DefaultListCellRenderer 类简化编程，它是 ListCellRenderer 接口的实现类。这样就不用对每个列表项设置内容、大小等，通过修改标签的边框属性实现对列表项增加边框的功能。

实例 335	包含图片的列表元素 光盘位置: 光盘\MR\335	高级 趣味指数: ★★★⯪

■ 实例说明

为了让软件的界面更加美观，可以添加图片进行修饰。默认的列表项并不支持图片，因此，需要使用 ListCellRenderer 类来控制列表项的显示方式。本实例实现了为列表项增加图片的功能，实例运行效果如图 14.11 所示。

📖 **说明**：读者可以根据自己的需求替换图片。

■ 关键技术

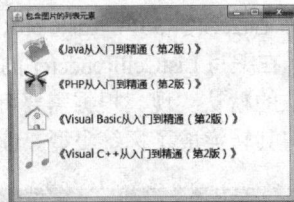

图 14.11　实例运行效果

JLabel 对象可以显示文本、图像或同时显示文本和图像。可以通过设置垂直和水平对齐方式，指定标签显示区中的标签内容在何处对齐。默认情况下，标签在其显示区内垂直居中对齐。默认情况下，只显示文本的标签是开始边对齐，而只显示图像的标签则水平居中对齐。本实例使用的方法如表 14.7 所示。

表 14.7　JLabel 的常用方法

方 法 名	作　用
setIcon(Icon icon)	定义此控件将要显示的图标
setText(String text)	定义此控件将要显示的单行文本

✍ **技巧**：可以在设置标签文本时使用 HTML 标签，这样可以使标签样式更加丰富。

■ 设计过程

（1）编写类 ImageListCellRenderer，该类实现了 ListCellRenderer 接口。在该接口定义的方法中，实现为列表项增加图片的功能。代码如下：

```
public class ImageListCellRenderer implements ListCellRenderer {
    @Override
    public Component getListCellRendererComponent(JList list, Object value, int index, boolean isSelected, boolean cellHasFocus) {
        DefaultListCellRenderer defaultRenderer = new DefaultListCellRenderer();
        JLabel renderer = (JLabel) defaultRenderer.getListCellRendererComponent(list, value, index, isSelected, cellHasFocus);
        //获得 getListCellRendererComponent 的默认实现
        if (value instanceof Object[]) {
            Object values[] = (Object[]) value;                //将列表项转换成对象数组
            renderer.setIcon((Icon) values[0]);                //为标签设置图标
            renderer.setText((String) values[1]);              //为标签设置文本信息
        }
        return renderer;
    }
}
```

✍ **技巧**：根据 getListCellRendererComponent()方法的返回值，可以让类继承 JLabel 控件来简化开发。

（2）编写方法 do_this_windowActivated()，用来监听窗体激活事件。在该方法中，为列表增加数据并且设置新的渲染类。核心代码如下：

```
protected void do_this_windowActivated(WindowEvent e) {
    Object[][] data = new Object[4][2];
    data[0][0] = new ImageIcon("src/images/1.png");           //初始化数据
    data[1][0] = new ImageIcon("src/images/2.png");           //初始化数据
    data[2][0] = new ImageIcon("src/images/3.png");           //初始化数据
    data[3][0] = new ImageIcon("src/images/4.png");           //初始化数据
    data[0][1] = "《Java 从入门到精通（第 2 版）》";           //初始化数据
    data[1][1] = "《PHP 从入门到精通（第 2 版）》";            //初始化数据
    data[2][1] = "《Visual Basic 从入门到精通（第 2 版）》";   //初始化数据
    data[3][1] = "《Visual C++从入门到精通（第 2 版）》";      //初始化数据
    list.setListData(data);                                   //设置列表中的数据
    ListCellRenderer renderer = new ImageListCellRenderer();
    list.setCellRenderer(renderer);                           //设置列表中的渲染工具
}
```

■ 秘笈心法

心法领悟 335：ListCellRenderer 的应用技巧。

在编写 ListCellRenderer 的实现类时，通常使用 DefaultListCellRenderer 类来获得 getListCellRendererComponent()方法的默认实现。根据需要可以将其返回值转换成标签类型或其他类型。本实例为了方便显示图片和文本信息而将其转换成了标签类型。读者可以在本实例的基础上实现 QQ 的列表功能。

实例 336	可以预览字体的列表	高级
	光盘位置：光盘\MR\336	趣味指数：★★★☆

■ 实例说明

在 Word 2007 软件中，可以在选择字体时预览字体的样式，这对于用户来说无疑是非常友好的。本实例也将实现一个可以预览字体样式的列表，列表项的名字是字体名，列表项的样式就是该字体的样式。实例运行效果如图 14.12 所示。

图 14.12　实例运行效果

■ 关键技术

为了获得本地计算机所支持的全部字体，需要使用 GraphicsEnvironment 类。它描述了 Java(tm)应用程序在特定平台上可用的 GraphicsDevice 对象和 Font 对象的集合。getLocalGraphicsEnvironment()方法可以获得该类的一个实例，该方法的声明如下：

```
public static GraphicsEnvironment getLocalGraphicsEnvironment()
```

该类的 getAvailableFontFamilyNames()方法可以获得本地计算机所支持的字体名称，该方法的声明如下：

```
public abstract String[] getAvailableFontFamilyNames()
```

💡 提示：GraphicsEnvironment 类使用了单例模式，类似的还有 Toolkit 类。

■ 设计过程

（1）编写类 FontListCellRenderer，该类实现了 ListCellRenderer 接口。在该接口定义的方法中，实现修改每个列表项字体的功能。代码如下：

```java
public class FontListCellRenderer implements ListCellRenderer {
    @Override
    public Component getListCellRendererComponent(JList list, Object value, int index, boolean isSelected, boolean cellHasFocus) {
        DefaultListCellRenderer defaultRenderer = new DefaultListCellRenderer();
        JLabel renderer = (JLabel) defaultRenderer.getListCellRendererComponent(list, value, index, isSelected, cellHasFocus);
        //获得 getListCellRendererComponent 的默认实现
        Font font = (Font) value;                            //获得列表项字体
        renderer.setFont(font);                              //设置标签的字体
        renderer.setText(font.getFontName());               //设置标签的文本
        return renderer;
    }
}
```

（2）编写方法 do_this_windowActivated()，用来监听窗体激活事件。在该方法中，为列表增加数据并且设置新的渲染类。核心代码如下：

```java
protected void do_this_windowActivated(WindowEvent e) {
    String[] fontNames = GraphicsEnvironment.getLocalGraphicsEnvironment().
    getAvailableFontFamilyNames();                          //获得系统支持的全部字体
    DefaultListModel model = new DefaultListModel();        //创建表格模型
    for (String fontName : fontNames) {                     //遍历全部字体并将其添加到表格模型中
        model.addElement(new Font(fontName, Font.PLAIN, 24));
    }
    list.setModel(model);                                   //设置表格模型
    ListCellRenderer renderer = new FontListCellRenderer();
    list.setCellRenderer(renderer);                         //设置列表中的渲染工具
}
```

🔊 注意：如果本地计算机支持的字体非常多，则在加载列表项时会出现一定的延迟。

■ 秘笈心法

心法领悟 336：列表小结。

在使用列表的过程中，需要注意列表使用了 MVC 设计模式。所有与数据有关的操作要使用模型层，即 ListModel；所有与显示相关的操作要使用视图层，即 JList；所有与自定义显示相关的操作要使用控制层，即 ListCellRenderer。

14.3　表格的简单应用

实例 337	表头与列的高度设置 光盘位置：光盘\MR\337	初级 趣味指数：★★★

■ 实例说明

在默认情况下，表格中表头和表体的单元格高度是固定的。如果要修改单元格的外观，如放大字体，则会隐藏部分表格的内容。此时就需要修改单元格的高度。Swing 中的表格对于表头和表体的处理方式是不同的。本实例将演示如何自定义表头和表体的高度。实例运行效果如图 14.13 所示。

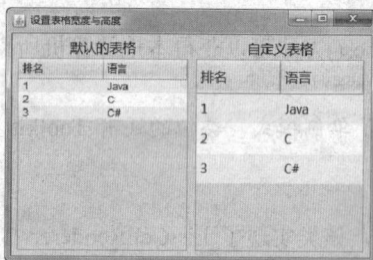

图 14.13　实例运行效果

■ 关键技术

JTable 控件用来显示和编辑常规二维单元表。JTable 控件有很多用来自定义其呈现和编辑的工具，同时提供了这些功能的默认设置，从而可以轻松地设置简单表。本实例使用其 setRowHeight()方法来设置所有行的高度，该方法的声明如下：

```
public void setRowHeight(int rowHeight)
```

参数说明

rowHeight：新的行高。

说明：setRowHeight()方法还有一个重载版本，可以设置指定行的高度。

对于表头，并没有直接修改其高度的方法，为此需要使用 getTableHeader()方法获得 JTableHeader 对象。该方法的声明如下：

```
public JTableHeader getTableHeader()
```

然后使用从 JComponent 继承的 setPreferredSize()方法来设置其大小，该方法的声明如下：

```
public void setPreferredSize(Dimension preferredSize)
```

参数说明

preferredSize：新的首选大小。

技巧：如果不希望修改表头的宽度，则可以先使用 getWidth()方法获得表头的宽度并进行保存。

■ 设计过程

（1）编写类 ResizeTableTest，该类继承了 JFrame。在框架中包含了两个表格，分别用来演示不同的设置方式，其构造方法的核心代码如下：

```
public ResizeTableTest() {
    //省略与自定义表格无关的其他代码
    table2 = new JTable();
    table2.setFont(new Font("微软雅黑", Font.PLAIN, 14));                    //修改表体的字体
```

```
    table2.setRowHeight(35);                                              //修改表体的高度
    JTableHeader header = table2.getTableHeader();                        //获得表头
    header.setFont(new Font("微软雅黑", Font.PLAIN, 16));                  //修改表头的字体
    header.setPreferredSize(new Dimension(header.getWidth(), 40));        //修改表头的高度
    scrollPane2.setViewportView(table2);                                 //显示表
}
```

📢 **注意**：在设置表格的高度时要考虑边框的大小，通常为 1 像素，可以使用 setRowMargin()方法修改。

（2）编写方法 do_this_windowActivated()，用来监听窗体激活事件，在该方法中定义一个默认的表格模型，并让两个表格同时使用这个表格模型。该方法的核心代码如下：

```
protected void do_this_windowActivated(WindowEvent e) {
    DefaultTableModel model = new DefaultTableModel();                   //创建表格模型
    model.setRowCount(0);                                                //将表格模型中的数据清空
    model.setColumnIdentifiers(new Object[] { "排名", "语言" });          //设置表头
    model.addRow(new Object[] { "1", "Java" });                          //增加行
    model.addRow(new Object[] { "2", "C" });                            //增加行
    model.addRow(new Object[] { "3", "C#" });                           //增加行
    table1.setModel(model);                                             //为表格设置表格模型
    table2.setModel(model);                                             //为表格设置表格模型
}
```

▊ 秘笈心法

心法领悟 337：JTableHeader 的使用。

Swing 中把表头和表体分开处理，JTableHeader 类专门用来管理表头。该类中有两个常用方法：setRecorderingAllowed()方法用来设置用户是否可以拖动列头，以重新排序各列；setResizingAllowed()方法用来设置用户是否可以通过在列头间拖动来调整各列的大小。关于 JTableHeader 的其他方法请参考 API 文档。

实例 338	调整表格各列的宽度 光盘位置：光盘\MR\338	初级 趣味指数：★★★

▊ 实例说明

默认情况下，当用户调整一列的大小时，其他各列的大小也会随之改变，以便将表格的各列显示在框架中。为了适应不同的情况，表格提供了其他几个常量来设置表格列的变化方式。本实例将演示它们的用法。实例的运行效果如图 14.14 所示。

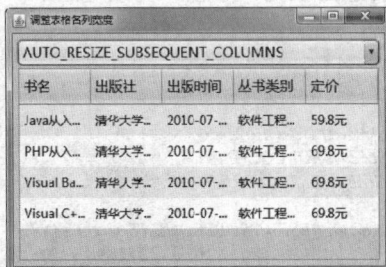　

（a）默认模式　　　　　　　　　　　　（b）禁用模式

图 14.14　实例运行效果

📖 **说明**：为了节约篇幅，请读者自行演示其他调整列的方式。

▊ 关键技术

当表格中一列的大小发生变化时，JTable 类共提供了 5 种模式来调节其他列的变化。这些方式的说明如表 14.8

所示。

表 14.8　表格常用域说明

域　名	作　用
AUTO_RESIZE_ALL_COLUMNS	在所有的调整大小操作中，按比例调整所有的列
AUTO_RESIZE_LAST_COLUMN	在所有的调整大小操作中，只对最后一列进行调整
AUTO_RESIZE_NEXT_COLUMN	在 UI 中调整了一个列时，对其下一列进行相反方向的调整
AUTO_RESIZE_OFF	不自动调整列的宽度；使用滚动条
AUTO_RESIZE_SUBSEQUENT_COLUMNS	在 UI 调整中，更改后续列以保持总宽度不变；此为默认行为

✍ 技巧：表格中的各个域都是静态的，因此可以直接使用 JTable 类进行调用。

为了使用这些模式，需要使用 setAutoResizeMode()方法来进行设置，该方法的声明如下：

```
public void setAutoResizeMode(int mode)
```

参数说明

mode：表 14.8 中的一个域。

设计过程

（1）编写方法 do_this_windowActivated()，用来监听窗体激活事件，在该方法中，使用表格模型初始化表格的数据。核心代码如下：

```
protected void do_this_windowActivated(WindowEvent e) {
    DefaultTableModel tableModel = (DefaultTableModel) table.getModel();                     //获得表格模型
    tableModel.setRowCount(0);                                                               //将表格模型中的数据清空
    tableModel.setColumnIdentifiers(new Object[] { "书名", "出版社", "出版时间", "丛书类别", "定价" }); //设置表头
    tableModel.addRow(new Object[] { "Java 从入门到精通（第 2 版）", "清华大学出版社", "2010-07-01", "软件工程师入门丛书", "59.8 元" });
    //增加行
    tableModel.addRow(new Object[] { "PHP 从入门到精通（第 2 版）", "清华大学出版社", "2010-07-01", "软件工程师入门丛书", "69.8 元" });
    //增加行
    tableModel.addRow(new Object[] { "Visual Basic 从入门到精通（第 2 版）", "清华大学出版社", "2010-07-01", "软件工程师入门丛书", "69.8 元" });
    //增加行
    tableModel.addRow(new Object[] { "Visual C++从入门到精通（第 2 版）", "清华大学出版社", "2010-07-01", "软件工程师入门丛书", "69.8 元" });
    //增加行
    table.setModel(tableModel);                                                              //更新表格模型
}
```

✍ 技巧：可以使用表格模型的 setRowCount(0)清空表格中的数据。

（2）编写方法 do_comboBox_actionPerformed()，用来监听组合框动作事件。在该方法中，根据用户选择的组合框项来重新设置表格列的调整模式。核心代码如下：

```
protected void do_comboBox_actionPerformed(ActionEvent e) {
    //使用映射来保存组合框中字符串与表格调整模式之间的对应关系
    Map<String, Integer> columnModel = new HashMap<String, Integer>();
    columnModel.put("AUTO_RESIZE_ALL_COLUMNS", JTable.AUTO_RESIZE_ALL_COLUMNS);
    columnModel.put("AUTO_RESIZE_LAST_COLUMN", JTable.AUTO_RESIZE_LAST_COLUMN);
    columnModel.put("AUTO_RESIZE_NEXT_COLUMN", JTable.AUTO_RESIZE_NEXT_COLUMN);
    columnModel.put("AUTO_RESIZE_OFF", JTable.AUTO_RESIZE_OFF);
    columnModel.put("AUTO_RESIZE_SUBSEQUENT_COLUMNS", JTable.AUTO_RESIZE_SUBSEQUENT_COLUMNS);
    String text = (String) comboBox.getSelectedItem();                                       //获得用户的选择项
    table.setAutoResizeMode(columnModel.get(text));                                          //设置调整模式
}
```

秘笈心法

心法领悟 338：表格调整模式的应用。

默认情况下，当调整一列的宽度时，同时调整其右侧各列的宽度。这种方式通常能很好地满足需求。如果表格中有很多内容较长的列，则使用滚动条的方式更好，即将模型设置成 AUTO_RESIZE_OFF。

实例 339	设置表格的选择模式	初级
	光盘位置：光盘\MR\339	趣味指数：★★★

■ 实例说明

对于一个二维的表格而言，其选择模式有很多种。以行为例，可以选择一行、连续几行、任意几行，对于列同理。此外，对于单元格也可以设置成选择一个单元格、选择一个连续区域的单元格或选择一个不连续区域的单元格等。本实例将演示它们的用法。实例运行效果如图 14.15 所示。

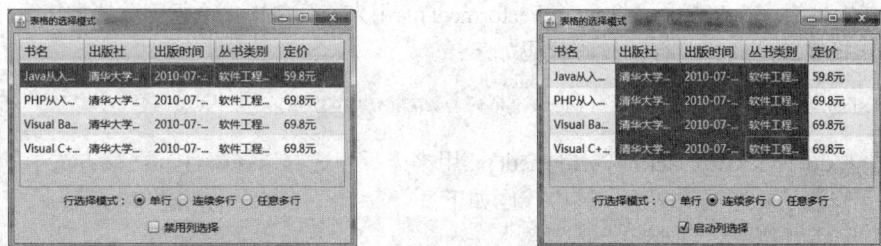

（a）单行选择   （b）多行选择

图 14.15 实例运行效果

📖说明：为了节约空间，请读者自行演示其他的选择模式。

■ 关键技术

利用选择模式，可以调整用户的选择方式。首先需要获得表格的模型，然后修改其选择模式。代码如下：

`table.getSelectionModel().setSelectionMode(mode);`

mode 是 ListSelectionModel 接口定义的选择模式，其详细说明如表 14.9 所示。

表 14.9 列表选择模式常量

常 量 名	作 用
MULTIPLE_INTERVAL_SELECTION	一次选择一个或多个连续的索引范围
SINGLE_INTERVAL_SELECTION	一次选择一个连续的索引范围
SINGLE_SELECTION	一次选择一个列表索引

💡提示：表格的默认选择模式是 SINGLE_SELECTION。

对于列的选择，在默认情况下是禁用的，需要使用 setColumnSelectionAllowed()方法启用，该方法的声明如下：

`public void setColumnSelectionAllowed(boolean columnSelectionAllowed)`

参数说明

columnSelectionAllowed：如果此模型允许列选择，则为 true。

■ 设计过程

（1）编写类 TableSelectModeTest，该类继承了 JFrame。在框架中包含一个表格、一个按钮组和一个复选框。按钮组包括"单行"、"连续多行"和"任意多行" 3 个单选按钮。通过单选按钮和复选框的组合，来实现不同的选择方式。

（2）编写方法 do_this_windowActivated()，用来监听窗体激活事件。在该方法中，使用表格模型初始化表格的数据。核心代码如下：

```
protected void do_this_windowActivated(WindowEvent e) {
    DefaultTableModel tableModel = (DefaultTableModel) table.getModel();    //获得表格模型
    tableModel.setRowCount(0);                                              //将表格模型中的数据清空
```

```
tableModel.setColumnIdentifiers(new Object[] { "书名", "出版社", "出版时间", "丛书类别", "定价" });    //设置表头
tableModel.addRow(new Object[] { "Java 从入门到精通（第 2 版）", "清华大学出版社", "2010-07-01", "软件工程师入门丛书", "59.8 元" });
    //增加行
tableModel.addRow(new Object[] { "PHP 从入门到精通（第 2 版）", "清华大学出版社", "2010-07-01", "软件工程师入门丛书", "69.8 元" });
    //增加行
tableModel.addRow(new Object[] { "Visual Basic 从入门到精通（第 2 版）", "清华大学出版社", "2010-07-01", "软件工程师入门丛书", "69.8 元" });
    //增加行
tableModel.addRow(new Object[] { "Visual C++从入门到精通（第 2 版）", "清华大学出版社", "2010-07-01", "软件工程师入门丛书", "69.8 元" });
    //增加行
table.setModel(tableModel);                                                          //更新表格模型
}
```

✍ **技巧**：可以使用表格模型的 setRowCount(0)方法清空表格中的数据。

（3）编写方法 do_rowRadioButton1_actionPerformed()，用来监听单击"单行"单选按钮事件。在该方法中，设置了表格行的选择模式是选择单行。核心代码如下：

```
protected void do_rowRadioButton1_actionPerformed(ActionEvent e) {
    table.getSelectionModel().setSelectionMode(ListSelectionModel.SINGLE_SELECTION);
}
```

（4）编写方法 do_checkBox_actionPerformed()，用来监听复选框选择事件。在该方法中，启动或禁用表格的列选择功能，并修改了复选框的文本。核心代码如下：

```
protected void do_checkBox_actionPerformed(ActionEvent e) {
    if (checkBox.isSelected()) {
        checkBox.setText("启动列选择");                          //修改复选框的文本内容为"启动列选择"
        table.setColumnSelectionAllowed(true);                   //启动列选择
    } else {
        checkBox.setText("禁用列选择");                          //修改复选框的文本内容为"禁用列选择"
        table.setColumnSelectionAllowed(false);                  //禁止列选择
    }
}
```

■ 秘笈心法

心法领悟 339：表格选择模式的应用。

通常情况下，使用默认的选择模式，即选择单行就可以满足需求。对于有些程序如日历，需要实现只能选择一个单元格的功能，就需要修改选择模式。另外，使用表格的 setCellSelectionEnabled()方法也可以实现让单个单元格可选。

实例 340	为表头增添提示信息 光盘位置：光盘\MR\340	初级 趣味指数：★★★

■ 实例说明

为了节约空间，表头通常使用一些缩写形式。作为对表头含义的补充说明，可以为表头添加提示信息。默认情况下，可以使用 setToolTipText()方法设置统一的提示信息。这通常被用来设置默认提示信息。本实例将实现让不同的表头显示不同的提示信息。实例运行效果如图 14.16 所示。

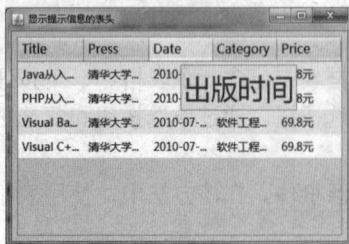

(a) Date 列的提示信息　　　　　　　　　　(b) Press 列的提示信息

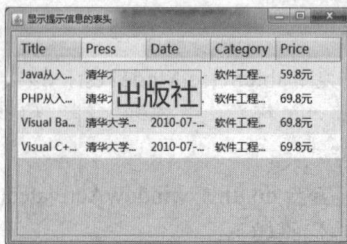

图 14.16　实例运行效果

◀》 **注意：** 即使不选择列表项，只要鼠标在表头上停留就会显示提示信息。

■ 关键技术

在 JTableHeader 类中，提供了 getToolTipText()方法，它可以用来为不同的表头设置不同的提示信息。该方法的声明如下：

```
public String getToolTipText(MouseEvent event)
```

参数说明

event：标识正确渲染器和正确提示的事件位置。

💡 **提示：** getToolTipText()方法还有一个没有参数的重载形式。

为了能够让不同的表头显示不同的提示信息，需要使用 columnAtPoint()方法获得鼠标所在位置的索引，该方法的声明如下：

```
public int columnAtPoint(Point point)
```

参数说明

point：鼠标所在的位置。

💡 **提示：** 如果鼠标所在位置位于表格外则返回-1。

■ 设计过程

（1）编写类 ToolTipHeader，该类继承了 JTableHeader，并重写了其 getToolTipText()方法。本实例实现根据鼠标所在位置返回适当的提示信息的功能。代码如下：

```java
public class ToolTipHeader extends JTableHeader {
    private static final long serialVersionUID = 6694115973725345619L;
    private String[] toolTips;
    public ToolTipHeader(TableColumnModel model) {
        super(model);                                              //初始化表头
    }
    public void setToolTips(String[] toolTips) {
        this.toolTips = toolTips;                                  //获得提示信息数组
    }
    @Override
    public String getToolTipText(MouseEvent event) {
        int index = columnAtPoint(event.getPoint());              //获得鼠标所在位置
        if (index != -1) {                                        //如果鼠标位于表头
            return "<html><font face=微软雅黑  size=16 color=red>" + toolTips[index] + "</font></html>";  //返回鼠标所在位置的提示信息
        } else {
            return "";                                            //返回空字符串
        }
    }
}
```

✍ **技巧：** 可以使用 HTML 标签修改显示的提示信息的字体、大小、颜色等。

（2）编写类 ToolTipHeaderTableExample，该类继承了 JFrame。在构造方法中，初始化表格数据，并为其设置自定义的表头。构造方法的核心代码如下：

```java
public ToolTipHeaderTableExample() {
    //省略与表格无关的代码
    table = new JTable();                                         //创建表格对象
    table.setFont(new Font("微软雅黑", Font.PLAIN, 14));          //设置表体的字体
    table.setRowHeight(30);                                       //设置表体的高度
    scrollPane.setViewportView(table);                           //在滚动面板上显示表格
    DefaultTableModel tableModel = (DefaultTableModel) table.getModel();  //获得表格模型
    tableModel.setRowCount(0);                                    //将表格模型中的数据清空
    tableModel.setColumnIdentifiers(new Object[] { "Title", "Press", "Date", "Category", "Price" });  //设置表头
    tableModel.addRow(new Object[] { "Java 从入门到精通（第 2 版）", "清华大学出版社", "2010-07-01", "软件工程师入门丛书", "59.8 元" });
    //增加行
    tableModel.addRow(new Object[] { "PHP 从入门到精通（第 2 版）", "清华大学出版社", "2010-07-01", "软件工程师入门丛书", "69.8 元" });
    //增加行
```

```
tableModel.addRow(new Object[] { "Visual Basic 从入门到精通（第 2 版）", "清华大学出版社", "2010-07-01", "软件工程师入门丛书", "69.8 元" });    //增加行
tableModel.addRow(new Object[] { "Visual C++从入门到精通（第 2 版）", "清华大学出版社", "2010-07-01", "软件工程师入门丛书", "69.8 元" });    //增加行
        table.setModel(tableModel);                                                                //更新表格模型
        String[] tips = { "书名", "出版社", "出版时间", "丛书类别", "定价" };                              //创建提示信息数组
        ToolTipHeader header = new ToolTipHeader(table.getColumnModel());                           //创建新表头
        header.setFont(new Font("微软雅黑", Font.PLAIN, 16));                                         //设置表头的字体
        header.setPreferredSize(new Dimension(header.getWidth(), 30));                              //设置表头的高度
        header.setToolTips(tips);                                                                  //设置提示信息数组
        table.setTableHeader(header);                                                              //设置表头
    }
```

■ 秘笈心法

心法领悟 340：为表体设置提示信息。

在本实例中，为表头设置了提示信息。同样地，也可以为表体设置提示信息。此时需要重写表格的 prepareRenderer() 方法，该方法的声明如下：

```
public Component prepareRenderer(TableCellRenderer renderer,int row,int column)
```

参数说明

❶ renderer：要准备的 TableCellRenderer。

❷ row：要呈现的单元格所在的行，其中第一行为 0。

❸ column：要呈现的单元格所在的列，其中第一列为 0。

使用 row 和 column 参数来确定单元格的位置并为其设置提示信息。

实例 341	单元格的粗粒度排序	初级
	光盘位置：光盘\MR\341	趣味指数：★★★

■ 实例说明

在使用表格时，会出现根据不同的列对表格进行排序的情况。例如，可以根据价格的不同对各种书籍进行排序。本实例将演示如何实现简单的排序功能。实例运行效果如图 14.17 所示。

（a）升序排序　　　　　　　　　　　　（b）降序排序

图 14.17　实例运行效果

说明：通过单击表头就可以实现按表中的数据升序排序，再次单击则降序排序。

■ 关键技术

默认情况下表格是不支持排序的，然而使用 setAutoCreateRowSorter()方法就可以让表格根据列来排序，该方法的声明如下：

```
public void setAutoCreateRowSorter(boolean autoCreateRowSorter)
```

参数说明

autoCreateRowSorter：是否应该自动创建 RowSorter。

📖说明：该方法仅实现了粗粒度的排序，要想实现细粒度排序需要使用 TableRowSorter 类。

设计过程

编写方法 do_this_windowActivated()，用来监听窗体激活事件。在该方法中，初始化表格中的数据并启动了排序功能。核心代码如下：

```java
protected void do_this_windowActivated(WindowEvent e) {
    DefaultTableModel tableModel = (DefaultTableModel) table.getModel();                    //获得表格模型
    tableModel.setRowCount(0);                                                              //将表格模型中的数据清空
    tableModel.setColumnIdentifiers(new Object[] { "书名", "出版社", "出版时间", "丛书类别", "定价" });   //设置表头
    tableModel.addRow(new Object[] { "Java 从入门到精通（第 2 版）", "清华大学出版社", "2010-07-01", "软件工程师入门丛书", "59.8 元" });
    //增加行
    tableModel.addRow(new Object[] { "PHP 从入门到精通（第 2 版）", "清华大学出版社", "2010-07-01", "软件工程师入门丛书", "69.8 元" });
    //增加行
    tableModel.addRow(new Object[] { "Visual Basic 从入门到精通（第 2 版）", "清华大学出版社", "2010-07-01", "软件工程师入门丛书", "69.8 元" });
    //增加行
    tableModel.addRow(new Object[] { "Visual C++从入门到精通（第 2 版）", "清华大学出版社", "2010-07-01", "软件工程师入门丛书", "69.8 元" });
    //增加行
    table.setModel(tableModel);                                                             //更新表格模型
    table.setAutoCreateRowSorter(true);                                                     //启动排序功能
}
```

秘笈心法

心法领悟 341：表格粗粒度排序的原理。

在初始化表格数据时，可以将 Object 类型的数据添加到表格中。排序时，如果当前列中的数据实现了 Comparable 接口，则根据其实现的方法进行排序；否则是将列中的数据转换成字符串来排序的。因此不能进行细粒度排序，如颜色的深浅。

实例 342	实现表格的查找功能 光盘位置：光盘\MR\342	初级 趣味指数：★★★

实例说明

对于数据量较大的表格，通常会为用户提供查找功能，这可以让用户快速找到自己需要的行。如果没有符合用户需求的行则进行提示，节约用户的时间。本实例将演示如何在表格中实现这个功能。实例运行效果如图 14.18 所示。

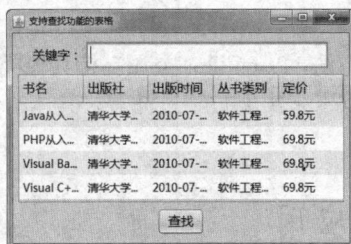
（a）查找前

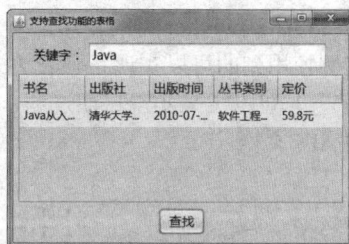
（b）查找后

图 14.18　实例运行效果

📖说明：本实例支持根据不同列的内容进行查询，读者可以自行测试。

关键技术

RowFilter 用于从模型中过滤条目，使得这些条目不会在视图中显示。例如，一个与 JTable 关联的 RowFilter 可能只允许包含带指定字符串的列的那些行。条目的含义取决于控件类型。例如，当过滤器与 JTable 关联时，

一个条目对应于一行；当过滤器与 JTree 关联时，一个条目对应于一个节点。本实例使用其 regexFilter()方法来实现文本过滤。该方法的声明如下：

```
public static <M,I> RowFilter<M,I> regexFilter(String regex,int... indices)
```

参数说明

❶ regex：在其上进行过滤的正则表达式。

❷ indices：要检查的值的索引，如果没有提供，则计算所有的值。

设计过程

（1）编写类 SearchTable，该类继承了 JFrame。在框架中包含一个文本域、一个表格和一个"查找"按钮。文本域用于获得用户输入的关键字，"查找"按钮用于在表格中查找用户输入的关键字。

（2）编写方法 do_this_windowActivated()，用来监听窗体激活事件。在该方法中，初始化表格的数据，并为表格设置 RowSorter。核心代码如下：

```java
protected void do_this_windowActivated(WindowEvent e) {
    DefaultTableModel tableModel = (DefaultTableModel) table.getModel();                     //获得表格模型
    tableModel.setRowCount(0);                                                               //将表格模型中的数据清空
    tableModel.setColumnIdentifiers(new Object[] { "书名", "出版社", "出版时间", "丛书类别", "定价" }); //设置表头
    tableModel.addRow(new Object[] { "Java 从入门到精通（第 2 版）", "清华大学出版社", "2010-07-01", "软件工程师入门丛书", "59.8 元" });
    //增加行
    tableModel.addRow(new Object[] { "PHP 从入门到精通（第 2 版）", "清华大学出版社", "2010-07-01", "软件工程师入门丛书", "69.8 元" });
    //增加行
    tableModel.addRow(new Object[] { "Visual Basic 从入门到精通(第 2 版)", "清华大学出版社", "2010-07-01", "软件工程师入门丛书", "69.8 元" });
    //增加行
    tableModel.addRow(new Object[] { "Visual C++从入门到精通（第 2 版）", "清华大学出版社", "2010-07-01", "软件工程师入门丛书", "69.8 元" });
    //增加行
    sorter.setModel(tableModel);                                                             //为 TableRowSorter 对象增加表格模型
    table.setRowSorter(sorter);                                                              //设置 RowSorter
}
```

✍ 技巧：为 TableRowSorter 设置了表格模型之后，就不需要再对表格设置表格模型了。

（3）编写方法 do_button_actionPerformed()，用来监听单击"查找"按钮事件。在该方法中，使用用户在文本域输入的关键字过滤表格内容，核心代码如下：

```java
protected void do_button_actionPerformed(ActionEvent e) {
    sorter.setRowFilter(RowFilter.regexFilter(textField.getText()));                         //实现过滤
}
```

✍ 技巧：regexFilter()方法支持参数为 null 和空字符串，因此不用对用户的输入进行校验。

秘笈心法

心法领悟 342：RowFilter 类的使用。

除了本实例使用到的可以实现正则表达式过滤的 regexFilter()方法，RowFilter 类还支持其他类型的过滤。例如，dateFilter()方法可以用来实现日期过滤，numberFilter()方法可以用来实现数字过滤等，具体的使用方式请读者参考该类的 API 文档。

14.4　表格的高级应用

实例 343	在表格中应用组合框	高级
	光盘位置：光盘\MR\343	趣味指数：★★★★☆

实例说明

对于商品的销售者而言，通常需要根据商品的销售情况来判断是否需要进货。当使用表格统计商品信息时，

在一个单元格中使用组合框来设置商品的销售状态比提供代表不同状态的列让用户填写增加方便。本实例将演示如何在表格中实现这个功能。实例运行效果如图 14.19 所示。

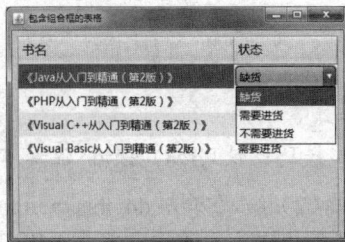

📖 **说明：** 通过单击组合框可以设置图书的销售状态。

图 14.19　实例运行效果

■ 关键技术

AbstractTableModel 是一个抽象类，该类为 TableModel 接口中的大多数方法提供默认实现。它负责管理侦听器，并为生成 TableModelEvents 以及将其调度到侦听器提供方便。该类包含的抽象方法如表 14.10 所示。

表 14.10　AbstractTableModel 的抽象方法

方 法 名	作 用
getColumnCount()	返回该模型中的列数
getRowCount()	返回该模型中的行数
getValueAt(int rowIndex, int columnIndex)	返回 columnIndex 和 rowIndex 位置的单元格值

📢 **注意：** 表格的行列都是从 0 开始计数的，即第一个单元格的索引是第 0 行第 0 列，依此类推。

DefaultCellEditor 是表单元格和树单元格的默认编辑器，本实例使用了组合框单元格，使用的构造方法如下：

```
public DefaultCellEditor(JCheckBox checkBox)
```

参数说明

checkBox：一个 JCheckBox 对象。

■ 设计过程

（1）编写类 ComboBoxTableModel，该类继承了 AbstractTableModel。在该类中，实现继承的抽象方法，并且重写另外 3 个方法。代码如下：

```java
public class ComboBoxTableModel extends AbstractTableModel {
    private static final long serialVersionUID = 5523252281451951512L;        //定义序列化标识
    private static String[] states = { "缺货","需要进货","不需要进货" };            //定义组合框的选项
    private Object[][] data = { { "《Java 从入门到精通（第 2 版）》", states[0] }, { "《PHP 从入门到精通（第 2 版）》", states[1] }, { "《Visual C++
        从入门到精通（第 2 版）》", states[1] },
        { "《Visual Basic 从入门到精通（第 2 版）》", states[1] }, };        //用数组表示表格中的数据
    @Override
    public int getColumnCount() {
        return 2;                                                          //将表格的列数设置成两列
    }
    @Override
    public int getRowCount() {
        return data.length;                                               //将表格的行数设置成数据的行数
    }
    @Override
    public Object getValueAt(int rowIndex, int columnIndex) {
        return data[rowIndex][columnIndex];                               //返回值是二维数组的对应值
    }
    @Override
    public String getColumnName(int column) {
        String[] names = { "书名", "状态" };
        return names[column];                                             //设置表头
    }
    @Override
    public boolean isCellEditable(int rowIndex, int columnIndex) {
        return columnIndex == 1;                                          //设置第二列可修改
    }
    @Override
    public void setValueAt(Object aValue, int rowIndex, int columnIndex) {
        data[rowIndex][columnIndex] = aValue;                            //显示更新后的组合框内容
```

```
    }
    public static String[] getStates() {
        return states;                                              //获得组合框的状态
    }
}
```

✍ **技巧**：使用 @Override 注释可以防止在重写方法时发生漏写方法参数等错误。

（2）编写方法 do_this_windowActivated()，用来监听窗体激活事件。在该方法中，为表格设置自定义的表格模型并修改列和宽度。核心代码如下：

```
protected void do_this_windowActivated(WindowEvent e) {
    ComboBoxTableModel tableModel = new ComboBoxTableModel();                //创建自定义表格模型
    table.setModel(tableModel);                                              //设置表格模型
    JComboBox comboBox = new JComboBox(ComboBoxTableModel.getStates());      //创建组合框对象
    comboBox.setFont(new Font("微软雅黑", Font.PLAIN, 14));
    DefaultCellEditor editor = new DefaultCellEditor(comboBox);              //利用组合框创建单元格编辑器
    TableColumnModel columnModel = table.getColumnModel();                   //获得表格的列模型
    columnModel.getColumn(1).setCellEditor(editor);                         //设置第 2 列为组合框
    columnModel.getColumn(0).setPreferredWidth(250);                        //设置第 1 列的宽度为 250
    columnModel.getColumn(1).setPreferredWidth(100);                        //设置第 2 列的宽度为 100
}
```

■ 秘笈心法

心法领悟 343：DefaultCellEditor 类的使用。

在本实例中，使用 DefaultCellEditor 类实现了在单元格中使用组合框，然而其功能却不仅限于此，它还可以用来创建使用复选框和文本域的单元格。使用复选框单元格，可以让用户选择一组需要的选项；使用文本域单元格，可以让用户对其他单元格做简短的说明。

实例 344	删除表格中选中的行 光盘位置：光盘\MR\344	高级 趣味指数：★★★★☆

■ 实例说明

通常情况下，表格中的数据是经常变化的。因此，需要为用户提供增加行数据的功能和删除行数据的功能。在表格中，实现这两种操作的代码基本相同。本实例将演示如何在表格中删除行数据，读者可以在本实例的基础上进行完善，实现增加行的功能。实例运行效果如图 14.20 所示。

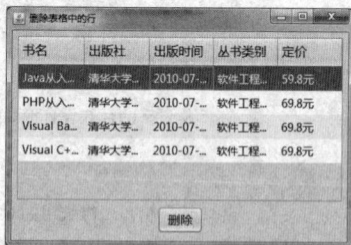
（a）删除前

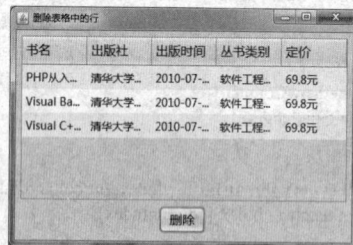
（b）删除后

图 14.20 实例运行效果

📖 **说明**：通过单击"删除"按钮可以删除用户选择的行。

■ 关键技术

为了删除表格中用户选择的行，需要获得用户选择行的索引。使用 getSelectedRow() 方法可以实现这个需求，该方法的声明如下：

```
public int getSelectedRow()
```

✍ **技巧**：如果用户选择了多行数据，则可以使用 getSelectedRows()方法获得用户选择的所有行。

DefaultTableModel 是 TableModel 的一个实现，它使用一个 Vector 来存储单元格的值对象，该 Vector 由多个 Vector 组成。在该类中提供了增加和删除表格中数据的常用方法，其说明如表 14.11 所示。

表 14.11 DefaultTableModel 的常用方法

方 法 名	作 用
addColumn(Object columnName)	将一列添加到模型中
addRow(Object[] rowData)	添加一行到模型的结尾
getColumnCount()	返回此数据表中的列数
getRowCount()	返回此数据表中的行数
removeRow(int row)	移除模型中 row 位置的行

▊ 设计过程

（1）编写类 DeleteRows，该类继承了 JFrame，在框架中包含一个表格和一个"删除"按钮。

（2）编写方法 do_this_windowActivated()，用来监听窗体激活事件。在该方法中，使用表格模型初始化表格的数据。核心代码如下：

```java
protected void do_this_windowActivated(WindowEvent e) {
    DefaultTableModel tableModel = (DefaultTableModel) table.getModel();          //获得表格模型
    tableModel.setRowCount(0);                                                     //将表格模型中的数据清空
    tableModel.setColumnIdentifiers(new Object[] { "书名", "出版社", "出版时间", "丛书类别", "定价" }); //设置表头
    tableModel.addRow(new Object[] { "Java 从入门到精通（第 2 版）", "清华大学出版社", "2010-07-01", "软件工程师入门丛书", "59.8 元" });
    //增加行
    tableModel.addRow(new Object[] { "PHP 从入门到精通（第 2 版）", "清华大学出版社", "2010-07-01", "软件工程师入门丛书", "69.8 元" });
    //增加行
    tableModel.addRow(new Object[] { "Visual Basic 从入门到精通(第 2 版)", "清华大学出版社", "2010-07-01", "软件工程师入门丛书", "69.8 元" });
    //增加行
    tableModel.addRow(new Object[] { "Visual C++从入门到精通（第 2 版）", "清华大学出版社", "2010-07-01", "软件工程师入门丛书", "69.8 元" });
    //增加行
    table.setModel(tableModel);                                                    //更新表格模型
}
```

✍ **技巧**：可以使用表格模型的 setRowCount(0)方法清空表格中的数据。

（3）编写方法 do_button_actionPerformed()，用来监听单击"删除"按钮事件。在该方法中，使用表格模型删除表格中的数据。核心代码如下：

```java
protected void do_button_actionPerformed(ActionEvent e) {
    DefaultTableModel model = (DefaultTableModel) table.getModel();     //获得表格模型
    int index = table.getSelectedRow();                                 //获得用户选择的索引
    if (index == -1) {                                                  //如果用户没有选择任何行则进行提示
        JOptionPane.showMessageDialog(this, "请选择要删除的行", "", JOptionPane.WARNING_MESSAGE);
        return;
    }
    model.removeRow(table.getSelectedRow());                            //删除用户选择的行
    table.setModel(model);                                             //重新设置表格模型
}
```

✍ **技巧**：如果用户未选择任何行，则 getSelectedRow()方法的返回值是-1。

▊ 秘笈心法

心法领悟 344：增加和删除表格中的数据。

本实例演示了如何删除用户在表格中选择的行。读者可以在本实例的基础上实现删除表格中选择的列、向表格中增加一行数据、向表格中增加一列数据等操作。为了获得用户输入的信息，可以简单地使用对话框。需要注意的是本实例采用表格模型来完成这些操作，因此对于删除的数据是不能被恢复的。

实例 345	实现表格的分页技术 光盘位置：光盘\MR\345	高级 趣味指数：★★★★☆

■ 实例说明

对于数据量比较大的表格而言，为了用户浏览方便会使用分页技术。对于 Java EE 程序员而言，有很多工具可以帮忙实现分页，如 Hibernate 等。另外，也可以在查询数据库中的数据时使用分页。本实例将自行实现一个分页算法，实例运行效果如图 14.21 所示。

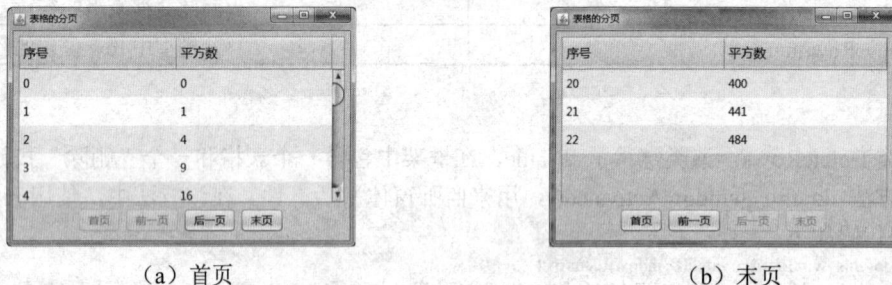

(a) 首页   (b) 末页

图 14.21 实例运行效果

■ 关键技术

表格模型中的数据不方便截取，因此使用 getDataVector()方法将表格模型中的数据存储到向量中，然后操作向量中的数据。该方法的声明如下：

```
public Vector getDataVector()
```

为了获得表格模型中的总数据数，使用 getRowCount()方法，该方法的声明如下：

```
public int getRowCount()
```

在获得了总行数和每页的行数之后，就可以计算最大页数了。需要注意的是，Java 中的整数除法是直接截取而不会进位的，如 9/5 的结果是 1。因此总行数如果不是每页行数的整数倍则需要加 1。

■ 设计过程

（1）编写类 PageTable，该类继承了 JFrame。在框架中包含了一个表格及"首页"、"前一页"、"后一页"和"末页"4 个按钮。

（2）编写方法 do_this_windowActivated()，用来监听窗体激活事件。在该方法中，使用表格模型初始化表格中的数据，计算总页数，并设置按钮的初始状态。核心代码如下：

```
protected void do_this_windowActivated(WindowEvent e) {
    defaultModel = (DefaultTableModel) table.getModel();                          //获得表格模型
    defaultModel.setRowCount(0);                                                  //清空表格模型中的数据
    defaultModel.setColumnIdentifiers(new Object[] { "序号","平方数" });           //定义表头
    for (int i = 0; i < 23; i++) {
        defaultModel.addRow(new Object[] { i, i * i });                          //向表格模型中增加数据
    }
    maxPageNumber = (int) Math.ceil(defaultModel.getRowCount() / pageSize);      //计算总页数
    table.setModel(defaultModel);                                                //设置表格模型
    firstPageButton.setEnabled(false);                                           //禁用"首页"按钮
    latePageButton.setEnabled(false);                                            //禁用"前一页"按钮
    nextPageButton.setEnabled(true);                                             //启用"后一页"按钮
    lastPageButton.setEnabled(true);                                             //启用"末页"按钮
}
```

✍ 技巧：Math 类的 ceil()方法可以获得不超过其参数的最大整数，刚好适合计算最大页数。

（3）编写方法 do_firstPageButton_actionPerformed()，用来监听单击"首页"按钮事件。在该方法中，创建

一个新的表格模型保存原表格模型中的首页数据。核心代码如下：

```java
protected void do_firstPageButton_actionPerformed(ActionEvent e) {
    currentPageNumber = 1;                                                    //将当前页码设置成1
    Vector dataVector = defaultModel.getDataVector();                         //获得原表格模型中的数据
    DefaultTableModel newModel = new DefaultTableModel();                     //创建新的表格模型
    newModel.setColumnIdentifiers(new Object[] { "序号", "随机数" });          //定义表头
    for (int i = 0; i < pageSize; i++) {
        newModel.addRow((Vector) dataVector.elementAt(i));                    //根据页面大小来获得数据
    }
    table.setModel(newModel);                                                 //设置表格模型
    firstPageButton.setEnabled(false);                                        //禁用"首页"按钮
    latePageButton.setEnabled(false);                                         //禁用"前一页"按钮
    nextPageButton.setEnabled(true);                                          //启用"后一页"按钮
    lastPageButton.setEnabled(true);                                          //启用"末页"按钮
}
```

（4）编写方法 do_latePageButton_actionPerformed()，用来监听单击"前一页"按钮事件。在该方法中，创建一个新的表格模型来保存原表格模型中的前一页数据。核心代码如下：

```java
protected void do_latePageButton_actionPerformed(ActionEvent e) {
    currentPageNumber--;                                                      //将当前页面减1
    Vector dataVector = defaultModel.getDataVector();                         //获得原表格模型中的数据
    DefaultTableModel newModel = new DefaultTableModel();                     //创建新的表格模型
    newModel.setColumnIdentifiers(new Object[] { "序号", "随机数" });          //定义表头
    for (int i = 0; i < pageSize; i++) {
        newModel.addRow((Vector) dataVector.elementAt((int) (pageSize * (currentPageNumber - 1) + i)));   //根据页面大小来获得数据
    }
    table.setModel(newModel);                                                 //设置表格模型
    if (currentPageNumber == 1) {
        firstPageButton.setEnabled(false);                                    //禁用"首页"按钮
        latePageButton.setEnabled(false);                                     //禁用"前一页"按钮
    }
    nextPageButton.setEnabled(true);                                          //启用"后一页"按钮
    lastPageButton.setEnabled(true);                                          //启用"末页"按钮
}
```

（5）编写方法 do_nextPageButton_actionPerformed()，用来监听单击"后一页"按钮事件。在该方法中，创建一个新的表格模型来保存原表格模型中的后一页数据。核心代码如下：

```java
protected void do_nextPageButton_actionPerformed(ActionEvent e) {
    currentPageNumber++;                                                      //将当前页面加1
    Vector dataVector = defaultModel.getDataVector();                         //获得原表格模型中的数据
    DefaultTableModel newModel = new DefaultTableModel();                     //创建新的表格模型
    newModel.setColumnIdentifiers(new Object[] { "序号", "随机数" });          //定义表头
    if (currentPageNumber == maxPageNumber) {
        int lastPageSize = (int) (defaultModel.getRowCount() - pageSize * (maxPageNumber - 1));
        for (int i = 0; i < lastPageSize; i++) {
            newModel.addRow((Vector) dataVector.elementAt((int) (pageSize * (maxPageNumber - 1) + i)));   //根据页面大小来获得数据
        }
        nextPageButton.setEnabled(false);                                     //禁用"后一页"按钮
        lastPageButton.setEnabled(false);                                     //禁用"末页"按钮
    } else {
        for (int i = 0; i < pageSize; i++) {
            newModel.addRow((Vector) dataVector.elementAt((int) (pageSize * (currentPageNumber - 1) + i)));   //根据页面大小来获得数据
        }
    }
    table.setModel(newModel);                                                 //设置表格模型
    firstPageButton.setEnabled(true);                                         //启用"首页"按钮
    latePageButton.setEnabled(true);                                          //启用"前一页"按钮
}
```

（6）编写方法 do_lastPageButton_actionPerformed()，用来监听单击"末页"按钮事件。在该方法中，创建一个新的表格模型保存原表格模型中的末页数据。核心代码如下：

```java
protected void do_lastPageButton_actionPerformed(ActionEvent e) {
    currentPageNumber = maxPageNumber;                                        //将当前页面设置为末页
    Vector dataVector = defaultModel.getDataVector();                         //获得原表格模型中的数据
    DefaultTableModel newModel = new DefaultTableModel();                     //创建新的表格模型
```

```
newModel.setColumnIdentifiers(new Object[] { "序号", "随机数" });                    //定义表头
int lastPageSize = (int) (defaultModel.getRowCount() - pageSize * (maxPageNumber - 1));
if (lastPageSize == 5) {
    for (int i = 0; i < pageSize; i++) {
        newModel.addRow((Vector) dataVector.elementAt((int) (pageSize * (maxPageNumber - 1) + i)));  //根据页面大小来获得数据
    }
} else {
    for (int i = 0; i < lastPageSize; i++) {
        newModel.addRow((Vector) dataVector.elementAt((int) (pageSize * (maxPageNumber - 1) + i)));  //根据页面大小来获得数据
    }
}
table.setModel(newModel);                    //设置表格模型
firstPageButton.setEnabled(true);            //启用"首页"按钮
latePageButton.setEnabled(true);             //启用"前一页"按钮
nextPageButton.setEnabled(false);            //禁用"后一页"按钮
lastPageButton.setEnabled(false);            //禁用"末页"按钮
}
```

■ 秘笈心法

心法领悟 345：分页的思想。

当总的行数与每页的行数是倍数关系时，可以简单地使用当前页码计算每页显示的数据；如不是倍数关系时，需要注意最后一页的数据。所以其数据量不够一页，要根据实际情况计算其最后一页的数据量，因此"后一页"和"末页"按钮的监听事件中使用了分类讨论。

实例 346	为单元格绘制背景色 光盘位置：光盘\MR\346	高级 趣味指数：★★★★☆

■ 实例说明

如果程序的界面中只有黑白两种颜色，则会让用户感觉界面很不好看。通常可以使用各种颜色的搭配来美化界面。本实例使用表格单元格渲染工具来为不同的单元格设置不同的颜色。读者可以从中选择自己喜欢的颜色用在自己的程序中。实例运行效果如图 14.22 所示。

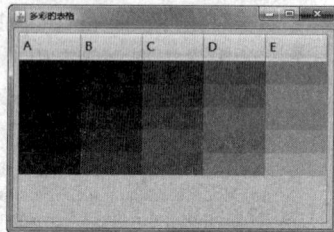

图 14.22　实例运行效果

■ 关键技术

TableCellRenderer 接口定义了一个名为 getTableCellRendererComponent() 的方法，该方法可以用来在渲染单元格前配置渲染器。该方法的声明如下：

Component getTableCellRendererComponent(JTable table,Object value,boolean isSelected,boolean hasFocus,int row,int column)

该方法中各个参数的说明如表 14.12 所示。

表 14.12　getTableCellRendererComponent()方法的参数说明

参　数　名	说　　明
table	要求渲染器渲染的 JTable，可以为 null
value	要呈现的单元格的值
isSelected	是否使用选中样式的高亮显示来呈现该单元格
hasFocus	单元格是否具有焦点
row	要渲染的单元格的行索引
column	要渲染的单元格的列索引

在编写好渲染器之后，可以使用 setDefaultRenderer()方法为表格设置渲染器，该方法的声明如下：

public void setDefaultRenderer(Class<?> columnClass,TableCellRenderer renderer)

参数说明

❶ columnClass：设置此 columnClass 的默认单元格渲染器。

❷ renderer：此 columnClass 要使用的默认单元格渲染器。

💡 **提示**：如果需要获得某一列的类类型，则可以使用表格的 getColumnClass()方法。

设计过程

（1）编写类 ColorTableCellRenderer，该类继承了 JPanel，并实现 TableCellRenderer 接口。在实现的方法中，为每个单元格设置不同的背景色。代码如下：

```java
public class ColorTableCellRenderer extends JPanel implements TableCellRenderer {
    private static final long serialVersionUID = 8932176536826008653L;
    @Override
    public Component getTableCellRendererComponent(JTable table, Object value, boolean isSelected, boolean hasFocus, int row, int column) {
        int times = 50;                              //设置背景色与行列索引的倍数关系
        int r = row * times % 255;                   //设置 r 值，代表红色
        int g = column * times % 255;                //设置 g 值，代表绿色
        int b = (row + column) * times % 255;        //设置 b 值，代表蓝色
        setBackground(new Color(r, g, b));           //设置新的背景颜色
        return this;
    }
}
```

（2）编写方法 do_this_windowActivated()，用来监听窗体激活事件。在该方法中，设置表格为 5 行 5 列。核心代码如下：

```java
protected void do_this_windowActivated(WindowEvent e) {
    DefaultTableModel model = (DefaultTableModel) table.getModel();       //获得默认表格模型
    model.setColumnCount(5);                                              //设置列数
    model.setRowCount(5);                                                 //设置行数
    table.setModel(model);                                               //更新表格模型
    table.setDefaultRenderer(Object.class, new ColorTableCellRenderer()); //设置渲染器
}
```

✍ **技巧**：如果没有为表格指定行数据，则其类型默认是 Object 类型。

秘笈心法

心法领悟 346：表格模型的巧用。

表格模型用来管理表格中的数据，它有一些简单的技巧，总结如下：如果将表格模型的行数设置为 0，则会清空表格中的数据；如果仅设置行数和列数，则生成一个空的表格，但是该表格具有表头，表头是 A、B、C 等。可以通过设置行、列数来实现隐藏表格数据的功能。此时虽然数据不可见，但并未被删除。

实例 347	实现表格的栅栏效果 光盘位置：光盘\MR\347	高级 趣味指数：★★★★

实例说明

对于长时间使用电脑的用户来说，如果表格中各行的颜色一样是很累眼睛的。为了让用户获得更舒适的体验，通常将表格设置成栅栏效果，即奇数行和偶数行的背景颜色是不同的。本实例将演示如何实现该效果。实例运行效果如图 14.23 所示。

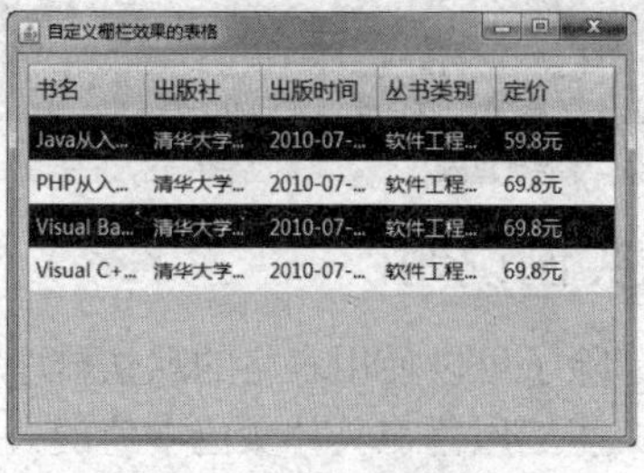

关键技术

DefaultTableCellRenderer 呈现（显示）JTable 中每个单元格的标准类。它是 TableCellRenderer 接口的实现类，通常可以使用该类来简化渲

图 14.23　实例运行效果

染器编程。此类继承自一个标准的控件类 JLabel。但是 JTable 为其单元格的呈现使用了特殊的机制，因此要求对其单元格渲染器的行为进行稍加修改。在使用该类时，通常将其转型为 JLabel，并调用 getTableCellRendererComponent() 方法来显示单元格中的文字。

■ 设计过程

（1）编写类 FenseRenderer，该类实现了 TableCellRenderer 接口。在该接口的 getTableCellRendererComponent() 方法中，为不同的行设置不同的背景颜色和文本颜色。代码如下：

```java
public class FenseRenderer implements TableCellRenderer {
    @Override
    public Component getTableCellRendererComponent(JTable table, Object value, boolean isSelected, boolean hasFocus, int row, int column) {
        JLabel renderer = (JLabel) new DefaultTableCellRenderer().
            getTableCellRendererComponent(table, value, isSelected, hasFocus, row, column);
        if (row % 2 == 0) {                                      //偶数行
            renderer.setForeground(Color.WHITE);                 //将文本设置成白色
            renderer.setBackground(Color.BLUE);                  //将背景设置成蓝色
        } else {                                                 //奇数行
            renderer.setForeground(Color.BLUE);                  //将文本设置成蓝色
            renderer.setBackground(Color.WHITE);                 //将背景设置成白色
        }
        return renderer;
    }
}
```

（2）编写方法 do_this_windowActivated()，用来监听窗体激活事件。在该方法中，初始化表格的数据并设置新的渲染器。核心代码如下：

```java
protected void do_this_windowActivated(WindowEvent e) {
    DefaultTableModel model = (DefaultTableModel) table.getModel();                    //获得表格模型
    model.setRowCount(0);                                                              //清空表格中的数据
    model.setColumnIdentifiers(new Object[] { "书名", "出版社", "出版时间", "丛书类别", "定价" });    //增加一行数据
    model.addRow(new Object[] { "Java 从入门到精通（第 2 版）", "清华大学出版社", "2010-07-01", "软件工程师入门丛书", "59.8 元" });
                                                                                       //增加一行数据
    model.addRow(new Object[] { "PHP 从入门到精通（第 2 版）", "清华大学出版社", "2010-07-01", "软件工程师入门丛书", "69.8 元" });
                                                                                       //增加一行数据
    model.addRow(new Object[] { "Visual Basic 从入门到精通（第 2 版）", "清华大学出版社", "2010-07-01", "软件工程师入门丛书", "69.8 元" });
    //增加一行数据
    model.addRow(new Object[] { "Visual C++从入门到精通（第 2 版）", "清华大学出版社", "2010-07-01", "软件工程师入门丛书", "69.8 元" });
    //增加一行数据
    table.setModel(model);                                                            //设置表格模型
    table.setDefaultRenderer(Object.class, new FenseRenderer());                      //设置新的渲染器
}
```

■ 秘笈心法

心法领悟 347：单元格渲染器的应用。

除了可以设置背景颜色和文本颜色外，还可以设置当用户选择单元格时的背景颜色与文本颜色。使用 isSelected 参数来判断用户是否选择了单元格。如果希望仅对某个单元格实现特效，可以使用 row 和 column 参数来确定该单元格。

实例 348	单元格的细粒度排序 光盘位置：光盘\MR\348	高级 趣味指数：★★★★☆

■ 实例说明

除了可以使用表格的默认排序机制外，还可以为表格中的各行指定如何排序。例如，本实例中是根据红、绿、蓝三原色在具体颜色中值的大小来排序的。先按红色升序排列，红色值相同则比较绿色，依此类推。实例运行效果如图 14.24 所示。

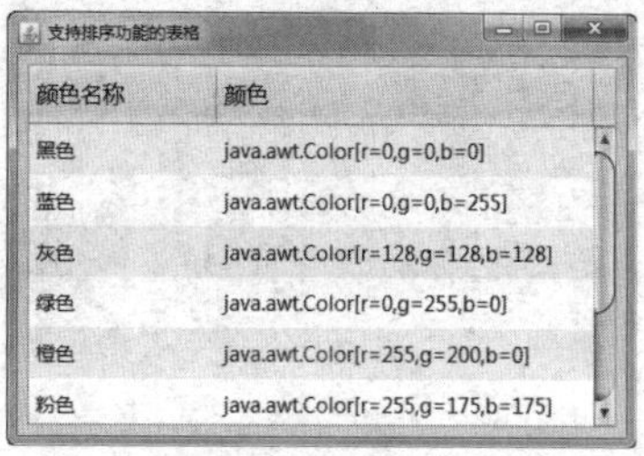

（a）排序前 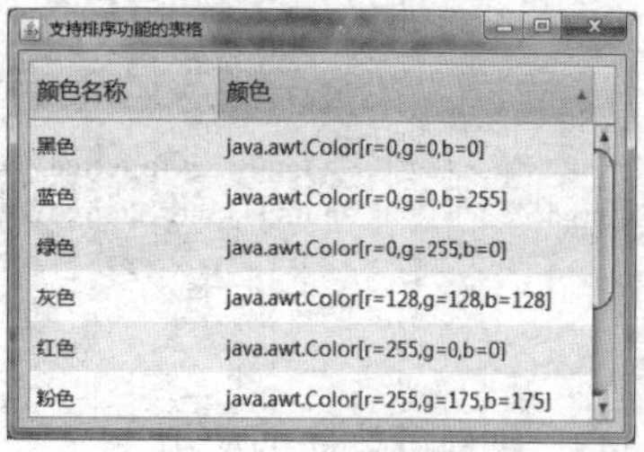　　　　　　　　　　　　　（b）排序后

图 14.24　实例运行效果

■ 关键技术

TableRowSorter<M extends TableModel>是 RowSorter 的一个实现，它使用 TableModel 提供排序和过滤操作。使用该类可以为每个列设置不同的比较方式。在使用该类时，需要用表格模型对该类进行实例化，使用的构造方法声明如下：

```
public TableRowSorter(M model)
```

参数说明

model：要使用的底层模型或者 null。

为了加载自定义的 Comparable 接口实现类，需要使用方法 setComparator()，该方法是从 DefaultRowSorter 继承而来的，其声明如下：

```
public void setComparator(int column,Comparator<?> comparator)
```

参数说明

❶ column：要应用 Comparator 的列的索引，就底层模型而言。

❷ comparator：要使用的 Comparator。

■ 设计过程

编写方法 do_this_windowActivated()，用来监听窗体激活事件。在该方法中，使用表格模型初始化表格中的数据，并设置颜色列的排序方式。核心代码如下：

```
protected void do_this_windowActivated(WindowEvent e) {
    DefaultTableModel model = (DefaultTableModel) table.getModel();                //获得表格模型
    model.setRowCount(0);                                                          //清空表格中的数据
    model.setColumnIdentifiers(new Object[] { "颜色名称", "颜色" });                  //设置表头
    model.addRow(new Object[] { "黑色", Color.BLACK });                             //为表格增加一行数据
    model.addRow(new Object[] { "蓝色", Color.BLUE });                              //为表格增加一行数据
    model.addRow(new Object[] { "灰色", Color.GRAY });                              //为表格增加一行数据
    model.addRow(new Object[] { "绿色", Color.GREEN });                             //为表格增加一行数据
    model.addRow(new Object[] { "橙色", Color.ORANGE });                            //为表格增加一行数据
    model.addRow(new Object[] { "粉色", Color.PINK });                              //为表格增加一行数据
    model.addRow(new Object[] { "红色", Color.RED });                               //为表格增加一行数据
    model.addRow(new Object[] { "白色", Color.WHITE });                             //为表格增加一行数据
    model.addRow(new Object[] { "黄色", Color.YELLOW });                            //为表格增加一行数据
    TableRowSorter<TableModel> sorter = new TableRowSorter<TableModel>(model);
    sorter.setComparator(1, new Comparator<Color>() {                              //为第二列设置排序器
        @Override
        public int compare(Color o1, Color o2) {                                   //设置排序方式
            int r = o1.getRed() - o2.getRed();
            int g = o1.getGreen() - o2.getGreen();
            int b = o1.getBlue() - o2.getBlue();
            if (r != 0) {                                                          //首先按红色值排序
                return r;
            } else if (g != 0) {                                                   //其次按绿色值排序
                return g;
            } else {
                return b;                                                          //最后按蓝色值排序
            }
```

```
        }
    });
    table.setRowSorter(sorter);                                      //为表格增加排序器
    table.getColumnModel().getColumn(0).setPreferredWidth(150);      //设置第一列的宽度
    table.getColumnModel().getColumn(1).setPreferredWidth(300);      //设置第二列的宽度
}
```

■ 秘笈心法

心法领悟 348：细粒度排序的应用。

本实例采用颜色值的不同来演示如何使用细粒度排序。在实际应用中，细粒度排序有更加广泛的应用，如某张图片的宽度等。通常，当表格中的数据是对象时，就需要使用细粒度排序。此外，需要重写 Comparable 接口的实现类。

14.5 树控件简单应用

实例 349	编写中国省市信息树 光盘位置：光盘\MR\349	初级 趣味指数：★★★★☆

■ 实例说明

对于具有层次关系的结构，使用树控件描述是非常方便的，如文件夹及其子文件夹之间的关系、国家的行政结构关系等。本实例将使用树控件来表示中国的各个行政区域，使用 Swing 库中定义的工具类可以非常容易地实现。实例运行效果如图 14.25 所示。

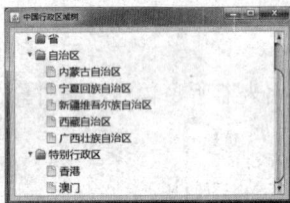

图 14.25　实例运行效果

说明：单击三角形的小图标可以显示和隐藏树节点。

■ 关键技术

DefaultMutableTreeNode 是树数据结构中的通用节点。一个树节点最多可以有一个父节点、0 或多个子节点。DefaultMutableTreeNode 为检查和修改节点的父节点和子节点提供操作，也为检查节点所属的树提供操作。节点的树是所有节点的集合，通过从某一节点开始并沿着父节点和子节点的所有可能的链接，可以访问这些节点。可以使用其含有参数的构造方法在创建节点对象时定义节点的内容，该方法的声明如下：

```
public DefaultMutableTreeNode(Object userObject)
```

参数说明

userObject：用户提供的 Object，它构成节点的数据。

提示：参数 userObject 的类型是 Object，这意味着可以使用 File 等类型作为树的节点。

使用 add()方法为一个节点增加子节点就可以实现层次关系，该方法的声明如下：

```
public void add(MutableTreeNode newChild)
```

参数说明

newChild：作为此节点的子节点添加的节点。

设计过程

　　（1）编写类 ChinaGeographyTree，该类继承 JFrame。在框架中包含了一棵树，在树中显示了中国的直辖市、省、自治区和特别行政区信息。

　　（2）编写方法 do_this_windowActivated()，用来监听窗体激活事件。在该方法中，为树控件增加节点信息。核心代码如下：

```
protected void do_this_windowActivated(WindowEvent e) {
    DefaultMutableTreeNode root = new DefaultMutableTreeNode("中国");          //创建根节点
    DefaultMutableTreeNode municipalities = new DefaultMutableTreeNode("直辖市");
    municipalities.add(new DefaultMutableTreeNode("北京"));                    //为"直辖市"增加子节点"北京"
    municipalities.add(new DefaultMutableTreeNode("上海"));                    //为"直辖市"增加子节点"上海"
    municipalities.add(new DefaultMutableTreeNode("天津"));                    //为"直辖市"增加子节点"天津"
    municipalities.add(new DefaultMutableTreeNode("重庆"));                    //为"直辖市"增加子节点"重庆"
    //省略其他节点的信息
    root.add(municipalities);                                                //为根节点增加"直辖市"节点
    root.add(province);                                                      //为根节点增加"省"节点
    root.add(ARegion);                                                       //为根节点增加"自治区"节点
    root.add(SARegion);                                                      //为根节点增加"特别行政区"节点
    DefaultTreeModel model = new DefaultTreeModel(root);                     //利用根节点创建树模型
    tree.setModel(model);                                                   //为树设置新的树模型
}
```

秘笈心法

　　心法领悟 349：树结构简介。

　　一棵树由若干节点组成，每个节点有两种状态：没有子节点的称为叶子节点，具有子节点的称为父节点。除了根节点外，每个节点都有唯一的父节点。一棵树只有一个根节点。由若干树组成的集合称为森林。关于树的更加详细的介绍请参考专门的数据结构教材。

实例 350	树控件常用遍历方式 光盘位置：光盘\MR\350	初级 趣味指数：★★★

实例说明

　　对于列表或表格，可以直接使用索引来确定其中元素的位置。对于树控件而言，定位其中的元素却没有那么方便，通常需要先遍历树节点再使用。遍历树节点有两种常见的方式，即深度优先和广度优先。本实例将演示其遍历效果。实例运行效果如图 14.26 所示。

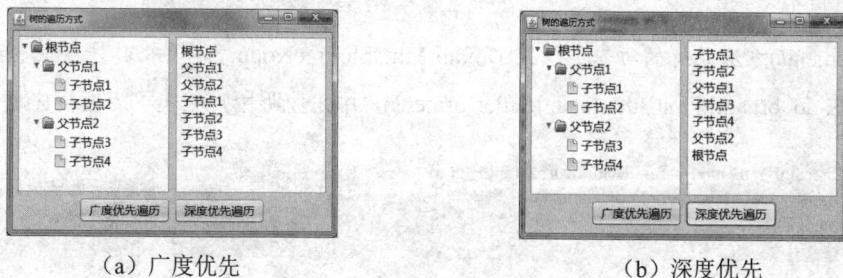

（a）广度优先　　　　　　　　　　　（b）深度优先

图 14.26　实例运行效果

　　📖 说明：深度优先遍历在二叉树中也称后序遍历。

关键技术

　　DefaultMutableTreeNode 是树数据结构中的通用节点。一个树节点最多可以有一个父节点、0 或多个子节点。

DefaultMutableTreeNode 为检查和修改节点的父节点和子节点提供操作，也为检查节点所属的树提供操作。节点的树是所有节点的集合，通过从某一节点开始并沿着父节点和子节点的所有可能的链接，可以访问这些节点。在该类中定义了广度优先遍历算法和深度优先遍历算法的实现方法，其返回值均为枚举类型。这两个方法的说明如表 14.13 所示。

表 14.13　广度优先与深度优先方法

方　法　名	作　用
breadthFirstEnumeration()	创建并返回一个枚举，该枚举按广度优先的顺序遍历以此节点为根的子树
depthFirstEnumeration()	创建并返回一个枚举，该枚举按深度优先的顺序遍历以此节点为根的子树

📖说明：除了这两种简便的遍历算法，读者还可以使用 DefaultMutableTreeNode 类的其他方法来自定义遍历方法。

设计过程

（1）编写类 TreeTraversalMethods，该类继承了 JFrame。在框架中包含一棵树和"广度优先遍历""深度优先遍历"两个按钮。

（2）编写方法 do_this_windowActivated()，用来监听窗体激活事件。在该方法中，实现一个简单的二叉树。核心代码如下：

```java
protected void do_this_windowActivated(WindowEvent e) {
    root = new DefaultMutableTreeNode("根节点");                              //创建根节点
    DefaultMutableTreeNode parent1 = new DefaultMutableTreeNode("父节点 1");  //创建子节点
    parent1.add(new DefaultMutableTreeNode("子节点 1"));                      //为"父节点 1"增加"子节点 1"
    parent1.add(new DefaultMutableTreeNode("子节点 2"));                      //为"父节点 1"增加"子节点 2"
    root.add(parent1);                                                       //将 parent1 设置为 root 的子节点
    DefaultMutableTreeNode parent2 = new DefaultMutableTreeNode("父节点 2");  //创建子节点
    parent2.add(new DefaultMutableTreeNode("子节点 3"));                      //为"父节点 2"增加"子节点 3"
    parent2.add(new DefaultMutableTreeNode("子节点 4"));                      //为"父节点 2"增加"子节点 4"
    root.add(parent2);                                                       //将 parent2 设置为 root 的子节点
    DefaultTreeModel model = new DefaultTreeModel(root);                     //使用根节点创建默认树模型
    tree.setModel(model);//更新树模型
}
```

（3）编写方法 getNodesInfor()，用来根据输入的枚举类型参数更新文本区。核心代码如下：

```java
private void getNodesInfor(Enumeration enums) {
    textArea.setText("");                                          //清空文本区
    StringBuilder sb = new StringBuilder();                        //利用 StringBuilder 保存节点信息
    while (enums.hasMoreElements()) {
        sb.append((DefaultMutableTreeNode) enums.nextElement());   //增加节点信息
        sb.append("\n");                                           //增加换行符
    }
    textArea.setText(sb.toString());                               //更新文本区信息
}
```

🔊注意：nextElement()方法获得的对象类型是 DefaultMutableTreeNode，不要将其转换成 String 类型。

（4）编写方法 do_breadthFirstButton_actionPerformed()，用来监听用户单击"广度优先遍历"按钮事件。核心代码如下：

```java
protected void do_breadthFirstButton_actionPerformed(ActionEvent e) {
    Enumeration enums = root.breadthFirstEnumeration();   //获得包含广度优先遍历结果的枚举类型
    getNodesInfor(enums);                                 //显示枚举类型中的数据
}
```

秘笈心法

心法领悟 350：树遍历的分类。

对于普通的树而言，可以将遍历方式分为广度优先遍历和深度优先遍历两种。对于二叉树而言，深度优先遍历又可以分为前序遍历、中序遍历和后序遍历，这 3 种遍历方式可以采用递归或非递归方法实现。关于其详细的实现原理及应用，请读者参考专门的数据结构教材。

实例 351	自定义树节点的图标	初级
	光盘位置：光盘\MR\351	趣味指数：★★★

■ 实例说明

　　树默认的节点图标并不好看，为了美化界面，通常需要修改图标。有两种方式可以实现这个效果：第一是使用树渲染器，第二是使用 UIManager 类。由于第二种方法比较简单，本实例将使用该方法来改变树的图标。实例运行效果如图 14.27 所示。

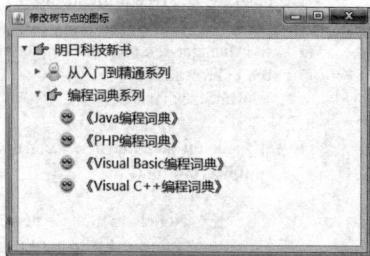

图 14.27　实例运行效果

■ 关键技术

　　UIManager 管理当前外观、可用外观集合、外观更改时被通知的 PropertyChangeListeners、外观默认值以及获取各种默认值的便捷方法。在树被绘制之前，可以使用 put()方法将树节点不同状态的图标存入系统中，这样当需要绘制树时，就会使用这些图标。put()方法的声明如下：

```
public static Object put(Object key,Object value)
```

参数说明

❶ key：一个指定检索键的 Object。

❷ value：要存储的 Object。

📢 **注意**：要在 Swing 程序运行之前调用该方法，否则不会有任何作用。

　　对于树节点，可以设置的图标有 5 种，详细说明如表 14.14 所示。

表 14.14　树节点常用图标关键字

方 法 名	作 用
Tree.openIcon	树打开图标
Tree.closedIcon	树关闭图标
Tree.leafIcon	树叶子图标
Tree.expandedIcon	树展开图标
Tree.collaspedIcon	树合并图标

📢 **注意**：Tree.openIcon 和 Tree.expandedIcon 冲突，如果同时设置以第一个为准。

■ 设计过程

　　（1）编写方法 do_this_windowActivated()，用来监听窗体激活事件，在该方法中，为树增加了数据。核心代码如下：

```
protected void do_this_windowActivated(WindowEvent e) {
    DefaultMutableTreeNode root = new DefaultMutableTreeNode("明日科技新书");          //设置根节点
    DefaultMutableTreeNode parent1 = new DefaultMutableTreeNode("从入门到精通系列");
    parent1.add(new DefaultMutableTreeNode("《Java 从入门到精通（第 2 版）》"));
    parent1.add(new DefaultMutableTreeNode("《PHP 从入门到精通（第 2 版）》"));
    parent1.add(new DefaultMutableTreeNode("《Visual Basic 从入门到精通（第 2 版）》"));
    parent1.add(new DefaultMutableTreeNode("《Visual C++从入门到精通（第 2 版）》"));
    root.add(parent1);                                                            //增加子节点
    DefaultMutableTreeNode parent2 = new DefaultMutableTreeNode("编程词典系列");
    parent2.add(new DefaultMutableTreeNode("《Java 编程词典》"));
    parent2.add(new DefaultMutableTreeNode("《PHP 编程词典》"));
    parent2.add(new DefaultMutableTreeNode("《Visual Basic 编程词典》"));
    parent2.add(new DefaultMutableTreeNode("《Visual C++编程词典》"));
```

```
        root.add(parent2);                                                      //增加子节点
        DefaultTreeModel model = new DefaultTreeModel(root);                     //使用根节点创建默认树模型
        tree.setModel(model);                                                   //更新树模型
}
```

（2）编写 main()方法，在该方法中，首先更改树的图标和 Swing 的外观，然后运行该程序。核心代码如下：

```
public static void main(String[] args) {
    UIManager.put("Tree.openIcon", new ImageIcon("src/image/open.png"));        //设置节点打开图标
    UIManager.put("Tree.closedIcon", new ImageIcon("src/image/closed.png"));    //设置关闭图标
    UIManager.put("Tree.leafIcon", new ImageIcon("src/image/leaf.png"));        //设置子节点的图标
    try {                                                                        //修改 Swing 的外观为 Nimbus
        UIManager.setLookAndFeel("com.sun.java.swing.plaf.nimbus.NimbusLookAndFeel");
    } catch (Throwable e) {
        e.printStackTrace();
    }
    EventQueue.invokeLater(new Runnable() {                                       //在事件派发线程中运行 Swing 程序
        public void run() {
            try {
                NodeIcon frame = new NodeIcon();
                frame.setVisible(true);
            } catch (Exception e) {
                e.printStackTrace();
            }
        }
    });
}
```

秘笈心法

心法领悟 351：UIManager 的简单应用。

除了可以设置树的图标，还可以使用 UIManager 完成其他外观的设置，修改树的字体、修改菜单的字体、修改按钮的字体等。此外，还可以使用该类的 setLookAndFeel()方法设置界面的整体外观。请读者参考相关的 API 文档进行学习。

实例 352	监听节点的选择事件	初级
	光盘位置：光盘\MR\352	趣味指数：★★★

实例说明

通常情况下，树控件是与其他的控件一同使用的。当选择了树控件的一个节点后，会触发其他控件状态的改变事件。本实例将监听节点的选择事件，当用户选择不同的节点时，会在右侧的文本区中显示该节点的一些信息。实例运行效果如图 14.28 所示。

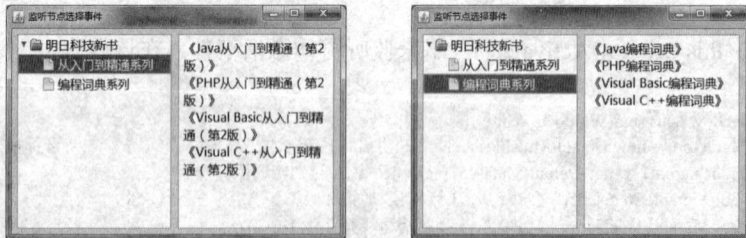

图 14.28　实例运行效果

关键技术

为了能够监听用户选择树节点事件，必须为树添加选择监听器。该监听器必须实现 TreeSelectionModel 接口。在这个接口中定义一个 valueChanged()方法，该方法用于对用户选择的不同节点进行响应，其声明如下：

```
void valueChanged(TreeSelectionEvent e)
```

参数说明

e：表现更改的特征的事件。

为了对不同的节点选择事件做出不同响应，需要知道用户选择了哪个节点。为此先使用 getSelectionPath() 方法获得用户选择的路径，该方法的声明如下：

```
public TreePath getSelectionPath()
```

然后使用 getLastPathComponent() 方法获得用户选择的节点，该方法的声明如下：

```
public Object getLastPathComponent()
```

设计过程

（1）编写类 SelectedEventTest，该类继承了 JFrame。在框架中包含一棵树和一个文本区，文本区用来响应用户选择树节点的事件。

（2）编写方法 do_this_windowActivated()，用来监听窗体激活事件。在该方法中，初始化树中的节点信息。核心代码如下：

```
protected void do_this_windowActivated(WindowEvent e) {
    DefaultMutableTreeNode root = new DefaultMutableTreeNode("明日科技新书");        //创建根节点
    DefaultMutableTreeNode parent1 = new DefaultMutableTreeNode("从入门到精通系列");
    root.add(parent1);                                                           //增加子节点
    DefaultMutableTreeNode parent2 = new DefaultMutableTreeNode("编程词典系列");
    root.add(parent2);                                                           //增加子节点
    DefaultTreeModel model = new DefaultTreeModel(root);                         //使用根节点创建默认树模型
    tree.setModel(model);                                                       //更新树模型
}
```

（3）编写方法 do_tree_valueChanged()，用来监听用户选择不同的树节点事件。在该方法中，根据用户选择的节点更新文本区内容。核心代码如下：

```
protected void do_tree_valueChanged(TreeSelectionEvent e) {
    TreePath path = tree.getSelectionPath();                                    //获得用户选择的节点路径
    if(path==null) {                                                            //如果没有选择节点则直接返回
        return;
    }
    DefaultMutableTreeNode node = (DefaultMutableTreeNode)path.getLastPathComponent();
    String text1 = "《Java 从入门到精通（第 2 版）》\n《PHP 从入门到精通（第 2 版）》\n《Visual Basic 从入门到精通（第 2 版）》\n《Visual
        C++从入门到精通（第 2 版）》";
    String text2 = "《Java 编程词典》\n《PHP 编程词典》\n《Visual Basic 编程词典》\n《Visual C++编程词典》";
    if (node.toString().equals("从入门到精通系列")) {                            //如果选择了"从入门到精通系列"节点
        textArea.setText(text1);                                                //将文本区设置成 text1
    } else {
        textArea.setText(text2);                                               //将文本区设置为 text2
    }
}
```

秘笈心法

心法领悟 352：树选择事件的应用。

本实例设置了树节点的选择模式为单选。如果用户使用的树支持多选，则可以使用 getSelectionPaths() 方法获得用户选择的全部路径，该方法的声明如下：

```
public TreePath[] getSelectionPaths()
```

然后遍历 TreePath 数组获得用户选择的各个节点。此外，还可以对用户展开合并树节点的事件进行监听。

| 实例 353 | 设置树控件选择模式
光盘位置：光盘\MR\353 | 初级
趣味指数：★★★ |

实例说明

对于树控件而言，其选择模式有：只能选择一个节点、可以选择连续若干节点和可以选择若干不连续的节点 3 种。本实例将演示它们的用法。读者可以通过选中单选按钮来选择树的选择模式。实例运行效果如图 14.29 所示。

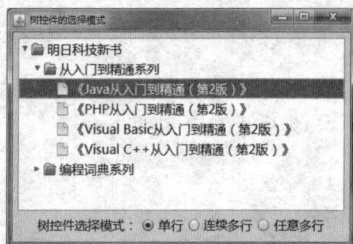

（a）单行选择

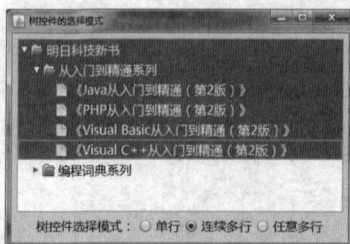

（b）多行选择

图 14.29   实例运行效果

📖 **说明**：为了节省篇幅，请读者自行演示其他的选择模式。

■ 关键技术

树控件的选择模式是使用树模型来设置的，为此需要先获得树模型，使用 getModel()方法可以获得当前树的模型，该方法的声明如下：

```
public TreeModel getModel()
```

TreeSelectionModel 接口表示树选择控件的当前状态。在该接口中定义了 3 个常量来表示树选择的模式，其说明如表 14.15 所示。

表 14.15   TreeSelectionModel 的常量

常 量 名	作 用
CONTIGUOUS_TREE_SELECTION	选择只能是连续的
DISCONTIGUOUS_TREE_SELECTION	选择可以包含任何数量的项，这些项不必是连续的
SINGLE_TREE_SELECTION	一次只能选择一个路径

■ 设计过程

（1）编写类 TreeSelectModeTest，该类继承了 JFrame。在框架中包含一棵树和一个单选按钮组。按钮组中包含 "单行"、"连续多行" 和 "任意多行" 3 个单选按钮。

（2）编写方法 do_this_windowActivated()，用来监听窗体激活事件。在该方法中，为树增加了数据。核心代码如下：

```
protected void do_this_windowActivated(WindowEvent e) {
    DefaultMutableTreeNode root = new DefaultMutableTreeNode("明日科技新书");        //设置根节点
    DefaultMutableTreeNode parent1 = new DefaultMutableTreeNode("从入门到精通系列");
    parent1.add(new DefaultMutableTreeNode("《Java 从入门到精通（第 2 版）》"));
    parent1.add(new DefaultMutableTreeNode("《PHP 从入门到精通（第 2 版）》"));
    parent1.add(new DefaultMutableTreeNode("《Visual Basic 从入门到精通（第 2 版）》"));
    parent1.add(new DefaultMutableTreeNode("《Visual C++从入门到精通（第 2 版）》"));
    root.add(parent1);                                                            //增加子节点
    DefaultMutableTreeNode parent2 = new DefaultMutableTreeNode("编程词典系列");
    parent2.add(new DefaultMutableTreeNode("《Java 编程词典》"));
    parent2.add(new DefaultMutableTreeNode("《PHP 编程词典》"));
    parent2.add(new DefaultMutableTreeNode("《Visual Basic 编程词典》"));
    parent2.add(new DefaultMutableTreeNode("《Visual C++编程词典》"));
    root.add(parent2);                                                           //增加子节点
    DefaultTreeModel model = new DefaultTreeModel(root);                         //使用根节点创建默认树模型
    tree.setModel(model);                                                       //更新树模型
}
```

（3）编写方法 do_radioButton1_actionPerformed()，用来监听单击 "单行" 单选按钮事件。在该方法中，设置树控件的选择模式是选择单行。核心代码如下：

```
protected void do_radioButton1_actionPerformed(ActionEvent e) {
    tree.getSelectionModel().setSelectionMode(TreeSelectionModel.SINGLE_TREE_SELECTION);
}
```

📖 **说明**：其他两个单选按钮的代码和功能与此类似，在此就不进行讲解了。

■ 秘笈心法

心法领悟 353：树控件选择模式的应用。

通常情况下，需要根据用户选择的不同节点来触发不同的事件，因此需要将默认的选择模式修改成单行选择。如果实际需要用户选择一组连续的节点才触发某个事件，可以将选择模式设置成选择连续多行。

实例 354	查看节点的各种状态	初级
	光盘位置：光盘\MR\354	趣味指数：★★★

■ 实例说明

对于一棵树而言，其各个节点的状态是不同的。例如，是否是根节点、是否是叶子节点、具有子节点的个数等。这些状态值对于树而言是非常重要的。例如，对于一棵完全二叉树而言，其节点的子节点数只能是 0 和 2 两种。本实例将实现查看树节点状态的功能，实例运行效果如图 14.30 所示。

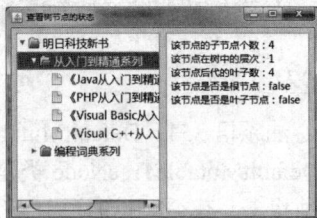

图 14.30　实例运行效果

■ 关键技术

DefaultMutableTreeNode 是树数据结构中的通用节点。一个树节点最多可以有一个父节点、0 或多个子节点。DefaultMutableTreeNode 为检查和修改节点的父节点和子节点提供操作，也为检查节点所属的树提供操作。节点的树是所有节点的集合，通过从某一节点开始并沿着父节点和子节点的所有可能的链接，可以访问这些节点。在该类中提供了查看节点状态的常用方法，其说明如表 14.16 所示。

表 14.16　DefaultMutableTreeNode 的常用方法

方　法　名	作　　用
getChildCount()	返回此节点的子节点数
getLeafCount()	返回为此节点后代的叶子节点总数
getLevel()	从根到此节点的距离
isLeaf()	如果此节点没有子节点，则返回 true
isRoot()	如果此节点是树的根，则返回 true

■ 设计过程

（1）编写方法 do_this_windowActivated()，用来监听窗体激活事件。在该方法中，为树增加了数据。核心代码如下：

```
protected void do_this_windowActivated(WindowEvent e) {
    DefaultMutableTreeNode root = new DefaultMutableTreeNode("明日科技新书");          //设置根节点
    DefaultMutableTreeNode parent1 = new DefaultMutableTreeNode("从入门到精通系列");
    parent1.add(new DefaultMutableTreeNode("《Java 从入门到精通（第 2 版）》"));
    parent1.add(new DefaultMutableTreeNode("《PHP 从入门到精通（第 2 版）》"));
    parent1.add(new DefaultMutableTreeNode("《Visual Basic 从入门到精通（第 2 版）》"));
    parent1.add(new DefaultMutableTreeNode("《Visual C++从入门到精通（第 2 版）》"));
    root.add(parent1);                                                              //增加子节点
    DefaultMutableTreeNode parent2 = new DefaultMutableTreeNode("编程词典系列");
    parent2.add(new DefaultMutableTreeNode("《Java 编程词典》"));
    parent2.add(new DefaultMutableTreeNode("《PHP 编程词典》"));
```

```
        parent2.add(new DefaultMutableTreeNode("《Visual Basic 编程词典》"));
        parent2.add(new DefaultMutableTreeNode("《Visual C++编程词典》"));
        root.add(parent2);                                          //增加子节点
        DefaultTreeModel model = new DefaultTreeModel(root);        //使用根节点创建默认树模型
        tree.setModel(model);                                       //更新树模型
}
```

（2）编写方法 do_tree_valueChanged()，用来监听用户选择不同的树节点事件。在该方法中，根据用户选择的节点更新文本区内容。核心代码如下：

```
protected void do_tree_valueChanged(TreeSelectionEvent e) {
        TreePath path = tree.getSelectionPath();                    //获得用户选择的路径
        if (path == null) {
                return;
        }
        DefaultMutableTreeNode node = (DefaultMutableTreeNode) path.getLastPathComponent();
        StringBuilder sb = new StringBuilder();
        sb.append("该节点的子节点个数： " + node.getChildCount() + "\n");   //获得子节点个数
        sb.append("该节点在树中的层次： " + node.getLevel() + "\n");        //获得层次
        sb.append("该节点后代的叶子数： " + node.getLeafCount() + "\n");    //获得叶子数
        sb.append("该节点是否是根节点： " + node.isRoot() + "\n");          //判断是否是根节点
        sb.append("该节点是否是叶子节点： " + node.isLeaf() + "\n");        //判断是否是叶子节点
        textArea.setText(sb.toString());
}
```

■ 秘笈心法

心法领悟 354：DefaultMutableTreeNode 类总结。

DefaultMutableTreeNode 类是 TreeNode 接口的实现类。该类不仅包括了与树节点相关的方法，如判断节点的各种状态、获得节点的子节点和叶子节点等，还包括了树的克隆、树的遍历（包括广度优先遍历、深度优先遍历、前序遍历、后序遍历等）。请读者仔细学习相关的 API 文档。

14.6　树控件高级应用

实例 355	在树控件中增加节点 光盘位置：光盘\MR\355	高级 趣味指数：★★★★☆

■ 实例说明

除了让用户在给定的节点中进行选择外，还可以让用户在需要的位置添加自定义节点。这样程序会有更好的交互效果。本实例将实现让用户添加可以编辑的节点的功能，还可以为新的节点添加子节点。实例运行效果如图 14.31 所示。

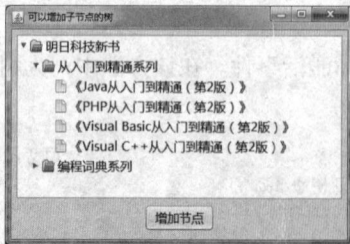　　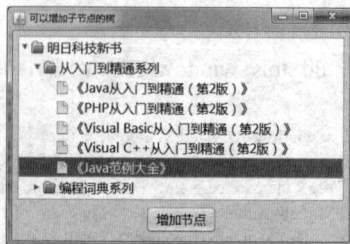

（a）增加节点前　　　　　　　　　（b）增加节点后

图 14.31　实例运行效果

📖 说明：当用户单击"增加节点"按钮时，会生成一个文本域获得用户的输入，按下 Enter 键即可增加节点。

关键技术

DefaultTreeModel 是使用 TreeNodes 的简单树数据模型。在该类中定义了各种与树控件数据相关的方法，如节点的增加、修改、删除等。此外，还有一些方法可以通知树控件其中的数据已经被修改。本实例使用了向树控件增添节点的方法 insertNodeInto()，该方法的声明如下：

```
public void insertNodeInto(MutableTreeNode newChild,MutableTreeNode parent,int index)
```

参数说明

❶ newChild：要增添的新节点。

❷ parent：新节点的父节点。

❸ index：新增添的节点在父节点中的位置。

📢 注意：一个节点的子节点索引是从 0 开始到子节点数目减 1。

设计过程

（1）编写方法 do_this_windowActivated()，用来监听窗体激活事件。在该方法中，为树增加数据。核心代码如下：

```
protected void do_this_windowActivated(WindowEvent e) {
    DefaultMutableTreeNode root = new DefaultMutableTreeNode("明日科技新书");            //设置根节点
    DefaultMutableTreeNode parent1 = new DefaultMutableTreeNode("从入门到精通系列");
    parent1.add(new DefaultMutableTreeNode("《Java 从入门到精通（第 2 版）》"));
    parent1.add(new DefaultMutableTreeNode("《PHP 从入门到精通（第 2 版）》"));
    parent1.add(new DefaultMutableTreeNode("《Visual Basic 从入门到精通（第 2 版）》"));
    parent1.add(new DefaultMutableTreeNode("《Visual C++从入门到精通（第 2 版）》"));
    root.add(parent1);                                                          //增加子节点
    DefaultMutableTreeNode parent2 = new DefaultMutableTreeNode("编程词典系列");
    parent2.add(new DefaultMutableTreeNode("《Java 编程词典》"));
    parent2.add(new DefaultMutableTreeNode("《PHP 编程词典》"));
    parent2.add(new DefaultMutableTreeNode("《Visual Basic 编程词典》"));
    parent2.add(new DefaultMutableTreeNode("《Visual C++编程词典》"));
    root.add(parent2);                                                          //增加子节点
    DefaultTreeModel model = new DefaultTreeModel(root);                        //使用根节点创建默认树模型
    tree.setModel(model);                                                      //更新树模型
}
```

（2）编写方法 do_button_actionPerformed()，用来监听单击"增加节点"按钮事件。在该方法中，实现了在用户选择的位置增加节点的功能。核心代码如下：

```
protected void do_button_actionPerformed(ActionEvent e) {
    DefaultMutableTreeNode selectNode = (DefaultMutableTreeNode)
tree.getLastSelectedPathComponent();                                          //获得用户选择的节点
    if (selectNode == null) {                                                  //如果用户没有选择节点则返回
        return;
    }
    DefaultTreeModel model = (DefaultTreeModel) tree.getModel();               //获得当前树的模型
    DefaultMutableTreeNode newNode = new DefaultMutableTreeNode("New Node");   //新建节点
    model.insertNodeInto(newNode, selectNode, selectNode.getChildCount());     //增加节点
    TreeNode[] nodes = model.getPathToRoot(newNode);                          //向上构建节点的父节点一直到根节点
    TreePath path = new TreePath(nodes);                                      //创建 TreePath 对象
    tree.scrollPathToVisible(path);            //确保路径中所有的路径控件均展开（最后一个路径控件除外）并滚动
    tree.setSelectionPath(path);                                              //选择指定路径标识的节点
    tree.startEditingAtPath(path);                                            //设置新建的节点处于可编辑状态
    tree.repaint();                                                           //重新绘制树
}
```

秘笈心法

心法领悟 355：树节点的标识方式。

树控件并不直接处理树的节点，而是处理节点所在的路径。一个树路径包括根节点到用户选择节点的所有节点。之所以使用这种"麻烦"的方式来确定节点，是因为树控件本身并不知道各节点之间的关系，这是由树

模型管理的。

| 实例 356 | 在树控件中删除节点
光盘位置：光盘\MR\356 | 高级
趣味指数：★★★☆ |

■ 实例说明

除了让用户在给定的节点中进行选择外，还可以让用户在需要的位置删除节点。这样程序会有更好的交互效果。本实例将实现让用户删除节点的功能，如果该节点包括了子节点则一并删除。实例运行效果如图 14.32 所示。

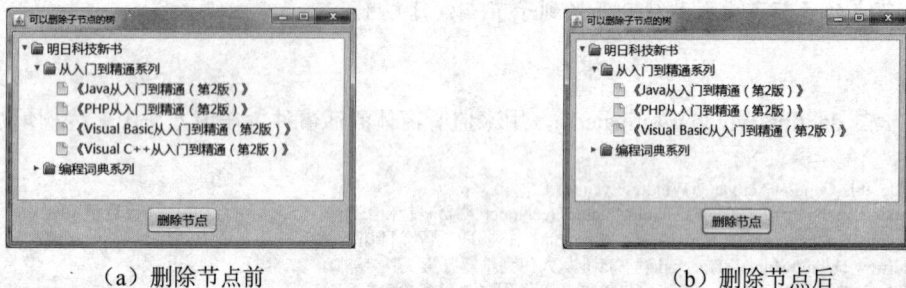

| （a）删除节点前 | （b）删除节点后 |

图 14.32　实例运行效果

注意： 可以删除父节点和叶子节点，但是不能删除根节点。

■ 关键技术

DefaultTreeModel 是使用 TreeNodes 的简单树数据模型。在该类中定义了各种与树控件数据相关的方法，如节点的增加、修改、删除等。此外，还有一些方法可以通知树控件其中的数据已经被修改。本实例使用了向树控件删除节点的方法 removeNodeFromParent()，该方法的声明如下：

```
public void removeNodeFromParent(MutableTreeNode node)
```

参数说明

node：被删除的节点。

注意： 在删除节点之前需要先判断该节点是否为空。

■ 设计过程

（1）编写方法 do_this_windowActivated()，用来监听窗体激活事件。在该方法中，为树增加数据。核心代码如下：

```
protected void do_this_windowActivated(WindowEvent e) {
    DefaultMutableTreeNode root = new DefaultMutableTreeNode("明日科技新书");          //设置根节点
    DefaultMutableTreeNode parent1 = new DefaultMutableTreeNode("从入门到精通系列");
    parent1.add(new DefaultMutableTreeNode(" 《Java 从入门到精通（第 2 版）》"));
    parent1.add(new DefaultMutableTreeNode(" 《PHP 从入门到精通（第 2 版）》"));
    parent1.add(new DefaultMutableTreeNode(" 《Visual Basic 从入门到精通（第 2 版）》"));
    parent1.add(new DefaultMutableTreeNode(" 《Visual C++从入门到精通（第 2 版）》"));
    root.add(parent1);                                                            //增加子节点
    DefaultMutableTreeNode parent2 = new DefaultMutableTreeNode("编程词典系列");
    parent2.add(new DefaultMutableTreeNode(" 《Java 编程词典》"));
    parent2.add(new DefaultMutableTreeNode(" 《PHP 编程词典》"));
    parent2.add(new DefaultMutableTreeNode(" 《Visual Basic 编程词典》"));
    parent2.add(new DefaultMutableTreeNode(" 《Visual C++编程词典》"));
    root.add(parent2);                                                            //增加子节点
    DefaultTreeModel model = new DefaultTreeModel(root);                          //使用根节点创建默认树模型
```

```
    tree.setModel(model);                                                    //更新树模型
}
```

（2）编写方法 do_button_actionPerformed()，用来监听单击"删除节点"按钮事件。在该方法中，实现删除用户选择的节点功能，如果该节点有子节点则一并删除。核心代码如下：

```
protected void do_button_actionPerformed(ActionEvent e) {
    DefaultMutableTreeNode selectNode = (DefaultMutableTreeNode)
tree.getLastSelectedPathComponent();                                         //获得用户选择的节点
    if ((selectNode == null) || (selectNode.isRoot())) {                     //如果没有选择节点或选择了根节点则返回
        return;
    }
    DefaultTreeModel model = (DefaultTreeModel) tree.getModel();             //获得当前树的模型
    model.removeNodeFromParent(selectNode);                                  //删除节点
    tree.repaint();                                                          //重新绘制树
}
```

■ 秘笈心法

心法领悟 356：增加和删除节点方法的使用。

在树中增加和删除节点只需要简单地调用 insertNodeInto() 和 removeNodeFromParent()，这两个方法在底层将通知 nodesWereRemoved 创建适当事件，因此就不需要考虑更新树控件。这两个方法是增加和删除节点的首选方法。

实例 357	在树控件中查找节点	高级
	光盘位置：光盘\MR\357	趣味指数：★★★★☆

■ 实例说明

对于复制的树控件，如果让用户展开每个节点来查找自己需要的信息是非常麻烦的。因此，最好为用户提供查找功能，根据用户的输入可以快速定位到用户需要的节点或者提示用户当前树中没有用户需要的节点。本实例实现了树节点的查找功能。实例运行效果如图 14.33 所示。

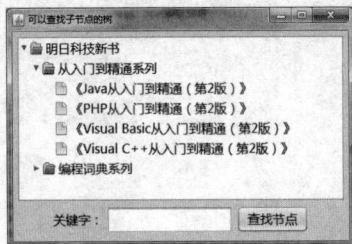
（a）查找节点前

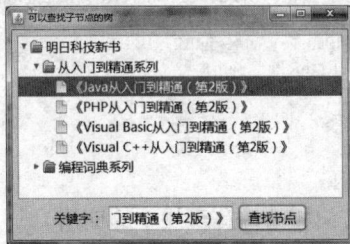
（b）查找节点后

图 14.33　实例运行效果

注意：可以删除父节点和叶子节点，但是不能删除根节点。

■ 关键技术

本实例应用到的关键技术请参见实例 350。

■ 设计过程

（1）编写方法 do_this_windowActivated()，用来监听窗体激活事件。在该方法中，为树增加数据。核心代码如下：

```
protected void do_this_windowActivated(WindowEvent e) {
    DefaultMutableTreeNode root = new DefaultMutableTreeNode("明日科技新书");          //设置根节点
    DefaultMutableTreeNode parent1 = new DefaultMutableTreeNode("从入门到精通系列");
```

```
        parent1.add(new DefaultMutableTreeNode("《Java 从入门到精通（第 2 版）》"));
        parent1.add(new DefaultMutableTreeNode("《PHP 从入门到精通（第 2 版）》"));
        parent1.add(new DefaultMutableTreeNode("《Visual Basic 从入门到精通（第 2 版）》"));
        parent1.add(new DefaultMutableTreeNode("《Visual C++从入门到精通（第 2 版）》"));
        root.add(parent1);                                                              //增加子节点
        DefaultMutableTreeNode parent2 = new DefaultMutableTreeNode("编程词典系列");
        parent2.add(new DefaultMutableTreeNode("《Java 编程词典》"));
        parent2.add(new DefaultMutableTreeNode("《PHP 编程词典》"));
        parent2.add(new DefaultMutableTreeNode("《Visual Basic 编程词典》"));
        parent2.add(new DefaultMutableTreeNode("《Visual C++编程词典》"));
        root.add(parent2);                                                              //增加子节点
        DefaultTreeModel model = new DefaultTreeModel(root);                            //使用根节点创建默认树模型
        tree.setModel(model);                                                          //更新树模型
}
```

（2）编写方法 do_button_actionPerformed()，用来监听单击"查找节点"按钮事件。在该方法中，实现根据用户输入的关键字进行查找的功能，如果未找到则进行提示。核心代码如下：

```
protected void do_button_actionPerformed(ActionEvent e) {
        String key = textField.getText();                                              //获得用户输入的关键字
        if ((key == null) || (key.isEmpty())) {                                        //如果关键字为空则提示用户重新输入
                JOptionPane.showMessageDialog(this, "请输入关键字", "",
JOptionPane.WARNING_MESSAGE);
                return;
        }
        DefaultTreeModel model = (DefaultTreeModel) tree.getModel();                    //获得树模型
        DefaultMutableTreeNode targetNode = null;
        Enumeration enums = root.breadthFirstEnumeration();                            //获得树的全部节点
        while (enums.hasMoreElements()) {                                              //遍历全部节点进行查找
                DefaultMutableTreeNode tempNode = (DefaultMutableTreeNode) enums.nextElement();
                if (("" + tempNode).equals(key)) {
                        targetNode = tempNode;
                }
        }
        if (targetNode == null) {                                                      //如果没有找到则进行提示
                JOptionPane.showMessageDialog(this, "未找到需要的结果", "", JOptionPane.WARNING_MESSAGE);
                return;
        } else {                                                                        //如果找到了则将该节点设置成选择状态
                TreeNode[] nodes = model.getPathToRoot(targetNode);
                TreePath path = new TreePath(nodes);
                tree.scrollPathToVisible(path);
                tree.setSelectionPath(path);
        }
}
```

■ 秘笈心法

心法领悟 357：树结构在查找中的应用。

在数据结构中，有两种树结构用于存储有序数据，即二叉排序树和平衡二叉树。对于二叉排序树而言，其查找的性能在 $O(\log_2 n)$ 和 $O(n)$ 之间。对于平衡二叉树，其查找的性能为 $O(\log_2 n)$。关于这两种结构的详细介绍请参考专门的数据结构教材。

实例 358	自定义树节点的外观	高级
	光盘位置：光盘\MR\358	趣味指数：★★★☆

■ 实例说明

使用树控件是非常简单的，只需要增加节点就可以实现一棵树。但是简单的代价是不能显示自己需要的节点效果。为了实现自定义的节点外观，需要使用 TreeCellRenderer 类。本实例使用该类来修改树节点的颜色，并实现显示多行的效果。实例运行效果如图 14.34 所示。

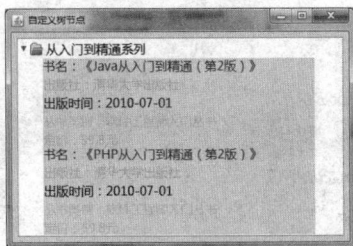

图 14.34　实例运行效果

■ 关键技术

TreeCellRenderer 接口是专门为了定制节点的外观而定义的。getTreeCellRendererComponent()方法是该接口定义的唯一一个方法，该方法的声明如下：

```
Component getTreeCellRendererComponent(JTree tree,Object value,boolean selected,boolean expanded,boolean leaf,int row,boolean hasFocus)
```

该方法中各个参数的说明如表 14.17 所示。

表 14.17　getTreeCellRendererComponent()方法的参数说明

参　　数	说　　明
tree	需要渲染的树
value	树的当前节点
selected	节点是否处于被选择状态
expanded	节点是否处于展开状态
leaf	节点是否是叶子节点
row	节点的索引
hasFocus	节点是否具有焦点

◁» 注意：对于有层次关系的树控件，最好不要使用 row 参数来确定节点的位置。

■ 设计过程

（1）编写类 Book，在该类中定义 5 个域变量，分别代表图书的书名、出版社、出版时间、丛书类别和定价属性。限于篇幅，此处省略了 get 和 set 方法。核心代码如下：

```
public class Book {
    private String title;                                            //书名
    private String press;                                            //出版社
    private String publicaitonDate;                                  //出版时间
    private String booksCategory;                                    //丛书类别
    private double price;                                            //定价
    //省略 get 和 set 方法
}
```

（2）编写类 BookCellRenderer，该类实现了 TreeCellRenderer 接口。该类定义了 5 个域变量，分别用来显示图书的 5 种属性。在该类的构造方法中，为 5 个标签设置了不同的颜色和相同的字体，并将其增加到面板中。在 getTreeCellRendererComponent()方法中，渲染了 Book 类型的节点。核心代码如下：

```
public class BookCellRenderer implements TreeCellRenderer {
    private JLabel titleLabel = new JLabel();                                  //书名标签
    private JLabel pressLabel = new JLabel();                                  //出版社标签
    private JLabel publicationDateLabel = new JLabel();                        //出版时间标签
    private JLabel booksCategoryLabel = new JLabel();                          //丛书类别标签
    private JLabel priceLabel = new JLabel();                                  //定价标签
    private JPanel panel = new JPanel(new GridLayout(5, 1, 5, 5));             //使用网格布局的面板
    public BookCellRenderer() {
        titleLabel.setForeground(Color.RED);                                   //设置标签的文本颜色
        titleLabel.setFont(new Font("微软雅黑", Font.PLAIN, 16));              //设置标签的字体
        panel.add(titleLabel);                                                 //在面板中增加标签
```

```java
        pressLabel.setForeground(Color.GREEN);                                        //设置标签的文本颜色
        pressLabel.setFont(new Font("微软雅黑", Font.PLAIN, 16));                       //设置标签的字体
        panel.add(pressLabel);                                                        //在面板中增加标签
        publicationDateLabel.setForeground(Color.BLUE);                               //设置标签的文本颜色
        publicationDateLabel.setFont(new Font("微软雅黑", Font.PLAIN, 16));            //设置标签的字体
        panel.add(publicationDateLabel);                                              //在面板中增加标签
        booksCategoryLabel.setForeground(Color.ORANGE);                               //设置标签的文本颜色
        booksCategoryLabel.setFont(new Font("微软雅黑", Font.PLAIN, 16));             //设置标签的字体
        panel.add(booksCategoryLabel);                                                //在面板中增加标签
        priceLabel.setForeground(Color.PINK);                                         //设置标签的文本颜色
        priceLabel.setFont(new Font("微软雅黑", Font.PLAIN, 16));                      //设置标签的字体
        panel.add(priceLabel);                                                        //在面板中增加标签
        panel.setPreferredSize(new Dimension(350, 110));                              //设置面板的大小
    }
    @Override
    public Component getTreeCellRendererComponent(JTree tree, Object value, boolean selected, boolean expanded, boolean leaf, int row, boolean
        hasFocus) {
        Object userObject = ((DefaultMutableTreeNode) value).getUserObject();
        if (userObject instanceof Book) {                                             //对于 Book 类型的节点使用自定义渲染器
            Book book = (Book) userObject;                                            //获得 Book 类型的对象
            titleLabel.setText("书名： " + book.getTitle());                          //设置属性
            pressLabel.setText("出版社： " + book.getPress());                        //设置属性
            publicationDateLabel.setText("出版时间： " + book.getPublicationDate());  //属性
            booksCategoryLabel.setText("丛书类别： " + book.getBooksCategory());      //设置属性
            priceLabel.setText("定价： " + book.getPrice() + "元");                   //设置属性
            return panel;
        } else {                                                                      //对于其他节点使用默认的渲染器
            return new DefaultTreeCellRenderer().getTreeCellRendererComponent(tree, value, selected, expanded, leaf, row, hasFocus);
        }
    }
}
```

（3）编写方法 do_this_windowActivated()，用来监听窗体激活事件。在该方法中，创建了两个 Book 对象作为树的节点，并为树设置了渲染器。核心代码如下：

```java
protected void do_this_windowActivated(WindowEvent e) {
    DefaultMutableTreeNode root = new DefaultMutableTreeNode("从入门到精通系列");    //根节点
    Book java = new Book();                                                         //创建 Book 对象并为其设置属性
    java.setTitle("《Java 从入门到精通（第2版）》");
    java.setPress("清华大学出版社");
    java.setPublicationDate("2010-07-01");
    java.setBooksCategory("软件工程师入门丛书");
    java.setPrice(59.8);
    DefaultMutableTreeNode javaNode = new DefaultMutableTreeNode(java);             //创建树节点
    root.add(javaNode);                                                             //为根节点增加节点
    Book php = new Book();                                                          //创建 Book 对象并为其设置属性
    php.setTitle("《PHP 从入门到精通（第2版）》");
    php.setPress("清华大学出版社");
    php.setPublicationDate("2010-07-01");
    php.setBooksCategory("软件工程师入门丛书");
    php.setPrice(69.8);
    DefaultMutableTreeNode phpNode = new DefaultMutableTreeNode(php);               //创建树节点
    root.add(phpNode);                                                              //为根节点增加节点
    DefaultTreeModel model = (DefaultTreeModel) tree.getModel();                    //获得树的模型
    model.setRoot(root);                                                            //为模型设置根节点
    tree.setModel(model);                                                           //使用新的模型
    tree.setCellRenderer(new BookCellRenderer());                                   //使用新的渲染器
}
```

■ 秘笈心法

心法领悟 358：TreeCellRenderer 类的使用。

本实例使用 TreeCellRenderer 类实现了为节点的文本信息设置颜色的功能。其实该类还可以实现更加复杂的功能，如为节点设置背景图片、设置选择状态下文本的颜色和背景色等，请读者自行实现其他的应用。

实例 359	为树节点增加提示信息	高级
	光盘位置：光盘\MR\359	趣味指数：★★★

■ 实例说明

在比较复杂的程序中，为了节约界面的空间，会为树控件的节点提供比较简略的文本说明信息。作为对节点的补充说明，可以为其增加提示信息。本实例将演示如何为节点增加自定义的提示信息。实例运行效果如图 14.35 所示。

📖 **说明：** 本实例并没有对叶子节点增加提示信息，读者可以参考源代码自行完成。

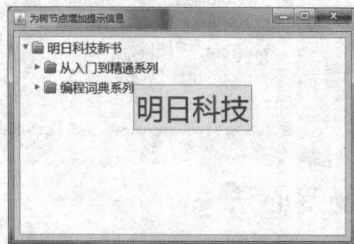

图 14.35　实例运行效果

■ 关键技术

ToolTipManager 类管理系统中的所有 ToolTips。ToolTipManager 类包含众多属性，用于配置该工具提示需要多长时间显示出来、需要多长时间隐藏。该类使用了单例模式，为了获得该类的实例，需要使用其 sharedInstance()方法，该方法的声明如下：

```
public static ToolTipManager sharedInstance()
```

使用 registerComponent()方法可以注册一个工具提示管理控件，该方法的声明如下：

```
public void registerComponent(JComponent component)
```

参数说明

component：要添加的 JComponent 对象。

■ 设计过程

（1）编写类 ToolTipNode，该类实现了 TreeCellRenderer 接口。在构造方法中，使用 map 参数来初始化键值对。在 getTreeCellRendererComponent()方法中，为默认树节点渲染器设置自定义的提示信息。代码如下：

```java
public class ToolTipNode implements TreeCellRenderer {
    private static final long serialVersionUID = -1884123073630846839L;
    private DefaultTreeCellRenderer renderer = new DefaultTreeCellRenderer();
    private Map<DefaultMutableTreeNode, String> map;                              //保存键值对
    public ToolTipNode(Map<DefaultMutableTreeNode, String> map) {
        this.map = map;                                                          //初始化键值对
    }
    @Override
    public Component getTreeCellRendererComponent(JTree tree, Object value, boolean selected, boolean expanded, boolean leaf, int row, boolean hasFocus) {
        renderer.getTreeCellRendererComponent(tree, value, selected, expanded, leaf, row, hasFocus);//调用默认的 getTreeCellRendererComponent()方法
        renderer.setToolTipText("<html><font face=微软雅黑 size=16 color=red>" + map.get(value) + "</font></html>");        //设置提示信息
        return renderer;
    }
```

（2）编写方法 do_this_windowActivated()，用来监听窗体激活事件。在该方法中，为树增加数据并使用自定义的渲染器。核心代码如下：

```java
protected void do_this_windowActivated(WindowEvent e) {
    DefaultMutableTreeNode root = new DefaultMutableTreeNode("明日科技新书");        //创建根节点
    DefaultMutableTreeNode parent1 = new DefaultMutableTreeNode("从入门到精通系列");
    parent1.add(new DefaultMutableTreeNode("《Java 从入门到精通（第 2 版）》"));
    parent1.add(new DefaultMutableTreeNode("《PHP 从入门到精通（第 2 版）》"));
    parent1.add(new DefaultMutableTreeNode("《Visual Basic 从入门到精通（第 2 版）》"));
    parent1.add(new DefaultMutableTreeNode("《Visual C++从入门到精通（第 2 版）》"));
    root.add(parent1);                                                          //增加子节点
```

```
        DefaultMutableTreeNode parent2 = new DefaultMutableTreeNode("编程词典系列");
        parent2.add(new DefaultMutableTreeNode("《Java 编程词典》"));
        parent2.add(new DefaultMutableTreeNode("《PHP 编程词典》"));
        parent2.add(new DefaultMutableTreeNode("《Visual Basic 编程词典》"));
        parent2.add(new DefaultMutableTreeNode("《Visual C++编程词典》"));
        root.add(parent2);                                                          //增加子节点
        DefaultTreeModel model = new DefaultTreeModel(root);                        //使用根节点创建默认树模型
        tree.setModel(model);                                                       //更新树模型
        ToolTipManager.sharedInstance().registerComponent(tree);                    //为树注册提示信息管理器
        Map<DefaultMutableTreeNode, String> map = new HashMap<DefaultMutableTreeNode, String>();  //利用映射保存提示信息
        map.put(root, "明日科技");                                                   //增加提示信息
        map.put(parent1, "明日科技");                                                //增加提示信息
        map.put(parent2, "明日科技");                                                //增加提示信息
        tree.setCellRenderer(new ToolTipNode(map));                                 //设置新的渲染器
}
```

■ 秘笈心法

心法领悟 359：ToolTipManager 类的应用。

考虑一个在不同的鼠标位置（如 JTree）有不同工具提示的控件。在鼠标移动到 JTree 中和具有有效工具提示的区域上时，该工具提示将在 initialDelay 毫秒后显示出来，在 dismissDelay 毫秒后，将隐藏该工具提示。如果鼠标在具有有效工具提示的区域上，并且当前能看到该工具提示，则在鼠标移动到没有有效工具提示的区域时，将隐藏该工具提示；如果鼠标接下来在 reshowDelay 毫秒内移回具有有效工具提示的区域，则将立即显示该工具提示，否则在 initialDelay 毫秒后将再次显示该工具提示。

实例 360	双击编辑树节点功能 光盘位置：光盘\MR\360	高级 趣味指数：★★★

■ 实例说明

有时由程序员定义的树节点并不能很好地满足用户的需要。此时用户会希望能够编辑现有的树节点。本实例通过设置节点编辑器来实现这个功能。实例运行效果如图 14.36 所示。

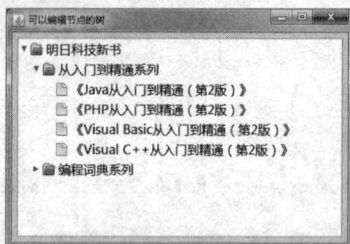
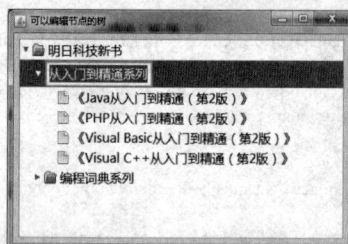

（a）初始状态　　　　　　　　　　　（b）编辑状态

图 14.36　实例运行效果

📖 说明：双击节点使其处于可编辑状态，在编辑完成后按下 Enter 键保留编辑结果。

■ 关键技术

DefaultCellEditor 是表单元格和树单元格的默认编辑器，它实现了 TreeCellEditor 接口，因此可以修改树的节点。DefaultCellEditor 的构造方法支持将树的节点设置成使用复选框、组合框和文本域。本实例将其设置成了文本域，使用的构造方法声明如下：

```
public DefaultCellEditor(JTextField textField)
```

参数说明

textField：一个 JTextField 对象。

■ 设计过程

编写方法 do_this_windowActivated()，用来监听窗体激活事件。在该方法中，初始化树的各个节点并设置节点编辑器。核心代码如下：

```java
protected void do_this_windowActivated(WindowEvent e) {
    DefaultMutableTreeNode root = new DefaultMutableTreeNode("明日科技新书");           //创建根节点
    DefaultMutableTreeNode parent1 = new DefaultMutableTreeNode("从入门到精通系列");
    parent1.add(new DefaultMutableTreeNode("《Java 从入门到精通（第 2 版）》"));
    parent1.add(new DefaultMutableTreeNode("《PHP 从入门到精通（第 2 版）》"));
    parent1.add(new DefaultMutableTreeNode("《Visual Basic 从入门到精通（第 2 版）》"));
    parent1.add(new DefaultMutableTreeNode("《Visual C++从入门到精通（第 2 版）》"));
    root.add(parent1);                                                               //增加子节点
    DefaultMutableTreeNode parent2 = new DefaultMutableTreeNode("编程词典系列");
    parent2.add(new DefaultMutableTreeNode("《Java 编程词典》"));
    parent2.add(new DefaultMutableTreeNode("《PHP 编程词典》"));
    parent2.add(new DefaultMutableTreeNode("《Visual Basic 编程词典》"));
    parent2.add(new DefaultMutableTreeNode("《Visual C++编程词典》"));
    root.add(parent2);                                                               //增加子节点
    DefaultTreeModel model = new DefaultTreeModel(root);                             //创建树模型
    tree.setModel(model);                                                           //设置树模型
    JTextField textField = new JTextField();                                        //创建文本域对象
    textField.setFont(new Font("微软雅黑", Font.PLAIN, 16));                          //为文本域设置字体
    TreeCellEditor editor = new DefaultCellEditor(textField);                       //创建树编辑器
    tree.setEditable(true);                                                         //设置树节点可编辑
    tree.setCellEditor(editor);                                                     //使用树编辑器
}
```

■ 秘笈心法

心法领悟 360：DefaultCellEditor 的应用。

本实例为树控件设置了文本域控件编辑器。根据不同需要，读者可以将文本域控件换成复选框控件或组合框控件，其使用方式都是类似的。

第15章

其他高级控件应用

15.1 JTextPane 控件的应用

实例 361	自定义文档标题的样式	高级
	光盘位置：光盘\MR\361	趣味指数：★★★★☆

■ 实例说明

在使用 Word 等工具软件时，可以为文档中不同的文本指定不同的样式。这样不仅能让文档看起来丰富多彩，还可以突出重点内容。本实例将演示如何使用 JTextPane 控件显示定义了样式的文本。实例运行效果如图 15.1 所示。

■ 关键技术

Swing 中文本的样式是通过 Style 接口定义的。由于该接口并没有提供直接的实现类，推荐使用 StyleContext 的 addStyle()方法来获得 Style 对象。该方法的声明如下：

图 15.1 实例运行效果

`public Style addStyle(String nm,Style parent)`

参数说明

❶ nm：样式的名称，其在文档中命名样式的集合内必须是唯一的。

❷ parent：父样式。如果未指定的属性不需要以其他样式解析，则此值可以为 null。

在获得了 Style 对象之后，需要使用 addAttribute()方法为其增加新样式的属性。该方法的声明如下：

`void addAttribute(Object name,Object value)`

参数说明

❶ name：新增属性的键。

❷ value：新增属性的值。

属性的键通常取自 StyleConstants 类，在该类中定义了大量与样式有关的域，本实例使用的域如表 15.1 所示。

表 15.1 StyleConstants 的常用域

域　名	作　用	域　名	作　用
Alignment	段落的对齐方式	FontFamily	段落的字体名称
ALIGN_CENTER	设置段落居中对齐	FontSize	段落的字体大小
Bold	段落粗体显示	Foreground	字体的颜色

💡 提示：对于 StyleConstants 中定义的其他域，请读者参考其 API 文档。

在定义完样式后，需要使用 DefaultStyledDocument 类的 setParagraphAttributes()方法，将样式应用于指定的段落上。该方法的声明如下：

`public void setParagraphAttributes(int offset,int length,AttributeSet s,boolean replace)`

其参数说明如表 15.2 所示。

表 15.2 setParagraphAttributes()方法的参数说明

参　数　名	说　明	参　数　名	说　明
offset	段落偏移量，该偏移量≥0	s	段落的样式
length	所影响的字符数，该字符数≥0	replace	确定是替换现有属性还是合并现有属性

📢 注意：如果段落中有一个字符指定了样式，则其他字符也会使用该样式。

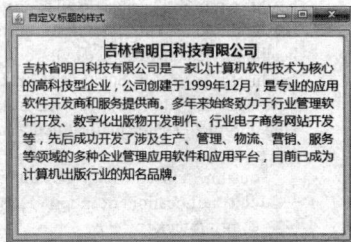

■ 设计过程

（1）编写类 HeadingStyle，该类继承了 JFrame。在框架中包含一个 JTextPane，用来显示格式化的文本。

（2）编写方法 do_this_windowActivated()，用来监听窗体激活事件。在该方法中，定义了文本的样式并将其应用到第一个段落。核心代码如下：

```
protected void do_this_windowActivated(WindowEvent e) {
    String heading = "吉林省明日科技有限公司\n";
    String content = "吉林省明日科技有限公司是一家以计算机软件技术为核心的高科技型企业，公司创建于 1999 年 12 月，是专业的应用软
        件开发商和服务提供商。多年来始终致力于行业管理软件开发、数字化出版物开发制作、行业电子商务网站开发等，先后成功开发了
        涉及生产、管理、物流、营销、服务等领域的多种企业管理应用软件和应用平台，目前已成为计算机出版行业的知名品牌。";
    Style headingStyle = new StyleContext().addStyle("Heading", null);                       //新建样式
    headingStyle.addAttribute(StyleConstants.Alignment, StyleConstants.ALIGN_CENTER);
    headingStyle.addAttribute(StyleConstants.Bold, new Boolean(true));
    headingStyle.addAttribute(StyleConstants.FontFamily, "微软雅黑");
    headingStyle.addAttribute(StyleConstants.FontSize, new Integer(18));
    headingStyle.addAttribute(StyleConstants.Foreground, Color.RED);
    DefaultStyledDocument document = new DefaultStyledDocument();
    try {
        document.insertString(0, heading + content, null);                                   //插入文本
    } catch (BadLocationException e1) {
        e1.printStackTrace();
    }
    document.setParagraphAttributes(0, 1, headingStyle, false);                              //为段落设置样式
    textPane.setDocument(document);                                                          //显示带有格式的文本内容
}
```

■ 秘笈心法

心法领悟 361：定制样式的注意事项。

在使用 addAttribute()方法定制样式时，需要注意该方法的两个参数都是 Object 类型的。因此对于基本类型，如设置字体大小时的整数，需要使用包装类将其转换成引用类型。本实例使用了 Integer 和 Boolean 两个包装类，读者可以根据需求选择合适的包装类。

实例 362	文档中显示自定义图片 光盘位置：光盘\MR\362	高级 趣味指数：★★★★☆

■ 实例说明

通过在文档中增加图片，不仅可以让文档更加美观，还有助于读者理解。本实例将演示如何使用 JTextPane 来显示明日科技公司的 Logo，实例运行效果如图 15.2 所示。

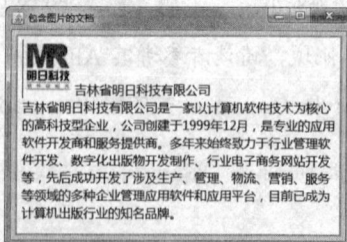

图 15.2　实例运行效果

■ 关键技术

StyleConstants 类的 setIcon()方法可用于为样式设置图标属性，该方法的声明如下：

```
public static void setIcon(MutableAttributeSet a,Icon c)
```

参数说明

❶ a：属性集合。

❷ c：图标。

包含图标的样式也可以像文本样式一样，使用 insertString()方法设置。

📖 说明：Style 是 MutableAttributeSet 的子接口，因此可以直接使用样式。

设计过程

（1）编写类 HeadingStyle，该类继承了 JFrame。在框架中包含一个 JTextPane，用来显示格式化的文本。

（2）编写方法 do_this_windowActivated()，用来监听窗体激活事件。在该方法中，定义一个图片样式并在文档的开头使用该样式。核心代码如下：

```java
protected void do_this_windowActivated(WindowEvent e) {
    String heading = "吉林省明日科技有限公司\n";
    String content = "吉林省明日科技有限公司是一家以计算机软件技术为核心的高科技型企业，公司创建于 1999 年 12 月，是专业的应用软
        件开发商和服务提供商。多年来始终致力于行业管理软件开发、数字化出版物开发制作、行业电子商务网站开发等，先后成功开发了
        涉及生产、管理、物流、营销、服务等领域的多种企业管理应用软件和应用平台，目前已成为计算机出版行业的知名品牌。";
    Style imageStyle = new StyleContext().addStyle("Image", null);              //新建样式
    StyleConstants.setIcon(imageStyle, new ImageIcon("src/images/logo.jpg"));
    DefaultStyledDocument document = new DefaultStyledDocument();
    try {
        document.insertString(0, "image", imageStyle);                         //插入图片
        document.insertString(document.getLength(), heading + content, null);  //插入文本
    } catch (BadLocationException e1) {
        e1.printStackTrace();
    }
    textPane.setDocument(document);                                            //显示带有格式的文本内容
}
```

秘笈心法

心法领悟 362：显示图标的注意事项。

在使用 insertString()方法显示图标时，必须要使用一个非空的字符串，如本实例中的 image；否则是不会显示图标的。可以根据第一个参数来调整图标的显示位置。

实例 363	检查代码中的括号是否匹配 光盘位置：光盘\MR\363	高级 趣味指数：★★★★☆

实例说明

在编写文档时，括号总是成对出现的，如"（"和"）"。对于程序设计而言，如果出现了不匹配的括号，通常会导致程序不能运行。因此，通过检查来避免这种错误就显得十分重要。本实例自定义了一个 ParenthesisMatcher 类，它支持对括号匹配性的检查。实例运行效果如图 15.3 所示。

📖 说明：本实例支持 3 种括号的检查，即"（）"、"[ ]"和"{ }"。如果没有匹配，则会出现红色提示。

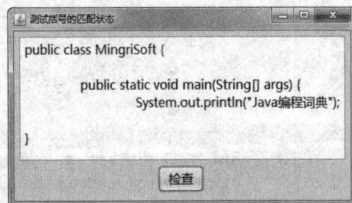

图 15.3　实例运行效果

关键技术

StyledDocument 接口用于定义通用的样式文档。setCharacterAttributes()方法用于更改内容元素属性，该属性是用来给定文档中现有内容范围的，给定 Attributes 参数中定义的所有属性都适用于此给定的范围。此方法可用来完全移除给定范围的所有内容层次的属性，这是通过提供尚未定义属性的 AttributeSet 参数和将 replace 参数

设置为 true 实现的。该方法的声明如下：

```
void setCharacterAttributes(int offset,int length,AttributeSet s,boolean replace)
```

其参数说明如表 15.3 所示。

表 15.3　setCharacterAttributes()方法的参数说明

参　数　名	说　　　明	参　数　名	说　　　明
offset	段落偏移量，该偏移量≥0	s	段落的样式
length	所影响的字符数，该字符数≥0	replace	确定是替换现有属性还是合并现有属性

■ 设计过程

（1）编写类 ParenthesisMatcher，该类继承了 JTextPane，其中包含两个域，分别表示匹配和不匹配的样式。在 validate()方法中，实现了比较括号是否匹配的功能。重写 replaceSelection()方法可以让新输入的文本不受上次检查结果的影响而改变颜色。match()方法用于检查括号是否匹配。代码如下：

```java
public class ParenthesisMatcher extends JTextPane {
    private static final long serialVersionUID = -5040590165582343011L;
    private AttributeSet mismatch;                                              //不匹配的样式
    private AttributeSet match;                                                 //匹配的样式
    public ParenthesisMatcher() {
        StyleContext context = StyleContext.getDefaultStyleContext();
        mismatch = context.addAttribute(SimpleAttributeSet.EMPTY, StyleConstants.Foreground, Color.RED);    //如果不匹配就设置成红色
        match = context.addAttribute(SimpleAttributeSet.EMPTY, StyleConstants.Foreground, Color.BLACK);     //如果匹配就设置成黑色
    }
    public void validate() {
        StyledDocument document = getStyledDocument();
        String text = null;
        try {
            text = document.getText(0, document.getLength());                   //获得文档中的内容
        } catch (BadLocationException e) {
            e.printStackTrace();
        }
        Stack<String> stack = new Stack<String>();                             //使用栈结构保存括号
        for (int i = 0; i < text.length(); i++) {                             //遍历整个文档
            char c = text.charAt(i);
            if (c == '(' || c == '[' || c == '{') {                           //如果是左括号就入栈
                stack.push("" + c + i);
                document.setCharacterAttributes(i, 1, match, false);          //设置文档的样式
            }
            if (c == ')' || c == ']' || c == '}') {
                String peek = stack.empty() ? "." : (String) stack.peek();
                if (match(peek.charAt(0), c)) {                               //如果是右括号且和栈中的括号匹配就出栈
                    stack.pop();
                    document.setCharacterAttributes(i, 1, match, false);      //设置文档的样式
                } else {
                    document.setCharacterAttributes(i, 1, mismatch, false);   //设置文档的样式
                }
            }
        }
        while (!stack.empty()) {                                              //如果栈非空则剩下的全是未匹配的
            String pop = (String) stack.pop();
            int offset = Integer.parseInt(pop.substring(1));
            document.setCharacterAttributes(offset, 1, mismatch, false);      //设置文档的样式
        }
    }
    @Override
    public void replaceSelection(String content) {                           //删除文档的文字颜色属性
        getInputAttributes().removeAttribute(StyleConstants.Foreground);
        super.replaceSelection(content);
    }
    private boolean match(char left, char right) {                           //检查括号是否匹配
        if ((left == '(' && (right == ')')) {
            return true;
        }
```

```
        if ((left == '[') && (right == ']')) {
            return true;
        }
        if ((left == '{') && (right == '}')) {
            return true;
        }
        return false;
    }
}
```

（2）编写方法 do_button_actionPerformed()，用来监听单击"检查"按钮事件。在该方法中，调用 ParenthesisMatcher 的 validate()方法。核心代码如下：

```
protected void do_button_actionPerformed(ActionEvent e) {
    textPane.validate();                                           //进行检查
}
```

✍ **技巧**：读者也可以为 ParenthesisMatcher 增加监听器，当失去焦点时就会进行检查。

■ 秘笈心法

心法领悟 363：括号匹配程序的改进。

本实例根据就近原则实现括号匹配程序，如果最内层的括号没有被匹配，则其他匹配的括号也会显示为不匹配。读者可以修改该程序，提高匹配的几率，这样更能帮助用户定位错误。

实例 364	描红显示 100 以内的质数	高级
	光盘位置：光盘\MR\364	趣味指数：★★★☆

■ 实例说明

当用户浏览文档时，通常希望关键信息能够突出显示，描红就是一种常见的方式。本实例为 100 以内所有的素数描红，方便用户查找自己需要的素数。实例运行效果如图 15.4 所示。

📖 **说明**：将 0 写成 00 是为了方便对齐显示，读者可以根据需要进行调整。

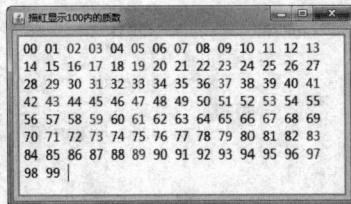

图 15.4　实例运行效果

■ 关键技术

JTextPane 是用来显示具有样式信息的文本控件。本实例在该类的基础上增加了一个 append()方法，该方法可以根据用户指定的颜色和字符串，将其连续显示在 JTextPane 中。本实例使用的方法如表 15.4 所示。

表 15.4　JTextPane 类的常用方法

方 法 名	作　　用
setCaretPosition(int position)	设置 TextComponent 的文本插入符的位置
setCharacterAttributes(AttributeSet attr,boolean replace)	将给定属性应用于字符内容
replaceSelection(String content)	用给定字符串所表示的新内容替换当前选择的内容

■ 设计过程

（1）编写类 ColorPane，该类继承了 JTextPane。在该类中定义 append()方法，该方法有两个参数：color 用来设置文本的颜色，key 用来设置文本的内容。代码如下：

```
public class ColorPane extends JTextPane {
    private static final long serialVersionUID = 7039422656649417533L;
    public void append(Color color, String key) {
        StyleContext context = StyleContext.getDefaultStyleContext();        //创建样式
        AttributeSet style = context.addAttribute(SimpleAttributeSet.EMPTY, StyleConstants.Foreground, color);
```

```
        int length = getText().length();                        //获得文档的长度
        setCaretPosition(length);                               //将光标定位于文档的末尾，这样新插入的文档总是从最后插入
        setCharacterAttributes(style, true);                    //应用样式
        replaceSelection(key);                                  //设置文本的内容
    }
}
```

（2）编写方法 isPrime()，用来判断给定的数 number 是否为素数，如果是则返回 true。代码如下：

```
private boolean isPrime(int number) {
    if (number < 2) {                                           //0、1 不是素数
        return false;
    } else {
        int sqrt = (int) Math.sqrt(number);                     //求给定数的平方根
        for (int i = 2; i <= sqrt; i++) {                       //遍历可能的公因数
            if (number % i == 0) {                              //如果有公因数则不是素数
                return false;
            }
        }
    }
    return true;
}
```

（3）编写类 ColorPaneTest，该类继承了 JFrame。在框架中包含一个自定义的文本控件，用来描红显示 0～99 的全部素数。核心代码如下：

```
public ColorPaneTest() {
    //省略域 ColorPane 无关的代码
    ColorPane textPane = new ColorPane();
    textPane.setFont(new Font("微软雅黑", Font.PLAIN, 16));
    for (int i = 0; i < 10; i++) {
        if (isPrime(i)) {
            textPane.append(Color.RED, "0" + i + "   ");        //素数设置成红色
        } else {
            textPane.append(Color.BLACK, "0" + i + "   ");      //其他设置成黑色
        }
    }
    for (int i = 10; i < 100; i++) {
        if (isPrime(i)) {
            textPane.append(Color.RED, "" + i + "   ");         //素数设置成红色
        } else {
            textPane.append(Color.BLACK, "" + i + "   ");       //其他设置成黑色
        }
    }
    scrollPane.setViewportView(textPane);
}
```

■ 秘笈心法

心法领悟 364：描红的应用。

本实例是描红的最简单应用，读者还可以在本实例的基础上实现更加复杂的功能。例如，在分析基因序列时，可以将不同的碱基设置成不同的颜色等。

15.2 JEditorPane 控件的应用

实例 365	自定义 RTF 文件查看器 光盘位置：光盘\MR\365	高级 趣味指数：★★★☆

■ 实例说明

RTF 文件也称为富文本文件，它是微软规定的文件保存格式。这种格式的特点是既能保存文本的样式信息，又能提供很好的兼容性。本实例将自定义一个 RTF 文件查看器，以此来演示 JEditorPane 控件的用法。实例运行

效果如图 15.5 所示。

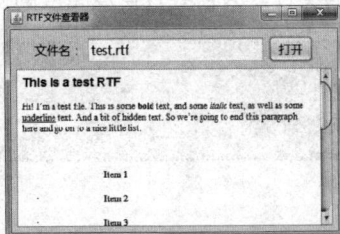

图 15.5　实例运行效果

■ 关键技术

RTFEditorKit 类是对 RTF 编辑功能的默认实现，使用该类的 read()方法可以从输入流中读取带有格式的文件。该方法的声明如下：

```
public void read(InputStream in,Document doc,int pos)throws IOException,BadLocationException
```

参数说明

❶ in：从中读取数据的流。

❷ doc：插入的目标。

❸ pos：文档中存放内容的位置。

💡 提示：RTFEditorKit 类也提供了输入 RTF 文件的 write()方法，具体使用可以参考其 API 文档。

在读入文件之后，需要使用 JEditorPane 进行显示，该控件支持纯文本、HTML 文本和 RTF 文本的显示。

■ 设计过程

（1）编写类 RTFViewer，该类继承了 JFrame。在框架中包含一个"打开"按钮，用来打开指定的 RTF 文件；一个文本域，用来显示打开的文件名称；一个 JEditorPane 控件，用来显示打开后的文件。

（2）编写方法 do_button_actionPerformed()，用来监听单击"打开"按钮事件。在该方法中，定义一个文件选择器，根据用户选择的文件来进行读入。核心代码如下：

```
protected void do_button_actionPerformed(ActionEvent e) {
    JFileChooser chooser = new JFileChooser();                              //创建文件选择器
    chooser.setMultiSelectionEnabled(false);                               //不能支持多选
    chooser.setFileFilter(new FileNameExtensionFilter("RTF 文件", "rtf"));   //过滤可选的文件
    int result = chooser.showOpenDialog(this);                             //获得用户操作文件选择器的结果
    if (result == JFileChooser.APPROVE_OPTION) {                           //如果用户选择打开
        File file = chooser.getSelectedFile();                             //获得选择的文件
        textField.setText(file.getName());                                 //在文本域中设置文件名
        try {
            FileInputStream in = new FileInputStream(file);                //创建输入流对象
            editor.read(in, editorPane.getDocument(), 0);                  //读入 RTF 文件
        } catch (FileNotFoundException e1) {
            e1.printStackTrace();
        } catch (IOException e1) {
            e1.printStackTrace();
        } catch (BadLocationException e1) {
            e1.printStackTrace();
        }
    }
}
```

■ 秘笈心法

心法领悟 365：setEditorKit()方法的应用。

JEditorPane 类不知道如何处理 RTF 文件，它通过 setEditorKit()方法增加处理 RTF 文件的工具包。该方法的声明如下：

public void setEditorKit(EditorKit kit)

如果希望 JEditorPane 显示其他类型的文件，只需要替换成相应的工具包即可。

实例 366	编写简单的浏览器 光盘位置：光盘\MR\366	高级 趣味指数：★★★☆

■ 实例说明

在日常上网中，用户可能会使用各种不同的浏览器，如 IE、Firefox 等。其实，使用 JEditorPane 控件就可以非常简单地实现一个浏览器。当然，简单的代价是这个浏览器的功能是非常有限的。本实例将演示其用法，实例运行效果如图 15.6 所示。

📢 注意：URL 必须是以 http:或 file:开头的，否则会抛出异常。

■ 关键技术

图 15.6　实例运行效果

JEditorPane 是可编辑各种内容的文本控件。当使用它显示 HTML 时只能显示简单的文件，对于大多数网站而言显示的效果非常不好。可以使用该控件来显示自定义的 HTML 文件，因为可以随时修改。该控件显示网页的代码非常简单，调用 setPage()方法即可。该方法的声明如下：

public void setPage(String url)throws IOException

参数说明

url：要显示的 URL。

💡 提示：setPage()方法还有一个重载版本，使用 URL 作为方法参数，其功能是相同的。

■ 设计过程

（1）编写类 HTMLViewer，该类继承了 JFrame。在框架中包含了一个文本域，用来获得用户输入的网址；一个 JEditorPane 控件，用来显示网页。

（2）编写方法 do_textField_actionPerformed()，用来监听用户在文本域单击回车事件。在该方法中，让 JEditorPane 显示用户输入的网址。核心代码如下：

```
protected void do_textField_actionPerformed(ActionEvent e) {
    String url = textField.getText();                          //获得用户输入的网址
    try {
        editorPane.setPage(url);                               //显示用户输入的网址
    } catch (IOException e1) {
        e1.printStackTrace();
    }
}
```

■ 秘笈心法

心法领悟 366：JEditorPane 的状态。

在默认情况下，JEditorPane 是处于编辑模式的，这样可以随时修改显示的内容，但超链接不能被打开。可以使用 setEditable()方法将其关闭。

实例 367	支持超链接的浏览器 光盘位置：光盘\MR\367	高级 趣味指数：★★★☆

■ 实例说明

一个网站是由若干个不同的网页组成的，当用户需要浏览不同的页面时就需要使用超链接功能。当用户单击一个超链接时，就会打开一个新的网页。本实例将演示如何使用 JEditorPane 监听该类事件。实例运行效果如图 15.7 所示。

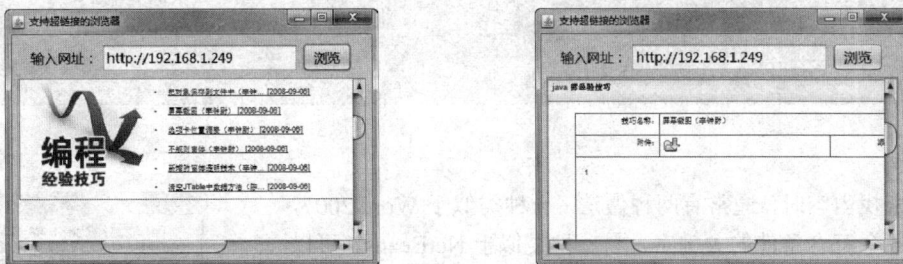

（a）单击超链接前　　　　　　　　　　　（b）单击超链接后

图 15.7　实例运行效果

📢 **注意**：URL 必须是以 http:或 file:开头，否则会抛出异常。

关键技术

为了打开超链接，需要为 JEditorPane 控件增加 HyperlinkListener 监听。HyperlinkListener 接口中定义了一个 hyperlinkUpdate()方法，该方法的声明如下：

```
void hyperlinkUpdate(HyperlinkEvent e)
```

参数说明

e：负责更新的事件。

HyperlinkEvent 用于通知感兴趣的参与者发生了与超文本链接有关的事情，它的 getEventType()方法可以用于获得事件的具体类型，通常关心的是激活事件，然后就可以对该事件做出响应。

设计过程

（1）编写类 HTMLViewer，该类继承了 JFrame。在框架中包含了一个文本域，用来获得用户输入的网址；一个 JEditorPane 控件，用来显示网页；一个"浏览"按钮，用来打开用户输入的网页。

（2）编写方法 do_button_actionPerformed()，用来监听单击"浏览"按钮事件。在该方法中，使用 JEditorPane 控件显示用户输入的网址。核心代码如下：

```
protected void do_button_actionPerformed(ActionEvent e) {
    try {
        editorPane.setPage(textField.getText());              //显示用户输入的网址
    } catch (IOException e1) {
        e1.printStackTrace();
    }
}
```

（3）编写方法 do_editorPane_hyperlinkUpdate()，用来监听超链接激活事件。在该方法中，使用 JEditorPane 控件显示新的网页。核心代码如下：

```
protected void do_editorPane_hyperlinkUpdate(HyperlinkEvent e) {
    if (e.getEventType() == HyperlinkEvent.EventType.ACTIVATED) {   //如果超链接被激活
        try {
            editorPane.setPage(e.getURL());                   //显示新的网页
        } catch (IOException e1) {
            e1.printStackTrace();
        }
    }
}
```

秘笈心法

心法领悟 367：超链接事件类型的使用。

还有另外的超链接事件类型，即 ENTERED 和 EXITED。ENTERED 表示鼠标进入到超链接区域，此时可以显示一些提示信息，如超链接可以跳转到哪个页面；EXITED 表示鼠标退出超链接区域。

实例 368	高亮用户指定的关键字	高级
	光盘位置：光盘\MR\368	趣味指数：★★★★☆

实例说明

在文档中查找内容时，通常有两种做法。一种类似于 Word 2007，可以依次定位各个符合条件的关键字，另一种类似于 NetBeans，可以高亮显示全部符合条件的关键字。本实例实现了第二种方法，实例运行效果如图 15.8 所示。

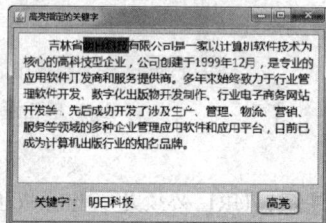

图 15.8　实例运行效果

关键技术

Highlighter 接口的 addHighlight()方法可以用来给指定区域的文本增加高亮，该方法的声明如下：

```
Object addHighlight(int p0,int p1,Highlighter.HighlightPainter p)throws BadLocationException
```

参数说明

❶ p0：范围的开头，该值≥0。

❷ p1：范围的结尾，该值≥p0。

❸ p：用于实际高亮显示的 painter。

因此需要确定高亮的起始位置 p0，终止位置是 p0 加上关键字的长度。

String 类的 indexOf()方法可以用来查找关键字在字符串中第一次出现的位置，该方法的声明如下：

```
public int indexOf(String str)
```

参数说明

str：任意字符串。

💡 提示：indexOf()方法还有一个重载的版本，可以用来确定查找的起点，这样就能求出满足条件的所有起点。

设计过程

（1）编写类 HighLightKeyWord，该类继承了 JFrame。在框架中包含一个文本域，用来获得用户输入的关键字；一个 JEditorPane 控件，用来显示文本；一个"高亮"按钮，用来高亮用户输入的关键字。

（2）编写方法 do_button_actionPerformed()，用来监听单击"高亮"按钮事件。在该方法中，遍历 JEditorPane 控件查找用户输入的关键字并将其设置成高亮。核心代码如下：

```java
protected void do_button_actionPerformed(ActionEvent e) {
    String key = textField.getText();                                    //获得关键字
    String content = editorPane.getText();                               //获得 JEditorPane 中的所有文本
    Highlighter highlighter = editorPane.getHighlighter();               //获得默认的 Highlighter 对象
    highlighter.removeAllHighlights();                                   //移除原有的高亮显示区域
    if (content.contains(key)) {                                         //如果包含关键字
        int index = content.indexOf(key);                               //确定第一个关键字的位置
        while (true) {
            if (index != -1) {                                          //如果还有关键字为高亮
                try {                                                   //高亮关键字
                    highlighter.addHighlight(index, index + key.length(),
                                             DefaultHighlighter.DefaultPainter);
                } catch (BadLocationException e1) {
                    e1.printStackTrace();
                }
                index = content.indexOf(key, ++index);                  //确定下一个关键字的位置
            } else {
```

```
            break;
        }
    }
}
```

◀)) **注意**：在执行高亮操作时，需要注意高亮的范围并且要记得捕获抛出的 BadLocationException。

秘笈心法

心法领悟 368：高亮的使用。

如果用户对本实例中高亮的效果不满意，则可以自行实现 Highlighter.HighlightPainter 接口，并重写其 paint() 方法，这样可以设置高亮的区域形状、颜色等。需要注意的是，不能简单地设置选择颜色来改变高亮颜色。

15.3　其他文本控件的应用

实例 369	只能输入整数的文本域	高级
	光盘位置：光盘\MR\369	趣味指数：★★★

实例说明

在实际编程中，如果需要用户输入信息，则一般要对其进行合法性判断，通常有前台和后台两种校验方式。Swing 中的后台校验基本是基于字符串校验，本实例演示如何使用格式化文本域控件实现前台校验。实例运行效果如图 15.9 所示。

📖 **说明**：限制文本框只能输入整数，如果输入了不合法的数据，则失去焦点时会自动变成前一个合法数据。

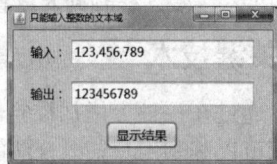

图 15.9　实例运行效果

关键技术

在 Java SE 1.4 版中，新增了格式化文本域类，它继承自文本域，主要用于规范输入的格式。除了常见的数字型输入和日期型输入，还可以使用该类实现更加专业的输入，如网址。在创建了格式化文本域对象之后，需要使用 setValue() 方法来设置使用哪种格式化的方式，该方法的声明如下：

```
public void setValue(Object value)
```

参数说明

value：要显示的当前值。

为了在文本域中显示输入的值，需要使用 getValue() 方法获得刚刚输入的值，该方法的声明如下：

```
public Object getValue()
```

设计过程

（1）编写类 IntegerOnlyTextField，该类继承了 JFrame。在框架中包含一个格式化文本域控件，用于获得用户的输入；一个文本域控件，用于显示用户的输出；一个"显示结果"按钮。

（2）编写方法 do_this_windowActivated()，用来监听窗体激活事件。在该方法中，设置格式化文本域对象校验类型是整数。核心代码如下：

```
protected void do_this_windowActivated(WindowEvent e) {
    formattedTextField.setValue(new Integer(0));                    //设置格式化文本域的初始值
}
```

（3）编写方法 do_button_actionPerformed()，用来监听单击"显示结果"按钮事件。在该方法中，将格式化文本域中的值显示在文本域中。核心代码如下：

```
protected void do_button_actionPerformed(ActionEvent e) {
    textField.setText(formattedTextField.getValue().toString());          //显示用户输入的值
}
```

■ 秘笈心法

心法领悟 369：校验整数输入的注意事项。

当没有在格式化文本域中输入信息时，其返回值是 Integer；当输入值时，其返回值是 Long。因此如果要处理这个值，通常将引用声明为 Number 类型。

实例370	强制输入合法的整数 光盘位置：光盘\MR\370	高级 趣味指数：★★★

■ 实例说明

除了可以对用户的错误输入采取"无视"的态度外，还可以强制用户输入正确的数据。如果没有，则控件会一直获得焦点。这样用户就不能进行其他的操作了。本实例将强制用户输入合法的整数，实例运行效果如图 15.10 所示。

📖 **说明**：限制文本框只能输入整数，如果输入了不合法的数据，则不能将焦点转移到其他控件。

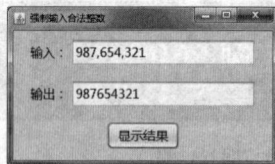

图 15.10　实例运行效果

■ 关键技术

通过在控件上增加校验器，可以让控件在失去焦点时被校验。如果校验失败，该控件会继续获得焦点，这样就可以强制用户输入合法的数据了。校验器必须继承 InputVerifier 类，在该类中定义了一个抽象方法 verify()，通过重写该方法来实现校验。该方法的声明如下：

```
public abstract boolean verify(JComponent input)
```

参数说明

input：要验证的 JComponent。

在编写完自定义的校验器之后，需要使用 setInputVerifier() 方法将其添加到格式化文本域中，该方法是在 JComponent 控件中定义的，其声明如下：

```
public void setInputVerifier(InputVerifier inputVerifier)
```

参数说明

inputVerifier：新的输入校验器。

■ 设计过程

（1）编写类 IntegerOnlyTextField，该类继承了 JFrame。在框架中包含一个格式化文本域控件，用于获得用户的输入；一个文本域控件，用于显示用户的输出；一个"显示结果"按钮。

（2）编写类 IntegerVerifier，该类继承了 InputVerifier。在 verify() 方法中使用了格式化文本域的默认校验方式。代码如下：

```
private class IntegerVerifier extends InputVerifier {
    @Override
    public boolean verify(JComponent input) {
        JFormattedTextField field = (JFormattedTextField) input;          //强制类型转换
        return field.isEditValid();                                       //使用默认的校验方式
    }
}
```

（3）编写方法 do_this_windowActivated()，用来监听窗体激活事件。在该方法中，设置了格式化文本域对象校验类型是整数。核心代码如下：

```
protected void do_this_windowActivated(WindowEvent e) {
    formattedTextField.setValue(new Integer(0));                    //设置格式化文本域的初始值
    formattedTextField.setInputVerifier(new IntegerVerifier());     //配置新的校验器
}
```

（4）编写方法 do_button_actionPerformed()，用来监听单击"显示结果"按钮事件。在该方法中，将格式化文本域中的值显示在文本域中。核心代码如下：

```
protected void do_button_actionPerformed(ActionEvent e) {
    textField.setText(formattedTextField.getValue().toString());    //显示用户输入的值
}
```

■ 秘笈心法

心法领悟 370：校验器的小 bug。

使用校验器有个问题，如果输入"123xyz"，则也能通过校验，显示的结果是"123"。只有当非数字字符开头时，才能实现真正的校验功能。

实例 371	使用微调控件调整时间	高级
	光盘位置：光盘\MR\371	趣味指数：★★★☆

■ 实例说明

当确定用户的输入只能取自一个连续有界的范围时，可以使用滑块或微调控件让用户进行选择，这样就可以避免繁琐的校验步骤。为了节约空间，可以使用微调控件。本实例将使用微调控件调整当前的时间，实例运行效果如图 15.11 所示。

图 15.11　实例运行效果

📖 说明：调整时间时，首先选择要调整的区域，然后单击上、下箭头的按钮就可以让时间增加和减少。

■ 关键技术

JSpinner 让用户从一个有序序列中选择一个数字或者一个对象值的单行输入字段。Spinner 通常提供一对带小箭头的按钮，以便逐步遍历序列元素。键盘的向上/向下方向键也可循环遍历元素。用户可以在 Spinner 中直接输入合法值。尽管组合框提供了相似的功能，但因为 Spinner 不要求隐藏重要数据的下拉列表，所以有时它也成为首要选择。为了让控件显示当前的时间，需要使用 setModel()方法设置其模型，该方法的声明如下：

```
public void setModel(SpinnerModel model)
```

参数说明

model：新的 SpinnerModel。

SpinnerDateModel 是 Date 序列的一个 SpinnerModel。序列的上下边界由称为 start 和 end 的属性定义，而通过 nextValue 和 previousValue 方法计算的增加和减少的大小由称作 calendarField 的属性定义。start 和 end 属性可以为 null，以指示序列没有下限和上限。

■ 设计过程

编写方法 do_this_windowActivated()，用来监听窗体激活事件。在该方法中，为微调控件设置了新的模型。核心代码如下：

```
protected void do_this_windowActivated(WindowEvent e) {
    spinner.setModel(new SpinnerDateModel());                       //设置模型
}
```

■ 秘笈心法

心法领悟 371：自定义微调控件的模型。

如果读者不喜欢程序中时间的样式，则可以自定义控件的模型。这可以通过继承抽象类 AbstractSpinnerModel 来实现。在重写 getNextValue()、getPreviousValue()、getValue()和 setValue()方法时，自定义返回值的样式。

实例 372	使用微调控件浏览图片 光盘位置：光盘\MR\372	高级 趣味指数：★★★★☆

■ 实例说明

除了可以使用默认的微调控件显示文本信息外，还可以通过自定义其显示模型的控件来显示图片等其他信息。本实例将使用微调控件实现浏览图片的功能，实例运行效果如图 15.12 所示。

图 15.12　实例运行效果

■ 关键技术

SpinnerListModel 类是由数组或 List 定义的 SpinnerModel 的简单实现。此类只存储对该数组或 List 的引用，所以，如果基础序列的元素发生变化，则应用程序有责任通过调用 fireStateChanged 通知 ChangeListeners。本实例使用该类存储了一个图标数组。为了能够显示图标，需要使用 setEditor()方法将显示模型的控件换成标签，该方法的声明如下：

```
public void setEditor(JComponent editor)
```

参数说明

editor：新编辑器。

■ 设计过程

（1）编写类 ImageLabel，该类继承了 JLabel 并且实现了 ChangeListener 接口。在响应微调控件改变事件的 stateChanged()方法中，设置了标签的图标。代码如下：

```java
public class ImageLabel extends JLabel implements ChangeListener {
    private static final long serialVersionUID = -5189246904858249548L;
    private JSpinner spinner;
    private ImageIcon image;
    public ImageLabel(JSpinner spinner) {
        this.spinner = spinner;
        this.image = (ImageIcon) spinner.getValue();        //获得微调控件模型中保存的图标
        spinner.addChangeListener(this);                    //为微调控件增加监听
    }
    @Override
    public void stateChanged(ChangeEvent e) {               //对微调控件的变化事件做出响应，更换图标
        image = (ImageIcon) spinner.getValue();
        setIcon(image);
    }
    @Override
    public Icon getIcon() {                                 //获得图标
        return image;
    }
}
```

（2）编写方法 do_this_windowActivated()，用来监听窗体激活事件。在该方法中，为微调控件设置新的模型和模型显示控件。核心代码如下：

```java
protected void do_this_windowActivated(WindowEvent e) {
    ImageIcon[] images = new ImageIcon[6];                  //利用数组来保存图片
    for (int i = 0; i < images.length; i++) {
        images[i] = new ImageIcon("src/images/" + (i + 1) + ".png");
    }
    spinner.setModel(new SpinnerListModel(images));         //设置微调控件模型
    spinner.setEditor(new ImageLabel(spinner));             //设置微调控件模型显示方式
}
```

■ 秘笈心法

心法领悟 372：SpinnerNumberModel 使用简介。

SpinnerModel 接口共有 4 个直接实现类。现在简单介绍一下 SpinnerNumberModel 的用法。它是用于数字序列的 SpinnerModel，该序列的上下边界由名为 minimum 和 maximum 的属性定义。nextValue 和 previousValue 方法计算的增加或减少的大小由名为 stepSize 的属性定义。

15.4　进度指示器的应用

实例 373	显示完成情况的进度条 光盘位置：光盘\MR\373	高级 趣味指数：★★★

■ 实例说明

当程序执行一些耗时操作时，使用进度指示器提示用户程序正在运行是非常有用的。Swing 中的进度指示器可以分成 3 类，本实例将演示在文本区中输出 500 以内的全部素数，并使用进度条提示用户输出的进度。实例运行效果如图 15.13 所示。

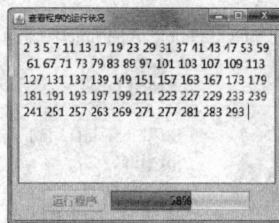

图 15.13　实例运行效果

■ 关键技术

JProgressBar 类是以可视化形式显示某些任务进度的控件。在任务的完成进度中，进度条显示该任务完成的百分比。此百分比通常由一个矩形以可视化形式表示，该矩形开始是空的，随着任务的完成逐渐被填充。此外，进度条能够显示此百分比的文本表示形式。JProgressBar 类的常用方法如表 15.5 所示。

表 15.5　JProgressBar 类的常用方法

方 法 名	作 用
setMaximum(int n)	将进度条的最大值（存储在进度条的数据模型中）设为 n
setMinimum(int n)	将进度条的最小值（存储在进度条的数据模型中）设为 n
setOrientation(int newOrientation)	将进度条的方向设置为 newOrientation
setStringPainted(boolean b)	设置进度条是否应该显示进度字符串
setValue(int n)	将进度条的当前值设置为 n

◀》 注意：如果要显示进度字符串，则一定要将 setStringPainted() 方法的参数设置成 true，因为默认是不显示的。

■ 设计过程

（1）编写类 ProgressBarTest，该类继承了 JFrame。在框架中包含一个文本区，用来显示计算出来的素数；一个"运行程序"按钮，用来执行程序；一个进度条，用来显示进度。

（2）编写类 Activity，该类继承自 SwingWorker。它负责计算素数并更新进度条，由于 SwingWorker 是在事件分发线程中调用方法，这样可以避免线程问题。代码如下：

```java
private class Activity extends SwingWorker<Void, Integer> {
    private int current;
    private int target;
    public Activity(int target) {
        this.target = target;
    }
    @Override
```

```
protected Void doInBackground() throws Exception {        //筛选出所有满足条件的素数
    while (current < target) {
        Thread.sleep(100);
        if (isPrime(current)) {
            publish(current);
        }
        current++;
    }
    return null;
}
@Override
protected void process(List<Integer> chunks) {           //更新文本区和进度条
    for (Integer chunk : chunks) {
        textArea.append(chunk + " ");
        progressBar.setValue(chunk / 5);
        if (chunk == 499) {
            progressBar.setValue(100);
        }
    }
}
@Override
protected void done() {                                   //启用按钮
    button.setEnabled(true);
}
private boolean isPrime(int number) {                     //计算素数值
    if (number < 2) {                                     //0、1 不是素数
        return false;
    } else {
        int sqrt = (int) Math.sqrt(number);              //求给定数的平方根
        for (int i = 2; i <= sqrt; i++) {                //遍历可能的公因数
            if (number % i == 0) {                       //如果有公因数则不是素数
                return false;
            }
        }
    }
    return true;
}
```

（3）编写方法 do_button_actionPerformed()，用来监听单击"运行程序"按钮事件。在该方法中，禁用了按钮并启动了 SwingWorker 线程。核心代码如下：

```
protected void do_button_actionPerformed(ActionEvent e) {
    button.setEnabled(false);                            //禁用按钮
    Activity activity = new Activity(500);
    activity.execute();                                  //启动线程
}
```

■ 秘笈心法

心法领悟 373：不确定的进度条。

如果不能确定程序的运行时间，则可以使用不确定的进度条。只需要调用 setIndeterminate()方法即可，该方法的声明如下：

```
public void setIndeterminate(boolean newValue)
```

参数说明

newValue：如果进度条更改为不确定模式，则为 true。

实例 374	监听进度条的变化事件 光盘位置：光盘\MR\374	高级 趣味指数：★★★

■ 实例说明

除了可以用进度条提示用户程序正在运行外，还可以用来监视进度条的变化。当进度条显示某一数值时，执

行一些预定的操作。本实例将监听进度条的变化事件，如果到 100%则更新程序的界面。实例运行效果如图 15.14
所示。

图 15.14 实例运行效果（进度条运行完毕后显示如右图）

■ 关键技术

为了能够让程序监听进度条的变化事件，需要为其添加 ChangeListener 接口。该接口中定义了 stateChanged()
方法，它可以用来处理变化所引发的各种事件，其声明如下：

```
void stateChanged(ChangeEvent e)
```

参数说明

e：ChangeEvent 对象。

■ 设计过程

（1）编写类 Activity，该类继承自 SwingWorker。它用来更新进度条，由于 SwingWorker 是在事件分发线
程中调用方法，这样可以避免线程问题。代码如下：

```
private class Activity extends SwingWorker<Void, Integer> {
    @Override
    protected Void doInBackground() throws Exception {              //存入 100 个整数
        for (int i=1;i<101;i++) {
            Thread.sleep(100);
            publish(i);
        }
        return null;
    }
    @Override
    protected void process(List<Integer> chunks) {                 //更新进度条
        for (Integer chunk:chunks) {
            progressBar.setValue(chunk);
        }
    }
}
```

（2）编写方法 do_this_windowActivated()，用来监听窗体激活事件。在该方法中，启动 SwingWorker 线程。
核心代码如下：

```
protected void do_this_windowActivated(WindowEvent e) {
    Activity activity = new Activity();
    activity.execute();                                            //启动线程
}
```

（3）编写方法 do_progressBar_stateChanged()，用来监听进度条变化事件。在该方法中，更新了标签内容并
隐藏了进度条。核心代码如下：

```
protected void do_progressBar_stateChanged(ChangeEvent e) {
    JProgressBar comp = (JProgressBar) e.getSource();
    int value = comp.getValue();
    if(value==100) {
        label.setText("程序启动完毕！");                            //更新标签内容
        comp.setVisible(false);                                    //隐藏进度条
    }
}
```

✍ 技巧：如果是进度条完成所触发的事件，也可以重写 SwingWorker 的 done()方法来执行。

■ 秘笈心法

心法领悟 374：手工制作闪屏画面。

如果因为版本问题而不能使用 Java SE 6 新增的闪屏功能，可以在本实例的基础上实现自己的闪屏界面。只

需要替换文本域中的内容并去掉框架的边框即可。

<table>
<tr><td>实例375</td><td>进度监视器控件的应用
光盘位置: 光盘\MR\375</td><td>高级
趣味指数: ★★★</td></tr>
</table>

■ 实例说明

当程序执行一些耗时操作时，使用进度指示器提示用户程序正在运行是非常有用的。Swing 中的进度指示器可以分成 3 类，本实例将演示在文本区中输出 500 以内的全部素数，并使用进度监视器提示用户输出的进度。实例运行效果如图 15.15 所示。

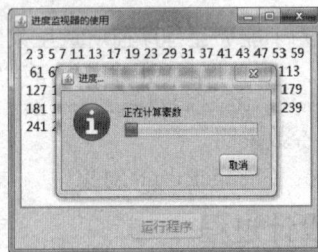

■ 关键技术

进度监视器是一个包含进度条和"取消"按钮的对话框。单击"取消"按钮可以停止程序的运行。创建进度监视器时，向它提供数字范围和描述字符串。在操作进行时，调用 setProgress() 方法，以指示操作的 [min,max] 范围有多大。其构造方法如下：

图 15.15　实例运行效果

```
public ProgressMonitor(Component parentComponent,Object message,String note,int min,int max)
```

该构造方法中各个参数的说明如表 15.6 所示。

表 15.6　ProgressMonitor() 构造方法的参数说明

参 数 名	说　　明
parentComponent	对话框的父控件
message	要显示给用户的描述消息，以指示在监视什么操作
note	描述操作状态的简短注释
min	范围的下边界
max	范围的上边界

◀》注意：虽然也在 swing 包中，但 ProgressMonitor 类不是以 J 开头的，并且它是 Object 类的直接子类。

■ 设计过程

（1）编写类 ProgressMonitorTest，该类继承了 JFrame。在框架中包含一个文本区，用来显示计算出来的素数；一个"运行程序"按钮，用来执行程序，当单击该按钮后会弹出一个进度监视器。

（2）编写类 Activity，该类继承自 SwingWorker。它负责计算素数并更新进度监视器，由于 SwingWorker 是在事件分发线程中调用方法，这样可以避免线程问题。代码如下：

```java
private class Activity extends SwingWorker<Void, Integer> {
    private int current;
    private int target;
    public Activity(int target) {
        this.target = target;
    }
    @Override
    protected Void doInBackground() throws Exception {          //筛选出所有满足条件的素数
        while (current < target) {
            Thread.sleep(100);
            if (isPrime(current)) {
                publish(current);
            }
            current++;
        }
        return null;
```

```
        }
        @Override
        protected void process(List<Integer> chunks) {                    //更新文本区和进度监视器
            for (Integer chunk : chunks) {
                textArea.append(chunk + " ");
                setProgress(chunk / 5);
            }
        }
        private boolean isPrime(int number) {                              //计算素数值
            if (number < 2) {                                              //0、1 不是素数
                return false;
            } else {
                int sqrt = (int) Math.sqrt(number);                        //求给定数的平方根
                for (int i = 2; i <= sqrt; i++) {                          //遍历可能的公因数
                    if (number % i == 0) {                                 //如果有公因数则不是素数
                        return false;
                    }
                }
            }
            return true;
        }
    }
```

（3）编写类 CancelAction，该类实现了 ActionListener 接口。该类负责监视是否单击了"取消"按钮，如果没有则更新进度。代码如下：

```
private class CancelAction implements ActionListener {
    @Override
    public void actionPerformed(ActionEvent e) {
        if (monitor.isCanceled()) {                                        //如果单击"取消"按钮则停止线程
            activity.cancel(true);
        } else if (activity.isDone()) {                                    //如果线程运行结束则停止进度监视器
            monitor.close();
            button.setEnabled(true);
        } else {                                                           //更新进度监视器
            monitor.setProgress(activity.getProgress());
        }
    }
}
```

（4）编写方法 do_button_actionPerformed()，用来监听单击"运行程序"按钮事件。在该方法中，创建进度监视器对象，并每间隔 0.5 秒对其是否单击了"取消"按钮进行判断。核心代码如下：

```
protected void do_button_actionPerformed(ActionEvent e) {
    button.setEnabled(false);                                             //禁用按钮
    int max = 500;
    activity = new Activity(max);
    activity.execute();                                                   //启动线程
    monitor = new ProgressMonitor(ProgressMonitorTest.this, "正在计算素数", null, 0, max);
    new Timer(500, new CancelAction()).start();                          //利用计时器周期性地检查是否单击了"取消"按钮
}
```

■ 秘笈心法

心法领悟 375：进度监视器的特性。

最初不存在 ProgressDialog，第一个 millisToDecideToPopup 毫秒（默认值为 500）以后，进度监视器会预测该操作将花费多长时间。如果大于 millisToPopup（默认值为 2000，即 2 秒），则弹出 ProgressDialog。

实例 376	监视文件读入的进度	高级
光盘位置：光盘\MR\376		趣味指数：★★★

■ 实例说明

当程序执行一些耗时操作时，使用进度指示器提示用户程序正在运行是非常有用的。Swing 中的进度指示

器可以分成 3 类，本实例将演示从文本磁盘中读取一个非常大的文本文件，使用 ProgressMonitorInputStream 来显示读取的进度。实例运行效果如图 15.16 所示。

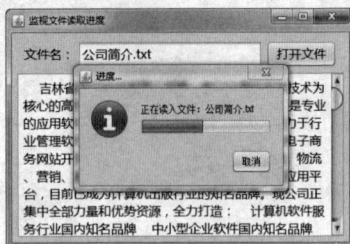

图 15.16　实例运行效果

■ 关键技术

ProgressMonitorInputStream 类可以自动弹出一个对话框，监视已经读取了多少流。它使用 InputStream 类的 available()方法来确定流中的总字节数。该类的构造方法如下：

```
public ProgressMonitorInputStream(Component parentComponent,Object message,InputStream in)
```

该构造方法中各个参数的说明如表 15.7 所示。

表 15.7　ProgressMonitorInputStream()构造方法的参数说明

参　数　名	说　　明
parentComponent	触发被监视操作的控件
message	在对话框（如果弹出）中放置的描述性文本
in	要监视的输入流

■ 设计过程

（1）编写类 ProgressMonitorInputStreamTest，该类继承了 JFrame。在框架中包含一个文本域，用来显示用户选择的文件名；一个"打开文件"按钮，用来选择文件；一个文本区，用来显示读入的文本。

（2）编写方法 do_button_actionPerformed()，用来监听单击"打开文件"按钮事件。在该方法中，使用文件选择器让用户选择文件并将其显示在文本区中。核心代码如下：

```
protected void do_button_actionPerformed(ActionEvent e) {
    JFileChooser chooser = new JFileChooser();                                    //创建文件选择器
    chooser.setMultiSelectionEnabled(false);                                     //限制不能多选
    chooser.setFileFilter(new FileNameExtensionFilter("TXT 文件", "txt"));        //过滤非 txt 文件
    int result = chooser.showOpenDialog(this);
    if (result == JFileChooser.APPROVE_OPTION) {                                  //如果用户选择了文件
        File file = chooser.getSelectedFile();                                   //获得文件
        textField.setText(file.getName());                                       //显示文件名称
        try {
            FileInputStream fileIn = new FileInputStream(file);                  //创建文件输入流
            ProgressMonitorInputStream progressIn = new ProgressMonitorInputStream(this, "正在读入文件： " + file.getName(), fileIn);
                                                                                 //创建输入流进度显示器
            final Scanner in = new Scanner(progressIn);
            textArea.setText("");                                                //清空文本区
            SwingWorker<Void, Void> worker = new SwingWorker<Void, Void>() {
                @Override
                protected Void doInBackground() throws Exception {
                    while (in.hasNextLine()) {                                   //读入文本并在文本区中显示
                        textArea.append(in.nextLine());
                    }
                    in.close();                                                  //关闭输入流
                    return null;
                }
            };
            worker.execute();
```

```
    } catch (IOException e1) {
        e1.printStackTrace();
    }
}
```

■ 秘笈心法

心法领悟 376：进度监视器的适用范围。

由于 available()方法返回此输入流，所以下一个方法调用可以不受阻塞地从此输入流读取（或跳过）估计的字节数。下一个调用可能是同一个线程，也可能是另一个线程。一次读取或跳过估计的字节数不会受阻，但读取或跳过的字节数可能小于该数。因此进度监视器适用于文件等长度可知的输入流，并不适用于所有的输入流。

15.5　控件组织器的应用

实例 377	分割面板的简单应用 光盘位置：光盘\MR\377	高级 趣味指数：★★★

■ 实例说明

在窗体中布局控件时，除了可以给控件增加边框，还可以使用分割面板。分割面板可以将一个控件分成两部分，并且这两部分之间具有可调整的边界。本实例将演示分割面板的用法。实例运行效果如图 15.17 所示。

📖 说明：当用户选择不同的列表项时，图片内容标签和图片说明标签会根据选择进行更新。

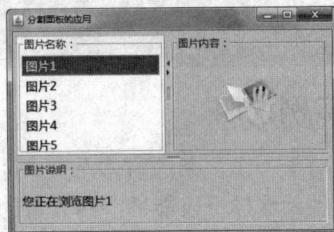

图 15.17　实例运行效果

■ 关键技术

JSplitPane 用于分隔两个（只能两个）Component。两个 Component 图形化分隔以外观实现为基础，并且这两个 Component 可以由用户交互式调整大小。该类的常用方法如表 15.8 所示。

表 15.8　JSplitPane 类的常用方法

方　法　名	作　　用
setLeftComponent(Component comp)	将控件设置到分隔条的左边（或上面）
setRightComponent(Component comp)	将控件设置到分隔条的右边（或下面）
setResizeWeight(double value)	指定当分隔窗格的大小改变时如何分配额外空间
setOneTouchExpandable(boolean newValue)	设置 oneTouchExpandable 属性的值

■ 设计过程

（1）编写类 JSplitPaneTest，该类继承了 JFrame。在框架中使用两个分割面板来组织列表和标签，用来显示图片的名称、内容和描述信息。

（2）编写方法 do_this_windowActivated()，用来监听窗体激活事件。在该方法中，初始化列表的数据项。核心代码如下：

```
protected void do_this_windowActivated(WindowEvent e) {
    String[] listData = new String[6];
    for (int i = 0; i < 6; i++) {
        listData[i] = "图片" + (i + 1);
```

```
        }
        list.setListData(listData);                                        //初始化列表数据
        list.setSelectedIndex(0);                                          //设置默认选择第一个列表项
    }
```

（3）编写方法 do_list_valueChanged()，用来监听列表项选择事件。在该方法中，根据用户选择的列表来更新标签。核心代码如下：

```
protected void do_list_valueChanged(ListSelectionEvent e) {
    if (list.getSelectedValue() != null) {                                 //如果用户选择了列表项
        String value = (String) list.getSelectedValue();                   //获得选择的列表项
        char imageIndex = value.charAt(2);
        imageLabel.setIcon(new ImageIcon("src/images/" + imageIndex + ".png"));  //更新图片
        discriptionLabel.setText("您正在浏览图片" + imageIndex);            //更新描述
    }
}
```

■ 秘笈心法

心法领悟 377：分割面板的优势。

使用分割面板的最大优势就是可以动态调整各个控件的排列位置。当用户调整分割器时，默认情况下会一直不断地刷新两个控件的内容，此时会产生连续变化的效果。如果这个特性影响性能，则可以使用 setContinuousLayout()方法关闭这个特性。

实例 378	为选项卡增加快捷键 光盘位置：光盘\MR\378	高级 趣味指数：★★★

■ 实例说明

对于一个复杂的窗体而言，可以使用选项卡面板来组织相关的控件。这样不仅能够节约大量的空间，而且方便用户使用。如果为不同的选项卡增加快捷键，可以让老用户快速定位到自己需要的选项卡。本实例将演示如何为不同的选项卡增加不同的快捷键，实例运行效果如图 15.18 所示。

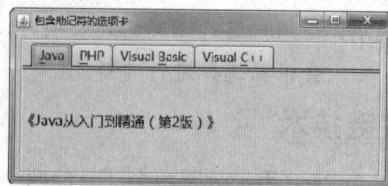

图 15.18　实例运行效果

📖 **说明**：通过 Alt 键和选项卡中有下划线的字符组合使用就可以切换不同的选项卡。

■ 关键技术

JTabbedPane 允许用户通过选择具有给定标题和/或图标的选项卡，在一组控件之间进行切换。在创建该类的对象之后，需要使用 addTab()方法为其增加选项卡，该方法的声明如下：

```
public void addTab(String title,Icon icon,Component component,String tip)
```

该方法中各参数的说明如表 15.9 所示。

表 15.9　addTab()方法的参数说明

参 数 名	说　　明
title	此选项卡中要显示的标题
icon	此选项卡中要显示的图标
component	选择此选项卡时要显示的控件
tip	此选项卡要显示的工具提示

💡 **提示**：addTab()方法还有两个重载方法，请读者参考其 API 文档。

JTabbedPane 中不同的选项卡是通过不同的索引来区别的，索引从 0 开始，到选项卡个数减 1。为了给不同的选项卡增加快捷键，可以使用 setMnemonicAt()方法，该方法的声明如下：

```
public void setMnemonicAt(int tabIndex,int mnemonic)
```

参数说明

❶ tabIndex：助记符引用的选项卡的索引。

❷ mnemonic：表示助记符的键代码。

■ 设计过程

（1）编写类 MnemonicTabbedCard，该类继承了 JFrame。在框架中包含一个选项卡面板，面板中包括 4 个标签。

（2）编写方法 do_this_windowActivated()，用来监听窗体激活事件。在该方法中，为不同的选项卡设置不同的快捷键。核心代码如下：

```
protected void do_this_windowActivated(WindowEvent e) {
    tabbedPane.setMnemonicAt(0, KeyEvent.VK_J);        //为第 1 个选项卡增加快捷键 J
    tabbedPane.setMnemonicAt(1, KeyEvent.VK_P);        //为第 2 个选项卡增加快捷键 P
    tabbedPane.setMnemonicAt(2, KeyEvent.VK_B);        //为第 3 个选项卡增加快捷键 B
    tabbedPane.setMnemonicAt(3, KeyEvent.VK_C);        //为第 4 个选项卡增加快捷键 C
}
```

💡 提示：也可以使用字符代替 KeyEvent 类的常量，如用 'J' 代替 KeyEvent.VK_J。

■ 秘笈心法

心法领悟 378：快捷键的设置。

除了可以为不同的选项卡设置不同的快捷键，也可以为其他的 Swing 控件设置快捷键。例如，对于 JButton 而言，可以使用 setMnemonicAt()方法增加快捷键。

实例 379	为选项卡标题设置图标	高级
	光盘位置：光盘\MR\379	趣味指数：★★★☆

■ 实例说明

对于一个复杂的窗体而言，可以使用选项卡面板来组织相关的控件，这样不仅能够节约大量的空间，而且方便用户使用。如果为不同的选项卡设置不同的图标，则可以让界面更加美观。本实例将演示如何为不同的选项卡增加不同的图标，实例运行效果如图 15.19 所示。

图 15.19　实例运行效果

■ 关键技术

JTabbedPane 允许用户通过选择具有给定标题和/或图标的选项卡，在一组控件之间进行切换。在创建该类的对象之后，需要使用 addTab()方法为其增加选项卡，该方法的声明如下：

```
public void addTab(String title,Icon icon,Component component,String tip)
```

该方法中各参数的说明如表 15.10 所示。

表 15.10　addTab()方法的参数说明

参　数　名	说　　明
title	此选项卡中要显示的标题
icon	此选项卡中要显示的图标
component	选择此选项卡时要显示的控件
tip	此选项卡要显示的工具提示

💡 提示：addTab()还有两个重载方法，请读者参考其 API 文档。

JTabbedPane 中不同的选项卡是通过不同的索引来区别的，索引从 0 开始，到选项卡个数减 1。为了给不同的选项卡标题设置图标，可以使用 setIconAt()方法，该方法的声明如下：

```
public void setIconAt(int index,Icon icon)
```

参数说明

❶ index：图标要被设置位置的选项卡索引。

❷ icon：要在选项卡中显示的图标。

■ 设计过程

（1）编写类 ImageTabbedCard，该类继承了 JFrame。在框架中包含一个选项卡面板，面板中包括 4 个标签。

（2）编写方法 do_this_windowActivated()，用来监听窗体激活事件。在该方法中，为不同的选项卡标题设置不同的图标。核心代码如下：

```
protected void do_this_windowActivated(WindowEvent e) {
    tabbedPane.setIconAt(0, new ImageIcon("src/images/1.png"));        //第 1 个选项卡使用图片 1
    tabbedPane.setIconAt(1, new ImageIcon("src/images/2.png"));        //第 2 个选项卡使用图片 2
    tabbedPane.setIconAt(2, new ImageIcon("src/images/3.png"));        //第 3 个选项卡使用图片 3
    tabbedPane.setIconAt(3, new ImageIcon("src/images/4.png"));        //第 4 个选项卡使用图片 4
}
```

■ 秘笈心法

心法领悟 379：为选项卡增加提示信息。

如果单纯使用图标作为选项卡的标题，虽然能够节省空间，但是对新用户而言十分不方便。此时可以给不同的标题增加不同的提示信息，使用 setToolTipTextAt()方法即可，该方法的声明如下：

```
public void setToolTipTextAt(int index,String toolTipText)
```

参数说明

❶ index：图标要被设置位置的选项卡索引。

❷ toolTipText：选项卡中要显示的工具提示文本。

实例 380	记录选项卡的访问状态	高级
	光盘位置：光盘\MR\380	趣味指数：★★★★

■ 实例说明

对于一个复杂的窗体而言，可以使用选项卡面板来组织相关的控件。这样不仅能够节约大量的空间，而且方便用户使用。在用户浏览选项卡的过程中，如果能够记录哪些选项卡被浏览过是非常有用的。本实例将通过修改选项卡标题的图标来记录浏览历史，实例运行效果如图 15.20 所示。

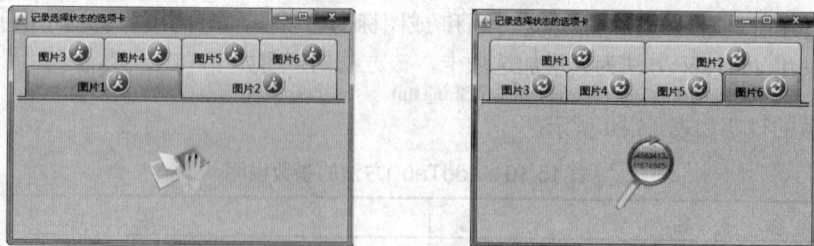

（a）浏览前　　　　　　　　　　　（b）浏览后

图 15.20　实例运行效果

关键技术

为了能够监听用户选择选项卡事件，需要为 JTabbedPane 增加 ChangeListener 监听器。需要注意的是，该监听器必须安装在选项卡面板上，而不是选项卡本身。该接口定义了一个 stateChanged()方法，该方法的声明如下：

```
void stateChanged(ChangeEvent e)
```

参数说明

e：ChangeEvent 对象。

为了获得用户选择的选项卡，需要使用 getSelectedIndex()方法，该方法的声明如下：

```
public int getSelectedIndex()
```

📖 说明：如果用户没有选择选项卡，则该方法的返回值是-1。

设计过程

（1）编写类 ImageTabbedCard，该类继承了 JFrame。在框架中包含一个选项卡面板，面板中包括了 6 个标签。

（2）编写方法 do_this_windowActivated()，用来监听窗体激活事件。在该方法中，为不同的选项卡标题设置不同的图标。核心代码如下：

```
protected void do_this_windowActivated(WindowEvent e) {
    for (int i = 0; i < 6; i++) {
        tabbedPane.setIconAt(i, new ImageIcon("src/images/no.png"));          //设置选项卡标题图片 no
    }
}
```

（3）编写方法 do_tabbedPane_stateChanged()，用来监听选项卡被选择事件。在该方法中，为用户选择的选项卡设置新的图标。核心代码如下：

```
protected void do_tabbedPane_stateChanged(ChangeEvent e) {
    if (tabbedPane.getSelectedComponent() != null) {
        int index = tabbedPane.getSelectedIndex();                            //获得用户选择的选项卡
        tabbedPane.setIconAt(index, new ImageIcon("src/images/yes.png"));     //设置新图标
    }
}
```

秘笈心法

心法领悟 380：选项卡选择事件的应用。

如果在各个不同的选项卡中使用了大量的图片，则在程序启动时一次全部加载是比较耗时的。这时可以使用选项卡监听事件，当用户选择了一个选项卡后加载该选项卡中使用的图片。

第16章

控件特效与自定义控件

▶▶ 控件边框效果

▶▶ 控件渲染让界面 UI 更灵活

▶▶ 让控件活起来

▶▶ 自定义控件

16.1　控件边框效果

实例 381	实现标签控件的立体边框 光盘位置：光盘\MR\381	中级 趣味指数：★★★★☆

■ 实例说明

标签控件常用于显示窗体界面中的各种提示信息，如登录窗体的用户名与密码文本框左侧都使用标签控件说明文本框的用途。标签控件比较特殊，默认背景透明，而且没有边框，也就是说在界面中标签控件除了它的文本内容之外，什么都显示不了，本实例为标签控件添加了立体的边框效果，让它们看上去有点像按钮控件，如图 16.1 所示。

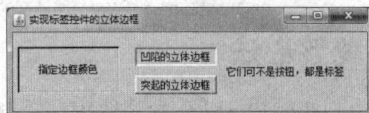

图 16.1　标签控件的立体边框

■ 关键技术

本实例的关键技术在于创建立体边框的实例对象，并把它设置为控件的属性。如何创建立体边框及如何控制立体边框的各种属性，是本节要介绍的重点。

❑　简单的立体边框

立体边框的最简单的应用，就是边框的凸凹效果，这可以通过 BevelBorder 类的最简单的构造方法来实现，其方法声明如下：

```
public BevelBorder(int bevelType)
```

参数说明

bevelType：边框类型，可选值有 BevelBorder.LOWERED 与 BevelBorder.RAISED。

❑　复杂的立体边框

立体边框可以实现更详细的属性设置，如指定边框的高亮和阴影颜色，甚至是它们的内外颜色等。创建复杂立体边框的 BevelBorder 类构造方法的声明如下：

```
public BevelBorder(int bevelType, Color highlightOuterColor, Color highlightInnerColor, Color shadowOuterColor, Color shadowInnerColor)
```

BevelBorder 类构造方法中的参数说明如表 16.1 所示。

表 16.1　BevelBorder 类构造方法的参数说明

参　数　名	说　　明	参　数　名	说　　明
bevelType	边框的斜面类型	shadowOuterColor	斜面外部阴影所用颜色
highlightOuterColor	斜面外部高亮显示所用颜色	shadowInnerColor	斜面内部阴影所用颜色
highlightInnerColor	斜面内部高亮显示所用颜色		

■ 设计过程

（1）在项目中创建窗体类 ShowBevelBorder。设置窗体的标题、大小和位置等属性。

（2）在窗体中添加多个标签控件，并设置文本居中显示，然后创建各种立体边框对象，分别设置为不同标签控件的边框属性。关键代码如下：

```
JLabel label = new JLabel("凹陷的立体边框");
label.setBounds(150, 18, 100, 22);                                    //设置标签位置与大小
contentPane.add(label);                                               //添加标签到窗体面板
label.setHorizontalAlignment(SwingConstants.CENTER);                  //文本居中显示
label.setBorder(new BevelBorder(BevelBorder.LOWERED, null, null, null, null));  //设置标签的边框
JLabel label_1 = new JLabel("突起的立体边框");
label_1.setBounds(150, 52, 100, 22);                                  //设置标签位置与大小
```

493

```
contentPane.add(label_1);                                                    //添加标签到窗体面板
label_1.setHorizontalAlignment(SwingConstants.CENTER);                       //文本居中显示
label_1.setBorder(new BevelBorder(BevelBorder.RAISED, null, null, null, null)); //设置标签的边框
JLabel label_2 = new JLabel("它们可不是按钮，都是标签");
label_2.setBounds(262, 20, 166, 54);                                         //设置标签位置与大小
contentPane.add(label_2);                                                    //添加标签到窗体面板
JLabel label_3 = new JLabel("指定边框颜色");
label_3.setHorizontalAlignment(SwingConstants.CENTER);                       //文本居中显示
label_3.setBounds(6, 17, 124, 55);                                           //设置标签位置与大小
contentPane.add(label_3);                                                    //添加标签到窗体面板
Color highlightOuter = new Color(255, 255, 0);                               //边框的高亮颜色参数
Color highlightInner = new Color(255, 175, 175);
label_3.setBorder(new BevelBorder(BevelBorder.LOWERED, highlightOuter,
        highlightInner, Color.BLUE, Color.RED));                            //设置标签的边框
```

■ 秘笈心法

心法领悟 381：为其他控件添加立体边框。

立体边框并不是标签控件的专用特效，几乎所有的 Swing 控件，包括容器都可以设置立体边框效果，在程序开发时可以根据界面需求来设置控件的立体边框。当然，像按钮之类的控件本身就是立体边框，那么就没有必要多此一举了。

实例 382	实现按钮控件边框留白 光盘位置：光盘\MR\382	中级 趣味指数：★★★★☆

■ 实例说明

按钮控件本身已经有边框效果了，它和标签控件相比，边缘的渲染是根据按钮按下与抬起状态来确定边框立体方向的，但这些并不是为按钮设置边框实现的，而是按钮本身的渲染效果。这就说明还可以为按钮指定边框属性来实现特殊边框效果。本实例为按钮设置了边框留白效果，也就是 EmptyBorder 边框，该边框可以实现设置边框占用空间但是不进行绘制渲染的效果。实例运行效果如图 16.2 所示。

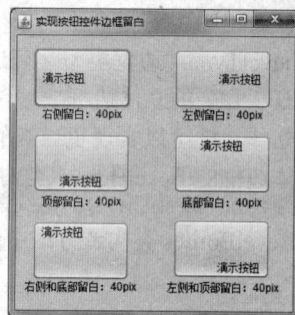

图 16.2　按钮控件的边框留白

■ 关键技术

本实例的关键技术在于创建 EmptyBorder 边框的实例对象，并把它设置为按钮控件的属性。如何创建 EmptyBorder 边框，以及如何控制 EmptyBorder 边框的各种属性，是本节要介绍的重点。

❏ 简单的 EmptyBorder 边框

EmptyBorder 边框的最简单的应用，就是通过 4 个整型参数指定新建边框的四边留白，这可以通过 EmptyBorder 类的最简单的构造方法来实现，其方法声明如下：

```
public EmptyBorder(int top, int left, int bottom, int right)
```

EmptyBorder 类构造方法中的参数说明如表 16.2 所示。

表 16.2　EmptyBorder 类构造方法的参数说明

参　数　名	说　　　明	参　数　名	说　　　明
top	边框顶部预留空间，单位为像素	bottom	边框底部预留空间，单位为像素
left	边框左侧预留空间，单位为像素	right	边框右侧预留空间，单位为像素

❏ 复杂的 EmptyBorder 边框

EmptyBorder 边框的另一个构造方法是以 Insets 类的实例对象作为参数，这样方便参数的引用与传递。该构

造方法的声明如下：

```
public EmptyBorder(Insets borderInsets)
```

参数说明

borderInsets：Insets 类的实例对象，它是 4 个边界值封装。

设计过程

（1）在项目中创建窗体类 ShowEmptyBorder，设置窗体的标题、大小和位置等属性。

（2）在窗体中添加 6 个按钮控件，然后创建各种留白的 EmptyBorder 边框对象，分别设置为不同按钮控件的边框属性。关键代码如下：

```
JButton button = new JButton("演示按钮");
button.setBorder(new EmptyBorder(40, 0, 0, 0));                      //顶部留白：40pix
button.setBounds(19, 106, 109, 64);
contentPane.add(button);
JButton button_1 = new JButton("演示按钮");
button_1.setBorder(new EmptyBorder(0, 40, 0, 0));                    //左侧留白：40pix
button_1.setBounds(177, 14, 109, 64);
contentPane.add(button_1);
JButton button_2 = new JButton("演示按钮");
button_2.setBorder(new EmptyBorder(0, 0, 0, 40));                    //右侧留白：40pix
button_2.setBounds(19, 14, 109, 64);
contentPane.add(button_2);
JButton button_3 = new JButton("演示按钮");
button_3.setBorder(new EmptyBorder(0, 0, 40, 0));                    //底部留白：40pix
button_3.setBounds(177, 106, 109, 64);
contentPane.add(button_3);
JButton button_4 = new JButton("演示按钮");
button_4.setBorder(new EmptyBorder(0, 0, 40, 40));                   //右侧和底部留白：40pix
button_4.setBounds(19, 201, 109, 64);
contentPane.add(button_4);
JButton button_5 = new JButton("演示按钮");
button_5.setBorder(new EmptyBorder(40, 40, 0, 0));                   //左侧和顶部留白：40pix
button_5.setBounds(177, 198, 109, 64);
contentPane.add(button_5);
```

秘笈心法

心法领悟 382：为其他控件添加 EmptyBorder 边框。

EmptyBorder 边框并不是按钮控件的专用，几乎所有的 Swing 控件，包括容器都可以设置 EmptyBorder 边框效果，在程序开发时可以根据界面需求来设置控件的边框。

实例 383	实现文本域控件的浮雕化边框	高级
	光盘位置：光盘\MR\383	趣味指数：★★★★

实例说明

浮雕化边框是 EtchedBorder 类的实例对象，它既可以是阴刻浮雕化边框，也可以是阳刻浮雕化边框。如果创建边框时未初始化任何高亮显示/阴影颜色，则这些颜色将从传递给 paintBorder()方法的组件参数的背景色动态派生。本实例为 JTextArea 文本域控件添加了浮雕化边框的效果，实例运行后由放大镜（辅助程序）放大后的效果如图 16.3 所示。

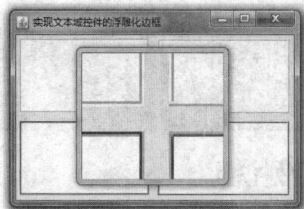

图 16.3　用放大镜观察程序运行效果

关键技术

本实例的关键技术在于创建立体边框的实例对象，并把它设置为控件的属性。如何创建立体边框，以及如何控制立体边框的各种属性，是本节要介绍的重点。

❑ 简单的立体边框

浮雕化边框的最简单的应用就是边框的凸凹效果，这可以通过 EtchedBorder 类的最简单的构造方法来实现，其方法声明如下：

```
public EtchedBorder(int etchType)
```

参数说明

etchType：边框类型，可选值有 EtchedBorder.LOWERED 与 EtchedBorder.RAISED。

❑ 复杂的立体边框

浮雕化边框可以实现更详细的属性设置，如指定边框的高亮和阴影颜色。创建复杂浮雕化边框的构造方法的声明如下：

```
public EtchedBorder(int etchType, Color highlight, Color shadow)
```

参数说明

❶ etchType：边框要绘制的蚀刻类型，可选值有 EtchedBorder.LOWERED 与 EtchedBorder.RAISED。

❷ highlight：用于浮雕化高亮显示的颜色。

❸ shadow：用于浮雕化阴影的颜色。

设计过程

（1）在项目中创建窗体类 ShowEtchedBorder，设置窗体的标题、大小和位置等属性。

（2）在窗体中添加多个文本域控件，然后创建各种 EtchedBorder 边框对象，分别设置为不同文本域控件的边框属性。关键代码如下：

```
JTextArea label = new JTextArea();                                                  //创建文本域控件
//设置阴刻浮雕化边框
label.setBorder(new EtchedBorder(EtchedBorder.LOWERED, null, null));
contentPane.add(label);
JTextArea label_1 = new JTextArea();
//设置阳刻浮雕化边框
label_1.setBorder(new EtchedBorder(EtchedBorder.RAISED, null, null));
contentPane.add(label_1);
JTextArea label_3 = new JTextArea();
//设置阳刻浮雕化边框并指定高亮显示和阴影颜色
label_3.setBorder(new EtchedBorder(EtchedBorder.RAISED, Color.RED, Color.GREEN));
contentPane.add(label_3);
JTextArea label_2 = new JTextArea();
//设置阴刻浮雕化边框并指定高亮显示和阴影颜色
label_2.setBorder(new EtchedBorder(EtchedBorder.LOWERED, Color.RED, Color.GREEN));
contentPane.add(label_2);
```

秘笈心法

心法领悟 383：EtchedBorder 边框的应用。

几乎所有的 Swing 控件，包括容器都可以设置立体边框效果，在程序开发时可以根据界面需求设置控件的 EtchedBorder 边框。

实例 384	为文本框控件添加 LineBorder 线形边框	高级
	光盘位置：光盘\MR\384	趣味指数：★★★☆

实例说明

很多控件的边框没有明显的边界，如 JLabel 标签就根本没有边界效果，当然这也是它的特性。而文本域控件用于输入大量的文本信息，如果没有合适的边框，很容易误认为是窗体的一个容器面板，因为除了白色的背景，没有其他明显标志。本实例将为文本域控件添加直线边框，实例运行效果如图 16.4 所示。

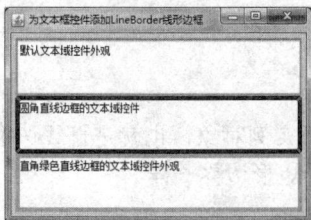

图 16.4　为文本域控件添加各种直线边框的效果

■ 关键技术

本实例的关键技术在于创建直线边框的实例对象，并把它设置为控件的属性。如何创建直线边框，以及如何控制直线边框的各种属性，是本节要介绍的重点。

❑　简单的直线边框

直线边框的最简单的应用，就是指定边框线条颜色，这可以通过 LineBorder 类的最简单的构造方法来实现，其方法声明如下：

```
public LineBorder(Color color)
```

参数说明

color：边框颜色。

❑　圆角的直线边框

直线边框可以实现圆角效果和指定边框的直线厚度，即直线交汇处不再使用直角。创建圆角效果的直线边框的构造方法声明如下：

```
public LineBorder(Color color, int thickness, boolean roundedCorners)
```

参数说明

❶ color：边框的颜色。

❷ thickness：边框的厚度。

❸ roundedCorners：边框拐角是否应为弧形。

■ 设计过程

（1）在项目中创建窗体类 ShowLineBorder，设置窗体的标题、大小和位置等属性。

（2）在窗体中添加多个文本域控件，然后创建各种 LineBorder 边框对象，分别设置为不同文本域控件的边框属性。关键代码如下：

```java
public ShowLineBorder() {
    setDefaultCloseOperation(JFrame.EXIT_ON_CLOSE);
    setBounds(100, 100, 368, 249);
    contentPane = new JPanel();
    contentPane.setBorder(new EmptyBorder(5, 5, 5, 5));
    setContentPane(contentPane);
    contentPane.setLayout(new GridLayout(0, 1, 0, 0));
    JTextArea textArea = new JTextArea();                              //创建默认边框的文本域控件
    textArea.setText("默认文本域控件外观");
    contentPane.add(textArea);
    JTextArea textArea_1 = new JTextArea();                           //创建文本域控件
    textArea_1.setText("圆角直线边框的文本域控件");
    //设置默认颜色的圆角直线边框
    textArea_1.setBorder(new LineBorder(new Color(0, 0, 0), 5, true));
    contentPane.add(textArea_1);
    JTextArea textArea_2 = new JTextArea();                           //创建文本域控件
    textArea_2.setText("直角绿色直线边框的文本域控件外观");
    //设置绿色的直角直线边框
    textArea_2.setBorder(new LineBorder(Color.GREEN, 5));
    contentPane.add(textArea_2);
}
```

■ 秘笈心法

心法领悟 384：为任意控件画矩形。

和其他边框类一样，LineBorder 类的实例对象，也就是直线边框可以应用到所有支持边框属性的控件中。它的边框效果就像为某个控件绘制了一个矩形边界一样。

实例 385	控件的纯色边框与图标边框 光盘位置：光盘\MR\385	高级 趣味指数：★★★★

■ 实例说明

多数控件边框是以指定颜色值和边框样式来定义边框外观，而且众多的边框基本可以满足程序的大部分外观需求。可是如果针对特殊程序可能需要定制特殊的边框界面，本实例将实现纯色边框以及指定图片作为平铺效果的特殊边框。实例运行效果如图 16.5 所示。

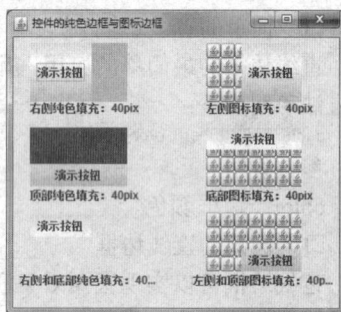

■ 关键技术

本实例的关键技术在于创建 MatteBorder 边框的实例对象，并把它设置为控件的属性。如何创建 MatteBorder 边框，以及如何控制 MatteBorder 边框的各种属性，是本节要介绍的重点。

图 16.5　实例运行效果

❑　纯色的 MatteBorder 边框

MatteBorder 边框可以指定边框的填充颜色和每个边界的宽度，可以通过 MatteBorder 类的构造方法来实现，其方法声明如下：

```
public MatteBorder(int top, int left, int bottom, int right, Color matteColor)
```

MatteBorder 类构造方法中的参数说明如表 16.3 所示。

表 16.3　MatteBorder 类构造方法的参数说明

参　数　名	说　　明	参　数　名	说　　明
top	边框顶部预留空间，单位为像素	right	边框右侧预留空间，单位为像素
left	边框左侧预留空间，单位为像素	matteColor	边框呈现的颜色
bottom	边框底部预留空间，单位为像素		

❑　图标平铺的 MatteBorder 边框

MatteBorder 边框还可以通过指定的图标来填充边框预留空间，也就是以图标取代纯色的填充空间。其构造方法的声明如下：

```
public MatteBorder(int top, int left, int bottom, int right, Icon tileIcon)
```

构造方法中的参数说明如表 16.4 所示。

表 16.4　MatteBorder 类构造方法的参数说明

参　数　名	说　　明	参　数　名	说　　明
top	边框顶部预留空间，单位为像素	right	边框右侧预留空间，单位为像素
left	边框左侧预留空间，单位为像素	tileIcon	用于平铺边框的图标
bottom	边框底部预留空间，单位为像素		

■ 设计过程

（1）在项目中创建窗体类 ShowMatteBorder，设置窗体的标题、大小和位置等属性。

（2）在窗体中添加 6 个按钮控件，然后创建各种 MatteBorder 边框对象，设置各种填充属性，分别设置为不同按钮控件的边框属性。关键代码如下：

```
//创建图标对象
ImageIcon icon = new ImageIcon(getClass().getResource("icon.png"));
JButton button = new JButton("演示按钮");
//顶部纯色填充：40pix
button.setBorder(new MatteBorder(40, 0, 0, 0, Color.MAGENTA));
button.setBounds(19, 98, 109, 64);
contentPane.add(button);
JButton button_1 = new JButton("演示按钮");
//左侧图标填充：40pix
button_1.setBorder(new MatteBorder(0, 40, 0, 0, icon));
button_1.setBounds(217, 6, 109, 64);
contentPane.add(button_1);
JButton button_2 = new JButton("演示按钮");
//右侧纯色填充：40pix
button_2.setBorder(new MatteBorder(0, 0, 0, 40, Color.ORANGE));
button_2.setBounds(19, 6, 109, 64);
contentPane.add(button_2);
JButton button_3 = new JButton("演示按钮");
//底部图标填充：40pix
button_3.setBorder(new MatteBorder(0, 0, 40, 0, icon));
button_3.setBounds(217, 98, 109, 64);
contentPane.add(button_3);
JButton button_4 = new JButton("演示按钮");
//右侧和底部纯色填充：40pix
button_4.setBorder(new MatteBorder(0, 0, 40, 40, Color.YELLOW));
button_4.setBounds(19, 193, 109, 64);
contentPane.add(button_4);
JButton button_5 = new JButton("演示按钮");
//左侧和顶部图标填充：40pix
button_5.setBorder(new MatteBorder(40, 40, 0, 0, icon));
button_5.setBounds(217, 190, 109, 64);
contentPane.add(button_5);
```

■ 秘笈心法

心法领悟 385：为 JavaGUI 控件添加图标边框。

在控件周围显示一圈图标是比较绚丽的效果，这取决于 MatteBorder 边框类的创建，它可以应用于任何支持边框属性的 Swing 控件中。所以在程序开发与界面设计中要考虑这一可行因素，为程序添加更加灵活和绚丽的设计效果。

实例 386	实现带标题边框的面板容器 光盘位置：光盘\MR\386	高级 趣味指数：★★★★☆

■ 实例说明

面板是 Swing 中的容器控件，可以用来分组或组合各种控件。默认的 JPanel 面板是没有边界效果的，也就是说多个面板并排在一起将无法分辨面板数量以及面板之间的连接点。但是有时需要对多个面板进行分辨，这些面板可能对界面中某些组件起到分组的作用。本实例使用标题边框实现面板的边界绘制，实例运行效果如图 16.6 所示。

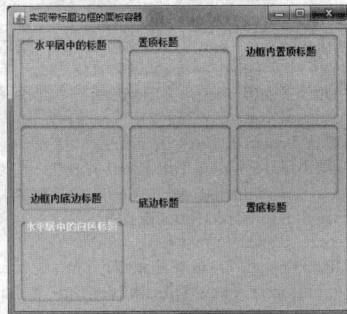

图 16.6　普通标题栏边框

■ 关键技术

本实例的关键点是标题边框的创建，标题边框的主要特征是边框可以添加文本标识，根据构造方法中指定不同的参数，可以控制标题文本的位置。下面分别介绍这些构造方法。

❑ 简单的标题边框

最简单的创建标题边框的构造方法只包含一个字符串参数，这个参数用于指定边框的标题，标题将默认置顶并以左对齐的方式显示。TitledBorder 类构造方法的声明如下：

```
public TitledBorder(String title)
```

参数说明

title：边框应显示的标题。

❑ 详细参数的构造方法

标题边框可以详细定义标题的水平与垂直对齐方式，这需要使用 TitledBorder 类的另一个重载的构造方法来实现，该方法的声明如下：

```
public TitledBorder(Border border, String title, int titleJustification, int titlePosition)
```

TitledBorder 类构造方法中的参数说明如表 16.5 所示。

表 16.5　TitledBorder 类构造方法的参数说明

参　数　名	说　　明
border	嵌套的其他边框
title	边框应显示的标题
titleJustification	标题的水平对齐方式
titlePosition	标题的垂直位置

■ 设计过程

（1）在项目中新建窗体类 TitledBorderPanel，设置窗体的位置、大小和标题等属性。

（2）在窗体中添加 7 个面板控件，创建不同类型的标题边框对象，并分别设置为每个面板控件的边框属性。关键代码如下：

```
JPanel panel_1 = new JPanel();                                    //创建面板
panel_1.setBorder(new TitledBorder(null, "水平居中的标题",
        TitledBorder.CENTER, TitledBorder.TOP));                  //添加标题边框
contentPane.add(panel_1);
JPanel panel_2 = new JPanel();                                    //创建置顶标题的边框面板
titledBorder = new TitledBorder("置顶标题");
panel_2.setBorder(titledBorder);
contentPane.add(panel_2);
JPanel panel_3 = new JPanel();                                    //创建带有边框内置顶标题的面板
titledBorder = new TitledBorder(null, "边框内置顶标题", TitledBorder.LEADING,
        TitledBorder.BELOW_TOP);
panel_3.setBorder(titledBorder);
contentPane.add(panel_3);
JPanel panel_4 = new JPanel();                                    //创建带有边框内底边标题的面板
titledBorder = new TitledBorder(null, "边框内底边标题", TitledBorder.LEADING,
        TitledBorder.ABOVE_BOTTOM);
panel_4.setBorder(titledBorder);
contentPane.add(panel_4);
JPanel panel_5 = new JPanel();                                    //创建带有底边标题边框的面板
titledBorder = new TitledBorder(null, "底边标题", TitledBorder.LEADING,
        TitledBorder.BOTTOM);
panel_5.setBorder(titledBorder);
contentPane.add(panel_5);
JPanel panel_6 = new JPanel();                                    //创建带有置底标题边框的面板
titledBorder = new TitledBorder(null, "置底标题", TitledBorder.LEADING,
        TitledBorder.BELOW_BOTTOM);
panel_6.setBorder(titledBorder);
contentPane.add(panel_6);
JPanel panel_7 = new JPanel();                                    //创建带有水平居中的白色标题的面板
titledBorder = new TitledBorder(null, "", TitledBorder.CENTER,
        TitledBorder.TOP);
panel_7.setBorder(titledBorder);
contentPane.add(panel_7);
```

■ 秘笈心法

心法领悟 386：用标题边框实现控件分组。

读者可以将本实例应用到实际开发中，使用带有标题边框的面板为窗体界面分组，使程序界面更加清晰、整洁。

实例 387	指定字体的标题边框 光盘位置：光盘\MR\387	高级 趣味指数：★★★★☆

■ 实例说明

标题边框除了可以指定标题的对齐方式与位置之外，还可以设置标题的字体与颜色，大大提高了对程序开发需求多变的适应性，通过标题对话框可以为程序界面规划不同的操作板块。本实例通过 4 个单选按钮改变面板控件标题边框上的字体属性，实例运行效果如图 16.7 所示。

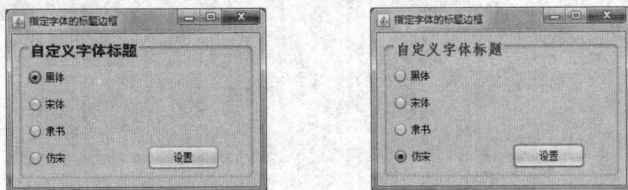

图 16.7　黑体标题边框（左）与仿宋字体标题边框（右）

■ 关键技术

本实例的重点是创建指定边框标题的字体，以及指定边框标题字体颜色的标题边框对象，以及如何改变边框标题字体的方法，这里将分别进行介绍。

❑ 创建复杂的标题边框

完整参数的标题边框构造方法可以指定标题文本、对齐方式、标题位置，还可以指定内嵌边框以及标题字体和颜色，该构造方法的声明如下：

```
public TitledBorder(Border border, String title, int titleJustification, int titlePosition, Font titleFont, Color titleColor)
```

TitledBorder 类构造方法中的参数说明如表 16.6 所示。

表 16.6　TitledBorder 类构造方法的参数说明

参　数　名	说　　明	参　数　名	说　　明
border	嵌套的其他边框	titlePosition	标题的垂直位置
title	边框应显示的标题	titleFont	标题文本的字体对象
titleJustification	标题的水平对齐方式	titleColor	标题文本的颜色对象

❑ 改变标题边框的字体

标题边框在构造方法中可以指定标题文本的字体，但是在完成创建以后，就不能再通过构造方法更改字体对象，那样会重新创建一个标题边框对象，关键是它不会改变需要的对象，甚至有可能摧毁当前对象。要改变一个已有标题边框对话框的字体属性，通过 setTitleFont() 方法就可以解决，它的方法声明如下：

```
public void setTitleFont(Font titleFont)
```

参数说明

titleFont：标题文本的字体对象。

■ 设计过程

（1）在项目中新建窗体类 ShowTitleBorder。在窗体中添加面板并向面板中添加 4 个单选按钮和 1 个 "设置" 按钮。关键代码如下：

```
panel = new JPanel();                                                    //创建面板
font = new Font("黑体", Font.BOLD, 18);                                    //初始化字体对象
titledBorder = new TitledBorder(null, "自定义字体标题", TitledBorder.LEADING,
        TitledBorder.TOP, font, new Color(255, 0, 0));                   //创建标题边框对象
panel.setBorder(titledBorder);                                           //设置面板的边框
contentPane.add(panel);
panel.setLayout(null);
JRadioButton radioButton = new JRadioButton("黑体");                       //创建黑体单选按钮
radioButton.setActionCommand(radioButton.getText());
radioButton.setSelected(true);                                           //默认为选中状态
radioButton.setBounds(14, 31, 104, 32);
panel.add(radioButton);
JRadioButton radioButton_1 = new JRadioButton("宋体");                     //创建宋体单选按钮
radioButton_1.setActionCommand(radioButton_1.getText());
radioButton_1.setBounds(14, 63, 104, 32);
panel.add(radioButton_1);
JRadioButton radioButton_2 = new JRadioButton("隶书");                     //创建隶书单选按钮
radioButton_2.setActionCommand(radioButton_2.getText());
radioButton_2.setBounds(14, 95, 104, 32);
panel.add(radioButton_2);
JRadioButton radioButton_3 = new JRadioButton("仿宋");                     //创建仿宋单选按钮
radioButton_3.setActionCommand(radioButton_3.getText());
radioButton_3.setBounds(14, 127, 104, 32);
panel.add(radioButton_3);
bg = new ButtonGroup();                                                  //创建按钮组
bg.add(radioButton);                                                    //把 4 个单选按钮添加到按钮组中
bg.add(radioButton_1);
bg.add(radioButton_2);
bg.add(radioButton_3);
JButton button = new JButton("设置");                                      //创建设置按钮
button.addActionListener(new ActionListener() {                         //为设置按钮添加事件监听器
    public void actionPerformed(ActionEvent e) {
        do_button_actionPerformed(e);
    }
});
button.setBounds(161, 128, 90, 30);
panel.add(button);
```

（2）编写设置按钮的事件处理方法，在该方法中获取单选按钮的选值，并通过这个值确定字体对象，以此来修改标题边框的字体属性，并重新绘制面板界面。关键代码如下：

```
protected void do_button_actionPerformed(ActionEvent e) {
    //获取被选中的单选按钮的文本
    String command = bg.getSelection().getActionCommand();
    font = new Font(command, Font.BOLD, 18);                            //创建新字体对象
    titledBorder.setTitleFont(font);                                    //为边框对象设置字体
    panel.setBorder(titledBorder);                                      //更新面板的边框对象
    panel.repaint();                                                    //更新面板界面
}
```

■ 秘笈心法

心法领悟 387：不要局限标题边框的应用。

标题边框和其他边框一样，都是边框类的对象，它们可以作为 Swing 控件的边框属性，所以标题边框也可以应用到 Swing 的控件中。

实例 388	嵌套的标题边框 光盘位置：光盘\MR\388	高级 趣味指数：★★★☆

■ 实例说明

标题边框可以与其他边框对象嵌套使用，默认的标题边框可以被嵌套的边框取代，但是标题文字部分依然会显示在正确的位置上。本实例通过该原理实现了标题边框与其他边框的嵌套效果，实例运行效果如图 16.8 所

示，界面中显示了 3 种嵌套边框效果。

图 16.8　嵌套其他边框的标题边框效果

■ 关键技术

本实例的核心技术在于如何创建标题边框对象。实例中演示的 3 种边框使用了 TitledBorder 类的复杂构造方法，这个构造方法的方法声明请参见实例 387。

■ 设计过程

（1）在项目中新建窗体类 ShowTitleBorder，设置窗体的标题、大小和位置等属性。

（2）在窗体类的构造方法中创建 3 个面板容器，同时创建 3 个标题边框对象，这 3 个标题边框分别与立体边框、浮雕化边框和线性边框进行嵌套，然后把嵌套后的边框设置为每个面板容器的边框属性。关键代码如下：

```
JPanel panel_9 = new JPanel();                                    //创建面板容器
titledBorder = new TitledBorder(new BevelBorder(BevelBorder.LOWERED,
        null, null, null, null), "嵌入立体边框的标题", TitledBorder.LEADING,
        TitledBorder.TOP, null, new Color(59, 59, 59));          //创建嵌套立体效果的标题边框
panel_9.setBorder(titledBorder);                                 //设置面板容器边框
contentPane.add(panel_9);
JPanel panel_10 = new JPanel();                                   //创建面板容器
titledBorder = new TitledBorder(new EtchedBorder(EtchedBorder.RAISED,
        null, null), "浮雕化标题边框", TitledBorder.LEADING, TitledBorder.TOP,
        null, new Color(59, 59, 59));                            //创建嵌套浮雕化效果的标题边框
panel_10.setBorder(titledBorder);                                //设置面板容器边框
contentPane.add(panel_10);
JPanel panel_11 = new JPanel();                                   //创建面板容器
titledBorder = new TitledBorder(new LineBorder(new Color(255, 0,
        255), 5, true), "粉线蓝字的线性标题框", TitledBorder.LEADING,
        TitledBorder.TOP, null, Color.BLUE);                     //创建嵌套直线效果的标题边框
panel_11.setBorder(titledBorder);                                //设置面板容器边框
contentPane.add(panel_11);
```

■ 秘笈心法

心法领悟 388：标题边框的嵌套。

标题边框的构造方法中可以指定其他边框对象作为参数，并且创建的标题对话框的边界将由这个参数指定的边框对象去绘制，而标题边框只负责完成标题文本的绘制。本实例只演示了与 3 种常用边框的组合嵌套效果，实际上创建标题边框的构造方法中可以指定任意边框对象，所以不必局限于本实例嵌套的边框类型。

实例 389	带图标边框的标题边框	高级
	光盘位置：光盘\MR\389	趣味指数：★★★★☆

■ 实例说明

标题边框的构造方法可以嵌套其他边框对象，这就为标题边框带来了更大的灵活性。例如，将 TitledBorder 边框与 MatteBorder 边框嵌套，不但可以指定边框每个边界的大小和颜色，还可以使用图标来填充边框。本实例就实现了这样的效果。实例运行效果如图 16.9 所示。

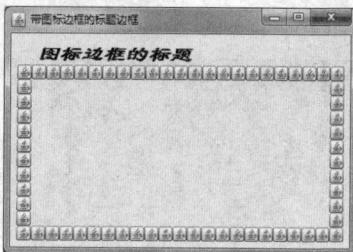

图 16.9　带图标边框的标题边框效果

■ 关键技术

本实例的核心技术在于如何创建标题边框对象。实例中演示的边框使用了 TitledBorder 类的复杂构造方法，这个构造方法的方法声明请参见实例 387。另外还嵌入了实例 385 中介绍的关键技术。

■ 设计过程

（1）在项目中新建窗体类 ShowTitleBorder，设置窗体的标题、大小和位置等属性。

（2）在窗体类的构造方法中创建面板容器，同时创建 MatteBorder 边框与 TitledBorder 边框的嵌套效果，其中 MatteBorder 边框使用图标进行填充，然后把嵌套后的边框设置为面板容器的边框属性。关键代码如下：

```java
public IconTitledBorder() {
    setTitle("带图标边框的标题边框");
    setDefaultCloseOperation(JFrame.EXIT_ON_CLOSE);
    setBounds(100, 100, 398, 271);
    contentPane = new JPanel();
    contentPane.setBackground(new Color(255, 239, 213));
    contentPane.setBorder(new EmptyBorder(5, 5, 5, 5));
    contentPane.setLayout(new BorderLayout(0, 0));
    setContentPane(contentPane);
    ImageIcon icon = new ImageIcon(getClass().getResource("icon.png"));        //创建图标对象
    JPanel panel_12 = new JPanel();                                            //创建面板对象
    panel_12.setOpaque(false);                                                 //面板透明
    MatteBorder matteBorder = new MatteBorder(16, 16, 16, 16, icon);           //创建 MatteBorder 边框
    Font font = new Font("隶书", Font.ITALIC | Font.BOLD, 24);                  //创建字体
    //创建 TitledBorder 边框并把 MatteBorder 边框作为构造方法的参数进行嵌套
    TitledBorder titledBorder = new TitledBorder(matteBorder, "图标边框的标题",
            TitledBorder.LEADING, TitledBorder.ABOVE_TOP, font, Color.BLACK);
    panel_12.setBorder(titledBorder);                                          //设置面板容器使用 TitledBorder 边框
    contentPane.add(panel_12);
}
```

■ 秘笈心法

心法领悟 389：多个标题边框的嵌套。

标题边框本身的构造方法塑造了它的边框嵌套功能，但是标题边框嵌套标题边框的样式很少出现，因为这样的意义不大，除非想要为某个控件在水平或垂直方向的不同位置上显示多个标题。

实例 390	文本框的下划线边框 光盘位置：光盘\MR\390	高级 趣味指数：★★★★☆

■ 实例说明

利用好控件的边框可以为控件实现很多绚丽的效果，而且控件边框之间的组合还可以起到意想不到的作用。本实例取消了文本框的所有边框和背景的修饰，然后为其添加 MatteBorder 边框，对其边框进行特殊设置，实现文本框的下划线边框效果。实例运行效果如图 16.10 所示。

图 16.10　文本框的下划线边框

■ 关键技术

本实例的核心技术在于创建 MatteBorder 边框，该边框的介绍请参见实例 385。

■ 设计过程

（1）在项目中新建窗体类 LoginFrame，设置窗体的标题、大小和位置等属性。

（2）在窗体类的构造方法中添加两个标签控件，通过 getUserName()方法创建用户名文本框并添加到窗体中，再通过 getPassword()方法创建密码框并添加到窗体中。关键代码如下：

```java
public LoginFrame() {
    super();
    setTitle("文本框的下划线边框");
    jContentPane = new JPanel();
    //设置窗体内容面板
    this.setContentPane(jContentPane);
    //设置布局管理器
    jContentPane.setLayout(new BorderLayout());
    JPanel panel = new JPanel();
    panel.setBackground(Color.WHITE);
    panel.setLayout(null);
    panel.add(getUserName(), null);                               //添加文本框
    panel.add(getPassword(), null);                               //添加密码框
    panel.add(getLoginButton(), null);                            //添加"登录"按钮
    jContentPane.add(panel, BorderLayout.CENTER);
    JLabel label = new JLabel("用户名：");
    label.setBounds(22, 26, 55, 18);
    panel.add(label);
    JLabel label_1 = new JLabel("密　码：");
    label_1.setBounds(22, 59, 55, 18);
    panel.add(label_1);
    //设置窗体大小
    setSize(new Dimension(375, 143));
    setLocationRelativeTo(null);                                  //窗体居中
}
```

（3）编写创建文本框的 getUserName()方法，在该方法中创建文本框对象，然后设置其透明背景色，再创建 MatteBorder 边框对象，这个边框只有底部设置了填充颜色，其他边界没有填充效果，把这个边框设置给文本框就可以实现下划线的边框效果。关键代码如下：

```java
private JTextField getUserName() {
    if (userName == null) {
        userName = new JTextField();                             //创建文本框
        userName.setBackground(new Color(0, 0, 0, 0));           //设置文本框透明背景色
        //设置文本框位置与大小
        userName.setBounds(new Rectangle(70, 26, 162, 21));      //设置文本框大小
        MatteBorder border = new MatteBorder(0, 0, 2, 0, new Color(0, 250, 154)); //创建边框
        userName.setBorder(border);                              //绘制边框
    }
    return userName;
}
```

（4）编写创建文本框的 getPassword()方法，该方法的实现逻辑与创建输入用户名文本框的逻辑相同，不同的是 getPassword()方法创建的是密码框，而不是文本框。关键代码如下：

```java
private JPasswordField getPassword() {
    if (password == null) {
        password = new JPasswordField();                         //创建密码框
```

```
    //设置密码框位置和大小
    password.setBounds(new Rectangle(71, 57, 159, 22));
    password.setBackground(new Color(0, 0, 0, 0));          //设置透明颜色
    password.setOpaque(false);                              //设置透明
    password.setBorder(new MatteBorder(0, 0, 2, 0, new Color(255, 215, 0)));  //设置边框
    password.setEchoChar('★');                             //设置密码框字符
    }
    return password;
}
```

■ 秘笈心法

心法领悟 390：透明的 Color 对象。

Color 类在 Java 中是颜色类，它的对象将代表一种颜色，在平时开发中最常用的是 Color 类的常量颜色对象和指定 RGB 颜色值的 Color 类的对象，但有时为了更好地实现界面效果，需要修改颜色值的透明度，或者干脆让颜色完全透明。Color 类的构造方法实际上提供了颜色透明度的参数，但却是另一种不同的构造方法的重载形式，其语法声明如下：

```
public Color(int r, int g, int b, int a)
```

创建具有指定红色、绿色、蓝色和 alpha 值的 RGB 颜色，这些值都在(0, 255)的范围内。

16.2　控件渲染让界面 UI 更灵活

实例 391	支持图标的列表控件 光盘位置：光盘\MR\391	高级
		趣味指数：★★★★

■ 实例说明

JList 是 Swing 列表控件类，该控件可以在界面中显示一个文本列表，用户在该列表中可以选择特定的项，然后由其他业务处理程序对选项做条件判断与处理。功能虽然实现了，但界面中只是显示文字列表项，有些单调，不适合目前用户对 GUI 界面美观的追求。本实例利用渲染器的原理为 JList 列表控件实现支持图标的选项。实例运行效果如图 16.11 所示。

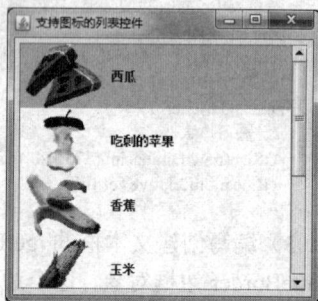
图 16.11　显示图标的列表控件

■ 关键技术

本实例的关键技术在于 JList 列表控件渲染器的创建与使用。列表控件的渲染器是 ListCellRenderer 接口的实现，本实例实现这个接口编写自己的实现类，在实现该接口的 getListCellRendererComponent()方法时可以创建指定的控件并根据方法参数对控件被选择、存在焦点等状态进行渲染。该方法在接口中的声明如下：

```
Component getListCellRendererComponent(JList list, Object value, int index, boolean isSelected, boolean cellHasFocus)
```

该方法中的参数说明如表 16.7 所示。

表 16.7　getListCellRendererComponent()方法的参数说明

参　数　名	说　　　明
list	要渲染的 JList 列表控件的引用
value	由 list.getModel().getElementAt(index)返回的值
index	单元格索引

续表

参　数　名	说　明
isSelected	如果选择了指定的单元格，则为 true
cellHasFocus	如果指定的单元格拥有焦点，则为 true

■ 设计过程

（1）在项目中新建窗体类 IconList，设置窗体的标题、大小和位置等属性。

（2）在窗体类构造方法中创建 JList 列表控件，然后实现 ListCellRenderer 接口编写渲染器的实现对象，并把该对象作为 JList 控件的渲染器属性。关键代码如下：

```
final String[] values = new String[] { "西瓜", "吃剩的苹果", "香蕉", "玉米", "葡萄",
        "菠萝", "西红柿" };                                          //创建列表项数组
final ImageIcon[] icons = new ImageIcon[values.length];            //创建图标数组
for (int i = 0; i < icons.length; i++) {                          //遍历图标数组
    icons[i] = new ImageIcon(getClass().getResource(
            "/res/" + i + ".png"));                               //初始化每一个数组元素
}
JList list = new JList(values);                                    //创建列表控件
ListCellRenderer renderer = new ListCellRenderer() {              //创建渲染器实现
    JLabel label = new JLabel();                                  //创建标签控件
    Color background = new Color(0, 0, 0, 0);                     //创建透明的背景色
    @Override
    public Component getListCellRendererComponent(final JList list,
            Object value, int index, boolean isSelected,
            boolean cellHasFocus) {
        label.setBackground(background);                          //设置标签控件的背景色
        label.setOpaque(true);                                    //使标签不透明
        if (value.equals(values[index])) {
            label.setText(value + "");                            //设置标签文本
            label.setIcon(icons[index]);                         //设置标签图标
        }
        if (isSelected) {
            label.setBackground(Color.PINK);                     //设置选择时的背景色
        } else {
            label.setBackground(background);                     //设置未选择时的背景色
        }
        return label;                                            //返回标签控件作为渲染控件
    }
};
list.setCellRenderer(renderer);                                   //设置列表控件的渲染器
scrollPane.setViewportView(list);                                 //把列表控件添加到滚动面板
```

■ 秘笈心法

心法领悟 391：默认的列表控件渲染器。

在 Java 中有一个默认的列表控件渲染器的实现类，它的名称是 DefaultListCellRenderer，虽然它是 ListCellRenderer 接口的实现，但是却不具备本实例介绍的使列表控件显示图标的功能。它只是一个默认支持显示文本功能的渲染器，不要把它与控件模型的默认实现类混淆。

实例 392	在列表控件中显示单选按钮	高级
	光盘位置：光盘\MR\392	趣味指数：★★★★☆

■ 实例说明

JList 控件可以设置列表项的选择方式，默认情况下支持多选操作，用户可以通过 Ctrl 或 Shift 功能键与鼠标的配合实现列表项的多选，也可以设置列表的选择方式为单选或限制连选。既然可以设置为单选，那么就类似单选按钮组的功能，即同一时刻只能选择一个单选项，因此就可以把列表控件的选项渲染成单选按钮的样式。

本实例通过列表控件的渲染器实现这个效果。实例运行效果如图 16.12 所示。

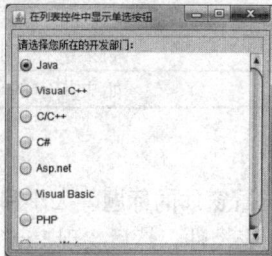

图 16.12 实例运行效果

■ 关键技术

本实例的关键技术请参见实例 391。

■ 设计过程

（1）在项目中新建窗体类 RadioList，设置窗体的标题、大小和位置等属性。

（2）在窗体类构造方法中创建 JList 列表控件，然后实现 ListCellRenderer 接口编写渲染器的实现对象，并把该对象作为 JList 控件的渲染器属性。关键代码如下：

```java
final String[] values = new String[] { "Java", "Visual C++", "C/C++",
        "C#", "Asp.net", "Visual Basic", "PHP", "Java Web" };        //创建列表项数组
JList list = new JList(values);                                      //创建列表控件
list.setSelectionMode(ListSelectionModel.SINGLE_SELECTION);         //列表项单选
list.setSelectedIndex(0);                                            //设置默认选择状态的选项
list.setFixedCellHeight(30);                                         //设置列表项的固定高度
ListCellRenderer renderer = new ListCellRenderer() {                //创建渲染器实现
    JRadioButton radio = new JRadioButton();                        //创建单选按钮控件
    Color background = new Color(0, 0, 0, 0);                        //创建透明的背景色
    @Override
    public Component getListCellRendererComponent(final JList list,
            Object value, int index, boolean isSelected,
            boolean cellHasFocus) {
        radio.setBackground(background);                             //设置单选按钮控件的背景色
        radio.setOpaque(true);                                       //使单选按钮不透明
        if (value.equals(values[index])) {
            radio.setText(value + "");                               //设置单选按钮文本
        }
        radio.setSelected(isSelected);
        return radio;                                               //返回单选按钮控件作为渲染控件
    }
};
list.setCellRenderer(renderer);                                      //设置列表控件的渲染器
scrollPane.setViewportView(list);                                   //把列表控件添加到滚动面板
```

■ 秘笈心法

心法领悟 392：列表控件的透明属性。

JList 控件可以设置控件是否透明，可通过 JList 控件的 setOpaque(false)方法来实现。opaque 是控件的不透明属性，默认值为 true；如果设置为 false，则控件就设置为背景透明。

实例 393	列表控件折行显示列表项	高级
	光盘位置：光盘\MR\393	趣味指数：★★★☆

■ 实例说明

列表控件可以将多个选项显示在一个控件中，用户可以选择单独的选项或者多个选项。默认列表控件的列

表项是垂直方向排列的，本实例将介绍如何让列表项水平方向显示，并且可以自动折行。实例运行效果如图 16.13 所示。读者可以联想到 Windows 的资源管理器，以图标方式显示文件时经常用到这种布局方式。

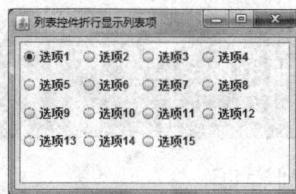

图 16.13　折行显示列表项的运行效果

关键技术

本实例的关键技术在于设置 JList 控件的布局方向。另外，还要设置显示行数限制参数以使布局方向参数生效。下面分别进行介绍。

❏　设置列表控件布局方向

public void setLayoutOrientation(int layoutOrientation)

参数说明

layoutOrientation：新的布局方向，可选值包括 VERTICAL、HORIZONTAL_WRAP 或 VERTICAL_WRAP。

❏　设置列表控件显示行数限制

public void **setVisibleRowCount**(int visibleRowCount)

参数说明

visibleRowCount：一个整数值，指示要显示的首选行数（不要求滚动）。

设计过程

（1）在项目中新建窗体类 RadioList，设置窗体的标题、大小和位置等属性。

（2）在窗体类构造方法中创建 JList 列表控件，然后实现 ListCellRenderer 接口编写渲染器的实现对象，并把该对象作为 JList 控件的渲染器属性。关键代码如下：

```
final String[] values = new String[15];                          //创建列表项数组
for (int i = 0; i < values.length; i++) {
    values[i] = "选项" + (i+1);
}
JList list = new JList(values);                                   //创建列表控件
list.setLayoutOrientation(JList.HORIZONTAL_WRAP);
list.setVisibleRowCount(-1);
list.setSelectionMode(ListSelectionModel.SINGLE_SELECTION);       //列表项单选
list.setSelectedIndex(0);                                         //设置默认选择状态的选项
list.setFixedCellHeight(30);                                      //设置列表项的固定高度
ListCellRenderer renderer = new ListCellRenderer() {             //创建渲染器实现
    JRadioButton radio = new JRadioButton();                     //创建单选按钮控件
    Color background = new Color(0, 0, 0, 0);                     //创建透明的背景色
    public Component getListCellRendererComponent(final JList list,
            Object value, int index, boolean isSelected,
            boolean cellHasFocus) {
        radio.setBackground(background);                          //设置单选按钮控件的背景色
        radio.setOpaque(true);                                   //使单选按钮不透明
        if (value.equals(values[index])) {
            radio.setText(value + "");                           //设置单选按钮文本
        }
        radio.setSelected(isSelected);
        return radio;                                            //返回单选按钮控件作为渲染控件
    }
};
list.setCellRenderer(renderer);                                   //设置列表控件的渲染器
scrollPane.setViewportView(list);                                //把列表控件添加到滚动面板
```

秘笈心法

心法领悟 393：让 JList 自动计算 visibleRowCount。

列表控件的 visibleRowCount 属性用于设置列表显示行数的上限，此属性将影响 getPreferredScrollableViewportSize() 方法（它用于计算封闭视口的首选大小）的返回值。它的默认值是 8，如果将其设置为负数或 0，如-1，那么列表控件将根据列表控件的宽度或高度进行调节。

| 实例 394 | 使用图片制作绚丽按钮
光盘位置：光盘\MR\394 | 高级
趣味指数：★★★★☆ |

■ 实例说明

按钮控件的外观由 Swing 的 LookAndFeel 指定，但是程序的美工设计经常需要考虑整体设计效果，从而把按钮设计得更有特色。要实现美工设计的按钮界面，可能需要彻底摧毁原有的按钮界面，本实例就利用图片替换了按钮控件原有的界面效果，如图 16.14 所示。

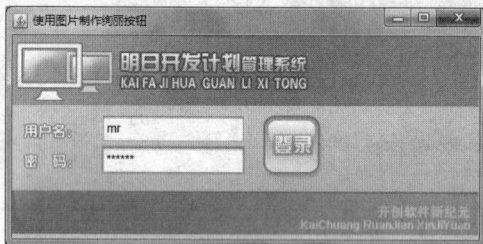

图 16.14 绚丽的登录按钮界面

■ 关键技术

本实例的关键技术在于按钮属性的设置，其中包括取消按钮边框绘制、取消按钮内容绘制和取消按钮焦点绘制等。下面分别进行介绍。

❑ 取消按钮边框绘制

public void setFocusPainted(boolean focusPaint)

参数说明

focusPaint：如果为 true，则应绘制焦点状态，否则取消焦点的绘制。

❑ 取消按钮内容绘制

public void setBorderPainted(boolean borderPaint)

参数说明

borderPaint：如果为 true 并且边框属性不为 null，则绘制该边框。

❑ 取消按钮焦点绘制

public void setContentAreaFilled(boolean fill)

参数说明

fill：如果为 true，则应该填充内容；如果为 false，则不填充内容区域。

❑ 设置按钮图标

public void setIcon(Icon defaultIcon)

参数说明

defaultIcon：用作默认图像的图标。

❑ 设置按钮的按下图标

public void setPressedIcon(Icon pressedIcon)

参数说明

pressedIcon：用作"按下"图像的图标。

❑ 设置按钮的翻转图标

public void setRolloverIcon(Icon rolloverIcon)

参数说明

rolloverIcon：用作"翻转"图像的图标。

■ 设计过程

（1）在项目中新建窗体类 LoginFrame，设置窗体的标题、大小和位置等属性。

（2）在窗体类构造方法中创建 JList 列表控件，然后实现 ListCellRenderer 接口编写渲染器的实现对象，并把该对象作为 JList 控件的渲染器属性。关键代码如下：

```java
public LoginFrame() {
    super();
    setTitle("使用图片制作绚丽按钮");
    //设置窗体内容面板
    jContentPane = new JPanel();
    //设置布局管理器
    jContentPane.setLayout(new BorderLayout());
    loginPanel = new LoginPanel();
    loginPanel.setLayout(null);
    JButton loginButton = new JButton();
    loginButton.setBounds(266, 81, 68, 68);
    loginButton.setFocusPainted(false);
    loginButton.setBorderPainted(false);
    //设置按钮图标
    loginButton.setIcon(new ImageIcon(getClass().getResource(
            "/com/lzw/logBut1.png")));
    loginButton.setContentAreaFilled(false);
    //设置按钮按下动作的图标
    loginButton.setPressedIcon(new ImageIcon(getClass().getResource(
            "/com/lzw/logBut2.png")));
    //设置鼠标经过按钮的图标
    loginButton.setRolloverIcon(new ImageIcon(getClass().getResource(
            "/com/lzw/logBut3.png")));
    //添加按钮事件监听器
    loginPanel.add(loginButton);                                    //添加登录按钮

    textField = new JTextField();                                   //创建文本框
    textField.setBounds(94, 81, 155, 30);
    loginPanel.add(textField);                                      //添加文本框到窗体

    passwordField = new JPasswordField();                           //创建密码框
    passwordField.setBounds(94, 113, 155, 30);
    loginPanel.add(passwordField);                                  //添加密码框到窗体
    //添加登录面板到内容面板
    jContentPane.add(loginPanel, BorderLayout.CENTER);
    this.setContentPane(jContentPane);
    //设置窗体大小
    setSize(new Dimension(513, 248));                               //调用初始化界面的方法
    setLocationRelativeTo(null);                                    //窗体居中
}
```

■ 秘笈心法

心法领悟 394：根据需求确定按钮的属性。

本实例介绍的 3 个属性可以去掉按钮原有的一些特性，这些特性不是每次制作特殊效果的按钮时都需要设置的，读者应该根据界面需求来确定，如保留边框或者焦点的绘制效果，这样不至于让按钮看上去像静止的图片。

实例 395	实现按钮关键字描红	高级
	光盘位置：光盘\MR\395	趣味指数：★★★☆

■ 实例说明

按钮控件用于执行 UI 界面中的控制命令，功能虽强大，但是显示文本的能力不足，只能显示指定字体与大

小的文字，而且不能换行。Swing 为控件摆脱了这个陈旧的控件文本显示方式，可以像在网页中一样在控件中显示任意类型的文字。本实例就实现了按钮文字描红与换行的效果，如图 16.15 所示。

图 16.15　按钮关键字描红与换行效果

■ 关键技术

本实例的关键技术在于控件文本的设置，Swing 的控件不但可以设置普通的文本，它还支持 HTML 文本。也就是说，在控件中把文本属性设置为一个 HTML 代码是有效的。例如，本实例对按钮文本的设置代码如下：

```
JButton button = new JButton("<html>"
        + "<body align=center>"
        + "<Font size=6 color=red>登录</font><br>"
        + "明日科技管理系统"
        + "</body>"
        + "</html>");                               //创建按钮控件并设置 HTML 文本
```

这个代码将会把 HTML 文本效果显示在界面中。

■ 设计过程

（1）在项目中新建窗体类 ButtonReadFont，设置窗体的标题、大小和位置等属性。

（2）在窗体类构造方法中添加文本框与密码框，最重要的是添加一个足够大的按钮控件，然后在按钮控件中设置 HTML 文本，使按钮可以显示关键字描红的 UI 界面。关键代码如下：

```
JLabel label = new JLabel("用户名：");                 //创建标签
label.setBounds(20, 23, 55, 18);
contentPane.add(label);
textField = new JTextField();                        //创建文本框
textField.setBounds(75, 17, 122, 30);
contentPane.add(textField);
textField.setColumns(10);
JLabel label_1 = new JLabel("密　码：");               //创建标签
label_1.setBounds(20, 72, 55, 18);
contentPane.add(label_1);
passwordField = new JPasswordField();                //创建密码框
passwordField.setBounds(75, 66, 122, 30);
contentPane.add(passwordField);
JButton button = new JButton("<html>"
        + "<body align=center>"
        + "<Font size=6 color=red>登录</font><br>"
        + "明日科技管理系统"
        + "</body>"
        + "</html>");                               //创建按钮控件并设置 HTML 文本
button.setBounds(209, 23, 141, 76);
contentPane.add(button);
```

■ 秘笈心法

心法领悟 395：为控件文本添加<html>标签。

要想让控件文本支持 HTML，并不是直接使用<font>之类的标签就可以直接控制控件文本，必须在控件文本的前缀和后缀分别添加<html>与</html>标记才会生效。

实例 396	忙碌的按钮控件 光盘位置：光盘\MR\396	高级 趣味指数：★★★★

■ 实例说明

控件可以设置鼠标位于其 UI 范围内时的光标，本实例利用这个特性实现了一个趣味界面，如图 16.16 所示。

当用户单击"非常相信"按钮时虽然没有实现任何操作，但是一切
都和从前的普通按钮一样。但是当用户准备单击"鬼才信呢"按钮
时，鼠标刚停留到按钮之上，鼠标的光标就显示忙碌状态了。

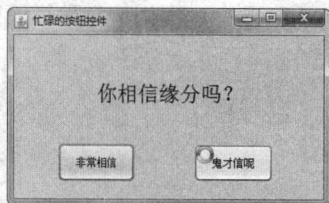

图 16.16　Windows 7 下忙碌的按钮

■ 关键技术

本实例的关键技术在于设置鼠标在指定按钮上的光标，通过具
体按钮的 cursor 属性来设置。下面将介绍按钮控件设置鼠标光标的
方法。

```
public void setCursor(Cursor cursor)
```
参数说明

cursor：Cursor 类定义的常量之一。如果此参数为 null，则此组件继承其父级的光标。

■ 设计过程

（1）在项目中新建窗体类 BusyButton，设置窗体的标题、大小和位置等属性。

（2）在窗体类构造方法中添加标签和两个按钮控件，在其中一个按钮控件的代码中设置鼠标光标属性为忙
碌状态的光标。关键代码如下：

```java
public BusyButton() {
    setTitle("忙碌的按钮控件");
    setDefaultCloseOperation(JFrame.EXIT_ON_CLOSE);
    setBounds(100, 100, 370, 219);
    contentPane = new JPanel();
    contentPane.setBorder(new EmptyBorder(5, 5, 5, 5));
    setContentPane(contentPane);
    contentPane.setLayout(null);
    JLabel label = new JLabel("你相信缘分吗？");                        //创建标签
    label.setHorizontalAlignment(SwingConstants.CENTER);
    label.setFont(new Font("SansSerif", Font.PLAIN, 24));               //设置标签字体
    label.setBounds(6, 32, 347, 66);
    contentPane.add(label);
    JButton button = new JButton("非常相信");                           //创建按钮
    button.setBounds(50, 120, 90, 42);
    contentPane.add(button);
    JButton button_1 = new JButton("鬼才信呢");                         //创建忙碌按钮
    //设置按钮的鼠标光标为忙碌状态
    button_1.setCursor(Cursor.getPredefinedCursor(Cursor.WAIT_CURSOR));
    button_1.setBounds(207, 120, 90, 42);
    contentPane.add(button_1);
}
```

■ 秘笈心法

心法领悟 396：鼠标光标的控件继承。

如果控件的 cursor 属性值为 null，则以默认方式继承父类控件的 cursor 属性。而 Swing 控件的 cursor 属性
一般是没有初始化的，也就是说，为窗体直接设置鼠标光标属性，它包含的所有控件如果没有单独设置鼠标光
标属性，则会导致整个窗体范围内使用统一鼠标光标的效果。

实例 397	实现透明效果的表格控件 光盘位置：光盘\MR\397	高级
		趣味指数：★★★★☆

■ 实例说明

程序开发经常利用漂亮的背景做界面美化，但是如果大面积的控件完全被那个背景遮盖，又将破坏这个美
观的设计。本实例以 UI 中面积较大的表格控件为例，实现透明的表格控件，让它可以显示底层的背景，这样程

序看上去更漂亮，实例运行效果如图 16.17 所示。

图 16.17　实例运行效果

■ 关键技术

本实例的关键技术在于设置每个单元格的透明属性，单元格的控件是由表格内部控制的，所以要重写表格的某个方法，就要自定义表格控件。本实例重写了表格的 prepareRenderer() 方法，把渲染后的表格单元格控件设置为透明，该方法的声明如下：

```
public Component prepareRenderer(TableCellRenderer renderer, int row, int column)
```

参数说明

❶ renderer：要准备的 TableCellRenderer。

❷ row：要呈现的单元格所在的行，其中第 1 行为 0。

❸ column：要呈现的单元格所在的列，其中第 1 列为 0。

■ 设计过程

（1）在项目中新建窗体类 LimpidityTable，设置窗体的标题、大小和位置等属性。

（2）在窗体类构造方法中向窗体添加面板和表格控件，其中添加表格控件时使用匿名类的方法自定义表格控件，并重写渲染方法透明显示表格的所有单元格。关键代码如下：

```java
public LimpidityTable() {
    setTitle("实现透明效果的表格控件");                                              //设置窗体标题
    setResizable(false);                                                      //禁止调整大小
    setDefaultCloseOperation(JFrame.EXIT_ON_CLOSE);
    setBounds(100, 100, 520, 549);
    contentPane = new JPanel();
    contentPane.setBorder(new EmptyBorder(5, 5, 5, 5));
    contentPane.setLayout(new BorderLayout(0, 0));
    setContentPane(contentPane);
    ImgPanel imgPanel = new ImgPanel();                                        //创建图片面板
    contentPane.add(imgPanel, BorderLayout.CENTER);
    imgPanel.setLayout(null);                                                  //取消布局管理器
    table = new JTable() {                                                     //创建自定义表格
        {
            setOpaque(false);                                                 //初始化表格为透明
            setGridColor(Color.MAGENTA);                                      //设置表格网格颜色
            setShowVerticalLines(true);                                       //显示网格竖线
            setShowHorizontalLines(true);                                     //显示网格横线
            setRowHeight(20);                                                 //设置表格行高
```

```
                setBorder(new LineBorder(Color.PINK));                        //设置边框
                setForeground(Color.BLACK);                                   //设置表格文字颜色
                setFont(new Font("SansSerif", Font.PLAIN, 18));               //设置表格单元格字体
            }
            @Override
            public Component prepareRenderer(TableCellRenderer renderer,
                    int row, int column) {                                    //重写渲染方法
                //获取渲染后的控件
                Component component = super.prepareRenderer(renderer, row,
                        column);
                ((JComponent) component).setOpaque(false);                    //设置控件透明
                return component;                                             //返回控件
            }
        };
        table.setModel(new DefaultTableModel(new Object[][] {                 //初始化表格内容与列名
                { "Java", "Java", "Java", "Java", "Java" },
                { "Java", "Java", "Java", "Java", "Java" },
                { "Java", "Java", "Java", "Java", "Java" },
                { "Java", "Java", "Java", "Java", "Java" },
                { "Java", "Java", "Java", "Java", "Java" },
                { "Java", "Java", "Java", "Java", "Java" },
                { "Java", "Java", "Java", "Java", "Java" },
                { "Java", "Java", "Java", "Java", "Java" },
                { "Java", "Java", "Java", "Java", "Java" },
                { "Java", "Java", "Java", "Java", "Java" }
        }, new String[] { "列名 1", "列名 2", "列名 3", "列名 4", "列名 5" }));
        table.setBounds(40, 161, 421, 254);                                   //设置表格大小
        imgPanel.add(table);
        JPanel panel = new JPanel();                                          //创建表头面板
        panel.setLayout(new BorderLayout(0, 0));
        panel.add(table.getTableHeader(), BorderLayout.CENTER);               //添加表头
        panel.setBounds(40, 126, 421, 34);
        imgPanel.add(panel);
    }
}
```

■ 秘笈心法

心法领悟 397：匿名类的构造方法。

Java 支持匿名类的创建，匿名类没有名称，而构造方法是以类名称作为方法名称的，对于匿名的类要执行初始化，可以使用一对花括号"{}"组成的复合语句在类代码的最顶端进行初始化，就像本实例中自定义表格一样。

实例 398	在表格中显示工作进度百分比	高级
	光盘位置：光盘\MR\398	趣味指数：★★★☆

■ 实例说明

表格用于显示复合数据，其中可以指定表格的表头和表文，这在 Swing 控件中是以表头和单元格控件进行显示的。默认的表格控件以文本方式显示目标数据，本实例为表格控件设置了自定义的渲染器，实现表格中以进度条显示百分比的界面效果，如图 16.18 所示。

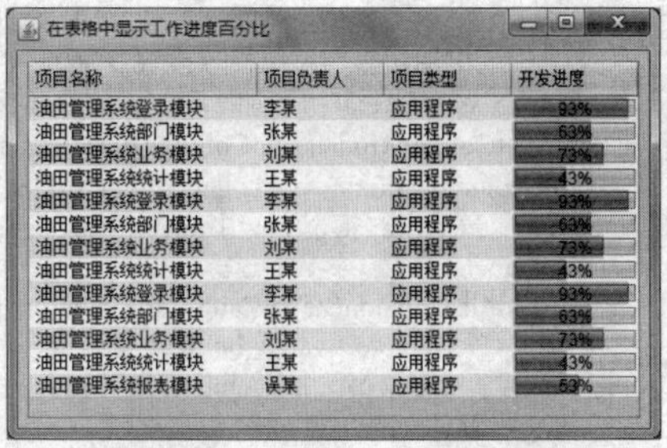

■ 关键技术

本实例的关键技术在于实现 TableCellRenderer 接口编写自己的渲染器。这个接口中定义了 getTableCellRendererComponent()

图 16.18　实例运行效果

方法，该方法将被表格控件回调来渲染指定的单元格控件。重写这个方法并在方法体中控制单元格的渲染，就可以把进度条作为表格的单元格控件。getTableCellRendererComponent()方法的声明如下：

```
Component getTableCellRendererComponent(JTable table, Object value, boolean isSelected, boolean hasFocus, int row, int column)
```

该方法中的参数说明如表 16.8 所示。

表 16.8　getTableCellRendererComponent()方法的参数说明

参　数　名	说　　　明
table	要求渲染器绘制的 JTable，可以为 null
value	要呈现的单元格的值。由具体的渲染器解释和绘制该值。例如，如果 value 是字符串"true"，则它可呈现为字符串，或者也可呈现为已选中的复选框。null 是有效值
isSelected	如果使用选中样式的高亮显示来呈现该单元格，则为 true；否则为 false
hasFocus	如果为 true，则适当地呈现单元格。例如，在单元格上放入特殊的边框，如果可以编辑该单元格，则以彩色呈现它，用于指示正在进行编辑
row	要绘制的单元格的行索引。绘制头时，row 值是-1
column	要绘制的单元格的列索引

■ 设计过程

（1）在项目中新建窗体类 TablePercent，设置窗体的标题、大小和位置等属性。

（2）在窗体类构造方法中向窗体添加面板和表格控件，为表格设置数据模型和渲染器，这个渲染器将对第 4 列表格单元格进行渲染，渲染结果是使用进度条显示整数为百分比。关键代码如下：

```java
public TablePercent() {
    setTitle("在表格中显示工作进度百分比");                                    //设置窗体标题
    setDefaultCloseOperation(JFrame.EXIT_ON_CLOSE);
    setBounds(100, 100, 470, 300);                                        //设置窗体位置与大小
    contentPane = new JPanel();                                           //创建内容面板
    contentPane.setBorder(new EmptyBorder(5, 5, 5, 5));
    contentPane.setLayout(new BorderLayout(0, 0));
    setContentPane(contentPane);
    JScrollPane scrollPane = new JScrollPane();                           //创建滚动面板
    contentPane.add(scrollPane, BorderLayout.CENTER);                     //添加滚动面板到窗体
    table = new JTable();                                                 //创建表格控件
    table.setModel(new DefaultTableModel(new Object[][] {                 //设置表格数据模型
            { "油田管理系统登录模块", "李某", "应用程序", new Integer(93) },
            { "油田管理系统部门模块", "张某", "应用程序", new Integer(63) },
            { "油田管理系统业务模块", "刘某", "应用程序", new Integer(73) },
            { "油田管理系统统计模块", "王某", "应用程序", new Integer(43) },
            { "油田管理系统登录模块", "李某", "应用程序", new Integer(93) },
            { "油田管理系统部门模块", "张某", "应用程序", new Integer(63) },
            { "油田管理系统业务模块", "刘某", "应用程序", new Integer(73) },
            { "油田管理系统统计模块", "王某", "应用程序", new Integer(43) },
            { "油田管理系统登录模块", "李某", "应用程序", new Integer(93) },
            { "油田管理系统部门模块", "张某", "应用程序", new Integer(63) },
            { "油田管理系统业务模块", "刘某", "应用程序", new Integer(73) },
            { "油田管理系统统计模块", "王某", "应用程序", new Integer(43) },
            { "油田管理系统报表模块", "误某", "应用程序", new Integer(53) } },
            new String[] { "项目名称", "项目负责人", "项目类型", "开发进度" }));
    table.getColumnModel().getColumn(0).setPreferredWidth(146);           //设置列宽
    TableColumn column = table.getColumnModel().getColumn(3);             //获取表格第 4 列对象
    column.setCellRenderer(new TableCellRenderer() {                      //设置第 4 列的渲染器
        @Override
        public Component getTableCellRendererComponent(JTable table,
                Object value, boolean isSelected, boolean hasFocus,
                int row, int column) {
            if (value instanceof Integer) {                              //创建整数渲染控件
                JProgressBar bar = new JProgressBar();                   //创建进度条
                Integer percent = (Integer) value;                       //把当前值转换为整数
                bar.setValue(percent);                                   //设置进度条的值
```

```
                    bar.setStringPainted(true);                          //显示进度条文本
                    return bar;                                          //把进度条作为渲染控件
            } else {
                    return null;
            }
        }
    });
    scrollPane.setViewportView(table);                                   //把表格添加到滚动面板
}
```

秘笈心法

心法领悟 398：匿名类实现接口。

对于程序中比较少的接口实现（是指程序中一处用到某接口的实现），可以使用匿名类直接创建接口实现的对象。但是要完全确认项目不会对这个接口实现进行重用，否则就要重新编写类文件实现该接口，以便其他类进行重用。

实例 399	在表格中显示图片 光盘位置：光盘\MR\399	高级 趣味指数：★★★★☆

实例说明

表格用于显示复合数据，虽然复合数据的类型可以多种多样，但是在表格中只能以字符串文本来显示。有些 UI 界面需要根据程序的需求在表格中体现特殊数据的另类表现形式，其中以图片显示数据标识就很常用。本实例为普通的表格控件添加了渲染器，实现表格中显示图片的效果，如图 16.19 所示。

图 16.19　实例运行效果

关键技术

本实例的关键技术请参见实例 398。

设计过程

（1）在项目中新建窗体类 TableImage，设置窗体的标题、大小和位置等属性。

（2）在窗体类构造方法中添加滚动面板与表格控件，然后为表格控件添加数据模型与渲染器，在渲染器的实现中，对表格的第一列数据以标签控件渲染，并且把数据模型中的图标对象显示在标签控件中。关键代码如下：

```
public TableImage() {
    setTitle("在表格中显示图片");                                        //设置窗体标题
    setDefaultCloseOperation(JFrame.EXIT_ON_CLOSE);
    setBounds(100, 100, 470, 300);                                      //设置窗体位置与大小
    contentPane = new JPanel();                                         //创建内容面板
    contentPane.setBorder(new EmptyBorder(5, 5, 5, 5));
    contentPane.setLayout(new BorderLayout(0, 0));
    setContentPane(contentPane);
    JScrollPane scrollPane = new JScrollPane();                         //创建滚动面板
    contentPane.add(scrollPane, BorderLayout.CENTER);                   //添加滚动面板到窗体
    table = new JTable();                                               //创建表格控件
    ImageIcon[] icons = new ImageIcon[12];
    for (int i = 0; i < icons.length; i++) {
        icons[i] = new ImageIcon(getClass().getResource(
                "/res/" + (i + 1) + ".png"));
    }
    table.setModel(new DefaultTableModel(                               //设置表格数据模型
            new Object[][] {
            { icons[0], "油田管理系统部门模块", "李某", "应用程序" },
                    { icons[0], "油田管理系统部门模块", "张某", "应用程序" },
```

```
                { icons[1], "油田管理系统业务模块", "刘某", "应用程序" },
                { icons[2], "油田管理系统统计模块", "王某", "应用程序" },
                { icons[3], "油田管理系统登录模块", "李某", "应用程序" },
                { icons[4], "油田管理系统部门模块", "张某", "应用程序" },
                { icons[5], "油田管理系统业务模块", "刘某", "应用程序" },
                { icons[6], "油田管理系统统计模块", "王某", "应用程序" },
                { icons[7], "油田管理系统登录模块", "李某", "应用程序" },
                { icons[8], "油田管理系统部门模块", "张某", "应用程序" },
                { icons[9], "油田管理系统业务模块", "刘某", "应用程序" },
                { icons[10], "油田管理系统统计模块", "王某", "应用程序" },
                { icons[11], "油田管理系统报表模块", "误某", "应用程序" } },
            new String[] { "模块标识", "项目名称", "项目负责人", "项目类型" }));
    table.getColumnModel().getColumn(1).setPreferredWidth(146);         //设置列宽
    TableColumn column = table.getColumnModel().getColumn(0);           //获取表格第 4 列对象
    table.setRowHeight(32);
    column.setCellRenderer(new TableCellRenderer() {                    //设置第 4 列的渲染器
            @Override
            public Component getTableCellRendererComponent(
                    JTable table, Object value, boolean isSelected,
                    boolean hasFocus, int row, int column) {
                ImageIcon icon = (ImageIcon) value;
                JLabel label = new JLabel(icon);                        //创建进度条
                label.setBackground(table.getSelectionBackground());
                if (isSelected)                                         //把选择的标签设置为不透明
                    label.setOpaque(true);
                return label;                                           //把进度条作为渲染控件
            }
        });
    scrollPane.setViewportView(table);                                  //把表格添加到滚动面板
}
```

■ 秘笈心法

心法领悟 399：注意单元格控件的背景色。

应该通过表格的 getSelectionBackground()方法获取颜色值并设置为单元格控件的背景色，这样在表格中选择某行表格数据时，单元格背景会随表格而变动。

16.3　让控件活起来

实例 400	鼠标经过时按钮放大效果	高级
	光盘位置：光盘\MR\400	趣味指数：★★★☆

■ 实例说明

Swing 应用程序中的按钮控件本身有焦点效果和鼠标经过效果，但是根据个别项目的界面要求，可能需要突出鼠标范围内的控件。本实例实现了为按钮控件突出鼠标悬停效果，如图 16.20 所示。当用户把鼠标悬停在按钮控件上时，按钮会放大；当用户把鼠标从按钮上移走时，按钮会恢复原始大小。

图 16.20　实例运行效果

■ 关键技术

本实例的关键技术在于鼠标事件适配器的创建，它是鼠标事件监听器接口的一个默认实现，它实现了接口的所有方法，但是没有为任何方法添加业务处理，而且它是一个抽象类，主要用于继承并重写需要的事件处理方法，避免代码对大部分不需要的方法进行空实现而浪费代码控

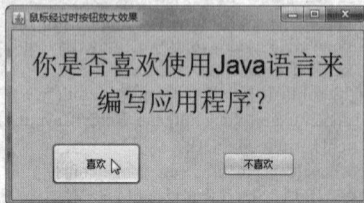

件导致的代码混乱。鼠标事件监听器的适配器由 MouseAdapter 类实现，读者可以继承该类并重写指定的事件处理方法，不用实现所有的监听器接口方法。

■ 设计过程

（1）在项目中新建窗体类 MouseZoomButton，设置窗体的标题、大小和位置等属性。

（2）在窗体类构造方法中添加创建标签控件和两个按钮控件，然后为按钮控件编写鼠标事件监听器，并设置为两个按钮的监听器属性。当鼠标停留在按钮上时，监听器将放大按钮控件；如果鼠标离开按钮的区域，则按钮恢复原始大小。关键代码如下：

```java
public MouseZoomButton() {
    setTitle("鼠标经过时按钮放大效果");                                    //设置窗体标题
    setDefaultCloseOperation(JFrame.EXIT_ON_CLOSE);
    setBounds(100, 100, 449, 241);                                       //设置窗体大小和位置
    contentPane = new JPanel();
    contentPane.setBorder(new EmptyBorder(5, 5, 5, 5));
    setContentPane(contentPane);
    contentPane.setLayout(null);
    //创建问题标签控件
    JLabel label = new JLabel("<html><body align=center>你是否喜欢使用 Java"
            + "语言来<br>编写应用程序？</body></html>");
    label.setHorizontalAlignment(SwingConstants.CENTER);                 //标签文本居中
    label.setFont(new Font("SansSerif", Font.PLAIN, 32));
    label.setBounds(6, 6, 421, 106);
    contentPane.add(label);
    JButton button = new JButton("喜欢");                                 //创建按钮控件
    MouseAdapter mouseAdapter = new MouseAdapter() {                     //创建鼠标事件监听器
        private Rectangle sourceRec;                                     //创建矩形对象
        @Override
        public void mouseEntered(MouseEvent e) {
            JButton button = (JButton) e.getSource();                    //获取事件源按钮
            sourceRec = button.getBounds();                              //保存按钮大小
            button.setBounds(sourceRec.x - 10, sourceRec.y - 10,
                    sourceRec.width + 20, sourceRec.height + 20);        //把按钮放大
            super.mouseEntered(e);
        }
        @Override
        public void mouseExited(MouseEvent e) {
            JButton button = (JButton) e.getSource();                    //获取事件源按钮
            if (sourceRec != null) {                                     //如果有备份矩形则用它恢复按钮大小
                button.setBounds(sourceRec);                             //设置按钮大小
            }
            super.mouseExited(e);
        }
    };
    button.addMouseListener(mouseAdapter);                               //为按钮添加事件监听器
    button.setBounds(59, 145, 90, 30);                                   //设置按钮大小
    contentPane.add(button);
    JButton button_1 = new JButton("不喜欢");                            //创建按钮控件
    button_1.setBounds(259, 145, 90, 30);                               //绘制按钮初始大小
    button_1.addMouseListener(mouseAdapter);                            //为按钮添加事件监听器
    contentPane.add(button_1);
}
```

■ 秘笈心法

心法领悟 400：重用事件适配器。

事件适配器也可以说是事件监听器的一种实现，如果多个控件需要执行相同的事件处理，应该把事件监听器的实现在这些控件中共享，让多个控件使用一个事件监听器的实现，这样不用为每个控件单独编写事件监听器，而且可以保证事件处理行为的统一和日后的维护工作。

实例 401	迟到的登录按钮 光盘位置：光盘\MR\401	高级
		趣味指数：★★★★☆

■ 实例说明

本实例实现了按钮的移动动画，整个场景是一个系统的登录界面，当窗体处于激活状态时，按钮从左上角移动到右下角的位置，这个位置本来是"登录"按钮的正确位置，但是通过动画体现"登录"按钮是最后一个就位的界面控件，这个动画时间虽然短促却可以成功地把用户的注意力集中在登录界面中。实例运行效果如图 16.21 所示。

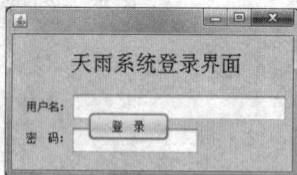

（a）奔跑中的登录按钮   （b）到位后的登录按钮

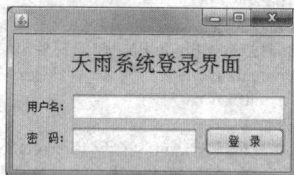

图 16.21　实例运行效果

■ 关键技术

本实例的关键技术在于按钮的移动，要实现这个技术需要改变按钮的位置，可以通过控件的 setBounds()方法来实现。

改变按钮的位置和大小，方法声明如下：

```
public void setBounds(int x, int y, int width, int height)
```

setBounds()方法的参数说明如表 16.9 所示。

表 16.9　setBounds()方法的参数说明

参 数 名	说 明
x	控件的新 X 坐标
y	控件的新 Y 坐标
width	控件的新宽度
height	控件的新高度

■ 设计过程

（1）在项目中新建窗体类 LoginFrame，设置窗体的标题、大小和位置等属性。

（2）在窗体类构造方法中添加标签控件、文本框控件、密码框控件和"登录"按钮。关键代码如下：

```
JLabel label = new JLabel("天雨系统登录界面");                              //创建标签控件
label.setHorizontalAlignment(SwingConstants.CENTER);                      //标签文本居中对齐
label.setFont(new Font("SansSerif", Font.PLAIN, 24));                     //设置标签控件字体
label.setBounds(6, 6, 309, 51);
contentPane.add(label);
JLabel label_1 = new JLabel("用户名：");                                    //创建标签控件
label_1.setBounds(16, 69, 55, 18);
contentPane.add(label_1);
JLabel label_2 = new JLabel("密　码：");                                    //创建标签控件
label_2.setBounds(16, 103, 55, 18);
contentPane.add(label_2);
textField = new JTextField();                                            //创建文本框
textField.setBounds(65, 63, 242, 30);
contentPane.add(textField);
textField.setColumns(10);                                               //设置文本框列数
```

```
passwordField = new JPasswordField();                                      //创建密码框
passwordField.setBounds(65, 99, 143, 30);
contentPane.add(passwordField);
button = new JButton("登    录");                                          //创建登录按钮但没有定位
contentPane.add(button);
```

（3）编写窗体激活事件的处理方法，在该方法中创建匿名的线程对象，这个线程在循环中实现"登录"按钮的移动效果。关键代码如下：

```
protected void do_this_windowActivated(WindowEvent e) {                    //创建激活事件处理方法
    new Thread() {                                                         //创建匿名线程
        @Override
        public void run() {
            for (int i = 0; i < 217; i++) {                                //循环控制按钮的移动
                button.setBounds(i, i > 99 ? 99 : i, 90, 30);              //移动按钮
                getRootPane().setComponentZOrder(button, 0);               //把按钮置顶显示
                try {
                    sleep(1);                                              //线程休眠
                } catch (InterruptedException e) {
                    e.printStackTrace();
                }
            }
        }
    }.start();                                                             //启动线程
}
```

秘笈心法

心法领悟 401：改变按钮的 Z 轴属性。

在 Swing 中，所有的控件都添加到 contentPanel 内容面板中，而内容面板实际上是包含在 JRootPanel 根容器面板中的，通过这个根容器的 setComponentZOrder()方法可以直接设置控件 Z 轴的显示层次。本实例通过这个方法把"登录"按钮的 Z 轴层次设置为 0，让它显示在所有控件的顶端，否则按钮在移动过程中会被其他控件覆盖。

实例 402	焦点按钮的缩放 光盘位置：光盘\MR\402	高级 趣味指数：★★★★

实例说明

焦点是控件特有的属性，如当文本框处于输入状态时它是有焦点的，而且文本框的光标会不停地闪烁。这就说明当前的任何键盘输入在这个窗体中都是针对该文本框的，各种操作系统对于焦点的体现方式有所不同，本实例为焦点控件实现放大效果，使焦点能够更明显地呈现给用户。实例运行效果如图 16.22 所示。

关键技术

本实例的关键技术在于焦点事件适配器的创建和窗体控件数组的获取。

焦点事件适配器是鼠标焦点监听器接口的一个默认实现，它实现了接口的所有方法，但是没有为任何方法添加业务处理，而且它是一个抽象类，其

图 16.22 实例运行效果

用途主要是用于继承并重写需要的事件处理方法，避免代码对大部分不需要的方法进行空实现而浪费代码控件导致的代码混乱。焦点事件监听器的适配器由 FocusAdapter 类实现，读者可以继承该类并重写指定的事件处理方法，而不用实现所有的监听器接口方法。

Swing 的容器控件可以通过 getComponents()方法获取容器中包含的所有控件组成的数组，通过遍历该数组可以对窗体中的控件进行统一设置，本实例就是通过该方法为窗体中的所有控件添加焦点事件监听器。该方法

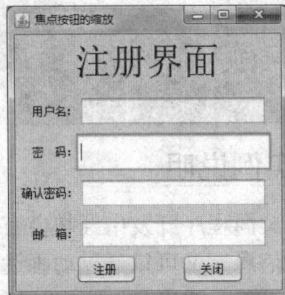

的声明如下：

```
public Component[] getComponents()
```

该方法的返回值是当前容器中所有控件组成的数组。

■ 设计过程

（1）在项目中新建窗体类 ZoomControl，设置窗体的标题、大小和位置等属性。

（2）在窗体类构造方法中创建焦点事件适配器，实现控件获取焦点时放大、失去焦点时缩小的动作处理。然后获取窗体中所有控件并为它们添加该事件监听器。关键代码如下：

```
focusAdapter = new FocusAdapter() {                                    //创建焦点适配器
    private Rectangle sourceRec;                                       //创建矩形对象
    @Override
    public void focusGained(FocusEvent e) {
        JComponent component = (JComponent) e.getSource();             //获取事件源按钮
        sourceRec = component.getBounds();                             //保存按钮大小
        component.setBounds(sourceRec.x - 5, sourceRec.y - 5,
                sourceRec.width + 10, sourceRec.height + 10);          //放大按钮
    }
    @Override
    public void focusLost(FocusEvent e) {
        JComponent component = (JComponent) e.getSource();             //获取事件源按钮
        if (sourceRec != null) {                                       //如果有备份矩形则用它恢复按钮大小
            component.setBounds(sourceRec);                            //设置按钮大小
        }
    }
};
//获取窗体中的所有控件
Component[] components = getContentPane().getComponents();
for (Component component : components) {                               //遍历所有控件
    component.addFocusListener(focusAdapter);                         //为所有控件添加焦点事件监听器
}
```

■ 秘笈心法

心法领悟 402：使用父类作为参数类型。

在完成业务处理的方法中，经常要传递一些数据或控件作为参数，这些参数包含了需要的数据。Java 是面向对象的编程语言，其最大的特性之一就是多态，大体概念是父类可以引用它的任何子类对象，因此在实际程序开发过程中应该尽量使用父类作为引用变量来获取参数值，但前提是父类的 API 方法能够满足当前应用。

实例 403	标签文本的跑马灯特效 光盘位置：光盘\MR\403	高级 趣味指数：★★★★☆

■ 实例说明

桌面程序开发中经常会有一些实时性的信息需要显示，这可以通过跑马灯的文本标签来实现，既可以显示提示信息，又可以通过动画达到醒目的效果。说起来有点像是网页上的广告，但是在桌面应用程序中，除了对话框以外，这也是一个实时信息提醒的好办法。实例运行效果如图 16.23 所示。

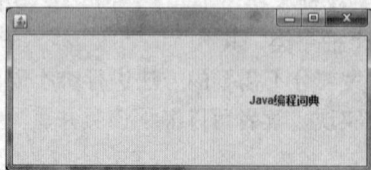
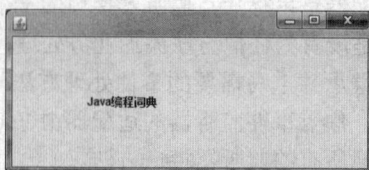

（a）跑马灯起点 　　　　　　　　　　（b）移动过程

图 16.23　实例运行效果

▌关键技术

本实例的关键技术在于计算文本标签中应该插入空格的数量，这样才能够计算出当前窗体可以在单行中容纳多少字符。然后使用线程类动态添加空格字符，这样就形成了跑马灯的特效，其中涉及窗体的一个获取宽度属性的方法 getWidth()，该方法的声明如下：

```
public int getWidth()
```

▌设计过程

（1）在项目中新建窗体类 LabelText，设置窗体的标题、大小和位置等属性。重要的是向窗体添加标签控件，并为窗体添加打开事件处理监听器。关键代码如下：

```
public LabelText() {
    addWindowListener(new WindowAdapter() {          //为窗体添加打开事件处理器
        @Override
        public void windowOpened(WindowEvent e) {
            do_this_windowOpened(e);                 //调用窗体打开事件处理方法
        }
    });
    setDefaultCloseOperation(JFrame.EXIT_ON_CLOSE);  //设置窗体默认关闭方式
    setBounds(100, 100, 450, 179);                   //设置窗体大小
    contentPane = new JPanel();                      //创建内容面板
    setContentPane(contentPane);                     //设置内容面板
    contentPane.setLayout(new BorderLayout(0, 0));   //设置窗体布局
    label = new JLabel("");                          //创建标签控件
    label.setHorizontalAlignment(SwingConstants.RIGHT); //文本右对齐
    contentPane.add(label);                          //添加标签到窗体
}
```

（2）编写窗体打开事件的处理方法，在该方法中创建并启动自定义的线程对象，该线程对象要完成窗体字符数量的计算和跑马灯动画特效。关键代码如下：

```
protected void do_this_windowOpened(WindowEvent e) {
    new Thread() {                                   //创建新的匿名线程对象
        @Override
        public void run() {                          //重写 run()方法
            int len=getWidth()/12;                   //获取跑马灯 LED 数量
            String info="Java 编程词典";             //定义跑马灯文字
            while (true) {                           //创建无限循环
                String space = "";                   //创建空白字符串
                for (int i = 0; i < len - info.length()-2; i++) {  //遍历 LED 数量
                    len=getWidth()/12;               //获取跑马灯 LED 数量
                    space += "  ";                   //为空白字符串添加空格字符
                    label.setText(info + space);     //设置标签文本
                    try {
                        sleep(300);                  //线程休眠
                    } catch (InterruptedException e) {
                        e.printStackTrace();
                    }
                }
            }
        }
    }.start();                                       //启动线程
}
```

▌秘笈心法

心法领悟 403：利用像素实现跑马灯。

本实例是通过字符控制跑马灯的移动特效，更为精确和平滑的跑马灯特效可以通过标签控件的像素定位移动来实现。实现原理是设置要显示的文字为标签控件的文本，然后通过 setLocation()方法不断改变标签控件的位置。

<table>
<tr><td>实例 404</td><td>延迟生效的按钮
光盘位置：光盘\MR\404</td><td>高级
趣味指数：★★★★☆</td></tr>
</table>

■ 实例说明

在网站的注册页面中经常看到这样一种按钮效果，某注册信息下方的"接受"按钮处于不可用状态，并且文本右侧有个倒计时的数字，当用户在指定时间过后，才可以使用该按钮进入下一页面，这样可以为用户强制预留一些时间来看注册协议。本实例模拟这个效果，在程序的许可协议界面中实现这样的按钮。实例运行效果如图 16.24 所示。

■ 关键技术

本实例的关键技术在于 Timer 控件的应用，该控件能够在指定的时间间隔内重复执行 Action。控件的 ActionListener 监听器将不断地捕获和处理该事件。创建一个 Timer 控件的构造方法声明如下：

```
public Timer(int delay, ActionListener listener)
```

参数说明

❶ delay：初始延迟和动作事件间延迟的毫秒数。

❷ listener：初始侦听器，可以为 null。

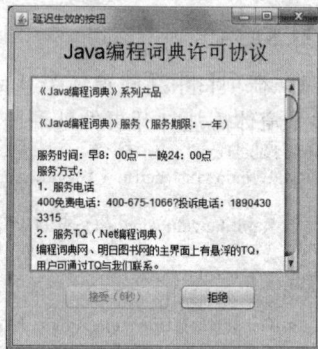
图 16.24　实例运行效果

■ 设计过程

（1）在项目中新建窗体类 LazyButton，设置窗体的标题、大小和位置等属性，然后为窗体添加文本域控件并从文件中加载协议信息显示到控件中，再为窗体添加"接受"和"拒绝"两个按钮。关键代码如下：

```
JTextArea textArea = new JTextArea();                              //创建文本域控件
textArea.setLineWrap(true);                                       //自动折行
StringBuilder sb = new StringBuilder();                           //创建字符串构建器
//创建文本扫描器
Scanner scan = new Scanner(getClass().getResourceAsStream("lzw.txt"));
while (scan.hasNext()) {                                          //遍历文本扫描器
    String string = (String) scan.nextLine();                    //逐行获取数据
    sb.append(string + "\n");                                    //把所有行数据添加到字符串构建器
}
textArea.setText(sb.toString());                                 //释放字符串构建器中的字符串到文本域
textArea.setSelectionStart(0);                                   //在滚动面板中把文本域滚至首行
textArea.setSelectionEnd(0);
scrollPane.setViewportView(textArea);
//创建标签控件
JLabel lblJava = new JLabel("Java 编程词典许可协议");
lblJava.setFont(new Font("SansSerif", Font.PLAIN, 24));          //指定标签字体
lblJava.setHorizontalAlignment(SwingConstants.CENTER);          //标签文本居中
lblJava.setBounds(18, 6, 318, 32);
contentPane.add(lblJava);
//创建接受按钮
button = new JButton("接受（10 秒）");
button.setEnabled(false);                                        //取消按钮的可用状态
button.setBounds(59, 286, 124, 30);
contentPane.add(button);
//创建拒绝按钮
JButton button_1 = new JButton("拒绝");
button_1.setBounds(195, 286, 90, 30);
contentPane.add(button_1);
```

（2）编写窗体打开事件的处理方法，在该方法中创建 Timer 控件，并在其事件监听器中实现按钮文本中的

倒计时，在 10 秒之后使按钮处于激活状态。关键代码如下：

```
protected void do_this_windowOpened(WindowEvent e) {          //窗体打开事件处理方法
    timer = new Timer(1000, new ActionListener() {            //创建 Timer 对象并实现事件处理监听器
                    int tNum = 10;                            //定义倒计时描述
                    @Override
                    public void actionPerformed(ActionEvent e) {
                        button.setText("接受（" + --tNum + "秒)");      //更新按钮的计时文本
                        if (tNum <= 0) {                      //计时结束后，激活按钮可用状态并停止 Timer 控件
                            button.setEnabled(true);
                            timer.stop();
                        }
                    }
                });
    timer.start();                                            //启动 Timer 控件
}
```

秘笈心法

心法领悟 404：区分两个 Timer 类。

本实例使用的是 javax.swing.Timer 类，同时在 java.util 包中还有一个 Timer 类。这两个类的 API 完全不同，实现的功能和用途也不一样，在程序开发中要注意区别，不要错误地引用 Java 包。

实例 405	动态加载表格数据 光盘位置：光盘\MR\405	高级 趣味指数：★★★★☆

实例说明

表格是一种显示复合数据的控件，它可以容纳大量的数据，但是如果将大量数据一次性添加到表格中，数据读取与显示到表格的动作都会消耗 CPU 的大量时间，导致程序界面的假死现象。如果某程序的数据库被设计用于保存大量数据，又需要把这些数据显示在窗体界面中，则可以通过 Timer 控件把所有数据逐渐导入表格控件并动态加载到界面中，这样就不会影响 UI 线程。实例运行效果如图 16.25 所示。

图 16.25　正在不断加载数据的表格

关键技术

本实例的关键技术请参见实例 404。

设计过程

（1）在项目中新建窗体类 ExampleFrame，设置窗体的标题、大小和位置等属性，然后为窗体添加滚动面板和表格控件，并设置表格控件的数据模型来指定表格的列名。关键代码如下：

```
JScrollPane scrollPane = new JScrollPane();                     //创建滚动面板
contentPane.add(scrollPane, BorderLayout.CENTER);
table = new JTable();                                           //创建表格控件
model = new DefaultTableModel(new Object[][] {}, new String[]
    {"学号", "卫生分数", "生活分数" });                          //创建默认的表格数据模型
table.setModel(model);                                          //设置表格数据模型
scrollPane.setViewportView(table);                              //把表格添加到滚动面板视图
```

（2）编写窗体打开事件的处理方法，在该方法中创建 Timer 对象，使程序以每 0.5 秒的间隔为表格数据模型添加一行数据，其中数据是随机生成的。关键代码如下：

```
protected void do_this_windowOpened(WindowEvent e) {
    //创建 Timer 控件
    Timer timer = new Timer(500, new ActionListener() {
        @Override
        public void actionPerformed(ActionEvent e) {
```

```
            Random random = new Random();                                    //创建随机数对象
            Integer[] values = new Integer[]
                //创建整数数组作为表格行数据
                { random.nextInt(100), random.nextInt(100),
                    random.nextInt(100) };
            model.addRow(values);                                            //为表格数据模型添加一行数据
        }
    });
    timer.start();                                                           //启动 Timer 控件
}
```

■ 秘笈心法

心法领悟 405：使用 Timer 控件为表格添加数据。

本实例中是使用 Timer 控件为表格添加数据的，虽然实例中指定了以 500 毫秒的间隔为表格添加数据，但这并不是 UI 界面产生假死的原因所在，读者可以调整这个时间间隔，甚至可以设置为 0 毫秒。真正解决界面假死的原因是 Timer 控件是在另一个线程中完成的数据添加，所以不影响 UI 线程对界面的绘制。

16.4　自定义控件

实例 406	石英钟控件	高级
	光盘位置：光盘\MR\406	趣味指数：★★★★☆

■ 实例说明

程序设计的 GUI 界面要包含的信息很多，其中日期和时间都可以通过标签控件以文字的方式显示，但是拥有完整的控件集才能为程序开发添砖加瓦。为此本实例自定义了一个显示时钟控件，这个控件在显示时钟的同时还可以显示其覆盖的控件，因为它是背景透明的控件。实例运行效果如图 16.26 所示。

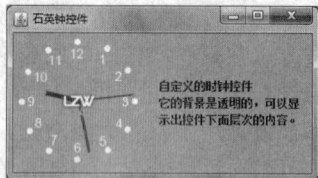

图 16.26　石英钟控件在窗体中的显示效果

■ 关键技术

本实例的关键技术在于绘图上下文的透明合成规则，在 Java 中是通过 AlphaComposite 类来实现的，该类可以实现很多不同的透明合成规则，本实例只用到了 SRC_OVER 规则。本实例中设置透明合成规则的相关代码如下：

```
public void paint(Graphics g) {
    Graphics2D g2 = (Graphics2D) g.create();                                //转换为 2D 绘图上下文
    Composite composite = g2.getComposite();                                //保存原有合成规则
    g2.setComposite(AlphaComposite.SrcOver.derive(0.6f));                   //设置 60%透明的合成规则
    Calendar calendar = Calendar.getInstance();
    drawClock(g2, calendar);                                                 //绘制时钟
    g2.setComposite(composite);                                             //恢复原有合成规则
    g2.drawImage(background.getImage(), 0, 0, this);                        //绘制背景图
    g2.dispose();
}
```

■ 设计过程

（1）在项目中新建窗体类 ClockFrame，设置窗体的标题、大小和位置等属性，并把自定义的石英钟控件添加到窗体中。

（2）继承 JLabel 类编写石英钟控件，该控件代码段的关键在于 drawClock()方法的实现，控件通过该方法绘制石英钟界面。关键代码如下：

```
private void drawClock(Graphics2D g2, Calendar calendar) {
    int millisecond = calendar.get(MILLISECOND);
```

```
        int sec = calendar.get(SECOND);
        int minutes = calendar.get(MINUTE);
        int hours = calendar.get(HOUR);
        double secAngle = (60 - sec) * 6 - (millisecond / 150);              //秒针角度
        int minutesAngle = (60 - minutes) * 6;                              //分针角度
        int hoursAngle = (12 - hours) * 360 / 12 - (minutes / 2);          //时针角度
        //计算秒针、分针、时针指向坐标
        int secX = (int) (secLen * Math.sin(Math.toRadians(secAngle)));
        int secY = (int) (secLen * Math.cos(Math.toRadians(secAngle)));
        int minutesX = (int) (minuesLen * Math
                .sin(Math.toRadians(minutesAngle)));
        int minutesY = (int) (minuesLen * Math
                .cos(Math.toRadians(minutesAngle)));
        int hoursX = (int) (hoursLen * Math.sin(Math.toRadians(hoursAngle)));
        int hoursY = (int) (hoursLen * Math.cos(Math.toRadians(hoursAngle)));
        g2.setRenderingHint(RenderingHints.KEY_ANTIALIASING,
                RenderingHints.VALUE_ANTIALIAS_ON);
        //分别绘制时针、分针、秒针
        g2.setColor(Color.BLACK);
        g2.setStroke(HOURS_POINT_WIDTH);
        g2.drawLine(centerX, centerY, centerX - hoursX, centerY - hoursY);
        g2.setStroke(MINUETES_POINT_WIDTH);
        g2.setColor(new Color(0x2F2F2F));
        g2.drawLine(centerX, centerY, centerX - minutesX, centerY - minutesY);
        g2.setColor(Color.RED);
        g2.setStroke(SEC_POINT_WIDTH);
        g2.drawLine(centerX, centerY, centerX - secX, centerY - secY);
        //绘制 3 个指针的中心圆
        g2.fillOval(centerX - 5, centerY - 5, 10, 10);
    }
```

■ 秘笈心法

心法领悟 406：Swing 中的 Graphics2D。

Java 中有 Graphics 类与 Graphics2D 类，其中 Graphics 类是早期定义的，Graphics2D 类又有更多的功能与实现，而且已经是目前 Swing 中的默认绘图上下文。虽然某些控件的 API 方法依然以 Graphics 类作为参数类型，但实际传递的参数都是 Graphics2D 类的实例对象，所以在 Swing 中可以将绘图上下文直接强制类型转换为 Graphics2D 类的对象。

实例 407	IP 输入文本框控件	高级
	光盘位置：光盘\MR\407	趣味指数：★★★★☆

■ 实例说明

文本框可以接收用户输入，但是用在复合数据的输入方面就没有那么方便了，如在文本框中输入系统 IP 地址，用户要输入完整的字符串表示的 IP 地址，容易导致输入错误，并且程序还要把字符串转换为 InetAddress 类的对象来应用于网络程序。本实例把用户输入约束和生成 InetAddress 类的步骤集成在一起，开发了一个 IP 输入文本框控件，该控件应用于窗体中的效果如图 16.27 所示。

图 16.27　实例运行效果

■ 关键技术

本实例的关键技术在于屏蔽文本框的非数字输入值，这需要利用按键事件监听器来实现，在监听器的 keyTyped 方法中通过字符串的索引查询结果，来判断输入字符是否符合规范字符串的要求。关键代码如下：

```
public void keyTyped(KeyEvent e) {
    if (("0123456789" + (char) 8).indexOf(e.getKeyChar()) < 0) {
        e.consume();                                                        //屏蔽非数字与退回键的输入
```

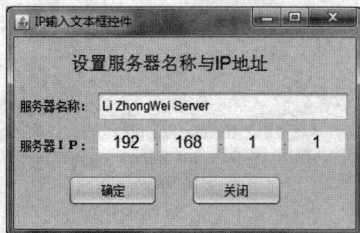

```
            return;
        }
        //省略其他代码
}
```

设计过程

（1）在项目中新建窗体类 IPFrame。设置窗体的标题、大小和位置等属性。同时在窗体中添加文本框、按钮和自定义的 IP 文本框控件组成一个设置服务器地址的界面。关键代码如下：

```
JLabel label = new JLabel("设置服务器名称与 IP 地址");              //创建标题标签
label.setHorizontalAlignment(SwingConstants.CENTER);          //居中对齐
label.setFont(new Font("SansSerif", Font.PLAIN, 18));         //设置字体
label.setBounds(6, 6, 298, 39);
contentPane.add(label);
JLabel label_1 = new JLabel("服务器名称：");                    //创建标签
label_1.setBounds(6, 57, 83, 18);                             //设置标签大小
contentPane.add(label_1);
JLabel label_2 = new JLabel("服务器 IP：");                     //创建标签
label_2.setBounds(6, 95, 83, 18);                            //设置标签大小
contentPane.add(label_2);
textField = new JTextField();                                //创建输入服务器名称的文本框
textField.setBounds(82, 51, 251, 30);
contentPane.add(textField);
textField.setColumns(10);
JButton button = new JButton("确定");                         //创建"确定"按钮
button.setBounds(54, 132, 90, 30);
contentPane.add(button);
JButton button_1 = new JButton("关闭");                       //创建"关闭"按钮
button_1.setBounds(177, 132, 90, 30);
contentPane.add(button_1);
IpField ipField = new IpField();                             //创建 IP 文本框控件
ipField.setBounds(82, 88, 251, 25);                          //设置控件大小
contentPane.add(ipField);
```

（2）自定义 IP 文本框需要用到 4 个文本框并分别输入每个地址段的数字，在这之前需要定义符合要求的待用文本框对象。所以要继承 JTextField 类实现自己需要的文本框，除在构造方法中对文本框做初始设置之外，还要通过按键事件监听器屏蔽文本框的非数字输入。关键代码如下：

```
public CText() {
    setBorder(null);                                        //取消边框
    setHorizontalAlignment(SwingConstants.CENTER);          //文本居中
    setFont(getFont().deriveFont(16f));                     //绘制默认 16 号字体
    addKeyListener(new KeyAdapter() {                       //添加按键事件监听器
        @Override
        public void keyTyped(KeyEvent e) {
            if (("0123456789" + (char) 8).indexOf(e.getKeyChar()) < 0) {
                e.consume();                                //屏蔽非数字与退回键的输入
                return;
            }
            if (e.getKeyChar() == (char) 8) {
                return;                                     //屏蔽退回键
            }
            String text = getText() + e.getKeyChar();       //获取最新输入
            if (!text.isEmpty()) {                          //如果输入非空
                int value = Integer.parseInt(text);         //把输入解析为整数
                if (value > 225) {                          //如果整数大于 225
                    e.consume();                            //取消本次输入
                    return;
                }
            }
            //如果输入文本过长或输入的是 dot 字符
            if (getText().length() > 2 || e.getKeyChar() == '.') {
                e.consume();                                //取消本次输入
                transferFocus();                            //把输入焦点传递给下一个控件
                return;
            }
```

```
        }
        @Override
        public void keyPressed(KeyEvent e) {
            //屏蔽粘贴快捷键
            if (e.getKeyCode() == KeyEvent.VK_V && e.isControlDown()) {
                e.consume();
            }
        }
    });
}
```

（3）继承 JPanel 编写自己的 IP 地址输入文本框控件，在构造方法中对控件大小和边框进行初始化，然后添加 4 个自定义的 CText 文本框控件。关键代码如下：

```
public IpField() {
    setPreferredSize(new Dimension(141, 25));                            //设置控件初始首选大小
    setBorder(UIManager.getBorder("TextField.border"));                 //采用文本框默认的边框
    setBackground(UIManager.getColor("TextField.background"));          //采用文本框默认的背景色
    setSize(200, 25);                                                    //初始大小
    setLayout(new BoxLayout(this, BoxLayout.X_AXIS));                   //设置布局管理器
    textField = new CText();                                            //创建自定义文本框
    add(textField);                                                      //添加文本框到面板
    JLabel label = new JLabel(".");                                    //创建 IP 分隔符的标签控件
    add(label);
    textField_1 = new CText();                                          //创建自定义文本框
    add(textField_1);                                                   //添加文本框到面板
    JLabel label_3 = new JLabel(".");                                  //创建 IP 分隔符的标签控件
    add(label_3);
    textField_2 = new CText();                                          //创建自定义文本框
    add(textField_2);
    JLabel label_2 = new JLabel(".");                                  //创建 IP 分隔符的标签控件
    add(label_2);
    textField_3 = new CText();                                          //创建自定义文本框
    add(textField_3);                                                   //添加文本框到面板
    setFocusTraversalPolicy(new FocusTraversalOnArray(new Component[]
        { textField, textField_1, textField_2, textField_3 }));
}
```

（4）为自定义控件编写获取字符串 IP 地址值的方法，这是为控件提供获取值的途径，如果缺少则控件只能做显示用。关键代码如下：

```
public String getIpString() {                                          //编写获取 IP 字符串值的方法
    String ipstr = textField + "." + textField_1 + "." + textField_2 + "."
        + textField_3;                                                  //把 4 个文本框的值连接为 IP 地址字符串
    return ipstr;
}
```

（5）编写获取 InetAddress 类型的 IP 地址对象，这是控件获取 IP 值的另一种途径，获取的返回值是对象，更符合部分应用的需求。关键代码如下：

```
public InetAddress getIpAddress() {                                    //编写获取 IP 对象的方法
    InetAddress ia = null;                                             //创建一个空的 IP 地址对象
    try {
        ia = InetAddress.getByName(getIpString());                    //把字符串转换为 IP 地址对象
    } catch (UnknownHostException e) {
        e.printStackTrace();                                          //处理异常
    }
    return ia;                                                        //返回地址对象
}
```

■ 秘笈心法

心法领悟 407：按键事件对象的按键值。

在程序开发中涉及按键事件监听器的代码就一定会接触按键事件对象，这个对象是 KeyEvent 类的实例对象，其中包含了按键事件发生时的所有参数，如用户按下了哪个按键，但是这个按键匹配的判断却不能通过按键字符的编码值来判断，这也是程序开发人员经常混淆的问题。要判断按键事件中的按键值，必须使用 KeyEvent 类的常量来判断，其命名方式通常以 VK_ 作为前缀，然后以按键名称作为后缀，如键盘的 V 字母键对应的常量是 VK_V。

实例 408	日历控件	高级
	光盘位置：光盘\MR\408	趣味指数：★★★☆

■ 实例说明

日历控件既是日期类型的显示控件，又是日期类型的输入控件，用户可以通过单击控件上的按钮与日期来改变日期控件的值，在 Java 语言中 Swing 并没有提供这样一个日历控件的实现。本实例通过自定义的方式实现自己的日历控件，并为控件实现了事件监听，如图 16.28 所示。通过日历控件的单击修改日期事件会改变右侧标签控件上显示的文本。

图 16.28　日历控件在窗体程序中的应用

■ 关键技术

本实例的关键技术请参见实例 404。

■ 设计过程

（1）在项目中新建窗体类 CalendarFrame，设置窗体的标题、大小和位置等属性。同时将自定义的日历控件添加到窗体，并添加一个显示日历控件当前时间值的标签控件。关键代码如下：

```java
contentPane.setLayout(null);                                      //使用绝对定位布局
calendarPanel = new CalendarPanel();                             //创建日历控件
calendarPanel.addDateChangeListener(new PropertyChangeListener() {
    public void propertyChange(PropertyChangeEvent evt) {
        do_calendarPanel_propertyChange(evt);                    //调用事件处理方法
    }
});
calendarPanel.setBounds(6, 6, 162, 170);
contentPane.add(calendarPanel);
//创建字符串模板
InfoStr = "<html>您选择的日期是：<br><font size=6 color=red>%1s</font></html>";
//设置标签控件显示日期
label = new JLabel(String.format(InfoStr, calendarPanel.getDate()));
label.setBounds(180, 6, 162, 170);
contentPane.add(label);
```

（2）通过自定义日历控件的事件监听器改变标签控件中的时间值。该事件处理方法的关键代码如下：

```java
protected void do_calendarPanel_propertyChange(PropertyChangeEvent evt) {
    //通过事件更新标签控件的日期
    label.setText(String.format(InfoStr, calendarPanel.getDate()));
}
```

（3）创建 CalendarPanel 类实现自定义的日历控件，并实现定义界面的关键方法 getJPanel1()，在该方法中创建日历控件中的星期标题和日期按钮。关键代码如下：

```java
private JPanel getJPanel1() {                                     //创建星期标题和日期按钮
    if (jPanel1 == null) {
        GridLayout gridLayout2 = new GridLayout();
        gridLayout2.setColumns(7);
        gridLayout2.setRows(0);
        jPanel1 = new JPanel();                                  //创建面板
        jPanel1.setOpaque(false);
        jPanel1.setLayout(gridLayout2);                         //设置布局管理器
        JLabel[] week = new JLabel[7];                          //标题数组
        week[0] = new JLabel("日");                             //星期标题
        week[0].setForeground(Color.MAGENTA);                  //特色颜色值
        week[1] = new JLabel("一");                             //初始化其他星期标题
        week[2] = new JLabel("二");
        week[3] = new JLabel("三");
        week[4] = new JLabel("四");
```

```
        week[5] = new JLabel("五");
        week[6] = new JLabel("六");
        week[6].setForeground(Color.ORANGE);                              //为周六设置特色颜色值
        for (JLabel theWeek : week) {                                     //初始化所有标题标签
            //文本居中对齐
            theWeek.setHorizontalAlignment(SwingConstants.CENTER);
            Font font = theWeek.getFont();                               //获取字体对象
            Font deriveFont = font.deriveFont(Font.BOLD);                //字体加粗样式
            theWeek.setFont(deriveFont);                                 //更新标签字体
            String info = theWeek.getText();
            if (!info.equals("日") && !info.equals("六"))                  //改变周六周日前景色
                theWeek.setForeground(Color.BLUE);
            getJPanel1().add(theWeek);
        }
        days = new JLabel[6][7];                                         //创建日期控件按钮（有标签实现）
        for (int i = 0; i < 6; i++) {
            for (int j = 0; j < 7; j++) {                                //初始化每个日期按钮
                days[i][j] = new JLabel();
                //文本水平居中
                days[i][j].setHorizontalTextPosition(SwingConstants.CENTER);
                //文本垂直居中
                days[i][j].setHorizontalAlignment(SwingConstants.CENTER);
                days[i][j].setOpaque(false);                            //控件透明
                days[i][j].addMouseListener(dayClientListener);         //添加事件监听器
                getJPanel1().add(days[i][j]);
            }
        }
        initDateField();                                                 //初始化日期文本框
        initDayButtons();                                                //初始化日期按钮
    }
    return jPanel1;
}
```

■ 秘笈心法

心法领悟 408：把多个相似的控件归类。

像本实例中的星期标题与日期按钮无论是什么类型的控件，都应该把它们归类存放。本实例中就是通过数组来规划这些控件的，这样便于控件的初始化与事件管理。

实例 409	平移面板控件 光盘位置：光盘\MR\409	高级 趣味指数：★★★★☆

■ 实例说明

桌面应用程序开发中，容器的功能决定了它在界面设计中的重要性，Swing 中包含各种各样的容器，如分割面板、滚动面板、普通面板、分层面板、桌面面板等，其中滚动面板可以为容器添加滚动条，使其显示更多的内容，本实例作为这类面板的扩展开发了更绚丽实用的平移面板，实例运行效果如图 16.29 所示。面板中在水平方向添加了多个控件，通过左右平移两个按钮可以动态调整显示内容。

图 16.29　实例运行效果

■ 关键技术

本实例的关键技术在于控制滚动面板中滚动条的当前值，这需要获取滚动面板的滚动条与设置滚动条当前值的相关知识。下面分别进行介绍。

❑　获取滚动面板的水平滚动条

滚动面板包含水平和垂直两个方向的滚动条，通过适当的方法可以获取它们，下面的方法可以获取控制视图的水平视图位置的水平滚动条。其方法声明如下：

```
public JScrollBar getHorizontalScrollBar()
```

❑ 获取滚动条当前值

滚动条的控制对象就是当前值，这个值控制着滚动条滑块的位置和滚动面板视图的位置。可以通过 getValue() 方法来获取这个值，其声明如下：

```
public int getValue()
```

❑ 设置滚动条当前值

```
public void setValue(int value)
```

参数说明

value：滚动条新的当前值。

■ 设计过程

（1）在项目中新建窗体类 PanelFrame，设置窗体的标题、大小和位置等属性。同时将自定义的平移滚动面板添加到窗体中，并把包含多个按钮控件的面板设置为平移滚动面板的管理视图。关键代码如下：

```java
public PanelFrame() {
    setTitle("平移面板控件");                              //设置窗体标题
    setDefaultCloseOperation(JFrame.EXIT_ON_CLOSE);
    setBounds(100, 100, 450, 133);
    contentPane = new JPanel();
    contentPane.setBackground(new Color(102, 204, 204));
    contentPane.setBorder(new EmptyBorder(5, 5, 5, 5));
    contentPane.setLayout(new BorderLayout(0, 0));        //设置布局管理器
    setContentPane(contentPane);
    //创建平移滚动面板
    SmallScrollPanel smallScrollPanel = new SmallScrollPanel();
    //添加面板到窗体
    contentPane.add(smallScrollPanel, BorderLayout.CENTER);
    ButtonPanel buttonPanel = new ButtonPanel();         //创建按钮组面板
    buttonPanel.setOpaque(false);
    //把按钮组面板设置为平移面板的管理视图
    smallScrollPanel.setViewportView(buttonPanel);
}
```

（2）编写 SmallScrollPanel 类，它是本实例自定义的平移面板控件，由于代码过多，这里只介绍关键技术，也就是左右微调按钮的事件监听器。关键代码如下：

```java
private final class ScrollMouseAdapter extends MouseAdapter implements
        Serializable {
    //获取滚动面板的水平滚动条
    JScrollBar scrollBar = getAlphaScrollPanel().getHorizontalScrollBar();
    private boolean isPressed = true;                    //定义线程控制变量
    public void mousePressed(MouseEvent e) {
        Object source = e.getSource();                   //获取事件源
        isPressed = true;
        //判断事件源是左侧按钮还是右侧按钮，并执行相应操作
        if (source == getLeftScrollButton()) {
            scrollMoved(-1);
        } else {
            scrollMoved(1);
        }
    }
    /**
     * 移动滚动条的方法
     *
     * @param orientation
     *                移动方向-1 是左或上移动，1 是右或下移动
     */
    private void scrollMoved(final int orientation) {
        new Thread() {                                   //开辟新的线程
            //保存原有滚动条的值
            private int oldValue = scrollBar.getValue();

            public void run() {
```

```
        while (isPressed) {                                                //循环移动面板
            try {
                Thread.sleep(1);
            } catch (InterruptedException e1) {
                e1.printStackTrace();
            }
            //获取滚动条当前值
            oldValue = scrollBar.getValue();
            EventQueue.invokeLater(new Runnable() {
                public void run() {
                    //设置滚动条移动 3 个像素
                    scrollBar.setValue(oldValue + 4 * orientation);
                }
            });
        }
    }
}.start();
}
public void mouseExited(java.awt.event.MouseEvent e) {
    isPressed = false;
}
@Override
public void mouseReleased(MouseEvent e) {
    isPressed = false;
}
}
```

■ 秘笈心法

心法领悟 409：自定义控件时注意面板透明。

在自定义控件时，经常采用 JPanel 面板，因为它可以包含更多的控件，从而组成高级控件的界面与功能。但是布局实现了，还要考虑 UI 的美观，很多时候由于忽略了面板的 Opaque 不透明属性，导致面板覆盖美工设计效果而破坏界面。

| 实例 410 | 背景图面板控件
光盘位置：光盘\MR\410 | 高级
趣味指数：★★★☆ |

■ 实例说明

JPanel 是 Swing 的面板类，它作为一个控件容器，用于 GUI 界面的规划与设计，但是该控件没有提供对图片设置的支持，这样就导致面板只能显示一个单一颜色的背景，难以实现界面美化的设计。本实例继承 JPanel 重写了控件绘制方法，实现了对背景图片的支持。实例运行效果如图 16.30 所示。

图 16.30　背景面板添加按钮后的效果

■ 关键技术

本实例的关键技术在于重写控件的绘制方法 paintComponent()，这个方法负责控件外观的绘制，通过重写这个方法可以把背景图片绘制到控件界面上。该方法的声明如下：

```
protected void paintComponent(Graphics g)
```

参数说明

g：控件的绘图上下文对象。

■ 设计过程

（1）在项目中继承 JPanel 类编写自定义的面板控件类 BGPanel，设置控件的布局、初始大小等属性。

（2）重写控件的 paintComponent()方法，在该方法中完成控件原有外观的绘制时，根据自定义的填充属性来绘制背景图片。关键代码如下：

```java
protected void paintComponent(Graphics g) {                         //完成原来控件外观的绘制
    super.paintComponent(g);                                        //完成原来控件外观的绘制
    if (image != null) {                                            //开始自定义背景的绘制
        switch (iconFill) {                                         //判断背景填充方式
            case NO_FILL:                                           //不填充
                g.drawImage(image, 0, 0, this);                     //绘制原始图片大小
                break;
            case HORIZONGTAL_FILL:                                 //水平填充
                //绘制与控件等宽的图片
                g.drawImage(image, 0, 0, getWidth(), image.getHeight(this),
                        this);
                break;
            case VERTICAL_FILL:                                     //垂直填充
                //绘制与控件等高的图片
                g.drawImage(image, 0, 0, image.getWidth(this), getHeight(),
                        this);
                break;
            case BOTH_FILL:                                         //双向填充
                //绘制与控件同等大小的图片
                g.drawImage(image, 0, 0, getWidth(), getHeight(), this);
                break;
            default:
                break;
        }
    }
}
```

■ 秘笈心法

心法领悟 410：执行父类的控件绘制方法。

本实例在重写父类 JPanel 的 paintComponent()方法时，调用了父类的该方法完成控件原有界面的绘制，然后再添加背景图片的绘制代码。这是一个必要的步骤，因为原有绘制方法将负责子控件的绘制，如果不执行方法实现原有的业务，很可能会造成控件界面的混乱。

第 **4** 篇

文件操作典型应用

第17章

文件与文件夹操作

▶▶ 文件操作

▶▶ 文件与数据库

▶▶ 操作磁盘文件夹

17.1　文 件 操 作

实例411	修改文件属性	高级
	光盘位置：光盘\MR\411	趣味指数：★★★★

■ 实例说明

在操作系统平台中文件是数据的存储单位，每个文件都有不同的属性。在 Windows 操作系统中可以通过文件的属性对话框查看其对应的属性信息。本实例通过程序编码也实现了该功能，即获取文件大小、创建时间、路径等属性。实例运行效果如图 17.1 所示。

图 17.1　实例运行效果

■ 关键技术

File 类位于 Java.io 类包中，它提供了多种获取文件属性的方法，如获取文件的名称、路径和大小等。File 类的常用方法如表 17.1 所示。

表 17.1　File 类的常用方法

方 法 名	作 用	方 法 名	作 用
getName()	获取文件名称，不包括路径信息	lastModified()	获取文件最后修改日期，以 long 值表示
length()	获取文件长度，以字节为单位	canRead()	文件是否可读
getPath()	获取文件的路径信息，包括文件名	canWrite()	文件是否可写
toURI()	文件的 URI 路径，以 file:为前级	isHidden()	文件是否隐藏

■ 设计过程

（1）继承 JFrame 编写一个窗体类，名称为 ModifyFileAttribute。

（2）设计 ModifyFileAttribute 窗体类时用到的主要控件及说明如表 17.2 所示。

表 17.2　窗体的主要控件及说明

控件类型	控件命名	控件用途
JButton	chooseButton	激活文件选择对话框
JTextField	sizeField	显示文件大小的文本框
	pathField	显示文件路径的文本框
	uriField	显示文件的 URI 路径文本框
	modifyDateField	显示最后修改日期
JCheckBox	readCheckBox	显示文件可读属性
	writeCheckBox	显示文件是否可写
	hideCheckBox	显示文件是否隐藏

（3）程序主要代码如下：

```
jButton.setText("选择文件");
//添加按钮事件监听器
jButton.addActionListener(new ActionListener() {
    public void actionPerformed(ActionEvent e) {
        //创建文件选择器
        JFileChooser chooser = new JFileChooser();
        //显示文件打开对话框
        chooser.showOpenDialog(ModifyFileAttribute.this);
```

```
        File file = chooser.getSelectedFile();                              //获取选择文件
        fileLabel.setText(file.getName());                                  //显示文件名称
        sizeField.setText(file.length() + "");                              //显示文件大小
        pathField.setText(file.getPath());                                  //显示文件路径
        pathField.select(0, 0);
        uriField.setText(file.toURI() + "");                                //显示文件的 URI 路径
        uriField.select(0, 0);
        //显示文件最后修改时间
        modifyDateField.setText(new Date(file.lastModified()) + "");
        //显示可读属性
        readCheckBox.setSelected(file.canRead());
        //显示可写属性
        writeCheckBox.setSelected(file.canWrite());
        //显示隐藏属性
        hideCheckBox.setSelected(file.isHidden());
    }
});
```

■ 秘笈心法

心法领悟 411：快速转换对象为字符串。

程序开发中，大多数显示在 UI 界面控件中的值都是以字符串的形式出现的，而有些数据可能会以其他数据类型或对象的形式被获取，如 int、double 以及 Date 类的对象等，这些数据类型如果经过严格的数据类型转换，再赋值给控件的 text 属性比较繁琐，最简单的方法就是直接把该类型的值与空字符串 "" 进行连接，即使用 "+"（加号）运算符连接为字符串。

实例 412	显示指定类型的文件 光盘位置：光盘\MR\412	高级 趣味指数：★★★★☆

■ 实例说明

　　文件作为存储数据的单元，会根据数据类型产生很多分类，也就是所谓的文件类型。在对数据文件进行操作时，常常需要根据不同的文件类型做不同的处理。本实例实现的是读取文件夹指定类型的文件并显示到表格控件中，这对于项目开发中的文件分类起到了抛砖引玉的作用，读者可以对该实例进行相应的扩展。实例运行效果如图 17.2 所示。

图 17.2　实例运行效果

■ 关键技术

　　File 类位于 Java.io 类包中，它提供了多种对应文件和文件夹相关的操作，而本实例需要利用对文件夹相关的操作实现读取文件列表，并使用过滤器进行过滤，所以只能选用 File 类的 listFiles() 方法。该方法的声明如下：

`File[]　listFiles(FileFilter filter)`

该方法返回抽象路径名数组，这些路径名表示此抽象路径名表示的目录中满足指定过滤器的文件和目录。

参数说明

filter：实现 FileFilter 接口的实例对象，该对象的 accept() 方法用于实现文件的过滤。

■ 设计过程

（1）继承 JFrame 编写一个窗体类，名称为 ListCustomTypeFile。

（2）设计 ListCustomTypeFile 窗体类时用到的主要控件及说明如表 17.3 所示。

表 17.3　窗体的主要控件及说明

控 件 类 型	控 件 命 名	控 件 用 途
JButton	button	选择文件夹按钮
JTextField	extNameField	指定扩展名称的文本框
JTable	table	显示文件夹中符合条件的文件信息

（3）单击"选择文件夹"按钮时，事件监听器会调用 do_button_actionPerformed()方法。该方法将通过文件选择器让用户选择一个文件夹，然后调用 listFiles()方法把文件夹中符合扩展名过滤要求的文件显示到表格控件中。关键代码如下：

```java
protected void do_button_actionPerformed(ActionEvent e) {
    JFileChooser chooser = new JFileChooser();                              //创建文件选择器
    //设置选择器的过滤器
    chooser.setFileSelectionMode(JFileChooser.DIRECTORIES_ONLY);
    chooser.showDialog(this, null);
    dir = chooser.getSelectedFile();
    getLabel().setText(dir.toString());
    //获取过滤后符合条件的文件数组
    listFiles();
}
```

（4）编写 listFiles()方法，该方法将从用户选择的文件夹对象中获取所有文件信息，这些信息是经过过滤的，也就是按照用户指定的扩展名称来筛选的文件。然后把这些文件信息显示在表格控件中。关键代码如下：

```java
private void listFiles() {
    if (dir == null)
        return;
    //获取符合条件的文件数组
    File[] files = dir.listFiles(new CustomFilter());
    //获取表格的数据模型
    DefaultTableModel model = (DefaultTableModel) table.getModel();
    model.setRowCount(0);
    for (File file : files) {                                              //遍历文件数组
        //创建表格行数据
        Object[] row = { file.getName(), file.length(), new Date(file.lastModified()) };
        model.addRow(row);                                                 //添加行数据到表格模型
    }
}
```

（5）listFiles()方法中调用了 File 类的 listFiles()方法，其中使用了一个过滤器参数，该参数类型是在本类中定义的一个内部类，它将过滤所有不符合扩展名要求的文件。关键代码如下：

```java
private final class CustomFilter implements java.io.FileFilter {
    @Override
    public boolean accept(File pathname) {
        //获取用户设置的指定扩展名
        String extName = extNameField.getText();
        if (extName == null || extName.isEmpty())
            return false;
        if (!extName.startsWith("."))                                      //判断扩展名前缀
            extName = "." + extName;                                        //完善扩展名前缀
        extName = extName.toLowerCase();
        //判断扩展名与过滤文件名是否符合要求
        if (pathname.getName().toLowerCase().endsWith(extName))
            return true;
        return false;
    }
}
```

■ 秘笈心法

心法领悟 412：通过表格模型改变表格数据。

JTable 控件是 Swing 技术中的表格控件，用于显示表数据。虽然该 JTable 控件提供了一些操作数据的 API，但同时它也提供了对应的数据模型 TableModel。该模型的默认实现是 DefaultTableModel 类，它提供了对表格数据的操作方法，所有数据操作都会直接体现在表格控件上，建议优先考虑使用表格模型来操作表格控件。

实例 413	以树结构显示文件路径	高级
	光盘位置：光盘\MR\413	趣味指数：★★★★

■ 实例说明

Java 的 JTree 树控件用于显示多层次结构的数据，类似于文件夹的上下层关系，而且各个操作系统也都因为这个相似之处，采用树控件来显示文件夹的层次结构。本实例也结合了文件夹数据与树控件来显示计算机中的文件与文件夹信息。实例运行效果如图 17.3 所示。

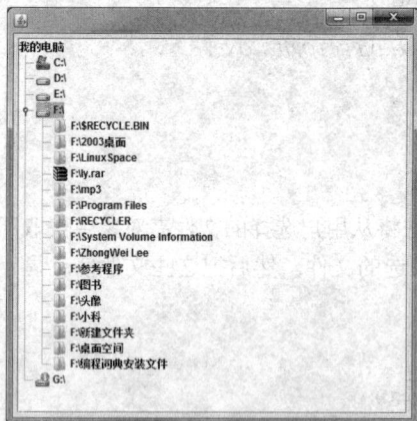

图 17.3 实例运行效果

■ 关键技术

展开树的指定节点，JTree 树控件中包含了一个特殊的方法，利用该方法可以展开指定的树节点。该方法的声明如下：

```
public void expandPath(TreePath path)
```

该方法确保指定路径标识的节点展开并且可查看。如果路径中的最后一项是叶节点，则此方法无效。

参数说明

path：标识节点的 TreePath。

在本实例中使用如下代码来展开根节点。

```
tree.expandPath(new TreePath(rootNode));                              //展开根节点
```

这个方法接收一个 TreePath 类型的参数，其作用是指明树节点的路径。创建该类型对象的常用构造方法有两个，分别介绍如下：

```
TreePath(Object singlePath)
```

该方法构造仅包含单个元素的 TreePath，这个单个元素可以是节点对象。

```
TreePath(Object[] path)
```

该方法根据 Objects 的数组构造路径，并根据树的数据模型的返回情况，唯一地标识树的根到指定节点的路径。

例如，本实例中是这样创建根节点的 TreePath 对象的，方法如下：

```
tree.expandPath(new TreePath(rootNode));                              //展开根节点
```

■ 设计过程

（1）继承 JFrame 编写一个窗体类，名称为 DiskTree。

（2）创建 JTree 树控件并布局到窗体的中间位置。这个树控件在窗体激活时要读取计算机根节点的数据，即一个磁盘名称。

（3）编写窗体激活事件监听器调用的 do_this_windowActivated()方法，该方法是在类中自定义的，主要用途是获取计算机中的磁盘列表，并将其添加到树控件中。关键代码如下：

```
protected void do_this_windowActivated(WindowEvent e) {
    File[] disks = File.listRoots();                                              //获取磁盘列表
    for (File file : disks) {                                                     //遍历列表
        //使用文件对象创建树节点
        DefaultMutableTreeNode node = new DefaultMutableTreeNode(file);
        rootNode.add(node);                                                      //添加节点到树控件的根节点
    }
    tree.expandPath(new TreePath(rootNode));                                     //展开根节点
}
```

（4）在树节点的选择事件监听器中调用 do_tree_valueChanged()方法，该方法将获取选择的树节点，并读取节点中封装的文件对象。如果该文件对象是文件夹，则遍历文件夹中的文件列表，并将其封装到树节点对象中作为树控件的显示内容。关键代码如下：

```
protected void do_tree_valueChanged(TreeSelectionEvent e) {
    TreePath path = e.getPath();                                                 //获取树选择路径
    //获取选择路径中的节点
    DefaultMutableTreeNode node = (DefaultMutableTreeNode) path.getLastPathComponent();
    //获取节点中的用户对象
    Object userObject = node.getUserObject();
    if (!(userObject instanceof File)) {
        return;
    }
    File folder = (File) userObject;                                             //把用户对象转换为文件对象
    if (!folder.isDirectory())                                                   //过滤非文件夹的选择操作
        return;
    File[] files = folder.listFiles();                                          //获取文件夹中的文件列表
    for (File file : files) {                                                    //遍历文件列表数组
        //使用文件作为用户对象创建节点
        node.add(new DefaultMutableTreeNode(file));
    }
}
```

■ 秘笈心法

心法领悟 413：根据数据的结构来确定使用何种控件。

数据结构是编程必须掌握的，经常使用的字符串、整型、浮点型等数据可以直接使用 JTextField 文本框控件来显示。比较特殊的有表结构的数据与树结构的数据，它们可以使用 Java SE 对应的 JTable 和 JTree 控件来显示，它们都是针对特殊数据类型所设计的。

实例 414	查找替换文本文件内容	高级
	光盘位置：光盘\MR\414	趣味指数：★★★★☆

■ 实例说明

文本替换几乎是所有文本编辑器都支持的功能，但是要限制在编辑器中才可以执行该功能。本实例实现了指定文本文件的内容替换，并且不需要在编辑器中打开文本文件。实例运行效果如图 17.4 和图 17.5 所示。读者可以将这个实例进行扩展，实现多文件内容的替换，这样就更能体现实用价值。

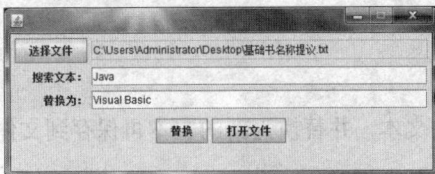

图 17.4　实例运行效果

图 17.5　替换前文本（左）与替换后文本（右）

541

■ 关键技术

对文本文件的内容进行替换，离不开字符串的操作，而对于大量字符串的操作，StringBuilder 类是最快的。它可以动态改变字符串内容和不断向尾部追加新字符串，下面介绍本实例用到的 StringBuilder 类追加字符串的方法和 String 类替换字符串的方法。

❑ append()方法

利用 StringBuilder 类的 append()方法可以向该类的对象尾部追加字符串文本，该方法的声明如下：

```
public StringBuilder append(String str)
```

该方法的作用是在字符串构建器的尾部追加参数指定的字符串。方法有多种重载形式，其他重载方法支持各种类型的参数。

❑ replace()方法

替换字符串要通过 String 类的 replace()方法实现，该方法的声明如下：

```
public String replace(CharSequence target, CharSequence replacement)
```

参数说明

❶ target：是要被替换的 char 值序列，即字符串。

❷ replacement：是替换的新字符串。

■ 设计过程

（1）继承 JFrame 编写一个窗体类，名称为 ReplaceFileText。

（2）设计 ReplaceFileText 窗体类时用到的主要控件及说明如表 17.4 所示。

表 17.4　窗体的主要控件及说明

控 件 类 型	控 件 命 名	控 件 用 途
JButton	button	激活文件选择对话框
	replaceButton	执行文件内容替换操作的按钮
	openfileButton	打开选定文本文件的按钮
JTextField	fileField	显示文件路径与名称信息的文本框
	searchTextField	输入搜索文本字符串的文本框
	replaceTextField	输入替换字符串的文本框

（3）"选择文件"按钮用于打开文件选择对话框，并获取用户选择的文件对象，其按钮事件处理方法的关键代码如下：

```
protected void do_button_actionPerformed(ActionEvent e) {
    JFileChooser chooser = new JFileChooser("./");                        //创建文件选择器
    //设置文件扩展名过滤器
    chooser.setFileFilter(new FileNameExtensionFilter("文本文件", "txt",
            "java", "php", "html", "htm"));
    //设置文件选择模式
    chooser.setFileSelectionMode(JFileChooser.FILES_ONLY);
    //显示文件打开对话框
    int option = chooser.showOpenDialog(this);
    //确定用户按下打开按钮而非取消按钮
    if (option != JFileChooser.APPROVE_OPTION)
        return;
    //获取用户选择的文件对象
    file = chooser.getSelectedFile();
    //显示文件信息到文本框
    fileField.setText(file.toString());
}
```

（4）"替换"按钮的事件处理方法将在文件中搜索指定的文本，并替换为新的文本再保存到文件中。该按钮的事件处理方法的关键代码如下：

```
protected void do_replaceButton_actionPerformed(ActionEvent event) {
    String searchText = searchTextField.getText();                        //获取搜索文本
```

```
    String replaceText = replaceTextField.getText();                    //获取替换文本
    if(searchText.isEmpty())
        return;
    try {
        FileReader fis = new FileReader(file);                          //创建文件输入流
        char[] data = new char[1024];                                  //创建缓冲字符数组
        int rn = 0;
        StringBuilder sb=new StringBuilder();                          //创建字符串构建器
        while ((rn = fis.read(data)) > 0) {                            //读取文件内容到字符串构建器
            String str=String.valueOf(data,0,rn);
            sb.append(str);
        }
        fis.close();                                                   //关闭输入流
        //从构建器中生成字符串，并替换搜索文本
        String str = sb.toString().replace(searchText, replaceText);
        FileWriter fout = new FileWriter(file);                        //创建文件输出流
        fout.write(str.toCharArray());                                 //把替换完成的字符串写入文件内
        fout.close();                                                  //关闭输出流
    } catch (FileNotFoundException e) {
        e.printStackTrace();
    } catch (IOException e) {
        e.printStackTrace();
    }
    JOptionPane.showMessageDialog(null, "替换完成");
}
```

■ 秘笈心法

心法领悟 414：为文件选择器过滤不必要的文件。

JFileChooser 文件选择器控件为程序提供了资源文件选取的方便性，但在访问文件较多的文件夹时也会出现一些麻烦，因太多的文件无法迅速定位需要的文件。所以文件选择器提供了过滤器功能，开发者应该尽量使用这个过滤器来屏蔽非支持的文件类型，这样方便用户的操作，同时也提高了软件的可用性。

实例 415	支持图片预览的文件选择对话框	高级
	光盘位置：光盘\MR\415	趣味指数：★★★★☆

■ 实例说明

本实例在文件选择器 JFileChooser 类的基础上开发了支持图片预览效果的文件选择对话框。在选择图片文件，特别是选择数码相机中随机命名的图片文件时极为方便。实例运行效果如图 17.6 所示。

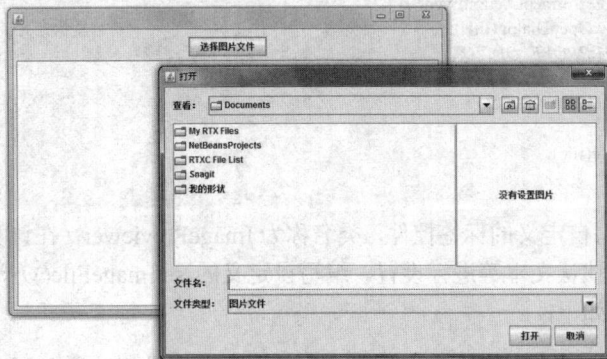

图 17.6　实例运行效果

■ 关键技术

JFileChooser 文件选择器提供了文件选择对话框的创建，支持常用的文件打开、保存对话框。也可以设置对

话框中的按钮名称实现其他功能的文件选择对话框。在文件选择器中提供了一个额外的自定义文件选择器控件，本实例利用这个控件自定义了文件预览标签，从而实现了选择图片文件的预览。设置该控件的方法声明如下：

```
public void setAccessory(JComponent newAccessory)
```

该方法将为文件选择器设置一个辅助控件，这个控件可以自定义。

参数说明

newAccessory：一个 Swing 控件，它将显示在文件选择对话框的辅助位置。

在本实例中调用该方法，将自定义的图片预览标签作为文件选择器的辅助控件。关键代码如下：

```
previewer = new ImagePreviewer(fileChooser);                          //创建图片预览标签
fileChooser.setAccessory(previewer);
```

■ 设计过程

（1）继承 JFrame 编写一个窗体类，名称为 PreviewFileDialog。

（2）设计 PreviewFileDialog 窗体类时用到的主要控件及说明如表 17.5 所示。

表 17.5　窗体的主要控件及说明

控 件 类 型	控 件 命 名	控 件 用 途
JButton	chooseButton	激活文件选择对话框
ImagePreviewer	imageLabel	自定义图片预览标签控件，用于浏览选择的图片文件

（3）本类编写了 initFileChooser()方法，它将在构造方法中被调用，其作用是初始化文件选择对话框，初始化以后，窗体中的按钮就可以直接调用该文件选择器。关键代码如下：

```
private void initFileChooser() {
    fileChooser = new JFileChooser();                                //创建文件选择器
    previewer = new ImagePreviewer(fileChooser);                     //创建图片预览标签
    fileChooser.setFileFilter(new FileNameExtensionFilter("图片文件", "jpg",
            "gif", "png"));
    //为指定属性变更添加事件监听器
    fileChooser.addPropertyChangeListener("SelectedFileChangedProperty",
            new PropertyChangeListener() {
                public void propertyChange(PropertyChangeEvent evt) {
                    //属性改变时设置预览标签的图片
                    previewer.setImageFile((File) evt.getNewValue());
                }
            });
    fileChooser.setAccessory(previewer);
}
```

（4）"选择图片文件"按钮的事件处理方法将显示文件打开对话框，并根据用户选择获取指定的文件对象，然后把这个文件对象传递给自定义的图片预览标签控件，该控件会对图片文件进行预览显示。关键代码如下：

```
protected void do_button_actionPerformed(ActionEvent e) {
    int option = fileChooser.showOpenDialog(this);                   //显示打开的文件对话框
    if (option == JFileChooser.APPROVE_OPTION) {
        //获取选择的文件对象
        File file = fileChooser.getSelectedFile();
        //更新窗体中的图片
        imageLabel.setImageFile(file);
    }
}
```

（5）继承 JLabel 类编写自定义的标签控件，类名称为 ImagePreviewer。在该类的构造方法中对标签对齐方式、初始化大小、背景色、默认文本等进行设置。编写自定义的 setImageFile()方法，其作用是设置自定义标签显示的图标对象。关键代码如下：

📖 **说明**：图标对象是以指定图片文件对象生成的，而且没有大小限制，所以可以利用该属性使标签控件和其他控件实现显示图片的功能。

```
class ImagePreviewer extends JLabel {
    public ImagePreviewer(JFileChooser chooser) {
        //初始大小
```

```
            setPreferredSize(new Dimension(200, 200));
            setHorizontalAlignment(JLabel.CENTER);                  //水平居中
            setBorder(new LineBorder(Color.GRAY));                  //设置边框
            setOpaque(true);                                        //标签不透明
            setBackground(Color.WHITE);                             //设置背景色
            setText("没有设置图片");                                  //默认文本
        }
    public void setImageFile(File file) {
            setText("");                                            //清空图片预览标签的文本
            if (file == null) {                                     //如果文件对象为空
                setText("没有设置图片");                              //设置默认提示文本
                return;                                             //终止方法
            }
            //创建图标对象
            ImageIcon icon = new ImageIcon(file.getPath());
            if (icon.getIconWidth() > getWidth()) {                 //设置图标大小
                icon = new ImageIcon(icon.getImage().getScaledInstance(getWidth(),
                        -1, Image.SCALE_DEFAULT));
            }
            setIcon(icon);                                          //为标签设置图标
            repaint();                                              //重新绘制界面
        }
}
```

■ 秘笈心法

心法领悟 415：适当地扩展控件。

在某些情况下，继承某个控件对其进行扩展会使程序编码更灵活、更易于维护。例如，本实例继承并扩展了 JLabel 控件使其成为一个图片控件，就是一种扩展，新的控件将应用于更适合的场景。

实例 416	设置 Windows 的文件属性 光盘位置：光盘\MR\416	高级 趣味指数：★★★★☆

■ 实例说明

文件是系统中保存数据的存储单元，它们可以设置不同的属性以保护关键文件。例如，把重要的配置文件设置为"只读"或"隐藏"属性，把系统调用的文件设置为"系统"属性，从而避免因误操作而删除需要使用的文件。本实例实现了对选定文件的属性设置。实例运行效果如图 17.7 所示。

图 17.7　实例运行效果

■ 关键技术

本实例使用了 Runtime 类来执行系统命令，这是 Java 提供的一个运行环境交互的类，它可以执行系统命令。每个 Java 应用程序都有一个 Runtime 类的实例，它不能创建，只能通过该类的静态方法获取实例对象。该方法的声明如下：

```
public static Runtime getRuntime()
```

该方法返回与当前 Java 应用程序相关的运行时对象。Runtime 类的大多数方法是实例方法，并且必须根据当前的运行时对象对其进行调用。

该类的 exec() 方法可以执行相应的系统命令，其声明如下：

```
public Process exec(String command) throws IOException
```

该方法将返回一个 Process 类的实例对象，代表本机进程，通过该实例的方法可以获取进程的输入流，从这个输入流中可以获取命令的返回结果。其方法声明如下：

```
public abstract InputStream getInputStream()
```

使用该方法返回的输入流，读取命令的返回结果，然后对该结果进行解析，从而获取指定文件的属性。

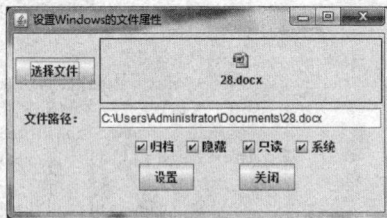

■ 设计过程

（1）继承 JFrame 编写一个窗体类，名称为 SetWindowsFileAttribute。

（2）设计 SetWindowsFileAttribute 窗体类时用到的主要控件及说明如表 17.6 所示。

表 17.6　窗体的主要控件及说明

控 件 类 型	控 件 命 名	控 件 用 途
JTextField	pathField	显示选择文件的路径
JCheckBox	docCheckBox	显示文件的归档属性
	hideCheckBox	显示文件的隐藏属性
	readonlyCheckBox	显示文件的只读属性
	systemCheckBox	显示文件的系统属性
JButton	chooseButton	选择设置属性的文件
	setButton	设置文件的属性
	closeButton	关闭程序窗体

（3）程序首先要通过"选择文件"按钮选择文件对象，这就需要在按钮的事件处理方法中创建文件选择器对象，并执行获取文件属性信息的命令，然后对命令执行结果进行解析，设置窗体对应属性的复选框值。关键代码如下：

```java
protected void do_chooseButton_actionPerformed(ActionEvent e) {
    JFileChooser chooser = new JFileChooser();                          //创建文件选择器
    chooser.setFileHidingEnabled(false);                               //显示隐藏文件
    int option = chooser.showOpenDialog(this);                         //显示文件打开对话框
    if (option == JFileChooser.APPROVE_OPTION) {
        file = chooser.getSelectedFile();                              //获取用户选择文件
        //获取文件系统视图
        FileSystemView view = chooser.getFileSystemView();
        Icon icon = view.getSystemIcon(file);                          //获取文件图标
        getFileLabel().setIcon(icon);                                  //显示文件图标
        getFileLabel().setText(file.getName());                        //显示文件名称
        pathField.setText(file.getPath());                             //显示文件路径
        //创建命令文本
        String command = "attrib " + file.getPath();
        try {
            //执行命令文本
            Process exec = Runtime.getRuntime().exec(command);
            //创建命令执行环境的文本扫描器
            Scanner in = new Scanner(exec.getInputStream());
            if (in.hasNextLine()) {
                //读取命令执行结果
                String line = in.nextLine();
                int of = line.indexOf(file.getPath());
                //截取命令结果中文件的属性信息
                String attribStr = line.substring(0, of).trim();
                //根据属性设置各复选框选中状态
                docCheckBox.setSelected(attribStr.contains("A"));
                hideCheckBox.setSelected(attribStr.contains("H"));
                readonlyCheckBox.setSelected(attribStr.contains("R"));
                systemCheckBox.setSelected(attribStr.contains("S"));
            }
        } catch (IOException e1) {
            e1.printStackTrace();
        }
    } else {
        file = null;
    }
}
```

（4）"设置"按钮的事件处理方法需要根据窗体中各属性对应的复选框的选中状态，来确定设置文件的属性参数，并将参数添加到设置文件属性的命令字符串中，最后执行该命令。关键代码如下：

```
protected void do_setButton_actionPerformed(ActionEvent e) {
    if (file == null)
        return;
    //创建命令文本
    StringBuilder attrib = new StringBuilder("attrib " + file.getPath());
    attrib.append(docCheckBox.isSelected() ? " +a" : " -a");              //设置归档属性
    attrib.append(hideCheckBox.isSelected() ? " +h" : " -h");             //设置隐藏属性
    attrib.append(readonlyCheckBox.isSelected() ? " +r" : " -r");         //设置只读属性
    attrib.append(systemCheckBox.isSelected() ? " +s" : " -s");           //设置系统属性
    try {
        Runtime.getRuntime().exec(attrib.toString());                     //执行命令
    } catch (IOException e1) {
        e1.printStackTrace();
    }
}
```

📢 **注意：** 文件选择器中无法选择"系统"属性的文件，要通过修改 Windows 系统的设置才可以显示，所以未经设置的系统通过本程序修改文件属性为"系统"后，就无法再浏览该文件。

■ 秘笈心法

心法领悟 416：发现文件选择器的隐藏功能。

文件选择器是桌面程序常用的文件选择控件，它在界面中罗列出指定磁盘文件夹的所有文件，有的文件具有隐藏属性，但是 Windows 系统默认情况下并不显示这些文件，所以在文件选择对话框中也不会看到这些隐藏属性的文件，不过可以通过文件选择器的 setFileHidingEnabled() 方法来控制是否隐藏文件，当为该方法传递 false 参数时，将显示所有隐藏属性的文件。

实例 417	文件批量重命名 光盘位置：光盘\MR\417	高级 趣味指数：★★★★☆

■ 实例说明

Windows 操作系统可以实现重命名文件操作，却不能实现批量重命名。本实例实现了批量重命名功能，可以将一个文件夹内同一类型的文件按照一定的规则批量重命名。用户可以给出重命名模板，程序将根据模板对相应的文件进行重命名。除此之外，还可以在重命名模板中添加特殊符号，程序会将这些特殊符号替换成重命名后的文件编号。实例运行效果如图 17.8 所示。

图 17.8　实例运行效果

■ 关键技术

本实例主要应用了 String 字符串的格式化方法，该方法可以将指定对象按特定的格式生成字符串，本实例格式化的目的是为新文件名称做递增编号的同时保留指定位数的 0 前导数字。例如，3 位编号的 1 应该为 001。字符串类的格式化方法声明如下：

```
public static String format(String format, Object... args)
```

该方法的作用是使用指定的格式字符串和参数返回一个格式化字符串。

参数说明

❶ format：格式化字符串。

❷ args：格式化字符串中由格式说明符引用的参数。

例如，以下代码可以格式化并返回字符串 photo025。

```
String fileName = String.format("photo%04d", 25);
```

设计过程

（1）继承 JFrame 编写一个窗体类，名称为 RenameFiles。

（2）设计 RenameFiles 窗体类时用到的主要控件及说明如表 17.7 所示。

表 17.7　窗体的主要控件及说明

控 件 类 型	控 件 命 名	控 件 用 途
JSpinner	startSpinner	设置起始编号
JTextField	forderField	显示要处理的文件夹
	templetField	新名称的模板字符串
	extNameField	指定文件扩展名，程序将针对这些文件进行改名
JButton	button	"浏览"按钮
	startButton	"开始"按钮
JTable	table	显示文件改名记录

（3）编写"浏览"按钮的事件处理方法。在该方法中创建一个文件选择器，并设置其只对文件夹生效，然后把选择的文件夹保存为类的成员变量，最后把选择的文件夹信息显示在文本框中。关键代码如下：

```
protected void do_button_actionPerformed(ActionEvent e) {
    JFileChooser chooser = new JFileChooser();                        //创建文件选择器
    //设置只选择文件夹
    chooser.setFileSelectionMode(JFileChooser.DIRECTORIES_ONLY);
    int option = chooser.showOpenDialog(this);                        //显示打开对话框
    if (option == JFileChooser.APPROVE_OPTION) {
        dir = chooser.getSelectedFile();                              //获取选择的文件夹
    } else {
        dir = null;
    }
    forderField.setText(dir+"");                                      //显示文件夹信息
}
```

（4）编写"开始"按钮的事件处理方法，在这个方法中将完善模板字符串，并利用过滤器来提取指定扩展名类型的文件列表，在遍历文件列表的过程中对文件进行改名，并把改名记录保存到表格中。关键代码如下：

```
protected void do_startButton_actionPerformed(ActionEvent e) {
    String templet = templetField.getText();                         //获取模板字符串
    if (templet.isEmpty()) {
        JOptionPane.showMessageDialog(this, "请确定重命名模板", "信息对话框",
                JOptionPane.WARNING_MESSAGE);
        return;
    }
    //获取表格数据模型
    DefaultTableModel model = (DefaultTableModel) table.getModel();
    model.setRowCount(0);                                            //清除表格数据
    int bi = (Integer) startSpinner.getValue();                     //获取起始编号
    int index = templet.indexOf("#");                               //获取第一个"#"的索引
    String code = templet.substring(index);                         //获取模板中数字占位字符串
    //把模板中数字占位字符串替换为指定格式
    templet = templet.replace(code, "%0" + code.length() + "d");
    String extName = extNameField.getText().toLowerCase();
```

```
    if (extName.indexOf(".") == -1)
        extName = "." + extName;
    //获取文件中的文件列表数组
    File[] files = dir.listFiles(new ExtNameFileFilter(extName));
    for (File file : files) {                                          //变量文件数组
        //格式化每个文件名称
        String name = templet.format(templet, bi++) + extName;
        //把文件的旧名称与新名称添加到表格的数据模型
        model.addRow(new String[]{file.getName(),name});
        File parentFile = file.getParentFile();                        //获取文件所在文件夹对象
        File newFile = new File(parentFile, name);
        file.renameTo(newFile);                                        //文件重命名
    }
}
```

（5）编写文件过滤器，这个过滤器的任务是只允许获取指定扩展名的文件对象，它将被应用到遍历文件夹所有文件的 listFiles()方法中。关键代码如下：

```
private final class ExtNameFileFilter implements FileFilter {
    private String extName;
    public ExtNameFileFilter(String extName) {
        this.extName = extName;                                        //保存文件扩展名
    }
    @Override
    public boolean accept(File pathname) {
        //过滤文件扩展名
        if (pathname.getName().toUpperCase()
                .endsWith(extName.toUpperCase()))
            return true;
        return false;
    }
}
```

秘笈心法

心法领悟 417：不要忽略文件扩展名。

文件的名称以不同的后缀来区分其类别，也称为文件的扩展名。在更改文件名称时不要忘记把扩展名也一同输入，否则如果软件没有特殊处理，可能会把文件变成无类型（即没有扩展名）的文件。

实例 418	快速批量移动文件 光盘位置：光盘\MR\418	高级 趣味指数：★★★★

实例说明

文件移动是计算机资源管理常用的一个操作，这在操作系统中可以通过文件的剪切与复制来实现，也可以通过鼠标的拖动来实现。但是在 Java 语言的编程实现中，大多是以复制文件到目的地，再删除原有文件来实现的。这对于小文件来说看不出什么弊端，但是如果移动几个大的文件时就会看出操作缓慢并且浪费系统资源。本实例将通过 File 类的 API 方法直接实现文件的快速移动，哪怕是达到 GB 类的大文件也不会造成严重延时。实例运行效果如图 17.9 所示。

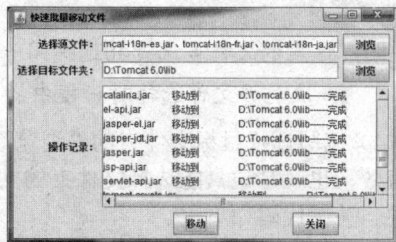

图 17.9　实例运行效果

关键技术

File 类位于 Java.io 类包中，它提供了多种获取文件属性的方法，其中 renameTo()方法可用于实现文件的重新命名，但是本实例利用该方法对文件路径进行修改，从而实现文件的快速移动。该方法的声明如下：

```
public boolean renameTo(File dest)
```

参数说明

dest：指定文件的新抽象路径名。

对于参数 dest，可以设置不同路径的文件对象，这样就可以实现文件的快速移动。

◆» **注意**：如果是不同磁盘之间的文件移动还会涉及文件的复制与删除操作，速度无法提升，但是这些都由 renameTo() 方法自动完成。

■ 设计过程

（1）继承 JFrame 编写一个窗体类，名称为 QuickMoveFiles。

（2）设计 QuickMoveFiles 窗体类时用到的主要控件及说明如表 17.8 所示。

表 17.8　窗体的主要控件及说明

控 件 类 型	控 件 命 名	控 件 用 途
JTextField	sourceFolderField	显示选择的源文件列表信息
	targetFolderField	显示要移动到的目标文件夹路径
JTextArea	infoArea	显示文件操作记录
JButton	browserButton1	浏览源文件的按钮
	browserButton2	浏览目标文件夹的按钮

（3）首先实现选择源文件的"浏览"按钮的事件处理方法，在该方法中使用文件选择器获取用户选择的多个文件，并把选择的文件以数组保存为类的成员变量，同时把所有选择的文件名称显示到文本框中。程序主要代码如下：

```java
protected void do_browserButton1_actionPerformed(ActionEvent e) {
    JFileChooser chooser = new JFileChooser();                       //创建文件选择器
    chooser.setMultiSelectionEnabled(true);                         //设置文件多选
    int option = chooser.showOpenDialog(this);                      //显示文件打开对话框
    if (option == JFileChooser.APPROVE_OPTION) {
        files = chooser.getSelectedFiles();                         //获取选择的文件数组
        sourceFolderField.setText("");                              //清空文本框
        StringBuilder filesStr = new StringBuilder();
        for (File file : files) {                                   //遍历文件数组
            filesStr.append("、" + file.getName());                 //连接文件名称
        }
        String str = filesStr.substring(1);                         //获取所有文件名称的字符串
        sourceFolderField.setText(str);                            //设置文件名称信息到文本框
    } else {
        files = new File[0];
        sourceFolderField.setText("");                             //清空文本框
    }
}
```

📖 **说明**：这里的文件多选是指选择同一个文件夹中的多个文件，也就是说第二次打开文件选择对话框会把第一次打开文件选择对话框中的文件信息清除掉。

（4）编写选择目标文件夹的"浏览"按钮的事件处理方法，该方法将创建文件选择器，并设置其只针对文件夹有效，也就是说只能选择文件夹的文件选择器。在获取用户选择文件夹的同时把该文件夹的信息显示到文本框中。关键代码如下：

```java
protected void do_browserButton2_actionPerformed(ActionEvent e) {
    JFileChooser chooser = new JFileChooser();                      //创建文件选择器
    //设置选择器只针对文件夹生效
    chooser.setFileSelectionMode(JFileChooser.DIRECTORIES_ONLY);
    int option = chooser.showOpenDialog(this);                      //显示文件打开对话框
    if (option == JFileChooser.APPROVE_OPTION) {
        dir = chooser.getSelectedFile();                            //获取选择的文件夹
        targetFolderField.setText(dir.toString());                 //显示文件夹到文本框
    } else {
        dir = null;
```

```
            targetFolderField.setText("");
    }
```

（5）编写"移动"按钮的事件处理方法，在该方法中利用之前用户选取的文件数组和目标文件夹实现文件移动操作，并把操作记录显示到 JTextArea 文本域控件中。关键代码如下：

```
protected void do_moveButton_actionPerformed(ActionEvent e) {
    if (files.length <= 0)                                          //判断文件数组有无元素
        return;
    for (File file : files) {                                       //遍历文件数组
        File newFile = new File(dir, file.getName());              //创建移动目标文件
        infoArea.append(file.getName() + "\t 移动到\t" + dir);      //显示移动记录
        file.renameTo(newFile);                                    //文件移动
        infoArea.append("------完成\n");                           //显示移动完成信息
    }
    //显示操作完成
    infoArea.append("###############操作完成################\n");
}
```

■ 秘笈心法

心法领悟 418：明确文件路径。

程序开发中，在编程实现文件移动的程序中，一定要确定文件的路径。最好通过文件选择器来获取目标文件夹的绝对路径，如果是用户手动输入，有可能会使用相对路径，容易导致移动到错误的文件夹，如果覆盖了目标文件夹的同名文件是无法恢复的。

实例 419	删除磁盘中所有的 .tmp 临时文件	高级
	光盘位置：光盘\MR\419	趣味指数：★★★☆

■ 实例说明

在操作系统中有很多程序建立了太多的 .tmp 临时文件为程序提供数据缓冲。这样的文件有的在程序关闭时会自动清理，有的则一直存在。另外，程序在运行期间被非法终止也会导致临时文件的冗余。本实例实现了搜索指定磁盘的 .tmp 临时文件并进行清理的功能。实例运行效果如图 17.10 所示。

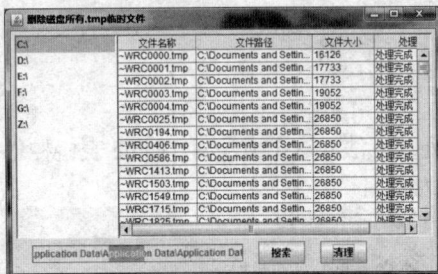

图 17.10　实例运行效果

■ 关键技术

JProgressBar 滚动条控件可以通过对 Value 值的修改来控制界面进度条的滚动，但是对于本实例这一类遍历未知深度与搜索进度的工作，无法为进度条指定滚动范围值。针对这类问题，JProgressBar 控件提供了不确定进度的滚动显示方式，它会在界面上循环滚动直到关闭该功能。有关进度条以不确定方式运行的关键方法如下：

```
public void setIndeterminate(boolean newValue)
```

参数说明

newValue：如果进度条更改为不确定模式，则为 true；如果转换回常规模式，则为 false。

此方法设置进度条的 indeterminate 属性，该属性确定进度条处于确定模式还是不确定模式中。不确定模式

551

的进度条连续地显示动画，指示发生未知长度的操作。默认情况下，此属性为 false。有些外观可能不支持不确定进度条，它们将忽略此属性。

■ 设计过程

（1）继承 JFrame 编写一个窗体类，名称为 DeleteAllTempFile。

（2）设计 DeleteAllTempFile 窗体类时用到的主要控件及说明如表 17.9 所示。

表 17.9　窗体的主要控件及说明

控 件 类 型	控 件 命 名	控 件 用 途
JButton	searchButton	搜索临时文件的按钮
	clearButton	清除临时文件的按钮
JProgressBar	progressBar	显示搜索进度的进度条
JList	driverList	显示驱动器列表
JTable	table	显示搜索到的文件列表

（3）编写窗体激活事件处理方法，这个方法在窗体激活状态下加载计算机的磁盘列表，它们也是 File 文件对象，然后遍历这些文件对象，把它们添加到 JList 控件的数据模型中，从而显示在界面中。关键代码如下：

```java
protected void do_this_windowActivated(WindowEvent e) {
    DefaultListModel model = new DefaultListModel();
    File[] roots = File.listRoots();                        //获取计算机磁盘列表
    for (File file : roots) {                               //遍历磁盘列表
        model.addElement(file);                            //添加磁盘到 JList 控件的模型
    }
    driverList.setModel(model);                            //设置列表控件的模型
}
```

（4）编写"搜索"按钮的事件处理方法，在该方法中，获取用户在列表控件选择的磁盘对象，然后创建搜索线程对象，并启动这个搜索线程，由该线程完成临时文件的搜索。关键代码如下：

```java
protected void do_searchButton_actionPerformed(ActionEvent e) {
    //获取用户在列表控件选择的磁盘对象
    final File driver = (File) driverList.getSelectedValue();
    if (searchThread != null) {                            //如果搜索线程已经初始化
        searchThread.setSearching(false);                 //停止该线程
    }
    //获取表格对象的数据模型
    DefaultTableModel model = (DefaultTableModel) table.getModel();
    //创建新的搜索线程
    searchThread = new SearchThread(driver, model, progressBar);
    searchThread.start();                                  //启动搜索线程
}
```

（5）编写"清理"按钮的事件处理方法，这个方法对 JTable 表格控件中保存的已搜索到的文件进行删除，并更新该文件的处理结果。关键代码如下：

```java
protected void do_clearButton_actionPerformed(ActionEvent e) {
    //获取表格控件的数据模型
    DefaultTableModel model = (DefaultTableModel) table.getModel();
    int rowCount = model.getRowCount();                    //获取模型中表格数据的行数
    for (int i = 0; i < rowCount; i++) {                   //变量模型指定行数的数据
        File file = (File) model.getValueAt(i, 1);         //获取指定行的文件对象
        if (file.exists())                                 //判断文件存在
            file.delete();                                 //删除.tmp 临时文件
        model.setValueAt("处理完成", i, 3);                //更新模型中对该文件的处理结果
    }
}
```

（6）编写搜索文件的线程类 SearchThread，该类继承 Thread 类并且重写 run()方法。在这个方法中调用递归方法 listTempFiles()遍历指定磁盘下的所有子文件夹和临时文件。该递归方法为搜索线程的核心方法，其关键代码如下：

```java
private void listTempFiles(File driver) {
    //获取指定磁盘或文件夹的子列表
```

```
File[] files = driver.listFiles(tempFileFilter);
if (files == null)
    return;
progressBar.setIndeterminate(true);                              //设置进度条以不确定方式滚动
for (File file : files) {                                        //遍历文件数组
    progressBar.setString(file.toString());                     //进度条显示搜索文件夹
    if (file.isFile() && searching) {                           //处理文件
        tableModel.addRow(new Object[] { file.getName(), file,
                file.length(), "未处理" });                     //添加文件信息到表格控件
    } else if (file.isDirectory() && searching) {               //处理文件夹
        listTempFiles(file);                                    //用递归方法遍历文件夹
    }
}
progressBar.setIndeterminate(false);                             //停止进度条
progressBar.setString("搜索完成");                               //提示搜索完成
}
```

■ 秘笈心法

心法领悟 419：把耗时任务交给单独的线程。

桌面应用程序经常会遇到很多耗时的业务处理，如网络连接、文件复制和本实例用到的文件搜索等。这些耗时的操作如果在 GUI 线程中完成处理，将会导致 GUI 线程死锁，直到这些处理完成以后才恢复 GUI 线程，期间会形成程序界面假死的现象，容易让用户误认为程序出错而将其关闭。所以桌面应用程序对于耗时的业务处理应该创建新的线程去实现，同时用户还可以继续操作 GUI 界面，在界面中显示业务处理进度即可。

17.2　文件与数据库

实例 420	提取数据库内容到文件 光盘位置：光盘\MR\420	高级 趣味指数：★★★

■ 实例说明

数据的备份功能是数据管理系统的重点，它主要涉及两种技术：首先是从数据库中读取需要备份的数据，通常是一个表格；其次是将数据写入本地文件中。本实例通过程序编码也实现了该功能：利用树结构选择需要备份的表，利用输出流将数据写入本地文件中。实例运行效果如图 17.11 所示。

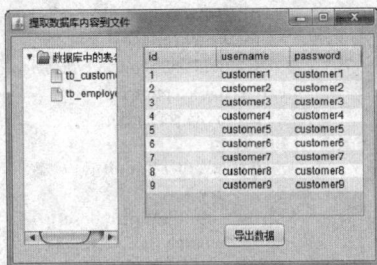

💡 提示：如果读者对备份数据库中的其他内容感兴趣，可以深入学习 DatabaseMetaData 接口中的相关方法。

图 17.11　实例运行效果

■ 关键技术

在本实例中，需要写入文本文件中的内容是字符，因此使用 FileWriter 类，它是写入字符文件的便捷类。本实例使用到的方法如表 17.10 所示。

表 17.10　FileWriter 类的常用方法

方　法　名	作　　用
FileWriter(File file)	根据给定的 File 对象构造一个 FileWriter 对象
write(String str)	将字符串 str 写入文件中
flush()	在释放 FileWriter 对象之前将缓冲中的数据写入文件中
close()	释放 FileWriter 对象占用的资源

设计过程

（1）继承 JFrame 编写一个窗体类，名称为 DataOutputFrame。

（2）设计 DataOutputFrame 窗体类时用到的控件及说明如表 17.11 所示。

表 17.11　窗体的控件及说明

控 件 类 型	控 件 命 名	控 件 用 途
JTree	tree	显示数据库中所有表的名称
JTable	table	显示用户选择的表的信息
JButton	button	实现提取数据的功能

（3）编写监听单击按钮事件的方法 do_button_actionPerformed()，实现让用户选择数据写入的文件和写入数据的功能。代码如下：

```java
protected void do_button_actionPerformed(ActionEvent arg0) {
    JFileChooser fileChooser = new JFileChooser();
    fileChooser.setFileFilter(new FileNameExtensionFilter("文本文件", "txt"));
    fileChooser.setFileSelectionMode(JFileChooser.FILES_ONLY);
    fileChooser.setMultiSelectionEnabled(false);                          //设置成单选
    int result = fileChooser.showSaveDialog(tree);
    if (result == JFileChooser.APPROVE_OPTION) {
        File file = fileChooser.getSelectedFile();                       //获得用户选择的文件
        FileWriter fileWriter = null;                                    //在trycatch 块外面创建 FileWriter 对象，方便释放资源
        try {
            fileWriter = new FileWriter(file);                           //利用用户选择的文件创建 FileWriter 对象
            //获得用户选择的表格的数据
            Vector tableBody = ((DefaultTableModel) table.getModel()).getDataVector();
            //利用 StringBuilder 对象来存储表格的数据
            StringBuilder builder = new StringBuilder();
            for (int i = 0; i < tableBody.size(); i++) {                 //遍历表格的所有行
                Vector row = (Vector) tableBody.elementAt(i);
                for (int j = 0; j < row.size(); j++) {                   //遍历一行的所有列
                    builder.append(row.elementAt(j) + "\t");            //各列之间用制表符分隔
                }
                builder.append("\r\n");                                  //各行之间用换行符分隔
            }
            fileWriter.write(builder.toString());                        //将数据写入文件
            fileWriter.flush();                                          //将缓冲中的数据写入文件中
            JOptionPane.showMessageDialog(this, "数据导出成功");          //提示用户数据导出成功
        } catch (IOException e) {                                        //捕获 I/O 异常
            e.printStackTrace();
        } finally {
            if (fileWriter != null) {                                    //如果 FileWriter 对象非空就释放它占用的资源
                try {
                    fileWriter.close();
                } catch (IOException e) {
                    e.printStackTrace();
                }
            }
        }
    }
}
```

✍ **技巧**：如果需要写入到文件中的数据量比较大，可以读入一行数据就写入一行。

秘笈心法

心法领悟 420：写字符文件。

将字符写入到指定文件是 I/O 的常用操作之一，为此 Java 专门提供了 FileWriter 类。它的 write()方法可以直接将给定的字符串写入到指定文件中，最后不要忘记释放资源，即调用 close()方法。

实例 421	提取文本文件的内容到 MySQL 数据库	高级
	光盘位置：光盘\MR\421	趣味指数：★★★

■ 实例说明

在使用数据库管理系统的过程中，会遇到将本地文本文件导入到数据库表格的操作。这个过程可以分成两步：首先是读取本地文件到内存中；其次将内存中的数据按行和列分割，插入到数据库中。本实例也实现了类似的功能：在树结构中选择要插入数据的表格，在表格结构中显示插入数据的结果。实例运行效果如图 17.12 所示。

📖 说明：实际开发中，需要对用户提供的文件的合法性进行判断，如以每一行和列的分隔方式等。

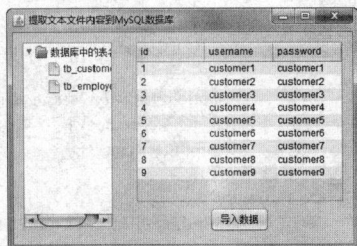

图 17.12 实例运行效果

■ 关键技术

在读取本地文本文件的过程中，可以使用 BufferedReader 类作为缓冲，以提高效率。本实例使用的方法如表 17.12 所示。

表 17.12 BufferedReader 类的常用方法

方 法 名	作 用
BufferedReader(Reader in)	创建一个使用默认大小输入缓冲区的缓冲字符输入流
close()	关闭该流并且释放与之关联的所有资源
readLine()	读取一个文本行

■ 设计过程

（1）继承 JFrame 编写一个窗体类，名称为 DataInputFrame。

（2）设计 DataInputFrame 窗体类时用到的控件及说明如表 17.13 所示。

表 17.13 窗体的控件及说明

控件类型	控件命名	控件用途
JTree	tree	显示数据库中所有表的名称
JTable	table	显示用户选择的表的信息
JButton	button	实现向数据库中保存数据的功能

（3）编写监听单击按钮事件的方法 do_button_actionPerformed()，实现读入文本文件中的数据并将其保存到数据库中的功能。代码如下：

```
protected void do_button_actionPerformed(ActionEvent arg0) {
    JFileChooser fileChooser = new JFileChooser();
    fileChooser.setFileFilter(new FileNameExtensionFilter("文本文件", "txt"));
    fileChooser.setFileSelectionMode(JFileChooser.FILES_ONLY);
    fileChooser.setMultiSelectionEnabled(false);
    int result = fileChooser.showOpenDialog(tree);
    if (result == JFileChooser.APPROVE_OPTION) {
        File file = fileChooser.getSelectedFile();                    //获得用户选择的文件
        FileReader fileReader = null;
        BufferedReader bufferedReader = null;
        try {
            fileReader = new FileReader(file);                         //利用用户选择的文件创建 FileReader 对象
            bufferedReader = new BufferedReader(fileReader);           //创建 BufferedReader 对象
            //利用 StringBuilder 对象保存用户选择的文件中的数据
```

```
            StringBuilder builder = new StringBuilder();
            String temp = null;
            while ((temp = bufferedReader.readLine()) != null) {          //读入用户选择的文件
                builder.append(temp);                                     //保存读入的一行数据
                builder.append("\n");                                     //利用换行符分隔读入的各行
            }
            String[] rows = builder.toString().split("\n");               //利用换行符分隔各行
            if (tableName == null) {                                      //如果用户没有在树中选择要保存到的表名，则设置保存到第一个表
                tableName = (String) DBHelper.getTableNames().get(0);
            }
            for (String row : rows) {
                DBHelper.insertData(tableName, row.split("\t"));          //利用工具类实现保存数据功能
            }
            JOptionPane.showMessageDialog(this, "数据导入成功");            //提示用户数据导入成功
        } catch (IOException e) {                                         //捕获 I/O 异常
            e.printStackTrace();
        }
        finally {                                                         //释放资源
            if (bufferedReader != null) {
                try {
                    bufferedReader.close();
                } catch (IOException e) {
                    e.printStackTrace();
                }
            }
            if (fileReader != null) {
                try {
                    fileReader.close();
                } catch (IOException e) {
                    e.printStackTrace();
                }
            }
        }
    }
}
```

■ 秘笈心法

心法领悟 421：读字符文件。

Java 并没有直接提供与 PrintWriter 相对应的读字符文件的类，故使用 BufferedReader 来实现这个功能。它具有缓冲能力，能提高读文件的效率。读字符文件要注意两点，即字符文件的来源和字符文件的去向。来源是本地的文本文件，去向是数据库。难点在于如何把读到的文件插入到数据库中，即如何构造相应的 SQL 语句。出于对效率的考虑，使用 StringBuilder 类来构造 SQL 语句。

实例 422	将图片文件保存到 SQL Server 数据库	高级
	光盘位置：光盘\MR\422	趣味指数：★★★☆

■ 实例说明

在向数据库保存数据的过程中，可能会遇到图片、声音等字节文件。通常将这类文件存入到数据库中有两种方法，本实例演示第一种，即将图片转换成字节流插入到表格对应的列中；另外一种方法将在实例 425 中介绍。利用这种方式可以实现对图片安全性的保护。实例运行效果如图 17.13 所示。

图 17.13　实例运行效果

📢 注意：保存图片的列的类型与使用的数据库有关，本实例使用的是 SQL 2000 数据库，类型使用的是 image。

■ 关键技术

FileInputStream 可以从文件系统中的某个文件中获得输入字节流，它用于读入诸如图像数据之类的原始字节流。本实例使用的方法如表 17.14 所示。

表 17.14　FileInputStream 类的常用方法

方 法 名	作 用
FileInputStream(File file)	通过打开一个到实际文件的连接来创建一个 FileInputStream，该文件通过文件系统中的 File 对象 file 指定
close()	关闭此文件输入流并释放与此流有关的所有系统资源

■ 设计过程

（1）继承 JFrame 编写一个窗体类，名称为 ImageSaveFrame。

（2）设计 ImageSaveFrame 窗体类时用到的控件及说明如表 17.15 所示。

表 17.15　窗体的控件及说明

控 件 类 型	控 件 命 名	控 件 用 途
JTextField	pathTextField	显示用户选择的文件绝对路径
	nameTextField	显示用户输入的文件名，默认是用户选择的文件的名字
JButton	chooseButton	实现让用户选择文件的功能
	saveButton	实现存储用户选择文件的功能

（3）编写存储图片的方法 saveImage()，参数 name 是用户输入的图片名字，type 是用户选择的图片类型，image 是用户选择的图片对象。代码如下：

```java
public static void saveImage(String name, String type, File image) {
    FileInputStream in = null;
    Connection conn = null;
    PreparedStatement ps = null;
    try {
        in = new FileInputStream(image);                                    //利用 image 参数创建 FileInputStream 对象
        Class.forName(DRIVER);                                              //加载驱动程序
        conn = DriverManager.getConnection(URL, USERNAME, PASSWORD);        //建立连接
        ps = conn.prepareStatement("insert into images values (?, ?, ?);");
        ps.setString(1, name);                                             //保存图片名称
        ps.setString(2, type);                                            //保存图片类型
        ps.setBinaryStream(3, in, (int) image.length());                  //保存图片
        ps.executeUpdate();                                               //执行保存
    } catch (Exception e) {                                               //捕获异常
        e.printStackTrace();
    } finally {                                                           //释放资源
        if (ps != null) {
            try {
                ps.close();
            } catch (SQLException e) {
                e.printStackTrace();
            }
        }
        if (conn != null) {
            try {
                conn.close();
            } catch (SQLException e) {
                e.printStackTrace();
            }
        }
        if (in != null) {
            try {
                in.close();
            } catch (IOException e) {
```

```
                        e.printStackTrace();
                }
            }
        }
    }
}
```

秘笈心法

心法领悟 422：读字节文件。

将图片写入到数据库中的过程，实际就是把图片转换成字节文件，再把该字节文件存入数据库的过程。重点就在于如何将图片转换成字节文件。FileInputStream 是 InputStream 的子类，它增加了从文件系统的某个文件中获得输入字节流的功能，刚好符合了我们的需求。

实例 423	显示数据库中的图片信息 光盘位置：光盘\MR\423	高级 趣味指数：★★★★

实例说明

在使用流的方式将图片存入到数据库中之后，该怎样利用存储的数据来还原成原来的图片呢？本实例将向读者展示这个过程。实例运行效果如图 17.14 所示。

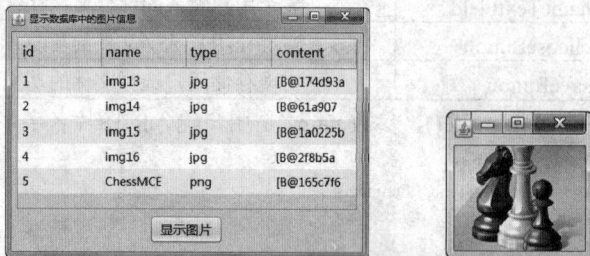

图 17.14　实例运行效果

📖 **说明**：选择表中任意一行，单击"显示图片"按钮，会弹出一个新的对话框显示用户选择的图片。

关键技术

将字节流还原成图片是一个复杂的过程，主要涉及的类（接口）和方法介绍如下。

ResultSet 表示数据库结果集的数据表，通常通过执行查询数据库的语句生成。它包含了很多常用的方法，其中获得字节流的方法如下：

`InputStream getBinaryStream(int columnIndex)throws SQLException`

参数说明

columnIndex：表示含有字节流的列号，利用它就可以获得数据库中指定列的字节流。

ImageIO 包含一些用来查找 ImageReader 和 ImageWriter 以及执行简单编码和解码的静态便捷方法。它的静态方法 read()可以将输入的字节流转换成 BufferedImage 对象。该方法的声明如下：

`public static BufferedImage read(InputStream input)throws IOException`

参数说明

input：代表需要进行编码的字节流。

BufferedImage 类描述具有可访问图像数据缓冲区的 Image。使用该类的 getSource()方法可以获得 ImageProducer 对象，该方法的声明如下：

`public ImageProducer getSource()`

该方法返回生成该图像像素的对象。

Toolkit 的子类被用于将各种控件绑定到特定本机工具包中实现。这里使用它的 createImage()方法生成需要的图像。该方法的声明如下：

```
public abstract Image createImage(ImageProducer producer)
```

参数说明

producer：要使用的图像生成器。

设计过程

（1）继承 JFrame 编写一个窗体类，名称为 ImageOpenFrame。

（2）设计 ImageOpenFrame 窗体类时用到的控件及说明如表 17.16 所示。

表 17.16　窗体的控件及说明

控 件 类 型	控 件 命 名	控 件 用 途
JTable	table	显示表格中存储的图片信息
JButton	button	实现显示图片的功能

（3）编写 getImage()方法，参数 sql 指明要显示数据库表格中的哪一行，columnLabel 指明存储图片的列名。代码如下：

```
public static Image getImage(String sql, String columnLabel) {
    Image image = null;
    try {
        rs = getConnection().createStatement().executeQuery(sql);        //获得结果集
        rs.next();                                                        //将结果集游标指向第一条记录
        InputStream in = rs.getBinaryStream(columnLabel);
        BufferedImage bi = ImageIO.read(in);
        ImageProducer ip = bi.getSource();
        Toolkit tk = Toolkit.getDefaultToolkit();
        image = tk.createImage(ip);
    } catch (SQLException e) {
        e.printStackTrace();
    } catch (IOException e) {
        e.printStackTrace();
    }
    return image;
}
```

提示：上面的方法具有很好的通用性，读者可以将其放在自己的工具包中。

秘笈心法

心法领悟 423：利用字节流生成图片。

显示数据库中的图片的过程就是将字节流还原成图片的过程，这个过程涉及很多转换，读者可以将其单独提取出来，制作成一个方法，方便以后使用。

实例 424　提取技术网站数据到文件夹　　高级

光盘位置：光盘\MR\424　　趣味指数：★★★★☆

实例说明

在上网的过程中，用户常用的功能之一就是把网络上的资源保存至本地，资源的类型有很多种，如图片、歌曲等。本实例将向读者展示如何下载网页到本地。实例运行效果如图 17.15 所示。

注意：在使用本实例程序时，输入的网址要带协议类型，如 http://等，否则会出现异常。

图 17.15　实例运行效果

■ 关键技术

在与网络编程相关的代码中，URL 代表一个统一资源定位符，它是指向互联网"资源"的指针。资源可以是简单的文件或文件夹，也可以是对更为复杂的对象引用，如对数据库或搜索引擎的查询。本实例使用它的常用方法（如表 17.17 所示）来构造一个 URL 对象。

表 17.17　URL 类的常用方法

方 法 名	作 用
URL(String spec)	根据 String 表示形式创建 URL 对象
openConnection()	返回一个 URLConnection 对象，它表示到 URL 所引用的远程对象的连接

抽象类 URLConnection 是所有类的超类，它代表应用程序和 URL 之间的通信连接。此类的实例可用于读取和写入此 URL 引用的资源。本实例用到了它的如下方法：

```
public InputStream getInputStream()throws IOException
```

该方法返回从此打开的连接读取的输入流，再利用前面讲的技术，即可将网页文件写入到本地磁盘上。

■ 设计过程

（1）继承 JFrame 编写一个窗体类，名称为 DownloadFrame。

（2）设计 DownloadFrame 窗体类时用到的控件及说明如表 17.18 所示。

表 17.18　窗体的控件及说明

控 件 类 型	控 件 命 名	控 件 用 途
JTextField	urlTextField	显示用户输入的网址
	pathTextFileField	显示用户选择的保存位置
JButton	chooseButton	选择下载文件的保存位置
	button	实现下载功能

（3）编写监听单击"开始下载"按钮事件的方法 do_button_actionPerformed()，实现将用户输入的网址写入到本地文件的功能。代码如下：

```java
protected void do_button_actionPerformed(ActionEvent arg0) {
    String address = urlTextField.getText();                          //获得用户输入的网址
    String path = pathTextField.getText();                            //获得用户选择的保存下载文件的地址
    if (address.length() == 0) {
        JOptionPane.showMessageDialog(this, "请输入下载地址", "",
                                      JOptionPane.WARNING_MESSAGE);
        return;
    }
    if (path.length() == 0) {
        JOptionPane.showMessageDialog(this, "请选择保存路径", "",
                                      JOptionPane.WARNING_MESSAGE);
        return;
    }
    InputStream in = null;
    FileOutputStream out = null;
    try {
        URL url = new URL(address);                                   //利用用户输入的网址创建 URL 对象
        URLConnection conn = url.openConnection();                    //利用 URL 对象获得 URLConnection 对象
        in = conn.getInputStream();                                  //获得 InputStream 对象
        out = new FileOutputStream(path + "download.html");          //创建下载的文件及输出流
        int data;
        while ((data = in.read()) != -1) {
            out.write(data);                                         //写入要下载的文件的数据
        }
        JOptionPane.showMessageDialog(this, "下载完成");             //提示用户下载完成
    } catch (Exception e) {
        e.printStackTrace();
    } finally {
```

```
    if (out != null) {
        try {
            out.close();
        } catch (IOException e) {
            e.printStackTrace();
        }
    }
    if (in != null) {
        try {
            in.close();
        } catch (IOException e) {
            e.printStackTrace();
        }
    }
}
}
```

📖 说明：本程序直接在用户选择的文件夹下创建了一个名为 download.html 的文件作为下载文件。

■ 秘笈心法

心法领悟 424：下载网页的原理。

下载网页和下载普通的写字节文件并没有本质的区别，都是利用数据源产生文件的过程，区别在于数据源不同。下载网页的数据源来自于网络，这就要用到 Java net 包。URLConnection 正好提供了获得字节流的getInputStream()方法，这样就可以开始写文件了。

实例 425	读取文件路径到数据库	高级
	光盘位置：光盘\MR\425	趣味指数：★★★★☆

■ 实例说明

在实例 422 中，实现了将图片存入到数据库的第一种方法，即利用流将文件写入数据库中。本实例将展示另一种方法，即将图片的路径保存到数据库中，当需要使用图片时，利用路径进行查询。在不必考虑安全性等问题时，使用这种方式更加合理，可以节约大量的磁盘空间。实例运行效果如图 17.16 所示。

图 17.16　实例运行效果

■ 关键技术

利用 JFileChooser 类的 getSelectedFile()方法可以获得用户选择的文件，再利用 File 类的 getAbsolutePath()方法可以获得该文件的绝对路径，将它存入到数据库中即可。

❑ 获取用户选择的文件

public File getSelectedFile()

该方法返回用户在文件选择器中选择的单个文件。

❑ 获得该文件的绝对路径

public String getAbsolutePath()

该方法返回文件对象的绝对路径，返回值是个字符串并且包含文件名称与路径信息。

■ 设计过程

（1）继承 JFrame 编写一个窗体类，名称为 ImageSaveFrame。

（2）设计 ImageSaveFrame 窗体类时用到的控件及说明如表 17.19 所示。

表 17.19　窗体的控件及说明

控 件 类 型	控 件 命 名	控 件 用 途
JTextField	pathTextField	显示用户选择的文件绝对路径
	nameTextField	显示用户输入的文件名
JButton	chooseButton	实现让用户选择文件的功能
	saveButton	实现存储用户选择文件的功能

（3）实现存储图片的方法 saveImage()，参数 name 指明用户输入的图片名称，type 是用户选择的图片类型，image 是用户选择的图片。代码如下：

```java
public static void saveImage(String name, String type, File image) {
    Connection conn = null;
    PreparedStatement ps = null;
    try {
        Class.forName(DRIVER);                                          //加载驱动
        conn = DriverManager.getConnection(URL, USERNAME, PASSWORD);    //建立连接
        ps = conn.prepareStatement("insert into picture values (?, ?, ?);");
        ps.setString(1, name);                                          //保存图片名称
        ps.setString(2, type);                                          //保存图片类型
        ps.setString(3, image.getAbsolutePath());                       //保存图片的绝对路径
        ps.executeUpdate();                                             //执行保存
    } catch (Exception e) {
        e.printStackTrace();
    } finally {                                                         //释放资源
        if (ps != null) {
            try {
                ps.close();
            } catch (SQLException e) {
                e.printStackTrace();
            }
        }
        if (conn != null) {
            try {
                conn.close();
            } catch (SQLException e) {
                e.printStackTrace();
            }
        }
    }
}
```

■ 秘笈心法

心法领悟 425：保存图片方法小结。

将图片保存到数据库中有两种方法：第一种是将图片转换成字节流写入数据库中；第二种是将图片所在的路径写入数据库，当需要显示图片时，可以利用这个路径来读取。在实际应用中，第二种比较常见，因为它可以提高数据库的利用率，也方便读取。

实例 426	在数据库中建立磁盘文件索引	高级
	光盘位置：光盘\MR\426	趣味指数：★★★☆

■ 实例说明

在用户使用电脑的过程中，一定用过查找功能，根据输入的关键字不同，操作系统会在用户指定的文件夹下进行相应查找，并返回查找的结果。本实例利用了 File 类将用户指定的文件夹下（包括子文件夹）所有文件的绝对路径存储到数据库中，再使用 MySQL 的索引功能，方便用户对指定文件进行查询。实例运行效果如

图 17.17 所示。

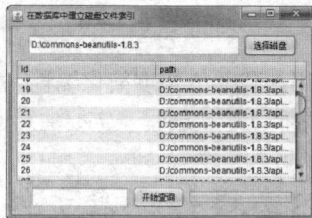

图 17.17 实例运行效果

💡 提示：当执行耗时操作时，可以使用进度条提示用户程序正在运行。

■ 关键技术

File 类包括了与文件管理系统相关的大量方法。本实例用到的方法如表 17.20 所示。

表 17.20 File 类的常用方法

方 法 名	作 用
File(String pathname)	通过将给定路径名字符串转换为抽象路径名来创建一个新 File 实例
getAbsoluteFile()	返回此抽象路径名的绝对路径名形式
getAbsolutePath()	以字符串的形式返回该 File 对象的绝对路径
isDirectory()	测试该 File 对象是不是一个文件夹，如果是则返回 true
listFiles()	如果给定的 File 对象是一个文件夹，则将其转换成 File 数组，数组中包括该文件夹中的文件和子文件夹；否则抛出 NullPointerException

■ 设计过程

（1）继承 JFrame 编写一个窗体类，名称为 IndexFrame。

（2）设计 IndexFrame 窗体类时用到的控件及说明如表 17.21 所示。

表 17.21 窗体的控件及说明

控 件 类 型	控 件 命 名	控 件 用 途
JTextField	chooseTextField	显示用户选择的文件路径
	keyTextField	显示用户输入的文件名
JButton	chooseButton	实现让用户选择文件路径的功能
	searchButton	实现查询功能
JTable	table	显示数据库中保存的索引
JProgressBar	progressBar	提示用户正在创建索引

（3）创建工具方法 getFilePath()，参数 list 用来保存迭代出来的路径，rootFile 用来指明迭代开始的文件夹。代码如下：

```java
private static List<String> getFilePath(List<String> list, File rootFile) {
    File[] files = rootFile.listFiles();                        //列出用户选择的文件夹下的所有文件（夹）
    if (files == null)                                          //如果是空文件夹直接返回
        return list;
    for (File file : files) {                                   //遍历用户选择的文件夹下所有的文件（夹）
        if (file.isDirectory()) {                              //如果是一个文件夹则进行迭代
            getFilePath(list, file);
        } else {
            list.add(file.getAbsolutePath().replace("\\", "/"));   //否则保存路径
        }
    }
    return list;
}
```

▌秘笈心法

心法领悟 426：迭代的应用。

迭代是编程的一种重要技巧，正确使用迭代能大幅度简化编程。本实例就使用迭代来获得一个给定文件夹下所有文件（包括子文件夹中的文件）的路径。迭代编程一定要注意退出迭代的条件，否则很可能出现死循环。

17.3 操作磁盘文件夹

实例 427	窗体动态加载磁盘文件 光盘位置：光盘\MR\427	高级 趣味指数：★★★★

▌实例说明

在使用图形界面操作系统时，当打开一个文件夹系统时会自动列出该文件夹下的所有文件及子文件夹。本实例实现了类似的功能：首先让用户选择一个文件夹，程序会动态列出该文件夹下的所有文件；如果该文件是隐藏文件，就在属性栏中显示"隐藏文件"。实例运行效果如图 17.18 所示。

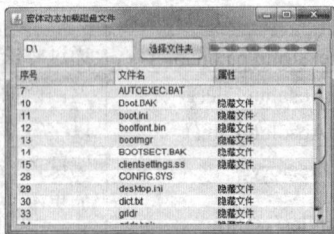

💡 提示：文件的属性还包括可读、可写、可运行等，用户可以根据
File 类中的相关方法实现对其他属性的判断。

图 17.18　实例运行效果

▌关键技术

Java API 中的 File 类提供了很多与文件属性相关的方法。本实例使用到的方法如表 17.22 所示。

表 17.22　File 类的常用方法

方　法　名	作　　用
getAbsolutePath()	以字符串的形式返回该 File 对象的绝对路径
isFile()	测试该 File 对象是否是一个文件，如果是则返回 true
isHidden()	测试该 File 对象是否是一个隐藏文件，如果是则返回 true
listFiles()	如果给定的 File 对象是一个文件夹，则将其转换成 File 数组，数组中包括该文件夹中的文件和子文件夹；否则抛出 NullPointerException

◀)) 注意：如果对磁盘使用 isHidden()方法，返回的结果也是 true，如 new File("d:\\"). isHidden()。

▌设计过程

（1）继承 JFrame 编写一个窗体类，名称为 FileListFrame。

（2）设计 FileListFrame 窗体类时用到的控件及说明如表 17.23 所示。

表 17.23　窗体的控件及说明

控件类型	控件命名	控件用途
JTextField	chooseTextField	显示用户选择的文件夹的绝对路径
JButton	chooseButton	实现动态加载磁盘文件的功能
JTable	table	显示用户选择的文件夹中文件的信息

（3）编写按钮激活事件监听器调用的 do_chooseButton_actionPerformed()方法，该方法是在类中自定义的，

主要用途是实现动态加载磁盘文件的功能。关键代码如下：

```
protected void do_chooseButton_actionPerformed(ActionEvent arg0) {
    JFileChooser fileChooser = new JFileChooser();
    fileChooser.setFileSelectionMode(JFileChooser.DIRECTORIES_ONLY);
    fileChooser.setMultiSelectionEnabled(false);
    int result = fileChooser.showOpenDialog(this);
    if (result == JFileChooser.APPROVE_OPTION) {
        chooseFile = fileChooser.getSelectedFile();                          //获得用户选择的文件夹
        chooseTextField.setText(chooseFile.getAbsolutePath());               //显示用户选择的文件夹
        progressBar.setIndeterminate(true);                                  //设置滚动条开始滚动
        final File[] subFiles = chooseFile.listFiles();                      //获得用户选择的文件夹中的所有文件（夹）
        final DefaultTableModel model = (DefaultTableModel) table.getModel();
        model.setRowCount(0);                                                //清空表格
        new Thread() {                                                       //开始新的线程
            public void run() {
                for (int i = 0; i < subFiles.length; i++) {                  //遍历用户选择的文件夹
                    if (subFiles[i].isFile()) {                              //判断是否是一个文件
                        Object[] property = new Object[3];
                        property[0] = i + 1;                                 //保存序号
                        property[1] = subFiles[i].getName();                 //保存文件名
                        property[2] = "";
                        if (subFiles[i].isHidden()) {                        //判断是否是一个隐藏文件
                            property[2] = "隐藏文件";
                        }
                        model.addRow(property);                              //向表格中添加记录
                        table.setModel(model);                               //更新表格
                    }
                    try {
                        Thread.sleep(100);                                   //线程休眠 0.1 秒实现动态加载
                    } catch (InterruptedException e) {
                        e.printStackTrace();
                    }
                }
                progressBar.setIndeterminate(false);                        //停止进度条滚动
            };
        }.start();

    }
}
```

■ 秘笈心法

心法领悟 427：File 类与文件属性。

文件的属性包括隐藏、可读、可写、可执行等。在 File 类中，对于上面所说的属性都有相对应的方法进行判断，读者可以认真学习一下，方便以后使用。

实例 428	删除文件夹中的所有文件 光盘位置：光盘\MR\428	高级 趣味指数：★★★★☆

■ 实例说明

删除文件是对文件的常用操作之一，操作系统可以根据用户的选择，删除文件或者删除文件夹。本实例可以根据用户指定的文件夹删除该文件夹中的所有文件，包括子文件夹和隐藏文件，但是保留用户选择的文件夹。实例运行效果如图 17.19 所示。

■ 关键技术

Java SE API 中的 File 类提供了很多与文件管理相关的方法，本实例使用到的方法如表 17.24 所示。

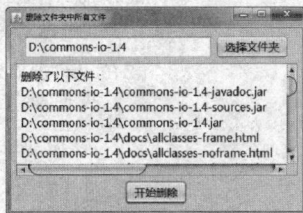

图 17.19 实例运行效果

表 17.24　File 类的常用方法

方　法　名	作　　　用
delete()	如果该 File 对象是一个文件或空文件夹就将其删除
getAbsolutePath()	以字符串的形式返回该 File 对象的绝对路径
isFile()	测试该 File 对象是否是一个文件，如果是则返回 true
isHidden()	测试该 File 对象是否是一个隐藏文件，如果是则返回 true
listFiles()	如果给定的 File 对象是一个文件夹，则将其转换成 File 数组，数组中包括该文件夹中的文件和子文件夹，否则抛出 NullPointerException

◀◉ 注意：delete()方法只能用来删除文件和空文件夹，并且被该方法删除的文件不能被恢复。

■ 设计过程

（1）继承 JFrame 编写一个窗体类，名称为 FileDeleteFrame。

（2）设计 FileDeleteFrame 窗体类时用到的控件及说明如表 17.25 所示。

表 17.25　窗体的控件及说明

控 件 类 型	控 件 命 名	控 件 用 途
JTextField	chooseTextField	显示用户选择的文件夹的绝对路径
JButton	chooseButton	实现让用户选择要删除的文件夹
	deleteButton	实现删除文件的功能
JTextArea	resultTextArea	显示被用户删除的文件

（3）编写方法 deleteDirectories()实现删除文件夹及其中内容的功能，参数 rootFile 代表用户想删除的文件夹。代码如下：

```java
public static void deleteDirectories(File rootFile) {
    if (rootFile.isFile()) {
        rootFile.delete();                              //如果给定的 File 对象是文件就直接删除
    } else {                                            //如果是一个文件夹就将其转换成 File 数组
        File[] files = rootFile.listFiles();
        for (File file : files) {
            deleteDirectories(file);                    //如果不是空文件夹就迭代 deleteDirectories()方法
        }
        rootFile.delete();                              //如果是空文件夹就直接删除
    }

}
```

（4）编写方法 deleteFiles()实现删除文件夹下的所有内容，但保留给定文件夹的功能，参数 rootFile 代表用户想删除的文件夹。关键代码如下：

```java
public static void deleteFiles(File rootFile) {
    if (rootFile.listFiles().length == 0) {             //如果用户给定的是空文件夹就退出方法
        return;
    } else {
        File[] files = rootFile.listFiles();            //将非空文件夹转换成 File 数组
        for (File file : files) {
            if (file.isFile()) {
                file.delete();                          //删除指定文件夹下的所有文件
            } else {
                if (file.listFiles().length == 0) {
                    file.delete();                      //删除指定文件夹下的所有空文件夹
                } else {
                    deleteDirectories(file);            //删除指定文件夹下的所有非空文件夹
                }
            }
        }
    }
}
```

💡 **提示**：上面的方法具有很好的通用性，读者可以将其放在自己的工具包中。

■ 秘笈心法

心法领悟 428：File 类与文件管理。

Java 中将文件和文件夹统一用 File 类管理。文件夹又可以分成空文件夹和非空文件夹。对于不同的类型，能够使用的方法是不同的，实际应用中，读者一定要注意其中的区别。

实例 429	创建磁盘索引文件 光盘位置：光盘\MR\429	高级 趣味指数：★★★★

■ 实例说明

为了提高对磁盘文件的搜索效率，可以创建一个磁盘索引文件，将磁盘中所有文件的路径都保存到该文件中，当需要查找时，在该文件中查找即可。实例运行效果如图 17.20 所示。

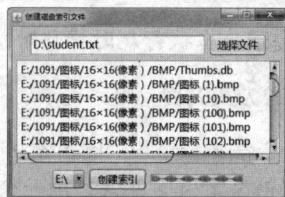

图 17.20　实例运行效果

■ 设计过程

（1）继承 JFrame 编写一个窗体类，名称为 IndexFileFrame。

（2）设计 IndexFileFrame 窗体类时用到的控件及说明如表 17.26 所示。

表 17.26　窗体的控件及说明

控 件 类 型	控 件 命 名	控 件 用 途
JTextField	chooseTextField	显示用户选择的索引文件的绝对路径
JButton	chooseButton	实现让用户选择保存索引的文件
	createButton	实现创建索引文件的功能
JComboBox	comboBox	显示用户电脑上的所有可用磁盘
JTextArea	resultTextArea	显示创建的索引
JProgressBar	progressBar	显示创建索引文件的进度

（3）编写监听单击按钮事件的方法 do_createButton_actionPerformed()，实现创建索引并显示创建结果的功能。代码如下：

```java
protected void do_createButton_actionPerformed(ActionEvent arg0) {
    if (chooseFile == null) {
        JOptionPane.showMessageDialog(this, "请选择保存索引的文件", null,
                                            JOptionPane.WARNING_MESSAGE);
        return;
    }
    String disc = comboBox.getSelectedItem().toString();          //获得用户选择的磁盘
    comboBox.setSelectedItem(disc);                               //设置 JComboBox 显示用户选择的磁盘
    final List<String> list = new ArrayList<String>();           //用 list 保存索引
    final File rootFile = new File(disc);                        //利用用户选择的磁盘创建 File 对象
    final StringBuilder sb = new StringBuilder();               //利用 StringBuilder 对象保存写入的索引
    progressBar.setIndeterminate(true);                         //设置滚动条开始滚动
    new Thread() {                                              //在一个新的线程中处理创建索引和写入索引的操作
        @Override
        public void run() {
            getFilePath(list, rootFile);                       //获得磁盘上所有文件的路径
            Iterator<String> iterator = list.iterator();       //创建迭代器
            while (iterator.hasNext()) {                        //遍历 list
                sb.append(iterator.next());
                sb.append("\r\n");
                try {
                    Thread.sleep(100);                         //线程休眠 0.1 秒
                } catch (InterruptedException e) {
```

```
                    e.printStackTrace();
            }
            textArea.setText(sb.toString());                        //在文本域中显示文件路径
        }
        FileWriter fileWriter = null;
        try {
            fileWriter = new FileWriter(chooseFile);
            fileWriter.write(textArea.getText());                    //向用户选择的文本文件中写入数据
            fileWriter.flush();
        } catch (IOException e) {
            e.printStackTrace();
        }
        //省略释放资源的代码
        progressBar.setIndeterminate(false);                        //停止进度条的滚动
        JOptionPane.showMessageDialog(null, "索引创建成功");          //提示用户索引创建成功
    };
}.start();
}
```

💡 **提示**：当执行耗时操作时，可以使用进度条提示用户程序正在运行。

■ 秘笈心法

心法领悟 429：磁盘索引文件的创建。

磁盘索引文件就是用一个文件来记录磁盘上所有文件的路径，当需要查询文件时，就不用每次都遍历整个磁盘，从而提高效率。创建一个索引文件就是先获得磁盘中所有文件的路径，再将路径写入到索引文件即可。索引文件也可以用属性文件创建，读者可以自行完成。

实例 430	快速全盘查找文件 光盘位置：光盘\MR\430	高级 趣味指数：★★★★☆

■ 实例说明

在磁盘上进行文件查找有两种方式，第一种是遍历整个磁盘，获得各个文件的路径，如果路径中含有用户指定的关键字，就保存该路径，最后将结果显示给用户；第二种是使用已经建立好的磁盘索引文件，直接在该文件中进行查找。显然第二种方法速度较快，本实例就采用这种方法来实现对某一特定文件的查找功能。实例运行效果如图 17.21 所示。

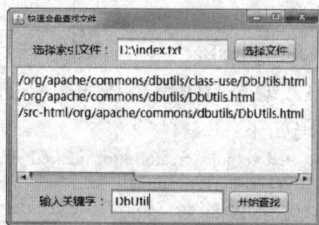

图 17.21　实例运行效果

■ 关键技术

本实例主要是读取磁盘索引文件，再利用 String 类的 contains()方法找出与用户输入的关键字匹配的结果，当且仅当此字符串包含指定的 char 值序列时，返回 true。该方法的声明如下：

```
public boolean contains(CharSequence s)
```

参数说明

s：要搜索的序列。

📢 **注意**：如果仅希望查找某类具体的文件，可以使用 endWith(String suffix)方法。

■ 设计过程

（1）继承 JFrame 编写一个窗体类，名称为 FileFindFrame。
（2）设计 FileFindFrame 窗体类时用到的控件及说明如表 17.27 所示。

表 17.27　窗体的控件及说明

控 件 类 型	控 件 命 名	控 件 用 途
JTextField	chooseTextField	显示用户选择的索引文件的绝对路径
	searchTextField	获得用户输入的关键字
JButton	chooseButton	让用户选择保存索引的文件
	searchButton	实现查找功能
JTextArea	resultTextArea	显示查找的结果

（3）编写监听单击按钮事件的方法 do_searchButton_actionPerformed()，实现让用户选择数据写入的文件和写入数据的功能。代码如下：

```java
protected void do_searchButton_actionPerformed(ActionEvent arg0) {
    if (chooseFile == null) {
        JOptionPane.showMessageDialog(this, "请选择索引文件", null,
                                            JOptionPane.WARNING_MESSAGE);
        return;
    }
    String keyword = searchTextField.getText();                   //获得用户输入的关键字
    if (keyword.length() == 0) {
        JOptionPane.showMessageDialog(this, "请输入关键字", null,
                                            JOptionPane.WARNING_MESSAGE);
        return;
    }
    FileReader fileReader = null;
    BufferedReader bufferedReader = null;
    try {
        fileReader = new FileReader(chooseFile);                  //利用用户选择的文件创建 FileReader 对象
        bufferedReader = new BufferedReader(fileReader);
        StringBuilder builder = new StringBuilder();              //利用 StringBuilder 对象保存索引
        String temp = null;
        while ((temp = bufferedReader.readLine()) != null) {      //读入文本文件
            builder.append(temp);
            builder.append("\n");                                 //在每一行的末尾添加一个分隔符
        }
        String[] rows = builder.toString().split("\n");           //将索引按换行符分隔
        resultTextArea.setText("");                               //清空文本域
        for (String row : rows)                                   //遍历读入的文本文件
            if (row.contains(keyword)) {                          //判断读入的文本文件是否包含指定的关键字
                resultTextArea.append(row + "\n");                //返回结果
            }
        }
        if (resultTextArea.getText().length() == 0) {
            JOptionPane.showMessageDialog(this, "没有找到您需要的文件", null,
                                                JOptionPane.WARNING_MESSAGE);
            return;
        }
    } catch (IOException e) {
        e.printStackTrace();
    } finally {                                                   //释放资源
        if (bufferedReader != null) {
            try {
                bufferedReader.close();
            } catch (IOException e) {
                e.printStackTrace();
            }
        }
        if (fileReader != null) {
            try {
                fileReader.close();
            } catch (IOException e) {
                e.printStackTrace();
            }
        }
    }
}
```

📖 说明：查询结果在显示给用户之前一定要进行合法性验证，即确定该文件确实存在。

■ 秘笈心法

心法领悟 430：利用索引文件查找用户指定的文件。

使用磁盘索引文件能提高文件的查询速度，前提是磁盘上的文件不会经常发生变化。由于磁盘索引文件不能及时反映出磁盘的状态，所以即使在索引文件中有用户查找的文件存在，在显示结果之前也需要测试一下文件是否真的存在。

| 实例 431 | 获取磁盘所有文本文件
光盘位置：光盘\MR\431 | 高级
趣味指数：★★★★ |

■ 实例说明

本实例和实例 430 类似，都是利用已经创建好的索引文件进行查找，但是由用户指定要查找的文件变成了查找所有文本文件。实例运行效果如图 17.22 所示。

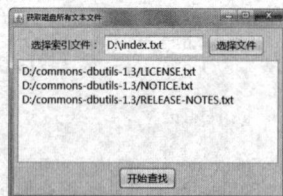

图 17.22　实例运行效果

■ 关键技术

本实例主要是读取磁盘索引文件，再利用 String 类的 endsWith()方法找出所有以.txt 结尾的路径。该方法的声明如下：

```
public boolean endsWith(String suffix)
```

该方法用来测试该字符串是否以指定的后缀结束。

参数说明

suffix：指定的后缀。

■ 设计过程

（1）继承 JFrame 编写一个窗体类，名称为 TextFileFindFrame。

（2）设计 TextFileFindFrame 窗体类时用到的控件及说明如表 17.28 所示。

表 17.28　窗体的控件及说明

控 件 类 型	控 件 命 名	控 件 用 途
JTextField	chooseTextField	显示用户选择的索引文件的绝对路径
JButton	chooseButton	实现让用户选择保存索引的文件
	searchButton	实现查找功能
JTextArea	resultTextArea	显示查询的结果

（3）编写按钮单击事件监听器调用的 do_searchButton_actionPerformed()方法，该方法是在类中自定义的，主要用途是根据用户指定的索引文件查找文本文件，如果有就在文本域中显示查询结果，如果没有就显示"没有找到您要的文件"。代码如下：

```
protected void do_searchButton_actionPerformed(ActionEvent arg0) {
    if (chooseFile == null) {
        JOptionPane.showMessageDialog(this, "请选择索引文件", null,
                                            JOptionPane.WARNING_MESSAGE);
        return;
    }
    String keyword = ".txt";                      //将关键字指定为文本文件的后缀
    FileReader fileReader = null;
    BufferedReader bufferedReader = null;
    try {
        fileReader = new FileReader(chooseFile);  //利用用户选择的文件创建 FileReader 对象
```

```
        bufferedReader = new BufferedReader(fileReader);
        StringBuilder builder = new StringBuilder();                              //利用 StringBuilder 对象保存索引
        String temp = null;
        while ((temp = bufferedReader.readLine()) != null) {                      //读入文本文件
            builder.append(temp);
            builder.append("\n");                                                 //在每一行的末尾添加一个分隔符
        }
        String[] rows = builder.toString().split("\n");                           //将索引按换行符分隔
        resultTextArea.setText("");                                               //清空文本域
        for (String row : rows) {                                                 //遍历读入的文本文件
            if (row.endsWith(keyword)) {                                          //判断读入的文本文件是否包含指定的关键字
                resultTextArea.append(row + "\n");                                //返回结果
            }
        }
        if (resultTextArea.getText().length() == 0) {
            JOptionPane.showMessageDialog(this, "没有找到您需要的文件", null,
                                                      JOptionPane.WARNING_MESSAGE);
            return;
        }
    } catch (IOException e) {
        e.printStackTrace();
    } finally {
        if (bufferedReader != null) {
            try {
                bufferedReader.close();
            } catch (IOException e) {
                e.printStackTrace();
            }
        }
        if (fileReader != null) {
            try {
                fileReader.close();
            } catch (IOException e) {
                e.printStackTrace();
            }
        }
    }
}
```

■ 秘笈心法

心法领悟 431：利用索引文件查找特定类型的文件。

利用索引文件查找的过程主要分成两步，第一步是读入索引文件，第二步是查找与用户指定类型匹配的文件路径。第二步既可以考虑使用 String 类的 endsWith(String suffix)方法实现，也可以使用正则表达式实现，这样可以获得更加强大的搜索功能。

| 实例 432 | 网络文件夹备份
光盘位置：光盘\MR\432 | 高级
趣味指数：★★★★ |

■ 实例说明

在现代化企业中，公司的电脑是通过组成一个局域网来实现互相交流的。如果想复制另一台电脑的文件夹该怎么办呢？本实例将讲述如何备份网络文件夹。实例运行效果如图 17.23 所示。

📖 说明：备份的文件夹地址要使用 URI，请参考 Java SE API 中 URI 类的说明。

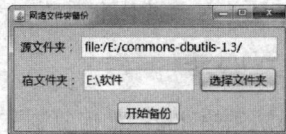

图 17.23　实例运行效果

■ 关键技术

URI 表示一个统一资源标识符的引用。File 类有一个构造方法，可以利用 URI 来获得一个 File。该方法的声明如下：

```
File(URI uri)
```

参数说明

uri：通过将给定的 file: URI 转换为一个抽象路径名来创建一个新的 File 实例，如 "d:\\mingrisoft.txt" 在转换成 URI 之后就变成了 "file:/d:/mingrisoft.txt"。

■ 设计过程

（1）继承 JFrame 编写一个窗体类，名称为 FileCopyFrame。

（2）设计 FileCopyFrame 窗体类时用到的控件及说明如表 17.29 所示。

表 17.29　窗体的控件及说明

控件类型	控件命名	控件用途
JTextField	sourceTextField	获得用户输入的 URI
	targetTextField	显示用户选择的目标文件夹的绝对路径
JButton	targetButton	实现让用户选择文件夹的功能
	downloadButton	实现备份功能

（3）编写工具方法 copySingleFile()，该方法的功能是复制一个文件。参数 source 代表源文件，target 代表目标文件。代码如下：

```java
public static void copySingleFile(File source, File target) throws IOException {
    FileInputStream input = new FileInputStream(source);              //获得输入流
    FileOutputStream output = new FileOutputStream(target);           //获得输出流
    byte[] b = new byte[1024 * 5];
    int length;
    while ((length = input.read(b)) != -1) {                          //利用循环读取输入流中的全部数据
        output.write(b, 0, length);                                   //将输入流中的内容写入输出流中
    }
    output.flush();                                                   //刷新输出流
    output.close();                                                   //释放输出流资源
    input.close();                                                    //释放输入流资源
}
```

（4）编写工具方法 copyDirectory()，该方法的功能是复制一个文件夹。source 代表源文件夹，target 代表目标文件夹。代码如下：

```java
public static void copyDirectory(File source, File target) throws IOException {
    File[] files = source.listFiles();                               //将源文件夹转换成 File 数组
    for (File file : files) {
        if (file.isFile()) {                                         //如果是一个文件就调用复制文件的方法
            copySingleFile(file, new File(target.getAbsolutePath() + "/" + file.getName()));
        } else if (file.listFiles().length == 0) {                   //如果是一个空文件夹就调用创建文件夹的方法
            new File(target.getAbsolutePath() + "/" + file.getName()).mkdir();
        } else {                                                     //如果是一个非空文件夹就调用自身，进行迭代
            new File(target.getAbsolutePath() + "/" + file.getName()).mkdir();
            copyDirectory(file, new File(target.getAbsolutePath() + "/" + file.getName()));
        }
    }
}
```

✍ **技巧**：对于其他来源的文件夹复制，在底层上可以使用上面的方法实现，区别仅在于文件夹的来源不同。

■ 秘笈心法

心法领悟 432：如何复制文件夹。

复制文件夹的过程就是将一个文件夹中的所有文件和文件夹复制到另一个文件夹中。由于 Java 使用 File 类来统一管理文件和文件夹，而对于文件、空文件夹和非空文件夹能够使用的方法并不完全相同，这就需要分类讨论。利用递归的思想，最终可以将任何一个非空文件夹转换成文件和（或）空文件夹的形式，这样就可以统一处理。

第18章

文件的读取、写入、整理和控制

▶▶ 文件的读取与写入

▶▶ 实现文件整理

▶▶ 文件控制

18.1　文件的读取与写入

实例 433	将键盘录入内容保存到文本文件中 光盘位置：光盘\MR\433	中级 趣味指数：★★★★☆

■ 实例说明

本节为读者介绍文件读取和写入相关的实例。本实例实现的是将键盘录入的内容保存到文本文件中，通过本实例的学习，相信读者会对文件的写入有更多的了解。实例运行效果如图 18.1 所示。

运行本实例后，会将用户输入的内容写入到与项目同一目录的 Example8.txt 文本文件中，文本文件中的内容如图 18.2 所示。

图 18.1　实例运行效果　　　　　　　　图 18.2　文本文件中的内容

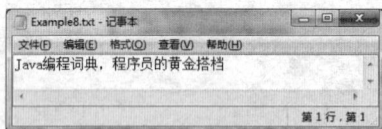

■ 关键技术

本实例首先通过文件输入流类 InputStreamReader 实现读取用户写入的内容，再通过文件输出流类 FileWriter，将读取的内容写入磁盘文件中。InputStreamReader 类提供了 read()方法可实现数据的读取，该方法有两种重载形式，分别介绍如下。

❑　read()：读取单个字符。

❑　read(char[] cbuf, int offset, int length)：将字符读入数组中的某一部分。

参数说明

❶ cbuf：目标缓冲区。

❷ offset：开始存储字符的偏移量。

❸ length：要读取的最大字符数。

BufferedWriter 类提供了 write()方法，实现向文件中写数据，该方法提供了 3 种重载形式，分别介绍如下。

❑　write(int c)：写入单个字符。

参数说明

c：指定要写入字符的 int 值。

❑　write(char[] cbuf, int off, int len)：写入字符数组的某一部分。

参数说明

❶ cbuf：字符数组。

❷ off：开始读取字符处的偏移量。

❸ len：要写入的字符数。

❑　write(String s, int off, int len)：写入字符串的某一部分。

参数说明

❶ s：要写入的字符串。

❷ off：开始读取字符处的偏移量。

❸ len：要写入的字符数。

设计过程

在项目中创建类 Employ，在该类的主方法中实现将用于输入的数据写入文件中。具体代码如下：

```java
public static void main(String args[]) {
    File file = new File("Example8.txt");
    try {
        if (!file.exists())                                      //如果文件不存在
            file.createNewFile();                                //创建新文件
        InputStreamReader isr = new InputStreamReader(System.in); //定义输入流对象
        BufferedReader br = new BufferedReader(isr);
        System.out.println("请输入：");
        String str = br.readLine();                              //读取用户输入的信息
        System.out.println("您输入的内容是：" + str);
        FileWriter fos = new FileWriter(file, true);             //创建文件输出流
        BufferedWriter bw = new BufferedWriter(fos);
        bw.write(str);                                           //向文件写入信息
        br.close();
        bw.close();
    } catch (IOException e) {
        e.printStackTrace();
    }
}
```

秘笈心法

心法领悟 433：System 类的重要属性。

本实例在显示将录入的数据写入文本文件中时，使用到了 System 类，该类提供的设施中，有标准输入、标准输出和错误输出流，对外部定义的属性和环境变量的访问，加载文件和库的方法；还有快速复制数组的一部分的实用方法。该类有 3 个重要属性，分别为 err（"标准"错误输出流）、in（"标准"输入流）和 out（"标准"输出流）。

实例 434	将数组写入文件中并逆序输出 光盘位置：光盘\MR\434	中级 趣味指数：★★★★☆

实例说明

实现将一个数组写入文件中是一种很常用的形式，本实例实现将数组顺序写入文件中并实现逆序输出。实例运行效果如图 18.3 所示。

关键技术

本实例使用 RandomAccessFile 类实现了数据的读取和写入。此类的实例支持对随机访问文件的读取和写入。该类的构造方法介绍如下。

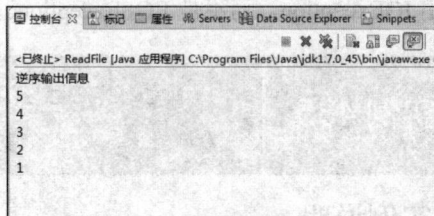

图 18.3　实例运行效果

❑ RandomAccessFile(File file, String mode)：创建从中读取和向其中写入（可选）的随机访问文件流，该文件由 File 参数指定。

参数说明

❶ file：文件对象。

❷ mode：访问模式。可选项为 r，表示以只读方式打开；rw 表示打开以便读取和写入，如果该文件不存在，则尝试创建该文件；rws 表示打开以便读取和写入，对于 rw，还要求对文件的内容或元数据的每个更新都同步写入底层存储设备；rwd 打开以便读取和写入，对于 rw，还要求对文件内容的每个更新都同步写入底层存储设

备中。

- ❑ RandomAccessFile(String name, String mode): 创建从中读取和向其中写入 (可选) 的随机访问文件流, 该文件具有指定名称。

参数说明

❶ name: 取决于系统的文件名。

❷ mode: 访问模式。

■ 设计过程

在项目中创建类 ReadFile, 用于实现数组的写入和反向读取。该类主方法中的代码如下:

```java
public static void main(String args[]){
    int bytes[]={1,2,3,4,5};                                    //定义写入文件的数组
    try {
        //创建 RandomAccessFile 类的对象
        File file = new File("Example9.txt");
        if(!file.exists()){                                     //判断该文件是否存在
            file.createNewFile();                               //新建文件
        }
        RandomAccessFile raf=new RandomAccessFile(file,"rw");   //定义 RandomAccessFile 对象
        for(int i=0;i<bytes.length;i++){                        //循环遍历数组
            raf.writeInt(bytes[i]);                             //将数组写入文件
        }
        System.out.println("逆序输出信息");
        for(int i=bytes.length-1;i>=0;i--){                     //反向遍历数组
            raf.seek(i*4);                                      //int 型数据占 4 个字节
            System.out.println(+raf.readInt());
        }
        raf.close();                                            //关闭流
    } catch (Exception e) {
        e.printStackTrace();
    }
}
```

■ 秘笈心法

心法领悟 434: RandomAccessFile 类抛出的异常。

如果此类中的所有读取例程在读取所需数量的字节之前已到达文件末尾, 则抛出 EOFException (是一种 IOException)。如果由于某些原因无法读取任何字节, 而不是在读取所需数量的字节之前已到达文件末尾, 则抛出 IOException, 而不是 EOFException。需要特别指出的是, 如果流已被关闭, 则可能抛出 IOException。

实例 435	利用 StringBuffer 避免文件的多次写入	中级
	光盘位置: 光盘\MR\435	趣味指数: ★★★★☆

■ 实例说明

为了避免多次重复地向磁盘文件写数据, 可以使用字符串可变的字符串序列 StringBuffer, 将要写入文件的内容确定后, 再使用 FileOutputStream 类对象向文件写入信息。本实例实现的是将用户选择的 "个人爱好" 写入磁盘文件。实例运行效果如图 18.4 所示。

■ 关键技术

本实例向磁盘文件中写信息应用的是文件输出流 FileOutputStream 对象, 通过该类的 write() 方法可实现向文件中写数据。该方法有多种重载形式。

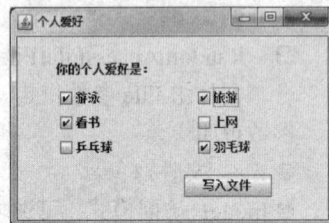

图 18.4 实例运行效果

❑ 语法一：指定参数 byte 型数组，向文件中写数据。语法如下：

```
write(byte[] b)
```

该语法将 b.length 个字节从指定 byte 数组写入此文件输出流中。

❑ 语法二：将指定字节写入此文件输出流。语法如下：

```
write(int b)
```

❑ 语法三：将指定 byte 数组的一部分写入到输出流。语法如下：

```
write(byte[] b , int off , int len)
```

参数说明

❶ b：要写入流的数据。

❷ off：数组中要写入流的开始索引位置。

❸ len：要写入流的字节数组数。

◀ッ 注意：write()方法会抛出 I/O 异常，所以在调用该方法时，要处理 I/O 异常。

设计过程

（1）在项目中创建类 UseStringBufferFrame，该类继承 JFrame 类，实现窗体类。

（2）向窗体中添加控件，实现窗体布局，该窗体中的主要控件及说明如表 18.1 所示。

表 18.1　窗体中的主要控件及说明

控 件 类 型	控 件 命 名	控 件 用 途
JCheckBox	checkBox	显示"游泳"的复选框
JButton	saveButton	显示"写入文件"的按钮控件

（3）在"写入文件"按钮的单击事件中，实现将用户选择的"爱好"写入磁盘文件中。关键代码如下：

```
protected void do_button_actionPerformed(ActionEvent arg0) {
    if (checkBox.isSelected()) {                                    //判断指定的复选框 checkBox 是否被选中
        buffer.append(checkBox.getText() + " ");                   //追加信息
    }
    …//省略了判断其他爱好信息的代码
    File file = new File("C://w.txt");                             //根据指定文件创建 File 对象
    try {
        FileOutputStream out = new FileOutputStream(file);        //创建 FileOutputStream 实例
        String str = buffer.toString();                           //将可变的字符序列转换为字符串对象
        out.write(str.getBytes());                                //向输出流中写数据
        JOptionPane.showMessageDialog(getContentPane(), "信息写入完成！", "信息提示框",
                JOptionPane.WARNING_MESSAGE);                     //给用户提供提示信息对话框
    } catch (Exception e) {
        e.printStackTrace();
    }
}
```

秘笈心法

心法领悟 435：StringBuffer 实现可变字符串。

本实例使用 StringBuffer 类的 append()方法实现了动态追加字符串。如果要向可变的字符串序列中插入字符，可通过该类的 insert()方法；要从 StringBuffer 类对象中删除字符，可通过该类的 delete()方法。

实例 436	合并多个 txt 文件	高级
	光盘位置：光盘\MR\436	趣味指数：★★★★★

实例说明

本实例实现的是将任意个 txt 文件合并为一个文件。通过 I/O 流可以实现文件的合并，当然可以对任意格式的文件进行合并，本实例以合并 txt 文件为例，介绍如何实现文件合并。实例运行效果如图 18.5 所示。

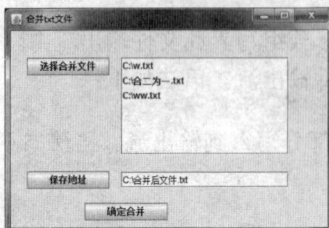

图 18.5　实例运行效果

▌ 关键技术

　　本实例实现的文件合并主要是通过 FileInputStream 类实现读取文件，通过 FileOutputStream 类实现向文件中写入内容。在对文件读取的过程中，本实例应用了 FileInputStream 类的一个很重要的方法 available()，来获取可读的有效字节数。该方法的语法格式如下：

```
int available()
```

可以通过 FileInputStream 类对象调用该方法。该方法的返回值是可以从输入流中读取的字节数。

　　◀》注意：该方法抛出 I/O 异常，在调用该方法时，要通过 try 语句处理异常。

▌ 设计过程

　　（1）在项目中创建类 UniteFile，在该类中定义 writeFiles()方法，该方法包含有 List 对象与 String 类型对象，分别表示要进行合并的文件对象和合并后文件的保存地址。具体代码如下：

```java
public void writeFiles(List<File>  files, String fileName) {
    try {              //根据文件保存地址创建 FileOutputStream 对象
        fo = new FileOutputStream(fileName, true);
        for (int i = 0; i < files.size(); i++) {                //循环遍历要复制的文件集合
            File file =  files.get(i);                          //获取集合中的文件对象
            fi1 = new FileInputStream(file);                    //创建 FileInputStream 对象
            b1 = new byte[fi1.available()];                     //从流中获取字节数
            fi1.read(b1);                                       //读取数据
            fo.write(b1);                                       //向文件中写数据
        }
    } catch (Exception e) {
        e.printStackTrace();
    }
}
```

　　（2）创建类 UniteFrame，该类继承自 JFrame 类，实现窗体类。向窗体中添加控件，主要控件及说明如表 18.2 所示。

表 18.2　窗体的主要控件及说明

控 件 类 型	控 件 命 名	控 件 用 途
JList	fileList	显示要合并文件的列表控件
JTextField	savePathtextField	显示用户选择的保存地址的文本框控件
JButton	submitButton	显示"确定合并"按钮控件
	choiceButton	显示"选择合并文件"按钮控件
	saveButton	显示"保存地址"按钮控件

　　（3）当用户单击"选择合并文件"按钮时，系统会对用户选择的文件进行过滤，把 txt 文件添加到列表控件中。代码如下：

```java
protected void do_choiceButton_actionPerformed(ActionEvent arg0) {
    java.awt.FileDialog fd = new FileDialog(this);          //创建选择文件对话框
    fd.setVisible(true);                                    //设置窗体为可视状态
    String filePath = fd.getDirectory() + fd.getFile();     //获取用户选择的文件路径
```

```
    if (filePath.endsWith(".txt")) {                              //判断用户选择的是否为 txt 文件
        list.addElement(fd.getDirectory() + fd.getFile());        //将用户选择的文件添加到列表中
        //将用户选择的文件名添加到集合对象中
        listFile.add(new File((fd.getDirectory() + fd.getFile()))); 
    }
}
```

（4）在"确定合并"按钮的单击事件中调用文件合并方法，将用户选择的文件进行合并。具体代码如下：

```
protected void do_button_actionPerformed(ActionEvent arg0) {
    UniteFile unitFile = new UniteFile();                         //创建 UniteFile 对象
    unitFile.writeFiles(listFile,savePathtextField.getText());   //调用合并文件方法
    JOptionPane.showMessageDialog(getContentPane(),
            "文件合并成功！", "信息提示框", JOptionPane.WARNING_MESSAGE);
}
```

■ 秘笈心法

心法领悟 436：合并文件。

本实例是以文本文件为例，向大家介绍如何将多个文件合并成一个文件，当然可以合并其他类型的文件，但需要注意合并其他文件时要使用字节流。

实例 437	实现文件简单加密与解密 光盘位置：光盘\MR\437	高级 趣味指数：★★★★★

■ 实例说明

对磁盘文件进行加密与解密是一项很常见的技术。这样可以保护文件的安全性。通过使用 Java 中的流技术可以很轻松地实现文件的加密与解密。但需要注意的是，对文件实现加密后，必须通过相应的方法才能正确地解密。实例运行效果如图 18.6 所示。

加密后的文件如图 18.7 所示。

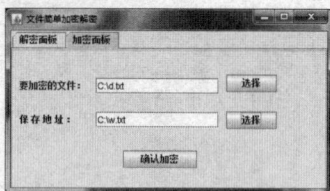

图 18.6　实例运行效果　　　　　　　　　　图 18.7　加密后的文件

■ 关键技术

本实例实现的文件加密与解密很简单，就是将通过流从文件中读取的数据进行处理，然后写入新的文件中；当解密时通过对应的方式对加密的文件进行处理即可。

本实例中对从文件中读取的字节进行处理，实现文件加密。关键代码如下：

```
int ibt = buffer[i];
ibt += 100;
ibt %= 256;
```

在对文件实现解密时，再从读取的字节中进行对应的运行。关键代码如下：

```
int ibt = buffer[i];
ibt -= 100;
ibt %= 256;
```

■ 设计过程

（1）创建类 EncryptFile，在该类中定义文件加密、解密方法。其中 encry()方法为加密方法，该方法有两个 String 类型的参数，分别用于指定要进行加密的文件路径与加密后文件的保存地址。代码如下：

```java
public void encry(String frontFile, String backFile) {
    try {
        File f = new File(frontFile);                                    //根据加密文件地址创建文件对象
        //创建 FileInputStream 对象
        FileInputStream fileInputStream = new FileInputStream(f);
        byte[] buffer = new byte[fileInputStream.available()];           //从流中读取可读的字节数
        fileInputStream.read(buffer);                                    //从流中读取字节
        fileInputStream.close();                                         //把输出流关闭
        for (int i = 0; i < buffer.length; i++) {                        //循环遍历从流中读取的数组
            int ibt = buffer[i];
            ibt += 100;                                                  //对数组中的数据做相加运算
            ibt %= 256;
            buffer[i] = (byte) ibt;
        }
        FileOutputStream fileOutputStream = new FileOutputStream(new File(
                backFile));                                              //根据加密后文件的保存地址创建输出流对象
        fileOutputStream.write(buffer, 0, buffer.length);               //向输出流中写数据
        fileOutputStream.close();                                        //将流关闭
    } catch (Exception e) {
        e.printStackTrace();
    }
}
```

（2）创建 unEncry()方法，该方法用于实现文件解密。该方法有两个 String 类型的参数，分别用于指定要进行解密的文件与加密后文件的保存地址。具体代码如下：

```java
public void unEncry(String frontFile, String backFile) {
    try {
        File f = new File(frontFile);                                    //创建要解密的文件对象
        FileInputStream fileInputStream = new FileInputStream(f);        //创建文件输入流对象
        byte[] buffer = new byte[fileInputStream.available()];           //从流中获取可读的字节数
        fileInputStream.read(buffer);                                    //从流中读取字节
        fileInputStream.close();                                         //关闭流
        for (int i = 0; i < buffer.length; i++) {
            int ibt = buffer[i];
            ibt -= 100;                                                  //对从流中读取的数据进行运算处理
            ibt %= 256;
            buffer[i] = (byte) ibt;
        } //根据要写入的文件地址创建输出流
        FileOutputStream fileOutputStream = new FileOutputStream(new File(backFile));
        fileOutputStream.write(buffer, 0, buffer.length);               //向输出流中写入数据
        fileOutputStream.close();                                        //将流关闭
    } catch (Exception e) {
        e.printStackTrace();
    }
}
```

（3）创建 EnctryAndUnEntryFrame 类，该类继承自 JFrame 类，实现窗体类。向窗体中添加控件，主要控件及说明如表 18.3 所示。

表 18.3　窗体的主要控件及说明

控　件　类　型	控　件　命　名	控　件　用　途
JTabbedPane	tabbedPane	为窗体添加选项卡面板
JPanel	untryPanel	解密面板
	entryPanel	加密面板
JTextField	entryTextField	显示要加密的文件地址文本框
	saveTextField	显示加密后文本的保存地址文本框
JButton	confirmButton	"确认加密"按钮
	entryButton	为用户提供选择加密文件的"选择"按钮
	saveButton	为用户提供选择加密文件保存地址的"选择"按钮

（4）当用户单击"确认加密"按钮时，系统会调用 EncryptFile 类的加密方法 encry()，实现对文件的加密。

"确认加密"按钮的单击事件代码如下：

```
protected void do_confirmButton_actionPerformed(ActionEvent arg0) {
    EncryptFile encryFile = new EncryptFile();                          //创建保存有文件加密方法的类对象
    //调用对文件进行加密的方法
    encryFile.encry(entryTextField.getText(), saveTextField.getText());
    JOptionPane.showMessageDialog(getContentPane(), "文件加密成功！", "信息提示框",
            JOptionPane.WARNING_MESSAGE);                              //为用户提供提示信息对话框
}
```

■ 秘笈心法

心法领悟 437：数据简单加密算法。

本实例实现文件加密、解密时，对从文件中检索出来的字节进行处理实现加密，解密后再通过相应的算法来获取字节。本实例是将字节进行加 100 后，对 256 取余，当然读者也可以进行其他的运算。

实例 438	对大文件实现分割处理	高级
	光盘位置：光盘\MR\438	趣味指数：★★★★★

■ 实例说明

大的文件在传输时不太方便，为了便于携带，很多软件都提供了将大的文件进行分割的功能。这样就可以实现将一个较大的文件分割成若干个小的文件，方便携带。如果要实现该文件，可以通过相应的工具，将分割后的文件进行合并即可。本实例显示用户选择的文件，并按指定的大小进行分割，实例运行效果如图 18.8 所示。

图 18.8　实例运行效果

📖 **说明：** 本实例就是将较大的文件分割成若干个小的文件，但是分割后的文件不能作为单独的文件运行。

■ 关键技术

实现本实例的关键是通过输入流读取要分割的文件，再分别从流中读取相应的字节数，将其写入以 tem 为后缀的文件中。通过 FileInputStream 类的 read()方法可实现读取文件。

❑ 语法一：以 byte 数组为参数。表示从输入流中将数组长度字节读取到 byte 数组中。该方法的语法格式如下：

```
int read(byte[] b)
```

❑ 语法二：从输入流中读取指定的字节到数组中，其语法格式如下：

```
int read(byte[] b,int off.int len)
```

参数说明

❶ b：存储读取数据的字节数组。

❷ off：目标数组 b 中的开始偏移量。

❸ len：读取的最大字节数。

📢 **注意：** 在使用 read()方法读取字节时，都会抛出 IOException 异常，因此在使用该方法读取字节时，要处理该异常。

■ 设计过程

（1）创建 ComminuteFrame 类，该类继承自 JFrame 类，实现窗体类。

（2）向该窗体中添加控件，主要控件及说明如表 18.4 所示。

表 18.4　窗体的主要控件及说明

控 件 类 型	控 件 命 名	控 件 用 途
JTextField	sourceTextField	显示要进行分割的文件地址文本框
	sizeTextField	显示分割文件大小的文本框控件
JButton	sourceButton	显示"选择"按钮控件
	cominButton	显示"分割"按钮控件
	close	显示"退出"按钮控件

（3）编写工具类 ComminuteUtil，在该类中定义实现文件分割方法，该类包含两个 String 类型的参数（分别用于指定分割文件的地址与分割后文件的保存地址）和一个 int 类型的参数（用于指定分割文件的大小）。代码如下：

```java
public void fenGe(File commFile, File untieFile, int filesize) {
    FileInputStream fis = null;
    long size = 1024 * 1024;                              //用来指定分割文件以 MB 为单位
    try {
        if (!untieFile.isDirectory()) {                  //如果要保存分割文件的地址不是路径
            untieFile.mkdirs();                          //创建该路径
        }
        size = size * filesize;
        long length = (int) commFile.length();           //获取文件大小
        int num =(int)( length / size);                  //获取文件大小除以 MB 的得数
        int yu = (int)(length % size);                   //获取文件大小与 MB 相除的余数
        String newfengeFile = commFile.getAbsolutePath();//获取保存文件的完整路径信息
        int fileNew = newfengeFile.lastIndexOf(".");
        String strNew = newfengeFile.substring(fileNew, newfengeFile
            .length());                                  //截取字符串
        fis = new FileInputStream(commFile);             //创建 FileInputStream 类对象
        File[] fl = new File[num + 1];                   //创建文件数组
        long begin = 0;
        for (int i = 0; i < num; i++) {                  //循环遍历数组
            fl[i] = new File(untieFile.getAbsolutePath() + "\\" + (i + 1)
                + strNew + ".tem");                      //指定分割后小文件的文件名
            if (!fl[i].isFile()) {                       //创建该文件
                fl[i].createNewFile();
            }
            FileOutputStream fos = new FileOutputStream(fl[i]);
            byte[] bl = new byte[(int)size];
            fis.read(bl);                                //读取分割后的小文件
            fos.write(bl);                               //写文件
            begin = begin + size * 1024 * 1024;
            fos.close();                                 //关闭流
        }
        if (yu != 0) {                                   //文件大小与指定文件分割大小相除的余数不为 0
            fl[num] = new File(untieFile.getAbsolutePath() + "\\"
                + (num + 1) + strNew + ".tem");          //指定文件分割后数组中的最后一个文件名
            if (!fl[num].isFile()) {                     //新建文件
                fl[num].createNewFile();
            }
            FileOutputStream fyu = new FileOutputStream(fl[num]);
            byte[] byt = new byte[yu];
            fis.read(byt);
            fyu.write(byt);
            fyu.close();
        }
    } catch (Exception e) {
        e.printStackTrace();
    }
}
```

■ 秘笈心法

心法领悟 438：将 String 转换为 int 类型。

在程序中获取到的文本框控件的值都是 String 类型。本实例中的 fenGe()方法指定分割文件的大小是 int 类型，可以通过 Integer 对象的 parseInt()方法将字符串类型转换为 int 类型。

实例 439	将分割后的文件重新合并 光盘位置：光盘\MR\439	高级 趣味指数：★★★★★

■ 实例说明

在实例 438 中为大家介绍了如何实现将较大的文件进行分割，分割后的文件是不能运行的。如果想运行分割后的文件，需要通过程序对相应的文件进行重新合并。本实例实现的是文件合并，实例运行效果如图 18.9 所示。

■ 关键技术

本实例实现文件合并，仍然是通过文件字节输入/输出流。在进行文件合并时，需要将要进行合并的所有文件全部读取之后，再写入到新文件中。

图 18.9　实例运行效果

■ 设计过程

（1）创建窗体类 UniteFrame，该类继承自 JFrame 类。

（2）向该窗体中添加控件，主要控件及说明如表 18.5 所示。

表 18.5　窗体的主要控件及说明

控 件 类 型	控 件 命 名	控 件 用 途
JList	fileList	显示要进行合并的文件列表控件
JButton	openButton	显示"打开"按钮控件
	uniteButton	显示"合并"按钮控件
	closeButton	显示"退出"按钮控件

（3）编写工具类 UniteUtil，在该类中定义文件合并方法 heBing()，该方法中包含一个 File 类型数组参数，用于指定要合并的文件数组；一个 File 对象，用于指定要合并后文件的保存地址；还有一个 String 类型参数，用于指定合并后文件的格式。该方法的具体代码如下：

```
public void heBing(File[] file, File cunDir, String hz) {
    try {                                                          //指定分割后文件的文件名
        File heBingFile = new File(cunDir.getAbsoluteFile() + "\\UNTIE" + hz);
        if (!heBingFile.isFile()) {
            heBingFile.createNewFile();
        }
        //创建 FileOutputStream 对象
        FileOutputStream fos = new FileOutputStream(heBingFile);
        for (int i = 0; i < file.length; i++) {                    //循环遍历要进行合并的文件数组对象
            FileInputStream fis = new FileInputStream(file[i]);
            int len = (int) file[i].length();                      //获取文件长度
            byte[] bRead = new byte[len];
            fis.read(bRead);                                       //读取文件
            fos.write(bRead);                                      //写入文件
            fis.close();                                           //将流关闭
        }
        fos.close();
    } catch (Exception e) {
        e.printStackTrace();
    }
}
```

■ 秘笈心法

心法领悟 439：创建 FileOutputStream 对象。

细心的读者可以发现，本实例在 for 循环语句中创建了 FileInputStream 对象，并在 for 循环中将输入流关闭。FileOutputStream 对象只创建了一个，是因为要合并成一个文件的小文件有很多个，要读取每个小文件，就要分别创建 FileInputStream 对象，而合并的文件只有一个，因此只需创建一个 FileOutputStream 对象。

实例 440	读取属性文件的单个属性值 光盘位置：光盘\MR\440	高级 趣味指数：★★★★★

■ 实例说明

在程序设计中，有些内容需要经常改动，如操作的数据表等，这些信息如果放在程序中，修改起来很不方便。在 Java 中可以将其放置在以 properties 为扩展名的属性文件中，这样可以通过修改属性文件来修改相应的信息。在 Java 中提供了 Properties 类，该类可实现读取属性文件的相关信息，并将其写入窗体中。实例运行效果如图 18.10 所示。

图 18.10　实例运行效果

■ 关键技术

本实例实现读取属性文件信息，主要应用了 java.util 包下的 Properties 类，该类可实现读取属性文件操作。该类常用的构造方法介绍如下。

- ❑ Properties()：无参构造，创建一个无默认值的空属性列表。
- ❑ Properties(Properties defaults)：创建一个带有指定默认值的空属性列表。

通过该类的 load()方法，可以从输入流中读取属性列表。该方法的语法如下：

```
load(Reader reader)
```

参数说明

reader：输入流。

属性文件中的内容都是采用 key-value 对的形式保存的，因此要从属性文件中读取相应的 value 值，需要使用该类的 getProperty()方法，具体语法如下：

```
String getProperty(String key)
```

参数说明

key：要从属性文件中查询的属性值。

■ 设计过程

（1）创建窗体类 GetPropertiesFrame，该类继承自 JFrame 类。

（2）向该类中添加控件，主要控件及说明如表 18.6 所示。

表 18.6　窗体的主要控件及说明

控 件 类 型	控 件 命 名	控 件 用 途
JTextField	driveTextField	显示连接数据库的驱动文本框
	connectionTextField	显示连接数据库的 url 文本框
	userNameTextField	显示连接数据库的"用户名"文本框
	passWordTextField	显示连接数据库的"密码"文本框

（3）编写工具类 GetProperties，在该类中定义 getProperties()方法，用于获取属性文件中指定的 key 值的 value 值。具体代码如下：

```
public String   getProperties(String keyName) {
    InputStream ins = getClass().getResourceAsStream(
            "ApplicationResources.properties");              //根据属性文件创建 InputStream 对象
    Properties props = new Properties();                     //创建 Properties 对象
    String value = "";
    try {
        props.load(ins);                                     //从输入流中读取属性文件中的信息
        value = props.getProperty(keyName);                  //获取指定参数的属性值
    } catch (IOException e) {
        e.printStackTrace();
    }
return value;
}
```

秘笈心法

心法领悟 440：Properties 类存储数据。

与 Map 集合相同，Properties 不允许键重复，只是根据键的 hashCode 值存储数据，当 Properties 转换成数据时，可以发现文件中的记录并不是插入的顺序。

实例 441	向属性文件中添加信息 光盘位置：光盘\MR\441	高级 趣味指数：★★★★★

实例说明

Properties 属性文件是以 key、value 的形式保存数据，其中在 key 与 value 之间有一个 "=" 相连。如果通过手动向属性文件中写数据，可能会出现格式上的问题。本实例实现一个小工具，通过在窗体中输入内容，可实现向属性文件中写入数据。实例运行效果如图 18.11 所示。

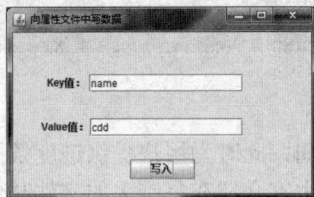

图 18.11　实例运行效果

关键技术

本实例实现设置 Properties 属性文件的值，使用的是 Properties 类的 setProperty()方法。该方法的语法格式如下：
```
setProperty(String key,String value)
```
参数说明

❶ key：要置于属性列表中的键。

❷ value：key 值对应的 value 值。

要将设置的属性文件信息通过流写入属性文件中，需要使用 Properties 类的 store()方法，具体语法格式如下：
```
store(OutputStream out, String comments)
```
参数说明

❶ out：输出流。

❷ comments：对属性列表的描述信息。

设计过程

（1）创建类 SavePropertiesFrame，该类继承自 JFrame 类。

（2）向窗体中添加控件，实现窗体布局，主要控件及说明如表 18.7 所示。

表 18.7　窗体的主要控件及说明

控 件 类 型	控 件 命 名	控 件 用 途
JTextField	keyTextField	为用户提供可填写的 key 值的文本框控件
	valueTextField	为用户提供可填写的 value 值的文本框控件
JButton	saveButton	显示"写入"按钮控件

（3）编写工具类 SaveProperties，该类的 saveProperties()方法实现向属性文件中写数据。该方法有两个 String 类型的参数，分别用于指定要写入属性文件的 key 值与 value 值。具体代码如下：

```java
public void saveProperties(String key, String value) {
    Properties properties = new Properties();                              //定义 Properties 对象
    properties.setProperty(key, value);                                    //设置属性文件值
    try {
        FileOutputStream out = new FileOutputStream(
                "C://message.properties");                                 //创建输出流对象
        properties.store(out, "test");                                     //将信息通过流写入到属性文件
        out.close();                                                       //关闭流
    } catch (Exception e) {
        e.printStackTrace();
    }
}
```

秘笈心法

心法领悟 441：Properties 填写数据。

Properties 保存成文件时，以 key、value 的格式保存数据。在写属性文件时，如果要用 Properties 解析属性文件，必须将属性文件按照 key、value 的格式填写。

实例 442	在复制文件时使用进度条 光盘位置：光盘\MR\442	高级 趣味指数：★★★★★

实例说明

在对大文件操作时，可能会需要些时间，此时为用户提供进度条提示是常见的一项功能，这样用户就可以了解操作文件需要的时间信息。本实例为大家介绍在复制大的文件时使用的进度条提示，需要注意的是，只有在读取文件超过 2 秒时，才会显示进度条。实例运行效果如图 18.12 所示。

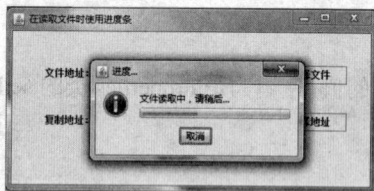

图 18.12　实例运行效果

关键技术

本实例实现在读取文件时显示进度条使用的是 ProgressMonitorInputStream 类，该类提供了自动地弹出进度窗口和事件机制。该类的构造方法语法如下：

ProgressMonitorInputStream(Component parentComponent, Object message, InputStream in)

参数说明

❶ parentComponent：触发被监视操作的组件。

❷ message：要在对话框中放置的描述性文本。

❸ in：要监视的输入流。

■ 设计过程

（1）创建窗体类 UserMonitorFrame，该类继承自 JFrame 类。

（2）在该类中添加控件，实现窗体布局，该窗体中的主要控件及说明如表 18.8 所示。

表 18.8　窗体的主要控件及说明

控 件 类 型	控 件 命 名	控 件 用 途
JTextField	pathTextField	显示要复制的文件地址
	saveTextField	显示复制后文件的保存地址
JButton	pathButton	显示"选择文件"的按钮控件
	saveButton	显示"选择地址"的按钮控件
	copyButton	显示"确定复制"的按钮控件

（3）编写工具类 ProgressMonitorTest，在该类中定义复制文件时，显示进度条方法 useProgressMonitor()。该方法包含一个 JFrame 类型的参数，用于指定显示进度条所依赖的窗体；还有两个 String 类型的参数，分别用于指定要复制的文件以及复制后的文件保存地址。具体代码如下：

```java
public void useProgressMonitor(JFrame frame,String copyPath, String newPath){
    try {
        File file = new File(copyPath);                     //根据要复制的文件创建 File 对象
        File newFile = new File(newPath);                   //根据复制后文件的保存地址创建 File 对象
        FileOutputStream fop = new FileOutputStream(newFile);  //创建 FileOutputStream 对象
        InputStream in = new FileInputStream(file);
        //读取文件，如果总耗时超过 2 秒，将会自动弹出一个进度监视窗口
        ProgressMonitorInputStream pm = new ProgressMonitorInputStream(
                    frame, "文件读取中，请稍后...", in);
        int c = 0;
        byte[] bytes = new byte[1024];                      //定义 byte 数组
        while ((c = pm.read(bytes)) != -1) {                //循环读取文件
            fop.write(bytes,0,c);                           //通过流写数据
        }
        fop.close();                                        //关闭输出流
        pm.close();                                         //关闭输入流
    } catch (Exception ex) {
        ex.printStackTrace();
    }
}
```

■ 秘笈心法

心法领悟 442：如何控制读取文件的速度。

要实现控制进度条显示的快慢，可以通过每次从文件中读取的字节数进行控制。本实例中每次从文件中读取 1024 个字节。如果将其替换为其他数，进度条显示的速度就会随之改变。

实例 443	从 XML 文件中读取数据	高级
	光盘位置：光盘\MR\443	趣味指数：★★★★★

■ 实例说明

XML 文件是以节点的形式保存信息，以树形分层结构排列。元素可以嵌套在其他元素中。在 XML 文件中可以保存各种信息，也可以当作数据库来使用。本实例使用 XML 文件保存连接数据库的相关信息，并实现读取 XML 文件中的内容，将其显示在窗体中。实例运行效果如图 18.13 所示。

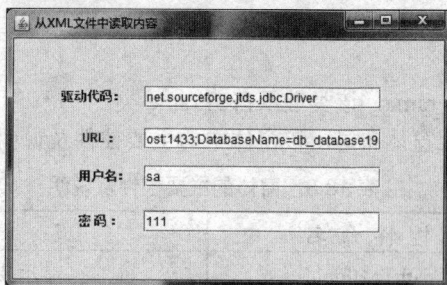

图 18.13　实例运行效果

■ 关键技术

使用 DOM 和 SAX 技术可以操作 XML 文件，但是都需要下载相关的文件，并将其添加到项目中。为了简便操作，本实例使用 JDK 内置类实现从 XML 文件中读取数据。实现本实例的功能涉及以下重要的类与方法。

❑　DocumentBuilderFactory 类

该类表示工厂 API，可以使应用程序从 XML 文档获取生成 DOM 对象树的解析器。

❑　DocumentBuilder 类

使用此类，可以从 XML 文件读取一个 Document 对象。

❑　Document 接口

该接口表示整个 HTML 或 XML 文档。从概念上讲，该接口表示文档树的根。

通过 Document 接口的 getElementsByTagName()方法，从 XML 文档中读取具有指定标记名称的所有程序元素的有序集合 NodeList 对象。具体语法如下：

```
getElementsByTagName(String tagname)
```

参数说明：

tagname：要匹配的标记名称。对于 XML 文件，该参数值是区分大小写的。

■ 设计过程

（1）创建类 ReadXmlFrame，该类继承自 JFrame 类，实现窗体类。

（2）向该窗体中添加控件，实现窗体布局，主要控件及说明如表 18.9 所示。

表 18.9　窗体的主要控件及说明

控件类型	控件命名	控件用途
JTextField	classNameTextField	显示驱动代码的文本框控件
	urlTextField	显示 URL 的文本框控件
	userNameTextField	显示用户名的文本框控件
	passWordTextField	显示密码的文本框控件

（3）本实例实现显示连接数据库的相关信息，这些信息都是从 XML 文件中读取出来的。编写工具类 ReadXMLDataBase，在该类中定义读取 XML 文件的方法。具体代码如下：

```java
private Document document;                                    //定义 Document 对象
public String readXml(String passWord) {
    File xml_file = new File("users.xml");                   //根据 XML 文件地址创建 File 对象
    //定义从 XML 文档获取生成 DOM 对象的解析器
    DocumentBuilderFactory factory = DocumentBuilderFactory.newInstance();
    try {
        DocumentBuilder builder = factory.newDocumentBuilder();
        document = builder.parse(xml_file);                  //根据 XML 获取 DOM 文档实例
    } catch (Exception e) {
        e.printStackTrace();
    }
    String subNodeTag = document.getElementsByTagName(passWord).item(0);
```

```
              .getFirstChild().getNodeValue();                          //获取指定节点保存的值
    return subNodeTag;                                                  //返回读取的信息
}
```

■ 秘笈心法

心法领悟 443：XML 的妙处。

对于数据库连接的相关信息，将其写在 XML 或其他格式的文件中，这样如果项目连接的数据库需要修改，直接修改相应的 XML 文件即可，不用对项目进行修改。因此掌握本实例中介绍的读取 XML 文件的方法是非常有用的。

实例 444	读取 Jar 文件属性	高级
	光盘位置：光盘\MR\444	趣味指数：★★★★★

■ 实例说明

在开发完 Java 项目后，可以将其打包成 jar 文件，方便用户运行。jar 文件中包含 class 文件、图片、声音和支持文件等。jar 文件格式支持压缩、身份验证和版本，以及许多其他特性。本实例实现的是将 jar 文件中的子文件和子文件的大小显示在表格中，实例运行效果如图 18.14 所示。

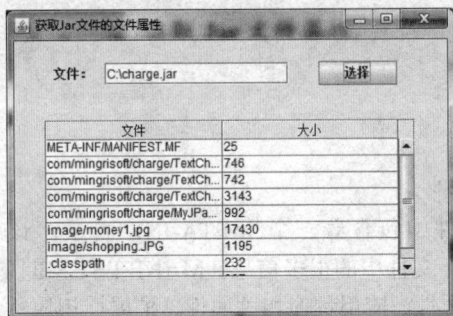

图 18.14　实例运行效果

■ 关键技术

本实例实现读取 jar 文件主要应用了 JarFile 类与 Enumeration 接口。JarFile 是一个 jar 文件自身的引用。Enumeration 接口对象可生成一系列的元素。下面分别进行介绍。

JarFile 类用于从任何可以使用 java.io.RandomAccessFile 打开的文件中读取 jar 文件的内容。该类的常用构造方法如下所述。

❑　public JarFile(File file)：创建一个要从指定的 File 对象读取的新的 JarFile。

❑　public JarFile(File file, boolean verify)：创建一个要从指定的 File 对象读取的新的 JarFile。

❑　public JarFile(File file, boolean verify, int mode)：创建一个要从指定的 File 对象读取的新的 JarFile。

Enumeration 接口对象可生成一系列元素，一次生成一个。该类中有两个重要的方法，分别介绍如下。

❑　hasMoreElements()：测试枚举是否包含更多的元素。

❑　nextElement()：如果此枚举对象至少还有一个可提供的元素，则返回此枚举的下一个元素。

■ 设计过程

（1）创建类 ReaderJarFrame，该类继承自 JFrame 类，实现窗体类。

（2）向该窗体中添加控件，实现窗体布局，主要控件及说明如表 18.10 所示。

表 18.10　窗体的主要控件及说明

控 件 类 型	控 件 命 名	控 件 用 途
JTextField	pathTextField	显示文件地址的文本框对象
JButton	button	为用户提供选择文件的单选按钮
JTable	table	显示文件信息的表格控件

（3）在项目中创建工具类 ReadJar，该类用于读取 jar 文件操作，在该类中定义 process()方法，该方法有一个 String 类型的参数，用于指定 jar 文件地址。该方法以 List 对象作为返回值。具体代码如下：

```
static List process(String fileName){
    List list = new ArrayList();                                //创建 List 集合对象
    try {
        JarFile jarFile = new JarFile(fileName);                //创建 JarFile 对象
        Enumeration en = jarFile.entries();
        while(en.hasMoreElements()){                            //测试枚举中是否包含更多的元素
            FileName file = new FileName();                     //定义 JavaBean 对象
            JarEntry entry = (JarEntry)en.nextElement();        //获取集合中的元素
            String name = entry.getName();                      //获取文件名称
            long size = entry.getSize();                        //获取文件大小
            file.setName(name);
            file.setSize(size+"");
            list.add(file);                                     //将对象添加到集合中
        }
    } catch (Exception e) {
        e.printStackTrace();
    }
    return list;
}
```

■ 秘笈心法

心法领悟 444：MANIFEST 文件。

打开 jar 文件，可以看到文件中包含着一个 META-INF 目录。该目录下会有一些文件，其中有一个 MANIFEST.MF 文件，描述了该 jar 文件中的很多信息。MANIFEST.MF 文件是在生成 jar 文件时自动创建的。在 MANIFEST 文件中包含有一般属性、应用程序相关属性、扩展标识属性、包扩展属性和签名属性、自定义属性等。

实例 445	电子通讯录	高级
	光盘位置：光盘\MR\445	趣味指数：★★★★★

■ 实例说明

相信每位读者都不会对电话本感到陌生，电话本中保存好友的通讯信息，掌握了 O/I 流技术后，可以很轻松地实现一个电子通讯录。本实例实现一个电子通讯录，该实例包含两部分内容，分别为录入信息与显示信息。实例运行效果如图 18.15 所示。

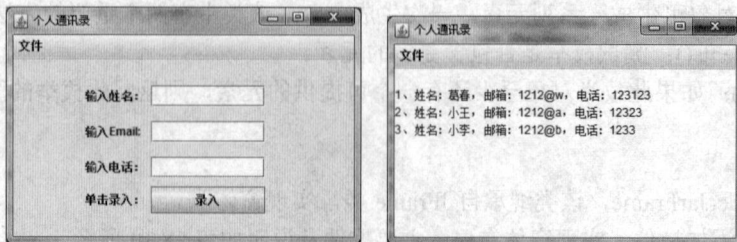

图 18.15　实例运行效果

■ 关键技术

本实例实现向文件中写数据，使用的是 BufferedWriter 类，该类将文本写入字符输出流，缓冲各个字符，从而提供单个字符、数组和字符串的高效写入。该类提供了 newLine()方法，它使用平台自己的行分隔符概念，此概念由系统属性 line.separator 定义。该类的构造方法介绍如下。

❑ BufferedWriter(Writer out)：创建一个使用默认大小输出缓冲区的缓冲字符输出流。

❑ BufferedWriter(Writer out, int sz)：创建一个使用给定大小输出缓冲区的新缓冲字符输出流。

从文本中读取数据时，使用的是 BufferedReader，该类从字符输入流中读取文本，缓冲各个字符，从而实现字符、数组和行的高效读取。该类常用的构造方法介绍如下。

❑ BufferedReader(Reader in)：创建一个使用默认大小输入缓冲区的缓冲字符输入流。

❑ BufferedReader(Reader in, int sz)：创建一个使用指定大小输入缓冲区的缓冲字符输入流。

📖 **说明**：这两个缓冲输入/输出流类，虽然具有本身的特性，但仍然具有普通输入/输出流的读取与写入数据的方法。

■ 设计过程

（1）在项目中创建类 AddreList，该类继承自 JFrame 类，实现窗体类，在该窗体中添加文本菜单，菜单中包含"录入"与"显示"两项内容。当用户单击"录入"菜单项时显示录入界面，当用户单击"显示"菜单项时显示通讯录内容。

（2）当用户单击"录入"窗体中的"录入"按钮时，系统会将用户添加的信息写入文件中。"录入"按钮单击事件中的代码如下：

```java
private void kinbuttonActionPerformed(java.awt.event.ActionEvent evt) {
    try {
        if(nametextField.getText().equals("")||
                    (emailtextField.getText().equals(""))||                //如果用户没有将信息输入完整
                    (phonetextField.getText().equals(""))){
            JOptionPane.showMessageDialog(this, "请输入完整内容", "信息提示框",
                    JOptionPane.WARNING_MESSAGE);                          //给出提示信息
            return;                                                        //退出程序
        }
        if(!file.exists())                                                 //如果文件不存在
            file.createNewFile();                                         //新建文件
        BufferedWriter out = new BufferedWriter(new OutputStreamWriter(
                new FileOutputStream(file,true)));                        //创建 BufferedWriter 对象
        out.write("姓名："+nametextField.getText()+"，  ");                 //向文件中写内容
        out.write("邮箱："+emailtextField.getText()+"，  ");
        out.write("电话："+phonetextField.getText());
        out.newLine();                                                     //新建一行
        out.close();                                                       //关闭流
    } catch (Exception e1) {
        e1.printStackTrace();
    }
}
```

（3）当用户单击窗体中的"显示"菜单项时，首先实现窗体布局，再从文件中将数据读取出，显示在窗体中。"显示"单击事件中的代码如下：

```java
public void actionPerformed(ActionEvent e) {
    if(e.getSource() == reveal){                                          //如果用户单击的是显示菜单项
        try {
            getContentPane().remove(panel);
            jPanel.setLayout(null);                                        //设置窗体布局
            jPanel.setBounds(0, 0, 374, 178);
            JTextArea jtextarea = new JTextArea(20,10);                    //创建文本域对象
            jtextarea.setBounds(0, 0, 374, 178);                          //设置文本域显示位置与大小
            getContentPane().add(jPanel);                                  //向窗体中添加面板
            jPanel.add(jtextarea);                                         //向面板中添加文本域
```

```
        BufferedReader in = new BufferedReader(new FileReader(file));
        String name = null;
        int number = 1;
        while((name = in.readLine())!= null){          //循环从文件中读数据
                jtextarea.append("\n"+number+"、  "+name);  //将读取的数据显示在文本域中
                name = new String(name);
                number++;
        }
        in.close();
        repaint();
} catch (Exception e1) {
        e1.printStackTrace();
}

}
if(e.getSource() == kinescope){                        //如果用户单击"录入"菜单项
        getContentPane().remove(jPanel);              //从窗体中移除面板
        getContentPane().add(panel);

        repaint();                                    //窗体重绘
}
}
```

■ 秘笈心法

心法领悟 445：面板的灵活使用。

面板是一种很常见的容器，本实例就是通过面板的灵活使用实现窗体的多种样式。本实例中应用了显示录入界面的 panel 面板与显示通信信息的 jPanel 面板，当用户单击菜单中的"录入"菜单项时，显示的是 panel 面板；当用户单击"显示"菜单项时，显示的是 jPanel 面板，并将 panel 面板从窗体中移除。

18.2   实现文件整理

实例 446	批量复制指定扩展名的文件 光盘位置：光盘\MR\446	高级 趣味指数：★★★★★

■ 实例说明

在 Windows 操作系统下可以很轻松地实现复制文件，但是如果要实现批量复制某个类型的文件，就不是很轻松了。本实例实现一个小工具，通过本实例可以实现将某文件夹下指定格式的文件复制到相应的文件夹下。实例运行效果如图 18.16 所示。

■ 关键技术

实现本实例需要遍历指定文件夹下的文件，之后将满足条件的文件复制到相应的地址下。通过 File 类的 listFiles()方法可以获取指定路径下的文件集合。该方法的语法如下：

```
File[] listFiles()
```

该方法返回的是 File 数组。要获取数组中每个 File 文件的绝对路径，可以使用 File 类的 getAbsolutePath()方法，该方法以 String 形式返回文件的绝对路径。该方法的语法如下：

```
String getAbsolutePath()
```

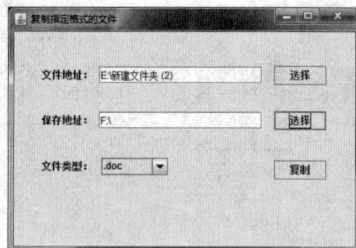

图 18.16   实例运行效果

■ 设计过程

（1）创建 CopyFileFrame 类，该类继承自 JFrame 类，实现窗体类。

（2）向窗体中添加控件，实现窗体布局，主要控件及说明如表 18.11 所示。

表 18.11　窗体的主要控件及说明

控 件 类 型	控 件 命 名	控 件 用 途
JTextField	filePathTextField	显示要复制文件地址的文本框控件
	saveTextField	显示要复制文件的保存路径的文本框控件
JComboBox	typeComboBox	显示要复制文件的文件类型
JButton	choiceButton	为用户提供要进行复制的文件对话框按钮
	saveButton	为用户提供保存复制后的文件地址对话框按钮
	copyButton	显示"复制"按钮

（3）创建工具类 CopyUtil，在该类中定义 getList()方法，用于获取某文件夹下的文件集合。该方法有一个 String 类型的参数，用于要查询的文件夹。具体代码如下：

```java
public List getList(String path) {
    LinkedList<File> list = new LinkedList<File>();            //定义保存目录的集合对象
    ArrayList<String> listPath = new ArrayList<String>();      //定义文件地址的集合对象
    File dir = new File(path);                                 //根据文件地址创建 File 对象
    File file[] = dir.listFiles();                             //获取文件夹下的文件数组
    for (int i = 0; i < file.length; i++) {                    //循环遍历数组
        if (file[i].isDirectory())                             //判断文件是否是一个目录
            list.add(file[i]);                                 //向集合中添加元素
        else {
            listPath.add(file[i].getAbsolutePath());           //将文件路径添加到集合中
        }
    }
    File tmp;
    while (!list.isEmpty()) {                                  //如果保存文件路径的集合不为空
        tmp = list.removeFirst();                              //移除并返回集合中第一项
        if (tmp.isDirectory()) {
            file = tmp.listFiles();
            if (file == null)
                continue;
            for (int i = 0; i < file.length; i++) {            //循环遍历数组
                if (file[i].isDirectory())                     //如果文件表示一个目录
                    list.add(file[i]);
                else {                                         //如果为一个文件对象
                    listPath.add(file[i].getAbsolutePath());
                }
            }
        }
    }
    return listPath;
}
```

（4）在该 CopyUtil 类中定义复制文件的方法 copyFile()，该方法包含两个 String 类型的参数，分别用于指定复制文件的路径与复制后文件的保存路径。具体代码如下：

```java
public void copyFile(String oldPath, String newPath) {
    try {
        int bytesum = 0;
        int byteread = 0;
        File oldfile = new File(oldPath);
        if (oldfile.exists()) {                                //文件存在时
            InputStream inStream = new FileInputStream(oldPath);   //读入源文件
            FileOutputStream fs = new FileOutputStream(newPath);
            byte[] buffer = new byte[1444];
            while ((byteread = inStream.read(buffer)) != -1) {  //循环读取文件
                bytesum += byteread;                           //获取文件大小
                fs.write(buffer, 0, byteread);                 //向文件中写数据
            }
            inStream.close();
        }
    } catch (Exception e) {
        e.printStackTrace();
    }
}
```

秘笈心法

心法领悟 446：提取文件扩展名。

通过 File 类可以获取文件的完整名称，但是不能获取文件的扩展名，要获取文件的扩展名，可以通过 String 类的 substring()方法，指定截取字符串的开始索引位置和结束索引位置，来完成提取字符串的扩展名。本实例获取文件的扩展名是通过字符串截取的方式。

实例 447	计数器小程序 光盘位置：光盘\MR\447	高级 趣味指数：★★★★★

实例说明

计数器大家都很熟悉，用于统计运行项目的数量，对系统分析有很重要的作用。计数器有多种实现形式，本实例实现的是对聊天室程序的计数统计，如果有新的访客登录系统，会将当前时间、在线人数写入 txt 文件中永久地保存在磁盘中。本实例是一个应用网络技术开发的小程序，分为服务器端与客户端程序，客户端程序运行效果如图 18.17 所示。文本文件中的统计结果如图 18.18 所示。

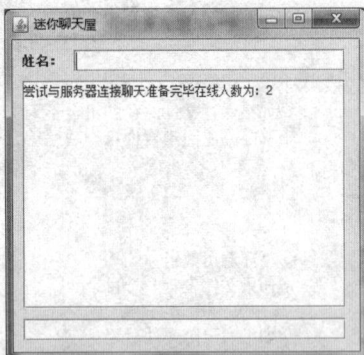

图 18.17　实例运行效果　　　　　　　　图 18.18　文本文件中的统计结果

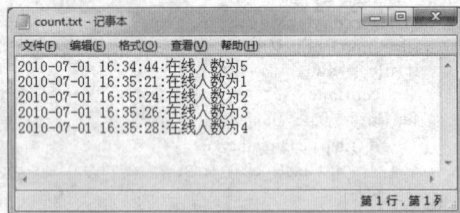

关键技术

本实例中实现向文本文件中写入计数器信息，需要注意的是要保留原文件中的内容，并将新的信息追加到文件中。如果使用 FileOutputStream 类可以实现将信息追加到文件末尾，但是该类不支持分行写入文件。本实例使用的是 BufferedWriter 类，该类提供了缓冲区，可以实现数据的分行写入。下面对该类进行介绍。

❑　语法一：创建使用默认大小输出缓冲区的缓冲字符输出流。语法如下：

```
BufferedWriter(Writer out)
```

参数说明

out：Writer 对象。

❑　语法二：创建一个使用给定大小缓冲区的缓冲字符输出流。语法如下：

```
BufferedWriter(Writer out, int sz)
```

参数说明

❶ out：Writer 对象。

❷ sz：输出缓冲区的大小。

该类提供了与 FileOutputStream 类相同的 write()方法外，还提供了向流中写入行分隔符的方法 newLine()，通过 BufferedWriter 对象就可以调用该方法。

■ 设计过程

（1）创建类 ServerProcess，实现创建服务器端套接字，具体代码读者可参考光盘中的源程序。

（2）创建类 Client，该类继承自 JFrame 类，实现窗体，向窗体中添加的主要控件及说明如表 18.12 所示。

表 18.12　窗体的主要控件及说明

控 件 类 型	控 件 命 名	控 件 用 途
JTextField	nameField	供用户输入姓名的文本框控件
	sendField	供用户输入发送信息的文本框控件
JTextArea	msgArea	显示聊天内容的文本域控件

（3）实现将具体时间的在线人数写入文本文件的具体代码如下：

```
BufferedWriter out = new BufferedWriter(new OutputStreamWriter(        //创建 BufferedWriter 对象
        new FileOutputStream(file,true)));
String dates = String.format("%tF %<tT", new Date());                  //对日期进行格式化
out.write(dates+":在线人数为"+size());                                   //向文件中写内容
out.newLine();                                                          //新建一行
out.close();
```

■ 秘笈心法

心法领悟 447：刷新缓冲区。

在使用缓冲输出流时，写入流中的信息可能会没有写到目标文件中，这是因为有缓冲区的原因，这时就要调用缓冲输出流的 flush()方法来刷新缓冲区。

实例 448	将某文件夹中的文件进行分类存储 光盘位置：光盘\MR\448	高级 趣味指数：★★★★★

■ 实例说明

随着信息技术的高速发展，人们在计算机中存储的文件越来越多，有时由于时间的问题，没有注意文件的存放方式，这样长期下去，计算机中的文件会显得比较凌乱。可以自己开发一个小程序，实现文件的分类存储，将具有相同格式的文件存储在同一个文件夹下，以方便查询。实例运行效果如图 18.19 所示。

图 18.19　实例运行效果

■ 关键技术

本实例实现文件分类存储的关键是获取某文件夹下的文件，并通过字符串截取的方式提取文件的格式，再根据获取的文件格式创建文件夹。提取文件格式使用的是 String 类的 substring()方法，该方法可在指定的字符串中截取子字符串，语法格式如下：

```
substring(int beginIndex,int endIndex)
```

参数说明

❶ beginIndex：要截取字符串的开始索引位置，包括该索引位置处的字符。

❷ endIndex：要截取字符串的结束索引，不包括该索引位置处的字符。

■ 设计过程

（1）继承 JFrame 编写一个窗体类，名称为 SortFrame。

（2）设计 SortFrame 窗体类时用到的控件及说明如表 18.13 所示。

表 18.13　窗体的控件及说明

控 件 类 型	控 件 命 名	控 件 用 途
JTextField	pathTextField	显示要分类的文件夹地址
JButton	choiceButton	为用户提供选择要分类的文件夹的按钮
	sortButton	显示"确定分类"按钮

（3）创建工具类 SortUtil，该类定义了获取文件夹下所有文件方法 getList() 和复制文件方法 copyFile()，读者可参考光盘中的源程序，这里不再赘述；此外还定义了新建文件夹方法 createFolder()，该方法有一个 String 类型的参数，用于定义新建文件夹的保存地址。具体代码如下：

```java
public void createFolder(String strPath) {
    try {
        File myFilePath = new File(strPath);                //根据文件地址创建 File 对象
        if (!myFilePath.exists()) {                          //如果指定的 File 对象不存在
            myFilePath.mkdir();                              //创建目录
        }
    } catch (Exception e) {
        System.out.println("新建文件夹操作出错");
        e.printStackTrace();
    }
}
```

（4）当用户单击"确定分类"按钮后，系统会调用相应方法，实现文件分类存储。具体代码如下：

```java
protected void do_sortButton_actionPerformed(ActionEvent arg0) {
    SortUtil sortUtil = new SortUtil();
    List list = sortUtil.getList(pathTextField.getText());      //获取用户选择文件夹中的所有文件集合
    for(int i = 0;i<list.size();i++){                           //循环遍历该文件集合
        String strFile = list.get(i).toString();
        int index = strFile.lastIndexOf(".");
        if(index != -1){
            //对文件夹进行截取，获取文件扩展名
            String strN = strFile.substring(index+1,strFile.length());
            int ind = strFile.lastIndexOf("\\");
            String strFileName = strFile.substring(ind, index);
            //调用创建文件夹的方法，新建文件夹
            sortUtil.createFolder(pathTextField.getText()+"\\"+"分类");
            sortUtil.createFolder(pathTextField.getText()+"\\"+"分类"+"\\"+strN);
            if(strFile.endsWith(strN)){
            //将文件集合中与文件夹名称相同的文件复制到相应的文件夹中
                sortUtil.copyFile(strFile,pathTextField.getText()+"\\"+"分类"+"\\"+strN+
                    "\\"+strFileName+strFile.substring(index,strFile.length()));
            }
        }
    }
    JOptionPane.showMessageDialog(getContentPane(),               //给出用户分类完成提示框
        "文件分类成功！", "信息提示框", JOptionPane.WARNING_MESSAGE);
}
```

■ 秘笈心法

心法领悟 448：　用户提示信息对话框。

本实例中如果分类完成，将给出用户提示信息，提示信息应用的是 JOptionPane 类，通过创建该类对象可以实现显示信息对话框。该类的构造方法中的参数，依次表示信息对话框所依赖的控件、指定对话框上显示的文字信息、对话框上显示的文字信息和对话框显示的类型。

18.3　文件控制

实例 449	利用 StreamTokenizer 统计文件的字符数 光盘位置：光盘\MR\449	高级 趣味指数：★★★★★

■ 实例说明

在常见的文本编辑器中，有一些提供了对字数的统计，如 Word。但有些文本编辑器是没有提供字数统计的，如记事本工具。为了方便使用记事本的用户可以快速地统计记事本文件中的字符数，可以开发专门的小工具，Java 中的 StreamTokenizer 类可以实现该功能。本实例显示统计记事本文件的字符数，实例运行效果如图 18.20 所示。

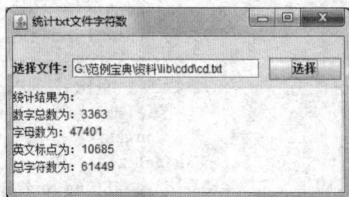

图 18.20　实例运行效果

■ 关键技术

java.io 包中的 StreamTokenizer 类可以获取输入流并将其解析为标记，可以通过该类的 nextToken()方法读取下一个标记。该类的构造方法的语法如下：

```
StreamTokenizer(Reader r)
```

参数说明

r：提供输入流的 Reader 对象。

该类有几个非常重要的常量来标记读取文件的内容，这些常量与含义如表 18.14 所示。

表 18.14　常量与含义

常　量　名	常　量　说　明
TT_EOF	表示读取到文件末尾
TT_WORD	指示读到一个文字标记的常量
TT_NUMBER	表示已读到一个数字标记的常量

■ 设计过程

（1）继承 JFrame 编写一个窗体类，名称为 StatFrame。

（2）设计 StatFrame 窗体类时用到的控件及说明如表 18.15 所示。

表 18.15　窗体的控件及说明

控件类型	控件命名	控件用途
JTextField	pathTextField	显示要统计的文本文件地址的文本框控件
JButton	chooseButton	为用户提供选择文件的按钮控件
JTextArea	resultTextArea	为用户提供显示统计结果的文本与控件

（3）定义工具类 StatUtil，在该类中定义 statis()方法，获取读取文件的字符数组。该类有一个 String 类型的参数，用于指定文件地址，返回值为保存读取结果的 int 数组。关键代码如下：

```java
public static int[] statis(String fileName) {
    FileReader fileReader = null;
    try {
        fileReader = new FileReader(fileName);                    //创建 FileReader 对象
        StreamTokenizer stokenizer = new StreamTokenizer(new BufferedReader(
                fileReader));                                     //创建 StreamTokenizer 对象
        stokenizer.ordinaryChar('\'');                           //将单引号当作是普通字符
        stokenizer.ordinaryChar('\"');                          //将双引号当作是普通字符
```

```
            stokenizer.ordinaryChar('/');                        //将 "/" 当作是普通字符
            int[] length = new int[4];                           //定义保存计算结果的 int 型数组
            String str;
            int numberSum = 0;                                   //定义保存数字的变量
            int symbolSum = 0;                                   //定义保存英文标点数的变量
            int wordSum = 0;
            int sum = 0;                                         //定义保存总字符数的变量
            while (stokenizer.nextToken() != StreamTokenizer.TT_EOF) {   //如果没有读到文件的末尾
                switch (stokenizer.ttype) {                      //判断读取标记的类型
                    case StreamTokenizer.TT_NUMBER:              //如果用户读取的是一个数字标记
                        str = String.valueOf(stokenizer.nval);   //获取读取的数字值
                        numberSum += str.length();               //计算读取的数字长度
                        length[0] = numberSum;                   //设置数组中的元素
                        break;                                   //退出语句
                    case StreamTokenizer.TT_WORD:                //如果读取的是文字标记
                        str = stokenizer.sval;                   //获取该标记
                        wordSum += str.length();                 //计算该文字的长度
                        length[1] = wordSum;
                        break;
                    default:                                     //如果读取的是其他标记
                        str = String.valueOf((char) stokenizer.ttype);  //读取该标记
                        symbolSum += str.length();               //计算该标记的长度
                        length[2] = symbolSum;                   //设置 int 数组中的元素
                }
            }
            sum = symbolSum + numberSum + wordSum;               //获取总字符数
            length[3] = sum;
            return length;
        } catch (Exception e) {
            e.printStackTrace();
            return null;
        }
    }
}
```

秘笈心法

心法领悟 449：StreamTokenizer 统计字符。

在统计文件的字符数时，不能简单地统计标记数，因为字符数不等于标记，按照标记的规定，引号中的内容就算是 10 页也算是一个标记。所以要使引号的内容都算作一个标记，就要通过 StreamTokenizer 类的 ordinaryChar() 方法，将单引号和双引号当作普通字符来处理。

实例 450	在指定目录下搜索文件 光盘位置：光盘\MR\450	高级 趣味指数：★★★★☆

实例说明

Windows 操作系统下的文件搜索功能大家都很熟悉，通过该功能用户可以在指定的范围内搜索相关的文件。本实例模拟该功能开发一个小型的文件搜索工具，通过该工具可以将相关文件名称显示在窗体中，本实例支持星号"*"表示任意多个字符，支持问号"？"表示任意一个字符。实例运行效果如图 18.21 所示。

关键技术

本实例的实现首先要获取指定目录下的文件数组，再从数组中查询满足条件的文件。获取指定目录下的文件数组，可以通过 File 类的 listFiles() 方法，具体语法如下：

图 18.21　实例运行效果

File[] listFiles()

该方法返回一个抽象路径名数组，此抽象路径名表示的是目录中的文件。

设计过程

（1）继承 JFrame 编写一个窗体类，名称为 SearchFrame。

（2）设计 SearchFrame 窗体类时用到的控件及说明如表 18.16 所示。

表 18.16　窗体的控件及说明

控 件 类 型	控 件 命 名	控 件 用 途
JTextField	pathTextField	显示要进行搜索的文件地址文本框控件
	nameTextField	显示要搜索的文件名文本框控件
JComboBox	postfixComboBox	显示要搜索的文件名后缀的下拉列表控件
JList	resultList	显示搜索出满足条件的文件名的列表控件

（3）编写工具类 FileSearch，在该类中定义 findName()方法，用于查找匹配的文件。如果要查找的文件名与搜索模式匹配，则返回 true；如果不匹配则返回 false。具体代码如下：

```java
public static boolean findName(String pattern, String str) {
    int patternLength = pattern.length();                       //获取参数字符串的长度
    int strLength = str.length();
    int strIndex = 0;
    char eachCh;
    for (int i = 0; i < patternLength; i++) {                   //循环字符参数字符串中的每个字符
        eachCh = pattern.charAt(i);                             //获取字符串中每个索引位置的字符
        if (eachCh == '*') {                                    //如果这个字符是一个星号
            while (strIndex < strLength) {
                if (findName(pattern.substring(i + 1), str
                        .substring(strIndex))) {                //如果文件名与搜索模式匹配
                    return true;
                }
                strIndex++;
            }
        } else if (eachCh == '?') {                             //如果包含问号
            strIndex++;
            if (strIndex > strLength) {                         //如果 str 中没有字符可以匹配 "?" 号
                return false;
            }
        } else {                                                //如果要寻找的是普通文件
        //如果没有查找到匹配的文件
            if ((strIndex >= strLength) || (eachCh != str.charAt(strIndex))) {
                return false;
            }
            strIndex++;
        }
    }
    return (strIndex == strLength);
}
```

（4）定义 findFiles()方法，实现文件搜索功能。该方法有两个 String 类型的参数，分别用于指定要搜索目录的地址以及要搜索文件的名称。具体代码如下：

```java
public static List findFiles(String baseDirName, String targetFileName) {
    List fileList = new ArrayList();                            //定义保存返回值的 List 对象
    File baseDir = new File(baseDirName);                       //根据参数创建 File 对象
    if (!baseDir.exists() || !baseDir.isDirectory()) {          //如果该 File 对象不存在或者不是一个目录
        return fileList;                                        //返回 List 对象
    }
    String tempName = null;
    File[] files = baseDir.listFiles();                         //获取参数目录下的文件数组
    for (int i = 0; i < files.length; i++) {                    //循环遍历文件数组
        if (!files[i].isDirectory()) {                          //如果数组中的文件不是一个目录
            tempName = files[i].getName();                      //获取该数组的名称
            if (FileSearch.findName(targetFileName, tempName)) {  //调用文件匹配方法
```

```
            fileList.add(files[i].getAbsoluteFile());              //将指定的文件名添加到集合中
        }
    }
    return fileList;
}
```

■ 秘笈心法

心法领悟 450：将满足条件的文件名添加到 JList 列表中。

本实例中实现将满足条件的文件名添加到 JList 列表中，由于在该列表中可能会包含有上次查询的结果，因此在显示本次查询结果时，要使用 JList 对象的 removeAllElements()方法将列表对象清空，才能达到满足的效果。

实例 451	序列化与反序列化对象 光盘位置：光盘\MR\451	中级 趣味指数：★★★★☆

■ 实例说明

对于一个大的应用程序需要使用很多的对象，由于虚拟机内存有限，有时不可能将所有有用的对象都放在内存中，因此，需要将不常用的对象暂时持久化到文件中，这一过程就称为对象的序列化；当需要使用对象时，再从文件中把对象恢复至内存，这个过程被称为对象的反序列化。本实例实现的是将对象序列化到文件，然后再从文件反序列化到对象。实例运行效果如图 18.22 所示。

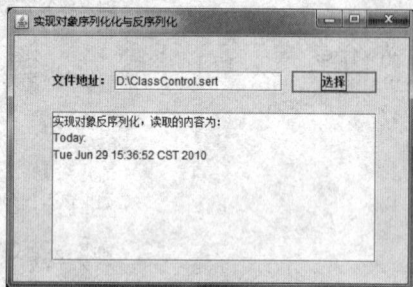

图 18.22　实例运行效果

■ 关键技术

需要被序列化的对象必须实现 java.io.Serializable 接口，需要注意的是，该接口中没有定义任何方法。对象输出流 ObjectOutputStream 可以将对象写入流中，该类的构造方法语法介绍如下。

❑　语法一：创建写入指定 OutputStream 的 ObjectOutputStream，其声明如下：

```
ObjectOutputStream(OutputStream out)
```

参数说明

out：要写入数据的输出流。

❑　语法二：完全实现 ObjectOutputStream 的子类提供的方法，其声明如下：

```
ObjectOutputStream()
```

对象输入流 ObjectInputStream 类可以从流中读取对象到内存，该类的构造方法的语法介绍如下。

❑　语法一：创建从指定 InputStream 读取的 ObjectInputStream，其声明如下：

```
ObjectInputStream(InputStream in)
```

参数说明

in：要从中读取的输入流。

❑　语法二：完全实现 ObjectInputStream 的子类，其声明如下：

```
ObjectInputStream()
```

设计过程

（1）继承 JFrame 编写一个窗体类，名称为 WriteObjectFrame。

（2）设计 WriteObjectFrame 窗体类时用到的控件及说明如表 18.17 所示。

表 18.17　窗体的控件及说明

控 件 类 型	控 件 命 名	控 件 用 途
JTextField	pathTextField	显示文件地址的文本框控件对象
JButton	pathButton	显示"选择"的按钮控件
JTextArea	textArea	显示要搜索的文件名后缀的下拉列表控件

（3）编写工具类 SerializeObject，在该类中定义内部类 Bowel，表示被序列化的对象，该类实现 Serializable 接口。具体代码如下：

```java
static class Bowel implements Serializable{
    private int number1,number2;                            //定义普通的实例变量
    private transient int number3;                          //定义不会被序列化和反序列化的对象
    private static int number4;
    public Bowel(int number1 ,int number2,int c,int number3){   //构造方法
        this.number1 = number1;
        this.number2 = number2;
        this.number3 = number3;
        this.number4 = number4;
    }
}
```

（4）在该类中定义 serialize()方法，该方法用于实现对象的序列化，在该方法中通过 ObjectOutputStream 类的 writeObject()方法，将对象写入文件中。具体代码如下：

```java
public static void serialize(String fileName){
    try {
        File file = new File(fileName);                     //根据文件地址创建文件对象
        if(!file.exists()){                                 //如果该对象不存在
            file.createNewFile();                           //创建该文件对象
        }
        //创建对象输出流
        ObjectOutputStream out = new ObjectOutputStream(new FileOutputStream(fileName));
        out.writeObject("今天是:");                          //向文件中写入数据
        out.writeObject(new Date());
        Bowel my1 = new Bowel(5,6,7,3);                     //定义内部类对象
        out.writeObject(my1);                               //将对象写入文件中
        out.close();                                        //将流关闭
    } catch (Exception e) {
        e.printStackTrace();
    }
}
```

（5）创建 deserialize()方法，该方法用于实现对象的反序列化。具体代码如下：

```java
public static Object[] deserialize(String fileName){
    try {
        File file = new File(fileName);                     //根据文件地址创建文件对象
        if(!file.exists()){                                 //如果该文件不存在
            file.createNewFile();                           //新建文件
        } //创建对象输入流
        ObjectInputStream in = new ObjectInputStream(new FileInputStream(fileName));
        String today = (String)(in.readObject());           //从流中读取信息
        Date date = (Date)(in.readObject());
        System.out.println(date.toString());
        Object[] object = {today,date};
        Bowel my1 = (Bowel)(in.readObject());
        in.close();                                         //关闭流
        return object;
    } catch (Exception e) {
        e.printStackTrace();
    }
```

```
        return null;
    }
}
```

秘笈心法

心法领悟 451：对象序列化。

在对象序列化时，对象是按照 writeObject() 方法的调用顺序存储在文件中，先被序列化的对象在文件的前面，后被序列化的对象在文件的后面。因此，在反序列时，先读到的对象就是先被序列化的对象。

实例 452	文件锁定 光盘位置：光盘\MR\452	中级 趣味指数：★★★★☆

实例说明

在操作文件时，可能会遇到这样的问题：当打开一个文件时会遇到"该文件已经被另一个程序占用，打开失败"。这是因为另一个程序正在编辑该文件，在这个过程中，不允许其他程序修改这个程序，这就是文件的锁定。本实例通过 Java 程序实现将 C 盘的 count.txt 文件锁定 1 分钟，当对该文件进行编辑保存时，会出现如图 18.23 所示的结果。

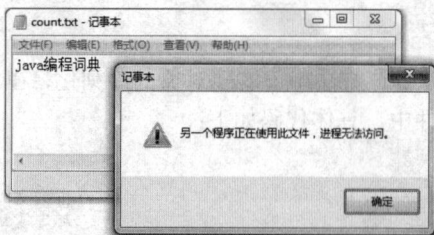

图 18.23　实例运行效果

关键技术

本实例通过使用 FileLock 类文件进行文件锁定。文件锁定可阻止其他并发运行的程序获取重叠的独占锁定。文件锁定可以是独占，也可以是共享。该类的主要方法介绍如下。

- ❑ isShared() 方法：判断此锁定是否为共享的。
- ❑ isValid() 方法：判断此锁定是否有效。
- ❑ release() 方法：释放锁定。

设计过程

（1）在项目中创建类 EncryptInput，在该类中定义锁定文件方法 fileLock()，该方法有一个 String 类型的参数，用于指定锁定文件的地址。具体代码如下：

```
public static void fileLock(String file) {
    FileOutputStream fous = null;                         //创建 FileOutputStream 对象
    FileLock lock = null;                                 //创建 FileLock 对象
    try {
        fous = new FileOutputStream(file);               //实例化 FileOutputStream 对象
        lock = fous.getChannel().tryLock();              //获取文件锁定
        Thread.sleep(60 * 1000);                          //线程锁定 1 分钟
    } catch (Exception e) {
        e.printStackTrace();
    }
}
```

📖 **说明**：本程序将文件锁定 1 分钟，1 分钟后锁定的文件会解除。

（2）在该类的主方法中调用锁定文件方法，实现将 C 盘的 count.txt 文件进行锁定。具体代码如下：

```
public static void main(String[] args) {
    String file = "C://count.txt";                              //创建文件对象
    fileLock(file);                                             //调用文件锁定方法
}
```

秘笈心法

心法领悟 452：对部分文件锁定。

本实例使用 fous.getChannel().tryLock()实现了将整个文件都锁定。除了实现文件的整体锁定外，还可以实现文件的部分锁定。FileLock.tryLock()实现整个文件的锁定。实现文件的部分锁定可以使用 FileLock.tryLock(long posi,long size,Bollean shard)，表示锁定文件的 posi 开始的 size 个字节，shard 参数指定是否共享。

实例 453	投票统计 光盘位置：光盘\MR\453	高级 趣味指数：★★★★☆

实例说明

I/O 流技术作为流行的持久化被应用在很多方面，本实例实现的是一个投票统计工具。由于运用了 I/O 技术，所以在多次运行工具时，数据不会丢失。实例运行效果如图 18.24 所示。

图 18.24　实例运行效果

关键技术

本实例通过 BufferedReader 类实现将名称和票数都写入到流中，再通过该流将数据从文件中读取出来，经过修改，实现当用户每次单击按钮时，会将票数做加 1 处理。

设计过程

（1）在项目中创建类 MyMin，该类继承自 JFrame 类，实现窗体类。向该窗体中添加复选框、文本域与按钮控件实现窗体布局，复选框控件显示可选择的人员，文本域控件显示统计结果。

（2）创建工具类 Candidate，在该类中定义 getBallot()方法，该方法实现从保存统计结果的文件中读取指定姓名的干部选票。具体代码如下：

```
public int getBallot(String name){
File file = new File("C://count.txt");                          //创建文件对象
FileReader fis;
try {
    if(!file.exists())                                          //如果该文件不存在
        file.createNewFile();                                   //新建文件
    fis = new FileReader(file);
    BufferedReader    bis = new BufferedReader(fis);            //创建 BufferedReader 对象
    String str[] = new String[3];
    String size ;
    int i = 0;
    while((size = bis.readLine())!=null){                        //循环读取文件内容
        str[i] = size.trim();                                   //去除字符串中的空格
        if(str[i].startsWith(name)){
            int length = str[i].indexOf(":");
            String sub = str[i].substring(length+1,str[i].length());  //对字符串进行截取
            len = Integer.parseInt(sub);
            continue;
```

```
        }
            i++;
        }
    } catch (Exception e) {
        e.printStackTrace();
    }
    return len;
}
```

（3）在工具类中定义 addBallot()方法，实现将某选民的票数加 1 处理。具体代码如下：

```
public void addBallot(String name){                                          //定义增加选票方法
File file = new File("C://count.txt");                                       //创建文件对象
FileReader fis;
try {
        if(!file.exists())                                                   //如果该文件不存在
            file.createNewFile();                                            //新建文件
        fis = new FileReader(file);                                          //对 FileReader 对象进行实例化
        BufferedReader    bis = new BufferedReader(fis);
        String str[] = new String[3];
        String size ;
        int i = 0;
        while((size = bis.readLine())!=null){                                //循环读取文件
            str[i] = size.trim();
            if(str[i].startsWith(name)){
                int length = str[i].indexOf(":");                           //获取指定字符索引位置
                String sub = str[i].substring(length+1,str[i].length());    //对字符串进行截取
                len = Integer.parseInt(sub)+1;
                break;
            }
            i++;
        }
        FileWriter fw = new FileWriter(file);                                //创建 FileWriter 对象
        BufferedWriter bufw = new BufferedWriter(fw);
        bufw.write(name+":"+len);                                           //向流中写数据

        bufw.close();                                                       //关闭流
        fw.close();

} catch (Exception e) {
    e.printStackTrace();
}
}
```

■ 秘笈心法

心法领悟 453：灵活地使用字符串处理技术。

本实例中是将选民的名称和他得到的票数写入文本文件中，要实现将选民的票数加 1，就要从文本中读取数据再进行处理，这时就要使用到字符串处理技术，来保证更新票数的准确性。

第19章

文件压缩

- ▶▶ Java 实现文件压缩
- ▶▶ RAR 文件压缩
- ▶▶ 数据压缩的网络应用

19.1　Java 实现文件压缩

实例 454	压缩所有文本文件 光盘位置：光盘\MR\454	高级 趣味指数：★★★★

■ 实例说明

在文件传输过程中，如下载文件，用户通常希望在保证文件质量的情况下，文件的体积要尽可能的小；对于多个文件可以当成一个文件来传输。利用压缩即可实现上述需求。本实例使用 Java 自带的压缩工具包实现对于多个文本文件压缩的功能。实例运行效果如图 19.1 所示。

📖 说明：当用户单击"开始压缩"按钮时，会在用户选择文件夹的父文件夹中创建一个名为 java.zip 的压缩文件。

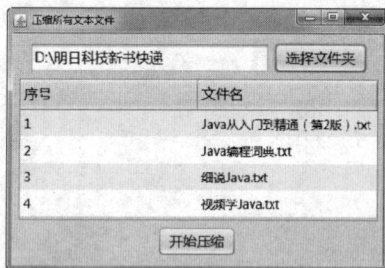

图 19.1　实例运行效果

■ 关键技术

压缩文件和复制文件类似，只是用另外一种格式保存输入流。本实例使用到了 ZipOutputStream，它以 ZIP 文件格式写入文件实现输出流过滤器。本实例使用的方法如表 19.1 所示。

表 19.1　ZipOutputStream 的常用方法

方　法　名	作　用
ZipOutputStream(OutputStream out)	创建新的 ZIP 输出流
putNextEntry(ZipEntry e)	开始写入新的 ZIP 文件条目并将流定位到条目数据的开始处

■ 设计过程

（1）继承 JFrame 编写一个窗体类，名称为 ZipTextFileFrame。

（2）设计 ZipTextFileFrame 窗体类时用到的主要控件及说明如表 19.2 所示。

表 19.2　窗体的主要控件及说明

控 件 类 型	控 件 命 名	控 件 用 途
JButton	chooseButton	实现选择压缩文件夹的功能
	zipButton	实现压缩功能
JTextField	chooseTextField	显示用户选择的文件夹绝对路径
JTable	table	显示用户选择的文件夹中所有的文本文件

（3）实现压缩文件的方法 zipFile()，参数 files 指明要压缩的文件，targetZipFile 指明压缩后生成的文件。代码如下：

```java
private static void zipFile(File[] files, File targetZipFile) throws IOException {
    //利用给定的 targetZipFile 对象创建文件输出流对象
    FileOutputStream fos = new FileOutputStream(targetZipFile);
    ZipOutputStream zos = new ZipOutputStream(fos);              //利用文件输出流创建压缩输出流
    byte[] buffer = new byte[1024];                              //创建写入压缩文件的数组
    for (File file : files) {                                    //遍历全部文件
        ZipEntry entry = new ZipEntry(file.getName());          //利用每个文件的名字创建 ZipEntry 对象
        FileInputStream fis = new FileInputStream(file);        //利用每个文件创建文件输入流对象
        zos.putNextEntry(entry);                                //在压缩文件中添加一个 ZipEntry 对象
        int read = 0;
```

```
    while ((read = fis.read(buffer)) != -1) {
        zos.write(buffer, 0, read);                              //将输入写入压缩文件
    }
    zos.closeEntry();                                            //关闭 ZipEntry
    fis.close();                                                 //释放资源
    }
    zos.close();
    fos.close();
}
```

💡 提示：对于写入 Zip 文件的每个文件，都要创建一个 ZipEntry 对象来区别，不同文件的 ZipEntry 要不同。

■ 秘笈心法

心法领悟 454：压缩普通文件。

文件的压缩过程是把文件的输入流用另外一种格式来保存。Java 中每个被压缩的文件都要使用 ZipEntry 来区别，最后将文件的数据写入 ZIP 文件中即可。

实例 455	压缩包解压到指定文件夹 光盘位置：光盘\MR\455	高级 趣味指数：★★★☆

■ 实例说明

在获得一个以 ZIP 格式压缩的文件之后，需要将其进行解压缩，还原成压缩前的文件。本实例使用 Java 自带的压缩工具包来实现解压缩文件到指定文件夹的功能。实例运行效果如图 19.2 所示。

📖 说明：在解压缩完成后显示解压的文件。压缩包中的文本文件不要放在文件夹中，否则会出现异常。

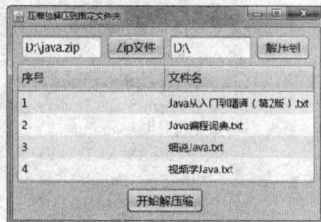

图 19.2　实例运行效果

■ 关键技术

ZipFile 是用来从 ZIP 文件中读取 ZipEntry 的类。本实例使用的方法如表 19.3 所示。

表 19.3　ZipFile 类的常用方法

方 法 名	作 用
close()	关闭 ZIP 文件
entries()	返回 ZIP 文件条目的枚举
getInputStream(ZipEntry entry)	返回输入流以读取指定 ZIP 文件条目的内容

■ 设计过程

（1）继承 JFrame 编写一个窗体类，名称为 UnZipTextFileFrame。

（2）设计 UnZipTextFileFrame 窗体类时用到的主要控件及说明如表 19.4 所示。

表 19.4　窗体的主要控件及说明

控 件 类 型	控 件 命 名	控 件 用 途
JButton	sourceButton	让用户选择要解压缩的 ZIP 文件
	targetButton	让用户选择解压到哪个文件夹
	unzipButton	实现解压缩功能
JTextField	sourceTextField	显示用户选择的 ZIP 文件的绝对路径
	targetTextFiled	显示用户选择的解压到的文件夹
JTable	table	显示解压缩的文件

（3）利用 do_unzipButton_actionPerformed()方法实现用户对于单击"开始解压缩"按钮的响应，该方法实现了解压缩 ZIP 文件的功能。核心代码如下：

```java
protected void do_unzipButton_actionPerformed(ActionEvent arg0) {
    DefaultTableModel model = (DefaultTableModel) table.getModel();      //获得表格模型
    model.setColumnIdentifiers(new Object[] { "序号", "文件名" });        //设置表头
    int id = 1;                                                          //声明序号变量
    ZipFile zf = null;
    try {
        zf = new ZipFile(zipFile);                                       //利用用户选择的 ZIP 文件创建 ZipFile 对象
        Enumeration e = zf.entries();                                    //创建枚举变量
        while (e.hasMoreElements()) {                                    //遍历枚举变量
            ZipEntry entry = (ZipEntry) e.nextElement();                 //获得 ZipEntry 对象
            if (!entry.getName().endsWith(".txt")) {                     //如果不是文本文件就不进行解压缩
                continue;
            }
            //利用用户选择的文件夹和 ZipEntry 对象名称创建解压后的文件
            File currentFile = new File(targetFile + File.separator + entry.getName());
            FileOutputStream out = new FileOutputStream(currentFile);
            InputStream in = zf.getInputStream(entry);                   //获得 ZipEntry 对象的输入流
            int buffer = 0;
            while ((buffer = in.read()) != -1) {                         //将输入流写入本地文件
                out.write(buffer);
            }
            model.addRow(new Object[] { id++, currentFile.getName() });  //增加一行表格数据
            in.close();                                                  //释放资源
            out.close();
        }
        table.setModel(model);                                           //更新表格
        JOptionPane.showMessageDialog(this, "解压缩完成");              //提示用户解压缩完成
    } catch (ZipException e) {                                           //捕获异常
        e.printStackTrace();
    } catch (IOException e) {
        e.printStackTrace();
    } finally {
        if (zf != null) {
            try {
                zf.close();
            } catch (IOException e) {
                e.printStackTrace();
            }
        }
    }
}
```

📢 **注意**：对于读到的每一个 ZipEntry，都要进行一次写入数据的处理，这样才能还原成原来的文件。

■ 秘笈心法

心法领悟 455：解压缩普通文件。

解压缩文件首先要把 ZIP 文件转换成一个 ZipFile 对象，再利用 ZipEntry 分割各个被压缩的文件，将每个 ZipEntry 还原成一个文件即可。

实例 456	压缩所有子文件夹 光盘位置：光盘\MR\456	高级 趣味指数：★★★☆

■ 实例说明

在压缩文件时，通常情况下一个文件夹都会有若干个子文件夹，此时该怎样处理呢？本实例向读者展示如何压缩包含子文件夹的文件夹。实例运行效果如图 19.3 所示。

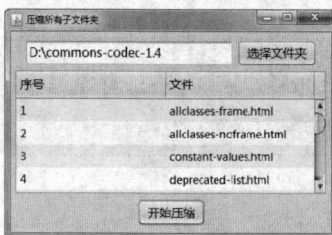

图 19.3　实例运行效果

说明：在压缩完成后，表格中显示压缩的文件。压缩文件与用户选择的文件夹同名，并且位于同一文件夹中。

关键技术

本实例应用到的关键技术请参见实例 454。

设计过程

（1）继承 JFrame 编写一个窗体类，名称为 ZipDirectoryFrame。

（2）设计 ZipDirectoryFrame 窗体类时用到的主要控件及说明如表 19.5 所示。

表 19.5　窗体的主要控件及说明

控 件 类 型	控 件 命 名	控 件 用 途
JButton	chooseButton	显示文件选择对话框
	zipButton	实现压缩功能
JTextField	chooseTextField	显示用户选择的文件夹绝对路径
JTable	table	显示用户选择的文件夹中所有的文本文件

（3）编写实现压缩功能的方法 zipFile()，参数 path 指明所有要压缩文件的路径，targetZipFile 指明生成的压缩文件的保存位置，base 指明压缩文件夹的基路径（如果要压缩的文件夹是"d:\资料"，那么根路径就是"d:\资料"）。代码如下：

```
private static void zipFile(List<String> path, File targetZipFile, String base) throws IOException {
    //根据给定的 targetZipFile 创建文件输出流对象
    FileOutputStream fos = new FileOutputStream(targetZipFile);
    ZipOutputStream zos = new ZipOutputStream(fos);                           //利用文件输出流对象创建 ZIP 输出流对象
    byte[] buffer = new byte[1024];
    for (String string : path) {                                             //遍历所有要压缩文件的路径
        File currentFile = new File(string);
        ZipEntry entry = new ZipEntry(string.substring(base.length() + 1, string.length()));   //利用要压缩文件的相对路径创建 ZipEntry 对象
        FileInputStream fis = new FileInputStream(currentFile);
        zos.putNextEntry(entry);
        int read = 0;
        while ((read = fis.read(buffer)) != -1) {                            //将数据写入 ZIP 输出流中
            zos.write(buffer, 0, read);
        }
        zos.closeEntry();                                                    //关闭 ZipEntry 对象
        fis.close();
    }
    zos.close();                                                            //释放资源
    fos.close();
}
```

秘笈心法

心法领悟 456：压缩包含子文件夹的文件夹。

压缩包含子文件夹的文件夹和压缩全是文件的文件夹类似，区别在于如何找出包含子文件夹的文件夹的所有文件，并且构造 ZipEntry 时不会出现重名现象。本实例采用获得要压缩文件夹中所有文件的相对路径来创新地解决这个问题。

实例 457	深层文件夹压缩包的释放 光盘位置：光盘\MR\457	高级 趣味指数：★★★★☆

■ 实例说明

通常情况下，压缩包内应该会有多个文件，并且使用多个文件夹将其分类。为了从压缩包中获得这些文件，需要将其解压缩。本实例将演示如何解压缩复杂的压缩文件，并且还原出文件夹的层次关系。实例运行效果如图 19.4 所示。

📖 说明：解压缩后生成的文件夹与用户选择的 ZIP 文件在同一文件夹下，并且名称相同。

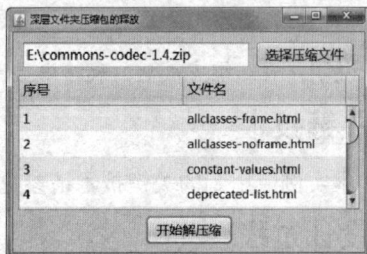

图 19.4　实例运行效果

■ 关键技术

本实例应用到的关键技术请参见实例 455。

■ 设计过程

（1）继承 JFrame 编写一个窗体类，名称为 UnZipDirectoryFrame。

（2）设计 UnZipDirectoryFrame 窗体类时用到的主要控件及说明如表 19.6 所示。

表 19.6　窗体的主要控件及说明

控 件 类 型	控 件 命 名	控 件 用 途
JButton	chooseButton	让用户选择要解压缩的 ZIP 文件
	unzipButton	实现解压缩功能
JTextField	chooseTextField	显示用户选择的 ZIP 文件的绝对路径
JTable	table	显示解压缩的文件

（3）编写实现解压缩功能的方法 unzip()，参数 zipFile 指明要解压缩的 ZIP 文件，targetfile 指明要解压到的文件夹，list 是解压缩后生成的文件路径。代码如下：

```java
private static void unzip(File zipFile, File tragetfile, List<String> list) throws IOException {
    //利用用户选择的 ZIP 文件创建 ZipInputStream 对象
    ZipInputStream in = new ZipInputStream(new FileInputStream(zipFile));
    ZipEntry entry;
    while ((entry = in.getNextEntry()) != null) {                    //遍历所有 ZipEntry 对象
        if (!entry.isDirectory()) {                                  //如果是文件则创建并写入
            File tempFile = new File(zipFile.getParent() + File.separator + entry.getName());
            list.add(tempFile.getName());                            //增加文件名
            new File(tempFile.getParent()).mkdirs();                 //创建文件夹
            tempFile.createNewFile();                                //创建新文件
            FileOutputStream out = new FileOutputStream(tempFile);
            int b;
            while ((b = in.read()) != -1) {                          //写入数据
                out.write(b);
            }
            out.close();                                             //释放资源
        }
    }
    in.close();
}
```

■ 秘笈心法

心法领悟 457：解压缩包含子文件夹的文件夹。

解压缩包含子文件夹的文件夹和解压缩全是文件的文件夹类似，区别在于如何找出包含子文件夹的文件夹的所有文件，并且构造 ZipEntry 时不会出现重名现象。

实例 458	解决压缩包中文乱码	高级
	光盘位置：光盘\MR\458	趣味指数：★★★★☆

■ 实例说明

在使用 Java 自带的 ZIP 工具类时，会出现中文乱码的问题。为了完善工具箱，本实例使用 Apache 的 Ant 控件来解决压缩包中文乱码的问题。实例运行效果如图 19.5 所示。没有乱码的压缩包和有乱码的压缩包如图 19.6 所示。

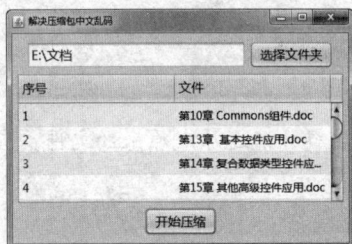

图 19.5 实例运行效果

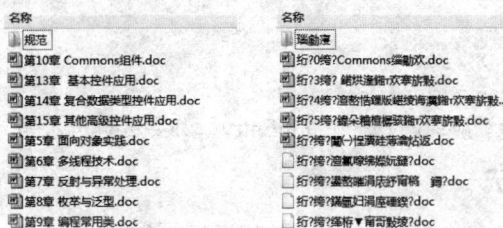

图 19.6 没有乱码的压缩包（左侧）和有乱码的压缩包（右侧）

📖 说明：表格中显示被压缩的所有文件。压缩文件与用户选择的文件夹同名，且在同一个文件夹中。

■ 关键技术

Apache 的 Ant 包提供了对压缩文件功能的支持。它的 org.apache.tools.zip.ZipOutputStream 实现了 java.util.ZipFile 的功能，并且还对它进行了扩展。本实例使用到的方法如表 19.7 所示。

表 19.7 ZipOutputStream 的常用方法

方 法 名	作 用
ZipOutputStream(java.io.OutputStream out)	利用底层的输出流对象创建新的 ZIP 输出流对象
close()	关闭输出流并释放相关资源
closeEntry()	将所有必需的数据写入当前 entry 中
putNextEntry(ZipEntry ze)	开始写入下一个 ZipEntry 对象
write(byte[] b, int offset, int length)	写入数据

■ 设计过程

（1）继承 JFrame 编写一个窗体类，名称为 ZipByAbtFrame。

（2）设计 ZipByAbtFrame 窗体类时用到的主要控件及说明如表 19.8 所示。

表 19.8 窗体的主要控件及说明

控 件 类 型	控 件 命 名	控 件 用 途
JButton	chooseButton	让用户选择要解压缩的 ZIP 文件
	zipButton	实现解压缩功能
JTextField	chooseTextField	显示用户选择的 ZIP 文件的绝对路径
JTable	table	显示解压缩的文件

（3）编写实现压缩功能的方法 zipFile()。参数 path 指明所有要压缩文件的路径，targetZipFile 指明生成的压缩文件的保存位置，base 指明压缩文件夹的基路径（如果要压缩的文件夹是 "d:\资料"，那么根路径就是 "d:\

资料"）。代码如下：

```java
private static void zipFile(List<String> path, File targetZipFile, String base) throws IOException {
    //根据给定的 targetZipFile 创建文件输出流对象
    FileOutputStream fos = new FileOutputStream(targetZipFile);
    ZipOutputStream zos = new ZipOutputStream(fos);                                //利用文件输出流对象创建 ZIP 输出流对象
    byte[] buffer = new byte[1024];
    for (String string : path) {                                                   //遍历所有要压缩文件的路径
        File currentFile = new File(string);
        ZipEntry entry = new ZipEntry(string.substring(base.length()+1, string.length()));  //利用要压缩文件的相对路径创建 ZipEntry 对象
        FileInputStream fis = new FileInputStream(currentFile);
        zos.putNextEntry(entry);
        int read = 0;
        while ((read = fis.read(buffer)) != -1) {                                  //将数据写入 ZIP 输出流中
            zos.write(buffer, 0, read);
        }
        zos.closeEntry();                                                          //关闭 ZipEntry 对象
        fis.close();
    }
    zos.close();                                                                   //释放资源
    fos.close();
}
```

📣 **注意**：对于读到的每一个 ZipEntry，都要进行一次写入数据的处理，这样才能还原成原来的文件。

■ 秘笈心法

心法领悟 458：压缩文件名中含有中文的文件（夹）。

使用 Java 自带的压缩工具类压缩文件名中有中文的文件（夹）时会出现乱码的问题，此时可以考虑使用 Apache 的 Ant 包，它增加了对中文的支持。

实例 459	Apache 实现文件解压缩	高级
	光盘位置：光盘\MR\459	趣味指数：★★★★☆

■ 实例说明

在获得一个以 ZIP 格式压缩的文件之后，需要将其进行解压缩，还原成压缩前的文件。然而当被压缩的文件名中有中文时，Java 自带的压缩工具类会出现 java.lang.IllegalArgumentException 异常。因此本实例使用 Ant 实现文件解压缩功能。实例运行效果如图 19.7 所示。

📖 **说明**：在解压缩完成后显示解压的文件。解压缩后的文件夹和用户选择的压缩文件在同一文件夹中。

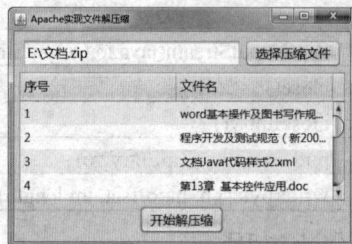

图 19.7　实例运行效果

■ 关键技术

Apache 的 Ant 包提供了对压缩文件功能的支持，它的 org.apache.tools.zip.ZipFile 类可以作为 java.util.ZipFile 的替代品。除了 UTF-8，这个类对于文件名编码方式还提供了其他支持，这样就可以避免中文乱码的问题。本实例使用到的方法如表 19.9 所示。

表 19.9　ZipFile 类的常用方法

方　法　名	作　　用
ZipFile(java.io.File f)	利用给定的文件对象创建 ZipFile 对象
close()	关闭压缩文档
getEntries()	获得所有的 ZipEntry 对象
getInputStream(ZipEntry ze)	返回读取给定 ZipEntry 对象的输入流

■ 设计过程

（1）继承 JFrame 编写一个窗体类，名称为 UnZipByAntFrame。

（2）设计 UnZipByAntFrame 窗体类时用到的主要控件及说明如表 19.10 所示。

表 19.10　窗体的主要控件及说明

控 件 类 型	控 件 命 名	控 件 用 途
JButton	chooseButton	让用户选择要解压缩的 ZIP 文件
	unzipButton	实现解压缩功能
JTextField	chooseTextField	显示用户选择的 ZIP 文件的绝对路径
JTable	table	显示解压缩的文件

（3）编写实现解压缩功能的方法 unzip()，参数 zipFile 指明要解压缩的 ZIP 文件，targetFile 指明要解压到的文件夹，list 是解压缩后生成的文件路径。代码如下：

```
@SuppressWarnings("unchecked")
private static void unzip(File zipFile, File targetFile, List<String> list) throws IOException {
    String zipFilePath = zipFile.getAbsolutePath();
    int lastDot = zipFilePath.lastIndexOf(".");
    String parentPath = zipFilePath.substring(0, lastDot);              //去掉 ZIP 文件的后缀名
    ZipFile zf = new ZipFile(zipFile);
    Enumeration<ZipEntry> e = zf.getEntries();                          //获得所有 ZipEntry 对象
    while (e.hasMoreElements()) {
        ZipEntry entry = e.nextElement();
        if (!entry.isDirectory()) {
            File newFile = new File(parentPath + File.separator + entry.getName());
            list.add(newFile.getName());
            new File(newFile.getParent()).mkdirs();
            newFile.createNewFile();
            FileOutputStream out = new FileOutputStream(newFile);
            InputStream in = zf.getInputStream(entry);
            int b;
            while ((b = in.read()) != -1) {                            //写入数据
                out.write(b);
            }
            out.close();                                               //释放资源
        }
    }
}
```

◀》注意：对于读到的每一个 ZipEntry，都要进行一次写入数据的处理，这样才能还原成原来的文件。

■ 秘笈心法

心法领悟 459：解压缩普通文件。

解压缩文件可以把 ZIP 文件转换成一个 ZipFile 对象，再利用 ZipEntry 分割各个被压缩的文件，将每个 ZipEntry 还原成一个文件即可。

实例 460	把窗体压缩成 ZIP 文件 光盘位置：光盘\MR\460	高级 趣味指数：★★★☆

■ 实例说明

Java 中使用 new 运算符创建的对象是存储在内存中的，当虚拟机关闭或重启时这个对象就会消失。如果想在以后还能使用这个对象该怎么办呢？使用 Java 的序列化功能就能实现对象的持久化存储。本实例演示如何将一个窗体序列化并压缩成为一个 ZIP 文件。实例运行效果如图 19.8 所示。

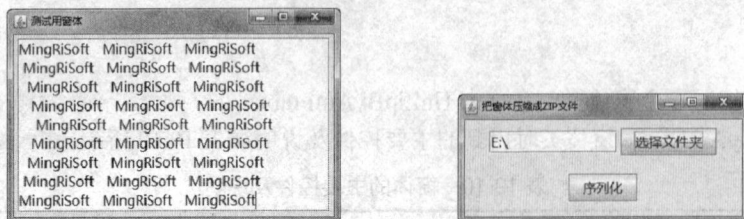

图 19.8　实例运行效果

📖 **说明**：在"测试用窗体"窗口中输入一些文字，再选择保存序列化压缩文件的位置，单击"序列化"按钮即可。

📢 **注意**：不要在窗体中使用中文，不要修改用户界面样式。

■ 关键技术

ObjectOutputStream 将 Java 对象的基本数据类型和图形写入 OutputStream。可以使用 ObjectInputStream 读取（重构）对象。通过在流中使用文件可以实现对象的持久化存储。如果流是网络套接字流，则可以在另一台主机或另一个进程中重构对象。本实例使用的方法如表 19.11 所示。

表 19.11　ObjectOutputStream 的常用方法

方　法　名	作　　用
ObjectOutputStream(OutputStream out)	创建写入指定 OutputStream 的 ObjectOutputStream
writeObject(Object obj)	将指定的对象写入 ObjectOutputStream

■ 设计过程

（1）继承 JFrame 编写一个窗体类，名称为 SerializationFrame。

（2）设计 SerializationFrame 窗体类时用到的主要控件及说明如表 19.12 所示。

表 19.12　窗体的主要控件及说明

控 件 类 型	控 件 命 名	控 件 用 途
JButton	serializeButton	实现序列化窗体并将其压缩成 ZIP 文件的功能
	chooseButton	选择保存压缩文件的文件夹
JTextField	chooseTextField	显示用户选择的保存压缩文件的文件夹

（3）创建一个工具方法 zipSerializationObject()，实现压缩对象的功能。参数 object 指明要压缩的对象，path 指明保存压缩文件保存的位置。代码如下：

```java
private static void zipSerializationObject(Object object, File path) throws IOException {
    File serializeFile = new File(path + "serialization.dat");            //根据用户选择的路径创建文件
    FileOutputStream fos = new FileOutputStream(serializeFile);
    ObjectOutputStream oos = new ObjectOutputStream(fos);
    oos.writeObject(object);                                             //将对象写入创建的 DAT 文件
    oos.close();                                                         //释放资源
    fos.close();
    File zipFile = new File(path + "serialization.zip");                 //创建压缩文件
    fos = new FileOutputStream(zipFile);
    ZipOutputStream zos = new ZipOutputStream(fos);
    byte[] buffer = new byte[1024];
    ZipEntry entry = new ZipEntry(serializeFile.getName());
    FileInputStream fis = new FileInputStream(serializeFile);
    zos.putNextEntry(entry);
    int read = 0;
    while ((read = fis.read(buffer)) != -1) {
        zos.write(buffer, 0, read);                                     //写入压缩文件
    }
    zos.closeEntry();
```

```
        fis.close();                                           //释放资源
        zos.close();
        fos.close();
        serializeFile.delete();                                //删除创建的 DAT 文件
}
```

■ 秘笈心法

心法领悟 460：序列化。

Java 的序列化就是把一个对象转换成一个输出流，它可以被写入文件或者在网络上传输。序列化的实质就是记录对象的状态，读者可以把序列化理解为为对象拍照。Java 中所有类通过实现 java.io.Serializable 接口以启用其序列化功能，未实现此接口的类将无法使其任何状态序列化或反序列化。可序列化的类的所有子类型本身都是可序列化的。序列化接口没有方法或字段，仅用于标识可序列化的语义。

实例 461	解压缩 Java 对象 光盘位置：光盘\MR\461	高级 趣味指数：★★★★☆

■ 实例说明

对于一个已经被序列化的对象，如果要将其还原该怎么办呢？本实例在实例 460 的基础上实现对序列化文件的解压缩操作和反序列化操作。实例运行效果如图 19.9 所示。

图 19.9　实例运行效果

📖 说明：用户需要选择序列化文件的压缩文件，单击"反序列化"按钮后会出现"测试用窗体"窗口。

■ 关键技术

ObjectInputStream 用于恢复那些以前序列化的对象。本实例使用的方法如表 19.13 所示。

表 19.13　ObjectInputStream 的常用方法

方 法 名	作 用
ObjectInputStream(InputStream in)	创建从指定 InputStream 读取的 ObjectInputStream
readObject()	从 ObjectInputStream 读取对象

■ 设计过程

（1）继承 JFrame 编写一个窗体类，名称为 UnSerializationFrame。

（2）设计 UnSerializationFrame 窗体类时用到的主要控件及说明如表 19.14 所示。

表 19.14　窗体的主要控件及说明

控 件 类 型	控 件 命 名	控 件 用 途
JButton	unserializeButton	反序列化用户选择的文件
	chooseButton	让用户选择序列化文件的压缩文件
JTextField	chooseTextField	显示用户选择的 ZIP 文件的绝对路径

（3）编写方法 unzipSerializationObject()实现解压缩文件和反序列化功能，参数 file 指明要解压缩的文件。代码如下：

```
private static void unzipSerializationObject(File file) throws IOException, ClassNotFoundException {
    ZipFile zipFile = new ZipFile(file);                                    //创建 ZipFile 对象
    File currentFile = null;
    Enumeration e = zipFile.entries();
    while (e.hasMoreElements()) {
        ZipEntry entry = (ZipEntry) e.nextElement();
        if (!entry.getName().endsWith(".dat")) {                            //遇到后缀名是.dat 的文件就进行解压缩
            continue;
        }
        currentFile = new File(file.getParent() + entry.getName());
        FileOutputStream out = new FileOutputStream(currentFile);
        InputStream in = zipFile.getInputStream(entry);
        int buffer = 0;
        while ((buffer = in.read()) != -1) {                               //写入文件
            out.write(buffer);
        }
        in.close();                                                         //释放资源
        out.close();
    }
    FileInputStream in = new FileInputStream(currentFile);
    ObjectInputStream ois = new ObjectInputStream(in);                     //读入解压缩后的文件
    TestFrame frame = (TestFrame) ois.readObject();                       //还原被序列化的对象
    frame.setVisible(true);                                                //显示被序列化的对象
    currentFile.delete();                                                  //删除解压缩产生的文件
}
```

■ 秘笈心法

心法领悟 461：反序列化。

当使用序列化保存对象后，如果需要再次将序列化文件还原成原来的对象，就要进行反序列化。反序列化就是打开字节流并且重构对象，此时新的对象和序列化时的对象是一样的。如果读者在前面的实例中改变了对象的状态，那么在本实例中反序列化生成的对象也保存了前面的操作。

19.2 RAR 文件压缩

实例 462	文件压缩为 RAR 文档 光盘位置：光盘\MR\462	高级 趣味指数：★★★★

■ 实例说明

文件压缩是对数据的一种紧凑存储格式，通过压缩能够使文件更小，占用更少的磁盘空间，同时也可以减少网络传输的时间。本实例实现文件到 RAR 文档的压缩，实例运行效果如图 19.10 所示。

图 19.10 实例运行效果

■ 关键技术

Runtime 类是每个 Java 程序都内置的一个运行时对象。通过这个对象可以执行外部命令，这样就可以执行 RAR 的压缩、解压缩、添加注释等各种命令。但是这个类不能直接创建对象，需要使用静态方法来获取实例对象并且调用对象的方法执行外部命令。

（1）获取 Runtime 实例对象

```
public static Runtime getRuntime()
```

该方法返回与当前 Java 应用程序相关的运行时对象。Runtime 类的大多数方法是实例方法，并且必须根据当前的运行时对象对其进行调用。

（2）执行外部命令

```
public Process exec(String command) throws IOException
```

该方法在单独的进程中执行指定的字符串命令，并返回该命令的进程对象。

参数说明

command：一条指定的系统命令。

返回一个新的 Process 对象，用于管理子进程。

■ 设计过程

（1）创建 CompressTxtToRAR 类，该类需要继承 JFrame 类成为窗体。

（2）设计 CompressTxtToRAR 窗体类时用到的主要控件及说明如表 19.15 所示。

表 19.15　窗体的主要控件及说明

控 件 类 型	控 件 命 名	控 件 用 途
JButton	addButton	添加待压缩文件的按钮
	removeButton	从表格控件中移除文件的按钮
	compressButton	"压缩"按钮，用于执行文件压缩命令
	stopButton	用于停止压缩任务
	browseButton	选择保存压缩文档 RAR 文件的浏览按钮
JTable	table	显示选择待压缩文件的表格
JTextField	compressFileField	显示 RAR 压缩文档路径的文本框
JProgressBar	progressBar	显示压缩进度的进度条控件

（3）编写"增加"按钮的事件处理方法，在该方法中创建文件选择器控件，让用户通过该控件选择要压缩的文件，然后把文件添加到表格控件中。关键代码如下：

```
protected void do_addButton_actionPerformed(ActionEvent arg0) {
    JFileChooser chooser = new JFileChooser();                          //创建文件选择器
    chooser.setAcceptAllFileFilterUsed(false);
    chooser.setMultiSelectionEnabled(true);                             //设置允许文件多选
    int option = chooser.showOpenDialog(this);                          //显示文件打开对话框
    if (option != JFileChooser.APPROVE_OPTION)
        return;
    File[] files = chooser.getSelectedFiles();                          //获取用户选择文件数组
    //获取表格控件的数据模型
    DefaultTableModel model = (DefaultTableModel) table.getModel();
    for (File file : files) {                                           //遍历用户选择的文件数组
        //把文件信息添加到表格控件的模型中
        model.addRow(new Object[] { file.getName(), file.length(), file });
    }
}
```

（4）用同样的方法编写"浏览"按钮的事件处理方法，在该方法中完成指定压缩 RAR 文档名称的业务。关键代码如下：

```
protected void do_browseButton_actionPerformed(ActionEvent arg0) {
    JFileChooser chooser = new JFileChooser();                          //创建文件选择器
```

```
    //设置选择文件类型为 RAR
    chooser.setFileFilter(new FileNameExtensionFilter("RAR 压缩文档", "rar"));
    chooser.setAcceptAllFileFilterUsed(false);
    int option = chooser.showSaveDialog(this);                              //显示保存对话框
    if (option != JFileChooser.APPROVE_OPTION)
        return;
    rarFile = chooser.getSelectedFile();                                   //获取用户定制的 RAR 文件
    compressFileField.setText(rarFile.getPath());                          //显示 RAR 文件路径信息
}
```

（5）编写"压缩"按钮的事件处理方法，这个方法将执行压缩任务，把表格控件中保存的文件对象压缩为指定的 RAR 文档。这需要利用线程来完成，为避免造成 GUI 界面假死，所以在该方法中应该创建并启用压缩线程。关键代码如下：

```
protected void do_compressButton_actionPerformed(ActionEvent arg0) {
    if (rarFile == null) {
        browseButton.doClick();
        if (rarFile == null)
            return;
    }
    progressBar.setVisible(true);
    CompressThread compressThread = new CompressThread();                  //创建压缩线程
    compressThread.start();                                                //启动线程
}
```

（6）编写压缩线程 CompressThread 类，该类继承 Thread 类成为线程类，在 run()核心方法中编写处理文件压缩的核心代码。这需要获取 JTable 表格控件中的所有文件数据并创建相应的文件列表文件，再在压缩命令中把列表文件作为压缩命令的参数，最后读取压缩进度并控制窗体上滚动条的显示。关键代码如下：

```
private final class CompressThread extends Thread {
    public void run() {
        try {
            //获取表格控件的数据模型
            DefaultTableModel model = (DefaultTableModel) table.getModel();
            int rowCount = model.getRowCount();                            //获取数据模型中表格的行数
            StringBuilder fileList = new StringBuilder();
            for (int i = 0; i < rowCount; i++) {                           //遍历数据表格模型中的文件对象
                File file = (File) model.getValueAt(i, 2);
                fileList.append(file.getPath() + "\n");                    //把文件路径存到字符串构建器中
            }
            //创建临时文件，用于保存压缩文件列表
            File listFile = File.createTempFile("fileList", ".tmp");
            FileOutputStream fout = new FileOutputStream(listFile);
            fout.write(fileList.toString().getBytes());                    //保存字符串构建器数据到临时文件
            fout.close();
            //创建压缩命令字符串
            final String command = "rar a " + rarFile.getPath() + " @"
                    + listFile.getPath();
            Runtime runtime = Runtime.getRuntime();                        //获取 Runtime 对象
            progress = runtime.exec(command.toString() + "\n");            //执行压缩命令
            progress.getOutputStream().close();                            //关闭进程输出流
            progressBar.setString(null);                                   //初始化进度条控件
            progressBar.setValue(0);
            //获取进程输入流
            Scanner scan = new Scanner(progress.getInputStream());
            while (scan.hasNext()) {
                String line = scan.nextLine();                            //获取进程提示单行信息
                //获取提示信息的进度百分比的索引位置
                int index = line.lastIndexOf("%") - 3;
                if (index <= 0)
                    continue;
                //获取进度百分比字符串
                String substring = line.substring(index, index + 3);
                //获取整数的百分比数值
                int percent = Integer.parseInt(substring.trim());
                progressBar.setValue(percent);                            //在进度条控件显示的百分比
            }
            progressBar.setString("完成");
```

```
            scan.close();
        } catch (IOException e) {
            e.printStackTrace();
        }
    }
}
```

秘笈心法

心法领悟 462：把命令完成。

调用 Runtime 对象的 exec()方法可以执行一个外部命令并返回命令的进程，这个进程的输出流可以向命令传递参数和其他数据，但是如果这个输出流不关闭，命令就始终不会完成，进程会继续等待输入。就像本实例中，如果不关闭这个输出流，那么就不会执行压缩命令，除非程序关闭导致输出流被销毁。

实例463	解压缩 RAR 压缩包 光盘位置：光盘\MR\463	高级 趣味指数：★★★★☆

实例说明

文件解压缩是最常用的数据操作，目前大多数资料和软件都采用 RAR 格式进行压缩并在网站上提供下载，经过压缩的资源占用空间更小，在网络中的传输速度更快。用户从网站上下载该文件之后，需要使用 RAR 软件进行解压缩才能获取自己想要的资源。本程序实现对 RAR 压缩包的解压缩功能，可以针对指定的压缩包文件定制解压的目标文件夹。实例运行效果如图 19.11 所示。

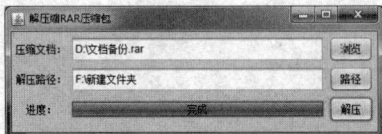

图 19.11　实例运行效果

关键技术

本节所介绍的所有实例都是通过调用 rar.exe 命令来执行的，如果读者的计算机中安装了 WinRar，那么在该软件的安装文件夹中会包含 rar.exe 命令文件，本节所有实例需要这个命令才能实现 RAR 文档的操作。下面介绍使用该命令的方法。

（1）复制 RAR 命令文件到项目文件夹

可以找到 WinRar 软件的安装文件夹，把 rar.exe 文件复制到自己的项目中，如在 Eclipse 项目中，把 rar.exe 文件复制到根目录，即与 src 文件夹同级，这样程序代码就可以直接调用该命令。也可以把 rar.exe 文件复制到某个文件夹，然后在程序代码中使用绝对路径来调用该命令，但是这样不利于软件的复制与传播。

（2）设置 path 环境变量

另一种方法是复制 WinRar 软件的安装文件夹路径，然后添加到系统的 path 环境变量中。例如，笔者计算机中的安装路径是"C:\Program Files\WinRAR"。把这个文件夹路径作为值添加到 path 环境变量中，如果其左右都有其他变量值，那么使用英文的";"分号进行分割。例如：

```
; C:\Program Files\WinRAR;
```

把上面的字符串添加到 path 环境变量中，然后重新运行 Eclipse 以使用新的系统环境变量。

◀)) 注意：path 环境变量的原有内容不要删除，否则会影响其他软件的使用，这包括对 Java 编译命令的影响。

设计过程

（1）继承 JFrame 编写一个窗体类，名称为 DeCompressRAR。

（2）设计 DeCompressRAR 窗体类时用到的主要控件及说明如表 19.16 所示。

表 19.16　窗体的主要控件及说明

控 件 类 型	控 件 命 名	控 件 用 途
JButton	browseButton	用于选择压缩文档
	pathButton	选择压缩文档解压路径的按钮
	deCompressButton	执行解压缩的按钮
JTextField	compressFileField	显示选择的压缩文档
	pathField	显示用户选择的解压缩路径
JProgressBar	progressBar	显示解压缩进度的百分比

（3）编写选择压缩文件的"浏览"按钮的事件处理方法。该方法的关键代码如下：

```
protected void do_browseButton_actionPerformed(ActionEvent arg0) {
    JFileChooser chooser = new JFileChooser();                                    //创建文件选择器
    //设置选择文件类型为 rar
    chooser.setFileFilter(new FileNameExtensionFilter("RAR 压缩文档", "rar"));
    chooser.setAcceptAllFileFilterUsed(false);
    chooser.setDialogTitle("选择 RAR 压缩文件");                                    //设置对话框标题
    int option = chooser.showOpenDialog(this);                                    //显示保存对话框
    if (option != JFileChooser.APPROVE_OPTION)
        return;
    rarFile = chooser.getSelectedFile();                                          //获取用户定制的 RAR 文件
    compressFileField.setText(rarFile.getPath());                                 //显示 RAR 文件路径信息
}
```

（4）编写选择解压缩文件夹的"路径"按钮的事件处理方法。该方法的关键代码如下：

```
protected void do_pathButton_actionPerformed(ActionEvent arg0) {
    JFileChooser chooser = new JFileChooser();                                    //创建文件选择器
    chooser.setDialogTitle("选择解压缩文件夹");                                    //设置对话框标题
    chooser.setAcceptAllFileFilterUsed(false);
    //选择解压缩文件夹
    chooser.setFileSelectionMode(JFileChooser.DIRECTORIES_ONLY);
    int option = chooser.showOpenDialog(this);                                    //显示文件打开对话框
    if (option != JFileChooser.APPROVE_OPTION)
        return;
    dir = chooser.getSelectedFile();                                             //获取选择的文件夹
    pathField.setText(dir.toString());                                           //把文件夹路径更新到文本框
}
```

（5）"解压"按钮的事件处理方法将确认需要的压缩文档和解压缩文件夹两个参数的完整性，只有这两个参数都为非 NULL 值的情况下，才能执行解压缩。解压缩的操作是由单独的线程对象完成的，该按钮的事件处理方法只需要创建并启动该线程。关键代码如下：

```
protected void do_deCompressButton_actionPerformed(ActionEvent e) {
    if (rarFile == null)                                                         //如果未选择压缩文档
        browseButton.doClick();                                                 //执行选择压缩文件按钮的单击操作
    if (dir == null)                                                            //如果未选择解压缩文件夹
        pathButton.doClick();                                                   //执行选择解压缩文件夹的路径按钮的单击操作
    if (rarFile == null || dir == null)                                         //如果参数不全，则终止本方法
        return;
    //创建命令字符串
    final String command = "rar x " + rarFile + " " + dir + " /y";
    //让用户确认是否覆盖目标文件夹同名文件
    int option = JOptionPane
            .showConfirmDialog(null, "此操作会覆盖目标文件夹同名文件，是否继续");
    if (option != JOptionPane.YES_OPTION)
        return;                                                                 //不覆盖目标文件夹内容则不执行解压缩
    new DeCompressThread(command).start();                                      //创建并启动解压缩线程
}
```

（6）编写处理解压缩业务的线程类，该类继承 Thread 类，并重写其 run()方法，在该方法中执行解压缩的命令，并把进度显示到窗体的进度条控件中。关键代码如下：

```
private final class DeCompressThread extends Thread {
    private final String command;
```

```
        private DeCompressThread(String command) {
            this.command = command;
        }
        public void run() {
            try {
                final Process process = Runtime.getRuntime().exec(command);
                process.getOutputStream().close();
                final Scanner scan = new Scanner(process.getInputStream());
                progressBar.setString(null);                          //初始化进度条控件
                progressBar.setValue(0);
                while (scan.hasNext()) {
                    String line = scan.nextLine();                    //获取进程提示单行信息
                    //获取提示信息的进度百分比的索引位置
                    int index = line.lastIndexOf("%") - 3;
                    if (index <= 0)
                        continue;
                    //获取进度百分比字符串
                    String substring = line.substring(index, index + 3);
                    //获取整数的百分比数值
                    int percent = Integer.parseInt(substring.trim());
                    progressBar.setValue(percent + 1);                //在进度条控件中显示百分比
                }
                progressBar.setString("完成");
                process.getInputStream().close();
            } catch (IOException e1) {
                e1.printStackTrace();
            }
        }
    }
}
```

秘笈心法

心法领悟463：在新的线程中完成解压缩。

解压缩动作根据压缩包的大小、包含的文件数量来决定，如果压缩包内容较多、占用空间较大，解压缩就会变成一个非常耗时的操作，这样的业务是不允许在 GUI 线程中处理的，所以应该采用新的线程来接收文件的解压缩操作，从而把 GUI 线程解放，避免程序界面死锁。

实例 464	文件分卷压缩 光盘位置：光盘\MR\464	高级 趣味指数：★★★★

实例说明

把多个文件压缩成一个压缩文档方便文件的保存与传输，经过压缩后文件内容不变，但是占用磁盘空间更小，这样有利于 Internet 传输，也可以利用移动设备在多个计算机中进行复制。有时对于太大或者太多的文件进行压缩后体积仍然很大，这种情况下可以把压缩后的文件进行分卷，也就是说压缩后的 RAR 文档不再是一个文件，而是多个指定大小的压缩分卷文件，这样可以分别传输部分分卷文件，然后在目的地把各分卷文件解压缩成原有资源文件。本实例就利用 RAR 实现了压缩文档的分卷功能。实例运行效果如图 19.12 所示。

图 19.12　实例运行效果

▌关键技术

JFormattedTextField 类是一个文本框控件，但是不同于 JTextField 控件，它是一个格式文本框控件。该控件可以设置文本框的值类型，并对用户输入进行校验，从而获取指定类型的值。下面介绍该控件的简单使用方法。

（1）创建指定类型格式文本框控件

创建 JFormattedTextField 控件的构造方法有很多，本实例使用了其中的一个，该构造方法的声明如下：

```
public JFormattedTextField(Format format)
```

参数说明

format：用于查找 AbstractFormatter 的 Format，该参数是一个格式抽象类的对象。

可以为该构造方法传递任何格式对象，这样创建后的控件会以该格式对象创建格式化工厂，并对用户输入进行验证与格式化。例如，本实例使用数字格式化抽象类的静态方法创建了整型数字格式化对象，并传递给该控件的构造方法，这样该控件就只接收整数输入。关键代码如下：

```
new JFormattedTextField(NumberFormat.getIntegerInstance());
```

（2）设置并获取控件的整型数值

通过该控件的 getValue() 和 setValue() 方法可以设置与获取控件中符合格式规范的数值，但是用户输入与实际想获取的数值类型可能会有一些出入，所以需要对其进行一些转换。如 setValue() 方法为控件设置整型数值，关键代码如下：

```
volumetField.setValue(1024);
```

立刻从该控件中获取值以后，其类型与设置该值的类型完全相同，但是当用户在控件中输入新的数字，也就是对控件内容进行编辑之后，其值的类型会修改为控件默认数值类型。例如，整型格式化后的默认值类型是 Long 长整型，而这时如果将值赋值给 Integer 整型变量会出现类型转换异常。解决方法是使用该数值类型的超类静态方法来获取指定类型的值，例如：

```
volumetField.setValue(1024);
//用户编辑文本框内容以后，获取目标类型的数值
int volumeSize = ((Number) volumetField.getValue()).intValue();
```

▌设计过程

（1）创建 VolumeCompress 类，该类需要继承 JFrame 类成为窗体。

（2）设计 VolumeCompress 窗体类时用到的主要控件及说明如表 19.17 所示。

表 19.17　窗体的主要控件及说明

控 件 类 型	控 件 命 名	控 件 用 途
JButton	addButton	添加待压缩文件的按钮
	removeButton	从表格控件中移除文件的按钮
	compressButton	压缩按钮，用于执行文件压缩命令
	stopButton	用于停止压缩任务
	browseButton	选择保存压缩文档 RAR 文件的浏览按钮
JTable	table	显示选择待压缩文件的表格
JTextField	compressFileField	显示 RAR 压缩文档路径的文本框
JProgressBar	progressBar	显示压缩进度的进度条控件
JFormattedTextField	volumetField	设置分卷压缩大小的文本框

（3）本程序的核心在于压缩线程 CompressThread 类的创建，这个线程类从界面的表格控件中读取需要压缩的文件并生成文件列表文件，把该列表文件作为压缩命令的参数。为压缩命令传参的同时设置压缩文件每个分卷文档的大小，单位为 KB。关键代码如下：

```
private final class CompressThread extends Thread {
    public void run() {
        try {
```

```
                   //获取表格控件的数据模型
                   DefaultTableModel model = (DefaultTableModel) table.getModel();
                   int rowCount = model.getRowCount();                              //获取数据模型中表格的行数
                   StringBuilder fileList = new StringBuilder();
                   for (int i = 0; i < rowCount; i++) {                              //遍历数据表格模型中的文件对象
                       File file = (File) model.getValueAt(i, 2);
                       fileList.append(file.getPath() + "\n");                       //把文件路径保存到字符串构建器中
                   }
                   //创建临时文件，用于保存压缩文件列表
                   File listFile = File.createTempFile("fileList", ".tmp");
                   FileOutputStream fout = new FileOutputStream(listFile);
                   fout.write(fileList.toString().getBytes());                       //保存字符串构建器数据到临时文件
                   fout.close();
                   int volumeSize = ((Number) volumetField.getValue()).intValue();
                   //创建压缩命令字符串
                   final String command = "rar a -v"+volumeSize+"k " + rarFile.getPath() + " @"
                           + listFile.getPath();
                   Runtime runtime = Runtime.getRuntime();                           //获取 Runtime 对象
                   progress = runtime.exec(command.toString() + "\n");               //执行压缩命令
                   progress.getOutputStream().close();                              //关闭进程输出流
                   progressBar.setString(null);                                     //初始化进度条控件
                   progressBar.setValue(0);
                   //获取进程输入流
                   Scanner scan = new Scanner(progress.getInputStream());
                   while (scan.hasNext()) {
                       String line = scan.nextLine();                               //获取进程提示单行信息
                       //获取提示信息的进度百分比的索引位置
                       int index = line.lastIndexOf("%") - 3;
                       if (index <= 0)
                           continue;
                       //获取进度百分比字符串
                       String substring = line.substring(index, index + 3);
                       //获取整数的百分比数值
                       int percent = Integer.parseInt(substring.trim());
                       progressBar.setValue(percent);                               //在进度条控件中显示百分比
                   }
                   progressBar.setString("完成");
                   scan.close();
               } catch (IOException e) {
                   e.printStackTrace();
               }
           }
       }
```

■ 秘笈心法

心法领悟 464：充分利用临时文件。

本实例中的 RAR 命令用到了压缩文件列表参数，主要用于指定添加到压缩包中的文件名称和路径。这些信息如果以命令行的方式添加，会受到命令行长度的限制，所以应该考虑把它们保存到文件中，再把这个文件作为参数。很明显这个文件需要保存的是临时数据，那么可以考虑通过 File 类创建一个临时文件，这个临时文件在不需要时会被系统删除，从而释放磁盘空间。

实例 465	为 RAR 压缩包添加注释	高级
	光盘位置：光盘\MR\465	趣味指数：★★★☆

■ 实例说明

压缩文件的名称可以简单地说明其用途，但是有些压缩文档的用途类似不好区分，还有一些压缩文档中的文件需要一份使用说明或者文档注释信息。RAR 提供了对压缩文档添加注释的功能，本实例把该功能 GUI 界面化，使用户可以通过界面操作完成为 RAR 文档添加注释的功能。实例运行效果如图 19.13 所示。

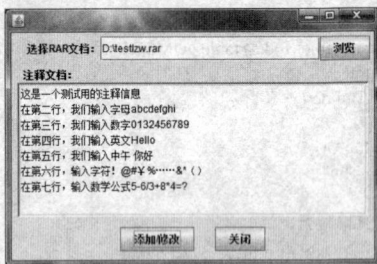

图 19.13　实例运行效果

■ 关键技术

RAR 命令列表中包含一个"c"命令，该命令可以为 RAR 压缩文档添加长度小于 32767 的注释文本。该命令的说明如下：

c：添加 RAR 压缩文件注释。当压缩文件被处理时注释被显示，文件的注释长度不允许超过 32767 个字节。

例如，为 annotate.rar 文件添加注释可以使用如下命令：

```
rar c annotate.rar
```

执行该命令后，在接下来的输入行中输入注释信息，按下 Enter 键结束添加注释。

另外，注释也可以从文件添加，例如：

```
rar c -zinfo.txt annotate.rar
```

该命令会从 info.txt 文件中读取注释信息，然后将注释信息写入 annotate.rar 文件中。

■ 设计过程

（1）继承 JFrame 编写一个窗体类，名称为 RarAnnotate。

（2）设计 RarAnnotate 窗体类时用到的主要控件及说明如表 19.18 所示。

表 19.18　窗体的主要控件及说明

控 件 类 型	控 件 命 名	控 件 用 途
JButton	browseButton	选择 RAR 文件
	annotateButton	添加或修改注释信息
	closeButton	窗体关闭按钮
JTextField	rarFileField	显示用户选择的 RAR 文件信息的文本框
JTextArea	annotateArea	显示 RAR 文件的注释信息

（3）首先编写选择 RAR 文件的"浏览"按钮的事件处理方法，在该方法中创建文件选择器并设置过滤器只显示 RAR 文件。通过 RAR 命令提取该文件的注释信息，然后把注释信息显示到文本域控件中，关键代码如下：

```
protected void do_browseButton_actionPerformed(ActionEvent e) {
    JFileChooser chooser = new JFileChooser();                          //创建文件选择器
    chooser.setFileFilter(new FileNameExtensionFilter("RAR 文档", "rar"));
    chooser.setAcceptAllFileFilterUsed(false);
    int option = chooser.showOpenDialog(this);                          //显示文件打开对话框
    if (option != JFileChooser.APPROVE_OPTION)
        return;
    rarFile = chooser.getSelectedFile();                                //获取选择的 RAR 文件
    rarFileField.setText(rarFile.toString());                           //显示 RAR 文件到文本框
    try {
        //创建临时文件
        File tempFile = File.createTempFile("rar", ".txt");
        //执行提取注释命令，把注释信息保存在临时文件中
        Process process = getRuntime().exec(
                "rar cw \"" + rarFile + "\" \"" + tempFile + "\" -y");
        process.getOutputStream().close();                             //关闭进程输出流
        Scanner sc = new Scanner(process.getInputStream());
        while (sc.hasNext()) {
```

```
            sc.nextLine();                                          //清空输入流
        }
        process.getInputStream().close();                          //关闭输入流
        annotateArea.setText("");                                  //清空文本域内容
        Scanner scan = new Scanner(tempFile);                      //创建读取临时文件的扫描器
        while (scan.hasNext()) {
            //把注释信息显示到文本域控件中
            annotateArea.append(scan.next() + "\n");
        }
    } catch (Exception e1) {
        e1.printStackTrace();
    }
}
```

（4）编写"添加/修改"按钮的事件处理方法，在该方法中限制用户输入的注释文本长度，然后通过 RAR 命令把文本域中经过修改的文本作为 RAR 文件的注释信息。关键代码如下：

```
protected void do_annotateButton_actionPerformed(ActionEvent e) {
    String annotateStr = annotateArea.getText();                   //获取注释文本
    int length = annotateStr.getBytes().length;                    //获取注释文本长度
    if (length > 32767) {                                          //限制文本长度
        JOptionPane.showMessageDialog(null, "注释长度不能大于 32767");
        return;
    }
    try {
        Process process = getRuntime().exec(                       //执行添加注释命令
                "rar c \"" + rarFile + "\"");
        //把注释文本传递给注释命令
        process.getOutputStream().write(annotateStr.getBytes());
        process.getOutputStream().close();                         //关闭输出流
        process.getInputStream().close();                          //关闭输入流
    } catch (IOException e1) {
        e1.printStackTrace();
    }
}
```

■ 秘笈心法

心法领悟 465：及时关闭数据流。

数据流是对一种资源访问的通道，它会一直占用该资源，所以在程序处理完相应的业务，不再需要该资源的数据流时，应该及时关闭，释放资源。

实例 466	获取压缩包详细文件列表 光盘位置：光盘\MR\466	高级 趣味指数：★★★☆

■ 实例说明

压缩文档常用于保存重要的或者经常传输的资源文件，也有人用压缩文档来保存不常用的资源，以节省磁盘空间。压缩文件可以理解为一个特殊的文件夹，这些特殊的文件夹中保存压缩过的文件，而系统的资源浏览器无法像浏览文件夹那样去浏览 RAR 压缩文档，这就给资源的查找带来了不便。本实例实现 RAR 压缩文档中的文件列表解析，在程序界面中就可以看到 RAR 压缩文档中有什么文件。实例运行效果如图 19.14 所示。

图 19.14 实例运行效果

■ 关键技术

本实例实现 RAR 压缩文件列表的读取与解析，并把详细信息显示在表格控件中。这一切都需要利用 RAR 命令来实现，RAR 有一个命令参数"v"可以显示指定 RAR 文件的列表，而"-c-"开关参数可以不显示 RAR

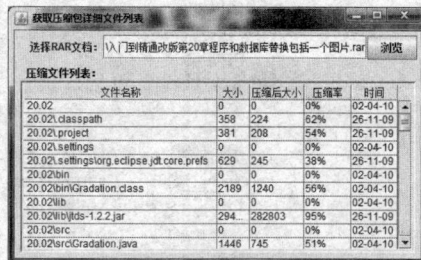

文档的注释信息，方便了程序对文件列表的解析。本实例中用到的 RAR 完整命令格式如下：

```
rar v -c- "rarFile"
```

参数说明

rarFile：是一个 RAR 压缩文档文件。

■ 设计过程

（1）继承 JFrame 编写一个窗体类，名称为 FileCompressList。

（2）设计 FileCompressList 窗体类时用到的主要控件及说明如表 19.19 所示。

表 19.19　窗体的主要控件及说明

控 件 类 型	控 件 命 名	控 件 用 途
JButton	browseButton	选择 RAR 文件的浏览按钮
JTextField	rarFileField	显示 RAR 文件信息的文本框
JTable	table	显示 RAR 压缩文件列表

（3）程序的主要代码是选择 RAR 文件的"浏览"按钮的事件处理方法，该方法在选择文件的同时，对该文件的压缩列表进行解析，并显示在表格控件中。关键代码如下：

```java
protected void do_browseButton_actionPerformed(ActionEvent e) {
    JFileChooser chooser = new JFileChooser();                          //创建文件选择器
    chooser.setFileFilter(new FileNameExtensionFilter("RAR 文档", "rar"));
    chooser.setAcceptAllFileFilterUsed(false);
    int option = chooser.showOpenDialog(this);                          //显示文件打开对话框
    if (option != JFileChooser.APPROVE_OPTION)
        return;
    rarFile = chooser.getSelectedFile();                                //获取选择的 RAR 文件
    rarFileField.setText(rarFile.toString());                          //显示 RAR 文件到文本框
    try {
        //执行提取注释命令，把注释信息保存在临时文件中
        Process process = getRuntime()
                .exec("rar v -c- \"" + rarFile + "\"");
        process.getOutputStream().close();                             //关闭进程输出流
        Scanner sc = new Scanner(process.getInputStream());
        int count = 0;                                                 //创建行索引
        //获取表格控件模型
        DefaultTableModel model = (DefaultTableModel) table.getModel();
        Vector<String> row = new Vector<String>();                     //创建行数据向量
        do {
            String line = sc.nextLine();                               //获取文件列表信息的一行
            //标记起始结束索引
            if (line.contains("---------------------")) {
                count = (count == 0 ? count + 1 : -1);
                continue;
            }
            if (count == 0)                                            //跳过起始标记
                continue;
            if (count == -1)                                          //在结束标记终止循环
                break;
            if (++count % 2 == 0) {                                    //获取文件名称
                row.add(line);
            } else {                                                   //获取文件详细信息
                //把文件详细信息分割为数组
                String[] split = line.trim().split("\\s+");            //遍历详细信息数组
                for (String string : split) {                         //把每个详细属性添加为表格单元数据
                    row.add(string);
                }
                //把行数据添加到表格数据模型中
                model.addRow(row.toArray());
                row.clear();                                          //清除行数据向量对象，为下一行解析做准备
            }
        } while (sc.hasNext());
        process.getInputStream().close();                             //关闭输入流
```

```
    } catch (Exception e1) {
        e1.printStackTrace();
    }
}
```

■ 秘笈心法

心法领悟 466：灵活使用计数器。

计数器不仅是网页上记录用户访问数量的部件，还可以应用到各种编程环境中。例如，本实例利用计数器对资源的数据进行定位，计数器的作用是区分信息的起始与结束标记。

实例 467	从 RAR 压缩包中删除文件 光盘位置：光盘\MR\467	高级 趣味指数：★★★★☆

■ 实例说明

RAR 压缩文档对于少量文件的压缩与解压缩速度很快，但是如果文件数量和数据太多，使用任何优化技术都无法大幅度提高压缩速度，因为没有数据可以忽略与抛弃。而对于这样大的 RAR 压缩包要删除其中的某个或某些文件，重新解压、整理再压缩是不现实的。为此，本程序通过对 RAR 命令的操作，实现直接删除 RAR 压缩包中部分文件的功能。实例运行效果如图 19.15 所示。

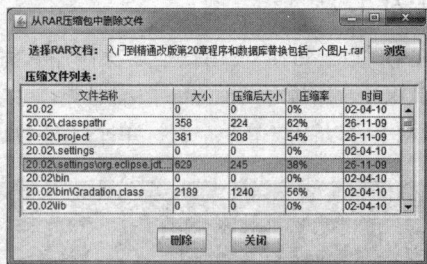

图 19.15　实例运行效果

■ 关键技术

本实例使用 RAR 的命令实现从 RAR 压缩包中删除指定名称的文件，实例中用到的 RAR 完整命令格式如下：

```
rar d –c- "rarfile" deleteFile
```

参数说明

❶ rarfile：是一个 RAR 压缩文档文件。

❷ deleteFile：是将要从 RAR 压缩文件中删除的文件。

📖 说明：deleteFile 参数可以使用通配符，如 "*" 代表所有字符，而 "？" 代表单个字符。

■ 设计过程

（1）继承 JFrame 编写一个窗体类，名称为 DeleteFileFromRAR。

（2）设计 DeleteFileFromRAR 窗体类时用到的主要控件及说明如表 19.20 所示。

表 19.20　窗体的主要控件及说明

控 件 类 型	控 件 命 名	控 件 用 途
JButton	browseButton	选择 RAR 文件的浏览按钮
	delButton	用于执行压缩包文件删除命令
	closeButton	用于关闭当前窗体
JTextField	rarFileField	显示 RAR 文件信息的文本框
JTable	table	显示 RAR 压缩文件列表

（3）本实例的核心在于"删除"按钮的事件处理方法，在该方法中首先获取表格控件的数据模型和表格当前选择的行号，然后从 RAR 压缩包中删除表格指定行对应的文件。关键代码如下：

```
protected void do_delButton_actionPerformed(ActionEvent e) {
    //获取表格数据模型
    DefaultTableModel model = (DefaultTableModel) table.getModel();
```

```
        int selectedRow = table.getSelectedRow();                    //获取表格当前选择行
        if(selectedRow<0)return;
        //获取选择行中的文件名
        String path = model.getValueAt(selectedRow, 0).toString();
        try {
            //执行 RAR 删除命令
            Process exec = getRuntime().exec(
                    "rar d -c- \"" + rarFile + "\" " + path);
            //创建进程输入流
            Scanner scan = new Scanner(exec.getInputStream());
            while (scan.hasNext()) {                                  //遍历输入流内容
                scan.nextLine();                                     //清空输入流数据
            }
            scan.close();                                            //关闭输入流
        } catch (IOException e1) {
            e1.printStackTrace();
        }
        resolveFileList();                                           //重载表格中的文件列表数据
}
```

■ 秘笈心法

心法领悟 467：使用扫描器操作输入流。

JDK 1.5 新增了 Scanner 扫描器类，该类提供了更加灵活的输入流读取方式，并且支持正则表达式，本身提供的 API 可以读取单个字符、单个类型数据、整行读取等。

实例 468	在压缩文件中查找字符串 光盘位置：光盘\MR\468	高级 趣味指数：★★★★

■ 实例说明

计算机中有很多数据文件都使用 RAR 或其他压缩格式进行备份，在需要时再做恢复。作为备份的压缩文件随着资料的积累，压缩内容会越来越多，本实例实现在压缩文件中搜索字符串的功能，通过这个搜索可以确认某个要查找的资料位于压缩包中的哪个文件中。实例运行效果如图 19.16 所示。

■ 关键技术

本实例使用 RAR 的命令实现从 RAR 压缩包中搜索指定的字符串，并确定该字符串位于某个文件中。本实例中用到的 RAR 完整命令格式如下：

图 19.16　实例运行效果

```
rar i[i|c]="sText" -c- "rarFile" extName
```

参数说明

❶ sText：是要搜索的文本字符串。

❷ rarFile：是一个 RAR 压缩文档文件。

❸ extName：是要搜索的文件类型，也就是文件的扩展名，可以使用通配符，例如：

```
rar ii="test" -c- "D:\资料.rar" *.txt
```

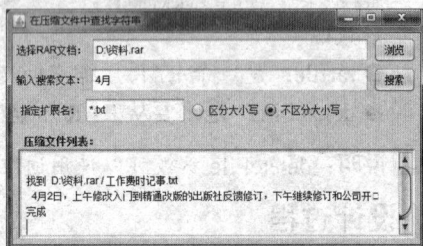

📖 说明：命令中的 i 是搜索用的，其中还有 i 和 c 两个子命令，分别用于指定搜索不区分大小写和区分大小写。

■ 设计过程

（1）继承 JFrame 编写一个窗体类，名称为 FindRARString。

（2）设计 FindRARString 窗体类时用到的主要控件及说明如表 19.21 所示。

表 19.21　窗体的主要控件及说明

控 件 类 型	控 件 命 名	控 件 用 途
JButton	browseButton	选择 RAR 文件的浏览按钮
	searchButton	执行搜索任务的按钮
JTextField	rarFileField	显示 RAR 文件信息的文本框
	searchStringField	接收用户输入的搜索字符串
	extNameField	输入搜索的文件扩展名称
JRadioButton	radioButton1	选择搜索文本区分大小写
	radioButton2	选择搜索文本不区分大小写
JTextArea	infoArea	显示搜索结果

（3）程序主要代码如下：

```java
protected void do_searchButton_actionPerformed(ActionEvent e) {
    String searchText = searchStringField.getText();
    if (searchText.isEmpty() || rarFile == null) {
        getToolkit().beep();                                    //发出提示声音
        return;
    }
    //获取区分大小写的标记
    String arg = group.getSelection().getActionCommand();
    int count = 0;
    try {
        System.out.println(
                "rar i " + arg + "=\"" + searchText + "\" -c- \"" + rarFile
                        + "\" " + extNameField.getText());
        //执行 RAR 命令
        Process process = getRuntime().exec(
                "rar i " + arg + "=\"" + searchText + "\" -c- \"" + rarFile
                        + "\" " + extNameField.getText());
        //获取进程的输入流扫描器
        Scanner scan = new Scanner(process.getInputStream());
        infoArea.setText("");
        while (scan.hasNext()) {                                 //遍历进程执行结果
            String line = scan.nextLine();                       //获取单行信息
            if (line.isEmpty())
                count++;
            if (count < 2)                                        //过滤非查询结果
                continue;
            infoArea.append(line + "\n");                         //将查询结果添加到文本域控件
        }
    } catch (IOException e1) {
        e1.printStackTrace();
    }
}
```

■ 秘笈心法

心法领悟 468：判断空字符串。

JDK 1.5 对 String 类添加了 isEmpty() 方法，该方法可以判断字符串对象的长度是否为 0，以后可以直接调用该方法，而不必先获取字符串长度然后再进行判断。

实例 469	重命名 RAR 压缩包中的文件	高级
	光盘位置：光盘\MR\469	趣味指数：★★★★☆

■ 实例说明

RAR 压缩文档可以保存很多资料文件的备份，并且节省磁盘空间，也利于网络传输。但是一个包含上百个资源文件的 RAR 压缩包，经常包含需要修改的内容，如某个文件的名称需要修改，如果把所有文件解压缩、改名再压缩会非常繁琐，本实例通过 RAR 的命令实现压缩包中单个文件的改名操作。实例运行效果如图 19.17 所示。

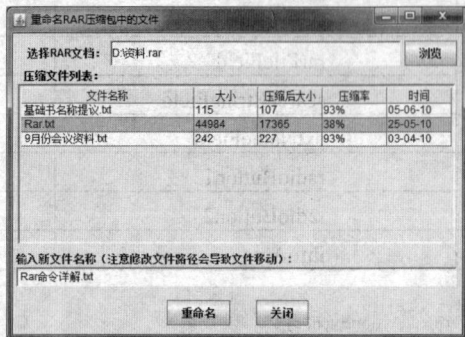

图 19.17　实例运行效果

关键技术

本实例使用 RAR 的命令实现从 RAR 压缩包中搜索指定的字符串，并确定该字符串位于某个文件中。本实例中用到的 RAR 完整命令格式如下：

```
rar rn <rarFile> <sourceFile1> <target1>
```

参数说明

❶ rarFile：是一个 RAR 压缩文档文件。

❷ sourceFile1：是要修改的位于压缩包中的文件名称。

❸ target1：是新的文件名称，源文件将使用这个新名称命名。

📖说明：源文件与目标文件是成对出现的，可以出现多个这样的成对组合，这样会同时修改多个源文件的名称为目标文件名称。

设计过程

（1）继承 JFrame 编写一个窗体类，名称为 RenameFileFromRAR。

（2）设计 RenameFileFromRAR 窗体类时用到的主要控件及说明如表 19.22 所示。

表 19.22　窗体的主要控件及说明

控 件 类 型	控 件 命 名	控 件 用 途
JButton	browseButton	选择 RAR 文件的浏览按钮
	renameButton	用于执行压缩包文件重命名的命令
	closeButton	用于关闭当前窗体
JTextField	rarFileField	显示 RAR 文件信息的文本框
JTable	table	显示 RAR 压缩文件列表

（3）程序的主要代码如下：

```
protected void do_renameButton_actionPerformed(ActionEvent e) {
    //获取表格数据模型
    DefaultTableModel model = (DefaultTableModel) table.getModel();
    int selectedRow = table.getSelectedRow();                        //获取表格当前选择行
    if (selectedRow < 0)
        return;
    //获取选择行中的文件名
    String path = model.getValueAt(selectedRow, 0).toString();
    String newFile = newFileField.getText();                         //获取新文件名称
    try {
```

```
            //执行 RAR 改名命令
            Process exec = getRuntime().exec(
                "rar rn -c- \"" + rarFile + "\" " + path + " " + newFile);
            //创建进程输入流
            Scanner scan = new Scanner(exec.getInputStream());              //遍历输入流内容
            while (scan.hasNext()) {                                        //清空输入流数据
                scan.nextLine();
            }
            scan.close();                                                  //关闭输入流
        } catch (IOException e1) {
            e1.printStackTrace();
        }
        resolveFileList();                                                 //重载表格中的文件列表数据
    }
```

■ 秘笈心法

心法领悟 469：快速清空表格控件数据。

表格控件没有清除所有行数据的方法，但是可以获取其数据模型对象，然后设置数据模型的 rowcount 属性为 0 来实现清空数据的效果。

实例 470	创建自解压 RAR 压缩包	高级
光盘位置：光盘\MR\470		趣味指数：★★★☆

■ 实例说明

RAR 可以把多个资料文件压缩成一个压缩包文件，这样就可以把大量的资料文件压缩在一起，然后复制到另一个工作室或者其他工作人员那里进行交流，但是如果对方计算机没有安装相应的软件进行解压缩，那就麻烦了。本实例实现 RAR 文件的改装，将一个 RAR 压缩文件添加自解压模块，这样它就可以自己运行解压缩数据，而不需要专门的软件。实例运行效果如图 19.18 所示。

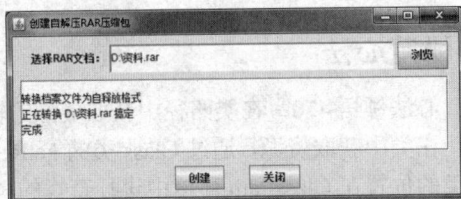

图 19.18　实例运行效果

■ 关键技术

本实例使用 RAR 的命令实现为指定 RAR 压缩包添加自解压模块的功能，这将使目标 RAR 压缩文件拥有自行解压缩的能力，而不需要其他软件来实现解压缩。本实例中用到的 RAR 完整命令格式如下：

```
rar s   <rarFile>
```

参数说明

rarFile：是一个 RAR 压缩文档文件。

例如：

```
rar s -c- -y 资料.rar
```

这个命令是把名称为"资料.rar"的文件生成可以自动解压缩的"资料.exe"文件。

📖 **说明**：示例命令中的-c-是不显示 RAR 文档注释信息的意思，而-y 是任何问题都回答 y，本实例会提示是否覆盖已存在的目标文件，那么-y 会默认回答覆盖。

■ 设计过程

（1）继承 JFrame 编写一个窗体类，名称为 SFXRAR。

（2）设计 SFXRAR 窗体类时用到的主要控件及说明如表 19.23 所示。

表 19.23　窗体的主要控件及说明

控 件 类 型	控 件 命 名	控 件 用 途
JButton	browseButton	选择指定的 RAR 压缩文件
	createButton	创建指定 RAR 文件的自解压可执行文件
	closeButton	关闭当前窗体
JTextArea	infoArea	显示执行结果

（3）程序的主要代码如下：

```java
protected void do_createButton_actionPerformed(ActionEvent e) {
    if (rarFile == null)                                              //验证用户是否选择了 RAR 文件
        return;
    try {
        //执行 RAR 命令
        Process process = getRuntime().exec("rar s -y -c- " + rarFile);
        Scanner scan = new Scanner(process.getInputStream());
        infoArea.setText("");                                        //清空文本域控件的内容
        int count = 0;
        while (scan.hasNext()) {                                     //遍历进程执行结果
            String line = scan.nextLine();                           //获取单行信息
            if (line.isEmpty())
                count++;
            if (count < 2)                                           //过滤非查询结果
                continue;
            infoArea.append(line + "\n");                            //将查询结果添加到文本域控件
        }
    } catch (IOException e1) {
        e1.printStackTrace();
    }
}
```

■ 秘笈心法

心法领悟 470：在类路径中获取资源的输入流。

在类中获取资源，通过 Class 类的 getResourceAsStream()方法可以获取指定资源的输入流，该方法是根据当前类的位置在 ClassPath 环境中进行查找的，比指定资源位置要灵活。该方法的声明如下：

```java
public InputStream getResourceAsStream(String name)
```

在使用程序资源时，建议使用该方法获取图片、音频等资源的输入流，因为它在 ClassPath 变量中查找资源，比较灵活。

实例 471	设置 RAR 压缩包密码 光盘位置：光盘\MR\471	高级 趣味指数：★★★★☆

■ 实例说明

RAR 作为目前最流行的压缩文档，经常被用来打包资源并在网络中传输，从网络上下载的资源、软件、音频和视频等很多都是经过 RAR 压缩后供用户下载的。但是有些资源需要保密，只有知道密码的人才能够获取压缩包中的文件。RAR 支持对压缩包设置密码的功能，本实例在 RAR 命令的基础上实现了图形化操作的加密程序。实例运行效果如图 19.19 所示。

■ 关键技术

本实例使用 RAR 的命令把用户选定的资源文件压缩为 RAR 压

图 19.19　实例运行效果

缩包并支持密码设置功能，设置密码以后只有通过合法的密码才能解压缩这个 RAR 压缩包。本实例中用到的 RAR 完整命令格式如下：

```
rar a –p["password"]   <rarFile>
```

参数说明

❶ password：是要设置的压缩密码。

❷ rarFile：是一个 RAR 压缩文档文件。

例如：

```
rar a -p"mrsoft" -y 资料.rar *.*
```

这个命令是把当前文件夹中的所有文件压缩成名称为"资料.rar"的压缩文件。同时设置该压缩文件的密码为 mrsoft。

📖 说明：示例命令中使用双引号包含密码字符串，这是为了让输入的密码支持空格字符，如果不这么做，空格字符会把之后的密码当成命令参数。

■ 设计过程

（1）继承 JFrame 编写一个窗体类，名称为 CompressFileWithPassword。

（2）设计 CompressFileWithPassword 窗体类时用到的主要控件及说明如表 19.24 所示。

表 19.24　窗体的主要控件及说明

控 件 类 型	控 件 命 名	控 件 用 途
JButton	addButton	添加待压缩文件的按钮
	removeButton	从表格控件中移除文件的按钮
	compressButton	压缩按钮，用于执行文件压缩命令
	stopButton	用于停止压缩任务
	browseButton	选择保存压缩文档 RAR 文件的浏览按钮
JTable	table	显示选择待压缩文件的表格
JTextField	compressFileField	显示 RAR 压缩文档路径的文本框
JProgressBar	progressBar	显示压缩进度的进度条控件
JPasswordField	passwordField1	接收用户输入密码
	passwordField2	用于确认用户输入密码的正确性

（3）程序的主要代码如下：

```
private final class CompressThread extends Thread {
    public void run() {
        try {
            progressBar.setString(null);                                      //初始化进度条控件
            progressBar.setValue(0);
            //获取密码
            String pass1 = String.valueOf(passwordField1.getPassword());
            //获取确认密码
            String pass2 = String.valueOf(passwordField2.getPassword());
            String passCommand = "";                                          //设置密码命令字符串
            if (pass1 != null) {                                              //判断两次密码是否相同
                if (pass1.equals(pass2)) {                                    //完成密码命令
                    passCommand = "-p\"" + pass1 + "\" ";                     //如果两次密码不一样则终止当前命令
                }else{
                    JOptionPane.showMessageDialog(null, "两次输入密码不一致");
                    return;
                }
            }
            //获取表格控件的数据模型
            DefaultTableModel model = (DefaultTableModel) table.getModel();
            int rowCount = model.getRowCount();                              //获取数据模型中表格的行数
            StringBuilder fileList = new StringBuilder();
```

```java
for (int i = 0; i < rowCount; i++) {                              //遍历数据表格模型中的文件对象
    File file = (File) model.getValueAt(i, 2);
    fileList.append(file.getPath() + "\n");                       //把文件路径保存到字符串构建器中
}
//创建临时文件，用于保存压缩文件列表
File listFile = File.createTempFile("fileList", ".tmp");
FileOutputStream fout = new FileOutputStream(listFile);
fout.write(fileList.toString().getBytes());                      //保存字符串构建器数据到临时文件
fout.close();

//创建压缩命令字符串
final String command = "rar a " + passCommand
        + rarFile.getPath() + " @" + listFile.getPath();
Runtime runtime = Runtime.getRuntime();                          //获取 Runtime 对象
progress = runtime.exec(command.toString() + "\n");              //执行压缩命令
progress.getOutputStream().close();                              //关闭进程输出流
//获取进程输入流
Scanner scan = new Scanner(progress.getInputStream());
while (scan.hasNext()) {
    String line = scan.nextLine();                               //获取进程提示单行信息
    //获取提示信息的进度百分比的索引位置
    int index = line.lastIndexOf("%") - 3;
    if (index <= 0)
        continue;
    //获取进度百分比字符串
    String substring = line.substring(index, index + 3);
    //获取整数的百分比数值
    int percent = Integer.parseInt(substring.trim());
    progressBar.setValue(percent);                               //在进度条控件中显示百分比
}
progressBar.setString("完成");
scan.close();
} catch (IOException e) {
    e.printStackTrace();
}
}
}
```

■ 秘笈心法

心法领悟 471：快速转换对象为字符串。

某些程序需要处理的数据量也许会很大，如图片处理，在下一次内存操作之前，可能 JVM 还没有整理出可用内存，但是可以调用 System 类的 gc()方法强制执行垃圾回收机制来获取可用内存。

19.3 数据压缩的网络应用

实例 472	以压缩格式传输网络数据 光盘位置：光盘\MR\472	高级 趣味指数：★★★☆

■ 实例说明

现代人的生活已经离不开网络，网络可以为人们带来最新的信息、新闻、技术、影视等很多资源。通过网络数据传输与信息收发，可以让远隔千里的人互相通信、传送文件等。这些都依赖于网络传输速度，为节省网络带宽并提高数据传输速度，程序开发人员经常把数据进行特殊的压缩处理然后在网络中进行传输。本实例通过 Java 提供的 ZIP 输出流实现以压缩格式传输网络数据的功能，利用最少的网络占用实现最快的数据传输。实例运行效果如图 19.20 所示。

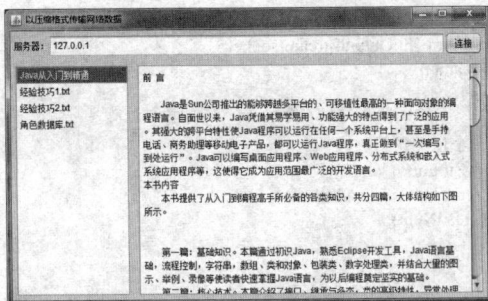

图 19.20　实例运行效果

■ 关键技术

本实例使用 ZIP 数据流在网络中传输数据，这期间使用的当然是二进制流，但是用于传送文本很容易导致两次读取过程中把双字节的汉字编码拆分，从而造成数据中文乱码的情况。为避免该问题的出现，本实例通过 InputStreamReader 类把二进制流转换为字符流，这样就可以正确地读取每一个字符，包括中文汉字。本实例中把 ZIP 二进制数据流转换为字符数据流的关键代码如下：

```
ZipInputStream zis = new ZipInputStream(socket.getInputStream());
char[] data = new char[1024];                               //缓冲数组
int readNum;
zis.getNextEntry();                                         //读取下一个 ZIP 条目
//把 ZIP 二进制输入流转换为字符输入流
InputStreamReader ir = new InputStreamReader(zis);          //二进制到字符数据流的转换
while ((readNum = ir.read(data)) > 0) {                     //读取数据
    //数据操作代码
}
```

■ 设计过程

（1）编写 InfoServer 类，该类需要实现信息服务器，这个服务器的主方法将创建接收用户连接的 ServerSocket 类，通过该类来获取用户连接的 Socket 对象，并把这个 Socket 对象传递给一个线程对象。关键代码如下：

```
public static void main(String[] args) throws IOException {
    ServerSocket ss = new ServerSocket(1598);              //创建 Socket 服务器对象
    System.out.println("服务器已经启动。。。。");            //输出提示信息
    while (!ss.isClosed()) {
        final Socket socket = ss.accept();
        new SocketThread(socket).start();
    }
}
```

（2）内部类 SocketThread 是用于处理用户 Socket 连接的线程类，在这个线程类中接收用户消息，再把与消息同名的文件内容以 ZIP 格式压缩并传送到客户端。关键代码如下：

```
private static final class SocketThread extends Thread {
    private static final String TEXT_FILE_PATH = "/com/textFile/";
    private final Socket socket;
    private SocketThread(Socket socket) {
        this.socket = socket;
    }
    public void run() {
        try {
            //创建 Socket 输入流扫描器
            final Scanner scanner = new Scanner(socket.getInputStream());
            //创建存放文本文件的文件夹对象
            File dir = new File(getClass().getResource(TEXT_FILE_PATH).toURI());
            String[] files = dir.list();                    //获取文件列表数组
            ObjectOutputStream dout = new ObjectOutputStream(socket
                    .getOutputStream());                    //创建对象输出流
            dout.writeObject(files);                         //把文件列表数组输出到 Socket
            while (scanner.hasNext()) {                      //遍历 Socket 输入流的扫描器数据
                String line = scanner.nextLine();           //读取一行文本
                InputStream is = getClass().getResourceAsStream(
```

```
                    TEXT_FILE_PATH + line);                              //加载文本文件输入流
        ZipOutputStream zout = new ZipOutputStream(socket
                .getOutputStream());                                    //创建 Socket 的 ZIP 输出流
        byte[] data = new byte[1024];                                   //创建数据缓冲
        int readNum;
        //为 ZIP 输出流添加一个压缩条目
        zout.putNextEntry(new ZipEntry("one"));
        while (is != null && (readNum = is.read(data)) > 0) {
            zout.write(data, 0, readNum);                               //向 ZIP 流写数据
        }
        zout.closeEntry();                                              //关闭压缩条目
        is.close();                                                     //关闭文件输入流
    }
    scanner.close();                                                    //关闭输入流扫描器
    socket.close();                                                     //关闭 Socket
} catch (IOException e) {
    e.printStackTrace();
} catch (URISyntaxException e) {
    e.printStackTrace();
    }
}
}
```

（3）继承 JFrame 编写一个窗体类，名称为 ClientFrame。设计 ClientFrame 窗体类时用到的主要控件及说明如表 19.25 所示。

表 19.25 窗体的主要控件及说明

控 件 类 型	控 件 命 名	控 件 用 途
JButton	linkButton	根据用户输入的主机名或地址去连接服务器
JTextField	hostField	接收用户输入的服务器名称或 IP 地址
JTextArea	infoArea	显示从服务器接收的压缩流中的数据
JList	list	接收服务器传送过来的文件列表数组

（4）"连接"按钮的事件处理方法将获取用户输入的主机名称或 IP 地址，然后通过该地址创建 Socket 连接，从而向服务器发送消息并接收服务器传递的数据。程序关键代码如下：

```
protected void do_linkButton_actionPerformed(ActionEvent e) {
    try {
        String host = hostField.getText();                             //获取输入的主机名或地址
        socket = new Socket(host, 1598);                               //创建 Socket 连接
        final ObjectInputStream ois = new ObjectInputStream(socket
                .getInputStream());                                    //获取 Socket 的对象输入流
        list.setModel(new AbstractListModel() {                        //设置 JList 的数据模型
            //获取 Socket 传递的数组对象作为列表控件的数据
            String[] values = (String[]) ois.readObject();

            public int getSize() {
                return values.length;
            }

            public Object getElementAt(int index) {
                return values[index];
            }
        });
    } catch (UnknownHostException e1) {                                 //捕获未知主机异常
        JOptionPane.showMessageDialog(null, "输入的主机无法连接");
        return;
    } catch (SocketException e1) {                                      //捕获 Socket 异常
        JOptionPane.showMessageDialog(null, "输入的主机无法连接");
        return;
    } catch (IOException e11) {                                         //捕获输入输出异常
        e11.printStackTrace();
    } catch (ClassNotFoundException e1) {
        e1.printStackTrace();
    }
}
```

（5）列表控件的事件处理方法将获取用户选择的列表项，把该选择转换为字符串传递给服务器，随后从服务器获取以压缩流传来的数据，并从压缩条目中获取它，然后显示在 infoArea 文本域中。程序关键代码如下：

```java
protected void do_list_valueChanged(ListSelectionEvent e) {
    if (e.getValueIsAdjusting())
        return;
    Object value = list.getSelectedValue();
    if (value == null)
        return;
    String bookName = value.toString();
    infoArea.setText("");
    try {
        //获取 Socket 的输出流
        OutputStream outputStream = socket.getOutputStream();
        //向 socket 发送信息
        outputStream.write((bookName + "\n").getBytes());
        //创建 ZIP 输入流
        ZipInputStream zis = new ZipInputStream(socket.getInputStream());
        char[] data = new char[1024];                                    //缓冲数组
        int readNum;
        zis.getNextEntry();                                              //读取下一个 ZIP 条目
        //把 ZIP 二进制输入流转换为字符输入流
        InputStreamReader ir = new InputStreamReader(zis);
        while ((readNum = ir.read(data)) > 0) {                          //读取数据
            //把数据添加到文本域控件中
            infoArea.append(new String(data, 0, readNum));
        }
        infoArea.select(0, 0);
    } catch (IOException e1) {
        e1.printStackTrace();
    }
}
```

秘笈心法

心法领悟 472：获取平台支持的字体列表。

Swing 控件默认采用的是自带的 3 种字体，这对于特殊的应用程序来说是不够的，如文档编辑器程序需要选择文字使用的字体。下面的代码介绍如何获取操作系统支持的字体。

```java
//创建图形环境对象
GraphicsEnvironment env = GraphicsEnvironment.getLocalGraphicsEnvironment();
Font[] allFonts = env.getAllFonts();                                    //获取系统平台提供的字体对象
```

通过图形环境对象获取所有支持的字体对象的数组，这个数组中的每一个元素都是一个操作系统中支持的字体对象。

实例 473	压缩远程文件夹 光盘位置：光盘\MR\473	高级 趣味指数：★★★★

实例说明

在前面的范例中，实现了备份网络文件夹的功能。原理是直接将网络文件夹复制到本地文件夹。这样虽然能实现需求，但是效果并不理想。如果能在传输的过程中使用压缩技术会更好，这样能提高文件的下载速度。本实例就实现了这样的功能，实例运行效果如图 19.21 所示。

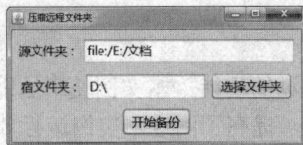

图 19.21　实例运行效果

📖 **说明：** 用户需要输入备份的网络文件夹的 URI 地址，并选择备份到哪个文件夹下。

■ 关键技术

本实例应用到的关键技术请参见实例 456。

■ 设计过程

（1）继承 JFrame 编写一个窗体类，名称为 FileCopyFrame。

（2）设计 FileCopyFrame 窗体类时用到的主要控件及说明如表 19.26 所示。

表 19.26　窗体的主要控件及说明

控 件 类 型	控 件 命 名	控 件 用 途
JButton	targetButton	让用户选择保存压缩文件的文件夹
	downloadButton	实现备份和压缩功能
JTextField	sourceTextField	显示用户输入的 URI 地址
	targetTextField	显示用户选择的文件夹绝对路径

（3）编写监听单击"开始备份"按钮事件的方法 do_downloadButton_actionPerformed()，实现将远程文件夹压缩到本地文件夹的功能。核心代码如下：

```java
protected void do_downloadButton_actionPerformed(ActionEvent arg0) {
    String uri = sourceTextField.getText();                          //获得用户输入的 URI 地址
    String target = targetTextField.getText();                       //获得用户选择的保存压缩文件的路径
    try {
        File sourceFile = new File(new URI(uri));                    //根据用户输入的 URI 创建 File 对象
        //省略校验代码
        List<String> path = new ArrayList<String>();                 //用列表保存网络文件夹中文件的地址
        getPath(sourceFile, path);                                   //获得文件地址
        //根据用户选择的文件夹和网络文件夹的名字创建压缩文件
        File targetFile = new File(target + sourceFile.getName() + ".zip");
        zipFile(path, targetFile, sourceFile.getAbsolutePath());     //实现压缩功能
        JOptionPane.showMessageDialog(this, "文件夹压缩成功");        //提示用户压缩成功
    } catch (URISyntaxException e) {
        e.printStackTrace();
    } catch (IOException e) {
        e.printStackTrace();
    }
}
```

📢 **注意：** 推荐使用 Ant 控件进行压缩，这样可以避免中文乱码问题。

■ 秘笈心法

心法领悟 473：压缩远程文件夹。

在文件的传输过程中，如果使用压缩功能则可以提高传输的效率，而且压缩成单个文件也方便管理。压缩可以在下载的过程中进行。

实例 474	压缩存储网页 光盘位置：光盘\MR\474	高级 趣味指数：★★★★☆

■ 实例说明

在前面的范例中，实现了下载单个网页的功能，本实例使用压缩技术来下载网页。对于由大量文本组成的网页，压缩技术能大幅度减少下载的流量，提高了网速。实例运行效果如图 19.22 所示。

图 19.22　实例运行效果

◀》 **注意：** 用户输入的网址要带协议的类型，如 "http://"，否则会出现异常。

■ 关键技术

抽象类 URLConnection 是所有代表应用程序和 URL 之间的通信链接类的超类，此类的实例可用于读取和写入 URL 引用的资源。通常，创建一个到 URL 的连接需要以下几个步骤：

（1）通过在 URL 上调用 openConnection() 方法创建连接对象。

（2）处理设置参数和一般请求属性。

（3）使用 connect() 方法建立到远程对象的实际连接。

（4）远程对象变为可用。远程对象的头字段和内容变为可访问。

为了获得需要下载的数据，需要使用 getInputStream() 方法，该方法的声明如下：

public InputStream getInputStream()throws IOException

■ 设计过程

（1）继承 JFrame 编写一个窗体类，名称为 DownloadFrame。

（2）设计 DownloadFrame 窗体类时用到的主要控件及说明如表 19.27 所示。

表 19.27　窗体的主要控件及说明

控 件 类 型	控 件 命 名	控 件 用 途
JButton	chooseButton	实现选择压缩文件夹的功能
	button	实现下载和压缩功能
JTextField	urlTextField	显示用户输入的网址
	pathTextField	显示用户选择的文件夹绝对路径

（3）实现下载和压缩网页的方法 zipWebPage()，参数 url 代表用户输入的网址，savePath 代表用户选择的文件夹。代码如下：

```
private static void zipWebPage(String url, String savePath) throws IOException {
    URLConnection conn = new URL(url).openConnection();          //利用用户输入的网址创建 URL 连接对象
    InputStream in = conn.getInputStream();                      //获得输入流
    FileOutputStream fos = new FileOutputStream(savePath + "download.zip");
    ZipOutputStream zos = new ZipOutputStream(fos);
    byte[] buffer = new byte[1024];
    ZipEntry entry = new ZipEntry("download.html");             //创建名为 download.html 的压缩条目
    zos.putNextEntry(entry);
    int read = 0;
    while ((read = in.read(buffer)) != -1) {                    //写入数据
        zos.write(buffer, 0, read);
    }
    zos.closeEntry();
    in.close();                                                 //释放资源
    zos.close();
    fos.close();
}
```

■ 秘笈心法

心法领悟 474：压缩存储网页。

网页是互联网的重要组成部分，用户在上网的过程中，大部分时间是和网页打交道。如果遇到自己喜欢的网页可以把它保存到本地，此时如果使用压缩技术，就能节约大量的磁盘空间。当需要浏览时，再释放即可。

第20章

操作办公文档

▶▶ 操作 Word

▶▶ 操作 Excel

▶▶ 操作 PDF

20.1　操作 Word

实例 475	将文本文件导入 Word 中 光盘位置：光盘\MR\475	高级 趣味指数：★★★★☆

■ 实例说明

　　jacob 是 java-com bridge 的缩写，它在 Java 与微软的 com 组件之间构建一座桥梁，使用 jacob 自带的 DLL 动态链接库，并通过 JNI 的方式实现了 Java 平台上对 com 程序的调用。jacob 功能较强大，很多操作办公文档的程序员都使用 jacob 组件，本实例实现将文本文件中的内容导入到 Word 文档中。实例运行效果如图 20.1 所示。

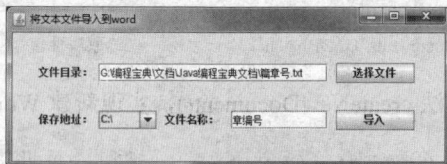

图 20.1　实例运行效果

■ 关键技术

　　jacob 是一个开源项目，可以到网址 http://sourceforge.net 下载最近的 jacob，本章中应用 jacob 的版本是 1.9。下载 jacob_1.9.1.zip 后，进行解压，将得到的 jacob.jar 文件添加到项目的构建路径中，将 jacob.dll 放置在 JDK 的 bin 路径下，或者是系统的 System32 文件夹下，就做好了准备工作。

　　使用 jacob 组件新建 Word 文档，可分为以下几个主要步骤。

　　（1）通过创建 Word 运行程序启动对象 ActiveXComponent 来启动 Word。实例代码如下：

```
ActiveXComponent word = new ActiveXComponent("Word.Application");
```

　　上句代码为构建 ActiveX 组件实例，其中参数与需要调用的 Activex 控件有关。常用的参数如表 20.1 所示。

表 20.1　ActiveXComponent 构造方法中的常用参数列表

MS 控制名	对应的参数值
InternetExplorer	InternetExplorer.Application
Excel	Excel.Application
Word	Word.Application
outlook	Outlook.Application
visio	Visio.Application

　　（2）设置 Word 文档为可视状态。通过调用 ActiveXComponent 对象的 setProperty()方法实现，代码如下：

```
word.setProperty("Visible", new Variant(true));
```

　　其中，参数 Variant 用于映射 com 的数据类型，提供 Java 和 com 的数据交互。

　　（3）调用 Dispatch 类的 call()方法访问 com/dll。call()方法提供了多种重载形式来满足程序开发的需要，在本实例中通过给定参数 Add 命令创建一个新的 Word 文档，该方法的返回值为 Variant 对象。代码如下：

```
doc = Dispatch.call(documents, "Add").toDispatch();
```

　　📖 说明：Dispatch 类对象用于指向封装后的数据结构。

　　（4）调用 Dispatch 类的 get()方法，读取 com 对象的属性值。代码如下：

```
selection = Dispatch.get(word, "Selection").toDispatch();
```

◁୬) 注意：要使用 jacob 组件操作 Word 文档，在本机上必须安装 Word，否则无法建立 Java-COM 桥，进而无法解析。

设计过程

（1）新建项目，并在项目中创建类 WordBean。

（2）在该类中定义 Word 文档对象、Word 运行程序对象和 Dispatch 对象的代码如下：

```
private Dispatch doc;                                    //Word 文档
private ActiveXComponent word;                           //Word 运行程序对象
private Dispatch documents;                              //所有 Word 文档集合
private Dispatch selection;                              //选定的范围或插入点
```

（3）在 WordBean 类的构造方法中启动 Word，设置 Word 为可视状态，并读取文档的属性值。代码如下：

```
public WordBean() {
    if (word == null) {
        word = new ActiveXComponent("Word.Application");       //启动 Word
        word.setProperty("Visible", new Variant(true));        //设置 Word 为可视状态
    }
    if (documents == null)
        documents = word.getProperty("Documents").toDispatch(); //读取属性值
}
```

（4）在 WordBean 类中创建方法 createNewDocument()，实现新建 Word 文档，代码如下：

```
public void createNewDocument() {
    doc = Dispatch.call(documents, "Add").toDispatch();         //调用 com/dll 对象
    selection = Dispatch.get(word, "Selection").toDispatch();   //读取 com 对象的属性值
}
```

（5）在 WordBean 类中创建 insertText()方法，实现向 Word 文档中添加新的字符串。该方法有一个 String 类型的参数。代码如下：

```
public void insertText(String newText) {
    Dispatch.put(selection, "Text", newText);                  //设置属性值
}
```

（6）在 WordBean 类中创建 save()方法，用于将新建的 Word 文档保存到其他地址中，该方法包含有 String 类型的参数，用于指定文件的保存地址。代码如下：

```
public void save(String savePath) {
    Dispatch.call(
            (Dispatch) Dispatch.call(word, "WordBasic").getDispatch(),
            "FileSaveAs", savePath);
}
```

秘笈心法

心法领悟 475：添加 jacob.dll 文件。

在使用 jacob 操作 Word 时，需要将 jacob 自带的 DLL 动态链接库 jacob.dll 文件放到 JDK 的 bin 目录下。这样可以保证 java-com 桥建立成功，如果读者不习惯这样操作，可以将 jacob.dll 文件放置在项目的根目录下，这样也是正确的。

实例 476	浏览本地 Word 文件	高级
	光盘位置：光盘\MR\476	趣味指数：★★★★

实例说明

jacob 组件是操作办公软件很强大的工具，本实例为大家介绍的是，使用 jacob 组件实现打开本地磁盘中的 Word 文档。在本实例中为大家提供了可浏览本地系统的树，用户可选择打开本地系统中任意的 Word 文档。实例运行效果如图 20.2 所示。

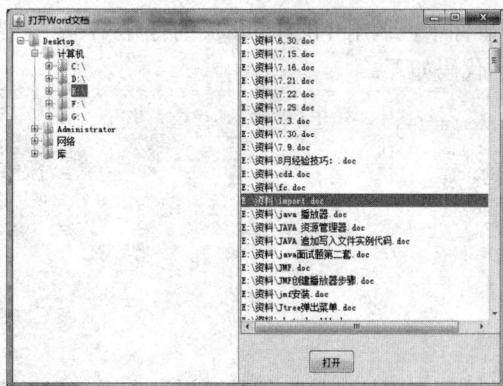

图 20.2　实例运行效果

■ 关键技术

本实例实现的是使用 jacob 技术打开 Word 文档，具体地说是通过使用 Dispatch 类的 call()方法和给定命令 open 实现打开 Word 文档。call()方法的返回值为 Dispatch 对象，实例代码如下：

```
doc = Dispatch.call(documents, "Open", docPath).toDispatch();                  //调用打开 Word 文档命令
```

参数说明

❶ documents：为 Dispatch 对象。

❷ docPath：为打开文件的地址。

例如，要打开 C 盘根目录下的 w.doc 文件，代码如下：

```
doc = Dispatch.call(documents, "Open", "c://w.doc").toDispatch();              //调用打开 Word 文档命令
```

■ 设计过程

（1）创建类 FileHeald，在该类中保存有打开 Word 文档的方法。首先在该类中定义 Dispatch 类、ActiveXComponent 类对象。代码如下：

```
private Dispatch doc;
private ActiveXComponent word;                                                //Word 运行程序对象
private Dispatch documents;                                                   //所有 Word 文档集合
```

（2）在 FileHeald 类的构造方法中，对创建的 Dispatch 对象、ActiveXComponent 类进行实例化。代码如下：

```
public FileHeald() {
    if (word == null) {
        word = new ActiveXComponent("Word.Application");                      //启动 Word
        word.setProperty("Visible", new Variant(true));                       //设置 Word 为可视状态
    }
    if (documents == null)
        documents = word.getProperty("Documents").toDispatch();               //读取属性值
}
```

（3）在 FileHeald 类中创建方法 openDocument()，实现打开 Word 文档，该方法有一个 String 类型的参数，用于指定要打开的文档的地址。代码如下：

```
public void openDocument(String docPath) {
    doc = Dispatch.call(documents, "Open", docPath).toDispatch();             //调用打开 Word 文档命令
}
```

（4）在项目中创建类 OpenWord，该类继承 JFrame 类且是一个窗体类。在该类中添加用于显示本地磁盘结构的树控件、列表控件与按钮控件，如表 20.2 所示。

表 20.2　窗体中的控件

控 件 类 型	控 件 命 名	控 件 用 途
JTree	jtree	用于显示本地磁盘结构的树控件
JList	list	用于显示 doc 文档地址的列表控件
JButton	open	显示"打开"按钮控件

（5）在"打开"按钮的单击事件中，调用 FileHeald 类的打开 Word 文档的方法，并以用户选择的文件列表的文件地址作为该方法的参数。代码如下：

```
open.addActionListener(new ActionListener() {
    public void actionPerformed(ActionEvent arg0) {
        String path = list.getSelectedValue().toString();          //获取用户选择的列表项内容
        FileHeald fileHeald = new FileHeald();                      //创建 FileHeald 对象
        fileHeald.openDocument(path);                               //调用打开文件的方法
    }
});
```

秘笈心法

心法领悟 476：移除表格内容。

本实例为大家提供了选择文件的列表控件，该控件是可以动态添加列表值和移除列表值的。要实现动态地向 JList 对象添加值，可以使用 DefaultListModel 类的 addElement()方法。除此之外，该类还提供了 removeElement()方法从列表中移除指定的内容。

实例 477	将员工表插入 Word 文档中 光盘位置：光盘\MR\477	高级 趣味指数：★★★★☆

实例说明

一些软件可能会要求程序员将相应的数据内容以表格的形式添加到 Word 文档中，以方便数据的移植。本实例是使用 jacob 组件实现以表格的形式向 Word 文档中插入内容。实现该实例时需要注意，要向表格中的指定列与指定行分别添加数据。通过本实例向 Word 中添加的表格内容如图 20.3 所示。

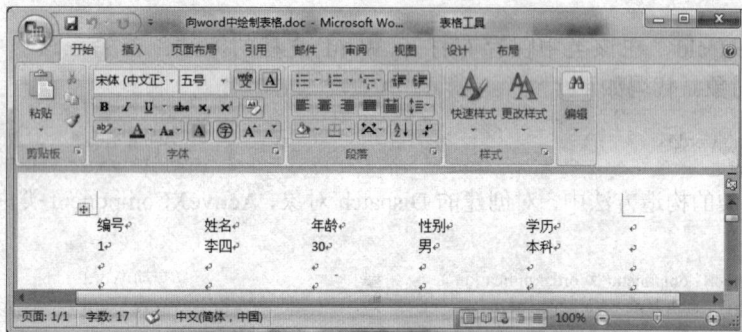

图 20.3　向 Word 中添加的表格内容

关键技术

实现本实例仍然是通过 Dispatch 类的 get()方法与 call()方法。get()方法获取属性信息，该方法包含有多个重载形式，本实例用到的该方法的语法格式如下：

```
Dispatch cols = Dispatch.get(this.table, "columns").toDispatch();
```

其中的 columns 就是属性名称，类似于 Visual Basic 的 cols = table.columns。

call()方法用于访问 com/dll 对象，本实例应用的该方法的语法格式如下：

```
Dispatch table = Dispatch.call(tables, "add".new Variant(1));
```

其中第一个参数是对象名；第二个字符串参数就是方法名字，实现向表格中添加内容。

设计过程

（1）创建类 Inerttable，在该类的主方法中启动 Word，代码参考光盘，篇幅有限，这里不再赘述。

（2）在该类中创建 createTable()方法，该方法为创建表格方法。该方法有两个 int 类型的参数，分别用于指定创建表所拥有的行数与列数。代码如下：

```
public void createTable(int numCols, int numRows) {
    Dispatch tables = Dispatch.get(doc, "Tables").toDispatch();        //获取表格属性
    Dispatch range = Dispatch.get(selection, "Range").toDispatch();    //获取表格行列属性
    Dispatch newTable = Dispatch.call(tables, "Add", range,
        new Variant(numRows), new Variant(numCols)).toDispatch();      //向表格中添加内容
    Dispatch.call(selection, "MoveRight");
}
```

（3）在该类中编写 putTxtToCell()方法，实现向表格中添加内容。代码如下：

```
public void putTxtToCell(int tableIndex, int cellRowIdx, int cellColIdx,
        String txt) {
    Dispatch tables = Dispatch.get(doc, "Tables").toDispatch();        //获取表格属性
    Dispatch table = Dispatch.call(tables, "Item", new Variant(tableIndex))
        .toDispatch();                                                 //要填充的表格
    Dispatch cell = Dispatch.call(table, "Cell", new Variant(cellRowIdx),
        new Variant(cellColIdx)).toDispatch();
    Dispatch.call(cell, "Select");
    Dispatch.put(selection, "Text", txt);                             //put()方法设置表格内容
}
```

（4）在类的主方法中调用 createTable()方法与 putTxtToCell()方法，实现创建表格，并向表格中添加内容。
代码如下：

```
Inerttable msWordManager = new Inerttable();                          //创建本类对象
try {
    msWordManager.createNewDocument();                                //新建文档
    msWordManager.createTable(5, 5);                                  //创建 5 行 5 列的表格
    msWordManager.putTxtToCell(1, 1, 1, "编号");                       //向第 1 行第 1 列中添加内容
    msWordManager.putTxtToCell(1, 2, 1, "1");                         //向第 2 行第 1 列中添加内容
    msWordManager.putTxtToCell(1, 1, 2, "姓名");
    msWordManager.putTxtToCell(1, 2, 2, "李四");
    msWordManager.putTxtToCell(1, 1, 3, "年龄");
    msWordManager.putTxtToCell(1, 2, 3, "30");
    msWordManager.putTxtToCell(1, 1, 4, "性别");
    msWordManager.putTxtToCell(1, 2, 4, "男");
    msWordManager.putTxtToCell(1, 1, 5, "学历");
    msWordManager.putTxtToCell(1, 2, 5, "本科");
    msWordManager.save("c:\\向 word 中绘制表格.doc");                  //调用保存文档的方法
} catch (Exception e) {
    e.printStackTrace();
} finally {
    msWordManager.close();
}
```

■ 秘笈心法

心法领悟 477：表格起始索引。

有的初学者会将 Word 中的表格坐标和其他的对象坐标混淆，例如，数据库查询结果集中是从 0 开始的，集合的索引位置也是从 0 开始的。而使用 jacob 组件创建 Word 表格，第一行索引表示的是 1，第一列索引表示的也是 1。

实例 478	将员工照片插入 Word 简历中 光盘位置：光盘\MR\478	高级 趣味指数：★★★☆

■ 实例说明

包含有图片的 Word 文档是非常常见的，如带有图片的员工表。本实例实现向员工表中插入图片信息，在插入图片时需要注意，默认的 Word 文档插入点在文档的开始部分，要根据表格的情况相应地移动插入点。实例运行效果如图 20.4 所示。

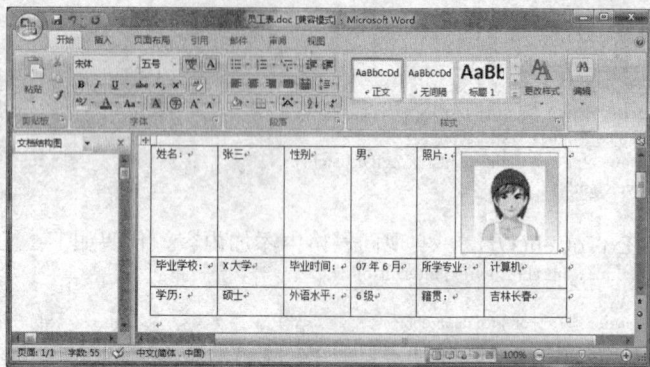

图 20.4　向 Word 中添加图片

■ 关键技术

实现本实例仍然是通过 Dispatch 类的 get()与 call()方法，通过给定参数可实现向文档中插入图片。代码如下：

```
Dispatch.call(Dispatch.get(selection, "InLineShapes").toDispatch(),
        "AddPicture", imagePath);
```

参数说明

❶selection：为 Dispatch 对象。

❷imagePath：表示要向文档中插入图片的地址。

■ 设计过程

（1）创建类 WordBean，在该类中包含有新建 Word 文档、保存 Word 文档等方法。在前面的实例中，已经向大家做了介绍，这里不再赘述。

（2）在该类中包含有一个向当前插入点插入图片的方法，该类包含有两个 String 类型参数，分别用于指定要插入文档的图片地址与插入文档的地址；一个 int 类型的参数，用于指定插入点向右移动的位置。具体代码如下：

```
public void insertImage(String imagePath, String docPath, int pos) {
    doc = Dispatch.call(documents, "Open", docPath).toDispatch();          //打开相应的 Word 文档
    selection = Dispatch.get(word, "Selection").toDispatch();
    for (int i = 0; i < pos; i++)
        Dispatch.call(selection, "MoveRight");                             //将插入点向右移动相应的位置
    Dispatch.call(Dispatch.get(selection, "InLineShapes").toDispatch(),
            "AddPicture", imagePath);                                      //向文档中插入图片
}
```

■ 秘笈心法

心法领悟 478：插入点。

本实例中有将插入点向右移动的代码。因为默认情况下，插入点在 Word 文档的开始位置，要将图片插入到相应的位置，就要对插入点进行移动。

实例 479	将 Word 文档保存为 HTML 格式 光盘位置：光盘\MR\479	高级 趣味指数：★★★★☆

■ 实例说明

笔者曾遇到过一个挺麻烦的问题，程序运行后生成了 Word 文档，但是有的客户的机器上没有安装 Word，无法打开程序生成的 Word。无奈之下，编写了一个将 Word 文档转换为 HTML 格式的文件解决了这一问题。本实例实现将实例 477 生成的 Word 文件转换为 HTML 格式，转换后的结果可通过 IE 浏览器打开，如图 20.5 所示。

图 20.5　实例运行效果

■ 关键技术

实现本实例主要是通过 Dispatch 类的 invoke()方法，该方法的语法如下：

```
Dispatch.invoke(a1,"a3",a4,a5,a6).toDispatch();
```

该方法实现了功能调用，作用为对于 Dispatch 对象 a1 的 a3 属性执行 a4，类似于 Dispatch 类的 get()方法，执行操作后 a3 的值为 a5，a6 为错误参数码，通常将其定义为 "new int[1]"。

■ 设计过程

（1）创建类 WordToHtml，在该类中定义 wordToHtml()方法，实现将 Word 文档转换为 HTML 格式。该方法包含有两个 String 类型的参数，分别制定 Word 文档的存放路径与转换后 HTML 文件的存放路径。代码如下：

```java
public void wordToHtml(String docfilePath, String htmlfilePath) {
    ActiveXComponent app = new ActiveXComponent("Word.Application");        //启动 Word
    try {
        app.setProperty("Visible", new Variant(false));                     //设置 Word 为不可见
        Dispatch dispatch = app.getProperty("Documents").toDispatch();      //读取文档属性值
        Dispatch doc = Dispatch.invoke(dispatch,"Open",Dispatch.Method,
                new Object[] { docfilePath, new Variant(false),
                new Variant(true) }, new int[1]).toDispatch();              //功能调用
        Dispatch.invoke(doc, "SaveAs", Dispatch.Method, new Object[] {
                htmlfilePath, new Variant(8) }, new int[1]);                //以 HTML 格式保存到临时文件
        Variant f = new Variant(false);
        Dispatch.call(doc, "Close", f);                                     //将文档关闭，并将其设置为不可见
    } catch (Exception e) {
        e.printStackTrace();
    }
}
```

（2）在该类的主方法中调用 wordToHtml()方法，实现指定磁盘文件转换为 HTML 格式。代码如下：

```java
public static void main(String[] args) {
    WordToHtml wth = new WordToHtml();                                      //创建本类对象
    wth.wordToHtml("c:\\向 word 中绘制表格.doc", "c:\\向 word 中绘制表格.html");
}
```

■ 秘笈心法

心法领悟 479：必须启动 Word。

jacob 中非常重要的类 ActiveXComponent 可以构建 ActiveX 组件，在实现 Word 文档转换为 HTML 格式时，也要使用 "ActiveXComponent app = new ActiveXComponent("Word.Application");" 语句启动 Word。

20.2　操作 Excel

实例 480	将员工信息保存到 Excel 表中 光盘位置：光盘\MR\480	高级 趣味指数：★★★★☆

■ 实例说明

相信读者对 Excel（电子表格）一定不会陌生，但是使用 Java 语言操纵 Excel 文件并不是一件容易的事。需

要应用第三方组件，如有的系统客户要求通过程序向 Excel 表中插入数据。本实例实现的是将用户添加的信息保存到 Excel 表中，实例运行效果如图 20.6 所示。

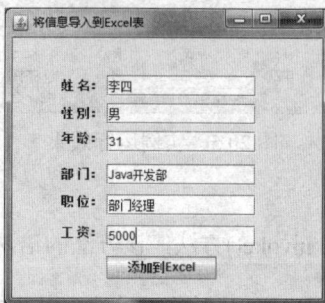

图 20.6　新建的 Excel 文件

■ 关键技术

POI 组件的首页是 http://Jakarta.apache.org，读者可以自行下载最高版本。解压缩*.zip，把 poi.jar 文件放置在项目的构建路径中，即可实现 POI 组件操作 Excel。POI 项目实现的 Excel 文件格式称为 HSSF，是 Horrible SpreadSheet Format 的缩写，可以使用纯 Java 代码读取、写入、修改 Excel 文件。POI 项目操作 Excel 需要以下几个重要的类。

（1）HSSFWorkbook 类

该类表示 Excel 工作簿类。创建该类对象，表示新建 Excel 工作簿。

（2）HSSFSheet 类

该类表示 Excel 工作表，可通过为构造方法指定参数来创建指定名称的工作表。例如，创建名称为工资表的工作表代码如下：

```
HSSFSheet sheet = excelbook.createSheet("工资表");
```

（3）Cells 类

该类表示 Excel 文件中的一个单元格。

■ 设计过程

（1）在项目中创建类 InsertExcelFrame，该类继承 JFrame 类，实现窗体类。

（2）向窗体中添加控件，实现窗体布局。该窗体中的主要控件及说明如表 20.3 所示。

表 20.3　窗体中的主要控件及说明

控 件 类 型	控 件 命 名	控 件 用 途
JTextField	nameTextField	为用户提供添加"姓名"的文本框
	sexTextField	为用户提供添加"性别"的文本框
	ageTextField	为用户提供添加"年龄"的文本框
	deptTextField	为用户提供添加"部门"的文本框
	jobTextField	为用户提供添加"职位"的文本框
	laborageTextField	为用户提供添加"工资"的文本框
JButton	insertButton	为用户提供"添加到 Excel"的按钮

（3）创建工具类 CreateXL，该类定义了操作 Excel 表的相关方法。其中新建 Excel 表方法是 createExcel()，关键代码如下：

```
public void createExcel() {
    try {
        excelbook=new HSSFWorkbook();
        sheet = excelbook.createSheet("工资表");          //在索引 0 的位置创建行（最顶端的行）
        HSSFRow row = sheet.createRow((short) 0);
```

```
        HSSFCell monadism = row.createCell((short) 0);                              //在索引 0 的位置创建单元格（左上端）
        monadism.setCellType(HSSFCell.CELL_TYPE_STRING);                            //定义单元格为字符串类型
        monadism.setCellValue("姓名");                                              //在单元格中输入一些内容
        row.createCell((short) 1).setCellValue("性别");                             //在第 1 行第 2 列添加内容
        row.createCell((short) 2).setCellValue("年龄");
        row.createCell((short) 3).setCellValue("部门");
        row.createCell((short) 4).setCellValue("职位");
        row.createCell((short) 5).setCellValue("工资信息");
        FileOutputStream out = new FileOutputStream(outputFile);                    //新建输出文件流
        excelbook.write(out);                                                       //把相应的 Excel 工作簿存盘
        out.flush();
        out.close();                                                               //操作结束，关闭文件
        System.out.println("文件创建成功！！！");
    } catch (Exception e) {
        e.printStackTrace();
    }
}
```

（4）在 CreateXL 类中定义 insertvalue()方法，用于向 Excel 表中插入数据，该方法包含有 String 类型的参数，用于指定插入表的内容。关键代码如下：

```
public void insertvalue(String name, String sex, String age, String dept,
        String job, String laborage) {
    try {
        excelbook = new HSSFWorkbook(new FileInputStream(outputFile));             //定义 Excel 表对象
        HSSFSheet sheet = excelbook.getSheet("工资表");                            //获取指定的工作表
        int count = sheet.getPhysicalNumberOfRows();                               //获取工作表中总的行数
        HSSFRow row = sheet.createRow((short) count);                              //新建一行
        row.createCell((short) 0).setCellValue(name);                              //在索引 0 的位置创建单元格（左上端）
        row.createCell((short) 1).setCellValue(sex);
        row.createCell((short) 2).setCellValue(age);
        row.createCell((short) 3).setCellValue(dept);
        row.createCell((short) 4).setCellValue(job);
        row.createCell((short) 5).setCellValue(laborage);
        FileOutputStream out;                                                      //新建输出文件流
        out = new FileOutputStream(outputFile);
        excelbook.write(out);                                                      //把相应的 Excel 工作簿存盘
        out.flush();
    } catch (Exception e) {
        e.printStackTrace();
    }
}
```

■ 秘笈心法

心法领悟 480：POI 设置字体颜色。

通过 POI 组件还可以实现为单元格中的文字绘制字体样式，如设置字体为红色、粗体等。可通过 HSSFFont 类实现。实例代码如下：

```
HSSFFont font = excelbook.createFont();                                            //创建字体对象
font.setColor(HSSFFont.COLOR_RED);                                                 //设置字体为红色
font.setBoldweight(HSSFFont.BOLDWEIGHT_BOLD);                                       //设置字体为粗体
```

实例 481	通过 Excel 公式计算出商品表中的总售价	高级
	光盘位置：光盘\MR\481	趣味指数：★★★★☆

■ 实例说明

对 Excel 熟悉的人都知道，Excel 中有大量的公式可以满足用户的需要。那么如何通过 Java 程序在 Excel 表中使用公式呢？通过 POI 组件实现向 Excel 中写文件，可以应用公式，这样可以满足很多程序的需求。本实例通过 Java 程序实现在磁盘中写数据，并使用公式。实例运行效果如图 20.7 所示。

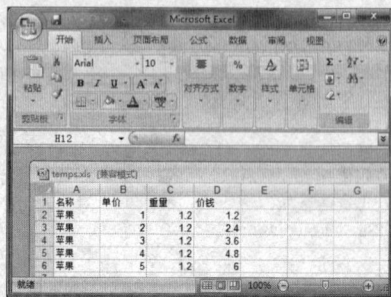

图 20.7　将数据库表内容写入 Excel 中

■ 关键技术

在 Excel 表中的指定单元格内使用表格，可以使用 setCellFormula()方法。代码如下：

```
HSSFCell cell = row.createCell((short)4);
Cell.setCellFormula("sum(B1:B2)");
```

这样设置之后，得到的 cell 单元格中的值就为 B1 和 B2 的列值相加。

■ 设计过程

创建类 CreateExcelUseformula，在该类中定义创建 Excel 表格，并在插入表格数据时使用公式方法。具体代码如下：

```java
public static void main(String[] args) {
    try {
        /** Excel 文件要存放的位置，假定在 C 盘根目录下 */
        String outputFile = "c://temps.xls";
        //创建新的 Excel 工作簿
        HSSFWorkbook excelbook = new HSSFWorkbook();
        //如要新建一名为“工资表”的工作表，其语句为：
        HSSFSheet sheet = excelbook.createSheet("工资表");
        //在索引 0 的位置创建行（最顶端的行）
        HSSFRow row = sheet.createRow((short) 0);
        //在索引 0 的位置创建单元格（左上端）
        HSSFCell monadism = row.createCell(0);
        //定义单元格为字符串类型
        monadism.setCellType(HSSFCell.CELL_TYPE_STRING);
        //在单元格中输入一些内容
        monadism.setCellValue("名称");
        //在第 1 行第 2 列添加内容
        HSSFCell cell1 = row.createCell(1);
        cell1.setCellValue("单价");
        row.createCell(2).setCellValue("重量");
        row.createCell(3).setCellValue("价钱");
        for (int i = 1; i <= 5; i++) {                       //通过 for 循环创建表格
            HSSFRow row2 = sheet.createRow(i);               //在工作簿中创建一行
            row2.createCell(0).setCellValue("苹果");         //在工作簿中新建一列
            row2.createCell(1).setCellValue(i);              //设置单元格值
            row2.createCell(2).setCellValue(1.2);
            row2.createCell(3).setCellFormula(
                    "B" + (i + 1) + "*C" + (i + 1) + "");    //为单元格添加公式
        }
        FileOutputStream out = new FileOutputStream(outputFile);   //新建输出文件流
        excelbook.write(out);                                //把相应的 Excel 工作簿存盘
        out.flush();
        out.close();                                         //操作结束，关闭文件
        System.out.println("文件创建成功！！！");
    } catch (Exception e) {
        e.printStackTrace();
    }
}
```

秘笈心法

心法领悟 481：设置列宽。

除了在单元格中使用公式外，还可以设置单元格的行高和列宽。可以通过 HSSFSheet 类的 setColumnWidth()
方法来实现。例如：

```
sheet.setColumnWidth(3,4)
```

其中 3 代表的是列号，4 代表的是列宽值。

| 实例 482 | 将数据库表中的内容写入 Excel 中　　光盘位置：光盘\MR\482 | 高级　趣味指数：★★★☆ |

实例说明

数据库表与 Excel 的存储形式类似，都是以表格的形式存储的。很多软件要求将数据库表与 Excel 进行交互。本实
例实现的是将数据库表中的内容写入 Excel 中，仍然使用的是 POI 组件，写入后 Excel 文件中的内容如图 20.8 所示。

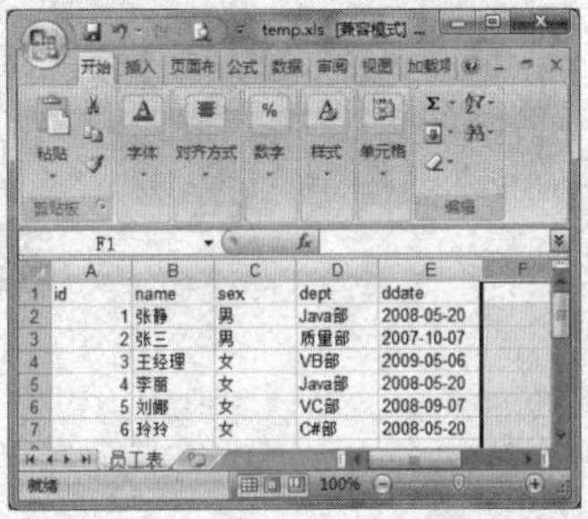

图 20.8　将数据库表中的内容写入 Excel 中

关键技术

实现本实例，需要根据数据库表格式创建 Excel 文件，再将从数据库表中读取的内容写入 Excel 表中，向
Excel 表中写内容主要通过 HSSFCell 类的 setCellValue()方法。具体语法如下：

```
cell.setCellValue(value)
```

参数说明

❶ cell：HSSFCell 对象。

❷ value：向 Excel 单元格中插入的内容。

设计过程

（1）创建 ExcelWriter 类，在该类的构造方法中创建一个 Excel 文件写入器，将所有数据写入到指定的 Excel
文件中。具体代码如下：

```
/**
 * . * 创建一个 Excel 文件写入器，所有数据将写入到指定的 xls 文件中；
 * . * 写入日期时以指定格式形式写入
 * .
 * . * @param xlsFile 指定目标文件位置，原位置已存在同名文件将被覆盖
 * . * @param dateFormat 日期格式，如果为 null 则按本地日期格式
 * .
 */
public ExcelWriter(File xlsFile, String dateFormat) {
    this.xlsFile = xlsFile;
    workbook = new HSSFWorkbook();
    try {
        FileOutputStream fileoUut = new FileOutputStream(xlsFile);
        workbook.write(fileoUut);
        fileoUut.close();
```

```java
    } catch (Exception e) {
        e.printStackTrace();
    }
    if(dateFormat!=null){
        dateFormatter=new SimpleDateFormat(dateFormat);
    }else{
        dateFormatter=new SimpleDateFormat();
    }
}
```

（2）在该类中定义写入数据库结果集的列名及数据库到指定工作簿方法 writeSheet()，该类有一个 File 类型的参数，用于指定写入的 Excel 表格；一个 ResultSet 类型的参数，用于指定数据库结果集。具体代码如下：

```java
private void writeSheet(File file, ResultSet resultSet) throws SQLException {
    HSSFWorkbook book = new HSSFWorkbook();                              //定义工作簿对象
    HSSFSheet sheet = book.createSheet("员工表");                         //创建工作表
    ResultSetMetaData metaData = resultSet.getMetaData();               //获取关于 ResultSet 对象中列的类型和属性信息的对象
    int rowNum = 0;
    HSSFRow header = sheet.createRow(rowNum);                           //写入列名
    int colCount = metaData.getColumnCount();                          //获取数据库表共有几列
    for (int i = 0; i < colCount; i++) {                               //循环遍历数据表列名
        HSSFCell cell = header.createCell(i);                         //根据数据库内容创建单元格
        writeCell(cell, metaData.getColumnLabel(i + 1));             //将数据库中的内容写入单元格内
    }
    while (resultSet.next()) {                                         //循环遍历查询结果集
        rowNum++;
        HSSFRow row = sheet.createRow(rowNum);                        //创建一行
        for (int i = 0; i < colCount; i++) {
            HSSFCell cell = row.createCell(i);                       //新建单元格
            writeCell(cell, resultSet.getObject(i + 1));            //将结果集中的内容写入单元格中
        }
    }
    try {
        FileOutputStream fileO = new FileOutputStream(file);          //创建 FileOutputStream 对象
        book.write(fileO);
        fileO.close();
    } catch (Exception e) {
        e.printStackTrace();
    }
}
```

（3）在该类中定义 writeCell()方法，用于将数据写入指定的单元格。具体代码如下：

```java
private void writeCell(HSSFCell hssFcell, Object object) {
    if (object instanceof Date) {                                      //判断要写入的数值是否为日期类型
        Date d = (Date) object;
        hssFcell.setCellValue(new HSSFRichTextString(dateFormatter
            .format(d)));                                            //日期以文本形式写入
    } else if (object instanceof Boolean) {                          //判断要写入的数值是否为布尔类型
        boolean b = (Boolean) object;
        hssFcell.setCellValue(b);                                   //向表格中写入数据
    } else if (object instanceof Number) {                          //判断要写入的数据是否为数值类型
        double d = ((Number) object).doubleValue();
        hssFcell.setCellValue(d);                                   //向表格中写入数据
    } else {
        String s = (String) object;
        hssFcell.setCellValue(new HSSFRichTextString(s));
    }
}
```

（4）在该类中定义查询数据库，获取数据库结果集方法 getRest()。具体代码如下：

```java
public ResultSet getRest() {
    try {
        Class.forName("net.sourceforge.jtds.jdbc.Driver");
    } catch (ClassNotFoundException e) {
        e.printStackTrace();
    }
    Connection conn = null;
    //定义连接数据库的 url
    String url = "jdbc:jtds:sqlserver://localhost:1433;DatabaseName=db_database21";
    String userName = "sa";                                          //连接数据库的用户名
```

```
    String passWord = "";                                              //连接数据库的密码
    try {
        conn = DriverManager.getConnection(url, userName, passWord);    //获取数据库连接
    } catch (SQLException e) {
        e.printStackTrace();
    }
    ResultSet rest = null;
    String sql = "select * from tb_emp";                               //定义查询的 SQL 语句
    Statement statement;
    try {
        statement = conn.createStatement();                            //创建 Statement 实例
        rest = statement.executeQuery(sql);                            //执行 SQL 语句

    } catch (SQLException e) {
        e.printStackTrace();
    }
    return rest;
}
```

■ 秘笈心法

心法领悟 482：读字节文件。

将图片写入数据库中的过程，实际就是把图片转换成字节文件，再把该字节文件存入数据库的过程。重点就在于如何将图片转换成字节文件。FileInputStream 是 InputStream 的子类，它增加了从文件系统中的某个文件中获得输入字节流的功能，刚好符合我们的需求。

实例 483	将 Excel 表中的内容保存到数据库	高级
	光盘位置：光盘\MR\483	趣味指数：★★★★☆

■ 实例说明

本实例实现的是通过 POI 组件读取 Excel 表内容，再将读取的内容写入数据库中。本实例将实例 482 中生成的 Excel 文件写入数据库表 tb_empTable 中。写入后该数据库表中的数据如图 20.9 所示。

id	name	sex	age	laborage
16	张三	男	30.0	5000.0
17	李四	男	26.0	3500.0
18	孙宇	女	25.0	2800.0
19	杜军	男	29.0	3500.0

图 20.9 将 Excel 表中的内容保存到数据库

■ 关键技术

HSSF 为读取操作提供了两类 API，即 usermodel（用户模型）和 eventusermodel（事件用户模型）。Usermodel 包把 Excel 文件映射成熟悉的结构，如 WorkBook、Sheet、Row、Cell 等，把整体结构以一组对象的形式保存在内存中。

■ 设计过程

（1）定义 JDBCUtil 类，在该类中定义获取数据库连接的方法，读者可参考光盘中的源程序。除此之外，还有向数据库表中添加数据方法 insertEmp()，该方法的具体代码如下：

```
public void insertEmp(String[] str) {
    JDBCUtil iteacher = new JDBCUtil();                               //创建本类对象
    Connection conn = iteacher.getConn();                            //调用获取数据库连接的方法
    //定义向数据库插入数据的 SQL 语句
    String sql = "insert into tb_empTable   values('" + str[0] + "','"
        + str[1] + "','" + str[2] + "','" + str[3] + "')";
    try {
        Statement statement = conn.createStatement();
        statement.executeUpdate(sql);                                //执行插入的 SQL 语句
    } catch (SQLException e) {
        e.printStackTrace();
    }
}
```

（2）创建 ReadToDateBase 类，该类实现将 C 盘的 temp.xls 读取到数据库表中。具体代码如下：

```
String fileToBeRead = "c:\\temp.xls";
try { //创建对 Excel 工作簿文件的引用
    HSSFWorkbook workbook = new HSSFWorkbook(new FileInputStream(fileToBeRead));
    HSSFSheet sheet = workbook.getSheet("员工表");                        //创建对工作表的引用
    int rows = sheet.getPhysicalNumberOfRows();                        //获取表格的行数
    for (int r = 1; r < rows; r++) {                                   //循环遍历表格的行
        String value ="";                                             //定义保存读取内容的 String 对象
        HSSFRow row = sheet.getRow(r);                                //获取单元格中指定的行对象
        if (row != null) {
            int   cells = row.getPhysicalNumberOfCells();             //获取单元格中指定的列对象
            for (short c = 1; c < cells; c++) {                       //循环遍历单元格中的列
                HSSFCell cell = row.getCell((short) c);              //获取指定单元格中的列
                if (cell != null) {
                    //判断单元格的值是否为字符串类型
                    if (cell.getCellType() == HSSFCell.CELL_TYPE_STRING) {
                        value += cell.getStringCellValue()+",";
                    //判断单元格的值是否为数字类型
                    } else if (cell.getCellType() == HSSFCell.CELL_TYPE_NUMERIC) {
                        value += cell.getNumericCellValue()+",";
                    //判断单元格的值是否为布尔类型
                    } else if(cell.getCellType() == HSSFCell.CELL_TYPE_BOOLEAN){
                        value += cell.getStringCellValue()+",";
                    }
                }
            }
        }
        String [] str = value.split(",");                             //将字符串进行分割
        util.insertEmp(str);                                          //调用向数据库插入数据的方法
    }
} catch (Exception e) {
    e.printStackTrace();
}
```

■ 秘笈心法

心法领悟 483：提取单元格值时，注意单元格值的类型。

POI 读取 Excel 时，要注意数据类型，例如，CELL_TYPE_STRING 表示的是字符串类型，CELL_TYPE_NUMERIC 表示的是数字类型。

实例 484	将 Excel 文件转换为 HTML 格式	高级
	光盘位置：光盘\MR\484	趣味指数：★★★☆

■ 实例说明

如果在电脑上没有安装 Office，就无法浏览 Excel 文件，将 Excel 文件转换成 HTML 文件会方便查阅。本实例实现将 Excel 文件转换为 HTML 格式，转换后的文件可以使用 IE 浏览器打开，如图 20.10 所示。

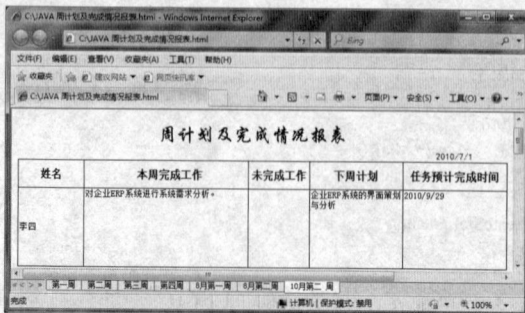

图 20.10　将 Excel 文件转换为 HTML 格式

■ 关键技术

本实例使用的是 jacob 组件实现将 Excel 文件转换为 HTML 格式,具体地说,使用的是 Dispatch 类的 invoke() 方法。

■ 设计过程

(1) 在项目中创建类 ExcelToHtml,在该类中定义 excelToHtml() 方法,该方法用于将 Excel 文件转换为 HTML 格式。该方法包含有两个 String 类型的参数,分别用于指定转换前 Excel 文件的保存地址和转换后 HTML 文件的保存地址。代码如下:

```java
public void excelToHtml(String xlsfilePath, String htmlfilePath) {
    ActiveXComponent app = new ActiveXComponent("Excel.Application");        //启动 Excel
    try {
        app.setProperty("Visible", new Variant(false));                      //设置 Excel 对象为不可见
        Dispatch excels = app.getProperty("Workbooks").toDispatch();
        Dispatch excel = Dispatch.invoke(
            excels, "Open", Dispatch.Method,
            new Object[] { xlsfilePath, new Variant(false),
                new Variant(true) }, new int[1]).toDispatch();               //功能调用
        Dispatch.invoke(excel, "SaveAs", Dispatch.Method, new Object[] {
            htmlfilePath, new Variant(44) }, new int[1]);                    //以 HTML 格式保存到临时文件
        Variant f = new Variant(false);
        Dispatch.call(excel, "Close", f);                                    //关闭 Excel 文件
    } catch (Exception e) {
        e.printStackTrace();
    }
}
```

(2) 在该类的主方法中调用 excelToHtml() 方法,实现将指定的 Excel 文件转换为 HTML 格式。具体代码如下:

```java
public static void main(String[] args) {
    ExcelToHtml eth = new ExcelToHtml();                                     //创建本类对象
    eth.excelToHtml("c:\\JAVA 周计划及完成情况报表.xls", "c:\\JAVA 周计划及完成情况报表.html");
                                                                            //调用将 Excel 转换为 HTML 格式的方法
}
```

■ 秘笈心法

心法领悟 484:保存图片方法小结。

将图片保存到数据库中有两种方法:第一种是将图片转换成字节流写入数据库中;第二种是将图片所在的路径写入数据库,当需要显示图片时,可以利用这个路径来读取。在实际应用中,第二种比较常见,因为可以提高数据库的利用率,也方便读取。

20.3　操作 PDF

实例 485	应用 iText 组件生成 PDF 光盘位置: 光盘\MR\485	高级 趣味指数: ★★★☆

■ 实例说明

在日常生活中,可以看到很多应用程序都可以动态生成 PDF,如银行生成用于电子邮件传递的客户报表。Java 操作 PDF 需要使用第三方组件。本实例实现的是使用 iText 组件通过 Java 程序动态生成 PDF,并向新建的 PDF 文件中写入内容,如图 20.11 所示。

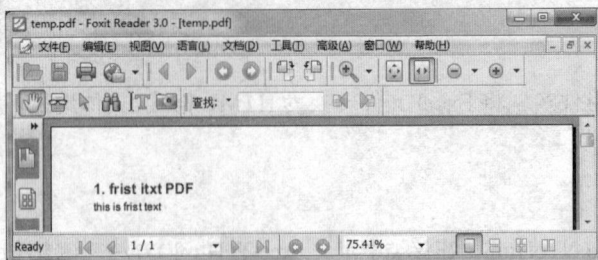

图 20.11　向新建的 PDF 文件中写内容

■ 关键技术

　　iText 是一项免费的 Java 库，功能强大，支持 HTML、RTF、PDF 和 XML 文档的生成。但是 iText 不支持 PDF 文件的读取，要对 PDF 文件进行读取需要使用其他组件。下面介绍使用 iText 生成 PDF 文件的几个重要的类与方法。

　　（1）Document 类

　　该类表示 PDF 文档。要想使 Document 对象与目标文件关联起来，必须创建一个 PDF 写入器。com.itextpdf.text.pdf.PdfWriter 对象表示写入器对象。通过调用该类的 add()方法可以打开与目标文件的链接。

　　（2）Paragraph 类

　　该类指定表示 PDF 文档中的段落。

　　（3）Chapter 类

　　该类表示 PDF 文档中的章节，可以通过该类的 setTitle()方法设置 PDF 文档中的章名，通过该类的 setNumberDepth()方法设置章节的编号级别，addSection()方法为章节添加小节。

　　（4）Section 类

　　该类表示 PDF 文档的小节，该类也提供了 setTitle()方法设置小节的标题，etNumberDepth()方法设置章节的编号级别，addSection()方法为章节添加内容。

■ 设计过程

　　在项目中创建类 CreatePDF，在该类中定义 writePDF()方法，该方法有一个 String 类型的参数，用于代表新建的 PDF 文档的保存地址。该实例实现创建 PDF 文档，并向文档中写内容。该方法的代码如下：

```java
public void writePDF(String fileName) {
    File file = new File(fileName);                                    //根据参数创建 File 对象
    FileOutputStream out = null;                                       //创建 FileOutputStream 实例
    Document documentPDF = new Document(PageSize.A5, 50, 50, 50, 50);  //创建 PDF 文档对象
    try {
        out = new FileOutputStream(file);                             //实例化 FileOutputStream 对象
        PdfWriter writer = PdfWriter.getInstance(documentPDF, out);

                                                                      //为 Document 对象创建写入器
        documentPDF.open();                                           //打开与目标文件的连接
        Font font = FontFactory.getFont(FontFactory.HELVETICA, 18.2f,
                Font.BOLDITALIC, new BaseColor(255, 0, 0));           //定义字体
        Paragraph chapter = new Paragraph();                          //定义段落对象
        Chapter chapter1 = new Chapter(chapter, 1);                   //创建章节对象
        chapter1.setNumberDepth(0);                                   //将编号级别设置为 0，表示不会在页面中显示章节编号
        font = FontFactory.getFont(FontFactory.HELVETICA, 16.0f, Font.BOLD,
                new BaseColor(255, 0, 0));                            //定义字体与字体颜色
        //向文档中插入内容
        Paragraph section1_title1 = new Paragraph("frist itxt PDF", font);
        Section section1 = chapter1.addSection(section1_title1);
        Paragraph text = new Paragraph("this is frist text");
        section1.add(text);                                           //向文档中添加章节
        documentPDF.add(chapter1);
```

```
        documentPDF.close();                                              //关闭文档
    } catch (Exception e) {
        e.printStackTrace();
    }
}
```

📖 说明：Document 对象的参数分别定义了页面的大小，以及左、右、上和下页的边距。

秘笈心法

心法领悟 485：iText 组件定义的纸张类型。

本实例中创建的是 A4 大小的纸张，通过 iText 组件可以定义 A0-A10、AL、LETTER、HALFLETTER、_11×17、LEDGER、NOTE、B0-B5、ARCH_A-ARCH_E、FLSA 和 FLSE 等纸张类型。

实例 486	在窗体中显示 PDF 文件 光盘位置：光盘\MR\486	高级 趣味指数：★★★★☆

实例说明

现在有很多 PDF 的浏览器，如 Adobe Reader 电子阅读器、超星电子阅读器等，这些软件都有一个共同的特点，在主窗体中都可显示 PDF 文件。本实例实现的是创建用于显示 PDF 文件的窗体，通过本实例可以打开本地的 PDF 文件，并在主窗体中显示。实例运行效果如图 20.12 所示。

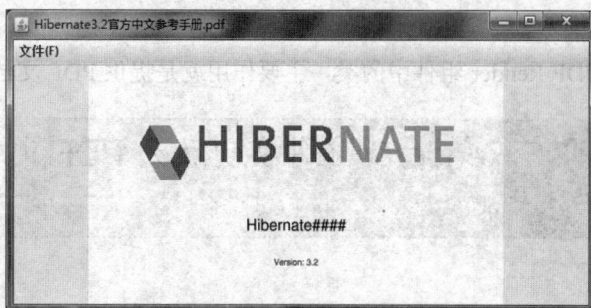

图 20.12　实例运行效果

关键技术

PDF Render 组件是一款与 PDF 文档进行交互的开源组件，它只可以在 JDK 1.5 以上的版本下运行，在程序中使用起来很方便。

获取每页 PDF 文档使用 PDF Render 组件中的 PDFFile 类，该类中有一个 getPage()方法，可以使用这个方法进行获取，其中 getPage()方法的参数表示 PDF 文档中的页码，该方法的返回值为 PDFPage 类型对象，然后使用 PagePanel 对象调用 showPage()方法就可以实现某页的 PDF 文档的显示，最后将该 PagePanel 对象添加到 JPanel 组件中即可。

例如：
```
PDFPage page = pdffile.getPage(1);                                    //获取第一页 PDF 文档
```
参数说明

pdffile：为 PDFFile 实例。

设计过程

（1）在项目中创建 MainFrame 类，该类继承自 JFrame 类，实现窗体类。

（2）在该窗体中添加面板、菜单项等控件，如表 20.4 所示。

表 20.4　窗体的控件

控 件 类 型	控 件 命 名	控 件 用 途
JMenuItem	openfile	为用户提供打开文件的菜单项
JScrollPane	contentPanel	为用户提供显示 PDF 文件的滚动面板控件

（3）当单击"打开"菜单项后，会将用户选择的 PDF 文件显示在面板中。关键代码如下：

```
for (int i = 1; i < 10; i++) {
    contentPanel.setViewportView(jpmain);                          //将主面板放置在滚动面板上
    activity = new SimulateActivity(contentPanel
            .getVerticalScrollBar().getMaximum());
    new Thread(activity).start();
    activityMonitor.start();
    PDFPage page = pdffile.getPage(i);                             //获取每页 PDF 文档
    PagePanel jp2 = new PagePanel();                               //实例化 PagePanel 对象
    jpmain.add(jp2);                                               //将面板对象添加到主面板中
    validate();                                                    //刷新窗体
    jp2.showPage(page);                                           //显示该页 PDF 文档
}
```

📖 **说明：** 由于将 PDF 文档显示在窗体中会耗费内存，所以本实例只将其中的前 10 页文档显示在窗体上。要显示全部的文档，可通过 pdffile.getNumPages()方法，这样可显示 PDF 文档中的所有页面。

■ 秘笈心法

心法领悟 486：PDFFile 对象。

PDFFile 类对象，它是 PDF Render 组件中的类，主要作用就是提供 PDF 文档的相关信息。

实例 487	应用 PDF Renderer 组件实现放大 PDF 文件 光盘位置：光盘\MR\487	高级 趣味指数：★★★

■ 实例说明

　　PDF 是互联网上主流的文件格式，因此对于 Java 程序员来说，能够自由地读写 PDF 文档很重要。目前有很多开源的 PDF 操作组件，如 iText 等。本实例向大家介绍 PDF Renderer 组件，它是 Sun 公司推出的纯 Java 的 PDF 渲染器和查看器。本实例使用它来完成 PDF 文件的放大功能。实例运行效果如图 20.13 所示。

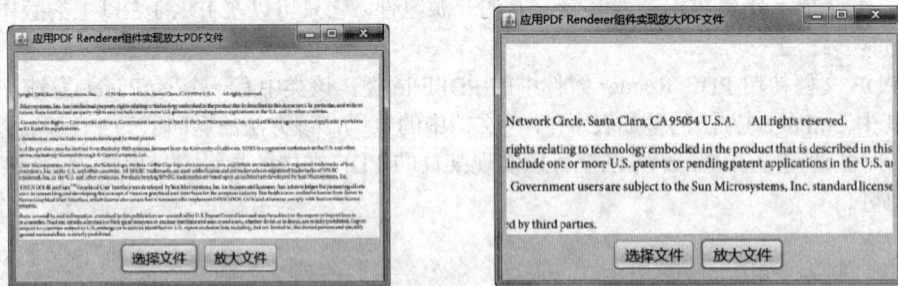

图 20.13　左图是原始大小，右图是放大后的效果

📖 **说明：** 单击"选择文件"按钮选择文件，单击"放大文件"按钮可以实现放大效果。

■ 关键技术

　　PDFPage 类封装了从 PDFFile 类渲染单个 PDF 页面所需要的命令。它本身并不能绘制，而是通过 PDFImage

类在屏幕上显示 PDF 文档的。本实例使用到的方法如下：

```
public Image getImage(int width, int height, Rectangle2D clip, ImageObserver observer, boolean drawbg, boolean wait)
```

参数说明如表 20.5 所示。

表 20.5　getImage()方法参数

方 法 参 数	方 法 用 途
width	生成的图片实际宽度
height	生成的图片实际高度
clip	显示图片的相框，它可以设置成只显示部分图片或者增加很多空白
observer	当图片发生变化时要通知的图片观察者，可以为空
drawbg	为真时 PDF 页面的空白部分显示为白色
wait	为真时直到文档渲染完成才返回

该方法可以利用当前的 PDF 页面绘制一个 Image 对象，通过对这个 Image 对象的放大来实现对 PDF 页面的放大功能。

设计过程

（1）继承 JFrame 编写一个窗体类，名称为 ZoomInFrame。

（2）设计 ZoomInFrame 窗体类时用到的主要控件及说明如表 20.6 所示。

表 20.6　窗体的主要控件及说明

控 件 类 型	控 件 命 名	控 件 用 途
JButton	chooseButton	实现选择 PDF 文件的功能
	zoominButton	实现放大功能
PagePanel	pagePanel	显示用户选择的 PDF 文件
JPanel	pdfPanel	显示 PDF 文件和图片

（3）编写监听单击"放大文件"按钮事件的方法 do_zoominButton_actionPerformed()，实现放大 PDF 页面的功能。代码如下：

```
protected void do_zoominButton_actionPerformed(ActionEvent arg0) {
    if (pdfPage == null) {
        JOptionPane.showMessageDialog(this, "请选择 PDF 文件", null,
                                                        JOptionPane.WARNING_MESSAGE);
        return;
    }
    Rectangle rect = new Rectangle(0, 0, (int) pdfPage.getBBox().getWidth(), (int) pdfPage.getBBox().getHeight());//获得用户选中的 PDF 页面的边框
    //将用户选中的 PDF 页面转换成图片并将其放大一倍
    Image image = pdfPage.getImage(rect.width * 2, rect.height * 2, rect, null, true, true);
    if (pdfPanel != null) {
        pdfPanel.removeAll();                                       //清空 JPanel 控件包含的控件
    }
    pdfPanel.add(new JLabel(new ImageIcon(image)));                 //以 JLabel 的方式显示放大的图片
    validate();                                                     //验证容器及所有子控件
    repaint();                                                      //更新 JPanel
}
```

◀))) **注意**：如果容器内控件发生变化，应该调用 Container 类的 validate()方法，它会使容器再次布置其子控件。

秘笈心法

心法领悟 487：放大 PDF 文件。

PDF Renderer 是用于渲染和查看 PDF 文件的组件，用它来实现 PDF 文档的放大功能的思路是将用户选择的文档转换成一个 Image 对象，然后对这个 Image 对象进行放大操作。

| 实例 488 | 应用 PDF Renderer 组件实现缩小 PDF 文件 | 高级 |
| | 光盘位置：光盘\MR\488 | 趣味指数：★★★★☆ |

实例说明

PDF 是互联网上主流的文件格式，因此对于 Java 程序员来说，能够自由地读写 PDF 文档很重要。目前有很多开源的 PDF 操作组件，如 iText 等。本实例向大家介绍 PDF Renderer 组件，它是 Sun 公司推出的纯 Java 的 PDF 渲染器和查看器，本实例使用它来完成 PDF 文件的缩小功能。实例运行效果如图 20.14 所示。

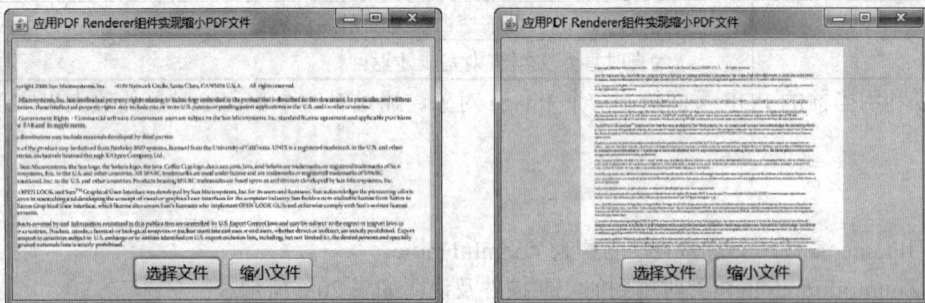

图 20.14　左图是原始大小，右图是缩小后的效果

📖 说明：单击"选择文件"按钮选择文件，单击"缩小文件"按钮可以实现缩小效果。

关键技术

本实例应用到的关键技术请参见实例 487。

设计过程

（1）继承 JFrame 编写一个窗体类，名称为 ZoomOutFrame。

（2）设计 ZoomOutFrame 窗体类时用到的主要控件及说明如表 20.7 所示。

表 20.7　窗体的主要控件及说明

控件类型	控件命名	控件用途
JButton	chooseButton	实现选择 PDF 文件的功能
	zoomoutButton	实现缩小功能
PagePanel	pagePanel	显示用户选择的 PDF 文件
JPanel	pdfPanel	显示 PDF 文件和图片

（3）编写监听单击"缩小文件"按钮事件的方法 do_zoomoutButton_actionPerformed()，实现缩小 PDF 页面的功能。代码如下：

```java
protected void do_zoomoutButton_actionPerformed(ActionEvent arg0) {
    if (pdfPage == null) {
        JOptionPane.showMessageDialog(this, "请选择 PDF 文件", null,
                                                JOptionPane.WARNING_MESSAGE);
        return;
    }
    Rectangle rect = new Rectangle(0, 0, (int) pdfPage.getBBox().getWidth(), (int) pdfPage.getBBox().getHeight());//获得用户选中的 PDF 页面的边框
    //将用户选中的 PDF 页面转换成图片并将其缩小一倍
    Image image = pdfPage.getImage(rect.width / 2, rect.height / 2, rect, null, true, true);
    if (pdfPanel != null) {
        pdfPanel.removeAll();                              //清空 JPanel 控件包含的控件
    }
    pdfPanel.add(new JLabel(new ImageIcon(image)));        //以 JLabel 的方式显示缩小的图片
```

```
        validate();                                      //验证容器及所有子控件
        repaint();                                       //更新 JPanel
}
```

📖 **说明：** 如果容器内控件发生变化，应该调用 Container 类的 validate()方法，它会使容器再次布置其子控件。

■ 秘笈心法

心法领悟 488：培养自己转化问题的能力。

在编程过程中，可能经常遇到自己不会的东西，此时就需要开动脑筋，在会与不会之间建立桥梁，解决问题。例如，不知道如何放大（缩小）PDF 文件，但是会放大（缩小）图片，那就考虑能不能把 PDF 转换成图片。

实例 489	应用 PDF Renderer 组件实现抓手功能	高级
	光盘位置：光盘\MR\489	趣味指数：★★★★☆

■ 实例说明

Adobe Reader 是显示 PDF 文件的常用工具，它提供了抓手功能，用来拖曳显示 PDF 文件，使用起来非常方便。本实例使用 PDF Renderer 组件实现相同的功能。实例运行效果如图 20.15 所示。

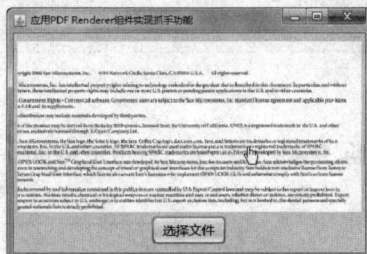

图 20.15　实例运行效果

📖 **说明：** 用户需要先选择一个 PDF 文件。单击鼠标时，鼠标变成了手形，此时就可以使用拖曳功能了。

■ 关键技术

实现鼠标的拖曳功能分成两步，第一步，当用户单击鼠标时，需要使用 setCursor()方法更改鼠标的指针。该方法的声明如下：

```
public void setCursor(Cursor cursor)
```

参数说明

cursor：Cursor 类定义的常量之一。如果此参数为 null，则此组件继承其父级的光标。

第二步，当用户拖曳鼠标时，PDF 页面的位置要随着用户的拖曳动作而改变，即重新计算 PDF 页面的显示位置。此时需要监听拖曳事件，这是通过重写 mouseDragged()方法实现的。

■ 设计过程

（1）继承 JFrame 编写一个窗体类，名称为 HandleFrame。

（2）设计 HandleFrame 窗体类时用到的主要控件及说明如表 20.8 所示。

表 20.8　窗体的主要控件及说明

控 件 类 型	控 件 命 名	控 件 用 途
JButton	chooseButton	实现选择 PDF 文件的功能
PagePanel	pagePanel	显示用户选择的 PDF 文件
JPanel	pdfPanel	显示 PDF 文件和图片

（3）编写内部类 MouseMotionAction 实现对鼠标拖曳动作的监听。代码如下：

```java
private class MouseMotionAction extends MouseMotionAdapter {
    public void mouseDragged(MouseEvent arg0) {
        if (isDragged) {                                              //如果用户执行拖曳动作，则改变 PDF 文档的显示位置
            //pdfPanel 的 getLocation()方法可获得 PDF 文件的显示位置
            int x = pdfPanel.getLocation().x + arg0.getX() - pressedPoint.x;
            //pressedPoint 是用户单击鼠标的坐标
            int y = pdfPanel.getLocation().y + arg0.getY() - pressedPoint.y;
            Point draggedPoint = new Point(x, y);
            pdfPanel.setLocation(draggedPoint);                       //更改 PDF 文档的显示位置
        }
    }
}
```

注意：读者需要了解如何监听常用的鼠标事件，如单击鼠标、鼠标拖曳等。

秘笈心法

心法领悟 489：抓住问题的本质。

抓手功能的本质就是改变鼠标指针和改变 PDF 文件的显示位置，了解了这两点，编程实现就变得非常容易。

实例 490	全屏显示 PDF 文件	高级
	光盘位置：光盘\MR\490	趣味指数：★★★★☆

实例说明

在浏览 PDF 文件时，可能会使用到全屏功能，本程序使用 PDF Renderer 实现该功能。实例运行效果如图 20.16 所示。

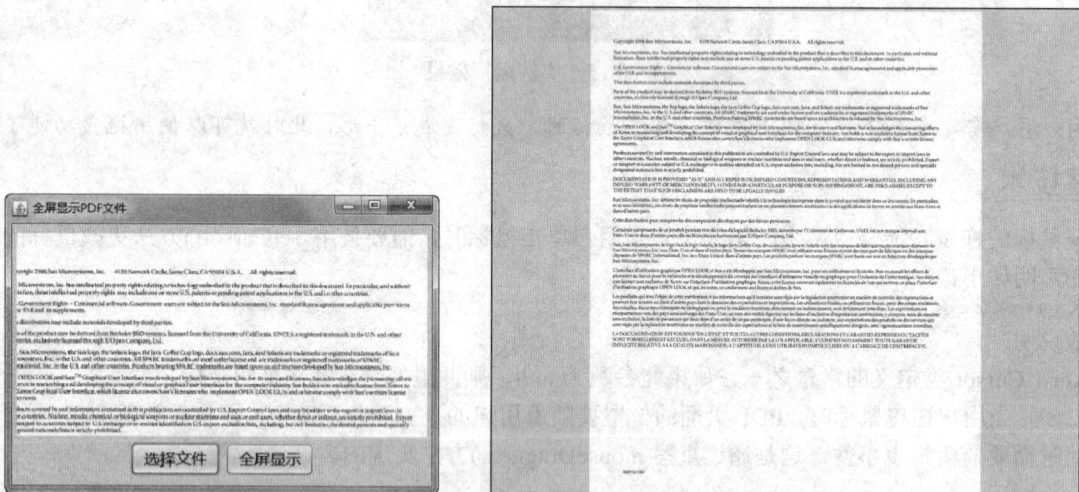

图 20.16　左图是原始大小，右图是全屏后的效果

说明：单击"选择文件"按钮选择文件，单击"全屏显示"按钮可以实现全屏效果。

关键技术

本实例应用到的关键技术请参见实例 487。

设计过程

（1）继承 JFrame 编写一个窗体类，名称为 FullScreenFrame。

（2）设计 FullScreenFrame 窗体类时用到的主要控件及说明如表 20.9 所示。

表 20.9　窗体的主要控件及说明

控 件 类 型	控 件 命 名	控 件 用 途
JButton	chooseButton	实现选择 PDF 文件的功能
	fullscreenButton	实现全屏显示的功能
PagePanel	pagePanel	显示用户选择的 PDF 文件
JPanel	pdfPanel	显示 PDF 文件和图片

（3）编写监听单击"全屏显示"按钮事件的方法 do_fullscreenButton_actionPerformed()，实现全屏显示 PDF 文件的功能。代码如下：

```java
protected void do_fullscreenButton_actionPerformed(ActionEvent arg0) {
    if (pdfPage == null) {
        JOptionPane.showMessageDialog(this, "请选择 PDF 文件", null,
                                                JOptionPane.WARNING_MESSAGE);
        return;
    }
    Rectangle rect = new Rectangle(0, 0, (int) pdfPage.getBBox().getWidth(), (int) pdfPage.getBBox().getHeight()); //获得用户选中的 PDF 页面的边框
    Toolkit toolkit = Toolkit.getDefaultToolkit();
    Dimension dimension = toolkit.getScreenSize();                         //获得用户的显示器大小
    double times = dimension.getHeight() / rect.height;                    //获得高度需要放大的倍数
    Image image = pdfPage.getImage((int) (rect.width * times), dimension.height, rect, null, true, true); //设置图片的大小
    if (pdfPanel != null) {
        pdfPanel.removeAll();
    }
    pdfPanel.add(new JLabel(new ImageIcon(image)));                        //显示生成的图片
    new FullScreenWindow(pdfPanel);
}
```

📢 注意：只需要创建一个 FullScreenWindow 对象就可以实现全屏显示的功能。

■ 秘笈心法

心法领悟 490：全屏显示 PDF 文件。

本实例的难点在于如何确定全屏时图片的大小，即如何获得用户显示器的大小。Java 中提供了一个工具类 Toolkit 的 getScreenSize()方法可以实现该功能。

第 **5** 篇

数据库应用

第*21*章

数据库操作

▶▶ 通过 JDBC-ODBC 桥连接数据库

▶▶ JDBC 技术连接数据库

▶▶ 数据库与数据表

▶▶ 数据增加、更新与删除操作

21.1 通过 JDBC-ODBC 桥连接数据库

实例 491	通过 JDBC-ODBC 桥连接 SQL Server 2000 数据库	中级
	光盘位置：光盘\MR\491	趣味指数：★★★★☆

实例说明

本实例实现的是通过 JDBC-ODBC 桥建立数据库连接。由于 ODBC 驱动程序被广泛使用，建立这种桥连接之后，使得 JDBC 有能力访问几乎所有类型的数据库。本实例实现配置数据库，并测试是否可通过 JDBC-ODBC 桥进行连接。连接成功给出如图 21.1 所示的提示信息。

图 21.1 实例运行结果

关键技术

建立数据库连接，需要指定数据库的驱动和路径。

指定驱动：

```
String driverClass="sun.jdbc.odbc.JdbcOdbcDriver";
```

说明：采用 JDBC-ODBC 方式连接数据库，该参数指定的是连接方式，并不需要引入驱动包。

指定路径：

```
String url="jdbc:odbc:db_database22";
```

说明：字符串中的 db_database22 表示的是数据源名称，要与在控制面板中配置的数据源的名称相同。

设计过程

（1）配置 ODBC 数据源。在"控制面板"窗口中双击"管理工具"图标，打开如图 21.2 所示的"管理工具"窗口。

图 21.2 "管理工具"窗口

（2）在"管理工具"窗口中双击"数据源（ODBC）"图标，打开如图21.3所示的"ODBC 数据源管理器"对话框。

（3）在"ODBC 数据源管理器"对话框中选择"系统 DSN"选项卡，然后单击"添加"按钮，打开如图21.4所示的"创建新数据源"对话框。

图21.3　"ODBC 数据源管理器"对话框

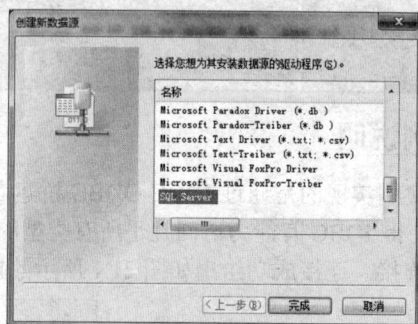

图21.4　"创建新数据源"对话框

（4）在"创建新数据源"对话框中双击 SQL Server 列表项，打开如图21.5所示的对话框。

（5）在"名称"文本框中输入数据源名称，本实例为 db_database22；在"服务器"下拉列表框中选择合适的服务器（local 为本机服务器），然后单击"下一步"按钮，打开如图21.6所示的对话框。

图21.5　配置 DSN 名称及连接的 SQL Server 服务器

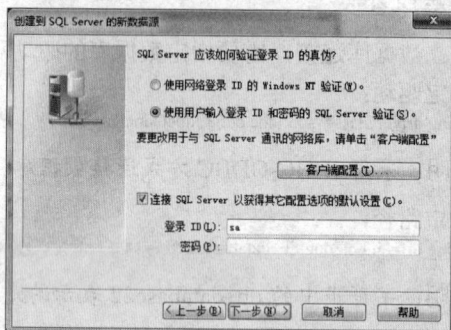

图21.6　设置与数据库系统连接的用户账号

（6）选中"使用用户输入登录 ID 和密码的 SQL Server 验证"单选按钮，此时，"登录 ID"和"密码"文本框被激活。在"登录 ID"文本框中输入"sa"（本机服务器的默认 ID 为 sa，密码为空）。单击"下一步"按钮，打开如图21.7所示的对话框。

（7）选中"更改默认的数据库为"复选框，并在可用的数据库下拉列表框中选择要使用的数据库，本实例为 db_database22。单击"下一步"按钮，打开如图21.8所示的对话框，该对话框用于设置有关 ODBC 的一些杂项，包括更改 SQL Server 系统消息的语言、执行字符数据翻译等。

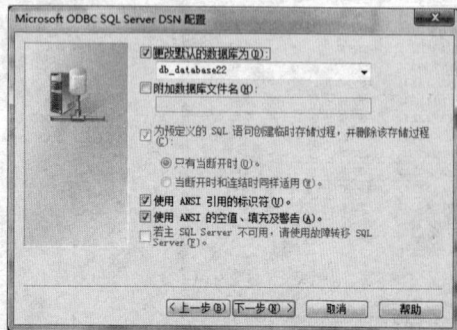

图21.7　指定数据库

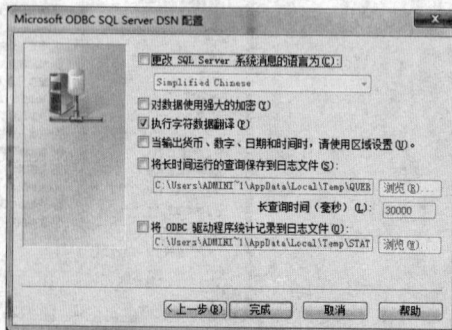

图21.8　设置 ODBC 杂项

（8）单击"完成"按钮，打开"ODBC Microsoft SQL Server 安装"对话框，如图 21.9 所示。在该对话框中会显示用户设置的信息，并提供"测试数据源"按钮。

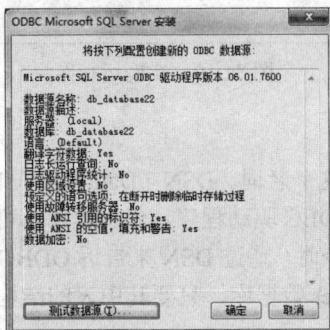

图 21.9 "ODBC Microsoft SQL Server 安装"对话框

（9）单击"测试数据源"按钮，测试数据源的正确性，系统会弹出显示测试结果的对话框。如果确认连接无误，连续确认操作，完成创建系统 DSN 的任务。

（10）数据源测试成功后，可以在 Java 程序中通过 JDBC-ODBC 桥连接数据库。具体代码如下：

```java
private Connection conn;                                              //定义 Connection 对象
public String con(){
    try {
        Class.forName("sun.jdbc.odbc.JdbcOdbcDriver");               //加载 ODBC 数据库驱动
        //获取数据库连接
        conn = DriverManager.getConnection("jdbc:odbc:db_database22","sa","");
        return "数据库连接成功！ ";                                    //返回连接对象
    } catch (Exception e) {
        e.printStackTrace();
        return "数据库连接失败！ ";
    }
}
```

秘笈心法

心法领悟 491：构造单例模式。

单例模式的主要作用是保证一个 Java 类只有一个实例存在。在一些面试题中经常会出现让应聘者实现构造单例模式。可以通过构造一个 private 的构造函数来构建单例模式，它有一个 static 的 private 的类变量，在类初始化时实例化，通过一个 public 的 getInstance 方法获取它的引用调用其中的方法。

实例代码如下：

```java
public class Singleton {
private Singleton(){}
    private static Singleton instance = new Singleton();
    public static Singleton getInstance() {
        return instance;
    }
}
```

实例 492	JDBC-ODBC 桥连接 Access 数据库	中级
	光盘位置：光盘\MR\492	趣味指数：★★★★☆

实例说明

Access 作为关系型桌面数据库管理系统，在建立中小型数据库管理系统中得到了非常广泛的应用。通过 JDBC-ODBC 桥连接数据库是一种很简单的方法，无须在项目中添加驱动文件。本实例实现的是通过 JDBC-ODBC 桥连接 Access 数据库，连接成功后，运行结果如图 21.10 所示。

图 21.10　实例运行结果

关键技术

在使用 ODBC 时，经常提到 DSN 这个名词。DSN（Data Source Name）是指数据源名。ODBC 是一种访问数据库的方法，只要系统中有相应的 ODBC 驱动程序，任何程序都可以通过 ODBC 驱动程序操纵数据库。

在给 ODBC 驱动程序传递 SQL 指令时，通过 DSN 来告诉 ODBC 驱动程序到底操作哪一个数据库。如果数据库的平台发生改变，如改为 SQL Server 数据库，只要其中表的结构没变，就不用改写程序，只需重新在系统中配置 DSN 即可。

由此可见，DSN 是应用程序和数据库之间的桥梁，要通过 ODBC 访问数据库，前提是必须配置好 DSN。即为 DSN 指定一个名称，而这个名称的作用就是通知系统调用哪个 ODBC 驱动程序。

设计过程

（1）配置 Microsoft Access 数据库文件的 DSN。选择"控件面板"→"管理工具"命令，再双击"数据源（ODBC）"图标，打开如图 21.11 所示的"ODBC 数据源管理器"对话框。

（2）选择"系统 DSN"选项卡，再单击"添加"按钮，打开如图 21.12 所示的"创建新数据源"对话框。

图 21.11　"ODBC 数据源管理器"对话框

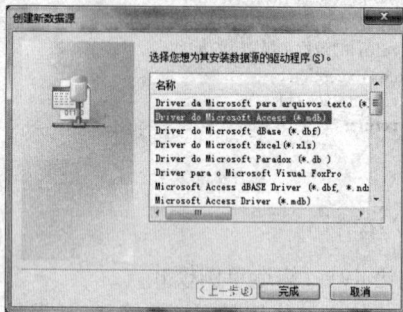

图 21.12　"创建新数据源"对话框

（3）从列表框中选择 Microsoft Access Driver 列表项，然后单击"完成"按钮，即可打开如图 21.13 所示的"ODBC Microsoft Access 安装"对话框。

（4）在"数据源名"文本框中输入数据源名称"Access"，然后单击"选择"按钮，打开如图 21.14 所示的"选择数据库"对话框。在该对话框中选择要和数据源连接的数据库，单击"确定"按钮。

图 21.13　"ODBC Microsoft Access 安装"对话框

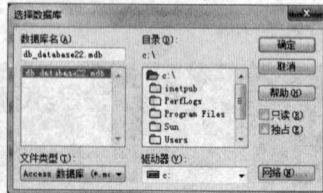

图 21.14　"选择数据库"对话框

（5）至此，完成 Microsoft Access 数据库文件 DSN 的配置工作。

（6）数据库创建成功后，可以通过 Java 应用程序测试数据源是否连接成功。在项目中创建 Java 类 GetConnectionAccess，在该类中定义验证数据库连接的方法。具体代码如下：

```
public boolean Connection(){
    try {
        Class.forName("sun.jdbc.odbc.JdbcOdbcDriver");                              //加载数据库驱动
        Connection con = DriverManager.getConnection("jdbc:odbc:access");          //获取数据库连接
        if(con != null){
            System.out.println("通过 JDBC-ODBC 桥连接 Access 数据库");
        }
        return true;
    } catch (Exception e) {
        e.printStackTrace();
        return false;
    }
}
```

秘笈心法

心法领悟 492：抽象类为什么不能进行实例化。

这个问题其实很简单，因为在抽象类中包含着未实现的抽象方法，如果产生了抽象类的对象，那么用户要使用对象调用这些方法该怎么办？因此抽象类是不能创建对象的。实现抽象类中的抽象方法，交给其子类完成，如果某个类继承了一个抽象类，可又没实现其抽象方法时，这个类也必须被定义为抽象类。

实例 493	JDBC-ODBC 桥与 Oracle 数据库建立连接	中级
	光盘位置：光盘\MR\493	趣味指数：★★★★☆

实例说明

Oracle 数据库可存储海量数据，数据结构复杂，是企业级开发的首选。本实例向大家介绍的是应用 JDBC-ODBC 桥连接 Oracle 数据库，配置好数据源之后，就可以在应用程序中测试是否连接成功，连接成功给出如图 21.15 所示的运行结果。

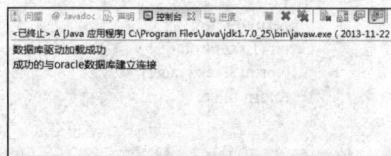

图 21.15　实例运行结果

关键技术

本实例实现通过 JDBC-ODBC 桥连接 Oracle 数据库，与连接其他数据库相同，都是要在控制面板中配置好数据源后，才能通过 Java 程序与数据库建立连接。

设计过程

（1）配置 Oracle 数据库文件的 DSN。选择"控件面板"→"管理工具"命令，再双击"数据源（ODBC）"图标，打开如图 21.16 所示的"ODBC 数据源管理器"对话框。

（2）选择"系统 DSN"选项卡，再单击"添加"按钮，打开如图 21.17 所示的"创建新数据源"对话框。

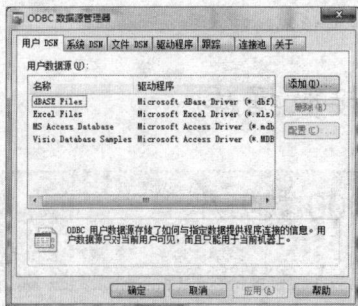

图 21.16　"ODBC 数据源管理器"对话框

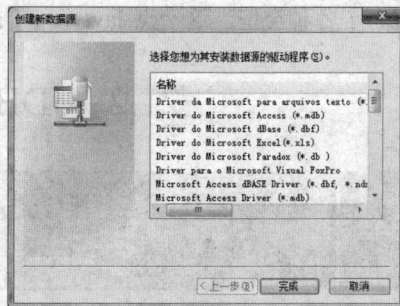

图 21.17　"创建新数据源"对话框

（3）从列表框中选择 Oracle in OraDb10g_home1 列表项，如图 21.18 所示，然后单击"完成"按钮，即可

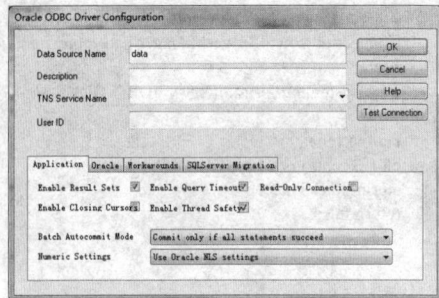

打开如图 21.19 所示的 Oracle 数据源配置对话框。

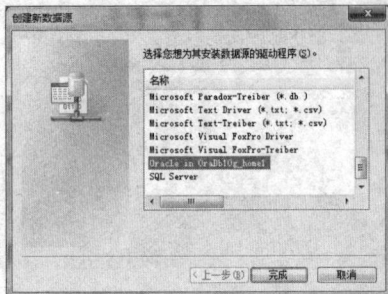

图 21.18　选择 Oracle in OraDb10g_home1 列表项　　　　　图 21.19　Oracle 数据源配置

（4）在 Data Source Name 文本框中输入数据源名称 data，然后单击 OK 按钮，完成 Oracle 数据源的配置。

（5）至此，完成 Oracle 数据库文件 DSN 的配置工作。

（6）在项目中创建类 CreateOracleJoin，来测试是否可通过 JDBC-ODBC 桥连接 Oracle 数据库，在该类中定义连接数据库的方法 Connection()。具体代码如下：

```java
public boolean Connection(){
    try {
        Class.forName("sun.jdbc.odbc.JdbcOdbcDriver");              //加载数据库驱动
        System.out.println("数据库驱动加载成功！！");
        //获取数据库连接
        Connection con = DriverManager.getConnection("jdbc:odbc:data","system","aaa");
        if(con != null){                                           //判断 Connection 对象是否为空
            System.out.println("成功地与 Oracle 数据库建立连接！！");   //给出提示信息
        }
        return true;
    } catch (Exception e) {
        e.printStackTrace();
        return false;
    }
}
```

■秘笈心法

心法领悟 493：接口和抽象类的区别。

首先，接口是公开的，里面不能有私有的变量和方法，是让别人使用的；而抽象类是可以有私有变量和方法的。其次抽象类可以包含某些方法的部分实现，而接口不可以。如果向抽象类中添加一些新的方法，那么其子类都会得到这个新的方法。但是如果接口中定义了一个新的方法，那么实现该接口的类就会出现编译错误提示，因为实现接口的类要实现其所有的方法。

其次，抽象类的实现只能由这个类的子类给出，也就是说，这个实现处在抽象类所定义的继承的等级结构中，由于 Java 的单继承性，因此抽象类作为类型定义工具的效率大打折扣。而一个 Java 类可以实现多个接口，从而这个类就有了各种类型。这一点 Java 接口的优势就体现出来了。

21.2　JDBC 技术连接数据库

实例 494	通过 JDBC 连接 SQL Server 2000 数据库 光盘位置：光盘\MR\494	中级 趣味指数：★★★★☆

■实例说明

JDBC 是 Java 连接数据库的一种非常快速和有效的方法。但是 JDBC 不能直接使用，必须配合数据库提供商所提供的数据库连接驱动才能实现数据库的连接。本实例应用 JDBC 技术连接 SQL Server 2000 数据库。实例运行效果如图 21.20 所示。

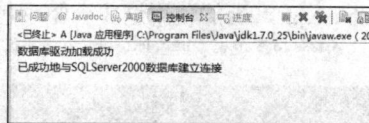

关键技术

使用 JDBC 连接数据库主要分为 3 个步骤，即定义数据库连接字符串、加载数据库连接的驱动和创建数据库连接。

（1）定义数据库连接字符串，其关键代码如下：

```
String url = "jdbc:jtds:sqlserver://localhost:1433;DatabaseName=db_database22";    //连接数据库 URL
String userName = "sa";                                                            //连接数据库的用户名
String passWord = "";                                                              //连接数据库的密码
private Connection con = null;                                                     //定义操作接口变量
private Statement stmt = null;                                                     //定义操作接口变量
private ResultSet rs = null;                                                       //定义操作接口变量
```

（2）加载数据库连接的驱动。在 Java 中使用 Class.forName 来加载数据库驱动。通过 Class.forName()方法注册 SQL Server 数据库驱动类的关键代码如下：

```
Class.forName("com.microsoft.jdbc.sqlserver.SQLServerDriver");    //注册 SQL Server 数据库驱动
```

◆》 **注意：** 本实例使用的数据库驱动是 jtds.jar 包，要将该包加载到项目中，才能完成本实例。

（3）创建数据库连接。在 Java 中使用位于 java.sql 包中的 DriverManager 类管理 JDBC 驱动程序的基本服务，通过 java.sql 包中的 Connection 接口与特定的数据库进行连接。其语法如下：

```
Connection con = DriverManager.getConnection(url, userName, passWord);    //建立数据库连接
```

设计过程

（1）定义 CreateJoin 类，用于创建与数据库的连接。在该类的静态块中加载数据库驱动，具体代码如下：

```
static {
    try {
        Class.forName("net.sourceforge.jtds.jdbc.Driver");    //加载数据库驱动
        System.out.println("数据库驱动加载成功！");
    } catch (ClassNotFoundException e) {
        e.printStackTrace();
    }
}
```

✎ **技巧：** 通常将负责加载驱动的代码放在 static 块中，好处是只有 static 块所在的类第一次被加载时加载数据库驱动，即第一次访问数据库时，避免重复加载驱动程序，浪费计算机资源。

（2）在该类中定义连接数据库的方法 getConn()，该方法以数据库连接对象 Connection 作为返回值。具体代码如下：

```
public Connection getConn() {
    //连接数据库 URL
    String url = "jdbc:jtds:sqlserver://localhost:1433;DatabaseName=db_database22";
    String userName = "sa";                                         //连接数据库的用户名
    String passWord = "";                                           //连接数据库的密码
    try {
        conn = DriverManager.getConnection(url, userName, passWord);    //获取数据库连接
        if (conn != null) {
            System.out.println("已成功地与 SQL Server 2000 数据库建立连接！");
        }
    } catch (SQLException e) {
        e.printStackTrace();
    }
    return conn;                                                    //返回 Connection 对象
}
```

秘笈心法

心法领悟 494：mssqlserver.jar、msutil.jar 和 msbase.jar 驱动包。

本实例使用 jtds.jar 驱动包与数据库建立连接，也可以使用另外的驱动包，就是 mssqlserver.jar、msutil.jar、 msbase.jar，当然使用这 3 个驱动包时，加载数据库驱动的代码需要改变。代码如下：

```
Class.forName("com.microsoft.jdbc.sqlserver.SQLServerDriver");
```

实例 495	JDBC 连接 MySQL 数据库 光盘位置：光盘\MR\495	中级 趣味指数：★★★★☆

■ 实例说明

MySQL 数据库以其易于使用和管理、跨平台、开源等优点备受程序员的青睐，在使用 MySQL 数据库时，首先要建立与 MySQL 数据库的连接。本实例向大家介绍的是利用 JDBC 技术与 MySQL 数据库建立连接，实例运行效果如图 21.21 所示。

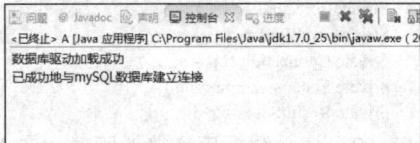

图 21.21　实例运行效果

■ 关键技术

目前，MySQL 的 JDBC 包主要有 Jconnector 和 org.git.mm.mysql，下面分别进行介绍。

❑　Jconnector 包

该包是 MySQL 官方网站公布的，其更新速度比较快，很多程序员都使用该包。

❑　org.git.mm.mysql 包

该包是国外一些 Java 爱好者编写的，出现的时间比较长，国际化程度做得比较好，而且对中文支持也比较好。本实例使用的就是该包。

连接 MySQL 数据库的驱动程序，代码如下：

```
org.gjt.mm.mysql.Driver
```

URL 地址的代码如下：

```
jdbc:mysql://IP:PORT/databaseName?user=UserName&password=PWD&useUnicode=true
```

代码说明

❶ IP：是指 MySQL 主机的 IP 地址。

❷ PORT：是指 MySQL 主机的端口号，3306 为安装 MySQL 时的默认端口号。

❸ useUnicode：用于设置是否使用 Unicode 输出。

■ 设计过程

创建类 CreateMySQL，用于建立与 MySQL 数据库的连接。在该类中定义 getConnection()方法，以数据库连接对象 Connection 作为返回值。具体代码如下：

```java
public Connection getConnection() {
    try {
        Class.forName("com.mysql.jdbc.Driver");                              //加载 MySQL 数据库驱动
        System.out.println("数据库驱动加载成功！！");
        String url = "jdbc:mysql://localhost:3306/db_database22";           //定义连接数据库的 URL
        String user = "root";                                                //定义连接数据库的用户名
        String passWord = "111";                                             //定义连接数据库的密码
        conn = DriverManager.getConnection(url, user, passWord);            //获取数据库连接
        System.out.println("已成功地与 MySQL 数据库建立连接！！");
    } catch (Exception e) {
        e.printStackTrace();
    }
    return conn;
}
```

■ 秘笈心法

心法领悟 495：连接数据库驱动。

要使用 JDBC 技术操作数据库，首先要向项目中添加数据库驱动，怎么来理解数据库驱动呢？就像有的机

器安装摄像头时，需要安装摄像头驱动；有的机器安装 U 盘就要装相应的 U 盘驱动，这样机器才能识别相应的设备。数据库的驱动类似于摄像头的驱动或者 U 盘的驱动，当机器上安装了相应的数据库后，需要安装相应的数据库驱动后机器才能识别这种数据库（如 MySQL、SQL Server）。

实例 496	JDBC 连接 SQL Server 2005 数据库 光盘位置：光盘\MR\496	中级 趣味指数：★★★★☆

■ 实例说明

SQL Server 2005 数据库比 SQL Server 2000 数据库有了很大的改进，因此在获取 SQL Server 2005 数据库的连接与获取 SQL Server 2000 数据库的连接时有一些差别。本实例为大家介绍通过 JDBC 技术与 SQL Server 2005 数据库建立连接，实例运行效果如图 21.22 所示。

图 21.22 实例运行效果

■ 关键技术

连接 SQL Server 2005 数据库应用的驱动程序是 sqljdbc.jar，可以到 microsoft 的官方网站上下载，网址为 http://www.microsoft.com。很多初学者会使用连接 2000 数据库的代码来连接 2005，结果导致一些问题。连接 2000 与连接 2005 的驱动与 URL 的差别如表 21.1 所示。

表 21.1 连接 2000 与连接 2005 的驱动与 URL 的差别

数 据 库	驱 动	URL
SQL Server 2000	com.microsoft.jdbc.sqlserver.SQLServerDriver	jdbc:microsoft:sqlserver://localhost:1433;DatabaseName=数据库名称
SQL Server 2005	com.microsoft.sqlserver.jdbc.SQLServerDriver	Jdbc:sqlserver://localhost:1433;DatabaseName=数据库名称

■ 设计过程

在项目中创建类 CreateConn，用于获取与 SQL Server 2005 数据库的连接，在该类中定义连接数据库的方法 getConnection()。具体代码如下：

```
private Connection conn ;                                        //定义 Connection 对象
public Connection getConnection(){                              //定义连接数据库的方法
    try {
        Class.forName("com.microsoft.sqlserver.jdbc.SQLServerDriver");   //加载数据库驱动
        System.out.println("数据库驱动加载成功！");
        //定义连接数据库 URL
        String url = "jdbc:sqlserver://localhost:1433;DatabaseName=db_database22";
        String userName = "sa";
        String passWord = "";
        conn = DriverManager.getConnection(url,userName ,passWord);      //获取数据库连接
        if(conn != null){
            System.out.println("已成功地与 SQL Server 2005 数据库建立连接！");
        }
    } catch (Exception e) {
        e.printStackTrace();
    }
    return conn;
}
```

■ 秘笈心法

心法领悟 496：保证连接成功。

要保证与 SQL Server 2005 数据库创建连接，必须保证开启 TCP/IP 服务，设置 TCP 端口为 1433，因为 SQL

服务器默认是禁用的并且端口号没有配置，所以要重新设置。

实例 497	JDBC 技术连接 Oracle 数据库 光盘位置：光盘\MR\497	中级 趣味指数：★★★★☆

■ 实例说明

Oracle 数据库的数据管理功能比较强大，对计算机的要求也比较高。但 Oracle 数据库在 IT 行业所占的地位比较重要，要求程序员必须学会使用，使用 Oracle 数据库的前提是与数据库建立连接。本实例向大家介绍应用 JDBC 技术连接 Oracle 数据库，实例运行效果如图 21.23 所示。

图 21.23　实例运行效果

■ 关键技术

通过 JDBC 连接数据库仍然可分为两步，即加载数据库驱动和获取数据库连接，本实例连接 Oracle 数据库应用的驱动是 classes12.jar。加载数据库驱动的代码如下：

```
Class.forName("oracle.jdbc.driver.OracleDriver");
```

在获取数据库连接时，需要定义连接数据库的 URL，连接 Oracle 与连接 SQL Server 数据库的 URL 有较大差异。本实例获取数据库连接的 URL 地址，代码如下：

```
String url="jdbc:oracle:thin:@localhost:1521:orcl3";
```

参数说明

❶ @：分隔符。

❷ 1521：数据库端口。

❸ orcl3：数据库名或（SID）。

📖 **说明**：SID 是数据库的唯一标识符，是在建立一个数据库时系统自动赋予的一个初始 ID。

■ 设计过程

在项目中创建 CreateOracle 类，在该类中定义连接数据库的方法 getConnection()，该方法以 Connection 对象作为返回值。具体代码如下：

```java
public Connection getConnection() {
    Connection conn = null;
    try {
        Class.forName("oracle.jdbc.driver.OracleDriver");                      //加载数据库驱动
        System.out.println("数据库驱动加载成功！");                           //输出的信息
        String url = "jdbc:oracle:thin:@localhost:1521:orcl3";                 //获取连接 URL
        String user = "system";                                               //连接用户名
        String password = "aaa";                                              //连接密码
        Connection con = DriverManager.getConnection(url, user, password);    //获取数据库连接
        if (con != null) {
            System.out.println("成功地与 Oracle 数据库建立连接！！");
        }
    } catch (Exception e) {
        e.printStackTrace();
    }
    return conn;                                                              //返回 Connection 实例
}
```

■ 秘笈心法

心法领悟 497：SID。

SID 和数据库名都是数据库的唯一标识符，但是在作用上却有很大的差别。SID 主要用于一些 DBA 操作以

及与操作系统交互，从操作系统的角度访问实例名，必须通过 Oracle SID（操作系统的环境变量），SID 在注册表中也存在。数据库名是在安装数据库、创建新的数据库、创建数据库控制文件、修改数据结构、备份与恢复数据库时都需要使用到的。

| 实例 498 | JDBC 连接 JavaDB 数据库 | 中级 |
| | 光盘位置：光盘\MR\498 | 趣味指数：★★★★☆ |

■ 实例说明

　　JavaDB 是在安装 JDK 时自动安装的，不需要另外安装数据库系统，使用起来很简单。对于小型应用程序使用 JavaDB 数据库非常方便，但 JavaDB 数据库并没有提供企业管理器等用户交互界面。在使用该数据库时需要注意，本实例实现的是通过 Java 程序连接 JavaDB 数据库。在连接的过程中需要注意，如果连接的数据库不存在，需要通过程序创建相应的数据库；如果连接成功，将给出如图 21.24 所示的运行结果。

图 21.24　实例运行结果

■ 关键技术

　　连接 JavaDB 数据库需要的驱动为 derby.jar，读者可在相应的网站上下载。连接 JavaDB 数据库与连接其他类型的数据库方法相同，读者可参考本节中其他连接数据库的实例。

■ 设计过程

　　（1）在项目中创建 CreateJavaDBJoin 类，用于建立 JavaDB 数据库的连接，在该类中定义表示连接数据库驱动与连接数据库 URL 的字符串对象。代码如下：

```
//数据库驱动
private static final String DRIVERCLASS = "org.apache.derby.jdbc.EmbeddedDriver";
private static final String URL = "jdbc:derby:db_database22";                          //数据库 URL
//创建用来保存数据库连接的线程
private static final ThreadLocal<Connection> threadLocal = new ThreadLocal<Connection>();
private static Connection conn = null;                                                 //数据库连接
```

　　（2）在该类的静态块中加载数据库驱动，如果要连接的数据库不存在，则实现新建数据库，并获取与该数据库的连接，具体代码如下：

```
static {                                    //通过静态方法加载数据库驱动，并且在数据库不存在的情况下创建数据库
    try {
        Class.forName(DRIVERCLASS);                                    //加载数据库驱动
        System.out.println("数据库驱动加载成功！！");
        File albumF = new File("db_database22");                       //创建数据库文件对象
        if (!albumF.exists()) {                                        //判断数据库文件是否存在
            String[] sqls = new String[1];                            //定义创建数据库的 SQL 语句
            sqls[0] = "create table tb_album (name varchar(200) not null)";
        } else {
            conn = DriverManager.getConnection(URL + ";create=true"); //创建数据库连接
            System.out.println("已成功地与 JavaDB 数据库建立连接！！");
            threadLocal.set(conn);                                     //保存数据库连接
        }
    } catch (Exception e) {
        e.printStackTrace();
    }
}
```

■ 秘笈心法

　　心法领悟 498：及时关闭数据库连接。

　　完成与数据库交互的操作后，要及时关闭与数据库的连接，释放系统占用的资源。这是一个非常好的习惯，

虽然 JVM 会定时清理缓存，但当数据库连接达到一定数量时，如清理不够及时，就会严重影响数据库和计算机的运行速度。

21.3　数据库与数据表

实例 499	列举 SQL Server 数据库下的数据表 光盘位置：光盘\MR\499	高级 趣味指数：★★★★☆

■ 实例说明

在程序开发时，有时需要创建大量的数据表。要获取数据库中的所有数据表信息，可以通过 java.sql 包中的 DatabaseMetaData 接口提供获取数据库综合信息的方法。本实例实现获取 SQL Server 指定数据库中的所有数据表信息，并将其结果在控制台上输出。实例运行效果如图 21.25 所示。

图 21.25　实例运行效果

■ 关键技术

DatabaseMetaData 接口由驱动程序供应商实现，让用户了解 Database Management System（DBMS）与驱动程序相结合时的功能。不同的关系数据库管理系统常常支持不同的功能，它能够以不同方式实现这些功能，且可以使用不同的数据类型。此外，驱动程序可以实现 DBMS 提供的顶级功能。

使用该接口中的 getTables() 方法，可获取指定数据库中的所有数据表名。getTables() 方法返回 ResultSet 数据结果集。具体语法格式如下：

getTables(String catalog, String schemaPattern, String tableNamePattern, String[] types)

该方法的参数说明如表 21.2 所示。

表 21.2　getTables() 方法的参数说明

参　　数	类　　型	描　　述
catalog	String	类别名称，必须与存储在数据库中的类别名称匹配
schemaPattern	String	模式名称，必须与存储在数据库中的模式名称匹配
tableNamePattern	String	表名称模式，必须与存储在数据库中的表名称匹配
types	String[]	要包括的表类型所组成的列表

■ 设计过程

（1）创建类 GetTables，在该类中首先定义连接数据库的方法 getConn()，该方法以 Connection 对象作为返回值。具体代码如下：

```
public static Connection getConn() {
    try {
        Class.forName("net.sourceforge.jtds.jdbc.Driver");                    //加载数据库驱动
    } catch (ClassNotFoundException e) {
        e.printStackTrace();
    }
    //连接数据库 URL
    String url = "jdbc:jtds:sqlserver://localhost:1433;DatabaseName=db_database20";
    String userName = "sa";                                                  //连接数据库的用户名
    String passWord = "";                                                    //连接数据库的密码
    try {
        conn = DriverManager.getConnection(url, userName, passWord);         //获取数据库连接
        if (conn != null) {
        }
    } catch (SQLException e) {
        e.printStackTrace();
    }
    return conn;                                                             //返回 Connection 对象
}
```

（2）在该类中定义查询数据库方法 GetRs()，该方法以 ResultSet 作为返回值，将数据库中的所有表取出来。具体代码如下：

```
public static ResultSet GetRs() {
    try {
        String[] tableType = {"TABLE"};                                      //指定要进行查询的表类型
        Connection conn = getConn();                                         //调用与数据库建立连接的方法
        DatabaseMetaData databaseMetaData = conn.getMetaData();              //获取 DatabaseMetaData 实例
        //获取数据库中所有数据表集合
        ResultSet resultSet = databaseMetaData.getTables(null, null, "%", tableType);
        return resultSet;
    } catch (SQLException e) {
        System.out.println("记录数量获取失败！");
        return null;
    }
}
```

📖 说明：getTables()方法获取的 ResultSet 数据库集合表由多个列组成。其中列名称为 TABLE_NAME 的数据列，用来存储数据库中的所有数据表集合。

■ 秘笈心法

心法领悟 499：SQL Server 数据库中的系统表。

本实例实现的是将数据库中的用户表检索出来，在 SQL Server 数据库中还包含有一些系统表。下面为大家介绍 SQL Server 数据库下的系统表。

❑ 系统表 sysobjects 用于记录在数据库内创建的每个对象（约束、默认值、日志、规则、存储过程等）。该表中的 name 字段记录了所有对象的名称。

❑ 系统表 sysprocesses 用于保存运行在 Microsoft® SQL Server™ 上的进程信息。这些进程可以是客户端进程或系统进程。该表中的 smallid 字段记录了所有表的字段 ID 号，value 字段记录所有表字段的描述信息。

❑ 系统表 syscolumns 用于记录每个表和视图中的每列，以及存储过程中的每个参数。该表位于每个数据库中，该表中的 name 字段记录了所有表的记录名。

实例 500	列举 MySQL 数据库下的数据表	高级
	光盘位置：光盘\MR\500	趣味指数：★★★★★

■ 实例说明

在实际开发中有时需要获取指定数据库的数据库表，本实例向大家介绍的是如何获取 MySQL 数据库中的

数据表名称。运行本实例，在控制台上显示指定数据库下的数据表，结果如图 21.26 所示。

```
问题   @ Javadoc   声明   控制台 ☆   进度      ■ ✖ ✕ ✕ ✕
<已终止> A [Java 应用程序] C:\Program Files\Java\jdk1.7.0_25\bin\javaw.exe (
数据库db_database21下的数据表有 ：
tb_emp
tb_student
```

图 21.26   实例运行结果

■ 关键技术

在 MySQL 中通过 SHOW 语句可以列出指定数据库中的数据表。语法格式如下：
SHOW TABLES [FROM databaseName] [LIKE expression];
参数说明

❶ databaseName 子句：可选项，用于指定要获取数据表的数据库。省略该子句，则列举当前打开数据库中的数据表，如果当前没有打开数据库，则返回错误信息。

❷ expression 子句：可选项，用于设置列举条件。expression 是一个字符型表达式，可以包括通配符，如百分号（代表多个字符）、下划线（代表一个字符）等。

例如，"LIKE '%book%'" 将获取名称中包括 book 的数据表。

📢 注意：SHOW TABLES 是 MySQL 数据库特有的方法，在其他数据库中无效。

■ 设计过程

（1）创建类 GetTables，在该类中定义查询数据方法。首先定义连接数据库的方法 getConnection()，具体代码读者可参考光盘中的源程序，这里不再赘述。

（2）在该类中定义查询数据库的方法 listDB()，用于查询数据库中的所有数据表。具体代码如下：

```java
public ResultSet listDB() {
    String sql = "show tables;";                              //定义查询数据 SQL 语句
    try {
        conn = getConnection();                               //获取数据库连接
        Statement stmt = conn.createStatement(
                ResultSet.TYPE_SCROLL_INSENSITIVE,
                ResultSet.CONCUR_READ_ONLY);                  //实例化 Statement 对象
        ResultSet rs = stmt.executeQuery(sql);                //执行查询 SQL 语句
        return rs;                                            //返回查询结果
    } catch (SQLException ex) {
        System.out.println(ex.getMessage());
        return null;
    }
}
```

■ 秘笈心法

心法领悟 500：不要将数据库特有的函数应用在其他数据库中。

SQL 语句对于数据库来说是通用的，但是有些数据库特有的函数是不能用在其他数据库中的。例如，SQL Server 数据库中的 top 关键字、MySQL 数据库中的 limit() 函数，还有本实例向大家介绍的 SHOW TABLES 语句。

实例 501	查看数据表结构	高级
	光盘位置：光盘\MR\501	趣味指数：★★★★☆

■ 实例说明

数据表结构是数据库维护的主要操作，查看数据表结构有助于操作者了解软件的内部体系结构。本实例实现查看用户所选的数据表结构，运行程序，可在窗体中将用户选择的数据表结构显示在表格中。实例运行效果如图 21.27 所示。

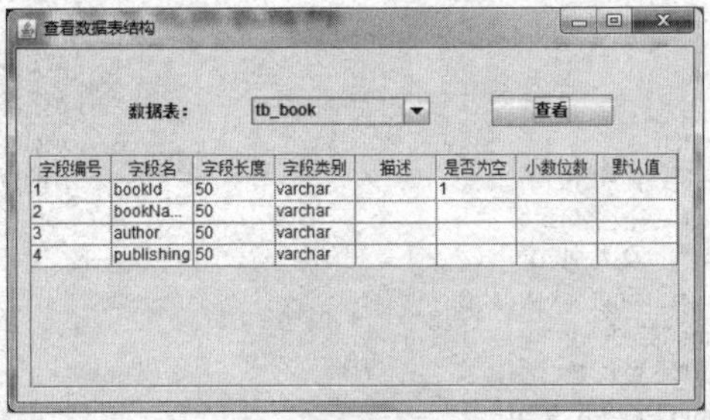

图 21.27　实例运行效果

■ 关键技术

本实例主要应用 SQL Server 系统表 Sysobjects（系统对象）、Syscolumns（字段）、Syspro perties（描述）、Systypes（字段类别）和 Syscomments（默认值）等相对应的表关系显示出表的结构。这些系统表都可以通过对象编号和相关表编号进行关联。

■ 设计过程

（1）创建类 GetFrame，用于定义查询数据库方法。在该类中首先定义连接数据库的方法 Con()，具体代码读者可参考光盘中的源程序，这里不再赘述。

（2）本实例中，实现将数据库中所有数据表显示在下拉列表中。需要在类 GetFrame 中创建获取数据库中所有数据表的方法 GetRs()，读者可参考实例 499。

（3）在 GetFrame 类中定义 GetRs()方法，指定 SQL 语句。具体代码如下：

```
public ResultSet GetRs(final String SQL) {
    try {
        Connection Con = Con();                                    //获取数据库连接
        Statement Smt = Con
                .createStatement(ResultSet.TYPE_SCROLL_SENSITIVE,
                        ResultSet.CONCUR_UPDATABLE);               //获取 Statement 对象
        ResultSet Rs = Smt.executeQuery(SQL);                     //执行查询语句获取查询结果集
        return Rs;
    } catch (SQLException e) {
        System.out.println("记录数量获取失败！");
        return null;
    }
}
```

（4）在该类中定义获取数据表结构的方法 getMessage()，该方法用于查询数据表结构，并以 List 作为返回值。具体代码如下：

```
public List getMessage(String tableName) {
    List list = new ArrayList();                                   //定义保存返回值的 List 集合
    String SQL = " Select case when c.colid=1 then   o.name end  表名,"
        + " c.ColId  字段编号,c.name  字段名,c.length  字段长度,t.name  字段类别,"
        + " p.value  描述,case when c.isnullable=0 then '1' end  是否为空,"
        + " c.scale  小数位数,REPLACE (REPLACE (REPLACE (m.text,'(','),')',')'),'','')  默认值,"
        + " case when (" Select Count(*) From SysObjects where name in ("
        + " Select name From Sysindexes Where id=c.id and indid in ("
        + " Select indid From Sysindexkeys   where id=c.id and colid in ("
        + " Select colid From Syscolumns where id=c.id and colid=c.colid))) and xtype='pk')>0"
        + " then '1' end  是否为主键"
        + " From Sysobjects o"
        + " left join Syscolumns c on o.id=c.id"
        + " left join Sysproperties p on o.id=p.id and c.colid=p.smallid"
        + " left join Systypes t on t.xtype=c.xtype"
        + " left join Syscomments m on m.id=c.cdefault"
        + " where (o.xtype='u' or o.xtype='v') and o.status>0 and o.name=''"
        + tableName + "'" + " order by o.name,c.colid";             //定义查询 SQL 语句
```

```
ResultSet res = GetRs(SQL);                                         //调用执行 SQL 语句方法
ResultSetMetaData Rsmd;                                             //获取 ResultSetMetaData 方法
try {
    Rsmd = res.getMetaData();                                      //实例化 ResultSetMetaData 对象
    while (res.next()) {                                           //循环遍历查询结果集
        Student student = new Student();                           //创建与数据库对应的 JavaBean 对象
        student.setId(res.getString("字段编号"));                  //设置对象属性
        student.setName(res.getString("字段名"));
        student.setType(res.getString("字段类别"));
        student.setAcquiescence(res.getString("默认值"));
        student.setDepict(res.getString("描述"));
        student.setDigit(res.getString("小数位数"));
        student.setLength(res.getString("字段长度"));
        student.setIfNull(res.getString("是否为空"));
        list.add(student);                                         //将对象添加到 List 集合中
    }
} catch (SQLException e) {
    e.printStackTrace();
}
return list;                                                        //返回 List 集合
}
```

■ 秘笈心法

心法领悟 501：SP4 补丁。

在安装了 SQL Server 2000 数据库后，要安装 SP4 补丁。SP 是 Service Pack 的缩写，SP4 可以用 Java 直连，如果不打这个补丁直连时包不能建立端口的异常。

实例 502	动态维护投票数据库	高级
	光盘位置：光盘\MR\502	趣味指数：★★★★☆

■ 实例说明

数据库维护只指向数据库中添加和删除数据库表中的字段，本实例以投票数据库为例，向大家介绍如何通过 Java 程序实现数据库表的维护。实例运行效果如图 21.28 所示。

■ 关键技术

本实例主要使用 ALTER TABLE 语句中的 ADD 和 DROP 子句。

（1）ADD 子句

该子句用于向数据表中添加字段。该子句的语法格式如下：

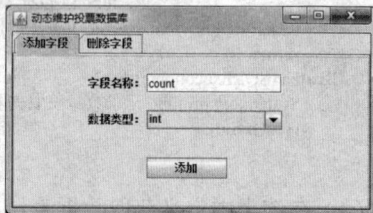

图 21.28　实例运行效果

```
ALTER TABLE table
ADD [ < column_definition > ] | column_name AS computed_column_expression
```

参数说明

❶ table：添加字段的数据表名称。

❷ column_definition：字段的定义。

❸ column_name：字段的名字。

❹ computed_column_expression：计算字段的表达式。

（2）DROP 子句

该子句用于删除数据表中的字段。该子句的语法格式如下：

```
ALTER TABLE table
DROP constraint_name
```

参数说明

❶ table：需要删除字段的数据表名。

❷ constraint_name：需要删除字段的名称。

设计过程

（1）在项目中创建窗体类 BallotUtilFrame，该类继承自 JFrame 类，实现窗体类。向该窗体中添加选项卡面板、标签控件、文本框控件与按钮控件等实现窗体布局。

（2）在项目中创建工具类 BallotUtil，在该类中定义删除数据表中字段与添加数据表中字段的方法，该方法有两个 String 类型的参数，分别用于指定字段名称与字段的数据类型。添加数据表字段方法的代码如下：

```
public void addField(String fieldName,String type) {
    conn = getConn();                                        //获取数据库连接
    try {
        Statement statement = conn.createStatement();        //获取 Statement 方法
        String sql = "alter table tb_ballot add "+fieldName+" "+type;   //向数据表中添加字段
        statement.executeUpdate(sql);                        //执行更新数据表 SQL 语句
        conn.close();                                        //关闭数据库连接
    } catch (Exception e) {
        e.printStackTrace();
    }
}
```

（3）在工具类中定义删除数据表中字段的方法，该方法有一个 String 类型的参数，用于指定要删除的数据表的字段。具体代码如下：

```
public void deleteField(String fieldName) {
    conn = getConn();                                        //获取数据库连接
    try {
        Statement statement = conn.createStatement();
        //定义从数据库中删除字段的 SQL 语句
        String sql = "alter table tb_ballot drop column "+fieldName;
        statement.executeUpdate(sql);                        //执行删除操作
        conn.close();
    } catch (Exception e) {
        e.printStackTrace();
    }
}
```

秘笈心法

心法领悟 502：ALTER TABLE 语句的注意事项。

ALTER TABLE 语句对具有架构绑定视图的表执行时，所受限制与当前在更改具有简单索引的表时所受的限制相同。添加列是允许的，但是，不允许删除或更改参与架构绑定视图的表中的列。如果 ALTER TABLE 语句要求更改用在架构绑定视图中的列，则更改操作失败，并且 SQL Server 将引发一条错误信息。

实例 503	SQL Server 数据备份	中级
	光盘位置：光盘\MR\503	趣味指数：★★★★☆

实例说明

对于大型的或者安全性较高的应用程序，都需要具有数据库的备份和恢复功能。这是因为当数据库因某些意外原因被破坏或删除时，将会给企业的经济效益带来巨大的损失。解决该问题的唯一途径就是及时对数据库进行备份。本实例实现对用户选择的数据库进行备份，当用户单击"备份"按钮时，即可生成备份文件，并保存到 C 盘。实例运行效果如图 21.29 所示。

图 21.29　实例运行效果

■ 关键技术

本实例运用 SQLDMO.backup 对象完成整个系统数据库的备份，这使得在系统或数据库发生故障（如硬盘发生故障）时可以重建系统。

备份整个数据库的语法如下：

```
BACKUP DATABASE { database_name | @database_name_var }
TO < backup_device > [ ,...n ]
[ WITH
    [ BLOCKSIZE = { blocksize | @blocksize_variable } ]
    [ [ , ] DESCRIPTION = { 'text' | @text_variable } ]
    [ [ , ] DIFFERENTIAL ]
    [ [ , ] EXPIREDATE = { date | @date_var }
       | RETAINDAYS = { days | @days_var } ]
    [ [ , ] PASSWORD = { password | @password_variable } ]
    [ [ , ] FORMAT | NOFORMAT ]
    [ [ , ] { INIT | NOINIT } ]
    [ [ , ] MEDIADESCRIPTION = { 'text' | @text_variable } ]
    [ [ , ] MEDIANAME = { media_name | @media_name_variable } ]
    [ [ , ] MEDIAPASSWORD = { mediapassword | @mediapassword_variable } ]
    [ [ , ] NAME = { backup_set_name | @backup_set_name_var } ]
    [ [ , ] NOSKIP | SKIP } ]
    [ [ , ] { NOREWIND | REWIND } ]
    [ [ , ] { NOUNLOAD | UNLOAD } ]
    [ [ , ] RESTART ]
    [ [ , ] STATS [ = percentage ] ]
]
```

参数说明

❑ DATABASE：指定一个完整的数据库备份。假如指定了一个文件和文件组的列表，那么仅有这些被指定的文件和文件组被备份。

❑ {database_name | @database_name_var }：指定了一个数据库，从该数据库中对事务日志、部分数据库或完整的数据库进行备份。如果作为变量（@database_name_var）提供，则可将该名称指定为字符串常量（@database_name_var = database name）或字符串数据类型（ntext 或 text 数据类型除外）的变量。

❑ <backup_device>：指定备份操作时要使用的逻辑或物理备份设备。可以是下列一种或多种形式。

➤ { logical_backup_device_name } | { @logical_backup_device_name_var }：是由 sp_addumpdevice 创建的备份设备的逻辑名称，数据库将备份到该设备中，其名称必须遵守标识符规则。如果将其作为变量（@logical_backup_device_name_var）提供，则可将该备份设备名称指定为字符串常量（@logical_backup_device_name_var = logical backup device name）或字符串数据类型（ntext 或 text 数据类型除外）的变量。

➤ { DISK | TAPE } ='physical_backup_device_name' | @physical_backup_device_name_var：允许在指定的磁盘或磁带设备上创建备份。在执行 BACKUP 语句之前不必存在指定的物理设备。如果存在物理设备且 BACKUP 语句中没有指定 INIT 选项，则备份将追加到该设备。

🔊 **注意**：当指定 TO DISK 或 TO TAPE 时，要输入完整的路径和文件名。例如，DISK = 'C:\Program Files\Microsoft SQL Server\MySQL\BACKUP\backup.dat'.

❑ n：是表示可以指定多个备份设备的占位符。备份设备数目的上限为 64。

❑ BLOCKSIZE = {blocksize | @blocksize_variable}：用字节数来指定物理块的大小。在 Windows NT 系统上，默认设置是设备的默认块大小。一般情况下，当 SQL Server 选择适合于设备的块大小时不需要此参数。在基于 Windows 2000 的计算机上，默认设置是 65536（64KB 是 SQL Server 支持的最大大小）。

❑ DESCRIPTION = { 'text' | @text_variable }：指定描述备份集的自由格式文本。该字符串最长可以有 255 个字符。

❑ DIFFERENTIAL：指定数据库备份或文件备份，应该与上一次完整备份后改变的数据库或文件部分保持一致。差异备份一般会比完整备份占用更少的空间。对于上一次完整备份时备份的全部单个日志，使用该选项可以不必再进行备份。

❑ EXPIREDATE = {date | @date_var}：指定备份集到期和允许被重写的日期。如果将该日期作为变量（@date_var）提供，则可以将该日期指定为字符串常量（@date_var = date）、字符串数据类型变量（ntext 或 text 数据类型除外）、smalldatetime 或者 datetime 变量，并且该日期必须符合已配置的系统 datetime 格式。

❑ RETAINDAYS = {days|@days_var}：指定必须经过多少天才可以重写该备份媒体集。假如用变量（@days_var）指定，该变量必须为整型。

❑ PASSWORD = { password | @password_variable}：为备份集设置密码。PASSWORD 是一个字符串。如果为备份集定义了密码，必须提供这个密码才能对该备份集执行任何还原操作。

❑ FORMAT：指定应将媒体头写入用于此备份操作的所有卷。任何现有的媒体头都被重写。FORMAT 选项使整个媒体内容无效，并且忽略任何现有的内容。

❑ NOFORMAT：指定媒体头不应写入所有用于该备份操作的卷中，并且不要重写该备份设备，除非指定了 INIT。

❑ INIT：指定应重写所有备份集，但是保留媒体头。如果指定了 INIT，将重写那个设备上所有现有的备份集数据。

当遇到以下几种情况之一时不重写备份媒体。

▷　媒体上的备份设置没有全部过期。

▷　如果 BACKUP 语句给出了备份集名，该备份集名与备份媒体上的名称不匹配。

❑ NOINIT：表示备份集将追加到指定的磁盘或磁带设备上，以保留现有的备份集。NOINIT 是默认设置。

❑ MEDIADESCRIPTION = {'text'| @text_variable}：指明媒体集的自由格式文本描述，最多为 255 个字符。

❑ MEDIANAME = { media_name | @ media_name _variable}：为整个备份媒体集指明媒体名，最多为 128 个字符。假如指定了 MEDIANAME，则它必须与以前指定的媒体名相匹配，该媒体名已存在于备份卷中。假如没有指定 MEDIANAME，或指定了 SKIP 选项，将不会对媒体名进行验证检查。

❑ MEDIAPASSWORD={mediapassword | @mediapassword_variable}：为媒体集设置密码。MEDIAPASSWORD 是一个字符串。

❑ NAME = { backup_set_name | @backup_set_name_var}：指定备份集的名称，名称最长可达 128 个字符。假如没有指定 NAME，它将为空。

❑ NOSKIP：指示 BACKUP 语句在可以重写媒体上的所有备份集之前先检查它们的过期日期。

❑ SKIP：禁用备份集过期和名称检查，这些检查一般由 BACKUP 语句执行以防重写备份集。

❑ NOUNLOAD：指定不在备份后从磁带驱动器中自动卸载磁带。设置始终为 NOUNLOAD，直到指定 UNLOAD 为止。该选项只用于磁带设备。

❑ UNLOAD：指定在备份完成后自动倒带并卸载磁带。启动新用户会话时其默认设置为 UNLOAD。该设置一直保持到用户指定了 NOUNLOAD 时为止。该选项只用于磁带设备。

❑ RESTART：指定 SQL Server 重新启动一个被中断的备份操作。因为 RESTART 选项在备份操作被中断处重新启动该操作，所以它节省了时间。若要重新启动一个特定的备份操作，可重复整个 BACKUP 语句并且加入 RESTART 选项。不一定非要使用 RESTART 选项，但是它可以节省时间。

❑ STATS [= percentage]：每当另一个 percentage 结束时显示一条消息，它被用于测量进度。如果省略 percentage，SQL Server 将每完成 10 个百分点显示一条消息。

■ 设计过程

（1）在项目中创建类 BackUpFrame，该类继承自 JFrame 类，实现窗体类。

（2）向窗体中添加控件。实现窗体布局，该窗体中主要控件及说明如表 21.3 所示。

表 21.3　窗体中的主要控件及说明

控 件 类 型	控 件 命 名	控 件 用 途
JComboBox	dataNamecomboBox	供用户选择要备份的数据库
JTextField	backTextField	用户选择的备份后的文件名称
JButton	backButton	显示"备份"的按钮控件

（3）创建类 BackupData，用于定义数据库备份方法，在该类中定义连接数据库的方法 Con()，具体代码读者可参考光盘中的源程序，这里不再赘述。

（4）在该类中定义 getDatabase()方法，该方法用于获取所有数据库方法，返回值为 List 集合对象。具体代码如下：

```
public List getDatabase() {
    List list = new ArrayList();                                  //定义 List 集合对象
    Connection con = Con();                                       //获取数据库连接
    Statement st;                                                 //定义 Statement 对象
    try {
        st = con.createStatement();                              //实例化 Statement 对象
//指定查询所有数据库方法
        ResultSet rs = st.executeQuery("select name from dbo.sysdatabases");
        while (rs.next()) {                                      //循环遍历查询结果集
            list.add(rs.getString(1));                           //将查询数据添加到 List 集合中
        }
    } catch (Exception e) {
        e.printStackTrace();
    }
    return list;                                                 //返回查询结果
}
```

（5）定义执行数据库备份的方法 getBak()，该方法包含有两个 String 类型的参数，分别用于定义要进行备份的数据库与备份文件的保存名称。具体代码如下：

```
public void getBak(String databaseName, String databasePath) {
    Connection con = Con();                                       //获取数据库连接
    Statement st;
    try {
        st = con.createStatement();                              //实例化 Statement 对象
        st.executeUpdate("backup database " + databaseName + " to disk='"
                + databasePath + "'");                           //指定数据库备份 SQL 语句
        con.close();                                             //关闭连接
    } catch (SQLException e) {
        e.printStackTrace();
    }
}
```

■ 秘笈心法

心法领悟 503：SQL Server 数据库备份的 4 种类型。

备份数据库是指对数据库或事务日志进行复制。当系统、磁盘或数据库文件损坏时，可以使用备份文件进行恢复，以防止数据丢失。SQL Server 数据库备份支持 4 种类型，分别为完全备份、事务日志备份、差异备份、文件和文件组备份。完全备份将整个数据库包括表、索引、视图等所有数据库对象都进行备份；事务日志备份在备份时只需要复制自上次备份以来对数据库所做的改变；差异备份只包含自完全备份以来所改变的数据库；文件和文件组备份指备份数据库中的一部分。

实例 504	SQL Server 数据恢复 光盘位置：光盘\MR\504	中级 趣味指数：★★★★☆

■ 实例说明

对于大型应用程序，具有数据恢复功能非常重要。因为数据恢复功能可以在数据遭到破坏时，将备份的数据恢复到系统中，保证系统重新正常运转，从而避免因数据异常丢失所带来的损失。因此建议读者在程序开发中添加数据库恢复功能。本实例实现将数据库恢复至备份时状态，实例运行效果如图 21.30 所示。

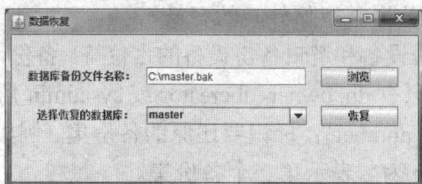

图 21.30　实例运行效果

注意：恢复数据库备份将重新创建数据库和备份完成时数据库中存在的所有相关文件。如果要恢复创建数据库备份后所产生的事务，必须使用事务日志备份或差异备份。

关键技术

本实例运用 SQLDMO.Restore 对象恢复使用 BACKUP 命令所做的整个数据库备份。

RESTORE 的语法如下：

```
RESTORE DATABASE { database_name | @database_name_var }
[ FROM < backup_device > [ ,...n ] ]
[ WITH
    [ RESTRICTED_USER ]
    [ [ , ] FILE = { file_number | @file_number } ]
    [ [ , ] PASSWORD = { password | @password_variable } ]
    [ [ , ] MEDIANAME = { media_name | @media_name_variable } ]
    [ [ , ] MEDIAPASSWORD = { mediapassword | @mediapassword_variable } ]
    [ [ , ] MOVE 'logical_file_name' TO 'operating_system_file_name' ]
      [ ,...n ]
    [ [ , ] KEEP_REPLICATION ]
    [ [ , ] { NORECOVERY | RECOVERY | STANDBY = undo_file_name } ]
    [ [ , ] { NOREWIND | REWIND } ]
    [ [ , ] { NOUNLOAD | UNLOAD } ]
    [ [ , ] REPLACE ]
    [ [ , ] RESTART ]
    [ [ , ] STATS [ = percentage ] ]
]
```

参数说明

❑ DATABASE：指定备份还原整个数据库。如果指定了文件和文件组列表，则只还原那些文件和文件组。

❑ {database_name | @database_name_var}：是将日志或整个数据库还原到的数据库。如果将其作为变量（@database_name_var）提供，则可将该名称指定为字符串常量（@database_name_var = database name）或字符串数据类型（ntext 或 text 数据类型除外）的变量。

❑ FROM：指定从中还原备份的备份设备。如果没有指定 FROM 子句，则不会发生备份还原，而是恢复数据库。可用省略 FROM 子句的办法尝试恢复通过 NORECOVERY 选项还原的数据库，或切换到一台备用服务器上。如果省略 FROM 子句，则必须指定 NORECOVERY、RECOVERY 或 STANDBY。

❑ < backup_device >：指定还原操作要使用的逻辑或物理备份设备。可以是下列一种或多种形式。

➢ @{'logical_backup_device_name' | @logical_backup_device_name_var}：是由 sp_addumpdevice 创建的备份设备（数据库将从该备份设备还原）的逻辑名称，该名称必须符合标识符规则。如果作为变量（@logical_backup_device_name_var）提供，则可以指定字符串常量（@logical_backup_device_name_var = logical_backup_device_name）或字符串数据类型（ntext 或 text 数据类型除外）的变量作为备份设备名。

➢ @{DISK | TAPE } = 'physical_backup_device_name' | @physical_backup_device_name_var：允许从命名磁盘或磁带设备还原备份。磁盘或磁带的设备类型应该用设备的真实名称（如完整的路径和文件名）来指定：DISK = 'C:\Program Files\Microsoft SQL Server\MySQL\BACKUP\Mybackup.dat'

或 TAPE = '\\.\TAPE0'。如果指定为变量（@physical_backup_device_name_var），则设备名称可以是字符串常量（@physical_backup_device_name_var = 'physical_backup_device_name'）或字符串数据类型（ntext 或 text 数据类型除外）的变量。

- ❏ *n*：是表示可以指定多个备份设备和逻辑备份设备的占位符。备份设备或逻辑备份设备最多可以为 64 个。
- ❏ RESTRICTED_USER：限制只有 db_owner、dbcreator 或 sysadmin 角色的成员才能访问最近还原的数据库。
- ❏ FILE = {file_number | @file_number}：标识要还原的备份集。例如，file_number 为 1 表示备份媒体上的第 1 个备份集，file_number 为 2 表示第 2 个备份集。
- ❏ PASSWORD = { password | @password_variable }：提供备份集的密码。PASSWORD 是一个字符串。如果在创建备份集时提供了密码，则从备份集执行还原操作时必须提供密码。
- ❏ MEDIANAME = {media_name | @media_name_variable}：指定媒体名称。如果提供媒体名称，该名称必须与备份卷上的媒体名称相匹配，否则还原操作将终止。如果 RESTORE 语句没有给出媒体名称，将不对备份卷执行媒体名称匹配检查。
- ❏ MEDIAPASSWORD = {mediapassword | @mediapassword_variable}：提供媒体集的密码。MEDIAPASSWORD 是一个字符串。如果格式化媒体集时提供了密码，则访问该媒体集上的任何备份集时都必须提供该密码。
- ❏ MOVE 'logical_file_name' TO 'operating_system_file_name'：指定应将给定的 logical_file_name 移到 operating_system_file_name。默认情况下，logical_file_name 将还原到其原始位置。如果使用 RESTORE 语句将数据库复制到相同或不同的服务器上，则可能需要使用 MOVE 选项重新定位数据库文件，以避免与现有文件冲突。可以在不同的 MOVE 语句中指定数据库内的每个逻辑文件。
- ❏ *n*：占位符，表示可通过指定多个 MOVE 语句移动多个逻辑文件。
- ❏ NORECOVERY：指示还原操作不回滚任何未提交的事务。如果需要应用另一个事务日志，则必须指定 NORECOVERY 或 STANDBY 选项。如果 NORECOVERY、RECOVERY 和 STANDBY 均未指定，则默认为 RECOVERY。当还原数据库备份和多个事务日志时，或在需要多个 RESTORE 语句时（如在完整数据库备份后进行差异数据库备份），SQL Server 要求在除最后的 RESTORE 语句外的所有其他语句上使用 WITH NORECOVERY 选项。
- ❏ RECOVERY：指示还原操作回滚任何未提交的事务。在恢复进程后即可随时使用数据库。如果安排了后续 RESTORE 操作（RESTORE LOG 或从差异数据库备份 RESTORE DATABASE），则应改为指定的 NORECOVERY 或 STANDBY。
- ❏ STANDBY = undo_file_name：指定撤销文件名以便可以取消恢复效果。撤销文件的大小取决于因未提交的事务所导致的撤销操作量。如果 NORECOVERY、RECOVERY 和 STANDBY 均未指定，则默认为 RECOVERY。STANDBY 允许将数据库设定为在事务日志还原期间只能读取，并且可用于备用服务器情形，或用于需要在日志还原操作之间检查数据库的特殊恢复情形。
- ❏ KEEP_REPLICATION：指示还原操作在将发布的数据库还原到创建它的服务器以外的服务器上时保留复制设置。当设置复制与日志传送一同使用时，需使用 KEEP_REPLICATION。这样，当在备用服务器上还原数据库或日志备份并且恢复数据库时，可防止删除复制设置。还原备份时若指定了该选项，则不能选择 NORECOVERY 选项。
- ❏ NOUNLOAD：指定不在 RESTORE 后从磁带机中自动卸载磁带。设置始终为 NOUNLOAD，直到指定 UNLOAD 为止。该选项只用于磁带设备，如果对 RESTORE 使用非磁带设备，将忽略该选项。
- ❏ NOREWIND：指定 SQL Server 在备份操作完成后使磁带保持打开。磁带保持打开将防止其他过程访问磁带。直到颁发 REWIND 或 UNLOAD 语句，或直到服务器关闭时才释放该磁带。通过查询 master 数据库中的 sysopentapes 表可查找当前打开的一系列磁带。NOREWIND 即 NOUNLOAD。该选项只用于磁带设备。如果对 RESTORE 使用非磁带设备，将忽略该选项。
- ❏ REWIND：指定 SQL Server 将释放磁带和倒带。如果 NOREWIND 和 REWIND 均未指定，则默认设置为 REWIND。该选项只用于磁带设备，如果对 RESTORE 使用非磁带设备，将忽略该选项。

❑ UNLOAD：指定在还原完成后自动倒带并卸载磁带。启动新用户会话时其默认设置为 UNLOAD。设置始终为 UNLOAD，直到指定 NOUNLOAD 为止。该选项只用于磁带设备，如果对 RESTORE 使用非磁带设备，将忽略该选项。

❑ REPLACE：指定即使存在另一个具有相同名称的数据库，SQL Server 也应该创建指定的数据库及其相关文件。在这种情况下将删除现有的数据库。如果没有指定 REPLACE 选项，则将进行安全检查以防止意外重写其他数据库。

❑ RESTART：指定 SQL Server 应重新启动被中断的还原操作。RESTART 从中断点重新启动还原操作。

❑ STATS [= percentage]：每当另一个 percentage 结束时显示一条消息，并用于测量进度。如果省略 percentage，则 SQL Server 每完成 10 个百分比显示一条消息。

■ 设计过程

（1）在项目中创建类 ResumeFrame，该类继承自 JFrame 类，实现窗体类。

（2）向窗体中添加控件。实现窗体布局，该窗体中的主要控件及说明如表 21.4 所示。

表 21.4　窗体中的主要控件及说明

控 件 类 型	控 件 命 名	控 件 用 途
JTextField	fileNameTextField	为用户提供显示要恢复的数据库文件
JComboBox	dataBaseComboBox	显示要恢复的数据库
JButton	browseButton	显示"浏览"的按钮控件
	resumeButton	显示"恢复"的按钮控件

（3）创建类 Resume，用于定义数据恢复方法 getBak()。该方法包含有两个 String 类型的参数，分别用于定义要恢复的数据库与数据库的备份文件。具体代码如下：

```
public void getBak(String databaseName, String databasePath) {
    Connection con = Con();                              //获取数据库连接
    Statement st;
    try {
        st = con.createStatement();                      //实例化 Statement 对象
        st.executeUpdate("restore database " + databaseName
            + " from disk='" + databasePath + "'");      //指定数据库备份 SQL 语句
        con.close();                                     //关闭连接
    } catch (SQLException e) {
        e.printStackTrace();
    }
}
```

■ 秘笈心法

心法领悟 504：SQL Server 数据库恢复支持的 4 种类型。

与数据库备份对应，数据库恢复也支持 4 种类型，分别是还原整个数据库的完整数据库恢复，完整数据库恢复，差异数据库恢复，事务日志还原、个别文件和文件组恢复。

实例 505	MySQL 数据备份	中级
	光盘位置：光盘\MR\505	趣味指数：★★★★☆

■ 实例说明

在实际开发中，MySQL 数据库的应用非常广泛，因此掌握 MySQL 数据库的备份技术非常重要。备份 MySQL 数据库的方法很多，可以通过 MySQL Tools 或者 phpMy Admin 管理工具进行备份，也可以通过命令进行备份。

本实例使用的是 MySQL DUMP 命令备份数据库，运行本实例，结果如图 21.31 所示。

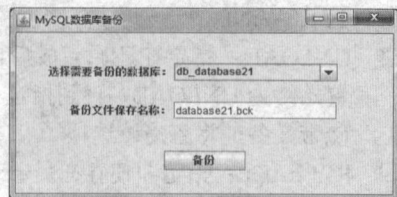

图 21.31　实例运行结果

■ 关键技术

本实例主要应用 java.lang 软件包中的 Runtime、Process 和 StringBuffer 类。首先通过 getRuntime()方法获取与当前 Java 应用程序相关的 Runtime 对象，然后应用 exec()方法执行 MYSQLDUMP 命令。接着应用 Process 类中的 getInputStream()方法获取子进程的输入流，最后应用 StringBuffer 类中的 append()方法将流中的数据追加到指定的字符序列中，完成数据的备份。下面对使用的方法进行详细讲解。

（1）getRuntime()方法

语法如下：

```
public static Runtime getRuntime()
```

该方法返回与当前 Java 应用程序相关的 Runtime 对象。Runtime 类的大多数方法是实例方法，并且必须根据当前的运行时对象对其进行调用。

（2）exec()方法

语法如下：

```
public Process exec(String command)
            throws IOException
```

该方法在单独的进程中执行指定的字符串命令，返回一个新的 Process 对象，用于管理子进程。

参数说明

command：一条指定的系统命令。

抛出异常，则

❶ SecurityException：如果安全管理器存在，并且其 checkExec 方法不允许创建子进程。

❷ IOException：如果发生 I/O 错误。

❸ NullPointerException：如果 command 为 null。

❹ IllegalArgumentException：如果 command 为空。

（3）getInputStream()方法

语法如下：

```
public abstract InputStream getInputStream()
```

该方法用于获取子进程的输入流。输入流由该 Process 对象表示的进程的标准输出流获得。返回连接到子进程正常输出的输入流。

（4）append()方法

语法如下：

```
public StringBuffer append(String str)
```

该方法将指定的字符串追加到此字符序列。按顺序追加 String 变量中的字符，使此序列增加该变量的长度。如果 str 为 null，则追加 4 个字符 null。返回值为此对象的一个引用。

参数说明

str：一个指定的字符串。

此字符序列的长度在执行 append()方法前为 n。如果 k 小于 n，则新字符序列中索引 k 处的字符等于原序列中索引 k 处的字符；否则它等于参数 str 中索引 k−n 处的字符。

MYSQLDUMP 命令的语法如下：

```
mysqldump –uUser –pPass DataBase > Path
```

其中，User 是用户名，Pass 是密码，DataBase 是数据库名，Path 是数据库备份存储的位置。

◀ 注意：要通过 MYSQLDUMP 命令来备份 MySQL 数据库，必须要对电脑的环境变量进行设置，选择"我的电脑", 单击鼠标右键, 在弹出的快捷菜单中选择"属性"命令, 再在弹出的对话框中单击"高级"按钮, 然后在新弹出的对话框中选择"环境变量"选项, 并在用户变量的文本框中找到变量 path, 单击"编辑"按钮, 在变量 path 的变量值文本框中添加"D:\Program Files\MySQL\MySQL Server 5.0\bin"(MySQL 数据库中 bin 文件夹的安装路径), 然后单击"确定"按钮。其中添加的 bin 文件夹的路径根据自己安装 MySQL 数据库的位置而定。

■ 设计过程

(1) 在项目中创建类 BackFrame, 该类继承自 JFrame 类, 实现窗体类。

(2) 向窗体中添加控件。实现窗体布局, 该窗体中的主要控件及说明如表 21.5 所示。

表 21.5　窗体中的主要控件及说明

控 件 类 型	控 件 命 名	控 件 用 途
JTextField	nameTextField	显示保存备份后的文件名称
JComboBox	dataBaseComboBox	显示要进行备份的数据库名称
JButton	backButton	显示"备份"的按钮控件

(3) 创建类 MySQLConn, 在该类中定义备份 MySQL 数据库的方法 mysqldump(), 该方法包含有两个 String 类型的参数, 分别用于定义要进行备份的数据库与备份数据库的文件名称。具体代码如下:

```java
public boolean mysqldump(String database, String path) {          //备份数据库
    try {
        Process p = Runtime.getRuntime().exec(
                "cmd.exe /c mysqldump -uroot -p111 " + database + " >"
                        + path + "");                              //定义进行数据备份的语句
        StringBuffer out1 = new StringBuffer();                    //定义字符串缓冲对象
        byte[] b = new byte[1024];                                 //定义字节数组
        for (int i; ((i = p.getInputStream().read(b)) != -1);) {   //将数据写入指定文件中
            out1.append(new String(b, 0, i));                      //向流中追加数据
        }
    } catch (IOException e) {
        e.printStackTrace();
        return false;
    }
    return true;
}
```

注意: 在 Java 类中执行命令时, 必须要在命令前加上"cmd.exe /c", 然后再接命令"mysqldump -uroot -p111 "+database+" >"+path+""。

■ 秘笈心法

心法领悟 505: 文件地址。

在指定备份文件的存储位置和名称时, 必须使用"D:\\Data\\db_database04.txt"这样的格式, 即应该使用"\\", 而不是"\"。

实例 506	MySQL 数据恢复 光盘位置: 光盘\MR\506	中级 趣味指数: ★★★★☆

■ 实例说明

对于大型应用系统来说, 具有数据恢复功能非常重要。数据恢复可以在数据遭到破坏时将备份的数据恢复到数据库系统中, 以保证系统的正常运行, 避免数据丢失带来的损失。本实例向大家介绍 MySQL 数据恢复的方法, 与 MySQL 数据备份方法类似, 都是使用命令实现。实例运行效果如图 21.32 所示。

■ 关键技术

本实例中介绍的 MySQL 数据库的恢复方法与 MySQL 数据库备份的方法类似，有关具体类和方法的详细讲解可以参考实例 505，这里不再赘述。

唯一的不同之处是所使用的命令，MySQL 数据库的恢复使用的是 MySQL 命令，其语法格式如下：

图 21.32　实例运行效果

```
mysql –uUser –pPass DataBase <Path
```

其中，User 指定数据库用户名，Pass 指定密码，DataBase 为指定备份的数据库，Path 是备份文件存储的位置。

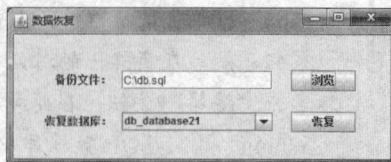

■ 设计过程

（1）在项目中创建类 BackFrame，该类继承自 JFrame 类，实现窗体类。

（2）向窗体中添加控件。实现窗体布局，该窗体中的主要控件及说明如表 21.6 所示。

表 21.6　窗体中的主要控件及说明

控 件 类 型	控 件 命 名	控 件 用 途
JTextField	fileTextField	显示要恢复数据的文件
JComboBox	databaseComboBox	显示要进行恢复的数据库名称
JButton	browseButton	显示"浏览"的按钮控件
	resumeButton	显示"恢复"的按钮控件

（3）创建类 ResumeUtil，在该类中定义恢复数据库的方法 mysqlresume()，该方法包含有两个 String 类型的参数，分别用于定义要恢复的数据库与备份数据文件的保存地址。具体代码如下：

```java
public boolean mysqlresume(String database, String path) {              //恢复数据库
    try {
        Process p = Runtime.getRuntime().exec(
                "cmd.exe /c mysql -uroot -p111 " + database + " <" + path
                + "");                                                   //执行恢复语句
        StringBuffer out1 = new StringBuffer();                         //定义字符串缓冲对象
        byte[] b = new byte[1024];                                      //定义字节数组
        for (int i; ((i = p.getInputStream().read(b)) != -1);) {        //将数据写入指定文件中
            out1.append(new String(b, 0, i));                          //向流中追加数据
        }
    } catch (IOException e) {
        e.printStackTrace();
        return false;
    }
    return true;
}
```

■ 秘笈心法

心法领悟 506：mysqldump。

mysqldump 是 MySQL 自带的、非常方便的一款小工具，存在 MySQL 安装目录的 bin 下。不是 MySQL 命令不能在 MySQL 中执行。在命令标识符中输入"mysqldump - help"命令，可以测试 mysqldump 所支持的选项。

实例 507	动态附加数据库	高级
	光盘位置：光盘\MR\507	趣味指数：★★★★★

■ 实例说明

在项目开发完成时，需要为用户提供安装程序，即使最简单的安装也需要提供数据库导入功能。本实例实现的是通过 Java 应用程序，将 SQL Server 2000 数据库文件附加到本地 SQL Server 服务器中。运行本实例，用

户在"数据库名称"文本框中输入附加数据库后的数据库名，并为用户提供了可浏览本地数据库文件与数据库日志文件。实例运行效果如图 21.33 所示。

图 21.33　实例运行效果

关键技术

本实例主要应用 SQL Server 中的系统存储过程 sp_attach_db 完成。sp_attach_db 用于将数据库附加到 SQL Server 服务器中。语法格式如下：

```
sp_attach_db [ @dbname = ] 'dbname'
    , [ @filename1 = ] 'filename_n' [ ,...16 ]
```

参数说明

❶ [@dbname =] 'dbname'：要附加到服务器的数据库名称，该名称必须是唯一的。dbname 的数据类型为 sysname，默认值为 null。

❷ [@filename1 =] 'filename_n'：数据库文件的物理名称，包括路径。filename_n 的数据类型为 nvarchar(260)，默认值为 null，最多可以指定 16 个文件名。参数名称以 @filename1 开始，递增到 @filename16。文件名列表必须包括主文件，因为主文件包含指向数据库中其他文件的系统表。该列表还必须包括数据库分离后所有被移动的文件。

设计过程

（1）在项目中创建类 SubjoinFrame，该类继承自 JFrame 类，实现窗体类。

（2）向窗体中添加控件。实现窗体布局，该窗体中的主要控件及说明如表 21.7 所示。

表 21.7　窗体中的主要控件及说明

控 件 类 型	控 件 命 名	控 件 用 途
JTextField	nameTextField	显示数据库名称文本框控件
	dataTextField	显示数据库文件地址文本框控件
	logTextField	显示数据库日志文件文本框控件
JButton	brownButton	显示浏览数据库文件的按钮控件
	logBrowButton	显示浏览日志文件的按钮控件
	subjoinButton	显示附加数据库的按钮控件

（3）创建类 SubjoinDate，在该类中定义附加数据库的方法 executeUpdate()，该方法包含有 3 个 String 类型的参数，分别用于定义附加数据库的名称、数据库文件地址与数据库日志文件地址。具体代码如下：

```
public boolean executeUpdate(String dataName,String mPath,String lPath) {
    if (con == null) {
        Connection();                                              //数据库连接
    }
    try {
        stmt = con.createStatement();
        int iCount = stmt.executeUpdate(
            "EXEC sp_attach_db @dbname = '"+dataName+"', @filename1='"
            +mPath+"', @filename2 = '"+lPath+"'");                 //执行数据库附加
    } catch (SQLException e) {
        System.out.println(e.getMessage());
        return false;
    }
    closeConnection();                                             //调用关闭数据库连接方法
return true;
}
```

秘笈心法

心法领悟 507：限制用户选择文件。

本实例在执行数据库附加时，注意要将指定的数据库文件添加到文本框中，此时要注意限制用户选择文件的文件格式，如果用户选择的不是数据库文件和数据库日志文件，系统就会出现异常。因此为了保证系统的完整性，在开发本实例时，要注意对用户选择的文件进行限制。

实例 508	生成 SQL 数据库脚本 光盘位置：光盘\MR\508	高级 趣味指数：★★★★☆

■ 实例说明

　　SQL 脚本包含用于创建数据库及其对象的语句描述。可以从现有数据库中的对象生成脚本，然后通过运行该数据库的脚本将这些对象添加到其他数据库。实际上，这样做是重新创建了整个数据库结构，以及所有的单个数据库对象。

■ 关键技术

　　使用 SQL Server 2000 数据库，可以通过生成一个或多个 SQL 脚本，编写现有的数据库结构（架构）文档。可使用 SQL Server 企业管理器、SQL 查询分析器或任何文本编辑器查看 SQL 脚本。

　　作为 SQL 脚本生成的架构有许多用途，其中包括：

　　（1）维护备份脚本，该脚本将允许用户重新创建所有用户、组、登录和权限。

　　（2）创建和更新数据库开发代码。

　　（3）从现有的架构创建一个测试或开发环境。

　　SQL 脚本可以生成如表 21.8 所示的对象架构，并保存为脚本。

表 21.8　脚本对象

对　象	说　明	对　象	说　明
表	用户定义的数据类型	存储过程	登录
索引	触发器	默认值	规则
视图	用户、组和角色	表键/声明引用完整性（DRI）	对象级权限

　　所生成的对象架构可以保存在一个 SQL 脚本文件中，或者保存在多个文件中，其中每个文件都只包含一个对象的架构，还可以将所生成的单个对象（或一组对象）的架构保存到一个或多个 SQL 脚本文件中。可以生成的 SQL 脚本文件示例包括：

　　（1）保存到单个 SQL 脚本文件中的整个数据库。

　　（2）保存到一个或多个 SQL 脚本文件中的数据库中的一个、几个或所有表的只有表的架构。

　　（3）保存到一个 SQL 脚本文件表和索引架构，保存到其他 SQL 脚本文件中的存储过程，以及保存到另一个 SQL 脚本文件中的默认设置和规则。

■ 设计过程

　　（1）下面以 db_database22 数据库为例，介绍生成 SQL 数据库脚本的步骤。打开企业管理器，展开“数据库”节点。

　　（2）选中欲生成数据库脚本的数据库，单击鼠标右键，在弹出的快捷菜单中选择“所有任务”→“生成 SQL 脚本”命令，如图 21.34 所示。

　　（3）打开“生成 SQL 脚本”对话框，选择“常规”选项卡，大部分的选项处于不可编辑状态。单击“全部显示”按钮，此时编写脚本的对象的全部功能处于可用状态，然后选中“编写全部对象脚本”复选框，所有的脚本对象处于选中状态，设置效果如图 21.35 所示。

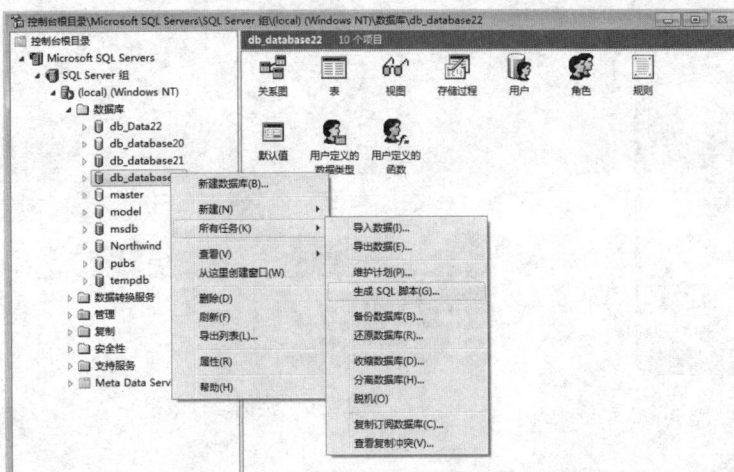

图 21.34　选择"生成 SQL 脚本"命令

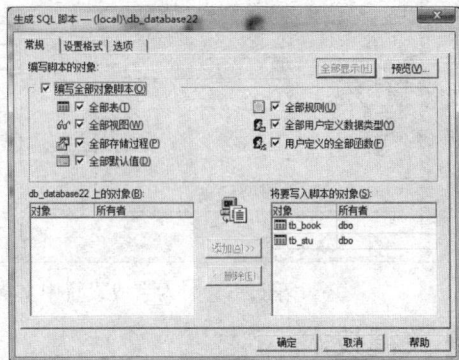

图 21.35　设置脚本选项

（4）选择"选项"选项卡，为 SQL 脚本设置选项。选中"编写数据库脚本"复选框，如图 21.36 所示。

（5）单击"确定"按钮，弹出"另存为"对话框，选择欲生成脚本的存储路径，在"文件名"文本框中输入脚本文件的名称，单击"保存"按钮，即可成功编写 SQL 数据库脚本，如图 21.37 所示。

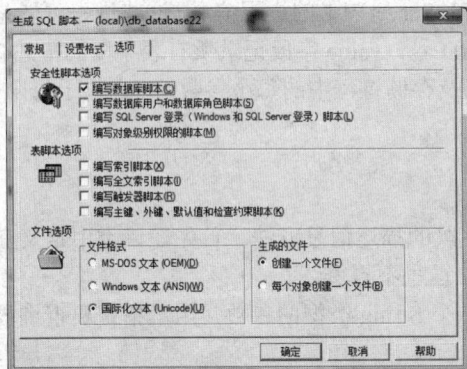

图 21.36　选中"编写数据库脚本"复选框

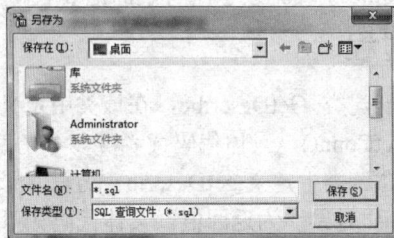

图 21.37　"另存为"对话框

秘笈心法

心法领悟 508：SQL Server 没有数据库。

使用 SQL Server 数据库时，可能会出现这样的问题，当打开企业管理器，展开"数据库"节点时，会发现数据库列表中没有任何的数据库显示。出现这样的问题，是由于数据库列表中出现"置疑"的数据库，保证数据库列表中没有"置疑"的数据库即可解决这个问题。

实例 509	获取 SQL Server 数据表字段的描述信息	高级
	光盘位置：光盘\MR\509	趣味指数：★★★★★

实例说明

大多数程序员在进行数据库设计时，都会将数据库字段设计成英文字段名，之后为了增加数据库的可读性，在每个字段中设置了中文描述信息（如图 21.38 所示）来说明该字段具体的含义。对于这些描述信息，直接通过程序来获取，不用查看数据库。实例运行效果如图 21.39 所示。

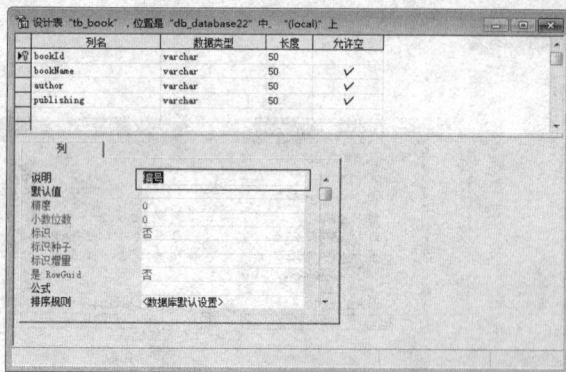

图 21.38　为字段设置中文描述信息

图 21.39　实例运行效果

关键技术

　　获取 SQL Server 2000 数据库中数据表字段的描述信息，主要用到了数据库的系统表 sysobjects、sysprocesses 和 syscolumns。

　　系统表 sysobjects 用于记录在数据库内创建的每个对象（约束、默认值、日志、规则、存储过程等）。该表中的 name 字段记录了所有对象的名称。

　　系统表 sysprocesses 用于保存关于运行在 Microsoft® SQL Server™ 上的进程信息。这些进程可以是客户端进程或系统进程。该表中的 smallid 字段记录了所有表的字段 ID 号，value 字段记录所有表字段的描述信息。

　　系统表 syscolumns 用于记录每个表和视图中的每列，以及存储过程中的每个参数。该表位于每个数据库中，该表中的 name 字段记录了所有表的记录名。

设计过程

　　（1）创建类 GetDescribe，在该类中定义获取数据表字段的描述信息方法。首先在该类中定义获取数据库连接方法 getConn()，具体代码读者可参考光盘中的源程序，这里不再赘述。

　　（2）在该类中定义 getDescribe() 方法，该方法包含有一个 String 类型的参数，用于指定要查询的数据表，该方法以 List 对象作为返回值。具体代码如下：

```java
public List getDescribe(String tableName) {
    conn = getConn();                                        //获取数据库连接
    List list = new ArrayList();                             //定义 List 集合对象
    try {
        Statement stmt = conn.createStatement();             //获取 Statement 对象
        ResultSet rest = stmt
            .executeQuery("select c.name,b.value FROM sysobjects a,sysproperties b,syscolumns " +"c where a.name='"+tableName+"' and
a.id=b.id and b.id=c.id and b.smallid=c.colorder");          //执行查询语句
        while(rest.next()){                                  //循环遍历查询结果集
            Describe describe = new Describe();              //定义 JavaBean 对象
            describe.setName(rest.getString(1));             //设置对象属性
            describe.setValue(rest.getString(2));
            list.add(describe);                              //向集合中添加对象
        }
    } catch (Exception e) {
        e.printStackTrace();
    }
    return list;
}
```

秘笈心法

　　心法领悟 509：Eclipse 实现代码自动格式化。

　　编写完代码后，可能由于没有注意格式化问题，代码显得比较凌乱。如果使用 Eclipse 开发工具，可以通过 Shift+Ctrl+F 快捷键对 Eclipse 中的代码进行格式化。

21.4　数据增加、更新与删除操作

| 实例 510 | 将员工信息添加到数据表 | 高级 |
| | 光盘位置：光盘\MR\510 | 趣味指数：★★★★☆ |

■ 实例说明

　　数据录入对每个应用程序来说都是必不可少的。本实例实现的是单条数据的录入。在实现数据录入时，可以对录入进行验证，以保证程序的完整性。本实例实现当用户填写完以"*"标注的信息后，单击"添加"按钮，系统会将用户添加的信息写入数据库中。实例运行效果如图 21.40 所示。

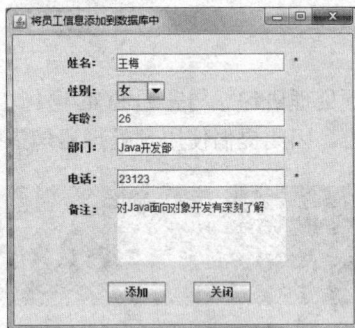

图 21.40　实例运行效果

■ 关键技术

　　本实例在实现数据录入时，使用的是 INSERT 插入语句。INSERT 语句的语法格式如下：

```
INSERT INTO  表名[(字段名 1,字段名 2…)]
VALUES(属性值 1,属性值 2, …)
```

　　例如，向数据表 tb_emp（包含字段 id,name,sex,department）中插入数据。代码如下：

```
insert into tb_emp values(2,'lili', '女', '销售部');
```

■ 设计过程

　　（1）在项目中创建类 InsertEmpFrame，该类继承自 JFrame 类，实现窗体类。

　　（2）向窗体中添加控件。实现窗体布局，该窗体中的主要控件及说明如表 21.9 所示。

表 21.9　窗体中的主要控件及说明

控 件 类 型	控 件 命 名	控 件 用 途
JTextField	nameTextField	供用户添加员工"姓名"的文本框控件
	ageTextField	供用户添加"年龄"的文本框控件
	deptTextField	供用户添加"部门"信息的文本框控件
	phoneTextField	供用户添加"电话"信息的文本框控件
JComboBox	sexComboBox	为用户提供"性别"的下拉列表控件
JTextArea	remakeTextArea	为用户提供备注信息的下拉列表控件
JButton	insertButton	添加数据的单击按钮
	closeButton	显示"关闭"的按钮

　　（3）创建类 JdbcUtil，在该类中定义 insertEmp()方法，用于实现添加数据，该方法包含有一个与员工表 tb_emp

对应的 JavaBean 类 Emp 为参数。具体代码如下：

```
public void insertEmp(Emp emp){
    conn = getConn();                                                          //获取数据库连接
    try {
        PreparedStatement statement = conn.prepareStatement("insert into tb_emp values(?,?,?,?,?,?)");
        //定义插入数据库的预处理语句
        statement.setString(1, emp.getName());                                 //设置预处理语句的参数值
        statement.setString(2, emp.getSex());
        statement.setInt(3, emp.getAge());
        statement.setString(4, emp.getDept());
        statement.setString(5, emp.getPhone());
        statement.setString(6, emp.getRemark());
        statement.executeUpdate();                                             //执行预处理语句
    } catch (SQLException e) {
        e.printStackTrace();
    }
}
```

■ 秘笈心法

心法领悟 510：使用预处理语句。

本实例在执行插入数据时，使用了预处理语句。与普通 SQL 语句相比，预处理语句的第一个优点是安全，第二个优点是可以提高访问数据库的速度。因此提倡使用预处理语句来操作数据库。

实例 511	添加数据时使用数据验证 光盘位置：光盘\MR\511	高级 趣味指数：★★★★☆

■ 实例说明

在将数据添加到数据库时，为了达到数据的完整性，在添加数据时，实现了数据验证是很常见的功能。本实例实现的是在添加员工信息时，使用数据验证，可以验证要添加的员工信息是否存在于数据库中，如果不存在则允许添加；如果存在则不允许执行添加操作。在"年龄"文本框中也添加了数据验证，只允许用户输入数字。实例运行效果如图 21.41 所示。

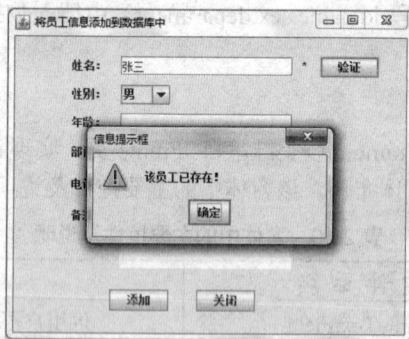

图 21.41　实例运行效果

■ 关键技术

本实例通过用户输入的员工姓名来查询员工表，如果员工表中包含相应的信息，则给出相应的提示。通过为文本框添加键盘事件，来限制在"年龄"文本框中只能输入数字。

■ 设计过程

（1）在项目中创建类 InsertEmpFrame，该类继承自 JFrame 类，实现窗体类。

（2）向窗体中添加控件。实现窗体布局，该窗体中的主要控件及说明如表 21.10 所示。

表 21.10　窗体中的主要控件及说明

控件类型	控件命名	控件用途
JTextField	nameTextField	供用户添加员工"姓名"的文本框控件
	ageTextField	供用户添加"年龄"的文本框控件
	deptTextField	供用户添加"部门"信息的文本框控件
	phoneTextField	供用户添加"电话"信息的文本框控件
JComboBox	sexComboBox	为用户提供"性别"下拉列表控件
JTextArea	remakeTextArea	为用户提供"备注"信息的下拉列表控件
JButton	insertButton	添加数据的单击按钮
	closeButton	显示"关闭"的按钮
	validateButton	显示"验证"的单击按钮

（3）创建类 JdbcUtil，在该类中定义 insertEmp()方法，用于实现添加数据，该方法包含有一个与员工表 tb_emp 对应的 JavaBean 类 Emp 为参数。具体代码如下：

```java
public void insertEmp(Emp emp){
    conn = getConn();                                              //获取数据库连接
    try {
        PreparedStatement statement = conn.prepareStatement("insert into
        tb_emp values(?,?,?,?,?,?)");                              //定义插入数据库的预处理语句
        statement.setString(1, emp.getName());                     //设置预处理语句的参数值
        statement.setString(2, emp.getSex());
        statement.setInt(3, emp.getAge());
        statement.setString(4, emp.getDept());
        statement.setString(5, emp.getPhone());
        statement.setString(6, emp.getRemark());
        statement.executeUpdate();                                 //执行预处理语句
    } catch (SQLException e) {
        e.printStackTrace();
    }
}
```

（4）当用户输入员工姓名后，单击"验证"按钮，系统会调用 JdbcUtil 类的 selectEmpUseName()方法检验用户输入的员工是否存在于员工表中。selectEmpUseName()方法的具体代码如下：

```java
public int selectEmpUseName(String name){
    conn = getConn();                                              //获取数据库连接
    Statement statment;
    int id = 0;                                                    //定义保存返回值的 int 对象
    try {
        statment = conn.createStatement();                         //获取 Statement 对象
        String sql = "select id from tb_emp where name = '"+name+"'";  //定义查询 SQL 语句
        ResultSet rest = statment.executeQuery(sql);               //执行查询语句获取查询结果集
        while(rest.next()){                                        //循环遍历查询结果集
            id = rest.getInt(1);                                   //获取查询结果
        }
    } catch (Exception e) {
        e.printStackTrace();
    }
    return id;                                                     //返回查询结果
}
```

■ 秘笈心法

心法领悟 511：使用正则表达式验证电话号码。

电话号码包含有固定电话和手机号码，很多程序验证用户输入的电话号码是否合法，都是使用正则表达式，正则表达式可以很好地保证验证的完整性。使用正则表达式验证电话号码可以使用这样的表达式"0\\d{2,3}[-]?\\d{7,8}|0\\d{2,3}\\s?\\d{7,8}|13[0-9]\\d{8}|15[1089]\\d{8}"。

实例 512	插入用户登录日志信息	高级
	光盘位置：光盘\MR\512	趣味指数：★★★★☆

■ 实例说明

几乎所有的应用程序都提供了一个登录窗体。该窗体用于验证用户是否有权限登录此程序。在用户登录的同时也可以将用户的登录信息记录到数据库中。本实例实现将用户登录的用户名、密码、当前登录时间，写入到数据库中。实例运行效果如图 21.42 所示。

图 21.42　实例运行效果

■ 关键技术

本实例实现将用户登录的时间写入数据库中，并对日期进行格式化。SimpleDateFormat 类的 format()方法可实现将日期进行格式化。

SimpleDateFormat 类是一个以与语言环境有关的方式来格式化和解析日期的具体类。该类的常用构造方法介绍如下。

❏　用默认的模式和默认语言环境的日期格式符号构造 SimpleDateFormat 类。语法如下：

SimpleDateFormat()

❏　用给定的模式和默认语言环境的日期格式符号构造 SimpleDateFormat 类。语法如下：

SimpleDateFormat(String pattern)

参数说明

pattern：描述日期和时间格式的模式。

该类的 format()方法可将给定的 Date 格式化为日期/时间字符串，以 String 返回格式化后的字符串。该方法的语法格式如下：

format(Date date)

参数说明

date：要格式化为时间字符串的时间值。

■ 设计过程

（1）在项目中创建类 InsertInfoFrame，该类继承自 JFrame 类，实现窗体类。

（2）在该窗体中添加文本框、按钮的控件，实现窗体布局，该窗体中的主要控件及说明如表 21.11 所示。

表 21.11　窗体中的主要控件及说明

控 件 类 型	控 件 命 名	控 件 用 途
JTextField	nameTextField	供用户添加登录"用户名"的文本框控件
	passWordTextField	供用户添加"密码"的文本框控件
JButton	enterButton	显示"登录"的按钮控件
	closeButton	显示"关闭"的按钮控件

（3）在项目中定义类 InsertInfo，在该类中定义将用户登录信息插入数据库的方法 insertUser()。该方法的具体代码如下：

```
public void insertUser(User user) {
    conn = getConn();                                                        //获取数据库连接
try {
//定义插入数据库的预处理语句
        PreparedStatement statement = conn
                .prepareStatement("insert into tb_user values(?,?,?)");
        statement.setString(1, user.getUserName());                          //设置预处理语句参数
        statement.setString(2, user.getPassWord());
         //根据指定格式定义 SimpleDateFormat 对象
        SimpleDateFormat date_time = new SimpleDateFormat("yyyy-MM-dd HH:mm:ss");
        String datetime = date_time.format(new Date());                      //对当前日期进行格式化
        statement.setString(3, datetime);
        statement.executeUpdate();                                           //执行预处理语句
    } catch (SQLException e) {
        e.printStackTrace();
    }
}
```

■ 秘笈心法

心法领悟 512：日期时间模式。

SimpleDateFormat 类可以选择任何用户定义的日期-时间格式的模式，日期时间格式由日期和时间模式字符串指定。在日期和时间模式字符串中，未加引号的字母 A～Z 和 a～z 被解释为模式字母，用来表示日期或时间字符串元素。文本可以使用单引号（'）引起来，以免进行解释。"'!'"表示单引号。所有其他字符均不解释；只是在格式化时将它们简单复制到输出字符串，或者在解析时与输入字符串进行匹配。

实例 513	生成有规律的编号 光盘位置：光盘\MR\513	高级 趣味指数：★★★★☆

■ 实例说明

在程序开发中，经常会遇到这样的情况，数据表中的主键是唯一的，如果要求用户手工输入很不方便，也容易产生错误，解决这个问题的最好方法就是让系统自动生成唯一的 ID 号。生成 ID 号可以有多种形式，本实例为创建一个商品信息添加窗体，在该窗体中用户可以添加商品信息，运行结果如图 21.43 所示。当用户单击"查看"按钮时，系统会给出所有商品信息，如图 21.44 所示。

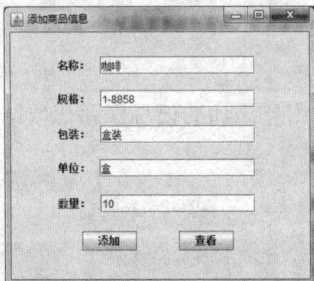

图 21.43　添加商品信息

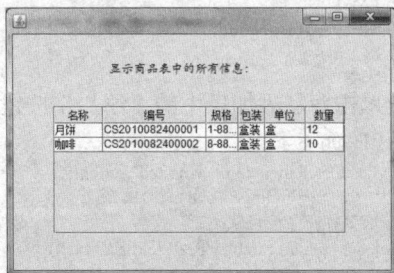

图 21.44　查看所有商品

■ 关键技术

商品编号由字母 CG、系统日期和 5 位数字组成。首先判断采购信息表中的采购编号是否为空，如果为空，则采购编号等于字母 CG+系统日期+"00001"；如果不为空，则先查找数据表中最大的采购编号，此时采购编号等于字母 CG+系统日期+5 位数字编码加 1。在实现编码加 1 时，数字前面的 0 被忽略，实现数字前加 0 的格

式，可以采用字符串的 format()方法。

format()方法用于输出指定格式的字符串，其语法格式如下：

```
String.format("%05d", ID + 1)
```

参数说明

❶ ID：是数字格式的变量，将其加 1 实现编号增值。

❷ "%05d"：设定数字的格式的位数是 5 位，如果不足 5 位则前面补 0。

■ 设计过程

（1）在项目中创建添加商品信息窗体 InsertWareFrame 和查看商品信息窗体 SelectWareFrame，查看商品信息窗体比较简单，在该窗体中有标签与表格控件。添加商品信息窗体中的主要控件及说明如表 21.12 所示。

表 21.12　添加商品信息窗体中的主要控件及说明

控 件 类 型	控 件 命 名	控 件 用 途
JTextField	nameTextField	商品"名称"文本框控件
	specTextField	商品"规格"文本框控件
	casingTextField	商品"包装"文本框控件
	unitTextField	商品"单位"文本框控件
	amountTextField	商品"数量"文本框控件
JButton	insertButton	"添加"按钮控件
	watchButton	"查看"按钮控件

（2）在项目中创建工具类 WareUtil，在该类中定义向商品中添加数据的方法 insertWare()，该方法以与数据库对应的 JavaBean 为参数。具体代码如下：

```
public void insertWare(Ware ware) {
    conn = getConn();                                           //获取数据库连接
        try {
        //定义插入数据库的预处理语句
        PreparedStatement statement = conn
                .prepareStatement("insert into tb_ware values(?,?,?,?,?,?,?)");
        statement.setString(1,ware.getSID() );                  //设置预处理语句的参数值
        statement.setString(2,ware.getsName());
        statement.setString(3, ware.getSpec());
        statement.setString(4,ware.getCasing());
        statement.setString(5,ware.getUnit() );
        statement.setString(6, ware.getsDate());
        statement.setInt(7, ware.getAmout());
        statement.executeUpdate();                              //执行预处理语句
    } catch (SQLException e) {
        e.printStackTrace();
    }
}
```

（3）当用户单击商品添加表中的"添加"按钮后，系统会将用户添加的信息保存在数据库中。"添加"按钮单击事件中的代码如下：

```
protected void do_insertButton_actionPerformed(ActionEvent arg0) {
    String name = nameTextField.getText();                      //获取用户添加的商品名称
    …//省略了获取其他商品信息代码
    int count = Integer.parseInt(amountTextField.getText());    //获取用户添加的商品数量
    int ID = 0;
    String sDate = WareUtil.getDateTime();                      //调用获取系统时间方法
    List list = util.selectWare();                              //获取商品表中全部的商品
    String sid = "";
    for(int i = 0;i<list.size();i++){                           //循环遍历查询结果集
        Ware ware = (Ware)list.get(i);                          //获取商品
        sid = ware.getSID();                                    //获取商品编号
    }
    if(list.size()==0){                                         //如果商品集合中为空
```

```
        sid = "CS"+sDate.replace("-", "")+"00001";                      //定义商品编号
    }
    else{                                                                //如果商品集合不为空
        sid = sid.trim();
        ID = Integer.parseInt(sid.substring(sid.length()-5));            //截取商品编号中的后 5 位
        sid = sid.substring(0, sid.length()-5) + String.format("%05d", ID + 1)   //商品编号
    }
    Ware ware = new Ware();                                              //定义与商品表对应的 JavaBean 对象
    ware.setSID(sid);                                                    //设置 JavaBean 编号
    .../省略了设置其他属性代码
    util.insertWare(ware);                                              //添加商品信息
    JOptionPane.showMessageDialog(getContentPane(), "数据添加成功！",
            "信息提示框", JOptionPane.CANCEL_OPTION);
}
```

秘笈心法

心法领悟 513：获取系统时间。

本实例中生成的用户编号是根据系统时间确定的，本实例中使用了 SimpleDateFormat 类获取系统时间，该类是一个与语言环境有关的方式来格式化和解析日期的具体类。在创建该类对象时，可给定时间日期的格式。

实例 514	生成无规律的编号	高级
	光盘位置：光盘\MR\514	趣味指数：★★★★☆

实例说明

在实例 513 中为读者介绍了生成有规律的编号的实例，当然也可以生成无规律的编号，这种无规则的编号，不仅可以用在一张表中作主键，也可以用在其他方面。实例运行效果如图 21.45 所示。

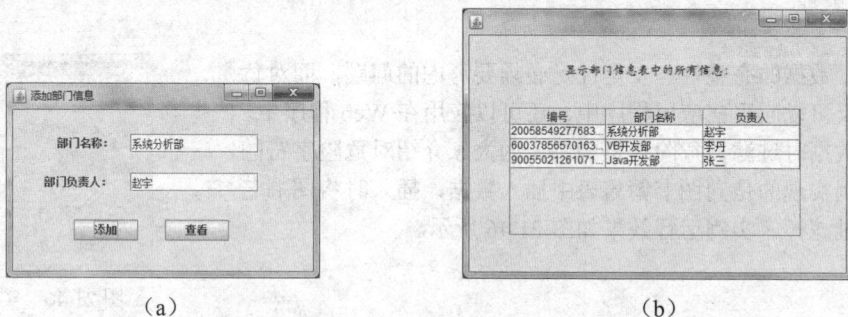

（a）　　　　　　　　　　　　　　　　（b）

图 21.45　实例运行效果

关键技术

用户编号由一个 3 位的整型随机数加上 10 位的整型随机数和一个 19 位的长整型随机数的字符串连接而成，总长度为 32 位。由于使用该方法可能出现编号重复的情况，所以实例中对插入编号的唯一性进行了判断，如果编号重复将重新生成。

设计过程

（1）在项目中创建类添加部门信息的窗体类 InsertDeptFrame，在该类中添加标签、文本框与按钮控件，实现窗体布局，并创建显示部门信息的 SelectDeptFrame 类，在该类中添加标签与表格控件，实现窗体布局。

（2）在项目中定义工具类 DeptUtil，在该类中定义部门信息表方法，该类中的方法不是本实例的重点，用户可参考光盘中的源程序，这里不再赘述。

（3）当用户单击添加部门信息窗体中的"添加"按钮时，系统会将用户添加的信息保存到数据库中。"添

加"按钮的单击事件中的代码如下：

```java
protected void do_insertButton_actionPerformed(ActionEvent arg0) {
    String name = deptNameTextField.getText();                          //获取用户添加的部门名称
    String person = personTextField.getText();                          //获取用户添加的部门负责人
    Random ran = new Random(System.currentTimeMillis());                //根据当前时间的毫秒数创建随机数流
    StringBuilder idb=new StringBuilder();                              //创建字符串缓冲对象

    idb.append(String.format("%019d",Math.abs(ran.nextLong()))+String.format("%03d",(int)(Math.random()*100%9)+1));
    idb=idb.reverse();                                                  //对字符串缓冲对象取反
    String id=idb+ "" + String.format("%010d",Math.abs(ran.nextInt()));
    Dept dept = new Dept();                                             //创建与数据表对应的 JavaBean 对象
    dept.setDid(id);                                                    //设置对象属性
    dept.setdName(name);
    dept.setPriName(person);
    DeptUtil deptUtil = new DeptUtil();                                 //创建工具类对象
    deptUtil.insertDept(dept);                                         //调用添加方法
    JOptionPane.showMessageDialog(getContentPane(),
            "数据添加成功！", "信息提示框", JOptionPane.WARNING_MESSAGE);
}
```

■ 秘笈心法

心法领悟 514：无规律编号的其他用法。

生成无规律编号不仅可以作为一张表的主键，还可以用在其他的程序中作为唯一的标识。例如，在上传文件中，为了避免上传文件的名称冲突，可以使用这样无规律的编号形式。

实例 515	在插入数据时过滤掉危险字符 光盘位置：光盘\MR\515	高级 趣味指数：★★★★☆

■ 实例说明

程序开发中，数据的完整性与安全性是必须要考虑的问题，而对危险字符的过滤不仅可以应用在应用程序中，还可以应用在 Web 程序中。本实例以在插入数据时过滤掉危险字符为例，为大家介绍对危险字符的过滤技术。本实例实现的是向图书销售表中插入数据，插入时将图书名称中的危险字符过滤掉。实例运行效果如图 21.46 所示。

图 21.46　实例运行效果

■ 关键技术

本实例主要应用 String 类中的 replaceAll()方法，其语法格式如下：

```
replaceAll(String source,String replace)
```

功能：替换字符。

参数说明

❶ source：为要替换掉的字符串。

❷ replace：为用来替代的字符串。

■ 设计过程

（1）在项目中创建窗体类 InsertBookFrame，该类继承自 JFrame 类，实现窗体类。向该窗体中添加标签、文本框与按钮控件，实现窗体布局。

（2）创建字符串处理类 DoString，在该类中定义过滤掉危险字符的方法。该类中的主要代码如下：

```java
private String getstr;
private String checkstr;
public DoString(){}
public void setGetstr(String getstr){
```

```
this.getstr=getstr;
dostring();
}
public String getGetstr(){
return this.getstr;
}
public String getCheckstr(){
return this.checkstr;
}
public void dostring(){
this.checkstr=this.getstr;
this.checkstr=this.checkstr.replaceAll("&","&amp;");                              //替换字符处理
this.checkstr=this.checkstr.replaceAll(";","");
this.checkstr=this.checkstr.replaceAll("'","");
this.checkstr=this.checkstr.replaceAll("<","&lt;");
this.checkstr=this.checkstr.replaceAll(">","&gt;");
this.checkstr=this.checkstr.replaceAll("--","");
this.checkstr=this.checkstr.replaceAll("\"\"","&quot;");
this.checkstr=this.checkstr.replaceAll("/","");
this.checkstr=this.checkstr.replaceAll("%","");
}
```

■ 秘笈心法

心法领悟 515：过滤敏感词。

过滤敏感词相信大家都很熟悉，如果用户输入了敏感词汇，系统会将这些词汇自动过滤掉，防止其他用户看到。使用本实例中提供的方法，也可以实现过滤敏感词。

实例 516	将用户选择的爱好以字符串形式保存到数据库	高级
	光盘位置：光盘\MR\516	趣味指数：★★★★☆

■ 实例说明

在用户注册模块中，要求用户添加的个人爱好十分常见，通常情况下，系统会提供给用户以复选框的形式来选择。本实例实现将用户选择的爱好信息，以字符串的形式保存到数据库中。实例运行效果如图 21.47 所示。

图 21.47　实例运行效果

■ 关键技术

本实例中使用了字符串缓冲区对象 StringBuffer，当用户选择了一项爱好时，系统会通过 append()方法追加内容。在向数据库中添加数据时，只需要调用该类的 toString()方法即可。

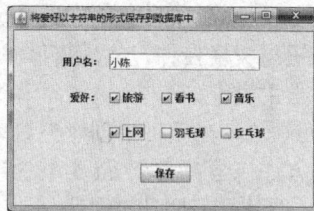

■ 设计过程

（1）在项目中创建窗体类 ToStringFrame()，该类继承自 JFrame 类，实现窗体类。在该窗体中添加标签、文本框、复选框与按钮控件，实现窗体布局。

（2）在各个复选框控件中添加 ItemEvent，当用户选择某项爱好时，会将字符串缓冲区对象做追加处理。该事件中的代码如下：

```
protected void do_checkBox_itemStateChanged(ItemEvent arg0) {
    buff.append(checkBox.getText()+"、");
}
```

■ 秘笈心法

心法领悟 516：使用分隔符。

本实例中使用了 "、" 分隔符对爱好信息进行分割，这样做的目的是为了从数据库中读取爱好信息时更方

便。本实例中使用了顿号，当然也可以使用其他的分隔符。

实例 517	将数据从一张表复制到另一张表	高级
	光盘位置：光盘\MR\517	趣味指数：★★★★☆

■ 实例说明

将数据从一张表复制到另一张表中的情况很多。例如，有两张表分别为学生表与优秀学生表，这两张表具有相同的数据结构，要求将推举出来的学生信息添加到优秀学生表中。本实例实现了这一功能，实例运行效果如图 21.48 所示。

■ 关键技术

本实例使用的是 INSERT 与 SELECT 语句的组合使用，通常以下情况会使用该种组合形式。

图 21.48　实例运行效果

（1）创建查询表

创建查询表主要可以提高检索速度，因为查询时对多个表进行链接操作比较复杂，比简单查询速度要慢，可以创建包含多个表中数据的查找表，这样查询时仅对查找表比较查询，可以加快查询的速度。

（2）修改表

在使用数据库的过程中，可以发现原先的表有不合理的地方，需要对表进行修改。对于简单的修改使用 alter table 语句，而对于改动较大的表，可以创建一个包含所需列的表，然后结合 INSERT SELECT 语句，将原有表中的数据转换为新表中的数据，这样就不会造成原有数据的丢失。

■ 设计过程

（1）在项目中创建类 CopyFrame，该类继承自 JFrame 类，实现窗体类。向该窗体中添加标签、下拉列表、按钮与表格控件，实现窗体布局。表格控件中显示学生表中的信息，用于根据该信息选择将哪名学生添加到优秀学生表中。

（2）在项目中创建类 CopyDate，该类用于定义将学生表中的数据添加到优秀学生表中的方法 insertStu()，该方法包含有一个 int 类型的参数，用于定义学生的编号。该方法的具体代码如下：

```java
public void insertStu(int id) {
    conn = getConn();                                          //获取与数据库的连接
    try {
        Statement statement = conn.createStatement();          //获取 Statement 对象
        String sql = "insert into tb_excellenceStu select name,sex,specialty,grade from tb_stu where id = "+id;
        //定义插入数据的 SQL 语句
        statement.executeUpdate(sql);                          //执行插入语句
    } catch (Exception e) {
        e.printStackTrace();
    }
}
```

■ 秘笈心法

心法领悟 517：使用 INSERT SELECT 语句遵循的原则。

❑ 用 SELECT 语句选择数据时，不能从被插入数据的表中选择行。

❑ 在指定插入的表后所包含的字段数目，必须与 SELECT 语句中返回的字段数目相同。

❑ 指定插入的表后所包含的字段数据类型，必须与 SELECT 语句中返回的字段数据类型对应相同或系统可以自动转换。

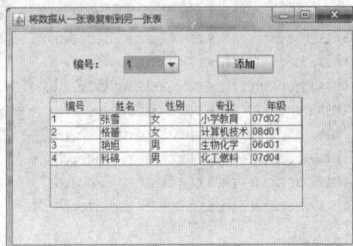

实例 518	使用 UNION ALL 语句批量插入数据	高级
	光盘位置：光盘\MR\518	趣味指数：★★★★★

实例说明

批量向数据表中插入数据是很常见的功能，实现这一功能可以使用多种形式，JDBC 中就有实现批处理的类（本书的后面章节会向大家介绍关于批处理的实例）。本实例向大家介绍的是使用 UNION ALL 语句实现一次向学生表中插入 3 条记录，插入前与插入后的学生表数据如图 21.49 所示。

id	name	sex	specialty	grade
1	张雪	女	小学教育	07d02
2	格蕾	女	计算机技术	08d01
3	艳旭	男	生物化学	06d01
4	科锦	男	化工燃料	07d04

（a）

id	name	sex	specialty	grade
1	张雪	女	小学教育	07d02
2	格蕾	女	计算机技术	08d01
3	艳旭	男	生物化学	06d01
4	科锦	男	化工燃料	07d04
6	双双	女	生物科学	08d02
7	王爽	女	计算机应用	08d02
8	朱莉	女	英语	07d02

（b）

图 21.49　运行本实例后数据表中数据的变化

关键技术

本实例使用 UNION ALL 语句实现批处理，该语句的语法格式如下：

```
INSERT tableName
SELECT columnValue,…
UNION ALL
SELECT columnValue,…
```

参数说明

❶ tableName：要添加数据的数据表。

❷ columnValue：要添加数据表中的数据。

设计过程

（1）在项目中创建类 BatchInsert，在该类中首先定义数据库连接方法 getConn()，该方法以 Connection 对象作为返回值，具体代码读者可参考光盘中的源程序，这里不再赘述。

（2）在该类中定义 insertStu()方法，该方法包含有一个 String 类型的参数，用于指定要执行的 SQL 语句。该方法的具体代码如下：

```java
public void insertStu(String sql){
    conn = getConn();                                          //获取数据库连接
    try {
        Statement statement = conn.createStatement();          //创建 Statement 对象
        statement.executeUpdate(sql);                          //执行插入 SQL 语句
    } catch (Exception e) {
        e.printStackTrace();
    }
}
```

（3）在该类的主方法中调用 insertStu()方法，实现向学生表中添加数据。具体代码如下：

```java
public static void main(String[] args) {
    BatchInsert insert = new BatchInsert();                    //创建本类对象
    String sql = "insert tb_stu select '双双','女','生物科学','08d02' " +
            "union all select '王爽','女','计算机应用','08d02' " +
            "union all select '朱莉','女','英语','07d02'";       //定义插入的 SQL 语句
    insert.insertStu(sql);                                     //调用插入数据方法
}
```

■ 秘笈心法

心法领悟 518：UNION 运算符的使用准则。

本实例中使用了 UNION 运算符，下面介绍该运算符的使用准则。

- ❑ 在使用 UNION 运算符组合的语句中，所有选择列表的表达式数目必须相同（列名、算术表达式、聚集函数等）。
- ❑ 在使用 UNION 组合的结果集中的相应列或个别查询中使用的任意列的子集必须具有相同的数据类型，并且两种数据类型之间必须存在可能的隐性数据转换，或提供了显式转换。例如，在 datetime 数据类型的列和 binary 数据类型的列之间不可能存在 UNION 运算符，除非提供了显式转换，而在 money 数据类型的列和 int 数据类型的列之间可以存在 UNION 运算符，因为它们可以进行隐性转换。
- ❑ 用 UNION 运算符组合的各语句中对应的结果集列出现的顺序必须相同，因为 UNION 运算符是按照各个查询给定的顺序逐个比较各列。

实例 519	更新指定记录 光盘位置：光盘\MR\519	高级 趣味指数：★★★★★

■ 实例说明

在程序开发中，实现对数据的更新是一项很常见的操作。本实例为大家演示了更新学生表中特定记录的实例。运行本实例，首先将学生表中的数据全部显示在窗体中，用户可在该窗体中选择要修改的学生记录，进行修改操作。实例运行效果如图 21.50 所示。

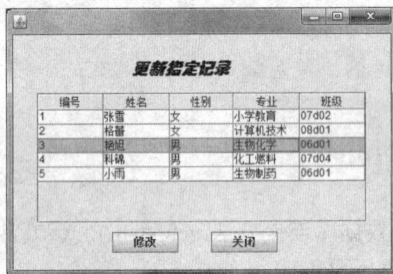
（a）
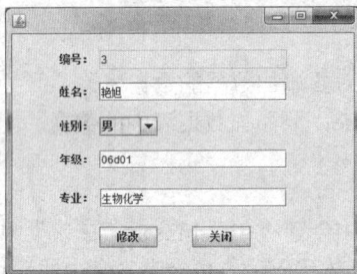
（b）

图 21.50 实例运行效果

■ 关键技术

本实例在实现数据更新时，使用了 UPDATE 语句，该语句的具体语法格式如下：

```
UPDATE 数据表名 SET 字段名 = 新的字段值 WHERE 条件表达式
```

例如，将员工表 tb_emp 中编号为 2 的员工姓名修改为"葛雷"。代码如下：

```
update tb_emp set name = '葛雷' where id = 2;
```

通过 Statement 实例的 executeUpdate()方法可实现通过 Java 程序向数据库发送修改 SQL 语句。

■ 设计过程

（1）在项目中创建类 UpdateStuFrame，该类继承自 JFrame 类，实现窗体类。该类用于显示学生表中全部信息，该窗体中包含有一个 JTable 控件与两个 JButton 控件。

（2）创建窗体类 UpdateFrame，用于显示学生信息并供用户修改，在该窗体中添加文本框等控件，主要控件及说明如表 21.13 所示。

表 21.13　UpdateFrame 窗体中的主要控件及说明

控 件 类 型	控 件 命 名	控 件 用 途
JTextField	idTextField	显示学生"编号"的文本框控件
	nameTextField	显示学生"姓名"的文本框控件
	gradeTextField	显示学生"年级"的文本框控件
	specialityTextField	显示学生"专业"的文本框控件
JComboBox	sexComboBox	显示学生"性别"的文本框控件
JButton	updateButton	显示"修改"的按钮控件
	closeButton	显示"关闭"的按钮控件

（3）在项目中定义类 UpdateStu，在该类中定义更新数据的方法 updateStu()，该方法以与学生表 tb_stu 对应的 JavaBean 对象为参数。该方法的具体代码如下：

```java
public void updateStu(Stu stu){
    conn = getConn();                                                    //获取数据库连接
    try {
        PreparedStatement statement = conn.prepareStatement("update tb_stu set name = ?,sex = ?,grade = ?,specialty = ? where id = ?"); // 定义更新
SQL 语句
        statement.setString(1, stu.getName());                           //设置预处理语句参数
        statement.setString(2, stu.getSex());
        statement.setString(3,stu.getGrade());
        statement.setString(4, stu.getSpecialty());
        statement.setInt(5, stu.getId());
        statement.execute();                                             //执行预处理语句
    } catch (Exception e) {
        e.printStackTrace();
    }
}
```

■ 秘笈心法

心法领悟 519：实现两个窗体间通信。

本实例是将用户在某窗体中选择要更新的学生信息在另一个窗体中显示，这样就要求在两个窗体之间进行通信。本实例实现两个窗体之间的通信时将信息通过流写入文本文件中，再通过流从文本文件中将信息读取出来。

实例 520	在删除数据时给出提示信息 光盘位置：光盘\MR\520	高级 趣味指数：★★★★★

■ 实例说明

删除数据表中的数据是一个很常用的技术，在删除数据时，由于删除之后就不能自动恢复，所以在删除数据前给用户相应的提示信息是必要的。本实例实现删除学生表中指定的信息，在删除信息前给出提示信息。实例运行效果如图 21.51 所示。

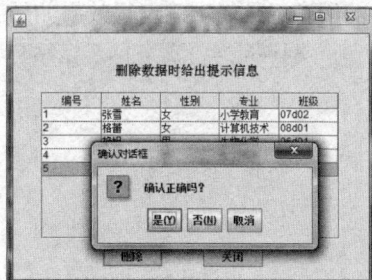

图 21.51　实例运行效果

■ 关键技术

在 SQL 语句中 DELETE 语句用于删除数据，通过使用 JDBC 技术实现向数据库中发送 DELETE 语句可实现删除数据。

DELETE 语句的语法格式如下：

```
DELETE FROM  数据表名  where  条件表达式
```

例如，将 tb_emp 表中编号为 1024 的员工信息删除。代码如下：

```
delete from tb_emp where id = 1024;
```

使用 Statement 对象的 executeUpdate()方法可实现向数据库中发送删除语句。

■ 设计过程

（1）在项目中创建类 DeleteFrame，该类继承自 JFrame 类，实现窗体类。在该类中添加表格控件，用于显示学生表信息；再添加按钮控件。

（2）在项目中定义类 DeleteUtil，在该类中定义删除数据的方法 deleteStu()，该方法以一个 int 类型对象为参数，用来指定删除学生的编号。该方法的具体代码如下：

```java
public void deleteStu(int id){
    conn = getConn();                                    //获取数据库连接
    try {
        Statement statement = conn.createStatement();    //定义更新 SQL 语句
        statement.executeUpdate("delete from tb_stu where id= "+id);   //执行预处理语句
    } catch (Exception e) {
        e.printStackTrace();
    }
}
```

■ 秘笈心法

心法领悟 520：菜单的禁用与启用。

在日常生活中的软件，有的菜单显示为灰色，这就表示该菜单为不可选状态。在 Java 中如何实现菜单的禁用呢？

菜单的禁用与启用可通过 JMenuItem 类的 setEnabled()方法实现，将该方法的参数设置为 false，表示菜单为禁用状态；将参数设置为 true，表示菜单为启用状态。

实例 521	将数据表清空 光盘位置：光盘\MR\521	中级 趣味指数：★★★★☆

■ 实例说明

如果 DELETE 语句后面不加任何修饰限制，就会将指定数据表中的数据全部删除。使用 TRUNCATE TABLE 语句也可实现对数据表中的数据全部清除，并且使用 TRUNCATE TABLE 语句执行速度较快。本实例实现使用 TRUNCATE TABLE 语句删除数据表中的所有记录，实例运行效果如图 21.52 所示。

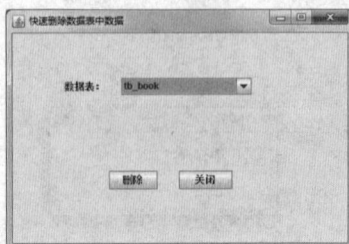

图 21.52　实例运行效果

■ 关键技术

TRUNCATE TABLE 在功能上与不带 WHERE 子句的 DELETE 语句相同：两者均可以删除表中的全部行，但 TRUNCATE TABLE 比 DELETE 速度快，且使用的系统和事务日志资源少。

DELETE 语句每次删除一行，并在事务日志中为所删除的每行做一项记录。TRUNCATE TABLE 通过释放存储表数据所用的数据页来删除数据，并且只在事务日志中记录页的释放减少日志的空间。

■ 设计过程

（1）创建窗体类 ClearFrame，该类继承自 JFrame 类，实现窗体类。在该窗体中添加下拉列表控件，用于显示数据库中的数据表；添加按钮控件。

（2）创建工具类 ClearUtil，在该类中定义删除数据表中所有记录的方法 deleteDate()，该方法有一个 String 类型的参数，用于指定要删除记录的数据表。具体代码如下：

```
public void deleteDate(String dataName){
    conn = getConn();                                              //获取数据库连接
    try {
        Statement statement = conn.createStatement();              //获取 Statement 对象
        statement.executeUpdate("TRUNCATE TABLE   "+dataName);     //指定删除语句
    } catch (Exception e) {
        e.printStackTrace();
    }
}
```

■ 秘笈心法

心法领悟 521：Awt 组件和 Swing 组件的统一使用。

绝大多数 Swing 组件类都以 J 开头，如 JButton、JFrame 等。而 Awt 包中的类不是以 J 开头的。如果偶尔忘记书写 J，也可以编译和运行程序，但是将 Swing 和 Awt 混合在一起使用将会导致视觉和行为不一致。

实例 522	字符串大小写转换 光盘位置：光盘\MR\522	中级 趣味指数：★★★★☆

■ 实例说明

有的程序中，需要将数据按照指定的大小写进行显示。SQL Server 数据库中提供了 upper() 与 lower() 函数支持英文的大小写转换来满足用户的要求。本实例实现将留学生表中的姓氏一列大写显示，将名字一列按照小写显示。实例运行效果如图 21.53 所示。

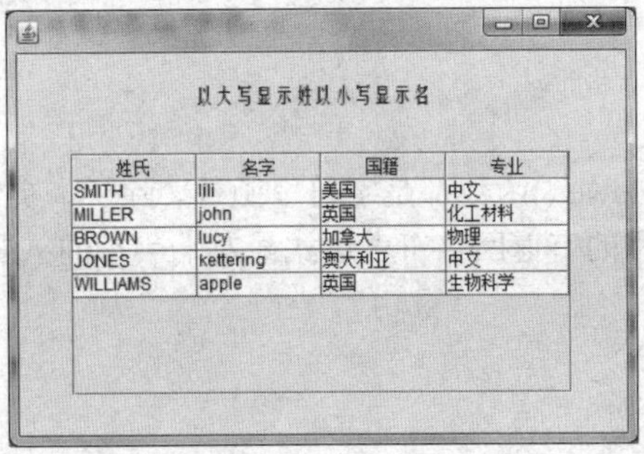

图 21.53　实例运行效果

注意：使用 upper() 函数与 lower() 函数只是将查询结果进行大小写转换，并没有将数据库中的数据进行转换。

■ 关键技术

本实例使用 upper() 函数与 lower() 函数实现大小写转换。下面对两个函数进行介绍。

❑ upper() 函数

该函数用于将小写字符转换为大写字符表达式。语法格式如下：

```
upper(expression)
```

参数说明

expression：由字符数据组成的表达式。expression 可以是常量、变量，也可以是字符或二进制数据的列。

❑ lower() 函数

该函数用于将大写字符数据转换为小写字符数据。语法格式如下：

```
lower(expression)
```

参数说明

expression：由字符数据组成的表达式。expression 可以是常量、变量，也可以是字符或二进制数据的列。

■ 设计过程

（1）创建窗体类 UpperAndLowerFrame，该类继承自 JFrame 类，实现窗体类。在窗体中添加标签和表格控件，实现窗体布局。标签控件用于显示提示信息，表格控件用于显示查询结果。

（2）在项目中创建工具类 UpperAndLower，该类用于定义查询数据方法 getUpperAndLower()，该方法以 List 集合作为返回值。具体代码如下：

```java
public List getUpperAndLower() {
    List list = new ArrayList();                                    //定义用于保存返回值的 List 集合
    conn = getConn();                                               //获取数据库连接
    try {
        Statement staement = conn.createStatement();
        String sql = "select upper(FristName),lower(LastName),nationality,speciality from tb_abroad";
        //定义查询数据的 SQL 语句
        ResultSet set = staement.executeQuery(sql);                 //执行查询语句返回查询结果集
        while (set.next()) {                                        //循环遍历查询结果集
            Abord abord = new Abord();                              //定义与数据表对应的 JavaBean 对象
            abord.setFristName(set.getString(1));                   //设置对象属性
            abord.setLastName(set.getString(2));
            abord.setNationality(set.getString(3));
            abord.setSpeciality(set.getString(4));
            list.add(abord);
        }
    } catch (Exception e) {
        e.printStackTrace();
    }
    return list;                                                    //返回 List 集合
}
```

■ 秘笈心法

心法领悟 522：字符串函数。

本实例中使用的 upper() 函数与 lower() 函数都是字符串函数。除了本实例中介绍的大小写转换函数外，还包含一些常用的字符串函数，其中常用的有返回字符表达式最左端字符的 ASCII 代码值的 ASCII 函数，返回字符串反转的 REVERSE 函数。

第22章

SQL 应用

▶▶ 排序和分组函数应用

▶▶ 聚集函数与日期查询

▶▶ 大小比较与逻辑应用

22.1 排序和分组函数应用

实例 523	对数据进行降序查询 光盘位置：光盘\MR\523	中级
		趣味指数：★★★★☆

■ 实例说明

对数据库中的数据进行排序查询是非常有用的查询方式。例如，查询学生表中英语成绩最高的学生信息，就可以按照英语成绩将成绩表进行降序排序，这样得到的第一条数据就是成绩最高的学生信息。本实例实现将图书表中信息进行降序排序，用户可以灵活地设置查询条件。实例运行效果如图 22.1 所示。

图 22.1　实例运行效果

■ 关键技术

在实现对数据进行降序排序时，应用到了 ORDER BY 子句与 DESC 关键字，只需在 SQL 查询语句中添加 ORDER BY 子句即可。使用 ORDER BY 子句可以将数据表中包含的一列或多列表达式的值按升序或降序排序，不会改变数据表中行的顺序，只是改变了查询输出值。ORDER BY 子句的语法格式如下：

```
SELECT …
ORDER BY expression[ASC|DESC],…
WHERE…
```

参数说明

❶ expression：一个表达式，用来指定排序的字段。

❷ [ASC|DESC]：可选项，表示升序排序或者降序排序。

📢 注意：在使用 ORDER BY 子句进行查询时，如果在 SELECT 子句中使用了 DISTINCT 关键字，或查询语句中包含 UNION 运算符，则排序列必须包含在 SELECT 子句选择列表中。

■ 设计过程

（1）在项目中创建类 SelectBookFrame，该类继承自 JFrame 类，实现窗体类。

（2）向窗体中添加控件，实现窗体布局。该窗体中的主要控件及说明如表 22.1 所示。

表 22.1　窗体中的主要控件及说明

控 件 类 型	控 件 命 名	控 件 用 途
JComboBox	termComboBox	显示排序条件的下拉列表
JButton	termButton	显示"查询"的按钮控件
JTable	resultTable	显示查询结果的表格控件

（3）创建 JDBCUtil 类，该类定义了获取数据的方法，首先定义与数据库建立连接的方法 getConn()，该方法返回 Connection 对象。具体代码如下：

```
public Connection getConn() {
    try {
        Class.forName("net.sourceforge.jtds.jdbc.Driver");              //加载数据库驱动
    } catch (ClassNotFoundException e) {
        e.printStackTrace();
    }//连接数据库 URL
    String url = "jdbc:jtds:sqlserver://localhost:1433;DatabaseName=db_database22";
    String userName = "sa";                                           //连接数据库的用户名
    String passWord = "";                                             //连接数据库密码
    try {
        conn = DriverManager.getConnection(url, userName, passWord);  //获取数据库连接
        if (conn != null) {
            System.out.println("数据库连接成功！ ");
        }
    } catch (SQLException e) {
        e.printStackTrace();
    }
    return conn;                                                      //返回 Connection 对象
}
```

（4）定义 getBook()方法，用于获取图书表中所有数据，以 List 集合作为返回值。具体代码如下：

```
public List getBook() {
    conn = getConn();                                                //获取数据库连接
    List list = new ArrayList();                                     //定义保存返回值的 List 对象
    try {
        Statement staement = conn.createStatement();                 //定义 Statement 对象
        String sql = "select * from tb_book";                        //定义查询的 SQL 语句
        ResultSet set = staement.executeQuery(sql);                  //执行查询语句，返回查询结果集
        while (set.next()) {                                         //循环遍历查询结果集
            Book book = new Book();                                  //定义与数据表对应的 JavaBean 对象
            book.setId(set.getInt(1));                               //设置对象的 id 值
            book.setBookName(set.getString(2));
            book.setAuthor(set.getString("author"));
            book.setPrice(set.getFloat("price"));
            book.setStock(set.getInt("stock"));
            list.add(book);                                          //向集合中添加对象
        }
    } catch (Exception e) {
        e.printStackTrace();
    }
    return list;                                                     //返回查询结果
}
```

（5）定义 getBooKDesc()方法，该方法可将图书表中的数据以指定参数进行排序，将排序后的结果以 List 形式返回。具体代码如下：

```
public List getBooKDesc(String term){
    List list = new ArrayList();                                     //定义用于保存返回值的 List 集合
    conn = getConn();                                                //获取数据库连接
    try {
        Statement staement = conn.createStatement();
        //定义将图书表中的信息进行排序的 SQL 语句
        String sql = "select * from tb_book order by "+term +" desc";
        ResultSet set = staement.executeQuery(sql);                  //执行查询语句返回查询结果集
        while (set.next()) {                                         //循环遍历查询结果集
            Book book = new Book();
            book.setId(set.getInt(1));
            book.setBookName(set.getString(2));
            book.setAuthor(set.getString("author"));
            book.setPrice(set.getFloat("price"));
            book.setStock(set.getInt("stock"));
            list.add(book);
        }
    } catch (Exception e) {
        e.printStackTrace();
    }
    return list;
}
```

■ 秘笈心法

心法领悟 523：将表格清空。

在运行本实例时，查询结果会在表格中显示，当更改查询条件时，需要将原有的表格清空后再添加。这就涉及了将表格清空的方法，本实例使用了表格模型 DefaultTableModel 定义表格结构，可以通过 setRowCount(0) 方法将表格中的内容清空。

实例 524	对数据进行多条件排序查询 光盘位置：光盘\MR\524	中级 趣味指数：★★★★☆

■ 实例说明

ORDER BY 子句支持多条件查询，可以在 ORDER BY 子句中定义多个排序条件。本实例实现的是对图书表中的数据进行多条件查询。用户可以指定其按照售价的升序或降序、库存的升序或降序排序，并将排序结果显示在窗体中。实例运行效果如图 22.2 所示。

图 22.2　实例运行效果

📖 说明：按多条件查询是在保证第一条查询条件满足的条件下，如果有重复的记录会按照第二条查询条件进行排序。

■ 关键技术

本实例实现对图书表中的数据以售价、库存进行排序，其中应用了 ORDER BY 子句和 ASC、DESC 关键字。ASC 关键字表示升序排序，DESC 关键字表示降序排序。默认情况下是按升序排序，对数据进行升序排序时，ASC 关键字可以省略。

■ 设计过程

（1）创建 TaxisFrame 类，该类继承自 JFrame 类，实现窗体类。

（2）向该窗体中添加控件。窗体的主要控件及说明如表 22.2 所示。

表 22.2　窗体的主要控件及说明

控 件 类 型	控 件 命 名	控 件 用 途
JComboBox	priceComboBox	显示价钱的排序方式
	stockComboBox	显示库存的排序方式
JButton	queryButton	显示"查询"按钮控件
JTable	table	显示查询结果的表格控件

（3）编写工具类 JDBCUtil，在该类中定义查询数据库的方法，连接数据库代码读者可参考光盘中的源程序，这里不再赘述。定义多条件排序查询方法的代码如下：

```
public List getBooKDesc(String term , String compositor) {
    List list = new ArrayList();                                    //定义用于保存返回值的 List 集合
```

```
        conn = getConn();                                           //获取数据库连接
        try {
            Statement staement = conn.createStatement();
            //定义将图书表中的信息进行排序的 SQL 语句
            String sql = "select * from tb_book order by price "+ term +", stock "+ compositor;
            ResultSet set = staement.executeQuery(sql);             //执行查询语句返回查询结果集
            while (set.next()) {                                    //循环遍历查询结果集
                Book book = new Book();
                book.setId(set.getInt(1));
                book.setBookName(set.getString(2));
                book.setAuthor(set.getString("author"));
                book.setPrice(set.getFloat("price"));
                book.setStock(set.getInt("stock"));
                list.add(book);
            }
        } catch (Exception e) {
            e.printStackTrace();
        }
        return list;
}
```

秘笈心法

心法领悟 524：获取下拉列表值。

要获取文本框控件、文本域控件的显示内容，使用相应控件对象的 getText()方法即可。一些初学者容易混淆，以为获取所有控件的显示内容都要使用 getText()方法，这是不对的。例如，本实例中使用了下拉列表控件，获取下拉列表 JComboBox 控件的方法是 getSelectedItem()。

实例 525	对统计结果进行排序 光盘位置：光盘\MR\525	中级 趣味指数：★★★★☆

实例说明

在设计数据表时，不会包含可以通过运算得到的列（如成绩表中不可以包含有总分列），这样如果用户需要按照总分进行排序查询，就要通过一定的运算。本实例为大家介绍的就是对统计结果进行排序查询。实例运行效果如图 22.3 所示。

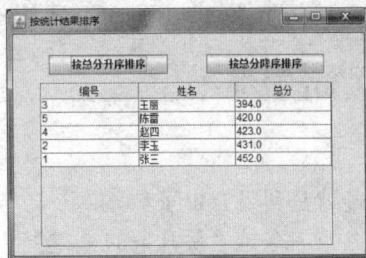

图 22.3 实例运行效果

关键技术

本实例对学生成绩表中的数据进行统计排序。学生成绩表中包含有学生的数学、英文、语文等成绩，要计算各成绩之和，就要对各成绩进行相加运算，这时要使用到连接符 "+"，经过运算后的结果可以使用关键字 as 为统计结果设置别名，在 ORDER BY 排序语句中可以使用别名进行排序。

设计过程

（1）创建 ResultFrame 类，该类继承自 JFrame 类，实现窗体类。

717

（2）向窗体中添加控件，实现窗体布局。窗体中的主要控件及说明如表 22.3 所示。

表 22.3　窗体中的主要控件及说明

控 件 类 型	控 件 命 名	控 件 用 途
JButton	ascButton	显示"按总分升序排序"按钮
	descButton	显示"按总分降序排序"按钮
JTable	table	显示查询结果的表格控件

（3）定义工具类 ResultUtil，在该类中定义连接数据库和查询数据的方法，具体代码读者可参考光盘中的源程序。定义按照统计结果进行排序方法，具体代码如下：

```
public List getGradeDesc(String taxis) {
    List list = new ArrayList();                                          //定义用于保存返回值的 List 集合
    conn = getConn();                                                     //获取数据库连接
    try {
        Statement staement = conn.createStatement();
        String sql = "select id,name,(chinses+math+english+physics+history) as sum from tb_grade order by sum "+taxis;    //定义将图书表中
信息进行排序的 SQL 语句
        ResultSet set = staement.executeQuery(sql);                       //执行查询语句返回查询结果集
        while (set.next()) {                                              //循环遍历查询结果集
            Grade grade = new Grade();                                    //创建与学生成绩表对应的 Grade 对象
            grade.setId(set.getInt(1));                                   //设置对象属性
            grade.setName(set.getString(2));
            grade.setSum(set.getFloat("sum"));
            list.add(grade);                                              //将 Grade 对象添加到集合中
        }
    } catch (Exception e) {
        e.printStackTrace();
    }
    return list;                                                          //返回查询集合
}
```

■ 秘笈心法

心法领悟 525：对数据进行统计。

本实例使用的是利用符号"+"对多列数据进行求和统计，如果要对一列数据进行求和，就需要使用聚合函数 SUM()。

实例 526	查询 SQL Server 数据库中的前 3 条数据	中级
	光盘位置：光盘\MR\526	趣味指数：★★★★☆

■ 实例说明

SQL Server 数据库有一项特别的功能就是利用 TOP 子句显示结果集，通过该子句可以列出结果集中前几条或者后几条的记录。本实例实现使用 TOP 关键字求出学生成绩表中英语成绩排在前 3 名的学生信息，实例运行效果如图 22.4 所示。

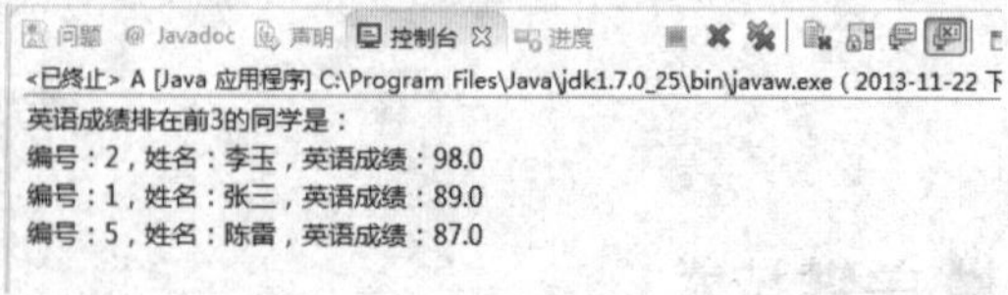

图 22.4　实例运行效果

■ 关键技术

采用 TOP 关键字实现本实例，TOP 关键字在查询语句中位于 SELECT 子句的后面，语法格式如下：

```
SELECT TOP n [PERCENT]
FROM tbaleName
WHERE …
ORDER BY …
```

参数说明

❶ n：查询的数据行数。

❷ [PERCENT]：可选参数，返回行的百分比。

设计过程

（1）定义类 ResultUtil，用于操作数据库连接。在该类中定义数据库连接方法 getConn()，具体代码可参考光盘中的源程序。

（2）在该类中定义 getGradeDesc()方法，用于查询英语成绩排在前 3 名的学生信息。具体代码如下：

```java
public List getGradeDesc() {
    List list = new ArrayList();                                              //定义用于保存返回值的 List 集合
    conn = getConn();                                                          //获取数据库连接
    try {
        Statement staement = conn.createStatement();
        String sql = "select top 3 id ,name,english from tb_Grade order by english desc";  //定义将图书表中信息进行排序的 SQL 语句
        ResultSet set = staement.executeQuery(sql);                            //执行查询语句返回查询结果集
        while (set.next()) {                                                   //循环遍历查询结果集
            Grade grade = new Grade();                                         //创建与学生成绩表对应的 Grade 对象
            grade.setId(set.getInt(1));                                        //设置对象属性
            grade.setName(set.getString(2));
            grade.setEnglish(set.getFloat(3));
            list.add(grade);                                                   //将 Grade 对象添加到集合中
        }
    } catch (Exception e) {
        e.printStackTrace();
    }
    return list;                                                               //返回查询集合
}
```

秘笈心法

心法领悟 526：以面向对象思想操作数据库。

本实例中定义了与学生成绩表对应的 JavaBean 对象 Grade，这个类中包含的属性与学生成绩表中的字段一一对应，并包含属性的 setXXX()与 getXXX()方法。这样在查询数据表时，将查询的结果设置为 Grade 的属性值，得到的 Grade 就与数据表中的内容对应了。Java 操作数据库首推此方法。

实例 527	查询 SQL Server 数据库中的后 3 条数据	中级
	光盘位置：光盘\MR\527	趣味指数：★★★★☆

实例说明

查询后 3 条数据与查询前 3 条数据的方法类似，都是使用 TOP 关键字。将数据进行升序排序后，取前 3 条数据，就可以获取满足条件的数据。本实例应用 TOP 关键字查询学生成绩表中英语成绩排在后 3 名的学生信息，实例运行效果如图 22.5 所示。

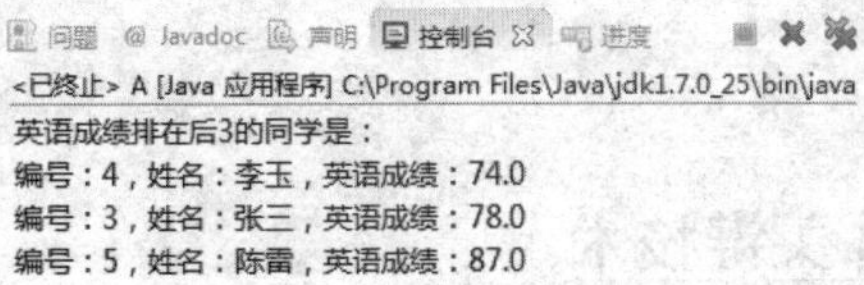

```
问题  @ Javadoc  声明  控制台  进度           X
<已终止> A [Java 应用程序] C:\Program Files\Java\jdk1.7.0_25\bin\java
英语成绩排在后3的同学是：
编号：4，姓名：李玉，英语成绩：74.0
编号：3，姓名：张三，英语成绩：78.0
编号：5，姓名：陈雷，英语成绩：87.0
```

图 22.5　实例运行效果

关键技术

查询后 3 条数据同样使用的是 TOP 关键字。语法可参考实例 494。在本实例中，无须在 ORDER BY 子句后添加 ASC 关键字，就可以将学生成绩表中的数据按升序排序。

设计过程

（1）定义 ResultUtil 类，用于编写操作数据方法。在该类中定义连接数据库方法 getConn()，具体代码可参考光盘中的源程序。

（2）定义查询 SQL Server 数据库中后 3 条数据的方法 getGradeDesc()。具体代码如下：

```
public List getGradeDesc() {
    List list = new ArrayList();                                      //定义用于保存返回值的 List 集合
    conn = getConn();                                                 //获取数据库连接
    try {
        Statement staement = conn.createStatement();
        //定义将图书表中信息进行排序的 SQL 语句
        String sql = "select top 3 id ,name,english from tb_Grade order by english";
        ResultSet set = staement.executeQuery(sql);                   //执行查询语句返回查询结果集
        while (set.next()) {                                          //循环遍历查询结果集
            Grade grade = new Grade();                                //创建与学生成绩表对应的 Grade 对象
            grade.setId(set.getInt(1));                               //设置对象属性
            grade.setName(set.getString(2));
            grade.setEnglish(set.getFloat(3));
            list.add(grade);                                          //将 Grade 对象添加到集合中
        }
    } catch (Exception e) {
        e.printStackTrace();
    }
    return list;                                                      //返回查询集合
}
```

秘笈心法

心法领悟 527：PERCENT 关键字。

该关键字表示查询数据表中行数所占的百分比，而不是多少行。下面的语句返回现存数量的前 10%条记录。

Select top 10 percent from tb_kcb order by totalcount

实例 528	查询 MySQL 数据库中的前 3 条数据	中级
	光盘位置：光盘\MR\528	趣味指数：★★★★☆

实例说明

MySQL 数据库中没有 TOP 关键字，要实现查询 MySQL 数据库中的前 3 条数据，可以使用 limit 关键字，limit 可实现限制 SQL 语句返回的行数。本实例实现查询 MySQL 数据库的学生成绩表中语文成绩排在前 3 名的同学信息，实例运行效果如图 22.6 所示。

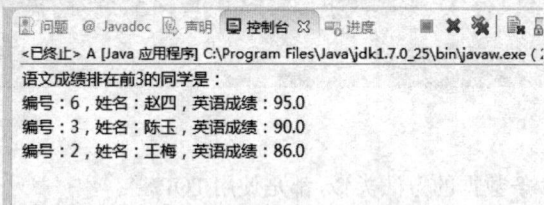

```
问题  @ Javadoc  声明  控制台  进度          ■ ✕ ✖ | ✖
<已终止> A [Java 应用程序] C:\Program Files\Java\jdk1.7.0_25\bin\javaw.exe (
语文成绩排在前3的同学是：
编号：6，姓名：赵四，英语成绩：95.0
编号：3，姓名：陈玉，英语成绩：90.0
编号：2，姓名：王梅，英语成绩：86.0
```

图 22.6　实例运行效果

关键技术

MySQL 数据库中提供了 LIMIT()函数用于显示 SELECT 查询语句返回的行数。如果查询语句中包含有 GROUP BY 与 ORDER BY 子句，则 LIMIT 子句在 GROUP BY 与 ORDER BY 子句的后面。语法格式如下：

```
SELECT [DISTIN|UNIQUE](*,columnname[AS alias],…)
FROM table
WHERE …
ORDER BY…
LIMIT([offset],rows)
```

参数说明

❶ offset：指定要返回的第一行的偏移量。开始行的偏移量是 0。

❷ rows：指定返回行的最大数目。

如查询学生表中英语成绩排在前 3 名的学生信息，SQL 语句如下：

```
select * from tb_student order by english desc limit 0,3
```

设计过程

（1）创建类 MySQLConn，该类定义了查询 MySQL 数据库中前 3 条数据的方法，首先定义与 MySQL 连接的方法。该方法以 Connection 对象作为返回值。具体代码如下：

```java
public Connection getConnection() {
    try {
        Class.forName("com.mysql.jdbc.Driver");                    //加载 MySQL 数据库驱动
        String url = "jdbc:mysql://localhost:3306/db_database21";  //定义连接数据库的 url
        String user = "root";                                      //定义连接数据库的用户名
        String passWord = "111";                                   //定义连接数据库的密码
        conn = DriverManager.getConnection(url, user, passWord);   //获取数据库连接
    } catch (Exception e) {
        e.printStackTrace();
    }
    return conn;
}
```

（2）在该类中定义 getOrderDesc()方法，该方法用于获取查询 MySQL 数据库中 tb_student 表按语文成绩降序排序后的前 3 条记录。具体代码如下：

```java
public List getOrderDesc() {
    List list = new ArrayList();                                   //定义用于保存返回值的 List 集合
    conn = getConnection();                                        //获取数据库连接
    try {
        Statement staement = conn.createStatement();
        //定义查询数据表中前 3 条记录的 SQL 语句
        String sql = "select * from tb_student order by chinese desc limit 0,3";
        ResultSet set = staement.executeQuery(sql);                //执行查询语句返回查询结果集
        while (set.next()) {                                       //循环遍历查询结果集
            Student student = new Student();                       //定义与数据库对应的 JavaBean 对象
            student.setId(set.getInt(1));                          //设置对象属性值
            student.setName(set.getString("name"));
            student.setSex(set.getString("sex"));
            student.setClassName(set.getString("className"));
            student.setChinese(set.getFloat("chinese"));
            list.add(student);                                     //将 JavaBean 添加到集合中
        }
    } catch (Exception e) {
        e.printStackTrace();
    }
    return list;
}
```

秘笈心法

心法领悟 528：limit()函数的两种用法。

该函数的第一个参数 offset 为可选。如果给定一个参数，则指出偏移量为 0 的返回行的最大数目。例如，表达式 limit(5)与表达式 limit(0,5)是等价的。

实例 529	查询 MySQL 数据库中的后 3 条数据 光盘位置：光盘\MR\529	中级 趣味指数：★★★★☆

实例说明

在 MySQL 数据库中应用 limit 关键字同样可以查询数据表中后几名的数据。本实例实现在学生成绩表中查询语文成绩排在后 3 名的学生信息，实例运行效果如图 22.7 所示。

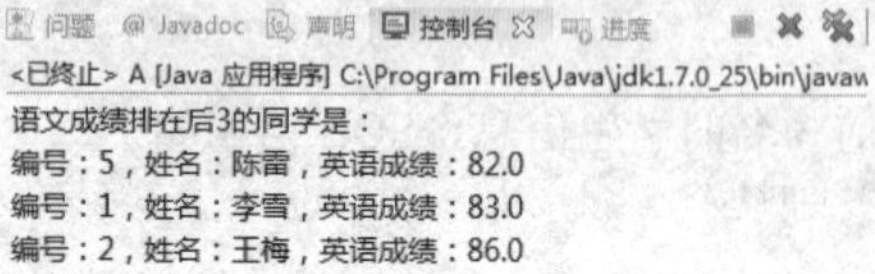

```
<已终止> A [Java 应用程序] C:\Program Files\Java\jdk1.7.0_25\bin\javaw
语文成绩排在后3的同学是：
编号：5，姓名：陈蕾，英语成绩：82.0
编号：1，姓名：李雪，英语成绩：83.0
编号：2，姓名：王梅，英语成绩：86.0
```

图 22.7　实例运行效果

关键技术

实现在 MySQL 数据库中查询后 3 条记录的方法与查询前 3 条记录的方法基本一致。同样采用 limit 关键字。但需要注意的是 limit 关键字本身并没有获取某表中指定数据的能力，要完成获取前几条或后几条数据，需要借助 ORDER BY 子句，先将数据进行排序后再使用 limit 关键字来限制 SQL 语句返回的行数。

本实例查询学生成绩表中后 3 条记录的 SQL 语句如下：

```
select id,name,sex,className,chinese from tb_student order by chinese limit 0,3
```

设计过程

（1）在项目中定义类 MySQLConn，该类定义从学生成绩表中查询数据的方法。首先定义连接数据库方法，具体代码可参考光盘中的源程序，这里不再赘述。

（2）在该类中定义查询学生成绩表中语文成绩排在后 3 名的同学信息方法 getOrderDesc()。具体代码如下：

```java
public List getOrderDesc() {
    List list = new ArrayList();                                           //定义用于保存返回值的 List 集合
    conn = getConnection();                                                //获取数据库连接
    try {
        Statement staement = conn.createStatement();
        String sql = "select id,name,sex,className,chinese from tb_student order by chinese limit 0,3";
        //定义查询数据表中后 3 条记录的 SQL 语句
        ResultSet set = staement.executeQuery(sql);                        //执行查询语句返回查询结果集
        while (set.next()) {                                               //循环遍历查询结果集
            Student student = new Student();                               //定义与数据库对应的 JavaBean 对象
            student.setId(set.getInt(1));                                  //设置对象属性值
            student.setName(set.getString("name"));
            student.setSex(set.getString("sex"));
            student.setClassName(set.getString("className"));
            student.setChinese(set.getFloat("chinese"));
            list.add(student);                                             //将 JavaBean 添加到集合中
        }
    } catch (Exception e) {
        e.printStackTrace();
    }
    return list;
}
```

秘笈心法

心法领悟 529：查询 MySQL 数据库中的中间数据。

limit() 函数用于查询 MySQL 数据库中的前几名和后几名数据，同样使用该函数也可以查询 MySQL 数据库中的中间数据。例如，查询 MySQL 数据表中第 3～10 条数据，limit 子句的代码为"limit 2,8"。

实例 530	按照字母顺序对留学生表进行排序	中级
	光盘位置：光盘\MR\530	趣味指数：★★★★☆

实例说明

在实际应用中会遇到将数据表按某一字母排序，将字母靠前的内容显示在查询结果的前面。本实例实现的是将留学生表 tb_abrod 按名字字段中第一个字母排序，主要应用 ORDER BY 子句和 SUBSTRING()函数。没有进行排序的数据表内容如图 22.8 所示。排序后的内容如图 22.9 所示。

id	name	surname	nationality
1	kelly	KONG	美国
2	chuch	TAYLOR	加拿大
3	armando	PURVIS	美国
4	laura	CHRISINT	英国

```
<已终止> A [Java 应用程序] C:\Program Files\Java\jdk1.7.0_25\bin\javaw.exe (201
将留学生按音序排序:
编号为 : 3  名字为 : armando , 姓为 : PURVIS , 国籍为 : 美国
编号为 : 3  名字为 : chuch , 姓为 : TAYLOR, 国籍为 : 加拿大
编号为 : 3  名字为 : kelly , 姓为 : KONG , 国籍为 : 美国
编号为 : 3  名字为 : laura , 姓为 : CHRISINT , 国籍为 : 英国
```

图 22.8　没有进行排序的数据表内容　　　　　　　　图 22.9　排序后的内容

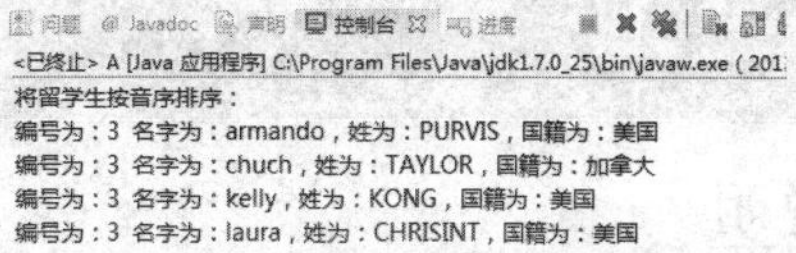

关键技术

本实例是按 SUBSTRING()函数返回的字符串排序，从效果图可以看出 3 号留学生，由于名字的第一个字母为 "a"，所以他排在了第一位。

SUBSTRING()函数主要用于返回字符、binary、text 或 image 表达式的一部分。该函数的语法格式如下：

```
SUBSTRING(expression,start,length)
```

参数说明

❶ expression：是字符串、二进制字符串、text、image、列或包含列的表达式。不可以使用包含聚合函数的表达式。

❷ start：是一个整数，指定字符串的开始位置。

❸ length：是一个整数，指定字符串的长度（要返回的字符数或字节数）。

设计过程

（1）创建工具类 ResultUtil，用于实现查询留学生表数据，在该类中定义了与数据库建立连接的方法 getConn()，具体代码读者可参考光盘中的源程序，这里不再赘述。

（2）定义将留学生表按音序排序的方法 getGradeDesc()，该方法将查询后的结果以 List 集合返回。具体代码如下：

```
public List getGradeDesc() {
    List list = new ArrayList();                              //定义用于保存返回值的 List 集合
    conn = getConn();                                        //获取数据库连接
    try {
        Statement staement = conn.createStatement();
        //定义将图书表中信息进行排序的 SQL 语句
        String sql = "select * from tb_abroad order by substring(name,1,1)";
        ResultSet set = staement.executeQuery(sql);          //执行查询语句返回查询结果集
        while (set.next()) {                                 //循环遍历查询结果集
            Abroad abrod = new Abroad();                     //创建与学生成绩表对应的 Grade 对象
            abrod.setId(set.getInt(1));                      //设置对象属性
            abrod.setName(set.getString(2));
            abrod.setSurname(set.getString(3));
            abrod.setNationality(set.getString(4));
            list.add(abrod);
        }
    } catch (Exception e) {
        e.printStackTrace();
    }
    return list;                                             //返回查询集合
}
```

秘笈心法

心法领悟 530：Oracle 数据库中的字符串截取函数。

在 Oracle 数据库中，将某一列值中某个子串排序应该使用函数 substr()。如想按数据表（tb_abstr06）名字字段中第一个字母排序，在 Oracle 数据库中可写成如下的 SQL 语句：

```
select * from tb_abstu06 order by substr(名字,1,1)
```

实例 531	按姓氏笔画排序 光盘位置：光盘\MR\531	中级
		趣味指数：★★★★☆

实例说明

按姓氏笔画排序是一种常见的排序方式，例如，对图书中很多作者的排名都是按照姓氏笔画排序的。SQL Server 数据库中提供了 COLLATE 子句可实现将数据表中数据按姓氏笔画排序。本实例将学生成绩表中的数据按照姓名列进行姓氏笔画排序。实例运行效果如图 22.10 所示。

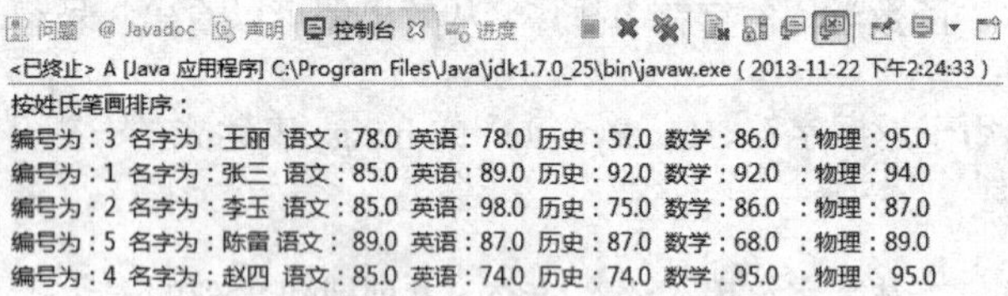

图 22.10 实例运行效果

关键技术

COLLATE 子句可应用于数据库定义或列定义以定义排序规则，或应用于字符串表达式以应用排序规则投影。语法格式如下：

```
COLLATE < collation_name >< collation_name > ::= { Windows_collation_name } | { SQL_collation_name }
```

参数说明

❶ collation_name：应用于表达式、列定义或数据库定义的排序规则的名称。

❷ Windows_collation_name：Windows 排序规则的排序规则名称。

❸ SQL_collation_name：SQL 排序规则名称。

COLLATE 子句只能应用于 char、varchar、text、nchar、nvarchar 和 ntext 数据类型。排序规则一般由排序规则名标识。例如，"chinese_prc_stroke_cs_as_ks_ws"表示的就是排序规则，其中"chinese_prc_"指对汉字的 UNICODE 排序规则，"stroke"标识查询结果按姓氏笔画排序。排序规则的后半部分后缀的含义如下。

- ❑ _bin：二进制排序。
- ❑ _ci(cs)：是否区分大小写，ci不区分，cs区分。如果想让比较将大写字母和小写字母视为不等，可以选择该选项。
- ❑ _ai(as)：是否区分重音，ai不区分，as区分。如果想让比较将重音和非重音字母视为不等，可以选择该选项。如果选择该选项，比较还将重音不同的字母视为不等。
- ❑ _ki(ks)：是否区分假名类型，ki不区分，ks区分。如果想让比较将片假名和平假名日语音节视为不等，可以选择该选项。
- ❑ _wi(ws)：是否区分宽度，wi不区分，ws区分。如果想让比较将半角字符和全角字符视为不等，可以选择该选项。

设计过程

（1）创建类 GradeOrderUtil，实现将数据表中的内容按音序排序。在该类中定义连接数据库的方法 getConn()，具体代码可参考光盘中的源程序，这里不再赘述。

（2）在该类中定义 getGradeOrder()方法，实现将学生成绩表按笔画排序。具体代码如下：

```java
public List getGradeOrder() {
    List list = new ArrayList();                              //定义用于保存返回值的 List 集合
    conn = getConn();                                        //获取数据库连接
    try {
```

```
            Statement staement = conn.createStatement();
            String sql = "select * from tb_Grade order by name
            collate chinese_prc_stroke_cs_as_ks_ws";        //定义按笔画排序的 SQL 语句
            ResultSet set = staement.executeQuery(sql);      //执行查询语句返回查询结果集
            while (set.next()) {                             //循环遍历查询结果集
                Grade grade = new Grade();                   //实例化学生成绩对象
                grade.setId(set.getInt(1));                  //设置对象的编号
                grade.setName(set.getString(2));
                grade.setChinses(set.getFloat("chinses"));
                grade.setEnglish(set.getFloat("english"));
                grade.setHistory(set.getFloat("history"));
                grade.setMath(set.getFloat("math"));
                grade.setPhysics(set.getFloat("physics"));
                list.add(grade);
            }
        } catch (Exception e) {
            e.printStackTrace();
        }
        return list;                                         //返回查询集合
    }
```

秘笈心法

心法领悟 531：获取 SQL Server 支持的排序规则。

在查询分析器中执行如下的语句，可以得到 SQL Server 支持的所有排序规则：

```
select * from ::fn_helpcollations()
```

实例 532	将汉字按音序排序　光盘位置：光盘\MR\532	高级　趣味指数：★★★★☆

实例说明

SQL Server 汉字排序规则可以按音序、笔画排序。本实例实现的是将学生成绩表中的内容按音序排序后输出。实例运行效果如图 22.11 所示。

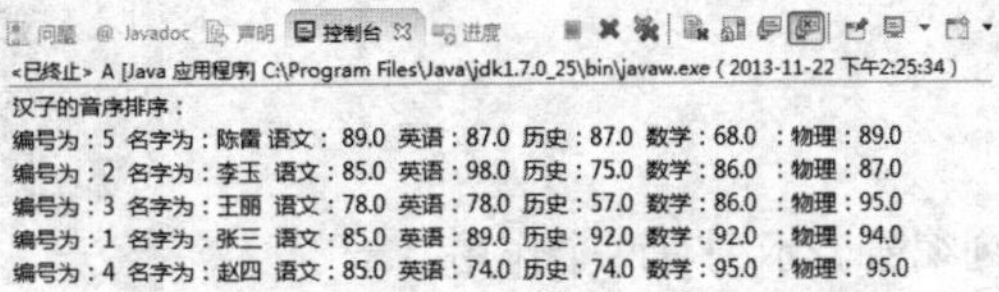

图 22.11　实例运行效果

关键技术

按音序排序同样是用到了 COLLATE()函数来完成查询排列，chinese_prc_ci_as 指定排序规则。排序规则可以参考按姓氏笔画排序的规则。不使用后缀_stroke，数据库会按指定的表达式音序进行排序。

设计过程

（1）在项目中创建类 GradeOrderUtil，实现将数据表中的内容按音序排序。在该类中定义连接数据库方法 getConn()，具体代码可参考光盘中的源程序，这里不再赘述。

（2）在该类中定义 getGradeOrder()方法，实现将学生成绩表按音序排序。具体代码如下：

```
public List getGradeOrder() {
    List list = new ArrayList();                             //定义用于保存返回值的 List 集合
    conn = getConn();                                        //获取数据库连接
    try {
        Statement staement = conn.createStatement();
        String sql = "select * from tb_Grade order by name
```

```
                collate chinese_prc_stroke_cs_as ";          //定义按音序排序的 SQL 语句
                ResultSet set = staement.executeQuery(sql);  //执行查询语句返回查询结果集
                while (set.next()) {                          //循环遍历查询结果集
                    Grade grade = new Grade();                //实例化学生成绩对象
                    grade.setId(set.getInt(1));               //设置对象的编号
                    grade.setName(set.getString(2));
                    grade.setChinses(set.getFloat("chinses"));
                    grade.setEnglish(set.getFloat("english"));
                    grade.setHistory(set.getFloat("history"));
                    grade.setMath(set.getFloat("math"));
                    grade.setPhysics(set.getFloat("physics"));
                    list.add(grade);
                }
        } catch (Exception e) {
                e.printStackTrace();
        }
        return list;                                          //返回查询集合
}
```

■ 秘笈心法

心法领悟 532：指定排序规则。

除了可以在查询语句中指定排序规则外，还可以在创建或更改数据库、创建或更改表列、投影表示的排序规则等处应用排序规则。

实例 533	按列的编号排序 光盘位置：光盘\MR\533	中级 趣味指数：★★★★☆

■ 实例说明

数据排序可以采用多种形式，可以按列的名称、列的编号等排序。本实例实现的是查询编程词典销量表中编程词典的名称与销量，并按词典的销量进行排序。实例运行效果如图 22.12 所示。

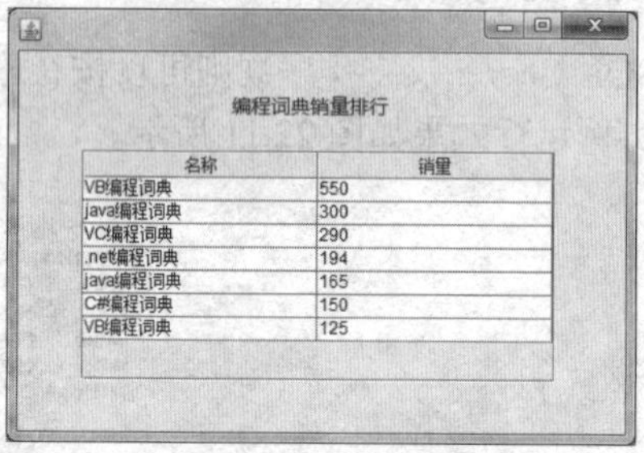

图 22.12　实例运行效果

■ 关键技术

在 ORDER BY 子句中，用列编号表示列有两个作用，一是进行缩写，可以减少击键次数；二是当需要排序的列是计算得到的结果时，使用列序号是必需的。一个列的列序号指的是这个列在 SELECT 子句的位置，最左边的序号为 1，相邻的下一个位置为 2，依此类推。

◀》 注意：按列序号排序时要注意，列的序号指的是按 SELECT 子句后的顺序排序，而不是数据库中表存储的顺序。

在使用列序号进行排序时应注意，当使用"*"查询数据表中所有列和计算结果列时，同样可以使用计算后的结果列进行排序，如查询学分表中的全部信息以及总成绩，并按总成绩进行排序。实例代码如下：

```
select *,(math+english+chinese) as 总成绩 from tb_score02
order by   2
```

■ 设计过程

（1）在项目中创建类 CompositorFrame，该类继承自 JFrame 类，实现窗体类。在该窗体中添加标签与表格控件，标签控件用于显示提示信息，表格控件用于显示查询结果。

（2）在项目中创建工具类 Compositor，在该类中定义查询数据的方法 getBccdSell()，该方法实现按编号对数据进行排序。具体代码如下：

```
public List getBccdSell() {
    List list = new ArrayList();                                    //定义用于保存返回值的 List 集合
    conn = getConn();                                               //获取数据库连接
    try {
        Statement staement = conn.createStatement();
        //定义查询数据的 SQL 语句
        String sql = "select bccdName,bccdCount from tb_bccdSell order by 2 desc";
        ResultSet set = staement.executeQuery(sql);                 //执行查询语句返回查询结果集
        while (set.next()) {                                        //循环遍历查询结果集
            Bccd bccd = new Bccd();                                 //定义与数据对应的 JavaBean 对象
            bccd.setBccdName(set.getString(1));
            bccd.setBccdCount(set.getInt(2));
            list.add(bccd);                                         //向集合中添加对象
        }
    } catch (Exception e) {
        e.printStackTrace();
    }
    return list;                                                    //返回 List 集合
}
```

■ 秘笈心法

心法领悟 533：标识符的种类。

数据库对象的名称被看成是该对象的标识符。Microsoft® SQL Server™ 中的每一内容都可带有标识符。服务器、数据库和数据库对象（如表、视图、列、索引、触发器、过程、约束、规则等）都有标识符。大多数对象要求带有标识符，但对有些对象（如约束）标识符是可选项。标识符分为常规标识符和分隔标识符两大类。其中常规标识符的格式规则，在 Transact-SQL 语句中使用常规标识符时不用将其分隔。分隔标识符包含在双引号（""）或者方括号（[ ]）内。符合标识符格式规则的标识符可以分隔，也可以不分隔。

实例 534	从表中随机返回记录	中级
	光盘位置：光盘\MR\534	趣味指数：★★★★☆

■ 实例说明

SQL Server 数据库中提供了两种随机数函数，分别为 RAND() 与 NOWID() 函数。其中 RAND() 函数在一个查询中只能返回一个结果，NOWID() 函数返回的列可以做 ORDER BY 排序处理。本实例使用 NOWID() 函数实现从表中随机返回 3 条记录。实例运行效果如图 22.13 所示。

■ 关键技术

要从数据表中随机返回数据记录信息或者对数据记录进行随机排序，可以使用随机数。由于随机数 RAND() 函数在一个查询中只能返回一个结果，因此可以在 NOWID() 函数返回的列上做 ORDER BY 分组处理。

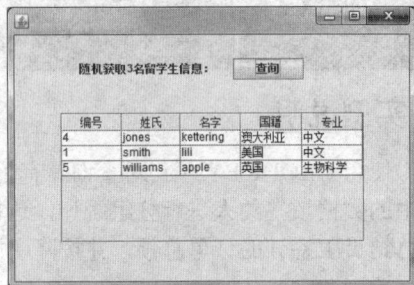

图 22.13　实例运行效果

📢 **注意**：上面这种方法在查询某个表中的所有数据时，会要求对整个表进行扫描，然后产生一个计算列再进行排序，建议最好不要对较大的表进行这样的操作，因为速度会很慢。

■ 设计过程

（1）在项目中创建类 RandomFrame，该类继承自 JFrame 类，实现窗体类。向该窗体中添加标签、按钮与表格控件，标签控件用于给用户提示信息，按钮控件可用于查询数据，表格控件用于显示查询结果。

（2）在项目中创建工具类 AbroadUtil，在该类中定义查询数据的方法 getAbroad()，该方法以 List 集合返回查询结果。具体代码如下：

```java
public List getAbroad() {
    List list = new ArrayList();                              //定义用于保存返回值的 List 集合
    conn = getConn();                                         //获取数据库连接
    try {
        Statement staement = conn.createStatement();
        //定义查询数据的 SQL 语句
        String sql = "select top 3 * from tb_abroad    order by newid()";
        ResultSet set = staement.executeQuery(sql);           //执行查询语句返回查询结果集
        while (set.next()) {                                  //循环遍历查询结果集
            Abroad abord = new Abroad();                       //定义与数据表对应的 JavaBean 对象
            abord.setId(set.getInt(1));
            abord.setFristName(set.getString(2));              //设置对象属性
            abord.setLastName(set.getString(3));
            abord.setNationality(set.getString(4));
            abord.setSpeciality(set.getString(5));
            list.add(abord);
        }
    } catch (Exception e) {
        e.printStackTrace();
    }
    return list;                                              //返回 List 集合
}
```

■ 秘笈心法

心法领悟 534：Transact-SQL 编程语言提供 3 种函数。

Transact-SQL 编程语言提供了行集函数、聚集函数与标量函数 3 种函数。行集函数都不具有确定性。每次用一组特定输入值调用行集函数，行集函数包括 CONTAINSTABLE、FREETEXTTABLE 和 OPENQUERY 等。聚集函数对一组值执行计算并返回单一的值。除 COUNT()函数之外，聚集函数忽略空值。聚集函数有 AVG()、MAX()、SUM()等。标量函数对单一值操作，返回单一值。只要表达式有效就可使用标量函数。标量函数还分为配置函数、游标函数、数学函数等。

实例 535	使用 GROUP BY 子句实现对数据的分组统计	中级
光盘位置：光盘\MR\535		趣味指数：★★★★☆

■ 实例说明

使用 GROUP BY 子句对查询具有重要的作用，可以对数据对使用某一列进行分组统计。本实例实现对定义表中的数据按签约人进行分组统计，这样就可以查询出各员工签订的总订单信息，进而可以进行业绩考核，最后总结员工签订的订单总额，并按降序排序。实例运行效果如图 22.14 所示。

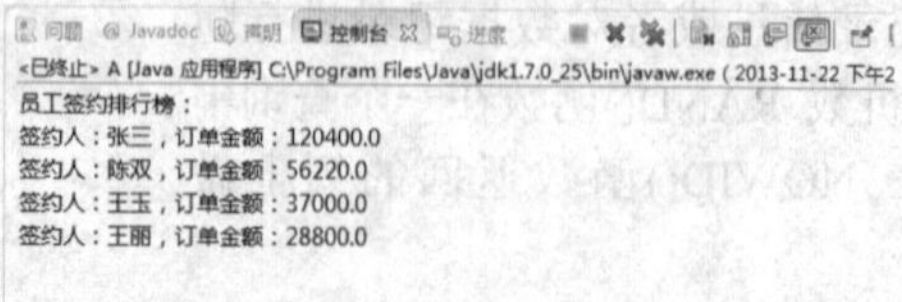

图 22.14　实例运行效果

■ 关键技术

实现数据分组时，应用 GROUP BY 子句与聚集函数相结合获取需要的数据。GROUP BY 子句是指定用来放置输出行的组，具体语法格式如下：

```
[GROUP BY[ALL] expression[,…n]
[WHERE {CUBE|ROLLUP}]
]
```

参数说明

❶ ALL：包含与选定列表中匹配的所有组合结果集，如果用户指定了 ALL，将对组中不满足搜索条件的汇总列返回空值。

❷ expression：对查询执行分组的表达式，即要进行分组的列。在选择列表中定义的列的别名，不能用于指定分组列。

❸ CUBE：指定在查询的结果集内不仅包含有 GROUP BY 子句提供的正常行，还包含汇总行。

❹ ROLLUP：指定在结果集内不仅包含有 GROUP BY 子句提供的正常行，还包含汇总行。

📢 注意：SELECT 子句中包含聚集函数，如果用户同时使用了 GROUP BY 进行汇总统计，则 SELECT 语句中列出的非聚集表达式内的所有列都包含在 GROUP BY 列表中，或者 GROUP BY 表达式必须与选择列表表达式完全匹配。

■ 设计过程

（1）创建类 OrderFormUtil，用于实现分组统计。在该类中定义连接数据库的方法 getConn()，具体代码读者可参考光盘中的源程序，这里不再赘述。

（2）在该类中定义分组统计方法 getOrderDesc()，该方法以 List 作为返回值。具体代码如下：

```java
public List getOrderDesc() {
    List list = new ArrayList();                                      //定义用于保存返回值的 List 集合
    conn = getConn();                                                 //获取数据库连接
    try {
        Statement staement = conn.createStatement();
        String sql = "select visePerson,sum(clientMoney) as money from tb_orderForm    group by visePerson order by money desc";
        //定义将订单表进行分组统计的 SQL 语句
        ResultSet set = staement.executeQuery(sql);                   //执行查询语句返回查询结果集
        while (set.next()) {                                          //循环遍历查询结果集
            OrderForm orderForm = new OrderForm();
            orderForm.setClientMoney(set.getFloat("money"));
            orderForm.setVisePerson(set.getString("visePerson"));
            list.add(orderForm);
        }
    } catch (Exception e) {
        e.printStackTrace();
```

■ 秘笈心法

心法领悟 535：GROUP BY 不支持别名分组。

使用 as 关键字可以为查询设置别名，但是 GROUP BY 子句并不支持别名分组，读者需要注意，避免产生不必要的麻烦。

实例 536	使用 GROUP BY 子句实现多表分组统计	中级
	光盘位置：光盘\MR\536	趣味指数：★★★★☆

■ 实例说明

在实际开发中，可能会有多个表都包含同一种数据的相关信息。例如，在进货表中保存了商品的进货信息，在销售表中保存了商品的相关销售信息，要查询某种商品的相关信息，就要对进货表与销售表都进行查询。本实例使用分组函数查询有销售记录的商品信息。实例运行效果如图 22.15 所示。

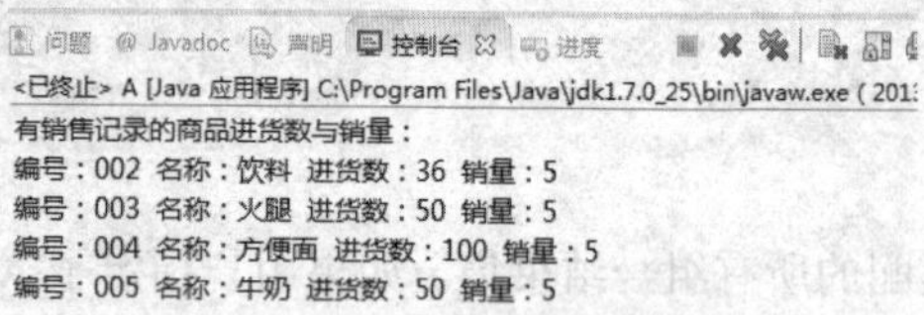

图 22.15　实例运行效果

■ 关键技术

本实例中使用聚集函数 SUM() 计算出某种商品的总销量，使用 GROUP BY 子句进行分组统计。GROUP BY 子句的语法读者可参考实例 535，这里不再赘述。

■ 设计过程

（1）创建 JDBCUtil 类，用于实现有销售记录的商品的库存和销量的数据。在该类中定义连接数据库的方法，具体代码读者可参考光盘中的源程序，这里不再赘述。

（2）在该类中定义查询进货表和销售表的方法 getBooKDesc()，获取有销售记录的商品信息。代码如下：

```java
public ResultSet getBooKDesc() {
    List list = new ArrayList();                        //定义用于保存返回值的 List 集合
    conn = getConn();                                   //获取数据库连接
    ResultSet set = null;
    try {
        Statement staement = conn.createStatement();
        String sql = "select cargoId,cargoName,cargoCount,sum(sellCount)as count "
                + " from tb_cargo,tb_sell where cargoId =sellId group by sellId,cargoName,cargoId,cargoCount"; //定义查询数据库的 SQL 语句
        set = staement.executeQuery(sql);               //执行查询语句返回查询结果集
    } catch (Exception e) {
        e.printStackTrace();
    }
    return set;
}
```

■ 秘笈心法

心法领悟 536：如何区分 0、空字符串和 Null。

在程序开发中，经常遇到 0、空字符串和 Null。这些看起来都是空的意思，那么它们到底有什么区别呢？

在 Java 中，对于声明后未赋值的数值类型变量，它们的默认值为 0；对于声明后未赋值的字符串变量，则默认值为空字符串；Null 关键字说明变量不包含有效数据，它是将 Null 值显式地赋值给变量的结果，也可能是包含 Null 的表达式之间进行运算的结果。

22.2　聚集函数与日期查询

| 实例 537 | 利用 SUM()函数实现数据汇总
光盘位置：光盘\MR\537 | 中级
趣味指数: ★★★★☆ |

■ 实例说明

SUM() 聚集函数用来表示返回数据的总和。本实例应用 SUM() 聚集函数计算出订单表中第一季度的总订单金额。本实例查询的是订单表 tb_achievement，该表中的数据如图 22.16 所示。

本实例查询第一季度的订单金额的运行效果如图 22.17 所示。

id	dept	achievement	monthCount
1	华北区	25000	1
2	东北区	36000	1
3	华北区	68000	2
4	华北区	98000	3
5	东北区	68700	2
6	华北区	26000	4
7	华北区	58700	4
8	东北区	56000	5
9	华北区	59800	5

<已终止> A [Java 应用程序] C:\Program Files\Java\jdk1.7.0_25\bin\javaw.exe（2013-11-22
订单表中第一季度的总订单金额为：295700.0

图 22.16　tb_achievement 表中的数据　　　　图 22.17　实例运行效果

■ 关键技术

SUM()聚集函数用于返回表达式中所有值的和，但需要注意的是该函数只能用于数据类型的数字列。在统计的过程中 null 值被忽略。

SUM()函数的具体语法格式如下：

```
SUM([ALL | DISTINCT] expression)
```

参数说明

❶ ALL：对所有的值进行聚集函数运算，ALL 是默认设置。

❷ DISTINCT：指定 SUM()函数返回唯一值的和。

❸ expression：是常量、列名、函数以及算术运算符、按位运算符和字符串运算符的任意组合。expression 是精确数字或近似数字数据类型分类（bit 数据类型除外）的表达式，不允许使用聚集函数和子查询。

■ 设计过程

（1）创建类 AchievementUtil，在该类中定义连接数据库的方法 getConn()，具体代码读者可参考光盘中的源程序，这里不再赘述。

（2）在该类中定义查询订单表中第一季度的订单总和。具体代码如下：

```java
public float getBooKDesc() {
    conn = getConn();                                              //获取数据库连接
    float sum = 0;
    try {
        Statement staement = conn.createStatement();
        String sql = "select sum(achievement)as sum from tb_achievement where monthCount <= 3";
                            //定义查找第一季度定义总的 SQL 语句
        ResultSet set = staement.executeQuery(sql);                //执行查询语句返回查询结果集
        while (set.next()) {                                       //循环遍历查询结果集
            sum = set.getFloat(1);                                 //获取查询结果
        }
    } catch (Exception e) {
        e.printStackTrace();
    }
    return sum;
}
```

■ 秘笈心法

心法领悟 537：SUM()函数应用的数据类型。

SUM()函数只能用于数据类型，这些数据类型分别是 int、smallint、tinyint、decimal、numeric、float、real、money 和 smallmoney 的字段。在使用 SUM()函数时，SQL Server 把数据类型 smallint 或 tinyint 当作 int 处理。

实例 538	利用 AVG()函数实现计算平均值 光盘位置：光盘\MR\538	中级 趣味指数：★★★★☆

■ 实例说明

在查询数据表中某列字段的平均值时，可以使用 AVG()函数。本实例实现通过 AVG()函数，计算出学生成绩表中学生各科成绩的平均值。学生成绩表中的原有数据如图 22.18 所示。

本实例实现查询学生成绩表中各科成绩的平均值，实例运行效果如图 22.19 所示。

id	name	chinese	math	english	physics	history
1	张三	85	92	89	94	92
2	李玉	85	86	98	87	75
3	王丽	78	86	78	95	57
4	赵四	85	95	74	95	74
5	陈雷	89	68	87	89	87

图 22.18　学生成绩表中的原有数据

```
问题  @ Javadoc  声明  控制台 ☒  进度          ×      
<已终止> A (Java 应用程序) C:\Program Files\Java\jdk1.7.0_25\bin\javaw.exe ( 2013-1
各科成绩的平均成绩为：
语文 : 84.4，数学 : 85.4，英语 : 85.2，物理 : 92.0，历史 : 77.0
```

图 22.19　实例运行效果

关键技术

AVG()聚集函数主要用于返回组中值的平均值，空值将被忽略。该函数的语法格式如下：

```
AVG ([ALL|DISTINCT] expression )
```

参数说明

❶ ALL：对所有的值进行聚集函数运算。ALL 是默认设置。

❷ DISTINCT：指定 AVG 操作只使用每个值的唯一实例，而不管该值出现了多少次。

❸ expression：精确数字或近似数字数据类型类别的表达式（bit 数据类型除外），不允许使用聚集函数和子查询。

设计过程

（1）创建类 GradeUtil，在该类中定义查询数据库方法。首先定义连接数据库的方法 getConn()，具体代码读者可参考光盘中的源程序，这里不再赘述。

（2）在该类中定义 getResult()方法，该方法定义查询学生成绩表中各科成绩的平均值。代码如下：

```java
public ResultSet getResult() {
        conn = getConn();                                               //获取数据库连接
        float sum = 0;
        ResultSet set = null;
        try {
            Statement staement = conn.createStatement();
            //定义查找各科成绩的平均值的 SQL 语句
            String sql = "select avg(chinese)as chinese,avg(math) as math,avg(english) as english" +
                    ",avg(physics) as physics,avg(history)as history from tb_Grade";
            set = staement.executeQuery(sql);                           //执行查询语句返回查询结果集
        } catch (Exception e) {
            e.printStackTrace();
        }
        return set;
}
```

秘笈心法

心法领悟 538：不支持非重复聚集。

当使用 CUBE 或 ROLLUP 时，不支持非重复聚集。例如，如果使用了 AVG(DISTINCT column_name)，则 SQL Server 将返回错误信息并取消查询。

实例 539	利用 MIN()函数求数据表中的最小值	中级
	光盘位置：光盘\MR\539	趣味指数：★★★★☆

实例说明

利用 MIN()函数可以求数值表达式中的最小值。本实例使用 MIN()函数求学生信息表中年纪最小的学生信息，将其信息在控制台上输出。学生成绩表中的原有数据如图 22.20 所示。

本实例将年龄最小的学生信息在控制台上输出的运行效果如图 22.21 所示。

id	name	sex	age	specialty
01D01	陈宁	女	20	计算机软件
01D02	王建	男	21	市场营销
01D03	田子	男	19	国际金融
01D04	张红	女	23	英语
01D05	周丹	女	22	市场营销
01D06	刘静	女	21	英语
01D07	李丽	女	20	英文

图 22.20　学生成绩表中的原有数据　　　　　　　　图 22.21　实例运行效果

关键技术

MIN()聚集函数主要用于返回在某一集合上对数值表达式求得的最小值。该函数的语法格式如下：

`MIN([ALL|DISTINCT] expression)`

参数说明

❶ ALL：该参数是默认设置，如果没有该参数，将对所有的值进行聚集函数运算。

❷ DISTINCT：指定每个唯一值都被考虑。DISTINCT 对 MIN 无意义。

❸ expression：该参数为表达式，由常量、列名、函数以及算术运算符、按位运算符和字符串运算符任意组合而成。

设计过程

（1）定义类 StudentUtil，用于查询学生表中年龄最小的学生信息，在该类中定义连接数据库的方法 getConn()。具体代码读者可参考光盘中的源程序，这里不再赘述。

（2）在该类中定义查询数据表中年龄最小的学生信息方法 getMINStudent()。具体代码如下：

```java
public List getMINStudent() {
    List list = new ArrayList();                                      //定义用于保存返回值的 List 集合
    conn = getConn();                                                 //获取数据库连接
    try {
        Statement staement = conn.createStatement();
        String sql = "select name,sex,age,specialty from tb_student where age = (select min(age) from    tb_student)";    //定义查询学生表中年龄最小的学生信息 SQL 语句
        ResultSet set = staement.executeQuery(sql);                   //执行查询语句返回查询结果集
        while (set.next()) {                                          //循环遍历查询结果集
            Student student = new Student();                          //定义学生对象
            student.setName(set.getString("name"));                  //设置学生对象的姓名属性
            student.setSex(set.getString("sex"));
            student.setAge(set.getInt("age"));
            student.setSpecialty(set.getString("specialty"));
            list.add(student);                                        //将学生对象添加到集合中
        }
    } catch (Exception e) {
        e.printStackTrace();
    }
    return list;                                                      //返回 List 集合
}
```

秘笈心法

心法领悟 539：MIN()函数应用的数据类型。

在 SQL Server 中 MIN()函数可用于数据类型为数字、字符、datetime 的列，但是不能用于数据类型为 bit 的列，不能使用聚集函数和子函数。当使用 CUBE 或 ROLLUP 时，不支持区分聚集。例如，如果使用 MIN(DISTINCT column_name)，则 SQL Server 将返回错误信息并取消查询。

实例 540	利用 MAX()函数求数据表中的最大值	中级
	光盘位置：光盘\MR\540	趣味指数：★★★★☆

实例说明

利用 MAX()函数可以求出数据表中指定列的最大值。本实例使用 MAX()函数求出订单表中签订的最大金额

的客户信息。本实例操作的订单表中的数据如图 22.22 所示。

本实例将签订的最大金额订单的客户信息在控制台上显示，实例运行效果如图 22.23 所示。

id	clientName	clientArea	clientDate	clientMoney	visePerson
1	李先生	华北地区	2010-6-8	25000	王玉
2	葛先生	东北地区	2010-7-12	100000	张三
3	陈小姐	内蒙古地区	2010-5-30	19800	王丽
4	刘小姐	京津地区	2010-7-12	56220	陈双
5	王先生	长江三角洲	2010-7-1	20400	张三
6	李先生	华北地区	2010-5-20	12000	王玉
7	陈小姐	内蒙古地区	2010-3-16	9000	王丽

图 22.22　订单表中的数据

图 22.23　实例运行效果

关键技术

MAX()聚集函数主要用于返回在某一集合上对数值表达式求得的最大值。该函数的语法格式如下：

`MAX([ALL|DISTINCT] expression)`

参数说明

❶ ALL：该参数是默认设置，如果没有该参数，将对所有的值进行聚集函数运算。

❷ DISTINCT：指定每个唯一值都被考虑。DISTINCT 对 MAX 无意义。

❸ expression：该参数为表达式，由常量、列名、函数以及算术运算符、按位运算符和字符串运算符任意组合而成。

设计过程

（1）定义类 OrderFormUtil，用于查询订单表中签订订单最大的客户信息，在该类中定义连接数据库的方法 getConn()。具体代码读者可参考光盘中的源程序，这里不再赘述。

（2）在该类中定义查询数据表中签订的最大金额订单的客户信息方法 getMAXOrder()。具体代码如下：

```java
public List getMAXOrder() {
    List list = new ArrayList();                                    //定义用于保存返回值的 List 集合
    conn = getConn();                                               //获取数据库连接
    try {
        Statement staement = conn.createStatement();
        //定义查询签订的订单金额最大的信息
        String sql = "select clientName,clientArea,clientMoney,visePerson from tb_orderForm " +"where clientMoney = (select max(clientMoney) from tb_orderForm)";
        ResultSet set = staement.executeQuery(sql);                 //执行查询语句返回查询结果集
        while (set.next()) {                                        //循环遍历查询结果集
            OrderForm orderForm = new OrderForm();
            orderForm.setClientArea(set.getString("clientArea"));
            orderForm.setVisePerson(set.getString("visePerson"));
            orderForm.setClientMoney(set.getFloat("clientMoney"));
            orderForm.setClientName(set.getString("clientName"));
            list.add(orderForm);
        }
    } catch (Exception e) {
        e.printStackTrace();
    }
    return list;                                                    //返回 List 集合
}
```

秘笈心法

心法领悟 540：实现对 List 集合按指定顺序排序。

本章中的查询结果集大多数都是以 List 集合对象进行存储。List 集合中的对象是有一定的顺序的，其顺序就是对象插入集合时的顺序。那么如何实现对集合中的对象按照特定的顺序进行排序呢？

实现对 List 集合中的对象进行排序，可以使用 Collections 类的 sort()方法，该方法可实现对 List 集合中的对象进行排序。例如：

```java
ArrayList<Integer> alist = new ArrayList<Integer>();
alist.add(new Integer(1));
```

```
alist.add(new Integer(10));
alist.add(new Integer(5));
System.out.println(list.toString());
Collections.sort(alist);
System.out.println(list.toString());
```

实例 541	利用 COUNT()函数求销售额大于某值的图书种类	中级
	光盘位置：光盘\MR\541	趣味指数：★★★★☆

■ 实例说明

COUNT()函数用于返回表达式中值的个数，COUNT()函数操作的表达式通常是数据表中字段的名称。本实例使用 COUNT()函数计算图书表中日销售额大于 400 的图书种类。本实例实现操作图书表，该表中的数据如图 22.24 所示。

本实例查询图书表中日销量超过 400 的图书种类的运行效果如图 22.25 所示。

bookId	bookName	total	sellDate
001	Java从入门到精通	360	2010/7/10
002	Java范例完全自学手册	102	2010/6/30
003	Java开发实战宝典	350	2010/7/2
004	VB从入门到精通	350	2010/7/2
005	Java典型模块大全	460	2010/7/2
006	Java视频学	560	2010/2/20
007	Java Web视频学	520	2010/5/15
008	Struts完全手册	270	2010/6/30

图 22.24　图书表中的数据

<问题> @ Javadoc ☞ 声明 ▣ 控制台 ☒ ☞ 进度
<已终止> A Java 应用程序 C:\Program Files\Java\jdk1.7.0_25\bin\javaw.exe (20
日销售额超过400的图书种类有 : 3种

图 22.25　实例运行效果

■ 关键技术

COUNT()函数能够计算在一个记录中表达式的数目，即数据条数。一般地，COUNT()函数主要用于查询结果中的数据条数，因此通常以通配符"*"作为 COUNT()函数的参数。事实上，COUNT()函数也是唯一允许使用通配符作为参数的聚集函数。该函数的语法格式如下：

```
COUNT({[ALL | DISTINCT]expression} | *)
```

参数说明

❶ ALL：该参数是默认设置，如果没有该参数，SQL Server 对所有的值进行聚集函数运算。

❷ DISTINCT：该参数指定 COUNT 返回唯一非空值的数量。

❸ expression：该参数为表达式，它的类型可以是除 uniqueidentifier、text、image 或 ntext 之外的任何类型。

❹ *：指定应该计算所有行以返回表中行的总数，COUNT(*)不需要任何参数，而且不能与 DISTINCT 一起使用。COUNT(*)不需要 expression 参数，因为根据定义，该函数不使用有关任何特定列的信息。COUNT(*)返回指定表中行的数量而不消除副本，它对每行分别进行计数，包括含有空值的行。

■ 设计过程

（1）定义工具类 BookSellUtil，在该类中定义查询图书表中数据的方法。首先定义连接数据库的方法 getConn()，具体代码读者可参考光盘中的源程序，这里不再赘述。

（2）在该类中定义查询图书表中日销售额在 400 以上的图书种类方法 getMAXOrder()。具体代码如下：

```
public int getMAXOrder() {
    List list = new ArrayList();                                    //定义用于保存返回值的 List 集合
    conn = getConn();                                              //获取数据库连接
    int count = 0;
    try {
        Statement staement = conn.createStatement();
        //查询日销售额在 400 以上的图书种类
        String sql = "select count(bookName) as bookType from tb_bookSell where total >400";
        ResultSet set = staement.executeQuery(sql);                //执行查询语句返回查询结果集
        while (set.next()) {                                        //循环遍历查询结果集
```

```
                count = set.getInt("bookType");
        }
    } catch (Exception e) {
            e.printStackTrace();
    }
    return count;                                                    //返回 List 集合
}
```

■ 秘笈心法

心法领悟 541：CUBE 或 ROLLUP 关键字。

当使用 CUBE 或 ROLLUP 时，不支持区分聚集。例如，如果使用了 COUNT(DISTINCT column_name)，SQL Server 将返回错误信息并取消查询。

实例 542	查询编程词典 6 月的销售量	中级
	光盘位置：光盘\MR\542	趣味指数：★★★★☆

■ 实例说明

在 SQL Server 数据库中提供了按月查询数据的函数 MONTH()。使用该函数对数据进行按月份统计十分方便。本实例实现的是对编程词典销量表中的数据进行按月份统计，并将 6 月份的总销售额输出。本实例操作的是编程词典销量表，表中的数据如图 22.26 所示。

本实例实现查询编程词典销量表 6 月份的销量统计，运行效果如图 22.27 所示。

id	bccdName	bccdCount	bccdPrice	bccdDate
1	java编程词典	300	59	2010/6/20
2	VB编程词典	550	59	2010/6/15
3	VC编程词典	290	59	2010/5/21
4	C#编程词典	150	59	2010/4/25
5	java编程词典	165	59	2010/6/1
6	.net编程词典	194	59	2010/5/13
7	VB编程词典	125	59	2010/6/21

图 22.26　编程词典销量表中的数据

```
<已终止> A [Java 应用程序] C:\Program Files\Java\jdk1.7.0_25\bin\javaw.exe（2013-
编程词典6月的销售额是：1140
```

图 22.27　实例运行效果

■ 关键技术

要实现按月查询数据可以使用日期函数 MONTH()。该函数的语法格式如下：

```
MONTH(date)
```

参数说明

❶ date：返回 date 或 smalldatetime 值或日期格式字符串的表达式。仅对 1753 年 1 月 1 日后的日期使用 datetime 数据类型。其返回值的数据类型为 int。

❷ MONTH：该函数能够将日期时间表达式 date 中的月份返回，返回的月份是以数值 1～12 来表示，1 代表 1 月，2 代表 2 月，依此类推。

◀» 注意：如果将 date 设置为 0，SQL Server 会将 0 视为 1900 年 1 月 1 日。

■ 设计过程

（1）定义工具类 BccdSell，在该类中定义查询数据方法。首先定义连接数据库的方法 getConn()，具体代码读者可参考光盘中的源程序，这里不再赘述。

（2）在该类中定义查询编程词典销量表中 6 月份的总销售额方法 getBccdSell()。该方法的具体代码如下：

```
public int getBccdSell() {
    List list = new ArrayList();                                     //定义用于保存返回值的 List 集合
    conn = getConn();                                                //获取数据库连接
    int count = 0;
    try {
```

```
        Statement staement = conn.createStatement();
        //查询编程词典销量表中 6 月的总销量
        String sql = "select sum(bccdCount)    from tb_bccdSell where month(bccdDate) = 6";
        ResultSet set = staement.executeQuery(sql);                //执行查询语句返回查询结果集
        while (set.next()) {                                       //循环遍历查询结果集
            count = set.getInt(1);
        }
    } catch (Exception e) {
        e.printStackTrace();
    }
    return count;                                                  //返回 List 集合
}
```

■ 秘笈心法

心法领悟 542：常用的日期函数。

本实例向大家介绍了日期函数 MONTH() 的用法，在 SQL Server 数据库中还支持其他的日期函数。例如，GETDATE() 函数，用于返回系统当前的日期与时间；YEAR() 函数，用于返回日期表达式中的年份；DAY() 函数，用于返回日期表达式中的几号。

实例 543	查询与张静同一天入职的员工信息 光盘位置：光盘\MR\543	中级 趣味指数：★★★★☆

■ 实例说明

查询与某人同一天入职的员工信息，需要使用 CONVERT() 函数与 like 关键字。CONVERT() 函数可以对指定的日期进行格式化。like 关键字可以实现对数据的模糊查询。本实例实现查询员工表中和张静同一天入职的员工。本实例实现查询员工表，该表中的数据如图 22.28 所示。

运行本实例，结果如图 22.29 所示。

id	name	sex	dept	ddate
1	张静	男	Java部	2008/5/20
2	张三	男	质量部	2007/10/7
3	王经理	女	VB部	2009/5/6
4	李丽	女	Java部	2008/5/20
5	刘娜	女	VC部	2008/9/7
6	玲玲	女	C#部	2008/5/20

图 22.28　员工表中的数据

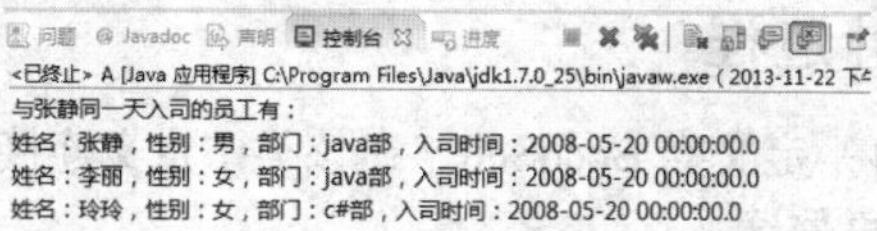

<已终止> A [Java 应用程序] C:\Program Files\Java\jdk1.7.0_25\bin\javaw.exe (2013-11-22 下...
与张静同一天入职的员工有：
姓名：张静，性别：男，部门：java部，入司时间：2008-05-20 00:00:00.0
姓名：李丽，性别：女，部门：java部，入司时间：2008-05-20 00:00:00.0
姓名：玲玲，性别：女，部门：c#部，入司时间：2008-05-20 00:00:00.0

图 22.29　实例运行效果

■ 关键技术

本实例在对日期型数值进行模糊查询时，应用了 CONVERT() 函数，该函数为日期格式化函数，可将日期转化成 "yyyy-mm-dd" 等格式。该函数的语法格式如下：

```
CONVERT(date_type[(length)] , expression , style)
```

参数说明

❶ date_type：为要转化的数据类型。

❷ expression：为 DATETIME 类型的数据。

❸ style：指定转化形式。style 取值不同对应的日期、时间格式也不同，如表 22.4 所示为 style 取不同值所对应的日期、时间格式。

表 22.4　style 不同取值对应的日期、时间格式

style	格　　式	示　　例
0	mon dd yyyy hh:miAM/PM	Jun 22 2009 08:30 AM
1	mm/dd/yy	08/28/09
2	yy.mm.dd	09.04.24

style	格　式	示　　例
3	dd/mm/yy	02/12/09
4	dd.mm.yy	22.06.09
5	dd-mm-yy	22-07-09
6	dd mon yy	21 Jun 09
7	Mon dd yy	Jun 21 09
8	hh:mm:ss	11:30:21
9	mon dd yyyy hh:mi:ss:mmmmAM/PM	Jun 10 2009 08:25:25:048 AM
10	mm-dd-yy	07-25-09
11	yy/mm/dd	09/07/24
12	yymmdd	090712`
13	dd mon yyyy hh:mm:ss:mmm	21 Jun 2009 09:20:22:045
14	hh:mi:ss:mmm	09:31:22:048
20	yyyy-mm-dd hh:mi:ss	2009-07-25 08:25:20

本实例实现在 select 查询语句中使用 like 关键字。在查询语句中 like 关键字位于 WHERE 子句中。like 关键字可以与 NOT 运算符组合使用，在查询语句中使用 like 关键字的语法格式如下：

```
SELECT [DISTIN|UNIQUE](*,columname[AS alias],…)
FROM table
WHERE columname LIKE '[ _ | % ]value'
```

参数说明

❶ columname：要进行查询匹配的字段。

❷ value：要进行匹配的字符串。

❸ 匹配符 "_" 表示任意单个字符，该运算符只能匹配一个字符。匹配符 "%"，可以匹配 0 个或更多字符的任意长度的字符串，且不计较字符的多少。

■ 设计过程

（1）定义类 BccdSell，在该类中定义连接数据库的方法 getConn()。具体代码读者可参考光盘中的源程序，这里不再赘述。

（2）在该类中定义 getBccdSell() 方法，用于查询与张静同一天入职的员工信息。具体代码如下：

```java
public List getBccdSell() {
    List list = new ArrayList();                              //定义用于保存返回值的 List 集合
    conn = getConn();                                         //获取数据库连接
    try {
        Statement staement = conn.createStatement();
        //定义查询数据的 SQL 语句
        String sql = "select * from tb_emp where convert(varchar(10),ddate,21) " +
                "like (select convert(varchar(10),ddate,21) from tb_emp where name = '张静')";
        ResultSet set = staement.executeQuery(sql);           //执行查询语句返回查询结果集
        while (set.next()) {                                  //循环遍历查询结果集
            Emp emp = new Emp();
            emp.setId(set.getInt(1));
            emp.setName(set.getString(2));
            emp.setSex(set.getString("sex"));
            emp.setDdate(set.getString("ddate"));
            emp.setDept(set.getString("dept"));
            list.add(emp);
        }
    } catch (Exception e) {
        e.printStackTrace();
    }
    return list;                                              //返回 List 集合
}
```

■ 秘笈心法

心法领悟 543：模糊查询。

在使用 like 进行模糊查询时需要注意，like 关键字给定的表达式中的所有字符都有效，包含开头和结尾的空格。

实例 544	使用 IN 谓词查询某几个时间的数据	中级
	光盘位置：光盘\MR\544	趣味指数：★★★★⯪

■ 实例说明

IN 谓词可限定查询结果返回的范围。本实例实现的是查询在 2010/6/20 和 2010/6/21 都有销售记录的编程词典销售信息。实例实现的是操作编程词典销量表，该表中的数据如图 22.30 所示。

运行本实例，结果如图 22.31 所示。

id	bccdName	bccdCount	bccdPrice	bccdDate
1	java编程词典	300	59	2010/6/20
2	VB编程词典	550	59	2010/6/15
3	VC编程词典	290	59	2010/5/21
4	C#编程词典	150	59	2010/4/25
5	java编程词典	165	59	2010/6/1
6	.net编程词典	194	59	2010/5/13
7	VB编程词典	125	59	2010/6/21

图 22.30　编程词典销量表中的数据

图 22.31　实例运行效果

■ 关键技术

IN 运算符返回与列出的值中指定某一个值相等的记录。IN 运算符列表中的项目必须使用逗号分隔，并且必须将整个列表都包括在括号中。

利用 IN 运算符查询某几个时间段的数据。例如，查询与王一和王二同一天出生的员工信息，示例代码如下：

```
select * from tb_emp
where 出生日期 in((select 出生日期 from tb_emp where 姓名 ='王一'),
(select 出生日期 from tb_emp where 姓名 ='王二'))
```

在日期查询时还可以通过聚集函数对其进行查询，但值得注意的是排在后面的时间大于排在前面的时间，如 2008-12-21 大于 2008-01-01。例如，查询最后出版与最先出版的图书信息，示例代码如下：

```
select * from tb_booksell
where 出版日期 in ((select max(出版日期) from tb_booksell),
(select min(出版日期) from tb_booksell))
```

■ 设计过程

（1）在项目中创建类 GetMessage，用于定义查询数据方法，在该类中首先定义连接数据库的方法 getConn()，该方法以 Connection 对象作为返回值，具体代码读者可参考光盘中的源程序。

（2）在该类中定义 getBccdSell()方法，用于在编程词典销量表中查询数据，并将查询结果以 List 集合返回。具体代码如下：

```
public List getBccdSell() {
    List list = new ArrayList();                          //定义用于保存返回值的 List 集合
    conn = getConn();                                     //获取数据库连接
    try {
        Statement staement = conn.createStatement();
        //定义查询数据的 SQL 语句
        String sql = "select * from tb_bccdSell where bccdDate in ('2010/6/20','2010/6/21')";
        ResultSet set = staement.executeQuery(sql);       //执行查询语句返回查询结果集
        while (set.next()) {                              //循环遍历查询结果集
            Bccd bccd = new Bccd();                       //定义与数据对应的 JavaBean 对象
            bccd.setId(set.getInt(1));                    //设置对象属性
            bccd.setBccdName(set.getString(2));
            bccd.setBccdCount(set.getInt(3));
```

```
            bccd.setBccdPrice(set.getFloat(4));
            bccd.setBccdDate(set.getString(5));
            list.add(bccd);                                            //向集合中添加对象
        }
    } catch (Exception e) {
        e.printStackTrace();
    }
    return list;                                                       //返回 List 集合
}
```

秘笈心法

心法领悟 544：SQL 中的运算符。

运算符是一种符号，用来指定要在一个或多个表达式中执行的操作。SQL Server 中的运算符有算术运算符、赋值运算符、位运算符、比较运算符、逻辑运算符、字符串串联运算符、一元运算符。本实例使用的是 IN 运算符，即逻辑运算符的一种。除此之外，逻辑运算符还有 ALL、AND、ANY 等。

实例 545	日期查询中避免千年虫问题 光盘位置：光盘\MR\545	中级 趣味指数：★★★★☆

实例说明

在日期中有的使用的是 4 位的年份，有的使用的是两位的年份。在使用两位年份时，需要注意的就是千年虫问题，如 1904 年与 2004 年使用两位纪年就都表示为 04。在 SQL Server 中可以通过设置两位年份的间隔避免千年虫问题。本实例实现按某学生的出生日期对该学生进行查询，实例运行效果如图 22.32 所示。

关键技术

避免出现千年虫问题，在 SQL Server 数据库中可以通过设置两位年份的支持范围来避免这一问题。步骤如下：

（1）在 SQL Server 企业管理器中，右击 SQL Server，在弹出的快捷菜单中选择"属性"命令。

（2）在弹出的"SQL Server 属性"对话框中选择"服务器设置"选项卡，设置"两位数年份支持"选项区域中的数值微调器，再单击"确定"按钮即可，如图 22.33 所示。

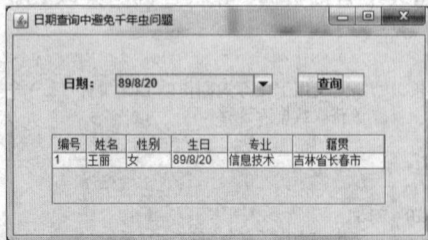

图 22.32　实例运行效果

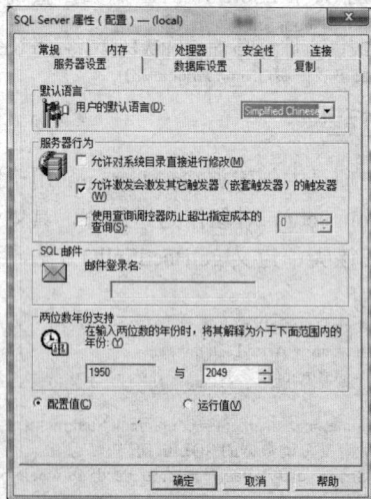

图 22.33　设置两位年份的支持范围

注意：建议在使用年份时使用 4 位年份，因为使用两位数年份有时会表达不清楚，不仅可能误判实际值，而且还需要进行繁琐的设置。

■ 设计过程

（1）在项目中创建窗体类 SelectDateFrame，该类继承自 JFrame 类，实现窗体类，向该窗体中添加标签、下拉列表、按钮与表格控件实现窗体布局。

（2）在项目中创建工具类 SelectDateUtil，在该类中定义按照出生日期查询学生信息的方法 getStuUseDate()，该方法包含有一个 String 类型的参数，用于指定学生出生日期。具体代码如下：

```java
public List getStuUseDate(String sDate) {
    List list = new ArrayList();                              //定义用于保存返回值的 List 集合
    conn = getConn();                                         //获取数据库连接
    try {
        Statement staement = conn.createStatement();
        String sql = "select * from tb_StuInfo where sBrithday = '"+sDate+"'";
        ResultSet set = staement.executeQuery(sql);          //执行查询语句返回查询结果集
        while (set.next()) {                                  //循环遍历查询结果集
            StuInfo stuInfo = new StuInfo();                 //创建与数据表对应的 JavaBean 对象
            stuInfo.setId(set.getInt(1));                    //设置对象属性
            stuInfo.setsName(set.getString(2));
            stuInfo.setsSex(set.getString(3));
            stuInfo.setsBrithday(set.getString(4));
            stuInfo.setsSpeciality(set.getString(5));
            stuInfo.setsAddress(set.getString(6));
            list.add(stuInfo);                               //向集合中添加对象
        }
    } catch (Exception e) {
        e.printStackTrace();
    }
    return list;                                             //返回 List 集合
}
```

■ 秘笈心法

心法领悟 545：SQL Server 中的默认时间。

如果用户只赋值给时间，则时间将默认是 12:00AM（午夜）；如果只赋值给日期，则日期将默认表示为 1900 年 1 月 1 日。

22.3　大小比较与逻辑应用

实例 546	在查询结果中不显示重复记录 光盘位置：光盘\MR\546	中级 趣味指数：★★★★☆

■ 实例说明

不显示重复记录查询是很常见的一种查询方式。在 SQL Server 数据库中提供了 DISTINCT 关键字来删除重复记录。本实例实现的是查询编程词典销量表中各词典的总销售量。由于在销量表中包含有各词典的重复记录，因此在查询时，使用了 DISTINCT 关键字删除重复记录。实例运行效果如图 22.34 所示。

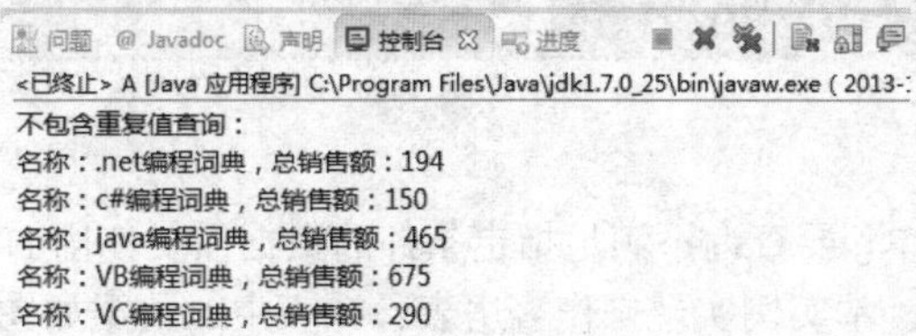

图 22.34　实例运行效果

■ 关键技术

在实现查询操作时，如果查询的选择列表中包含一个表的主键，那么每个查询结果中的记录将是唯一的（因为主键在每一条记录中有一个不同的值）。如果主键不包含在查询结果中，就可能出现重复记录。使用 DISTINCT 关键字以后就可以删除重复记录。

DISTINCT 的语法格式如下：

```
SELECT DISTINCT select_list
```

参数说明

select_list：要查询的列。

◀ 注意：DISTINCT 关键字并不是指某一行，而是指不重复 SELECT 输出的所有行，这一点十分重要，其作用是防止相同的行出现在查询结果中。

■ 设计过程

（1）创建类 BccdDistinctSell，在该类中定义查询数据库中非重复值的方法。首先定义连接数据库的方法 getConn()，具体代码读者可参考光盘中的源程序，这里不再赘述。

（2）在该类中定义 getBccdSell()方法，用于查询各词典的总销量，该方法返回 getBccdSell()集合对象。具体代码如下：

```java
public List getBccdSell() {
    List list = new ArrayList();                                     //定义用于保存返回值的 List 集合
    conn = getConn();                                                //获取数据库连接
    try {
        Statement staement = conn.createStatement();
        String sql = "select distinct bccdName , sum(bccdCount)    from tb_bccdSell group by bccdName";
                                                                     //定义查询数据的 SQL 语句
        ResultSet set = staement.executeQuery(sql);                  //执行查询语句返回查询结果集
        while (set.next()) {                                         //循环遍历查询结果集
            Bccd bccd = new Bccd();                                  //定义与数据对应的 JavaBean 对象
            bccd.setBccdName(set.getString(1));                      //设置对象属性
            bccd.setSum(set.getInt(2));
            list.add(bccd);                                          //向集合中添加对象
        }
    } catch (Exception e) {
        e.printStackTrace();
    }
    return list;                                                     //返回 List 集合
}
```

■ 秘笈心法

心法领悟 546：DISTINCT 与 ALL 关键字。

本实例用到了 DISTINCT 关键字，与该关键字对应的是 ALL 关键字，ALL 关键字表示在查询结果中保留重复记录，这也是默认的行为。

实例 547	使用 NOT 查询不满足条件的记录 光盘位置：光盘\MR\547	高级 趣味指数：★★★★★

■ 实例说明

查询满足某条件的记录很简单，要查询不满足指定条件的数据需要使用 NOT 关键字。本实例实现查询客房表中没有入住的非普间客房信息。本实例实现操作客房表，该表中的数据如图 22.35 所示。

运行本实例，没有入住的非普间客房显示在控制台上，结果如图 22.36 所示。

roomid	roomType	roomPrice	roomState	roomFacility	roomDate
201	普间	98	入住	电视	2010/7/8
202	标间	138	空房	电视、空调	
203	标间	138	空房	电视、空调	
204	普间	98	空房	电视	
205	标间	138	入住	电视、空调	2010/7/8
206	普间	98	入住	电视	2010/6/30
207	标间	138	入住	电视、空调	2010/6/30
208	普间	98	空房	电视	

图 22.35　客房表中的数据

图 22.36　实例运行结果

■ 关键技术

NOT 关键字表示"不等"。NOT 关键字还可以与其他谓词相连来实现组合查询。NOT 与谓词进行组合所形成的表达式分别是[NOT] BETWEEN、IS [NOT] NULL 和[NOT] IN。

❑ [NOT] BETWEEN

该条件指定值的包含范围，使用 AND 将开始值和结束值分开。该表达式的语法格式如下：

```
test_expression [NOT] BETWEEN begin_expression AND end_expression
```

结果类型为 Boolean，返回的值为：如果 test_expression 的值小于等于 begin_expression 的值或者大于等于 end_expression 的值，则 NOT BETWEEN 返回 true。

用户还须注意若要指定排除范围，还可以使用大于（＞）和小于（＜）运算符来代替 BETWEEN。

❑ IS [NOT] NULL

根据所使用的关键字指定对空值或非空值的查询，如果有任何操作数是 null，则表达式取值为 null。

❑ [NOT] IN

根据使用的关键字是包含在列表内还是排除在列表外，来指定对表达式的查询，查询表达式可以使用常量或列名，而列表可以是一组常量或更多情况下是子查询。如果列表为一组常量则应该放置在一对圆括号内。该表达式的语法格式如下：

```
test_expression[NOT] IN
(
 subquery
 expression[,…n]
)
```

参数说明

❶ test_expression：为 SQL 表达式。

❷ subquery：是包含某列结果集的子查询，该列必须与 test_expression 具有相同的数据类型。

❸ expression[,…n]：是一个表达式列表，用来测试是否匹配，所有的表达式必须和 test_expression 具有相同的数据类型。

该语句的返回值是把 test_expression 与 subquery 返回的值进行比较，如果两个值相等，或与逗号分隔的列表中的任何 expression 相等，那么结果值就为 true，否则结果值为 false。另外，使用 NOT IN 可以对返回值取反。

■ 设计过程

（1）创建类 RoomUtil，在该类中定义查询数据方法。首先定义连接数据库的方法 getConn()，该方法的具体代码读者可参考光盘中的源程序，这里不再赘述。

（2）在该类中定义查询没有入住的非普间客房信息方法 getRoom()，该方法将查询出满足条件的客房信息保存在 List 集合中。具体代码如下：

```java
public List getRoom() {
    List list = new ArrayList();                                              //定义用于保存返回值的 List 集合
    conn = getConn();                                                         //获取数据库连接
    try {
        Statement staement = conn.createStatement();
        String sql = "select * from tb_room   where (not roomState = '入住') and ( not roomType = '普间')"; //定义查询数据的 SQL 语句
        ResultSet set = staement.executeQuery(sql);                           //执行查询语句返回查询结果集
        while (set.next()) {                                                  //循环遍历查询结果集
            Room room = new Room();
            room.setRoomDate(set.getString("roomDate"));
```

```
                room.setRoomFacility(set.getString("roomFacility"));
                room.setRoomid(set.getInt(1));
                room.setRoomPrice(set.getInt("roomPrice"));
                room.setRoomState(set.getString("roomState"));
                room.setRoomType(set.getString("roomType"));
                list.add(room);
            }
        } catch (Exception e) {
            e.printStackTrace();
        }
        return list;                                                    //返回 List 集合
    }
```

秘笈心法

心法领悟 547：多列查询。

在对多列查询时，SELECT 子句后的列名如果忘记使用逗号分隔，那么系统会将后面的字段名解释为列别名，这样就不会得到想要的结果。

实例 548	使用 between 进行区间查询 光盘位置：光盘\MR\548	高级 趣味指数：★★★★☆

实例说明

区间查询是指查询某两个值之间的数据。在 SQL Server 数据库中要进行区间查询可以采用两种方式，一种是分别使用符号"＞"与"＜"；另一种就是使用 between…and 关键字。这两种查询方式都要写在 where 子句中，作为查询条件。本实例实现使用 between 关键字查询英语成绩在 80～90 之间的学生信息。本实例实现操作学生成绩表，该表中的数据如图 22.37 所示。

运行本实例，将英语成绩在 80～90 之间的学生姓名与英文成绩在控制台上输出，结果如图 22.38 所示。

id	name	chinese	math	english	physics	history
1	张三	85	92	89	94	92
2	李玉	85	86	98	87	75
3	王丽	78	86	78	95	57
4	赵四	85	95	74	95	74
5	陈雷	89	68	87	89	87

图 22.37　学生成绩表中的数据

图 22.38　实例运行结果

关键技术

本实例使用 between…and 运算符进行区间查询，其语法格式如下：

```
expression[NOT]between expression1 and expression2
```

参数说明

❶ expression：用来在由 expression1 和 expression2 定义的范围内进行测试的表达式。expression 必须与 expression1 和 expression2 具有相同的数据类型。

❷ NOT：指定谓词的结果被取反。

❸ and 占位符：表示 expression 应该处于 expression1 和 expression2 指定的范围内。

如果 expression 的值大于或等于 expression1 的值，并且小于或等于 expression2 的值，则 between 返回 true。如果 expression 的值小于 expression1 的值或者大于 expression2 的值，则 between 返回 false。

注意：between…and 返回的结果集中，包含范围区间的两个端点。

设计过程

（1）创建类 BetweenUtil，在该类中定义查询数据的方法。首先定义连接数据库的方法 getConn()，该方法以 Connection 对象作为返回值。具体代码读者可参考光盘中的源程序，这里不再赘述。

（2）在该类中定义查询英文成绩在 80～90 之间的学生姓名和英文成绩方法 getGrade()，该方法以 List 作为返回值。具体代码如下：

```
public List getGrade() {
    List list = new ArrayList();                                    //定义用于保存返回值的 List 集合
    conn = getConn();                                               //获取数据库连接
    try {
        Statement staement = conn.createStatement();
        //定义查询英文成绩在 80～90 之间的学生信息 SQL 语句
        String sql = "select name,english from tb_Grade  where english  between 80 and 90";
        ResultSet set = staement.executeQuery(sql);                 //执行查询语句返回查询结果集
        while (set.next()) {                                        //循环遍历查询结果集
            Grade grade = new Grade();                              //创建与学生成绩表对应的 Grade 对象
            grade.setName(set.getString(1));
            grade.setEnglish(set.getFloat(2));
            list.add(grade);                                        //将 Grade 对象添加到集合中
        }
    } catch (Exception e) {
        e.printStackTrace();
    }
    return list;                                                    //返回查询集合
}
```

■ 秘笈心法

心法领悟 548：">" 与 "<" 组合实现区间查询。

本实例中使用的是 between 与 and 关键字实现区间查询，使用 ">" 与 "<" 组合也可以实现区间查询。例如，将本实例转换为 ">" 与 "<" 组合实现区间查询，SQL 语句如下：

```
select name,english from tb_Grade where english >80 and english < 90
```

实例 549	列出销量表中的重复记录和记录条数	高级
光盘位置：光盘\MR\549		趣味指数：★★★★☆

■ 实例说明

本实例实现了查询编程词典销量表中有多次销售记录的词典信息，还实现了统计重复的次数、词典名称以及各词典的总销量。本实例实现操作编程词典销量表，并将查询结果在控制台上输出，实例运行效果如图 22.39 所示。

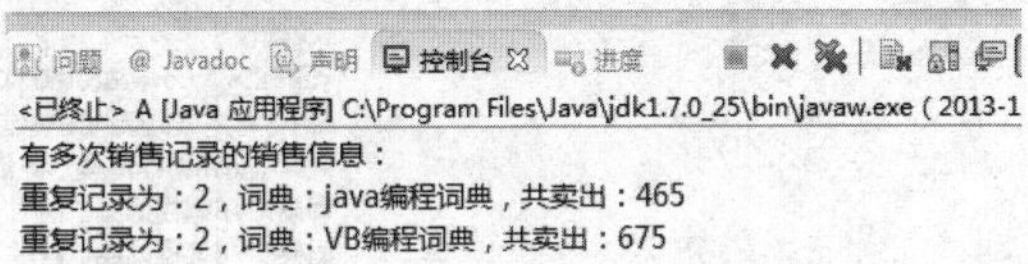

图 22.39　实例运行效果

■ 关键技术

实现列出数据中的重复记录和记录条数主要应用了 COUNT()函数和 GROUP BY 子句。其中，有关 COUNT()函数的语法形式和用法可参见实例 509，有关 GROUP BY 子句的语法形式和用法可参见实例 503。

在对数据进行分组和聚集后，再使用 HAVING 子句中的条件。只有符合条件的组才出现在查询中。

■ 设计过程

（1）定义类 BccdSell，在该类中定义连接数据库的方法 getConn()，该方法的具体代码读者可参考光盘中的源程序，这里不再赘述。

（2）在该类中定义查询编程词典销量表中数据的方法 getBccdSell()，该方法的返回值是 List 集合。具体代码如下：

```
public List getBccdSell() {
    List list = new ArrayList();                                    //定义用于保存返回值的 List 集合
    conn = getConn();                                               //获取数据库连接
    try {
```

```
        Statement staement = conn.createStatement();
        String sql = "select count(id) as countId ,bccdName,sum(bccdCount) as sum from tb_bccdSell group by bccdName having count(id)>1"; //查询
有多次销售记录的销售信息
        ResultSet set = staement.executeQuery(sql);                                    //执行查询语句返回查询结果集
        while (set.next()) {                                                            //循环遍历查询结果集
            Bccd bccd = new Bccd();
            bccd.setCountId(set.getInt(1));
            bccd.setBccdName(set.getString(2));
            bccd.setSum(set.getInt(3));
            list.add(bccd);
        }
    } catch (Exception e) {
        e.printStackTrace();
    }
    return list;                                                                       //返回 List 集合
}
```

■ 秘笈心法

心法领悟 549：单引号内的值。

在使用 SQL 语句进行数据查询时，如果列值是字符类型的，在操作数据时必须使用单引号。需要注意的是在 SQL Server 数据库中单引号中的内容是不区分大小写的，但在 Oracle 数据库中单引号中的内容是严格区分大小写的。如果在查询结果中没有返回想得到的结果，请检查单引号中的字母大小写。

实例 550	使用关系运算符查询某一时间段数据	高级
	光盘位置：光盘\MR\550	趣味指数：★★★★☆

■ 实例说明

关系运算符包含有"<"、">"和"="等，使用关系运算符对数值类型的数据进行比较很常见，但使用关系运算符同样可以对日期类型的数据进行比较。本实例实现的是查询编程词典销量表中，在 2010/6/1～2010/6/30 之间有销量的词典信息，并将其在控制台上输出。实例运行效果如图 22.40 所示。

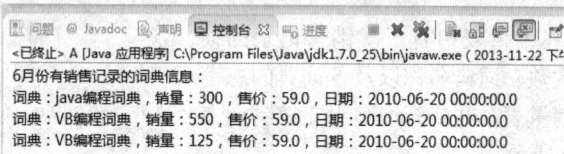

图 22.40　实例运行效果

■ 关键技术

时间比较是按照日期顺序进行比较，排在时间后面的日期大于排在时间顺序前面的日期。例如，时间"2010-07-14"大于时间"2010-01-14"。

逻辑运算符 AND 可以连接两个或两个以上的条件，只有当 AND 连接的条件都为 true（真）时，AND 返回的结果才是 true（真）。如果其中有一个条件为 false（假），AND 返回的值就是 false（假）。SQL 提供了 AND、OR、NOT 3 个逻辑运算符。它们各自都有自己的优先级，这样当它们同时在 WHERE 子句中出现时，就可以按照规定的优先级顺序执行，不会出现混乱。优先级由高到低的顺序是 NOT、AND、OR。

注意：使用关系运算符不包含两个端点的值，使用 between…and 运算符包含两个端点的值。

■ 设计过程

（1）定义类 BccdSell，在该类中定义连接数据库的方法 getConn()，该方法的具体代码读者可参考光盘中的

源程序，这里不再赘述。

（2）在该类中定义查询在 2010/6/1～2010/6/30 日之间有销量记录的词典信息方法 getBccdSell()，该方法返回 List 集合。具体代码如下：

```
public List getBccdSell() {
    List list = new ArrayList();                                    //定义用于保存返回值的 List 集合
    conn = getConn();                                               //获取数据库连接

    try {
        Statement staement = conn.createStatement();
        String sql = "select * from tb_bccdSell where bccdDate > '2010/6/1' and bccdDate < '2010/6/30'";
                                                                    //查询满足条件的 SQL 语句
        ResultSet set = staement.executeQuery(sql);                 //执行查询语句返回查询结果集
        while (set.next()) {                                         //循环遍历查询结果集
            Bccd bccd = new Bccd();
            bccd.setId(set.getInt(1));
            bccd.setBccdName(set.getString("bccdName"));
            bccd.setBccdCount(set.getInt("bccdCount"));
            bccd.setBccdPrice(set.getFloat("bccdPrice"));
            bccd.setBccdDate(set.getString("bccdDate"));
            list.add(bccd);
        }
    } catch (Exception e) {
        e.printStackTrace();
    }
    return list;                                                    //返回 List 集合
}
```

■秘笈心法

心法领悟 550：使用 between 关键字查询某一时间段数据。

本实例使用关系运算符查询某一时间段数据，使用 between…and 关键字也可以实现查询某一时间段数据。将本实例中的 SQL 语句替换为 between…and 关键字实现，代码如下：

```
select * from tb_bccdSell where bccdDate between '2010/6/1' and '2010/6/30'
```

在执行该查询语句时，包含销售日期在 2010/6/1 和 2010/6/30 日销售的词典信息。

实例 551	计算两个日期之间的月份数 光盘位置：光盘\MR\551	高级 趣味指数：★★★★☆

■实例说明

在 SQL Server 数据库中提供了 DATEDIFF 函数，可用于获取两个日期之间的天数、月份数等。这样对一些数据的统计是十分有用的。本实例实现的是统计商品表中各种商品的上市时间。实例运行效果如图 22.41 所示。

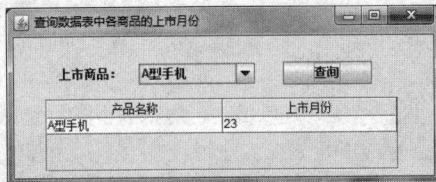

图 22.41　实例运行效果

■关键技术

DATEDIFF()函数用于返回跨两个指定日期的日期与时间边界数。该函数的语法格式如下：

```
DATEDIFF(datepart,startdate,enddate)
```

参数说明

❶ datepart：规定了应在哪一部分计算差额的参数。SQL Server 可识别的日期部分及其缩写如表 22.5 所示。

表 22.5　日期部分和缩写

日 期 部 分	缩　　写	日 期 部 分	缩　　写
Year	Yy,yyyy	Week	Wk,ww
Quarter	Qq ,q	Hour	Hh
Month	Mm, m	Minute	Mi,n
Dayofyear	Dy ,y	Second	Ss,s
Day	Dd, d	Millisecond	ms

例如，本实例中获取两个日期之间的月份数，可以设置参数 datepart 为 mm；如果要计算两个日期之间的天数，可以将 datepart 参数设置为 day。

❷ startdate：计算的开始日期。其返回值为 datetime 或 smalldatetime 值或日期格式字符串的表达式。

❸ enddate：计算的终止日期。其返回值为 datetime 或 smalldatetime 值或日期格式字符串的表达式。

■ 设计过程

（1）在项目中创建类 MerchandiseFrame，该类继承自 JFrame 类，实现窗体类。

（2）向窗体中添加控件，实现窗体布局。该窗体中的主要控件及说明如表 22.6 所示。

表 22.6　窗体中的主要控件及说明

控 件 类 型	控 件 命 名	控 件 用 途
JComboBox	nameComboBox	显示商品名称的下拉列表控件
JButton	okButton	显示"查询"的按钮控件
JTable	table	显示查询结果的表格控件

（3）创建 MerchandiseUtil 类，该类定义了获取数据的方法。首先定义与数据库建立连接的方法 getConn()，该方法返回 Connection 对象，具体代码读者可参考光盘中的源程序，这里不再赘述。

（4）在该类中定义查询商品表中所有信息的方法 getMerchandise()，该方法的返回值为 List 类型。具体代码如下：

```java
public List getMerchandise() {
    conn = getConn();                                          //获取数据库连接
    List list = new ArrayList();                               //定义保存返回值的 List 对象
    try {
        Statement staement = conn.createStatement();           //定义 Statement 对象
        String sql = "select * from tb_merchandise";           //定义查询的 SQL 语句
        ResultSet set = staement.executeQuery(sql);            //执行查询语句返回查询结果集
        while (set.next()) {                                   //循环遍历查询结果集
            Merchandise merchandise = new Merchandise();
            merchandise.setId(set.getInt(1));
            merchandise.setWareName(set.getString(2));
            merchandise.setWareDate(set.getString(3));
            list.add(merchandise);
        }
    } catch (Exception e) {
        e.printStackTrace();
    }
    return list;                                               //返回查询结果
}
```

（5）在该类中定义 getgetMerchandiseDate()方法，用于查询某种商品到当前时间共上市的月份。该方法有一个 String 类型的参数，用于指定要进行查询的商品名称。具体代码如下：

```java
public String getgetMerchandiseDate(String term) {
    String date = "";
    conn = getConn();                                          //获取数据库连接
    try {
        Statement staement = conn.createStatement();
        String sql = "select datediff(mm,(select wareDate from tb_merchandise where wareName ="
                + term + "),getDate())";                       //定义将图书表中信息进行排序的 SQL 语句
        ResultSet set = staement.executeQuery(sql);            //执行查询语句返回查询结果集
```

```
            while (set.next()) {                              //循环遍历查询结果集
                date = set.getString(1);
            }
        } catch (Exception e) {
            e.printStackTrace();
        }
        return date;
    }
```

📖 **说明**：SQL Server 数据库中的 getDate()函数用于获取当前系统时间。

■ 秘笈心法

心法领悟 551：SQL Server 数据库中两种表示日期的数据类型。

DATETIME 数据类型是存储日期和时间的结合体。范围是 1753 年 1 月 1 日零时～9999 年 12 月 31 日 23 时 59 分 59 秒。DATETIME 数据类型所占用的存储空间为 8 个字符，前 4 个字节用于存储 1900 年 1 月 1 日之前或以后的天数，其数值可取正数也可取负数，正数代表 1900 年 1 月 1 日之后的日期，负数代表此日期之前的日期。

SMALLDATETIME 数据类型与 DATETIME 数据类型基本相似，只是其时间范围较小，为 1900 年 1 月 1 日～2079 年 6 月 6 日。精确度也较低，只能精确到分钟，以 30 分钟为界线进行四舍五入。SMALLDATETIME 数据类型以 4 个字节存储数据。其中前两个字节存储从基础日期 1900 年 1 月 1 日以来的天数，后两个字节存储此日零时起所指定的时间经过的分钟数。

实例 552	格式化金额 光盘位置：光盘\MR\552	高级 趣味指数：★★★★☆

■ 实例说明

数据库中存储的金额可能会不利于用户阅读，如用户不会轻松地看出具体的金额数。为了方便用户的操作，可以使用 CONVERT()函数将员工的年收入转换成 money 数据类型。实例运行效果如图 22.42 所示。

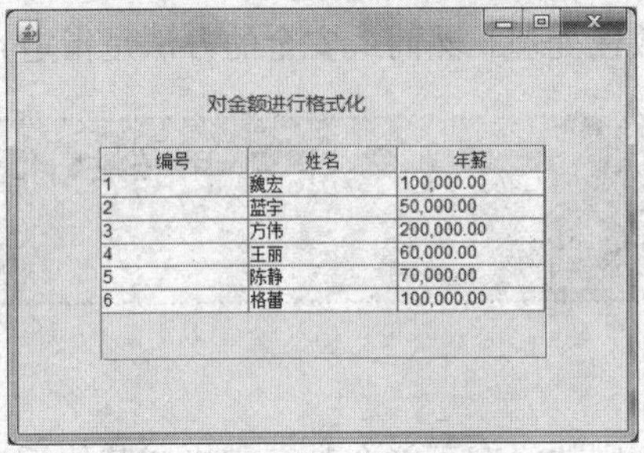

图 22.42　实例运行效果

■ 关键技术

本实例使用 CONVERT()函数实现将某种数据类型的表达式转换为另一种数据类型。该函数的语法格式如下：

```
CONVERT (data_type[(length)], expression [, style])
```

参数说明

❶ data_type：目标系统所提供的数据类型，如 varchar 包括 bigint 和 sql_variant。不能使用用户定义的数据类型。

❷ length：可选参数，定义数据类型的长度。

❸ style：日期格式样式，借以将 datetime 或 smalldatetime 数据转换为字符数据（nchar、nvarchar、char、varchar 数据类型）；或者字符串格式样式，借以将 float、real、money 或 smallmoney 数据转换为字符数据（nchar、nvarchar、char、varchar 数据类型）。

设计过程

（1）在项目中创建类 EmployeeFrame，该类继承自 JFrame 类，实现窗体类。向该窗体中添加标签与表格控件，标签控件用于给出用户提示信息，表格控件用于显示用户查询的结果。

（2）在项目中创建工具类 EmployeeUtil，在该类中定义查询数据的方法 getEmp()，该方法以 List 集合作为返回值。具体代码如下：

```
public List getEmp() {
    List list = new ArrayList();                                    //定义用于保存返回值的 List 集合
    conn = getConn();                                               //获取数据库连接
    try {
        Statement staement = conn.createStatement();
        String sql = "select id,eName,convert( varchar(20),convert(money,oldEarning,1),1) as oldEarning from tb_employeePay";
        //定义查询数据的 SQL 语句
        ResultSet set = staement.executeQuery(sql);                 //执行查询语句返回查询结果集
        while (set.next()) {                                        //循环遍历查询结果集
            EmployeePay pay = new EmployeePay();                    //定义与数据库对应的 JavaBean 对象
            pay.setId(set.getInt(1));                               //设置对象属性
            pay.seteName(set.getString(2));
            pay.setOldEarning(set.getString(3));
            list.add(pay);                                          //将对象添加到集合中
        }
    } catch (Exception e) {
        e.printStackTrace();
    }
    return list;                                                    //返回 List 集合
}
```

秘笈心法

心法领悟 552：SQL Server 中日期显示。

默认情况下，SQL Server 根据截止年份 2049 解释两位数字的年份，即两位数字的年份 49 被解释为 2049，而两位数字的年份 50 被解释为 1950。许多客户端应用程序（如那些基于 OLE 自动化对象的客户端应用程序）都使用 2030 作为截止年份。SQL Server 提供一个配置选项（“两位数字的截止年份”），借以更改 SQL Server 所使用的截止年份并对日期进行一致性处理。然而最安全的办法是指定 4 位数字年份。

实例 553 在查询语句中过滤掉字符串中的空格

光盘位置：光盘\MR\553

中级

趣味指数：★★★★☆

实例说明

数据库中存储的数据可能是不规则的，有可能会带有空格或其他不规范的字符。在显示查询结果时，空格之类的不规则字符是不允许出现在查询结果中的，这就需要程序员在处理查询结果时，将查询出的字符串中的空格去除。本实例实现的操作对象是图书销售表，该表中的数据如图 22.43 所示。

运行本实例，结果如图 22.44 所示。

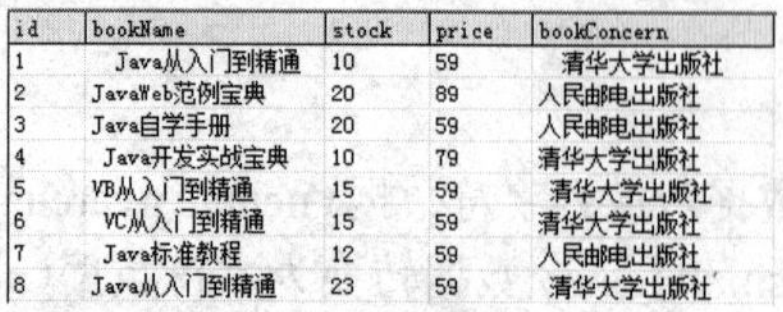

id	bookName	stock	price	bookConcern
1	Java从入门到精通	10	59	清华大学出版社
2	JavaWeb范例宝典	20	89	人民邮电出版社
3	Java自学手册	20	59	人民邮电出版社
4	Java开发实战宝典	10	79	清华大学出版社
5	VB从入门到精通	15	59	清华大学出版社
6	VC从入门到精通	15	59	清华大学出版社
7	Java标准教程	12	59	人民邮电出版社
8	Java从入门到精通	23	59	清华大学出版社

图 22.43　图书销售表中的数据

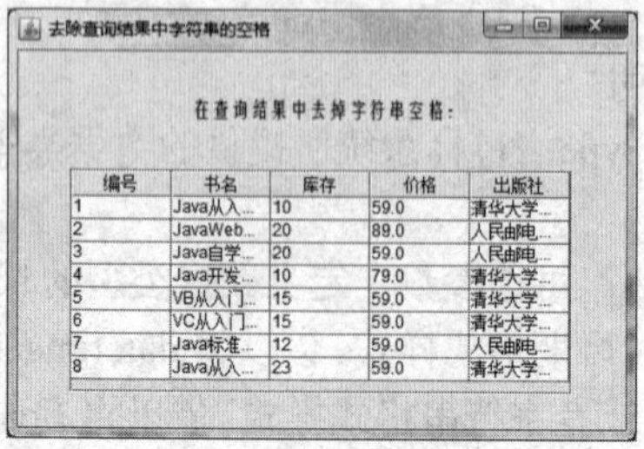

图 22.44　实例运行结果

■ 关键技术

本实例主要应用 String 类中的 replaceAll()方法，具体语法格式如下：

```
replaceAll(String source,String replace)
```

功能：替换字符。

参数说明

❶ source：为要替换掉的字符串。

❷ replace：为用来替代的字符串。

■ 设计过程

（1）在项目中创建窗体类 ConditionFrame，该类继承自 JFrame 类。向该窗体中添加标签与表格控件，标签控件用于给用户提示信息，表格控件用于显示查询结果。

（2）在项目中创建工具类 ConditionUtil，在该类中定义查询数据的方法 getBookSell()，该方法以 List 对象作为返回值。具体代码如下：

```java
public List getBookSell() {
    List list = new ArrayList();                              //定义用于保存返回值的 List 集合
    conn = getConn();                                         //获取数据库连接
    try {
        Statement staement = conn.createStatement();
        String sql = "select * from tb_bookSell";             //定义查询图书销售表中的全部数据
        ResultSet set = staement.executeQuery(sql);           //执行查询语句返回查询结果集
        while (set.next()) {                                  //循环遍历查询结果集
            BookSell sell = new BookSell();                   //定义与数据表对应的 JavaBean 对象
            sell.setId(set.getInt(1));                        //设置对象属性
            sell.setBookName(set.getString(2).replace(" ", ""));
            sell.setStock(set.getString(3).replace(" ", ""));
            sell.setPrice(set.getFloat(4));
            sell.setBookConcern(set.getString(5).replace(" ", ""));
            list.add(sell);                                   //将对象添加到集合中
        }
    } catch (Exception e) {
        e.printStackTrace();
    }
    return list;                                              //返回查询结果
}
```

■ 秘笈心法

心法领悟 553：验证用户输入是否是数字的方法。

用户在窗体中输入的数据返回值都是字符串类型，要判断这些字符串是否由字符组成，可以先遍历数组，再通过 hashCode()方法获取数组中每个元素的哈希码值，如果该值大于等于 48 并小于等于 57，则表示被判断的数据为一个数字。

第**23**章

数据查询

- ▶▶ 使用子查询
- ▶▶ 嵌套查询
- ▶▶ 连接查询
- ▶▶ 函数查询

23.1 使用子查询

实例 554	将子查询作为表达式	高级
	光盘位置：光盘\MR\554	趣味指数：★★★★½

■ 实例说明

将子查询作为表达式，是指在 SELECT 语句指定查询元素时，仍然使用 SELECT 查询语句。这种查询方式很常见，是程序员必须掌握的一种查询技巧。本实例实现的是通过子查询查询学生成绩表中的学生英语成绩、英语平均成绩和每位同学的英语成绩与平均成绩的差额。实例运行效果如图 23.1 所示。

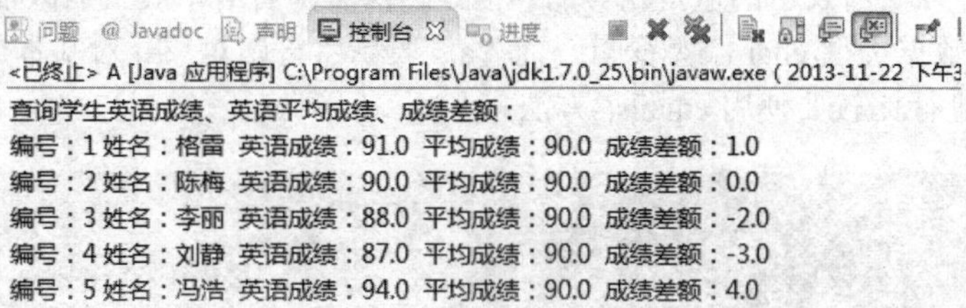

图 23.1　实例运行效果

■ 关键技术

本实例的子查询是应用在 SELECT 子句中的，将子查询应用在 SELECT 子句中，其查询结构就可以以表达式的形式出现。在应用子查询时有一些子查询的控制规则，了解了这些规则可以使读者对子查询的应用更加游刃有余。

- ❑ 由比较运算符引入的内层查询 SELECT 列表或 IN 只包括一个表达式或列名。在外层语句的 WHERE 子句中命名的列必须能与查询 SELECT 列表中命名的列连接兼容。
- ❑ 由不可更改的比较运算符引入的子查询（比较运算符后面不跟关键字 ANY 和 ALL）不能包括 GROUP BY 或 HAVING 子句，除非预先确定了组或单个的值。
- ❑ 由 EXISTS 引入的 SELECT 列表一般都由星号（*）组成，而不必指定具体的列名，也可以在嵌套子查询 WHERE 子句中限定行。对于 EXISTS 引入的子查询，SELECT 列表规则和标准选择列表中的规则是一样的。
- ❑ 子查询不能在内部处理它们的结果，也就是说，子查询不能包括 ORDER BY 子句。可选择的 DISTINCT 关键字可以有效地给子查询结果排序，因为一些系统会通过先给结果排序来消除重复记录。

■ 设计过程

（1）在项目中创建类 GetEnglishAvg，用于查询学生成绩信息。在该类中定义与数据库建立连接的方法，具体代码读者可参考光盘中的源程序，这里不再赘述。

（2）在该类中定义查询数据方法 getAvg()，该方法以 List 集合返回查询结果。具体代码如下：

```
public List getAvg(){
    List list = new ArrayList<Grade>();                                    //定义 List 集合对象
    conn = getConn();                                                       //获取与数据库的连接
    try {
        Statement statement = conn.createStatement();                       //获取 Statement 对象
        String sql = "select id,name,english,( select avg(english) from tb_grade ) as avgEnglish," +"(english-( select avg(english) from tb_grade )) as
diffAvgEnglish from tb_grade";                                              //定义查询语句
        ResultSet rest = statement.executeQuery(sql);                       //执行查询语句获取查询结果集
        while(rest.next()){                                                 //循环遍历查询结果集
```

```
        Grade grade = new Grade();                          //定义与数据表对应的 JavaBean 对象
        grade.setId(rest.getInt(1));                        //设置对象属性
        grade.setName(rest.getString(2));
        grade.setEnglish(rest.getFloat(3));
        grade.setAvgEng(rest.getFloat(4));
        grade.setBalance(rest.getFloat(5));
        list.add(grade);                                    //向集合中添加元素
    }
} catch (Exception e) {
    e.printStackTrace();
}
    return list;                                            //返回查询结果
}
```

■ 秘笈心法

心法领悟 554： 'a' 与 "a" 的区别。

从表面上看 'a' 与 "a" 所表示的值是相等的，但是这两者却有着本质上的区别。

首先 'a' 表示基本数据类型 char 类型变量，而 "a" 表示字符串对象。对基本数据类型进行比较可以使用符号 "=="，对字符串进行比较要使用 equals()方法。

实例 555	用子查询作为派生表 光盘位置：光盘\MR\555	高级 趣味指数：★★★★☆

■ 实例说明

用子查询作为派生表应用较为广泛。本实例实现用子查询作为派生表，就是将查询结果集作为一个表来使用。本实例在员工表中派生出一个含有员工编号、员工姓名、职位、工资的表，运行程序，单击"查询主要信息"按钮，即可显示新表的信息在表格中。实例运行效果如图 23.2 所示。

（a）

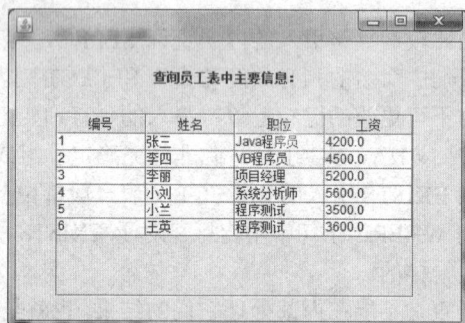

（b）

图 23.2　实例运行效果

■ 关键技术

子查询是一个用于处理多表操作的附加方法。语法如下：

```
（SELECT [ALL | DISTINCT]<select item list>
FROM <table list>
[WHERE<search condition>]
[GROUP BY <group item list>
[HAVING <group by search conditoon>]]）
```

把子查询用作派生的表可以应用在很多方面，如下面几个示例。

将分组统计数据作为派生表（将销售单按商品名称统计分组后查询销售数量大于 14 的商品），代码如下：

SELECT * FROM (SELECT proname, COUNT(*) AS sl FROM xsd GROUP By proname) WHERE (sl > 14)

将过滤数据作为派生表（对商品销售表中销售数量前 100 名进行分组统计），代码如下：

SELECT sl,COUNT(*) FROM (SELECT TOP 100 FROM T_ZDxxb ORDER BY zdbh) GROUP BY　sl

将过滤数据作为派生表（统计客户表中未结账客户的欠款金额），代码如下：

SELECT name,SUM(xsje) FROM (SELECT * FROM kh WHERE NOT jz) GROUP BY name

■ 设计过程

（1）在项目中创建类 FullMessage，该类继承自 JFrame 类，实现窗体类。该类用于实现显示员工表中的全部信息，该窗体中包含表格、按钮等控件。

（2）创建 MostlyFrame 类，该类继承自 JFrame 类，实现窗体类。在该类中定义表格控件，用于显示查询的信息。

（3）定义工具类 DeriveTable，在该类中定义查询员工表中主要信息的方法 getSubTable()，该方法以 List 集合对象作为返回值。具体代码如下：

```
public List getSubTable() {
    List list = new ArrayList<Emp>();                              //定义 List 集合对象
    conn = getConn();                                              //获取与数据库的连接
    try {
        Statement statement = conn.createStatement();              //获取 Statement 对象
        String sql = "select * from (select id,eName,headship,laborage from tb_emp)tb";
        ResultSet rest = statement.executeQuery(sql);              //执行查询语句获取查询结果集
        while (rest.next()) {                                      //循环遍历查询结果集
            Emp emp = new Emp();                                   //定义与数据表对应的 JavaBean 对象
            emp.setId(rest.getInt(1));                             //设置对象属性
            emp.setName(rest.getString(2));
            emp.setHeadship(rest.getString(3));
            emp.setLaborage(rest.getFloat(4));
            list.add(emp);                                         //将对象添加到集合中
        }
    } catch (Exception e) {
        e.printStackTrace();
    }
    return list;                                                   //返回查询结果
}
```

■ 秘笈心法

心法领悟 555：必须为派生表起别名。

本实例将一个查询结果作为另一个查询所操作的表。在查询时需要注意，由于 SELECT 子句一定要给出一个表，所以作为 SELECT 语句派生的表一定要给出一个表别名。

实例 556	通过子查询关联数据	高级
	光盘位置：光盘\MR\556	趣味指数：★★★★★

■ 实例说明

本实例利用 EXISTS 谓词引入到子查询将学生表和学生成绩表关联起来，查询英文成绩大于 90 分的学生姓名、学院、地址等信息。本实例操作两张表，分别为学生表与学生成绩表，这两张表中的数据如图 23.3 所示。

id	name	college	speciality	address
1	格雷	计算机学院	计算机科学与技术	吉林省长春市
2	陈梅	外国语学院	俄语	山东淄博市
3	李丽	管理学院	国际贸易	内蒙古包头市
4	刘静	理工大学	化工材料	江苏省海门市
5	封号	机械学院	汽车制造	北京市

id	name	sex	english	chinese	math
1	格雷	男	91	92	84
2	陈梅	女	90	88	82
3	李丽	女	88	90	91
4	刘静	女	87	86	90
5	冯洁	男	94	90	89

图 23.3 学生表与学生成绩表数据

本实例实现关联两张表查询，将查询结果在控制台上输出。实例运行效果如图 23.4 所示。

查询英语成绩在90分以上的学生信息：
姓名为：格雷　学院为：计算机学院　地址为：吉林省长春市

图 23.4　实例运行效果

■ 关键技术

只要子查询返回一个真值或假值，并只考虑是否满足谓词条件，数据内容本身并不重要，在这种情况下，可用 EXISTS 谓词来定义子查询。如果子查询返回一行或多行，EXISTS 谓词为真，否则为假。要使 EXISTS 谓词有用，应该在子查询中建立查询条件以匹配子查询连接起来的两个表中的值。语法格式如下：

```
EXISTS subquery
```

参数说明

subquery：是一个受限的 SQL 语句（不允许有 COMPUTE 子句和 INTO 关键字）。

其结果类型为 boolean，如果子查询包含行，则返回 true。

📢 注意：EXISTS 谓词子查询中的 SELECT 子句中可使用任何列名，也可以使用任何多个列。这种谓词只注重是否返回行，而不注重行的内容，用户可以规定列名或者只使用一个"*"。

■ 设计过程

（1）在项目中创建类 FindMessage，实现查询数据方法。在该类中定义连接数据库的方法 getConn()，具体代码读者可参考光盘中的源程序，这里不再赘述。

（2）在该类中定义查询英文成绩在 90 分以上的学生信息方法 getMessage()，该方法的返回值为 ResultSet。具体代码如下：

```java
public ResultSet getMessage() {
    ResultSet rest = null;
    conn = getConn();                                          //获取与数据库的连接
    try {
        Statement statement = conn.createStatement();          //获取 Statement 对象
        //定义查询语句
        String sql = "select name,college,address from tb_student I where exists " +
                     "(select name from tb_grade M where M.name=I.name and english >90)";
        rest = statement.executeQuery(sql);                    //执行查询语句获取查询结果集
    } catch (Exception e) {
        e.printStackTrace();
    }
    return rest;                                               //返回查询结果
}
```

■ 秘笈心法

心法领悟 556：为什么要进行丢失精度的类型转换。

由高精度类型向低精度进行转换时，会出现由于精度丢失而使数据不完整。从表面上看，这种类型转换没有什么好处，但是 Java 为什么还要设置这种机制呢？这种高精度是为了方便特殊的用户编程需求。例如，现有一个程序的数据为"12.56"，而后来程序需要的数据是不包含小数的数据，此时使用其他的算法进行处理都是很复杂的，而使用强制数据类型的转换就可以很轻松地实现想要的结果。

实例 557	使用 IN 谓词限定查询范围	中级
	光盘位置：光盘\MR\557	趣味指数：★★★★☆

■ 实例说明

IN 谓词允许测试实际值或表达式的值。当使用 IN 谓词引入子查询时，告诉数据库管理系统执行一种所谓的

"子查询成员测试"。IN 语句可以替代 Where 子句中的表达式用以限定查询的范围。本实例使用 IN 谓词限定要查询的员工工资范围。运行本实例,输入要查询的员工工资范围,结果如图 23.5 所示。

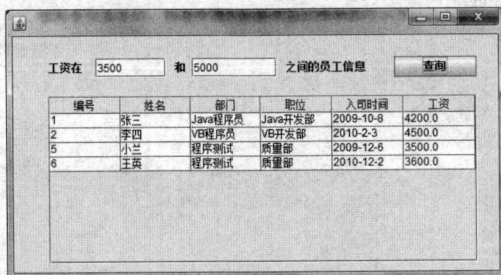

图 23.5　实例运行效果

关键技术

IN 谓词用于确定给定的值是否与子查询或列表中的值相匹配,常用于引入子查询。语法格式如下:

```
test_expression [ NOT ] IN
    (
        subquery
        | expression [ ,...n ]
    )
```

参数说明

❶ test_expression:是任何有效的 SQL 表达式。

❷ subquery:是包含某列结果集的子查询,该列必须与 test_expression 有相同的数据类型。

❸ expression [,...n]:一个表达式列表,用来测试是否匹配。所有的表达式必须和 test_expression 具有相同的数据类型。

如果 test_expression 与 subquery 返回的任何值相等,或与逗号分隔的列表中的任何 expression 相等,那么结果值就为 true,否则结果值为 false。

设计过程

(1)在项目中创建类 ConditionFrame,该类继承自 JFrame 类,实现窗体类。

(2)向窗体中添加控件。实现窗体布局,该窗体中的主要控件及说明如表 23.1 所示。

表 23.1　窗体中的主要控件及说明

控 件 类 型	控 件 命 名	控 件 用 途
JTextField	labTextField1	限制查询工资范围的文本框控件
	labTextField2	限定查询工资范围的文本框控件
JTable	table	显示查询结果的表格控件
JButton	findButton	按钮控件

(3)创建 ConditionUseIn 类,在该类中定义获取查询结果的方法 getSubTable(),该方法有两个 int 类型的参数,分别用于指定两个查询的工资范围。具体代码如下:

```
public List getSubTable(int lab1,int lab2) {
    List list = new ArrayList<Emp>();                                              //定义 List 集合对象
    conn = getConn();                                                              //获取与数据库的连接
    try {
        Statement statement = conn.createStatement();                              //获取 Statement 对象
        String sql = "select * from tb_emp where laborage in (select laborage from tb_emp " +"where laborage between "+lab1+" and   "+lab2+")";
        //定义查询语句
        ResultSet rest = statement.executeQuery(sql);                              //执行查询语句获取查询结果集
        while (rest.next()) {                                                      //循环遍历查询结果集
            Emp emp = new Emp();                                                   //定义与数据表对应的 JavaBean 对象
            emp.setId(rest.getInt(1));                                             //设置对象属性
```

```
                emp.setName(rest.getString(2));
                emp.setDept(rest.getString(3));
                emp.setHeadship(rest.getString(4));
                emp.setJoinDate(rest.getString(5));
                emp.setLaborage(rest.getFloat(6));
                list.add(emp);                                                //将对象添加到集合中
            }
        } catch (Exception e) {
            e.printStackTrace();
        }
        return list;                                                          //返回查询结果
    }
```

秘笈心法

心法领悟 557：if 语句与 switch 语句的区别。

if 条件语句与 switch 多分支语句的功能基本类似，都可以实现当程序满足一定的功能后执行相关的代码。对于 if 语句来说，如果要判断多重条件，就需要使用 if…else 语句。当条件过多时，使用 switch 语句要简便一些；如果选择条件小于 3 条，使用 if 条件语句要简便一些。因此希望读者可以根据程序的不同要求选择适当的语句。

实例 558	使用 NOT IN 子查询实现差集运算	中级
	光盘位置：光盘\MR\558	趣味指数：★★★★☆

实例说明

实例 558 为大家介绍了使用 IN 关键字进行查询，下面为大家介绍使用 NOT IN 组合查询实现两张表中数据的差集运算。本实例实现查询没有成绩记录的学生信息，实例运行效果如图 23.6 所示。

```
问题 @ Javadoc 声明 控制台 进度
<已终止> A [Java 应用程序] C:\Program Files\Java\jdk1.7.0_25\bin\javaw.exe（2013-11-22 下午3:04:0
查询没有成绩的学生信息：
编号：5 姓名：冯浩 学院：机械学院 专业：汽车制造 地址：北京市
```

图 23.6 实例运行效果

关键技术

带 NOT IN 谓词的查询语法格式如下：

```
WHERE 查询表达式 NOT IN 子查询
```

NOT IN 和 IN 查询过程相似，读者可参考实例 557。

注意：子查询存在 NULL 值时，应避免使用 NOT IN，因为当子查询的结果包括 NULL 值的列表时，把 NULL 值当成一个未知数据，不会存在查询值不在列表中的记录。

设计过程

（1）在项目中创建类 SelectNotIn，在该类中首先定义连接数据库的方法 getConn()，该方法以 Connection 对象作为返回值，具体代码读者可参考光盘中的源程序，这里不再赘述。

（2）在该类中定义 getNotIn() 方法，该方法用于查询在学生成绩表中不存在的学生信息。具体代码如下：

```
public List getNotIn() {
    List list = new ArrayList();                                          //定义用于保存返回值的 List 集合
    conn = getConn();                                                     //获取数据库连接
    try {
        Statement staement = conn.createStatement();
        //定义查询数据的 SQL 语句
        String sql = "select * from tb_student where name not in (select name from tb_grade)";
        ResultSet set = staement.executeQuery(sql);                       //执行查询语句返回查询结果集
        while (set.next()) {                                              //循环遍历查询结果集
```

```
            Student student = new Student();                    //定义与数据库对应的 JavaBean 对象
            student.setId(set.getInt(1));                       //设置对象属性
            student.setName(set.getString(2));
            student.setCollege(set.getString(3));
            student.setSpeciality(set.getString(4));
            student.setAddress(set.getString(5));
            list.add(student);                                  //将对象添加到集合中
        }
    } catch (Exception e) {
        e.printStackTrace();
    }
    return list;                                                //返回 List 集合
}
```

秘笈心法

心法领悟 558：Transact-SQL 中的数据类型转换。

与 Java 语言一样，在 Transact-SQL 中也支持数据类型转换，Transact-SQL 中的数据类型转换有两种，分别介绍如下：

- 隐性转换对于用户是不可见的。

SQL Server 自动将数据从一种数据类型转换成另一种数据类型。例如，如果一个 smallint 变量和一个 int 变量相比较，这个 smallint 变量在比较前即被隐性转换成 int 变量。

- 显式转换使用 CAST()或 CONVERT()函数。

CAST()和 CONVERT()函数将数值从一个数据类型（局部变量、列或其他表达式）转换到另一个数据类型。

实例 559　使用 NOT IN 子查询实现反向查询

光盘位置：光盘\MR\559

高级

趣味指数：★★★★☆

实例说明

谓词 IN 可以查询在某范围内的数据。该谓词与谓词 NOT 一起使用，可以查询不在指定范围内的数据。本实例使用 NOT IN 组合查询，实现查询与格雷不在同一所学院的学生信息。本实例实现操作学生信息表，该表中的数据如图 23.7 所示。

本实例实现查询与格雷不在同一学院的学生信息，运行效果如图 23.8 所示。

id	name	college	speciality	address
1	格雷	计算机学院	计算机科学与技术	吉林省长春市
2	陈梅	外国语学院	俄语	山东淄博市
3	李丽	管理学院	国际贸易	内蒙古包头市
4	刘静	理工大学	化工材料	江苏省海门市
5	封号	机械学院	汽车制造	北京市

图 23.7　学生信息表中的数据

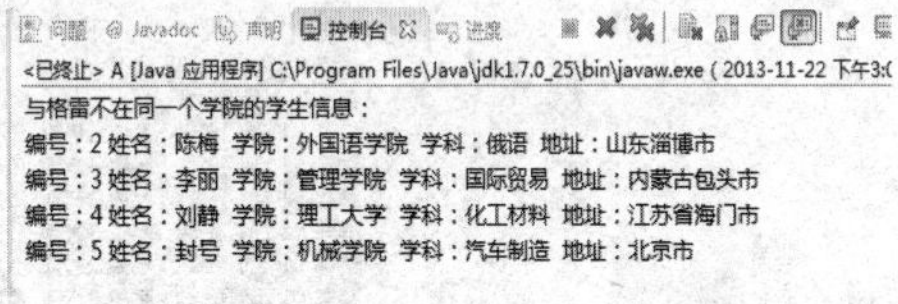

图 23.8　实例运行效果

关键技术

NOT 与 IN 两个关键字连用，表示不在列表范围内的数据。查询表达式可以是常量或列名，而列表可以是一组常量，更多情况下子查询将列表值放在圆括号内。

注意：NULL 值进行取反，结果仍是 NULL。这一点在具体应用中经常会被忽略。

设计过程

（1）在项目中创建类 UseNotIn，用于实现定义查询数据库方法，在该类中定义连接数据库的方法 getConn()，该方法返回 Connection 对象，具体代码读者可参考光盘中的源程序，这里不再赘述。

（2）在该类中定义查询数据方法 getSubTable()，该方法以 List 集合对象作为返回值。具体代码如下：

```java
public List getSubTable() {
    List list = new ArrayList<Student>();                              //定义 List 集合对象
    conn = getConn();                                                  //获取与数据库的连接
    try {
        Statement statement = conn.createStatement();                  //获取 Statement 对象
        String sql = "select * from tb_student where college not in (select college from tb_student where name ='格雷' )";
        //定义查询语句
        ResultSet rest = statement.executeQuery(sql);                  //执行查询语句获取查询结果集
        while (rest.next()) {                                          //循环遍历查询结果集
            Student student = new Student();                           //定义与数据表对应的 JavaBean 对象
            student.setId(rest.getInt(1));                             //设置对象属性
            student.setName(rest.getString(2));
            student.setCollege(rest.getString(3));
            student.setSpeciality(rest.getString(4));
            student.setAddress(rest.getString(5));
            list.add(student);                                         //向集合中添加元素
        }
    } catch (Exception e) {
        e.printStackTrace();
    }
    return list;                                                       //返回查询结果
}
```

■ 秘笈心法

心法领悟 559：数组最大容量问题。

数组的最大容量是声明数组时必须要考虑的，因为数组一旦被声明后，其最大的容量就固定了，是不容改变的，因此为了防止容量不够的现象，在数组的声明之初一定要考虑数组的最大容量问题，避免程序在后续中出现不必要的麻烦。

实例 560	返回笛卡儿乘积 光盘位置：光盘\MR\560	高级 趣味指数：★★★★★

■ 实例说明

在多表连接查询中，有一种非常重要的查询方式——笛卡儿乘积查询。笛卡儿乘积是实现两张表交叉连接实现查询的方式。本实例实现将部门表与员工表进行笛卡儿乘积连接，实例运行效果如图 23.9 所示。

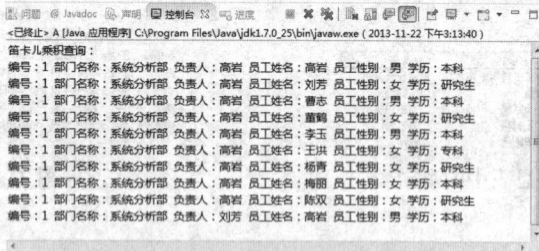

图 23.9　实例运行效果

📖 说明：由于笛卡儿乘积返回的结果较多，因此本实例只给出了部分结果。

■ 关键技术

笛卡儿乘积查询实现了两张表之间的交叉连接，在查询语句中没有 where 查询条件。返回到结果集中的数据行数等于一个表中符合查询条件的数据行数乘以第二个表中符合条件的数据行数。

笛卡儿乘积的关键字是 cross join。例如，用户信息表中有两条数据，职工信息表中有 4 条数据，当这两张表应用笛卡儿乘积进行查询时，查询的结果就是 8 条（2×4）的结果。

设计过程

（1）在项目中创建类 GetDescsrtes，用于定义获取笛卡儿乘积的方法。在该类中定义连接数据库的方法 getConn()，具体代码读者可参考光盘中的源程序，这里不再赘述。

（2）在该类中定义获取两张表的笛卡儿乘积方法 getDescsrtes()，该方法以 List 集合对象作为返回值。具体代码如下：

```
public List getDescsrtes() {
    List list = new ArrayList<MrEmp>();
    conn = getConn();                                              //获取与数据库的连接
    try {
        Statement statement = conn.createStatement();              //获取 Statement 对象
        String sql = "select tb_mrdept.*,tb_mremp.name,tb_mremp.sex,tb_mremp.schoolAge from tb_mrdept cross join tb_mremp";
        //定义查询语句
        ResultSet rest = statement.executeQuery(sql);              //执行查询语句获取查询结果集
        while (rest.next()) {                                      //循环遍历查询结果集
            MrEmp mrEmp = new MrEmp();                             //定义与查询结果集对应的 JavaBean 对象
            mrEmp.setId(rest.getInt(1));                           //设置对象属性
            mrEmp.setdName(rest.getString(2));
            mrEmp.setName(rest.getString(4));
            mrEmp.setPerson(rest.getString(3));
            mrEmp.setSex(rest.getString(5));
            mrEmp.setSchoolAge(rest.getString(6));
            list.add(mrEmp);
        }
    } catch (Exception e) {
        e.printStackTrace();
    }
    return list;                                                   //返回查询结果
}
```

秘笈心法

心法领悟 560：确定表的列。

在进行多表查询时需要注意，由于多个表可能会出现相同的字段，因此在指定查询字段时，最好为重复的字段起别名，方便区别。

实例 561	比较运算符引入子查询	中级
光盘位置：光盘\MR\561		趣味指数：★★★★☆

实例说明

比较运算符在查询中应用得十分广泛，如果将比较运算符两端的数据定义好，程序就不会太灵活；如果通过子查询来指定查询条件，则会增加程序的灵活性。本实例实现查询学生成绩表中大于某人并且小于某人的语文成绩。实例运行效果如图 23.10 所示。

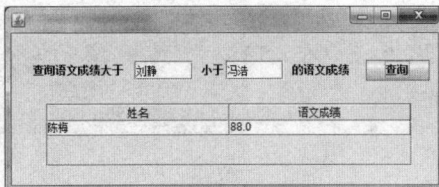

图 23.10 实例运行效果

关键技术

在比较运算符中使用子查询，就是将比较运算符"<"或">"后的表达式以一个子查询来代替。在使用子查询时要注意，子查询要使用"（）"括起来，否则会出现 SQL 异常提示。

■ 设计过程

（1）在项目中创建类 CompareFrame，该类继承自 JFrame 类，实现窗体类。

（2）向窗体中添加控件。实现窗体布局，该窗体中的主要控件及说明如表 23.2 所示。

表 23.2　窗体中的主要控件及说明

控 件 类 型	控 件 命 名	控 件 用 途
JTextField	nameTextField1	定义要查询的学生姓名
	nameTextField2	定义要查询的学生姓名
JButton	findButton	显示"查询"的按钮控件
JTable	table	用于显示查询结果的表格控件

（3）创建 CreateCompare 类，用于定义查询数据方法。在该类中定义方法 getCompare()，该方法以 List 集合对象作为返回值。具体代码如下：

```java
public List getCompare(String name1,String name2) {
    List list = new ArrayList<Grade>();                                  //定义 List 集合对象
    conn = getConn();                                                    //获取与数据库的连接
    try {
        Statement statement = conn.createStatement();                    //获取 Statement 对象
        //定义查询语句
        String sql = "select name,chinese from tb_grade where chinese > (select chinese from tb_grade where name = '"+name1+"') " +
                     "and chinese < (select chinese from tb_grade where name = '"+name2+"')";
        ResultSet rest = statement.executeQuery(sql);                    //执行查询语句获取查询结果集
        while (rest.next()) {                                            //循环遍历查询结果集
            Grade grade = new Grade();                                   //定义与数据表对应的 JavaBean 对象
            grade.setName(rest.getString(1));
            grade.setChinese(rest.getFloat(2));
            list.add(grade);                                             //向集合中添加元素
        }
    } catch (Exception e) {
        e.printStackTrace();
    }
    return list;                                                         //返回查询结果
}
```

■ 秘笈心法

心法领悟 561：for 循环语句与 while 循环语句的区别。

本实例在遍历查询结果集时使用的是 while 循环，还有一种十分常见的循环语句就是 for 循环。for 语句与 while 语句都是很重要的循环语句，执行的效果是相同的，都是在满足一定的条件下使程序重复地执行。对一个普通循环来说，是使用 for 循环还是 while 循环呢？来看一下这两种循环语句的区别就会得到答案。for 循环语句主要针对有限循环而言，也就是说当循环有上限时，一般使用 for 循环；while 循环语句则针对那些无限循环的代码而言，也就是当程序没有明确的上限时，一般使用 while 循环。

实例 562	在子查询中使用聚集函数	高级
	光盘位置：光盘\MR\562	趣味指数：★★★★★

■ 实例说明

在实际开发中子查询占有非常重要的位置，灵活地运用子查询可解决实际开发中的很多问题。本实例是实现在子查询中使用聚集函数，查询工资高于员工平均工资的员工信息。实例运行效果如图 23.11 所示。

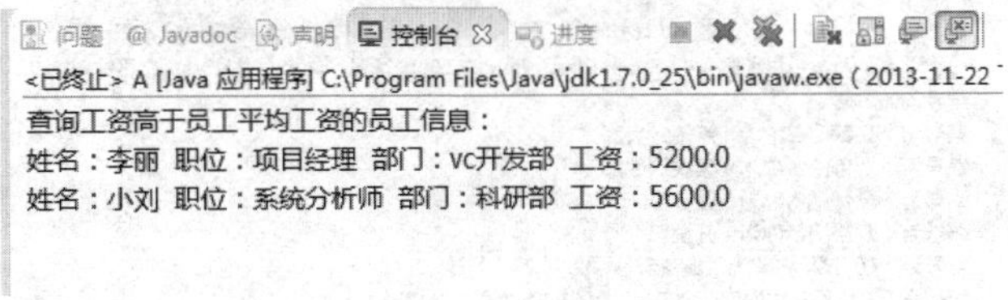

图 23.11　实例运行效果

关键技术

本实例实现在子查询语句中使用聚集函数 AVG() 来计算员工的平均工资。该函数的语法读者可参考实例 538。

设计过程

（1）在项目中创建类 FindEmp，用于查询工资高于平均工资的员工信息。在该类中首先定义获取数据库连接的方法 getConn()，具体代码读者可参考光盘中的源程序，这里不再赘述。

（2）在该类中定义查询工资高于平均工资的员工信息的方法 getSubTable()，该方法以 List 集合对象作为返回值。具体代码如下：

```
public List getSubTable() {
    List list = new ArrayList<Emp>();                              //定义 List 集合对象
    conn = getConn();                                             //获取与数据库的连接
    try {
        Statement statement = conn.createStatement();             //获取 Statement 对象
        String sql = "select eName,headship,dept,laborage from tb_emp  where laborage >(select avg(laborage) from tb_emp)";   //定义查询语句
        ResultSet rest = statement.executeQuery(sql);             //执行查询语句获取查询结果集
        while (rest.next()) {                                     //循环遍历查询结果集
            Emp emp = new Emp();                                  //定义与数据表对应的 JavaBean 对象
            emp.setName(rest.getString(1));
            emp.setHeadship(rest.getString(2));
            emp.setDept(rest.getString(3));
            emp.setLaborage(rest.getFloat(4));
            list.add(emp);                                        //将对象添加到集合中
        }
    } catch (Exception e) {
        e.printStackTrace();
    }
    return list;                                                  //返回查询结果
}
```

秘笈心法

心法领悟 562：不知道读者是否遇到过这样的问题，有些窗体，在窗体中已经定义了控件，但每次运行之后，都要调整一下窗体大小这些控件才能够显示。

解决这个问题其实很简单，需要将窗体中的所有控件都完成初始化之后，再调用 setVisible() 方法设置窗体为可视状态。

实例 563	在删除数据时使用子查询　光盘位置：光盘\MR\563	高级　趣味指数：★★★★☆

实例说明

在使用 DELETE 语句删除数据时，可以使用子查询限制删除的数据，当子查询结果集存在时删除记录。本实例使用 DELETE 语句删除部门表 tb_mrdept 中在员工表 tb_mremp 中不存在的记录，并将删除前与删除后部门表中的信息输出在控制台上。实例运行效果如图 23.12 所示。

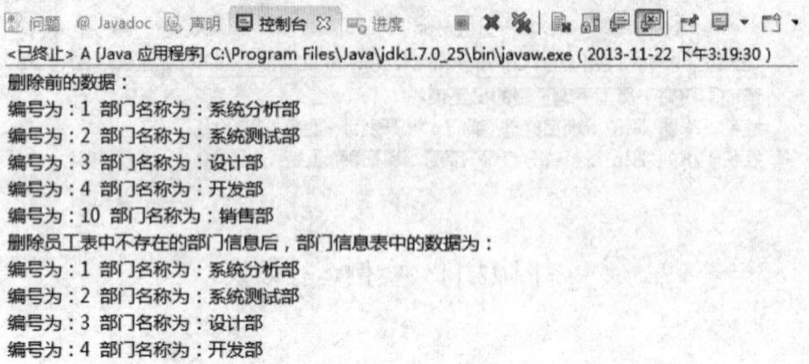

图 23.12　实例运行效果

▌关键技术

DELETE 语句可以和子查询联合使用，子查询指定删除数据记录的条件，使用的语法如下：

```
DELETE FROM tableName
WHERE search_condition IN|NOT IN(子查询)
```

参数说明

❶ tableName：指定要操作的数据表。

❷ search_condition：指定条件的数据列。

▌设计过程

（1）在项目中创建类 DeleteEmp，用于定义查询部门信息表中所有数据信息的方法和删除部门表中在员工表中不存在的信息。查询部门信息表中所有记录不是本章的重点，读者可参考光盘中的源程序。

（2）在该类中定义删除员工表中所有记录的方法 deleteEmp()，该方法的具体代码如下：

```java
public void deleteEmp() {
    conn = getConn();                                                //获取与数据库的连接
    try {
        Statement statement = conn.createStatement();                //获取 Statement 对象
        //在删除语句中使用子查询
        String sql = "delete from tb_mrdept where person not in (select name from tb_mremp )";
        statement.executeUpdate(sql);                                //执行删除 SQL 语句
    } catch (Exception e) {
        e.printStackTrace();
    }
}
```

▌秘笈心法

心法领悟 563：换行。

本实例在输出删除数据前与删除数据后显示了一个空行。在 Java 中，可以使用转义字符 "\n"，来强迫输出的字符串换行。

23.2　嵌套查询

实例 564	查询平均成绩在 85 分以上的学生信息 光盘位置：光盘\MR\564	中级 趣味指数：★★★★☆

▌实例说明

本实例实现操作两张表，分别为学生信息表与学生成绩表，以学生信息表作为主查询，以学生成绩表作为子查询，以学生姓名作为连接条件。实例运行效果如图 23.13 所示。

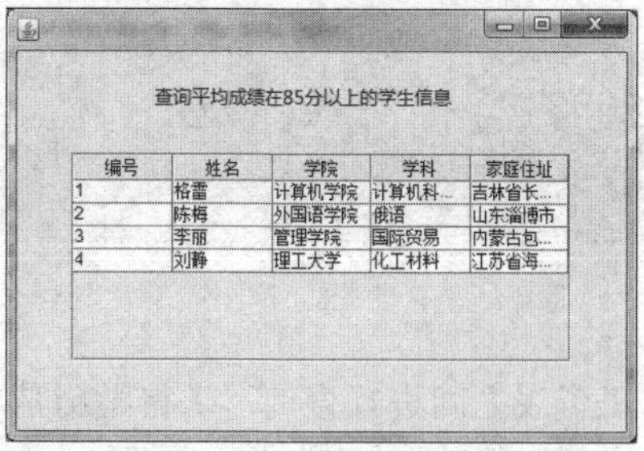

图 23.13　实例运行效果

关键技术

本实例利用一个嵌套子查询来实现。子查询是一个 SELECT 查询，返回单个值且嵌套在 SELECT、INSERT、UPDATE、DELECT 语句或其他子查询中。任何可以使用表达式的地方都可以使用子查询。

子查询也称为内部查询或内部连接，而包含子查询的语句也称为外部查询或外部连接。许多包含子查询的 SQL 语句都可以通过连接实现。

子查询可以把一个复杂的查询分解成一系列的逻辑步骤，这样就可以用一个简单语句解决复杂的查询问题。当查询依赖于另一个查询的结果时，子查询会很有用。

设计过程

（1）在项目中创建类 FindStuFrame，该类继承自 JFrame 类，实现窗体类。向该窗体中添加标签、表格控件，标签控件用于向用户显示提示信息，表格控件用于显示查询的结果。

（2）创建工具类 FindStu，用于定义查询数据方法。在该类中定义查询数据库方法 getSubTable()，该方法将查询结果以 List 对象返回。具体代码如下：

```java
public List getSubTable() {
    List list = new ArrayList<Student>();                               //定义 List 集合对象
    conn = getConn();                                                   //获取与数据库的连接
    try {
        Statement statement = conn.createStatement();                   //获取 Statement 对象
        String sql = "select * from tb_student where name in (select name from  tb_grade where   ((math+english+chinese)/3)>=85)";
        //定义查询语句
        ResultSet rest = statement.executeQuery(sql);                   //执行查询语句获取查询结果集
        while (rest.next()) {                                           //循环遍历查询结果集
            Student student = new Student();                            //定义与数据表对应的 JavaBean 对象
            student.setId(rest.getInt(1));                              //设置对象属性
            student.setName(rest.getString(2));
            student.setCollege(rest.getString(3));
            student.setSpeciality(rest.getString(4));
            student.setAddress(rest.getString(5));
            list.add(student);                                          //向集合中添加元素
        }
    } catch (Exception e) {
        e.printStackTrace();
    }
    return list;                                                        //返回查询结果
}
```

秘笈心法

心法领悟 564：实现嵌套查询需要注意的事项。

❑ 在使用子查询时，要用括号将子查询括起来。

❑ 在 SQL Server 中，子查询不能查询包含数据类型是 text 或 image 的字段。

❑ 子查询中还可以再包含子查询，嵌套可以多至 32 层。这个嵌套值会因现有的内存和查询中其他表达式的复杂程度而变化。个别查询可能不支持嵌套 32 层的子查询。

实例 565	查询本科部门经理月收入情况 光盘位置：光盘\MR\565	中级 趣味指数：★★★★★

实例说明

本实例实现在员工表、部门表、工资表之间进行查询，求得学历是本科的部门经理的月收入情况。本实例实现将这 3 张表进行嵌套连接查询，实例运行效果如图 23.14 所示。

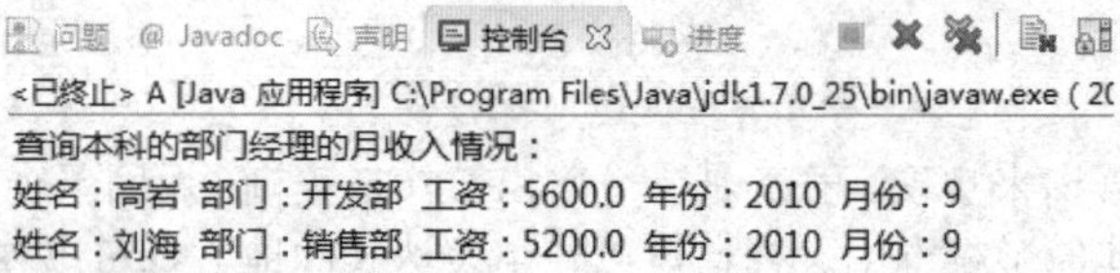

```
问题  @ Javadoc  声明  控制台  进度            ■ ✖ ✖ | ▣ ▣
<已终止> A [Java 应用程序] C:\Program Files\Java\jdk1.7.0_25\bin\javaw.exe（20
查询本科的部门经理的月收入情况：
姓名：高岩  部门：开发部  工资：5600.0  年份：2010  月份：9
姓名：刘海  部门：销售部  工资：5200.0  年份：2010  月份：9
```

图 23.14　实例运行效果

关键技术

本实例应用了嵌套查询。这里介绍有关 IN 谓词在嵌套查询中的使用，语法格式如下：

```
test_expression[NOT] IN
(
  subquery
  expression[, …n]
)
```

参数说明

❶ test_expression：是 SQL 表达式。

❷ subquery：是包含某列结果集的子查询，该列必须与 test_expression 具有相同的数据类型。

❸ expression[,…n]：是一个表达式列表，用来测试是否匹配，所有的表达式必须和 test_expression 具有相同的数据类型。

其返回值是把 test_expression 与 subquery 返回的值进行比较，如果两个值相等，或与逗号分隔的列表中的任何 expression 相等，那么结果值就为 true，否则结果值为 false。

另外，使用 NOT IN 将对返回值取反。

设计过程

（1）创建类 FindLaborage，用来定义查询数据方法。在该类中定义连接数据库的方法 getConn()，具体代码读者可参考光盘中的源程序，这里不再赘述。

（2）在该类中定义查询数据信息方法 getMessageEmp()，该方法以查询结果集 ResultSet 对象作为返回值。具体代码如下：

```java
public ResultSet getMessageEmp() {
    conn = getConn();                                              //获取与数据库的连接
    try {
        Statement statement = conn.createStatement();             //获取 Statement 对象
        String sql = "select distinct dName,laborage.name,laborage.laborage,lYear,lDate from tb_laborage laborage,tb_dept dept,tb_employee emp " +
        "where laborage.name in(select name from tb_employee where job = '部门经理' " +
        "and schoolAge = '本科' and dID =   dept.id )";            //定义查询语句
        ResultSet rest = statement.executeQuery(sql);             //执行查询语句获取查询结果集
        return rest;                                              //返回查询结果
    } catch (Exception e) {
        e.printStackTrace();
        return null;
    }
}
```

（3）在该类的主方法中调用 getMessageEmp()方法，遍历查询结果集。具体代码如下：

```
public static void main(String[] args) {
    FindLaborage Dlaborage = new FindLaborage();                    //创建本科类对象
    ResultSet rest = Dlaborage.getMessageEmp();                     //调用查询方法
    System.out.println("查询本科的部门经理的月收入情况");
    try {
        while(rest.next()){                                        //循环遍历查询结果集
            String dName = rest.getString(1);                      //获取结果集中的信息
            String name = rest.getString(2);
            float laborage = rest.getFloat(3);
            int lYear = rest.getInt(4);
            int lDate = rest.getInt(5);
            System.out.println("姓名："+name+" 部门："+dName+" 工资："+laborage+" 年份："+lYear+" 月份："+lDate);
        }
    } catch (Exception e) {
        e.printStackTrace();
    }
}
```

秘笈心法

心法领悟 565：使用 DISTINCT 关键字。

本实例使用了 DISTINCT 关键字，但需要注意的是该关键字只能在 SELECT 列表中使用一次，并且不要在其后面使用逗号。DISTINCT 关键字最重要的一点是它并不是指某一行，而是指不重复 SELECT 输出的所有列。

实例 566	在嵌套中使用 EXISTS 关键字	高级
	光盘位置：光盘\MR\566	趣味指数：★★★★☆

实例说明

EXISTS 关键字用于指定子查询中是否有指定的行存在。本实例在查询语句中嵌套 EXISTS 关键字，实现查询语文成绩大于等于 90 分的学生信息。本实例实现操作两张表，分别为学生信息表 tb_student 与学生成绩表 tb_grade。实例运行效果如图 23.15 所示。

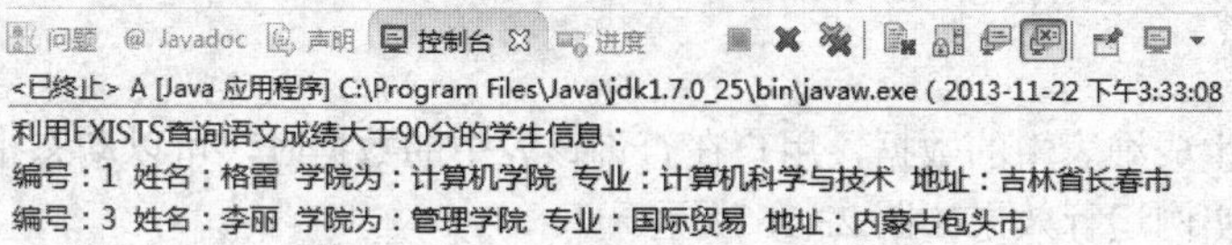

图 23.15 实例运行效果

关键技术

如果要在子查询中返回一个真值或假值，只考虑是否满足谓词条件，数据内容本身并不重要。如果子查询返回一行或多行，则返回真，否则返回假。要使 EXISTS 谓词有用，应该在查询中建立查询条件以匹配子查询连接起来的两个表中的值。语法格式如下：

EXISTS subquery

参数说明

subquery：不允许有 COMPUTE 子句和 INTO 关键字的一个受限 SQL 语句。

其结果类型为 boolean，如果子查询包含行，则返回 true；否则返回 false。

设计过程

（1）创建类 FindStuExists，用于定义查询数据方法。在该类中定义连接数据库的方法 getConn()，具体代码读者可参考光盘中的源程序，这里不再赘述。

（2）在该类中定义 getMessageEmp()方法，该方法用于查询语文成绩大于等于 90 分的学生信息。具体代码如下：

```
public List getMessageEmp() {
    conn = getConn();                                                    //获取与数据库的连接
    List list = new ArrayList();
    try {
        Statement statement = conn.createStatement();                    //获取 Statement 对象
        String sql = "select * from tb_student s where exists (select name from tb_grade g where chinese >=90 and s.name = g.name)";
        //定义查询语句
        ResultSet rest = statement.executeQuery(sql);                    //执行查询语句获取查询结果集
        while(rest.next()){
            Student student = new Student();                             //定义与数据表对应的 JavaBean 对象
            student.setId(rest.getInt(1));                               //设置对象属性
            student.setName(rest.getString(2));
            student.setCollege(rest.getString(3));
            student.setSpeciality(rest.getString(4));
            student.setAddress(rest.getString(5));
            list.add(student);                                           //向集合中添加对象
        }
        return list;                                                     //返回查询结果
    } catch (Exception e) {
        e.printStackTrace();
        return null;
    }
}
```

■ 秘笈心法

心法领悟 566：EXISTS 谓词的使用。

EXISTS 谓词子查询的 SELECT 子句中可使用任何列名，也可以使用任何多个列。这种谓词只注重是否返回行，而不注重行的内容，用户可以规定列名或者只使用一个"*"号。

实例 567	动态指定查询条件 光盘位置：光盘\MR\567	高级 趣味指数：★★★★☆

■ 实例说明

本实例实现查询学生成绩表中的数据，用户在查询该表中的数据时，可以动态指定查询的字段，以及字段与查询值之间的关系。实例运行效果如图 23.16 所示。

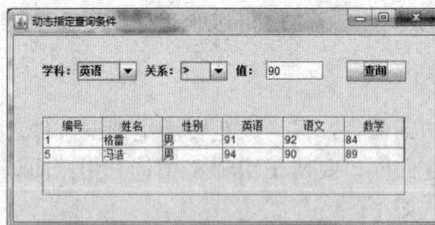

图 23.16　实例运行效果

■ 关键技术

本实例将要查询的字段以下拉列表框的形式显示给用户。在利用下拉列表框进行查询时，应使用连接符"+"获取下拉列表框的值与查询字符串连接，但查询字段的两端不需要添加单引号"'"。

■ 设计过程

（1）在项目中创建类 SelectTrendsFrame，该类继承自 JFrame 类，实现窗体类。向该窗体中添加表格、下拉列表框等控件，完成窗体布局，该窗体中的主要控件及说明如表 23.3 示。

表 23.3　窗体中的主要控件及说明

控件类型	控件命名	控件用途
JComboBox	subjectComboBox	供用户选择"学科"的下拉列表框
	connectionComboBox	供用户选择"关系"的下拉列表框
JTextField	valueTextField	供用户添加查询值的文本框控件
JButton	findButton	按钮控件
JTable	table	显示查询结果的表格控件

（2）在项目中创建 TrendsSelect 类，在该类中定义指定条件动态查询数据的方法 getGrade，该方法包含两个 String 类型的参数，分别用于指定查询的字段以及字段与值之间的关系；一个 int 类型的参数，用于指定字段满足的值。具体代码如下：

```
public List getGrade(String operator,String denotation,int mark) {
    conn = getConn()          ;                                    //获取与数据库的连接
    ResultSet rest;
    List list = new ArrayList();
    try {
        Statement statement = conn.createStatement();              //获取 Statement 对象
        String sql = "select * from tb_grade where "+operator+denotation+mark;
        rest = statement.executeQuery(sql);                        //执行查询语句获取查询结果集
        while (rest.next()) {                                      //循环遍历查询结果集
            Grade grade = new Grade();                             //定义与数据表对应的 JavaBean 对象
            grade.setId(rest.getInt(1));                           //设置对象属性值
            grade.setName(rest.getString(2));
            grade.setSex(rest.getString(3));
            grade.setEnglish(rest.getInt(4));
            grade.setChinese(rest.getInt(5));
            grade.setMath(rest.getInt(6));
            list.add(grade);
        }
    } catch (Exception e) {
        e.printStackTrace();
    }
    return list;                                                   //返回集合
}
```

📖 说明：本实例窗体中指定查询的字段是使用中文表示的"中文""数学""英文"，而在数据库中的字段是使用英文的，因此在查询时要注意字段格式的转换。

■ 秘笈心法

心法领悟 567：在实际操作中有以下 3 种原因可以使表中列的值成为 null。

☐　其值未知。例如，学生表中的班级列，在刚入学时则可能将其值设置为 null。

☐　其值不存在。

☐　列队表行不可用。例如，雇员表中包含一个经理编号列，则可将公司所有者的行设置为 null。

23.3　连接查询

实例 568	使用 UNION 运算符使学生档案归档 光盘位置：光盘\MR\568	高级 趣味指数：★★★★☆

■ 实例说明

UNION 指的是并运算，就是从两个或多个类似的结果集中选择行，并将其组合在一起形成一个单独的结果集。本实例利用 UNION 运算符将多个年级的学生档案归档，并保存在一张表中。实例运行效果如图 23.17 所示。

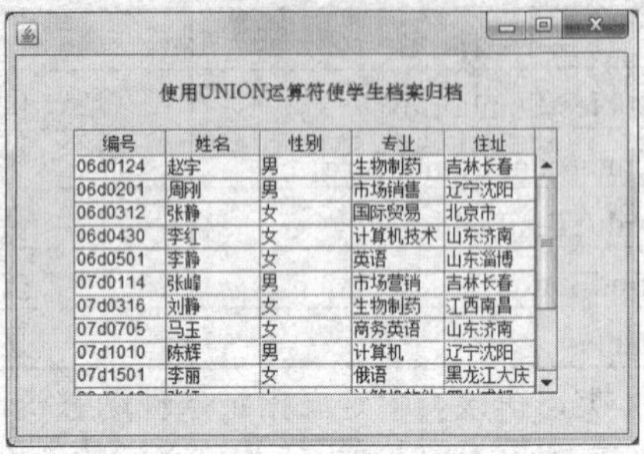

图 23.17　实例运行效果

关键技术

UNION 运算符主要用于将两个或更多查询的结果组合为单个结果集，该结果集包含联合查询中所有查询的全部行。在使用 UNION 运算符时应遵循以下准则：

（1）在使用 UNION 运算符组合的语句中，所有选择列表的表达式数目必须相同（列名、算术表达式、聚集函数等）。

（2）在使用 UNION 运算符组合的结果集中的相应列或个别查询中使用的任意列的子集必须具有相同的数据类型，并且两种数据类型之间必须存在可能的隐式转换或提供了显式转换。例如，在 datetime 数据类型的列和 binary 数据类型的列之间不可能存在 UNION 运算符，除非提供了显式转换，而在 money 数据类型的列和 int 数据类型的列之间可以存在 UNION 运算符，因为它们可以进行隐式转换。

（3）用 UNION 运算符组合的各语句中对应的结果集列出现的顺序必须相同，因为 UNION 运算符是按照各个查询给定的顺序逐个比较各列。

（4）UNION 运算符组合不同的数据类型时，这些数据类型将使用数据类型优先级的规则进行转换。例如，int 值转换成 float 值，因为 float 类型的优先权比 int 类型高。

（5）通过 UNION 运算符生成的表中的列名来自 UNION 语句中的第一个单独的查询。若要用新名称引用结果集中的某列（如在 ORDER BY 子句中），必须按第一个 SELECT 语句中的方式引用该列。

设计过程

（1）在项目中创建类 SelectUseExists，该类继承自 JFrame 类，实现窗体类。在该窗体中添加标签和表格控件，标签控件用于给用户提示信息，表格控件用于显示查询结果。

（2）定义 StudentUnion 类，在该类中定义 getMessageEmp()方法，该方法以 List 集合作为返回值，用于获取查询结果。具体代码如下：

```java
public List getMessageEmp() {
    conn = getConn();                                          //获取与数据库的连接
    List list = new ArrayList<Student>();
    try {
        Statement statement = conn.createStatement();          //获取 Statement 对象
        String sql = "select * from tb_stu2006 union select * from tb_stu2007 union select * from tb_stu2008";
        //定义查询语句
        ResultSet rest = statement.executeQuery(sql);          //执行查询语句获取查询结果集
        while(rest.next()){
            Student student = new Student();
            student.setId(rest.getString(1));
            student.setName(rest.getString(2));
            student.setSex(rest.getString(3));
            student.setSpciality(rest.getString(4));
            student.setAddress(rest.getString(5));
            list.add(student);
        }
        return list;                                           //返回查询结果
```

```
        } catch (Exception e) {
            e.printStackTrace();
            return null;
        }
}
```

秘笈心法

心法领悟 568：表别名。

在进行连接查询时，多数情况下会给数据表起一个别名。在给数据表起别名时，可以使用关键字 as，当然 as 关键字可以省略。将新名称直接跟在实际表的后面即可。但是需要注意，SQL Server 数据库支持这样的写法，Oracle 数据库系统不支持 as 关键字，给表取别名只需在表名后直接加别名即可。

实例 569 内连接获取指定课程的教师信息 高级

光盘位置：光盘\MR\569　　趣味指数：★★★★★

实例说明

严格来说，一张数据表不允许出现冗余的字段，不允许有经过计算可得到的数据列。这样，如果程序员要获取某信息就要通过查询语句来获取。所以灵活地使用查询语句，对于一个程序员来说非常重要。内连接查询（INNER JOIN）使用比较运算符对表之间某些列数据进行比较，并列出这些表中与连接条件相匹配的数据行。本实例采用内连接查询两张表，分别为课程信息表 tb_coursey 与教师表 tb_teacher，得到某课程对应的教师。本实例涉及的两张表中的数据如图 23.18 所示。

id	cName
1	语文
2	英语
3	数学
4	物理
5	化学
6	历史

（a）

id	cId	tName
1	1	张三
2	2	赵宇
3	3	李丽
4	4	李静
5	5	陈梅
6	6	孙宇

（b）

图 23.18　课程信息表与教师表中的数据

本实例显示查询课程对应的教师信息，并将其在控制台上输出，运行结果如图 23.19 所示。

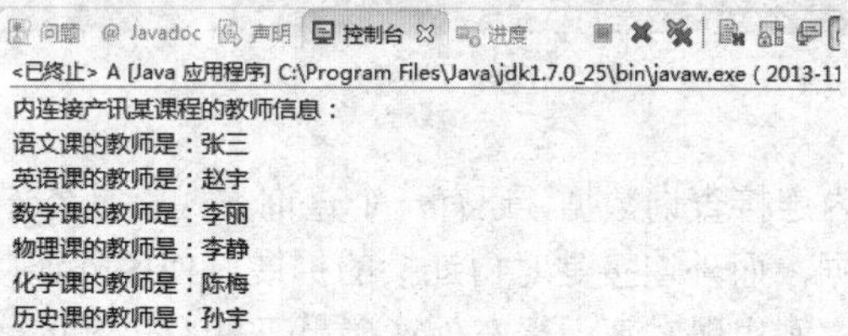

图 23.19　实例运行结果

关键技术

内连接可分为等值连接、自然连接和不等连接。本实例使用的是等值连接，就是使用等号运算符比较被连接列的值，在查询结果中列出本连接表中的所有列，包括其中的重复列。等值连接用于返回所有连接表中具有匹配值的行，而排除其他的行。

等值连接查询的语法格式如下：

```
select fildList from table1 inner join table2 on table1.column = table2.column
```

参数说明

fildList：要查询的字段列表。

设计过程

（1）在项目中创建类 CreateJoin，用于定义查询数据的方法。在该类中定义获取数据库连接的方法 getConn()，具体代码读者可参考光盘中的源程序，这里不再赘述。

（2）在该类中定义 getJoin()方法，用于通过内连接获取指定课程的教师信息，该方法以 ResultSet 对象作为返回值。具体代码如下：

```
public ResultSet getJoin() {
    conn = getConn();                                                        //获取与数据库的连接
    ResultSet rest;
    try {
        Statement statement = conn.createStatement();                       //获取 Statement 对象
        String sql = "select cName,tName from tb_course c inner join tb_teacher    t on c.id = t.cId ";
        //定义查询语句
        rest = statement.executeQuery(sql);                                 //执行查询语句获取查询结果集
        return rest;                                                        //返回查询结果
    } catch (Exception e) {
        e.printStackTrace();
        return null;
    }
}
```

说明：内连接可以看成是 where 查询语句的另一种写法。例如，本实例中就可以通过 where 语句给出查询条件，代码为“select cName,tName from tb_course c ,tb_teacher t where c.id = t.cId”。

秘笈心法

心法领悟 569：什么是自然连接。

本实例中向大家提到了不等连接和自然连接。不等连接很好理解，就是在连接条件中使用比较运算符，如“<”“>”等。而自然连接是一种特殊的连接，只有在两个表有相同名称的列且列的含义相似时才能使用，并将其在同名列上进行相等连接。自然连接是指在连接条件中使用等号“=”运算符比较被连接列的值，但它使用选择列表指出查询结果集中所包含的列，并删除连接表中重复的列。

实例 570　左外连接查询员工信息　　高级

光盘位置：光盘\MR\570　　趣味指数：★★★★☆

实例说明

实例 569 为大家介绍了使用内连接查询数据，还有一个查询方式就是外连接。外连接与内连接的区别就是，内连接只返回两张表相匹配的数据，而外连接是对内连接的扩展，使用外连接查询的一个好处就是可以使查询达到完整性，不会丢失数据。本实例实现对部门表左外连接员工表，实例运行效果如图 23.20 所示。

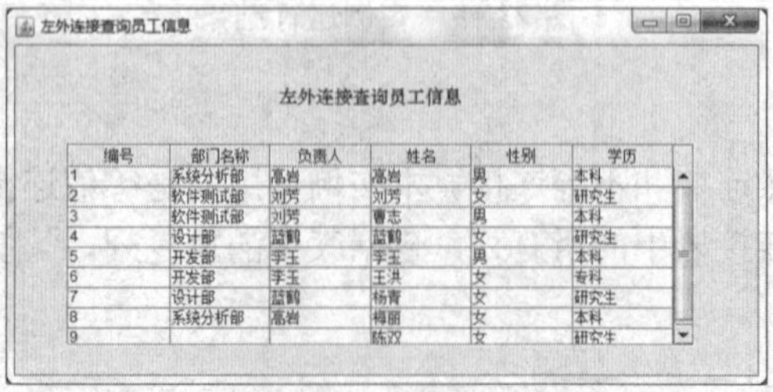

编号	部门名称	负责人	姓名	性别	学历
1	系统分析部	高岩	高岩	男	本科
2	软件测试部	刘芳	刘芳	女	研究生
3	软件测试部	刘芳	曹志	男	本科
4	设计部	蓝鹤	蓝鹤	女	研究生
5	开发部	李玉	李玉	男	本科
6	开发部	李玉	王洪	女	专科
7	设计部	蓝鹤	杨青	女	研究生
8	系统分析部	高岩	梅丽	女	本科
9			陈双	女	研究生

图 23.20　实例运行效果

说明：如图 23.20 所示的运行结果中，由于姓名为“陈双”的一条记录只在员工表中存在，在部门表中并不存在，因此其他相关的信息是空值。

■ 关键技术

左外连接的关键字为 LEFT JOIN，可以通过公式来看内连接与外连接的区别：

假设有两张表，分别为表 A 与表 B，两张表公共的部分是 C。

内连接只有在两个表都存在的记录才会得出，可以说 A 内连 B 得到的是 C。

表 A 左连接 B，那么 A 不受影响，查询结果为：公共部分 C 加表 A 的记录集。

表 A 右连接 B，那么 B 不受影响，查询结果为：公共部分 C 加表 B 的记录集。

全外连接表示两张表都不加限制。

■ 设计过程

（1）在项目中创建类 SelectUseLeftFrame，该类继承自 JFrame 类，实现窗体类。向该类中添加标签与表格控件，标签控件用于给出用户提示信息，表格控件用于显示查询后的结果。

（2）在项目中创建类 SelectUseLeft，用于获取查询结果。在该类中定义对数据表进行左外连接的方法 getLeft()，该方法以 List 集合作为返回值。具体代码如下：

```
public List getLeft() {
    conn = getConn();                                          //获取与数据库的连接
    ResultSet rest;
    List list = new ArrayList<MrEmp>();
    try {
        Statement statement = conn.createStatement();          //获取 Statement 对象
        String sql = "select e.id,dName,person,name,sex,schoolAge from tb_mrdept d left join tb_mremp e on d.id = e.dId";
        //定义查询语句
        rest = statement.executeQuery(sql);                    //执行查询语句获取查询结果集
        while(rest.next()){
            MrEmp mrEmp = new MrEmp();                          //定义与数据表对应的 JavaBean 对象
            mrEmp.setId(rest.getInt(1));                       //设置对象属性
            mrEmp.setdName(rest.getString(2));
            mrEmp.setPerson(rest.getString(3));
            mrEmp.setName(rest.getString(4));
            mrEmp.setSex(rest.getString(5));
            mrEmp.setSchoolAge(rest.getString(6));
            list.add(mrEmp);
        }
        return list;                                           //返回查询结果
    } catch (Exception e) {
        e.printStackTrace();
        return null;
    }
}
```

■ 秘笈心法

心法领悟 570：注意处理异常。

本章中实现查询数据时，大量地使用到了 try catch 语句异常处理语句，catch 语句中的 e.printStackTrace()表示当有异常发生时，给出异常提示信息。很多读者为了简单而忽略这句代码，这样异常处理语句 try catch 就是一个摆设，一旦程序在运行过程中出现异常，就无法快速找出异常提示。所以在异常处理语句中给出显示错误信息的代码是非常重要的。

| 实例 571 | 右外连接查询员工信息
光盘位置：光盘\MR\571 | 高级
趣味指数：★★★★☆ |

■ 实例说明

实例 570 中已经提到了左外连接，右外连接查询同样是为了保护数据的完整性。左外连接与右外连接的侧重点不同，开发人员可根据自己的需要选择适合的连接。本实例实现部门信息表右外连接员工表。实例运行效果如图 23.21 所示。

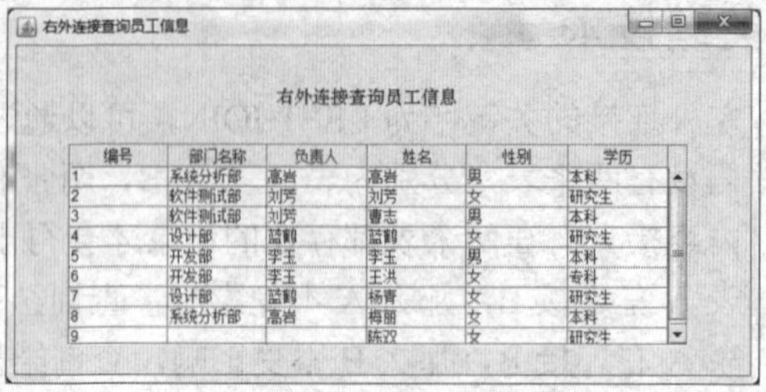

■ 关键技术

右外连接的运算符为 RIGHT JOIN，如果表 A 右外连接表 B，则结果为公共部分 C 加表 B 的结果集。如果表 A 中没有与表 B 匹配的项，就使用 NULL 进行连接。

图 23.21 实例运行效果

■ 设计过程

（1）在项目中创建类 SelectUseRightFrame，该类继承自 JFrame 类。实现窗体类，在该窗体中添加标签、表格控件，标签控件用于给出用户提示信息，表格控件用于显示查询结果。

（2）在项目中定义 SelectUseRight 类，在该类中定义 getRight()方法，用于获取查询结果，该方法以 List 集合对象作为返回值。具体代码如下：

```
public List getRight() {
    conn = getConn();                                          //获取与数据库的连接
    ResultSet rest;
    List list = new ArrayList<MrEmp>();
    try {
        Statement statement = conn.createStatement();          //获取 Statement 对象
        String sql = "select e.id,dName,person,name,sex,schoolAge  from tb_mrdept d right join tb_mremp e on d.id = e.dId";
        //定义查询语句
        rest = statement.executeQuery(sql);                    //执行查询语句获取查询结果集
        while (rest.next()) {
            MrEmp mrEmp = new MrEmp();                          //定义与数据表对应的 JavaBean 对象
            mrEmp.setId(rest.getInt(1));                        //设置对象属性
            mrEmp.setdName(rest.getString(2));
            mrEmp.setPerson(rest.getString(3));
            mrEmp.setName(rest.getString(4));
            mrEmp.setSex(rest.getString(5));
            mrEmp.setSchoolAge(rest.getString(6));
            list.add(mrEmp);
        }
        return list;                                           //返回查询结果
    } catch (Exception e) {
        e.printStackTrace();
        return null;
    }
}
```

■ 秘笈心法

心法领悟 571：严格定义表。

虽然在创建数据表时，可以使用任意的名称，但是为了增强程序的可读性，都将表命名为有实际意义的英文单词，一般表的名称不会超过 30 个字符。在定义列名和表名时，不可以使用数据库的保留字，如 SELECT、CREATE、INSERT 等。

实例 572	多表外连接查询	中级
	光盘位置：光盘\MR\572	趣味指数：★★★★☆

■ 实例说明

外连接不仅可以用在两张表上，还可以将多张表进行外连接查询。本实例实现将员工表（tb_personnel）、工资表（tb_wage）、请假表（tb_leave）进行外连接查询，得出汇总信息。实例运行效果如图 23.22 所示。

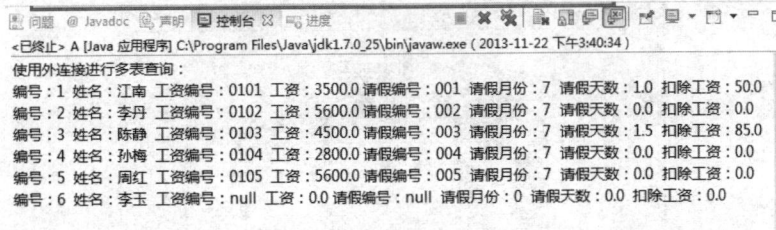

图 23.22　实例运行效果

📖 说明：由于员工"李玉"只在员工表中存在，在其他两张表中并不存在，所以其他信息是空或者是默认值。

■ 关键技术

在本实例中两次使用了左外连接查询，即员工表与工资表进行左外连接后再与请假表进行左外连接，将工资表中符合条件的数据、请假表中符合条件的数据和员工表中的全部信息显示出来。如果给出外连接查询条件，则应该使用 ON 关键字。

■ 设计过程

（1）在项目中定义类 FindMore，在该类中定义查询数据方法。首先定义连接数据库的方法 getConn()，该方法以 Connection 对象作为返回值，具体代码读者可参考光盘中的源程序，这里不再赘述。

（2）在该类中定义查询数据方法 getMore()，用于获取多表外连接查询结果，该方法以查询结果集 ResultSet 对象作为返回值。具体代码如下：

```java
public ResultSet getMore() {
    conn = getConn();                                              //获取与数据库的连接
    ResultSet rest;
    try {
        Statement statement = conn.createStatement();              //获取 Statement 对象
        String sql = "select p.id,p.sName,w.wId,w.wage,l.pID,l.monthL,l.lDate,l.lMoney from (tb_personnel p left join tb_wage w on p.id = w.perId)"
        +" left join tb_leave l on l.pID = p.id";                  //定义查询语句
        rest = statement.executeQuery(sql);                        //执行查询语句获取查询结果集
        return rest;                                               //返回查询结果
    } catch (Exception e) {
        e.printStackTrace();
        return null;
    }
}
```

■ 秘笈心法

心法领悟 572：快速编写代码。

通过 Eclipse 等开发工具可以实现快速编写代码，Eclipse 的代码辅助功能非常强大，很好地利用这些功能可提高编码速度。例如，在 Eclipse 的编辑区中输入"syso"，之后按 Alt+/组合键就可以实现录入"System.out.println()"。

实例 573	完全连接查询 光盘位置：光盘\MR\573	中级 趣味指数：★★★★☆

■ 实例说明

左外连接和右外连接都是针对某一张表的完整查询，如果要对连接的两张表都实现完整查询，就要使用完全连接查询，完全连接查询的关键字为 FULL JOIN，本实例为大家介绍的是对部门表和员工表实现完全连接查询。实例运行效果如图 23.23 所示。

图 23.23　实例运行效果

■ 关键技术

完全连接查询就是将左表的所有数据分别与右表的每条记录进行连接组合，返回的结果除了连接数据外，还有两个表中不符合条件的数据，并在左或右表的相应列中填上 NULL 值。本实例中员工"孙梅"，只在部门表中存在，因此其他列都是 NULL 值；员工"陈双"只在员工表中存在，因此其他信息都是 NULL 值。

■ 设计过程

（1）在项目中创建类 SelectUseFullFrame，该类继承自 JFrame 类，实现窗体类。在该窗体中添加标签和表格控件，标签控件用于显示提示信息，表格控件用于显示查询结果。

（2）在项目中创建类 SelectUseFull，用于编写查询数据方法。在该类中定义 getFull()方法，用于获取两张表的完全连接数据，以 List 集合作为返回值。具体代码如下：

```java
public List getFull() {
    conn = getConn();                                                    //获取与数据库的连接
    ResultSet rest;
    List list = new ArrayList<MrEmp>();
    try {
        Statement statement = conn.createStatement();                    //获取 Statement 对象
        String sql = "select e.id,dName,person,name,sex,schoolAge  from tb_mrdept d full join tb_mremp e on d.id = e.dId";
        //定义查询语句
        rest = statement.executeQuery(sql);                              //执行查询语句获取查询结果集
        while (rest.next()) {
            MrEmp mrEmp = new MrEmp();                                    //定义与数据表对应的 JavaBean 对象
            mrEmp.setId(rest.getInt(1));                                 //设置对象属性
            mrEmp.setdName(rest.getString(2));
            mrEmp.setPerson(rest.getString(3));
            mrEmp.setName(rest.getString(4));
            mrEmp.setSex(rest.getString(5));
            mrEmp.setSchoolAge(rest.getString(6));
            list.add(mrEmp);
        }
        return list;                                                     //返回查询结果
    } catch (Exception e) {
        e.printStackTrace();
        return null;
    }
}
```

■ 秘笈心法

心法领悟 573：定义用户库。

本章操作数据库时都需要向项目中添加连接数据库的驱动程序。笔者在添加第三方 jar 文件时，习惯定义用户库来区分。使用这种方法的优点在于类库分类明确，方便管理与分析。缺点在于库管理的 jar 文件在本地磁盘中，当单纯地复制项目文件夹到其他计算机中，或者类库关联的 jar 文件移动到其他文件夹时，那么指定的用户库会失效，项目会出现错误，这时用户需要指定自定义用户库的 jar 文件位置，或使用其他用户库。

23.4 函 数 查 询

实例 574	在查询中使用 patindex()函数进行模糊查询 光盘位置：光盘\MR\574	中级 趣味指数：★★★★

■ 实例说明

应用 Like 关键字可以进行模糊查询，此外还有一种可以进行模糊查询的方法，即 patindex()函数。本实例向大家介绍使用 patindex()函数实现模糊查询。patindex()函数返回字符串表达式中第一次出现的位置，本实例实现的是查询某省的客户信息。实例运行效果如图 23.24 所示。

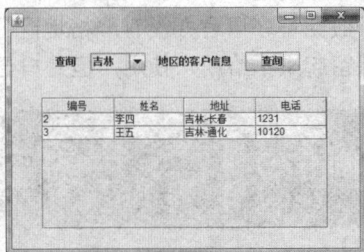

图 23.24　实例运行效果

■ 关键技术

patindex()函数常常用于搜索字符或字符串。如果被搜索的字符串中包含要搜索的字符，那么该函数返回一个非零的整数，表示 pattern 字符串在表达式 expression 中第一次出现的位置，起始值为 1。patindex()函数支持使用通配符进行搜索，语法格式如下：

```
patindex('%pattern%',expression)
```

参数说明

❶ pattern：要搜索的字符串，可以使用通配符。pattern 之前和之后需要使用%号，除非搜索的字符串在被搜索的字符串的最前面或最后面。

❷ expression：表达式，表示被搜索的字符串，expression 通常是一个表中的字段。

该函数中还可以使用"[ ]"来返回指定某些字符其中之一的位置，例如：

```
select patindex('%[c,d]%','abcdeft')
```

该表达式的意思是字符"c"或"d"中的一个在表达式"abcdeft"最先出现的位置，由于"c"在字符串中第一次出现的位置是 3，因此该句代码返回值为 3。

■ 设计过程

（1）在项目中创建类 PatindexFrame，该类继承自 JFrame 类，实现窗体类。向该窗体中添加下拉列表、按钮和表格控件，下拉列表控件用于显示要查询的地区，表格控件用于显示查询结果。

（2）定义工具类 CreatePatindex，用于实现查询数据的方法。在该类中定义 getPatindex()方法，该方法包含有一个 String 类型的参数，用于指定要查询的地点。该方法的具体代码如下：

```java
public List getPatindex(String address) {
    conn = getConn();                                    //获取与数据库的连接
    ResultSet rest;
    List list = new ArrayList<Order>();
    try {
        Statement statement = conn.createStatement();    //获取 Statement 对象
        String sql = "select * from tb_order where patindex('" + address
                + "%',address)>0";                       //定义查询语句
        rest = statement.executeQuery(sql);              //执行查询语句获取查询结果集
        while (rest.next()) {                            //循环遍历查询结果集
            Order order = new Order();                   //定义与数据表对应的 JavaBean 对象
            order.setId(rest.getInt(1));                 //设置对象属性
            order.setName(rest.getString(2));
            order.setAddress(rest.getString(3));
            order.setPhone(rest.getString(4));
```

```
                list.add(order);
            }
            return list;                                    //返回查询结果
        } catch (Exception e) {
            e.printStackTrace();
            return null;
        }
    }
}
```

秘笈心法

心法领悟 574：关键字和保留字。

经常会提起保留字和关键字，很多人认为保留字就是关键字，其实严格来讲，关键字和保留字是不一样的，但是一般的程序语言并没有严格地区分它们。简单地说，关键字是指程序中一定会用到的单词，而保留字是指系统保留起来不给用户使用，但是自己也不会用到的单词，像 goto 就属于保留字而不属于关键字。

实例 575	对查询结果进行格式化 光盘位置：光盘\MR\575	中级 趣味指数：★★★★☆

实例说明

对查询结果进行格式化是很重要的应用，本实例实现将员工详细工资表中的数据进行四舍五入，在对结果进行四舍五入时使用函数 ROUND()，本实例实现操作的是工资详细信息表 tb_particularLaborage，该表中的数据如图 23.25 所示。

本实例实现将格式化后的数据在控制台上输出，实例运行效果如图 23.26 所示。

id	name	Base	Subsidy	deduct
1	李凤	2500	200	19.2356
2	刘伶	2900	300	36.8542
3	孙雪	3200	150	12.2365
4	李丽	2600	256	12.3685
5	王达	3400	900	15.265
6	王野	2800	500	53.22566

图 23.25　工资详细信息表中的数据

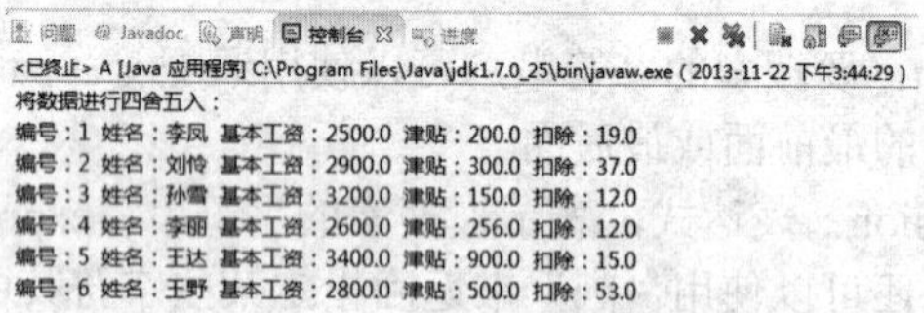

图 23.26　实例运行效果

关键技术

本实例主要应用了 ROUND() 函数，该函数用于返回数字表达式并四舍五入为指定的长度或精度。该函数的语法格式如下：

```
ROUND ( numeric_expression , length [ , function ] )
```

参数说明

❶ numeric_expression：精确数字或近似数字数据类型的表达式。

📢 注意：bit 数据类型除外。

❷ length：是 numeric_expression 将要四舍五入的精度。length 必须是 tinyint、smallint 或 int 数据类型。当 length 为正数时，numeric_expression 四舍五入为 length 所指定的小数位数；当 length 为负数时，numeric_expression 则按 length 所指定的在小数点的左边四舍五入。

❸ function：是要执行的操作类型。function 必须是 tinyint、smallint 或 int 数据类型。如果省略 function 或 function 的值为 0（默认），numeric_expression 将四舍五入。当指定 0 以外的值时，将截断 numeric_expression。

下面详细介绍 ROUND() 函数的用法。

（1）ROUND() 函数始终返回一个值。如果 length 是负数且其绝对值大于小数点前的数字个数，ROUND() 函数将返回 0。如下面的例子的返回值就为 0。

```
ROUND(748.58, -4)
```

（2）当 length 是负数，且其绝对值不大于小数点前的数字个数时，无论什么数据类型，ROUND()函数都将返回一个四舍五入的 numeric_expression，如表 23.4 所示。

表 23.4　ROUND()函数示例 1

示　　例	结　　果
ROUND(748.58,-1)	750.00
ROUND(748.58,-2)	700.00
ROUND(748.58,-3)	1000.00

（3）当 length 是正数时，ROUND()函数的实现示例如表 23.5 所示。

表 23.5　ROUND()函数示例 2

示　　例	结　　果
ROUND(123.4545,2)	123.4500
ROUND(123.4545,1)	123.5000
ROUND(123.4545,3)	123.4550

（4）使用 ROUND()函数截断。如表 23.6 所示是使用的两个示例说明四舍五入和截断之间的区别。第一个示例是四舍五入结果，第二个示例是截断结果。

表 23.6　ROUND()函数示例 3

示　　例	结　　果
ROUND(150.75,0)	151.00
ROUND(150.75,0,1)	150.00

设计过程

（1）在项目中创建类 FindLaborage，在该类中定义操作数据库的方法。首先在该类中定义连接数据库的方法 getConn()，具体代码读者可参考光盘中的源程序，这里不再赘述。

（2）在该类中定义 getPatindex()方法，用于将查询结果进行格式化，并将查询结果以 List 集合对象作为参数。具体代码如下：

```java
public List getPatindex() {
    conn = getConn();                                                    //获取与数据库的连接
    ResultSet rest;
    List list = new ArrayList<FindLaborage>();
    try {
        Statement statement = conn.createStatement();                    //获取 Statement 对象
        String sql = "select id,name,Base,round(Subsidy,0) as subsidy, round(deduct,0) as deduct from tb_particularLaborage";
        //定义查询语句
        rest = statement.executeQuery(sql);                              //执行查询语句获取查询结果集
        while (rest.next()) {                                            //循环遍历查询结果集
            //定义与数据表对应的 JavaBean 对象
            ParticularLaborage laborage = new ParticularLaborage();
            laborage.setId(rest.getInt(1));                              //设置对象属性
            laborage.setName(rest.getString(2));
            laborage.setBase(rest.getFloat(3));
            laborage.setSubsidy(rest.getFloat(4));
            laborage.setDeduct(rest.getFloat(5));
            list.add(laborage);                                          //向集合中添加对象
        }
        return list;                                                     //返回查询结果
    } catch (Exception e) {
        e.printStackTrace();
        return null;
    }
}
```

■ 秘笈心法

心法领悟 575：使用 equals() 方法时的注意事项。

在比较两个对象时，使用了 equals() 方法，未重载 equals() 方法的类的对象使用该方法与另一个对象进行比较时，则返回 false，即使这两个对象拥有相同的内容。这是因为这个未重载 equals() 方法的类实际上是调用了 Object 类的 equals() 方法。

实例 576	在查询中使用字符串函数 光盘位置：光盘\MR\576	高级 趣味指数：★★★★☆

■ 实例说明

本实例利用 SUBSTRING() 函数返回身份证号码中生日部分的字符。运行程序，可将员工表（tb_staffer）中员工的生日从身份证号码中提取出来。实例运行效果如图 23.27 所示。

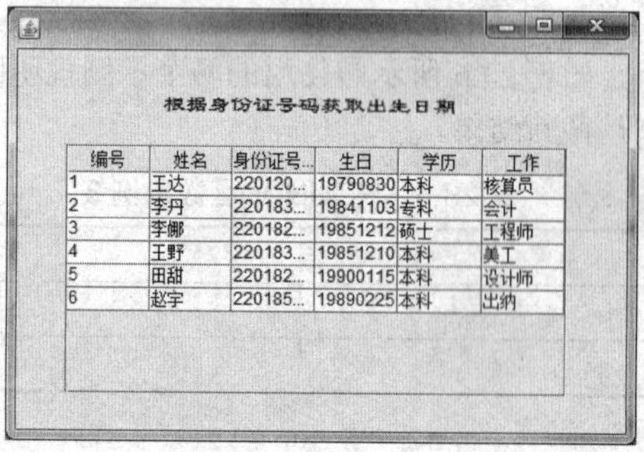

图 23.27　实例运行效果

■ 关键技术

SUBSTRING() 函数主要用于返回字符、binary、text 或 image 表达式的一部分。该函数的语法格式如下：

```
SUBSTRING(expression,start,length)
```

参数说明

❶ expression：是字符串、二进制字符串、text、image、列或包含列的表达式。不要使用包含聚集函数的表达式。

❷ start：是一个整数，指定子串的开始位置。

❸ length：是一个整数，指定子串的长度（要返回的字符数或字节数）。

如果 expression 是字符数据类型，则返回字符数据；如果 expression 是 binary 数据类型，则返回二进制数据。返回值的类型与给定表达式的类型相同，但表 23.7 所示的除外。

表 23.7　表达式和返回值类型

给定的表达式	返回值类型
text	varchar
image	varbinary
ntext	nvarchar

◁)) 注意：在字符数中必须指定使用 ntext、char 或 varchar 数据类型的偏移量（start 和 length）。在字节数中必须指定使用 text、image、binary 或 varbinary 数据类型的偏移量。

设计过程

（1）在项目中定义类 FindStadderFrame，该类继承自 JFrame 类，实现窗体类。向窗体中添加标签、表格控件，标签控件用于显示给用户的提示信息，表格控件用于显示查询结果。

（2）在项目中定义工具类 FindStaffer，用于定义操作数据库方法。在该类中定义 getBirthday()方法，用于获取员工的生日信息。具体代码如下：

```java
public List getBirthday() {
    conn = getConn();                                        //获取与数据库的连接
    ResultSet rest;
    List list = new ArrayList<Staffer>();
    try {
        Statement statement = conn.createStatement();        //获取 Statement 对象
        String sql = "select id,sName,substring(code,7,8) as birthday ,code,degree,job from tb_staffer";
        //定义查询语句
        rest = statement.executeQuery(sql);                  //执行查询语句获取查询结果集
        while (rest.next()) {                                //循环遍历查询结果集
            Staffer staffer = new Staffer();                 //定义与数据库对应的 JavaBean 方法
            staffer.setId(rest.getInt(1));                   //设置对象属性
            staffer.setsName(rest.getString(2));
            staffer.setBirthday(rest.getString(3));
            staffer.setCode(rest.getString(4));
            staffer.setDegree(rest.getString(5));
            staffer.setJob(rest.getString(6));
            list.add(staffer);                               //将对象添加到集合中
        }
        return list;                                         //返回查询结果
    } catch (Exception e) {
        e.printStackTrace();
        return null;
    }
}
```

秘笈心法

心法领悟 576：解析 Eclipse 报错的原因。

有些读者下载完 Eclipse 时，可能会出现无法打开的错误。解决这一问题，可以通过以下方法：

（1）没有安装 JDK，在本机上安装 JDK 即可。

（2）在 Eclipse 的 Preferences 中可以找到设置 JDK 路径的地方，重新设置一下即可。

（3）将 Eclipse 目录下 configuration 文件夹中的文件，除 config、ini 文件外全部删除。之后重新启动 Eclipse 即可。

实例 577	在查询中使用 ALL 谓词 光盘位置：光盘\MR\577	中级 趣味指数：★★★★☆

实例说明

比较运算符与谓词 ALL 连用，表示与查询子集中每个值进行比较。本实例实现将比较运算符与谓词 ALL 连用，查询工资比质量部门中所有员工都高的员工信息。本实例实现操作员工表，该表中的数据如图 23.28 所示。本实例实现将查询出来的信息在控制台上显示，实例运行效果如图 23.29 所示。

id	eName	headship	dept	joinDate	laborage
1	张三	Java程序员	Java开发部	2009-10-8	4200
2	李四	VB程序员	VB开发部	2010-2-3	4500
3	李丽	项目经理	VC开发部	2009-4-15	5200
4	小刘	系统分析师	科研部	2010-1-25	5600
5	小兰	程序测试	质量部	2009-12-6	3500
6	王英	程序测试	质量部	2010-12-2	4600

图 23.28 员工表中的数据

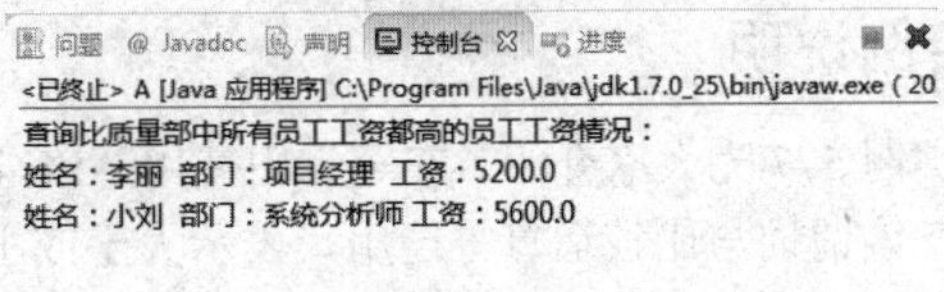

```
问题  @ Javadoc  声明  控制台  进度                    ■ ✖
<已终止> A [Java 应用程序] C:\Program Files\Java\jdk1.7.0_25\bin\javaw.exe ( 20
查询比质量部中所有员工工资都高的员工工资情况：
姓名：李丽  部门：项目经理  工资：5200.0
姓名：小刘  部门：系统分析师 工资：5600.0
```

图 23.29 实例运行效果

■ 关键技术

本实例实现查询比质量部门所有员工的工资都高的员工信息，使用了比较运算符（>）与 ALL 连用的形式，">ALL" 表示大于条件的每一个值，换句话说，就是大于最大值。如>ALL(1,2,3)表示大于 3。

ALL 用标量值与单列集中的值进行比较，返回一个布尔变量。其语法格式如下：

```
scalar_expression{ = | <> | != | > | >= | !> | <= | !< } ALL { subquery }
```

参数说明

❶ scalar_expression：任意有效的 SQL 表达式。

❷ = | <> | != | > | >= | !> | <= | !< ：比较运算符。

❸ subquery：返回单列结果集的子查询。返回列的数据类型必须与 scalar_expression 的数据类型相同。

■ 设计过程

（1）在项目中创建类 FinMaxEmpLaborage，用于定义查询数据方法。在该类中定义连接数据库的方法 getConn()，该方法的具体代码读者可参考光盘中的源程序，这里不再赘述。

（2）在该类中定义 getLaborage()方法，用于获取查询比质量部门所有员工工资都高的员工信息，该方法以 List 集合对象作为返回值。具体代码如下：

```java
public List getLaborage() {
    conn = getConn();                                            //获取与数据库的连接
    ResultSet rest;
    List list = new ArrayList<Emp>();
    try {
        Statement statement = conn.createStatement();            //获取 Statement 对象
        String sql = "select eName,headship,laborage from tb_emp  where laborage > all(select laborage from tb_emp where dept = '质量部')";
                //定义查询语句
        rest = statement.executeQuery(sql);                      //执行查询语句获取查询结果集
        while (rest.next()) {                                     //循环遍历查询结果集
            Emp emp = new Emp();                                  //定义与数据表对应的 JavaBean 对象
            emp.seteName(rest.getString(1));                     //设置对象属性
            emp.setHeadship(rest.getString(2));
            emp.setLaborage(rest.getFloat(3));
            list.add(emp);                                        //向集合中添加对象
        }
        return list;                                             //返回查询结果
    } catch (Exception e) {
        e.printStackTrace();
        return null;
    }
}
```

■ 秘笈心法

心法领悟 577：声明数组时需要注意的问题。

数组在实际开发中应用得很广泛，但在声明数组时要注意数组的长度问题，也就是数组的最大容量，因为数组一旦被声明，长度就不会改变了。如果想在运行程序时改变容量，就需要用到数组列表。

实例 578	在查询中使用 ANY 谓词 光盘位置：光盘\MR\578	中级 趣味指数：★★★★☆

■ 实例说明

实例 577 为大家介绍了在查询中使用 ALL 谓词，与该谓词对应的是 ANY 谓词。ANY 谓词表示的是任意的一个，该谓词与比较运算符连用，表示大于或小于子查询中的任意值。本实例实现查询员工表中工资高于质量部门中任意一名员工的工资情况，实例运行效果如图 23.30 所示。

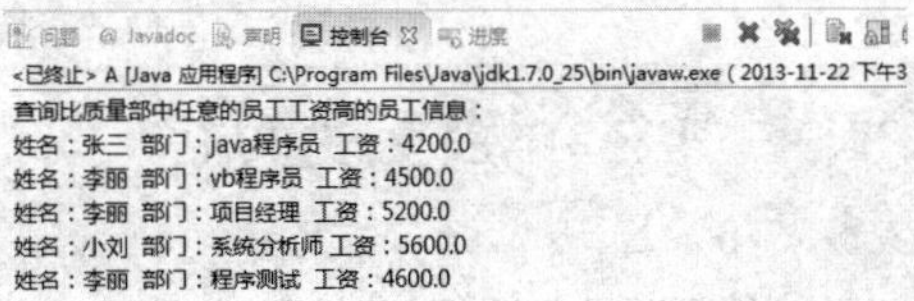

图 23.30　实例运行效果

■ 关键技术

本实例功能的实现应用了比较运算符与 ANY 谓词的连用。例如，">ANY"表示至少大于条件中的一个值，换句话说，就是大于最小值，如 ">ANY(1,2,3)"表示大于 1。

要使用带有>ANY 的子查询使某一列满足外部查询中指定的条件，引入子查询的列中的值必须至少大于由子查询返回值的列值中的一个值。

ANY 用标量值与单列集合的值进行比较，返回一个布尔变量。其语法格式如下：

```
scalar_expression { = | <> | != | > | < | <= | !< } ANY subquery
```

参数说明

❶ scalar_expression：是任意有效的 SQL 表达式。

❷ = | <> | != | > | < | <= | !<：任何有效的比较运算符。

❸ subquery：包含某列结果集的子查询。所返回列的数据类型必须是与 scalar_expression 具有相同的数据类型。

■ 设计过程

（1）在项目中创建类 FinMINEmpLaborage，用于定义查询数据方法。在该类中定义获取数据库连接的方法 getConn()，该方法以 Connection 对象作为返回值，具体代码读者可参考光盘中的源程序，这里不再赘述。

（2）在该类中定义 getLaborage()方法，用于获取比质量部门任意一名员工工资高的员工工资情况。具体代码如下：

```java
public List getLaborage() {
    conn = getConn();                                          //获取与数据库的连接
    ResultSet rest;
    List list = new ArrayList<Emp>();
    try {
        Statement statement = conn.createStatement();          //获取 Statement 对象
        String sql = "select eName,headship,laborage from tb_emp  where laborage > any(select laborage from tb_emp where dept = '质量部')";
            //定义查询语句
        rest = statement.executeQuery(sql);                    //执行查询语句获取查询结果集
        while (rest.next()) {                                  //循环遍历查询结果集
            Emp emp = new Emp();                               //定义与数据表对应的 JavaBean 对象
            emp.seteName(rest.getString(1));                   //设置对象属性
            emp.setHeadship(rest.getString(2));
            emp.setLaborage(rest.getFloat(3));
            list.add(emp);                                     //向集合中添加对象
        }
        return list;                                           //返回查询结果
    } catch (Exception e) {
        e.printStackTrace();
        return null;
    }
}
```

■ 秘笈心法

心法领悟 578：使用 API 查询成员。

如果在使用 API 文档查找类的某个成员时，在 API 文档中找不到这个成员，那么可以在该类的直接父类中进行查找。如果在该类的直接父类中还是找不到，可以查看该类的层级图，一级一级向上查找，直到找到为止。

| 实例 579 | 使用 UNION 运算符消除重复的行
光盘位置：光盘\MR\579 | 中级
趣味指数：★★★★☆ |

实例说明

去除重复值查询是一种很常见的查询方式，去除重复值查询的实现方式有很多种，本实例向大家介绍使用 UNION 关键字实现消除重复的行。本实例向大家介绍查询部门表 tb_dept 和部门表 tb_dept2 中的数据，在查询时去除重复的行。实例运行效果如图 23.31 所示。

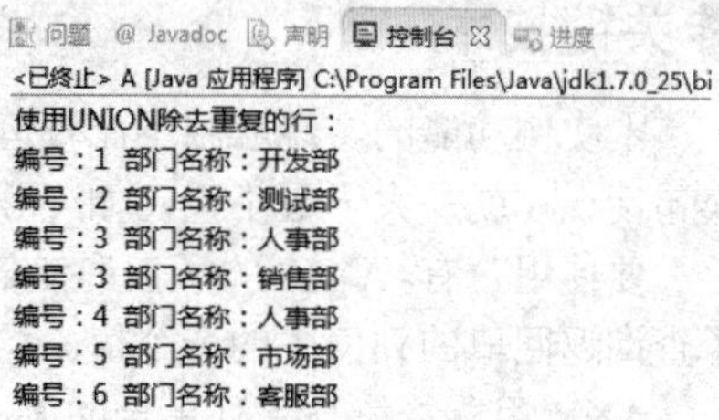

关键技术

将两个或更多查询的结果组合为单个结果集，该结果集包含联合查询中的所有查询的全部行。这与使用连接组合两个表中的列不同。使用 UNION 组合两个查询的结果集的两个基本规则如下：

❑ 所有查询中的列数和列的顺序必须相同。

❑ 数据类型必须兼容。

语法格式如下：

```
{ < query specification > | ( < query expression > ) }
UNION [ ALL ]
< query specification | ( < query expression > )
[ UNION [ ALL ] < query specification | ( < query expression > )
[ ...n ] ]
```

参数说明

< query specification >：查询规范或查询表达式，用以返回与另一个查询规范或查询表达式所返回的数据组合的数据。

图 23.31　实例运行效果

设计过程

（1）在项目中创建类 FinDept，用于定义查询数据方法。在该类中定义连接数据库的方法 getConn()，该方法以 Connection 对象作为参数，具体代码读者可参考光盘中的源程序，这里不再赘述。

（2）在该类中定义获取数据方法 getDept()，该方法以查询结果集对象 ResultSet 作为返回值。具体代码如下：

```java
public ResultSet getDept() {
    conn = getConn();                                        //获取与数据库的连接
    ResultSet rest;
    try {
        Statement statement = conn.createStatement();        //获取 Statement 对象
        String sql = "select * from tb_dept union    select * from tb_dept2";  //定义查询语句
        rest = statement.executeQuery(sql);                  //执行查询语句获取查询结果集
        return rest;                                         //返回查询结果
    } catch (Exception e) {
        e.printStackTrace();
        return null;
    }
}
```

秘笈心法

心法领悟 579：关闭 Frame 窗体。

在使用 Awt 包中的 Frame 窗体时，读者可能注意到这个问题，即使单击 Frame 上的关闭按钮，Frame 也并不会关闭，这是因为并没有编写任何关闭此 Frame 的代码。在 DOS 窗口中，可以通过按 Ctrl+C 组合键来强制关闭 Frame。

| 实例 580 | 使用 UNION ALL 运算符保留重复的行 | 中级 |
| | 光盘位置: 光盘\MR\580 | 趣味指数: ★★★★☆ |

■ 实例说明

UNION 关键字与 ALL 关键字组合使用,可以保留查询结果中的重复值。使用 UNION ALL 组合查询的两张表必须要有相同的结构,本实例实现查询部门表 tb_dept 和 tb_dept2 两表的数据,并使用 UNION ALL 关键字保留重复的记录。实例运行效果如图 23.32 所示。

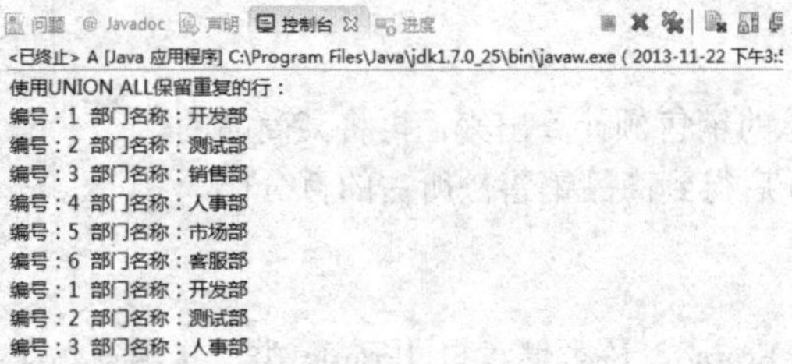

图 23.32 实例运行效果

■ 关键技术

UNION 加上关键字 ALL 的功能是不删除重复行也不对行自动排序。加上 ALL 关键字需要的计算资源少,所以尽可能使用它,尤其是在处理大型表时。下列情况应该使用 UNION ALL 组合查询。

- ❑ 知道有重复行并想保留这些行。
- ❑ 知道不可能有任何重复的行。
- ❑ 不在乎是否有任何重复的行。

■ 设计过程

(1)在项目中创建类 FinDept,用于定义查询数据方法。在该类中定义连接数据库的方法 getConn(),该方法以 Connection 对象作为参数,具体代码读者可参考光盘中的源程序,这里不再赘述。

(2)在该类中定义获取数据的方法 getDept(),该方法以查询结果集对象 ResultSet 作为返回值。具体代码如下:

```
public ResultSet getDept() {
    conn = getConn();                                      //获取与数据库的连接
    ResultSet rest;
    try {
        Statement statement = conn.createStatement();      //获取 Statement 对象
        //定义查询语句
        String sql = "select * from tb_dept union all select * from tb_dept2";
        rest = statement.executeQuery(sql);                //执行查询语句获取查询结果集
        return rest;                                       //返回查询结果
    } catch (Exception e) {
        e.printStackTrace();
        return null;
    }
}
```

■ 秘笈心法

心法领悟 580: SQL 中的获取时间函数。

在 SQL 中的 getdate()函数可用来获取系统日期和时间,返回值形如 "22010-07-31 09:11:32.217"。如果设置为 "getdate()-1",则返回值为 "2010-07-30 09:11:32.217",即在返回值的日期中减去 1 天。

<table>
<tr><td>实例 581</td><td>计算商品销售额所占的百分比
光盘位置：光盘\MR\581</td><td>高级
趣味指数：★★★★☆</td></tr>
</table>

■ 实例说明

很多程序都要求程序员将一些数据的百分比显示给用户，方便用户查询。本实例实现查询商品表中的商品销售额，以及该销售额所占总销售额的百分比。实例运行效果如图 23.33 所示。

■ 关键技术

本实例利用 SUM()函数将总的销售额计算出来，再将某商品的销售额除以总的销售额乘以 100 后得到商品销售额所占的百分比。

图 23.33　实例运行效果

■ 设计过程

（1）在项目中创建类 WareFrame，该类继承自 JFrame 类，实现窗体类。在该窗体中添加标签、按钮与表格控件，标签控件给出用户提示信息，表格控件实现查询结果。

（2）在项目中创建工具类 WareUtil，在该类中定义查询数据方法 getWare()，该方法以 List 集合作为返回值。具体代码如下：

```
public List getWare() {
    conn = getConn();                                        //获取与数据库的连接
    ResultSet rest;
    List list = new ArrayList();
    try {
        Statement statement = conn.createStatement();        //获取 Statement 对象
        String sql = "select id,wName,price,convert(varchar(30),price/(select sum(price) from tb_ware) * 100)+'%' as percente from tb_ware";
        //定义查询语句
        rest = statement.executeQuery(sql);                  //执行查询语句获取查询结果集
        while(rest.next()){                                  //循环遍历查询结果集
            Ware ware = new Ware();                          //定义与数据表对应的 JavaBean 对象
            ware.setId(rest.getInt(1));                      //设置对象属性
            ware.setwName(rest.getString(2));
            ware.setPrice(rest.getFloat(3));
            ware.setPercent(rest.getString(4));
            list.add(ware);                                  //向集合中添加对象
        }
    } catch (Exception e) {
        e.printStackTrace();
    }
    return list;                                             //返回集合
}
```

■ 秘笈心法

心法领悟 581：聚集函数使用的注意事项。

当使用 CUBE 或 ROLLUP 时，不支持区分聚集，如 AVG(DISTINCT *column_name*)、COUNT(DISTINCT *column_name*)、MAX(DISTINCT *column_name*)、MIN(DISTINCT *column_name*)和 SUM(DISTINCT *column_name*)。如果使用了，Microsoft® SQL Server™将返回错误信息并取消查询。

第24章

数据库高级应用

▶▶ 在 Java 程序中使用存储过程

▶▶ 使用触发器

▶▶ 使用批处理

▶▶ 使用视图

24.1　在 Java 程序中使用存储过程

实例 582	调用存储过程实现用户身份验证	高级
	光盘位置：光盘\MR\582	趣味指数：★★★★☆

■ 实例说明

存储过程是为完成特定的功能而汇集在一起的一组经编译后存储在数据库中的 SQL 语句。存储过程可以用参数的形式输入、输出数据，并支持用户设计的变量和流程控制。一个存储过程中可以包含查询、插入、删除、更新等操作，当一个存储过程被执行时，这些操作也会同时执行。本实例实现用户登录时调用存储过程。实例运行效果如图 24.1 所示。

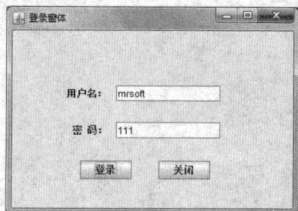

图 24.1　实例运行效果

■ 关键技术

本实例首先在 SQL Server 2000 数据库下创建存储过程，之后在 Java 程序中调用存储过程。主要用到 SQL 语句中的 CREATE PROCEDURE 来创建存储过程。语法格式如下：

```
CREATE PROC [ EDURE ] procedure_name [ ; number ]
    [ { @parameter data_type }
        [ VARYING ] [ = default ] [ OUTPUT ]
    ] [ ,...n ]
[ WITH
    { RECOMPILE | ENCRYPTION | RECOMPILE , ENCRYPTION } ]
[ FOR REPLICATION ]
AS sql_statement [ ...n ]
```

参数说明

❶ procedure_name：表示新存储过程的名称。

❷ number：表示可选的整数，用来对同名的过程分组，以便用一条 DROP PROCEDURE 语句将同组的过程一起删除。

❸ @parameter：表示过程中的参数。

❹ data_type：表示参数的数据类型。

在 Java 程序中调用存储过程实现登录验证。调用存储过程的语法格式如下：

```
{ CALL procname (?,?)}
```

参数说明：

❶ procname：表示存储过程的名称。

❷ ?：表示传递的参数。

■ 设计过程

（1）在项目中创建类 EnterFrame，该类继承自 JFrame 类，实现窗体类。向窗体中添加控件，主要控件及说明如表 24.1 所示。

表 24.1　窗体中的主要控件及说明

控 件 类 型	控 件 命 名	控 件 用 途
JTextField	userTextField	显示"用户名"文本框控件
	passwordTextField	显示"密码"文本框控件
JButton	enterButton	显示"登录"按钮控件
	closeButton	显示"关闭"按钮控件

（2）在数据库中创建存储过程，代码如下：

```
create procedure validateSelect
@userName varchar(20),
@password varchar(20)
as select * from tb_user where userName = @userName and password = @password
```

（3）在项目中创建类 TransferProcure，用于实现调用存储过程。在该类中定义调用存储过程的方法 executeQuery()，该方法包含有两个 String 类型的参数，与存储过程中的参数相对应。具体代码如下：

```
public String executeQuery(String userName,String passWord){
    String message = "验证失败";                                //定义保存返回值的字符串对象
    conn = getConn();                                         //获取数据库连接
    CallableStatement cs = null;                              //定义 CallableStatement 对象
    //定义调用存储过程语句
    String sql = "{call validateSelect('"+userName+"','"+passWord+"')}";
    try {
        cs = conn.prepareCall(sql);                           //调用存储过程
        ResultSet rest = cs.executeQuery();                   //获取结果集
        while(rest.next()){                                   //循环遍历结果集对象
            message = "验证成功";                             //设置对象信息
        }
    } catch (SQLException e) {
        e.printStackTrace();
    }
    return message;                                           //返回 String 对象
}
```

■ 秘笈心法

心法领悟 582：系统存储过程。

系统存储过程存储在 master 数据库中，并以 sp_ 作为前缀，主要用来从系统表获取信息，为系统管理员管理 SQL Server 提供帮助，为用户查询数据库对象提供方便。例如，用来查看数据库对象信息的系统存储过程 sp_help，显示存储过程和其他对象的文本存储过程 sp_helptext 等。

实例 583	应用存储过程添加数据 光盘位置：光盘\MR\583	高级 趣味指数：★★★★★

■ 实例说明

在实际开发中，经常需要对数据进行操作。由于存储过程是线程同步的，并且具有事务回滚的功能，因此应用存储过程对数据库进行操作比较安全。本实例实现在 Java 程序中调用存储过程，完成将数据添加到数据库中。实例运行效果如图 24.2 所示。

图 24.2　实例运行效果

■ 关键技术

在 Java 中可以使用 CallableStatement 接口创建调用存储过程的语句。语法如下：

```
CallableStatement cs = con.prepareCall(sql);
```

创建一个 CallableStatement 对象，使用该对象就可以完成向存储过程传递参数的功能。语法如下：

```
cs.setString(1,"mm");
```

在上面语句中 1 代表存储过程中参数的序列位置，"mm"代表所传递的参数。

执行存储过程可以使用 executeUpdate 语句。语法如下：

```
cs.executeUpdate();
```

■ 设计过程

（1）在项目中创建类 InsertUserFrame，该类继承自 JFrame 类，实现窗体类。向该窗体中添加标签、文本框与按钮控件，实现窗体布局。该窗体中的主要控件及说明如表 24.2 所示。

表 24.2　窗体中的主要控件及说明

控 件 类 型	控 件 命 名	控 件 用 途
JTextField	userNameTextField	显示"用户名"的文本框控件
	passWordTextField	显示"密码"的文本框控件
	ageTextField	显示"年龄"的文本框控件
	jobTextField	显示"工作"的文本框控件
JComboBox	sexComboBox	显示"性别"的下拉列表控件
JButton	insertButton	显示"添加"的按钮控件
	closeButton	显示"关闭"的按钮控件

（2）在数据库中创建存储过程，当用户调用该存储过程时，实现向用户表中添加数据。代码如下：

```
create procedure insertUser
@userName varchar(20),
@passWord varchar(20),
@age int,
@sex varchar(4),
@job varchar(20)
as
insert into tb_user values(@userName,@passWord,@age,@sex,@job)
go
```

（3）在项目中创建工具类 UserUtil 实现调用存储。在该类中定义 executeUpdate()方法实现调用存储过程，该方法有一个与数据表对应的 JavaBean 类对象作为参数。具体代码如下：

```
public boolean executeUpdate(User user) {
    conn = getConn();                                      //获取数据库连接
    CallableStatement cs = null;                           //定义 CallableStatement 对象
    String sql = "{call insertUser('" + user.getUserName() + "','"
        + user.getPassword() + "','" + user.getAge() + "','"
        + user.getSex() + "','" + user.getJob() + "')}";   //定义调用存储过程的 SQL 语句
    try {
        cs = conn.prepareCall(sql);                        //实例化 CallableStatement 对象
        cs.executeUpdate();                                //执行 SQL 语句
        return true;
    } catch (SQLException e) {
        e.printStackTrace();
        return false;
    }
}
```

■ 秘笈心法

心法领悟 583：创建存储过程的注意事项。

存储过程的最大大小为 128MB。用户定义的存储过程只能在当前数据库中创建（临时过程除外，临时过程总是在 tmppdb 中创建）。在单个批处理中，CREATE PROCEDURE 语句不能与其他 Transact-SQL 语句组合使用。

实例 584	调用加密存储过程	高级
	光盘位置：光盘\MR\584	趣味指数：★★★★☆

■ 实例说明

有时为了程序的安全，会将存储过程进行加密。这样用户在执行 exec sp_helptext 命令后，将无法查看存储过程的源代码。但是通过 Java 程序还是可以正常地调用存储过程。本实例首先在数据库中创建加密的存储过程，实现查询用户表中的信息，然后在 Java 程序中调用该存储过程，将信息在窗体中显示。实例运行效果如图 24.3 所示。

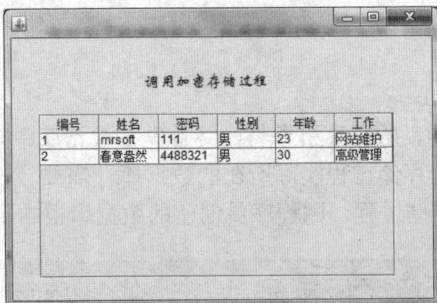

图 24.3　实例运行效果

■ 关键技术

调用加密的存储过程和调用普通的存储过程的方式是相同的。创建加密的存储过程的语法格式如下：

```
CREATE PROCEDURE proc_name
WITH ENCRYTION
AS
sql_statement
```

参数说明

❶ proc_name：存储过程名称。

❷ WITH ENCRYTION：加密存储过程的关键字。

❸ sql_statement：存储过程中的一个或多个 SQL 语句。

■ 设计过程

（1）在项目中创建类 EncryptFrame，该类继承自 JFrame 类，实现窗体类。在该窗体中添加标签与表格控件，标签控件用于显示提示信息，表格控件用于显示查询结果。

（2）在数据库中创建加密存储过程，用于查询用户表中的所有数据。具体代码如下：

```
create procedure selectUser
with encryption
as
    select * from tb_user
go
```

（3）在项目中创建工具类 UserUtil，在该类中定义用于调用存储过程的方法 executeUpdate()，该方法以 List 集合对象作为返回值。具体代码如下：

```
public List executeUpdate() {
    conn = getConn();                                    //获取数据库连接
    CallableStatement cs = null;                         //定义 CallableStatement 对象
    String sql = "{call selectUser}";                    //定义调用存储过程的 SQL 语句
    List list = new ArrayList();
    try {
        cs = conn.prepareCall(sql);                      //实例化 CallableStatement 对象
```

```
            ResultSet rest = cs.executeQuery();                              //执行 SQL 语句
            while(rest.next()){                                              //循环遍历查询结果集
                    User user = new User();                                  //定义与数据表对应的 JavaBean 对象
                    user.setId(rest.getInt(1));                              //设置对象属性
                    user.setUserName(rest.getString(2));
                    user.setPassword(rest.getString(3));
                    user.setAge(rest.getInt(4));
                    user.setSex(rest.getString(5));
                    user.setJob(rest.getString(6));
                    list.add(user);                                          //向集合中添加对象
            }
    } catch (SQLException e) {
            e.printStackTrace();
    }
    return list;
}
```

■ 秘笈心法

心法领悟 584：不要使用 sp_prefix。

sp_prefix 是系统存储过程保留的，数据库引擎将始终首先在数据库中查找具有此前缀的存储过程。这意味着引擎首先检查主数据库，然后检查存储过程实际所在的数据库，需要较长的时间才能完成检查过程。而且，如果碰巧存在一个名称相同的系统存储过程，则程序员创建的数据库根本不会得到处理。

实例 585	获取数据库中所有存储过程 光盘位置：光盘\MR\585	中级 趣味指数：★★★★☆

■ 实例说明

在一个数据库中可以创建多个存储过程，与表相同，在数据库中不可以有相同的存储过程名。在 Java 程序中可以通过 SQL 语句获取数据库中的所有存储过程。本实例实现查询 db_database24 下的所有存储过程名，并将其在窗体中显示。实例运行效果如图 24.4 所示。

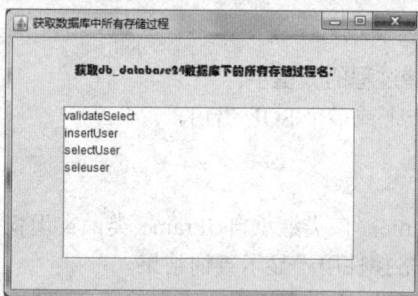

图 24.4　实例运行效果

■ 关键技术

利用 SQL 语句查看数据库中的存储过程，其 SQL 语句如下：

```
select name from sysobjects where xtype = 'p' and Status>O
```

参数说明

❶ sysobjects：该表为系统表，用于存储系统信息。

❷ xtype：是 sysobjects 系统表中的字段，指定当前记录是何种类型的对象名，类型为 p 表示是存储过程。

❸ Status：是 sysobjects 系统表的状态标识字段，当该字段中的数值大于 0 时表示当前记录所表示的对象为用户所有，否则为系统所有。

◀》注意：获取数据库中所有存储过程是一条 SQL 语句，执行 SQL 语句需要使用 Statement 对象，而不是调用
　　　存储过程的 CallableStatement 对象。

■ 设计过程

（1）在项目中创建类 ViewGainFrame，该类继承自 JFrame 类，实现窗体类。向该类中添加标签与文本域控件，标签控件用于显示提示信息，文本框控件用于显示查询出的数据库中的存储过程名。

（2）在项目中创建工具类 GainProcedure，用于定义获取数据库中所有存储过程的方法 executeGain()，该方法以 List 集合作为返回值。具体代码如下：

```
public List executeGain() {
    conn = getConn();                                                    //获取数据库连接
    Statement cs = null;
    //定义调用存储过程的 SQL 语句
    String sql = "select name from sysobjects where xtype = 'p' and status > 0";
    List list = new ArrayList();                                         //定义用于返回值的集合对象
    try {
        cs = conn.createStatement();
        ResultSet rest = cs.executeQuery(sql);                           //执行 SQL 语句
        while (rest.next()) {                                            //循环遍历查询结果集
            String name = rest.getString(1);                            //获取查询结果集中的数据
            list.add(name);                                             //将数据添加到集合中
        }
    } catch (SQLException e) {
        e.printStackTrace();
    }
    return list;                                                         //返回查询结果集
}
```

（3）在 ViewGainFrame 中调用 executeGain()方法，实现将获取的存储过程信息显示在文本域中。具体代码如下：

```
GainProcedure procedure = new GainProcedure();                          //创建工具类对象
List list = procedure.executeGain();                                    //调用获取所有存储过程方法
for (int i = 0; i < list.size(); i++) {                                 //循环遍历查询结果
    String name = list.get(i).toString();                               //获取结果集中的数据
    textArea.append(name + "\n");                                       //向文本域中添加信息
}
```

■ 秘笈心法

心法领悟 585：解析存储过程的命名标准。

与 Java 程序相同，存储过程也有自己的命名标准。虽然所有程序员不一定都按照统一的标准，但是养成好的编程习惯是很必要的。存储过程的命名标准如下：

❑　所有的存储过程要以 proc 为前缀，系统存储过程以 sp_ 为前缀。
❑　表名就是存储过程访问的对象。
❑　最后的行为动词就是存储过程要执行的任务。

例如，存储过程"procUserSelect"。

实例 586	修改存储过程 光盘位置：光盘\MR\586	中级 趣味指数：★★★★☆

■ 实例说明

如果要修改存储过程可以在数据库中完成，当然也可以通过 Java 程序实现。本实例实现编写程序为用户提供修改存储过程的文本域，实现创建窗体，用户可通过在窗体中书写代码，实现修改指定的存储过程。实例运行效果如图 24.5 所示。当用户添加完成信息后，单击"修改"按钮，可实现修改存储过程。

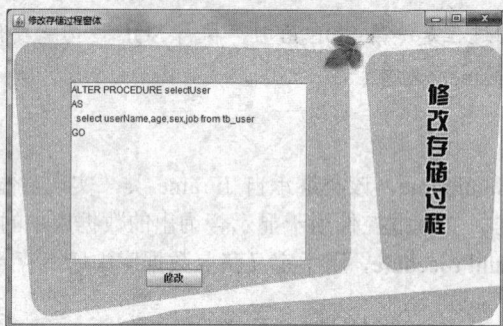

图 24.5　实例运行效果

注意： 使用本实例修改存储过程的缺点是，必须要熟练地掌握修改存储过程的语法，否则无法正确地完成操作。

关键技术

本实例主要利用 SQL 语句中的 ALTER PROCEDURE 语句来实现。语法格式如下：

```
ALTER PROCEDURE [ EDURE ] procedure_name [ ; number ]
    [ { @parameter data_type }
      [ VARYING ] [ = default ] [ OUTPUT ]
    ] [ ,...n ]
[ WITH
    { RECOMPILE | ENCRYPTION
      | RECOMPILE , ENCRYPTION
    }
]
[ FOR REPLICATION ]
AS
    sql_statement [ ...n ]
```

参数说明

❶ procedure_name：表示要更改的存储过程的名称。

❷ number：表示现有的可选整数，该整数用来对同一名称的过程进行分组，这样可以用一条 DROP PROCEDURE 语句全部删除它们。

❸ @parameter：表示过程中的参数。

❹ data_type：表示参数的数据类型。

❺ VARYING：指定作为输出参数支持的结果集。

❻ default：表示参数的默认值。

❼ OUTPUT：表明参数是返回参数。

❽ n：表示最多可指定 2～100 个参数的占位符。

❾ RECOMPILE：表明 Microsoft® SQL Server™ 不会高速缓存该过程的计划，该过程将在运行时重新编译。

❿ ENCRYPTION：表示 SQL Server 加密 syscomments 表中包含 ALTER PROCEDURE 语句文本的条目。使用 ENCRYPTION 可防止将过程作为 SQL Server 复制的一部分发布。

设计过程

（1）在项目中创建类 AlterProcFrame，该类继承自 JFrame 类，实现窗体类。在该窗体中添加文本域与按钮控件，文本域控件用于为用户提供修改存储过程控件，按钮控件显示"修改"，用户单击该按钮可实现修改操作。

（2）在项目中定义工具类 AlterProce，用于定义执行指定的 SQL 语句方法，在该类中定义获取数据库连接的方法 getConn()，具体代码读者可参考光盘中的源程序，这里不再赘述。

（3）在该类中定义执行修改存储过程的方法 executeUpdate()，该方法有一个 String 类型的参数，用来指定要执行的 SQL 语句。具体代码如下：

```
public boolean executeUpdate(String sql) {
    conn = getConn();                                              //获取数据库连接
    try {
        Statement stmt = conn.createStatement();                   //实例化 Statement 对象
        int iCount = stmt.executeUpdate(sql);                      //执行修改语句
        //给出提示信息
        System.out.println("操作成功，所影响的记录数为" + String.valueOf(iCount));
        conn.close();                                              //关闭连接
    } catch (SQLException e) {
        e.printStackTrace();
        return false;
    }
    return true;
}
```

秘笈心法

心法领悟 586：显示设置列的 NULL 或 NOT NULL。

建议在存储过程的任何 CREATE TABLE 或 ALTER TABLE 语句中，都为每列显式指定 NULL 或 NOT NULL，如在创建临时表时。ANSI_DFLT_ON 和 ANSI_DFLT_OFF 选项控制 SQL Server 为列指派 NULL 或 NOT NULL 特定的方式（如果在 CREATE TABLE 或 ALTER TABLE 语句中没有指定）。

实例 587	删除存储过程 光盘位置：光盘\MR\587	中级 趣味指数：★★★★

实例说明

对某一创建完成的存储过程，如果不再需要，可以将其删除。删除存储过程的语句为 DROP PROCEDURE。为了方便用户操作，本实例将某数据库下的所有存储过程都列在表格中，用户只需要在表格中选择要删除的存储过程，单击"删除"按钮即可。实例运行效果如图 24.6 所示。

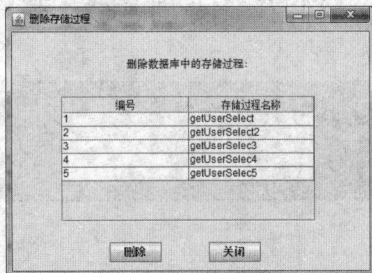

图 24.6　实例运行效果

关键技术

本实例主要是用 SQL 语句中的 DROP PROCEDURE 语句实现的。DROP PROCEDURE 语句用来删除一个或者多个存储过程或过程组，其语法格式如下：

```
DROP PROCEDURE { procedure } [ ,...n ]
```

参数说明

❶ procedure：表示要删除的存储过程或存储过程组的名称。过程名称必须符合标识符规则。

❷ n：表示可以指定多个过程的占位符。

设计过程

（1）在项目中创建类 DeleteProcedureFrame，该类继承自 JFrame 类，实现窗体类。在该窗体中添加如表 24.3

所示的控件，实现窗体布局。

表 24.3　窗体中的主要控件及说明

控 件 类 型	控 件 命 名	控 件 用 途
JTable	table	显示查询到的数据库中的存储过程
JButton	deleteButton	显示"删除"按钮控件
	closeButton	显示"关闭"按钮控件

（2）在项目中创建工具类 DeleteProcedure，用于操作数据库的方法，在该类中定义删除存储过程的方法 executeUpdate()，该方法包含有一个 String 数组参数，表示删除的存储过程集合。代码如下：

```java
public boolean executeUpdate(String[] sql) {
    conn = getConn();                                    //获取数据库连接
    try {
        Statement stmt = conn.createStatement();         //实例化 Statement 对象
        for (int i = 0; i < sql.length; i++) {
            stmt.executeUpdate("DROP PROCEDURE "+sql[i]); //执行删除操作
        }
        conn.close();                                    //关闭连接
    } catch (SQLException e) {
        e.printStackTrace();
        return false;
    }
    return true;
}
```

■ 秘笈心法

心法领悟 587：在 SQL Server 中执行存储过程。

本实例为大家介绍的是在 Java 程序中调用存储过程，存储过程作为数据库对象，可以在数据库下直接被调用。在数据库中执行存储过程使用 execute 关键字即可。例如，要执行存储过程 proUserSelect，可使用 execute proUserSelect 语句。

24.2　使用触发器

实例 588	应用触发器添加日志信息 光盘位置：光盘\MR\588	高级 趣味指数：★★★★★

■ 实例说明

触发器是一种特殊类型的存储过程，是为响应数据库操作语句 DML 事件或数据定义语言 DDL 事件而执行的存储过程。当用户对表进行相应操作时，触发器启动执行。触发器可以基于表，也可以基于视图。SQL 支持 3 种触发器，即 INSERT、UPDATE 和 DELETE。本实例应用的是 INSERT 触发器，实现当向用户表中插入信息后，同时将该用户的登录时间查询到日志表（tb_info）中。实例运行效果如图 24.7 所示。

■ 关键技术

实现本实例首先需要在数据库中创建触发器，这样当执行相应的数据操作后，会自动调用触发器。SQL 语句中使用命令 CREATE

图 24.7　实例运行效果

TRIGGER 语句创建触发器。具体语法如下：

```
CREATE TRIGGER trigger_name
ON { table | view }
[ WITH ENCRYPTION ]
{
    { { FOR | AFTER | INSTEAD OF } { [ INSERT ] [ , ] [ UPDATE ] }
      [ WITH APPEND ]
      [ NOT FOR REPLICATION ]
      AS
      [ { IF UPDATE ( column )
        [ { AND | OR } UPDATE ( column ) ]
          [ ...n ]
      | IF ( COLUMNS_UPDATED ( ) { bitwise_operator } updated_bitmask )
          { comparison_operator } column_bitmask [ ...n ]
      } ]
      sql_statement [ ...n ]
    }
}
```

参数说明：

❶ trigger_name：所要创建的触发器名称。

❷ table|view：指创建触发器所在的表或视图，也可以称为触发器表或触发器视图。

❸ AFTER：指定触发器只有在完成指定的所有 SQL 语句之后才会被触发。

❹ AS：触发器要执行的操作。

❺ sql_statement：触发器的条件或操作。触发器条件指定其他准则，以确定 DELETE、INSERT 或 UPDATE 语句是否导致执行触发器。

本实例实现在 SQL Server 数据库下创建触发器，该数据库中有两个非常有用的临时表，分别为 INSERTED 和 DELETED。当由插入操作产生触发器时，会将插入的数据先存储在 INSERTED 临时表中；当由删除操作产生触发器时，会将删除的数据先存储在 DELETED 临时表中；当由更新操作产生触发器时，会将更新前的数据存储在 DELETED 临时表中，而将更新后的数据存储在 INSERTED 临时表中。了解了这两个临时表，对实现本实例中涉及的触发器知识非常重要。

■ 设计过程

（1）在数据库中创建触发器实现当在用户表（tb_user）中添加数据后，系统会在日志表（tb_info）中添加信息。数据库中创建触发器的代码如下：

```
create trigger triInfoInsert on tb_user
for insert
as
 declare @leavePerson varchar(20)
 select @leavePerson = userName from inserted
 insert tb_info (userName,info) values (@leavePerson,getDate())
```

（2）在项目中创建类 InsertUserFrame，该类继承自 JFrame 类，实现窗体类。向该窗体中添加标签、文本框、按钮控件，实现窗体布局。该窗体中的主要控件及说明如表 24.4 所示。

表 24.4　窗体中的主要控件及说明

控 件 类 型	控 件 命 名	控 件 用 途
JTextField	userNameTextField	显示"用户名"的文本框控件
	passwordTextField	显示"密码"的文本框控件
	ageTextField	显示"年龄"的文本框控件
	jobTextField	显示"工作"的文本框控件
JButton	insertButton	显示"添加"的按钮控件
	closeButton	显示"关闭"的按钮控件
JComboBox	sexComboBox	显示"性别"的下拉列表控件

（3）在项目中创建工具类 UserTrigger，在该类中定义向用户表中插入数据的方法 insertInfo()，当该方法被调用时，将会触发触发器。该方法的具体代码如下：

```java
public void insertInfo(User user){
    conn = getConn();                                                        //获取数据库连接
    try {
        PreparedStatement statement = conn.prepareStatement("insert into tb_user values(?,?,?,?,?)");
        //定义添加数据的 SQL 语句
        statement.setString(1, user.getUserName());                          //设置预处理语句的参数值
        statement.setString(2, user.getPassword());
        statement.setInt(3, user.getAge());
        statement.setString(4,user.getSex());
        statement.setString(5, user.getJob());
        statement.executeUpdate();                                           //执行预处理语句
    } catch (Exception e) {
        e.printStackTrace();
    }
}
```

■ 秘笈心法

心法领悟 588：触发器限制。

触发器虽然应用起来很简单，但是触发器却有一定的限制。首先 CREATE TRIGGER 必须是批处理中的第一条语句，并且只能应用到一个表中。触发器只能在当前的数据库中创建，但是触发器可以引用当前数据库的外部对象。如果一个表的外键在 DELETE 或 UPDATE 操作上定义了级联，则不能在该表上定义 INSTEAD OF DELETE 或 UPDATE 触发器。

实例 589	在删除成绩表时将学生表中的数据删除 光盘位置：光盘\MR\589	高级 趣味指数：★★★★★

■ 实例说明

在实际开发中，经常会涉及两个有关联的表，如学生表与学生成绩表，这样当对一张表进行操作时，就需要考虑另一张表的数据变化，对于这种情况应用触发器是很方便的，也可以很好地维护数据的完整性，避免由于程序员的疏忽导致的错误。本实例实现创建 DELETE 触发器，当用户从学生成绩表中删除数据时，会触发触发器，实现从学生信息表中删除记录。实例运行效果如图 24.8 所示。

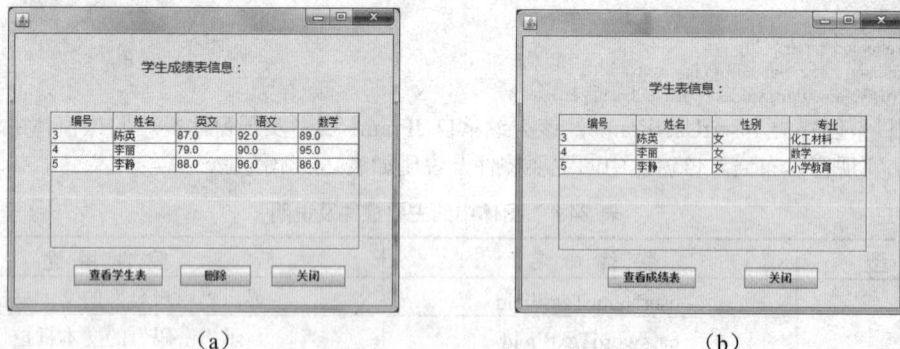

（a）　　　　　　　　　　　　　　　（b）

图 24.8　实例运行效果

■ 关键技术

本实例实现的是创建 DELETE 触发器，DELETE 触发器的工作流程是：

当触发 DELETE 触发器后，从特定的表中删除的行将被放置到一个特殊的 DELETED 表中。DELETED 表

示一个逻辑表，保留已被删除数据行的一个副本。DELETED 表还允许引用由初始化 DELETE 语句产生的日志数据。

使用 DELETE 触发器时，需要考虑以下的事项和原则：

- ❑ 当某行被添加到 DELETED 表中时，就不再存在于数据表中，因此，DELETED 表和数据库没有相同的行。
- ❑ 创建 DELETED 表时，控件是从内存中分配的。DELETED 表总是被存储在高速缓存中。

📢 **注意**：在 SQL Server 中使用 TRUNCATE TABLE 语句删除表中的所有行时，不会触发 DELETE 触发器。

■ 设计过程

（1）在数据库中创建触发器 triGradeDelete，实现删除 tb_grade 表中的数据，同时将 tb_stu 表中对应的数据一并删除。具体代码如下：

```
create trigger triGradeDelete on tb_grade
for delete
  as
  declare @name varchar(10)
  select @name =   name from deleted
  delete from tb_stu where tb_stu.name = @name
```

（2）在项目中创建类 FindStuFrame 和 GradeFrame，都继承自 JFrame 类，实现窗体类，FindStuFrame 类用于显示查询的学生信息，GradeFrame 类用于显示学生成绩信息。分别向这两个窗体中添加表格、按钮的控件，实现窗体布局。

（3）在项目中创建工具类 DeleteGrade，用于定义删除学生成绩表中信息的方法，当该方法被调用时，会调用触发器。在该类中定义删除学生成绩表中数据的方法 deleteGrade()，该方法有一个 int 类型的参数，用于指定要删除的学生成绩的编号。该方法的具体代码如下：

```
public void deleteGrade(int id){
    conn = getConn();                                               //获取数据库连接
    try {
        Statement statement = conn.createStatement();               //定义 Statement 方法
        statement.executeUpdate("delete from tb_grade where id="+id); //执行删除操作
    } catch (SQLException e) {
        e.printStackTrace();
    }
}
```

■ 秘笈心法

心法领悟 589：慎用触发器。

触发器功能强大，可以轻松地实现很多复杂的功能，为什么又要慎用呢，触发器本身没有过错，但由于滥用会造成数据库及应用程序的维护困难。在数据库操作中，可以通过关系、触发器、存储过程、应用程序来实现数据操作。同时规则、约束、默认值也是保证数据完整性的重要保障。如果对触发器过分地依赖，势必影响数据库的结构，同时增加了维护的复杂度。

实例 590	在程序中调用 UPDATE 触发器 光盘位置：光盘\MR\590	高级 趣味指数：★★★★☆

■ 实例说明

在特定的表上执行 UPDATE 语句时，会触发 UPDATE 触发器。UPDATE 操作包括两个部分，将需要更新的内容从表中删除，然后插入新值。所以 UPDATE 触发器同时涉及删除表中的数据和插入表中的数据两项内容。本实例调用的是更新数据触发器，当用户修改教师表中的数据时，选课表中的数据也随之修改。使用触发器，可保持数据的完整性。实例运行效果如图 24.9 所示。

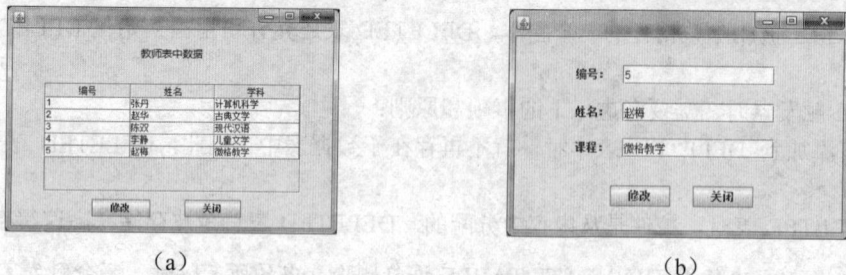

（a）　　　　　　　　　　　　　　　　（b）

图 24.9　实例运行效果

■ 关键技术

本实例的关键是在数据库中成功地创建 UPDATE 触发器，这样当通过 Java 程序修改数据时，将自动执行触发器。UPDATE 触发器的工作过程是，可将 UPDATE 语句看成两步操作，即捕获数据前的 DELETE 语句和捕获数据后的 INSERT 语句。当在定义有触发器的表上执行 UPDATE 语句时，原始行被移入到 DELETED 表，更新行被移入到 INSERTED 表。触发器检查 DELETED 表和 INSERTED 表以及被更新的表，来确定是否更新了多行以及如何执行触发器动作。

■ 设计过程

（1）在数据库中创建 UPDATE 触发器，实现当在 tb_teacher 表中修改数据时，选课表 tb_elective 中对应的数据也随之更改。创建 UPDATE 触发器的代码如下：

```
create trigger triteacher on tb_teacher
for update
as
declare @name varchar(10),@course varchar(20),@tName varchar(20),@newName varchar(20),@id int
begin
    select @course = course from DELETED
    select @name = course from INSERTED
    select @tName = tName   from DELETED
    select @newName = tName from INSERTED
    select @id = id from INSERTED
    update tb_elective set elective = @name,teacher= @newName where    id = @id
end
```

（2）在项目中创建类 UpdateTeacherFrame 与 UpdateFrame，分别用于显示所有教师信息和某位教师的信息，这两个类都继承自 JFrame 类，实现窗体类。向 UpdateTeacherFrame 类中添加表格、按钮控件，表格控件用于显示教师信息，按钮控件为用户提供相应操作。向 UpdateFrame 窗体中添加标签、文本框、按钮等控件。

（3）创建工具类 TransferUpdate，用于定义操作教师表中的数据的方法。在该类中定义修改教师表的方法 updateTeacher()，该方法以与数据表对应的 JavaBean 对象为参数。具体代码如下：

```
public void updateTeacher(Teacher teacher){
    conn = getConn();                                                    //获取数据库连接
    try {
        PreparedStatement statement = conn.prepareStatement("update tb_teacher set tName=?,course = ? where id = ?") ;   //定义 PreparedStatement
对象
        statement.setString(1, teacher.gettName());                      //设置预处理语句的参数
        statement.setString(2, teacher.getCourse());
        statement.setInt(3, teacher.getId());
        statement.executeUpdate();                                       //执行删除操作
    } catch (SQLException e) {
        e.printStackTrace();
    }
}
```

■ 秘笈心法

心法领悟 590：在数据库中定义常量。

本实例使用的是 SQL Server 数据库，在创建触发器时，定义了变量@name、@course、@tName、@newName、

@id，它们都属于局部变量。在 SQL Server 中，命名变量必须以@开头，并且定义局部变量还需要使用 DECLARE
语句。语法格式如下：

```
DECLARE
{
  @varaible_name datatype[,...n]
}
```

其中，@varaible_name 表示变量的名称，datatype 表示变量的数据类型。

实例 591	获取数据库中的触发器名称 光盘位置：光盘\MR\591	高级 趣味指数：★★★★

■ 实例说明

获取数据库中的所有触发器名称，对了解数据库有着很重要的作用，本实例实现通过 Java 程序获取指定数
据库下的所有触发器名称。运行本实例，结果如图 24.10 所示。

图 24.10　实例运行结果

■ 关键技术

本实例使用 SQL 语句查看数据库中所有的触发器，语法如下：

```
Select xtype From sysobjects Where xtype = 'TR'
```

参数说明

❶ sysobjects：该表为系统表，用于存储系统信息。

❷ xtype：是 sysobjects 系统表中的字段，指定了当前记录是何种类型的对象名，类型为 TR 表示是触发器。

■ 设计过程

（1）在项目中创建类 GetTrriger，用于定义获取数据库中的所有触发器名称，在该类中定义获取数据库中
的所有触发器方法。首先在该类中定义获取数据库连接的方法 getConn()，具体代码读者可参考光盘中的源程序。

（2）在该类中定义 executeTeacher()方法，用于获取数据库中的所有触发器方法，该类以 List 集合作为返
回值。具体代码如下：

```java
public List executeTeacher() {
    conn = getConn();                                    //获取数据库连接
    Statement cs = null;                                 //定义 CallableStatement 对象
    //定义获取所有触发器的 SQL 语句
    String sql = "Select name From sysobjects Where xtype = 'TR'";
    List list = new ArrayList();                          //定义保存查询结果的 List 集合
    try {
        cs = conn.createStatement();                      //实例化 Statement 对象
        ResultSet rest = cs.executeQuery(sql);            //执行 SQL 语句
        while (rest.next()) {                             //循环遍历查询结果集
            String   name = rest.getString(1);
            list.add(name);
        }
    } catch (SQLException e) {
        e.printStackTrace();
    }
    return list;
}
```

■ 秘笈心法

心法领悟 591：begin…end 语句块。

begin…end 语句用于将多个 T_SQL 语句组合为一个逻辑块。当流程控制语句必须执行一个包含两条或两条以上的 T_SQL 语句块时，可以使用 begin…end 语句。begin…end 语句必须成对使用，任何一条语句均不能单独使用，begin 语句后为 T_SQL 语句块，最后，end 语句行指示语句块结束。

实例 592	创建带有触发条件的触发器 光盘位置：光盘\MR\592	高级
		趣味指数：★★★★★

■ 实例说明

和查询语句一样，在触发器中也可以添加触发条件，来确保只有在满意的条件下才会执行响应的操作。触发器的使用就是保证参照完整性和数据的一致性。本实例实现的是为学生成绩表 tb_grade 中创建触发器，当向该表中添加数据时会调用触发器，在触发器中会做出判断，如果添加的学生在学生信息表中不存在，则不允许添加数据。实例运行效果如图 24.11 所示。

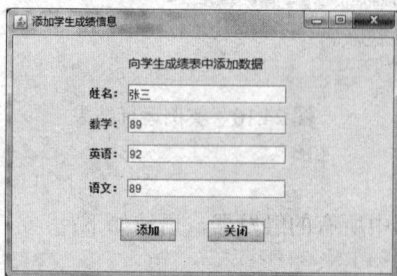

图 24.11　实例运行效果

■ 关键技术

当通过该窗体向数据库中添加数据时，将触发 triStuSelect 触发器，如果添加的学生姓名在学生信息表中不存在，将执行 rollback transaction 语句取消工作。可以基于一张表创建多个触发器，DBMS 会把同一个表中所有触发器看作同一事务的一部分。因此，只要其中一个触发器执行了 ROLLBACK TRANSACTION 语句，那么所有的操作都将被取消。

📢 注意：一个触发器只能作用在同一张表上。

在存储过程中添加 IF 语句的语法格式如下：
```
If<条件表达式>
{命令行|程序块}
```
其中"条件表达式"可以是各种表达式的组合，但表达式的值必须是逻辑值"真"或"假"。命令行和语句块可以是合法的 T_SQL 任意语句，但含两条或两条以上语句的程序块必须加 begin…end 子句。

■ 设计过程

（1）在数据库中创建触发器 triStuSelect。具体代码如下：
```
create trigger triStuSelect
 on tb_grade
 after insert as
  declare @name varchar(10)
  select @name = name from inserted
  if(@name not in (select name from tb_stu))
begin
```

```
rollback transaction
print ('输入的工资标号错误，请重新输入')
end
```

（2）在项目中创建类 InsertTriggerFrame，该类继承自 JFrame 类，实现窗体类。向该窗体中添加标签、文本框与按钮控件，主要控件及说明如表 24.5 所示。

表 24.5　窗体中的主要控件及说明

控 件 类 型	控 件 命 名	控 件 用 途
JTextField	nameTextField	显示"姓名"的文本框控件
	mathTextField	显示"数学"的文本框控件
	englishTextField	显示"英语"的文本框控件
	chineseTextField	显示"语文"的文本框控件
JButton	insetButton	显示"添加"的按钮控件
	closeButton	显示"关闭"的按钮控件

（3）在项目中创建工具类 UserTrigger，在该类中定义添加数据的方法，当该方法被调用时，触发器将被执行。该方法的代码如下：

```
public int insertGrade(Grade grade) {
    conn = getConn();                                    //获取数据库连接
    PreparedStatement cs = null;                         //定义 PreparedStatement 对象
    int count = 0;
    try {
        String sql = "insert into tb_grade values(?,?,?,?)";   //定义插入 SQL 语句
        cs = conn.prepareStatement(sql);
        cs.setString(1, grade.getName());               //设置预处理语句参数
        cs.setFloat(2, grade.getMath());
        cs.setFloat(3,grade.getEnglist());
        cs.setFloat(4, grade.getChinese());
        count = cs.executeUpdate();                      //执行预处理语句，实现插入操作
    } catch (SQLException e) {
        e.printStackTrace();
    }
    return count;
}
```

■ 秘笈心法

心法领悟 592：创建临时表。

临时表常常用来保存中间结果，临时表名前带有"#"。临时表只存在于存储过程被创建时获取用户会话期间。创建临时表可以使用 CREATE TABLE 语句，语法格式如下：

```
CREATE TABLE #temp(int x,int y)
```

其中，x、y 分别表示临时表的字段。

24.3　使用批处理

实例 593	使用批处理删除数据	高级
	光盘位置：光盘\MR\593	趣味指数：★★★★☆

■ 实例说明

如今的数据库处理数据时的速度是惊人的，每次执行的吞吐量非常大，执行效率非常高，这时速度的瓶颈也随之出现在数据库的连接传输上。在 Java 中，每当需要执行 SQL 语句时都要创建一个数据库连接，并把要执行的 SQL 语句传送到数据库服务器，时间都消耗在了数据库的连接传输上。如果把要执行的 SQL 语句转载在

一起，一次性发送给数据库执行，会大大地提高执行效率。本实例以删除学生信息为例，为大家介绍如何使用 JDBC 批量删除数据。实例运行效果如图 24.12 所示。

■ 关键技术

本实例使用了 Statement 接口，实现数据的批量处理操作，该接口中包含两个很重要的方法来执行批量处理操作，分别为 addBatch()方法和 executeBatch()方法。下面分别对这两个方法进行介绍。

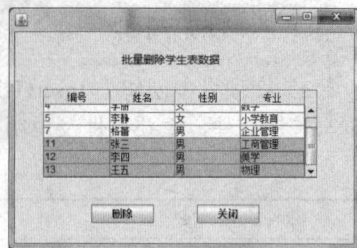

图 24.12　实例运行效果

❑　addBatch()方法

该方法将给定的 SQL 语句添加到 Statement 对象的当前命令列表中。声明语法如下：

```
addBatch(String sql)
```

参数说明

sql：标准的 SQL 语句。

❑　executeBatch()方法

该方法将一批命令提交给数据库来执行。该方法的语法格式如下：

```
ex executeBatch()
```

该方法的返回值是每个命令的一个元素的更新计数所组成的数据。

■ 设计过程

（1）在项目中创建类 DeleteStuFrame，该类继承自 JFrame 类，实现窗体类。在该窗体中添加标签、表格与按钮控件，表格控件完成显示学生信息，按钮控件为用户提供操作信息。

（2）在项目中创建工具类 BatchDelete，在该类中定义批量删除数据的方法 deleteBatch()，该方法包含有一个 Integer 类型的参数。具体代码如下：

```
public void deleteBatch(Integer[] id) {
    conn = getConn();                                           //获取数据库连接
    Statement cs = null;                                        //定义 Statement 对象
    try {
        cs = conn.createStatement();                            //实例化 Statement 对象
        for (int i = 0; i < id.length; i++) {                   //循环遍历参数数组
            cs.addBatch("delete from tb_stu    where id =" + id[i]);   //删除数据
        }
        cs.executeBatch();                                      //批量执行 SQL 语句
        cs.close();                                             //将 Statement 对象关闭
        conn.close();
    } catch (Exception e) {
        e.printStackTrace();
    }
}
```

（3）在用户选择要删除的信息后，单击"删除"按钮，可将用户选择的信息删除。"删除"按钮的单击事件代码如下：

```
protected void do_deleteButton_actionPerformed(ActionEvent arg0) {
    int [] ids = table.getSelectedRows();                       //返回选定行的索引
    Integer values[] = new Integer[ids.length];
    for(int i = 0;i<ids.length;i++){                            //遍历选定行的数组
        //获取用户选择某单元格的内容
        values[i] = new Integer(table.getValueAt(ids[i], 0).toString());
    }
    batchDelete.deleteBatch(values);                            //调用批处理方法
    JOptionPane.showMessageDialog(getContentPane(),
        "数据删除成功！ ", "信息提示框", JOptionPane.WARNING_MESSAGE);
}
```

■ 秘笈心法

心法领悟 593：在 SQL Server 中输出文本。

在 Eclipse 中输出信息可以使用 System.out.print()语句, 如果想在 SQL Server 的查询分析器中输出信息, 可以使用 print 命令, 在 print 命令中可以输出指定的字符串、数字, 也可以输出一个函数的返回值, 或者一个字符串的表达式。例如, 应用 print 关键字输出当前系统时间, 代码如下:

```
print '当前系统时间为: '+ rtrim(convert (varchar(30),getdate()))
```

实例 594	使用批处理提升部门员工工资	高级
	光盘位置: 光盘\MR\594	趣味指数: ★★★★☆

实例说明

由于在一个批处理语句中可以执行多条 SQL 语句, 因此在实际开发中批处理被应用得十分广泛, 本实例应用批处理技术实现提升某些部门员工的工资。实例运行效果如图 24.13 所示。

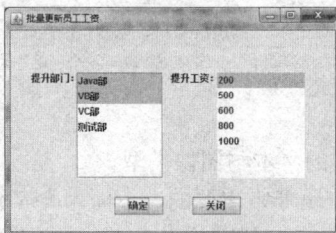

图 24.13　实例运行效果

关键技术

本实例实现批量修改工资表中员工的工资, 仍然是使用 Statement 类中的批处理方法, 相关技术读者可参考实例 593。本实例将部门信息与要提升的工资使用 JList 控件进行显示, 其中提升部门信息可实现多选, 而提升工资只能进行单选。设置 JList 控件的选择模式, 可以使用 setSelectionMode()方法, JList 的默认模式是可进行多选; 要设置 JList 的单选, 可调用 setSelectionMode()方法, 并将该方法的参数设置为 0 即可。

设计过程

(1) 在项目中创建类 UpdateBatchFrame, 该类继承自 JFrame 类, 实现窗体类。向该窗体中添加列表控件、按钮控件, 实现窗体布局, 主要控件及说明如表 24.6 所示。

表 24.6　窗体中的主要控件及说明

控 件 类 型	控 件 命 名	控 件 用 途
JList	deptlist	显示 "提升部门" 的列表控件
	laboragelist	显示 "提升工资" 的列表控件
JButton	okButton	显示 "确定" 的按钮控件
	closeButton	显示 "关闭" 的按钮控件

(2) 在项目中创建工具类 BatchUpdate, 在该类中定义批量修改工资表中数据的方法 updateBatch(), 该方法包含有一个 Object 类型的参数, 用于定义修改的部门数组; 一个 int 类型参数, 用于指定增加的工资额度。该方法的具体代码如下:

```
public void updateBatch(Object[] dept, int laborage) {
    conn = getConn();                                          //获取数据库连接
    Statement cs = null;                                       //定义 Statement 对象
    try {
        cs = conn.createStatement();                           //实例化 Statement 对象
        for (int i = 0; i < dept.length; i++) {
            cs.addBatch("update tb_laborage set laborage = laborage +"
                + laborage + " where dept = '" + dept[i] + "'");   //修改数据
```

```
            }
        cs.executeBatch();                                          //批量执行 SQL 语句
        cs.close();                                                 //将 Statement 对象关闭
        conn.close();
    } catch (Exception e) {
        e.printStackTrace();
    }
}
```

（3）当用户选择了要修改的部门和调整的工资额度后，单击"确定"按钮，可修改制定部门的工资。"确定"按钮的单击事件代码如下：

```
protected void do_okButton_actionPerformed(ActionEvent arg0) {
    Object[] dept = deptlist.getSelectedValues();                  //获取用户选择的要增加工资的所有部门数组
    //获取用户选择的增加工资的额度
    String laborage = laboragelist.getSelectedValue().toString();
    if (dept.length > 0 && !laborage.equals("")) {                 //如果用户选择的信息不为空
        update.updateBatch(dept, Integer.parseInt(laborage));      //调用批量修改方法
    }
    JOptionPane.showMessageDialog(getContentPane(),
            "数据修改成功！", "信息提示框", JOptionPane.WARNING_MESSAGE);
}
```

秘笈心法

心法领悟 594：SQL Server 数据库中的文本与图像类型。

在开发中根据实际应用定义数据类型是非常重要的，下面为大家介绍特殊的数据类型 text、ntext 和 image。

❑ text：用于存储大量的文本数据，其容量理论上为 $1\sim2^{31}-1$（2147483647）个字节，在实际应用时需要视硬盘的存储空间而定。

❑ ntext：与 text 类似，不同的是 ntext 采用 UNICODE 标准字符集，因此，理论容量为 $2^{30}-1$（1073741823）个字节。

❑ image：可变长度的二进制数据类型，最大长度为 $2^{31}-1$ 个字符。通常用来存储图像、声音等 OLE 对象。

实例 595	将教师表中的数据全部添加到选课表	高级
光盘位置：光盘\MR\595		趣味指数：★★★★☆

实例说明

使用批处理可快速地完成相关的操作。例如，学生选课表和教师表是两个有关联关系的数据表，其中教师表中的数据全部都包含在选课表中。要实现快速地将教师表中的数据添加到选课表中，可以使用批处理。本实例向大家介绍的是使用批处理技术，将教师表中的数据全部添加到选课表中。本实例执行完毕后，选课表中的数据如图 24.14 所示。

id	elective	teacher	classRoom
11	计算机科学	张丹	待定
12	古典文学	赵华	待定
13	现代汉语	陈双	待定
14	儿童文学	李静	待定
15	微格教学	赵梅	待定

图 24.14　选课表中的数据

关键技术

实现本实例，首先要将教师表中的数据检索出来，再通过批处理将教师表中的数据添加到选课表，仍然是使用 Statement 接口中的 addBatch()方法与 executeBatch()方法。

设计过程

（1）在项目中创建类 BatchInsert，在该类中定义批处理方法。首先定义连接数据库的方法 getConn()，该方

法以 Connection 对象作为返回值，读者可参考光盘中的源程序，这里不再赘述。

（2）在该类中定义 executeTeacher()方法，实现获取教师表中所有数据的方法，该方法以 List 作为返回值。具体代码如下：

```
public List executeTeacher() {
    conn = getConn();                              //获取数据库连接
    Statement cs = null;                           //定义 CallableStatement 对象
    String sql = "select * from tb_teacher";       //定义调用存储过程的 SQL 语句
    List list = new ArrayList();
    try {
        cs = conn.createStatement();               //实例化 Statement 对象
        ResultSet rest = cs.executeQuery(sql);     //执行 SQL 语句
        while (rest.next()) {                       //循环遍历查询结果集
            Teacher teacher = new Teacher();       //定义与数据库表对应的 JavaBean 对象
            teacher.setId(rest.getInt(1));         //设置对象的参数值
            teacher.settName(rest.getString(2));
            teacher.setCourse(rest.getString(3));
            list.add(teacher);                     //向集合中添加对象
        }
    } catch (SQLException e) {
        e.printStackTrace();
    }
    return list;
}
```

（3）在该类中定义批量将教师表中的数据添加到选课表。具体代码如下：

```
public void insertBatch() {
    conn = getConn();                              //获取数据库连接
    Statement cs = null;                           //定义 Statement 对象
    try {
        cs = conn.createStatement();               //实例化 Statement 对象
        List list = executeTeacher();
        for (int i = 0; i < list.size(); i++) {
            Teacher teacher = (Teacher) list.get(i);
            cs.addBatch("insert into tb_elective values ('"
                    + teacher.getCourse() + "','" + teacher.gettName()
                    + "','待定')");                  //添加 SQL 语句
        }
        cs.executeBatch();                         //批量执行 SQL 语句
        cs.close();                                //将 Statement 对象关闭
        conn.close();
    } catch (Exception e) {
        e.printStackTrace();
    }
}
```

秘笈心法

心法领悟 595：使用 DBCC 命令检查数据库。

使用 DBCC 命令用于检查指定数据库的完整性、查找错误和分析系统使用情况等。DBCC 命令与子命令 DBCC CHECKALLOC 用于检查指定数据库的磁盘空间分配结构的一致性。DBCC SHOWCONTIG 命令用于显示指定表的数据和索引的碎片信息。

实例 596	在批处理中使用事务 光盘位置：光盘\MR\596	高级 趣味指数：★★★★☆

实例说明

在企业级的应用程序中经常会遇到对多个数据表同时存取的情况，最明显的例子是银行的转账业务，从汇款账户中减去指定金额，并将该金额添加至收款账户中，如果在转账的过程中发生程序出现错误或者系统断电

等意外情况，就可能导致汇款账户的余额已经减少而收款账户的余额还没有增加，这就需要应用事务对该问题进行处理。本实例中就是模拟银行转账窗体，可以选择转账的账户、转入的账户和转账的金额。系统将完成转账操作，实例运行效果如图 24.15 所示。

■ 关键技术

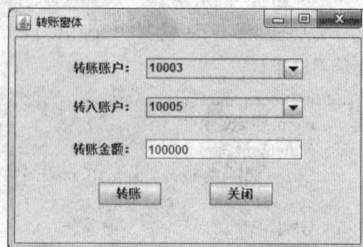

图 24.15　实例运行效果

在数据库系统中，实际上每一条 SQL 语句都是一个事务，当这条语句执行时，要么执行成功，要么执行失败退回最初的状态。但是如果执行一组 SQL 语句的操作，当其中某些步骤出现错误时，则不能还原到最初的状态，这时就需要用到数据库的事务处理机制。

在 JDBC 中事务处理的一般步骤如下：

（1）调用 setAutoCommit()方法设置自动提交方式为 false。

语法格式如下：

```
setAutoCommit(false)
```

功能：更改 SQL 语句的提交方式。

（2）在异常处理中完成数据回滚。

语法格式如下：

```
rollback()
```

功能：将 SQL 操作回滚。

（3）手动提交 SQL 语句。

语法格式如下：

```
conn.commit()
```

功能：将成批的 SQL 操作提交给数据库。

（4）调用 setAutoCommit()方法恢复原来的提交方式。

■ 设计过程

（1）在项目中创建窗体类 TransitionFrame，该类继承自 JFrame 类，在该窗体中添加下拉列表、文本框与按钮控件，主要控件及说明如表 24.7 所示。

表 24.7　窗体中的主要控件及说明

控 件 类 型	控 件 命 名	控 件 用 途
JComboBox	idComboBox	显示"转账账户"的下拉列表
	comeComboBox	显示"转入账户"的下拉列表
JTextField	moneyTextField	显示"转账金额"的文本框控件
JButton	transitionButton	显示"转账"的按钮控件
	closeButton	显示"关闭"的按钮控件

（2）在项目中创建工具类 BatchAffair，在该类中定义实现转账功能的方法 Batch()，该方法实现两个功能，分别修改转账账户金额与转入账户的金额。具体代码如下：

```java
public void Batch(String incomeId, String goId, float money) throws SQLException {
    try {
        conn = getConn();                                    //获取数据库连接
        boolean autoCommit = conn.getAutoCommit();
        conn.setAutoCommit(false);

        Statement cs = null;                                 //定义 Statement 对象
        cs = conn.createStatement();                         //实例化 Statement 对象
        cs.addBatch("update tb_transition set deposit = deposit-" + money
            + " ,transition = transition-" + money
            + " where accoutNumber = " + goId);              //定义修改转账表中的数据方法
```

```
            cs.addBatch("update tb_transition set deposit = deposit+" + money
                + " ,shift = shift+" + money + " where accoutNumber = " + incomeId);
            cs.executeBatch();                                          //批量执行 SQL 语句
            cs.close();                                                 //将 Statement 对象关闭
            conn.commit();
            conn.setAutoCommit(autoCommit);
            conn.close();
        } catch (Exception e) {
            conn.rollback();                                            //事务回滚
            e.printStackTrace();
        }
    }
```

■ 秘笈心法

心法领悟 596：事务的 3 种运行模式。

自动提交事务每条单独的语句都是一个事务。显式事务每个事务均以 begin transaction 语句显式开始，以 commit 或 rollback 语句显式结束。隐性事务在前一个事务完成时新事务隐式启动，但每个事务仍以 commit 或 rollback 语句显式完成。

24.4　使 用 视 图

实例 597	创建视图	高级
	光盘位置：光盘\MR\597	趣味指数：★★★★☆

■ 实例说明

视图是一种常见的数据库对象，可以将其看成是虚拟表或存储在数据库中的查询，视图为查看和存储数据提供了另外一种途径。对查询执行的大多数操作，使用视图一样可以完成，并且使用视图还可以简化数据操作，同时提高数据库的安全性。本实例向大家介绍通过 Java 程序创建视图。实例运行效果如图 24.16 所示。

图 24.16　实例运行效果

说明：使用本实例创建视图的缺点是用户必须掌握创建视图的基本语句，否则无法成功地创建视图。

■ 关键技术

视图作为数据库对象并不存储数据，它们只是用来显示底层数据库的数据信息。可以将视图看作是以后进行查询的来源。与任何表一样，视图可以通过 SELECT 语句和 FROM 子句中引用一个视图来查询。视图可以引用表中的一列，也可以引用指定表中的任意多列。创建视图的语法格式如下：

```
CREATE VIEW view_name[(column[,...n])]
[WITH ENCRYPTION]
AS
select_statement
[WITH CHECK OPTION]
```

参数说明

❶ view_name：视图的名称。

❷ column：定义视图的字段名，如果没有指定，则视图字段将获得与 SELECT 语句中的字段相同的名称。

❸ WITH ENCRYPTION：指定将 CREATE VIEW 语句的文本存储到系统表时进行加密，加密以后，任何人都不能通过系统存储过程或其他方法从系统表中检索视图定义文本。

❹ AS：视图要执行的操作。

❺ select_statement：定义视图的查询语句。该语句可以引用多个表或其他视图。

❻ WITH CHECK OPTION：规定在视图上执行的所有数据修改语句都必须符合由 select_statement 设置的准则。通过视图修改记录，WITH CHECK OPTION 可确保提交修改后，仍可通过视图看到修改的数据。

在 CREATE VIEW 语句中，对于查询语句有以下限制：

❑ 创建视图的用户必须对该视图所参照或引用的表或视图具有适当的权限。

❑ 不能引用临时表。

❑ 在查询语句中，不能包含 ORDER BY、COMPUTE 或 COMPUTER BY 关键字，也不能包含 INTO 关键字。

■ 设计过程

（1）在项目中创建类 CreateViewFrame，该类继承自 JFrame 类，实现窗体类。向该窗体中添加文本域与按钮控件，文本域用于为用户提供要创建视图的代码，按钮控件给出用户提示信息。

（2）创建工具类 CreateView，在该类中定义执行 SQL 语句的方法。具体代码如下：

```java
public boolean executeUpdate(String sql) {
    if (conn == null) {
        getConn();                                              //获取数据库连接
    }
    try {
        Statement stmt = conn.createStatement();                //创建 Statement 实例
        int iCount = stmt.executeUpdate(sql);                   //执行 SQL 语句
        System.out.println("操作成功，所影响的记录数为" + String.valueOf(iCount));
        conn.close();                                           //关闭连接
    } catch (SQLException e) {
        System.out.println(e.getMessage());
        return false;
    }
    return true;
}
```

■ 秘笈心法

心法领悟 597：视图的妙用。

用户可以通过视图进行数据查询。例如，一张表中有 30 列，有成千上万行，而用户只需要使用表中的 3 列数据。这时，可以为这 3 列创建一个视图，在视图中查询需要的数据，这样会大大提高查询的效率。

实例 598	使用视图过滤不想要的数据 光盘位置：光盘\MR\598	高级 趣味指数：★★★★☆

■ 实例说明

视图显示了"伪表"，创建这些表是为了以特定的形式显示数据库的内容。使用视图可限制用户访问敏感的数据，帮助用户执行复杂的 SQL 语句。在 Java 程序中实现从视图中查询数据，与从普通表中查询数据的方法相同。本实例实现在数据库中创建视图，并通过 Java 程序将视图中的数据查询出来。实例运行效果如图 24.17 所示。

图 24.17　实例运行效果

■ 关键技术

如果已成功地创建视图，Java 程序可以直接从视图中查询数据，方法与普通表一样。从视图中查询数据的 SQL 语句的语法如下：

```
SELECT column_name from viewName
```

参数说明

❶ column_name：从视图中查询的字段。

❷ viewName：要查询的视图名称。

📢 注意：视图是基于表创建，当表被删除时，基于表创建的视图不能被使用。

■ 设计过程

（1）在数据库中编写代码实现创建视图，具体代码如下：

```
create view v_laborage
as
 select id,name,dept,laborage from tb_laborage
```

（2）在项目中创建类 UserViewFrame，该类继承自 JFrame 类，实现窗体类。在该窗体中添加标签、表格控件，实现窗体布局。

（3）在项目中编写工具类 UserView，在该类中定义查询视图的方法。具体代码如下：

```
public List selectView() {
    conn = getConn();                              //获取数据库连接
    Statement cs = null;                           //定义 CallableStatement 对象
    String sql = "Select * from v_laborage";       //定义查询视图的 SQL 语句
    List list = new ArrayList();                   //定义保存查询结果的 List 集合
    try {
        cs = conn.createStatement();               //实例化 Statement 对象
        ResultSet rest = cs.executeQuery(sql);     //执行 SQL 语句
        while (rest.next()) {                       //循环遍历查询结果集
            Laborage laborage = new Laborage();
            laborage.setId(rest.getInt(1));
            laborage.setName(rest.getString(2));
            laborage.setDept(rest.getString(3));
            laborage.setLaborage(rest.getString(4));
            list.add(laborage);
        }
    } catch (SQLException e) {
        e.printStackTrace();
    }
    return list;
}
```

■ 秘笈心法

心法领悟 598：定义视图的语法规则。

定义视图不能包含以下内容：

COUNT(*)、ROWSET()函数、派生表、自连接、DISTINCT、STDET、VARLANCE、AVG、Float 列、文

本列、ntext 列和图像列、子查询、全文谓词（COUTAIN、FREETEXT）。

实例 599	使用视图与计算数据 光盘位置：光盘\MR\599	中级 趣味指数：★★★★☆

■ 实例说明

利用视图可以简化用户对数据的操作。在视图中进行一些复杂的操作，可以保证程序的安全。本实例向大家介绍的是在视图中计算商品的利润，之后在 Java 程序中查询视图，这样就避免了对数据表进行操作。实例运行效果如图 24.18 所示。

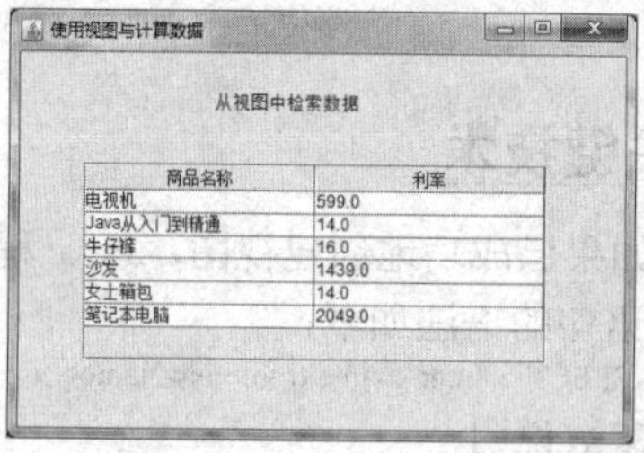

图 24.18　实例运行效果

■ 关键技术

由实例 597 提供创建视图的语法可知，AS 关键字后加定义视图的一个完整的 SELECT 查询语句，它可以应用多个表。这个子查询还可以包括单行函数和聚集函数、WHERE 子句和 GROUP BY 子句、嵌套的子查询等，但不能包含 ORDER BY 子句。这个子查询的结果将是所创建的视图的内容。

📖 说明：之所以不允许在视图定义中使用 ORDER BY 子句，是为了遵守 ANSI SQL-92 标准。因为对该标准的原理分析需要对结构化查询语言（SQL）的底层结构和它所基于的数学理论进行讨论，我们不能在这里对它进行充分的解释。但是，如果需要在视图中指定 ORDER BY 子句，可以考虑使用以下方法：

```
USE db_sql
GO
CREATE VIEW ware_v
AS
SELECT TOP 100 PERCENT *
FROM tb_ware14
ORDER BY 售价
GO
```

在 SQL Server 中引入的 TOP 结构同 ORDER BY 子句结合使用是非常有用的。只有在同 TOP 关键词结合使用时，SQL Server 才支持在视图中使用 ORDER BY 子句。

■ 设计过程

（1）在数据库中创建视图，实现从商品表中查询商品名称和商品利润。具体代码如下：

```
create view v_ware(wName,profit)
as
  select wName,(price - inPrice)as profit from tb_ware
```

（2）在项目中创建类 GetProfitFrame，该类继承自 JFrame 类，实现窗体类。向该窗体中添加标签与表格控件，实现窗体布局。标签控件用于给用户提供提示信息，表格用于显示查询结果。

（3）在项目中创建工具类 UserViewData，在该类中定义从视图中查询数据的方法 selectView()，该方法将查询结果以 List 集合返回。具体代码如下：

```
public List selectView() {
    conn = getConn();                              //获取数据库连接
    Statement cs = null;                           //定义 CallableStatement 对象
    String sql = "Select * from v_ware";           //定义查询视图的 SQL 语句
    List list = new ArrayList();                    //定义保存查询结果的 List 集合
    try {
        cs = conn.createStatement();               //实例化 Statement 对象
        ResultSet rest = cs.executeQuery(sql);     //执行 SQL 语句
        while (rest.next()) {                       //循环遍历查询结果集
            Ware ware = new Ware();
```

```
            ware.setwName(rest.getString(1));
            ware.setProfit(rest.getString(2));
            list.add(ware);
        }
    } catch (SQLException e) {
        e.printStackTrace();
    }
    return list;
}
```

■ 秘笈心法

心法领悟 599：了解视图。

创建视图时，视图的名称存储在 sysobjects 表中，有关视图中所定义的列的信息添加到 syscolumns 表中，而有关视图相关信息添加到 sysdepends 表中，另外，CREATE VIEW 语句的文本添加到 syscomments 表中。这与存储过程相似，当首次执行视图时，只有其查询树存储在过程高速缓存中。每次访问视图时，都重新编译其执行计划。

实例600	使用视图重新格式化检索出来的数据 光盘位置：光盘\MR\600	高级 趣味指数：★★★★★

■ 实例说明

应用视图的一个作用是简单性，看到的就是需要的，并且在数据库中创建视图后，可以在程序中随意地应用。本实例首先创建视图，实现从员工表中将员工的姓名、员工的入司时间进行格式化处理，并在程序中显示查询结果。实例运行效果如图 24.19 所示。

■ 关键技术

本实例实现的是将进货日期以短日期的格式显示。在 AS 关键字后的 SELECT 子句中应用 CONVERT() 函数进行字符转化。

视图不仅可以简化用户对数据的理解，也可以简化对它们的操作。一般情况下，创建和使用视图应遵循以下几点原则：

❑ 用户要创建视图，必须有权限。
❑ 视图必须有唯一的名字。这一点不仅局限于视图与视图之间，并且视图与表之间也不允许拥有相同的名字。
❑ 创建视图的个数不受限制，用户可基于同一张表创建多个视图。
❑ 视图可以嵌套，即可以基于视图创建视图。

图 24.19　实例运行效果

■ 设计过程

（1）在数据库中创建视图，实现检索员工表中的数据。具体代码如下：

```
create view v_emp
as
    select name,convert(char(10),enterDate,120) as edate from tb_emp
```

（2）在项目中创建类 GetFormat，该类用于检索视图。在该类中首先定义连接数据库的方法 getConn()，具体代码读者可参考光盘中的源程序。在该类中定义查询视图的方法 selectView()，该方法的具体代码如下：

```
public List selectView() {
    conn = getConn();                              //获取数据库连接
    Statement cs = null;                           //定义 CallableStatement 对象
    String sql = "Select * from v_emp";            //定义查询视图的 SQL 语句
    List list = new ArrayList();                   //定义保存查询结果的 List 集合
    try {
        cs = conn.createStatement();               //实例化 Statement 对象
```

```
        ResultSet rest = cs.executeQuery(sql);                    //执行 SQL 语句
        while (rest.next()) {                                      //循环遍历查询结果集
            Emp emp = new Emp();
            emp.setName(rest.getString(1));
            emp.setEdate(rest.getString(2));
            list.add(emp);
        }
    } catch (SQLException e) {
        e.printStackTrace();
    }
    return list;
}
```

■ 秘笈心法

心法领悟 600：在视图中 DML 语句遵循的准则。

在一些复杂的视图上，DML 操作一般的 DBMS 产品都遵循以下准则：

- ❑ 不允许违反约束的 DML 操作。
- ❑ 不允许将一个值添加到包含算术表达式的列中。
- ❑ 在非 key_preserved 表上不允许 DML 操作。
- ❑ 在包含组函数、GROUP BY 子句、DISTINCT 关键字或 ROWNUM 伪劣视图上不允许 DML 操作。

实例 601	获取数据库中的全部用户视图 光盘位置：光盘\MR\601	中级 趣味指数：★★★★☆

■ 实例说明

在有些程序中，要求显示出数据库中的所有视图。本实例为大家介绍如何获取数据库中的全部用户视图。运行程序，结果如图 24.20 所示，将数据库中的所有用户视图显示了出来。

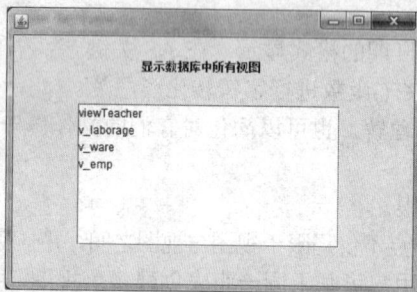

图 24.20　实例运行结果

■ 关键技术

使用 SQL 语句显示数据库中的所有视图，实现语句如下：

```
Select * From Sysobjects Where Xtype = 'V' and Status>0
```

参数说明

❶ Sysobjects：该表为系统表，用于存储系统信息。

❷ Xtype：是 Sysobjects 系统表中的字段，指定了当前记录是何种类型的对象名，类型为 V 表示是视图。

❸ Status：是 Sysobjects 系统表的状态标识字段，当该字段中的数值大于 0 时表示当前记录所表示的对象为用户所有，否则为系统所有。

■ 设计过程

（1）在项目中创建类 GetViewsFrame，该类继承自 JFrame 类，实现窗体类。在该窗体中添加标签与文本域控件，实现窗体布局，标签控件用于给用户提供显示信息，文本域控件显示查询结果。

（2）定义工具类 GetViews，在该类中定义获取所有视图的方法，首先定义连接数据库的方法 getConn()，该方法返回 Connection 对象，具体代码读者可参考光盘中的源程序。

（3）在 GetViews 类中定义获取数据库中所有视图的方法 selectView()，该方法以 List 集合作为返回值。具体代码如下：

```java
public List selectView() {
    conn = getConn();                                              //获取数据库连接
    Statement cs = null;                                           //定义 Statement 对象
    //定义获取所有视图的 SQL 语句
    String sql = "Select name from Sysobjects where xtype='V' and status > 0";
    List list = new ArrayList();                                   //定义保存查询结果的 List 集合
    try {
        cs = conn.createStatement();                               //实例化 Statement 对象
        ResultSet rest = cs.executeQuery(sql);                     //执行 SQL 语句
        while (rest.next()) {                                      //循环遍历查询结果集
            String name = rest.getString(1);
            list.add(name);
        }
    } catch (SQLException e) {
        e.printStackTrace();
    }
    return list;
}
```

秘笈心法

心法领悟 601：SQL Server 中有两种更新视图的类别，分别介绍如下。

❑ INSTEAD OF 触发器：可以基于视图创建 INSTEAD OF 触发器，以使视图可更新。执行 INSTEAD OF 触发器，而不是执行定义触发器的数据修改语句。该触发器使用户可以指定一套处理数据修改语句时需要执行的操作。因此，如果在给定的数据修改语句（INSERT、UPDATE 或 DELETE）上存在视图的 INSTEAD OF 触发器，则通过该语句可更新相应的视图。

❑ 分区视图：如果视图属于称为"分区视图"的指定格式，则该视图的可更新性受限于某些限制。

实例 602	修改视图 光盘位置：光盘\MR\602	中级 趣味指数：★★★★☆

实例说明

对于创建成功的视图，可以通过 ALTER 关键字进行修改。本实例为大家介绍的是对已创建的视图进行修改。实例运行效果如图 24.21 所示。

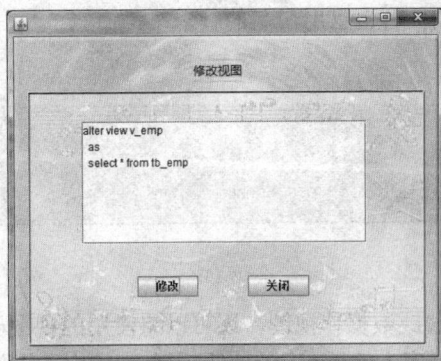

图 24.21　实例运行效果

📖 说明：使用本实例修改视图的缺点是用户必须熟练地掌握修改视图的语法，否则不能修改成功。

■ 关键技术

使用 SQL 语句中的 ALTER VIEW 语句可以修改已创建的视图。语法格式如下：

```
ALTER VIEW [ < database_name > .] [ < owner > .] view_name [ ( column [ ,...n ] ) ]
[ WITH < view_attribute > [ ,...n ] ]
AS
    select_statement
[ WITH CHECK OPTION ]
```

参数说明

❶ view_name：表示所要修改的视图名称。

❷ column：表示一列或多个列的名字，列之间用逗号分隔，指定视图所显示的列。

■ 设计过程

（1）在项目中创建类 UpdateViewFrame，该类继承自 JFrame 类，实现窗体类。向该窗体中添加标签、文本域与按钮控件。标签控件用于为用户提供信息，文本域控件为用户提供修改视图代码，按钮控件用于给用户提供相关的操作。

（2）在项目中创建类 UpdateView，用于定义执行 SQL 语句代码。在该类中首先定义连接数据库的方法 getConn()，该方法读者可参考光盘中的源程序。

（3）在 UpdateView 类中定义执行 SQL 语句的方法 executeUpdate()，该方法的具体代码如下：

```java
public boolean executeUpdate(String sql) {
    if (conn == null) {
        getConn();                                                  //获取数据库连接
    }
    try {
        Statement stmt = conn.createStatement();                    //创建 Statement 实例
        int iCount = stmt.executeUpdate(sql);                       //执行 SQL 语句
        System.out.println("操作成功，所影响的记录数为" + String.valueOf(iCount));
        conn.close();                                               //关闭连接
    } catch (SQLException e) {
        System.out.println(e.getMessage());
        return false;
    }
    return true;
}
```

■ 设计过程

心法领悟 602：理解视图的安全性。

视图的安全性可以防止未授权的用户查看特定行或列，使用户只能看到表中特定行的方式如下：

❑ 在表中增加一个标志用户名的列。

❑ 建立视图，使用户只能看到标有自己用户名的行。

❑ 把视图授权给其他用户。

实例 603	删除视图 光盘位置：光盘\MR\603	中级 趣味指数：★★★★☆

■ 实例说明

通过 Java 程序不仅可以创建、修改数据库视图，还可以将没用的视图删除，以节省数据库的空间。本实例主要用于动态删除视图。首先将数据库中的所有视图都显示在窗体中，这样方便用户删除不想要的视图。单击"删除"按钮即可完成删除操作。实例运行效果如图 24.22 所示。

图 24.22 实例运行效果

■ 关键技术

本实例使用 SQL 语句的 DROP VIEW 删除已创建的视图。语法格式如下:

```
DROP VIEW [view name] [,…n]
```

参数说明

view name: 要删除的视图名称。

■ 设计过程

(1) 在项目中创建类 DeleteViewFrame,该类继承自 JFrame 类,实现窗体类。在该窗体中添加表格、标签与按钮控件。标签控件用于为用户提供提示信息,表格控件用于显示视图信息,按钮控件用于为用户提供操作提示。

(2) 在项目中创建工具类 DeleteView,在该类中定义删除视图的方法,该方法以 String 类型数组为参数,实现一次可删除多个视图。具体代码如下:

```
public boolean executeUpdate(String[] sql) {
    conn = getConn();                                    //获取数据库连接
    try {
        Statement stmt = conn.createStatement();         //实例化 Statement 对象
        for (int i = 0; i < sql.length; i++) {
            stmt.executeUpdate("DROP VIEW " + sql[i]);   //执行删除操作
        }
        conn.close();                                    //关闭连接
    } catch (SQLException e) {
        e.printStackTrace();
        return false;
    }
    return true;
}
```

■ 秘笈心法

心法领悟 603: 理解数据库视图的概念。

数据库视图的概念是原始数据库数据的一种变换,是查看表中数据的另外一种方式。可以将视图看成是一个移动的窗口,通过视图可以看到感兴趣的数据。视图是从一个或多个实际表中获得的,这些表的数据存放在数据库中,那些用于产生视图的表叫做视图的基表,一个视图也可以从另一个视图中产生。